本丛书名由中国科学院院士母国光先生题写

光学与光子学丛书

《光学与光子学丛书》编委会

主　编　母国光

副主编　陈家璧　朱晓农　朱健强

编　委　(按姓氏拼音排序)：

崔向群	高志山	龚旗煌	贺安之	季家镕
姜会林	李淳飞	廖宁放	刘　旭	刘智深
陆　卫	吕乃光	吕志伟	梅　霆	倪国强
饶瑞中	宋菲君	苏显渝	孙雨南	魏　平
魏志义	相里斌	徐　雷	宣　丽	杨怀江
杨坤涛	郁道银	袁小聪	张存林	张书练
张卫平	张雨东	赵　卫	赵建林	

"十二五"国家重点图书出版规划项目

光学与光子学丛书

现代大气光学

饶瑞中 著

科学出版社

北京

内 容 简 介

本书全面阐述现代大气光学的研究内容和方法,主要包括大气的光学性质、大气折射、分子吸收和散射、气溶胶粒子光散射、光在混浊大气中的传播、光在湍流大气中的传播、大气中的成像,以及大气性质的光学探测方法和技术。本书为大气辐射和天文观测等基础研究以及激光大气传输、光学遥感技术、环境光学监测技术、自适应光学技术、自由空间光通信等先进光电工程应用提供基础数据、应用模式和基本工具。本书反映了大气光学研究的重要进展,可以作为大气光学及相关研究的教材和有益参考书。

本书的读者对象包括:物理、光学类的研究生、高年级本科生、高等院校教师,光学、遥感、大气物理、天文等相关研究领域科研人员,光电工程类科技工作者、技术人员。

图书在版编目(CIP)数据

现代大气光学/饶瑞中著. —北京:科学出版社,2012
(光学与光子学丛书)
"十二五"国家重点图书出版规划项目
ISBN 978-7-03-032958-5

Ⅰ. ①现… Ⅱ. ①饶… Ⅲ. ①大气光学 Ⅳ. ①P427.1

中国版本图书馆 CIP 数据核字(2011)第 252388 号

责任编辑:刘凤娟 / 责任校对:李 影
责任印制:吴兆东 / 封面设计:耕者设计工作室

科学出版社 出版
北京东黄城根北街 16 号
邮政编码:100717
http://www.sciencep.com
北京虎彩文化传播有限公司印刷
科学出版社发行 各地新华书店经销

*

2012 年 1 月第 一 版 开本:(720×1000) 1/16
2024 年 4 月第十一次印刷 印张:39
字数:744 000
定价:149.00 元
(如有印装质量问题,我社负责调换)

丛 书 序

长期以来,我一直想组织同行出一套适合于光学、光学工程工作者和研究人员需求的光学与光子学的丛书. 如今, 在科学出版社同志们的努力推进和工作在光学与光子学科研、教学一线的广大专家们的大力支持下, 这样一个愿望终于得以实现, 这使我感到由衷的欣慰和喜悦, 我深信这样一套丛书的出版必将有效地促进我国光学、光电子以及光学工程技术的创新发展.

当今世界科学技术发展日新月异. 科技创新能力已成为一个地区、一个国家, 尤其是一个大国经济和社会发展的核心竞争力. 在众多纷繁的科技领域中, 光学与光子学的发展直接影响到其他诸多学科领域的发展及其可能取得的成就. 不但物理学、化学、生命科学、天文学等基础科学的发展离不开光学与光子学, 对现代人类社会和人类生活影响甚大的一些技术科学, 如照明、通信、洁净能源、遥感、显示、环境监测、国防和空间开发、医疗与诊断、先进制造等, 都需要光学与光子学的知识. 光学与光子学是渗透到各个学科领域内的前沿科学, 光学与光子学涉及几乎所有技术前沿的核心技术. 中华民族要真正走向繁荣昌盛离不开对光的驾驭.

编委会把丛书的名称定为《光学与光子学丛书》, 是想以此既包含经典光学 (classical optics) 的精华, 也容纳现代光学 (modern optics) 即光子学 (photonics) 的最新研究进展. 我和所有编委们一同期待着这套丛书能够在涉及光科学和光学技术知识的深度和广度上都达到一个崭新的高度. 积跬步至千里, 汇小溪成江河. 改革开放三十年的成就使得我国的光学事业处在了一个新的起点上. 让我们大家共同努力, 以此套高质量、高水准的《光学与光子学丛书》作为对中国光学事业大发展的鼎力贡献.

母国光

2011年1月

目 录

引言 ·· 1
  0.1 古老而又年轻的学科 ·· 1
  0.2 大气对光学的影响举例 ·· 1
  0.3 现代大气光学概念 ··· 2
  0.4 大气分子吸收及其应用 ·· 3
  0.5 气溶胶粒子光学特性、混浊介质光传播和大气探测 ······································ 4
  0.6 大气湍流光学性质及其应用 ··· 4
  0.7 激光大气传输 ··· 5
  0.8 大气光学模式和应用软件 ·· 6
  0.9 本书的撰写动机 ·· 6

第 1 章 光学基本参量和基本规律 ·· 8
  1.0 引言 ··· 8
  1.1 光波基本参量与基本类型 ·· 9
      1.1.1 基本光学量 ·· 9
      1.1.2 偏振及 Stokes 参量 ··· 10
      1.1.3 光场的相位及其奇性 ·· 12
      1.1.4 光波的基本类型 ··· 14
  1.2 光学辐射及其基本定律 ·· 17
      1.2.1 光辐射及谱线特征 ··· 17
      1.2.2 黑体辐射定律 ·· 22
      1.2.3 电偶极辐射 ··· 23
  1.3 光波基本传播规律 ··· 24
      1.3.1 波动方程 ·· 24
      1.3.2 光的直线传播：几何光学近似 ··· 25
      1.3.3 Huygens-Fresnel 原理与衍射 ··· 26
      1.3.4 孔径衍射 ·· 28
      1.3.5 粒子的光散射 ·· 30
      1.3.6 辐射传输方程 ·· 35
  1.4 光学系统的像差与光学质量 ··· 37
      1.4.1 相位的 Zernike 多项式表达与像差 ·· 37

  1.4.2 光学质量评价方法 ··· 41
1.5 自然光源 ··· 45
  1.5.1 天球坐标系和太阳与地球间的几何关系 ··· 45
  1.5.2 太阳辐射及月球的反射 ··· 49
  1.5.3 恒星辐射 ··· 52
1.6 地表的反射与辐射特性 ··· 56
  1.6.1 非均匀界面的反射特性及双向反射分布函数 BRDF ··· 56
  1.6.2 典型地表的反射特性 ··· 60
  1.6.3 典型地表的辐射特性 ··· 64
1.7 小结 ··· 64
参考文献 ··· 64

第 2 章 大气的基本物理特性 ··· 68
2.0 引言 ··· 68
2.1 大气成分与结构 ··· 69
  2.1.1 大气成分 ··· 69
  2.1.2 大气结构 ··· 76
2.2 云、雾粒子和雨滴 ··· 80
2.3 大气气溶胶粒子 ··· 87
2.4 大气中的风结构 ··· 94
2.5 大气湍流及大气边界层 ··· 98
2.6 大气特性的随机性及其定量描述 ··· 104
参考文献 ··· 110

第 3 章 大气的光学特性及其应用模式 ··· 113
3.0 引言 ··· 113
3.1 标准大气及应用模式 ··· 113
  3.1.1 美国标准大气及模式大气 ··· 113
  3.1.2 大气折射率及高度廓线 ··· 123
3.2 大气气体分子的吸收光谱特性 ··· 126
  3.2.1 大气主要吸收气体分子的结构 ··· 126
  3.2.2 紫外大气分子吸收特征 ··· 130
  3.2.3 可见和近红外大气分子吸收特征 ··· 132
  3.2.4 红外大气分子吸收特征 ··· 135
  3.2.5 大气分子吸收光谱参数数据库 HITRAN ··· 140
3.3 大气气溶胶粒子光学特性及其应用模式 ··· 145
3.4 云、雾粒子和雨滴的光学特性及其应用模式 ··· 152

3.5 大气湍流的光学特性及其应用模式 ···································· 155
参考文献 ·· 163

第 4 章 大气分子对光的折射、散射和吸收 ································ 166
4.0 引言 ·· 166
4.1 球面平行大气中的折射 ·· 166
    4.1.1 大气中的光线轨迹 ·· 166
    4.1.2 天文折射 ·· 171
    4.1.3 空气质量 ·· 173
    4.1.4 大气延迟 ·· 176
    4.1.5 落日形变 (曙暮光) ·· 176
4.2 地面非均匀大气中的折射 ··· 177
    4.2.1 海市蜃楼 ·· 178
    4.2.2 大地测量 ·· 180
4.3 大气分子的 Rayleigh 散射 ·· 181
    4.3.1 Rayleigh 散射 ·· 181
    4.3.2 退偏振修正 ·· 183
    4.3.3 模式大气的 Rayleigh 散射特性 ······························ 185
4.4 大气分子的吸收 ··· 190
    4.4.1 单谱线吸收 ·· 190
    4.4.2 分立谱线吸收的逐线积分方法 ······························ 194
    4.4.3 大气分子吸收的谱带模式 ···································· 195
    4.4.4 大气分子吸收计算的光谱映射方法 ························ 211
4.5 非均匀路径的大气分子吸收 ······································ 213
    4.5.1 等效谱带模式 ·· 213
    4.5.2 相关 k 分布方法 ·· 215
    4.5.3 MODTRAN 方案 ·· 215
参考文献 ·· 216

第 5 章 大气云雾和气溶胶粒子的光散射 ································ 219
5.0 引言 ·· 219
5.1 球体粒子的光散射——Mie 理论 ································ 219
    5.1.1 入射光和散射光的球谐函数展开 ···························· 220
    5.1.2 散射光的分布和散射参量 ···································· 223
    5.1.3 Mie 散射的数值计算方法 ···································· 229
    5.1.4 双层球体粒子的光散射特性 ································ 231
    5.1.5 水云、雾和雨滴的光散射特性 ······························ 232

5.2 无限长圆柱粒子的光散射 · 235
5.3 旋转对称粒子的光散射 · 241
    5.3.1 T 矩阵与扩展边界条件法 · 241
    5.3.2 T 矩阵在旋转对称粒子散射问题中的应用 · 246
5.4 旋转对称椭球粒子的散射特性 · 247
5.5 规则冰晶大粒子的光散射特性 · 254
5.6 任意形状粒子的光散射 · 260
5.7 非均匀粒子光散射的等效性 · 265
    5.7.1 非均匀粒子光散射等效性的分析方法 · 265
    5.7.2 外混合球形粒子光散射的等效性 · 267
    5.7.3 内混合球形粒子光散射的等效性 · 271
5.8 小结 · 272
参考文献 · 274

第 6 章 大气辐射传输理论与算法 · 277
6.0 引言 · 277
6.1 大气中的辐射传输方程及其形式解 · 277
    6.1.1 平行平面大气中的辐射传输方程 · 277
    6.1.2 平行平面大气中的辐射传输的边界条件 · 279
    6.1.3 大气辐射传输方程的形式解 · 280
    6.1.4 单次散射近似解 · 280
6.2 散射相函数及辐射传输方程的离散化 · 281
    6.2.1 散射相函数的 Legendre 多项式展开 · 281
    6.2.2 辐射传输方程的离散化 · 282
6.3 辐射传输方程的二流近似及相关近似解 · 285
    6.3.1 二流近似解的基本形式 · 285
    6.3.2 Eddington 近似解 · 287
    6.3.3 相函数 δ 函数化后的近似解 · 289
    6.3.4 广义二流近似解的通用形式 · 290
6.4 辐射传输的离散坐标 (DISORT) 算法 · 291
    6.4.1 单一均匀介质的 DISORT 算法 · 291
    6.4.2 分层均匀介质的 DISORT 算法 · 296
6.5 光谱辐射亮度的精确求解 · 298
    6.5.1 散射相函数的 δ-M 处理方法 · 298
    6.5.2 光谱辐射亮度的修正方法 · 300
6.6 常用算法软件和标准谱辐射传输问题 · 302

	6.6.1 常用算法软件	302
	6.6.2 DISORT	303
	6.6.3 标准辐射传输问题	307
	6.6.4 LOWTRAN/MODTAN/FASCODE	308
6.7	小结	308
参考文献		309

第 7 章　混浊大气中的辐射传输问题 312

- 7.0 引言 312
- 7.1 激光的大气透过率 313
- 7.2 红外大气透过率和辐射量修正 322
- 7.3 天空背景辐射亮度 326
  - 7.3.1 可见光天空背景辐射亮度 326
  - 7.3.2 可见光天空背景辐射亮度光谱特征 330
  - 7.3.3 长波天空背景辐射亮度 333
  - 7.3.4 强吸收波段的地球大气背景辐射亮度 334
  - 7.3.5 地球大气背景辐射的偏振特性 335
- 7.4 大气中的视觉和大气能见度 343
  - 7.4.1 均匀大气中的视觉问题 344
  - 7.4.2 气象视距和大气能见度 346
  - 7.4.3 非均匀大气中的能见度问题 349
- 7.5 大气中的辐射收支平衡 353
- 7.6 小结 365
- 参考文献 365

第 8 章　湍流大气中光传播的分析方法 368

- 8.0 引言 368
- 8.1 湍流大气光传播的定性分析 369
  - 8.1.1 大气湍流对光传播影响的重要性 369
  - 8.1.2 相位和到达角起伏的启发式分析 370
  - 8.1.3 空间相干性的启发式分析 373
  - 8.1.4 光强起伏的启发式分析 374
- 8.2 抛物型方程和光传播的数值模拟 379
  - 8.2.1 抛物型方程 379
  - 8.2.2 多层相位屏数值模拟 380
  - 8.2.3 湍流相位屏的构造 382
  - 8.2.4 光传播模拟的数值问题 384

8.2.5　平面波、球面波、Gauss 光束和非理想波型的模拟 ················ 387
　　8.2.6　数值模拟典型结果 ·· 390
8.3　几何光学近似、Rytov 近似和谱分析方法 ······································ 391
　　8.3.1　几何光学近似及谱分解法 ·· 392
　　8.3.2　Rytov 微扰近似及谱分解法 ·· 394
8.4　Markov 近似和场的统计矩方程 ·· 398
8.5　Huygens-Fresnel 相位近似法 ··· 401
8.6　球面波和 Gauss 光束的情况 ·· 404
8.7　小结 ··· 407
参考文献 ·· 408

附录 A　随机函数的谱分解 ·· 411

第 9 章　湍流大气中的光传播效应 ··· 415

9.0　引言 ··· 415
9.1　空间相干性退化和相位起伏 ·· 416
　　9.1.1　空间相干性退化 ··· 416
　　9.1.2　相位起伏 ··· 419
9.2　到达角起伏 ·· 421
　　9.2.1　干涉仪中的到达角起伏 ·· 421
　　9.2.2　孔径上的相位起伏和到达角起伏 ······································ 423
9.3　相位校正与自适应光学技术 ·· 428
　　9.3.1　湍流大气光传播的相位校正原理 ······································ 428
　　9.3.2　湍流大气光传播的相位校正技术 ······································ 429
9.4　光强起伏 (闪烁效应) ·· 433
　　9.4.1　弱起伏条件下的闪烁效应 ··· 433
　　9.4.2　强起伏条件下的闪烁效应 ··· 435
　　9.4.3　闪烁强度的普适模型 ··· 438
　　9.4.4　有限面积上的光强起伏及孔径平均 ··································· 442
9.5　光波起伏的概率分布与分形特征 ·· 446
　　9.5.1　光波起伏的概率分布特征 ··· 446
　　9.5.2　光强起伏的间歇性特征 ·· 451
9.6　光波起伏的时间频谱特征 ··· 454
　　9.6.1　光波起伏的时间频谱 ··· 454
　　9.6.2　光波起伏频谱的高频幂律的拟合方法 ································ 457
　　9.6.3　湍流谱形状的影响 ·· 459
　　9.6.4　Gauss 光束的光波起伏频谱特征 ······································· 460

9.6.5　有限孔径和饱和情况下的光波起伏频谱 ·················· 462
9.7　激光束传播效应 ·················· 463
 9.7.1　激光束的漂移 ·················· 464
 9.7.2　激光束的扩展 ·················· 467
 9.7.3　光强图像的光学质量与特征尺度 ·················· 469
 9.7.4　光斑的分形结构与相位奇点 ·················· 473
 9.7.5　聚焦光束的焦移 ·················· 474
参考文献 ·················· 475

第 10 章　高能激光大气传输的热晕及综合效应 ·················· 481
10.0　引言 ·················· 481
10.1　热晕效应的物理图像 ·················· 482
10.2　热晕的流体力学模型 ·················· 485
10.3　简单情况下的热晕解析解 ·················· 488
 10.3.1　瞬变热晕时的密度时间演化特征 ·················· 488
 10.3.2　柱坐标系下求解密度变化 ·················· 490
 10.3.3　热晕时的相位变化 ·················· 491
 10.3.4　热晕光斑的基本特征 ·················· 492
10.4　热晕的数值模拟方法 ·················· 494
 10.4.1　瞬变热晕的数值模拟方法 ·················· 494
 10.4.2　稳态热晕的数值模拟方法 ·················· 496
 10.4.3　热晕模拟的数值问题 ·················· 498
10.5　热晕效应的定标规律 ·················· 499
 10.5.1　纯热晕效应的经验公式 ·················· 500
 10.5.2　热晕和湍流的相互作用 ·················· 502
 10.5.3　热晕效应的相位校正 ·················· 505
10.6　高能激光大气传输的综合效果 ·················· 505
参考文献 ·················· 511

第 11 章　混浊和湍流大气中的光学成像 ·················· 514
11.0　引言 ·················· 514
11.1　大气介质与成像系统的调制传递函数 ·················· 515
 11.1.1　光场相干函数与成像系统的调制传递函数 ·················· 515
 11.1.2　背景光下大气介质中的成像 ·················· 518
11.2　大气湍流介质的光学传递函数与图像分辨率 ·················· 519
 11.2.1　大气湍流介质的光学传递函数 ·················· 519
 11.2.2　湍流大气中望远镜的分辨本领 ·················· 520

11.3 大气混沌介质的调制传递函数 ……………………………………………… 522
11.3.1 大气混沌介质调制传递函数的近似解析结果 ………………………… 523
11.3.2 大气混沌介质调制传递函数的数值计算结果 ………………………… 526
11.3.3 大气混浊介质调制传递函数的实测结果 ……………………………… 528
11.3.4 混浊介质调制传递函数的一般形式 …………………………………… 532
11.4 图像大气影响的修正方法和技术 …………………………………………… 538
11.4.1 自适应光学实时校正技术 ……………………………………………… 539
11.4.2 图像处理方法 …………………………………………………………… 541
11.4.3 基于成像过程的大气影响修正技术 …………………………………… 541
11.5 小结 …………………………………………………………………………… 543
参考文献 …………………………………………………………………………… 544

第 12 章 大气探测的光学方法与技术 ……………………………………………… 547
12.0 引言 …………………………………………………………………………… 547
12.1 光学遥感技术中的反演方法 ………………………………………………… 547
12.1.1 反演问题的数学模型 …………………………………………………… 548
12.1.2 线性约束反演方法 ……………………………………………………… 549
12.2 大气吸收光谱和透过率测量技术 …………………………………………… 552
12.2.1 长程高分辨率大气吸收光谱测量技术 ………………………………… 552
12.2.2 高分辨率大气吸收光谱测量方法 ……………………………………… 555
12.2.3 实际大气透过率和吸收光谱测量技术 ………………………………… 561
12.2.4 利用太阳辐射测量整层大气光学厚度 ………………………………… 563
12.3 大气气溶胶粒子光散射技术 ………………………………………………… 565
12.3.1 大气气溶胶粒子尺度散射测量技术：光学粒子计数器 ……………… 565
12.3.2 大气介质散射特性测量技术：能见度仪、积分和极角浊度计 ……… 569
12.3.3 从散射相函数反演大气气溶胶粒子谱分布 …………………………… 574
12.4 大气后向散射技术：激光雷达 ……………………………………………… 577
12.4.1 激光雷达工作原理 ……………………………………………………… 577
12.4.2 激光雷达方程求解方法 ………………………………………………… 580
12.4.3 差分激光雷达探测大气吸收气体成分 ………………………………… 583
12.4.4 通过硬件技术求解激光雷达方程 ……………………………………… 585
12.4.5 Doppler 测风激光雷达技术 …………………………………………… 588
12.5 大气湍流特性测量技术 ……………………………………………………… 589
12.5.1 局域湍流强度测量技术：温度脉动法和折射率脉动法 ……………… 590
12.5.2 路径平均的湍流强度测量技术：闪烁法和到达角起伏法 …………… 592
12.5.3 湍流功率谱和特征尺度的测量技术 …………………………………… 594

12.5.4　大气湍流强度廓线的测量 ·· 598
12.6　小结 ··· 603
参考文献 ·· 603

引 言

0.1 古老而又年轻的学科

光的传播是人类最早观察研究的自然现象之一,从直线传播到波动特性再到波粒二象性,人们对光的特性已有本质的理解。光在确定性均匀介质中的传播规律已基本上被人们掌握,但光在随机非均匀介质(如地球大气)中的传播规律至今仍是一个令人十分困惑的问题。经过自牛顿时代起(特别是 20 世纪中期以来半个多世纪)的努力,人们已取得了长足的进步,解决了一些基本问题,研究结果得到了较为广泛的应用,但仍存在着一些关键问题悬而未决,促使人们进行深入的研究。

大气光学是一门十分古老而又十分年轻的学科。古老的大气光学主要是对大气光象(霓、虹、晕、落日、海市蜃楼和星光闪烁等)的研究和认识。这些知识对气象科学的发展起到了重要作用。我们在晴朗的夜空中总能看到星星在眨眼睛,这是最为常见的星光闪烁现象。由于闪烁,我们不可或缺的空气成了天文观测的麻烦制造者。牛顿对星光闪烁现象及其观测进行了认真、细致的分析,在其著名的《光学》一书中,他写到:

"即使能按照理论制造出实用化的理想望远镜,但它的有效应用依然受到一定的界限的约束。高塔的投影在晃动,天上的星星在闪烁,从这些现象可以推测:我们仰望群星所途经的空气在永恒地颤动着。……用长望远镜观测比用短望远镜观测时,物体看起来更亮一些、更大一些,但却不能消除大气颤动引起的光线的混乱。唯一的救药是非常宁静的空气,这在云端之上的高山之巅可能存在。"

天文观测仅仅是大气光学涉及的一个传统学科。随着现代光电科学技术的迅速发展,大气的影响体现在许多方面。例如,空间通信、气象与大气探测、卫星和航空遥感、光学侦察、大气污染监测、空间目标探测、自适应光学、激光大气传输等,从而赋予了大气光学全新的内容,形成了现代大气光学。

0.2 大气对光学的影响举例

自由空间光通信和天文观测可以很好地反映大气的影响。

激光的出现使光学以及整个现代科学的面貌焕然一新,激光以其突出的高度相干性、高亮度、特别好的方向性、特别小的发散性等优异特点在各个领域得到了广泛应用。自然地，激光出现不久，人们就研究利用激光在自由大气空间中的传播进行测距、定位和通信等。那时，人们尚未意识到大气对激光的传播会带来多大的影响。当时，光纤通信和自由大气激光通信的概念都被提了出来。二者相比，光纤通信不被看好，因为光纤本身的制造尚是一件技术难度较大的工作，当时几米、几十米的光纤的研制成功都是一个个明显的进展。反之，自由大气光通信不需要人为的传播介质，相应的技术就简单得多。可光通信的实际进程是：光纤通信蓬勃发展、日新月异，目前已成为当代通信的主要手段之一，并有可能全面替代其他手段；而自由大气光通信的研究在红火了一阵后很快就销声匿迹，虽然目前在某些特殊场合又被重新提了出来，但其规模和前景却无法望光纤通信之项背。

为何自由大气光通信败下阵来？原因就出在大气身上！当激光在湍流大气中传播时，大气湍流造成的折射率的起伏引起光线的随机漂移、一定接收面积上光强起伏等，给光通信的接收带来了困难，并引进了噪声。这些问题在传播距离长和湍流强度大的情况下极为严重，从而制约了自由大气光通信的发展。

牛顿的思想依然是现代天文观测站址选择的指导思想。在高山之巅、在人迹罕至之地寻找宁静的空气，是在地面进行天文观测力图摆脱空气干扰的无可奈何的办法，但想彻底摆脱空气是不可能的，除非在大气之外观测。令人十分欣慰的是，随着航天技术的飞速发展，哈勃太空望远镜的发射终于使人类的眼睛摆脱了空气的干扰，梦想终于成了现实。

哈勃太空望远镜（主镜口径为 2.4m，次镜 0.3m，$f/24$）观测到的星空图像比地面相仿口径的天文望远镜观测到的要清晰得多，所能观测的太空距离要远得多，发现了许多地面未见的太空奇景，这一方面说明人类航天本领的神奇，另一方面也说明地球大气给我们观测星空所带来的影响有多么大。

0.3 现代大气光学概念

现代大气光学主要包括大气光学性质、光波大气传输、大气光学探测及其在相关学科的应用。作为光波传播介质的大气的光学性质是影响在大气中工作的光电系统性能的最本质因素，而光波在大气中的传播规律则是了解和解决这些影响的物理基础。利用这些规律则可以发展各种有效的技术手段进行大气光学性质的研究和探测。

大气可以划分为由微粒组成的离散混浊大气介质和由热运动分子构成的"连续"湍流大气介质。大气气体分子对短波长光波有明显的散射作用，即 Rayleigh 散射，这是蔚蓝色天空的成因。大气分子最重要的光学性质就是光谱吸收特性，不同的气体成分有不同的吸收特征。尘埃粒子一般称为气溶胶粒子，根据其起源的不同光学性质有明显的差异。作为流体的大气，由于温度等要素的微弱起伏，导致空气密度 (折射率) 的微弱起伏，从而形成了光学湍流，对光传播产生了重要影响。

上述两种类型的大气介质对光传播的影响不同，混浊大气介质对光传播的影响主要体现在微粒的散射作用上，光在任意方向上偏离直线传播。灰蒙蒙的天空、日晕等是较常见的现象，日益严重的沙尘暴天气是一个极端的例子。大气湍流介质对光传播的影响主要集中在直线传播的近轴范围内，烈日下柏油路面上像波浪一样起伏的空气、晴朗夜空的星光的闪烁是很容易观察到的现象。

对两种影响的处理方法也有差异：混浊介质中的光传播主要以光强为研究对象，其主题是辐射传输方程的求解；湍流介质中的光传播主要以光场为研究对象，其主题是波传播方程的求解。湍流介质中光传播研究的困难之处表现在三个方面，首先是随机介质中波传播理论本身的复杂性：非微扰起伏问题；其次是湍流介质随机特性的复杂性：湍流的非局地均匀各向同性和间歇性；第三个方面在于实验条件的不可控制性：传播路径上湍流均匀性的假设、气象要素均匀性的假设、Taylor 冻结湍流的假设等在多大程度上成立总是很难确定的，因此将实验结果与理论结果作严格的比较是不可能的。

利用大气光学的研究成果，可以发展各种大气光学探测技术。有用天然光源或辐射源的被动式系统，如卫星、各种辐射计等；也有主动式的激光雷达系统等。

目前，大气光学的成果已经在相关学科及工程应用中发挥了重要作用。主要的学科有自适应光学、天文、遥感、环境监测、通信、激光工程等。

0.4 大气分子吸收及其应用

大气分子吸收的作用体现在各个方面。分子吸收是大气辐射收支平衡的重要因素，水汽和二氧化碳的吸收是产生温室效应的最主要因素。在强激光工程应用中，分子吸收一方面造成激光能量的损失，另一方面则加热大气分子，导致高能激光非线性热晕效应的产生。激光辐射的单色性以及大气分子吸收的高选择性，要求高分辨率大气吸收光谱。选择吸收小的微窗口对激光工程应用极其重要，大气分子吸收光谱特征各不相同，因而是各种大气分子的"指纹"或"身份证"。吸收光谱特征就成为大气污染气体光学探测的依据。

大气分子吸收光谱具有显著的窗口特征，正是根据这种窗口特征，各种红外探测系统工作在 $3 \sim 5 \mu m$ 和 $8 \sim 12 \mu m$ 波段。而激光波段则都选择在吸收微弱的微窗口，即在较宽的窗口上吸收虽然较强，但在精细结构上存在较弱的吸收。研究精细吸收的系统的关键技术在于长程的吸收池和可调谐激光源。

利用吸收光谱的精细结构，选择吸收强度差别较大的相邻波段进行测量，可以排除其他因素的影响，从而定量测量吸收气体的含量，这就是所谓的差分吸收方法。

利用这种原理发展的测量系统有 DOAS 和差分吸收激光雷达等。

0.5 气溶胶粒子光学特性、混浊介质光传播和大气探测

大气气溶胶粒子的光学性质由它们的浓度、粒子谱分布和组分 (折射率) 决定。气溶胶粒子对光辐射的散射和吸收效应造成了能量的衰减。对于在大气中传输的图像，这种效应会造成图像的模糊和对比度的降低，相当于光学系统光学传递函数的恶化。大气气溶胶粒子对光辐射的后向散射构成了激光雷达等大气光学探测技术的信息载体。

实际气溶胶粒子的物理化学性质由于种类的不同而差异很大，同时实际气溶胶粒子的形状也很不规则，通常把它们当作球形粒子处理，利用 Mie 散射理论进行光散射分析。随着对一些典型非球形粒子如卷云 (冰晶粒子) 的传播问题、一般光传播问题精度要求的提高以及对更多信息量 (如偏振信息) 的利用，对非球形粒子的散射问题的研究正在蓬勃发展，一些有效的算法如 T-Matrix 和 DDA 已经得到了较为广泛的应用。

混浊介质中的光传播的研究以辐射传输方程的求解为中心，问题的本质是小粒子的光散射问题。对于平行平面大气的传输问题已有各种成熟的算法，如离散坐标法 (DISORT) 等。而对于更接近实际情况的球面平行大气和非均匀地表的传输问题则有待更深入的研究。

混浊介质中的光传播的一个最典型的实际应用是能见度问题，在气象和航空、交通等行业非常重要，因此准确的测量是必要的，目前主要有透过率法和散射法。研究大气气溶胶粒子的光学性质相关研究设备包括：光学粒子计数器、空气动力学粒子计数器、太阳辐射计、太阳光谱和气溶胶粒子谱、浊度计、激光雷达等。

利用气溶胶粒子的后向散射以及其他光学特性，如大气分子的吸收光谱特征、风速 (气溶胶粒子运动) 造成的后向散射信号的多普勒效应可以进行大气气溶胶粒子、温度、风速和各种吸收或污染气体的探测。基于这种原理发展的各种激光雷达技术在地面、航空和航天平台上的测量已经在气象、环境监测等方面发挥了重要作用。

0.6 大气湍流光学性质及其应用

湍流是物理学最大的难题之一，经过几个世纪的研究依然没有获得真正意义上的解决。湍流引起的大气折射率的起伏导致了光波波前的畸变，破坏光的相干性，造成光学图像的模糊，相当于光学系统光学传递函数的恶化，是造成天文观测困难的主要原因。当激光在大气中传播时，激光的优点被破坏，其主要表现有：光束随

机漂移、相位随机起伏、光束截面上能量重新分布 (畸变、展宽、破碎等)、能量集中度的下降、以及由此而引起的强度起伏 (闪烁)。这些效应严重制约了激光的大气应用。为解决大气湍流对光传播的影响催生了一门全新的自适应光学技术。

准确可靠地分析大气湍流的影响需要对大气湍流的准确测量。目前局域的温度湍流场的测量主要使用温度脉动仪，也在发展折射率起伏的光学测量技术。廓线分布的测量技术有探空球搭载的温度脉动仪、微波雷达、利用光闪烁效应的 SCIDAR、MASS 等。测量整层积分大气湍流强度 (相干长度) 的技术主要有 DIMM 等。

湍流大气对图像的影响直观地来讲就是图像的模糊，它定量地体现为长曝光和短曝光望远镜系统的分辨本领的降低。在湍流大气中，望远镜的分辨本领在望远镜的口径达到相干长度的数值后趋于一个最大值，开始受到大气湍流的明显影响。

目前主要有两种通过光学相位校正克服大气湍流影响的技术方法，一种是基于产生相位共轭物理过程的非线性光学方法，另一种是基于波前探测与光学镜面变形技术的自适应光学方法。前者的基础是自然物理过程，而后者则主要依赖于技术水平。这两种方法早期都得到了充分的重视，虽然非线性光学方法在补偿大气湍流引起的波前畸变方面取得了一些实验结果，但它遇到了一些目前尚无法逾越的困难。相反，随着各种光电技术水平的提高，自适应光学方法得到了长足发展，在天文观测、光束质量改善、激光大气传输相位校正等工作中得到了重要应用。

在正自适应光学系统中，来自目标的信标光提供的相位信息的准确性是整个系统工作可靠性的关键。在实际应用中如何获得信息可用的信标光至关重要。目前考虑采纳的信标光有主动的激光导引星 (即利用另一束激光照射目标或目标附近的空气中的空气分子、气溶胶粒子或钠离子等，其散射回波作为信标光) 和被动的目标反射光 (如反射的太阳光等)。自适应光学系统的各个部分都有一定的响应时间，波前传感器的空间分辨率是有限的，变形镜的可控单元数是有限的，单元数的增加会大大增加系统的复杂性。有限的响应时间和有限的变形镜单元数目再加上波前传感器、控制算法和控制系统的误差，都使得自适应光学系统不可能获得光传播的完全的相位校正。尽管如此，随着光电技术的迅速发展，自适应光学技术日臻成熟，取得了显著的成果。在地面的天文观测中，借助自适应光学技术已经得到以前不易获得的一些双星的图像，在激光大气传播的相位校正方面也获得了很大的进展。

0.7 激光大气传输

影响激光传输效果的主要因素有大气分子和气溶胶粒子吸收和散射造成的衰减效应、大气湍流引起的湍流效应和强光加热空气造成的热晕效应。低能激光大气传输的衰减效应和湍流效应是线性的。而高能激光引起的热晕效应由于和光束形态密切相关,虽然有许多工作探讨了热晕的各种特殊性质和规律,但没有充分的一般规律性研究结果。更为复杂的是,湍流效应造成的光斑无规分布给热晕的分析带来巨大的复杂性,而热晕对空气的加热又改变了湍流的状态,二者间的相互作用是十分复杂的。而在实际应用中,这种相互作用的场景却是很普遍的。

在低能激光条件下,随着发射功率的增加,传输后的功率也随之线性增加。但在高能激光条件下,热晕效应使得其存在一个临界功率,超过这个临界功率,提高发射功率不能进一步提高传输后的功率。

大气传输效应是激光工程应用的主要限制因素。在近地面稠密大气环境中的传输问题,一般传输距离短、功率密度大、热晕效应严重。在高空稀薄大气中的传输问题,一般传输距离长、大气的效应也很明显。为了激光技术的可靠应用,必须了解应用地区的大气光学特性,为此,发达国家在全球一些地区进行了长期系统的测量工作,获得了大量数据。

0.8 大气光学模式和应用软件

由于大气光学性质的时空复杂性以及各种各样的应用需求,需要对各种地区和时间的大气条件进行长期、系统的测量分析,建立数据库和大气模式,并发展大气辐射传输和光传播应用软件。目前广泛应用的有美国标准大气、HITRAN 高分辨大气分子吸收数据库、LOWTRAN 气溶胶模式和各种湍流模式,如 Hufnagel-Valley 湍流模式。辐射传输软件有 Mie、T-matrix、DDA、DISORT 等,大气透过率和大气辐射软件有 Lowtran、Modtran、Fascode、Streamer 等,遥感应用软件有 SENSAT、6S 等。

总而言之,现代大气光学正在蓬勃发展,取得了丰富成果,其应用范围相当宽广,包括大气辐射、气象学、环境监测、激光大气传输、卫星遥感、自由空间光通信等。现代大气光学的研究内容十分丰富,涉及诸如湍流、随机介质波传播等十分艰深的物理问题,因而研究难度大。

0.9 本书的撰写动机

大气光学涉及光学、大气辐射学、大气湍流、光散射理论、随机介质中的波传播理论、辐射传输理论,内容相当丰富,尽管上述各个学科都有很优秀的专著,如 Ishimaru 的 *Wave propagation and scattering in random media*,Tatarskii 的《湍流大气中波的传播理论》,Liou 的 *Introduction to atmospheric radiation*,石广玉的《大气辐射学》等。但由于侧重点不同,系统、综合反映大气光学的专著还不多见。

0.9 本书的撰写动机

在长期从事大气光学研究并在培养大气光学专业的研究生的基础上,作者撰写了这本《现代大气光学》,想达到以下三个目的:为研究生提供一本全面阐述大气光学研究内容和方法的入门教材;为大气光学研究和相关光电工程应用提供最基本的数据、应用模式和基本工具;反映大气光学研究的最新和最重要进展,使之成为相关研究的有益参考书。

由于本书是在很短的时间内仓促做出的一种初步尝试,限于作者的学识水平,必然会存在各种各样的不妥之处,恳请有关专家学者批评指正,在此表示诚挚的谢意。如果本书有助于研究生或即将从事这方面工作的研究者较快地掌握有关物理概念、研究思路,找到研究起点,则是对作者最大的鼓励。

第 1 章 光学基本参量和基本规律

1.0 引 言

作为大气光学主要内容的大气光学性质、光波大气传输、大气光学探测及其在相关学科的应用基本涉及了光波的各种物理本质 (如波长、强度、相位、偏振)、各种传播规律 (如折射、反射和衍射), 以及光波和物质作用的基本物理过程 (如吸收和散射等)。

大气可以划分为由微粒组成的离散混浊大气介质和由热运动分子构成的"连续"湍流大气介质。大气气体分子对短波长光波有明显的散射作用，即 Rayleigh 散射 —— 蔚蓝色天空的成因。它最重要的光学性质就是光谱吸收特性, 不同的气体成分有不同的吸收特征。尘埃粒子一般称为气溶胶粒子, 根据其起源的不同光学性质有明显的差异。作为流体的大气, 由于温度等要素的微弱起伏, 导致空气密度 (折射率) 的微弱起伏, 从而形成了光学湍流, 对定向光传播产生重要影响。

对两种影响的处理方法也有差异: 混浊介质中的光传播主要以光强为研究对象, 其主题是辐射传输方程的求解; 湍流介质中的定向光传播问题主要以光场的电矢量为研究对象, 其主题是波传播方程的求解。

对于混浊大气的辐射传输问题, 在短波范围内, 其光源就是太阳; 而在长波范围, 光源则是作为灰体的地球和大气本身。辐射光谱亮度和通量密度则是两个人们最关注的物理量。决定这一过程的是基于吸收和散射的辐射传输方程。

对于光波的定向大气传播问题, 除在成像问题中所涉及的是自然的光源外, 在其他应用中大都是人造光源。平面波和球面波是两种理想化的波型, 激光出现后, Gauss 光束成为一种实际应用最广泛的波型。在光传播的实际应用中, 能量的集中度和成像质量是评价光学系统品质和传播介质对光波影响的两个主要的因素。决定这一过程的是基于电磁场传播的傍轴近似抛物型方程。

地表对光的反射是大气中的光传播问题和大气辐射传输问题中的重要边界条件, 在一般的书籍中对这一问题都没有过多的讨论, 本书特别给予了较为详细的论述。

本书采用国际单位制, 但各种物理量的单位在各种文献中, 特别是早期的文献中各不相同。在不影响理解的前提下, 我们在叙述中采用一个特定的常用单位。但在所有的公式计算中一律以国际单位制表述。

1.1 光波基本参量与基本类型

1.1.1 基本光学量

光波是波长位于特定范围内的电磁波，这个特定的波段范围通常包括紫外、可见光和红外。作为第一个基本参量的波长 (wavelength) λ, 不同的文献中在表述时采用了不同的单位，常见的有微米和纳米等。本书一律以微米 (μm) 来叙述。

在吸收光谱问题中，常常以波长的倒数即波数 (wavenumber) $\nu \equiv 1/\lambda$ 来表示光谱位置，其单位通常采用 cm^{-1}, 对应的波长为 $10000/\nu$ (μm)。在电磁波动方程中一般都用到角波数 $k \equiv 2\pi/\lambda$, 它一般也被称为波数。另外一般也常用 $\nu \equiv c/\lambda$ 表示电磁波的频率。这些都易引起混淆，为避免这一情况的发生，本书只采用 $\nu \equiv 1/\lambda$ 的表达方式。

由于电磁波是横波，沿 z 方向 (单位矢量为 k) 传播的光场的电矢量 E 位于垂直于传播方向的 (x,y) 平面内。若以 yz 为参考平面，则电矢量的 x 分量 (单位矢量为 i) 为垂直于参考平面的分量 $E_\perp$, y 分量 (单位矢量为 j) 为平行于参考平面的分量 $E_\parallel$

$$E = E_x i + E_y j = E_\perp i + E_\parallel j \tag{1.1.1}$$

电矢量的任一分量 E 可由振幅 (amplitude) A 与相位 (phase) S 或波前 (wavefront) $\Phi = S/k$ 来表达，波前 Φ 定义为传播路径的长度 (常以波长为单位)，而相位 S 正比于传播路径的长度与波长的比值

$$E = E_1 + iE_2 = A\exp[iS] = A\exp[ik\Phi] \tag{1.1.2}$$

光强为

$$I = E^*E = A^2 \tag{1.1.3}$$

在定向光传播问题中，由于光源一般是单色光，且传播方向局限在很小的方向范围内，通常使用光强描述光的能量。光强 (irradiance) I 一般定义为单位面积内通过的光功率，单位为 W/m^2。

在辐射传输等问题中，由于光源具有宽广的光谱范围，光波一般充满空间各个方向，所以通常使用光谱强度 (或光谱辐射亮度) 描述光波的能量。光谱辐射亮度 (radiance) I_λ 定义为单位波长间隔的光波在单位立体角内通过单位面积的功率，单位为 $W/(m^3 \cdot sr)$。光谱辐射亮度也常常定义为单位波数间隔的光波在单位立体角内通过单位面积的功率 $I_\nu = \lambda^2 I_\lambda$, 单位为 $W/(m \cdot sr)$。

立体角 (solid angle) 为以观测点为球心对应于一个特定方向上的球面积与半径平方的比值，其单位为球面度 (sr)。在球坐标系中如果以 θ 和 ϕ 分别表示天顶角 (zenithal angle) 和方位角 (azimuthal angle)，则微分立体角元为

$$\mathrm{d}\Omega = \sin\theta \mathrm{d}\theta \mathrm{d}\phi \tag{1.1.4}$$

如图 1.1.1 所示。因而，全空间的立体角为 $4\pi\mathrm{sr}$，半空间的立体角为 $2\pi\mathrm{sr}$。

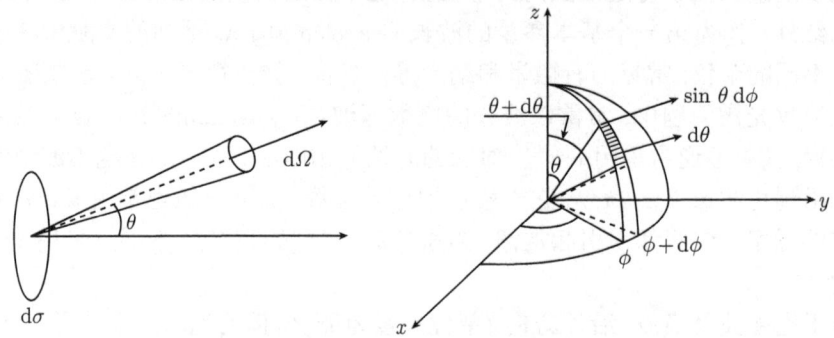

图 1.1.1　球坐标系中的方位角和微分立体角元

来自半空间各个方向入射到观测平面单位面积内的光功率是其法线分量的积分，称为单色辐照度 (monochromatic irradiance)

$$F_\lambda = \int_\Omega I_\lambda \cos\theta \mathrm{d}\Omega = \int_0^{2\pi}\int_0^{\pi/2} I_\lambda(\theta,\phi)\cos\theta\sin\phi \mathrm{d}\theta \mathrm{d}\phi \tag{1.1.5}$$

其单位为 $\mathrm{W/m^3}$。在辐射传输问题中，一般使用天顶角的余弦 $\mu = \cos\theta$ 进行计算分析。对光波涵盖的光谱区内的单色辐照度进行积分，即得到辐照度 (irradiance)

$$F = \int_\lambda F_\lambda \mathrm{d}\lambda \tag{1.1.6}$$

请注意，这里的辐照度 F 对应于定向光传播问题中的光强 I。由于各自研究方向的习惯问题，采用了不同的符号。

1.1.2　偏振及 Stokes 参量

电磁波的偏振 (polarization) 状态是其携带的重要信息，如果两个分量具有同样的相位，则电磁波是线 (linear) 偏振的；如果两个分量的相位相差 $\pi/2$ 且振幅相等，则电磁波是圆 (circular) 偏振的；在一般具有固定相位差的情况下是椭圆 (elliptical) 偏振的；如果两个分量的相位差是完全随机的，则电磁波是非偏振的。通过一组四个 Stokes 参量，可以完成确定电磁波的偏振状态。它们的定义为 (Bohren and Huffman, 1983)

$$I = E_\parallel E_\parallel^* + E_\perp E_\perp^* = A_\parallel^2 + A_\perp^2 \tag{1.1.7a}$$

$$Q = E_{\parallel}E_{\perp}^* - E_{\perp}E_{\perp}^* = A_{\parallel}^2 - A_{\perp}^2 \tag{1.1.7b}$$

$$U = E_{\parallel}E_{\perp}^* + E_{\parallel}^*E_{\perp} = 2A_{\parallel}A_{\perp}\cos(S_{\perp} - S_{\parallel}) \tag{1.1.7c}$$

$$V = \mathrm{i}(E_{\parallel}E_{\perp}^* - E_{\parallel}^*E_{\perp}) = 2A_{\parallel}A_{\perp}\sin(S_{\perp} - S_{\parallel}) \tag{1.1.7d}$$

式中, I 为两个分量的光强之和; Q 为两个分量的光强之差。这四个量可以通过光强测量配合一个线偏振器和一个 1/4 波带片来确定。由于只有三个独立的参数 $A_{\parallel}, A_{\perp}, S_{\perp} - S_{\parallel}$, 四个参量满足

$$I^2 = Q^2 + U^2 + V^2 \tag{1.1.8}$$

上述 Stokes 参量都是针对单色 (monochromatic) 光而言的, 对有一定宽度的准单色 (quasi-monochromatic) 光, (1.1.7) 各式都应该理解为定义在平均意义上, 此时

$$I^2 \geqslant Q^2 + U^2 + V^2 \tag{1.1.9}$$

在测得 Stokes 参量的情况下, 我们可以求得电磁波中偏振分量的含量, 即偏振度 (degree of polarization) 为

$$P = \frac{\sqrt{Q^2 + U^2 + V^2}}{I} \tag{1.1.10}$$

式中, 线偏振分量的偏振度为

$$P_{\mathrm{l}} = \frac{\sqrt{Q^2 + U^2}}{I} \tag{1.1.11}$$

圆偏振分量的偏振度为

$$P_{\mathrm{c}} = \frac{V}{I} \tag{1.1.12}$$

如果该值为正, 则圆偏振分量是右旋的 (朝向光源看, 电矢量顺时针旋转); 如果该值为负, 则圆偏振分量是左旋的; 如果该值为零, 则没有圆偏振分量。线偏振分量的方向角度 (线偏振分量和平行分量按顺时针方向的夹角) 由下式确定:

$$\gamma = \frac{1}{2}\arctan\left(\frac{U}{Q}\right) \tag{1.1.13}$$

偏振的椭率 (ellipticity) 为

$$\eta = \frac{1}{2}\arctan\left(\frac{V}{\sqrt{Q^2 + U^2}}\right) \tag{1.1.14}$$

如果电磁波是非偏振的, 则 $Q = U = V = 0$。

由于 Stokes 参量都是对应于光强性质的量, 当多束光波沿同一方向非相干叠加 (即各光束间没有固定的相位关系) 传播时, 总光束的 Stokes 参量是各束光的 Stokes 参量之和。

1.1.3 光场的相位及其奇性

由式 (1.1.2) 可得空间任意一点 ρ 的电磁场的相位的主值

$$S(\rho) = \arctan\left(\frac{E_2(\rho)}{E_1(\rho)}\right) \tag{1.1.15}$$

位于 $(-\pi, \pi)$。由于 $E(\rho)$ 是时空位置的平滑单值函数,因此沿着一个时空回路 C,相位 S 的改变只能是 $2m\pi$ (m 是整数)。如果 m 不为零,让回路 C 收缩到一个非常小的区域而使 m 不变,那么相位 S 的变化速率将趋于无穷大,因而回路 C 包围了一个奇点。场 E 的平滑性使得相位的奇点只能出现在 $E(\rho) = 0$ 的位置,此处相位 S 具有不确定的值。m 一般称为相位奇点的拓扑荷 (topological charge)。

如果二维平面内的光场具有相位奇性,当它和均匀光场进行干涉时,相位奇点处的干涉条纹就会出现分岔现象。相位奇点并不仅仅是数学或物理上的理论现象,它也表现在现实世界中,图 1.1.2 为一张大漠沙浪的照片,就是一幅绝妙的有相位奇点的干涉条纹图 (饶瑞中,2005)。

图 1.1.2　大漠沙浪 —— 相位奇性的自然表现

由于相位奇点处的干涉条纹会出现分岔,故相位奇点一般被称作相位歧点 (branch point)。相位歧点一般是成对出现的 (拓扑荷具有相反的符号)。在相位歧点存在的情况下,为了获得最简单的单值相位分布,可将相邻的异性歧点连接起来 [连线称作削线 (branch cut)],在削线的两侧相位出现跃变,如图 1.1.3 所示 (Fried and Vaughn, 1992)。

相位代表了光波的局域传播方向,光波的等相位面 (波前) 的法线方向与光波的能流方向一致。显而易见,在光强为零的相位歧点处能流成为涡旋。图 1.1.4 是半无穷大平面衍射的光强分布和能流方向分布图 (Born and Wolf, 1999)。因此,二维平面内的一个相位歧点对应于三维空间的一条光学涡丝。在复杂光场中,相位歧点不止一处,一般通称为光学涡旋。

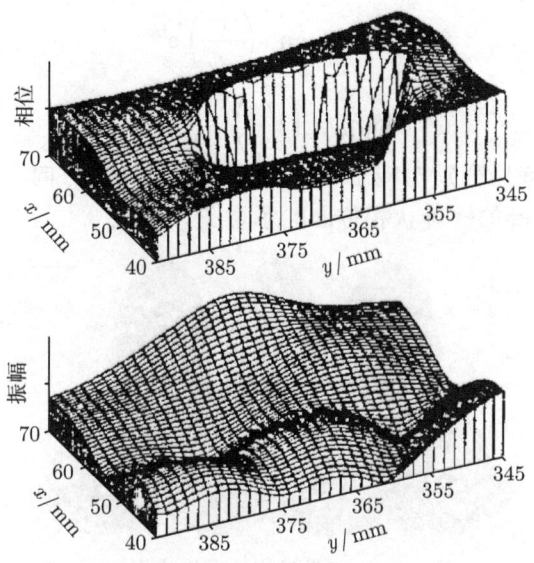

图 1.1.3 光场中的相位歧点及削线

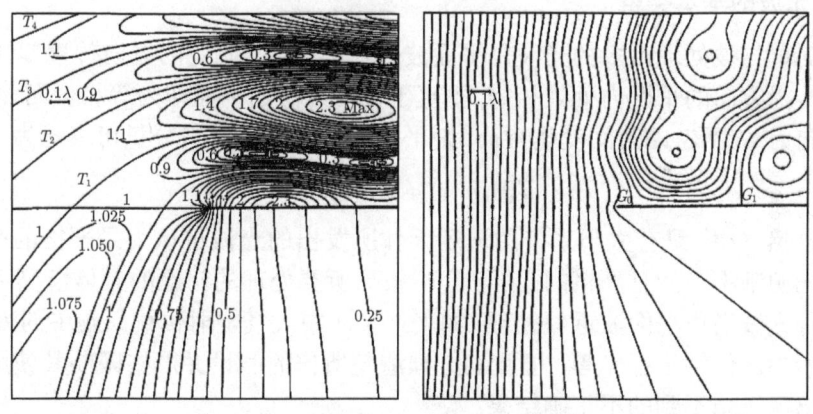

图 1.1.4 半无穷大平面衍射的能流方向

在一个背景光场 $E_b(r,\theta,z)$ 的 r_0 位置上存在一个特征尺度为 ω_v 的光学涡旋的光场可以在柱坐标系下表示为

$$E(r,\theta,z) = E_b(r,\theta,z)V(r,r_0,\theta,z) \tag{1.1.16}$$

其中涡旋函数为

$$V(r,r_0,\theta,z) = A(r,r_0,z)\mathrm{e}^{\mathrm{i}m\theta} \tag{1.1.17}$$

一个光学涡旋的振幅轮廓函数可以有多种形式。两种典型的振幅函数分别为光学涡旋孤子对应的双曲正切涡旋和圆柱波导中产生的径向涡旋,它们的表达形式分别为 (Rozas, Law and Swartzlander Jr., 1997)

$$V(r) = \tanh\left(\frac{r}{\omega_v}\right) e^{im\theta} \tag{1.1.18}$$

$$V(r) = \left(\frac{r}{\omega_v}\right)^{|m|} e^{im\theta} \tag{1.1.19}$$

拓扑荷 m 的正负符号分别对应于相位螺旋面的沿传播方向右旋或左旋方向。图 1.1.5 是一个光学涡旋的螺旋状相位面的示意图。

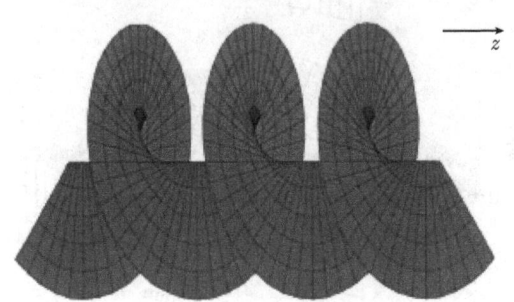

图 1.1.5　光学涡旋的螺旋状相位面

1.1.4　光波的基本类型

最简单与被处理最多的光波是平面波。平面波沿一确定的方向传播，其振幅在垂直于传播方向的平面内处处相等，垂直于传播方向的平面即为等相位面。如果令传播方向为 z，不考虑时间变化特征，则平面波的一个电矢量分量可表示为

$$E(x,y,z) = E_0(z) e^{ikz} \tag{1.1.20}$$

在自然界中，只有太阳系外的遥远天体所发出的光波可认为是严格的平面波，而人造光源都不可能是严格的平面波。但根据所要处理的问题的具体情况，我们可以把某种光波当作平面波近似处理，如平行平面中大气辐射传输问题中的太阳光、几何光学中的傍轴平行光等。但我们必须清楚所作的假设并严格限制其使用范围，否则会出现意想不到的不正确结果。

球面波的光源来自空间中一个理想的点，它向全空间均匀发射，设空间某点 (x,y,z) 距光源的距离为 r，则球面波的场可表示为

$$E(x,y,z) = \frac{E_0}{kr} e^{ikr} \tag{1.1.21}$$

一般而言，当光源的尺度远小于所要处理的问题所涉及的特征尺度时，其光波可当作球面波处理。当距离 r 很大时，在空间有限范围内的球面波可以近似当作平面波。

激光是目前最常用的一种人造光源，其稳定的输出一般为 Gauss 光束。均匀介质中的基模 Gauss 光束 (其光强在垂直于传播方向的平面内呈 Gauss 分布) 的电矢量可表示为 (Yariv, 1975)

1.1 光波基本参量与基本类型

$$E(x, y, z) = E_0 \frac{\omega_0}{\omega(z)} \exp\left\{-\mathrm{i}[kz - \eta(z)] - r^2\left(\frac{1}{\omega^2(z)} + \frac{\mathrm{i}k}{2R(z)}\right)\right\} \quad (1.1.22)$$

这里涉及以下几个参量:

$$\omega(z) = \omega_0 \sqrt{1 + \frac{z^2}{z_0^2}} \quad (1.1.23\mathrm{a})$$

$$R(z) = z\left(1 + \frac{z_0^2}{z^2}\right) \quad (1.1.23\mathrm{b})$$

$$\eta(z) = \arctan\left(\frac{z}{z_0}\right) \quad (1.1.23\mathrm{c})$$

$$z_0 \equiv \frac{n\pi\omega_0^2}{\lambda} = \frac{1}{2}nk\omega_0^2 \quad (1.1.23\mathrm{d})$$

如果略去仅在传播方向上变化的相位 $kz - \eta(z)$,则基模 Gauss 光束可表示为

$$E(x, y, z) = E_0 \frac{\omega_0}{\omega(z)} \exp\left\{-\left(\frac{r^2}{\omega^2(z)} + \mathrm{i}\frac{kr^2}{2R(z)}\right)\right\} \quad (1.1.24)$$

$$I(x, y, z) = E_0^2 \frac{\omega_0^2}{\omega^2(z)} \exp\left\{-\left(\frac{2r^2}{\omega^2(z)}\right)\right\} \quad (1.1.25)$$

在偏离光轴 $(x = 0, y = 0)$ 的横向距离 $\omega(z)$ 处,场振幅下降为轴上值的 $1/\mathrm{e}$,光强下降为轴上值的 $1/\mathrm{e}^2$。参量 $\omega(z)$ 通常被称为光束半径。显然在 $z = 0$ 处,光束半径为最小值 ω_0,它通常被称为光腰半径,$z = 0$ 处即为光腰的位置。

Gauss 光束的等相位面由 $kz - \eta(z) + \frac{kr^2}{2R(z)} =$ 常数来确定,在 $r \ll |z|$ 处,此等相位面可近似为球面,其曲率半径为 $R(z)$。

显然,Gauss 光束由光腰位置和光腰半径唯一确定,其能量主要集中在由双曲面 $x^2 + y^2 = \omega^2(z)$ 包围的空间内。由于光束半径 $\omega(z)$ 随离开光腰的距离的增大而增大,Gauss 光束对光腰而言总是发散的。在 $|z| \gg z_0$ 处,该双曲面渐近于圆锥面 $r = \omega_0|z|/z_0$。此圆锥的半顶角即为 Gauss 光束的远场发散角

$$\theta = \arctan\left(\frac{\omega_0}{z_0}\right) \approx \frac{\omega_0}{z_0} \quad (1.1.26)$$

当 Gauss 光束经过光学系统传播时,如果将入射光束的光腰视为 "物",出射光束的光腰视为 "像",则二者之间的变换关系有别于一般的几何光学中的物像关系,必须按照 Gauss 光束在类透镜介质中传播的 ABCD 定律来进行分析,来获得出射光束的光腰位置和光腰半径。

Gauss 光束与平面波或球面波的区别是明显的: 光强分布不均匀、等相位面随位置而改变。就有限空间而言,当 Gauss 光束的光腰半径很大时,其特性接近于平

面波；当 Gauss 光束的光腰半径很小时，其特性接近于球面波。然而，在实际应用中能否把 Gauss 光束当作平面波或球面波来处理，需要根据具体的问题和所关心的物理量来进行具体分析，否则会带来意想不到的错误推论。

可以人为产生携带光学涡旋的光源，常见的一种方法是利用高阶 Gauss 光束。高阶 Gauss 光束，即 Hermite-Gauss(HG) 光束，是激光的稳定输出模式，略去传播因子 $\mathrm{e}^{\mathrm{i}(kz-wt)}$ 的场为

$$E_{mn}(x,y) = \sqrt{\frac{2}{\pi m!n!2^{m+n}}}\frac{1}{\omega}\mathrm{e}^{-(x^2+y^2)/\omega^2}\mathrm{e}^{-\mathrm{i}k(x^2+y^2)/2R}$$
$$\cdot \mathrm{e}^{-\mathrm{i}(m+n+1)\theta}H_m(\sqrt{2}x/\omega)H_n(\sqrt{2}y/\omega) \tag{1.1.27}$$

式中，ω、R 和 θ 是光束的形状参量；H_m 是 m 阶 Hermite 多项式。HG 光束经一定的光学变换后可以得到 Laguerre-Gauss(LG) 光束，它是一种最常见的涡旋光束，略去传播因子 $\mathrm{e}^{\mathrm{i}(kz-wt)}$ 的场为 (Vickers et al., 2008)

$$E_{mn}(\rho,\varphi) = \sqrt{\frac{2}{\pi m!n!}}\frac{p!}{\omega}\mathrm{e}^{-\rho^2/\omega^2}\mathrm{e}^{\mathrm{i}k\rho^2/(2R)}\mathrm{e}^{-\mathrm{i}(m+n+1)\theta}\left(\frac{\sqrt{2}\rho}{\omega}\mathrm{e}^{\mathrm{i}\varphi}\right)^l L_p^l\left(\frac{2\rho^2}{\omega^2}\right) \tag{1.1.28}$$

式中，$p = \min(m,n)$，$l = |m-n|$，L_p^l 是连带 Laguerre 多项式。

对于不同的阶次，该光束具有不同的拓扑荷。实验测得的几种低阶次的 Hermite-Gauss 光束、Laguerre-Gauss 光束的光强、Laguerre-Gauss 与平面波的干涉图以及 Laguerre-Gauss 与异荷 Laguerre-Gauss 的干涉图如图 1.1.6 所示 (Vickers et al., 2008)，图中 $N = m+n$。

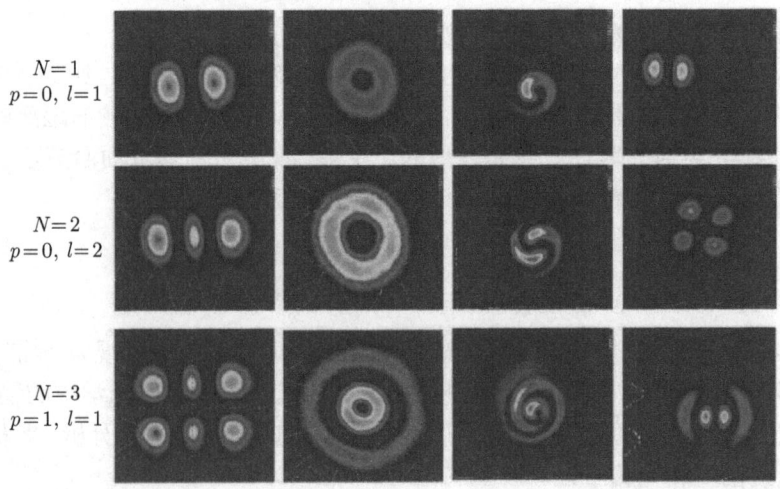

图 1.1.6　Hermite-Gauss(第 1 列)、Laguerre-Gauss 光束 (第 2 列) 的光强、LG 与平面波的干涉图 (第 3 列) 以及 LG 与异荷 LG 的干涉图 (第 4 列)

常用激光的类型、波长如表 1.1.1 所示。

表 1.1.1 常用激光的类型、波长

激光类型	英文名称	波型	波长/μm	功率	应用领域
氮分子	N_2	脉冲	0.3371	1MW	大气探测、医疗
氩离子	Ar	脉冲	0.4880 0.5145	1~100W	全息术、信息处理
倍频 YAG	YAG	脉冲	0.53	mW~W	激光雷达等
氦氖	He-Ne	连续波	0.6328	~mW	光学检测、精密计量、全息术
半导体 (砷化钾等)	GaAs	连续波、脉冲	0.6~0.88 1.02~1.67	mW~W	光通信、信息存储等
YAG	YAG	脉冲、连续波	1.06	W~kW	测距、激光雷达等
化学氧碘	COIL	连续波	1.315	kW~MW	军事等
氟化氢	HFP1(12)	连续波	2.9573	~kW	军事等
氦氖	He-Ne	连续波	3.39	~mW	大气探测
氟化氘	DF P2(8)	连续波	3.8007	kW~MW	军事等
二氧化碳	CO_2 P(20)	连续波、脉冲	10.591	~kW、kJ	光通信、测距、激光制导、工业加工、医疗等

1.2 光学辐射及其基本定律

1.2.1 光辐射及谱线特征

电磁辐射来自原子或分子能级间的跃迁,原子或分子的能量 E 包括电子能 E_e、振动能 E_v、转动能 E_r 和平动能 E_t。设能级间的能量差为 $\Delta E = E_2 - E_1 > 0$,则原子或分子从能级 E_2 改变到 E_1 时会释放出光子,其波数由 $hc\nu = \Delta E$ 确定,即

$$\lambda = \frac{1}{\nu} = \frac{hc}{\Delta E} \tag{1.2.1}$$

h 是 Planck 常量 (6.626×10^{-34}J·s)。各种能级间的跃迁构成了波长从长到短的光谱。每一个能级间的跃迁形成了光谱中的一条线。当能级差可明显区分时,光谱由一条条孤立的分立谱线构成。但当能级间的差别小于单根谱线的宽度时,将形成连续的光谱。

分子转动能级之间跃迁产生的辐射位于远红外和微波波段,振动能级之间跃迁产生的辐射的跃迁出现在红外波段 (2~20μm 波长范围),而电子跃迁出现在可见和紫外波段 (0.3~0.7μm 波长范围),除此之外,还存在着一些由这三种能级跃迁相互组合的振转跃迁或电子振转跃迁。

Heisenberg 不确定原理、原子或分子总是处于运动状态导致的 Doppler 效应、原子或分子间的碰撞引起的能量扰动等因素决定了能级间的能量差不会是一个确定不变的值, 而是一个不确定的范围, 因此导致了不存在一个函数式的孤立谱线, 而是一个具有一定宽度的廓线。

反过来, 原子或分子吸收 $hc\nu = \Delta E$ 的电磁辐射从而由低能级 E_1 跃迁到高能级 E_2。对应于辐射光谱的是原子或分子的吸收光谱。分立的吸收谱线由谱线型函数 (主要参量为中心位置、谱线强度和线宽) 描述。

中心波数为 v_0 的吸收线在光谱位置 v 的相对吸收强度 α_ν(暂时不考虑其具体单位, 将在后面叙述) 由谱线强度 S 和归一化线型函数 (line shape factor) $f(v-v_0)$ 确定 (Goody and Yung, 1989)

$$\alpha_\nu = Sf(v - v_0) \tag{1.2.2}$$

归一化线型函数满足

$$\int_{-\infty}^{\infty} f(x)\mathrm{d}x = 1 \tag{1.2.3}$$

由于分子能级具有一定的寿命, 根据 Heisenberg 不确定原理得到的能量不确定值导致的谱线加宽, 通常称为自然加宽 (natural broadening), 这是任何谱线都避免不了的, 此时线型函数为 Lorentz 廓线

$$f_\mathrm{L}(x) = \frac{\gamma/\pi}{x^2 + \gamma^2} = \frac{1/(\pi\gamma)}{1 + (x/\gamma)^2} \tag{1.2.4}$$

可见, 决定谱线相对形状的唯一参数是 γ, 它对应于谱线的半宽度 (half-width)。对于自然加宽, 谱线半宽度取决于高能级态的寿命 τ

$$\gamma_\mathrm{N} = \frac{1}{4\pi\tau} \tag{1.2.5}$$

对于分子间碰撞引起的能量扰动导致的谱线加宽, 通常称为压力加宽 (pressure broadening), 此时线型函数也遵从 Lorentz 廓线。谱线宽度和气压 P 与温度 T 有关

$$\gamma_\mathrm{L} = \gamma_0 \frac{p}{p_0} \left(\frac{T_0}{T}\right)^n \tag{1.2.6}$$

γ_0 为标准气压和温度下的谱线宽度, 指数 n 一般在 (0.5, 1) 区间内取值。

分子热运动导致的 Doppler 效应引起的谱线加宽由 Doppler 线型表示

$$f_\mathrm{D}(x) = \frac{1}{\gamma_\mathrm{D}\sqrt{\pi}} \cdot \exp\left[-\left(\frac{x}{\gamma_\mathrm{D}}\right)^2\right] \tag{1.2.7}$$

Doppler 线宽 γ_D 由分子的运动速度并最终由分子的温度和质量确定

$$\gamma_D = \frac{u}{c}\nu_0 = \frac{\nu_0}{c}\sqrt{\frac{2k_BT}{m}} \qquad (1.2.8)$$

式中, c 是光速; $k_B = 1.3806 \times 10^{-23}$ J/K 是 Boltzmann 常量; m 是分子质量。

更一般的情况是, 自然加宽、压力加宽和 Doppler 加宽同时起作用, Lorentz 和 Doppler 函数都不适合谱线的形状, 这时需要一种新的复合 Voigt 线型

$$\begin{aligned} f_V(x,\gamma_L,\gamma_D) &= \int_{-\infty}^{\infty} f_L(x')f_D(x-x')\mathrm{d}x' \\ &= \frac{\gamma_L}{\gamma_D\pi^{3/2}}\int_{-\infty}^{\infty}\frac{1}{x'^2+\gamma_L^2}\exp\left[-\left(\frac{x-x'}{\gamma_D}\right)^2\right]\mathrm{d}x' \end{aligned} \qquad (1.2.9)$$

当 Doppler 线宽远小于 Lorentz 线宽时, Voigt 线型就退化为 Lorentz 线型, 反之则退化为 Doppler 线型。Lorentz 线型、Doppler 线型和 Voigt 线型的比较如图 1.2.1 所示。

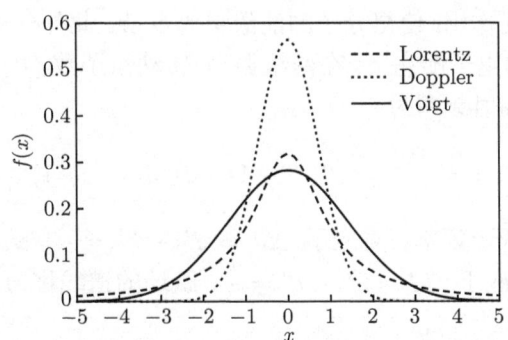

图 1.2.1　Lorentz 线型、Doppler 线型和 Voigt 线型的比较

谱线强度是整个吸收谱线内的积分吸收截面, 谱线的强度取决于参与跃迁的低量子态和高量子态的布居数目, 因而也依赖于温度, 它正比于跃迁的两个量子态的量子力学偶极矩阵元。

热力学平衡状态下, 一定能态上的布居数目符合 Boltzmann 分布

$$\frac{n_j}{n_i} = \frac{g_j}{g_i}\mathrm{e}^{-(E_j-E_i)/(k_BT)} \qquad (1.2.10)$$

式中, n、E、g 分别代表数密度、能级和激发态的统计权重。对于一个双能级原子, 假设自发辐射、受激辐射和吸收的谱线强度完全一致的情况下, 可求得谱线强度为 (Thomas and Stamnes, 1999)(单位: m²/s)

$$S_\nu = \frac{2h\nu_0^3/c^2}{(n_1g_2/n_2g_1)-1} \qquad (1.2.11)$$

对于复杂的分子光谱,要考虑各种振动和转动能级。一定结构的分子包含一定数目 i 的振动模态,其振动 (vibrational) 能级为

$$E_\mathrm{v} = \sum_i hI_i(I_i + 1/2), \quad I_i = 0, 1, 2, \cdots \tag{1.2.12}$$

I_i 为振动量子数。振动能级间的跃迁虽然存在着一定的选择规则,但由于实际分子系统基本不可能存在严格的谐振,各种跃迁都可能发生,即 $\Delta I = \pm 1$,$\Delta I = \pm 2$,$\Delta I = \pm 3$ 等,其中 $\Delta I = \pm 1$ 为基本跃迁。

分子的转动 (rotational) 能级为

$$E_\mathrm{r} = hcBJ(J+1), \quad J = 0, 1, 2, \cdots \tag{1.2.13}$$

式中,B 为分子的转动常数 (rotational constant);J 为转动量子数。转动能级跃迁的选择定则为 $\Delta J = \pm 1$。

当转动和振动相互独立作用时,分子的能级为二者的简单相加。但实际上两者总是存在一定的相互作用,使得分子的能级更为复杂。此外分子的能级还要加上电子的能态。在一定的电子能态下,在两组振动–转动量子数 (I', J') 和 (I'', J'') 确定的能级之间跃迁的辐射频率为

$$\nu = \nu_0 + B'J'(J'+1) - B''J''(J''+1) \tag{1.2.14}$$

式中,ν_0 为纯振动跃迁频率。对应于 $\Delta J = J' - J'' = +1$ 跃迁的谱线称为 R 支 (R-branch) 谱线,对应于 $\Delta J = J' - J'' = -1$ 跃迁的谱线称为 P 支 (P-branch) 谱线,即

$$\nu_\mathrm{R} = \nu_0 + 2B' + (3B' - B'')J + (B' - B'')J^2, \quad J = 0, 1, 2, \cdots \tag{1.2.15}$$

$$\nu_\mathrm{P} = \nu_0 - (B' + B'')J + (B' - B'')J^2, \quad J = 1, 2, \cdots \tag{1.2.16}$$

如图 1.2.2 所示。

电子的能级使分子谱线更加复杂,对能级的描述增加了一个电子量子数 Λ。在这种情况下,$\Delta J = J' - J'' = 0$ 的转动能级跃迁可以发生,此时产生了 Q 支 (Q-branch) 谱线,其对应的谱线频率为

$$\nu_\mathrm{Q} = \nu_0 + (B'' - B')\Lambda^2 + (B' - B'')J + (B' - B'')J^2 \tag{1.2.17}$$

对于转动能级,激发态 J 的布居数 $g_J = 2J + 1$,它与总能态数目的关系为

$$\frac{n(J)}{n} = \frac{2J+1}{Q_\mathrm{r}} \exp\left[-\frac{hcB}{k_\mathrm{B}}J(J+1)\right] \tag{1.2.18}$$

其中转动配分函数 (rotational partition function)

$$Q_{\mathrm{r}} = \sum_{J'}(2J'+1)\exp\left[-\frac{hcB}{k_{\mathrm{B}}T}J'(J'+1)\right] \tag{1.2.19}$$

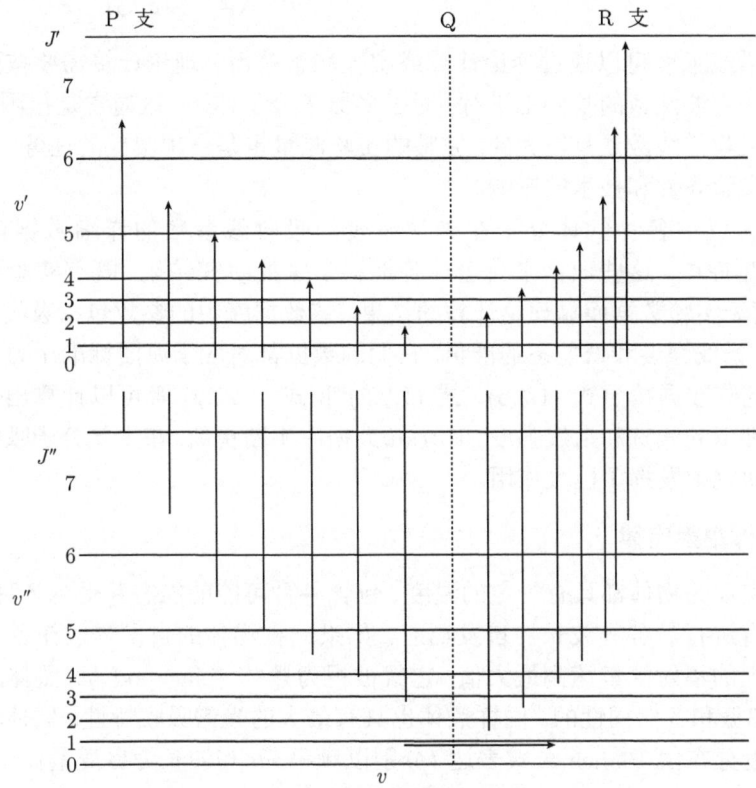

图 1.2.2 分子振动-转动能级及能级跃迁辐射谱线

对于足够大的 T 和足够小的 B, $Q_{\mathrm{r}} \approx \dfrac{k_{\mathrm{B}}T}{hcB}$。只考虑基态和激发态的从 $(I'', J'') \to (I', J')$ 跃迁的辐射谱线的强度为

$$S = \frac{h\nu(2J''+1)}{4\pi Q_{\mathrm{r}}} B_{12}\exp\left[-\frac{hcB}{k_{\mathrm{B}}T}J''(J''+1)\right]\left(1-\mathrm{e}^{-h\nu/(k_{\mathrm{B}}T)}\right) \tag{1.2.20}$$

式中, B_{12} 为从基态受激跃迁到激发态的 Einstein 系数。对于任何多原子分子, 考虑到初始振动激励的概率, 可以在式 (1.2.20) 基础上修正得到辐射谱线强度

$$S(T) = S(T_0)\frac{Q_{\mathrm{v}}(T_0)}{Q_{\mathrm{v}}(T)}\frac{Q_{\mathrm{r}}(T_0)}{Q_{\mathrm{r}}(T)}\frac{\mathrm{e}^{-E''/k_{\mathrm{B}}T}}{\mathrm{e}^{-E''/k_{\mathrm{B}}T_0}}\frac{(1-\mathrm{e}^{-E/k_{\mathrm{B}}T})}{(1-\mathrm{e}^{-E/k_{\mathrm{B}}T_0})} \tag{1.2.21}$$

式中, $Q_{\mathrm{v}}(T), Q_{\mathrm{r}}(T)$ 分别为吸收气体的振动和转动配分函数。振动配分函数 $Q_{\mathrm{v}}(T)$ 的定义和转动配分函数 $Q_{\mathrm{r}}(T)$ 的定义相仿。

在实际的分子吸收谱线计算分析中,可以将式 (1.2.21) 复杂的温度依赖关系拟合为下列半经验公式:

$$S(T) = S(T_0) \left(\frac{T_0}{T}\right)^m \exp\left[-\frac{E''}{k_B}\left(\frac{1}{T} - \frac{1}{T_0}\right)\right] \quad (1.2.22)$$

吸收谱线强度可以通过理论计算或实验测量获得。理论计算需要按照量子力学在准确知道波函数的基础上进行,对于多原子分子体系,这通常是很困难的。各种分子的吸收谱线数量是巨大的,完整的实验测量也是一项艰巨的任务,并且测量精度也受实验条件和技术的影响。

目前大气中各种气体分子在光学波段的吸收线参数的详细数据都收录在 Hitran 数据库中,这些数据来自全球各地科学家的研究结果,既有实验测量的数据,也有暂无实验数据而靠理论计算的结果。该数据库中的参数包括吸收线中心频率、线宽、谱线强度和低能态的能量,它们的数据都对应于海面标准压力和温度条件。根据这些数据按照式 (1.2.6)、式 (1.2.8) 和式 (1.2.22) 等可以计算出任意温度和压力条件下的线宽和谱线强度。Hitran 数据库不断更新,在大气分子吸收的逐线积分计算研究中发挥了巨大作用。

1.2.2 黑体辐射定律

任何宏观的物体都具有一定的温度、包含各种可能的能态并受到各种扰动,因此它们一直进行着各种波长的自发辐射。如果一种物体的自发辐射在各个波长和所有方向上的辐射能量达到最大值,它就被视为黑体 (blackbody)。黑体的辐射是均匀、非偏振和各向同性的。同样黑体也具有最大的光谱吸收特性。黑体辐射的光谱辐射亮度分布由 Planck 公式表达 (分别以频率 $c\nu$ 和波长为自变量)

$$B_{c\nu} = \frac{2h(c\nu)^3}{c^2(e^{hc\nu/k_B T} - 1)} \quad (1.2.23)$$

$$B_\lambda = \frac{2hc^2}{\lambda^5(e^{hc/k_B \lambda T} - 1)} \quad (1.2.24)$$

对 Planck 公式进行光谱积分,可以获得黑体的总辐射亮度与温度的关系为

$$\int_0^\infty B_\lambda d\lambda = bT^4 = \frac{\sigma T^4}{\pi} \quad (1.2.25)$$

该结果一般称为 Stefan-Boltzmann 定律,式中的 Stefan-Boltzmann 常数 $\sigma = 5.67032 \times 10^{-8} W/(m^2 \cdot K^4)$。由于黑体辐射的各向同性,则黑体辐射的辐照度为

$$F = \sigma T^4 \quad (1.2.26)$$

对 Planck 公式进行微分, 可以求出对应于光谱辐射亮度极大值的波长, 即 Wien 位移定律 (Wien's displacement law)

$$\lambda_{\max} = \frac{a}{T} \qquad (1.2.27)$$

式中, 常数 $a = 2.897 \times 10^{-3}$m·K$= 2897$μm·K。根据此定律可以由物体的光谱辐射特性求出物体的温度。例如, 太阳的最大光谱辐射亮度对应的波长为 0.5μm, 对应的温度为 5794K, 一般取 5800K 作为太阳的表观温度。

黑体是一种理想的辐射体, 自然界的绝大多数物体都不是黑体。但一般可以把很多物体的光谱辐射特性类比于黑体辐射, 其光谱辐射亮度可以在温度相同的黑体辐射亮度上增加一个小于 1 的因子。这种物体一般称为灰体 (gray body)。定义该因子为灰体的光谱发射率 ε_λ(emissivity), 它可以是一个与各种因素无关的常数, 也可能是与波长、方向有关的函数

$$\varepsilon_\lambda = \frac{I_\lambda(T)}{B_\lambda(T)} \qquad (1.2.28)$$

若将地球表面视为 300K 的灰体, 则其主要的辐射光谱的中心位于 9.66μm。Kirchhoff 定律表明, 任何物体对入射辐射的单色吸收率等于其单色辐射率

$$\alpha_\lambda = \varepsilon_\lambda \qquad (1.2.29)$$

在大气系统中, 主要的辐射源来自太阳和地表以及大气成分的辐射, 太阳辐射能量的主要光谱范围在可见光和近红外 ($\lambda < 4$μm), 一般称为短波辐射, 而地球表面和大气的辐射光谱区域位于中远红外 ($\lambda > 4$μm), 一般称为长波辐射。在处理短波辐射的传输问题时, 不需要考虑长波的辐射。同样在处理长波辐射的问题时, 可以忽略短波辐射的影响。

与太阳、地表和大气等自然辐射源的宽光谱区域不同, 人造光源的光谱范围一般限定在一定的区间内。特别是激光辐射是自发辐射的受激放大产生的, 光谱范围极窄。一般应用情况下可以视为单色光源。

对于一个处于热力学平衡的物体, 其发射的辐射能量应等于吸收的辐射能量, 因而物体的吸收率 (absorptivity) $\alpha_\lambda = \varepsilon_\lambda \leqslant 1$。

1.2.3 电偶极辐射

从电动力学的观点来看, 电磁波来自电偶极子的辐射, 在空间位置 r_0、具有电偶极矩 p 的偶极子在空间位置 r 产生的电磁辐射为 (Jackson, 1999)

$$\boldsymbol{E}(\boldsymbol{r}) = \frac{1}{4\pi\varepsilon_0} \left\{ k^2(\boldsymbol{n} \times \boldsymbol{p}) \times \boldsymbol{n} \frac{\mathrm{e}^{\mathrm{i}kr}}{r} + [3\boldsymbol{n}(\boldsymbol{p} \cdot \boldsymbol{n}) - \boldsymbol{p}] \left(\frac{1}{r^3} - \frac{\mathrm{i}k}{r^2} \right) \mathrm{e}^{\mathrm{i}kr} \right\} \qquad (1.2.30)$$

式中, $\boldsymbol{n} = \boldsymbol{r}/r$ 为径向单位矢量。

反过来, 电磁波也可以将电介质极化, 单位体积内的极化强度 (polarization) 为

$$P = \varepsilon_0 \chi_e E \tag{1.2.31}$$

常数 χ_e 为磁化系数 (electric susceptibility), $\varepsilon/\varepsilon_0 = 1 + \chi_e$ 为相对电容率或相对介电常数 (dielectric constant), 它们与物质的物理特性和光波的波长有关。由这些常数可以得到传播介质的折射率 (refractive index) 为

$$n = \sqrt{\frac{\varepsilon \mu}{\varepsilon_0 \mu_0}} = \sqrt{\frac{\varepsilon}{\varepsilon_0}} \tag{1.2.32}$$

$\varepsilon, \mu, \varepsilon_0, \mu_0$ 分别为介质中和真空中的电容率 (permittivity) 和磁导率 (magnetic permeability), 当介质对光有吸收时, 折射率为复数, 可表示为 $n \equiv n_R - in_I$。在大气粒子的光散射问题中, 由于吸收的存在, 虚部一般不为零。而在湍流大气中的光传播问题中, 虚部一般为零。

一个电介质球内的偶极子极化强度均匀分布为

$$P = 3\varepsilon_0 \left(\frac{n^2 - 1}{n^2 + 2}\right) E \tag{1.2.33}$$

一个分子系统可以看作球体阵列的组合, 其极化强度可表示为

$$\boldsymbol{P} = \gamma_{\text{mol}}(\varepsilon_0 \boldsymbol{E} + \boldsymbol{P}/3) \tag{1.2.34}$$

Clausius-Mossotti 方程 (又常称为 Lorentz-Lorenz 方程) 表达了分子极化率 γ_{mol} (molecular polarizability) 与介电常数 (折射率) 的关系

$$\gamma_{\text{mol}} = \frac{3}{N}\left(\frac{n^2 - 1}{n^2 + 2}\right) \tag{1.2.35}$$

N 为单位体积内的分子数。

一个半径为 a 的整个球体的极化强度是对式 (1.2.35) 的积分

$$p = 4\pi a^3 \varepsilon_0 \left(\frac{n^2 - 1}{n^2 + 2}\right) E \tag{1.2.36}$$

1.3 光波基本传播规律

1.3.1 波动方程

不考虑时间变化因子, 在折射率为 n 的介质中, 波数为 k 的电磁波传播方程为

$$\nabla^2 \boldsymbol{E} + k^2 n^2 \boldsymbol{E} = 0 \tag{1.3.1}$$

式 (1.3.1) 的矢量方程可以简化为任一分量的标量方程

$$\nabla^2 E + k^2 n^2 E = 0 \tag{1.3.2}$$

一般情况下，光波的传播特性都可以通过波动方程求解，但在一些特殊情况下可以简化为几何光学问题。光波在折射率 n 不为常数的非均匀介质中传播时，介质的特征尺度决定了理论方法的有效适用范围。当介质特征尺度远大于光波长时，几何光学起主导作用；当介质特征尺度可与光波长相比拟时，波动光学起主导作用。粒子的尺度是确定的，但大气湍流没有特定的特征尺度，而是包含了相当大范围的各种尺度，因此几何光学和波动光学都有其用武之地。在波动光学起主导作用的情况下，衍射和散射是主要的物理过程。而反射和折射的物理过程可以由几何光学很好地处理。

在谈到光场的分布特征时，常常涉及近场和远场的概念。当光波在介质中传播时，如果光场的空间分布依赖于空间的具体位置，则该处的光场即为"近场"；如果光场的空间分布是传播方向的固定函数，亦即随着光的进一步传播，光场图案不再改变，则可认为光波已达"远场"。显然，在障碍物附近，光场只能为近场，只有在远离障碍物，并且介质均匀的情况下才能出现远场。利用透镜的变换特性，对于无限远处为均匀介质的情况，可以在有限远处得到光的远场分布。但对于连续的非均匀介质，由于光波一直受到介质的干扰，光波永远不可能到达远场。

1.3.2 光的直线传播：几何光学近似

当光波在传播介质中遇到的物体的尺度或非均匀介质的特征尺度远大于波长时，光波呈现直线传播的特征，在两种均匀介质的交界面出现反射和折射现象。在这种情况下，"光线"的概念是十分有效的，光线的轨迹符合简单的几何关系，这种处理方法因此被称为几何光学。

几何光学中的基本概念是光程：介质折射率 n 与光线传播位移 $\mathrm{d}s$ 的积。空间两点间的沿路径 l 的光程为 $\int_l n\mathrm{d}s$。几何光学的基本定律为 Fermat 原理：空间两点间的任意路径中，只有使光程满足极值的路径才是光线的传播路径，即

$$\delta \int n(x,y,z)\mathrm{d}s = 0 \tag{1.3.3}$$

根据几何关系容易由 Fermat 原理导出 Snell 反射与折射定律。由 Fermat 原理还可以导出几何光学的基本公式 —— 光线方程

$$\frac{\mathrm{d}}{\mathrm{d}s}\left(n\frac{\mathrm{d}\boldsymbol{r}}{\mathrm{d}s}\right) = \nabla n \tag{1.3.4}$$

由此获得光线的传播路径。若仅考虑沿 z 方向传播的傍轴光，光线方程可近似为

$$\frac{\mathrm{d}}{\mathrm{d}z}\left(n\frac{\mathrm{d}\boldsymbol{r}}{\mathrm{d}z}\right) = \nabla n \tag{1.3.5}$$

另一方面，我们从波动方程出发获得在几何光学近似条件下光场的分布。将标量场 [式 (1.1.2)] 代入标量传播方程 [式 (1.3.2)]，由实部和虚部分别可得下列方程组：

$$\frac{\nabla^2 A}{A} - [\nabla S]^2 + k^2 n^2 = 0 \tag{1.3.6}$$

$$\nabla^2 S + 2\nabla \ln A \cdot \nabla S = 0 \tag{1.3.7}$$

在几何光学近似条件下，当传播距离达到不均匀介质特征尺度 l_c 时振幅 A 才有显著变化，因此式 (1.3.6) 中的前两项的量级约为 l_c^{-2}。而 ∇S 一般具有 k 的量级，参看式 (1.1.20)、式 (1.1.21) 和式 (1.1.22)。因为 l_c^{-2} 远小于 λ^{-2}，所以式 (1.3.6) 中的前两项可以忽略。于是有

$$[\nabla S]^2 = k^2 n^2 \tag{1.3.8}$$

式 (1.3.7) 和式 (1.3.8) 构成了几何光学方法求解随机介质中光传播问题的基本方程组。

几何光学也是分析大粒子光散射的有效理论方法。根据反射与折射原理，简单地运用光线追踪，就可以得到光线的分布情况，如空气中水珠对太阳光散射形成了虹。

1.3.3 Huygens-Fresnel 原理与衍射

当光在传播过程中遇到特征尺度可与其波长相比拟的障碍物时，其直线传播的特征消失，出现衍射现象或散射现象。在这种情况下，几何光学处理方法不再适用，而必须采用波动光学理论。

通常衍射问题针对各种孔径，这主要是光学系统和各种光学单元器件所涉及的问题：光波只在有限的空间区域通过，其他大部分空间阻止了它的传播。当光波在介质传播过程中被占据有限空间的微粒的衍射导致光波散开在各种方向上传播，这种衍射通常被称为散射。这两类问题得到了充分的研究，已有成熟的理论与实验结果。当光波在折射率分布不均匀的连续介质中传播时，从物理本质上而言也是一种衍射问题。

根据 Helmholtz 和 Kirchhoff 积分原理，设 (ξ, η) 为孔径平面的坐标，(x, y, z) 为衍射区域的坐标，入射到孔 A 上的光场为 $E^\mathrm{i}(\xi, \eta)$，对衍射区 P 点的光场使用 Kirchhoff 近似有 (Born and Wolf, 1999)

$$E(P) = \frac{1}{4\pi} \iint\limits_A \left[E^\mathrm{i} \frac{\partial}{\partial z}\left(\frac{\mathrm{e}^{\mathrm{i}ks}}{s}\right) - \frac{\mathrm{e}^{\mathrm{i}ks}}{s} \frac{\partial E^i}{\partial z} \right] \mathrm{d}S$$

$$= \frac{1}{4\pi} \iint_A \left[E^{\mathrm{i}} \frac{\mathrm{e}^{\mathrm{i}ks}}{s} \left(\mathrm{i}k - \frac{1}{s} \right) \cos(z,s) - \frac{\mathrm{e}^{\mathrm{i}ks}}{s} \frac{\partial E^{\mathrm{i}}}{\partial z} \right] \mathrm{d}S \qquad (1.3.9)$$

式中, s 为孔径平面一点 $Q(\xi, \eta)$ 到 P 点的距离。

Huygens-Fresnel 原理的物理思想是在光源平面 $z = 0$ 上任意一点 $(x_0, y_0, 0)$ 的场 $E_0(x_0, y_0)$ 的作用如同一个新的球面波波源, 其强度与 $E_0(x_0, y_0)$ 成正比, 在各个方向上的振幅分布为 $K(\theta) = (1 + \cos\theta)/(2\mathrm{i}\lambda)$, 因此, 在观测平面 $z = z$ 上任意一点 (x, y, z) 的场 $E(x, y, z)$ 是由光源 A 上所有点发出的球面波的叠加而成的, 即

$$E(x, y, z) = \frac{1}{\mathrm{i}\lambda} \iint_A E_0(x_0, y_0, 0) \frac{\mathrm{e}^{\mathrm{i}kr}}{r} \frac{(1 + \cos\theta)}{2} \mathrm{d}x_0 \mathrm{d}y_0 \qquad (1.3.10)$$

在傍轴近似下有

$$E(x, y, z) = \frac{\mathrm{e}^{\mathrm{i}kz}}{\mathrm{i}\lambda z} \iint_A E_0(x_0, y_0) \exp\left\{ \frac{\mathrm{i}k}{2z} [(x - x_0)^2 + (y - y_0)^2] \right\} \mathrm{d}x_0 \mathrm{d}y_0 \qquad (1.3.11)$$

这就是真空传播情况下 Huygens-Fresnel 原理的傍轴近似表达式, 其几何关系如图 1.3.1 所示。

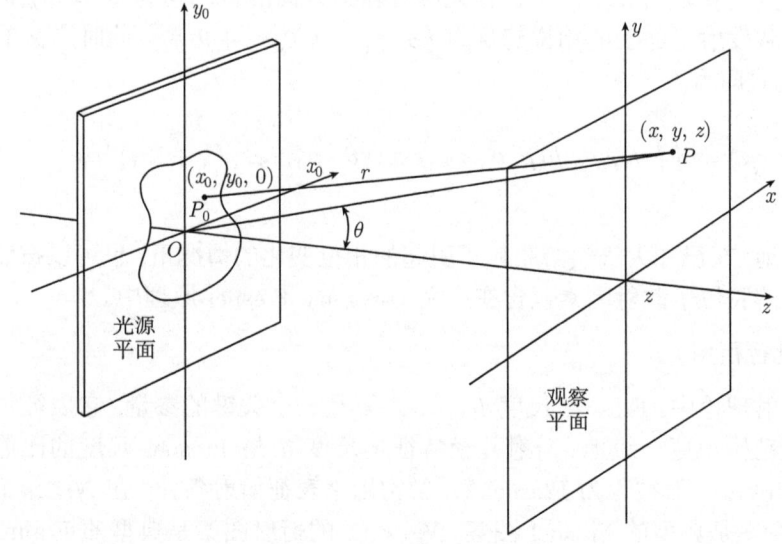

图 1.3.1 Huygens-Fresnel 原理几何示意图

当传播空间为随机介质时, 假定 Huygens-Fresnel 原理依然成立, 只是 $(x_0, y_0, 0)$ 点的球面波传播到 (x, y, z) 点时场有一个复相位变化因子 F_1

$$F_1 = \exp(\chi + \mathrm{i}S_1) \qquad (1.3.12)$$

因而由式 (1.3.11) 可得

$$E(x,y,z) = \frac{\mathrm{e}^{\mathrm{i}kz}}{\mathrm{i}\lambda z} \iint_A E_0(x_0,y_0) \exp\left\{\frac{\mathrm{i}k}{2z}[(x-x_0)^2+(y-y_0)^2]\right\} \cdot \exp(\chi+\mathrm{i}S_1)\mathrm{d}x_0\mathrm{d}y_0 \tag{1.3.13}$$

这就是广义的 Huygens-Fresnel 原理傍轴近似表达式 (Fante, 1975; 1980; 1985)。

定义

$$h(\boldsymbol{\rho}_0,\boldsymbol{\rho},z) = \frac{\mathrm{e}^{\mathrm{i}kz}}{\mathrm{i}\lambda z} \exp\left\{\frac{\mathrm{i}k}{2z}\left[(x-x_0)^2+(y-y_0)^2\right]\right\} \tag{1.3.14}$$

式 (1.3.13) 可简写为

$$E(\boldsymbol{\rho},z) = \iint_A E_0(\boldsymbol{\rho}_0) h(\boldsymbol{\rho},\boldsymbol{\rho}_0,z) \cdot \exp(\chi+\mathrm{i}S_1)\mathrm{d}\boldsymbol{\rho}_0 \tag{1.3.15}$$

广义的 Huygens-Fresnel 原理不仅可以处理随机介质带来的传播问题，而且也可以很方便地将其他因素导致的相位起伏考虑进来。如在光传播问题中，发射系统难免存在一些机械振动等引起的抖动 (jitter)，引起传播方向的变化，从而和湍流造成的到达角起伏混在一起。设在光源处传播方向的抖动角为 $\boldsymbol{\theta}=(\theta_x,\theta_y)$，则因抖动而导致发射平面上的相位起伏为 $k\boldsymbol{\theta}\cdot\boldsymbol{\rho}_0=k(\theta_x x_0+\theta_y y_0)$，此时广义 Huygens-Fresnel 公式应为

$$E(\boldsymbol{\rho},z) = \iint_A E_0(\boldsymbol{\rho}_0) h(\boldsymbol{\rho},\boldsymbol{\rho}_0,z) \cdot \exp(k\boldsymbol{\theta}\cdot\boldsymbol{\rho}_0) \cdot \exp(\chi+\mathrm{i}S_1)\mathrm{d}\boldsymbol{\rho}_0 \tag{1.3.16}$$

同样地，在已知大气气溶胶粒子引起的相位变化的情况下，也可以按照类似的方法将气溶胶粒子散射因素包含在广义 Huygens-Fresnel 原理中。

1.3.4 孔径衍射

在衍射理论中，Fresnel 尺度 $l_{\mathrm{Fr}}=\sqrt{\lambda z}$ 是一个关键的参量，它表征了衍射区域的尺度范围。更一般地，衍射孔径特征半尺度 a 与 Fresnel 尺度的比值的平方 $N_{\mathrm{Fr}}=a^2/(\lambda z)$ 一般被称为 Fresnel 数，常常用来表征衍射条件。在 $N_{\mathrm{Fr}}\gg 1$ 的情况下，衍射图案是典型的 Fresnel 图案，$N_{\mathrm{Fr}}\ll 1$ 的衍射图案是典型的 Fraunhofer 图案，而 N_{Fr} 在 1 附近的衍射图案处于过渡状态。

边长为 $2a$ 的方形孔的 Fresnel 衍射公式为 (Mielenz, 1998)

$$\begin{aligned} E(x,y,z) = &\frac{\exp(\mathrm{i}kz)}{2\mathrm{i}} \left\{[\mathrm{C}(\xi_2)-\mathrm{C}(\xi_1)] + \mathrm{i}\left[\mathrm{S}(\xi_2)-\mathrm{S}(\xi_1)\right]\right\} \\ &\cdot \left\{[\mathrm{C}(\eta_2)-\mathrm{C}(\eta_1)] + \mathrm{i}\left[\mathrm{S}(\eta_2)-\mathrm{S}(\eta_1)\right]\right\} \end{aligned} \tag{1.3.17}$$

式中,$\xi_1 = -\sqrt{2N_{\text{Fr}}}(1+x/a)$,$\xi_2 = \sqrt{2N_{\text{Fr}}}(1-x/a)$,$\eta_1 = -\sqrt{2N_{\text{Fr}}}(1+y/a)$,$\eta_2 = \sqrt{2N_{\text{Fr}}}(1-y/a)$。C( ) 和 S( ) 为 Fresnel 余弦和正弦函数。

利用公式 (1.3.17) 计算 Fresnel 数由大到小的衍射图案,清楚地展现衍射图案从典型的 Fresnel 图案过渡到 Fraunhofer 图案。图 1.3.2 绘出了平面波在 N_{Fr}=100, 1, 0.1 情况下的矩形孔衍射图案。

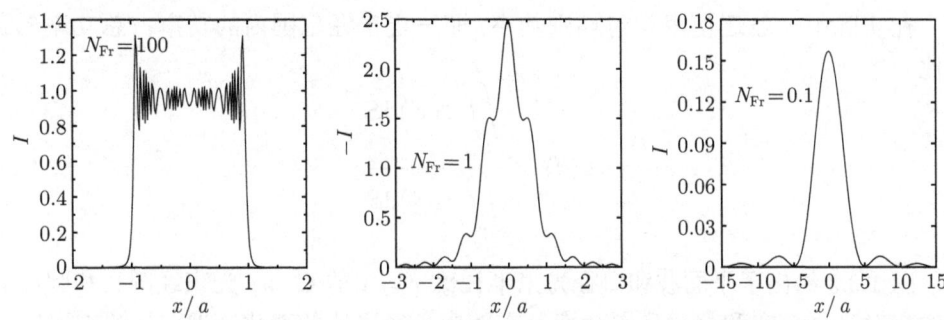

图 1.3.2 N_{Fr}=100, 1, 0.1 情况下平面波的矩形孔衍射图案

由于 Fraunhofer 衍射对应于光源和观察点离衍射孔为无限远的情况(如平面波或准直 Gauss 光束),有或近似 $\frac{\partial E}{\partial z} = \mathrm{i}kE$,并认为 $\cos(z,s)$ 在整个积分区域变化甚微,设 s' 为孔径平面原点到 P 点的距离,$\cos(z,s) \approx \cos(z,s') \approx 1$,则式 (1.3.9) 变为

$$E(P) = -\frac{\cos(z,s')}{4\pi s'^2} \iint_A E^{\mathrm{i}} \mathrm{e}^{\mathrm{i}ks} \mathrm{d}S \tag{1.3.18}$$

作近似 $s \approx s' - \frac{x\xi + y\eta}{s'} + \cdots = s' - (p\xi + q\eta) + \cdots$,则式 (1.3.18) 变为

$$E(P) = -\frac{\cos(z,s')\mathrm{e}^{\mathrm{i}ks'}}{4\pi s'^2} \iint_A E^{\mathrm{i}} \mathrm{e}^{-\mathrm{i}k(p\xi+q\eta)} \mathrm{d}S = C \iint_A E^{\mathrm{i}} \mathrm{e}^{-\mathrm{i}k(p\xi+q\eta)} \mathrm{d}S \tag{1.3.19}$$

式 (1.3.19) 即 Fraunhofer 衍射的一般公式,它将入射波的场直接包含在积分项中,这样就可以用来计算各种场结构的波的衍射问题。

对于具有旋转对称几何的衍射问题,可定义 $w = \sqrt{p^2 + q^2}$ 为观测点与衍射孔对称轴之间夹角的正弦。平面波经外半径为 a、内半径为 $\varepsilon a (0 \leqslant \varepsilon < 1)$ 的圆环衍射的光强分布为

$$I(x) = C\left[\frac{2J_1(x)}{x} - \frac{2J_1(\varepsilon x)}{\varepsilon x}\right]^2 \tag{1.3.20}$$

式中,C 为常数,无纲量 $x = kaw$。对于圆孔衍射,光强第一级极小值之内的中心亮斑 (Airy 斑) 对应的角度范围称为衍射极限,此时 $x = 3.833$, Airy 斑的功率占总功率的 83.78%。

当 Gauss 光束经光学系统反射时，发射孔径外半径 a 与发射孔径处的光束半径 a_0 的比值 (口径光束半径比) $r = a/a_0$ 决定了孔径内的光场分布。对 Gauss 光束经外半径为 a、内半径为 εa 的圆孔衍射，

$$E(P) = 2\pi C \int_{\varepsilon a}^{a} e^{-\rho^2/a_0^2} J_0(k\rho w)\rho d\rho \tag{1.3.21}$$

在实际中一般还使用相对环围功率，即一定半径范围内的功率占总功率的百分比

$$L(x) = \frac{\iint\limits_{x' \leqslant x} I(x')dS}{\iint\limits_{x' \leqslant \infty} I(x')dS} \tag{1.3.22}$$

图 1.3.3 绘出了平面波和口径光束半径比 $r = 1$ 的 Gauss 光束经圆孔和圆环衍射的相对光强分布和相对环围功率分布随内外径之比的变化情况。从图中可以看出，各种波型的圆环衍射的光强分布同平面波的圆孔衍射相仿，也存在着中心亮斑，我们不妨也称其为 Airy 斑。随圆环内外径之比的增大，中心亮斑的尺度减小，功率也减弱。对于各种孔径，Gauss 光束衍射的 Airy 斑半径及其相对环围功率随口径光束半径比的增大而增大，并且都大于平面波。

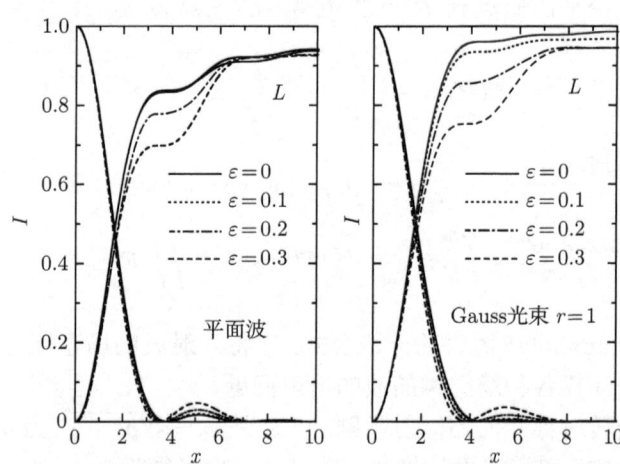

图 1.3.3 平面波和口径光束半径比 $r = 1$ 的 Gauss 光束经圆孔和圆环衍射的相对光强分布和相对环围功率分布随内外径之比的变化

1.3.5 粒子的光散射

由于一般的电磁波型总可以表示为平面波的叠加，散射理论总是针对平面波为入射光波的情况。对于由式 (1.1.20) 表达的平面波 $E_i = E_0 e^{ikz}$ 入射到一个粒子时，

1.3 光波基本传播规律

会在全空间所有方向上散射，在离散射体足够远的地方，任一方向的散射光为球面波，如图 1.3.4 所示。n_s, n_i 分别为散射光方向和入射光方向的单位矢量，散射光方向和入射光方向的夹角为散射角 Θ。但各方向上球面波的振幅可能不同，其电矢量的任一分量可以表达为

$$E_s = \frac{f(n_s, n_i)}{kr} E_i e^{ikr} \tag{1.3.23}$$

式中，E_i 为入射平面波的振幅。注意在此式的分母中采用了波数 k 和距离 r 的积 (Van de Hulst, 1981; Bohren and Huffman, 1983)，这样分子中的函数 f 就是无量纲的电矢量强度空间相对分布函数，而许多文献中分母只采用了距离 r，这就使得函数 f 本身带有量纲，从而让后面许多散射量 (如散射矩阵元、散射截面等) 的表述中不能直观地显示其物理意义 (Bohn and Wolf, 1999; Mishchenko et al., 2002)。

由波动理论求解粒子的光散射问题一般要针对电磁场的一对正交分量，同时对散射场的全部信息的分析也需要知道各个分量的情况。由入射光方向和散射光方向构成的平面为散射面，入射光的电矢量可以分解为垂直和平行于散射平面的分量 (或者在方位角方向 e_φ 上的分量和在极角方向 e_θ 上的分量)。同样散射光的电矢量也可以分解为平行和垂直于散射平面的分量。平面波入射的几何关系如图 1.3.5 所示，图中网状线所在的平面为散射平面。从图中可以看出，极角方向单位矢量 e_θ 和平行于散射平面的单位矢量 $e_\parallel$ 一致，而方位角方向单位矢量 e_φ 和垂直于散射平面的单位矢量 $e_\perp$ 相反。因此以两种方法分解的电矢量分量之间的关系为：$E_\varphi = -E_\perp$, $E_\theta = E_\parallel$。

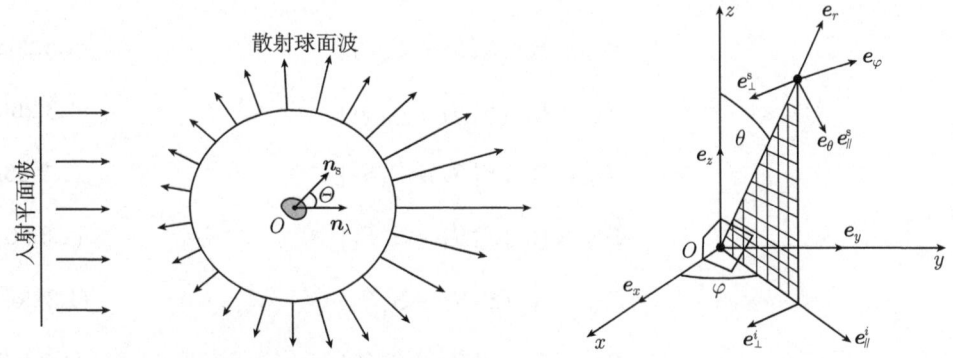

图 1.3.4　散射问题的波型变化关系　　图 1.3.5　散射问题的几何关系

散射光的分量通过散射矩阵与入射光的对应分量联系起来 (Bohren and Huffman, 1983)

$$\begin{bmatrix} E_\perp^s \\ E_\parallel^s \end{bmatrix} = \frac{e^{i(kr-z)}}{-ikr} \begin{bmatrix} S_1 & S_4 \\ S_3 & S_2 \end{bmatrix} \begin{bmatrix} E_\perp^i \\ E_\parallel^i \end{bmatrix} \tag{1.3.24}$$

式 (1.3.24) 中的矩阵为振幅散射矩阵 (amplitude scattering matrix)，该矩阵的值由

粒子的形状、尺度、折射率以及散射几何决定。对于一般形状的粒子，散射矩阵有 4 个独立的矩阵元。散射光的 Stokes 参量与入射光的 Stokes 参量通过散射矩阵 (scattering matrix) 联系起来。散射矩阵由 16 个元素组成

$$\begin{bmatrix} I_s \\ Q_s \\ U_s \\ V_s \end{bmatrix} = \frac{1}{(kr)^2} \begin{bmatrix} S_{11} & S_{12} & S_{13} & S_{14} \\ S_{21} & S_{22} & S_{23} & S_{24} \\ S_{31} & S_{32} & S_{33} & S_{34} \\ S_{41} & S_{42} & S_{43} & S_{44} \end{bmatrix} \begin{bmatrix} I_i \\ Q_i \\ U_i \\ V_i \end{bmatrix} \quad (1.3.25)$$

其中各矩阵元与振幅散射矩阵元之间的关系为

$$S_{11} = \frac{(S_1^* S_1 + S_2^* S_2 + S_3^* S_3 + S_4^* S_4)}{2} \quad (1.3.26\text{a})$$

$$S_{12} = \frac{(S_2^* S_2 - S_1^* S_1 + S_4^* S_4 - S_3^* S_3)}{2} \quad (1.3.26\text{b})$$

$$S_{13} = \text{Re}\{S_3^* S_2 + S_4^* S_1\} \quad (1.3.26\text{c})$$

$$S_{14} = \text{Im}\{S_3^* S_2 - S_4^* S_1\} \quad (1.3.26\text{d})$$

$$S_{21} = \frac{(S_2^* S_2 - S_1^* S_1 + S_3^* S_3 - S_4^* S_4)}{2} \quad (1.3.26\text{e})$$

$$S_{22} = \frac{(S_2^* S_2 + S_1^* S_1 - S_4^* S_4 - S_3^* S_3)}{2} \quad (1.3.26\text{f})$$

$$S_{23} = \text{Re}\{S_3^* S_2 - S_4^* S_1\} \quad (1.3.26\text{g})$$

$$S_{24} = \text{Im}\{S_3^* S_2 + S_4^* S_1\} \quad (1.3.26\text{h})$$

$$S_{31} = \text{Re}\{S_4^* S_2 + S_3^* S_1\} \quad (1.3.26\text{i})$$

$$S_{32} = \text{Re}\{S_4^* S_2 - S_3^* S_1\} \quad (1.3.26\text{j})$$

$$S_{33} = \text{Re}\{S_2^* S_1 + S_4^* S_3\} \quad (1.3.26\text{k})$$

$$S_{34} = \text{Re}\{S_1^* S_2 + S_3^* S_4\} \quad (1.3.26\text{l})$$

$$S_{41} = \text{Im}\{S_2^* S_4 + S_3^* S_1\} \quad (1.3.26\text{m})$$

$$S_{42} = \text{Im}\{S_2^* S_4 - S_3^* S_1\} \quad (1.3.26\text{n})$$

$$S_{43} = \text{Im}\{S_2^* S_1 - S_4^* S_3\} \quad (1.3.26\text{o})$$

$$S_{44} = \text{Re}\{S_2^* S_1 - S_4^* S_3\} \quad (1.3.26\text{p})$$

1.3 光波基本传播规律

单个粒子的散射矩阵的 16 个元素并非完全独立,其中只有 7 个完全独立,它们分别由振幅散射矩阵的 4 个元素的模和它们之间的相位差决定。对于球形粒子,由于对称性,$S_3 = 0$, $S_4 = 0$,散射矩阵只有 4 个独立的矩阵元

$$\begin{bmatrix} I_s \\ Q_s \\ U_s \\ V_s \end{bmatrix} = \frac{1}{(kr)^2} \begin{bmatrix} S_{11} & S_{12} & 0 & 0 \\ S_{12} & S_{11} & 0 & 0 \\ 0 & 0 & S_{33} & S_{34} \\ 0 & 0 & -S_{34} & S_{33} \end{bmatrix} \begin{bmatrix} I_i \\ Q_i \\ U_i \\ V_i \end{bmatrix} \quad (1.3.27)$$

$$S_{11} = \frac{(S_1^* S_1 + S_2^* S_2)}{2} \quad (1.3.28a)$$

$$S_{12} = \frac{(S_2^* S_2 - S_1^* S_1)}{2} \quad (1.3.28b)$$

$$S_{33} = \text{Re}\{S_2^* S_1\} \quad (1.3.28c)$$

$$S_{34} = \text{Im}\{S_1^* S_2\} \quad (1.3.28d)$$

这些矩阵元的一些特殊值存在着联系:$S_{33}(0) = S_{11}(0)$, $S_{33}(\pi) = -S_{11}(\pi)$, $S_{12}(0) = S_{12}(\pi) = 0$ 和 $S_{34}(0) = S_{34}(\pi) = 0$。

从式 (1.3.27) 中,我们可以针对入射光的各种偏振状态分析散射光的偏振特性及其与散射矩阵元的关系。例如,对于非偏振入射平面波,散射光的 Stokes 参量与 4 个散射矩阵元的关系为 $I_s(kr)^2/I_i = S_{11}$, $Q_s(kr)^2/I_i = S_{21}$, $U_s(kr)^2/I_i = S_{31}$, $V_s(kr)^2/I_i = S_{41}$。由式 (1.1.7) 可以计算散射光的偏振度,显然它和入射光的偏振度不同,从而表明散射是一个改变光波偏振特性的重要机制。又如右旋圆偏振光的光强 $I_R(kr)^2/I_i = S_{11} + S_{14}$,左旋圆偏振光的光强 $I_L(kr)^2/I_i = S_{11} - S_{14}$。而对于一个完全偏振光,散射光的偏振度不会改变,但偏振性质会发生变化。

按照能量守恒原理,散射光在全方位上的积分总能量加上散射体吸收的总能量等于入射光的能量。对于平面波入射,由于散射能量对应于全空间方位积分、吸收能量对应于整个散射体积分,而被散射和吸收掉的入射光能量只对应于被散射体垂直于入射光方向上的截面截获的能量,因此将散射光的光强在全空间积分与入射光光强之比就具有面积的量纲,通常被称为散射截面 (scattering cross-section) C_{sca}

$$C_{sca} = \frac{1}{|E_0|^2} \int_\Omega |E_s|^2 \, d\Omega \quad (1.3.29)$$

$\frac{dC_{sca}}{d\Omega}$ 一般称为微分散射截面。

对应于全空间被散射和吸收的总截面被称为消光截面 (extinction cross-section) C_{ext},显然吸收截面 (absorption cross-section)

$$C_{abs} = C_{ext} - C_{sca} \quad (1.3.30)$$

根据 Kirchoff 衍射积分得到的电磁波散射理论中的光学截面定理 (optical cross-section theorm) 表明 (Bohn and Wolf, 1999): 散射体的消光截面仅由前向散射强度决定

$$C_{\text{ext}} = \frac{4\pi}{k^2}\text{Im}f(\boldsymbol{n}_i, \boldsymbol{n}_i) \tag{1.3.31}$$

常用的无量纲的消光、散射和吸收效率 (efficiency) 由相应的截面除以散射体在入射光方向上的几何截面 G 得到

$$Q_{\text{ext,sca,abs}} = C_{\text{ext,sca,abs}}/G \tag{1.3.32}$$

表达散射光强度空间分布特征的参量为散射相函数 (phase function)

$$P(\boldsymbol{n}_s, \boldsymbol{n}_i) = \frac{4\pi}{C_{\text{sca}}|E_0|^2}|E_s(\boldsymbol{n}_s, \boldsymbol{n}_i)|^2 \tag{1.3.33}$$

该参量满足归一化条件

$$\frac{1}{4\pi}\int_\Omega P\mathrm{d}\Omega = 1 \tag{1.3.34}$$

对散射光强度以传播方向为轴对称的散射问题,射相函数只与散射角有关 $P = P(\Theta)$, 此时归一化条件简化为

$$\frac{1}{4\pi}\int_0^{2\pi}\mathrm{d}\varphi\int_0^\pi P(\Theta)\sin\Theta\mathrm{d}\Theta = \frac{1}{2}\int_0^\pi P(\Theta)\sin\Theta\mathrm{d}\Theta = 1 \tag{1.3.35}$$

当以散射角的余弦 $\mu = \cos\Theta$ 作为相函数的自变量时, 有

$$\frac{1}{2}\int_{-1}^{1}P(\mu)\mathrm{d}\mu = 1 \tag{1.3.36}$$

常用散射角余弦的方向平均值表达散射光强度空间分布非对称特征, 该参量被称为非对称因子 (asymmetry parameter)

$$g = \langle\cos\Theta\rangle = \frac{1}{4\pi}\int_\Omega p\cos\Theta\mathrm{d}\Omega \tag{1.3.37}$$

同散射光强度的相函数类似, 所有散射矩阵的元素都可以定义对应的相函数, 归一化的相函数矩阵元素和散射矩阵元之间的关系为

$$P_{ij} = \frac{4\pi}{k^2 C_{\text{sca}}}S_{ij} \tag{1.3.38}$$

式中, P_{11} 就是散射光强度的相函数 P, 则式 (1.3.25) 散射光 Stokes 参量与入射光的 Stokes 参量之间的关系可以表示为

$$\begin{bmatrix} I_s \\ Q_s \\ U_s \\ V_s \end{bmatrix} = \frac{C_{\text{sca}}}{4\pi r^2}\begin{bmatrix} P_{11} & P_{12} & P_{13} & P_{14} \\ P_{21} & P_{22} & P_{23} & P_{24} \\ P_{31} & P_{32} & P_{33} & P_{34} \\ P_{41} & P_{42} & P_{43} & P_{44} \end{bmatrix}\begin{bmatrix} I_i \\ Q_i \\ U_i \\ V_i \end{bmatrix} \tag{1.3.39}$$

在粒子群体积尺度远小于观测距离 r 的情况下，粒子集合体的散射光的 Stokes 参量等于各个独立粒子的散射光的 Stokes 参量之和。粒子集合体的散射矩阵元也等于各个独立粒子的散射矩阵元的和。

在实际大气中，粒子群中每个粒子的几何取向一般是随机分布的，即任意方向上的粒子数都是等同的，这种粒子群称为宏观各向同性粒子群。在宏观各向同性粒子群中，如果任意一个粒子都存在另一个镜面对称的粒子，并且每个粒子都有一个对称面，则粒子群具有和球对称粒子相似形式的散射矩阵 (1.3.27)，并且矩阵元只取决于入射方向和散射方向构成的散射角 Θ，即

$$\begin{bmatrix} I_{\rm s} \\ Q_{\rm s} \\ U_{\rm s} \\ V_{\rm s} \end{bmatrix} = \frac{C_{\rm sca}}{4\pi r^2} \begin{bmatrix} P_{11}(\Theta) & P_{12}(\Theta) & 0 & 0 \\ P_{12}(\Theta) & P_{22}(\Theta) & 0 & 0 \\ 0 & 0 & P_{33}(\Theta) & P_{34}(\Theta) \\ 0 & 0 & -P_{34}(\Theta) & P_{44}(\Theta) \end{bmatrix} \begin{bmatrix} I_{\rm i} \\ Q_{\rm i} \\ U_{\rm i} \\ V_{\rm i} \end{bmatrix} \tag{1.3.40}$$

其中各矩阵元满足不等式 $|P_{ij}| \leqslant P_{11}$，和球形粒子散射矩阵的区别在于 P_{11} 不一定和 P_{22} 相等，P_{33} 不一定和 P_{44} 相等。这些矩阵元的一些特殊值存在着联系：$P_{12}(0) = P_{12}(\pi) = 0$ 和 $P_{34}(0) = P_{34}(\pi) = 0$。

1.3.6 辐射传输方程

在混浊大气介质中的光传播问题中，主要的光和介质的相互作用物理过程是吸收和散射。吸收使得能量衰减掉一定的比例，对剩余的光的性质没有显著的影响，而散射使得光传播环境中的所有方向上充满散射光。由于介质中粒子的无规运动，这些散射光之间不可能保持固定的相位关系，而且这种情况下人们所关心的也仅仅是光场能量的分布。因此对于这一类问题，一般无法采用上面几个小节关于光场传播或光线追踪之类的方法来处理。

以光谱辐射亮度 I_λ (或定向光传播情况下的光强 I) 为处理对象的光传播方程一般称为辐射传输 (radiative transfer)。如图 1.3.6 所示 (在有限或无限的截面积内的) 光谱辐射亮度 I_λ 在混浊介质中沿传播方向传播长度元 $\mathrm{d}s$ 后的改变量来自两部分，一是入射光的衰减量，显然它正比于入射光的光谱辐射亮度 I_λ 和传播长度元 $\mathrm{d}s$

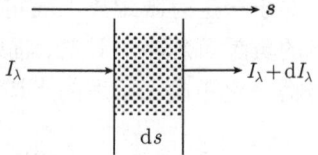

图 1.3.6 光谱辐射亮度沿传播方向的增量

$$\mathrm{d}I_\lambda^1 = -\beta_\lambda I_\lambda \mathrm{d}s \tag{1.3.41}$$

式中的比例系数即为介质的消光系数 (单位为长度单位的倒数)，它是吸收系数和散射系数之和。对于单个性质完全相同的大气分子，可通过单个粒子的消光截面与

粒子数密度 n(单位为长度单位立方的倒数) 的乘积求得, 即

$$\beta_{\text{ext}} = \beta_{\text{ext}} + \beta_{\text{abs}} = nC_{\text{ext}} = n(C_{\text{sca}} + C_{\text{abs}}) \tag{1.3.42}$$

而对于尺度和光学性质都有变化的大气微粒, 则需要在所有尺度上积分

$$\beta_{\text{ext}} = \beta_{\text{ext}} + \beta_{\text{abs}} = \int_{r_{\min}}^{r_{\max}} \frac{\mathrm{d}n}{\mathrm{d}r} C_{\text{ext}} \mathrm{d}r = \int_{r_{\min}}^{r_{\max}} \frac{\mathrm{d}n}{\mathrm{d}r} (C_{\text{sca}} + C_{\text{abs}}) \mathrm{d}r \tag{1.3.43}$$

光谱辐射亮度 I_λ 在混浊介质中沿传播方向传播长度元 $\mathrm{d}s$ 后的改变量的第二部分来自两个方面, 一是传播长度元 $\mathrm{d}s$ 对应的介质向该传播方向发射的该波长的辐射, 另一方面是空间所有方向上入射到传播长度元 $\mathrm{d}s$ 对应的介质散射在该传播方向上的散射光的叠加。两种引入的光谱辐射亮度的增量显然也都正比于传播长度元 $\mathrm{d}s$, 它们可表示成

$$\mathrm{d}I_\lambda^2 = -\beta_\lambda J_\lambda \mathrm{d}s \tag{1.3.44}$$

结合式 (1.3.41) 和式 (1.3.44) 可得

$$\mathrm{d}I_\lambda/(\beta_\lambda \mathrm{d}s) = -I_\lambda + J_\lambda \tag{1.3.45}$$

此式即为混浊介质中辐射传输方程的一般形式。定义一定传播距离 Δs 上混浊介质的光学厚度 (optical depth) 为

$$\tau_\lambda = \int_{\Delta s} \beta_\lambda \mathrm{d}s \tag{1.3.46}$$

则辐射传输方程可重新表示为

$$\mathrm{d}I_\lambda/\mathrm{d}\tau_\lambda = -I_\lambda + J_\lambda \tag{1.3.47}$$

对于一定有限距离上的定向光传播情况, 当介质的发射和来自其他方向上的散射光的贡献可忽略不计时, 辐射传输方程 (1.3.47) 右端第二项为零, 通过积分可求得传播一定距离 Δs 后的光谱辐射亮度为

$$I_\lambda = I_\lambda(0) \exp\left(-\int_{\Delta s} \beta_\lambda \mathrm{d}s\right) = I_\lambda(0) \exp(-\tau_\lambda) \tag{1.3.48}$$

此式说明光在混浊介质中传播时光谱辐射亮度按光学厚度的指数关系递减, 一般称为 Beer 定律或 Beer-Bouguer-Lambert 定律。由于此定律只涉及一个单一的传播方向, 所以它不仅适用于辐射亮度, 也适用于辐照度或光强。

根据 Beer 定律可以定义距离 Δs 上的介质透过率为

$$T_\lambda(\Delta s) = \exp(-\tau_\lambda) = \exp\left(-\tau_\lambda^{\text{abs}} - \tau_\lambda^{\text{sca}}\right) = T_A T_S \tag{1.3.49}$$

式中，$\tau_\lambda^{\text{abs}}$、$\tau_\lambda^{\text{sca}}$ 分别为对应于吸收和散射的光学厚度，$T_A = \exp\left(-\tau_\lambda^{\text{abs}}\right)$，$T_S = \exp\left(-\tau_\lambda^{\text{sca}}\right)$ 分别为对应于吸收和散射的透过率。

对于只考虑大气吸收的情况 (如在洁净大气中，认为气溶胶粒子可忽略，对红外辐射的传输问题，分子散射的光学厚度相对于吸收可忽略)，通常定义吸收率为

$$A = 1 - T_A \tag{1.3.50}$$

非孤立谱线的一定带宽的大气吸收问题一般针对吸收透过率 T_A 或吸收率 A 来进行分析。

在各种文献中，对吸收系数的定义多种多样，很容易引起混淆。本书只采用上面叙述的一种方式，即单位为长度单位的倒数，其他文献中有时称为体积吸收系数 (volume absorption coefficient)。但为了方便对照阅读其他文献，这里也介绍一下其他常用的定义方式。一种是质量吸收系数 (mass absorption coefficient)

$$k = \frac{\beta_{\text{abs}}}{\rho} \tag{1.3.51}$$

其单位为长度单位的平方/质量单位，实际上它就是单位质量分子的吸收截面。另一种实际上是分子吸收截面

$$\sigma = \frac{\beta_{\text{abs}}}{n} = C_{\text{abs}} \tag{1.3.52}$$

其单位为长度单位的平方。因此，吸收光学厚度可以表达成不同的形式

$$\tau_{\text{abs}} = \int_{\Delta s} \beta_{\text{abs}} \mathrm{d}s = \int_{\Delta s} k\rho \mathrm{d}s = \int_{\Delta s} \sigma n \mathrm{d}s \tag{1.3.53}$$

对于传播路径上分子均匀分布的情况，有

$$\tau_{\text{abs}} = \beta_{\text{abs}} L = ku = \sigma N \tag{1.3.54}$$

式中，$L = \int_{\Delta s} \mathrm{d}s$ 为传播路径长度，$u = \rho L$，$N = nL$ 分别为传播路径上的柱 (column) 质量和柱分子数。

1.4 光学系统的像差与光学质量

1.4.1 相位的 Zernike 多项式表达与像差

光学系统总是存在缺陷的，实际光学系统中的传播和成像相对于理想的传播和成像的区别一般用像差 (aberration) 来描述。各种成像缺陷可以直观地分为一系列的像差如倾斜、球差、彗差、场屈、象散、畸变等。这些像差可以用几何光学进行

直观的分析，但在焦平面附近或当像差较小时，像差的实际分布是十分复杂的，需要使用波动光学的衍射理论来进行分析处理。

一般采用波前 Φ 来定量描述像差，将实际光波的复杂波前表示为一系列的正交多项式的组合，最常用的是 Zernike 多项式。Zernike 多项式是在圆域上对径向变量和角度变量的连续函数正交的二维多项式，一般表示成极坐标 (ρ,θ) 的形式，ρ 为单位径向坐标，$\theta[0,2\pi]$ 为极角坐标。在各种文献中，Zernike 多项式的形式略有差别，较易引起混乱。考虑到查阅光传播领域文献的方便，这里首先以文献 (Born and Wolf, 1999) 中的表述方式阐述 Zernike 多项式的基本形式和性质，然后采纳 Noll 的表示法将二维的 Zernike 多项式表示成只有一个阶次的形式 (Noll, 1976)。

在单位圆内正交的 Zernike 多项式的表达式为

$$V_n^m(\rho,\theta) = R_n^m(\rho)\mathrm{e}^{\mathrm{i}m\theta} \tag{1.4.1}$$

这里 $n \geqslant 0, m \geqslant 0, n \geqslant m$。径向函数

$$R_n^m(\rho) = \begin{cases} \displaystyle\sum_{s=0}^{(n-m)/2}(-1)^s\frac{(n-s)!}{s![(n+m)/2-s]![(n-m)/2-s]!}\rho^{n-2s} & (n-m \text{ 为偶数}) \\ 0 & (n-m \text{ 为奇数}) \end{cases} \tag{1.4.2}$$

Zernike 多项式的正交性质为

$$\int_0^{2\pi}\int_0^1 V_n^m(\rho,\theta)V_{n'}^{m'}(\rho,\theta)\rho\mathrm{d}\rho\mathrm{d}\theta = \frac{\pi}{n+1}\delta_{nn'}\delta_{mm'} \tag{1.4.3}$$

仅考虑径向函数的正交性质为

$$\int_0^1 R_n^m(\rho)R_{n'}^{m'}(\rho)\rho\mathrm{d}\rho = \frac{1}{2(n+1)}\delta_{nn'} \tag{1.4.4}$$

为了方便起见，将两个级次 n、m 转换为一个阶次 i，并使 Zernike 多项式的正交性质不依赖于多项式的级次，可引入下列的只有一个阶次 i 的 Zernike 多项式表示法：

$$Z_i(\rho,\theta) = \sqrt{n+1}\begin{cases} R_n^m(\rho)\sqrt{2}\cos(m\theta) & (\text{偶 } i, m \neq 0) \\ R_n^m(\rho)\sqrt{2}\sin(m\theta) & (\text{奇 } i, m \neq 0) \\ R_n^0(\rho) & (m = 0) \end{cases} \tag{1.4.5}$$

这样单阶次的 Zernike 多项式的正交性质为

$$\int_0^{2\pi}\int_0^1 Z_i(\rho,\theta)Z_{i'}(\rho,\theta)\rho\mathrm{d}\rho\mathrm{d}\theta = \pi\delta_{ii'} \tag{1.4.6}$$

1.4 光学系统的像差与光学质量

阶次 i 为 1~36 的 Zernike 多项式列于表 1.4.1。1 阶即对应于平均波前，通常称之为活塞项 (piston); 2 阶和 3 阶对应于两个正交方向的倾斜 (tilt); 4 阶为离焦项 (defocus)。这些低阶项反映了波前的傍轴性质。5 阶和 6 阶对应于像散 (astigamatism); 7 阶和 8 阶对应于彗差 (coma); 9 阶和 10 阶对应于三瓣叶状像差;

表 1.4.1 Zernike 多项式与对应的像差

Zernike 多项式阶次 i	径向序号 n	角度序号 m	表达式	像差名
1	0	0	1	活塞
2	1	1	$2\rho \cos\theta$	倾斜 x, y
3	1	1	$2\rho \sin\theta$	
4	2	0	$\sqrt{3}(2\rho^2 - 1)$	离焦
5	2	2	$\sqrt{6}\rho^2 \sin 2\theta$	像散 y, x
6	2	2	$\sqrt{6}\rho^2 \cos 2\theta$	
7	3	1	$\sqrt{8}(3\rho^3 - 2\rho)\sin\theta$	彗差 y, x
8	3	1	$\sqrt{8}(3\rho^3 - 2\rho)\cos\theta$	
9	3	3	$\sqrt{8}\rho^3 \sin 3\theta$	三瓣叶 y, x
10	3	3	$\sqrt{8}\rho^3 \cos 3\theta$	
11	4	0	$\sqrt{5}(6\rho^4 - 6\rho^2 + 1)$	球差
12	4	2	$\sqrt{10}(4\rho^4 - 3\rho^2)\cos 2\theta$	二级像散 x, y
13	4	2	$\sqrt{10}(4\rho^4 - 3\rho^2)\sin 2\theta$	
14	4	4	$\sqrt{10}\rho^4 \cos 4\theta$	四瓣叶 x, y
15	4	4	$\sqrt{10}\rho^4 \sin 4\theta$	
16	5	1	$\sqrt{12}(10\rho^5 - 12\rho^3 + 3\rho)\cos\theta$	二级彗差 x, y
17	5	1	$\sqrt{12}(10\rho^5 - 12\rho^3 + 3\rho)\sin\theta$	
18	5	3	$\sqrt{12}(5\rho^5 - 4\rho^3)\cos 3\theta$	二级三瓣叶 x, y
19	5	3	$\sqrt{12}(5\rho^5 - 4\rho^3)\sin 3\theta$	
20	5	5	$\sqrt{12}\rho^5 \cos 5\theta$	五瓣叶 x, y
21	5	5	$\sqrt{12}\rho^5 \sin 5\theta$	
22	6	0	$\sqrt{7}(20\rho^6 - 30\rho^4 + 12\rho^2 - 1)$	二级球差
23	6	2	$\sqrt{14}(15\rho^6 - 20\rho^4 + 6\rho^2)\sin 2\theta$	三级像散 y, x
24	6	2	$\sqrt{14}(15\rho^6 - 20\rho^4 + 6\rho^2)\cos 2\theta$	
25	6	4	$\sqrt{14}(6\rho^6 - 5\rho^4)\sin 4\theta$	二级四瓣叶 y, x
26	6	4	$\sqrt{14}(6\rho^6 - 5\rho^4)\cos 4\theta$	
27	6	6	$\sqrt{14}\rho^6 \sin 6\theta$	
28	6	6	$\sqrt{14}\rho^6 \cos 6\theta$	
29	7	1	$4(35\rho^7 - 60\rho^5 + 30\rho^3 - 4\rho)\sin\theta$	
30	7	1	$4(35\rho^7 - 60\rho^5 + 30\rho^3 - 4\rho)\cos\theta$	
31	7	3	$4(21\rho^7 - 30\rho^5 + 10\rho^3)\sin 3\theta$	
32	7	3	$4(21\rho^7 - 30\rho^5 + 10\rho^3)\cos 3\theta$	
33	7	5	$4(7\rho^7 - 6\rho^5)\sin 5\theta$	
34	7	5	$4(7\rho^7 - 6\rho^5)\cos 5\theta$	
35	7	7	$4\rho^7 \sin 7\theta$	
36	7	7	$4\rho^7 \sin 7\theta$	

11 阶对应于一级球差; 12 阶以后是二级 (secondary)、三级 (tetiary) 等高阶像差。这些 Zernike 多项式的二维密度图按照像差的种类分别绘于图 1.4.1~ 图 1.4.4。

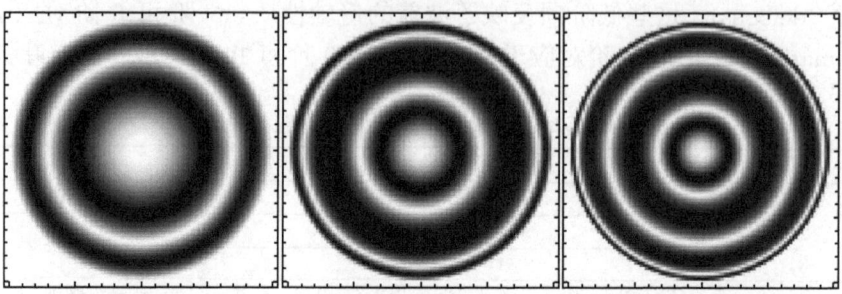

图 1.4.1　4 阶 (离焦)、11 阶和 22 阶 (球差)Zernike 多项式的密度图

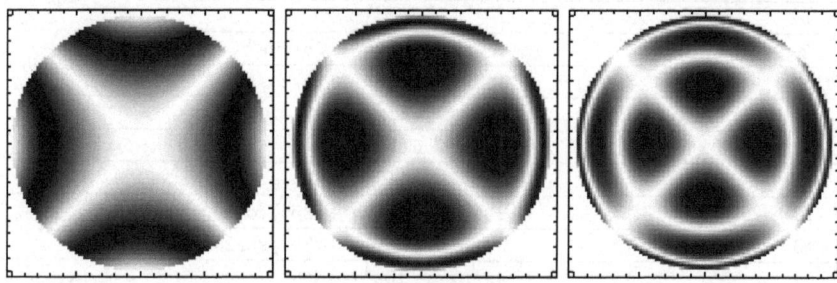

图 1.4.2　6 阶、12 阶、24 阶 (像散)Zernike 多项式的密度图

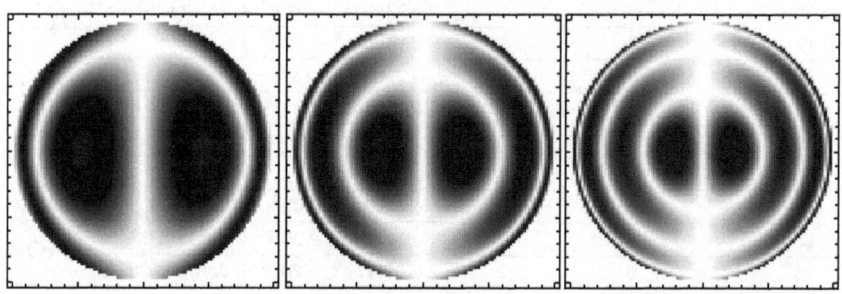

图 1.4.3　8 阶、16 阶、30 阶 (彗差)Zernike 多项式的密度图

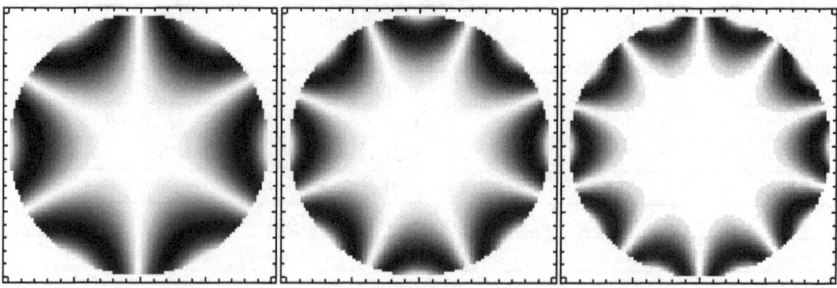

图 1.4.4　10 阶、14 阶、20 阶 Zernike 多项式的密度图

1.4 光学系统的像差与光学质量

Zernike 多项式中的每一项对应于不同级次的像差，这是其最主要的优点，但这并不意味着 Zernike 多项式就是各种情况下最佳的正交多项式。Wyant 指出，如果不加分析地任意使用 Zernike 多项式，可能会得到难以理解的结论。例如，在大气湍流存在的情况下，Zernike 多项式几乎是无用的 (Wyant and Shannon, 1997)。尽管如此，Zernike 多项式在进行大气湍流校正的自适应光学中得到广泛应用 (Tyson, 1998)。原因应该是，一方面，由大气湍流导致的波前像差可能比光学系统严重；另一方面，大气湍流引起的波前像差随时间而变，这与光学系统的固定像差明显不同，正因为如此，我们就可以利用 Zernike 多项式的变化特性来定量研究大气湍流对光学质量的影响。

在半径为 R 的圆周内的光波波前可以表示为

$$\Phi(R\rho,\theta) = \sum_{i=1}^{\infty} a_i Z_i(\rho,\theta) \tag{1.4.7}$$

根据 Zernike 的正交特性可求得各项系数

$$a_i = \pi^{-1} \int_0^{2\pi} \int_0^1 \Phi(R\rho,\theta) Z_i(\rho,\theta) \rho \mathrm{d}\rho \mathrm{d}\theta \tag{1.4.8}$$

当我们得到各阶 Zernike 多项式的系数后，就可以在单位圆域内求得波前的方差为

$$\sigma_\Phi^2 = \overline{\Phi^2} - (\bar{\Phi})^2 = \frac{1}{\pi} \int_0^{2\pi} \int_0^1 (\Phi - \bar{\Phi})^2 \rho \mathrm{d}\rho \mathrm{d}\theta = \sum_{i=1}^{\infty} \overline{a_i^2} \tag{1.4.9}$$

每阶 Zernike 多项式在单位圆内的平均值为零，并使波前在该阶的均方根误差为最小，因此，增加任何低阶的多项式，必然要增大波前的均方根误差。

如果我们在光传播的数值计算中模拟产生各种像差，可以用 Zernike 多项式的各项或任意项的任意组合来进行。

1.4.2 光学质量评价方法

当平面波通过理想的光学系统 (无像差、有限通光孔径) 且经过均匀介质成像时，在远场得到 Fraunhofer 光斑图案，能量的集中度达到最大，通常称之为光学衍射极限。由于光场的不均匀性、光学系统的缺陷和传播介质的不均匀性，联合导致光波远场分布的能量集中度低于光学衍射极限。由于这三方面的原因多种多样，如何描述光学系统的缺陷、光场的非均匀性和传播介质的不均匀性在实际应用中非常重要。一般应用中大都是分析光学系统的问题，将其成像能力称为光学质量。而对于能量输送的光传播问题，其到达目标上的能量集中度和空间分布也需要类似于成像质量的定量描述。对这两种情况，我们统称为光学质量。常用的光学质量参量

有光学衍射极限倍数、Strehl 比值和光学传递函数 (主要在傅里叶光学和成像问题中) 等。

因为像的质量由入射光场、光学系统和传播介质三者共同决定, 在具体问题的分析中, 仅考虑光学系统的光学质量是不完善的。我们必须像描述光学系统的光学质量一样来分析入射光场和传播介质的光学质量。

在一个复杂的传输或成像光学系统中, 影响到入射光场、光学系统和传播介质的光学质量的因素是很多的, 要想提高整个光学系统的光学质量, 必须清楚各个因素的定量影响。在实际应用中, 这种解剖工作是相当困难的, 其主要原因在于一般难以实现光波在真空中传播到远场。要从根本上解决这个问题, 只有建造足够长的真空传输通道, 使光学系统的 Fresnel 数 $N_{\mathrm{Fr}} \ll 1$, 在此通道中分别检测入射光波、光学系统各部件以及传播介质的光学质量, 才能获得整个系统中各种因素的影响效果。

1. Strehl 比值

当光波远场分布的能量集中度低于光学衍射极限, 轴上的光强也相应地降低。实际轴上光强与光学衍射极限情况下轴上光强的比值被称为 Strehl 比值。在已知波前的情况下, Strehl 比值

$$\begin{aligned} SR &= \frac{1}{\pi^2} \left| \int_0^1 \int_0^{2\pi} \mathrm{e}^{\mathrm{i}k\Phi} \rho \mathrm{d}\rho \mathrm{d}\theta \right|^2 \\ &= \frac{1}{\pi^2} \left| \int_0^1 \int_0^{2\pi} [1 + \mathrm{i}k\Phi + \frac{1}{2}(\mathrm{i}k\Phi)^2 + \cdots] \rho \mathrm{d}\rho \mathrm{d}\theta \right|^2 \end{aligned} \quad (1.4.10)$$

如果像差足够小, 则式 (1.4.10) 中积分号中的多项式的 3 阶及其以上高阶可以略去, 则有

$$SR = \left| 1 + \mathrm{i}k\bar{\Phi} - \frac{1}{2}k^2 \overline{\Phi^2} \right|^2 \approx 1 - k^2 (\bar{\Phi}^2 - \overline{\Phi^2}) \quad (1.4.11)$$

$$SR \approx 1 - (2\pi\sigma_\Phi)^2 \approx \exp[-(2\pi\sigma_\Phi)^2] \quad (1.4.12)$$

在这种情况下, Strehl 比值与具体的像差种类无关, 而只和波前的均方差有关。式 (1.4.12) 适用于 Strehl 比值大于 0.5 的情况, 当像差较大时, 应考虑更高级的项, 下式较为合适:

$$SR = 1 - (k\sigma_\Phi)^2 + \frac{(k\sigma_\Phi)^4}{2} \quad (1.4.13)$$

式 (1.4.13) 可适用于 Strehl 比值大于 0.1 的情况。

2. 衍射极限倍数

衍射极限倍数就是光波通过光学系统形成的光斑尺寸相对于衍射极限光斑尺寸的倍数。正确地评价一个光学系统的光学质量,应该针对其具体的几何结构和入射波型。而实际应用中常以平面波的圆孔衍射作为标准。这种方法从理论上讲最简单,然而实际运用并非易事,这里牵涉几方面的问题。

首先,要考虑光学系统的具体结构,不能只考虑发射系统的主镜孔径。如应用广泛的反射式望远镜的发射孔一般是圆环。由于圆环衍射与圆孔衍射的不同,按圆孔计算的光学质量因子必然不能正确地评价发射系统的光学质量。

其次,要考虑光波的具体波型结构,不能仅以平面波的圆孔衍射 Airy 斑作为对比。结果根据 1.3.4 节计算的 Gauss 光束圆环衍射的光强分布与环围功率分布可以看出:以平面波的圆孔衍射分析激光发射光学系统的光学质量必然会造成误差。

再者,实际光斑尺度的可靠计算的前提是光斑图像的准确测量、背景信号的可靠消除和光斑半径的计算方法。实际光斑的测量都是在有限面积内进行的,而光学探测器件又有一定的探测阈值和背景噪声,低于一定阈值的光强是探测不到的,一般假定一定范围内的功率即为 (实测) 总功率。

实际测量中一种常用的方法是先确定光斑的质心,以质心为中心,把具有 (实测) 总功率的 83.78% 的圆域所对应的半径与 Airy 斑的一级极小半径的比值作为衍射极限倍数。

Airy 斑是能量最集中的情况,其二次矩半径是无穷大,那么,能量集中度差的实际光斑的二次矩半径也应该是无穷大,所以不能利用二次矩半径计算衍射极限倍数。

因此,正确地评价一个光学系统的光学质量,应该针对其具体的几何结构和入射波型 (饶瑞中, 2002)。而实际应用中常以平面波的圆孔衍射作为标准。如遵从这一习惯,我们不妨就 1.3.4 节所考虑的几种波型和孔径,来估计一下这样求得的衍射极限倍数与真实值的出入。表 1.4.2 列出了对应于 83.78% 相对环围功率的 x 值,以及这些值与平面波 Airy 斑半径 (3.85) 的比值。举例说明:对口径光束半径比为

表 1.4.2 对应于 83.78% 相对环围功率半径的 x 值

(平面波 Airy 斑半径的 x 值为 3.85)

波型	孔径	圆孔	圆环		
			$\varepsilon=0.1$	$\varepsilon=0.2$	$\varepsilon=0.3$
平面波		3.85/1	3.85×1.14	3.85×1.36	3.85×1.44
Gauss 光束	$a/\omega=0.707$	3.85/1.40	3.85/1.35	3.85×1.19	3.85×1.43
	$a/\omega=1.0$	3.85/1.43	3.85/1.38	3.85×1.20	3.85×1.47
	$a/\omega=1.414$	3.85/1.31	3.85/1.26	3.85/1.16	3.85×1.68

1.0 的波型和圆孔, 衍射极限倍数将被低估 1.43 倍; 对平面波和内外径之比为 0.2 的圆环, 衍射极限倍数将被高估 1.36 倍。

衍射极限倍数的被夸大或低估及其程度取决于具体的波结构和孔径结构。所以在对光学系统的实际评价中, 我们应做到: ① 对于圆环结构要用圆环衍射结果; ② Gauss 光束不要当作平面波来处理, 而且还要确定 Gauss 光束相对于发射口径的口径光束半径比; ③ 对更一般的光源, 既要知道它的光强分布, 也要知道它的相位分布。只有这样才能得到对光学系统的正确的光学质量评价。

实际光电工程应用中, 还使用一些与衍射极限倍数相仿的评价光学质量的其他类似方法。有的以一定比例的能量 (如 63.2%, Gauss 光束束腰范围的能量占总能量的比例) 所占的空间尺度的变化来描述; 有的以一定空间尺度的能量变化来描述 (杜祥琬, 1997)。

3. 光学传递函数

以上以 Strhel 比值和衍射极限倍数进行光学质量评价的主要应用对象是以传输能量为目的的光学系统。在以成像为目的的光学系统中, 上述两种方法都不合适。在以 Fourier 频谱分析方法为基础的成像系统理论中, 则通常使用光学传递函数以及调制传递函数描述光学系统的成像特性。由于大气光学通常涉及的成像大都是非相干成像问题, 我们只考虑非相干成像的光学传递函数。

一个非相干光照明成像系统的像光强 I_i 和物光强 I_o 服从卷积积分 (Goodman, 1985)

$$I_i(x_i, y_i) = C \iint_{-\infty}^{\infty} |\bar{h}(x_i - \bar{x}_o, y_i - \bar{y}_o)|^2 I_o(\bar{x}_o, \bar{y}_o) \mathrm{d}\bar{x}_o \mathrm{d}\bar{y}_o \tag{1.4.14}$$

式中, h 是 (x_o, y_o) 处的点光源在像上的 (x_i, y_i) 点产生的振幅, 各量上面的横线代表实际量除以 λd_i 的变换值, d_i 为像距, 例如 $\bar{x} = x/(\lambda d_i)$。对式 (1.4.14) 中的各量进行二维 Fourier 变换并归一化, 再对该式应用卷积定理, 则得到频域内物像间的关系式

$$F\{I_i\}(f_x, f_y) = \mathrm{OTF}(f_x, f_y) F\{I_o\}(f_x, f_y) \tag{1.4.15}$$

函数 $\mathrm{OTF}(f_x, f_y)$ 通常称为光学系统的光学传递函数, 其模 $|\mathrm{OTF}|$ 称为调制传递函数 MTF。描述光强变换关系的光学传递函数与描述光场变换关系的相干传递函数 $H(f_x, f_y)$ 的关系为

$$\mathrm{OTF}(f_x, f_y) = \frac{\iint H(\xi, \eta) H^*(\xi - \lambda d_i f_x, \eta - \lambda d_i f_y) \mathrm{d}\xi \mathrm{d}\eta}{\iint |H(\xi, \eta)|^2 \mathrm{d}\xi \mathrm{d}\eta} \tag{1.4.16}$$

式中，ξ 为空间角频率。对于一个无像差的衍射受限的光学系统，相干传递函数为

$$H(f_x, f_y) = W(\lambda d_i f_x, \lambda d_i f_y) \tag{1.4.17}$$

式中，W 是光学系统的光瞳函数，在光瞳内为 1，在光瞳外为 0。所以一个无像差的衍射受限的光学系统的光学传递函数为

$$\mathrm{OTF}(f_x, f_y) = \frac{\iint W(\xi, \eta) W(\xi - \lambda d_i f_x, \eta - \lambda d_i f_y) \mathrm{d}\xi \mathrm{d}\eta}{\iint W(\xi, \eta) \mathrm{d}\xi \mathrm{d}\eta} \tag{1.4.18}$$

上式的分子代表两个错开的光瞳函数重叠的面积，它们的中心点分别为 $(0,0)$ 和 $(\lambda d_i f_x, \lambda d_i f_y)$，分母为光瞳的面积。

在有像差的情况下，可以把光学系统当作一个衍射受限系统但其出射光瞳内插入了一个相移板，相移板上的相位对应于像差。当我们不考虑光学系统的像差，而只考虑大气等传播介质带来的相位变化时，可将传播介质和光学系统当作一个整体。此相位应为复相位（有振幅起伏），设为 $\chi + \mathrm{i}S$，则相移板的透射函数为

$$T(x,y) = \exp[\chi(x,y) + \mathrm{i}S(x,y)] \tag{1.4.19}$$

则 $W(x,y)T(x,y)$ 可视为广义的光瞳函数。在这种情况下，光学传递函数为

$$\mathrm{OTF}(\xi_x, \xi_y) = \frac{\iint W(x,y) W(x - \lambda \xi_x, y - \lambda \xi_y) T(x,y) T^*(x - \lambda \xi_x, y - \lambda \xi_y) \mathrm{d}x \mathrm{d}y}{\iint W(x,y) \mathrm{d}x \mathrm{d}y} \tag{1.4.20}$$

OTF 反映了图像的空间频谱分量的传递完善与否的信息，特别是高频分量反映了图像的精细结构。由式 (1.4.17) 可知，由于光瞳尺度的有限性，即使无像差的理想光学系统，图像的高频信息也总有缺失，而对有像差的光学系统，高频信息缺失程度更大。高频信息缺失的程度反映了成像质量的优劣。

大气介质的存在恶化了整个光学系统的调制传递函数。在研究大气介质对成像光学系统性能的影响时，通常以光学系统分辨本领的变化作为依据。对光学系统分辨本领的定量描述可以使用调制传递函数的全频谱空间积分 (Fried, 1966)

$$R = \iint \mathrm{MTF} \mathrm{d}f_x \mathrm{d}f_y \tag{1.4.21}$$

1.5 自 然 光 源

1.5.1 天球坐标系和太阳与地球间的几何关系

恒星是自然界的光源，其中太阳又是距我们最近的恒星，它不但是地球生命的

最重要源泉之一，也是大气光学的最重要光源。为确定恒星和太阳辐射的定量数据，首先应准确了解地球和恒星、太阳之间的几何关系。

为确定恒星在天空中的方位，需要采用一定的天球坐标系。地球赤道平面延伸后与天球相交的大圆，称为天赤道。天赤道的几何极称为天极。赤道坐标系以天赤道为基圈，北天极 P 是赤道坐标系的极。过天极的大圆称为赤经圈或时圈，天球上与天赤道平行的小圆称为赤纬圈。赤道以北的赤纬 (declination) 为正，以南为负。由于所取的主圈、主点以及随之而来的赤经坐标的不同，赤道坐标系又有第一赤道坐标系和第二赤道坐标系之分。第一赤道坐标系的主圈是子午圈，主点是天赤道与子午圈在地平圈之上的交点。第二赤道坐标系的主点是春分点 (黄道对赤道的升交点)，过春分点的赤经圈就是该坐标系的主圈。春分点的时圈与天体时圈之间的球面角，称为天体的赤经，由春分点开始按逆时针方向量度，从 0h 到 24h，如图 1.5.1 所示。

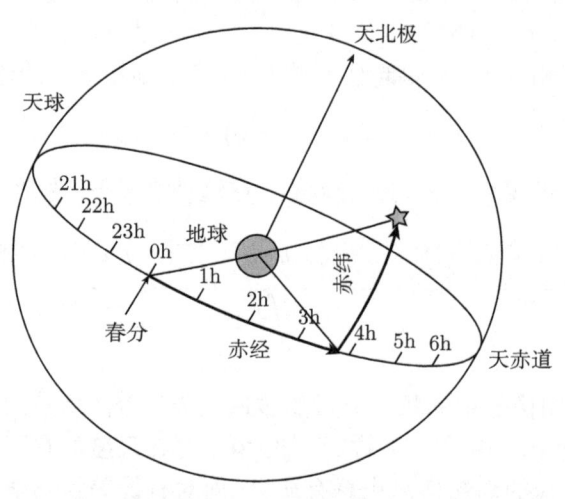

图 1.5.1 赤道坐标系

天体的周日运动不影响春分点与天体之间的相对位置，因此也就不会改变天体的赤经和赤纬，而在不同的测站、不同的观测时间，天体的时角却是变化的。所以，各种星表中通常列出的都是天体在第二赤道坐标系中的坐标——赤经和赤纬，供全球各地的观测者使用。

到达地球的太阳辐射强度由太阳的辐射强度和太阳地球间的距离决定。地球围绕太阳的运动轨道为一椭圆，其偏心率为 $e=0.01673$，半长轴为 $a=1.496\times10^{11}$m。日地最短距离 $a(1-e)$ 出现在冬至 (winter solstice, 1 月 3 日)，最长距离 $a(1+e)$ 出现在夏至 (summer solstice, 7 月 4 日)，平均距离 d(等于半长轴) 出现在春分 (spring equinox, 4 月 4 日) 和秋分 (autumn equinox, 10 月 5 日)。儒略历 (Julian) 的任何

1.5 自然光源

一天 J 的日地距离 d 可以由下列经验公式计算 (精度约为 10^{-4})(Spencer, 1971):

$$(d_0/d)^2 = 1.000110 + 0.034221\cos\gamma + 0.001280\sin\gamma + 0.000719\cos(2\gamma) + 0.000077\sin(2\gamma) \tag{1.5.1}$$

式中, $\gamma = 2\pi[J - 1 + (\text{LMT} - 12)/24]/365$ 为分数年 (fractional year, 单位: rad), LMT 为地方平时。

地球自转轴与地球围绕太阳转动的黄道面 (ecliptic plane) 的法线方向的夹角为 $23°27'$, 即地球赤道面 (equatorial plane) 与黄道面的夹角为 $23°27'$, 如图 1.5.2 所示。除在春分和秋分, 太阳位于地球的赤道面内, 一般时间内, 日地连线与地球赤道面构成一个角度, 称为太阳倾角 (sun declination)。北半球的春夏季对应的倾角定义为正, 最大的倾角 $\pm 23°27'$ 出现在夏至和冬至, 此时该连线对应的地球纬度线分别称为北 (南) 回归线 (tropic)。儒略历的任何一天 J 的太阳倾角 (sun declination) 可以由下列经验公式计算 (单位: rad)(Spencer, 1971):

$$\begin{aligned}\Delta =& 0.006918 - 0.399912\cos\gamma + 0.070257\sin\gamma - 0.006758\cos(2\gamma) + 0.000907\sin(2\gamma) \\ & - 0.002697\cos(3\gamma) + 0.001480\sin(3\gamma)\end{aligned} \tag{1.5.2}$$

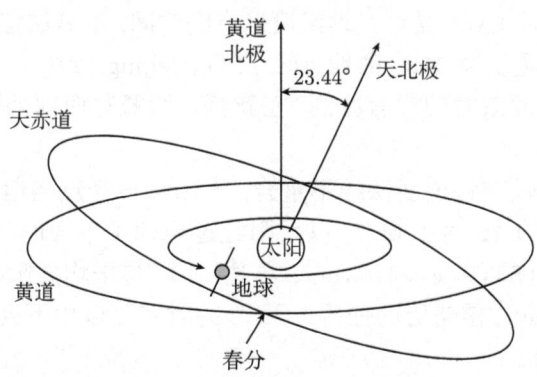

图 1.5.2 地球转动轨道示意图

地球表面一点的位置由纬度 Lat(latitude, 单位: °) 和经度 Lon(longitude 单位: °) 确定。纬度是当地垂直法线和地球赤道面的夹角, 北半球定义为正。经度是当地垂直法线 (zenith) 和地轴所在的平面即当地子午面 (local meridian) 与经过伦敦格林尼治的本初子午面 (Greenwich meridian) 的夹角, 格林尼治以东的半球为正, 以西的半球为负。日地连线与地轴构成的平面为太阳子午面 (sun meridian)。当地子午面和太阳子午面的夹角为时角 (hour angle)H。太阳与地球之间的几何关系如图 1.5.3 所示。

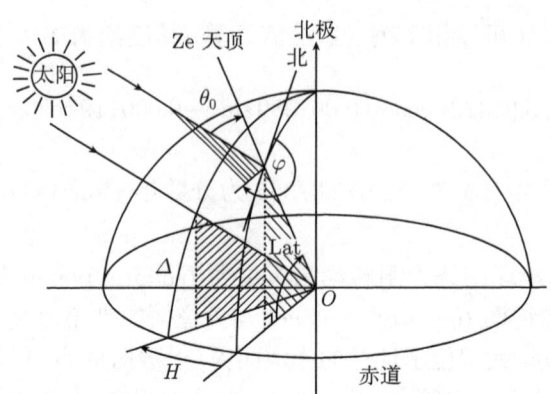

图 1.5.3 地球太阳球面几何示意图

按照现行的国际计时体系即平均太阳时 (平均一个太阳日为 24h), 地方平时 LMT(local mean time, 单位: h) 由国际标准时即格林尼治地方平时 GMT(Greenwich mean time, 单位: h) 和当地的经度 (东经为正) 确定

$$\text{LMT} = \text{GMT} + \frac{\text{Lon}}{15} \tag{1.5.3}$$

注意: 地方平时 LMT 是由当地经度确定的时间, 不是法定时区的时间。如我国统一的北京时间是东经 120° 的地方时 LMT(Beijing:120°) = GMT + 8, 中国各个地方的地方时和北京时间都有区别, 在新疆、西藏等西部地区, 相差 2 个小时以上。

由于地球自转轴和黄道面法线不重合, 太阳每日经过当地子午面的时间 (中午) 与平均太阳时的 12 时不吻合, 以太阳经过当地子午面的时间 (中午) 定义为 12 时的真太阳时 TST(true solar time, 单位: h), 与平均太阳时的差别称为时差 ET(equation of time)。儒略历的任何一天 J 的时差可以由下列经验公式计算 (单位: h)(Spencer, 1971):

$$\begin{aligned}\text{ET} =& (12/\pi)(0.000075 + 0.001868\cos\varGamma - 0.032077\sin\varGamma - 0.014615\cos(2\varGamma) \\ & - 0.040849\sin(2\varGamma))\end{aligned} \tag{1.5.4}$$

则

$$\text{TST} = \text{LMT} + \text{ET} \tag{1.5.5}$$

这样, 时角 (单位: rad) 为

$$H = 15(\text{TST} - 12) \times \frac{\pi}{180} \tag{1.5.6}$$

1.5 自然光源

在当地坐标系中, 日地连线与当地垂直法线的夹角为天顶角 θ_0; 日地连线在地平面上的投影与正北的夹角 (从正北顺时针方向为正) 为方位角 ϕ_0。根据球面几何学, 有

$$\cos\theta_0 = \sin\text{Lat}\sin\varDelta + \cos\text{Lat}\cos\varDelta\cos H \tag{1.5.7}$$

$$\cos\phi_0 = \frac{(\cos\theta_0\sin\text{Lat} - \sin\varDelta)}{(\sin\theta_0\cos\text{Lat})} \tag{1.5.8}$$

有时需要日出和日落时间, 此时可设天顶角为 θ_0=90.833°(考虑了大气的折射), 根据式 (1.5.7) 可求得时角为

$$H = \pm\arccos\left[\frac{\cos(90.833)}{\cos\text{Lat}\cos\varDelta} - \tan\text{Lat}\tan\varDelta\right] \tag{1.5.9}$$

正号对应日出, 负号对应日落。日出和日落的国际标准时间 (单位: h) 为

$$T\text{sunrise, sunset} = 12 + \frac{\text{Lon}}{15} - H \times \frac{12}{\pi} - \text{ET} \tag{1.5.10}$$

上述日地距离、太阳倾角和时差的计算公式形式简单, 易于实用, 但在要求很高精度的应用场合, 如高精度太阳跟踪等, 可以采纳更精确复杂的计算公式 (Blanco-Muriel et al., 2001; Reda and Andreas, 2008)。

1.5.2 太阳辐射及月球的反射

太阳是一个面光源, 其对地球的张角为 9.6×10^{-3}rad(0.55° 或 33′), 变化范围为 ±1.7%。到达地球大气外的太阳辐射近似可以看作 5800K 的黑体辐射, 但其光谱中含有许多精细的太阳气体吸收谱线, 称为 Fraunhofer 线。日地平均距离上的太阳辐射光谱和 5800K 的黑体辐射光谱如图 1.5.4 所示。太阳光谱辐照度的具体数值见文献 (Thekaekara, 1974; Neckel and Labs, 1984; Wehrli, 1985)。

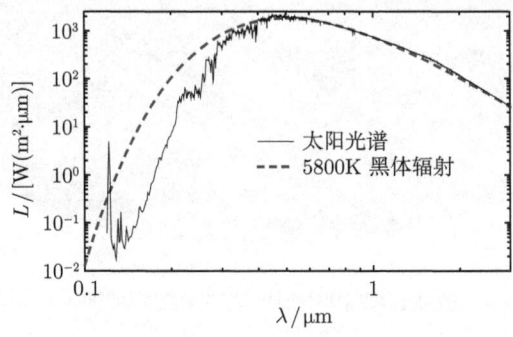

图 1.5.4 大气顶太阳光谱辐照度和 5800K 黑体辐射光谱的对比

通常用太阳常数来描述到达地球大气顶的太阳辐射总能量, 其定义为在日地平均距离处的太阳辐照度, 即与太阳光垂直的单位面积上的辐射通量。目前得到普遍

认可的太阳常数平均值是 (1366±3) W/m² (Lean and Rind, 1998)。但太阳辐射的总量也不是一成不变的，近几十年来的太阳常数的观测值如图 1.5.5 所示 (Rozelot, 2003)，这些微小的变化也可能给地球大气系统带来显著的影响。

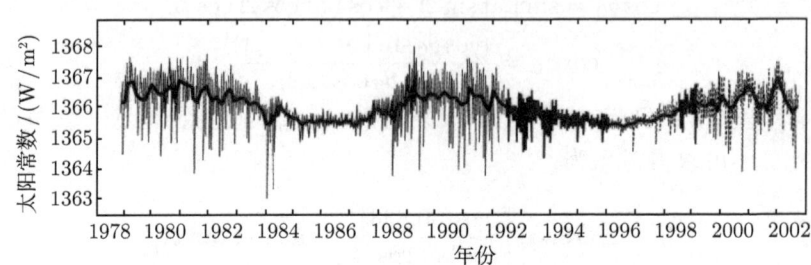

图 1.5.5　太阳常数的逐年变化

由于大气层顶的反射以及整个大气层的衰减，特别是其中的云层的反射和衰减，再加上太阳照射方向的倾斜，到达地面上的太阳辐照度要远远小于到达地球大气顶的太阳辐照度。全球各地 1991~1995 年平均的地面太阳辐照度如图 1.5.6 所示 (Hantel, 2005)，其中特别醒目的是中国南方地区的低值区。全球平均值为 189W/m²，最大值和最小值分别为 286W/m² 和 60W/m²。春夏秋冬四季中国地面太阳总辐射量 (MJ/m²) 的分布如图 1.5.7 所示 (中国气象局, 1994)。

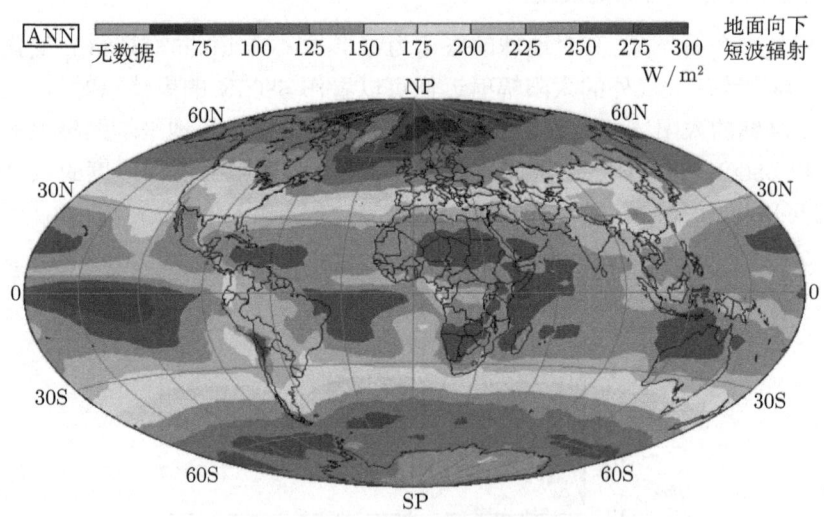

图 1.5.6　全球各地 1991~1995 年平均的地面太阳辐照度

任何一天的太阳光谱辐照度可以对日地平均距离处的辐照度进行日地距离的修正

$$F = F_0 \left(\frac{d_0}{d}\right)^2 \tag{1.5.11}$$

1.5 自然光源

太阳为我们提供了白天的光源,在夜晚我们也需要进行大气光学的研究工作,夜晚的自然光源有月球、行星和恒星。行星虽然都比较明亮,但亮度一般随时间而变化,目前获得的定量数据不足,并且也是有一定视角的面光源。因此在大气光学研究中应用得较少。而月球为我们提供了夜晚最亮的光源,并且也已经得到了诸如卫星遥感定标方面的应用。由于在短波区间月球仅仅反射太阳辐射,其辐照度可以表示为

$$F_\lambda^{\text{Moon}} = 2.04472 \times 10^{-7} \rho_\lambda P^{\text{Moon}} F_\lambda^{\text{Sun}} \tag{1.5.12}$$

式中,ρ_λ 为月球表面的反照率函数;P^{Moon} 为月相函数;$P^{\text{Moon}}=1$ 代表满月。

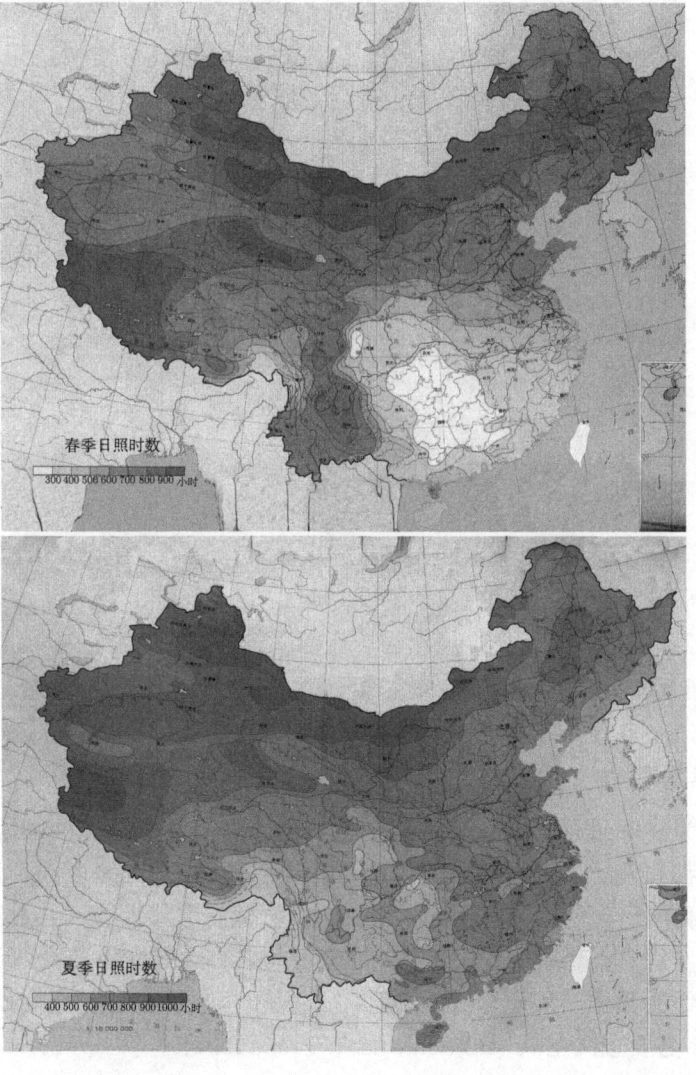

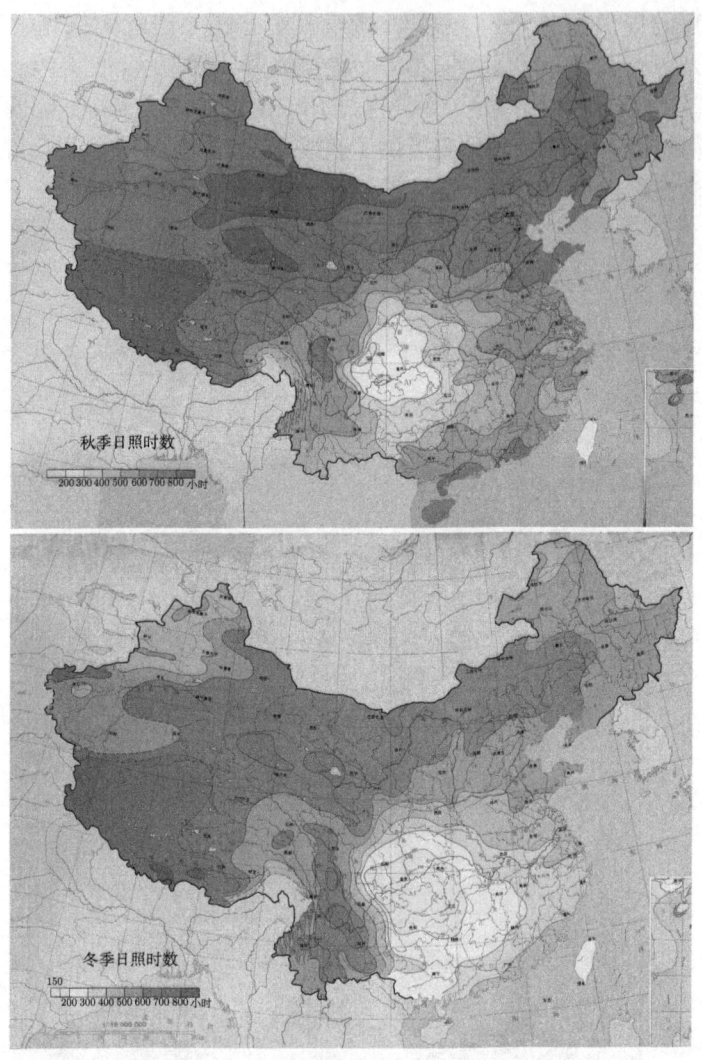

图 1.5.7 春夏秋冬四季中国地面太阳总辐射量 (单位：MJ/m^2)(台湾省及一些岛屿数据未采集)

1.5.3 恒星辐射

月亮作为夜间进行科学研究应用的自然光源有着不可避免的缺陷：亮度和光源面积每天都在变化。而大部分恒星都可视为点光源，并且亮度稳定。因此，恒星是夜间进行科学研究应用的理想自然光源。虽然恒星浩如烟海，但只有那些比较明亮的才比较实用。夜晚星空最亮的 50 个恒星的名称、方位和亮度列于表 1.5.1(表中赤经和赤纬的数据对应于公元 2000 年)。关于恒星的位置、亮度和光谱特性等方面的数据，需要查阅星表 (Hoffleit and Warren, 1991)。

1.5 自然光源

表 1.5.1 最亮的 50 个恒星的名称、方位和亮度

No.	Star	Name	所属星座	中文名	RA	Dec	光谱类型	VisMag	AbsMag
1	Alpha-Canis-Majoris	Sirius	大犬座	天狼星	06°45′	−16.7	A1V	−1.46	1.43
2	Alpha-Carinae	Canopus	船底座	老人星	06°24′	−52.7	F0Ib	−0.73	−5.64
3	Alpha-Centauri	Rigil-Kentaurus	半人马座	南门二	14°40′	−60.8	G2V+K1V	−0.29	4.06
4	Alpha-Boötis	Arcturus	牧夫座	大角星	14°16′	+19.2	K2III	−0.05	−0.31
5	Alpha-Lyrae	Vega	天琴座	织女星	18°37′	+38.8	A0V	0.03	0.58
6	Alpha-Aurigae	Capella	御夫座	五车二	05°17′	+46.0	G5III+G0III	0.07	−0.49
7	Beta-Orionis	Rigel	猎户座	参宿七	05°15′	−8.2	B8Ia	0.15v	−6.72v
8	Alpha-Canis-Minoris	Procyon	小犬座	南河三	07°39′	+5.2	F5IV−V	0.36	2.64
9	Alpha-Eridani	Achernar	波江座	水委一	01°38′	−57.2	B3V	0.45	−2.77
10	Alpha-Orionis	Betelgeuse	猎户座	参宿四	05°55′	+7.4	M2Ib	0.55v	−5.04v
11	Beta-Centauri	Hadar	半人马座	马腹一	14°04′	−60.4	B1III	0.61	−5.42
12	Alpha-Aquilae	Altair	天鹰座	牛郎星	19°51′	+8.9	A7V	0.77	2.21
13	Alpha-Crucis	Acrux	南十字座	十字架二	12°27′	−63.1	B0.5IV+B1V	0.79	−4.17
14	Alpha-Tauri	Aldebaran	金牛座	毕宿五	04°36′	+16.5	K5III	0.86v	−0.64v
15	Alpha-Scorpii	Antares	天蝎座	心宿二	16°29′	−26.4	M1Ib+B4V	0.95v	−5.39v
16	Alpha-Virginis	Spica	室女座	角宿一	13°25′	−11.2	B1V+B2V	0.97	−3.56
17	Beta-Geminorum	Pollux	双子座	北河三	07°45′	+28.0	K0III	1.14	1.07
18	Alpha-Piscis-Austrini	Fomalhaut	南鱼座	北落师门	22°58′	−29.6	A3V	1.15	1.72
19	Alpha-Cygni	Deneb	天鹅座	天津四	20°41′	+45.3	A2Ia	1.24	−8.74
20	Beta-Crucis	Mimosa	南十字座	十字架三	12°48′	−59.7	B0.5III	1.26	−3.91
21	Alpha-Leonis	Regulus	狮子座	轩辕十四	10°08′	+12.0	B7V	1.36	−0.52
22	Epsilon-Canis-Majoris	Adhara	大犬座	弧矢七	06°59′	−29.0	B2II	1.50	−4.10
23	Alpha-Geminorum	Castor	双子座	北河二	07°35′	+31.9	A1V+A2V	1.58	0.59
24	Lambda-Scorpii	Shaula	天蝎座	尾宿八	17°34′	−37.1	B2IV	1.62	−5.05
25	Gamma-Crucis	Gacrux	南十字座	十字架一	12°31′	−57.1	M3.5III	1.63	−0.52

续表

No.	Star	所属星座	Name	中文名	RA	Dec	光谱类型	VisMag	AbsMag
26	Gamma-Orionis	猎户座	Bellatrix	参宿五	05°25′	+6.3	B2III	1.64	-2.72
27	Beta-Tauri	金牛座	Elnath	五车五	05°26′	+28.6	B7III	1.66	-1.36
28	Beta-Carinae	船底座	Miaplacidus	南船二	09°13′	-69.7	A2III	1.67	-0.99
29	Epsilon-Orionis	猎户座	Alnilam	参宿二	05°36′	-1.2	B0Ia	1.69	-6.38
30	Alpha-Gruis	天鹤座	Alnair	鹤一	22°08′	-47.0	B7IV	1.74	-0.72
31	Zeta-Orionis	猎户座	Alnitak	参宿一	05°41′	-1.9	O9.5Ib+B0III	1.75	-5.25
32	Epsilon-Ursae-Majoris	大熊座	Alioth	玉衡	12°54′	+56.0	A0IV	1.77	-0.20
33	Alpha-Persei	英仙座	Mirfak	天船三	03°24′	+49.9	F5Ib	1.80	-4.49
34	Alpha-Ursae-Majoris	大熊座	Dubhe	天枢	11°04′	+61.8	K0III+F0V	1.80	-1.09
35	Gamma-Velorum	船帆座	Regor	天社一	08°10′	-47.3	WC8+O9Ib	1.81	-5.25
36	Delta-Canis-Majoris	大犬座	Wezen	弧矢一	07°08′	-26.4	F8Ia	1.83	-6.87
37	Epsilon-Sagittarii	人马座	Kaus-Australis	箕宿三	18°24′	-34.4	B9.5III	1.84	-1.39
38	Eta-Ursae-Majoris	大熊座	Alkaid	摇光	13°48′	+49.3	B3V	1.86	-0.59
39	Theta-Scorpii	天蝎座	Sargas	尾宿五	17°37′	-43.0	F1II	1.86	-2.75
40	Epsilon-Carinae		Avior		08°23′	-59.5	K3II+B2V	1.87	-4.57
41	Beta-Aurigae	御夫座	Menkalinan	五车三	06°00′	+44.9	A2IV	1.90	-0.10
42	Alpha-Trianguli-Australis	南三角座	Atria	三角形三	16°49′	-69.0	K2Ib-II	1.92	-3.61
43	Gamma-Geminorum	双子座	Alhena	井宿三	06°38′	+16.4	A0IV	1.93	-0.60
44	Alpha-Pavonis	孔雀座	Peacock	孔雀十一	20°26′	-56.7	B0.5V+B2V	1.93	-1.82
45	Delta-Velorum	船帆座	Koo-She	天社三	08°45′	-54.7	A0V	1.95	0.01
46	Beta-Canis-Majoris	大犬座	Mirzam	军市一	06°23′	-18.0	B1III	1.98	-3.95
47	Alpha-Hydrae	长蛇座	Alphard	星宿一	09°28′	-8.7	K3II	1.98	-1.70
48	Alpha-Ursae-Minoris	小熊座	Polaris	勾陈一	02°32′	+89.3	F7Ib-II	1.99v	-3.62v
49	Gamma-Leonis	狮子座	Algieba	轩辕十二	10°20′	+19.8	K0III+G7III	2.00	-0.93
50	Alpha-Arietis	白羊座	Hamal	娄宿三	02°07′	+23.5	K2III	2.01	0.48

1.5 自然光源

国际上公开发表的可见光星表主要有：USNO-A2.0、依巴谷星表 (ESA, 1997)、第谷星表。第谷星表包括了 99%全天亮于 11 等的恒星；USNO-A2.0 星表中，恒星的亮度信息较全，特别是对于较暗的星；依巴谷星表中记录了全天 118 218 个天体非常精确的赤经、赤纬、光谱等数据，其位置中值精度大约为 1 毫角秒，恒星亮度等数据是在大气外界测得的。

天文学上以星等 (magnitude) 来描述天体的亮度。星星亮度的等级最早是由希腊天文学家依巴谷 (Hipparchus) 于公元 2 世纪时创立的，他把天上最亮的 20 颗星定为 1 等星，再依光度的减弱依次分为 2 等星、3 等星，如此类推到 6 等星 (人眼可以看到的最暗的星)。星等的数值越大，代表这颗星的亮度越暗。1850 年英国天文学家 Pogson 对星等进行定量描述，定义 1 等星的亮度为 6 等星的 100 倍，按等对数间隔，每一星等间的亮度差为 2.512 倍 ($2.512^5=100$)。而比一等星还亮的星是零等；再亮的则用负数表示，如 -1，-2，-3 等。

一般所说的星等是视星等 m(visual magnitude)。而恒星视亮度除了与恒星本身辐射光度有关外，也与恒星离我们的距离有关。同样亮度的星球距离我们比较近的，看起来自然比较光亮。假想把星体放在距离 10pc (即 32.6l.y.，秒差距也是天文学上常用的距离单位，1pc=3.26l.y.) 远的地方，所观测到的视星等，就是绝对星等 M(absolute magnitude)

$$M = m + 5 - 5\log d \tag{1.5.13}$$

d 为距离。

太阳的视星等和绝对星等分别为 -26.7 和 4.8。满月时月亮的亮度相当于 -12.6 等。这样我们就可以根据恒星和太阳的星等由地球大气外界的太阳辐照度估算出地球大气外界恒星的辐照度。

$$F = F_{\text{Sun}} 2.512^{-(m+26.7)} \tag{1.5.14}$$

根据黑体辐射定律，通过恒星的颜色可以确定恒星的表面温度。根据"哈佛分类法"，恒星被分为 7 个大类，依温度从高到低分别称为 O、B、A、F、G、K、M 型恒星。各型恒星的颜色、表面温度、谱线特征如下：

O 型星，淡蓝白色，约 30 000K，吸收线相对少，由于温度很高，有电离氦和其他元素的电离谱线，但氢线很弱。

B 型星，蓝白色，为 11 000~25 000K，出现中性氦谱线，氢线较 O 型星变强。

A 型星，蓝白色，为 7500~11 000K，有很强的氢线，出现一次电离的镁、硅、铁、钛、钙等的谱线，也有一些微弱的中性金属线。

F 型星，白色，为 6000~7500K，氢线变弱，但仍然明显，一次电离金属线和中性金属线同时存在。

G 型星，黄白色，为 5000~6000K，电离钙线非常明显，其他电离金属线和中性金属线同时存在。

K 型星，橙黄色，为 3500~5000K，以中性金属线为主。

M 型星，红色，约 3500K，中性金属线很强而且开始出现分子谱线。

有了这样完善的光谱分类，我们一看到一颗恒星的光谱类型，就可大致知道它的温度、压力等物理状态。如太阳的光谱类型是 "G2V"，则知太阳是一颗黄色的、温度和压力都适中的主序星。

1.6 地表的反射与辐射特性

作为地球大气的下边界，地表的光学特性在大气辐射传输中起着非常重要的作用。在短波区间，地表的反射特性是辐射传输过程的边界条件。在长波范围内，地表温度决定的热辐射的中心波长位于红外区域，是该波段的主要辐射源。因此，大气光学的研究离不开对地表光学特性的了解。

1.6.1 非均匀界面的反射特性及双向反射分布函数 BRDF

光在平面上的反射特性由我们熟知的 Snell 定律描述，但光在非光滑表面的反射特性是很复杂的。在地球大气系统中，地球表面的反射特性在大气光学中非常重要。地面一般既不光滑也不均匀，其反射特性不但与表面的几何特征、粗糙程度和物理性质有关，也于光源的几何和观测几何有关。对于这种复杂的反射特性，通常采用双向反射分布函数 BRDF(bi-directional reflectance distribution function) 来描述 (Zhang and Voss, 2008)。

当单色辐照度为 F_λ 的平面波以 (θ_i, ϕ_i) 的方位照射到反射面时，在 (θ_r, ϕ_r) 上反射光的单色辐射亮度为 I_λ，如图 1.6.1 所示，则双向反射函数 BRDF 定义为

$$\mathrm{BRDF}(\theta_i, \theta_r, g) = \frac{I_\lambda(\theta_r, \phi_r)}{F_\lambda(\theta_i, \phi_i) \cos \theta_i} \tag{1.6.1}$$

式中，$g = \arccos(\cos\theta_i \cos\theta_r + \sin\theta_i \sin\theta_r \cos(\phi_r - \phi_i))$ 为散射角 Θ 的补角，即 $g = \pi - \Theta$。双向反射函数 BRDF 具有可逆性

$$\mathrm{BRDF}(\theta_i, \theta_r, g) = \mathrm{BRDF}(\theta_r, \theta_i, g) \tag{1.6.2}$$

将双向反射函数 BRDF 在半空间积分就得到单色辐照反射率 ρ_λ（一般简称为反射率）。

1.6 地表的反射与辐射特性

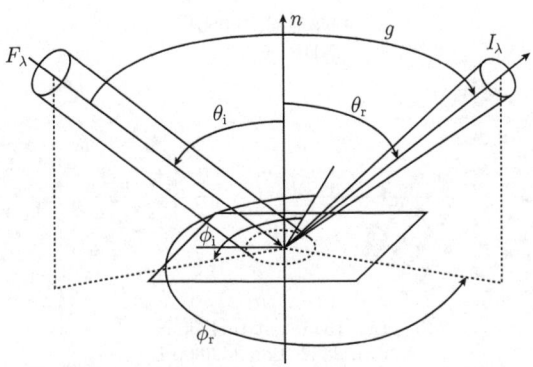

图 1.6.1 双向反射分布函数 BRDF 所涉及的辐射量和几何关系

根据 POLDER-3/PARASOL 卫星 2006 年数据获得的四种典型地表 (森林、耕地、裸露地面和冰雪) 的双向反射分布函数 BRDF 如图 1.6.2 所示, 对应的在反射主平面内的双向反射分布函数 BRDF 如图 1.6.3 所示 (Lacaze, 2009)。森林、耕地、裸露地面的 BRDF 的主要特征是: 反射的峰值出现在观测方向和太阳入射方向一致的方位 [热斑效应 (hot spot effect)], 而极小值位于前向散射方向。而冰雪地面的

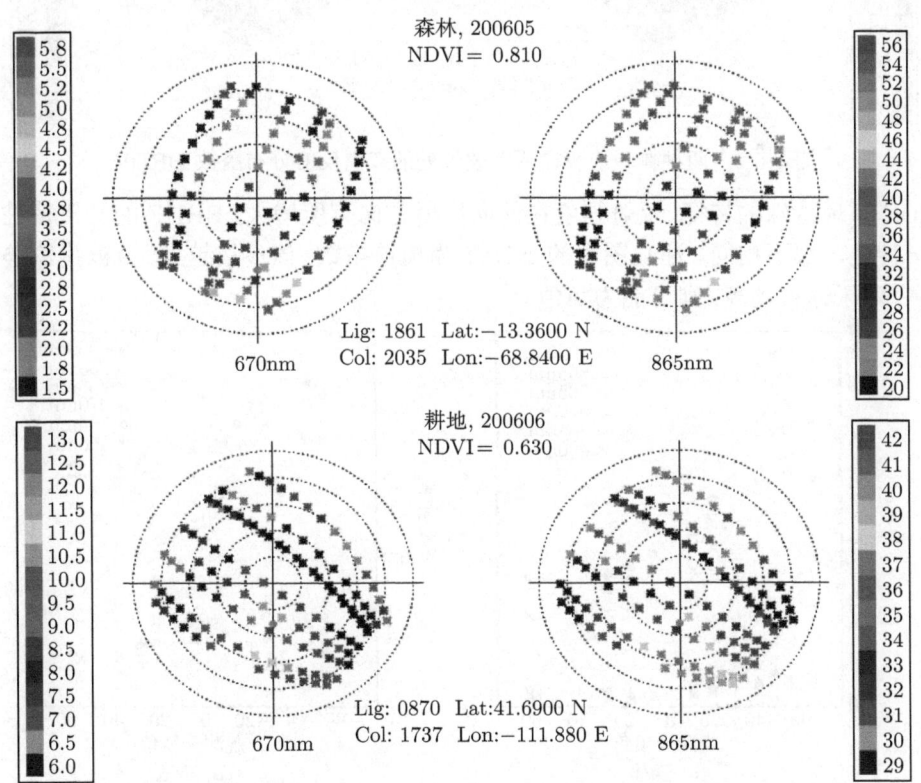

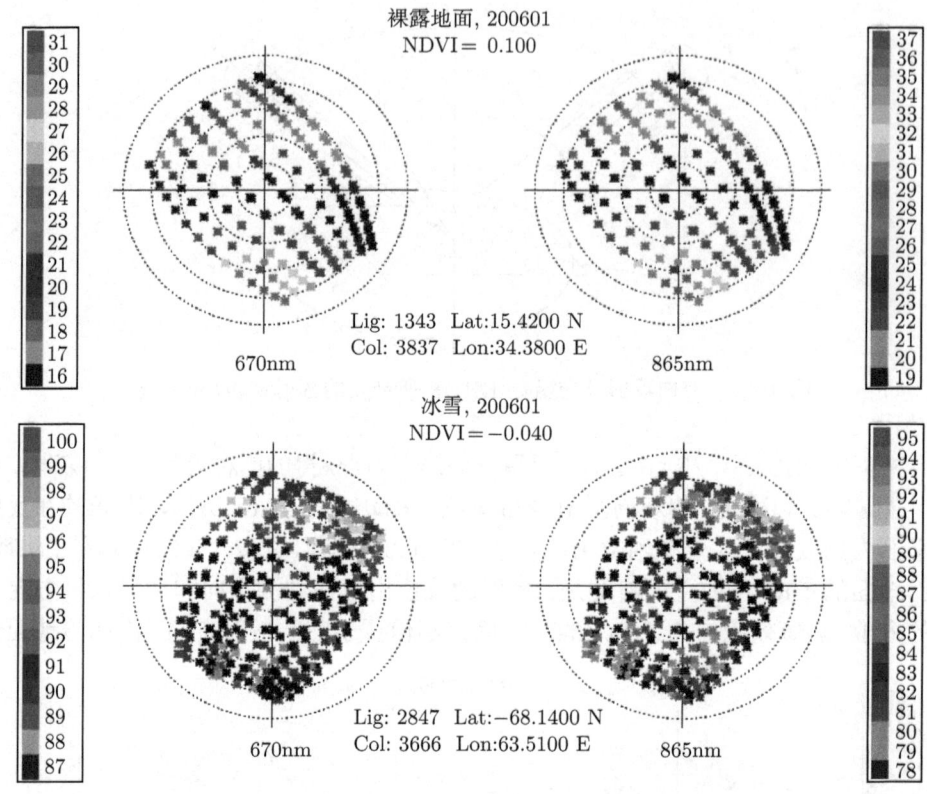

图 1.6.2 四种典型地表在两个波长处的双向反射分布函数 BRDF

BRDF 呈现特殊的特征,反射强度在前向散射方向有所增大。BRDF 的光谱特性对每一种地表都不相同。注意图中的 NDVI 为植被指数,该参量越大,植被覆盖率就越高,对于冰雪地表,则可能为负值。

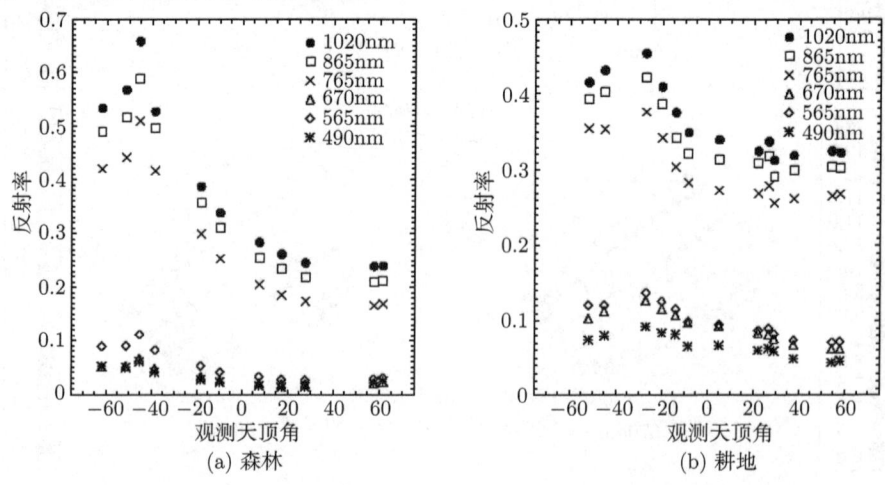

1.6 地表的反射与辐射特性

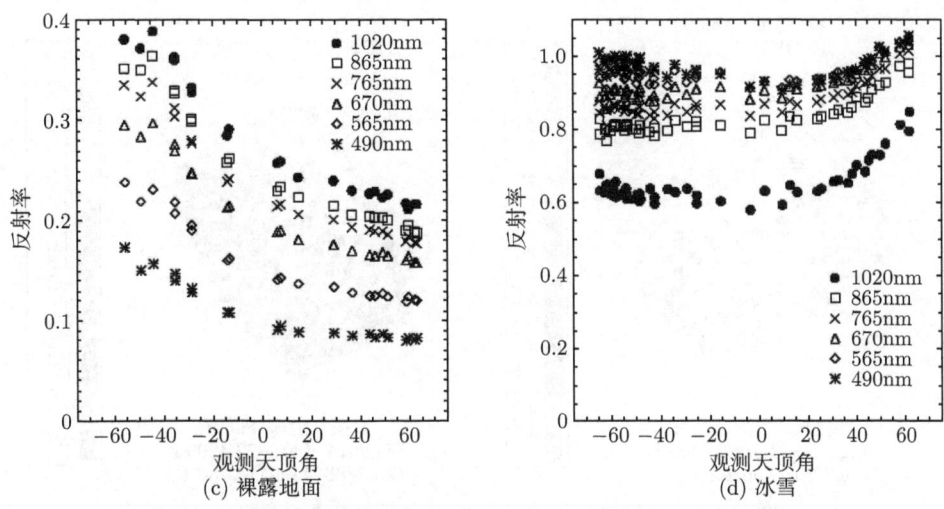

(c) 裸露地面   (d) 冰雪

图 1.6.3 四种典型地表在反射主平面内的双向反射分布函数 BRDF

和双向反射分布函数 BRDF 定义相似，对偏振光的反射问题，可以类似地定义双向偏振反射分布函数 BRDF。根据 2005~2006 年 POLDER-3/PARASOL 卫星数据获得的四种典型地表（森林、耕地、裸露地面和冰雪）的偏振双向反射分布函数 BPDF 如图 1.6.4 所示 (Postel, 2006)。对于所有的地表，BPDF 的形状都相同。在一定角度的太阳照射下，后向散射方向的偏振反射最小，偏振反射自后向散射的方向向前向增大。这是由于偏振主要由镜面反射造成，在相同的观测几何条件下，裸露地表的偏振反射要大于有植被的地面，当地面有水塘之类的起偏元素时，在镜面反射方向会有强烈的闪耀效应。

一种向各个方向上相同反射的表面称为 Lambert 面，根据能量守恒，Lambert

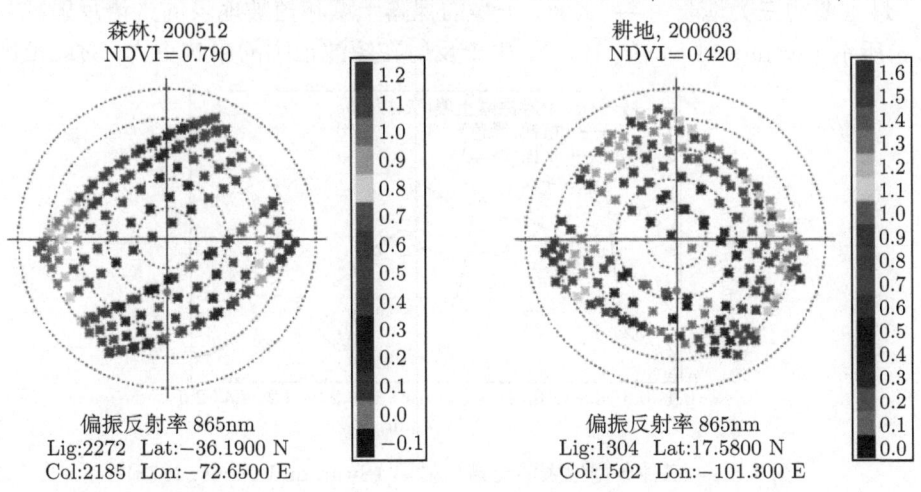

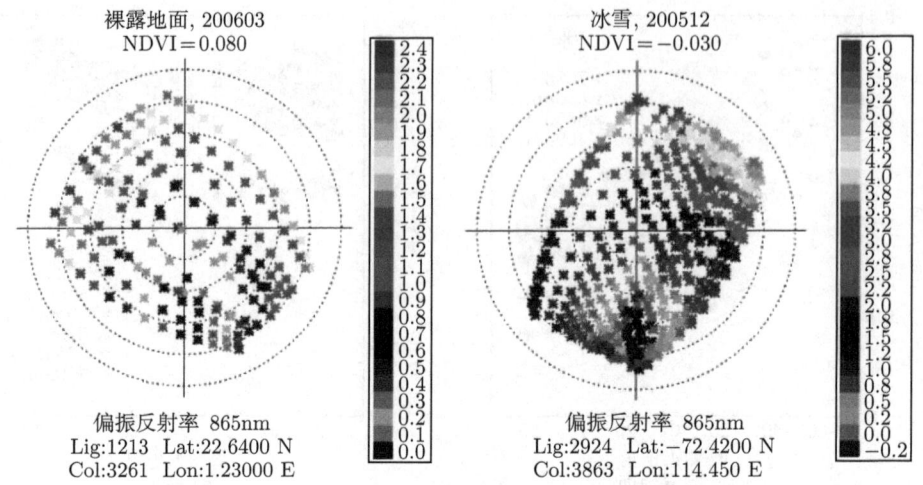

图 1.6.4 四种典型地表的偏振双向反射分布函数 BPDF

面的双向反射分布函数 BRDF 为一个常数,它和单色辐照反射率的关系为

$$\mathrm{BRDF}(\theta_\mathrm{i},\theta_\mathrm{r},g) = \frac{\rho_\lambda}{\pi} \tag{1.6.3}$$

各种地表的双向反射分布函数 BRDF 明显不同,大多数情况下也不完全符合 Lambert 面。但在辐射传输等问题中,考虑到双向反射分布函数 BRDF 的求解基本上无法去做,因此目前所有的实际算法基本上都把地表当作 Lambert 面,具体的情况在下面阐述。

1.6.2 典型地表的反射特性

最主要的三类地表 —— 水面、干燥的裸露土壤和植被地表的光谱反射率如图 1.6.5 所示 (Swan and Davis, 1978)。由于反射在短波范围的影响更大,对此范围内

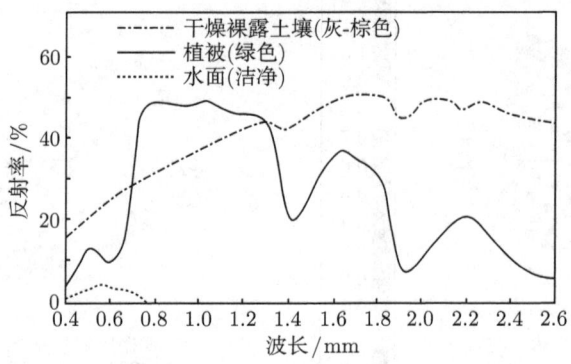

图 1.6.5 三种典型地表的光谱反射率 (Swan and Davis, 1978)

的反射特性研究较多。更多几种地表在可见到近红外的光谱反射特性如图 1.6.6 所示 (Hartman, 1994)。从这两个图可以作一个简单的比较,有几个明显的特征:雪面在可见光范围的反射率很高,水的反射率较低且主要位于可见光区域,植被的光谱窗口特征明显,而土壤的反射率在可见到中红外随波长平稳增大。

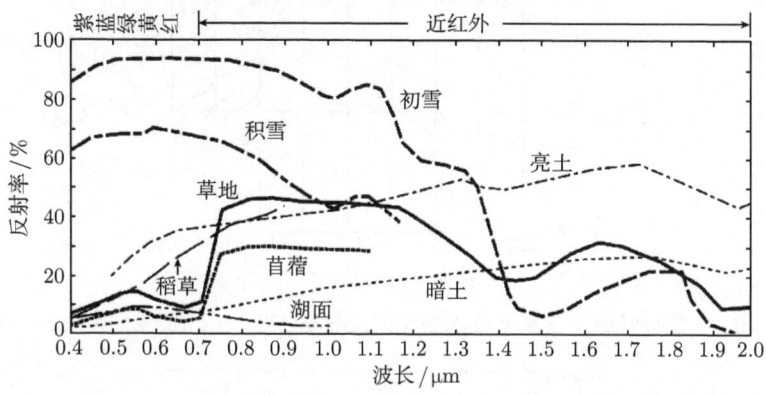

图 1.6.6　可见光到近红外波段各种典型地表的光谱反射率

地表约 70%的面积是海洋。海面的反射特性可以分解为平面反射和漫反射。平面反射的规律遵从 Snell 定律,漫反射可视为 Lambert 面。海面风引起的波浪起伏使光的镜面反射方向也发生起伏,在风向和垂直于风向的波浪斜率的均方差与风速存在着定量关系 (Cox and Munk, 1954):

$$\sigma_c^2 = 10^{-3}(3 + 1.92V)$$
$$\sigma_u^2 = 10^{-3}(0 + 3.16V)$$
(1.6.4)

式中,风速 V 的单位为 m/s。

海面的漫反射率主要与海水的混浊度有关,后者主要由海水中的矿物质和生物物质含量决定。漫反射率主要和叶绿素、色素等吸收成分有关。对于一类水体已建立了反射率与叶绿素含量关系的定量模型,并得到了实际测量结果的验证 (Morel, 1988; Morel and Maritorena, 2001)。根据这个模型,可见光波段海面的反射率与叶绿素含量关系如图 1.6.7 所示 (Morel and Maritorena, 2001),图中方框内的数字为叶绿素含量 (单位: mg/m^3)。此外,反射率也与太阳天顶角有轻微的依赖关系。

雪地的反射率在可见光很高 (可达 0.98),在近红外随波长的增加逐渐下降到接近于 0, 如图 1.6.8 所示 (Nolin and Frei, 2001)。雪的反射率与雪粒的大小明显有关,雪粒越大,反射率越小。对于干净的厚雪,雪粒的尺度是决定反射率的主要因素。此外,雪地也不是理想的 Lambert 面,其反射率与入射角度有关,反射率在 0.9~1.4μm 波段的绝对差别最大,而在中远红外的相对差别很大,如图 1.6.9 所示 (Wiscombe and Warren, 1980; Warren and Wiscombe, 1980)。

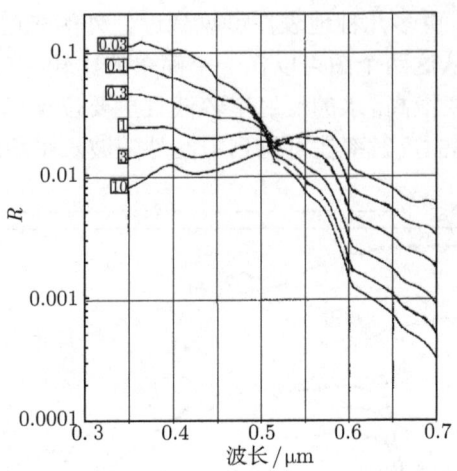

图 1.6.7　各种叶绿素含量下海水的光谱反射率 (Morel and Maritorena, 2001)

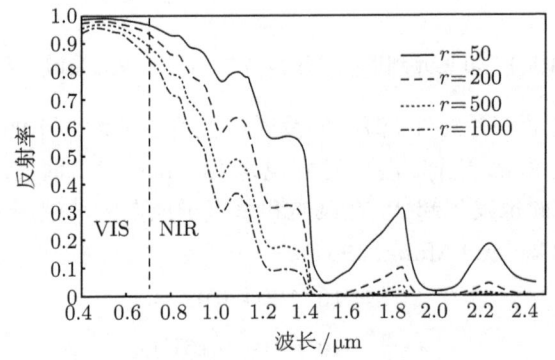

图 1.6.8　各种粒度下雪地的光谱反射率 (Nolin and Frei, 2001)

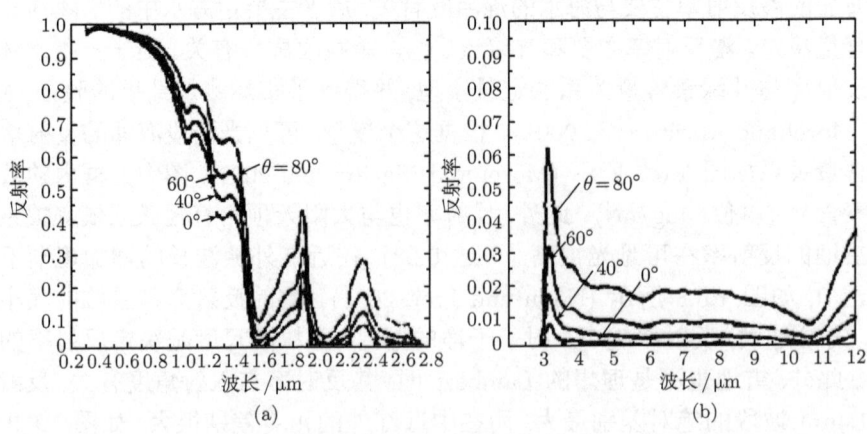

图 1.6.9　各种入射角度下雪地的光谱反射率 (Wiscombe and Warren, 1980)

1.6 地表的反射与辐射特性

土壤和岩石等裸露地表的反射率情况比较复杂，它与地表的颜色、矿物质成分、结构和粗糙度等因素有关。从亮砂到肥土的各种土壤的光谱反射率如图 1.6.10 所示 (Geiger and Samain, 2004)，除亮砂在可见到近红外反射较强外，一般土壤的反射率在可见光波段基本随波长线性增大，在 0.8~2.6μm 的近红外波段缓慢变化。

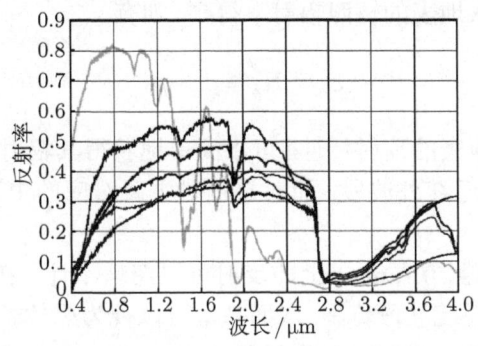

图 1.6.10 各种土壤的光谱反射率 (从亮砂到肥土)(Geiger and Samain, 2004)

在广大地区，地表被植被覆盖，地表的反射特性主要由植物的叶子决定。不同植物的叶子结构相异，但也都具有相似的光谱反射特性。随着季节的变化，植物叶子经历了发芽、成长、由绿变黄 (红) 和脱离的过程，其光谱反射率也发生显著的变化。图 1.6.11 就是一种典型的植物叶子的光谱反射率与叶绿素、干物质、相对

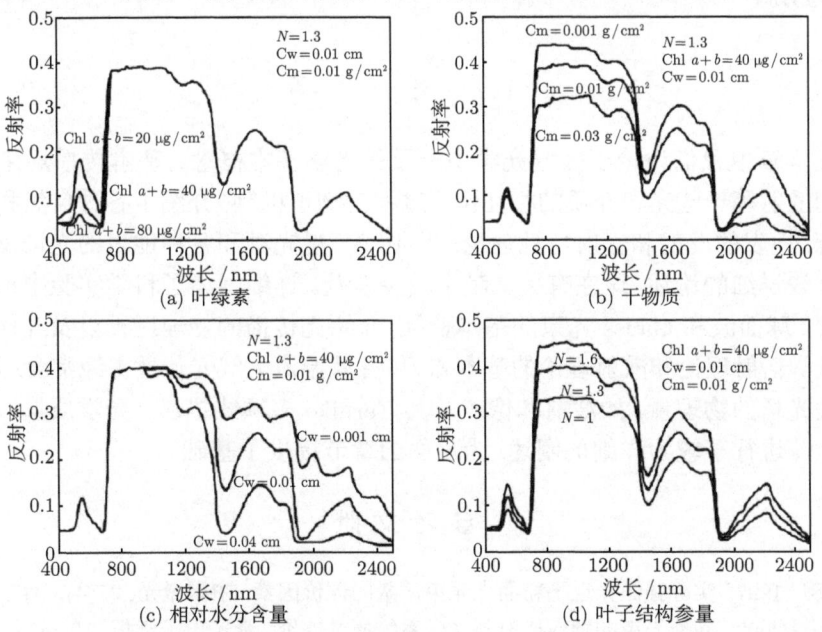

图 1.6.11 植物叶子的光谱反射率与叶绿素 Chl、干物质 Cm、相对水分含量 Cw 和叶子结构参量 N 的关系 (Zarco-Tejada et al., 2003)

水分含量和叶子结构参量 N 的关系 (Zarco-Tejada et al., 2003)

1.6.3 典型地表的辐射特性

地表的热辐射近似可以当作灰体来处理。根据式 (1.2.29), 地表的辐射率应对于其吸收率, 后者可从地表的辐照辐射率得到, 则有

$$\varepsilon_\lambda = \alpha_\lambda = 1 - \rho_\lambda \tag{1.6.5}$$

因此, 根据上面各种地表的反射特性, 可以简单地获得其辐射特性。但上述反射特性主要针对可见光和近红外波段, 而对热辐射主要对应的中远红外波段没有详细说明。

由于水的吸收特性, $0.7\mu m$ 以上的反射可以忽略不计。在 $10\mu m$ 大气窗口, 辐射率一般超过 99%, 在此波段范围, 水面基本可以视为黑体。

裸露地表的辐射率一般随波长有显著的变化, 在 $10\mu m$ 大气窗口, 辐射率一般为 80%~95%。

冰雪地面的辐射率在中远红外较高, 在 $10\mu m$ 大气窗口, 辐射率一般在 97% 左右。

植被地面的辐射率在中远红外也较高, 在 $10\mu m$ 大气窗口, 辐射率一般为 90%~99%。

1.7 小　　结

在本章中我们讨论了大气光学中涉及的光学基本概念、基本传播规律, 辐射、吸收和散射等一些光和介质的相互作用过程的物理机制, 介绍了各种自然和人造常用光源, 地表的反射和辐射特性理论。其中对恒星光源和各种地表的光谱反射特性做了比较详细的论述, 这在有关文献中较少涉及。详细阐述了科学实验中最常用的平面波、球面波和 Gauss 光束的基本特征, 介绍光传播的物理过程以及几何光学和波动光学衍射理论和散射理论的基本知识, 并就湍流大气光传播中经常会遇到的一些有关光场的物理量, 如波前和像差及其 Zernike 多项式描述、光学质量、相位及其奇性等进行了较为详细的阐述, 为后面的章节提供了基础。

参 考 文 献

杜祥琬. 1997. 实际强激光远场靶面上光束质量的评价因素. 中国激光, 27(4): 327–332
饶瑞中. 2002. 高斯光束的圆环衍射与光学系统质量评价. 量子电子学报, 19: 414–417
饶瑞中. 2005. 光在湍流大气中的传播. 合肥: 安徽科学技术出版社
中国气象局. 1994. 中国气候资源地图集. 北京: 中国地图出版社

Blanco-Mureil M, Alarcon-Padilla D C, Lopez-Moratalla T et al. 2001. Computing the solar vector. Solar Energy, 70(5): 431–441

Bohren C F, Huffman D R. 1983. Absorption and Scattering of Light by Small Particles. New York: John Wiley & Sons

Born M, Wolf E. 1999. Principles of Optic. Cambridge: Cambridge University Press

Cox C, Munk W. 1954. Measurement of the roughness of the sea surface from photographs of the sun's glitter. JOSA, 44: 838–850

ESA. 1997. The Hipparcos and Tycho Catalogues ESA SP-1200

Fante R L. 1975. Electromagnetic beam propagation in turbulent media Proc. IEEE 63: 1669–1692

Fante R L. 1980. Electromagnetic beam propagation in turbulent media: an update Proc. IEEE, 68: 1424–1443

Fante R L. 1985. Wave propagation in random media: a system approach. *In*: Wolf E. Progress in Optics XXII. New York: Elsevier

Fried D L. 1966. Optical resolution through a randomly inhomogeneous medium for very long and very short exposures. J. Opt. Soc. Am., 56: 1372–1379

Fried D L, Vaughn J L. 1992. Branch cuts in the phase function. Appl. Opt., 31: 2865–2882

Geiger B, Samain O. 2004. Albedo Determination. ATBD-WP1140 version 2.0

Goodman J W. 1985. Statistical Optics. New York: John Wiley & Sons

Goody R M, Yung Y L. 1989. Atmospheric Radiation-Theoretical Basis. New York: Oxford University Press

Hantel U M. 2005. Observed Global Climate. Berlin: Springer-Verlag

Hartman D L. 1994. Global Physical Climatology. New York: Academic Press

Hoffleit D, Warren W.H.Jr, 1991. Bright Star Catalogue, 5th edition. Yale Univ. Obs., New Haven, USA

Jackson J D. 1999. Classical Electrodynamics. Hoboken: John Wiley & Sons

Lacaze R. 2009. POLDER-3/PARASOLBRDF Databases User Manual[2011-7-27] http:// postel.mediasfrance.org /en /BIOGEOPHYSICAL-PRODUCTS/BRDF

Lean J, Rind D. 1998. Climate forcing by changing Solar radiation. Journal of Climate, 11L 3069–3094

Mielenz K D. 1998. Algorithms for Fresnel diffraction at rectangular and circular apertures J. Res. Natl. Inst. Stand. Technol., 103: 497

Mishchenko M I, Travis L D, Lacis A A. 2002. Scattering, Absorption, and Emission of Light by Small Particles. Cambridge: Cambridge University Press

Morel A. 1988. Optical modeling of the upper ocean in relation to its biogenous matter content. JGR, 93: 10749–68

Morel A, Maritorena S. 2001. Bio-optical properties of oceanic waters: a reappraisal.

JGR, 106: 7163-7180

Neckel H, Labs D. 1984. The solar radiation between 3300 and 12500 A. Solar Phys., 90: 205-258.34.

Nolin A W, Frei A. 2001. Remote sensing of snow and characterization of snow albedo for climate simulations. *In*: Beniston M, Verstraete M M. Remote Sensing and Climate Modeling: Synergies and Limitations. Dondrecht: Kluwer Academic Publishers 159-180

Noll R J. 1976. Zernike polynomials and atmospheric turbulence. J. Opt. Soc. Am., 66: 207-211

Reda I, Andreas A. 2008. Solar Position Algorithm for Solar Radiation Applications, NREL/TP-560-34302 National Renewable Energy Laboratory Golden, Colorado. USA

Rozas D, Law CT, Swartzlander G A Jr. 1997. Propagetion dynamics of Optical Vortices. JOSAB, 14: 3054-3065

Rozelot J P. 2003. The Sun's Surface and Subsurface. Berlin: Springer-Verlag

Spencer J W. 1971. Fourier series representation of the position of the sun. Search, 2: 172

Swan P H, Davis S M. 1978. Remote Sensing: The Quantitative Approach. Toronto: McGraw-Hill

Thekaekara M P. 1974. Extraterrestrial solar spectrum, 3000-6100A at 1A intervals; Appl. Opt., 13:518-522

Thomas G E, Stamnes K. 1999. Radiative Transfer in the Atmosphere and Ocean. Cambridge: Cambridge University Press

Tyson R K. 1998. Principles of Adaptive Optics. Boston: Academic Press

Van de Hulst H C. 1981. Light Scattering by Small Particles. New York: Denvor Publications

Vickers J, Burch M, Vyas R. et al. 2008. Phase and interference properties of optical vortex Beams. J. Opt. Soc. Am., A 25: 823-827

Warren S G, Wiscombe W J. 1980. A model for the spectral albedo of snow, II, Snow containing atmospheric aerosols. J. Atmos. Sci., 37: 2734-2745

Wehrli Ch. 1985. Extra-Terrestrial Solar Spectrum, Publication No. 615, Physikalisch-Meteorologisches Observatorium and World Radiation Center, CH-7260 Davos-Dorf, Switzerland

Wiscombe W J, Warren S G. 1980. A model for the spectral albedo of snow, I, Pure snow. J. Atmos. Sci., 37:2712-2713

Wyant J C, Shannon R R. 1997. Applied Optics and Optical Engineering. Boston: Academic Press

Yariv A. 1975. Quantum Electronics New York: John Wiley & Sons

Zarco-Tejada P J, Rueda C A, Ustin S L. 2003. Water content estimation in vegetation with MODIS reflectance data and model inversion methods. Remote Sensing of

Environment, 85: 109–124

Zhang H, Voss K J. 2008. Bi-directional reflectance measurements of closely packed natural and prepared particulate surfaces. *In* Kokhanovsky A A. Light Scattering Reviews 3: Light Scattering and Reflection. Chichester, UK: Praxis Publishing Ltd.

第 2 章 大气的基本物理特性

2.0 引　　言

地球大气是我们赖以生存的环境，它是一个十分复杂的系统。大气科学是一门内容十分丰富的科学，涉及现代科学的方方面面。但我们对大气的认识还停留在较表观的层次，造成对大气复杂多变的深层物理机制尚不清楚，因而大气科学中还存在着许多有待进一步深入研究的课题。鉴于本书仅仅讨论和光学有关的内容，我们在本章中只能就和大气光学有关的大气问题进行十分有限的阐述。

大气是多面的。对于我们的生存，氧气供我们呼吸，大气层过滤了太阳有害的紫外辐射，并阻挡了地球辐射的外逸。大气四季鲜明的变化造就了人类和各种生物的生命节律。大气提供了声音传播的介质，使得我们可以交流沟通，但大气也遮蔽了我们的双眼，使我们不能对外面的宇宙看得明明白白、真真切切。

当我们讨论光波与辐射的传输问题时，我们要将其作为一个具有特定折射率的传播介质。大气不是孤立的，它的下面受地球表面的限制和影响，它的上面受太阳的照射。因此它具有鲜明的时间和地理变化特征。又因为人类的活动能够产生和消耗一些气体，大气的成分也不是一成不变的。大气与辐射（广义，包括太阳辐射和地球、大气本身的辐射）的作用使得大气的垂直结构也变得十分复杂。

描述大气的基本气象参数有：气压、温度、湿度、风速。对于大气光学的应用，它们是不充分的，还需要许多光学特性参数。虽然从统计平均的观点来看，全球各地的大气结构具有相似性，而实际上在地球上的任意一个地点的任何时间，大气的基本物理参数，如温度、湿度、风速等，一般都是随机分布的。另外，气象观测时还有一个使用非常广泛的反映大气混浊度的参数 —— 能见度。在一般的气象观测站，温度、气压、湿度和风速都是连续测量的，在有条件的配备有能见度仪的观测点，能见度也可以连续测量。一般站点，能见度和云量是观测人员目视测得的。对于有光电应用等需求的特殊观测点，还通过仪器连续测量大气的湍流强度、吸收气体含量等。值得注意的是，上述这些参数并没有反映阴雨等天气大气情况，考虑到云况和阴雨天气，实际大气条件更为复杂。

大气并不都是气，大气介质中还存在着非气体成分，最主要的是固体的气溶胶粒子、高空云中的冰晶粒子，液态的水云、雾和雨中的水滴等，它们对光的散射和吸收在辐射传输问题中具有和气体分子同样重要的地位。

大气的运动创造了风云变幻、气象万千的壮观景象。大块噫气，其名为风。风生于地，起于青蘋之末，盛行于天地之间。在 20 世纪更是刮起了非线性科学的旋风，颠覆了确定性的世界观。大气运动导致热量的输送，因此，在高能量的光波和辐射传输问题中，风起着关键的作用。

越靠近地面，大气越稠密，对我们的影响越大，在各种大气应用中的重要性越大。最靠近地面的大气边界层具有最为复杂的特性，是大气湍流的栖身地，也是大气光学最为关注的地方。

2.1 大气成分与结构

2.1.1 大气成分

地球大气是由多种气体分子和一些固体和液体颗粒组成的，其中的气体是大气的主要成分。干空气主要由体积比约 78% 的氮分子 (nitrogen) 和 21% 的氧分子 (oxygen) 组成，其次有约 1% 的惰性气体氩分子 (argon)。对辐射吸收起主要作用的气体分子的总质量不到整个大气质量的 1%，它们包括水汽 (water vapor, 占空气质量的 3.3×10^{-3})、二氧化碳 (carbon dioxide, 占空气质量的 5.3×10^{-7}) 和臭氧 (ozone, 占空气质量的 6.42×10^{-7}) 以及含量更少的甲烷 (methane)、氧化亚氮 (nitrous oxide) 和其他一些微量气体。主要的气体成分的具体含量列于表 2.1.1，表中数据转引自 Hartman(1994) 的文章，其中微量气体的含量随时随地可能会发生变化，表中 1ppm= 10^{-6}，为百万分之一; 1ppb= 10^{-9}，为十亿分之一。

表 2.1.1 地球大气的气体成分

成分	分子式	分子质量 $M(12°C)$ /(kg/kmol)	干空气中的体积比	总质量/kg	光学特性分类
地球大气		28.97		5.136×10^{18}	
干空气		28.964	100.0%	5.119×10^{18}	
氮气	N_2	28.013	78.08%	3.87×10^{18}	主要的大气介质元素，决定了大气折射率和分子散射的强度，其他光学特性不显著
氧气	O_2	31.999	20.95%	1.185×10^{18}	
氩	Ar	39.948	0.934%	6.59×10^{16}	
氖	Ne	20.183	18.18ppm	6.48×10^{13}	
氪	Kr	83.80	1.14ppm	1.69×10^{13}	
氦	He	4.003	5.24ppm	3.71×10^{12}	
氙	Xe	131.30	87 ppb	2.02×10^{12}	
氢	H_2	2.016	500ppb	$\sim1.8\times10^{11}$	
水汽	H_2O	18.015	0~5%		最主要的大气分子吸收气体。影响大气辐射平衡的主要气体成分
二氧化碳	CO_2	44.01	379ppm	$\sim2.76\times10^{15}$	
甲烷	CH_4	16.043	1.72ppm	$\sim4.9\times10^{12}$	
臭氧	O_3	47.998	0~0.1ppm	$\sim3.3\times10^{12}$	

续表

成分	分子式	分子质量 $M(12°C)$ /(kg/kmol)	干空气中的体积比	总质量/kg	光学特性分类
氧化亚氮	N_2O	44.013	310ppb	$\sim 2.3\times 10^{13}$	
一氧化碳	CO	28.01	12ppb	$\sim 5.9\times 10^{12}$	
氨	NH_3	17.03	100ppb	$\sim 3.0\times 10^{10}$	微量分子吸收气体
二氧化氮	NO_2	46.00	1ppb	$\sim 8.1\times 10^{9}$	和一般认为的污染
二氧化硫	SO_2	64.06	0.2ppb	$\sim 2.3\times 10^{9}$	气体。大气环境监
硫化氢	H_2S	34.08	0.2ppb	$\sim 1.2\times 10^{9}$	测的主要气体对象
CFC-12	CCl_2F_2	120.91	0.48ppb	$\sim 1.0\times 10^{10}$	
CFC-11	CCl_3F	137.37	0.28ppb	$\sim 6.8\times 10^{9}$	

在热力学平衡状态下，气体的压力、密度和温度服从气体定律。一个摩尔的分子数即 Avogadro 常量为 $N_A = 6.022169 \times 10^{23}$，一个摩尔分子的质量即为摩尔分子量 M（以 kg/kmol 为单位）。n_{mol} 个摩尔的理想气体定律为

$$pV = n_{\text{mol}}RT \tag{2.1.1}$$

普适气体常数 $R = 8.3145\text{J}/(\text{K}\cdot\text{mol})$。$T$ 为温度 (单位: K)，p 为气压 (单位: Pa, 即 N/m^2，为考虑传统习惯，常使用 hPa)。分子数密度 (单位体积内的分子数) 为 n 的气体的摩尔数密度为 n/N_A，理想气体定律为

$$p = \frac{nRT}{N_A} = nk_B T = \frac{\rho RT}{M} \tag{2.1.2}$$

Boltzmann 常量 $k_B = R/N_A$。在海面标准大气下，温度 $T=288.15\text{K}$，气压 $p=101\,325\text{Pa}=1013.25\,\text{hPa}=1\text{atm}$，数密度为 $n_S = 2.5470\times 10^{25}\text{m}^{-3} = 2.5470\times 10^{19}\text{cm}^{-3}$。

对于 86km 以下的大气，干空气可以认为是均匀混合的，各气体成分在空气中的比例可以用体积混合比表示，根据 Dalton 分压定律，该比例等同于分气压与总气压的比例。设大气中某气体的分压为 p_i，该气体的体积混合比为

$$r_V = \frac{p_i}{p} \tag{2.1.3}$$

各气体组分的分压为

$$p_i = n_i k_B T = \frac{\rho_i RT}{M} \tag{2.1.4}$$

大气的压力、密度和分子量与各组分的压力、密度和分子量的关系为

$$p = \sum_i p_i, \quad \rho = \sum_i \rho_i, \quad M = \sum_i n_i M_i / \sum_i n_i \tag{2.1.5}$$

从光学性质而言，对辐射具有吸收特性的那些气体才是重要的研究和关注对象，尽管它们在体积和质量上都是大气中的微量成分。这些气体包括水汽、二氧化

碳、甲烷和臭氧以及其他一些微量气体。它们吸收了相当大一部分地球表面和大气本身的红外辐射, 自己又辐射了能量返回地表, 从而使地表维持了一个适宜生命存在的温度。这种机制被称为温室效应 (greenhouse effect)。如果没有这些温室气体, 地面温度将下降约 30K。

水是空气中唯一的能以固液气三相存在的物质。水汽是最重要的温室气体, 它是云、雾、雨、雪的根源。在一定的温度下, 随着水汽含量的增加, 它可以达到饱和状态, 如果进一步增加即达到过饱和状态, 再凝结形成云。水汽分压通常用 e 表示, 水平面上或冰面上大气中的饱和水汽压为

$$e_s = 611 \exp\left[\frac{L_{lv}}{R_v}\left(\frac{1}{273.16} - \frac{1}{T}\right)\right] \tag{2.1.6}$$

L_{lv} 为水的凝结潜热, 当温度在 $40 \sim -40°C$ 时其值为 $2.4 \times 10^6 \sim 2.6 \times 10^6 \mathrm{J/kg}$。$R_v = 461.5 \mathrm{J/(K \cdot kg)}$ 为水汽的比气体常数 (specific gas constant)。在温度 T 下, 大气中的饱和水汽压的经验公式为

$$e_s = 2409.6 \left(\frac{300}{T}\right)^5 10^{10-2950/T} \tag{2.1.7}$$

大气中的水汽含量有多种表达方式, 其中包括绝对湿度 (absolute humidity)、混合比 (mixing ratio)、比湿 (specific humidity)、相对湿度 RH (relative humidity) 等。绝对湿度就是实际空气中水汽的密度 $\rho_v (\mathrm{kg/m^3})$, 在已知水汽分压 e 和温度的情况下根据水汽分子量 M_v 由式 (2.1.4) 求出

$$\rho_v = \frac{eM_v}{RT} \tag{2.1.8}$$

混合比 w 是一定体积内水汽质量 m_v 与干空气质量 m_d 的比值 $w \equiv m_v/m_d$, 比湿 q_v 是一定体积内水汽质量 m_v 与湿空气质量 $(m_v + m_d)$ 的比值 $q_v = m_v/(m_v + m_d) = w/(1+w)$, 由于混合比一般较小, 比湿一般接近等于混合比。水汽分压和混合比的关系为

$$e = \frac{w}{w + 0.622}p, \quad \text{或} \quad w = 0.622 \frac{e}{p-e} \tag{2.1.9}$$

相对湿度 RH(%) 定义为大气中的水汽分压 p_v 与大气中的饱和水汽压的比值, 即

$$\mathrm{RH} \equiv \frac{100e}{e_s} \tag{2.1.10}$$

在已知地面气压 p_0、比湿为 q_0 的情况下, 可求得地面到气压 p 高度的总可降水含量为 (量纲为高度, 通常使用 mm)

$$W = \int_p^{p_0} q_0 \frac{\mathrm{d}p}{g\rho_v} \tag{2.1.11}$$

式中, g 为重力加速度。

水汽具有复杂且高度可变的时空分布特征。最为直观的地域特征是沙漠地区的水汽极少，而我国南方地区水汽丰富。图 2.1.1 绘出了 1991~1995 年全球各地大气中水汽柱含量 (单位：mm 可降水量) 平均值的分布状况 (Raschke and Stubenrauch, 2005), 均值为 24.37mm, 均方根值为 28.09mm, 最高值和最低值分别为 60.3mm 和 0.87mm。从图中可以看到水汽含量与纬度的显著关系。图 2.1.2 更细致绘出了 1991~1995 年地面~700hPa、700~500hPa 和 500~300hPa 三层大气中水汽含量 (同纬度地区平均值) 随纬度而变化的季节特征 (单位：mm 可降水量)(Raschke and Stubenrauch, 2005), ANN 为全年平均, DJF 为 12 月至翌年 1 月, MAM 为 3~5 月, JJA 为 6~8 月, SON 为 9~11 月。这些结果显示了水汽含量与温度的强烈依赖关系。表 2.1.2 列出了对流层大气中水汽柱含量的四季变化特征统计量。

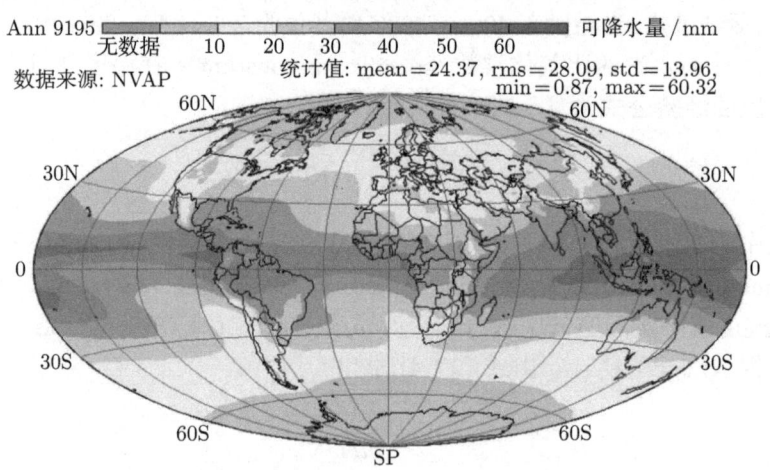

图 2.1.1 全球各地大气中水汽柱含量 (mm 可降水量)(1991~1995 年)
最高值和最低值分别为 60.3mm 和 0.9mm(Raschke and Stubenrauch, 2005)

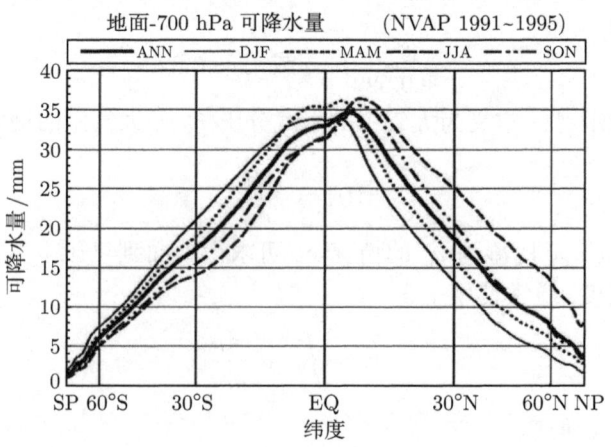

2.1 大气成分与结构

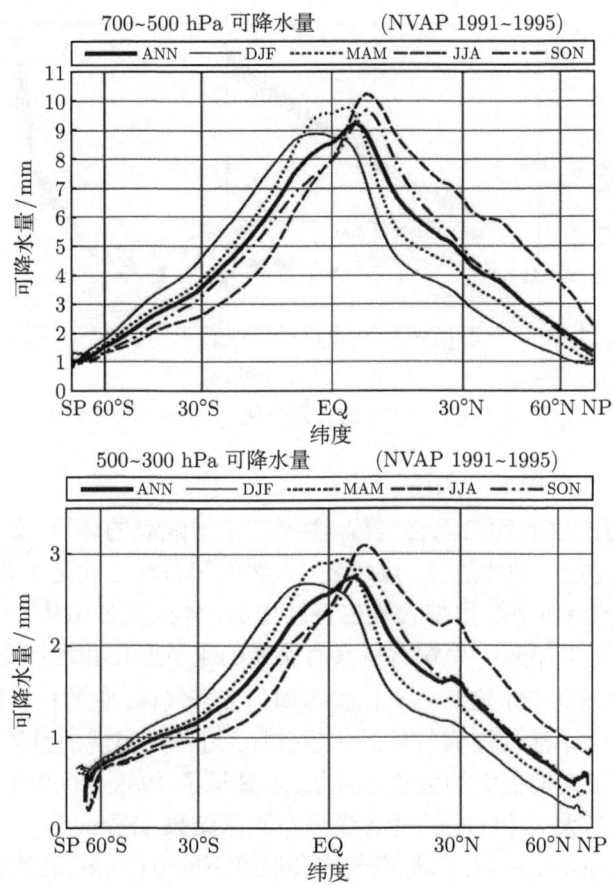

图 2.1.2 三层大气中水汽柱含量的四季变化 (Raschke and Stubenrauch, 2005)

表 2.1.2 对流层大气中水汽柱含量（单位：mm）的四季变化特征统计量（括号中的数据为"海洋上空/陆地上空"）(Raschke and Stubenrauch, 2005)

柱含量/hPa	DJF		MAM		JJA		SON	
	25	(26/19)	28	(27/22)	29	(26/26)	27	(25/22)
地面~700	19	(20/13)	21	(20/15)	22	(20/18)	20	(19/15)
700~500	4.5	(4.8/4.7)	5	(4.8/5.5)	5.5	(4.8/6.4)	5	(4.7/5.5)
500~300	1.7	(1.3/1.1)	1.8	(1.3/1.3)	1.9	(1.3/1.6)	1.7	(1.2/1.4)
300~100		(0.14/0.11)		(0.14/0.12)		(0.14/0.16)		(0.14/0.13)

二氧化碳是典型的均匀混合气体，其含量在几个世纪的时间内保持稳定，但自19世纪的工业革命后，由于人类的生产活动而燃烧的化石燃料量逐步增大，产生的二氧化碳含量也持续增加，体积混合比从1800年的280ppm增加到2000年的370ppm，如图2.1.3所示 (Sarmiento and Gruber, 2002)。由于大部分科学家将地球变暖的原因归结于二氧化碳含量的增加，近年来无论是学者或者是政府都对二氧化

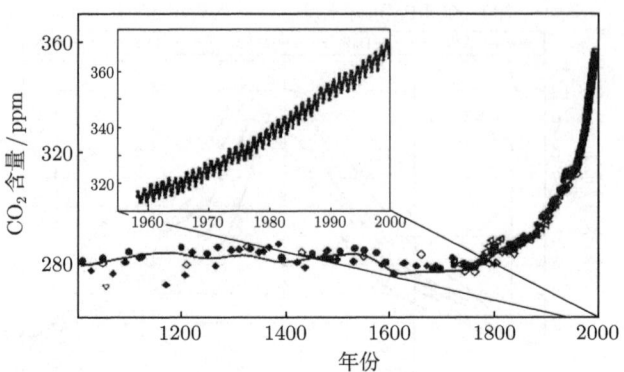

图 2.1.3 地球大气中 CO_2 含量的长期变化 (Sarmiento and Gruber, 2002)

碳含量的变化投入了极大的关注。

　　甲烷是地面产生的均匀混合气体，主要产生于缺氧的环境，如湿地、沼泽、稻田等，反刍动物也是一种释放源。煤燃烧、天然气和石油工业是主要的人为释放源。自 19 世纪的工业革命后，甲烷含量也持续增加，体积混合比从 1800 年的 0.8ppm 增加到 2000 年的 1.7ppm。甲烷含量具有明显的季节变化和地域变化特征。

　　臭氧的分布不同于水汽和二氧化碳等均匀混合气体，它的极大值出现在平流层中下部。由于大气中活性卤素气体的化学破坏，近年来出现的臭氧含量减少 (南极臭氧洞等) 引起了人们极大的关注。图 2.1.4 显示了 1988~1992 年平均的北半球 3 月和南半球 10 月大气中 O_3 的柱含量分布测量结果 (Emmons et al., 2005)，图中数值的单位为 Dobson 单位，即标准气压和温度下的 0.01mm 高的柱含量。图 2.1.5 绘出了北半球中纬度 O_3 含量的垂直分布测量结果，显示该廓线与对流层顶高度有一定关系 (Guzzi, 2003)，图中各条曲线对应的对流层顶高度为：长划线 13km；短划双点线 12km；实线 11km；短划单点线 10km；短划线 9km。

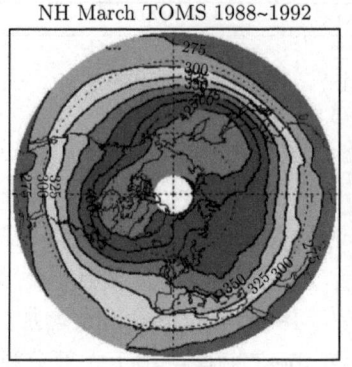
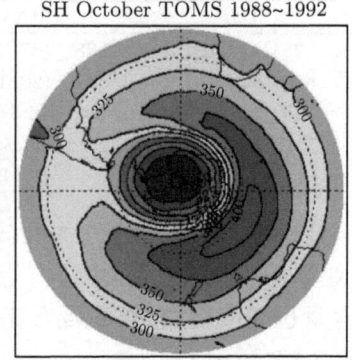

图 2.1.4 北半球 3 月和南半球 10 月大气中 O_3 的柱含量分布 (1988~1992 年平均)

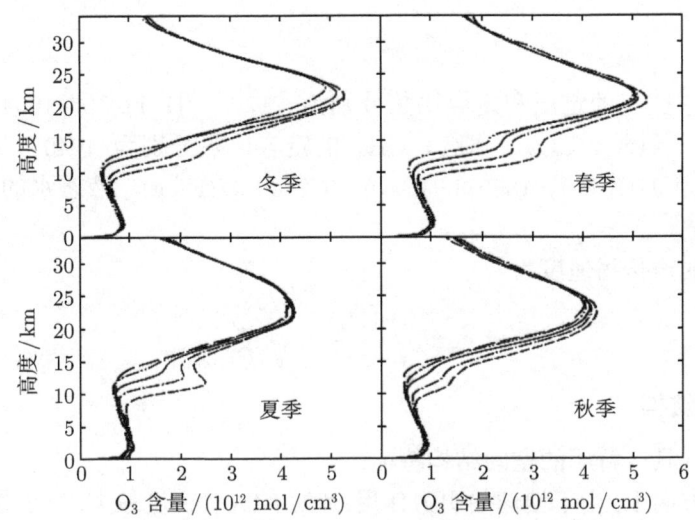

图 2.1.5　北半球中纬度 O_3 含量的垂直廓线分布

氧化亚氮主要由土壤中的微生物复杂的氮化和除氮过程产生。在对流层中它不能通过化学反应消失,输送到平流层中被太阳紫外辐射分解,其寿命极长,在全球大气中的寿命为 120 年。它是平流层中氮的氧化物 (NO_x) 的主要产生源,而 NO_x 是削减平流层臭氧的主要物质。

尽管卤烃 (halocarbon)[包括工业生产产生的氯氟碳 CFCs(chlorofluorocarbons)] 的含量极少,但它们具有潜在的温室作用,会在气候变化中产生影响。氯氟碳是平流层中主要的无机氟化物,是臭氧消减的主要诱因,它们的寿命为 $50 \sim 100$ 年,只有通过光解作用消亡。据信南极春季臭氧洞的形成就是它们造成的。

大气中的短寿命气体在直接参与大气中的辐射过程中作用甚微,但却能间接地影响气候系统。一氧化碳、烃和二氧化氮都是生成臭氧的先期物质,它们也影响着 OH 的浓度进而影响大气的氧化能力。

气体分子具有热传导的功能,根据热力学第一定律,气体吸收热量与引起的温度和气压变化的关系为

$$dQ = C_p dT - dp \qquad (2.1.12)$$

式中,C_p 为气体分子的定压摩尔热容量 [单位:J/(K·mol)],它与定容摩尔热容量 C_V 之间的关系为 ($C_p/C_V = \gamma$)

$$C_p = C_V + R \qquad (2.1.13)$$

对于理想单原子气体 $C_p:C_V:R = 5:3:2$,对于理想双原子气体为 7:5:2,而干空气主要由双原子氮气和氧气组成。通常也使用比热的概念,定压和定容比热 [J/(K·kg)] 与定压和定容摩尔热容量的关系为

$$c_{p,V} = \frac{MC_{p,V}}{\rho} \tag{2.1.14}$$

标准条件下干空气的定压和定容比热分别为 717.5 J/(K·kg) 和 1004.5 J/(K·kg)，$\gamma=1.4$；氮气、氧气、CO_2、水汽、CH_4 的定容比热分别为 1040 J/(K·kg)、920 J/(K·kg)、840 J/(K·kg)、1850 J/(K·kg) 和 2160 J/(K·kg)。液态水的定容比热为 4200 J/(K·kg)。

空气中的声传播速度为

$$c_s = \sqrt{\frac{\gamma RT}{M}} = \sqrt{\frac{\gamma \rho}{P}} \tag{2.1.15}$$

2.1.2 大气结构

地球大气具有鲜明的空间结构特征：

在垂直方向上，由于地球的引力作用，地面的大气密度最大，气压最大；离开地面高度越高大气密度越小，气压越低。海平面的大气密度约为 1.25kg/m^3，对应于一个标准大气压 $1\text{atm}=1.013\times10^5\text{Pa}=1013\text{hPa}$。

在流体动力学平衡的假设下，大气可以认为是分层均匀的，则气压对高度 h 的微分为

$$\frac{\partial p}{\partial h} = -\rho g \tag{2.1.16}$$

$$\frac{\partial (\ln p)}{\partial h} = -\frac{gM}{RT} \tag{2.1.17}$$

g 为重力加速度，它与高度有关。根据重力的平方反比定律，任意高度的重力加速度可以表示为

$$g(h) = g_0 \left[\frac{r_0}{(r_0+h)}\right]^2 \tag{2.1.18}$$

r_0 为地球在特定纬度处的半径，其平均值为 6371km。平均海平面上的重力加速度 $g_0 = 9.80665 \text{ m/s}^2$。

如果忽略重力加速度和温度的高度变化，则气压和密度都基本随高度按指数规律下降

$$p \approx p_0 e^{-h/H} \tag{2.1.19}$$

H 为标高，在 100km 以下，大气的标高为 7~8km。

由气压和温度的廓线可以获得大气密度的廓线分布

$$\rho = \frac{pM}{RT} \tag{2.1.20}$$

在水平方向上，由于太阳的作用，大气特性与地理纬度关系密切，特别是温度和湿度。一般而言，赤道附近为热带，地面附近温度高、湿度大 (水汽含量高)；随着

纬度的增大，地面附近温度越来越低，湿度越来越小。非热带地区具有鲜明的季节特征：一般冬季温度低、湿度小，夏季相反。

由于地球表面的地理特征的作用，气候有海洋性气候和大陆性气候之分，一般而言，海洋性气候地面温度和湿度适宜，大陆性气候相反。

因此，大气的结构是在垂直、水平和时间三维上变化。比较而言，水平和时间上的变化较复杂，而垂直方向上规律性较强。所以，大气模式的建立一般分为有限的地区 (如按纬度分为热带、亚热带、温带、寒带等)，时间上分为冬季和夏季等。

大气在垂直方向上一般被视为分层结构 (实际当然是连续变化的)。对于全球问题的处理，大气被视为平行球面几何，对于局部地域问题的处理，一般被当作平行平面几何。

大气分层的方法有多种，通常采用按大气温度场的垂直结构进行分层的方法，将大气从地面起依次分为对流层、平流层、中层、热层以及外大气层 (外逸层)。典型的全球平均的大气分层以及大气温度、气压和质量密度廓线见图 2.1.6(NOAA et al., 1976)。

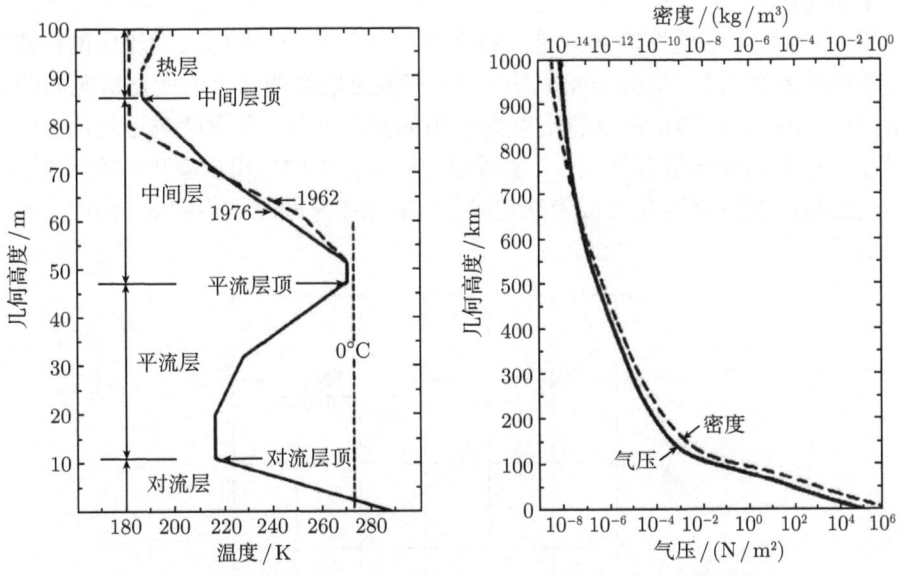

图 2.1.6 大气分层与大气温度、气压和密度廓线 (美国标准大气)

最靠近地面的是对流层 (troposphere)，对流层顶的高度与纬度和季节有关，一般为 10~15km。赤道地区对流层顶的平均高度可达 18km；而在极地只有 8km 左右。对流层是地球大气最稠密的一部分，含有地球大气总质量的 80%，以及几乎所有的水汽，基本上所有的天气现象都发生在对流层内。对流层又可以细分为行星边界层和自由对流层，边界层最靠近地面，高度约 1km。

对流层的温度主要取决于大气吸收的地面红外辐射而非太阳辐射,随高度线性降低,对流层顶约 217K。降低速率取决于水汽含量、地区、季节和高度。干空气温度随高度的垂直递减率是 9.7K/km,全球平均约 6.5K/km。对流层内的大气垂直混合过程因对流和湍流活动而快速进行。

平流层 (stratosphere) 位于对流层之上,层顶的高度一般为 45~55km,大气非常干燥,臭氧含量高,由于大气臭氧吸收太阳紫外辐射,温度随高度而增加,在 50km 高度温度达到最高。在平流层,垂直混合过程缓慢,大气中的微粒如火山灰等可以长时间聚积在这里。

中间层 (mesosphere) 位于平流层之上,层顶一般为 80~90km。温度随高度的增加而减少,层顶温度达 −80°C 以下。

热层 (thermosphere) 位于中间层之上到大约 500km。大气中 N_2 和 O_2 对太阳短波辐射强烈吸收,大气温度非常高。在中间层大气的上部及热层的下部存在着由光解离过程产生的带电粒子,就是所谓的电离层。

在热层的上部及其之上的外逸层,大气已经非常稀薄,对光和辐射的影响不大,一般不予考虑。

图 2.1.6 所示的温度廓线只是一种全球平均的情况,实际上对流层的温度廓线分布和纬度密切相关。最低 20km 高度内大气温度廓线随纬度的变化情况如图 2.1.7 所示 (Hartmann, 1994),可以看出对流层顶的高度变化。冬夏两季近地面 2m 高处大气温度的全球分布情况如图 2.1.8 所示 (Hantel, 2005),可以看出:随纬度的变化从赤道的最高温度向南北两极依次递减,北半球冬夏的差别很明显,而南半球冬夏的差别较小。

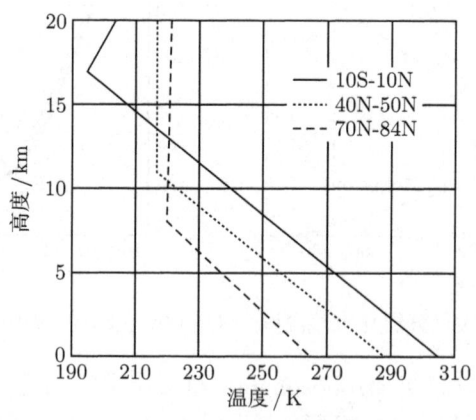

图 2.1.7 最低 20km 高度内三个纬度区间的年平均大气温度廓线

根据式 (2.1.15) 和图 2.1.6 的大气垂直结构得到的大气声速的高度分布如图 2.1.9 所示 (NOAA et al., 1976)。

2.1 大气成分与结构

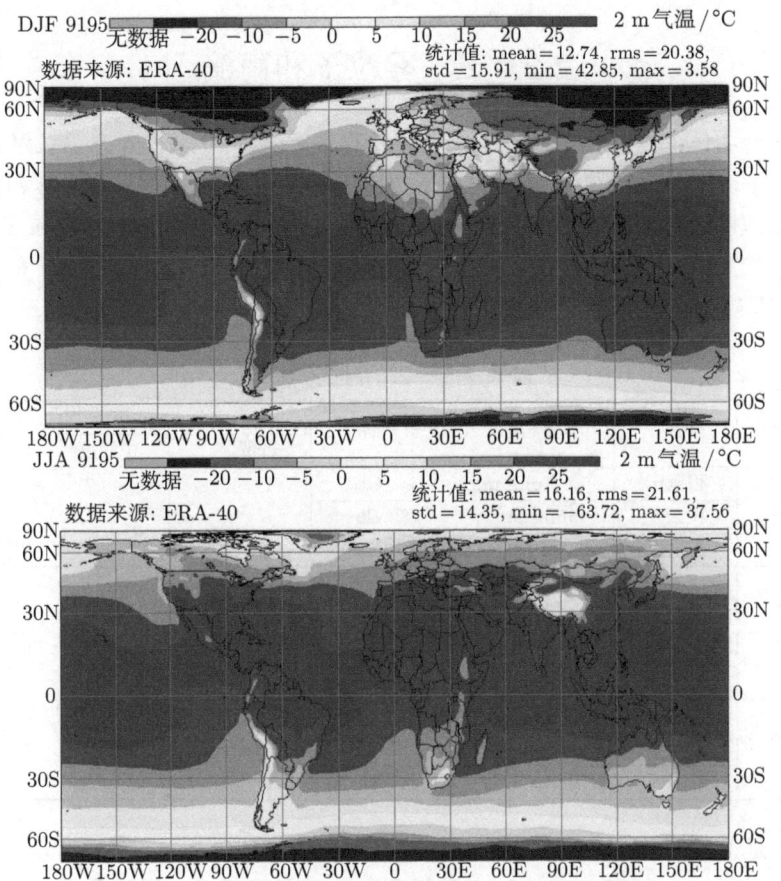

图 2.1.8 冬夏两季近地面 2m 高度处大气温度的全球分布
(1991~1995 年平均)(Hantel, 2005)

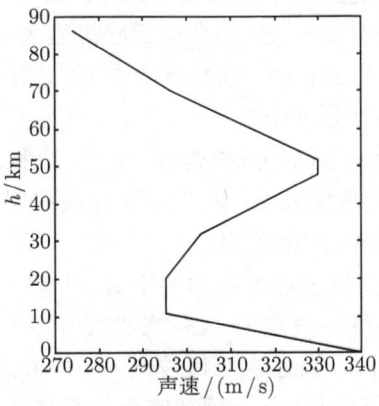

图 2.1.9 大气中声速的高度分布 (NOAA et al., 1976)

2.2 云、雾粒子和雨滴

在作为主体的气体成分之外,大气中还存在着各种液态和固态以及液态和固态混合的粒子。其中最常见和重要的粒子是液态水构成的云、雾粒子。雾和各种高低层水云都是接近球形的水滴,而高层的卷云则是各种形状的固态冰晶粒子。根据云的宏观形状,一般分为十类,又根据云底的高度分为高云、中云、低云和垂直延伸四大类,其名称和特征列于表 2.2.1。

表 2.2.1 云的种类和特征

高度特征	名称	英文名称	缩写	高度		
				热带	中纬度	极地
垂直延伸	积雨云	cumulonimbus	Cb			
	积云	cumulus	Cu			
	雨层云	nimbostratus	Ns			
低云	层云	stratus	St	0~2km	0~2km	0~2km
	层积云	stratocumulus	Sc			
中云	高层云	altostratus	As	2~8km	2~7km	2~4km
	高积云	altocumulus	Ac			
高云	卷层云	cirrostratus	Cs	6~18km	5~13km	3~8km
	卷积云	cirrocumulus	Cc			
	卷云	cirrus	Ci			

垂直延伸的雨层云 Ns 呈黑色,厚度为 1~3km,甚至更大,中纬度地区 Ns 的云顶高度接近 2km。积云 Cu 的云底常低于 2km,积雨云 Cb 呈砧骨状,厚度常常超过 3~4km,可达对流层顶甚至平流层 (热带地区可达 20km)。

低云中的层云 St 表现为灰色均匀层状,层积云 Sc 表现为灰色不均匀层状,Sc、St 的云底高度一般低于 2km,St 的典型云底高度为 0.4km,Sc 稍高约 1km。Sc 的厚度大约 0.6km,St 约为 1km。云顶高度随季节和纬度变化,夏季较高。一般情况下 St 和 Sc 的云顶高度接近 1km。

中云的云底高度一般为 2~6km (热带 3~7km),高积云 Ac 呈大片蓬松羊毛状,厚度为 0.2~0.7km,一般较高层云 As 薄些, As 为灰白层状,厚度为 1km 左右。中云的云顶高度基本在 3~4km 的范围内。

高云由冰晶组成,刚好位于对流层顶的下方,大部分情况下,云顶高度低于对流层顶 2~3km。其云底高度一般高于 7km,热带地区它们位于 11~13km 的高度区间,而在中纬度地区位于 6~8 km,在两极较低,为 5~6km。其中卷云 Ci 是白色透明的细小冰晶,宏观呈现纤维状,其云顶高度在热带高达 17~18km,中纬度地区约 7~10km。卷层云 Cs 是具有淡蓝色的半透明云层,其水平延伸范围极大,基本覆盖整个天空, 其厚度为 0.1~3km。卷积云 Cc 非常薄 (厚度约 0.2~0.4km), 呈蓬松羊毛状, 没有 Ci 和 Cs 常见。

它们在大气中的分布和形状如图 2.2.1 所示。

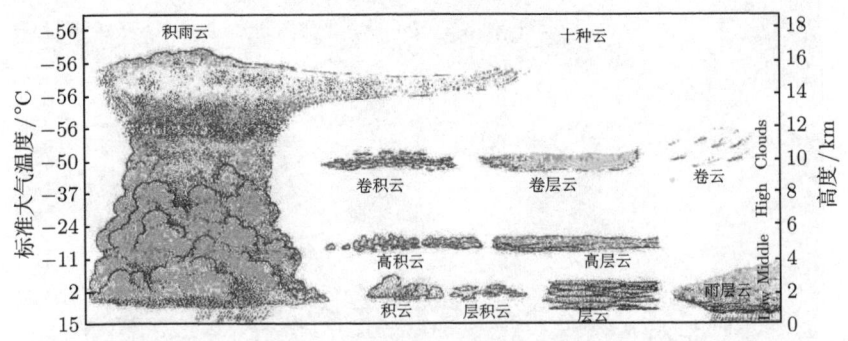

图 2.2.1　各种云的高度分布特征

云广泛存在于全球各个地区, 根据卫星观测, 在任意时间, 全球平均有 60% 的地区被云覆盖。图 2.2.2 显示了一幅 NASA 的 The Blue Marble 2002 Project 利用 MODIS 卫星遥感获得的全球云图。显而易见, 全球相当比例的表面被不同程度的云层覆盖, 并且其厚度、几何形状、时间变化情况复杂。尽管云可能是影响全球气候变化的最重要因素, 但不幸的是, 它却是各种大气模型中最不确定的因素。图 2.2.3 为 1991~1995 年五年平均的冬夏两季全球云量分布图 (Stubenrauch, 2005)。

图 2.2.2　MODIS 卫星遥感获得的全球云图

气象上按照天空中有云的视场占全天空的比例 (十分比) 分为 10 个等级: 晴空无云为 0, 天空全部被云遮盖为 10, 一半天空被云遮盖为 5, 以此类推。图 2.2.4 绘出了各种云量下 (每条曲线代表云量的十分比) 天顶 10° 视场内无云比例的概率分布, 以及当云量为 5/10 时, 在各种视场内 (天顶 10°、50°、90°、130° 和 170° 视场内) 无云比例的概率分布 (Jursa, 1985)。

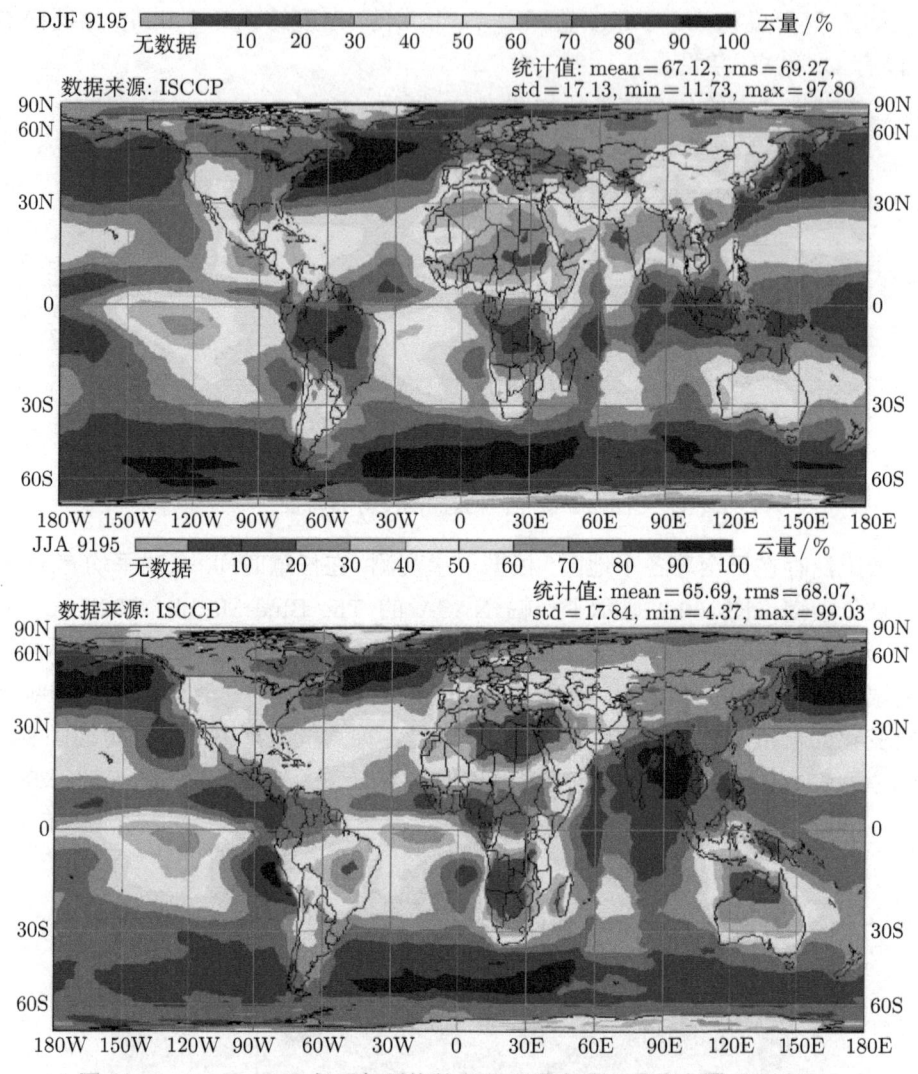

图 2.2.3　1991~1995 年五年平均的冬夏两季全球云量分布图 (ISCCP)

卷云和一些中云的高部由于温度很低形成了冰晶粒子，它们具有各种复杂的几何形态，主要有盘状、柱状、针状、树枝状和子弹头状等，如图 2.2.5 所示 (Clothiaux et al., 2005)。气象学上有详细的分类 (Magano and Lee, 1966)，从最简单的针形到复杂的珠宝形共 80 种形状。冰晶的主导形状取决于温度和气压，因而在云中不同的位置，冰晶的形状是不同的，一般地，尺度较小并且形状较不规则的冰晶更可能出现在云的顶部。冰晶尺度和形状的高度分布如图 2.2.6 所示 (Liou, 2002)。

必须说明的是，由于云的几何结构、空间分布及其演化过程极端复杂，尽管它们在大气物理过程中的作用远大于气溶胶粒子，但对它们的研究远不如气溶胶粒子。

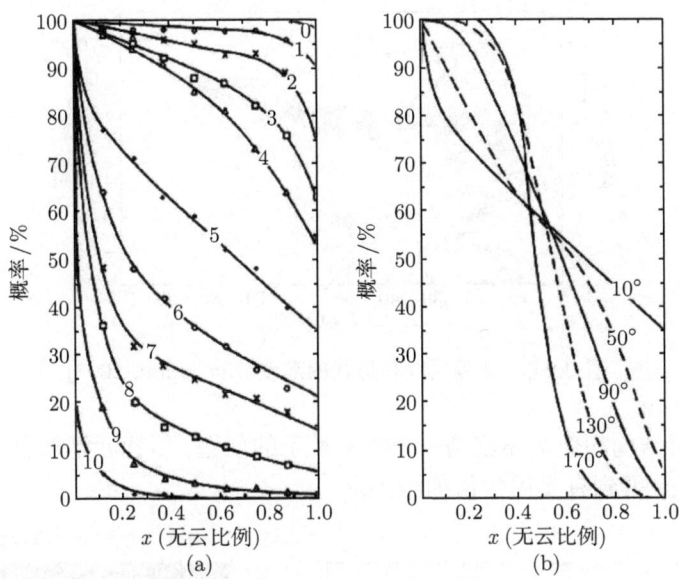

图 2.2.4 (a) 在各种云量下 (每条曲线代表云量的十分比) 天顶 $10°$ 视场内无云比例 $\geqslant x$ 的概率分布;(b) 云量为 5/10 时,在天顶 $10°$、$50°$、$90°$、$130°$ 和 $170°$ 视场内无云比例 $\geqslant x$ 的概率分布

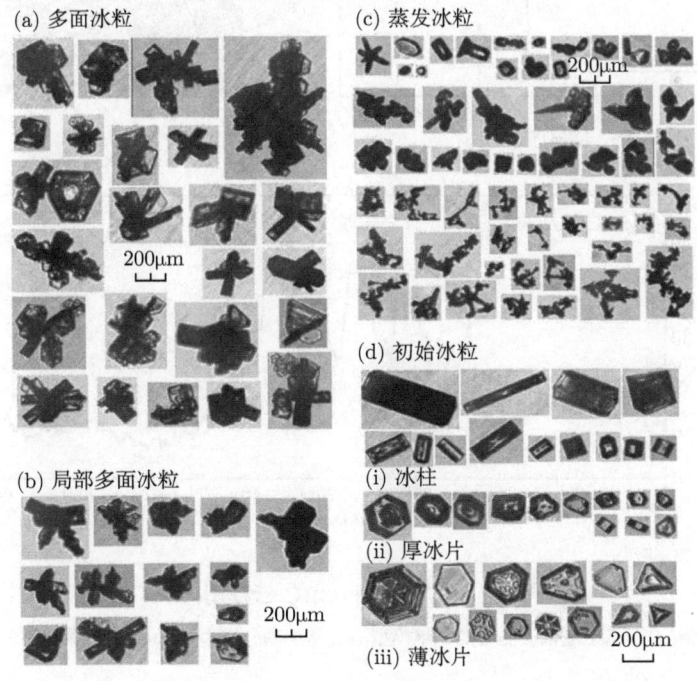

图 2.2.5 云中冰晶粒子的形状 (Clothiaux et al., 2005)

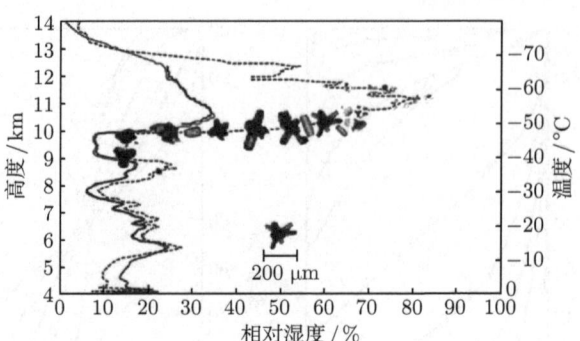

图 2.2.6　冰晶尺度和形状的高度分布 (Liou, 2002)

单单就其几何结构如何描述就是一个非常棘手的问题，尽管近年来引入了分形的语言，但目前尚未得到有实用价值的结果。

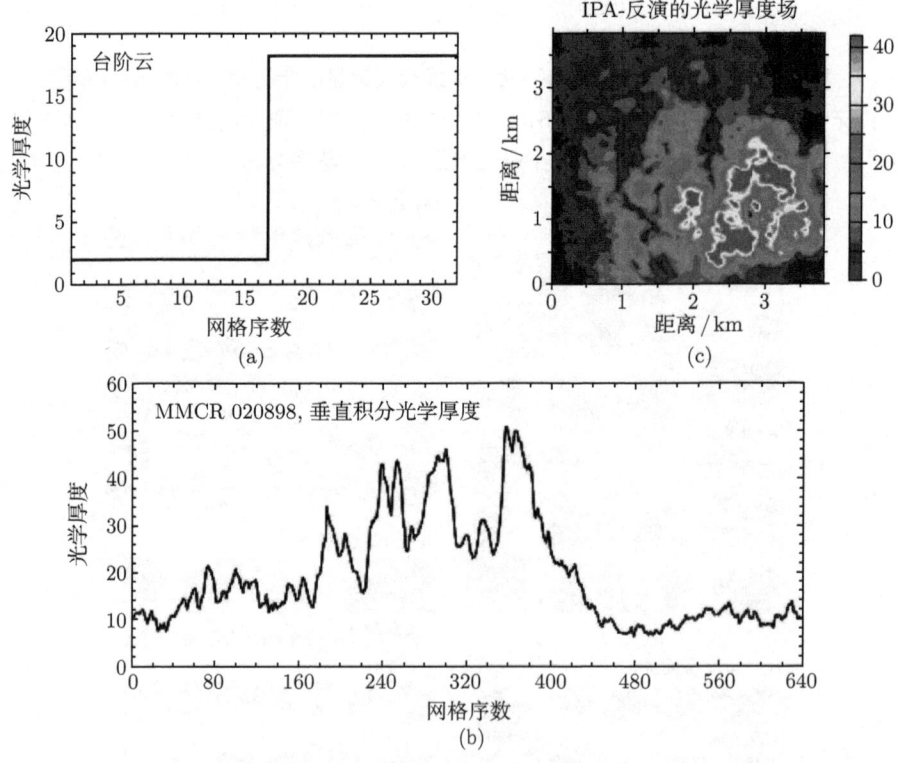

图 2.2.7　三种 I3RC 云模型

(a) 台阶模型; (b) 基于毫米波测量的二维模型;(c) 基于高分辨率 Landsat 卫星遥感的三维模型

云的几何结构及其定量描述对其在大气光学中的作用极为重要。按照目前的研究进展，国际三维辐射程序对比项目 [international intercomparison of 3D radiation codes (I3RC)] 选择 I3RC 的三种云模型 (图 2.2.7) 作为大家研究对比的对象 (Cahalan et al., 2005)。最简单的是高度简化的一维台阶模型: 在 y 方向上无穷长，在 x 方向上有 32 个像元，前 16 个对应的光学厚度为 2，后 16 个为 18。每个像元宽度为 15.625m，云的宽度为 0.5km。云的几何厚度 (z 方向) 相同为 0.25km，消光系数也均匀分布。二维模型来自大气辐射测量项目 (ARM) 毫米波云雷达 [millimiter cloud radar(MMCR)] 和微波辐射计 (MWR) 的测量结果。在 y 方向上无穷长，在 x 方向上有 640 个像元，每个像元宽度为 50m，云厚 45m，z 方向上分为 54 层。三维模型基于高分辨率 Landsat-4 卫星的遥感结果。xy 平面内 128×128 像元，每个像元的宽度为 30m，平均光学厚度为 11.4，标准差为 10.6，云的覆盖率 (cloud fraction) 为 0.884。

随着云滴的逐步增大，它将会降落到地面，从而形成雨。在许多光电工程应用中，降雨天气是无法避免的，需要考虑它们对光电的影响。降雨量的大小具有显著的地域特征，我国的基本特点是从东南向西北逐步递减。1991~1995 年全球降雨量的分布如图 2.2.8 所示 (Rudolf and Rubel, 2005)。

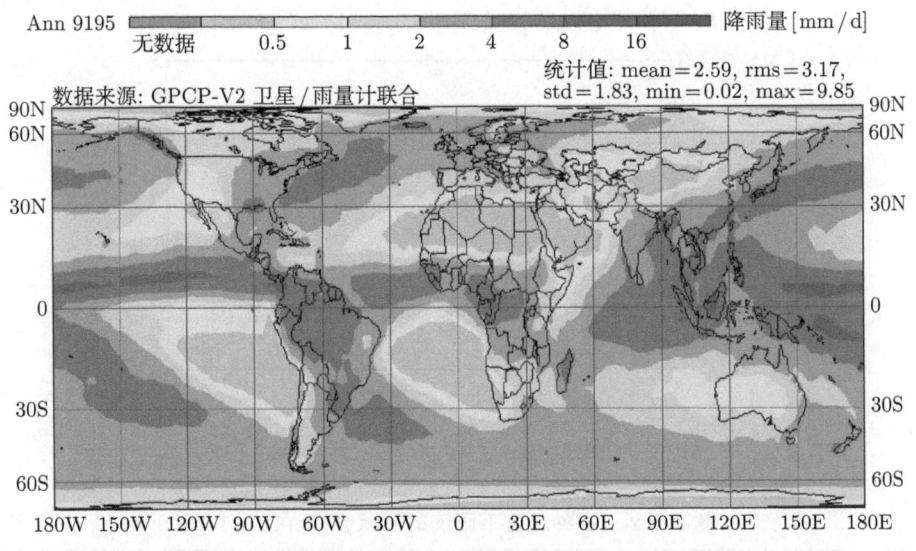

图 2.2.8 1991~1995 年全球降雨量的分布 (Rudolf and Rubel, 2005)

相对于云，雨的物理特性可能要简单一些，一是其尺度较大，基本在毫米量级，二是其形状比较单纯，小雨滴接近于球形，大雨滴基本是偏椭球形，如图 2.2.9 所示，随着雨滴尺度的增大，其偏心率越来越大。其偏心率与雨滴尺度的关系如图 2.2.10 所示 (Beard and Chuang, 1987)。

从图 2.2.9 的雨滴的形状可知，它不是真正的椭球，需要较为复杂的数学模型，

可以用下式模拟:

$$r = a\left[1 + \sum_n c_n \cos(n\theta)\right] \tag{2.2.1}$$

式中, a 为半径, 各项系数与雨滴直径的关系列于表 2.2.2(Beard and Chuang, 1987)。

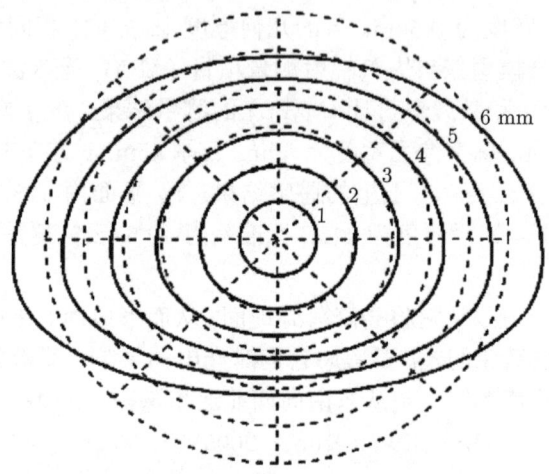

图 2.2.9 不同尺度的雨滴的形状 (Beard and Chuang, 1987)

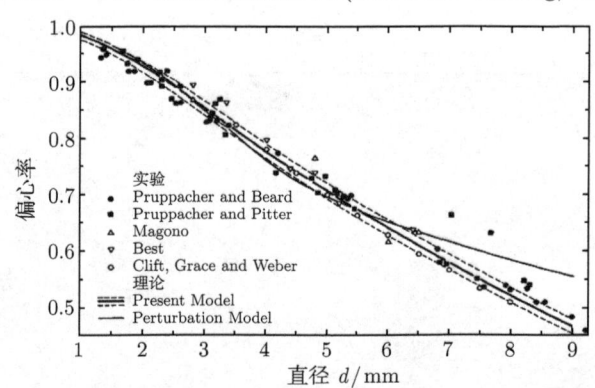

图 2.2.10 雨滴形状的偏心率与直径的关系 (Beard and Chuang, 1987)

表 2.2.2 各种尺度下雨滴的形状参量 ($c_n \times 10^4$)

d/mm	$n=0$	1	2	3	4	5	6	7	8	9	10
2.0	-131	-120	-376	-96	-4	15	5	0	-2	0	1
2.5	-201	-172	-567	-137	3	29	8	-2	-4	0	1
3.0	-282	-230	-779	-175	21	46	11	-6	-7	0	3
3.5	-369	-285	-998	-207	48	68	13	-13	-10	0	5
4.0	-458	-335	-1211	-227	83	89	12	-21	-13	1	8
4.5	-549	-377	-1421	-240	126	110	9	-31	-16	4	11

续表

d/mm	$n=0$	1	2	3	4	5	6	7	8	9	10
5.0	−644	−416	−1629	−246	176	131	2	−44	−18	9	14
5.5	−742	−454	−1837	−244	234	150	−7	−58	−19	15	19
6.0	−840	−480	−2034	−237	298	166	−21	−72	−19	24	23

描述降雨量的主要参数为降雨速率 (rain rate),其单位为单位时间内的降雨厚度,常采用 mm/h (注意图 2.2.8 中的雨量单位为 mm/d)。降雨的液态水含量与降雨速率有直接的联系,如图 2.2.11 所示。

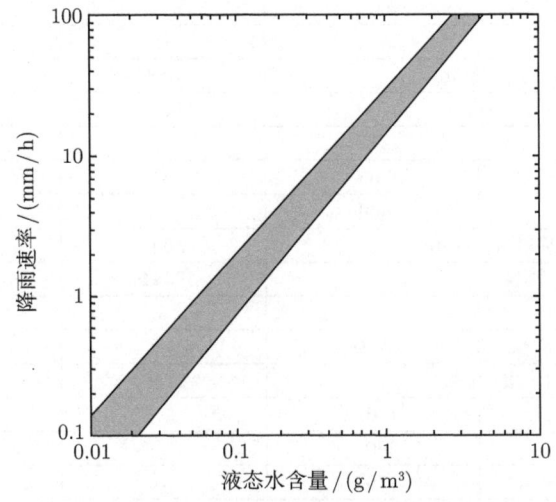

图 2.2.11　液态水含量与降雨速率的关系 (Jursa, 1985)

2.3　大气气溶胶粒子

大气气溶胶粒子 (aerosol particle) 是指在大气中悬浮着的各种固态、液态和固液混合态的微粒,其粒径一般为 0.001~100μm。气溶胶粒子既有海洋溅沫、土壤和矿物质、生物圈以及火山活动自然形成的,也有化石燃料和生物质燃烧、工农业生产活动等人类活动产生的。它们既有通过物理过程由大块物质破碎成粉末形成的,也有通过气-固化学过程形成的。尺度和光学波段接近的气溶胶粒子对光的散射是大气辐射传输的最重要物理过程之一。它也是形成云的凝结核,影响着云的光学性质和寿命,在局地、区域乃至全球的气候变化中发挥重要作用。

大气气溶胶粒子有着复杂的化学成分,并且与粒子的大小有关。粒子的大小和浓度有着巨大的范围,其尺度跨越 5 个数量级,浓度高达 12 个数量级。大气气溶胶粒子的驻留寿命很短,并且也与粒子的大小有关。因此气溶胶粒子的各种微物理参数具有高度的可变性。

自然生成和人类活动形成的各种气溶胶粒子的来源及其质量相对强度 (2000年统计结果) 如表 2.3.1 所示 (Jaenicke, 2005)。从表中可以看出, 有 97% 的粒子是由大块物质粉碎形成的, 3% 的粒子由气态转换形成。由于生物气溶胶粒子很少提及, 表中该组分的含量可能被低估。

表 2.3.1 各种气溶胶粒子的来源及其质量相对强度

十亿 kg/a	源	分类	合计
基本微粒排放			6688
有机物 $d < 2\mu m$		82	
生物质燃烧	54		
化石燃料	28		
生物 $d > 0.2\mu m$		1000	
黑炭 $d < 2\mu m$		12	
生物质燃烧	5.7		
化石燃料	6.6		
飞行器	0.006		
工业尘埃等 $d > 1\mu m$		100	
海盐		3344	
$d < 1\mu m$	54		
$d = 1 \sim 16\mu m$	3290		
矿石 (土壤) 尘埃		2150	
$d < 1\mu m$	110		
$d = 1 \sim 2\mu m$	290		
$d = 2 \sim 20\mu m$	1750		
次级气溶胶排放			235
硫酸盐 (NH_4HSO_4)		200	
人为	122		
生物	57		
火山	21		
硝酸盐 (NO_3^-)		18.1	
人为	14.2		
自然	3.9		
人造有机复合物		0.6	
生物不稳定有机复合物		16	
总计			6923

气溶胶粒子的基本物质成分可分为如下六种:

(1) 不可溶性物质 (water-insolvable): 主要由土壤微粒和部分有机物组成。

(2) 水溶性物质 (water solvable): 可以在水中溶解的物质, 包括硫酸盐、硝酸盐、有机物等, 一般通过气-粒转化过程形成。

(3) 烟灰 (soot): 含碳的强吸收物质, 既有燃烧过程直接向大气中排放的粒子, 又有与燃烧有关的气-粒转化形成的产物。因为含碳物质不吸收水分，物理特性与湿度无关。烟灰包括黑碳 (black carbon)、元素碳 (elemental carbon) 和结晶碳 (graphitic carbon) 等 (Gelencser, 2004)。

(4) 海盐 (sea salt)：海水中包含的各种盐类物质，由于形成时风速不同，按其尺度大小又分为聚积模态和粗模态两种。

(5) 矿物质 (mineral, desert dust)：主要由石英和黏土组成，沙尘也包括在其中，它们都是非吸水物质，按其尺度不同又分为核模态、聚积模态、粗模态；另外可单独分出一种输送态：沙尘经过长距离输送后大粒子显著减少。

(6) 硫酸盐 (sulfate)(如 NH_4HSO_4)：平流层和南极气溶胶中所含的硫酸盐，而不是人类活动产生的硫酸盐气溶胶，人类活动产生的硫酸盐包含在水溶性物质中。

实际大气中的气溶胶粒子的形状很不规则。对于吸湿性粒子，形状与相对湿度有关，相对湿度越高，气溶胶粒子的形状越接近球形。而不可溶粒子的形状很不规则。图 2.3.1 是几种大气气溶胶粒子的显微照片。

因此，对于非球形粒子，基于不同测量原理的仪器的测量结果会得出不同的粒径，它们实际上都是根据某一种物理性质 (如某方向上的投影面积、体积、光散射、

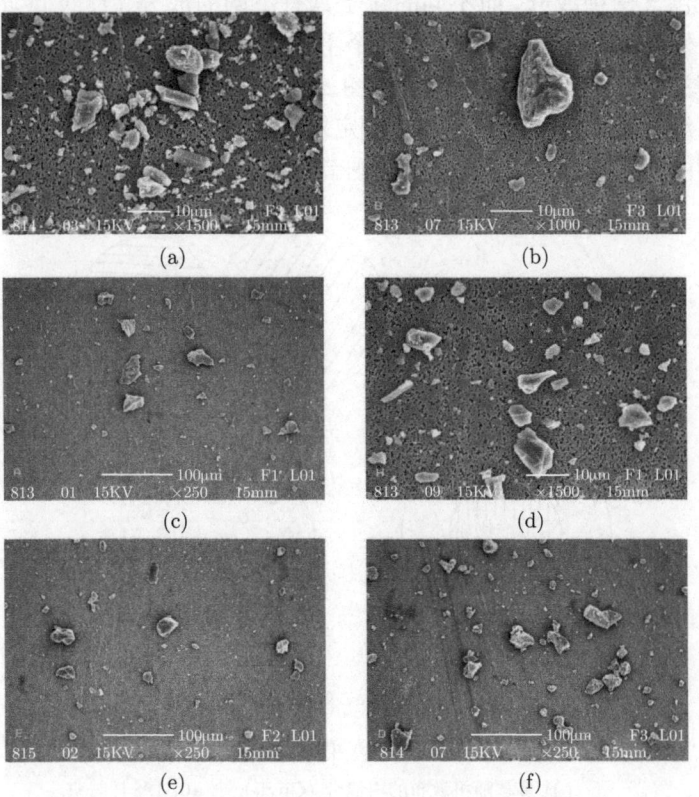

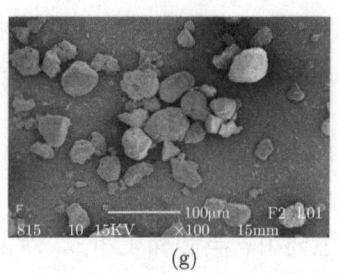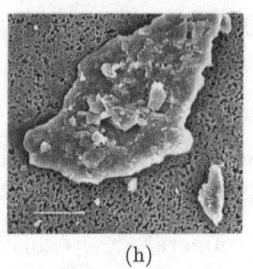

图 2.3.1　几种矿物质成分气溶胶粒子的形状 (扫描电子显微镜照片)(Volten et al., 2001)

(a) 长石; (b) 红土; (c) 石英; (d)Pinatubo 火山灰; (e) 黄土; (f)Loken 火山灰;

(g) 撒哈拉沙粒; (h) 单个石英颗粒

空气动力学速度) 的等效值。因此在使用测量仪器进行气溶胶粒子光学特性研究时,应了解其工作原理。

实际大气环境中的气溶胶粒子不可能仅有一个单一的成分, 而是由上述基本成分按一定的比例组合混合而成。其混合方式有均匀混合、内混合和外混合几种情况。内混合是指在单一的一个粒子内包含了两种或两种以上的成分, 外混合是指每一个粒子只包含一种成分, 而不同的粒子具有不同的成分 (Tsay et al., 1991)。内混合还有另外一种更为复杂的模型, 多个不可溶的核随机散布在水滴中 (Chylek et al., 1984)。这几种混合形态的示意图如图 2.3.2 所示。实际大气气溶胶粒子系统很可能是两种混合状态的集合体。各个特定地区的气溶胶粒子情况和当地的小环境密切相关, 并且具有高度可变的时间和季节特征。

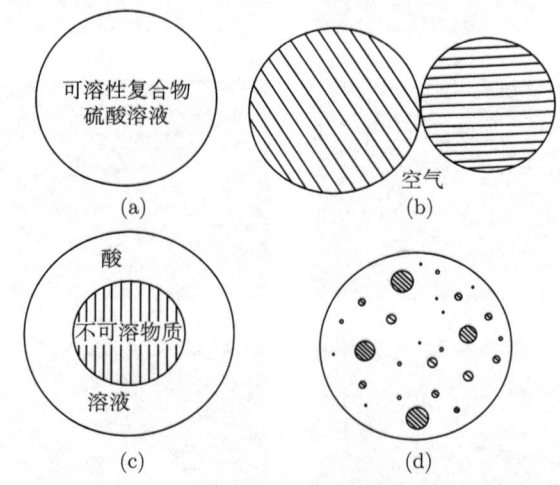

图 2.3.2　几种复合气溶胶粒子的混合形式

(a) 均匀体积混合; (b) 外混合; (c) 单核的内混合 (Tsay et al., 1991);

(d) 多核随机散布的内混合 (Chylek et al., 1984)

2.3 大气气溶胶粒子

实际大气气溶胶粒子是具有不同粒径大小的多分散系统。依据粒径的大小,大气气溶胶粒子可分为:爱根核 (Aitken nuclei, $r < 0.1\mu m$)、大粒子 (large nuclei, $0.1\mu m \leqslant r \leqslant 1.0\mu m$) 和巨粒子 (giant nuclei, $r > 1.0\mu m$);或三个模态:核模态 (nuclei mode, $r < 0.05\mu m$)、积聚模态 (accumulation mode, $0.05\mu m \leqslant r \leqslant 1.0\mu m$) 和粗模态 (coarse mode, $r > 1.0\mu m$)。核模态的粒子主要是由凝结和碰并形成的一类过渡性的粒子,会很快成长为积聚模态粒子;积聚模态粒子也含有通过化学转换由气体变为可凝结蒸汽所形成的液滴。

典型的气溶胶粒子谱分布在积聚模态和粗模态之间的浓度一般很小。因此气溶胶粒子又被分为细粒子 ($r \leqslant 1.0\mu m$) 和粗粒子 ($r > 1.0\mu m$)。显然,细粒子包括了核模态和积聚模态。细粒子主要来自燃烧,而粗粒子则来自机械过程,包括沙尘、海洋飞沫以及工业活动产生的颗粒物。

单位体积内气溶胶粒子的个数、体积和质量分别称为气溶胶粒子的数浓度 N(常用单位:cm^{-3})、体积浓度 ($\mu m^3/cm^3$) 和质量浓度 (mg/m^3 或 $\mu g/cm^3$)。单位体积中半径处于 r 附近单位尺度间隔内的粒子数 $n(r) = dN/dr$ 常被称为粒径分布函数或尺度谱分布。在已知尺度谱分布的情况下可以求出对应的粒子的质量谱分布和体积谱分布。鉴于一般情况下,粒子的数目随粒径的增大而减小,更多地使用对数尺度谱分布函数 $n(\lg r) = dN/d\lg r$ 或 $n(\ln r) = dN/d\ln r = rn(r)$ 和体积对数尺度谱分布函数 $\dfrac{dV}{d\ln r} = \dfrac{4\pi r^3}{3}\dfrac{dN}{dr}\dfrac{dr}{d\ln r} = \dfrac{4\pi r^4}{3}n(r)$。

确定粒子的尺度谱分布,以及使用尺度谱分布计算粒子的光学性质时,一般需要知道几个特征半径:

(1) 有效半径 r_{eff}:所有粒子的体积除以所有粒子的截面积 $r_{\text{eff}} = \int_0^\infty r^3 n(r) dr / \int_0^\infty r^2 n(r) dr$。

(2) 平均半径 (或模半径) r_{mod}:按粒径谱密度分布求出的平均半径。

(3) 最大半径 $r_{\max}$:实际上很难确定,一般假定为数十微米。

(4) 最小半径 $r_{\min}$:实际上很难确定,一般假定为百分之一微米左右。

这样粒子的总浓度为:$N = \int_{r_{\min}}^{r_{\max}} n(r) dr$。

在没有特殊事件发生的情况下,各种地域的气溶胶粒子一般具有比较稳定的状态,如海洋地区、沙漠地区、乡村和城市等地区的气溶胶粒子都在成分和浓度方面具有自己的特色。在更大尺度的范围内,各个地区的情况也有很大的差异。图 2.3.3 是全球几个典型地区气溶胶粒子的谱分布 (Kaufman et al., 2002)。可以看出,美国东部、欧洲和东南亚大都属于区域污染型气溶胶粒子,欧美的小粒子多、大粒子少,而东南亚则相反。非洲和南美洲的情况相仿,都属于生物质燃烧形成的气溶胶粒子。撒哈拉沙漠的都是大粒子,而太平洋地区的气溶胶粒子则很少。

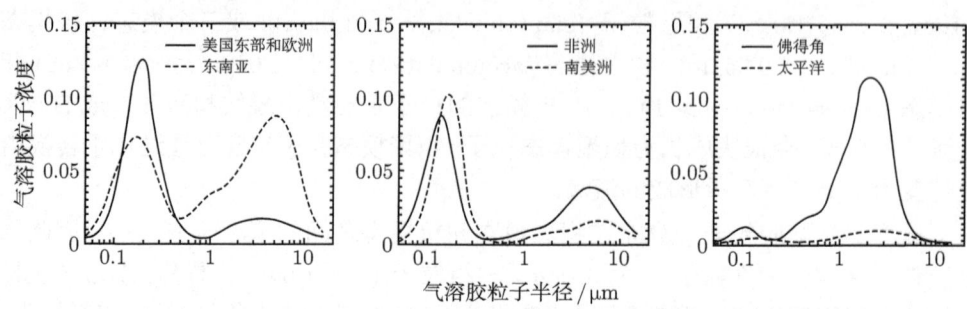

图 2.3.3 全球几个典型地区气溶胶粒子的谱分布

引起大气气溶胶粒子有显著变化的事件有火山爆发和沙尘暴等。大规模的火山爆发将火山灰和二氧化硫气体注入并停留在平流层内。火山爆发后平流层气溶胶的浓度急剧增加,由于平流层内无雨雪冲刷过程,一般要经过好几年时间的扩散与沉降,气溶胶粒子的浓度才能稳定下来。最近一次强烈的火山爆发是 1991 年 6 月 15 日菲律宾的 Pinatubo 火山爆发。全球激光雷达在其后一年期间的探测结果显示了 Pinatubo 火山灰在北半球扩散的过程,如图 2.3.4 左图所示。图 2.3.4 右图给出了 1991~2003 年在合肥测量的平流层气溶胶散射比年平均垂直廓线,揭示了火山灰自爆发后的衰变过程。

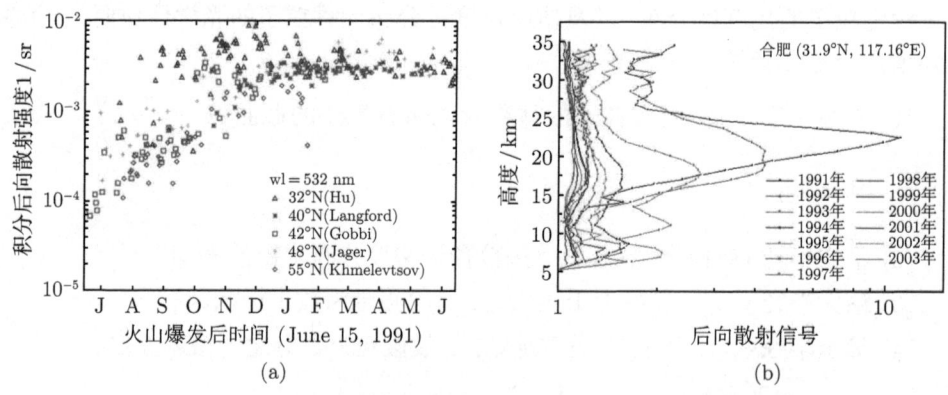

图 2.3.4 (a) 全球各激光雷达探测 Pinatubo 火山灰的对比结果;
(b) 合肥地区 1991~2003 年平流层气溶胶散射比年平均垂直廓线 (感谢胡欢陵研究员提供)

每年春季,起源于蒙古以及华北和西北地区的沙尘暴越来越频繁,给我国北方地区带来巨大影响,同时随大气的运动输送到朝鲜半岛、日本甚至美国西部。沙尘暴粒子也会伴随冷空气的南下侵入到合肥地区上空。图 2.3.5 左边是 2001 年 4 月 14 日夜晚在合肥地区用激光雷达探测的沙尘气溶胶粒子消光系数的垂直廓线。在

4~6km 高度范围里，明显地存在着相当稳定的沙尘粒子层，说明沙尘粒子是从对流层中部侵入到合肥上空的。作为对比，图的右边是一般天气下的气溶胶粒子的消光系数垂直廓线。

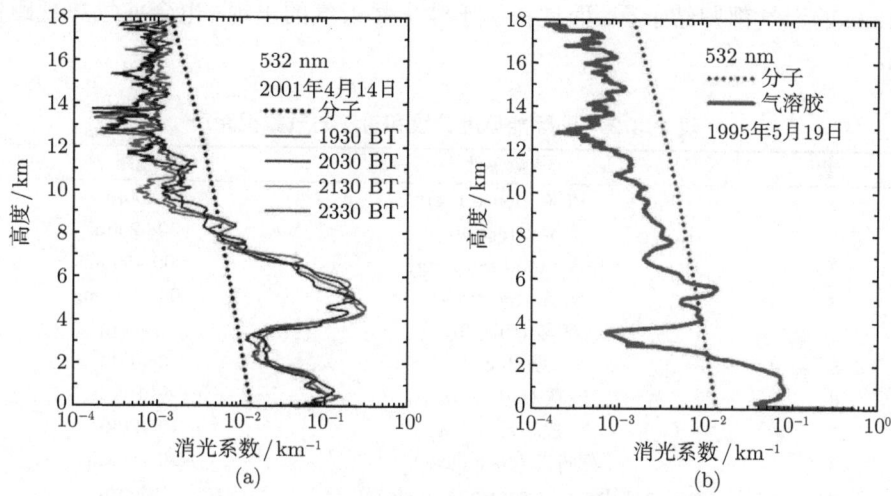

图 2.3.5 (a) 一次沙尘暴过程的影响范围；(b) 合肥地区气溶胶粒子消光系数垂直廓线 (感谢周军研究员提供)

大气气溶胶粒子不仅存在于地面附近和平流层，也存在于大气中的不同高度上。由于粒子的沉降作用，一般情况下，粒子的数密度或质量浓度随高度而下降，不同类型的气溶胶粒子的下降速度有显著差别，如图 2.3.6 所示 (Jaenicke, 1993)。

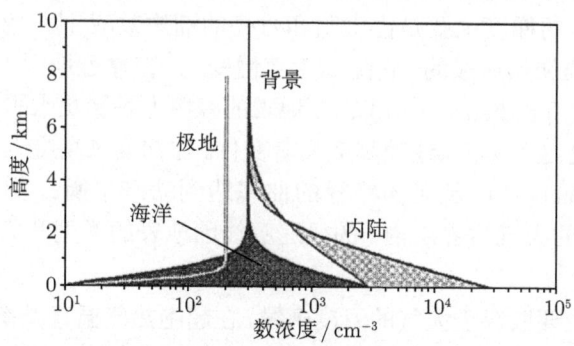

图 2.3.6 大气气溶胶粒子浓度的典型高度分布 (Jaenicke, 1993)

由于大气中的雾和大气气溶胶粒子的存在，造成了可见距离的改变。可见距离直观地表达了大气的洁净 (混浊) 程度，因此气象上通常使用气象视距或通常所说的能见度来描述大气的混浊状态。有关这两个参数的定义和详细讨论见 7.4 节。实际上物体的可见情况既因人而异，也和所视的物体特性有关。按照世界气象组织的观测标准, 标准能见度 V (standard visibility) 对视力的要求更高, 气象视距 R_M (meteorological range) 相应地放宽了要求, 二者的关系为 $V/R_M = 3.912/3$。国际上根据气象视距对大气混浊情况的分类列于表 2.3.2。从表中可以看出, 气象视距低于 1km 的天气都归结于雾, 而现在由于沙尘暴天气的出现, 也会使气象视距低于 1km。

表 2.3.2 国际能见度分级和对应的气象视距表

分级	气象条件	气象视距 R_M
0	浓雾 (dense fog)	<50m
1	大雾 (thick fog)	50~200m
2	中雾 (moderate fog)	200~500m
3	轻雾 (light fog)	500~1000m
4	薄雾 (thin fog)	1~2km
5	霾 (haze)	2~4km
6	轻霾 (light haze)	4~10km
7	一般晴天 (clear)	10~20km
8	好晴天 (very clear)	20~50km
9	特好晴天 (exceptionally clear)	>50km
—	纯空气 (pure air)	277km

2.4 大气中的风结构

地球大气因水平气压的梯度而运动形成了风。风速由水平气压的梯度和摩擦力决定。水平气压的梯度主要是由太阳和月亮的潮汐效应 (以 12h 为周期的波动) 以及太阳对空气的加热造成的, 它随高度缓慢变化, 在靠近地面的 100m 内可以忽略。在梯度风高度 (gradient level) 以下, 地表的摩擦力是影响水平风速的主要因素, 风速在接近地面处趋于零, 风速随高度显著变化。在梯度风高度上 (300m 或 600m), 气压梯度因地球的自转以及风的路径的曲率达到动态平衡。梯度风高度及其下 (主要在下节阐述的大气边界层内) 的风速廓线因地表的类型和大气稳定度而变化很大。

大气稳定度主要取决于大气的温度廓线。在超绝热气温直减率 (lapse rate)($dT/dh < 0$, 一般是白天) 状态下, 气温随高度急剧下降, 上升的空气因温度高于周围的空气而保持继续上升, 所以是不稳定状态。在相反的负气温直减率 ($dT/dh > 0$, 一般是夜晚) 状态下, 上升的空气因比周围的空气冷而回落到初始的位置, 所以处于稳定状态。在绝热的中性状态下 $dT/dh = 0$, 空气的垂直运动不受到浮力的作用, 这主要是由地面的空气对流引起的湍流混合造成的。三种情况下的边界层风速廓线如图 2.4.1 所示。中性情况下风速廓线符合对数关系, 非中性情况下稍微偏离

2.4 大气中的风结构

对数关系，其中稳定边界层的风速廓线向下弯曲，而非稳定边界层的风速廓线向上弯曲。

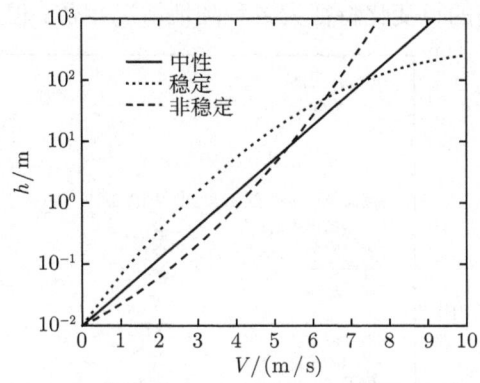

图 2.4.1 边界层不同大气稳定度下的典型风速廓线

常见的边界层对数风速廓线形式为

$$V = \frac{V_*}{k} \ln\left(\frac{h}{h_0}\right) \tag{2.4.1}$$

式中，h_0 是地表粗糙度参量；V_* 为摩擦速度；k 为 von Karman 常量，一般认为是 0.35 或 0.4。

在实际测得一定高度的风速的情况下，风速的廓线通常有两种模型，对数模型和指数模型，对数模型表示为 (Jursa, 1985)

$$\frac{V}{V_1} = \ln\left(\frac{1+h}{h_0}\right) \Big/ \ln\left(\frac{1+h_1}{h_0}\right) \tag{2.4.2}$$

边界条件是 $h=0$ 处 $V=0$。V_1 是在参考高度 h_1 处的风速。几种地表的粗糙度参量列于图 2.4.2(Stull, 1988)。

此外，尚有一种指数模型，其表达式为

$$\frac{V}{V_1} = \left(\frac{h}{h_1}\right)^p \tag{2.4.3}$$

幂指数 p 依赖于高度、地表、热分层和宏观气流。一般在 0.05~0.8 范围内，平均在 0.1~0.3 范围内。地面越粗糙、参考风速越小、高度越低，p 越大。对于稳定大气，p 值较大，对于不稳定大气，p 值较小。

风速有较为明显的日变化特征，在较为平坦的地面上，白天的热分层强化了垂直方向上的空气混合，而夜晚的热分层则弱化了空气的垂直混合。这导致半下午的近地面 100~200m (具体高度与气候带、季节和地面粗糙度有关) 以下的风速达到最大值，而在凌晨达到最小值。而在此高度之上，日变化的特征恰好反过来，如图 2.4.3 所示 (Jursa, 1985)。在海面上，由于热分层的日变化很小，风速基本没有日变化。在沿海地区，风速的日变化特征大致和陆地情况相仿。但随高度风速变化趋势

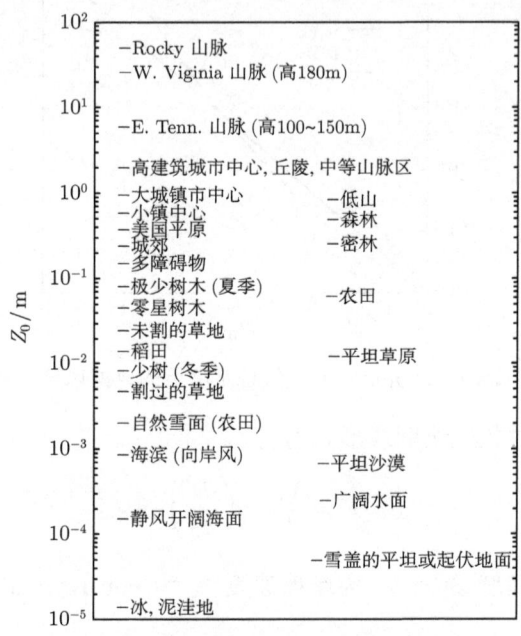

图 2.4.2　典型地表的空气动力学粗糙度

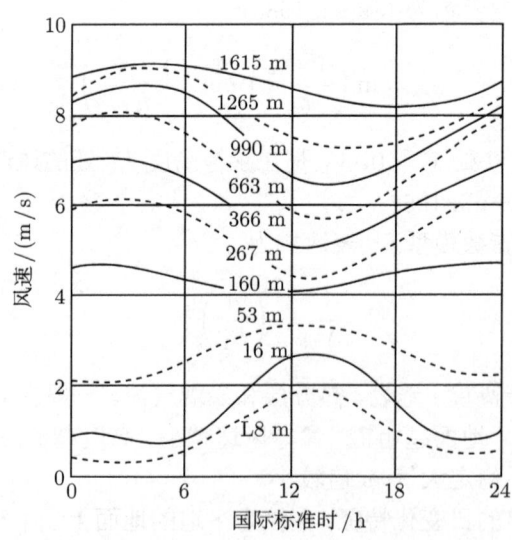

图 2.4.3　各个高度上大气风速的日变化特征 (Jursa, 1985)

(美国 Tennessee 州 Oak Ridge 的年平均资料)

2.4 大气中的风结构

反转的特征不能确定存在,海风的垂直高度可达 1000m,而陆地吹来的风的垂直高度可达 500m 左右。

在近地面层以上尚未有理论建立的风速廓线模型,基本的应用数据都来自各地气象台站的探空资料,表 2.4.1 是美国肯尼迪航天中心 KSC 多年风速廓线探空资料的统计结果 (Smith and Adelfang, 1988)。各地的廓线差异明显,随高度的变化一般比较复杂,廓线具有明显的季节变化特征,如图 2.4.4 所示 (Jursa, 1985)。

表 2.4.1 KSC 大气风速廓线包络 (单位: m/s)(Smith and Adelfang, 1988)

高度/km	概率				
	50%	75%	90%	95%	99%
1	8	13	16	19	24
6	23	31	39	44	52
11	43	55	66	73	88
12	45	57	68	75	92
13	43	56	67	74	86
20	7	12	17	20	25
23	7	12	17	20	25
40	43	57	70	78	88
50	75	83	91	95	104
58	85	96	106	112	123
60	85	96	106	112	123
75	15	22	28	30	37
80	15	22	28	30	37

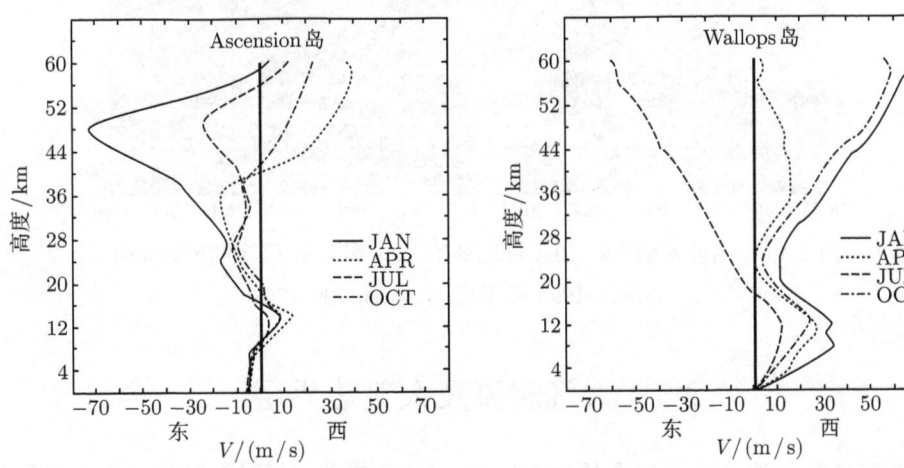

图 2.4.4 大气风速廓线 (纬向风 zonal) 的季节变化特征 (Jursa, 1985)
(美国 Tennessee 州 Oak Ridge 的年平均资料)

各地的风向也随高度而变化,这也是由地面的摩擦力和控制平均气流的气压梯度决定的。全球各地地面 10m 高度冬季和夏季的风速风向如图 2.4.5 所示。可以看出, 洋面上的风速大大高于陆面, 风向遵从一定的规律, 这些都是大气环流造成的。

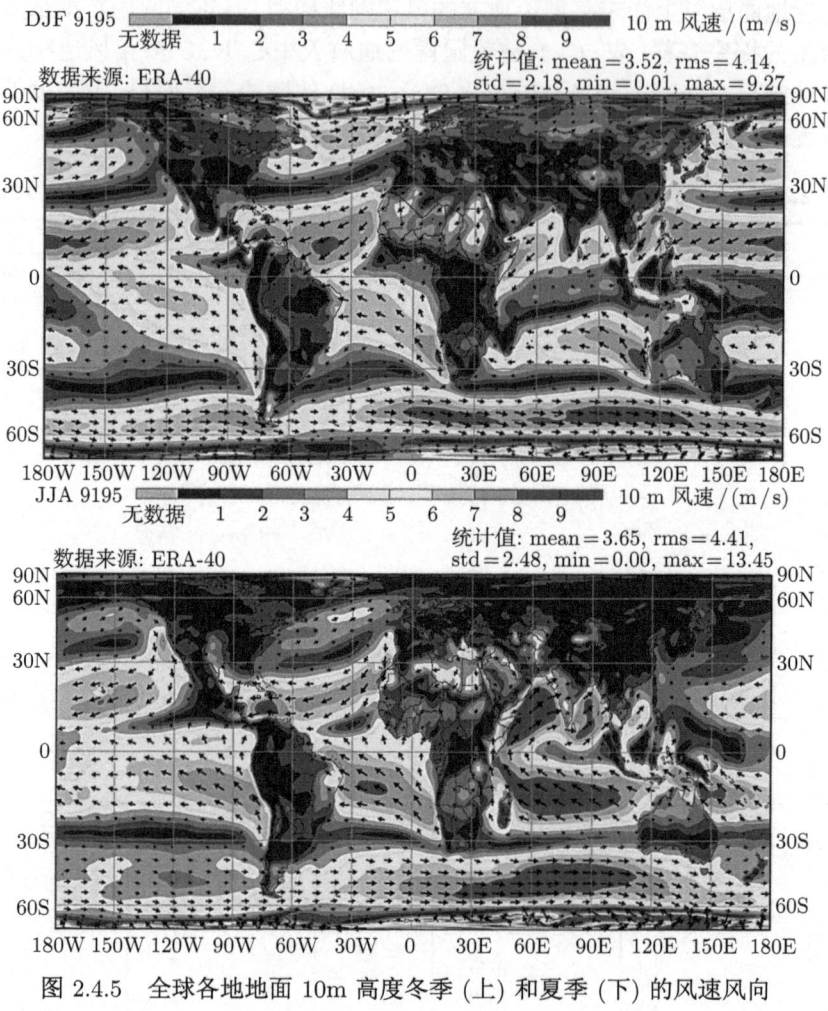

图 2.4.5　全球各地地面 10m 高度冬季 (上) 和夏季 (下) 的风速风向
(1991~1995 年平均)(Hantel, 2005)

2.5　大气湍流及大气边界层

大气光学中涉及的大气介质的高度达 100km 左右, 高层大气的结构和各种物理特性相对稳定, 与地面条件的关系不大。大气的各种特性变化最复杂和最不确定的区域在最靠近地面的大气边界层 (atmospheric boundary layer)。边界层在对流层中位置最低, 它直接受地球表面的影响, 对地表强迫力 (包括摩擦力、蒸发、热传导和污染物排放等) 的响应时间一般不大于 1h。边界层的厚度具有较大的时空变化特征，一般在几百米到几千米的范围内。气象上每日谈论的天气情况实际上就是边界层的大气情况，雾和污染物都聚积在边界层内。

陆地和海洋上面的大气边界层结构有很大的不同。由于海水热容量大，海面温度变化很小，洋面上的边界层结构比较稳定，当洋面上大气气团温度和海面温度达到平衡状态时，在 1000km 的水平尺度上，边界层的厚度变化仅为 10% 左右。

在陆地上方，大气边界层具有明确的结构，并且随时间的发展具有日循环的特征，如图 2.5.1 所示。其结构可以分为混合层 (mixed layer)、剩余层 (residual layer) 和稳定边界层 (stable boundary laer)。混合层也叫对流边界层，得名于该层中的湍流 (turbulence, 后面将详细阐述) 是由对流驱动的，当太阳升起逐渐加热地面，地面的空气形成热泡上升，而由于云顶的辐射冷却导致冷空气从云顶下沉，从而形成对流。随着太阳的升高，混合层逐渐增厚，在傍晚达到最大高度。在日落前半小时左右，热泡不再形成，混合层的湍流强度迅速衰减，这种以前的混合层成为剩余层，包含了剩余的水汽、热量和污染物。随着夜晚的来临，剩余层的底部与地面接触受到冷却，转化为厚度逐渐加深的稳定边界层 (Stull, 1988)。

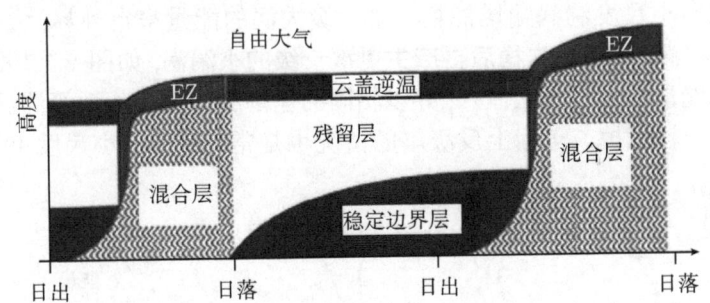

图 2.5.1　陆地上方大气边界层的结构及时间演化特征 (Stull, 1988)

在边界层气象和湍流研究中经常用到位温 (potential temperature) 的概念，其定义为气团自本身的温度 T 和压力 p 绝热膨胀或压缩到标准压力 p_0 时的温度 θ。由式 (2.1.12) 令 $dQ = 0$ 可求得

$$\theta = T \left(\frac{p_0}{p}\right)^{R/C_p} = T \left(\frac{p_0}{p}\right)^{2/7} \tag{2.5.1}$$

因为大气过程常常是绝热过程，则位温 θ 基本保持不变。

大气边界层一个显著的特点是大气湍流的存在。湍流问题是物理学科中的最大难点之一，对它的研究虽然经历了相当长的历史，然而我们对湍流基本的物理本质尚未有清楚的认识 (Tsinober, 2004)。可能的原因在于湍流是一个真正意义上的复杂系统，覆盖了相当大的尺度范围的运动。物理学中解决问题的主要方法——

分析方法，即孤立研究对象、排除外界因素的方法，因湍流与外界太多因素相联系而不适用。与之相对的综合方法，则因湍流系统所涉及的因素千头万绪，其间的相互关系及作用错综复杂而同样难以施展身手，从而造成了对理论和实验的真正挑战 (Frisch and Orszag, 1990)。

Reynolds 数是描述流体特性的一个基本参量，其定义为惯性力和分子黏滞力的比值 $Re \equiv UL/\nu$，其中 U 为流体的特征速度，L 为流体的整体特征尺度，ν 为分子动力黏滞系数 (kinematic viscosity)。当 Re 不大时，流体为层流，随 Re 增大流体不稳定度增加，当 Re 增大到一定程度时变为完全的湍动。流体自由度的数目约为每单位体积 $Re^{9/4}$，因而高 Re 数系统的自由度数目是巨大的。巨大的自由度数目以及各运动尺度间的无法区分造成了湍流研究的困难。

人们对湍流的认识已初步形成几个基本概念，包括随机性、涡黏性、级串和标度律 (Frisch and Orszag, 1990)。随机性构成了湍流统计理论的基础；涡黏性揭示了湍流相近尺度间的相互作用行为；级串给了我们湍流形成机理的直观图像；标度律则成为定量研究湍流问题的数学手段。

Richardson 首先给出了湍流的级串的思想，即不同尺度间的逐级能量传递，由大尺度湍涡向小尺度湍涡输送能量。第一级大涡的能量来自外界，大湍涡失稳后产生次级小湍涡，小湍涡失稳后再产生更次一级的小湍涡，如图 2.5.2 所示 (Frisch, 1995)。湍流能量在大尺度上注入，并以相同的速率级串至各代次级湍涡，最终在耗散尺度上完全耗散掉。实际上反级串的情况也是常见的 (即小尺度上最先出现湍动)。

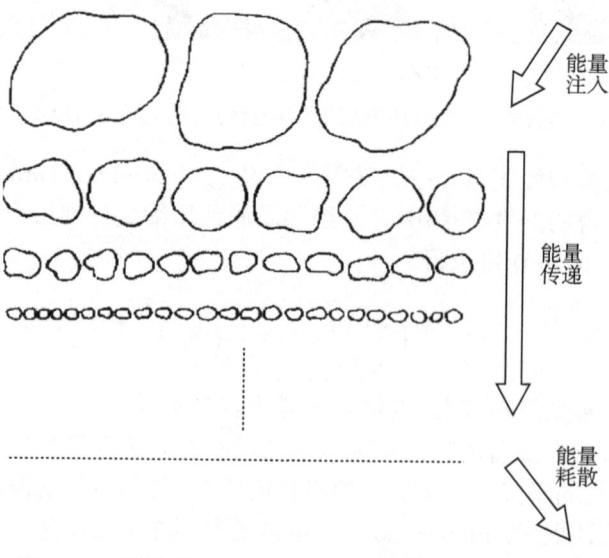

图 2.5.2　湍流的 Richardson 级串模型 (Frisch, 1995)

运用小波方法对实际湍流场的实验数据进行的分析清楚地揭示了 Richardson 的这种唯象级串图案, 如图 2.5.3 所示 (Argoul et al., 1989)。图中上方一维曲线表示充分发展的湍流场中某点的流速的时间变化, 下方是对应的小波变换结果。小波变换的幅值是经过彩色编码的: 对于一个给定的尺度, 如果幅值为零或负值, 则相应的区域为黑色, 否则为红色。图中尺度自下而上递减, 到最上方下降了 200 倍。图 (b) 中的数据对应于图 (a) 中箭头附近的数据, 时间与尺度都放大了 20 倍。同样图 (c) 的数据对应于图 (b) 中箭头附近的数据, 时间与尺度都放大了 20 倍。

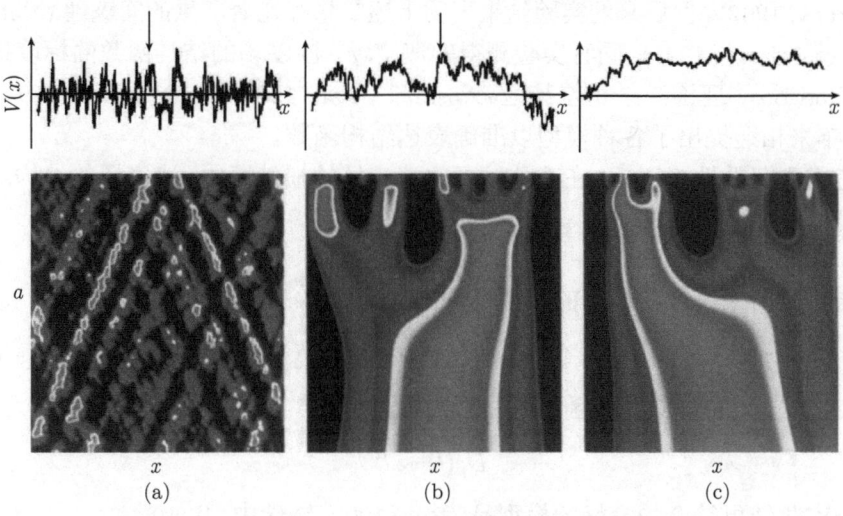

图 2.5.3 小波分析揭示的湍流级串图案 (Argoul et al., 1989)

基于上述 Richardson 级串模型, Kolmogorov 认为在大 Re 数下, 这些不同尺度的湍涡共存, 在级串过程中小尺度湍流最终达到统计平衡状态, 形成局地各向同性湍流。他使用结构函数描述湍流的统计特征, 在提出几个假设的前提下, 建立了湍流的统计理论 (Kolmogorov, 1991)。在局地各向同性湍流的惯性区内, 速度场的 p 阶结构函数 $S_p(r) \equiv \langle |u(x+r) - u(x)|^p \rangle$ 满足标度律

$$S_p(l) = C_p \varepsilon^{p/3} l^{p/3} \tag{2.5.2}$$

式中, C_p 为无量纲常数; ε 为能量耗散率 (energy dissipation)。则速度场的一维功率谱密度为

$$E(K) = C_{\text{Kol}} \varepsilon^{2/3} K^{-5/3} \tag{2.5.3}$$

式中, K 为一维空间波数, C_{Kol} 为 Kolmogorov 常数。

Oboukhov 把 Kolmogorov 关于湍流速度场的分析推广到湍流温度场, 引入温度脉动耗散率 $N \equiv k \langle (\nabla \theta)^2 \rangle$, 其中 k 为分子热传导系数。同样假定 N 为与 ε 相仿的与尺度无关的常量, 如果进一步假定它们互不相关, 则惯性区内温度场的结构

函数为
$$D_p(l) \equiv \langle |\delta\vartheta(l)|^p \rangle = C_p N^{p/2} \varepsilon^{-p/6} l^{p/3} \tag{2.5.4}$$

Kolmogorov 在 1941 年提出的上述理论 (通常简称为 K41) 的核心在于: 对于充分发展的高 Re 数湍流, 总能找到一个尺度范围, 在此范围内, 上述有关结构函数和谱密度满足标度律。这个尺度范围一般称为惯性区。在 Kolmogorov 和 Oboukhov 的理论中, 都使用了平均的能量耗散率和温度脉动耗散率, 在对能量耗散率的概率分布特征进行假设后, 他们于 1962 年修改了相关理论 (Kolmogorov, 1962; Oboukhov, 1962)。但后来的实验结果表明上述二量存在着严重的间歇性 (Meneveau and Screeivasan, 1991), 同时实验测得的速度场、温度场的结构函数的标度指数也与 Kolmogorov 理论结果相差甚远 (Anslmet et al., 1984; Antonia et al., 1984)。因此, 近年来相继提出了各种模型以准确表达结构函数。

考虑到间歇性修正后, 在充分发展的湍流场的惯性区中, 速度场的结构函数满足标度律
$$S_p(l) \sim l^{\zeta_p} \tag{2.5.5}$$

目前与实验结果符合的最好的模型是 (She and Waymire, 1995; Dubrulle, 1995)
$$\zeta_p = p/9 + 2[1 - (2/3)^{p/3}] \tag{2.5.6}$$

同样, 充分发达的湍流惯性区内, 温度场满足标度律
$$D_p(l) \sim l^{\alpha_p} \tag{2.5.7}$$

目前与实验结果符合的最好的模型是 (Rao, 1999; 饶瑞中, 1999)
$$\alpha_p = \begin{cases} 4p/9 - 2[(3/2)^{p/6} - 1], & p \leqslant 2 \\ p/3 + 2/9 - 2[(3/2)^{p/6} - 1], & p > 2 \end{cases} \tag{2.5.8}$$

知道了湍流场物理量的所有各阶结构函数, 就可以全面地了解或描述湍流场的统计性质。然而由于实验条件的实际限制, 高阶次的结构函数很难准确测定, 因此无论是理论上或是实验上, 湍流统计理论都把重点放在低阶统计矩上, 其中特别重要的是利用二阶统计特性。研究二阶统计性质的一个重要数学手段是谱分析, 功率谱分析已成为湍流统计理论中的重要数学工具。

湍流介质的一组参量决定了湍流温度场功率谱密度函数的结构特征, 它们包括动力黏滞系数 ν、分子热导率 χ (molecular thermal conductivity)、能量耗散率 ε 和温度脉动耗散率 N。由这些参量可定义 Prandtl 数为 $Pr = \nu/\chi$ (空气的 Pr 为 0.71), 湍流 Kolmogorov 内尺度 $l_0 = (\nu^3/\varepsilon)^{1/4}$, 当空间波数 $K \gg L_0^{-1}$ 时 (L_0 是湍流的外尺度), 湍流温度场的一维空间谱密度的一般形式可由一个无量纲的函数 f (其自变量也是无量纲的) 对 $-5/3$ 幂律进行修正
$$E_\theta(K) = N\varepsilon^{-1/3} K^{-5/3} f(Kl_0, Pr) \tag{2.5.9}$$

2.5 大气湍流及大气边界层

由上述四个参量,也可以定义其他的特征尺度,包括所谓的 Corrsin 尺度 $l_\mathrm{C} = l_0/Pr^{3/4}$ 和 Batchelor 尺度 $l_\mathrm{B} = l_0/Pr^{1/2}$。对 $Pr \ll 1$,Corrsin 尺度定义了温度谱中分子热传导起重要作用的区间;对 $Pr \gg 1$,Batchelor 尺度反映了温度谱中黏滞与分子热传导都起重要作用的区间。使用上述四个特征尺度 L_0、l_0、l_C、l_B 我们可将温度谱划为四个可能的区间 (Tatarskii et al., 1992):

(1) 惯性对流区 (inertial-convective range): $L_0^{-1} \ll K \ll \min(l_0^{-1}, l_\mathrm{C}^{-1})$;

(2) 惯性扩散区 (inertial-diffusive range): $l_\mathrm{C}^{-1} \ll K \ll l_0^{-1}, Pr \ll 1$;

(3) 黏滞对流区 (viscous-convective range): $l_0^{-1} \ll K \ll l_\mathrm{B}^{-1}, Pr \gg 1$;

(4) 黏滞扩散区 (viscous-diffusive range): $K \gg \max(l_0^{-1}, l_\mathrm{B}^{-1})$。

事实上,上述各区间的边界的更准确的值应分别为 $0.1 l_0^{-1}$,$0.1 l_\mathrm{C}^{-1}$ 和 $0.1 l_\mathrm{B}^{-1}$。当 $Pr \gg 1$ 和 $Pr \ll 1$ 时,只有三个区间存在。而对于 $Pr \approx 1$ 只存在惯性对流区和黏滞扩散区,这两种区间一般称为惯性区和耗散区。

湍流的 K41 理论以及各种间歇性模型所依照的标度律都是针对湍流的惯性区而言的。在此区间内,函数 $f(K l_0)$ 为常数,谱密度正比于空间波数 K 的 $-5/3$ 次方,这是 Oboukhov 首先得到的,通常称之为 Kolmogorov 谱。大量的湍流实验数据证实了 $-5/3$ 标度律惯性区的存在。而在耗散区内,谱密度随 K 的增大而迅速下降,在此区间内谱密度也像惯性区一样具有普适的形式。必须指出的是,考虑湍流间歇性而对 K41 理论进行修正的效果主要表现在高阶次的结构函数上。而谱密度对应于二阶结构函数,其幂指数仅由 0.667 修正为 0.696,变化是不明显的。

当 Prandtl 数 $Pr \ll 1$ 时湍流温度场在黏性耗散区的谱正比于 K^{-1},而当 $Pr \gg 1$ 时正比于 $K^{-17/3}$,如图 2.5.4 所示。在上述两种极限情况下,黏性耗散区的谱都具有幂律。然而对 Pr 在 1 附近时,Monin 和 Yaglom 指出:尚未发现明确的形式,大致具有指数下降趋势。

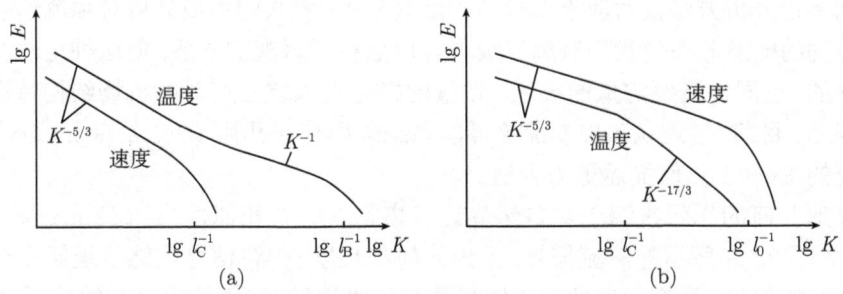

图 2.5.4 湍流速度场和温度场的谱 (Monin and Yaglom, 1975)

(a) $Pr \ll 1$; (b) $Pr \gg 1$

上面我们提到的湍流谱指的都是湍流的空间谱,而在实际应用中,空间谱的准确测量是比较困难的,这需要在空间密集布点进行湍流量的同时观测。通常的做法是在空间一点上进行连续的时间观测，求得时间频谱，而后转换为空间谱。这种转换需要对湍流特性的空间运动行为作一定的要求，即通常所说的 Taylor 冻结假设 (Taylor's frozen-turbulence hypothesis)。根据 Taylor 冻结假设，假设湍流介质的平均运动速度为 $\boldsymbol{V}$，则湍流量 (速度、温度等) 满足

$$u(\boldsymbol{r}, t+\Delta t) = u(\boldsymbol{r} - \boldsymbol{V}\Delta t, t) \tag{2.5.10}$$

根据此式，可将湍流的时间变化特征转换为空间变化特征。由于时间频谱为一维频谱，它只能转换为一维空间频谱。我们可通过下式将一维空间频谱转换为三维空间频谱 (见第 8 章附录 A):

$$\varPhi(K) = -\frac{1}{2\pi K}\frac{\mathrm{d}V(K)}{\mathrm{d}K} \tag{2.5.11}$$

实际上，湍流介质的平均运动速度也是随时间而变的，在作 Taylor 湍流冻结假设时，必须对这个假设的可靠性进行检验 (Schock and Spillar, 2000)，才能保证后续结果的可靠性。

2.6 大气特性的随机性及其定量描述

大气湍流相关的物理量无疑是随机分布的，此外云粒子的空间分布也是极端复杂，也可以说是有一定程度的随机性。上述两种随机系统和自然界中最普通的高斯噪声这种随机系统不同，它们内在有更特殊的复杂性。对于高斯噪声，我们确切地知道其概率分布，一旦使用统计方法求得其均值和方差后，整个系统的概率分布特征便可确定。如前所述，湍流场的结构函数的高阶特征依然未得到根本的解决。因此，当我们需要对湍流场、云的空间分布等进行数值模拟时，传统的统计分析方法难以提供全面和本质的信息。

功率谱分析方法仅对应于二阶结构函数分析；新兴的小波分析对湍流速度场的分析得到的能量分布使我们对湍流级串等特点有了直观的了解，但这种定性的观察是不够的，也同样需要定量的描述。定量的描述必须建立在对随机场结构特征的恰当了解上。目前，普遍认为像湍流这样的系统采用分形几何 (fractal geometry) 语言比传统的 Euclid 几何描述更为合适。

分形几何的思想来源于对自然界许多事物具有自相似性 (self-similarity) 的认识，就如图 2.5.3 所示的湍流信号，无论如何将尺度压缩，信号依然呈现同上一个尺度上相似的起伏。最有代表性的实例就是海岸线的尺度，无论用多小的尺子去丈量，总还存在曲折，因此，海岸线的长度是不确定的，它取决于所用的尺子的大小，如图 2.6.1 所示的各国海岸线的长度与标尺的关系，标尺越小，海岸越长，二者具有指数关系 (Mandelbrot, 1967)。大气中的云量与距离，也具有类似关系，如图 2.6.2 所示 (Lovejoy, 1982)。如果云的形状具有 Euclid 几何，则其面积应该随距离的平方增长，

可实测的结果显示二者的关系是 3/2 幂律。因此, 一个一维的曲线具有不确定的长度, 在某种程度上占据了大于一维的空间, 同样许多二维的曲面的面积也是不确定的, 在某种程度上占据了大于二维的空间。具有这样性质的事物被认为具有分形几何。

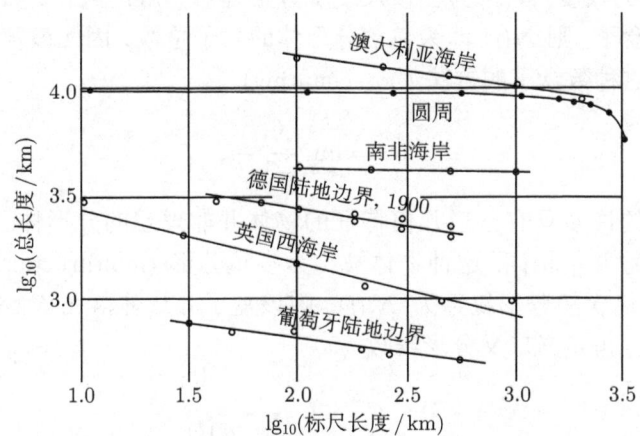

图 2.6.1 海岸线的长度与标尺的关系 (Mandelbrot, 1967)

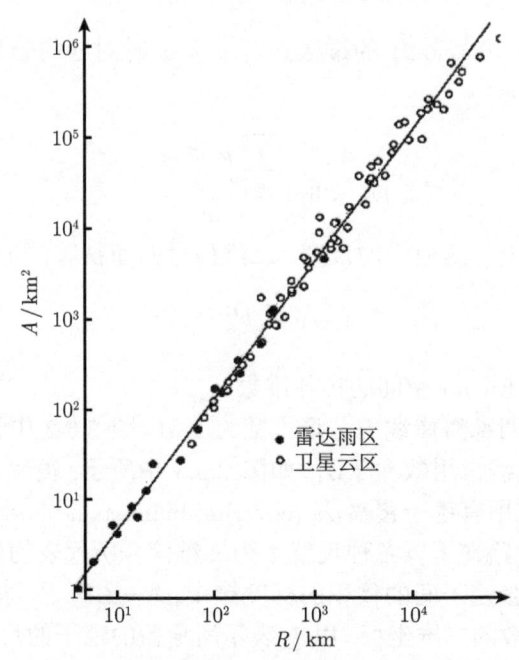

图 2.6.2 大气中云或雨区的面积与距离的关系 (Lovejoy, 1982)

在分形几何中最主要的参数是分形维数 D_f (fractal dimension), 分形维数有多

种定义和计算方法。对一个在各种尺度上都具有完全相同的自相似性的单纯分形物体，其维数的定义为

$$D_f = \frac{N(l)}{-\ln l} \tag{2.6.1}$$

式中，l 为一定的尺度，$N(l)$ 为在该尺度上分形体可分解的数目。若以尺度 l 将空间化为一个个盒子，则 $N(l)$ 即为包含分形体的盒子总数。因此最常用的分形维数定义就是基于这种数盒子的方法 (box-counting)

$$D_f = \lim_{l \to 0} \frac{N(l)}{-\ln l} \tag{2.6.2}$$

而自然界的许多具有分形几何特征的物体并非理想的分形体，它们在不同尺度上的分形维数并不相同，这种物体被称为多重分形 (multifractals)。设在尺度 l 上第 i 个盒子包含的分形权重为 $N_i(l)$，则该盒子分形体落在该盒子中的概率为 $p_i = N_i(l)/N(l)$，可定义广义分形维数为

$$D_q = \lim_{l \to 0} \frac{1}{1-q} \frac{\sum_{i=1}^{N} p_i(l)}{-\ln l} \tag{2.6.3}$$

当 $q = 0$ 时即对应于式 (2.6.2) 的维数。当 $q = 1$ 时对应的分形维数称为信息维 (information dimension)

$$D_1 = \lim_{l \to 0} \frac{\sum_{i=1}^{N} p_i \ln p_i}{-\ln l} \tag{2.6.4}$$

分形可观测量 M(一维信号的尺度、二维信号的面积等) 与分形维数的关系为

$$M(l) = cl^{d-D_f} \tag{2.6.5}$$

式中，c 为常数，d 为 Euclid 空间的拓扑维数。

图 2.6.1 中英国西部海岸线的分形维数为 1.31，图 2.6.2 中云区面积的分形维数为 1.35。对一维曲线常用数盒子法，如图 2.6.3 中所示，很容易理解。二维信号的分形维数的计算常用有毯子覆盖法 (covering-blanket method)(Peli, 1990)，如图 2.6.4 所示。其基本思路在于以各种尺度 l 为二维信号所代表的曲面在上下方各覆盖一张毯子，按照两张毯子间的体积的标度律 $V(l) = Cl^{3-D_f}$ 求曲面的分形维数。如果以 (i,j) 表示离散的二维坐标，以 k 表示所覆盖的毯子的尺度的级次，则上下层毯子由下式构造 (0 级毯子即原始信号本身)：

$$U(i,j,k+1) = \max\left\{U(i,j,k) + 1, \max_{l,m \in S}[U(l,m,k)]\right\} \tag{2.6.6a}$$

2.6 大气特性的随机性及其定量描述

$$L(i,j,k+1) = \min\left\{L(i,j,k) - 1, \min_{l,m \in S}[L(l,m,k)]\right\} \quad (2.6.6\text{b})$$

式中，$S = \{(k,m)|\text{distance}[(k,m),(i,j)] < 1\}$。

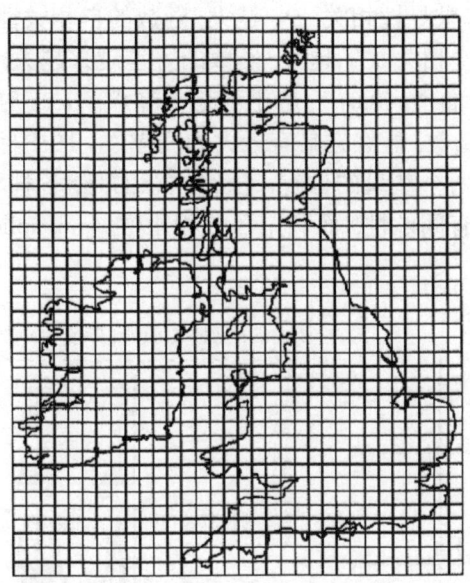

图 2.6.3　计算分形维数的数盒子法示意图

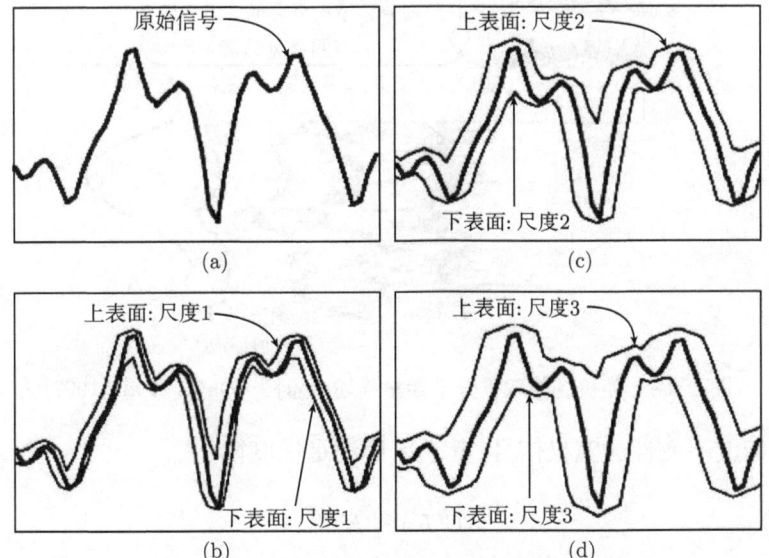

图 2.6.4　计算图像分形维数的毯子覆盖法示意图 (Peli, 1990)

为全面描述湍流和云等复杂随机场的特性, Davsi 和 Marshak 等学者提出用两个参量 (H_1、C_1) 分别描述随机场平稳性和间歇性, 就可以比较全面地反映随机场的本质特征, 如图 2.6.5 所示 (Davis et al., 1994, 1997)。平稳性对应于数据变化的光滑程度, 与函数的可求导性相关, H_1 越大, 函数的自相关性越强, 它就越不平稳。间歇性与数据的奇异性相关, C_1 越大, 函数的方差越来越大, 它的奇异性特征就越明显。在 (H_1、C_1) 平面上, (0,0) 对应于高斯白噪声, (1,0) 对应于连续可导的正常函数; (0,1) 对应于 δ 函数, 显然它具有最大的间歇性。图中标出了湍流速度场和云的液态水含量分布的两个参量的位置。值得注意的是, 各种利用相加性 (additive) 模型产生的数据都没有间歇性, 而利用各种相乘性 (multiplicative) 模型产生的数据都是平稳的。

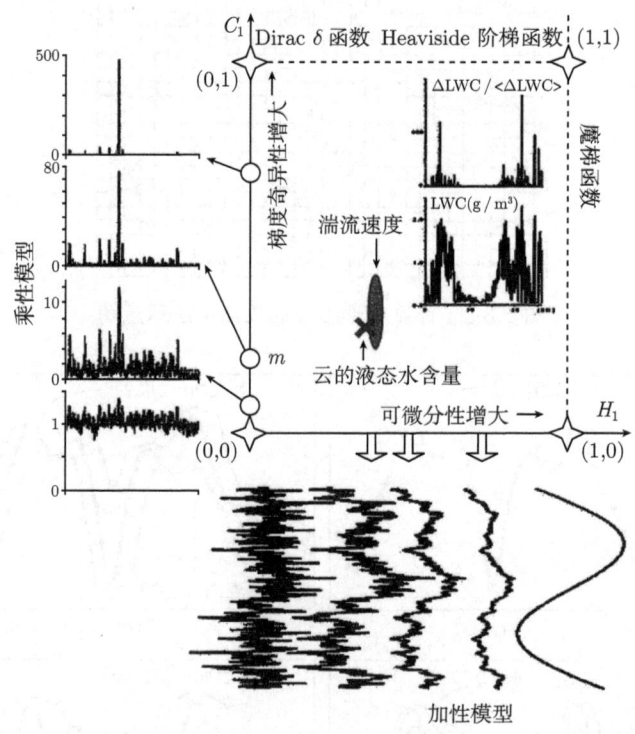

图 2.6.5　随机场的双重分形参量描述示意图 (Davis et al., 1997)

具有标度不变性的随机信号, 其功率谱满足标度律

$$E(K) \sim K^{-\beta} \tag{2.6.7}$$

$\beta < 1$ 意味着信号是平稳的, $\beta > 1$ 的信号是非平稳的, 但当 $\beta < 3$ 时信号是增量平稳的。对增量平稳的随机信号 $f(x)$ 求取平稳性和间歇性参量的基本方法如下

(Davis et al., 1994, 1997):

平稳性参量通过结构函数分析获得。仿照公式 (2.5.5),可将其标度性质表示为

$$\langle |f(x+l) - f(x)|^q \rangle \sim l^{\xi(q)} \tag{2.6.8}$$

其标度指数谱 $\xi(q)$ 在各阶的意义为 $\xi(0) = 0$; $\xi(1) = H_1$ 为 Hurst 指数,且具有性质 $0 \leqslant H_1 \leqslant 1$; $\xi(2) = 2H_2$,并且满足 $1 < \beta = 2H_2 + 1 < 3$。函数

$$H_q = \frac{\xi(q)}{q} \tag{2.6.9}$$

可以充分地反映结构函数的各阶次特性,但一阶函数 H_1 就能反映出随机信号的平稳性。

间歇性参量通过奇性测度分析获得,即在一定尺度上对信号的绝对增量的标度性质进行分析。首先构造一组平稳非负信号 $\varepsilon(\eta, x) = |f(x+\eta) - f(x)|$,其中 η 为最小可分辨尺度。定义尺度为 l,位于范围 $(x, x+l)$ 内的平均测度为

$$\varepsilon(l, x) = l^{-1} \int_x^{x+l} \varepsilon(\eta, x') \mathrm{d}x' \tag{2.6.10}$$

其各阶 (整数或非整数) 统计矩的标度性质为

$$\langle \varepsilon(l, x)^q \rangle \propto l^{-K(q)} \tag{2.6.11}$$

从式 (2.6.11) 可以看出,如果 $l \to 0$ 则 $\langle \varepsilon(r,t)^q \rangle$ 变得非常大,这种情况只有当 $\varepsilon(l,x)$ 的概率密度分布十分偏斜时才能出现,从而说明这种分析正确地反映了奇性。

由 $K(q)$ 可以定义一个非递减单调函数

$$C(q) = \frac{K(q)}{(q-1)} \tag{2.6.12}$$

它与 $\varepsilon(r, t_i)$ 的分形广义维数的关系为

$$D_q = 1 - C(q) \tag{2.6.13}$$

对 $f(x)$ 的奇性的全面反映,当然需要 q 取尽可能多值的 $C(q)$. 然而对各种类型的数据的分析表明,与 $\varepsilon(l,x)$ 均值相联系的 $C_1 = C(1)$ 能很好地反映信号的间歇性,因而被选作间歇性参量. 由式 (2.6.12) 可知,C_1 为 $K(q)$ 在 $q = 1$ 处的斜率。

平稳性和间歇性参量的物理意义以及求取方法列于表 2.6.1(Davis et al., 1994)。

表 2.6.1 随机信号平稳性和间歇性参量的物理意义以及求取方法

条件与性质 $(E(k) \sim k^{-\beta})$ $\xi(r;x) \geqslant 0$	$f(x)$ 非平稳函数 $(\beta_f > 1)$ $|\Delta f(r;x)| =$ $|f(x+r) - f(x)|$	$\varepsilon(x)$ 平稳测度 $(\beta_\varepsilon < 1, \varepsilon(x) \geqslant 0)$ $\varepsilon(r;x) = \frac{1}{r}\int_x^{x+r} \varepsilon(x')\mathrm{d}x'$
指数体系	$H(q) = \xi(q)/q$	$C(q) = K(q)/(q-1)$
关键指数	$H_1 = H(1) = \xi(1)$	$C_1 = C(1) = K'(1)$
谱特性	$\beta_f = \xi(2) + 1 > 1$	$\beta_\varepsilon = 1 - K(2) < 1$
分析特性	连续但不可导	不连续且奇异
几何特性	粗糙度	稀疏度
统计/动力学特性	非平稳性	间歇性

参 考 文 献

饶瑞中. 1999. 大气光传播研究中的湍流谱与间歇性. 电子科技大学学报, 28: 437–442

饶瑞中. 2007. 大气光学特性对激光工程影响的概率分析. 红外与激光工程, 36: 583–587

Anslmet F, Gagne Y, Hopfinger E J. et al. 1984. High-order velocity structure functions in turbulent shear flows. J. Fluid Mech., 140: 63–89

Antonia R A, Anselmet F, Gagne Y, et al. 1984. Temperature structure functions in turbulent shear flows. Phy. Rev. A, 30: 2704–2707

Argoul F, Arneodo A, Grsseau G, et al. 1989. Wavelet analysis of turbulence reveals the multifractal nature of the Richardson cascade. Nature, 338: 51–53

Beard K V, Chuang C. 1987. A new model for the equirem shape od raindrops. JAS, 44: 1509–1524

Cahalan R F, Oreopoulos L, Marshak A, et al. 2005. THE I3RC:Bringing Together the Most Advanced Radiative Transfer Tools for Cloudy Atmospheres, Bulletin of American Meteorological Society, September, 1275

Chylek P, Ramaswamy V, Cheng R J. 1984. Effect of graphitic carbon on the albedo of clouds. J. Atmos. Sci., 41: 3076–3084

Clothiaux E E, Barker H W, Korolev A V. 2005. Observing clouds and their optical properties. *In*: Marshak A, Davis A B. 3D Radiative Transfer in Cloudy Atmospheres. Berlin: Springer-Verlag

Davis A, Marshak A, Wiscombe W, et al. 1994. Multifractal characterization of non-stationary and intermittency in geophysical feilds: observed, retrieved and simulated JGR, 99(D4): 8055–8072

Davis A B, Marshak A, Cahalan R F, et al. 1997. Interactions: solar and laser beams in stratus clouds, fractals and multifractals in climate and remote-sensing studies. Fractals, 5: 129–166

Dubrulle B. 1995. Intermittency in fully developed turbulence, Log-Poisson statistics and generalized scale covariance. Phy. Rev. Lett., 73: 959–962

Emmons L, Granier C, Brasseur G. 2005. Global chemistry, in Hantel M, Observed Global Climate. Berlin: Springer-Verlag

Frisch U. 1995. Turbulence. Cambridge: Cambridge University Press

Frisch U, Orszag S A. 1990. Turbulence, challenges for theory and experiment Physics Today, January: 24–32

Gelencser A. 2004. Carbonaceous aerosol. Dordrecht: Springer

Guzzi R. 2003. Exploring the Atmosphere by Remote Sensing Techniques, Berlin: Springer-Verlag

Hantel M. 2005. Observed Global Climate. Berlin: Springer-Verlag

Hartman D L. 1994. Global Physical Climatology. New York: Academic Press

Jaenicke R. 1993. Tropospheric aerosols. *In*: Hobbs P V. Aerosol–Cloud–Climate Interactions. San Diego: Academic Press

Jaenicke R. 2005. Global aerosols. *In*: Hantel M. Observed Global Climate. Berlin: Springer-Verlag

Jursa A S. 1985. Handbook of geophysics and the space environment. Air Force Geophysics Laboratory, Air Force Systems Command, United States Air Force

Kaufman Y J, Tanré D, Boucher O. 2002. A satellite view of aerosols in the climate system. Nature, 419: 215–223

Kolmogorov A N. 1991. The local structure of turbulence in incompressible viscous fluid for very large Reynolds numbers. Proc. R. Soc. Lond. A, 434: 9–13

Kolmogorov A N. 1962. A refinement of previous hypotheses concerning the local structure of turbulence in a viscous incompressible fluid at large Reynolds numbers. J. Fluid Mech. 13: 82–85

Liou K N. 2002. An introduction to atmospheric radiation. New York: Academic Press

Lovejoy S. 1982. The area-parameter relation for rain and clouds. Science, 216: 185–187

Magano C, Lee C V. 1966. Meteorological classification of natural snow crystals. J. Fac. Sci. Hokkaido Univ., 7: 321–362

Mandelbrot B B. 1967. How long is the coast of Britain? Statistical self-similarity and fractional dimension. Science, 155: 636–638

Meneveau C, Screeivasan K R. 1991. The multifractal nature of turbulent energy dissipation. J. Fluid Mech., 224: 429–484

Monin A S, Yaglom A M. 1975. Statistical Fluid Mechanics. vol.2. Cambridge: MIT Press

NOAA, NASA, United States Air Force. 1976. U.S. Standard atmosphere

Oboukhov A M. 1962. Some specific features of atmospheric turbulence. J. Fluid Mech., 13: 79–81

Peli T. 1990. Multiscale fractal theory and object characterization. J. Opt. Soc. Am., A7: 11011112

Rao R. 1999. Mixed model for temperature structure functions in fully developed turbulence. Phy. Rev., E59: 1727–1728

Raschke E, Stubenrauch C. 2005. Water vapor in the atmosphere. *In*: Hantel M. Observed Global Climate. Berlin: Springer-Verlag

Rudolf B, Rubel F. 2005. Global precipitation. *In*: Hantel M. Observed Global Climate. Berlin: Springer-Verlag

Sarmiento J L, Gruber N. 2002. Sinks for anthropogenic carbon. Physics Today, August, 30–36

Schock M, Spillar E J. 2000. Method for a quantitative investigation of the frozen flow hypothesis. J. Opt. Soc. Am., A17: 1650–1658

She Z S, Waymire E C. 1995. Quantized energy cascade and Log-Poisson statistics in fully developed turbulence. Phy. Rev. Lett., 74: 262–265

Smith O E, Adelfang S I. 1988. A Compendium of Wind Statistics and Models for the NASA Space Shuttle and Other Aerospace Vehicle Programs. NASA/ CR-1998-208859

Stubenrauch C. 2005. Clouds. *In*: Hantel M. Observed Global Climate. Berlin: Springer-Verlag

Stull R B. 1988. An introduction to boundary layer meteorology. Dordrecht: Kluwer Academic

Tatarskii V I. Dubovikov M M, Praskovsky A A, et al. 1992. Temperature fluctuation spectrum in the dissipation range for statistically isotropic turbulent flow. J. Fluid Mech., 238: 683–698

Tsay S C, Stephens G L, Greenwald T J. 1991. An investigation of aerosol microstructure on visual air quality. Atmospheric Environment, 25A(5/6), 1039–1053

Tsinober A. 2004. An Informal Introduction to Turbulence. New York: Kluwer Academic Publishers

Volten H, Muñoz O, Rol E, et al. 2001. Scattering matrices of mineral aerosol particles at 441.6 nm and 632.8 nm. J. Geophys. Res., 106: 17375–17402

第3章 大气的光学特性及其应用模式

3.0 引　　言

在第 2 章我们讨论了地球大气的基本成分、结构、参量和基本特性。本章则专门讨论大气的光学性质。大气是多面的，大气的光学特性也是多面的。当我们处理折射问题时，我们将其视为一个静止的具有梯度折射率的介质。当我们处理湍流效应时，我们将其视为一个连续的随机起伏的不规则介质。当我们处理散射问题时，我们将其视为一个个离散的粒子群体。而处理吸收问题时，则在分子的尺度上考虑问题。

我们着眼于实际应用，给出了目前最常用的各种大气光学模式，包括折射率、气溶胶粒子的光学模式、云雾粒子的光学特性模式和大气湍流光学参数的模式。它们既是大气光学的最基本知识，也是实际应用的最基本参数。

要注意的是，这些应用模式都是一定条件下获得的平均情况，利用它们进行大气光学的计算分析以及各种工程设计的参考无疑是十分有用的，但是在具体的应用问题中，这些模式不能代替当地当时的具体情况，为了获得可靠的结果，应该设法获取实时实地的大气光学特性数据。考虑到现代先进光电技术的飞速发展，应用领域越来越广泛，而我国的大气光学特性的地域变化十分复杂，建立我国典型地区的大气光学特性模式的需求十分迫切，这将是我国大气光学研究工作的一个重要任务。

3.1 标准大气及应用模式

3.1.1 美国标准大气及模式大气

从第 2 章我们知道，大气特性和时间、季节和地理位置密切相关，在许多具体应用中，无论是气象、气候，还是光电工程等方面的应用，全面地分析各种时间、季节和地理位置的大气影响是比较复杂和困难的事情。为了对地球大气做一个比较概观的了解，需要建立一个能反映全球平均状态的大气模型。为此，美国分别在 1962 年和 1976 年建立了常规气象参数 (温、湿、压、大气密度、气体组分等及其廓线分布) 的标准模式 (NOAA et al., 1976)。美国标准大气 (US standard atmosphere) 并不包括大气光学特性的许多参数。

实际应用特别是在光电工程的应用中，美国标准大气作为一种平均状态，不能反映各地的变化情况，为此，美国空军地球物理实验室 (AFGL) 建立了较全面反映大气随地理和季节变化特性的参数模式。他们按照美国标准大气的格式，建立了热带 (tropic)、中纬度冬季 (mid-latitude winter)、中纬度夏季 (mid-latitude summer)、近北极冬季 (sub-arctic winter)、近北极夏季 (sub-arctic summer) 五种应用模式 (MaClatchey et al., 1972)。这些模式都嵌入到 Lowtran、Modtran 和 Fascode 软件中，此后在全世界得到了广泛应用。

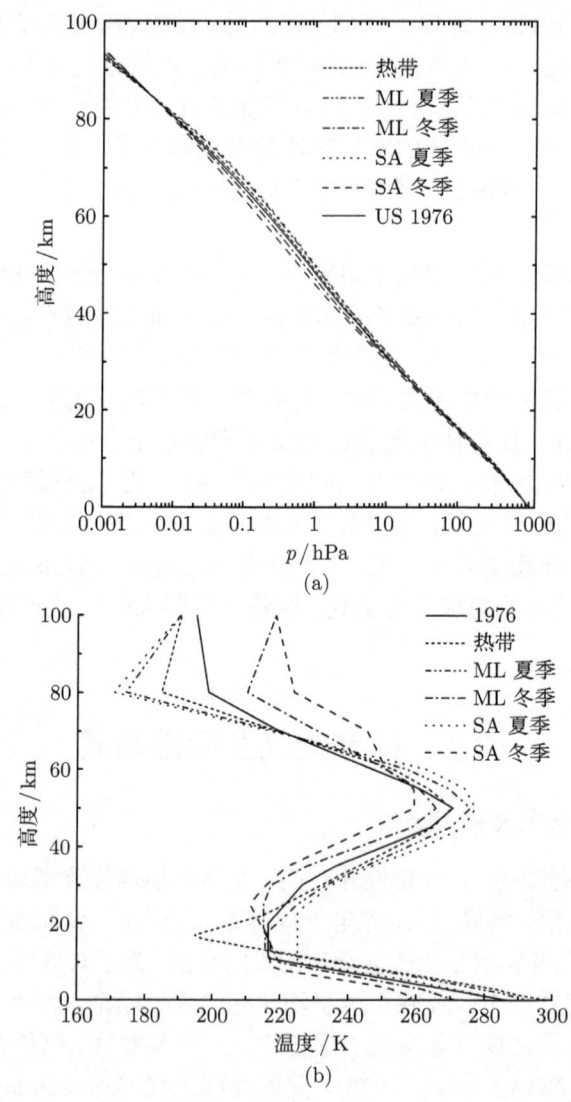

图 3.1.1　六种大气模式下的气压 (a) 和温度 (b) 廓线

3.1 标准大气及应用模式

这六种大气模式下的大气折射率、温度、均匀混合气体和水汽的含量廓线如图 3.1.1 和图 3.1.2 所示。1976 年美国标准大气的 71km 以下温度、密度和气压廓线的公式列于表 3.1.1。表中 h 为海拔高度 (单位：m)，海平面温度 $T_0 = 288.15\text{K}(15°\text{C})$，密度 $\rho_0 = 1.225\text{kg/m}^3$，海平面标准气压 $P_0 = 101325\text{N/m}^2(1\text{atm})$。

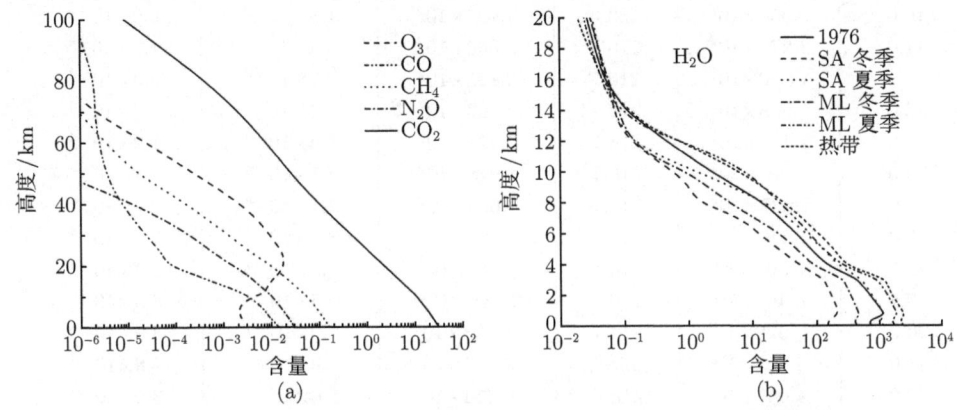

图 3.1.2 六种大气模式下均匀混合气体 (a) 和水汽 (b) 含量廓线

表 3.1.1 美国 1976 年标准大气温度、密度和气压分层廓线

分层	高度 /km	气温 T/K	气压 $P/(\text{N/m}^2)$	密度 $/(\text{kg/m}^3)$
1	0~11	$T_0(1-h/44329)$	$P_0(1-h/44329)^{5.255876}$	$\rho_0(1-h/44329)^{4.255876}$
2	11~20	$T_0(0.751865)$	$P_0(0.223361)e^{(10999-h)/6341.4}$	$\rho_0(0.297076)e^{(10999-h)/6341.4}$
3	20~32	$T_0(0.682457+h/288136)$	$P_0(0.988626+h/198903)^{-34.16319}$	$\rho_0(0.978261+h/201010)^{-35.16319}$
4	32~47	$T_0(0.482561+h/102906)$	$P_0(0.898309+h/55280)^{-12.20114}$	$\rho_0(0.857003+h/57944)^{-13.20114}$
5	47~51	$T_0(0.939268)$	$P_0(0.00109456)e^{(46998-h)/7922}$	$\rho_0(0.00116533)e^{(46998-h)/7922}$
6	51~71	$T_0(1.434843-h/102906)$	$P_0(0.838263-h/176142)^{12.20114}$	$\rho_0(0.79899-h/184800)^{11.20114}$

为了一些应用中的需求，我们将 1976 美国标准大气和 AFGL 五种模式大气的基本数据列于表 3.1.2~表 3.1.7。在使用这些模式大气进行应用分析时，请注意这些模式大气只考虑了纬度变化的地理特征，而没有考虑经度上的变化。

表 3.1.2 1976 美国标准大气

高度/km	压力/hPa	温度/K	密度/(g/m³)	水汽/(g/m³)	臭氧/(g/m³)
0.0	1.013×10^3	288.2	1.225×10^3	5.9	5.4×10^{-5}
1.0	8.988×10^2	281.7	1.112×10^3	4.2	5.4×10^{-5}
2.0	7.950×10^2	275.2	1.007×10^3	2.9	5.4×10^{-5}
3.0	7.012×10^2	268.7	9.095×10^2	1.8	5.0×10^{-5}
4.0	6.166×10^2	262.2	8.195×10^2	1.1	4.6×10^{-5}
5.0	5.405×10^2	255.7	7.368×10^2	6.4×10^{-1}	4.6×10^{-5}
6.0	4.722×10^2	249.2	6.603×10^2	3.8×10^{-1}	4.5×10^{-5}

续表

高度/km	压力/hPa	温度/K	密度/(g/m³)	水汽/(g/m³)	臭氧/(g/m³)
7.0	4.111×10^2	242.7	5.906×10^2	2.1×10^{-1}	4.9×10^{-5}
8.0	3.565×10^2	236.2	5.262×10^2	1.2×10^{-1}	5.2×10^{-5}
9.0	3.080×10^2	229.7	4.674×10^2	4.6×10^{-2}	7.1×10^{-5}
10.0	2.650×10^2	223.3	4.137×10^2	1.8×10^{-2}	9.0×10^{-5}
11.0	2.270×10^2	216.8	3.650×10^2	8.2×10^{-3}	1.3×10^{-4}
12.0	1.940×10^2	216.7	3.121×10^2	3.7×10^{-3}	1.6×10^{-4}
13.0	1.658×10^2	216.7	2.667×10^2	1.8×10^{-3}	1.7×10^{-4}
14.0	1.417×10^2	216.7	2.279×10^2	8.4×10^{-4}	1.9×10^{-4}
15.0	1.211×10^2	216.7	1.948×10^2	6.1×10^{-4}	2.1×10^{-4}
16.0	1.035×10^2	216.7	1.665×10^2	4.1×10^{-4}	2.4×10^{-4}
17.0	8.850×10	216.7	1.424×10^2	3.4×10^{-4}	2.8×10^{-4}
18.0	7.565×10	216.7	1.217×10^2	2.9×10^{-4}	3.2×10^{-4}
19.0	6.467×10	216.7	1.040×10^2	2.5×10^{-4}	3.5×10^{-4}
20.0	5.529×10	216.7	8.893×10	2.2×10^{-4}	3.8×10^{-4}
21.0	4.729×10	217.6	7.575×10	1.9×10^{-4}	3.8×10^{-4}
22.0	4.047×10	218.6	6.454×10	1.6×10^{-4}	3.9×10^{-4}
23.0	3.467×10	219.6	5.502×10	1.4×10^{-4}	3.8×10^{-4}
24.0	2.972×10	220.6	4.696×10	1.3×10^{-4}	3.6×10^{-4}
25.0	2.549×10	221.6	4.010×10	1.1×10^{-4}	3.4×10^{-4}
27.5	1.743×10	224.0	2.713×10	7.7×10^{-5}	2.6×10^{-4}
30.0	1.197×10	226.5	1.842×10	5.4×10^{-5}	2.0×10^{-4}
32.5	8.010	230.0	1.214×10	3.6×10^{-5}	1.5×10^{-4}
35.0	5.746	236.5	8.469	2.6×10^{-5}	1.1×10^{-4}
37.5	4.150	242.9	5.954	1.8×10^{-5}	7.7×10^{-5}
40.0	2.871	250.4	3.997	1.2×10^{-5}	4.8×10^{-5}
42.5	2.060	257.3	2.791	8.9×10^{-6}	2.9×10^{-5}
45.0	1.491	264.2	1.967	6.4×10^{-6}	1.7×10^{-5}
47.5	1.090	270.6	1.404	4.6×10^{-6}	9.5×10^{-6}
50.0	7.978×10^{-1}	270.7	1.027	3.3×10^{-6}	5.3×10^{-6}
55.0	4.250×10^{-1}	260.8	5.680×10^{-1}	1.8×10^{-6}	1.7×10^{-6}
60.0	2.190×10^{-1}	247.0	3.091×10^{-1}	9.1×10^{-7}	5.6×10^{-7}
65.0	1.090×10^{-1}	233.3	1.628×10^{-1}	4.3×10^{-7}	1.9×10^{-7}
70.0	5.220×10^{-2}	219.6	8.287×10^{-2}	1.8×10^{-7}	4.1×10^{-8}
75.0	2.400×10^{-2}	208.4	4.014×10^{-2}	7.0×10^{-8}	1.7×10^{-8}
80.0	1.050×10^{-2}	198.6	1.843×10^{-2}	2.3×10^{-8}	9.2×10^{-9}
85.0	4.460×10^{-3}	188.9	8.229×10^{-3}	6.8×10^{-9}	6.8×10^{-9}
90.0	1.840×10^{-3}	186.9	3.432×10^{-3}	1.8×10^{-9}	4.0×10^{-9}
95.0	7.600×10^{-4}	188.4	1.406×10^{-3}	4.7×10^{-10}	1.6×10^{-9}
100.0	3.200×10^{-4}	195.1	5.718×10^{-4}	1.4×10^{-10}	3.8×10^{-10}
105.0	1.450×10^{-4}	208.8	2.421×10^{-4}	5.1×10^{-11}	8.0×10^{-11}
110.0	7.100×10^{-5}	240.0	1.031×10^{-4}	1.8×10^{-11}	8.5×10^{-12}
115.0	4.010×10^{-5}	300.0	4.659×10^{-5}	7.0×10^{-12}	3.9×10^{-13}
120.0	2.540×10^{-5}	360.0	2.460×10^{-5}	3.1×10^{-12}	2.0×10^{-14}

3.1 标准大气及应用模式

表 3.1.3　AFGL 热带模式大气

高度/km	压力/hPa	温度/K	密度/(g/m³)	水汽/(g/m³)	臭氧/(g/m³)
0.0	1.013×10^3	299.7	1.178×10^3	1.9×10	5.6×10^{-5}
1.0	9.040×10^2	293.7	1.073×10^3	1.3×10	5.6×10^{-5}
2.0	8.050×10^2	287.7	9.754×10^2	9.3	5.4×10^{-5}
3.0	7.150×10^2	283.7	8.787×10^2	4.7	5.1×10^{-5}
4.0	6.330×10^2	277.0	7.964×10^2	2.2	4.7×10^{-5}
5.0	5.590×10^2	270.3	7.209×10^2	1.5	4.5×10^{-5}
6.0	4.920×10^2	263.6	6.507×10^2	8.5×10^{-1}	4.3×10^{-5}
7.0	4.320×10^2	257.0	5.858×10^2	4.7×10^{-1}	4.1×10^{-5}
8.0	3.780×10^2	250.3	5.266×10^2	2.5×10^{-1}	3.9×10^{-5}
9.0	3.290×10^2	243.6	4.708×10^2	1.2×10^{-1}	3.9×10^{-5}
10.0	2.860×10^2	237.0	4.207×10^2	5.0×10^{-2}	3.9×10^{-5}
11.0	2.470×10^2	230.1	3.742×10^2	1.7×10^{-2}	4.1×10^{-5}
12.0	2.130×10^2	223.6	3.320×10^2	6.0×10^{-3}	4.3×10^{-5}
13.0	1.820×10^2	217.0	2.924×10^2	1.8×10^{-3}	4.5×10^{-5}
14.0	1.560×10^2	210.3	2.586×10^2	1.0×10^{-3}	4.5×10^{-5}
15.0	1.320×10^2	203.7	2.259×10^2	5.6×10^{-4}	4.7×10^{-5}
16.0	1.110×10^2	197.0	1.964×10^2	3.7×10^{-4}	4.7×10^{-5}
17.0	9.370×10	194.8	1.677×10^2	3.0×10^{-4}	6.9×10^{-5}
18.0	7.890×10	198.8	1.384×10^2	2.4×10^{-4}	1.1×10^{-4}
19.0	6.660×10	202.7	1.145×10^2	1.9×10^{-4}	1.8×10^{-4}
20.0	5.650×10	206.7	9.527×10	1.5×10^{-4}	2.2×10^{-4}
21.0	4.800×10	210.7	7.940×10	1.3×10^{-4}	2.4×10^{-4}
22.0	4.090×10	214.6	6.642×10	1.2×10^{-4}	2.6×10^{-4}
23.0	3.500×10	217.0	5.622×10	1.0×10^{-4}	3.2×10^{-4}
24.0	3.000×10	219.2	4.771×10	9.5×10^{-5}	3.4×10^{-4}
25.0	2.570×10	221.4	4.046×10	8.2×10^{-5}	3.6×10^{-4}
27.5	1.763×10	227.0	2.707×10	6.1×10^{-5}	3.5×10^{-4}
30.0	1.220×10	232.3	1.831×10	4.6×10^{-5}	2.8×10^{-4}
32.5	8.520	237.7	1.249×10	3.3×10^{-5}	2.0×10^{-4}
35.0	6.000	243.1	8.604	2.5×10^{-5}	1.4×10^{-4}
37.5	4.260	248.5	5.978	1.8×10^{-5}	8.7×10^{-5}
40.0	3.050	254.0	4.186	1.4×10^{-5}	5.2×10^{-5}
42.5	2.200	259.4	2.956	1.0×10^{-5}	2.9×10^{-5}
45.0	1.590	264.8	2.093	7.4×10^{-6}	1.6×10^{-5}
47.5	1.160	269.6	1.500	5.5×10^{-6}	8.6×10^{-6}
50.0	8.540×10^{-1}	270.2	1.102	4.1×10^{-6}	5.1×10^{-6}
55.0	4.560×10^{-1}	263.4	6.036×10^{-1}	2.3×10^{-6}	1.8×10^{-6}
60.0	2.390×10^{-1}	253.1	3.292×10^{-1}	1.2×10^{-6}	6.0×10^{-7}
65.0	1.210×10^{-1}	236.0	1.787×10^{-1}	6.0×10^{-7}	1.9×10^{-7}
70.0	5.800×10^{-2}	218.9	9.234×10^{-2}	2.6×10^{-7}	4.6×10^{-8}
75.0	2.600×10^{-2}	201.8	4.491×10^{-2}	9.2×10^{-8}	1.3×10^{-8}

续表

高度/km	压力/hPa	温度/K	密度/(g/m³)	水汽/(g/m³)	臭氧/(g/m³)
80.0	1.100×10^{-2}	184.8	2.075×10^{-2}	2.7×10^{-8}	1.1×10^{-8}
85.0	4.400×10^{-3}	177.1	8.662×10^{-3}	7.0×10^{-9}	7.2×10^{-9}
90.0	1.720×10^{-3}	177.0	3.387×10^{-3}	1.8×10^{-9}	2.9×10^{-9}
95.0	6.880×10^{-4}	184.3	1.301×10^{-3}	4.4×10^{-10}	1.1×10^{-9}
100.0	2.890×10^{-4}	190.7	5.281×10^{-4}	1.3×10^{-10}	3.5×10^{-10}
105.0	1.300×10^{-4}	212.0	2.138×10^{-4}	4.5×10^{-11}	7.1×10^{-11}
110.0	6.470×10^{-5}	241.6	9.335×10^{-5}	1.6×10^{-11}	7.7×10^{-12}
115.0	3.600×10^{-5}	299.7	4.187×10^{-5}	6.2×10^{-12}	3.5×10^{-13}
120.0	2.250×10^{-5}	380.0	2.032×10^{-5}	2.5×10^{-12}	1.7×10^{-14}

表 3.1.4　AFGL 中纬度夏季模式大气

高度/km	压力/hPa	温度/K	密度/(g/m³)	水汽/(g/m³)	臭氧/(g/m³)
0.0	1.013×10^{3}	294.2	1.200×10^{3}	1.4×10	6.0×10^{-5}
1.0	9.020×10^{2}	289.7	1.085×10^{3}	9.3	6.0×10^{-5}
2.0	8.020×10^{2}	285.2	9.802×10^{2}	5.9	6.0×10^{-5}
3.0	7.100×10^{2}	279.2	8.864×10^{2}	3.3	6.2×10^{-5}
4.0	6.280×10^{2}	273.2	8.013×10^{2}	1.9	6.4×10^{-5}
5.0	5.540×10^{2}	267.2	7.229×10^{2}	1.0	6.6×10^{-5}
6.0	4.870×10^{2}	261.2	6.498×10^{2}	6.1×10^{-1}	6.9×10^{-5}
7.0	4.260×10^{2}	254.7	5.829×10^{2}	3.7×10^{-1}	7.5×10^{-5}
8.0	3.720×10^{2}	248.2	5.223×10^{2}	2.1×10^{-1}	7.9×10^{-5}
9.0	3.240×10^{2}	241.7	4.673×10^{2}	1.2×10^{-1}	8.6×10^{-5}
10.0	2.810×10^{2}	235.3	4.163×10^{2}	6.4×10^{-2}	9.0×10^{-5}
11.0	2.430×10^{2}	228.8	3.702×10^{2}	2.2×10^{-2}	1.1×10^{-4}
12.0	2.090×10^{2}	222.3	3.277×10^{2}	6.0×10^{-3}	1.2×10^{-4}
13.0	1.790×10^{2}	215.8	2.891×10^{2}	1.4×10^{-3}	1.4×10^{-4}
14.0	1.530×10^{2}	215.7	2.473×10^{2}	7.7×10^{-4}	1.8×10^{-4}
15.0	1.300×10^{2}	215.7	2.101×10^{2}	4.4×10^{-4}	1.7×10^{-4}
16.0	1.110×10^{2}	215.7	1.794×10^{2}	3.7×10^{-4}	1.8×10^{-4}
17.0	9.500×10	215.7	1.535×10^{2}	3.1×10^{-4}	1.8×10^{-4}
18.0	8.120×10	216.8	1.306×10^{2}	2.6×10^{-4}	2.2×10^{-4}
19.0	6.950×10	217.9	1.112×10^{2}	2.2×10^{-4}	2.8×10^{-4}
20.0	5.950×10	219.2	9.460×10	1.9×10^{-4}	3.1×10^{-4}
21.0	5.100×10	220.4	8.065×10	1.7×10^{-4}	3.2×10^{-4}
22.0	4.370×10	221.6	6.873×10	1.5×10^{-4}	3.3×10^{-4}
23.0	3.760×10	222.8	5.882×10	1.4×10^{-4}	3.3×10^{-4}
24.0	3.220×10	223.9	5.011×10	1.2×10^{-4}	3.3×10^{-4}
25.0	2.770×10	225.1	4.290×10	1.1×10^{-4}	3.4×10^{-4}
27.5	1.907×10	228.4	2.910×10	8.0×10^{-5}	2.9×10^{-4}
30.0	1.320×10	233.7	1.969×10	5.8×10^{-5}	2.3×10^{-4}
32.5	9.300	239.0	1.356×10	4.1×10^{-5}	1.8×10^{-4}

续表

高度/km	压力/hPa	温度/K	密度/(g/m³)	水汽/(g/m³)	臭氧/(g/m³)
35.0	6.520	245.2	9.268	2.9×10^{-5}	1.4×10^{-4}
37.5	4.640	251.3	6.435	2.0×10^{-5}	9.3×10^{-5}
40.0	3.330	257.5	4.508	1.4×10^{-5}	5.6×10^{-5}
42.5	2.410	263.7	3.186	1.0×10^{-5}	3.1×10^{-5}
45.0	1.760	269.9	2.273	7.7×10^{-6}	1.7×10^{-5}
47.5	1.290	275.2	1.634	5.6×10^{-6}	9.5×10^{-6}
50.0	9.510×10^{-1}	275.7	1.202	4.1×10^{-6}	5.6×10^{-6}
55.0	5.150×10^{-1}	269.3	6.666×10^{-1}	2.2×10^{-6}	2.0×10^{-6}
60.0	2.720×10^{-1}	257.1	3.688×10^{-1}	1.1×10^{-6}	7.9×10^{-7}
65.0	1.390×10^{-1}	240.1	2.018×10^{-1}	5.5×10^{-7}	2.7×10^{-7}
70.0	6.700×10^{-2}	218.1	1.071×10^{-1}	2.5×10^{-7}	7.1×10^{-8}
75.0	3.000×10^{-2}	196.1	5.334×10^{-2}	9.8×10^{-8}	1.7×10^{-8}
80.0	1.200×10^{-2}	174.1	2.403×10^{-2}	3.1×10^{-8}	8.0×10^{-9}
85.0	4.480×10^{-3}	165.1	9.460×10^{-3}	7.8×10^{-9}	8.9×10^{-9}
90.0	1.640×10^{-3}	165.0	3.465×10^{-3}	1.8×10^{-9}	4.3×10^{-9}
95.0	6.250×10^{-4}	178.3	1.222×10^{-3}	4.1×10^{-10}	1.4×10^{-9}
100.0	2.580×10^{-4}	190.5	4.721×10^{-4}	1.2×10^{-10}	3.1×10^{-10}
105.0	1.170×10^{-4}	222.2	1.835×10^{-4}	3.9×10^{-11}	6.1×10^{-11}
110.0	6.110×10^{-5}	262.4	8.118×10^{-5}	1.4×10^{-11}	6.7×10^{-12}
115.0	3.560×10^{-5}	316.8	3.917×10^{-5}	5.8×10^{-12}	3.2×10^{-13}
120.0	2.270×10^{-5}	380.0	2.082×10^{-5}	2.6×10^{-12}	1.7×10^{-14}

表 3.1.5　AFGL 中纬度冬季模式大气

高度/km	压力/hPa	温度/K	密度/(g/m³)	水汽/(g/m³)	臭氧/(g/m³)
0.0	1.018×10^{3}	272.2	1.304×10^{3}	3.5	6.0×10^{-5}
1.0	8.973×10^{2}	268.7	1.164×10^{3}	2.5	5.4×10^{-5}
2.0	7.897×10^{2}	265.2	1.038×10^{3}	1.8	4.9×10^{-5}
3.0	6.938×10^{2}	261.7	9.244×10^{2}	1.2	4.9×10^{-5}
4.0	6.081×10^{2}	255.7	8.291×10^{2}	6.6×10^{-1}	4.9×10^{-5}
5.0	5.313×10^{2}	249.7	7.416×10^{2}	3.8×10^{-1}	5.8×10^{-5}
6.0	4.627×10^{2}	243.7	6.618×10^{2}	2.1×10^{-1}	6.4×10^{-5}
7.0	4.016×10^{2}	237.7	5.892×10^{2}	8.5×10^{-2}	7.7×10^{-5}
8.0	3.473×10^{2}	231.7	5.223×10^{2}	3.5×10^{-2}	9.0×10^{-5}
9.0	2.993×10^{2}	225.7	4.623×10^{2}	1.6×10^{-2}	1.2×10^{-4}
10.0	2.568×10^{2}	219.7	4.075×10^{2}	7.5×10^{-3}	1.6×10^{-4}
11.0	2.199×10^{2}	219.2	3.497×10^{2}	2.2×10^{-3}	2.1×10^{-4}
12.0	1.882×10^{2}	218.7	3.000×10^{2}	1.1×10^{-3}	2.6×10^{-4}
13.0	1.611×10^{2}	218.2	2.574×10^{2}	8.0×10^{-4}	3.0×10^{-4}
14.0	1.378×10^{2}	217.7	2.207×10^{2}	6.6×10^{-4}	2.9×10^{-4}
15.0	1.178×10^{2}	217.2	1.891×10^{2}	5.5×10^{-4}	2.8×10^{-4}
16.0	1.007×10^{2}	216.7	1.620×10^{2}	4.6×10^{-4}	3.0×10^{-4}

续表

高度/km	压力/hPa	温度/K	密度/(g/m³)	水汽/(g/m³)	臭氧/(g/m³)
17.0	8.610×10	216.2	1.388×10^2	3.9×10^{-4}	3.2×10^{-4}
18.0	7.360×10	215.7	1.189×10^2	3.3×10^{-4}	3.5×10^{-4}
19.0	6.280×10	215.2	1.017×10^2	2.8×10^{-4}	3.9×10^{-4}
20.0	5.370×10	215.2	8.700×10	2.4×10^{-4}	4.2×10^{-4}
21.0	4.580×10	215.2	7.421×10	2.1×10^{-4}	4.3×10^{-4}
22.0	3.910×10	215.2	6.334×10	1.8×10^{-4}	4.1×10^{-4}
23.0	3.340×10	215.2	5.411×10	1.5×10^{-4}	3.9×10^{-4}
24.0	2.860×10	215.2	4.633×10	1.3×10^{-4}	3.6×10^{-4}
25.0	2.440×10	215.2	3.952×10	1.1×10^{-4}	3.3×10^{-4}
27.5	1.646×10	215.5	2.662×10	7.8×10^{-5}	2.5×10^{-4}
30.0	1.110×10	217.4	1.780×10	5.3×10^{-5}	1.8×10^{-4}
32.5	7.560	220.4	1.196×10	3.6×10^{-5}	1.3×10^{-4}
35.0	5.180	227.9	7.921	2.4×10^{-5}	9.3×10^{-5}
37.5	3.600	235.5	5.329	1.6×10^{-5}	6.4×10^{-5}
40.0	2.530	243.2	3.626	1.1×10^{-5}	4.1×10^{-5}
42.5	1.800	250.8	2.502	7.8×10^{-6}	2.4×10^{-5}
45.0	1.290	258.5	1.740	5.4×10^{-6}	1.3×10^{-5}
47.5	9.400×10^{-1}	265.1	1.236	3.8×10^{-6}	7.6×10^{-6}
50.0	6.830×10^{-1}	265.7	8.960×10^{-1}	2.8×10^{-6}	4.1×10^{-6}
55.0	3.620×10^{-1}	260.6	4.843×10^{-1}	1.5×10^{-6}	1.4×10^{-6}
60.0	1.880×10^{-1}	250.8	2.613×10^{-1}	7.3×10^{-7}	4.3×10^{-7}
65.0	9.500×10^{-2}	240.9	1.375×10^{-1}	3.4×10^{-7}	1.3×10^{-7}
70.0	4.700×10^{-2}	230.7	7.104×10^{-2}	1.5×10^{-7}	3.8×10^{-8}
75.0	2.220×10^{-2}	220.4	3.511×10^{-2}	5.9×10^{-8}	1.5×10^{-8}
80.0	1.030×10^{-2}	210.1	1.709×10^{-2}	2.1×10^{-8}	6.5×10^{-9}
85.0	4.560×10^{-3}	199.8	7.955×10^{-3}	6.6×10^{-9}	7.3×10^{-9}
90.0	1.980×10^{-3}	199.5	3.460×10^{-3}	1.8×10^{-9}	4.6×10^{-9}
95.0	8.770×10^{-4}	208.3	1.468×10^{-3}	4.9×10^{-10}	1.9×10^{-9}
100.0	4.074×10^{-4}	218.6	6.498×10^{-4}	1.6×10^{-10}	4.3×10^{-10}
105.0	2.000×10^{-4}	237.1	2.940×10^{-4}	6.2×10^{-11}	9.7×10^{-11}
110.0	1.057×10^{-4}	259.5	1.420×10^{-4}	2.5×10^{-11}	1.2×10^{-11}
115.0	5.980×10^{-5}	293.0	7.113×10^{-5}	1.1×10^{-11}	5.9×10^{-13}
120.0	3.600×10^{-5}	333.0	3.769×10^{-5}	4.7×10^{-12}	3.1×10^{-14}

表 3.1.6   AFGL 近北极夏季模式大气

高度/km	压力/hPa	温度/K	密度/(g/m³)	水汽/(g/m³)	臭氧/(g/m³)
0.0	1.010×10^3	287.2	1.226×10^3	9.1	4.9×10^{-5}
1.0	8.960×10^2	281.7	1.109×10^3	6.0	5.4×10^{-5}
2.0	7.929×10^2	276.3	1.000×10^3	4.2	5.6×10^{-5}
3.0	7.000×10^2	270.9	9.008×10^2	2.7	5.8×10^{-5}
4.0	6.160×10^2	265.5	8.089×10^2	1.7	6.0×10^{-5}
5.0	5.410×10^2	260.1	7.253×10^2	1.0	6.4×10^{-5}
6.0	4.740×10^2	253.1	6.526×10^2	5.4×10^{-1}	7.1×10^{-5}

3.1 标准大气及应用模式

续表

高度/km	压力/hPa	温度/K	密度/(g/m³)	水汽/(g/m³)	臭氧/(g/m³)
7.0	4.130×10^2	246.1	5.848×10^2	2.9×10^{-1}	7.5×10^{-5}
8.0	3.590×10^2	239.2	5.233×10^2	1.3×10^{-1}	7.9×10^{-5}
9.0	3.108×10^2	232.2	4.666×10^2	3.8×10^{-2}	1.1×10^{-4}
10.0	2.677×10^2	225.2	4.144×10^2	1.1×10^{-2}	1.3×10^{-4}
11.0	2.300×10^2	225.2	3.560×10^2	2.9×10^{-3}	1.8×10^{-4}
12.0	1.977×10^2	225.2	3.060×10^2	1.1×10^{-3}	2.1×10^{-4}
13.0	1.700×10^2	225.2	2.631×10^2	7.3×10^{-4}	2.2×10^{-4}
14.0	1.460×10^2	225.2	2.260×10^2	5.6×10^{-4}	2.2×10^{-4}
15.0	1.260×10^2	225.2	1.950×10^2	4.8×10^{-4}	2.3×10^{-4}
16.0	1.080×10^2	225.2	1.672×10^2	4.2×10^{-4}	2.4×10^{-4}
17.0	9.280×10	225.2	1.437×10^2	3.6×10^{-4}	2.4×10^{-4}
18.0	7.980×10	225.2	1.235×10^2	3.3×10^{-4}	2.7×10^{-4}
19.0	6.860×10	225.2	1.062×10^2	3.0×10^{-4}	3.0×10^{-4}
20.0	5.900×10	225.2	9.133×10	2.6×10^{-4}	3.2×10^{-4}
21.0	5.070×10	225.2	7.849×10	2.3×10^{-4}	3.5×10^{-4}
22.0	4.360×10	225.2	6.748×10	2.0×10^{-4}	3.7×10^{-4}
23.0	3.750×10	225.2	5.805×10	1.7×10^{-4}	3.6×10^{-4}
24.0	3.228×10	226.6	4.968×10	1.5×10^{-4}	3.5×10^{-4}
25.0	2.780×10	228.1	4.249×10	1.3×10^{-4}	3.2×10^{-4}
27.5	1.923×10	231.0	2.902×10	8.9×10^{-5}	2.5×10^{-4}
30.0	1.340×10	235.1	1.987×10	6.2×10^{-5}	1.9×10^{-4}
32.5	9.400	240.0	1.365×10	4.2×10^{-5}	1.6×10^{-4}
35.0	6.610	247.2	9.321	2.9×10^{-5}	1.2×10^{-4}
37.5	4.720	254.6	6.464	2.0×10^{-5}	8.4×10^{-5}
40.0	3.400	262.1	4.522	1.4×10^{-5}	5.2×10^{-5}
42.5	2.480	269.5	3.208	1.0×10^{-5}	2.9×10^{-5}
45.0	1.820	273.6	2.319	7.2×10^{-6}	1.6×10^{-5}
47.5	1.340	276.2	1.691	5.3×10^{-6}	9.0×10^{-6}
50.0	9.870×10^{-1}	277.2	1.241	3.8×10^{-6}	5.1×10^{-6}
55.0	5.370×10^{-1}	274.0	6.834×10^{-1}	2.1×10^{-6}	1.9×10^{-6}
60.0	2.880×10^{-1}	262.7	3.822×10^{-1}	1.1×10^{-6}	7.6×10^{-7}
65.0	1.470×10^{-1}	239.7	2.138×10^{-1}	5.3×10^{-7}	2.8×10^{-7}
70.0	7.100×10^{-2}	216.6	1.143×10^{-1}	2.3×10^{-7}	7.6×10^{-8}
75.0	3.200×10^{-2}	193.6	5.762×10^{-2}	9.7×10^{-8}	1.9×10^{-8}
80.0	1.250×10^{-2}	170.6	2.554×10^{-2}	3.2×10^{-8}	7.6×10^{-9}
85.0	4.510×10^{-3}	161.7	9.725×10^{-3}	8.0×10^{-9}	1.0×10^{-8}
90.0	1.610×10^{-3}	161.6	3.473×10^{-3}	1.8×10^{-9}	5.2×10^{-9}
95.0	6.060×10^{-4}	176.8	1.195×10^{-3}	4.0×10^{-10}	1.6×10^{-9}
100.0	2.480×10^{-4}	190.4	4.541×10^{-4}	1.1×10^{-10}	3.0×10^{-10}
105.0	1.130×10^{-4}	226.0	1.743×10^{-4}	3.7×10^{-11}	5.8×10^{-11}
110.0	6.000×10^{-5}	270.1	7.743×10^{-5}	1.3×10^{-11}	6.4×10^{-12}
115.0	3.540×10^{-5}	322.7	3.824×10^{-5}	5.7×10^{-12}	3.2×10^{-13}
120.0	2.260×10^{-5}	380.0	2.073×10^{-5}	2.6×10^{-12}	1.7×10^{-14}

表 3.1.7　AFGL 近北极冬季模式大气

高度/km	压力/hPa	温度/K	密度/(g/m³)	水汽/(g/m³)	臭氧/(g/m³)
0.0	1.013×10^3	257.2	1.373×10^3	1.2	4.1×10^{-5}
1.0	8.878×10^2	259.1	1.195×10^3	1.2	4.1×10^{-5}
2.0	7.775×10^2	255.9	1.059×10^3	9.4×10^{-1}	4.1×10^{-5}
3.0	6.798×10^2	252.7	9.378×10^2	6.8×10^{-1}	4.3×10^{-5}
4.0	5.932×10^2	247.7	8.349×10^2	4.1×10^{-1}	4.5×10^{-5}
5.0	5.158×10^2	240.9	7.464×10^2	2.0×10^{-1}	4.7×10^{-5}
6.0	4.467×10^2	234.1	6.651×10^2	9.8×10^{-2}	4.9×10^{-5}
7.0	3.853×10^2	227.3	5.911×10^2	5.4×10^{-2}	7.1×10^{-5}
8.0	3.308×10^2	220.6	5.228×10^2	1.1×10^{-2}	9.0×10^{-5}
9.0	2.829×10^2	217.2	4.540×10^2	8.4×10^{-3}	1.6×10^{-4}
10.0	2.418×10^2	217.2	3.881×10^2	4.8×10^{-3}	1.9×10^{-4}
11.0	2.067×10^2	217.2	3.318×10^2	2.1×10^{-3}	1.9×10^{-4}
12.0	1.766×10^2	217.2	2.834×10^2	1.1×10^{-3}	1.9×10^{-4}
13.0	1.510×10^2	217.2	2.423×10^2	6.7×10^{-4}	2.6×10^{-4}
14.0	1.291×10^2	217.2	2.072×10^2	5.8×10^{-4}	3.1×10^{-4}
15.0	1.103×10^2	217.2	1.770×10^2	5.0×10^{-4}	3.5×10^{-4}
16.0	9.431×10	216.6	1.518×10^2	4.3×10^{-4}	3.8×10^{-4}
17.0	8.058×10	216.0	1.300×10^2	3.8×10^{-4}	4.1×10^{-4}
18.0	6.882×10	215.4	1.114×10^2	3.3×10^{-4}	4.5×10^{-4}
19.0	5.875×10	214.8	9.532×10	2.8×10^{-4}	4.9×10^{-4}
20.0	5.014×10	214.2	8.162×10	2.4×10^{-4}	5.0×10^{-4}
21.0	4.277×10	213.6	6.978×10	2.1×10^{-4}	4.6×10^{-4}
22.0	3.647×10	213.0	5.969×10	1.8×10^{-4}	4.2×10^{-4}
23.0	3.109×10	212.4	5.103×10	1.6×10^{-4}	3.8×10^{-4}
24.0	2.649×10	211.8	4.360×10	1.4×10^{-4}	3.3×10^{-4}
25.0	2.256×10	211.2	3.723×10	1.2×10^{-4}	2.9×10^{-4}
27.5	1.513×10	213.6	2.469×10	7.7×10^{-5}	2.0×10^{-4}
30.0	1.020×10	216.0	1.646×10	5.1×10^{-5}	1.5×10^{-4}
32.5	6.910	218.5	1.102×10	3.4×10^{-5}	1.1×10^{-4}
35.0	4.701	222.3	7.373	2.3×10^{-5}	7.6×10^{-5}
37.5	3.230	228.5	4.930	1.5×10^{-5}	5.1×10^{-5}
40.0	2.243	234.7	3.331	1.0×10^{-5}	3.3×10^{-5}
42.5	1.570	240.8	2.273	7.1×10^{-6}	1.9×10^{-5}
45.0	1.113	247.0	1.571	4.9×10^{-6}	1.1×10^{-5}
47.5	7.900×10^{-1}	253.2	1.087	3.4×10^{-6}	5.4×10^{-6}
50.0	5.719×10^{-1}	259.3	7.690×10^{-1}	2.4×10^{-6}	3.3×10^{-6}
55.0	2.990×10^{-1}	259.1	4.023×10^{-1}	1.2×10^{-6}	1.1×10^{-6}
60.0	1.550×10^{-1}	250.9	2.154×10^{-1}	6.0×10^{-7}	3.4×10^{-7}
65.0	7.900×10^{-2}	248.4	1.109×10^{-1}	2.8×10^{-7}	1.2×10^{-7}

3.1 标准大气及应用模式 · 123 ·

续表

高度/km	压力/hPa	温度/K	密度/(g/m³)	水汽/(g/m³)	臭氧/(g/m³)
70.0	4.000×10^{-2}	245.4	5.680×10^{-2}	1.2×10^{-7}	4.7×10^{-8}
75.0	2.000×10^{-2}	234.7	2.970×10^{-2}	5.0×10^{-8}	1.6×10^{-8}
80.0	9.660×10^{-3}	223.9	1.504×10^{-2}	1.9×10^{-8}	3.2×10^{-9}
85.0	4.500×10^{-3}	213.1	7.363×10^{-3}	6.1×10^{-9}	9.2×10^{-9}
90.0	2.022×10^{-3}	202.3	3.484×10^{-3}	1.8×10^{-9}	4.6×10^{-9}
95.0	9.070×10^{-4}	211.0	1.499×10^{-3}	5.0×10^{-10}	2.0×10^{-9}
100.0	4.230×10^{-4}	218.5	6.748×10^{-4}	1.7×10^{-10}	4.5×10^{-10}
105.0	2.070×10^{-4}	234.0	3.084×10^{-4}	6.5×10^{-11}	1.0×10^{-10}
110.0	1.080×10^{-4}	252.6	1.490×10^{-4}	2.6×10^{-11}	1.2×10^{-11}
115.0	6.000×10^{-5}	288.5	7.248×10^{-5}	1.1×10^{-11}	6.0×10^{-13}
120.0	3.590×10^{-5}	333.0	3.758×10^{-5}	4.7×10^{-12}	3.1×10^{-14}

3.1.2 大气折射率及高度廓线

大气作为一种静止稳定的介质对光传播的影响来自其折射率。虽然空气的折射率和真空的折射率 (该值为单位量 1) 差别不大, 但当光在其中长距离传播时, 大气累积作用的结果却是相当可观的。空气的折射率由空气的密度决定。在对空气密度贡献最大的五种成分中, 氮气、氧气和氩气相对稳定, 其极化性质相似, 可以统一考虑, 设无 CO_2 的干空气的密度为 ρ_0, 另两种也是主要的变化因素是水汽和 CO_2, 其密度可分别设为 ρ_1、ρ_2, 对应于这三类气体的其他物理量也使用类似的下标。

我们由式 (1.2.35) 表达 Clausius-Mossotti 方程表达的分子极化率 γ_{mol} 与折射率的关系, 在 $n \approx 1$ 的情况下, 对单一气体分子有

$$n - 1 = N\gamma_{\mathrm{mol}}/2 \tag{3.1.1}$$

根据分子数密度和质量密度的关系 $N = \rho N_A/M$, 所以有

$$n - 1 = \rho N_A \gamma_{\mathrm{mol}}/(2M) = N_A \gamma_{\mathrm{mol}} p/(2RT) = k_{\mathrm{G\text{-}D}}\rho \tag{3.1.2}$$

折射率和密度的这种关系称之为 Gladstone-Dale 关系, $k_{\mathrm{G\text{-}D}}$ 为 Gladstone-Dale 常数。

因为空气是上述三类气体分子的组合, 则

$$n_{\mathrm{air}} - 1 = \sum_{i=0,1,2}\rho_i k_{\mathrm{G\text{-}D},i} = \sum_{i=0,1,2}\rho_i N_A \gamma_i/(2M_i) = \sum_{i=0,1,2}N_A \gamma_i p_i/(2RT) \tag{3.1.3}$$

把相关参数代入式 (3.1.3) 可求得空气 (各组分) 折射率与空气 (各组分) 分子密度

的定量关系 (Peck and Khanna, 1966; Old et al., 1970; Hohm and Kerl, 1990; Ciddor, 1996)。对于一般应用, 空气及各组分的 Gladstone-Dale 常数列于表 3.1.8。

表 3.1.8 空气及各组分的 Gladstone-Dale 常数 (Qin et al., 2002)

组分	$k_{\text{G-D}} \times 10^{-4}/(\text{m}^3/\text{kg})$
CH_4	6.15
O_2	1.89
H_2O	3.12
CO_2	2.26
CO	2.67
H_2	1.54
N_2	2.38
空气	2.26

六种大气模式的密度廓线以及根据这些密度廓线利用 Gladstone-Dale 关系计算得到的可见光波段大气折射率廓线如图 3.1.3 所示。

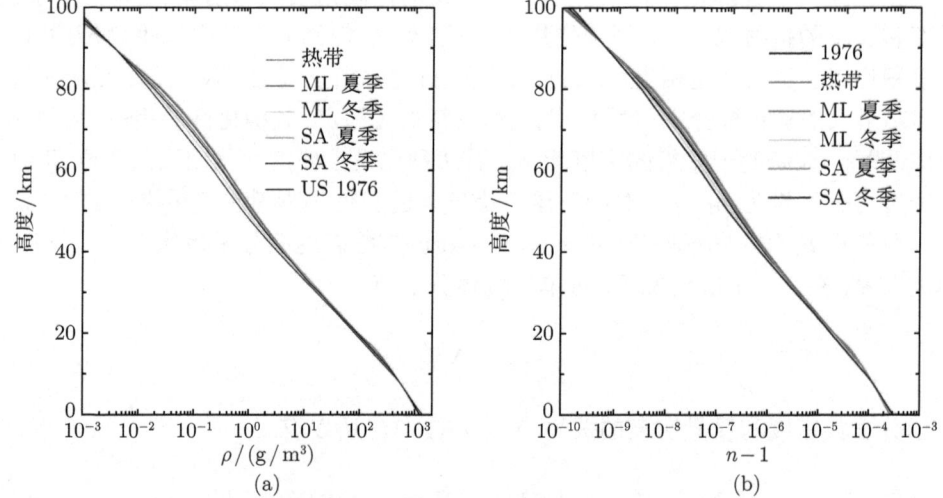

图 3.1.3 六种大气模式的密度 (a) 和 $n-1$ 的 (b) 廓线

目前通用的计算空气折射率的色散特性 (即随波长的变化关系) 的公式基于 Edlen 和 Ciddor 的结果 (Edlen, 1966; Ciddor, 1996; 2002; Ciddor and Hill, 1999), 进一步修正后的结果为 (Birch and Downs, 1993; 1994):

对 15°C、1013.25hPa、CO_2 体积混合比为 450ppm 的干空气的折射率 n_s(波长适用范围: 0.2~2μm) 为

$$n_s - 1 = 10^{-8}[A + B/(130 - \lambda^{-2}) + C/(38.9 - \lambda^{-2})] \tag{3.1.4a}$$

任意温度和气压下 CO_2 体积混合比为 450ppm 的干空气的折射率 n_{tp} 为

$$n_{\mathrm{tp}} - 1 = (n_{\mathrm{s}} - 1) \cdot p[1 + 10^{-8}(E - Ft)p]/(1 + Gt)/D \tag{3.1.4b}$$

由于水汽的折射能力小于干空气, 湿空气的折射率低于干空气

$$n - 1 = (n_{\mathrm{tp}} - 1) - 10^{-10}[292.75/(t + 273.15)](3.733\,45 - 0.0401/\lambda^2)e \tag{3.1.4c}$$

式中, 气压 p 和水汽分压 e 的单位为 Pa, 温度 t 的单位为 °C, 波长 λ 的单位为 μm。各个常数的值列于表 3.1.9。由修正 Edlen 公式计算的典型条件下的空气折射率的值如表 3.1.10 所示。

表 3.1.9 空气折射率的修正 Edlen 公式中的常数

A	B	C	D	E	F	G
8342.54	2 406 147	15 998	96 095.43	0.601	0.009 72	0.003 661

表 3.1.10 空气折射率的 Edlen 公式中的常数

a_0	a_1	a_2	b_1	b_2	c_0	c_1
83.43	185.08	4.11	1.14×10^5	6.24×10^4	4349	1.7×10^4

在 Modtran 软件中采用的是依据 Edlen(1966) 的公式

$$n - 1 = 10^{-6}\left\{\left[a_0 + \frac{a_1}{1 - (\nu/b_1)^2} + \frac{a_2}{1 - (\nu/b_2)^2}\right] \cdot \frac{p-e}{p_0} \cdot \frac{296.15}{T} + [c_0 - (\nu/c_1)^2] \cdot \frac{e}{p_0}\right\} \tag{3.1.5}$$

式中, 波数的单位为 cm^{-1}, 气压 p、水汽压 e 的单位为 hPa, 参考气压 p_0 = 1013.25hPa, 温度 T 的单位为 K, 公式中的参数列于表 3.1.10。

在波长大于 0.23μm 的光学波段, 在一个标准大气压、15°C 和 330ppmCO_2 的条件下, Peck 和 Reeder 给出了下列的色散公式 (Peck and Reeder, 1972):

$$(n - 1) \times 10^8 = \frac{5\,791\,817}{238.0185 - (1/\lambda)^2} + \frac{167\,909}{57.362 - (1/\lambda)^2} \tag{3.1.6}$$

若不考虑波长依赖关系, 针对可见光波段, 可以简化得到下面的公式 (Stone and Zimmerman, 2005):

$$n - 1 = 7.86 \cdot 10^{-5}p/(273 + t) - 1.5 \cdot 10^{-11}\mathrm{RH}(t^2 + 160) \tag{3.1.7}$$

式中, 气压 p 的单位为 hPa, 温度 t 的单位为 °C, 相对湿度 RH 以%计算。此公式在 0~35°C 的温度范围、500~1200hPa 的气压范围、0~100%的相对湿度范围、体积

混合比 300~600ppm 的 CO_2 含量范围内精度为 1.5×10^{-7}。假定气压和湿度恒定,则折射率只与温度有关。如果还要考虑 CO_2 的影响,需要更复杂的公式 (Owens, 1967; Tunick, 2003)。

3.2 大气气体分子的吸收光谱特性

3.2.1 大气主要吸收气体分子的结构

HITRAN 大气分子吸收光谱数据库中收录的吸收气体多达 35 种,再加上它们的同位素,种类繁多。在大气中含量最高的氮气对吸收问题几乎没有影响。实际上就一般应用而言,其中水汽、二氧化碳、臭氧、氧化亚氮、一氧化碳、甲烷和氧气七种最为重要,而且它们的其他同位素的相对含量很低,所以在大气光学的研究中,一般只需要考虑这七种气体。

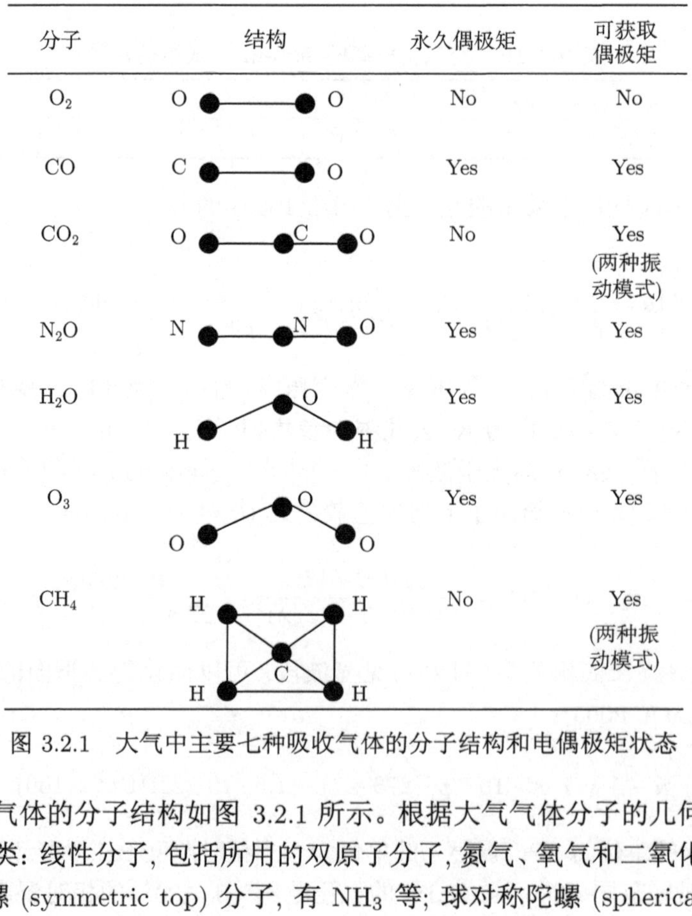

分子	结构	永久偶极矩	可获取偶极矩
O_2	O—O	No	No
CO	C—O	Yes	Yes
CO_2	O—C—O	No	Yes (两种振动模式)
N_2O	N—N—O	Yes	Yes
H_2O	H—O—H (弯曲)	Yes	Yes
O_3	O—O—O (弯曲)	Yes	Yes
CH_4	H-C-H (四面体)	No	Yes (两种振动模式)

图 3.2.1 大气中主要七种吸收气体的分子结构和电偶极矩状态

这七种气体的分子结构如图 3.2.1 所示。根据大气气体分子的几何结构,它们可以分为四类:线性分子,包括所用的双原子分子、氮气、氧气和二氧化碳、氧化亚氮;对称陀螺 (symmetric top) 分子,有 NH_3 等;球对称陀螺 (spherical symmetric top molecules) 分子, 有甲烷 CH_4。非对称陀螺 (asymmetric top) 分子, 包括 H_2O、O_3 等。

分子的转动、平动、振动和电子能的关系为 $E_r < E_t < E_v < E_e$。转动能对应的光谱区间从远红外到微波, $1 \sim 500 cm^{-1}$。平动能在 300K 时约 $400 cm^{-1}$。振动能对应的光谱区间从近红外到远红外, $500 \sim 10000 cm^{-1}$。电子能对应的光谱区间位于紫外和可见光, $10000 \sim 100000 cm^{-1}$。振动能的改变总要伴随着转动能的改变, 因此存在着许多振–转光谱带, 由碰撞引起的平动能的改变强烈影响转动能级, 对振动能级有轻微影响, 但对电子能级几乎没有影响。

纯转动能级之间的跃迁要求分子必须具有永久的电偶极矩或磁偶极矩。上述七种气体的分子的电偶极矩状态如图 3.2.1 所示。线性和非对称陀螺分子的转动轴如图 3.2.2 所示。没有永久偶极矩的对称分子像 O_2 在远红外光谱区没有吸收。没有永久偶极矩的非对称分子像 CO_2 和 CH_4 却可以从它们的振动态中获得振荡偶极矩, 从而形成振–转吸收光谱。CO、N_2O、H_2O 和 O_3 可以形成纯转动吸收光谱。

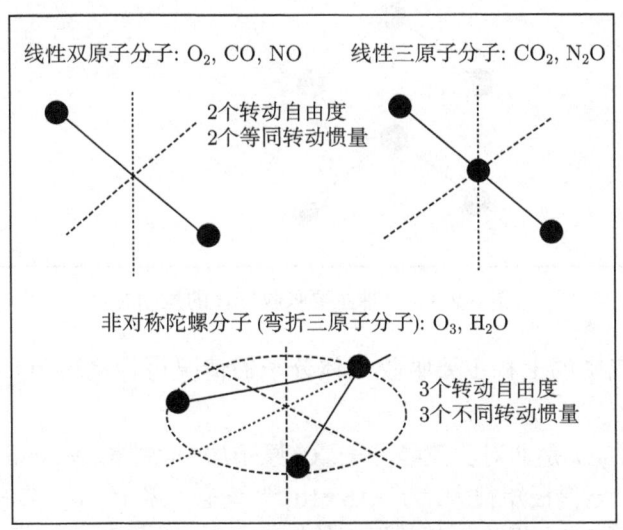

图 3.2.2 线性和非对称陀螺分子的转动轴

七种主要吸收气体的振动态如图 3.2.3 所示。双原子分子只有一个正常的伸缩态 ν_1, CO 属于这类分子; 但同核的双原子分子, 如 O_2, 则由于对称性使之不存在任何偶极矩, 因而没有振–转光谱。线性的三原子分子, 如 CO_2, 具有四个振动态, 其中两个弯曲振动态 (ν_{2a} 和 ν_{2b}) 是兼并的, 对称的伸缩态 ν_1 不具备辐射活性, 非对称的伸缩态 ν_3 则具备辐射活性。非线性的三原子分子, 如 H_2O 和 O_3, 具有三个振动态。

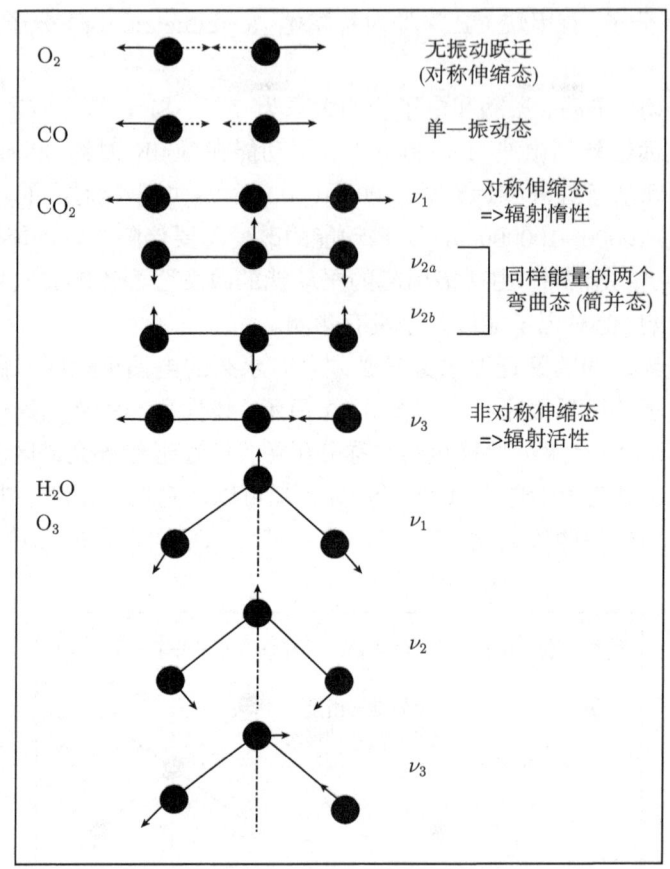

图 3.2.3　七种主要吸收气体的振动态

下面就大气中的七种主要吸收气体分子的情况进行概述 (Goody and Yung, 1989)。

水汽分子 H_2O 是非对称陀螺分子，O 原子居中，键长 95.8pm，键角 104.45°。水汽分子的一个电偶极矩很大，为 6.16×10^{-30} 库仑·米 (C·m)，具有许多很强的转动带。水汽分子有三个很小但相差很大的转动常数，分别为 $27.79\mathrm{cm}^{-1}$，$14.51\mathrm{cm}^{-1}$ 和 $9.29\mathrm{cm}^{-1}$。这种分子结构导致能级的分布不规则，一些将产生重叠，使水汽转动谱线的位置和强度看起来像是无序排列的。

水汽分子的三个基频振动模态分别为 $\nu_1 = 3657.05\mathrm{cm}^{-1}$，$\nu_2 = 1594.75\mathrm{cm}^{-1}$ 以及 $\nu_3 = 3755.93\mathrm{cm}^{-1}$。由于 ν_1 与 ν_3 接近并约为 ν_2 的两倍，使得振动态之间存在复杂的相互作用。

紫外、可见、特别是红外域均有水汽吸收线的存在。考虑到大气中水汽的复杂多变性，在大气光学研究和应用中，水汽无疑是最重要的吸收气体。

3.2 大气气体分子的吸收光谱特性

CO_2 是一个线形对称分子 (OCO), 在振动基态的键长是 115.98pm, 对应的转动常数是 $0.3906 cm^{-1}$。由于分子结构的对称性, 它不具有永久偶极矩, 也没有容许转动带。它的三个基频振动模态分别为对称伸缩模态 $\nu_1 = 1388.23 cm^{-1}$, 弯曲振动模态 $\nu_2 = 667.40 cm^{-1}$ 以及非对称伸缩模态 $\nu_3 = 2349.16 cm^{-1}$。对称伸缩模态无辐射作用, 弯曲振动模态可产生 Q 支辐射跃迁, 但非对称伸缩模态不产生 Q 支辐射跃迁。二氧化碳的能级和振动跃迁如图 3.2.4 所示。

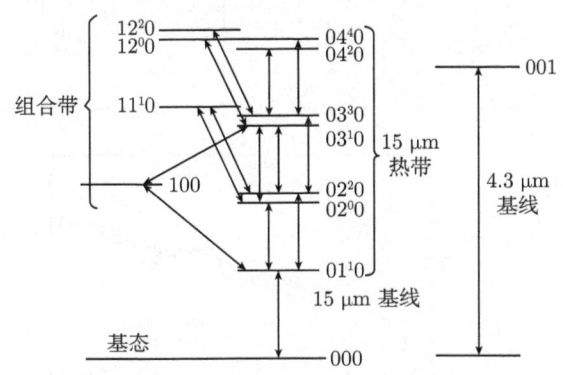

图 3.2.4 二氧化碳的能级和振动跃迁 (Andrews et al., 1987)

O_3 是一个非对称陀螺分子, 其 3 个 O 原子排成一个等腰三角形, 键长 127.8pm, 键角 $127°$, 永久电偶极矩为 $1.77 \times 10^{-30} C·m$。三个基频振动模态的频率分别为: $\nu_1 = 1103.14 cm^{-1}$, $\nu_2 = 700.93 cm^{-1}$ 以及 $\nu_3 = 1042.06 cm^{-1}$。ν_3 比 ν_1 和 ν_2 基频带弱得多, 也比 $2110.79 cm^{-1}$ 处的 $\nu_1 + \nu_3$ 组合带弱一些。ν_1 与 ν_3 靠得很近, 由此产生的强共振使谱线位置和谱线强度较难确定。

氧化亚氮 (N_2O) 分子是线形的, 但是非对称的 (NNO), N—N 和 N—O 键长分别为112.6pm和118.6pm, 基态转动常数是$0.4190cm^{-1}$, 永偶极矩为$0.557 \times 10^{-30} C·m$。它的三个基频振动模态分别为 $\nu_1 = 1284.907 cm^{-1}$、$\nu_1 = 558.767 cm^{-1}$ 以及 $\nu_3 = 2223.756 cm^{-1}$。由于 ν_1 约为 ν_2 的两倍, 使其能级之间存在很强的共振。

甲烷 (CH_4) 分子是一个球陀螺分子, C—H 键长为 109.3pm。CH_4 共有 9 个基频振动模态, 但只有前四个模态 ν_1、ν_2、ν_3 和 ν_4 是独立的, 而且其中只有 ν_3 和 ν_4 两个是红外辐射活性的, 这两个模态均为三重简并。但能级之间的相互作用清除了所有这些简并, 结果使谱线结构特别复杂。

一氧化碳 (CO) 分子的 C—O 键长为 123pm, 平衡态的转动常数是 $1.9313 cm^{-1}$, 永久电偶极矩为 $0.34 \times 10^{-30} C·m$, 故其转动带是很弱的。

吸收气体分子能级的各种情况使得因能级间辐射跃迁导致的吸收光谱呈现复杂的特征, 有的谱线之间相距较远, 使每一根谱线的特征清楚表现出来, 还有大量的谱线紧密排列，形成光谱带，还有的光谱完全不能分辨细节，形成一条连续吸收谱，如图 3.2.5 所示。下面将分别阐述紫外、可见和近红外以及红外光谱区间的大气分子吸收光谱特征。

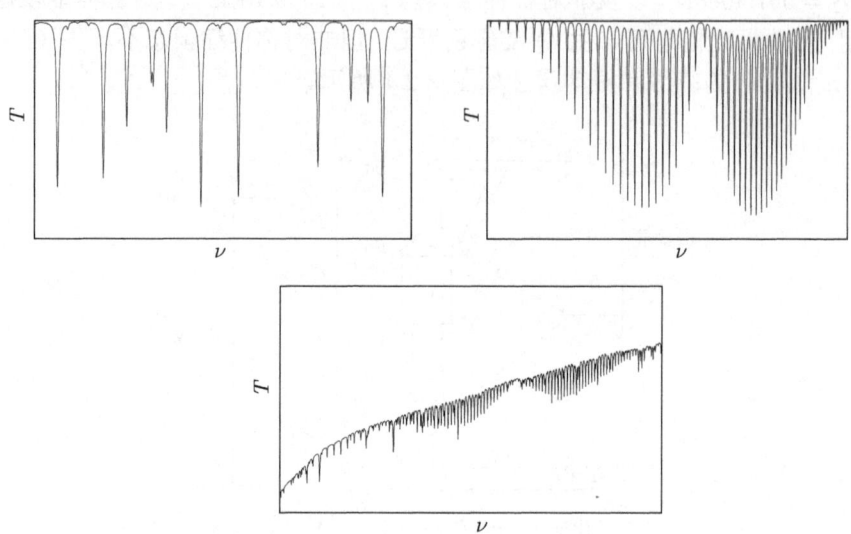

图 3.2.5 大气分子吸收光谱的各种特征

3.2.2 紫外大气分子吸收特征

紫外和可见光谱区间的吸收光谱主要是电子能级的辐射跃迁造成的，这些吸收谱线没有振–转吸收谱线复杂，基本上都是连续光谱，它们受能态参量的影响较小，因此在此区间内的吸收光谱计算通常基于经验数据，而不需要对能态参数的精确了解。紫外区间具有吸收光谱的气体分子及其光谱范围列于表 3.2.1，其中 NO_2 在 $< 0.6\mu m$ 处吸收，但在更短的 $< 0.4\mu m$ 处光解。最主要的紫外吸收气体分子是臭氧 O_3 和氧气 O_2，它们的吸收光谱特征如图 3.2.6 所示。

表 3.2.1 紫外吸收气体分子及其光谱范围

气体	吸收波长/μm
O_2	< 0.245
O_3	$0.17 \sim 0.35$
N_2	< 0.1
H_2O	< 0.21
H_2O_2 过氧化氢	< 0.35
NO_2	< 0.6
N_2O	< 0.24

3.2 大气气体分子的吸收光谱特性

续表

气体	吸收波长/μm
NO_3	$< 0.41 \sim 0.67$
HONO 亚硝酸	< 0.4
HNO_3	< 0.33
CH_3Br 甲基溴化物	< 0.26
$CFCl_3$ (CFCll)	< 0.23
HCHO 甲醛	$0.25 \sim 0.36$

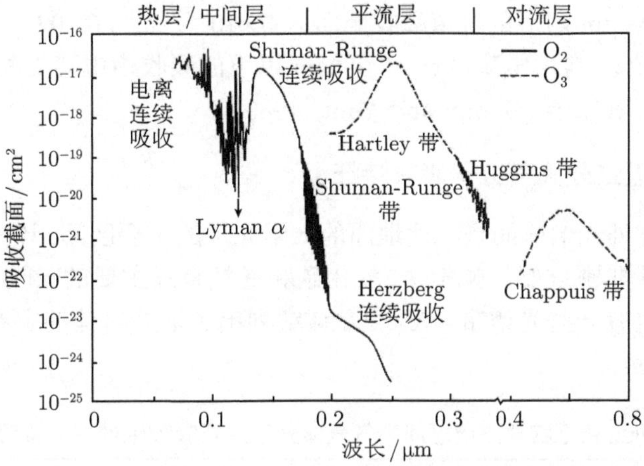

图 3.2.6 大气臭氧分子和氧气分子的吸收光谱特征 (紫外和可见光谱区间)

臭氧的电子光谱带主要是中心位于 0.2553μm 的 Hartley 带, 一个很强的连续吸收上叠加一些较弱的谱带结构, 其峰值吸收截面为 $1.15 \times 10^{-17} cm^2$。在 Hartley 带中心附近, 吸收截面随温度的变化不大, 在谱带的两翼, 可能有明显变化的温度依赖关系。在短波端, 吸收截面在 0.2000μm 减小到 $3 \times 10^{-19} cm^2$, 而后起伏增大到 0.1220μm 处的最大值 $2 \times 10^{-17} cm^2$。典型情况下太阳光穿越大气层到达地面的过程中大约要遭遇 1.4×10^{19} 个/cm^2 O_3 分子, 因此 Hartley 带中心的大气透过率大约是 10^{-70}。臭氧实际上吸收了该光谱区间太阳的全部紫外辐射。

在 Hartley 带的长波端有较弱的 Huggins 带, 该带中吸收截面极小值随温度的变化很大。当太阳高度角较低时, 太阳光谱中会出现 Huggins 带, 正是根据这个发现, 历史上首次揭示了大气中存在臭氧。

从 0.34μm 到 0.45μm 是一段相对透明的光谱区间。从 0.45μm 开始到 0.75μm 是臭氧 Chappuis 吸收带, 该光谱带吸收截面基本不受温度影响, 最大吸收截面为 $5 \times 10^{-21} cm^2$, 对应整个大气层的峰值吸收约为 3.56%。由于 Chappuis 吸收带和太阳光谱的极大值区间重合, 在某些情况下将产生重要影响。

氧气 O_2 的紫外吸收带有从 0.260μm 向短波方向发展的 Herzberg 连续吸收带。该带的分子吸收截面很小, 介于 $10^{-23} \sim 10^{-24} \text{cm}^2$, 对能量吸收微不足道, 但却是生成大气臭氧的重要的物理机制。$0.195 \sim 0.175$μm 是氧气 O_2 的 Schumann-Runge(S-R) 带, 它与解离能更大的其他同位素产生的 S-R 连续吸收汇合扩展到 0.130μm, 这是分子氧的吸收光谱最重要的特征。

$0.106 \sim 0.128$μm 的几条带尚未得到鉴别。太阳 Lyman-α 光谱线 (0.121 57μm) 恰好位于一个极小吸收区, 低压下的吸收截面是 $1.00 \times 10^{-20} \text{cm}^2$, 自加宽系数是 $1.47 \times 10^{-23} \text{cm}^2/\text{hPa}$。$0.085 \sim 0.110$μm 是太阳光谱清晰的 Rydberg 线系, 被称为 Hopfield 带, 0.095μm 附近的峰值吸收截面达 $5 \times 10^{-17} \text{cm}^2$。0.102 65μm 以下的吸收部分来自自由束缚–自由电离跃迁。0.085μm 以下的吸收由电离支配; 0.030μm 以下的吸收可能来自氧原子 (Goody and Yung, 1989)。

3.2.3 可见和近红外大气分子吸收特征

可见和近红外光谱区间是到达地面的太阳光谱的主要区间, 该光谱范围内的大气分子吸收特性非常重要。水汽、二氧化碳和臭氧是最主要的吸收气体, 其他吸收气体在此区间也有一些光谱带。表 3.2.2 详细列出了这些气体的主要吸收带的中心位置和谱带宽度。

表 3.2.2 可见和近红外光谱区间大气气体分子主要吸收带的中心位置和谱带宽度

气体	中心谱线 $\nu/\text{cm}^{-1}(\lambda/\mu\text{m})$	谱带区间 $/\text{cm}^{-1}$
H_2O	3703(2.7)	2500~4500
	5348(1.87)	4800~6200
	7246(1.38)	6400~7600
	9090(1.1)	8200~9400
	10638(0.94)	10100~11300
	12195(0.82)	11700~12700
	13888(0.72)	13400~14600
	可见光	15000~22600
CO_2	2526(4.3)	2000~2400
	3703(2.7)	3400~3850
	5000(2.0)	4700~5200
	6250(1.6)	6100~6450
	7143(1.4)	6850~7000
O_3	2110(4.74)	2000~2300
	3030(3.3)	3000~3100
	可见光	10600~22600
O_2	6329(1.58)	6300~6350
	7874(1.27)	7700~8050
	9433(1.06)	9350~9400

续表

气体	中心谱线 $\nu/\text{cm}^{-1}(\lambda/\mu\text{m})$	谱带区间 $/\text{cm}^{-1}$
O_2	13158(0.76)	12850~13200
	14493(0.69)	14300~14600
	15873(0.63)	14750~15900
N_2O	2222(4.5)	2100~2300
	2463(4.06)	2100~2800
	3484(2.87)	3300~3500
CH_4	3030(3.3)	2500~3200
	4420(2.20)	4000~4600
	6005(1.66)	5850~6100
CO	2141(4.67)	2000~2300
	4273(2.34)	4150~4350
NO_2	可见光	14400~50000

水汽在可见光和近红外光谱区的吸收带相对于红外光谱区较弱, 在近红外 (4500~11000cm^{-1}) 可以辨认出 6 组谱线, 可见光谱区的吸收带分布在 11000~18000cm^{-1} 的范围内。近红外光谱区的水汽吸收尽管较弱, 但是由于它们在低层中含量很大, 仍然吸收很大一部分太阳辐射, 因此在太阳辐射的传输计算中是非常重要的。

在众多的吸收谱带中, 为了描述每个谱带总的吸收强弱, 引入了一个参数——谱带强度 (band intensity), 它是对所有类型同位素的分子总数以及所有能级计算得到的总吸收强度, 一般针对 296K 的参考温度, 单位为 cm^2/(mol·cm) 或 cm/mol, 简记为 cm。

表 3.2.3 列出了谱带强度 $S_n > 10^{-20}$cm 或每组中最强的水汽在可见光和近红外光谱区的吸收带。表中没有列出高能态的吸收带, 它们通常很弱, 对温度很敏感。

表 3.2.3　可见和近红外光谱区间的水汽分子吸收带

带区间	带原点 波数/cm^{-1}	波长/μm	高能态 ($\nu_1\nu_2\nu_3$)	带强 S_n/cm × 10^{21}(296K)
Ω	5234.98	1.91	110	37.2
	5331.27	1.88	011	1306
Ψ	6871.51	1.46	021	56.4
	7201.48	1.39	200	52.9
	7249.93	1.38	101	747.0
Φ	8807	1.14	111	49.8
τ^b	10239	0.98	121	2.0
σ^b	10613	0.94	201	10.0
ρ^b	11032	0.91	003	2.0

续表

带区间	带原点		高能态 $(\nu_1\nu_2\nu_3)$	带强 $S_n/\text{cm} \times 10^{21}$(296K)
	波数/cm^{-1}	波长/μm		
可见光	13653	0.73	221	
	13828	0.72	202	
	13831	0.72	301	
	⋮			
	17458	0.57	500	
	17496	0.57	203	

二氧化碳在可见光和近红外光谱区的吸收带包括两组位于 2.7μm 和 2.0μm 附近的强吸收带和位于 1.4μm 和 1.6μm 附近的较弱的吸收带。这些谱带列于表 3.2.4。

表 3.2.4 可见和近红外光谱区间的 CO_2 分子吸收带

带区间	带原点		高能态 $(\nu_1\nu_2\nu_3)$	低能态 $(\nu_1'\nu_2'\nu_3')$	带强 $S_n/\text{cm} \times 10^{20}$(296K)
	波数/cm^{-1}	波长/μm			
2.7μm	3580.33	2.79	11^11	01^10	8.04
	3612.84	2.77	10^01	00^00	104.0
	3714.78	2.69	10^01	00^00	150.0
	3723.25	2.69	11^11	01^10	11.4
2.0μm	4977.83	2.01	20^01	00^00	3.50
	5099.66	1.96	20^01	00^00	1.12
1.6μm	6227.92	1.61	30^01	00^00	4.3
	6347.85	1.58	30^01	00^00	4.3
1.4μm	6935.15	1.44	01^13	01^10	1.1
	6972.58	1.43	00^03	00^00	15.0

可见和近红外光谱区氧分子的吸收来自它的电子跃迁。氧分子的电子基态是三重态，基态标记为 X，两个激发态为 a 和 b。X→a 和 X→b 跃迁的能量变化分别为 7882cm^{-1} 和 13 120cm^{-1}。这些电子跃迁再加上伴随的振转跃迁，在红外和红光产生两个带系，它们在地面观测的太阳光谱中还是比较强的，特别是红带系中的 A、B 和 γ 带，这些谱带列于表 3.2.5。

表 3.2.5 可见和近红外光谱区间的 O_2 分子吸收带

带原点		电子跃迁	振动跃迁	谱带强度/cm	备注
波数/cm^{-1}	波长/μm				
红外带					
6326.033	1.58	a←X	0←1	1.99×10^{-28}	
7882.425	1.27	a←X	0←0	3.12×10^{-24}	
9365.877	1.07	a←X	1←0	1.03×10^{-26}	

续表

带原点		电子跃迁	振动跃迁	谱带强度/cm	备注
波数/cm^{-1}	波长/μm				
红带					
11 564.516	0.86	b←X	0←1	5.49×10^{-27}	
12 969.269	0.77	b←X	1←1	7.29×10^{-26}	A 带
13 120.909	0.76	b←X	0←0	2.24×10^{-22}	A 带
14 525.661	0.69	b←X	1←0	1.29×10^{-23}	B 带
15 902.418	0.63	b←X	2←0	2.27×10^{-25}	γ 带

3.2.4 红外大气分子吸收特征

红外光谱区间是地面和大气热辐射的主要区间,也是军事上红外工程的应用范围,该光谱范围内的大气分子吸收特性尤为重要。水汽、二氧化碳是最主要的吸收气体,其他吸收气体在此区间也有一些主要的吸收光谱带。图 3.2.7 显示了低光谱分辨率的几种大气吸收气体分子的红外吸收光谱特征。表 3.2.6 详细列出了这些气体的吸收带的中心位置和谱带宽度。

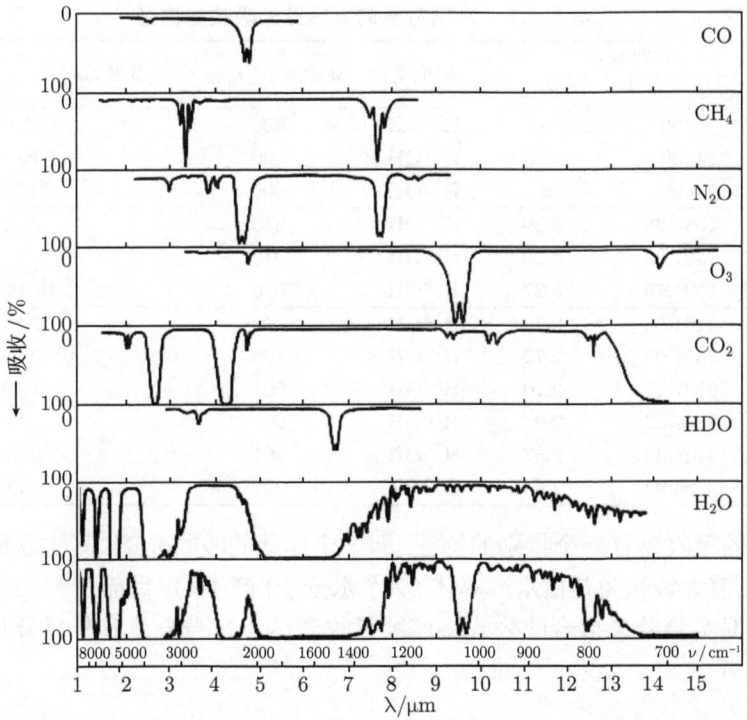

图 3.2.7 主要大气吸收气体分子的低光谱分辨率红外吸收光谱特征

表 3.2.6　大气主要吸收气体分子的振转红外吸收光谱带

气体	谱带中心 $\nu/\mathrm{cm}^{-1}(\lambda/\mu\mathrm{m})$	跃迁	谱带区间/cm^{-1}
H_2O	— 1594.8(6.3) 连续吸收	纯转动 ν_2; P, R 强线远翼; 水汽二聚物 $(H_2O)_2$	0~1000 640~2800 200~1200
CO_2	667(15) 961(10.4) 1063.8(9.4) 2349(4.3)	ν_2; P, R, Q 泛频与组合 ν_3; P, R 泛频与组合	540~800 850~1250 — 2100~2400
O_3	1110(9.01) 1043(9.59) 705(14.2)	ν_1; P, R ν_3; P, R ν_2; P, R	950~1200 600~800 600~800
CH_4	1306.2(7.6)	ν_4	950~1650
N_2O	1285.6(7.9) 588.8(17.0) 2223.5(4.5)	ν_1 ν_2 ν_3	1200~1350 520~660 2120~2270
CFCs			700~1300

主要的水汽红外吸收带包括：远红外 ($> 10\mu\mathrm{m}$)0~1000cm^{-1} 的转动带;900~2400cm^{-1}(6.3$\mu\mathrm{m}$) 的 ν_2 振转带；由 ν_1、ν_3 与 $2\nu_2$ 构成的 2800~4400cm^{-1} 的 2.7$\mu\mathrm{m}$ 带。这些谱带列于表 3.2.7。

表 3.2.7　水汽分子的振转红外吸收光谱带

带区间	带原点 波数/cm^{-1}	带原点 波长/$\mu\mathrm{m}$	同位素	高能态 ($\nu_1\nu_2\nu_3$)	带强 S_n/cm $\times 10^{21}$(296K)
转动	0.00 0.00 0.00	∞ ∞ ∞	$H^{16}OH$ $H^{17}OH$ $H^{18}OH$	000 000 000	52700.0 19.4 107.0
6.3$\mu\mathrm{m}$	1588.28 1591.33 1594.75	6.30 6.28 6.27	$H^{18}OH$ $H^{17}OH$ $H^{16}OH$	010 010 010	21.0 3.82 10400.0
2.7$\mu\mathrm{m}$	3151.63 3657.05 3707.47 3741.57 3748.32 3755.93	3.17 2.73 2.70 2.67 2.67 2.66	$H^{16}OH$ $H^{16}OH$ $H^{16}OH$ $H^{18}OH$ $H^{17}OH$ $H^{16}OH$	020 100 001 001 001 001	75.4 486.0 1.42 13.9 2.52 6930.0

水汽的吸收还有一个特别的特征，即一个连续的吸收光谱，其物理机制尚未完全确定，目前大致认为是由水汽单体(单个水分子)产生的。目前在 Modtran 软件采用一个根据实验结果拟合的公式将连续吸收表达为自身分量和外界分量 (Kneisys et al., 1995)

$$k_c(\nu) = \rho_\mathrm{s}\nu\tanh(hc\nu/2k_\mathrm{B}T)\left[\frac{\rho_\mathrm{s}}{\rho_0}\tilde{C}_\mathrm{s}(\nu,T) + \left(\frac{\rho-\rho_\mathrm{s}}{\rho_0}\right)\tilde{C}_\mathrm{f}(\nu,T)\right] \quad (3.2.1)$$

式中, 温度 $T(\mathrm{K})$, 波数 $\nu(\mathrm{cm}^{-1})$, $hc/k_\mathrm{B} = 1.43879\mathrm{K/cm}^{-1}$; ρ_s 为水汽的分子数密度; ρ 为空气的分子数密度; ρ_0 为 1013hPa 和 296K 空气的分子数密度; $\tilde{C}_\mathrm{s}$, $\tilde{C}_\mathrm{f}$ 是连续吸收自身分量系数和外界分量系数, 单位为 $\left(\mathrm{cm}^{-1}\cdot\mathrm{mol}\,/\,\mathrm{cm}^2\right)^{-1}$ 或 $\mathrm{cm}^3/\mathrm{mol}$。Modtran 软件中内置了 $0\sim 20000\,\mathrm{cm}^{-1}$ 光谱区间 $\tilde{C}_\mathrm{s}$, $\tilde{C}_\mathrm{f}$ 的数值, 它们分别如图 3.2.8 和图 3.2.9 所示。其中自身分量系数 $\tilde{C}_\mathrm{s}$ 与温度有关, 软件中包含了 260K 和 296K 的数据, 其他温度的数值可通过内插求得。而外界分量系数 $\tilde{C}_\mathrm{f}$ 只有 296K 的实验数据, 并且 $1000\sim 2500\mathrm{cm}^{-1}$ 光谱区间的数据还有相当大的不确定性。

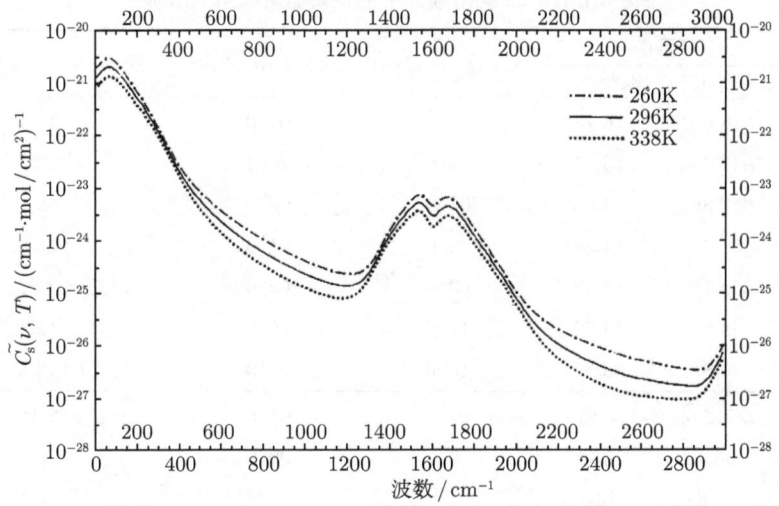

图 3.2.8　$0\sim 3000\mathrm{cm}^{-1}$ 光谱区间自加宽水汽连续吸收系数

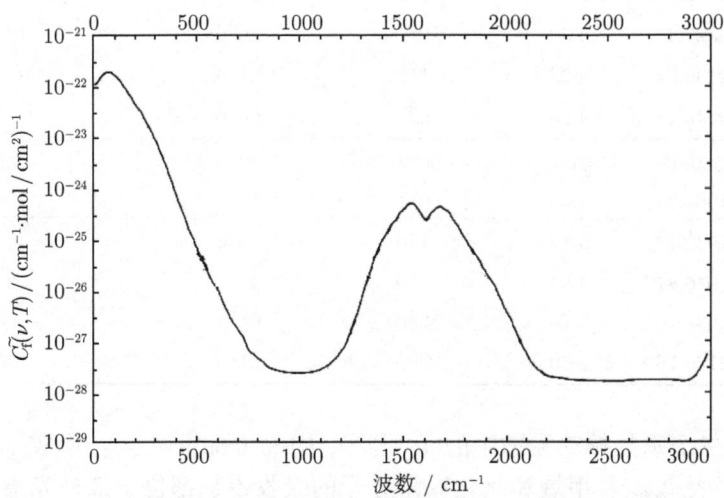

图 3.2.9　$0\sim 3000\mathrm{cm}^{-1}$ 光谱区间外加宽水汽连续吸收系数 (296K)

二氧化碳分子吸收主要在红外光谱区,它的振-转红外吸收光谱带列于表 3.2.8,包括 4.3μm 和 15μm 两个强带以及 5μm 和 10μm 两个弱带。像其他吸收气体一样,大部分吸收都是由它的主要同位素造成的,但在二氧化碳的 4.3μm 吸收带中,有两个子带是由一种 $^{16}O^{13}C^{16}O$ 同位素造成的,尽管这种同位素的丰度仅为 1.105%($^{16}O^{12}C^{16}O$ 的丰度 98.414%),但其吸收强度比附近的 $^{16}O^{12}C^{16}O$ 高两个量级,所以不能忽视。

表 3.2.8 二氧化碳分子的振转红外吸收光谱带

带区间	带原点 波数/cm^{-1}	带原点 波长/μm	高能态 ($\nu_1\nu_2'\nu_3$)	低能态 ($\nu_1\nu_2'\nu_3$)	带强 S_n/cm × 10^{20}(296K)
15μm	618.03	16.18	10^00	01^10	14.4
	647.06	15.45	11^10	10^00	2.22
	667.38	14.98	01^10	00^00	826.0
	667.75	14.98	02^20	01^10	64.9
	668.11	14.97	03^30	02^20	3.82
	688.68	14.52	11^10	10^00	1.49
	720.81	13.87	10^00	01^10	18.5
4.3μm	2271.76 ($^{16}O^{13}C^{16}O$)	4.40	01^11	01^10	8.18
	2283.49 ($^{16}O^{13}C^{16}O$)	4.38	00^01	00^00	96.0
	2311.68	4.33	03^31	03^30	1.23
	2324.15	4.30	02^21	02^20	30.8
	2326.59	4.30	10^01	10^00	11.8
	2327.43	4.30	10^01	10^00	19.3
	2336.64	4.28	01^11	01^10	766.0
	2349.15	4.26	00^01	00^00	9600.0
10μm	960.96	10.41	00^01	10^00	4.9
	1063.73	9.40	00^01	10^00	6.3
5μm	1932.47	5.17	11^10	00^00	4.1
	2076.87	4.81	11^10	00^00	22.0
	2093.36	4.78	12^20	01^10	4.0
	2129.78	4.70	20^00	01^10	1.3

O_3 的三个基频振动模态中的 ν_1 与 ν_3 构成 9.6μm 带,ν_2 形成 14μm 带,这些谱带列于表 3.2.9。甲烷和氧化亚氮分子的吸收带也都位于红外光谱区,它们的主要吸收带列于表 3.2.10 和表 3.2.11。CO 的吸收主要来自基频带,带原点位于

2143.27cm^{-1}，带强是 $9.81\times10^{-18}\text{cm}$。

表 3.2.9　臭氧分子的振转红外吸收光谱带

带区间	带原点 波数/cm^{-1}	带原点 波长/μm	高能态 $(\nu_1\nu_2\nu_3)$	低能态 $(\nu_1\nu_2\nu_3)$	带强 $S_n/\text{cm}\times10^{20}(296K)$
转动带	0.00	∞	000	000	41.3
14μm	700.93	14.27	010	000	62.8
9.6μm	1015.81	9.84	002	001	17.4
9.6μm	1025.60	9.75	011	010	45.0
9.6μm	1042.08	9.60	001	000	1394.0
9.6μm	1103.14	9.07	100	000	67.1
谐波带和组合带	2057.89	4.86	002	000	11.1
谐波带和组合带	2110.79	4.74	101	000	113.4
谐波带和组合带	3041.20	3.29	003	000	11.0

表 3.2.10　甲烷分子的振转红外吸收光谱带

带	带原点 波数/cm^{-1}	带原点 波长/μm	同位素	高能态 $(\nu_1\nu_2\nu_3\nu_4)$	带强 $S_n/\text{cm}\times10^{20}(296K)$
基频带	1302.77	7.68	$^{13}\text{CH}_4$	0001	5.7
基频带	1310.76	7.63	$^{12}\text{CH}_4$	0001	504.1
基频带	1533.37	6.52	$^{12}\text{CH}_4$	0100	5.5
基频带	3009.53	3.32	$^{13}\text{CH}_4$	0010	29.3
基频带	3018.92	3.31	$^{12}\text{CH}_4$	0010	1022.0
谐波带和组合带	2612	3.83	$^{12}\text{CH}_4$	0002	5.4
谐波带和组合带	2822	3.54	$^{13}\text{CH}_4$	0101	4.3
谐波带和组合带	2830	3.53	$^{12}\text{CH}_4$	0101	38.0
谐波带和组合带	3062	3.27	$^{12}\text{CH}_4$	0201	16.4
谐波带和组合带	4223	2.37	$^{12}\text{CH}_4$	1001	24.0
谐波带和组合带	4340	2.30	$^{12}\text{CH}_4$	0011	40.8
谐波带和组合带	4540	2.20	$^{12}\text{CH}_4$	0110	6.2

表 3.2.11　氧化亚氮分子的振转红外吸收光谱带

带区间	带原点 波数/cm^{-1}	带原点 波长/μm	高能态 $(\nu_1\nu_2'\nu_3)$	带强 $S_n/\text{cm}\times10^{20}(296K)$
转动带	0.00	∞	00^00	
17μm	588.77	16.98	01^10	118
7.8μm	1168.13	8.56	02^00	39
7.8μm	1284.91	7.78	10^00	996
4.5μm	2223.76	4.50	00^01	5710

续表

带区间	带原点		高能态 $(\nu_1\nu_2'\nu_3)$	带强 $S_n/\text{cm} \times 10^{20}(296\text{K})$
	波数/cm^{-1}	波长/μm		
谐波带和组合带	2462.00	4.06	12^00	33
	2563.34	3.90	20^00	135
	3363.97	2.97	02^01	11
	3480.82	2.87	10^01	197

3.2.5 大气分子吸收光谱参数数据库 HITRAN

我们在前面看到,各种大气分子具有多个吸收带,每个吸收带都包含了大量的吸收谱线。只有准确地了解每根谱线的位置、强度和谱线形状 (特别是其宽度) 以及它们与气压、温度的关系,才能计算光辐射在各种条件下的大气中被吸收的能量。特别是对像激光这样具有辐射光谱很窄的光源,必须进行很高光谱分辨率的计算。

鉴于大气分子吸收谱线的繁多,采用无论是理论计算还是实验测量的方法获得它们的全部谱线参数,都不是一个或几个研究结构或个别学者短期内所能完成的。为此,美国空军剑桥实验室 (AFCRL)McClantchey 等于 1973 年根据各种研究机构和学者的研究成果汇集了水汽、二氧化碳、臭氧、氧化亚氮、一氧化碳、甲烷和氧气七种主要大气吸收气体的 110 000 条谱线的大气吸收线参数 (McClatchey et al., 1973)。AFCRL 数据库通过吸纳新成果不断扩充,于 1986 年由 Rothman 等推出高分辨透过率 HITRAN(high-resolution transmission, HITRAN) 大气分子吸收光谱数据库正式版本,此后一直进行扩充和完善 (Rothman et al., 1987; 1992; 1998; 2003; 2005)。目前的 HITRAN 2004 版本包括 39 种气体分子的 1 789 569 条谱线的逐线参数,另有一些微量污染气体只有吸收截面数据。

表 3.2.12是根据 HITRAN 2004 分子光谱数据集整理的大气分子光谱参数概览 (石广玉, 2008)。表中 $\nu_{\min}$ 和 $\nu_{\max}$ 分别表示数据库中收录的分子吸收的最小波数和最大波数,由于分子吸收的带状特征,其间可能有若干不存在谱线的空白处;$S_{\min}$ 和 $S_{\max}$ 是最小谱线强度和最大谱线强度;$\alpha_{\min}^{\text{self}}$ 和 $\alpha_{\max}^{\text{self}}$ 是自加宽最小和最大半宽度;$\alpha_{\min}^{\text{air}}$ 和 $\alpha_{\max}^{\text{air}}$ 是空气加宽的最小和最大半宽度;$n_{\min}$ 和 $n_{\max}$ 是洛伦兹空气加宽半宽度中的温度依赖指数 n 的最小值和最大值;$E_{\max}$ 是最大低态能量;最后,$\sum S_i$ 是所有谱线的谱线强度之和。

每条谱线的参数共 19 项,占 160 个字符,这些参数和对应数据的长度以及在 Fortran 语言中的数据格式列于表 3.2.13。每个参数的物理意义列于表 3.2.14 中。其中四个最基本的参数是真空中谱线中心位置对应的波数 $\nu(\text{cm}^{-1})$,它与气压和温

3.2 大气气体分子的吸收光谱特性

表 3.2.12 HITRAN 2004 大气分子吸收光谱参数概览

序号	分子	谱线条数	ν_{min}	ν_{max}	S_{min}	S_{max}	α_{min}^{self}	α_{max}^{self}	α_{min}^{air}	α_{max}^{air}	n_{min}	n_{max}	E_{max}	$\sum S_i$
1	H_2O	63 196	0.007	25 232	8.40×10^{-36}	2.68×10^{-18}	0.000 0	0.799 5	0.002 2	0.149 0	0.36	0.78	5.71×10^3	7.34×10^{-17}
2	CO_2	62 913	0.736	12 784.06	2.94×10^{-35}	3.52×10^{-18}	0.052 3	0.127 9	0.055 4	0.094 9	0.49	0.78	4.79×10^3	1.13×10^{-16}
3	O_3	311 481	0.026	4 060.783	1.50×10^{-31}	4.06×10^{-20}	0.063 7	0.118 2	0.000 0	0.095 3	0.71	0.86	3.21×10^3	1.78×10^{-17}
4	N_2O	47 835	0.838	7 796.633	1.23×10^{-28}	1.00×10^{-18}	0.067 6	0.127 0	0.063 2	0.098 6	0.75	0.75	4.05×10^3	7.19×10^{-17}
5	CO	4 477	3.462	8 464.882	8.11×10^{-38}	4.46×10^{-19}	0.040 9	0.086 4	0.042 0	0.079 7	0.67	0.76	9.03×10^3	1.02×10^{-17}
6	CH_4	251 440	0.010	9 199.284	4.06×10^{-34}	2.10×10^{-19}	0.013 7	0.024 5	0.001 9	0.098 7	0.13	1.07	4.49×10^3	1.78×10^{-17}
7	O_2	6 428	0.000	15 927.23	8.51×10^{-51}	8.83×10^{-24}	0.027 4	0.065 4	0.027 9	0.060 7	0.63	0.74	5.37×10^3	2.52×10^{-22}
8	NO	102 280	0.000	9 273.214	1.45×10^{-95}	2.32×10^{-20}	0.057 1	0.074 0	0.042 8	0.066 9	0.51	0.83	3.64×10^4	4.73×10^{-18}
9	SO_2	38 853	0.017	4 092.948	1.02×10^{-28}	6.09×10^{-20}	0.000 0	0.400 0	0.100 0	0.152 0	0.50	0.75	2.98×10^3	4.14×10^{-17}
10	NO_2	104 223	0.498	3 074.153	4.24×10^{-28}	1.30×10^{-19}	0.095 0	0.095 0	0.062 3	0.119 7	0.53	0.92	3.31×10^3	6.23×10^{-17}
11	NH_3	29 084	0.058	5 294.501	8.09×10^{-39}	5.68×10^{-19}	0.058 5	0.660 3	0.053 1	0.110 0	0.45	0.95	5.79×10^3	4.77×10^{-17}
12	HNO_3	271 166	0.012	1 769.982	3.59×10^{-28}	3.22×10^{-20}	0.000 0	0.800 0	0.110 0	0.110 0	0.75	0.75	2.40×10^3	1.21×10^{-16}
13	OH	42 373	0.003	19 267.87	7.19×10^{-87}	1.93×10^{-18}	0.000 0	0.000 0	0.040 0	0.095 0	0.66	0.66	3.11×10^4	4.45×10^{-17}
14	HF	107	41.111	11 535.57	1.11×10^{-26}	1.44×10^{-17}	0.000 0	0.729 5	0.010 0	0.105 0	0.22	1.00	4.81×10^3	7.25×10^{-17}
15	HCl	613	20.24	13 457.84	4.18×10^{-28}	5.03×10^{-19}	0.050 0	0.264 0	0.006 0	0.089 4	0.05	0.76	4.17×10^3	1.68×10^{-17}
16	HBr	1 293	16.232	9 758.312	9.45×10^{-33}	1.21×10^{-19}	0.050 0	0.137 8	0.015 0	0.123 0	0.50	0.50	4.89×10^3	6.17×10^{-18}
17	HI	806	12.509	8 487.305	1.64×10^{-30}	3.42×10^{-20}	0.010 0	0.120 0	0.050 0	0.050 0	0.50	0.50	4.12×10^3	1.10×10^{-18}
18	ClO	7 230	0.015	1 207.639	5.09×10^{-30}	3.24×10^{-21}	0.000 0	0.000 0	0.085 0	0.093 0	0.50	0.75	4.47×10^3	1.16×10^{-18}
19	OCS	19 920	0.381	4 118.004	2.62×10^{-28}	1.25×10^{-18}	0.000 0	0.168 5	0.070 0	0.109 2	0.30	0.90	2.79×10^3	1.18×10^{-16}
20	H_2CO	2 702	0.000	2 998.527	1.02×10^{-38}	7.50×10^{-20}	0.000 0	0.000 0	0.107 0	0.108 0	0.50	0.50	2.36×10^3	2.33×10^{-17}

续表

序号	分子	谱线条数	$\nu_{\min}$	$\nu_{\max}$	$S_{\min}$	$S_{\max}$	$\alpha_{\min}^{\text{self}}$	$\alpha_{\max}^{\text{self}}$	$\alpha_{\min}^{\text{air}}$	$\alpha_{\max}^{\text{air}}$	$n_{\min}$	$n_{\max}$	$E_{\max}$	$\sum S_i$
21	HOCl	16 276	1.081	3 799.682	1.72×10^{-24}	3.36×10^{-20}	0.000 0	0.000 0	0.100 0	0.100 0	0.70	0.70	1.99×10^{3}	2.95×10^{-17}
22	N_2	120	1 992.628	2 625.497	2.19×10^{-34}	3.42×10^{-28}	0.031 4	0.053 0	0.031 4	0.053 0	0.50	0.50	3.25×10^{3}	6.72×10^{-27}
23	HCN	4 253	0.015	3 423.927	3.40×10^{-32}	7.01×10^{-19}	0.150 0	1.185 0	0.088 0	0.148 0	0.75	0.84	5.36×10^{3}	3.28×10^{-17}
24	CH_3Cl	31 119	0.873	3 172.927	9.05×10^{-32}	1.13×10^{-20}	0.110 0	0.534 9	0.000 0	0.123 4	0.70	0.70	2.86×10^{3}	9.27×10^{-18}
25	H_2O_2	100 781	0.043	1 499.486	5.06×10^{-29}	5.58×10^{-20}	0.000 0	0.000 0	0.100 0	0.100 0	0.50	0.50	3.17×10^{3}	5.16×10^{-18}
26	C_2H_2	3 517	604.774	6 685.32	9.49×10^{-27}	1.19×10^{-18}	0.081 2	0.196 9	0.045 0	0.111 4	0.00	0.75	3.73×10^{3}	4.21×10^{-17}
27	C_2H_6	4 749	720.498	2 977.926	5.03×10^{-25}	6.64×10^{-21}	0.000 0	0.000 0	0.068 0	0.100 0	0.50	0.50	4.83×10^{3}	1.94×10^{-17}
28	PH_3	11 790	770.878	2 478.765	1.85×10^{-28}	2.52×10^{-19}	0.0870	0.135 0	0.069 6	0.108 0	0.75	0.75	2.22×10^{3}	2.71×10^{-17}
29	COF_2	70 601	725.005	2 001.348	4.74×10^{-24}	3.94×10^{-20}	0.175 0	0.175 0	0.084 5	0.084 5	0.94	0.94	1.94×10^{3}	1.24×10^{-16}
30	SF_6	22 901	929.978	963.973	3.60×10^{-24}	1.59×10^{-20}	0.042 0	0.042 0	0.050 0	0.050 0	0.65	0.65	9.38×10^{2}	5.53×10^{-17}
31	H_2S	20 788	2.985	4 256.547	1.45×10^{-26}	1.36×10^{-19}	0.121 0	0.223 0	0.032 0	0.116 0	0.75	0.75	3.50×10^{3}	6.22×10^{-18}
32	HCOOH	24 808	10.018	1 234.677	3.97×10^{-26}	1.79×10^{-20}	0.400 0	0.400 0	0.100 0	0.100 0	0.75	0.75	2.44×10^{3}	1.81×10^{-17}
33	HO_2	38 804	0.173	3 675.819	1.00×10^{-26}	2.74×10^{-20}	0.000 0	0.000 0	0.107 0	0.107 0	0.50	0.67	2.47×10^{3}	2.66×10^{-17}
34	O	2	68.716	158.303	9.58×10^{-23}	1.12×10^{-21}	0.000 0	0.000 0	0.050 0	0.050 0	1.00	1.00	1.58×10^{2}	1.21×10^{-21}
35	$ClONO_2$	32 199	763.641	797.741	6.34×10^{-25}	3.85×10^{-22}	0.800 0	0.800 0	0.140 0	0.140 0	0.50	0.50	1.22×10^{3}	2.82×10^{-18}
36	NO^+	1 206	1 634.831	2 530.462	6.12×10^{-81}	1.19×10^{-19}	0.000 0	0.000 0	0.060 0	0.060 0	0.50	0.50	2.99×10^{4}	2.61×10^{-18}
37	HOBr	4 358	0.155	315.908	5.26×10^{-26}	1.73×10^{-20}	0.000 0	0.000 0	0.060 0	0.060 0	0.67	0.67	1.73×10^{3}	1.62×10^{-17}
38	C_2H_4	12 978	701.203	3 242.172	6.49×10^{-26}	8.41×10^{-20}	0.090 0	0.090 0	0.087 0	0.087 0	0.82	0.82	1.60×10^{3}	1.83×10^{-17}
39	CH_3OH	19 899	0.019	1 407.206	8.83×10^{-35}	3.77×10^{-20}	0.400 0	0.400 0	0.100 0	0.100 0	0.75	0.75	2.33×10^{3}	1.83×10^{-17}

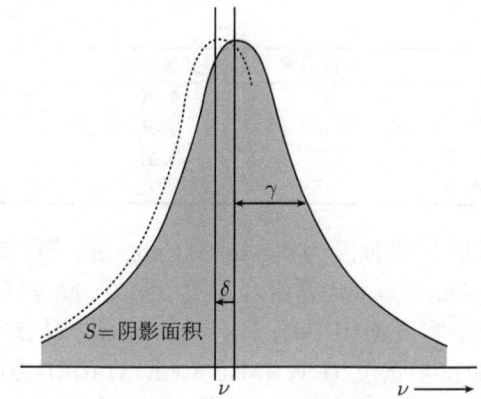

图 3.2.10 几个 HITRAN 大气分子吸收光谱参数的物理意义

表 3.2.13 HITRAN 2004 大气分子吸收光谱参数数据格式

参数	M	I	ν	S	A	γ_{air}	γ_{self}	E''	n_{air}	δ_{air}
字符长度	2	1	12	10	10	5	5	10	4	8
FORTRAN 格式	I2	I1	F12.6	E10.3	E10.3	F5.4	F5.4	F10.4	F4.2	F8.6
参数	V'	V''	Q'	Q''	I_{err}	I_{ref}	*(flag)	g'	g''	
字符长度	15	15	15	15	6	12	1	7	7	
FORTRAN 格式	A15	A15	A15	A15	6I1	6I2	A1	F7.1	F7.1	

表 3.2.14 大气分子吸收光谱参数的物理意义

参数	意义	字符长度	变量类型	评注或单位
M	分子序数	2	整型	HITRAN 年代排序
I	同位素序数	1	整型	按一个分子内的地球丰度排序
ν	真空波数	12	实型	cm^{-1}
S	谱线强度	10	实型	296K 标准条件下 $cm^{-1}/(mol\cdot cm^{-2})$
A	爱因斯坦 A 系数	10	实型	s^{-1}
γ_{air}	空气加宽谱线半宽度	5	实型	296K 的 HWHM $cm^{-1}\cdot atm^{-1}$
γ_{self}	自加宽谱线半宽度	5	实型	296K 的 HWHM $cm^{-1}\cdot atm^{-1}$
E''	低能级的能量	10	实型	cm^{-1}
n_{air}	γ_{air} 的温度依赖指数	4	实型	$\gamma_{air}(T) = \gamma_{air}(T_0) \times (T_0/T)n_{air}$
δ_{air}	空气压力导致的谱线移动	5	实型	296K, $cm^{-1}\cdot atm^{-1}$
V'	高能级"全域"量子数	15	Hollerith	
V''	低能级"全域"量子数	15	Hollerith	
Q'	高能级"局域"量子数	15	Hollerith	
Q''	低能级"局域"量子数	15	Hollerith	
I_{err}	不确定指数	6	整型	$\nu, S, \gamma_{air}, \gamma_{self}, n_{air}, \delta_{air}$ 6 个关键参数的精度

续表

参数	意义	字符长度	变量类型	评注或单位
I_{ref}	参考指数	12	整型	针对上述 6 个关键参数
*	指针	1	字符	
g'	高能级条件权重	7	实型	
g''	低能级条件权重	7	实型	

度无关; 每个分子的吸收谱线强度为 $S\left[\text{cm}^{-1}/(\text{mol}\cdot\text{cm}^{-2})\right]$ 或 $S(\text{cm}/\text{mol})$ 和温度有关, 与气压无关; $\gamma_{\text{air}}(\text{cm}^{-1}/\text{atm})$ 是参考温度 296K、参考气压 1atm 时的空气加宽半宽度 (半峰值处的半宽度 HWHM); $\gamma_{\text{self}}(\text{cm}^{-1}/\text{atm})$ 是参考温度 296K、参考气压 1atm 时的分子自加宽半宽度 (HWHM)。$\delta(\text{cm}^{-1}/\text{atm})$ 为谱线跃迁波数在参考温度 296K、参考气压 1atm 时因空气加宽造成的压力漂移。这几个参数的意义如图 3.2.10 所示 (Rothman et al., 1998)。

HITRAN 数据库中的参数都是在 296K 下的数值, 一般应用中不能直接采纳, 要根据实际的大气状态 (温度和气压) 进行订正。首先气压会使得谱线中心频率从真空中的频率漂移, 相应的波数变化到

$$\nu(p) = \nu + \delta_{\text{air}} p \tag{3.2.2}$$

谱线宽度的变化参考式 (1.2.6), 有

$$\gamma(p, T) = \left(\frac{T_0}{T}\right)^n \left[\gamma_{\text{air}}(p - p_i) + \gamma_{\text{self}} p_i\right] \tag{3.2.3}$$

谱线强度的订正按照式 (1.2.21) 计算, 即

$$S(T) = S(T_0) \frac{Q(T_0)}{Q(T)} \frac{\text{e}^{-E''/k_{\text{B}} T}}{\text{e}^{-E''/k_{\text{B}} T_0}} \frac{\left(1 - \text{e}^{-hc\nu/k_{\text{B}} T}\right)}{\left(1 - \text{e}^{-hc\nu/k_{\text{B}} T_0}\right)} \tag{3.2.4}$$

其中总配分函数按下式计算:

$$Q_{\text{r}} = \sum_j g_j \exp\left[-\frac{hcE_j}{k_{\text{B}} T}\right] \tag{3.2.5}$$

式中, 求和针对跃迁的高低两个能级, HITRAN 参数中有高低两个能级的权重函数 g'、g'', 以及低能级的能量 E''。高能级能量可由低能级能量 E'' 加上跃迁辐射能量求得。任意温度下的总配分函数与参考温度下的总配分函数之比 $Q(T_0)/Q(T)$ 可以按照一种参数化的方法进行计算 (Gamache et al., 1990)。

最后, 要强调的是, 在使用 HITRAN 参数时, 一定要注意每个参数的单位, 在进行单位换算时确保正确。因为 $S = \int \alpha \text{d}\nu$, 从表 3.2.14 中各量的单位可以看出, 使用 HITRAN 参数中的谱线强度 $S[\text{cm}^{-1}/(\text{mol}\cdot\text{cm}^{-2})]$ 和谱线半宽度 $\gamma(\text{cm}^{-1})$ 按照公式 (1.2.2) 计算得到的相对吸收强度 α_ν 实际上是分子吸收截面 $\sigma = \beta_{\text{abs}}/N$ (cm^2/mol)。

3.3 大气气溶胶粒子光学特性及其应用模式

一般应用中，将各种地区的大气气溶胶粒子归类为陆地型、海洋型、沙漠型和极地型气溶胶粒子，陆地型可细分为清洁、一般、污染和城市四类，海洋型可细分为清洁、污染和热带海洋型三类 (Hess et al., 1998)。在 Lowtran/Modtran 应用软件中，气溶胶粒子的模式分为乡村型、城市型、海洋型以及对流层，另外尚有特殊环境下的沙漠气溶胶模式和海陆交界处气溶胶模式。

大陆型气溶胶模式主要分为沙漠型和非沙漠型。非沙漠型的分类主要以烟灰的含量来区分。沙漠型主要用于描述世界各地的沙漠地区的气溶胶粒子，包括在一定的环流形势下扩展至附近其他地区的气溶胶粒子，其成分包括各种模态的矿物质和一些水溶性物质。

清洁陆地型用于描述大陆深部受人类影响很小的地区的气溶胶粒子，典型的地区有热带雨林与西伯利亚地区。其主要成分包括水溶性物质和不可溶性物质，其显著特征是烟灰等强吸收物质含量少于 $0.1\mu g/m^3$，在理论分析时可不考虑其影响。一般陆地型 (LOWTRAN 的乡村型气溶胶模式) 描述受人类影响的大陆区域，它包括烟尘和更多含量的水溶性物质和不可溶性物质。污染陆地型描述受人类影响严重的区域，包括烟尘、水溶性物质和不可溶物质三种组分。其中烟灰的质量浓度高达 $2\mu g/m^3$，水溶性物质的质量密度达一般大陆型气溶胶的二倍以上。

城市型气溶胶模式描述污染严重的大城市区域。含有烟尘、水溶性物质和不可溶物质三种组分，其中烟灰的质量浓度高达 $7.8\mu g/m^3$，水溶性物质和不可溶物质也是一般大陆型气溶胶的二倍以上。

海洋型气溶胶模式中的海盐含量依赖于洋面风速。根据经验公式，对应于 $8.9m/s$ 的风速，海盐粒子的浓度约为 $20m^{-3}$。清洁海洋型描述大洋深处的气溶胶粒子，主要包括海盐和水溶性物质。污染海洋型描述受人类影响严重的海洋区域的气溶胶粒子，烟灰和水溶性物质的含量分别达 $0.3\mu g/m^3$ 和 $7.6\mu g/m^3$，海盐的含量与清洁海洋型一致。热带海洋型描述热带区域的海洋气溶胶粒子，这里典型的风速为 $5m/s$，所以海盐和水溶性物质两种成分的含量均较低。

北极气溶胶模式描述北纬 $70°$ 以上地区的气溶胶粒子，包含了大量由中纬度大陆地区飘来的烟灰，这种情况主要在春季发生。南极气溶胶模式描述南极地区的气溶胶粒子，主要包括硫酸盐、海盐和矿物质三种成分。表 3.3.1 的数据主要是根据夏季的情况得到的。

上述模式仅仅描述典型的情况，实际上各个特定地区的气溶胶粒子情况和当地的小环境密切相关，组分可能复杂多变，并且具有高度可变的时间和季节特征。表 3.3.1 列出了 Hess 等总结的各种大气气溶胶粒子模式的构成，表中的质量值对应于 50% 的相对湿度，最大半径按 $7.5\mu m$ 计算。

表 3.3.1 各种大气气溶胶粒子模式的构成 (Hess et al., 1998)

气溶胶类型	成分	N_i/cm^{-3}	$M_i/(\mu\text{g}/\text{m}^3)$	数量混合比 (n_i)	质量混合比 (m_j)
清洁陆地型	总计	2600	8.8		
	水溶性	2600	5.2	1.0	0.591
	不可溶性	0.15	3.6	0.577×10^{-4}	0.409
一般陆地型	总计	15300	24.0		
	水溶性	7000	14.0	0.458	0.583
	不可溶性	0.4	9.5	0.261×10^{-4}	0.396
	烟灰	8300	0.5	0.542	0.021
污染陆地型	总计	50 000	47.7		
	水溶性	15 700	31.4	0.314	0.658
	不可溶性	0.6	14.2	0.12×10^{-4}	0.298
	烟灰	34300	2.1	0.686	0.044
城市型	总计	158000	99.4		
	水溶性	28000	56.0	0.177	0.563
	不可溶性	1.5	35.6	0.949×10^{-5}	0.358
	烟灰	130000	7.8	0.823	0.079
沙漠型	总计	2300	225.8		
	水溶性	2000	4.0	0.87	0.018
	矿物质 (核模态)	269.5	7.5	0.117	0.033
	矿物质 (聚积模态)	30.5	168.7	0.133×10^{-1}	0.747
	矿物质 (粗模态)	0.142	45.6	0.617×10^{-4}	0.202
清洁海洋型	总计	1520	42.5		
	水溶性	1500	3.0	0.987	0.071
	海盐 (聚积模态)	20	38.6	0.132×10^{-1}	0.908
	海盐 (粗模态)	3.2×10^{-3}	0.9	0.211×10^{-5}	0.021
污染海洋型	总计	9000	47.4		
	水溶性	3800	7.6	0.422	0.160
	海盐 (聚积模态)	20	38.6	0.222×10^{-2}	0.814
	海盐 (粗模态)	2×10^{-3}	0.9	0.356×10^{-6}	0.019
	烟灰	5180	0.3	0.576	0.006
热带海洋型	总计	600	20.8		
	水溶性	590	1.2	0.983	0.058
	海盐 (聚积模态)	10	19.3	0.167×10^{-1}	0.928
	海盐 (粗模态)	1.3×10^{-3}	0.3	0.217×10^{-5}	0.014
北极	总计	6600	6.8		
	水溶性	1300	2.6	0.197	0.382
	不可溶性	0.01	0.2	0.152×10^{-5}	0.029
	海盐 (聚积模态)	1.9	3.7	0.288×10^{-3}	0.544
	烟灰	5300	0.3	0.803	0.044
南极	总计	43	2.2		
	硫酸盐	42.9	2.0	0.998	0.910
	海盐 (聚积模态)	0.47×10^{-1}	0.1	0.109×10^{-2}	0.045
	矿物质 (输送)	0.53×10^{-2}	0.1	0.123×10^{-3}	0.045

3.3 大气气溶胶粒子光学特性及其应用模式

气溶胶粒子的光散射特性和粒子的尺度谱分布密切相关。实际的气溶胶粒子尺度谱分布函数是很复杂的。为便于理论研究，Junge 在 20 世纪中期对观测资料进行统计分析，最早提出了一个简单幂指数尺度谱分布函数，以后被广泛称为 Junge 谱 (Junge, 1958)

$$n(\lg r) = cr^{-\nu} \tag{3.3.1}$$

$$n(r) = cr^{-(\nu+1)}/\ln 10 \approx 0.434 cr^{-(\nu+1)} \tag{3.3.2}$$

这种谱分布具有非常简单的函数形式，它只包含两个参数，c 是依赖于粒子浓度的常数，指数 ν 决定了分布曲线的斜率，一般在 2~4 之间。长期的研究表明：Junge 谱只适用于较清洁的大气和小粒子，主要是在平流层，见图 3.3.1。但由于它公式简单，据此获得的许多光学参量只与指数 ν 有关，所以得到了广泛的应用。

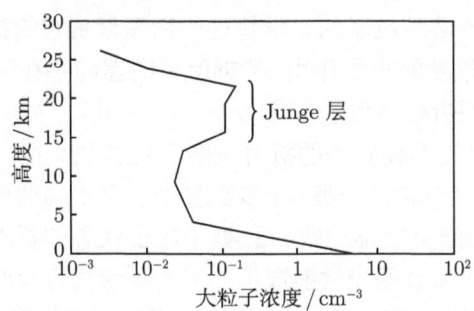

图 3.3.1 大气气溶胶大粒子 (粒径大于 0.3μm) 的高度分布及 Junge 层
(Changnon and Junge, 1961)

一般情况下，各种组分的气溶胶粒子的谱分布可以由正态对数分布较好地描述

$$n_i(\lg r) = \frac{N_i}{\sqrt{2\pi}\lg \sigma_i} \exp\left[-\frac{1}{2}\left(\frac{\lg r - \lg r_{\mathrm{mod}N,i}}{\lg \sigma_i}\right)^2\right] \tag{3.3.3}$$

$$n(r) = \frac{N_i}{\sqrt{2\pi} r \lg \sigma_i \ln(10)} \exp\left[-\frac{1}{2}\left(\frac{\lg r - \lg r_{\mathrm{mod}N,i}}{\lg \sigma_i}\right)^2\right] \tag{3.3.4}$$

式中，N_i 是单位体积内组分 i 的粒子总数；两个特征参数 $r_{\mathrm{mod}N,i}$ 和 σ_i 为平均半径和标准差。这种尺度谱分布函数对应的体积和质量浓度也是对数正态分布。

各种组分的气溶胶粒子谱分布的正态对数分布模型的特征参数列于表 3.3.2。表中的质量值对应于 50% 的相对湿度，最大半径按 7.5μm 计算。ρ 为气溶胶粒子的密度，M^* 是每立方米空气中的粒子质量，它对粒子谱积分并归一化到每立方厘米空气中只含有一个气溶胶粒子。

表 3.3.2　各种大气气溶胶成分粒子谱分布的特征参数 (Hess, et al., 1998)

成分	文件名	σ	$r_{\mathrm{mod}N}$ /μm	$r_{\mathrm{mod}V}$ /μm	$r_{\min}$ /μm	$r_{\max}$ /μm	ρ /(g/cm^3)	M^* /[(μg/m^3)]/(part/cm^3)
不可溶性	INSO	2.51	0.471	6.00	0.005	20.0	2.0	2.37×10
可溶性	WASO	2.24	0.021 2	0.15	0.005	20.0	1.8	1.34×10^{-3}
烟灰	SOOT	2.00	0.011 8	0.05	0.005	20.0	1.0	5.99×10^{-5}
海盐（聚积模态）	SSAM	2.03	0.209	0.94	0.005	20.0	2.2	8.02×10^{-1}
海盐（粗模态）	SSCM	2.03	1.75	7.90	0.005	60.0	2.2	2.24×10^{2}
矿物质（核模态）	MINM	1.95	0.07	0.27	0.005	20.0	2.6	2.78×10^{-2}
矿物质（聚积模态）	MIAM	2.00	0.39	1.60	0.005	20.0	2.6	5.53
矿物质（粗模态）	MICM	2.15	1.90	11.00	0.005	60.0	2.6	3.24×10^{2}
输送的矿物质	MIIR	2.20	0.50	3.00	0.02	5.0	2.6	1.59×10
硫酸盐	SUSO	2.03	0.069 5	0.31	0.005	20.0	1.7	2.28×10^{-2}

最直接反映大气气溶胶粒子的光学特性的物理量是它的折射率，由于气溶胶粒子对光辐射具有不同程度的吸收作用，其折射率的虚部存在。若折射率的实部和虚部分别为 m_r 和 m_i，则折射率可表示为 $m = m_r - im_i$。

迄今为止，对大气气溶胶粒子的折射率的了解差强人意。其主要原因在于以下几点：① 单一纯净的气溶胶粒子很少，多数粒子包含不同的成分，实际物质结构复杂，不同情况下获得的结果很难一致。② 处于粒子状态的折射率很难直接测量，一般是对集合状态的粒子系统的光散射或消光等物理量进行反演获得折射率，此时对粒子的组分、形状、折射率随波长的变化等因素进行了较多的假设。③ 对大量粒子进行取样分析，改变了粒子的形态，并假定整体状态的物质的折射率等同于微粒子的折射率。④ 除烟尘外，一般气溶胶粒子的吸收都很微弱，测量的精度一般很难达到要求。

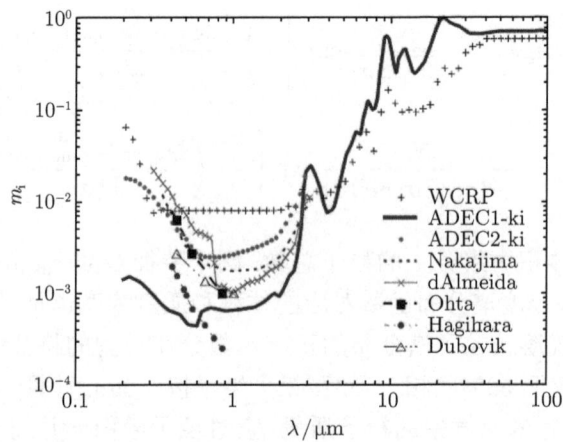

图 3.3.2　不同方法测量的气溶胶粒子折射率虚部随波长的变化 (Nakajima et al., 2007)

3.3 大气气溶胶粒子光学特性及其应用模式

相对于分子吸收,气溶胶吸收的精确测定更为困难,由于气溶胶粒子光散射效应在地球大气辐射研究中的重要性,气溶胶粒子浓度、尺度谱分布等物理特性以及消光系数、吸收系数等光学特性得到了长期、系统的测量研究,一些仪器设备成为固定的测量手段。然而,即使对于宏观的大气辐射研究,这些气溶胶测量结果也是不尽如人意的,特别是对吸收的测量,联合实验的多种技术手段的测量结果相互符合的程度很差。因此直至最近,有关研究项目仍在组织联合的实验研究 (Dubovik et al., 2002; Nakajima et al., 2007)。图 3.3.2 绘出了使用不同方法测量的气溶胶粒子折射率虚部随波长的变化情况 (Nakajima et al., 2007)。实际上,问题的症结在于测量方法的可靠性。

不可溶性物质、烟灰、矿物质粒子基本不受大气湿度的影响,而可溶性物质、海盐粒子和硫酸盐粒子等吸湿性粒子在潮湿的环境中与其周围的水汽相互作用,其尺度、形状和化学成分发生变化。随着相对湿度的增大其尺度逐渐增大,其折射率也将接近于水的值。因此,假设粒子基本成分与水均匀混合,在一定相对湿度 RH 下的折射率可表示为

$$m_{r,i} = m_{r,i}^{H_2O} + (m_{r,i}^0 - m_{r,i}^{H_2O})[r(RH)/r(0)]^{-3} \tag{3.3.5}$$

式中,上标 H_2O 和 0 分别表示水和干粒子, $r(RH)$ 和 $r(0)$ 分别为相对湿度 RH 和 0 时的粒径。实际上,粒子基本成分与水不可能均匀混合。上面的处理方式也是一种理想的做法。

相比较而言,各种方法或研究者获得的折射率的实部一般尚能符合,而虚部则差异巨大,目前报道的各种数据之间有量级的差别。综合目前获得的各种数据,在 OPAC 软件中采用的上述六种基本组分的折射率分别如图 3.3.3~图 3.3.6 所示。这些数据的来源包括直接测量、遥感反演、理论计算等。必须注意,折射率特别是其虚部远未令人满意地解决,这些数据仅反映了目前的研究结果。

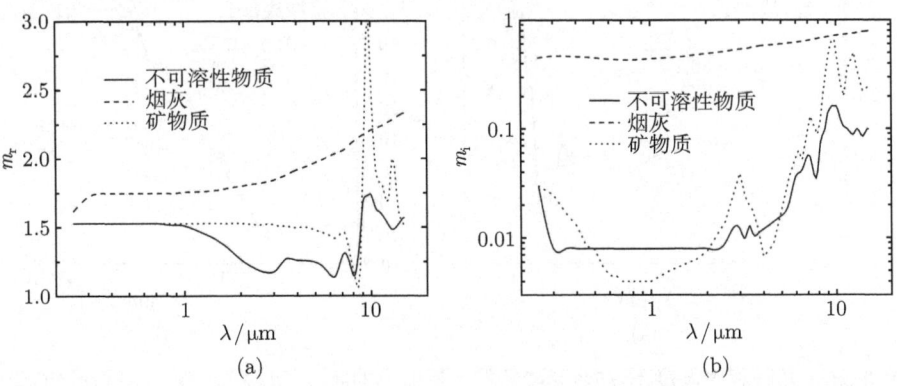

图 3.3.3 不可溶性、烟灰和矿物质粒子折射率的实部 (a) 和虚部 (b) 随波长的变化

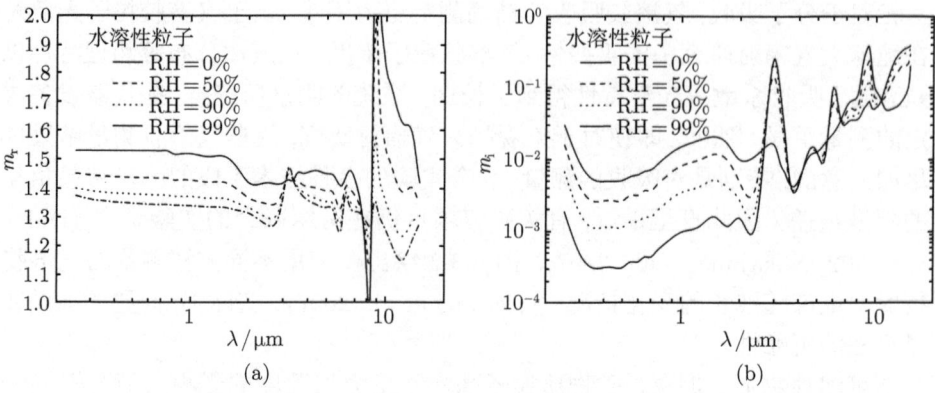

图 3.3.4 几种相对湿度下水溶性粒子折射率的实部 (a) 和虚部 (b) 随波长的变化

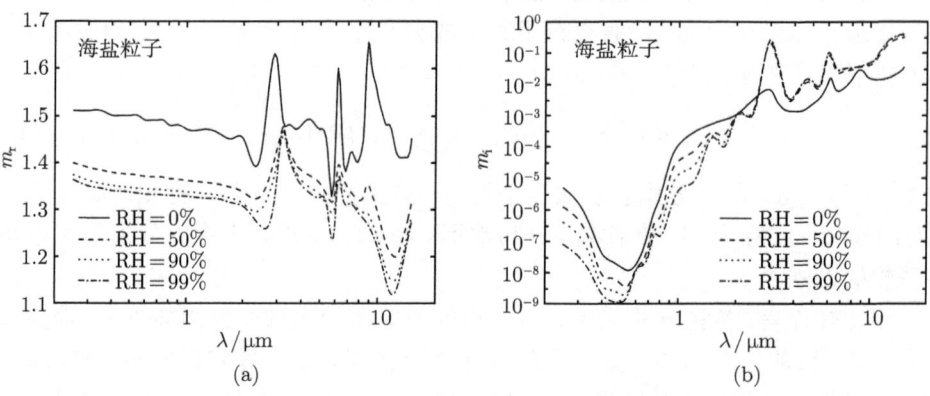

图 3.3.5 几种相对湿度下海盐粒子折射率的实部 (a) 和虚部 (b) 随波长的变化

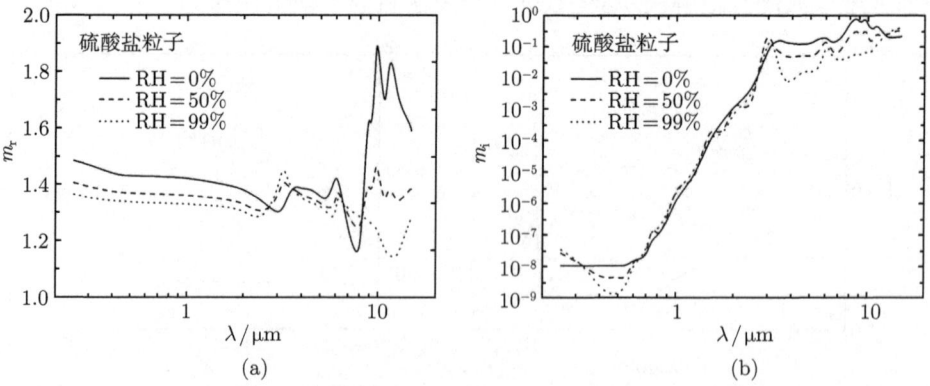

图 3.3.6 几种相对湿度下 75%硫酸盐粒子折射率的实部 (a) 和虚部 (b) 随波长的变化

从这些数据可以看出气溶胶粒子的折射率有如下几个特点：① 它们具有明显的波长依赖关系。在可见到近红外，随波长变化较为平缓；在中远红外，随波长起伏剧烈。② 烟灰具有最大的折射率，特别是虚部，远远大于其他成分。所以在研究气溶胶粒子的吸收问题时，主要关注烟灰。折射率随波长平缓变化。③ 除烟灰外，随着波长的增大，虚部显著增大。④ 按吸收排列，除烟尘外，依次为不可溶性粒子、矿物质、水溶性粒子、海盐粒子和硫酸盐粒子，在可见和近红外，海盐粒子和硫酸盐粒子的虚部极小，可以不予考虑。⑤ 对水溶性粒子、海盐粒子和硫酸盐粒子等吸湿性粒子，在可见光和近红外波段，折射率随相对湿度的增大而有规律地减小。

由于粒子的沉降作用，一般情况下，大气气溶胶粒子的质量浓度随高度而指数下降，即可以表示为

$$M(h) = M(0)e^{-h/H_p} \tag{3.3.6}$$

H_p 为质量浓度的标高。对于清洁陆地型气溶胶粒子，H_p=730m；对于海洋型气溶胶粒子，H_p=900m；对于沙漠型气溶胶粒子，H_p=2000m；对于极地型气溶胶粒子，H_p=30 000m，如图 3.3.7 所示。

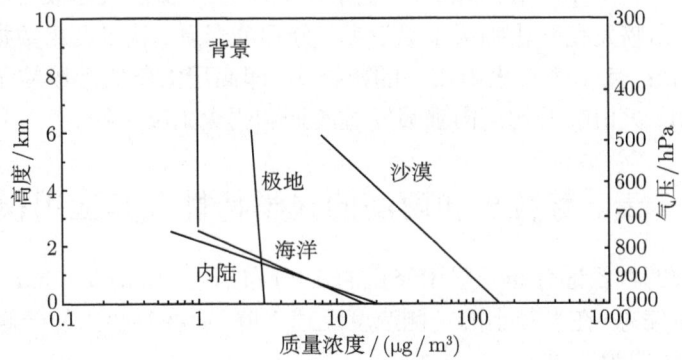

图 3.3.7　大气气溶胶粒子质量浓度的典型高度分布 (Jaenicke, 1993)

同样地，大气气溶胶粒子的数浓度的高度分布也可以用指数下降模型来描述，如图 2.3.6 所示。

$$N(h) = N(0)e^{-h/Z} \tag{3.3.7}$$

Z 为粒子数浓度的标高。各种类型的气溶胶粒子数浓度的标高列于表 3.3.3。$N(0)$ 可选择表 3.3.1 中的 N_i。表中整个高度分布分为四层，j=1,2,3,4，每层厚度为 $\Delta H = H_{j,\max} - H_{j,\min}$，$H_{\mathrm{ft}}$ 为自由对流层的高度。Z=99km 代表气溶胶粒子数浓度为常数不随高度变化，Z=8km 描述了大气分子和气溶胶粒子均匀混合的情况。注意这些数值仅仅为一种模型，实际情况可能要复杂得多。

表 3.3.3　各种类型大气气溶胶粒子高度分布特征参数 (Hess et al., 1998)

类型		ΔH/km	Z/km	$H_{\rm ft}$/km
对流层	大陆型	2	8	10
	城市型	2	8	10
	沙漠型	6	2	6
	海洋型	2	1	10
	北极	2	99	10
	南极	10	8	2
输送的矿物质 (2~3.5km)		1.5	99	—
自由对流层		—	8	—
平流层 (12~35km)		23	99	—

在 Lowtran/Modtran 软件中, 大气气溶胶粒子的高度分布廓线按以下方式处理:

0~2km: 浓度与能见度有关, 分 2km, 5km, 10km, 23km, 50km 5 个能见度数据;

2~4km: 浓度也与能见度有关, 分 23km, 50km 两个能见度数据;

4~10km: 能见度固定为 50km。分春夏、秋冬两组数据;

10~30km: 有 4 个与火山相关的数据库, 即背景平流层气溶胶粒子、中等火山喷发期、强火山喷发期和极强火山喷发期。分别分春夏、秋冬两组数据;

30~100km: 有 4 个与火山相关的数据库, 即高层大气气溶胶粒子、火山喷发向正常过渡期、火山喷发初期向强喷发过渡期和强火山喷发期。

3.4　云、雾粒子和雨滴的光学特性及其应用模式

雾和水云的粒径谱分布一般用修正的 $\varGamma$-分布描述 (Deirmendjian, 1969)。修正 $\varGamma$-分布曲线呈偏态, 在半径小的一侧浓度迅速下降, 而在半径大的一侧浓度缓慢减小, 其函数表达式为

$$n(r) = Nar^\alpha \exp(-br^\gamma) = Nar^\alpha \exp\left[-\frac{\alpha}{\gamma}\left(\frac{r}{r_{\rm mod}}\right)^\gamma\right] \quad (3.4.1)$$

式中, 4 个参数 a、b、α、γ 均为正实数。一般情况下取 $r_{\min}=0.02\mu m$, $r_{\max}=50\mu m$。这种分布的模半径与几个参量的关系为

$$r_{\rm mod}^\gamma = \alpha/(b\gamma) \quad (3.4.2)$$

修正 $\varGamma$-分布适用于描述具有单峰分布的粒子谱分布。Deirmendjian 早期提出的几种水云和雾霾的粒径谱分布特征参量列于表 3.4.1。相应的谱分布图形如图 3.4.1 和图 3.4.2 所示。现在修正的 $\varGamma$-分布一般用来描述雾和水云粒子谱分布, 几种模式水云和雾的谱分布参数 a、b、α 和 γ 列于表 3.4.2。

3.4 云、雾粒子和雨滴的光学特性及其应用模式

表 3.4.1 几种水云和雾霾的修正 Γ-分布粒子谱的参数

谱分布类型	N/cm^{-3}	$a(\text{cm}^{-3}/\text{m})$	α	γ	b	$r_{\text{mod}}/\mu\text{m}$
Haze M	100	5.3333×10^4	1	$\frac{1}{2}$	8.9443	0.05
Rain M	1000	5.3333×10^5	1	$\frac{1}{2}$	8.9443	50
Haze L	100	4.9757×10^6	2	$\frac{1}{2}$	15.1186	0.07
Rain L	1000	4.9757×10^7	2	$\frac{1}{2}$	15.1186	70
Haze H	100	4.0000×10^5	2	1	20.0000	0.10
Hail H	10	4.0000×10^4	2	1	20.0000	1000
C.1	100	2.3730	6	1	3/2	4.00
C.2	100	1.0851×10^{-2}	8	3	1/24	4.00
C.3	100	5.5556	8	3	1/3	2.00

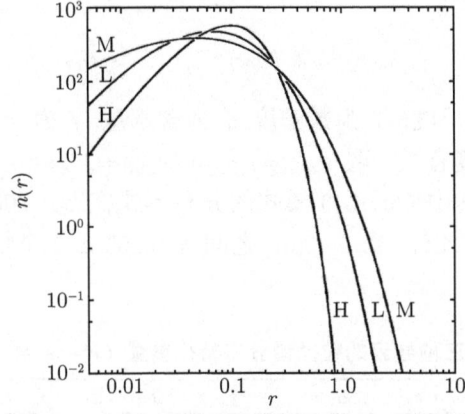

图 3.4.1 几种雾霾的修正 Γ-分布粒子谱

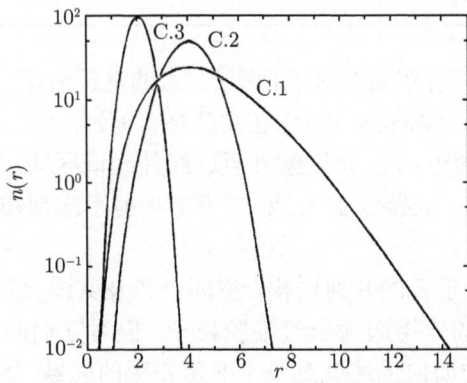

图 3.4.2 几种水云的修正 Γ-分布粒子谱

表 3.4.2 几种水云和雾的粒径谱分布特征参量 (Hess et al., 1998)

成分	文件名	$r_{mod}/\mu m$	α	γ	a	B	$r_{eff}/\mu m$	N/cm^{-3}	$L/(g/m^3)$
层云 (大陆)	STOO	4.7	5	1.05	9.792×10^{-3}	0.938	7.33	250	0.28
层云 (海洋)	STMA	6.75	3	1.30	3.818×10^{-3}	0.193	11.30	80	0.30
积云 (大陆, 清洁)	CUCC	4.8	5	2.16	1.105×10^{-3}	0.0782	5.77	400	0.26
积云 (大陆, 污染)	CUCP	3.53	8	2.15	8.119×10^{-4}	0.247	4.00	1300	0.30
积云 (海洋)	CUMA	10.4	4	2.34	5.674×10^{-5}	0.00713	12.68	65	0.44
雾	FOGR	8.06	4	1.77	3.041×10^{-4}	0.0562	10.70	15	0.058

卷云和一些中云的高部的冰晶粒子的尺度谱分布特征没有十分细致的测量工作,并且由于它们复杂的几何形态,也不像水云粒子容易描述。在目前的研究工作中,冰晶的粒径谱分布只是用下列公式简单地描述 (Liou, 1992):

$$n(r) = Nfa_1 x^{b_1} I, \quad x < x_0 \tag{3.4.3}$$

$$n(r) = Nfa_2 x^{b_2} I, \quad x > x_0 \tag{3.4.4}$$

式中, x 为粒子的最大尺度; N 为数密度; I 为含水量; f 为一个调节参数; 4 个参数 $a_{1,2}$, $b_{1,2}$ 与卷云的温度有关。取 $x_{min}=1.8\mu m$, $x_{max}=271\mu m$。三种模式卷云的谱分布参数列于表 3.4.3, 其中 Cirrus-3 模式的分布形式在 20~2000μm 之间同 Cirrus-2 模式的分布形式相同, 此外, 在 2~6μm 之间有 $0.169m^{-3}$ 个粒子, 在 6~20μm 之间有 $0.387m^{-3}$ 个粒子。

表 3.4.3 三种卷云的粒径谱分布特征参量 (Hess et al., 1998)

成分	文件名	a_1	b_1	a_2	b_2	x_0	f	$r_{eff}/\mu m$	N/cm^{-3}	$I/(g/m^3)$
Cirrus-1: $-25°C$	CIR1	4.486×10^8	-2.417	1.545×10^{14}	-4.376	670	0.909	91.7	0.107	0.0260
Cirrus-2: $-50°C$	CIR2	5.352×10^{10}	-3.545	—	—	—	3.48	57.4	0.0225	0.001 93
Cirrus-3: $-50°C$	CIR3	5.352×10^{10}	-3.545	—	—	—	3.48	34.3	0.578	0.002 08

液态水和冰的复折射率如图 3.4.3 所示。水的复折射率 (Ray, 1972; Segelstein, 1981) 和冰的复折射率 (Warren, 1984) 在实部略有差别, 但二者之间的虚部很相近。它们最显著的特点有两个: ① 在近紫外至近红外光谱区间, 实部随波长稳步降低, 冰的折射率实部在 3μm 处接近于 1; ② 二者的折射率虚部在可见光区间只有极其微弱的吸收。

必须说明的是, 由于云的几何结构、空间分布及其演化过程极端复杂, 尽管它们在大气物理过程中的作用远大于气溶胶粒子, 但对它们的研究远不如气溶胶粒子。单单就其几何结构如何描述就是一个非常棘手的问题, 尽管近年来引入了分形的语言, 但目前尚未得到有实用价值的结果。

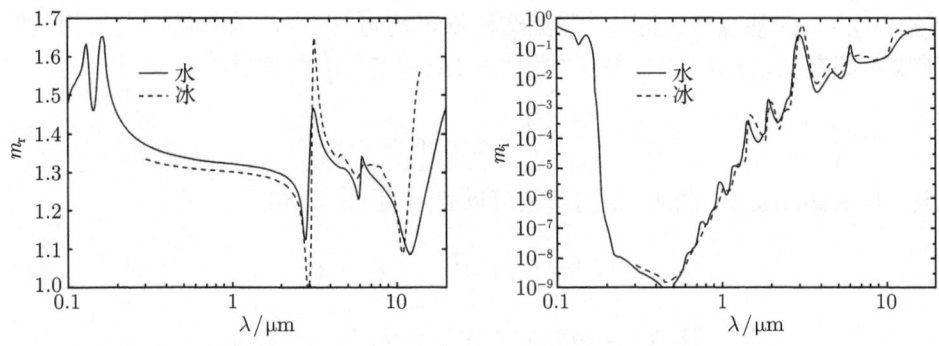

图 3.4.3 水和冰的折射率

雨滴的尺度分布有指数、Gamma 和对数正态等几种模型, 它们都可以转换为一种通用的形式 (Torres et al., 1994)

$$n(r) = R^a f(2r/R^b) \tag{3.4.5}$$

R 为降雨量 (单位: mm/h); r 的单位为 cm; $n(r)$ 的单位为 cm^{-4}。

对于不同的降雨类型, 可以选择不同的分布模型:

一种普遍的模型选择 $a=0$, $b=0.21$, $f(x)=0.08\exp(-41x)$;

一种针对细雨的模型选择 $a=0$, $b=0.21$, $f(x)=0.30\exp(-50x)$;

一种暴雨模型选择 $a=0$, $b=0.21$, $f(x)=0.14\exp(-30x)$;

一种飓风模型选择 $a=0.3$, $b=0.153$, $f(x)=50.6x^{2.16}\exp(-56.8x)$。

3.5 大气湍流的光学特性及其应用模式

通常所说的大气湍流大都指大气风速起伏对应的动力湍流, 但对光学性质起影响作用的是因大气密度起伏引起的大气折射率起伏所对应的光学湍流。由于大气密度起伏主要由温度起伏决定, 一般大气光学湍流由大气温度场的起伏特性决定。

对于局地各向同性湍流 (一般称为 Kolmogorov 湍流), 在由内尺度 l_0 和外尺度 L_0 决定的惯性区间内速度、温度的结构函数符合满足 2/3 幂律, 相应地, 折射率的结构函数也满足此定律

$$D_n(r) = C_n^2 r^{2/3}, \quad l_0 < r < L_0 \tag{3.5.1}$$

式中, C_n^2 称为折射率结构常数, 通常用来描述局地各向同性光学湍流的强度。而在 $r<l_0$ 的耗散区内, 结构函数满足平方幂律

$$D_n(r) = Cr^2, \quad r < l_0 \tag{3.5.2}$$

而在 $r > L_0$ 的能量注入区内，湍流结构不再均匀，两点间的起伏特性的相关性可以忽略，则有 $D_n(L_0) = 2 \langle n^2 \rangle - 2 \langle n \rangle^2 = 2\sigma_n^2 = C_n^2 L_0^{2/3}$，所以

$$C_n^2 = 2\sigma_n^2 L_0^{-2/3} \tag{3.5.3}$$

这样，对 Kolmogorov 湍流，结构函数可以表示为 (Rao, 2005)

$$D_n(r) = 2\sigma_n^2 (r/L_0)^{2/3}, \quad l_0 \ll r \ll L_0 \tag{3.5.4}$$

$$D_n(r) = 2\sigma_n^2 (l_0/L_0)^{2/3} (r/l_0)^2, \quad r \ll l_0 \tag{3.5.5}$$

从式 (3.5.4) 和式 (3.5.5) 可以看出湍流的标度性质和从外尺度 L_0 到内尺度 l_0 的级串过程。在湍流惯性区，任意距离上的结构函数正比于起伏方差 σ_n^2 并依赖于该距离和外尺度的比值。

Kolmogorov 湍流是对实际大气湍流的简化处理。实际大气湍流的结构函数可能不能简单地用幂律描述，或者虽满足幂律但幂值 γ 偏离 2/3。对于后一种非 Kolmogorov 湍流，结构函数可以表示为 (Rao, 2005)

$$D_n(r) = 2\sigma_n^2 (r/L_0)^\gamma, \quad l_0 \ll r \ll L_0 \tag{3.5.6}$$

$$D_n(r) = 2\sigma_n^2 (l_0/L_0)^\gamma (r/l_0)^2, \quad r \ll l_0 \tag{3.5.7}$$

因此，折射率起伏方差 σ_n^2 是描述一般情况下光学湍流强度的合适的量，结构函数依赖于起伏方差 σ_n^2 并依赖于以湍流特征尺度衡量的距离。

根据折射率相关函数可以求得其空间功率谱密度，对于 2/3 幂律的结构函数，一维空间功率谱具有 $-5/3$ 幂律

$$V_n(\kappa) \propto C_n^2 \kappa^{-5/3} \tag{3.5.8}$$

从式 (3.5.8) 可以推得 (第 8 章附录 A) 湍流的三维功率谱 $\Phi_n(K) \sim C_n^2 K^{-11/3}$，考虑到非惯性区的非幂律特征，局地各向同性湍流折射率起伏的三维谱密度的一般形式可写为

$$\Phi_n(K) = 0.033 C_n^2 K^{-11/3} f(Kl_0) \tag{3.5.9}$$

假定 L_0 为无穷大、内尺度 l_0 为零的功率谱称为 Kolmogorov 谱，此时

$$f(Kl_0) = 1 \tag{3.5.10}$$

Tatarskii 引入一个在耗散区具有高斯下降趋势的功率谱

$$f(Kl_0) = \exp[-(Kl_0/5.92)^2] \tag{3.5.11}$$

3.5 大气湍流的光学特性及其应用模式

当考虑大尺度湍流起伏时，理论研究者总是使用所谓的 von Karman 谱模型

$$\Phi_n(K) = 0.033 C_n^2 (K^2 + L_0^{-2})^{-11/6} \tag{3.5.12}$$

在同时考虑到大、小尺度湍流起伏时，理论研究者使用得最广泛的是 Tatarskii 谱和 von Karman 谱的综合谱，但仍被广泛地称为 von Karman 谱

$$\Phi_n(K) = 0.033 C_n^2 (K^2 + L_0^{-2})^{-11/6} \exp[-(K l_0/5.92)^2] \tag{3.5.13}$$

上述几种湍流谱都是简化的理论模型。Hill 根据单点温度测量结果并依据一些理论考虑提出了一个普适谱模型，它是下列二阶线性方程的解 (Hill, 1978; Hill and Clifford, 1978)：

$$\frac{d}{dK}\left\{K^{14/3}\left[(13.9K(0.135 l_0))^{3.8}+1\right]^{-0.175}\frac{d}{dK}\Phi_n(K)\right\} = 1.41 K^4 (0.135 l_0)^{4/3} \Phi_n(K) \tag{3.5.14}$$

Churnside 将其拟合为 (Churnside, 1990)

$$f(K l_0) = \exp[-1.28(K l_0)^2] + 1.45 \exp\{-0.97[\ln(K l_0) - 0.45]^2\} \tag{3.5.15}$$

Andrews 等将其拟合为 (Andrews et al., 1992)

$$f(K l_0) = e^{-(K l_0/3.3)^2}\left[1 + 1.802(K l_0/3.3) - 0.254(K l_0/3.3)^{7/6}\right] \tag{3.5.16}$$

Frehlich 将之拟合为 (Frehlich, 1992)

$$f(K l_0) = \left[\sum_{n=0}^{4} a_n (K l_0)^n\right] \exp(-\delta K l_0) \tag{3.5.17}$$

式中，参量 $a_0=1$, $a_1=1.1090$, $a_2=0.709\,37$, $a_3=-0.280\,86$, $a_4=0.082\,77$, $\delta=1.1090$。根据 Frehlich 的数据拟合的另一组参量为 $a_0=1$, $a_1=1.4284$, $a_2=1.1987$, $a_3=0.1414$, $a_4=0$, $\delta=1$。这个模型最显著的一个特征为在 $Kl_0=1$ 处的转折点，它表明了湍流耗散区的出现。Kolmogorov 谱、von Karman 谱、Hill 谱和 Frehlichn 拟合谱四种湍流谱模型的形状函数 $f(Kl_0)$ 绘于图 3.5.1 以资比较。

近地面大气湍流具有明显的地理变化特征，陆地、水面以及不同的大环境都对湍流的强度产生影响。近地面大气湍流强度具有显著的日变化特征。白天太阳辐射对地表加热，热量通过湍流向上传递，近地面大气层结不稳定，湍流充分发展，因此湍流很强，中午可达最大值。夜间地表向外辐射热量，大气的热量通过湍流向下

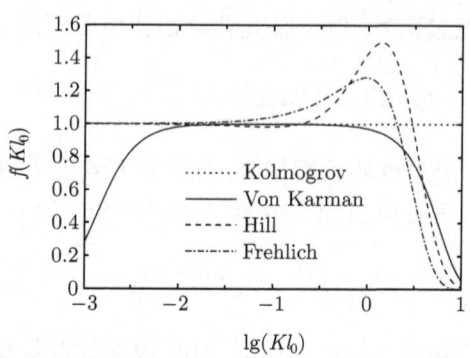

图 3.5.1 湍流普适谱模型的形状函数,湍流内、外尺度 l_0、L_0 分别为 1mm 和 1m

传递,近地面大气层结稳定,湍流不易发展,因而平均湍流强度相对较低。在日出后 1h、日落前 1h 左右,太阳辐射和地表辐射平衡、大气热量传递方向改变,被称为 "转换时刻",由于没有热量的上下传递,湍流最弱。图 3.5.2 是近地面两个高度上的 C_n^2 在一定时间段内的平均值的典型日变化特征。

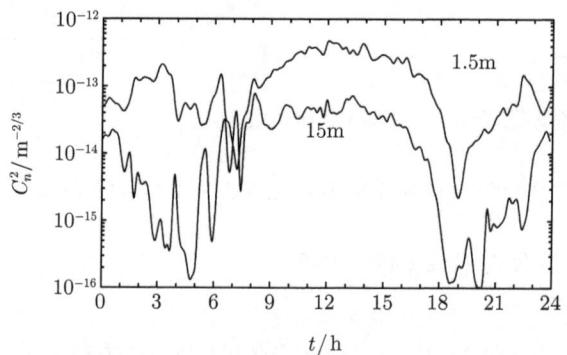

图 3.5.2 近地面两个高度上折射率结构常数 C_n^2 的典型日变化特征 (感谢吴晓庆研究员提供数据)

大气湍流强度具有显著的高度变化特征,折射率结构常数 C_n^2 的高度分布十分复杂,一般特征有:随高度递减,在对流层顶有峰值等。目前在一些地理和气候条件下总结了湍流廓线应用模型。其中应用较为广泛的是 Hufnagel 中纬度湍流廓线模型,它只决定于高空风速单个参数,从地面以上 3km 开始,没有包括边界层,既适用于白天也适用于夜晚

$$C_n^2(h) = 8.2 \times 10^{-26} W^2 h^{10} e^{-h} + 2.7 \times 10^{-16} e^{-h/1.5} \qquad (3.5.18)$$

这里, h 是高度 (km),参数 W 对应地面以上 5~20km 处的平均风速 (m/s),$W^2 =$

$(1/15)\int_{5}^{20}V^{2}(h)\mathrm{d}h$, C_n^2 的单位为 $\mathrm{m}^{-2/3}$。而包括边界层项的 Hufnagel-Valley 模型包含两个可以调整的参数

$$C_n^2(h) = 8.2\times 10^{-16}W^2(0.1h)^{10}\mathrm{e}^{-h} + 2.7\times 10^{-16}\mathrm{e}^{-h/1.5} + C_0^2\mathrm{e}^{-10h} \quad (3.5.19)$$

C_0^2 对应于地面上 C_n^2 的典型值。应用最广泛的一种特定廓线 Hufnagel-Valley5/7 模型 (图 3.5.4) 对应的参量为：$W=21\mathrm{m/s}$, $C_0^2=1.7\times 10^{-4}\mathrm{m}^{-2/3}$，此时对应的整层大气的相干长度为 5cm、等晕角为 7μrad(波长为 0.5μm)。

根据合肥地区长期探空测量数据拟合的四季模式为

春季：$C_n^2 = 8.0\times 10^{-26}h^{13.5}\mathrm{e}^{-\frac{h}{0.88}} + 1.95\times 10^{-15}\mathrm{e}^{-\frac{h}{0.11}} + 8.0\times 10^{-17}\mathrm{e}^{-\frac{h}{7.5}}$ (3.5.20a)

夏季：$C_n^2 = 2.8\times 10^{-29}h^{17}\mathrm{e}^{-\frac{h}{0.7}} + 2.1\times 10^{-15}\mathrm{e}^{-\frac{h}{0.10}} + 2.0\times 10^{-17}\mathrm{e}^{-\frac{h}{4.8}}$ (3.5.20b)

秋季：$C_n^2 = 3.0\times 10^{-27}h^{14.9}\mathrm{e}^{-\frac{h}{0.8}} + 5.5\times 10^{-15}\mathrm{e}^{-\frac{h}{0.01}} + 6.0\times 10^{-17}\mathrm{e}^{-\frac{h}{6.0}}$ (3.5.20c)

冬季：$C_n^2 = 1.2\times 10^{-26}h^{15.5}\mathrm{e}^{-\frac{h}{0.7}} + 7.4\times 10^{-15}\mathrm{e}^{-\frac{h}{0.08}} + 6.0\times 10^{-17}\mathrm{e}^{-\frac{h}{6.0}}$ (3.5.20d)

对应于图 3.5.3。

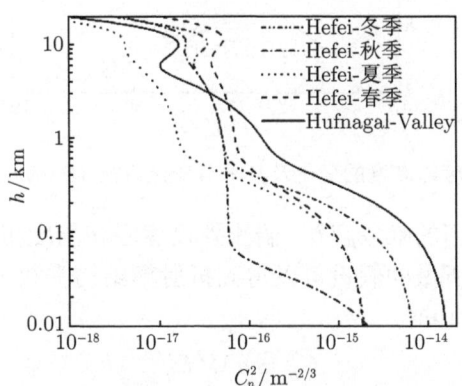

图 3.5.3 合肥地区四季大气折射率结构常数 C_n^2 的高度分布模型以及与 Hufnagel-Valley5/7 模型的对比 (感谢翁宁泉研究员提供数据)

近地面湍流内尺度的值大都在几毫米至十几毫米的范围内。图 3.5.4 是距地面 1.5m 的高度上湍流内尺度 24h 的变化特征 (Ochs and Hill, 1985)。在美国 New Mexico 的 White Sands 地区用 Doppler 声雷达进行的长达五年的测量显示：在 5～20km 的高度范围内, 5km 高度上的内尺度约 1cm, 随高度的增加, 19km 高度上的内尺度增大到约 7cm, 季节变化不大。5km 高度上的外尺度值最大, 约 60m; 随高度的增加, 外尺度减小, 在 15km 附近达到最小值 12～20m; 而后又随高度的增加而减小, 在 20km 处约 22m。外尺度随高度的变化及其季节变化如图 3.5.5 所示 (Eaton and Nastrom, 1998)。

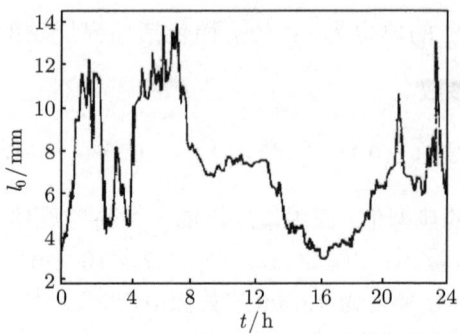

图 3.5.4 近地面湍流内尺度的日变化特征

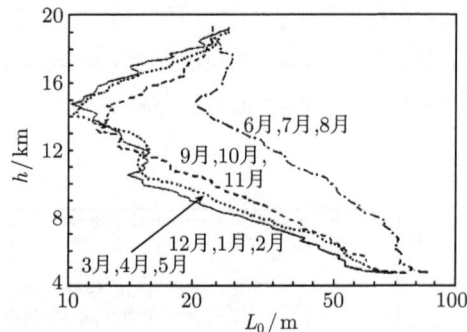

图 3.5.5 湍流外尺度随高度的变化及其季节变化特征 (Eaton and Nastrom, 1998)

根据大气湍流成因的唯象解释,湍流外尺度应和高度相仿。根据 Tatarskii 对大气中湍流混合过程所做的假设可以得到折射率结构常数 C_n^2 和外尺度之间的关系为 (Coulman et al., 1988)

$$C_n^2 = aM^2 L_0^{4/3} \tag{3.5.21}$$

式中, a 为常数,约为 2.8; M 是位折射率的梯度

$$M = -\frac{78 \times 10^{-6} P}{T} \frac{\delta \ln \theta}{\delta z} \tag{3.5.22}$$

z 为高度坐标,θ 为位温:$\theta = T(100/P)^{0.286}$。位于智利的欧洲南方天文台观测的结果如图 3.5.6 所示,最大的外尺度仅为 5m 左右,这既与通唯象解释有天壤之别,也与图 3.5.5 的结果差别巨大。根据这些测量结果拟合的两种外尺度廓线模型为

$$L_0(h) = 5 \left/ \left\{ 1 + [(h - 7500)/2000]^2 \right\} \right. \tag{3.5.23a}$$

$$L_0(h) = 5 \left/ \left\{ 1 + [(h - 8500)/2500]^2 \right\} \right. \tag{3.5.23b}$$

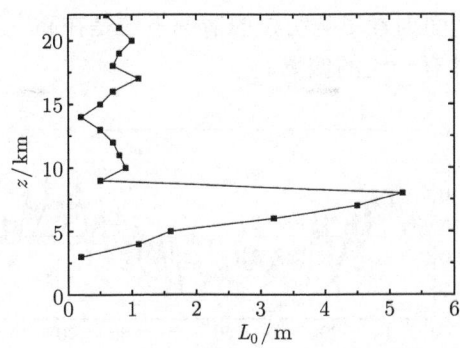

图 3.5.6 湍流外尺度随高度的变化特征 (欧洲南方天文台)

在各种结果不一致的情况下，Lukin 提出了一种综合性的理论模型为 (Lukin, 2005)

$$L_0(h) = \begin{cases} 0.4, & h \leqslant 1\mathrm{m} \\ 0.4h, & 1\mathrm{m} \leqslant h \leqslant 25\mathrm{m} \\ 2\sqrt{h}, & 25\mathrm{m} \leqslant h \leqslant 1000\mathrm{m} \\ 2\sqrt{1000}, & h \geqslant 1000\mathrm{m} \end{cases} \quad (3.5.24)$$

上面关于大气湍流折射率结构常数 C_n^2 及其高度廓线分布的特征都是在局地各向同性的假设下对观测量进行统计分析得到的结果。然而，实际情况却要复杂得多。在同一高度水平 (h) 和垂直方向 (v) 上相同距离测量的折射率结构函数也明显不同，平均相差约 1.5 倍，如图 3.5.7 所示 (Vernin, 1992)。

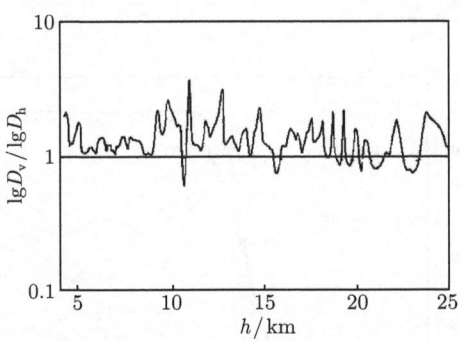

图 3.5.7 水平和垂直方向上折射率结构函数的比较

长期的实验测量结果表明，大气温度的功率谱在很多情况下不满足 $-5/3$ 幂律 (曾宗泳等，1998)。利用飞机在高空对大气温度进行的长距离的测量得到的一维空间功率谱的幂指数如图 3.5.8 所示。功率谱幂值随空间位置而变化，大部分情况下偏离了 $-5/3$(Papanicolaou et al., 1998; Papanicolaou and Solna, 2003)。这些结果表明无论是在近地面受地面因素影响明显的情况下还是在高空自由的大气中,大气湍流大都与各向同性特性有一定的偏离。

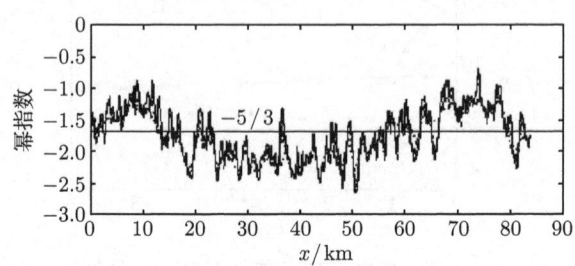

图 3.5.8　高空温度一维空间功率谱的幂指数,横坐标为空间位置

大气湍流折射率功率谱幂指数的实际测量结果仅局限于近地面或对流层顶等有限的高度,并且数据量有限且起伏明显,尚不足以建立模式。然而有些工作需要考虑斜程路径上非 Kolmogorov 湍流谱的影响时要求有关湍流折射率功率谱幂指数的信息,为此有研究者提出了此类模型 (Zilberman et al., 2008),三维功率谱幂指数的绝对值为

$$\alpha(h) = \frac{11/3}{1+(h/H_1)^{b_1}} + \frac{10/3}{[1+(h/H_1)^{-b_1}][1+(h/H_2)^{b_2}]} + \frac{5}{1+(h/H_2)^{-b_2}} \quad (3.5.25)$$

式中,H_1、H_2 分别为特征高度;b_1、b_2 为拟合系数。图 3.5.9 分别绘出了 H_1=2km、H_2=8km, b_1=8、b_2=10(实线) 和 b_1=15、b_2=20(虚线) 两种情况下的幂指数廓线分布。这种模型仅供参考。

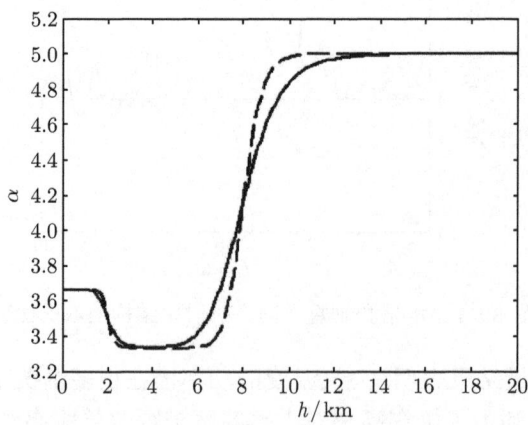

图 3.5.9　大气湍流谱幂指数的廓线分布模型 (Zilberman et al., 2008)

参 考 文 献

石广玉. 2008. 大气辐射学. 北京: 科学出版社

曾宗泳, 袁仁民, 谭锟, 等. 1998. 复杂地形近地面温度谱. 量子电子学报, 15: 134–139

Andrews D G, Holton J R, Leovyc B. 1987. Middle Atmosphere Dynamics. New York: Academic Press

Andrews L C. 1992. An analytical model for the refractive index power spectrum and its application to optical scintillation in the atmosphere. J. Mod. Opt., 39: 1849–1853

Birch K. 1991. Precise determination of refractometric parameters for atmospheric gases. JOSA, 8: 647–651

Birch K P, Downs M J. 1993. An updated equation for the refractive index of air. Metrologia, 30: 155–162

Birch K P, Downs M J. 1994. Correction to the updated equation for the refractive index of air. Metrologia, 31: 315–316

Changnon C W, Junge C. 1961. The vertical distribution of sub-micron particles in the stratosphere. J. Meteor., 18: 746–752

Churnside J H. 1990. A spectrum of refractive turbulence in the turbulent atmosphere. J. Mod. Opt., 37: 13–16

Ciddor P E. 1996. Refractive index of air: new equations for the visible and near infrared. Appl. Opt., 35: 1566–1573

Ciddor P E, Hill R J. 1999. Refractive index of air: 2. Group index. Appl. Opt., 35: 1663–1667

Ciddor P E. 2002. Refractive index of air: 3. The roles of CO_2, H_2O, and refractivity virials. Appl. Opt., 41: 2292–2298

Coulman C E, Vernin J, Coqueugniot Y, et al., 1988. Out-scale of turbulence appropriate to modeling refractive index structure profiles. Appl. Opt., 27: 155–160

Deirmendjian D. 1964. Scattering and polarization properties of water clouds and hazes in visible and near infrared. Appl. Opt., 3: 187–196

Deirmendjian D. 1969. Electromagnetic Scattering on Spherical Polydispersions. New York: American Elsevier

Dubovik O, Holben B, Eck T F, et al. 2002. Variability of absorption and optical properties of key aerosol types observed in worldwide locations. JAS, 59: 590–608

Eaton F D, Nastrom G D. 1998. Preliminary estimates of the vertical profiles of inner and outer scales from White Sands Missile Range, New Mexico, VHF Radar observations. Radio Sciences, 33: 895–903

Edlen B. 1966. The refractive index of air. Metrologia, 2(2): 71–80

Frehlich R. 1992. Laser scintillation measurements of the temperature spectrum in the atmospheric surface layer. J. Atmos. Sci., 49: 1494–1509

Gamache R R, Hawkins R L, Rothman L S. 1990. Total internal partition sums in the temperature range 70–3000 K: atmospheric linear molecules. J. Mol. Spectrosc, 142: 205–219

Goody R M, Yung Y L. 1989. Atmospheric Radiations: Theoretical Basis. Oxford: Oxford University Press

Hess M, Koepke P, Schult I. 1998. Optical properties of aerosol and clouds: The software package OPAC. Bulletin of the American Meteorological Society, 79(5): 831–844

Hill R J. 1978. Models of the scalar spectrum for turbulent advection. J. Fluid Mech., 88: 541–562

Hill R J. 1995. Refractive index of atmospheric gases. *In*: Diemenger W, Hartmann G K Leitinger R The Upper Atmosphere. Berlin: Springer

Hill R J, Clifford S F. 1978. Modified spectrum of atmospheric temperature fluctuations and its application to optical propagation. J. Opt. Soc. Am., 68: 892–899

Hohm U, Kerl K. 1990. Interferometric measurements of the dipole polarizability of molecules between 300K and 1100K. Molecules Physics, 69: 819–831

Jaenicke R. 1993. Tropospheric aerosols. *In*: Hobbs P V. Aerosol-Cloud-Climate Interactions. San Diego: Academic Press

Junge C E. 1958. Atmospheric Chemistry, in Advances in Geophysics. New York: Academic Press

Kneisys F X, Abreu L W, Anderson G P, et al. 1995. The MODTRAN 2/3 and LOWTRAN 7 Model. MODTRAN Report

Liou K N. 1992. Radiation and cloud Processes in Atmasphere: Theory, observation and Modeling. New York: Oxford University Press

Liou K N. 2002. An introduction to atmospheric radiation. New York: Academic Press

Lukin V P. 2005. Out scale of atmospheric turbulence. Proc. SPIE, 5981: 1–13

MaClatchey R A, Fenn R W, Selby J E A, et al. 1972. Optical Properties of the Atmosphere (Third Edition). AFCRL-72-0497

McClatchey R A, Benedict W S, Clough S A, et al. 1973. AFCRL atmospheric absorption line parameters compilation. AFCRL-TR-73-0096, Environ. Res. Papers., No. 434

Nakajima T, Yoon S C, Ramanathan V, et al. 2007. Overview of the Atmospheric Brown Cloud East Asian Regional Experiment 2005 and a study of the aerosol direct radiative forcing in east Asia. J. Geophys. Res., 112: D24S91, doi: 10.1029/2007JD009009

NOAA, NASA, United States Air Force. 1976. U.S. Standard atmosphere

Ochs G R Hill R J. 1985. Optical scintillation method of measuring turbulence inner scale. Appl. Opt., 24: 2430–2432

Old J, Gentili K, Peck E. 1970. Dispersion of carbon dioxide. JOSA, 61: 89–91

Owens J C. 1967. Optical refractive index of air: dependence on pressure, temperature and composition. APPLIED OPTICS, 6: 51–59

Papanicolaou G, Solna K, Washburn D. 1998. Segmentation independent estimates of turbulence parameters. Proc. SPIE, 3381: 256–267

Papanicolaou G, Solna K. 2003. Wavelet based estimation of local Kolmogorov turbulence. *In*: Doukhan P, Oppenheim G, Taqqu M S. Theory and Applications of Long-Range Dependence. Cambridge: Birkhauser. 473–505

Peck E R, Reeder K. 1972. Dispersion of air. JOSA, 62(8): 958–962

Peck E, Khanna B. 1966. Dispersion of nitrogen. JOSA, 56: 1059–1063

Qin X, Xiao X, Puri I K, et al. 2002. Effect of varying composition on temperature reconstructions obtained from refractive index measurements in flames. Combustion and Flame, 128: 121–132

Rao R. 2005. Optical properties of atmospheric turbulence and their effects on light propagation. Proc. SPIE, 5832: 1-11

Ray P. 1972. Broadband complex refractive indices of ice and water. Appl. Opt., 11: 1836–1844

Rothman L S, Gamache R R, Goldman A, et al. 1987. The HITRAN database: 1986 edition. Appl. Opt., 26: 4058–4097

Rothman L S, Gamache R R, Tipping R H, et al. 1992. The HITRAN molecular database: editions of 1991 and 1992. JQSRT, 48: 469–507

Rothman L S, Rinsland C P, Goldman A, et al. 1998. The HITRAN molecular spectroscopic database and HAWKS (HITRAN atmospheric workstation): 1996 edition. JQSRT, 60: 665–710

Rothman L S, Barbe A, Benner D C, et al. 2003. The HITRAN molecular spectroscopic database: edition of 2000 including updates through 2001. JQSRT, 82: 5–44

Rothman L S, Jacquemart D, Barbe A, et al. 2005. The HITRAN 2004 molecular spectroscopic database. JQSRT, 96: 139–204

Segelstein D. 1981. The complex refractive index of water. M.S. Thesis, University of Missouri-Kansas City

Stone Jr J A, Zimmerman J H. 2001. 2008-7-30 Index of Refraction of Air. http://emtoolbox.nist.gov/Wavelength/Documentation.asp

Torres D S, Porra J M, Creutin J. 1994. A general expression for raindrop size distribution. J. Appl. Meteo., 33: 1494–1502

Tunick A. 2003. Cn^2 model to calculate the micrometeorological influences on the refractive index structure parameter. Environmental Modelling & Software, 18: 165–171

Vernin J. 1992. Atmospheric turbulence profiles. In: Tatarskii V I, Ishimaru A, Zavorotny V U. Wave Propagation in Random Media (Scintillation). Bellingham: SPIE & IPP

Warren S. 1984. Optical constants of ice from the ultraviolet to the microwave. Appl. Opt., 23: 1206–1225

Zilberman A, Golbraikh E, Kopeika N S. 2008. Propagation of electromagnetic waves in Kolmogorov and non-Kolmogorov atmospheric turbulence: three-layer altitude model. Appl. Opt., 34: 6385–6391

第4章 大气分子对光的折射、散射和吸收

4.0 引　　言

　　在许多应用中，地球大气可以被当作一个和真空略有差异的静止的连续介质。这个介质的主要光学特性是各种成分的含量、密度及对应的折射率的空间分布稳定，不考虑局部的起伏问题。折射率略为大于单位值1并随离地面的高度而存在梯度变化，高度越高，越接近于单位值。

　　由于折射率的梯度变化，出现了光学上常见的折射问题。这不仅造成了大自然中神奇的光象，如海市蜃楼等，也在天文观测、大地测量和空间目标定位等现代科学技术中带来了不可忽视的影响。

　　微观上空气分子也是一个个离散的微粒，其尺度远小于可见光的波长。这种情况下的散射光强度与波长的四次方成反比，所以随波长的变短，散射会变得越来越强烈，其结果使得空气分子对可见光的散射形成了蔚蓝的天空。在现代光电工程应用中，它是短波长激光应用中衰减的重要因素，在短波长激光雷达大气探测中，分子后向散射是主要的回波信号。

　　大气分子对光的吸收是大气光学中最重要的物理过程之一。在大气辐射传输中，分子吸收的光谱特性及其对应的各种光谱分辨率的大气透过率计算是最主要的问题之一。在激光大气传输中，分子吸收是造成激光能量衰减和导致热晕效应的最主要因素，选择吸收较小的微小光谱窗口是激光工程应用的重要任务。而在大气污染气体监测中，污染气体的吸收光谱特性充当了它的身份证，使我们得以利用此身份证鉴别它们。

4.1　球面平行大气中的折射

4.1.1　大气中的光线轨迹

　　由于大气折射率随高度变化，除了光线自地面向天顶方向或者自天空向地面垂直传播的情况，光线总要产生折射。由于空气的折射率和真空的折射率差别不大，在偏离垂直传播方向不大的情况下，折射效果不明显，但当偏离垂直传播方向很大的情况下，折射的结果却是相当可观的。

　　在处理大气折射问题时，必须将大气作为围绕地球的球对称介质。光线上任

4.1 球面平行大气中的折射

意一点的折射率为 n, 天顶角为 θ, 该点到地面的高度为 h、到地球中心的距离为 $r = h + r_e$ (r_e=6356.777km 为地球极地半径, = 6378.163Km 为赤道半径)。自大气中任意一个位置(其离地面的高度为 h_a) 到另一位置(其离地面的高度为 h_b) 的光线传播的几何路径如图 4.1.1 所示。两点间总的光线轨迹长度大于两点间的直线距离, 光的方向偏离了 $\psi = \theta_b - \theta_a + \Delta\phi$, $\Delta\phi$ 为两点对地心的张角。

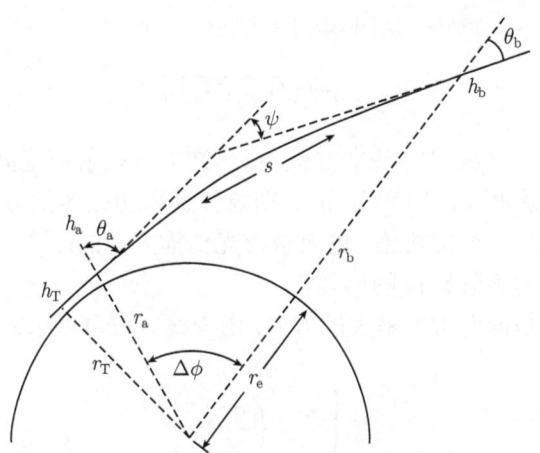

图 4.1.1 大气中光线传播的几何路径示意图

根据几何光学的基本公式——光线方程 (1.3.4)

$$\frac{d}{ds}\left(n\frac{d\boldsymbol{r}}{ds}\right) = \nabla n \tag{4.1.1}$$

对于球对称的介质折射率 $n = n(r)$, 有 $\nabla n = \dfrac{\boldsymbol{r}}{r}\dfrac{dn}{dr}$, $\dfrac{d\boldsymbol{r}}{ds} = \boldsymbol{s}$ 为光传播方向的单位矢量, 由于 $\dfrac{d}{ds}(\boldsymbol{r} \times n\boldsymbol{s}) = \dfrac{d\boldsymbol{r}}{ds} \times n\boldsymbol{s} + \boldsymbol{r} \times \dfrac{d}{ds}(n\boldsymbol{s}) = \boldsymbol{s} \times n\boldsymbol{s} + \boldsymbol{r} \times \dfrac{\boldsymbol{r}}{r}\dfrac{dn}{dr} = 0$, 则

$$\boldsymbol{r} \times n\boldsymbol{s} = \text{const} \tag{4.1.2}$$

由此可知光线的传播路径为位于过地球中心的平面内的曲线, 由式 (4.1.2) 可得

$$n(r)r\sin\theta = C \tag{4.1.3}$$

如果将光线(或其延长线)在大气中有一切点位置(天顶角为 90°), 其折射率为 n_T, 该点到地面的高度为 h_T, 则 $C = n_T r_T$。如果将式 (4.1.3) 光线轨迹表达为极坐标 (r, ϕ) 的显式表达式, 则根据平面曲线的切线倾斜度

$$\tan\theta = r \bigg/ \frac{dr}{d\phi} \tag{4.1.4}$$

可得
$$\frac{dr}{d\phi} = \frac{r}{C}\sqrt{(nr)^2 - C^2} \tag{4.1.5}$$

因而有
$$\phi = C \int \frac{dr}{r\sqrt{(nr)^2 - C^2}} \tag{4.1.6}$$

从图 4.1.1 可知 $dr = \cos\theta ds$,则由式 (4.1.3) 有
$$ds = dr/\sqrt{1 - C^2/(nr)^2} \tag{4.1.7}$$

以上两式为大气中的光线追踪基本方程,在已知大气折射率空间分布 (或密度分布 Gladstone-Dale 关系求取折射率分布)、光源位置和初始传播方向的情况下可以通过数值积分求得光线的传播轨迹。进而求得光传播方向的改变、两点间光线的实际传播距离及其与几何直线距离的偏差。

光线的传播总是偏向折射率大的方向,由光线方程可以求得传播轨迹的曲率半径为
$$r_c = \frac{\left[r^2 + \left(\frac{dr}{d\phi}\right)^2\right]^{3/2}}{r^2 + 2\left(\frac{dr}{d\phi}\right)^2 - r\frac{d^2 r}{d^2 \phi}} \tag{4.1.8}$$

经推导可求得
$$r_c = -n \Big/ \left(\sin\theta \frac{dn}{dr}\right) \tag{4.1.9}$$

定义一个描述任意高度上大气折射程度的量
$$R(r) \equiv \frac{r}{r_c(\theta = \pi/2)} = -\frac{r}{n}\frac{dn}{dr} \tag{4.1.10}$$

它代表切点位置距地心距离与该点光线轨迹的曲率半径的比值。该量与具体的光线轨迹无关,而只与大气的密度 (折射率) 廓线有关。对于美国标准大气,该参量在海平面上的值约为 0.16,随高度指数递减,对应的标高约为 10km(Kneisys et al., 1995)。如果对极角积分,则光线轨迹可以表达为以下几种形式 (van der Werf, 2008):

$$\frac{dr}{d\phi} = r/\tan\theta \tag{4.1.11}$$

$$\frac{d\theta}{d\phi} = -\left(1 + \frac{r}{r_c \sin\theta}\right) = -(1 + R) \tag{4.1.12}$$

$$\frac{ds}{d\phi} = \frac{r}{\sin\theta} \tag{4.1.13}$$

4.1 球面平行大气中的折射

由于式 (4.1.7) 在切点位置有奇点,给数值积分带来困难。在遇到这种情况时需要对该式进一步作变量代换。Modtran 软件所选取的变量代换为 $x = r\cos\theta$,则式 (4.1.7) 变为

$$ds = dx/(1 - R\sin^2\theta) \tag{4.1.14}$$

由于正常情况下 $R < 1$,此式右边的分母一般不会等于 0 而使奇点出现,无论对于水平路径还是垂直路径。特殊情况如上视蜃楼 (looming) 可使 $R > 1$。

光线方向的改变通过天顶角 θ 与光线轨迹对地心的张角 ϕ 的差值的变化量 $d\psi = d\theta + d\phi$ 来表示,并且有

$$d\psi = ds/r_c = R\sin\theta ds/r \tag{4.1.15}$$

除高度 r(或 h) 外,可供选择的自变量还有天顶角 θ、地心张角 ϕ 和光程 s。针对不同自变量光线积分的各种方案列于表 4.1.1。表中主要符号与本书中所使用符号有差异,它们的对应关系为:(表中)$R_0 \to r_e$(本书); $R_0 + h \to r$, $\beta \to \pi/2 - \theta$, $r \to r_c$, $M \to u$, $\xi \to \psi$。仅从数值积分的数学角度来看,以光程 s 为自变量的积分不存在奇点问题,被 van der Werf (2008) 推荐为最优选择。van der Werf 并推荐了一种四阶 Runge-Kutta 积分方案:

一个积分步骤为

$$\begin{aligned}
s_2 &= s_1 + \Delta s \\
h_2 &= h_1 + (k_{h,1} + 2k_{h,2} + 2k_{h,3} + k_{h,4})\Delta s/6 \\
\beta_2 &= \beta_1 + (k_{\beta,1} + 2k_{\beta,2} + 2k_{\beta,3} + k_{\beta,4})\Delta s/6 \\
\phi_2 &= \phi_1 + (k_{\phi,1} + 2k_{\phi,2} + 2k_{\phi,3} + k_{\phi,4})\Delta s/6 \\
\xi_2 &= \xi_1 + (k_{\xi,1} + 2k_{\xi,2} + 2k_{\xi,3} + k_{\xi,4})\Delta s/6 \\
M_2 &= M_1 + (k_{M,1} + 2k_{M,2} + 2k_{M,3} + k_{M,4})\Delta s/6
\end{aligned} \tag{4.1.16}$$

式 (4.1.16) 中的系数对各量 $X = h, \beta, \phi, \xi, M$ 分别为

$$\begin{aligned}
k_{X,1} &= \left.\frac{dX}{ds}\right|_{s_1, h_1, \beta_1, \phi_1} \\
k_{X,2} &= \left.\frac{dX}{ds}\right|_{s_1, \frac{1}{2}\Delta s, h_1 + \frac{1}{2}k_{h,1}\Delta s, \beta_1 + \frac{1}{2}k_{\beta,1}\Delta s, \phi_1 + \frac{1}{2}k_{\phi,1}\Delta s} \\
k_{X,3} &= \left.\frac{dX}{ds}\right|_{s_1 + \frac{1}{2}\Delta s, h_1 + \frac{1}{2}k_{h,2}\Delta s, \beta_1 + \frac{1}{2}k_{\beta,2}\Delta s, \phi_1 + \frac{1}{2}k_{\phi,2}\Delta s} \\
k_{X,4} &= \left.\frac{dX}{ds}\right|_{s_1 + \Delta s, h_1 + k_{h,3}\Delta s, \beta_1 + k_{\beta,3}\Delta s, \phi_1 + k_{\phi,3}\Delta s}
\end{aligned} \tag{4.1.17}$$

表 4.1.1 针对不同自变量光线积分的各种方案 (van der Werf, 2008)

积分变量 $=h$	积分变量 $=\beta$	积分变量 $=\phi$	积分变量 $=s$
$\mathrm{d}\beta = \dfrac{\left[1+\dfrac{R_0+h}{r\cos\beta}\right]}{(R_0+h)\tan\beta}\mathrm{d}h$	$\mathrm{d}h = \dfrac{(R_0+h)\tan\beta}{\left[1+\dfrac{R_0+h}{r\cos\beta}\right]}\mathrm{d}\beta$	$\mathrm{d}h = (R_0+h)\tan\beta\mathrm{d}\phi$	$\mathrm{d}h = \sin\beta\mathrm{d}s$
$\mathrm{d}\phi = \dfrac{1}{(R_0+h)\tan\beta}\mathrm{d}h$	$\mathrm{d}\phi = \dfrac{1}{\left[1+\dfrac{R_0+h}{r\cos\beta}\right]}\mathrm{d}\beta$	$\mathrm{d}\beta = \left[1+\dfrac{R_0+h}{r\cos\beta}\right]\mathrm{d}\phi$	$\mathrm{d}\beta = \left[1+\dfrac{\cos\beta}{R_0+h}+\dfrac{1}{r}\right]\mathrm{d}s$
$\mathrm{d}s = \dfrac{1}{\sin\beta}\mathrm{d}h$	$\mathrm{d}s = \dfrac{\dfrac{R_0+h}{\cos\beta}}{\left[1+\dfrac{R_0+h}{r\cos\beta}\right]}\mathrm{d}\beta$	$\mathrm{d}s = \dfrac{R_0+h}{\cos\beta}\mathrm{d}\phi$	$\mathrm{d}\phi = \dfrac{\cos\beta}{(R_0+h)}\mathrm{d}s$
$\mathrm{d}\xi = \dfrac{1}{r\sin\beta}\mathrm{d}h$	$\mathrm{d}\xi = \dfrac{\dfrac{R_0+h}{r\cos\beta}}{\left[1+\dfrac{R_0+h}{r\cos\beta}\right]}\mathrm{d}\beta$	$\mathrm{d}\xi = \dfrac{R_0+h}{r\cos\beta}\mathrm{d}\phi$	$\mathrm{d}\xi = \mathrm{d}\beta - \mathrm{d}\phi = \dfrac{1}{r}\mathrm{d}s$
$\mathrm{d}M = \dfrac{\rho}{\sin\beta}\mathrm{d}h$	$\mathrm{d}M = \dfrac{\rho\dfrac{R_0+h}{\cos\beta}}{\left[1+\dfrac{R_0+h}{r\cos\beta}\right]}\mathrm{d}\beta$	$\mathrm{d}M = \rho\dfrac{R_0+h}{\cos\beta}\mathrm{d}\phi$	$\mathrm{d}M = \rho\mathrm{d}s$

如果折射率可以表示为高度的连续函数，路径积分可以通过式 (4.1.8) 直接进行。对于模式大气，大气密度或折射率都是以高度作为自变量赋值的列表。当使用这些数据时，温度可以线性内插，而大气密度则按指数内插。任意两层 i 和 $i+1$ 之间的密度可以表示为

$$\rho(h) = \rho_i \exp\left[-(h-h_i)/H_i\right] \tag{4.1.18}$$

$$H_i = (h_{i+1}-h_i)/\ln(\rho_i/\rho_{i+1}) \tag{4.1.19}$$

通过光线追踪，可以获得大气中任何几何条件下的光线传播轨迹。在实际应用中大气折射产生的主要影响有：

(1) 光线的传播方向发生改变：折射使天体或空间目标的视方向偏离真实位置，自地球表面向大气外界发射的光线偏离预定目标。地球大气层的密度上稀下密，地面观察到的大气外目标的视天顶角小于实际天顶角，这个现象在天文和气象上常称作蒙气差。偏离量随目标天顶角的增大而增大，在天顶时为零，接近地平时最大。

(2) 光程延长：一方面实际光传播路径上的大气气体成分含量大于直线传播路径，使大气吸收量增加；另一方面在天体（月球等）或空间目标（卫星等）的激光测距中，大气折射使测量到的实际光行时间比真空中理想的直线传播时间要长。天顶角在 15°～80° 范围内，大气折射引起的测距误差值在米级乃至约 10m。当天顶角大于 45° 时，修正量明显增大且随天顶角的递增修正量加大，因此，对激光高精度

测距而言,进行大气折射修正是需要的。

(3) 色散效应:由于大气折射率与光的波长有关,不同波长的光波的大气折射程度不同,这会使天文观测的星像发散。在地面向空间目标的激光发射中,如果跟踪瞄准使用的波长和发射激光的波长不一致,会带来发射方向和瞄准方向的偏离量。

4.1.2 天文折射

在地球大气中(地面附近)进行的天文观测对应于大气外界很远处的光线传播至观测站,光线轨迹穿越了整个大气层。这种情况实际上是上一节中光线追踪计算最简单的场景。由于观测者的高度 h_a 和视天顶角 θ_a 是确切知道的,从观测站出发进行光线穿越整个大气层的追踪,就可以获得大气层顶天体光线入射的角度 θ_b 以及与观测者的视线之间的夹角 ψ (天文上一般称为蒙气差)。这样就可以获知天体的真实位置(即在观测者位置的真实天顶角为 $\theta_a + \psi$)。针对美国 1962 年标准大气、热带和近极地冬季三种模式大气按 0~100km 高度计算的蒙气差与天顶角的关系如图 4.1.2 所示。当天顶角大于 70° 后,折射偏差明显增大,并且对不同的大气模式也有明显的差异 (Jursa, 1985)。

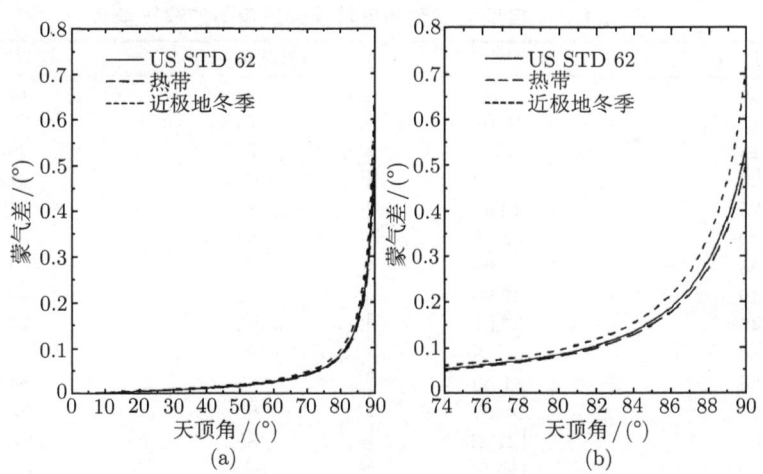

图 4.1.2　三种大气模式中蒙气差与天顶角的关系

(a)0~90°;(b)74°~90°

当天文观测或航空观测的观测点位于地面一定高度时,随高度的增加,蒙气差会逐步减小。针对美国 1962 年标准大气、热带和近极地冬季三种模式大气在各种观测高度进行水平观测的蒙气差与观测高度的关系如图 4.1.3 所示 (Jursa, 1985)。针对美国标准大气 1976(干空气) 计算的自地面观测的蒙气差的定量数据列于表 4.1.2(van der Werf, 2003)。表中角度的单位为角秒 (″)(1″=4.848μrad)。

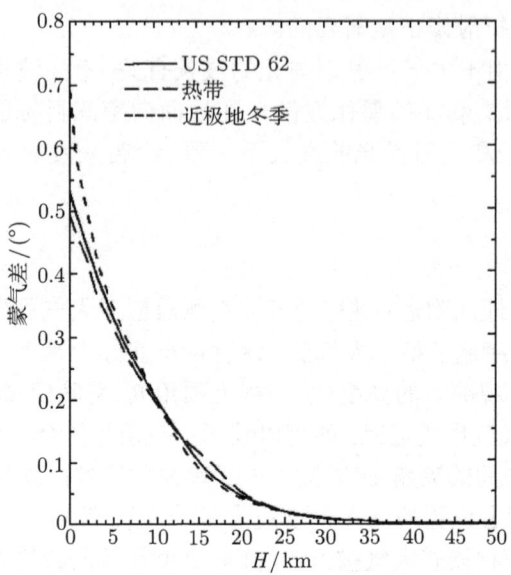

图 4.1.3 三种大气模式中水平观测 (天顶角 90°) 蒙气差与观测高度的关系

表 4.1.2 自地面观测的各种视天顶角下的蒙气差

天顶角 /(°)	蒙气差 /(″)	天顶角 /(°)	蒙气差 /(″)
5	5.00	74	196.49
10	10.07	76	225.00
15	15.31	78	262.20
20	20.79	80	312.78
25	26.64	81	345.52
30	32.98	82	385.34
35	39.98	83	434.68
40	47.90	84	497.25
45	57.07	85	578.72
50	67.98	86	688.25
55	81.40	87	841.19
60	98.62	88	1064.59
65	121.87	89	1408.82
70	155.61	90	1974.35
72	173.93		

从表中可以看出，对于空间目标的高精度跟踪 (可达 μrad)，即使目标在天顶角附近，蒙气差也是不可忽视的。

天文折射研究中常使用级数近似或连分数近似表达式计算蒙气差 (冒蔚等, 2008; 严豪健, 2004)。根据《中国天文年历》上蒙气差表 (最大天顶角 85°) 拟合的表达式为 (冒蔚等, 2008)

$$\psi(\theta) = 60.2293'' \tan\theta - 0.06560 \tan^3\theta + 0.00016113 \tan^5\theta - 2.87 \times 10^{-7} \tan^7\theta \quad (4.1.20)$$

或根据国际上广泛使用的普尔科沃大气折射表 (最大天顶角 76°) 拟合的表达式为 (冒蔚等, 2008)

$$\psi(\theta) = 60.1036'' \tan\theta - 0.0660 \tan^3\theta + 0.00016042 \tan^5\theta \qquad (4.1.21)$$

它们在适用天顶角范围内的拟合残差都小于 0.01″。

大气对天体辐射亮度的影响和光线传播路径上大气成分的总含量有关，这种传播路径上的积分含量的描述与计算在 4.1.3 小节阐述。

4.1.3 空气质量

在计算大气成分对光波的吸收等问题时，需要知道传播路径上大气成分的总含量。这种传播路径上的积分含量在文献中有多种名称，如柱密度 (column density)、空气质量 (air mass) 等。而空气质量又有两种流行的用法，一种就是大气成分的路径积分总含量本身，另一种则是这个总含量与该路径对应的垂直大气路径上的路径积分总含量的相对比值。前者我们用 u 表示，后者我们用 M 表示。这样就有

$$u = \int_a^b \rho \mathrm{d}s = \int_a^b \rho(h)/\cos\theta \mathrm{d}h \qquad (4.1.22)$$

$$M = \frac{\int_a^b \rho(h)/\cos\theta \mathrm{d}h}{\int_a^b \rho(h)\mathrm{d}h} \qquad (4.1.23)$$

天顶角是随路径而变的，但当 $\theta < 80°$ 时，天顶角可以认为随路径不变，折射可以忽略。此时

$$u = \int_a^b \rho \mathrm{d}s = (\cos\theta_a)^{-1} \int_a^b \rho(h) \mathrm{d}h \qquad (4.1.24)$$

$$M = 1/\cos\theta_a \qquad (4.1.25)$$

这种情况其实等同于将大气作为平行平面介质处理，它是平行球面大气的一种极端情况。

从地面起的穿越整个大气层的传播路径对应的空气质量与天顶角的定量关系列于表 4.1.3，该表中的值对应于美国标准大气 1976(Jursa, 1985)。类似的数据还见于其他文献中，呈现微小的差异 (Kasten and Young, 1989; Kivalov, 2007)，另外也有根据这些计算数据拟合的近似计算公式 (Young, 1994)

$$M(\theta) \approx \frac{1.002432\cos^2\theta + 0.148386\cos\theta + 0.0096467}{\cos^3\theta + 0.149864\cos^2\theta + 0.0102963\cos\theta + 0.000303978} \qquad (4.1.26)$$

该表达式在任何天顶角下的相对误差小于 3×10^{-4}，在 $M < 6$ 的情况下绝对误差小于 0.001，在水平方向上的绝对误差为 0.0037。因此对于一般应用，该近似公式可以满足要求。

表 4.1.3 从地面起的传播路径的空气质量与天顶角的关系 (美国标准大气 1976) (Jursa, 1985)

天顶角 /(°)	空气质量	天顶角 /(°)	空气质量
70.0	2.90	88.0	19.4
72.0	3.21	88.2	20.5
74.0	3.58	88.4	21.8
76.0	4.07	88.6	23.1
78.0	4.71	88.8	24.6
80.0	5.58	89.0	26.2
82.0	6.87	89.2	28.1
84.0	8.85	89.4	30.2
85.0	10.3	89.6	32.5
86.0	12.3	89.8	35.1
87.0	15.2	90.0	38.1
87.5	17.1		

上述大气质量 M 的数据和计算公式都是针对所有大气成分计算得到的，它们对于单一均匀混合气体成分也是适用的。但对于非均匀混合气体成分如水汽和臭氧在大天顶角下则不适用，应该根据它们的实际高度分布按式 (4.1.21) 计算。

大气光学中涉及大气质量的场景不仅仅是自地面到太空的整层大气路径。当代卫星遥感技术中使用的一种临边扫描大气探测技术 (earth limb scanning)，或称作太阳掩星法 (solar occultation)，其涉及的传播路径如图 4.1.4 所示。上面的光路只涉及高层大气，随着扫描路径逐渐靠近地球，光路包含越来越长的低层大气，这样就可以获得大气物理量的高度分布廓线。显然，由于大气的折射作用，这些光路也不是直线的 (Thompson et al., 1982)。无折射时光路对地面的切线高度和折射后光线的折射高度之间的差值与折射光路切线高度的关系如图 4.1.5 所示，图中针对美国 1962 年标准大气、热带和近极地冬季三种模式大气 (Jursa, 1985)。可以看出，在地面附近，切线高度的误差接近 2km，因此利用这种技术进行大气物理量廓线反演时必须考虑折射引起的光路改变，做出必要的校正。

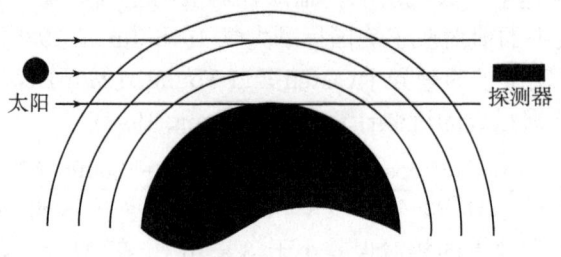

图 4.1.4 临边扫描技术中的光线路径示意图

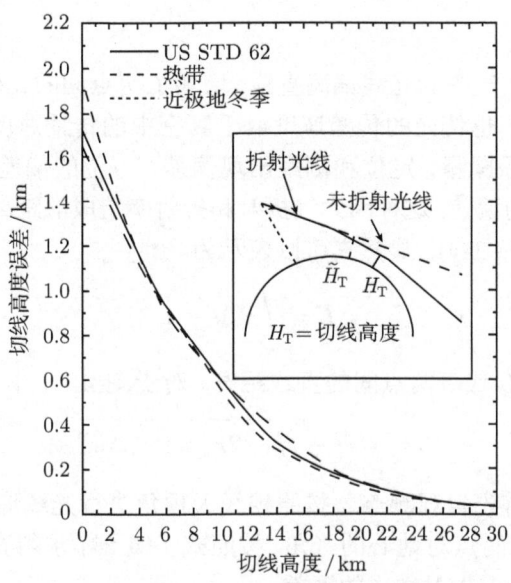

图 4.1.5 临边扫描技术中的光路对地面切线高度的变化

临边扫描技术中从太空到太空的穿越大气层的传播路径对应的空气质量与光路切线高度的定量关系列于表 4.1.4，该表中的值对应于美国标准大气 1976(Jursa, 1985)。

表 4.1.4 从太空到太空的传播路径的空气质量与切线高度的关系（美国标准大气 1976)(Jursa, 1985)

H_T	空气质量	H_T	空气质量
0.0	76.2	16.0	8.28
1.0	67.9	18.0	6.01
2.0	60.4	20.0	4.38
3.0	53.6	22.0	3.18
4.0	47.5	24.0	2.32
5.0	41.9	26.0	1.70
6.0	36.9	28.0	1.25
7.0	32.4	30.0	0.920
8.0	56.6	35.0	0.43
9.0	49.4	40.0	0.208
10.0	21.4	45.0	0.107
12.0	17.7	50.0	0.0563
14.0	11.4		

4.1.4 大气延迟

大气折射使得大气中的光线偏离直线, 增加了两点间的光传播距离和时间, 另外大气本身的折射率也使光的传播速度低于真空中的传播速度。这两方面的因素使得途经大气的目标探测、定位和测距出现偏差。方位的偏差前面已进行了讨论, 本小节只考虑距离的偏差, 这种因大气折射和折射率造成的距离误差在天文观测中一般称为大气延迟 (delay)。显然它可以表示为

$$\Delta L = \int n \mathrm{d}s - L \tag{4.1.27}$$

上式中右边第二项 L 代表两点间的直线距离。对于图 4.1.1 中 a、b 两点间的距离

$$L = \sqrt{r_a^2 + r_b^2 - 2r_a r_b \cos(\Delta\phi)} \tag{4.1.28}$$

实际计算中应首先自观测点 a 按照视线天顶角进行光线追踪至目标位置 b, 求得 b 点的高度 r_b 和两点对地心的张角, 按照式 (4.1.28) 求得真实距离 L。再利用式 (4.1.27) 求得不考虑折射造成的误差。

前面多次强调, 各地的大气参数 (包括密度) 廓线和模式大气总是存在一定的差异。根据当地温度和气压的高度分布可以求得折射率的高度分布, 当天顶角小于 70° 时, 可以获得精度较高的大气折射和大气延迟结果。表 4.1.5 是利用北京、酒泉和合肥三地的大气资料计算的对 200km 高度的目标进行测距时 (0.55μm 波长) 由于大气折射引起的测角误差和测距误差 (翁宁泉等, 2001)。

表 4.1.5 200km 高度大气折射引起的测角误差和测距误差

视天顶角 /(°)	$\Delta\psi/('')$			$\Delta L/\mathrm{m}$		
	北京	酒泉	合肥	北京	酒泉	合肥
70	158.0	134.1	154.9	56.3	47.8	55.3
60	100.3	85.3	98.4	20.6	17.6	20.2
50	69.2	58.8	67.9	10.0	8.6	9.8
40	48.8	41.4	47.8	5.9	5.1	5.8
30	33.6	28.5	33.0	4.0	3.4	3.9
20	21.2	18.1	20.8	2.9	2.6	2.8
10	10.3	8.8	10.1	2.3	2.1	2.2

4.1.5 落日形变 (曙暮光)

从模式大气获得的低仰角下的大气折射对于一般精度要求不是非常高的应用或者仅仅是作为工程设计的参考依据应该是可以满足需求的, 但对于精度要求很高的应用特别是实地应用的情况下, 必须实地获得大气折射的高精度实测数据。如果单纯从大气密度求取折射率的方法出发, 测量系统无疑是十分庞大的, 需要在相当长的地域布点观测, 这无疑具有很大的现实困难性。可行的方法应该利用大气外的

天体，出现在地平附近的恒星不易利用，而太阳则可以很方便地利用。真实太阳的轮廓为理想圆形，在日落时分由于顶部和底部的大气折射程度的差异，太阳的视轮廓发生改变，在近地面大气密度廓线正常的情况下，视轮廓为短轴在垂直方向上的扁椭圆形。在近地面大气密度廓线复杂的情况下，还会出现复杂的形状，如图 4.1.6 所示。

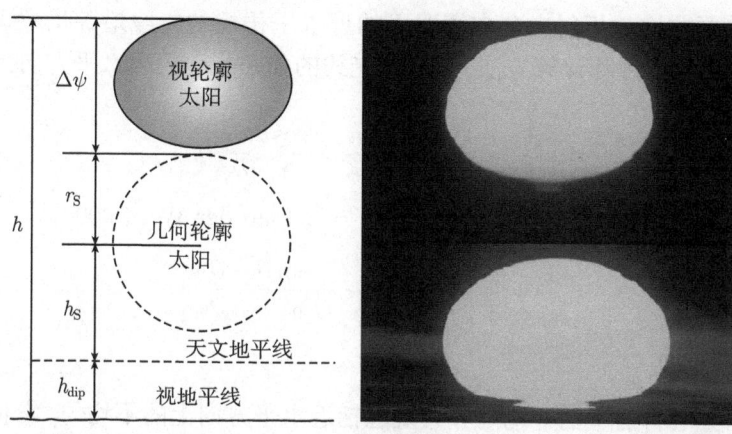

图 4.1.6　落日的几何变形示意图 (Sampson et al., 2008) 和实例

在上面的落日几何变形示意图是在海岸附近面向海面观测的场景，各个符号皆理解为角度。太阳的角半径 r_S 已知，太阳的真实位置 (相对于天文地平线的高度角 h_S，天文地平线对应于 90° 的天顶角) 可以根据当地地理位置和当地时间按照 1.5.1 节的公式准确计算出来。由观测者的高度造成的视地平线相对于天文地平线的浸角为

$$h_{\text{dip}} = 1'.76\sqrt{h_{\text{obs}}} \tag{4.1.29}$$

式中，h_{obs} 为观测者的海拔高度 (单位：m)，如果视地平线低于天文地平线，则浸角为负值。这样利用成像仪器测得太阳的表观高度 h，太阳边沿的折射角度便可以按下式求得 (Sampson et al., 2008)：

$$\Delta\psi = h + h_{\text{obs}} - h_S - r_S \tag{4.1.30}$$

根据大气折射与大气密度的关系，通过落日形状变化测量大气折射的方法则可以用来推算大气密度进而求得大气温度的廓线分布 (Bruton, 1996; Bruton and Kattawar, 1997)。

4.2　地面非均匀大气中的折射

在 4.1 节中，我们对大气折射的处理方法的基础在于假定大气折射率空间分布

是球对称的。这在处理有关天顶角不是很接近 90° 水平方向的情况下一般没有太大问题，但对靠近地面的近水平传播问题，大气温度受下垫面具体特性的影响十分明显，许多情况下折射率呈非均匀分布状态。这就使得这种情况下的光线追踪很复杂，一方面形成了诸如海市蜃楼等奇妙的大气光象；另一方面也给诸如大地测量等实际应用带来了困难。

在近地面非均匀折射率分布情况下的近水平传播的光线追踪仍然可以使用上节中的基本光线方程和计算方法，只不过光线的曲率要包含因水平方向上的非均匀折射率分布

$$\frac{1}{r_{\rm c}} = \frac{1}{n}\left(\sin\theta\frac{\partial n}{\partial r} - \frac{\cos\theta}{r}\frac{\partial n}{\partial \phi}\right) \tag{4.2.1a}$$

若采用表 4.1.1 中的符号，式 (4.2.1a) 应改写为 (van der Werf, 2008)

$$\frac{1}{r} = \frac{1}{n}\left[\cos\beta\frac{\partial n}{\partial h} - \frac{\sin\beta}{(R_0+h)}\frac{\partial n}{\partial \phi}\right] \tag{4.2.1b}$$

4.2.1 海市蜃楼

近地面大气折射率的非均匀分布既包括近水平方向上的不均匀，它使得光线传播路径起伏不定，也包括垂直方向上的分布偏离下密上疏的正常情况，甚至发生反转。这后一种情况常常出现在温度的高度分布发生反转的时候，即随着离开地面高度的增加，温度也增高。如阳光充沛的沙漠地区，在阳光的照射下，地面温度很高，当阳光因某种因素被遮挡，地面温度急剧降低，近地面的大气温度就会出现反转。

对近地面非均匀折射率情况下的光线追踪显示：来自同一地理位置但高度不同的光源的光线在经过一定距离的传播后，它们之间的相对位置会发生变化，原来在上方的光线可能会传到下方。图 4.2.1 是一种温度廓线及其在该种情况下的光线追踪结果 (Lehn and E-Arini, 1978)。图中曲线上的数字是观测者处的视线仰角 [单位：(°)]。

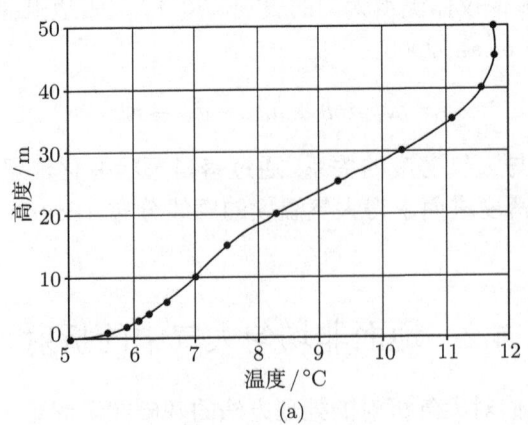

(a)

4.2 地面非均匀大气中的折射

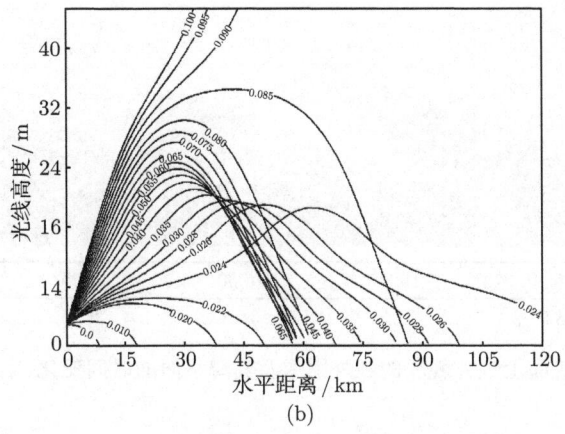

图 4.2.1 一种温度廓线 (a) 及其光线追踪结果 (b)

根据近地面非均匀折射率情况下的光线追踪结果，可以得到一定距离处光源的视在高度与其原始高度的相互关系，这种关系可能比较简单，也可能比较复杂。非正常传播的物体的图像传统称为海市蜃楼 (mirage)。图 4.2.2 绘出了物体的视在高度和原始高度的关系的两种情况，这两种情况下的图像分别对应于超级海市蜃楼 (superior mirage) 和低级海市蜃楼 (inferior mirage)(Lehn and Friesen, 1992)。

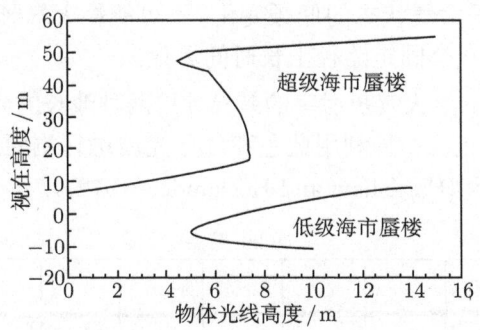

图 4.2.2 两种海市蜃楼场景下物体的视在高度和原始高度的关系 (Lehn and Friesen, 1992)

海市蜃楼通常出现在空旷的沙漠地区和海面上。虽然一般情况下海市蜃楼被视为一种奇妙的大气光象，似乎没有多少利用的价值，但实际上海面上远处的水平线会出现连续的波动现象，使我们可以尽早地发现远处的目标。图 4.2.3 是根据对海面上远方舰船的红外图像绘制的示意图，深色代表海水，浅色代表天空，白色团块代表舰船的红外辐射源 (Lehn, 1997)，两个横坐标分别是时间和舰船的距离，纵坐标为仰角 (单位：′)。

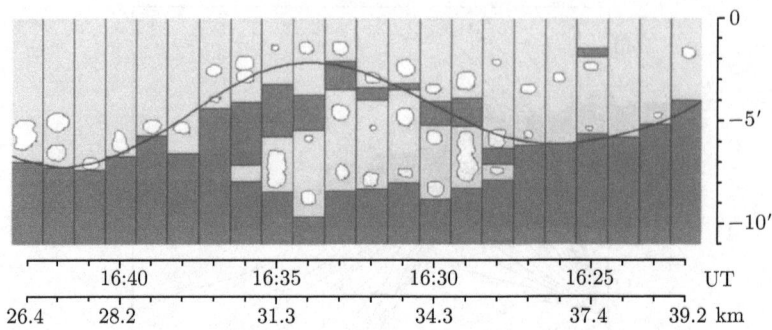

图 4.2.3　海面上远方舰船的红外图像及其海平面的时间变化 (Lehn, 1997)

4.2.2　大地测量

使用光学方法在近地面进行测距或大地测量时，由于光线传播路径和地表一般很接近，当测量精度要求较高时，它们受近地面大气折射率的非均匀分布的影响相当严重。在较长距离的测量情况下，无论是由观测者还是目标处的大气状况确定大气折射率都不足以全面反演传输路径上的折射率分布情况。要么在全光路较密集地测量大气状态，要么根据光波的大气传播效应得到大气折射的程度，才能对测量结果进行可靠的订正。如果不考虑折射率的起伏而对测量结果进行长时间的统计平均，则很可能经历了大气状态的低频变化，不可能将大气影响完全消除。况且许多应用中也不允许在一个固定路径上长时间测量。

可以利用不同波长上大气折射率的差异使用两种波长的光束进行同时测量，再进行距离测量值的订正。一种利用蓝色和红色光波进行测距的连续测量结果及其订正值如图 4.2.4 所示 (Earnshaw and Hernandez, 1972)。

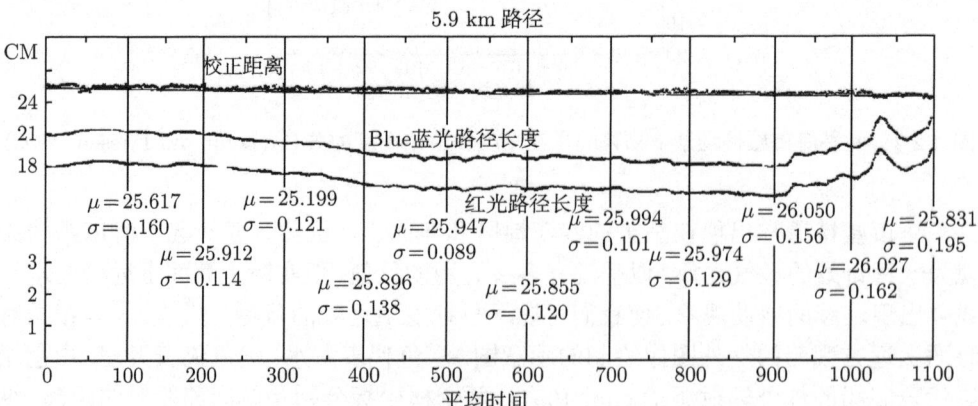

图 4.2.4　双色测距结果及其大气折射修正结果 (Earnshaw and Hernandez, 1972)

在近地面进行大地测量等工作中，如果精度要求特别高，还需考虑大气湍流引起的折射率起伏。这种影响不是单纯的折射问题，它可能涉及光传播时间的起伏、相位起伏、光斑漂移和光脉冲形状的变化等，从而形成统计误差，这需要用到后面有关湍流大气中光传播理论的研究结果。

4.3 大气分子的 Rayleigh 散射

4.3.1 Rayleigh 散射

大气分子的光散射是大气光学中我们处理的第一种具体的散射问题，也是最简单的散射问题。鉴于地球大气毕竟主要是大气分子组成的，因而大气分子的散射如果不能说是最重要的，也是非常重要的。因 Rayleigh 爵士 (Lord Rayleigh, 本名 R. J. Strutt) 在 1871 年发表了相关研究论文，从此在一般文献中都将分子的弹性散射称为 Rayleigh 散射 (Rayleigh scattering)。

根据目前的研究结果，Rayleigh 散射可以通过电偶极子辐射的方法处理，也可以由电磁场方法求得球形粒子的散射理论 (后文将详细介绍的 Mie 散射理论) 在长波极限情况下推导出来。这里根据第 1 章 1.2 节的偶极子辐射理论来分析 Rayleigh 散射。

作为散射体的大气分子光波的散射可以看作自身在入射光波的作用下产生一系列各阶电极子的辐射的相干叠加。由于大气分子的尺度远小于紫外到红外波段内的光波长，只有低阶的电极子的辐射起主要作用，实际上，通常就是电偶极子的辐射起作用。

电偶极子在空间各个方向辐射的电磁场 (1.2.30) 为

$$\boldsymbol{E}_{\mathrm{s}}(\boldsymbol{r}) = \frac{1}{4\pi\varepsilon_0}\left\{k^2(\boldsymbol{n}\times\boldsymbol{p})\times\boldsymbol{n}\frac{\mathrm{e}^{\mathrm{i}kr}}{r} + [3\boldsymbol{n}(\boldsymbol{p}\cdot\boldsymbol{n})-\boldsymbol{p}]\left(\frac{1}{r^3}-\frac{\mathrm{i}k}{r^2}\right)\mathrm{e}^{\mathrm{i}kr}\right\} \quad (4.3.1)$$

式中，$\boldsymbol{n}$ 为散射方向。在远离散射体的远处，式 (4.3.1) 中只有与距离成反比的第一项存在，即

$$\boldsymbol{E}_{\mathrm{s}}(\boldsymbol{r}) = \frac{k^2 \mathrm{e}^{\mathrm{i}kr}}{4\pi\varepsilon_0 r}(\boldsymbol{n}\times\boldsymbol{p})\times\boldsymbol{n} \quad (4.3.2)$$

若入射光为 $\boldsymbol{E}_{\mathrm{i}}$，其偏振矢量为 $\boldsymbol{e}_0$，在散射方向 $\boldsymbol{n}$、偏振矢量 $\boldsymbol{e}$ 上的微分散射截面为

$$\frac{\mathrm{d}C_{\mathrm{sca}}}{\mathrm{d}\Omega} = \frac{r^2|\boldsymbol{e}^*\cdot\boldsymbol{E}_{\mathrm{s}}|^2}{|\boldsymbol{e}_0^*\cdot\boldsymbol{E}_{\mathrm{i}}|^2} \quad (4.3.3)$$

若将分子视为一个半径为 a 的理想球体，则整个球体的极化强度与入射光场的关系为

$$\boldsymbol{p} = 4\pi a^3 \varepsilon_0 \left(\frac{n^2-1}{n^2+2}\right)\boldsymbol{E}_{\mathrm{i}} \quad (4.3.4)$$

则可求得微分散射截面为

$$\frac{\mathrm{d}C_{\mathrm{sca}}}{\mathrm{d}\Omega} = k^4 a^6 \left|\frac{n^2-1}{n^2+2}\right|^2 |\bm{e}^* \cdot \bm{e}_0^*|^2 \qquad (4.3.5)$$

对于无偏振的自然光入射，总可以在平行于散射平面和垂直于散射平面分解为强度各占一半的线偏振光，则在两个方向上散射光的线偏振微分散射截面 (散射角为 Θ) 分别为

$$\frac{\mathrm{d}C_{\mathrm{sca}}^{\parallel}}{\mathrm{d}\Omega} = \frac{k^4 a^6}{2} \left|\frac{n^2-1}{n^2+2}\right|^2 \cos^2\Theta \qquad (4.3.6)$$

$$\frac{\mathrm{d}C_{sca}^{\perp}}{\mathrm{d}\Omega} = \frac{k^4 a^6}{2} \left|\frac{n^2-1}{n^2+2}\right|^2 \qquad (4.3.7)$$

则散射光总的微分散射截面为

$$\frac{\mathrm{d}C_{\mathrm{sca}}}{\mathrm{d}\Omega} = \frac{k^4 a^6}{2} \left|\frac{n^2-1}{n^2+2}\right|^2 (1+\cos^2\Theta) \qquad (4.3.8)$$

对式 (4.3.8) 进行全空间积分，可得总的散射截面为

$$C_{\mathrm{sca}} = \frac{8\pi}{3} k^4 a^6 \left|\frac{n^2-1}{n^2+2}\right|^2 \qquad (4.3.9)$$

利用分子体积和分子数密度的倒数关系 $N = V^{-1} = \left(\frac{4}{3}\pi a^3\right)^{-1}$，式 (4.3.9) 可以表示为

$$C_{\mathrm{sca}} = \frac{24\pi^3}{\lambda^4 N^2} \left|\frac{n^2-1}{n^2+2}\right|^2 \qquad (4.3.10)$$

又因为折射率约为单位值 1，式 (4.3.10) 又可简化为

$$C_{\mathrm{sca}} = \frac{32\pi^3}{3\lambda^4 N^2} (n-1)^2 \qquad (4.3.11)$$

根据式 (4.3.11) 在已知大气条件下由大气折射率的色散关系可以求得任意光学波长上的散射截面。从散射截面与分子数密度的乘积即可求得分子的体散射系数

$$\beta_{\mathrm{sca}} = N C_{\mathrm{sca}} \qquad (4.3.12)$$

从上述结果可知：Rayleigh 散射最显著的一个特点是散射强度和波长的四次方成反比，散射光的强度随波长的变短而急剧增大。因此大气分子对蓝色端可见光的散射要比红色端可见光的散射的程度大得多，这样，由于后面将讲述的大气介质多次散射的过程，被大气分子散射的蓝色太阳光充满大气层，使得晴朗天气下，天

4.3 大气分子的 Rayleigh 散射

空看起来是蓝色的。同样地,在日出日落时分,由于太阳光经历了比大气层垂直高度长得多的传播路径,其中的蓝色端光谱成分被散射掉,结果使得到达我们的太阳光只剩下较多的红色端光谱成分,所以太阳看起来是红色的。

由式 (4.3.8) 求得对自然光入射的 Rayleigh 散射的相函数为

$$P(\Theta) = \frac{3}{4}\left(1 + \cos^2\Theta\right) \tag{4.3.13}$$

大气分子的散射使得无偏振的太阳光的散射光具备了一定程度的偏振特性,由式 (4.3.6) 和式 (4.3.7) 可求得任意散射角下的散射光之一线偏振分量,$U=V=0$。线偏振度为

$$P_1 = \frac{\sin^2\Theta}{1+\cos^2\Theta} \tag{4.3.14}$$

根据太阳光的方位和高度可以由式 (4.3.14) 求得任意方向的单次散射光的偏振度的空间分布。由于大气中的分子散射实际上是多次散射过程,实际天空背景的偏振特性的获得需要用到后面的辐射传输方程的求解。

4.3.2 退偏振修正

对于一般的应用前述有关 Rayleigh 散射的结果已经足够,但对于更高要求,特别是有关偏振特性的工作,需要对上述结果作进一步的修正。有两个问题: 其一,式 (4.3.10) 的散射截面是单个分子的,在求一定体积内的分子集合的散射截面时应考虑局域场效应,但当气体密度不是很大时,可以不予修正 (Jackson, 1999); 其二,前面把大气分子当作理想的球体,而实际分子 (主要是氮气和氧气的双原子分子) 结构不是球体的,这种非对称性使得散射光的偏振特性轻微偏离前述结果。

根据 4.3.1 小节的结果式 (4.3.14),对于理想的 Rayleigh 散射,在散射角为 90° 时,散射光的线偏振度应该为零,可是对于大气分子的散射,实验测量发现在 90° 散射角总是有一定的线偏振度。若定义 90° 散射角时散射光的平行分量和垂直分量为退偏振因子

$$\delta = I^S_{\parallel}/I^S_{\perp}\,(\Theta = 90°) \tag{4.3.15}$$

在考虑了这种因素后,有关散射截面和偏振度等物理量要使用退偏振因子 δ (depolarization factor) 进行修正 (King, 1923; Sneep and Ubachs, 2005)。

考虑了非球形分子退偏振因子 δ 后,分子散射的散射截面和相函数都需要修正。式 (4.3.6) 和式 (4.3.7) 分别修正为 (King, 1923; Young, 1981)

$$\frac{\mathrm{d}C^{\parallel}_{\text{sca}}}{\mathrm{d}\Omega} = \frac{k^4 a^6}{2}\left|\frac{n^2-1}{n^2+2}\right|^2 \cdot \frac{6(1-\delta)}{6-7\delta}\cdot\cos^2\Theta \tag{4.3.16}$$

$$\frac{\mathrm{d}C^{\perp}_{\text{sca}}}{\mathrm{d}\Omega} = \frac{k^4 a^6}{2}\left|\frac{n^2-1}{n^2+2}\right|^2 \cdot \frac{6(1+\delta)}{6-7\delta} \tag{4.3.17}$$

对于自然光入射的总散射截面, 在式 (4.3.10) 乘上一个 King 修正因子 (King, 1923)

$$F_K(\lambda) = \frac{6 + 3\delta(\lambda)}{6 - 7\delta(\lambda)} \tag{4.3.18}$$

而自然光入射的总光强散射相函数修正为 (Chandrasekhar, 1950)

$$P(\Theta) = \frac{3(1+\delta)}{2(2+\delta)}\left(1 + \frac{1-\delta}{1+\delta}\cos^2\Theta\right) \tag{4.3.19}$$

退偏振因子 δ 和分子的种类、浓度以及光波波长有关。在大气最主要的三种气体成分中, 氩是球形分子, 没有退偏振问题。最多含量的氮气和氧气是对称陀螺双原子分子, 它们退偏振影响已得到了实验测量 (Naus and Ubachs, 2000; Sneep and Ubachs, 2005)。氮气、氧气、二氧化碳等分子的退偏振因子的具体数值在不断地经过理论计算和实验测量而更新 (Bates, 1984; Bucholtz, 1995; Bodhaine et al., 1999; Tomasi et al., 2005; Sneep and Ubachs, 2005)。每种分子的 King 修正因子分别为 (Bates, 1984; Tomasi et al., 2005)

$$F_K(N_2) = 1.034 + 3.17 \times 10^{-4}\lambda^{-2} \tag{4.3.20a}$$

$$F_K(O_2) = 1.096 + 1.385 \times 10^{-3}\lambda^{-2} + 1.448 \times 10^{-4}\lambda^{-4} \tag{4.3.20b}$$

$$F_K(Ar) = 1 \tag{4.3.20c}$$

$$F_K(CO_2) = 1.15 \tag{4.3.20d}$$

$$F_K(H_2O) = 1.001 \tag{4.3.20e}$$

式 (4.3.20) 中波长 λ 的单位为 μm。空气分子总的修正因子可以通过下式求得 (Tomasi et al., 2005):

$$F_K = \frac{0.78084 F_K(N_2) + 0.20946 F_K(O_2) + 0.00943 F_K(Ar) + 10^{-6} C F_K(CO_2) + (e/p) F_K(H_2O)}{0.999640 + 10^{-6} C + e/p} \tag{4.3.21}$$

式中, C 为二氧化碳的体积混合比 (单位为: ppm), e 和 p 分别为水汽分压和总压。根据上式对美国标准大气 1976 海面大气条件下 (气压 1013hPa, 温度 288.20K, 水汽分压 7.850 75hPa, 体积混合比 385ppm 的二氧化碳) 计算得到的空气退偏振因子 δ 和 King 修正因子列于表 4.3.1(Tomasi et al., 2005)。从表中可以看出, King 修正因子从 0.2μm 处的 1.07851 单调递减至 4μm 处的 1.04640。

4.3 大气分子的 Rayleigh 散射

表 4.3.1 空气退偏振因子 δ 和 King 修正因子 (美国标准大气 1976 海面大气条件)(Tomasi et al., 2005)

$\lambda/\mu m$	$F_K(\lambda)$	$\delta(\lambda) \times 10^2$	$\lambda/\mu m$	$F_K(\lambda)$	$\delta(\lambda) \times 10^2$
0.200	1.078 51	4.465	0.380	1.051 50	2.983
0.205	1.076 10	4.335	0.390	1.051 17	2.964
0.210	1.073 93	4.218	0.400	1.050 87	2.947
0.215	1.071 99	4.112	0.450	1.049 73	2.883
0.220	1.070 23	4.016	0.500	1.048 98	2.841
0.225	1.068 64	3.930	0.550	1.048 45	2.812
0.230	1.067 20	3.851	0.600	1.048 08	2.791
0.240	1.064 70	3.714	0.650	1.047 79	2.775
0.250	1.062 60	3.598	0.700	1.047 58	2.763
0.260	1.060 84	3.501	0.750	1.047 41	2.753
0.270	1.059 34	3.419	0.800	1.047 27	2.745
0.280	1.058 06	3.348	0.850	1.047 16	2.739
0.290	1.056 96	3.287	0.900	1.047 07	2.734
0.300	1.056 01	3.234	0.950	1.046 99	2.730
0.310	1.055 17	3.187	1.000	1.046 93	2.726
0.320	1.054 44	3.147	1.500	1.046 61	2.708
0.330	1.053 80	3.111	2.000	1.046 50	2.702
0.340	1.053 23	3.079	2.500	1.046 45	2.699
0.350	1.052 72	3.051	3.000	1.046 42	2.698
0.360	1.052 27	3.026	3.500	1.046 41	2.697
0.370	1.051 86	3.003	4.000	1.046 40	2.696

4.3.3 模式大气的 Rayleigh 散射特性

一些学者根据大气折射率的色散特性相继对紫外到红外波段内的大气 Rayleigh 散射参量进行了详细的计算分析，包括 $0.2\sim20\mu m$ 的散射系数 (Pendorff, 1957)，三种纬度冬夏整层大气的 Rayleigh 散射光学厚度 (Frohlich and Shaw, 1980)，$0.2\sim1\mu m$ 的瑞利散射截面、体散射系数 (Bodhaine et al., 1999)；$0.2\sim4\mu m$ 的 Rayleigh 散射截面、体散射系数以及六种模式大气下整层大气的 Rayleigh 散射光学厚度 (Bucholtz, 1995; Tomasi et al., 2005)。

美国标准大气海面条件下 $0.2\sim4\mu m$ 波段内 88 个波长上的 Rayleigh 散射截面、体散射系数列于表 4.3.2 中 (Tomasi et al., 2005)。$0.5\mu m$ 处这两个参量在六种模式大气下的高度分布如图 4.3.1 所示。图中左边为散射截面 (cm^2)，右边为体散射系数 (km^{-1})。实曲线对应于美国标准大气，带符号的曲线代表其他五种模式大气相应的量与美国标准大气对应量的比值 (标尺在图的上方)：□ 代表热带模式，△ 代表中纬度夏季模式，◇ 代表中纬度冬季模式，○ 代表近极地夏季模式，▽ 代表近极地冬季模式。从图中可以看出，在对流层，各种模式下的散射截面略有差异，在对流层以上的高度，基本完全一致。体散射系数随高度基本按指数关系急剧下降，从地面到 120km 高度下降了 7 个量级。各种模式下的体散射系数具有较明显的差异，从对流层顶 (10km) 到 80km，越向上差别越大。对整层大气的 Rayleigh 散射系数进行垂直路径的积分，就可以得到整层大气 Rayleigh 散射的光学厚度。美国标准大气等六种模式大气的 0.2~4μm 波段内 88 个波长上的整层大气的 Rayleigh 散射光学厚度列于表 4.3.3 中 (Tomasi et al., 2005)。

表 4.3.2 大气 Rayleigh 散射的散射截面和体积散射系数 (美国标准大气 1976 海面大气条件)(Tomasi et al., 2005)

$\lambda/\mu m$	$\sigma_0(\lambda)/cm^{-2}$	$\beta_0(\lambda)/km^{-1}$	$\lambda/\mu m$	$\sigma_0(\lambda)/cm^{-2}$	$\beta_0(\lambda)/km^{-1}$
0.20	$3.6064(\times 10^{-25})$	$9.1813(\times 10^{-1})$	0.50	6.6451	1.6917
0.21	2.8349	7.2172	0.51	6.1271	1.5599
0.22	2.2686	5.7755	0.52	5.6588	1.4406
0.23	1.8422	4.6899	0.53	5.2346	1.3326
0.24	1.5146	3.8559	0.54	4.8496	1.2346
0.25	1.2586	3.2042	0.55	4.4995	1.1455
0.26	1.0558	2.6879	0.56	4.1805	1.0643
0.27	$8.9311(\times 10^{-26})$	2.2737	0.57	3.8894	$9.9017(\times 10^{-3})$
0.28	7.6120	1.9379	0.58	3.6233	9.2243
0.29	6.5320	1.6629	0.59	3.3797	8.6040
0.30	5.6399	1.4358	0.60	3.1562	8.0352
0.31	4.8974	1.2468	0.61	2.9510	7.5127
0.32	4.2748	1.0883	0.62	2.7622	7.0322
0.33	3.7493	$9.5451(\times 10^{-2})$	0.63	2.5884	6.5896
0.34	3.3031	8.4091	0.64	$2.4280(\times 10^{-27})$	$6.1814(\times 10^{-3})$
0.35	2.9221	7.4391	0.65	2.2799	5.8044
0.36	2.5950	6.6064	0.66	2.1430	5.4557
0.37	2.3129	5.8882	0.67	2.0162	5.1330
0.38	2.0684	5.2658	0.68	1.8987	4.8338
0.39	1.8557	4.7243	0.69	1.7896	4.5561
0.40	1.6698	4.2511	0.70	1.6883	4.2982
0.41	1.5069	3.8362	0.71	1.5941	4.0583
0.42	1.3634	3.4711	0.72	1.5064	3.8349
0.43	1.2368	3.1487	0.73	1.4246	3.6268
0.44	1.1246	2.8631	0.74	1.3483	3.4325
0.45	1.0249	2.6093	0.75	1.2771	3.2512
0.46	$9.3614(\times 10^{-27})$	2.3833	0.76	1.2105	3.0817
0.47	8.5681	2.1813	0.77	1.1482	2.9231
0.48	7.8575	2.0004	0.78	1.0899	2.7746
0.49	7.2194	1.8379	0.79	1.0352	2.6355

4.3 大气分子的 Rayleigh 散射

续表

$\lambda/\mu m$	$\sigma_0(\lambda)/cm^{-2}$	$\beta_0(\lambda)/km^{-1}$	$\lambda/\mu m$	$\sigma_0(\lambda)/cm^{-2}$	$\beta_0(\lambda)/km^{-1}$
0.80	$9.8394(\times 10^{-28})$	2.5049	1.40	1.0359	2.6373
0.82	8.9059	2.2673	1.50	$7.8549(\times 10^{-29})$	1.9997
0.84	8.0807	2.0572	1.60	6.0639	1.5438
0.86	7.3490	1.8709	1.70	4.7556	1.2107
0.88	6.6985	1.7053	1.80	3.7820	$9.6282(\times 10^{-5})$
0.90	6.1184	1.5576	1.90	3.0453	7.7528
0.92	5.5999	1.4256	2.00	2.4796	6.3127
0.94	5.1352	1.3073	2.20	1.6927	4.3094
0.96	4.7179	1.2011	2.40	1.1947	3.0416
0.98	4.3421	1.1054	2.60	$8.6714(\times 10^{-30})$	2.2076
1.00	4.0030	1.0191	2.80	6.4453	1.6409
1.10	2.7284	$6.9461(\times 10^{-4})$	3.00	4.8900	1.2449
1.20	1.9234	4.8967	3.50	2.6386	$6.7173(\times 10^{-6})$
1.30	1.3947	3.5508	4.00	1.5463	3.9367

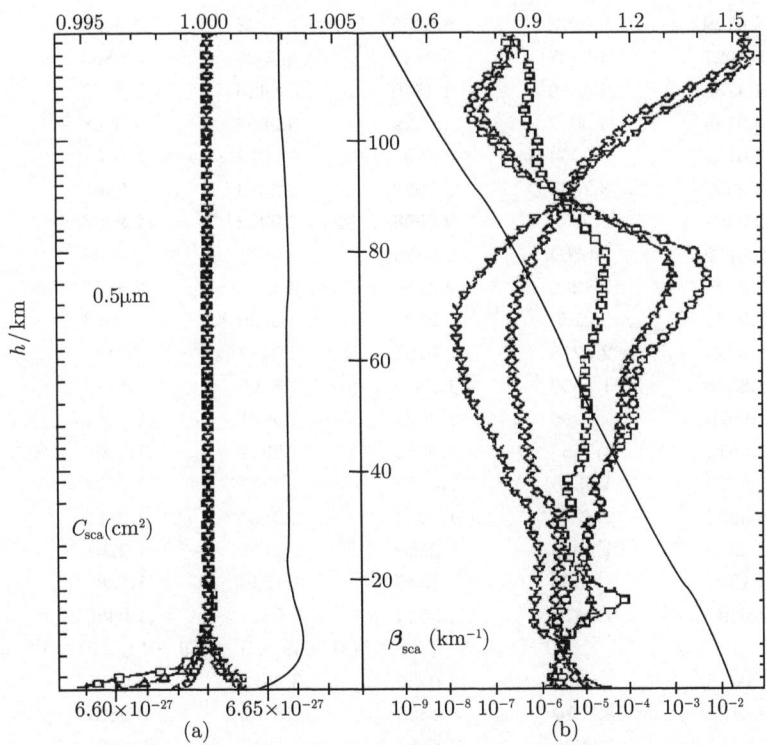

图 4.3.1 六种模式大气的 Rayleigh 散射截面 (a) 和体积散射系数 (b) 的高度分布 (0.5μm)(Tomasi et al., 2005)

表 4.3.3 六种模式大气下整层大气的 Rayleigh 散射光学厚度 (Tomasi et al., 2005)

$\lambda/\mu m$	热带	中纬度夏季	中纬度冬季	近极地夏季	近极地冬季	U.S.1976
0.20	7.7985	7.7816	7.8081	7.7407	7.7640	7.7661
0.21	6.1305	6.1178	6.1396	6.0860	6.1051	6.1063
0.22	4.9062	4.8963	4.9143	4.8711	4.8868	4.8875
0.23	3.9841	3.9763	3.9913	3.9560	3.9690	3.9694
0.24	3.2757	3.2694	3.2819	3.2527	3.2636	3.2638
0.25	2.7221	2.7170	2.7275	2.7032	2.7124	2.7125
0.26	2.2835	2.2792	2.2881	2.2677	2.2755	2.2755
0.27	1.9317	1.9281	1.9357	1.9184	1.9250	1.9250
0.28	1.6464	1.6434	1.6499	1.6351	1.6407	1.6407
0.29	1.4128	1.4102	1.4158	1.4031	1.4080	1.4080
0.30	1.2199	1.2177	1.2225	1.2115	1.2158	1.2157
0.31	1.0593	1.0574	1.0616	1.0520	1.0557	1.0557
0.32	$9.2461(\times 10^{-1})$	$9.2294(\times 10^{-1})$	$9.2665(\times 10^{-1})$	$9.1831(\times 10^{-1})$	$9.2153(\times 10^{-1})$	$9.2150(\times 10^{-1})$
0.33	8.1096	8.0949	8.1275	8.0544	8.0827	8.0824
0.34	7.1445	7.1316	7.1604	7.0959	7.1209	7.1206
0.35	6.3203	6.3090	6.3345	6.2774	6.2996	6.2993
0.36	5.6129	5.6028	5.6255	5.5748	5.5945	5.5942
0.37	5.0027	4.9937	5.0140	4.9688	4.9863	4.9861
0.38	4.4739	4.4659	4.4840	4.4436	4.4593	4.4591
0.39	4.0138	4.0067	4.0229	3.9866	4.0008	4.0006
0.40	3.6118	3.6054	3.6201	3.5874	3.6001	3.5999
0.41	3.2593	3.2535	3.2668	3.2373	3.2488	3.2486
0.42	2.9491	2.9439	2.9558	2.9292	2.9396	2.9394
0.43	2.6752	2.6704	2.6813	2.6571	2.6665	2.6664
0.44	2.4325	2.4282	2.4381	2.4161	2.4247	2.4245
0.45	2.2170	2.2130	2.2221	2.2020	2.2098	2.2097
0.46	2.0249	2.0213	2.0295	2.0112	2.0184	2.0182
0.47	1.8533	1.8500	1.8576	1.8408	1.8473	1.8472
0.48	1.6996	1.6966	1.7035	1.6881	1.6941	1.6940
0.49	1.5616	1.5588	1.5652	1.5510	1.5566	1.5565
0.50	1.4373	1.4348	1.4407	1.4277	1.4328	1.4327
0.51	0.3253	1.3230	1.3284	1.3164	1.3211	1.3210
0.52	1.2240	1.2218	1.2269	1.2158	1.2201	1.2200
0.53	1.1323	1.1303	1.1349	1.1246	1.1286	1.1286
0.54	1.0490	1.0471	1.0514	1.0419	1.0456	1.0456
0.55	$9.7324(\times 10^{-2})$	$9.7153(\times 10^{-2})$	$9.7551(\times 10^{-2})$	$9.6669(\times 10^{-2})$	$9.7014(\times 10^{-2})$	$9.7007(\times 10^{-2})$
0.56	9.0425	9.0266	9.0636	8.9816	9.0137	9.0131
0.57	8.4129	8.3980	8.4325	8.3562	8.3861	8.3855
0.58	7.8373	7.8235	7.8556	7.7845	7.8124	7.8118
0.59	7.3103	7.2974	7.3274	7.2611	7.2871	7.2865
0.60	6.8270	6.8150	6.8429	6.7810	6.8053	6.8048

4.3 大气分子的 Rayleigh 散射

续表

λ/μm	热带	中纬度夏季	中纬度冬季	近极地夏季	近极地冬季	U.S.1976
0.61	6.3831	6.3719	6.3980	6.3401	6.3629	6.3624
0.62	5.9748	5.9643	5.9888	5.9346	5.9559	5.9554
0.63	5.5987	5.5889	5.6119	5.5611	5.5810	5.5806
0.64	5.2519	5.2427	5.2642	5.2166	5.2353	5.2349
0.65	4.9316	4.9229	4.9432	4.8984	4.9160	4.9156
0.66	4.6354	4.6273	4.6463	4.6042	4.6207	4.6204
0.67	4.3612	4.3535	4.3714	4.3318	4.3474	4.3470
0.68	4.1070	4.0998	4.1166	4.0794	4.0940	4.0937
0.69	3.8711	3.8643	3.8802	3.8451	3.8589	3.8585
0.70	3.6519	3.6455	3.6605	3.6274	3.6404	3.6401
0.71	3.4481	3.4420	3.4562	3.4249	3.4372	3.4369
0.72	3.2583	3.2526	3.2660	3.2364	3.2480	3.2478
0.73	3.0814	3.0760	3.0887	3.0607	3.0717	3.0715
0.74	2.9164	2.9113	2.9233	2.8968	2.9072	2.9070
0.75	2.7623	2.7575	2.7689	2.7438	2.7537	2.7534
0.76	2.6183	2.6137	2.6245	2.6007	2.6101	2.6099
0.77	2.4836	2.4792	2.4895	2.4669	2.4758	2.4756
0.78	2.3574	2.3533	2.3630	2.3416	2.3500	2.3498
0.79	2.2392	2.2353	2.2445	2.2242	2.2322	2.2320
0.80	2.1283	2.1246	2.1333	2.1140	2.1216	2.1214
0.82	1.9264	1.9230	1.9309	1.9134	1.9203	1.9202
0.84	1.7479	1.7448	1.7520	1.7362	1.7424	1.7423
0.86	1.5896	1.5868	1.5934	1.5790	1.5846	1.5845
0.88	1.4489	1.4464	1.4523	1.4392	1.4444	1.4442
0.90	1.3234	1.3211	1.3266	1.3146	1.3193	1.3192
0.92	1.2113	1.2092	1.2142	1.2032	1.2075	1.2074
0.94	1.1108	1.1088	1.1134	1.1033	1.1073	1.1072
0.96	1.0205	1.0187	1.0229	1.0136	1.0173	1.0172
0.98	$9.3921(\times 10^{-3})$	$9.3757(\times 10^{-3})$	$9.4144(\times 10^{-3})$	$9.3291(\times 10^{-3})$	$9.3627(\times 10^{-3})$	$9.3619(\times 10^{-3})$
1.00	8.6587	8.6436	8.6793	8.6006	8.6316	8.6309
1.10	5.9017	5.8914	5.9158	5.8622	5.8833	5.8828
1.20	4.1605	4.1532	4.1704	4.1326	4.1475	4.1471
1.30	3.0169	3.0117	3.0241	2.9967	3.0075	3.0072
1.40	2.2408	2.2369	2.2462	2.2258	2.2338	2.2336
1.50	1.6991	1.6961	1.7031	1.6877	1.6938	1.6936
1.60	1.3116	1.3094	1.3148	1.3029	1.3076	1.3074
1.70	1.0287	1.0269	1.0311	1.0218	1.0255	1.0254
1.80	$8.1806(\times 10^{-4})$	$8.1664(\times 10^{-4})$	$8.2002(\times 10^{-4})$	$8.1258(\times 10^{-4})$	$8.1552(\times 10^{-4})$	$8.1544(\times 10^{-4})$
1.90	6.5872	6.5757	6.6030	6.5431	6.5667	6.5661
2.00	5.3636	5.3542	5.3764	5.3277	5.3469	5.3464
2.20	3.6615	3.6551	3.6703	3.6370	3.6501	3.6498
2.40	2.5843	2.5798	2.5905	2.5670	2.5762	2.5760
2.60	1.8757	1.8724	1.8802	1.8631	1.8698	1.8697
2.80	1.3942	1.3917	1.3975	1.3848	1.3898	1.3897
3.00	1.0577	1.0559	1.0603	1.0507	1.0545	1.0544
3.50	$5.7074(\times 10^{-5})$	$5.6975(\times 10^{-5})$	$5.7211(\times 10^{-5})$	$5.6692(\times 10^{-5})$	$5.6897(\times 10^{-5})$	$5.6891(\times 10^{-5})$
4.00	3.3448	3.3390	3.3528	3.3224	3.3344	3.3341

六种模式大气下整层大气的 Rayleigh 散射光学厚度列于表 4.3.3 中 (Tomasi et al., 2005)。

对大气分子数密度的垂直路径积分分析表明，在已知地面气压的情况下，大气温度的廓线分布对整层大气 Rayleigh 散射的光学厚度没有显著影响 (Breon, 1998)。因此可以简单地将 Rayleigh 散射光学厚度表示成地面气压的函数 (Bodhaine et al., 1999)

$$\tau(\lambda) \approx 0.0088 \left(\frac{p}{1013.25}\right) \lambda^{-4.15+0.2\lambda} \qquad (4.3.22)$$

式中，气压单位为 hPa，波长单位为 μm。

4.4 大气分子的吸收

大气分子对光波的吸收是大气分子折射和散射外的又一种重要的物理过程。分子 Rayleigh 散射的波长特性决定了 Rayleigh 散射只在短波 (主要是紫外和可见光以及近红外) 有明显的作用，在更长的波长上的影响可以忽略。而大气分子吸收则出现在所有的光学波段内，特别是在长波的红外区域影响更为严重。

在不同的大气光学问题中对分子吸收的处理方式是不同的。在激光工程以及相关的高光谱分辨率应用技术中，光源的光谱宽度很窄，可能只占分子吸收光谱的一个小部分或者一条单一谱线或数条有限的谱线。在红外光学工程中，光源或接收的被动辐射源往往具有很宽的光谱区间 (如一个或几个大气窗口)。在气候学中的大气辐射传输问题中，不同的分析精度要求对大气分子吸收计算的光谱分辨率就存在差异，精度要求越高，光谱分辨率也就要求越高。

因此对大气分子吸收的计算分析首先要确定光谱分辨率，根据光谱分辨率选择合适的计算方案。按照光谱分辨率从高到低的顺序，分别有单谱线吸收计算、多谱线的逐线 (line by line) 积分方法和谱带模型计算方法。从理论上讲逐线积分的精度最高 (如果谱线参数精度很高的话)，但对长距离非均匀传播路径和宽光谱区间的情况，可能会需要很长的计算时间。另外在谱线参数精度不能保障的情况下，逐线积分得到的计算精度也不能保证很高。因此对光谱分辨率要求不高的情况下，谱带模型方法是很好的计算方案。

光谱吸收是光源光谱函数和分子吸收光谱函数的乘积，因此在所要研究的光谱范围内，如果光源的光谱特性变化明显，光谱积分的分辨率必须使得在最小积分区间内光源的强度可以认为是不变的常量。下面的叙述都已假定积分区间内光源的强度为常量。

4.4.1 单谱线吸收

在第 1 章的第 2 节中我们已知，中心波数为 ν_0 的吸收线在光谱位置 ν 的相对

4.4 大气分子的吸收

吸收强度 α_ν 由谱线强度 S 和归一化线型函数 $f(\nu - \nu_0)$ 完全确定,但其确切的物理意义可以是吸收系数、系数截面或质量吸收系数。不同的物理含义决定了谱线强度的单位的差异。我们从 3.2 节已经知道,如果按照 HITRAN 大气分子吸收谱线参数数据库的表达方式,则该相对吸收强度为分子的吸收截面,即

$$\sigma_\nu = S f(\nu - \nu_0) \tag{4.4.1}$$

如果要以质量吸收系数分析吸收问题,则要通过下式转换:

$$k_\nu = \frac{n}{\rho}\sigma_\nu = \frac{N_A}{M}\sigma_\nu \tag{4.4.2}$$

之所以还要提及质量吸收系数,是因为一种广泛使用的光谱积分方法 k-分布方法就是用它来命名的。

当吸收光学厚度 $\tau_{\text{abs}} = \beta_{\text{abs}} L = ku = \sigma N$ 很小时,我们称传播路径为光学薄的路径,反之称为光学厚的路径。对于光学薄的路径,单个谱线的光学厚度与吸收谱线函数成正比。但对光学厚的路径,当吸收线中心的光学厚度很大使得吸收截止(透过率为零)时,偏离吸收线中心的地方光学厚度还比较小。

理论上整条谱线的吸收需要对很宽的光谱区间积分,但实际上只要对光谱宽度大于谱线宽度的一定光谱间隔 $\Delta\nu$ 进行积分即可达到所需的精度。$\Delta\nu$ 内的平均吸收率 (光谱透过率) 为

$$\langle A \rangle = 1 - \langle T_A \rangle = \frac{1}{\Delta\nu}\int_{\Delta\nu}[1 - \exp(-N\sigma_\nu)]d\nu \equiv W/\Delta\nu \tag{4.4.3}$$

式中, W 称为等效宽度 (equivalent width),意味着整条谱线的吸收相对于一条宽度为 W 的吸收率为 1 的矩形谱线的吸收强度,如图 4.4.1 所示。

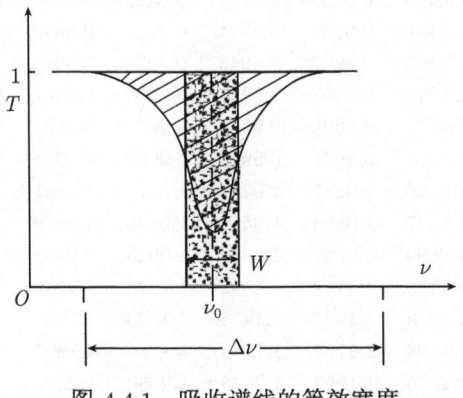

图 4.4.1 吸收谱线的等效宽度

各种线型的吸收谱线的平均吸收率可以将线型函数代入式 (4.4.3) 计算。对于 Lorentz 线型，作变量代换 $x \equiv (\nu - \nu_0)/\Delta\nu$，并引入无量纲参量 $y \equiv \gamma_L/\Delta\nu$，$\tilde{N} \equiv NS/(2\pi\gamma_L)$，则得到

$$\langle A \rangle = \int_{-\infty}^{+\infty} \left[1 - \exp\left(\frac{-2\tilde{N}y^2}{x^2 + y^2} \right) \right] \mathrm{d}x \tag{4.4.4}$$

此式可以积分得到解析式

$$\langle A \rangle = 2\pi \tilde{N} y e^{-\tilde{N}} \left[I_0\left(\tilde{N}\right) + I_1\left(\tilde{N}\right) \right] \equiv 2\pi y L\left(\tilde{N}\right) \tag{4.4.5}$$

式中，I_0 和 I_1 为虚变元的 Bessel 函数。L 为 Ladenburg-Reiche 函数，变元在 0~50 间该函数的值列于表 4.4.1(Goody and Young, 1989; Lenoble, 1993)。

表 4.4.1　Ladenburg-Reiche 函数表

$\tilde{N}$	0	1	2	3	4	5	6	7	8	9
0.0	0.0000	0.0099	0.0198	0.0295	0.0392	0.0488	0.0583	0.0676	0.0769	0.0861
0.1	0.0952	0.1042	0.1132	0.1220	0.1308	0.1395	0.1482	0.1567	0.1652	0.1735
0.2	0.1818	0.1900	0.1982	0.2063	0.2143	0.2223	0.2302	0.2380	0.2457	0.2534
0.3	0.2610	0.2685	0.2760	0.2834	0.2908	0.2981	0.3053	0.3125	0.3196	0.3267
0.4	0.3337	0.3406	0.3475	0.3543	0.3611	0.3678	0.3745	0.3811	0.3877	0.3942
0.5	0.4007	0.4071	0.4135	0.4198	0.4261	0.4324	0.4386	0.4447	0.4508	0.4569
0.6	0.4629	0.4689	0.4748	0.4807	0.4865	0.4923	0.4981	0.5038	0.5095	0.5152
0.7	0.5208	0.5264	0.5319	0.5374	0.5429	0.5483	0.5537	0.5591	0.5644	0.5697
0.8	0.5749	0.5801	0.5853	0.5905	0.5956	0.6007	0.6058	0.6108	0.6158	0.6208
0.9	0.6258	0.6307	0.6356	0.6404	0.6452	0.6500	0.6548	0.6596	0.6643	0.6690
1.0	0.6737	0.6783	0.6829	0.6875	0.6921	0.6966	0.7012	0.7057	0.7101	0.7146
1.1	0.7190	0.7234	0.7278	0.7322	0.7365	0.7408	0.7451	0.7494	0.7536	0.7578
1.2	0.7620	0.7662	0.7704	0.7746	0.7787	0.7828	0.7869	0.7910	0.7950	0.7990
1.3	0.8030	0.8070	0.8110	0.8150	0.8189	0.8228	0.8267	0.8306	0.8345	0.8346
1.4	0.8422	0.8460	0.8498	0.8536	0.8574	0.8612	0.8649	0.8686	0.8723	0.8760
1.5	0.8797	0.8834	0.8870	0.8907	0.8943	0.8979	0.9015	0.9051	0.9086	0.9122
1.6	0.9157	0.9193	0.9228	0.9263	0.9298	0.9332	0.9367	0.9402	0.9436	0.9470
1.7	0.9504	0.9538	0.9572	0.9606	0.9639	0.9673	0.9706	0.9740	0.9773	0.9806
1.8	0.9839	0.9872	0.9904	0.9937	0.9969	1.0002	1.0034	1.0066	1.0098	1.0130
1.9	1.0162	1.0194	1.0226	1.0257	1.0289	1.0320	1.0351	1.0383	1.0414	1.0445
2.0	1.0476	1.0506	1.0537	1.0568	1.0598	1.0629	1.0659	1.0689	1.0719	1.0750
2.1	1.0780	1.0809	1.0839	1.0869	1.0899	1.0928	1.0958	1.0987	1.1016	1.1046
2.2	1.1075	1.1104	1.1133	1.1162	1.1191	1.1220	1.1248	1.1277	1.1305	1.1334
2.3	1.1362	1.1391	1.1419	1.1447	1.1475	1.1503	1.1531	1.1559	1.1587	1.1615
2.4	1.1642	1.1670	1.1698	1.1725	1.1753	1.1780	1.1807	1.1835	1.1862	1.1889
2.5	1.1916	1.1943	1.1970	1.1997	1.2023	1.2050	1.2077	1.2103	1.2130	1.2156
2.6	1.2183	1.2209	1.2235	1.2262	1.2288	1.2314	1.2340	1.2366	1.2392	1.2418
2.7	1.2444	1.2470	1.2495	1.2521	1.2547	1.2572	1.2598	1.2623	1.2649	1.2674

4.4 大气分子的吸收

续表

$\tilde{N}$	0	1	2	3	4	5	6	7	8	9
2.8	1.2699	1.2725	1.2750	1.2775	1.2800	1.2825	1.2850	1.2875	1.2900	1.2925
2.9	1.2949	1.2974	1.2999	1.3024	1.3048	1.3073	1.3097	1.3122	1.3146	1.3171
3.0	1.3195	1.3219	1.3243	1.3268	1.3292	1.3316	1.3340	1.3364	1.3388	1.3412
3.1	1.3436	1.3459	1.3483	1.3507	1.3531	1.3554	1.3578	1.3601	1.3625	1.3649
3.2	1.3672	1.3695	1.3719	1.3742	1.3765	1.3789	1.3812	1.3835	1.3858	1.3881
3.3	1.3904	1.3927	1.3950	1.3973	1.3996	1.4019	1.4042	1.4064	1.4087	1.4110
3.4	1.4132	1.4155	1.4178	1.4200	1.4223	1.4245	1.4268	1.4290	1.4312	1.4335
3.5	1.4357	1.4379	1.4402	1.4424	1.4446	1.4468	1.4490	1.4512	1.4534	1.4556
3.6	1.4578	1.4600	1.4622	1.4644	1.4666	1.4687	1.4709	1.4731	1.4753	1.4774
3.7	1.4796	1.4817	1.4839	1.4861	1.4882	1.4903	1.4925	1.4946	1.4968	1.4989
3.8	1.5010	1.5032	1.5053	1.5074	1.5095	1.5116	1.5137	1.5159	1.5180	1.5201
3.9	1.5222	1.5243	1.5264	1.5285	1.5305	1.5326	1.5347	1.5368	1.5389	1.5409
4.0	1.5430	1.5451	1.5471	1.5492	1.5513	1.5533	1.5554	1.5574	1.5595	1.5615
4.1	1.5636	1.5656	1.5677	1.5697	1.5717	1.5738	1.5758	1.5778	1.5798	1.5818
4.2	1.5839	1.5859	1.5879	1.5899	1.5919	1.5939	1.5959	1.5979	1.5999	1.6019
4.3	1.6039	1.6059	1.6079	1.6099	1.6118	1.6138	1.6158	1.6178	1.6197	1.6217
4.4	1.6237	1.6256	1.6276	1.6296	1.6315	1.6335	1.6354	1.6374	1.6393	1.6413
4.5	1.6432	1.6452	1.6471	1.6490	1.6510	1.6529	1.6548	1.6567	1.6587	1.6606
4.6	1.6625	1.6644	1.6663	1.6683	1.6702	1.6721	1.6740	1.6759	1.6778	1.6797
4.7	1.6816	1.6835	1.6853	1.6872	1.6891	1.6910	1.6929	1.6948	1.6967	1.6986
4.8	1.7005	1.7023	1.7042	1.7061	1.7079	1.7098	1.7117	1.7135	1.7154	1.7173
4.9	1.7191	1.7210	1.7228	1.7247	1.7265	1.7284	1.7302	1.7321	1.7339	1.7357
5	1.7376	1.7558	1.7739	1.7918	1.8095	1.8270	1.8444	1.8616	1.8786	1.8955
6	1.9123	1.9288	1.9453	1.9616	1.9778	1.9938	2.0097	2.0255	2.0412	2.0568
7	2.0722	2.0875	2.1027	2.1178	2.1328	2.1477	2.1625	2.1771	2.1917	2.2062
8	2.2206	2.2349	2.2491	2.2632	2.2772	2.2912	2.3050	2.3188	2.3325	2.3461
9	2.3597	2.3731	2.3865	2.3998	2.4130	2.4262	2.4393	2.4523	2.4653	2.4781
10	2.4910	2.5037	2.5164	2.5290	2.5416	2.5541	2.5665	2.5789	2.5912	2.6035
11	2.6157	2.6278	2.6399	2.6519	2.6639	2.6758	2.6877	2.6995	2.7113	2.7230
12	2.7347	2.7463	2.7579	2.7694	2.7809	2.7923	2.8037	2.8150	2.8263	2.8375
13	2.8487	2.8599	2.8710	2.8821	2.8931	2.9041	2.9150	2.9259	2.9368	2.9476
14	2.9584	2.9691	2.9798	2.9905	3.0011	3.0117	3.0223	3.0328	3.0433	3.0537
15	3.0641	3.0745	3.0848	3.0951	3.1054	3.1156	3.1258	3.1360	3.1461	3.1562
16	3.1663	3.1763	3.1863	3.1963	3.2063	3.2162	3.2261	3.2359	3.2457	3.2555
17	3.2653	3.2750	3.2847	3.2944	3.3041	3.3137	3.3233	3.3328	3.3424	3.3519
18	3.3614	3.3708	3.3803	3.3897	3.3990	3.4084	3.4177	3.4270	3.4363	3.4456
19	3.4548	3.4640	3.4732	3.4823	3.4914	3.5006	3.5096	3.5187	3.5277	3.5367
20	3.5457	3.6344	3.7210	3.8055	3.8883	3.9693	4.0487	4.1266	4.2030	4.2781
30	4.3519	4.4244	4.4958	4.5660	4.6352	4.7034	4.7706	4.8369	4.9022	4.9667
40	5.0304	5.0933	5.1554	5.2168	5.2775	5.3374	5.3968	5.4554	5.5135	5.5709
50	5.6277									

在弱线近似 $\tilde{N} \ll 1$ 下,$I_0 \approx 1$, $I_1 \approx -\tilde{N}/2$,则有

$$\langle A \rangle \approx 2\pi \tilde{N} y = SN/\Delta\nu \tag{4.4.6}$$

分子的吸收率与谱线强度和传播路径上的分子柱含量成正比,这正是光学薄的传播路径的情况,一般称为线性吸收区。这个结果与谱线线型的加宽机制无关,对其他线型也适用。

在强线近似 $\tilde{N} \gg 1$ 下,可舍弃式 (4.4.4) 指数项中分母里的 y^2 项,通过积分可得

$$\langle A \rangle \approx 2y\sqrt{2\pi\tilde{N}} = 2\sqrt{SN\gamma_{\rm L}}/\Delta\nu \tag{4.4.7}$$

此时,分子的吸收率与谱线强度、谱线宽度和传播路径上的分子柱含量的平方根成正比,一般称为平方根吸收区或饱和吸收区。

对于 Doppler 线型,作变量代换 $x \equiv (\nu - \nu_0)/\Delta\nu$,并引入无量纲参 $\tilde{N} \equiv NS/(\sqrt{\pi}\gamma_{\rm L})$,则得到 (Goody and Young, 1989)

$$\langle A \rangle = \frac{\gamma_{\rm D}}{\Delta\nu} \int_{-\infty}^{+\infty} \left[1 - \exp\left(-\tilde{N}\exp(-x^2)\right) \right] {\rm d}x \tag{4.4.8}$$

在弱线近似 $\tilde{N} \ll 1$ 下的结果和 Lorentz 线型完全相同,而在强线近似下

$$\langle A \rangle \approx \frac{2\gamma_{\rm D}}{\Delta\nu} \sqrt{\ln \frac{SN}{\sqrt{\pi}\gamma_{\rm L}}} \tag{4.4.9}$$

此时,分子的吸收率与谱线强度、谱线宽度和传播路径上的分子柱含量的关系更为复杂。

而对于 Voigt 线型,无法获得解析结果,可通过下式求得:

$$\langle A \rangle_{\rm V} \approx \sqrt{\langle A \rangle_{\rm L}^2 + \langle A \rangle_{\rm D}^2 - \left(\frac{\langle A \rangle_{\rm L} \langle A \rangle_{\rm D}}{NS}\right)^2} \tag{4.4.10}$$

式中下标分别对应于三种线型的平均吸收率,式 (4.4.10) 获得的结果与严格数值求解的相对误差不超过 8%(Goody and Young, 1989)。

4.4.2 分立谱线吸收的逐线积分方法

一般应用中,在所关心的光谱区间内 (除非它很窄),总有多条吸收谱线。要获得该区间内的大气透过率或吸收率,直接的方法就是进行逐线积分 (line-by-line, LBL)。对于均匀路径,在给定频率间隔内 $\Delta\nu$ 包含 $N_{\rm L}$ 条分立谱线时的透过率为

4.4 大气分子的吸收

$$\langle T_{\mathrm{A}} \rangle = \frac{1}{\Delta \nu} \int_{\Delta \nu} \exp\left(-N \sum_{i=1}^{N_{\mathrm{L}}} \sigma_{\nu,i}\right) \mathrm{d}\nu = \frac{1}{\Delta \nu} \int_{\Delta \nu} \exp\left(-N \sum_{i=1}^{N_{\mathrm{L}}} S f(\nu - \nu_{0,i})\right) \mathrm{d}\nu \tag{4.4.11}$$

当该光谱区间内的各条谱线没有明显的重叠时,式 (4.4.11) 的计算可以使用 4.4.1 小节的单谱线吸收计算方法分别计算各条谱线的吸收,然后对所有谱线求和即可。

在大多数情况下,各条谱线存在不同程度的相互重叠,总吸收小于各条分立谱线分别独立吸收相累加的总和。此时,需要按照一定的频率间隔按照上式一步一步地计算。

根据分子吸收谱线参数对式 (4.4.11) 进行积分求解时,为保证每条谱线的吸收被可靠计入,积分步长应比最窄的谱线宽度要小得多。而在具体计算方法上,如果不计及计算时间,可以按照式 (4.4.11) 循序积分。但若要节约时间,则要使用一些计算技巧,并作适当的近似,这包括积分节点的选取,谱线宽度、位置和强度的近似,以及谱线远翼的截断等 (石广玉, 2008)。

对于激光的大气传输,只牵涉有限的谱线,光谱范围很窄,逐线积分是获得高精度吸收的有效方法,已发展了实用的计算程序,如 Air Force Geophysics Laboratory 开发的 FASCODE,其网址为 http://www.kirtland.af.mil/library/factsheets/factsheet.asp?id=7913。

对于大气辐射计算,逐线积分虽然计算量巨大,不适合直接应用,但它可以起到下列重要作用:① 逐线积分结果可以作为各种近似计算结果的检验标准。② 在一系列典型大气条件下实施逐线积分计算,将其结果作为数据库,则可以拟合成各种近似公式,从而大大简化吸收计算。③ 下面将要论述的光谱映射方法中的吸收系数分布函数需要从逐线积分结果中拟合求得。

大气辐射中逐线积分的程序主要有 ATMOSPHERIC AND ENVIRONMENTAL RESEARCH INC. 开发的 LBLRTM,其网址为:http://www.rtweb.aer.com/。

4.4.3 大气分子吸收的谱带模式

当光谱区间比较大时,逐线积分要花费相当大的计算量。对于对光谱分辨率要求不高的应用,可以按照光谱谱线的统计特征,采用一定的近似方法对透过率进行简化计算。

作为一种最理想的情况,各条谱线具有相同的线型 (谱线强度和宽度),相邻谱线的中心位置之间的间距相等。如 N_2O 分子在 7.78μm 吸收带的 P 支和 R 支谱线,以及 CO_2 分子在 15μm 吸收带的谱线。这种特征如图 4.4.2 上部所示 (Andrews et al., 1987)。

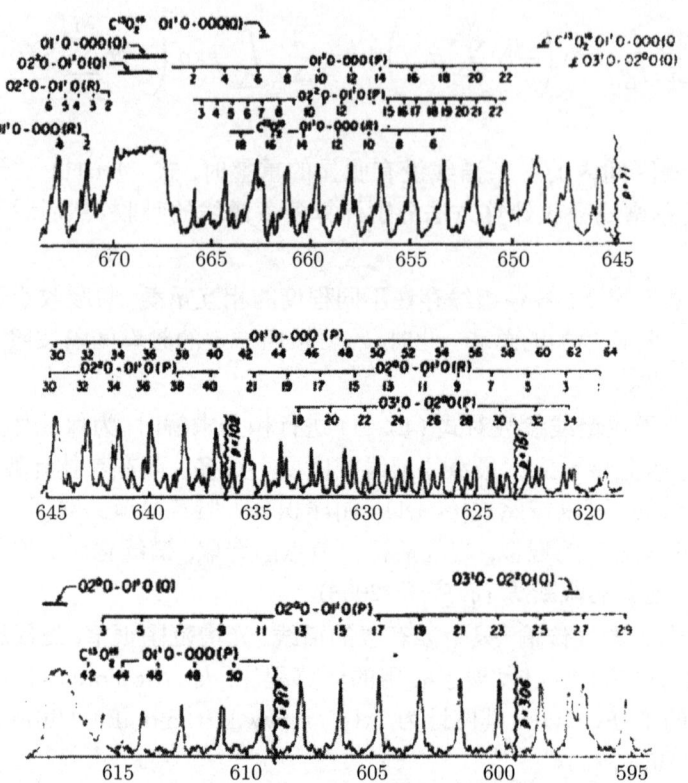

图 4.4.2 CO_2 15μm 吸收带 (部分) 高分辨率吸收光谱 (Andrews et al., 1987)

Elsasser 假设在光谱区间 $\Delta\nu$ 中有无穷多条等距排列的 Lorentzian 谱线,则该光谱区间的吸收截面为

$$\sigma_\nu = \sum_{n=-\infty}^{\infty} \frac{S}{\pi} \cdot \frac{\gamma_L}{(\nu - nd)^2 + \gamma_L^2} \tag{4.4.12}$$

式中, d 为相邻谱线中心的间距, n 是整数。Elsasser 据此给出了该谱带的平均透过率 [对一条谱线在 $(-d/2, d/2)$ 光谱区间积分]

$$\langle T_A \rangle = \int_{-1/2}^{1/2} \exp\left(-2\pi y \tilde{N} \frac{\sin h(2\pi y)}{\cos h(2\pi y) - \cos(2\pi x)}\right) dx = E(y, \tilde{N}) \tag{4.4.13}$$

式中, $\tilde{N} = \dfrac{SN}{2\pi\gamma_L}$, $y = \dfrac{\gamma_L}{d}$, $x = \dfrac{\nu}{d}$。 $E(y, \tilde{N})$ 被称为 Elsasser 函数,其数值列于表 4.4.2(Goody and Young, 1989)。

在 $y \gg 1$ 的情况下,谱线重叠严重,成为几乎连续的状态,式 (4.4.13) 变为

4.4 大气分子的吸收

$$\langle T_A \rangle = \exp(-SN/d) \tag{4.4.14}$$

在 $y \ll 1$ 的情况下,弱线的重叠可忽略不计,而强线在远翼有一定程度的重叠,式 (4.4.13) 变为

$$\langle T_A \rangle = \int_{-1/2}^{1/2} \exp\left(-\frac{4\pi^2 y^2 \tilde{N}}{1-\cos(2\pi x)}\right) dx = 1 - \mathrm{erf}\left(\frac{\sqrt{\pi S N \gamma_L}}{d}\right) \tag{4.4.15}$$

erf 为误差函数,其定义为 $\mathrm{erf}(z) = \dfrac{2}{\sqrt{\pi}} \cdot \int_0^z \exp(-z^2) \, dz$。

实际大多数分子吸收谱带中的谱线分布是非理想的,情况和 Elsasser 模型相差甚远,谱线的线型可能不一样,强度不相同,特别是谱线的间距是无规的。如水汽的 6.3μm 振转吸收带和水汽的转动吸收带的谱线分布都是无规的。Goody 根据吸收谱线的统计特征建立了一种透过率计算模型,一般称为随机模型或统计模型或 Goody 模型。

设在光谱区间 $\Delta\nu$ 中包含 n 条相同线型的谱线,位置随机分布,谱线中心的平均间距为 $d = \Delta\nu/n$,强度为 S 的谱线出现的归一化概率为 $p(S)$ $\left(\int_0^\infty p(S) dS = 1\right)$,它的平均透过率为

$$\langle T_{A,i} \rangle = \frac{1}{\Delta\nu} \cdot \int_{\Delta\nu} d\nu \int_0^\infty p(S_i) \cdot \exp[-\sigma_\nu N] dS_i \tag{4.4.16}$$

如果各条谱线是互不相关的,则 n 条谱线的总平均透过率为

$$\langle T_A \rangle = \langle T_{A,i} \rangle^n = \left[\frac{1}{\Delta\nu} \cdot \int_{\Delta\nu} d\nu \int_0^\infty p(S) \cdot \exp[-\sigma_\nu N] dS\right]^n = [1 - \langle A \rangle/n]^n \tag{4.4.17}$$

当谱线数目巨大 $N_L \to \infty$ 时,平均透过率为

$$\langle T_A \rangle = \mathrm{e}^{-\langle A \rangle} = \mathrm{e}^{-\bar{W}/d} \tag{4.4.18}$$

其中平均等效吸收宽度为

$$\bar{W} = \int_0^\infty W(S) p(S) dS = \int_0^\infty p(S) dS \int_{\Delta\nu} [1 - \exp(-\sigma_\nu N)] d\nu \tag{4.4.19}$$

谱线强度概率分布无疑是复杂多样的,迄今提出了多种分布模型,包括 δ 函数(对应于 Elsasser 模型)、Goody 指数分布、Godson 分布和 Malkmus 分布等,它们都和实际的分布情况有不同程度的差异。其中 Goody 指数分布为

表 4.4.2 Elsasser 函数表

$\lg \tilde{N}$	0	−0.2	−0.4	−0.6	−0.8	−1.0	−1.2	−1.4	−1.6	−1.8	−2.0	−2.2	−2.4
−1.5	0.819 803	0.882 179	0.923 986	0.951 422	0.969 151	0.980 480	0.987 671	0.992 216	0.995 088	0.996 901	0.998 046	0.998 768	0.999 222
−1.25	0.702 345	0.800 180	0.868 912	0.915 393	0.946 005	0.965 756	0.978 348	0.986 328	0.991 369	0.994 557	0.996 564	0.997 849	0.998 648
−1.0	0.533 189	0.672 748	0.779 021	0.854 938	0.906 613	0.940 540	0.962 342	0.976 204	0.984 976	0.990 522	0.994 017	0.996 225	0.997 617
−0.75	0.327 154	0.494 204	0.641 798	0.757 900	0.841 751	0.898 540	0.935 548	0.959 223	0.974 242	0.983 751	0.989 737	0.993 526	0.995 912
−0.5	0.137 119	0.285 620	0.455 299	0.613 677	0.740 791	0.831 771	0.892 574	0.931 887	0.956 942	0.972 824	0.982 839	0.989 174	0.993 164
−0.25	0.029 209	0.107 790	0.248 226	0.425 665	0.597 505	0.733 211	0.828 071	0.890 574	0.930 716	0.956 223	0.972 364	0.982 558	0.988 996
0	0.001 867	0.019 086	0.085 420	0.228 257	0.421 162	0.602 472	0.739 704	0.833 225	0.894 115	0.933 025	0.957 700	0.973 300	0.983 149
0.25		0.000 883	0.013 262	0.080 820	0.243 257	0.449 996	0.629 960	0.760 129	0.846 978	0.903 021	0.938 706	0.961 130	0.975 573
0.5			0.000 529	0.014 694	0.103 825	0.292 971	0.502 665	0.671 077	0.788 405	0.865 454	0.914 854	0.946 211	0.966 040
0.75				0.000 876	0.026 680	0.152 201	0.361 635	0.563 239	0.714 958	0.817 674	0.884 390	0.927 064	0.953 903
1.0					0.002 818	0.053 621	0.218 853	0.436 054	0.622 565	0.755 982	0.844 510	0.901 565	0.937 750
1.25						0.009 639	0.099 128	0.296 179	0.509 169	0.676 843	0.792 512	0.868 168	0.916 591
1.5						0.000 532	0.027 379	0.162 295	0.377 192	0.577 164	0.724 935	0.824 284	0.888 580
1.75							0.003 209	0.061 940	0.238 134	0.456 400	0.638 321	0.766 765	0.851 541
2.0								0.012 711	0.115 335	0.320 145	0.530 375	0.692 162	0.802 726
2.25								0.000 866	0.035 641	0.184 674	0.402 508	0.597 320	0.738 889
2.5									0.005 068	0.076 825	0.264 119	0.481 019	0.656 585
2.75									0.000 186	0.018 276	0.136 381	0.347 295	0.553 160
3.0										0.001 647	0.046 995	0.210 050	0.429 006
3.25											0.008 074	0.094 610	0.291 546
3.5											0.000 411	0.025 806	0.159 558
3.75												0.002 952	0.060 695
4.0													0.012 373

4.4 大气分子的吸收

$$p(S) = \frac{1}{\bar{S}} \exp\left(-\frac{S}{\bar{S}}\right) \qquad (4.4.20)$$

它很大程度上低估了弱线的数目，而 Malkmus 分布比较接近实际情况

$$p(S) = \frac{1}{S} \exp\left(-\frac{S}{\bar{S}}\right) \qquad (4.4.21)$$

式中，$\bar{S}$ 为平均谱线强度。

根据 4.4.1 节获得的某种线型的谱线的等效吸收宽度，将谱线强度概率分布代入式 (4.4.19) 可以求得平均等效吸收宽度，进而求得透过率或吸收率。

对于 Goody 分布，有

$$\bar{W}/d = N\left(\bar{S}/d\right)/\sqrt{1 + N\bar{S}/(\pi\bar{\gamma})} \qquad (4.4.22)$$

在弱线近似下变为 $\bar{W} = N\bar{S}$，在强线近似下变为 $\bar{W} = \sqrt{\pi N \bar{S}\bar{\gamma}}$，分布类似于单谱线的吸收。

对于 Malkmus 分布，有

$$\bar{W}/d = 2\pi\left(\bar{\gamma}/d\right)\left[\sqrt{1 + N\bar{S}/(\pi\bar{\gamma})} - 1\right] \qquad (4.4.23)$$

在弱线近似下变为 $\bar{W} = N\bar{S}$，在强线近似下变为 $\bar{W} = 2\sqrt{\pi N \bar{S}\bar{\gamma}}$，分布也类似于单谱线的吸收。

如何根据吸收带内的各条谱线参数确定平均谱线强度 $\bar{S}$ 和平均谱线宽度 $\bar{\gamma}$ 可以有多种做法，一种直接且合理的做法是使得平均谱线强度 $\bar{S}$ 和平均谱线宽度 $\bar{\gamma}$ 对应的等效吸收宽度等于各条谱线吸收宽度的平均值（无论是在弱线近似下还是在强线近似下），即

$$\bar{W}(\bar{S}, \bar{\gamma}) = \frac{1}{n}\sum_{i=1}^{n} W(S_i, \gamma_i) \qquad (4.4.24)$$

由于在弱线近似下总是存在 $\bar{W} = N\bar{S}$，所以平均谱线强度 $\bar{S}$ 可以通过各条谱线的算术平均求得

$$\bar{S} = \frac{1}{n}\sum_{i=1}^{n} S_i \quad \text{或} \quad \frac{\bar{S}}{d} = \frac{1}{\Delta\nu}\sum_{i=1}^{n} S_i \qquad (4.4.25)$$

根据强线近似下各种模型的结果，可确定平均谱线强度 $\bar{S}$ 和平均谱线宽度 $\bar{\gamma}$ 的乘积。对 Elsasser 模型有

$$\sqrt{\bar{S}\bar{\gamma}} = \frac{1}{n}\sum_{i=1}^{n}\sqrt{S_i\gamma_i} \quad \text{或} \quad \frac{\bar{S}}{d}\frac{\bar{\gamma}}{d} = \left(\frac{1}{\Delta\nu}\sum_{i=1}^{n}\sqrt{S_i\gamma_i}\right)^2 \qquad (4.4.26)$$

对 Goody 统计模型有

$$\sqrt{\bar{S}\bar{\gamma}} = \frac{2}{n\sqrt{\pi}} \sum_{i=1}^{n} \sqrt{S_i\gamma_i} \text{ 或 } \frac{\bar{S}}{d}\frac{\bar{\gamma}}{d} = \left(\frac{2}{\sqrt{\pi}\Delta\nu} \sum_{i=1}^{n} \sqrt{S_i\gamma_i}\right)^2 \quad (4.4.27)$$

对 Malkus 统计模型有

$$\sqrt{\bar{S}\bar{\gamma}} = \frac{1}{n\sqrt{\pi}} \sum_{i=1}^{n} \sqrt{S_i\gamma_i} \text{ 或 } \frac{\bar{S}}{d}\frac{\bar{\gamma}}{d} = \left(\frac{1}{\sqrt{\pi}\Delta\nu} \sum_{i=1}^{n} \sqrt{S_i\gamma_i}\right)^2 \quad (4.4.28)$$

从式 (4.4.25) 到式 (4.4.28) 可以求出 $\bar{S}/d$ 和 $\bar{\gamma}/d$，它们只依赖于 $\Delta\nu^{-1}\sum_i S_i$ 和 $\Delta\nu^{-1}\sum_i \sqrt{S_i\gamma_i}$，因此当我们根据光谱区间内的 $\Delta\nu$ 的谱线参数求出 $\sum_i S_i$ 和 $\sum_i \sqrt{S_i\gamma_i}$ 后，就可以根据式 (4.4.22) 和式 (4.4.23) 或式 (4.4.23) 和式 (4.4.18) 求得平均透过率。

水汽、二氧化碳 (100cm^{-1} 光谱区间) 和臭氧 (50cm^{-1} 光谱区间) 的 $\sum_i S_i$ 和 $\sum_i \sqrt{S_i\gamma_i}$ 列于表 4.4.3～ 表 4.4.5(Lenoble, 1993)。

表 4.4.3 水汽的 $\sum_i S_i$ 和 $\sum_i \sqrt{S_i\gamma_i}$ 表

波数区间		温度					
		220K		260K		296K	
		$\sum_i S_i$	$\sum_i \sqrt{S_i\gamma_i}$	$\sum_i S_i$	$\sum_i \sqrt{S_i\gamma_i}$	$\sum_i S_i$	$\sum_i \sqrt{S_i\gamma_i}$
0	100	0.890×10^{-17}	0.614×10^{-8}	0.817×10^{-17}	0.566×10^{-8}	0.762×10^{-17}	0.565×10^{-8}
100	200	0.198×10^{-16}	0.856×10^{-8}	0.209×10^{-15}	0.896×10^{-8}	0.217×10^{-16}	0.927×10^{-8}
200	300	0.133×10^{-16}	0.556×10^{-8}	0.159×10^{-16}	0.609×10^{-8}	0.178×10^{-16}	0.647×10^{-8}
300	400	0.205×10^{-17}	0.221×10^{-8}	0.356×10^{-17}	0.264×10^{-8}	0.518×10^{-17}	0.337×10^{-8}
400	500	0.150×10^{-18}	0.545×10^{-9}	0.269×10^{-18}	0.768×10^{-9}	0.438×10^{-18}	0.100×10^{-8}
500	600	0.319×10^{-19}	0.240×10^{-9}	0.637×10^{-19}	0.342×10^{-9}	0.105×10^{-18}	0.448×10^{-9}
600	700	0.375×10^{-20}	0.782×10^{-10}	0.837×10^{-20}	0.116×10^{-9}	0.151×10^{-19}	0.156×10^{-9}
700	800	0.624×10^{-21}	0.317×10^{-10}	0.160×10^{-20}	0.514×10^{-10}	0.324×10^{-20}	0.126×10^{-10}
800	900	0.658×10^{-22}	0.106×10^{-10}	0.192×10^{-21}	0.188×10^{-10}	0.445×10^{-21}	0.287×10^{-10}
900	1000	0.185×10^{-22}	0.531×10^{-11}	0.606×10^{-22}	0.102×10^{-10}	0.145×10^{-21}	0.163×10^{-10}
1000	1100	0.273×10^{-22}	0.773×10^{-11}	0.967×10^{-22}	0.141×10^{-10}	0.230×10^{-21}	0.214×10^{-10}
1100	1200	0.412×10^{-21}	0.322×10^{-10}	0.958×10^{-21}	0.483×10^{-10}	0.163×10^{-20}	0.642×10^{-10}
1200	1300	0.333×10^{-20}	0.127×10^{-9}	0.679×10^{-20}	0.163×10^{-9}	0.119×10^{-19}	0.245×10^{-9}
1300	1400	0.168×10^{-18}	0.798×10^{-9}	0.271×10^{-18}	0.100×10^{-8}	0.375×10^{-18}	0.118×10^{-8}
1400	1500	0.125×10^{-17}	0.221×10^{-8}	0.145×10^{-17}	0.237×10^{-8}	0.159×10^{-17}	0.250×10^{-8}

4.4 大气分子的吸收

续表

波数区间		温度					
		220K		260K		296K	
		$\sum_i S_i$	$\sum_i \sqrt{S_i \gamma_i}$	$\sum_i S_i$	$\sum_i \sqrt{S_i \gamma_i}$	$\sum_i S_i$	$\sum_i \sqrt{S_i \gamma_i}$
1500	1600	0.334×10^{-17}	0.424×10^{-8}	0.327×10^{-17}	0.423×10^{-8}	0.320×10^{-17}	0.423×10^{-8}
1600	1700	0.356×10^{-17}	0.389×10^{-8}	0.317×10^{-17}	0.362×10^{-8}	0.289×10^{-17}	0.342×10^{-8}
1700	1800	0.180×10^{-17}	0.276×10^{-8}	0.191×10^{-17}	0.285×10^{-8}	0.103×10^{-17}	0.201×10^{-8}
1800	1900	0.331×10^{-18}	0.853×10^{-9}	0.388×10^{-18}	0.952×10^{-9}	0.435×10^{-10}	0.104×10^{-8}
1900	2000	0.724×10^{-19}	0.363×10^{-9}	0.103×10^{-18}	0.431×10^{-9}	0.125×10^{-10}	0.467×10^{-9}
2000	2100	0.496×10^{-20}	0.103×10^{-9}	0.101×10^{-19}	0.148×10^{-9}	0.152×10^{-19}	0.190×10^{-9}
2100	2200	0.295×10^{-21}	0.331×10^{-10}	0.774×10^{-21}	0.551×10^{-10}	0.158×10^{-20}	0.791×10^{-10}
2200	2300	0.243×10^{-22}	0.133×10^{-10}	0.982×10^{-22}	0.266×10^{-10}	0.267×10^{-21}	0.431×10^{-10}
2300	2400	0.166×10^{-23}	0.293×10^{-11}	0.732×10^{-23}	0.610×10^{-11}	0.241×10^{-22}	0.107×10^{-10}
2400	2500	0.418×10^{-24}	0.187×10^{-11}	0.127×10^{-23}	0.310×10^{-11}	0.309×10^{-23}	0.440×10^{-11}
2500	2600	0.154×10^{-22}	0.104×10^{-10}	0.252×10^{-22}	0.135×10^{-10}	0.374×10^{-22}	0.162×10^{-10}
2600	2700	0.225×10^{-21}	0.443×10^{-10}	0.226×10^{-21}	0.445×10^{-10}	0.224×10^{-21}	0.444×10^{-10}
2700	2800	0.331×10^{-21}	0.694×10^{-10}	0.307×10^{-21}	0.666×10^{-10}	0.290×10^{-21}	0.545×10^{-10}
2800	2900	0.163×10^{-21}	0.546×10^{-10}	0.195×10^{-21}	0.580×10^{-10}	0.230×10^{-21}	0.609×10^{-10}
2900	3000	0.131×10^{-20}	0.767×10^{-10}	0.213×10^{-20}	0.982×10^{-10}	0.298×10^{-20}	0.117×10^{-9}
3000	3100	0.155×10^{-19}	0.263×10^{-9}	0.185×10^{-19}	0.273×10^{-9}	0.171×10^{-19}	0.280×10^{-9}
3100	3200	0.177×10^{-19}	0.280×10^{-9}	0.184×10^{-19}	0.283×10^{-9}	0.158×10^{-19}	0.289×10^{-9}
3200	3300	0.215×10^{-19}	0.340×10^{-9}	0.209×10^{-19}	0.351×10^{-9}	0.208×10^{-19}	0.364×10^{-9}
3300	3400	0.125×10^{-19}	0.276×10^{-9}	0.171×10^{-19}	0.334×10^{-9}	0.220×10^{-19}	0.385×10^{-9}
3400	3500	0.298×10^{-19}	0.420×10^{-9}	0.424×10^{-19}	0.536×10^{-9}	0.555×10^{-19}	0.634×10^{-9}
3500	3600	0.244×10^{-18}	0.156×10^{-8}	0.351×10^{-18}	0.182×10^{-8}	0.457×10^{-18}	0.202×10^{-8}
3600	3700	0.188×10^{-17}	0.313×10^{-8}	0.193×10^{-17}	0.312×10^{-8}	0.195×10^{-17}	0.309×10^{-8}
3700	3800	0.234×10^{-17}	0.375×10^{-8}	0.220×10^{-17}	0.367×10^{-8}	0.210×10^{-17}	0.362×10^{-8}
3800	3900	0.304×10^{-17}	0.384×10^{-8}	0.287×10^{-17}	0.370×10^{-8}	0.272×10^{-17}	0.358×10^{-8}
3900	4000	0.214×10^{-18}	0.924×10^{-9}	0.315×10^{-18}	0.112×10^{-8}	0.410×10^{-18}	0.127×10^{-8}
4000	4100	0.108×10^{-19}	0.199×10^{-9}	0.129×10^{-19}	0.225×10^{-9}	0.148×10^{-19}	0.251×10^{-9}
4100	4200	0.221×10^{-20}	0.103×10^{-9}	0.328×10^{-20}	0.118×10^{-9}	0.425×10^{-20}	0.130×10^{-9}
4200	4300	0.192×10^{-21}	0.385×10^{-10}	0.376×10^{-21}	0.478×10^{-10}	0.617×10^{-21}	0.563×10^{-10}
4300	4400	0.121×10^{-22}	0.662×10^{-11}	0.309×10^{-22}	0.917×10^{-11}	0.617×10^{-22}	0.118×10^{-10}
4400	4500	0.244×10^{-23}	0.197×10^{-11}	0.508×10^{-23}	0.263×10^{-11}	0.837×10^{-23}	0.319×10^{-11}
4500	4600	0.788×10^{-22}	0.162×10^{-10}	0.908×10^{-22}	0.171×10^{-10}	0.995×10^{-22}	0.175×10^{-10}
4600	4700	0.581×10^{-22}	0.132×10^{-10}	0.537×10^{-22}	0.131×10^{-10}	0.509×10^{-22}	0.131×10^{-10}
4700	4800	0.603×10^{-22}	0.147×10^{-10}	0.585×10^{-22}	0.150×10^{-10}	0.581×10^{-22}	0.155×10^{-10}
4800	4900	0.471×10^{-22}	0.165×10^{-10}	0.588×10^{-22}	0.199×10^{-10}	0.759×10^{-22}	0.231×10^{-10}
4900	5000	0.144×10^{-21}	0.336×10^{-10}	0.252×10^{-21}	0.429×10^{-10}	0.378×10^{-21}	0.508×10^{-10}
5000	5100	0.130×10^{-20}	0.926×10^{-10}	0.192×10^{-20}	0.112×10^{-9}	0.271×10^{-20}	0.130×10^{-9}
5100	5200	0.248×10^{-19}	0.423×10^{-9}	0.356×10^{-19}	0.493×10^{-9}	0.479×10^{-19}	0.549×10^{-9}

续表

波数区间	温度					
	220K		260K		296K	
	$\sum_i S_i$	$\sum_i \sqrt{S_i\gamma_i}$	$\sum_i S_i$	$\sum_i \sqrt{S_i\gamma_i}$	$\sum_i S_i$	$\sum_i \sqrt{S_i\gamma_i}$
5200 5300	0.213×10^{-18}	0.954×10^{-9}	0.211×10^{-18}	0.961×10^{-9}	0.207×10^{-18}	0.937×10^{-9}
5300 5400	0.326×10^{-18}	0.125×10^{-8}	0.297×10^{-18}	0.122×10^{-8}	0.278×10^{-18}	0.119×10^{-8}
5400 5500	0.268×10^{-18}	0.112×10^{-8}	0.274×10^{-18}	0.111×10^{-8}	0.273×10^{-18}	0.109×10^{-8}
5500 5600	0.143×10^{-19}	0.254×10^{-9}	0.231×10^{-19}	0.313×10^{-9}	0.324×10^{-19}	0.359×10^{-9}
5600 5700	0.129×10^{-20}	0.655×10^{-10}	0.160×10^{-20}	0.796×10^{-10}	0.198×10^{-10}	0.938×10^{-10}
5700 5800	0.256×10^{-21}	0.245×10^{-10}	0.355×10^{-21}	0.294×10^{-10}	0.441×10^{-21}	0.334×10^{-10}
5800 5900	0.467×10^{-22}	0.976×10^{-11}	0.643×10^{-22}	0.129×10^{-10}	0.125×10^{-21}	0.155×10^{-10}
5900 6000	0.517×10^{-23}	0.324×10^{-11}	0.122×10^{-22}	0.488×10^{-11}	0.225×10^{-22}	0.646×10^{-11}
6000 6100	0.634×10^{-23}	0.510×10^{-11}	0.802×10^{-23}	0.577×10^{-11}	0.102×10^{-22}	0.642×10^{-11}
6100 6200	0.166×10^{-23}	0.208×10^{-11}	0.177×10^{-23}	0.216×10^{-11}	0.199×10^{-23}	0.227×10^{-11}
6200 6300	0.313×10^{-23}	0.338×10^{-11}	0.331×10^{-23}	0.339×10^{-11}	0.344×10^{-23}	0.339×10^{-11}
6300 6400	0.201×10^{-23}	0.293×10^{-11}	0.279×10^{-23}	0.344×10^{-11}	0.369×10^{-23}	0.386×10^{-11}
6400 6500	0.311×10^{-23}	0.372×10^{-11}	0.584×10^{-23}	0.503×10^{-11}	0.969×10^{-23}	0.627×10^{-11}
6500 6600	0.460×10^{-22}	0.152×10^{-10}	0.773×10^{-22}	0.200×10^{-10}	0.111×10^{-21}	0.243×10^{-10}
6600 6700	0.467×10^{-21}	0.563×10^{-10}	0.611×10^{-21}	0.668×10^{-10}	0.773×10^{-21}	0.765×10^{-10}
6700 6800	0.643×10^{-20}	0.196×10^{-9}	0.726×10^{-20}	0.212×10^{-9}	0.786×10^{-20}	0.224×10^{-9}
6800 6900	0.113×10^{-19}	0.258×10^{-9}	0.103×10^{-19}	0.256×10^{-9}	0.970×10^{-20}	0.257×10^{-9}
6900 7000	0.181×10^{-19}	0.378×10^{-9}	0.188×10^{-19}	0.407×10^{-9}	0.199×10^{-19}	0.434×10^{-9}
7000 7100	0.292×10^{-19}	0.546×10^{-9}	0.413×10^{-19}	0.632×10^{-9}	0.518×10^{-19}	0.694×10^{-9}
7100 7200	0.417×10^{-18}	0.948×10^{-9}	0.149×10^{-18}	0.951×10^{-9}	0.149×10^{-18}	0.951×10^{-9}
7200 7300	0.209×10^{-18}	0.119×10^{-8}	0.192×10^{-18}	0.114×10^{-8}	0.180×10^{-18}	0.110×10^{-8}
7300 7400	0.235×10^{-18}	0.118×10^{-8}	0.236×10^{-18}	0.118×10^{-8}	0.235×10^{-18}	0.117×10^{-7}
7400 7500	0.604×10^{-20}	0.220×10^{-9}	0.922×10^{-20}	0.259×10^{-9}	0.129×10^{-19}	0.294×10^{-9}
7500 7600	0.122×10^{-20}	0.946×10^{-10}	0.134×10^{-20}	0.996×10^{-10}	0.144×10^{-20}	0.103×10^{-9}
7600 7700	0.343×10^{-21}	0.416×10^{-10}	0.439×10^{-21}	0.473×10^{-10}	0.524×10^{-21}	0.515×10^{-10}
7700 7800	0.260×10^{-22}	0.116×10^{-10}	0.434×10^{-22}	0.153×10^{-10}	0.649×10^{-22}	0.186×10^{-10}
7800 7900	0.426×10^{-23}	0.351×10^{-11}	0.694×10^{-23}	0.446×10^{-11}	0.993×10^{-23}	0.527×10^{-11}
7900 8000	0.990×10^{-24}	0.166×10^{-11}	0.188×10^{-23}	0.220×10^{-11}	0.295×10^{-23}	0.255×10^{-11}
8000 8100	0.156×10^{-23}	0.154×10^{-11}	0.291×10^{-23}	0.202×10^{-11}	0.444×10^{-23}	0.241×10^{-11}
8100 8200	0.533×10^{-22}	0.150×10^{-10}	0.617×10^{-22}	0.160×10^{-10}	0.684×10^{-22}	0.167×10^{-10}
8200 8300	0.168×10^{-21}	0.308×10^{-10}	0.187×10^{-21}	0.317×10^{-10}	0.201×10^{-21}	0.322×10^{-10}
8300 8400	0.322×10^{-21}	0.447×10^{-10}	0.300×10^{-21}	0.425×10^{-10}	0.284×10^{-21}	0.411×10^{-10}
8400 8500	0.524×10^{-21}	0.541×10^{-10}	0.496×10^{-21}	0.525×10^{-10}	0.476×10^{-21}	0.513×10^{-10}
8500 8600	0.292×10^{-21}	0.515×10^{-10}	0.423×10^{-21}	0.616×10^{-10}	0.577×10^{-21}	0.701×10^{-10}
8600 8700	0.334×10^{-20}	0.143×10^{-9}	0.431×10^{-20}	0.159×10^{-9}	0.507×10^{-20}	0.169×10^{-9}
8700 8800	0.814×10^{-20}	0.194×10^{-9}	0.756×10^{-20}	0.183×10^{-9}	0.706×10^{-20}	0.175×10^{-9}
8800 8900	0.176×10^{-19}	0.342×10^{-9}	0.164×10^{-19}	0.327×10^{-9}	0.155×10^{-19}	0.315×10^{-9}
8900 9000	0.751×10^{-20}	0.216×10^{-9}	0.860×10^{-20}	0.229×10^{-9}	0.936×10^{-20}	0.236×10^{-9}

4.4 大气分子的吸收

续表

波数区间		温度						
		220K		260K		296K		
		$\sum_i S_i$	$\sum_i \sqrt{S_i \gamma_i}$	$\sum_i S_i$	$\sum_i \sqrt{S_i \gamma_i}$	$\sum_i S_i$	$\sum_i \sqrt{S_i \gamma_i}$
9000	9100	0.409×10^{-21}	0.614×10^{-10}	0.492×10^{-21}	0.659×10^{-10}	0.606×10^{-21}	0.704×10^{-10}
9100	9200	0.116×10^{-21}	0.241×10^{-10}	0.126×10^{-21}	0.250×10^{-10}	0.133×10^{-21}	0.254×10^{-10}
9200	9300	0.436×10^{-22}	0.109×10^{-10}	0.524×10^{-22}	0.119×10^{-10}	0.559×10^{-22}	0.125×10^{-10}
9300	9400	0.467×10^{-23}	0.319×10^{-11}	0.813×10^{-23}	0.406×10^{-11}	0.118×10^{-22}	0.474×10^{-11}
9400	9500	0.242×10^{-24}	0.411×10^{-12}	0.418×10^{-24}	0.552×10^{-12}	0.624×10^{-24}	0.673×10^{-12}
9500	9600	0.125×10^{-25}	0.346×10^{-13}	0.153×10^{-25}	0.361×10^{-13}	0.170×10^{-25}	0.364×10^{-13}
9600	9700	0.336×10^{-24}	0.537×10^{-12}	0.516×10^{-24}	0.647×10^{-12}	0.685×10^{-24}	0.726×10^{-12}
9700	9800	0.487×10^{-23}	0.348×10^{-11}	0.506×10^{-23}	0.343×10^{-11}	0.515×10^{-23}	0.335×10^{-11}
9800	9900	0.651×10^{-23}	0.415×10^{-11}	0.593×10^{-23}	0.385×10^{-11}	0.555×10^{-23}	0.363×10^{-11}
9900	10000	0.117×10^{-22}	0.676×10^{-11}	0.117×10^{-22}	0.675×10^{-11}	0.118×10^{-22}	0.670×10^{-11}
10000	10100	0.679×10^{-23}	0.542×10^{-11}	0.976×10^{-23}	0.642×10^{-11}	0.131×10^{-22}	0.725×10^{-11}
10100	10200	0.741×10^{-22}	0.214×10^{-10}	0.103×10^{-21}	0.248×10^{-10}	0.130×10^{-21}	0.273×10^{-10}
10200	10300	0.488×10^{-21}	0.556×10^{-10}	0.498×10^{-21}	0.571×10^{-10}	0.507×10^{-21}	0.584×10^{-10}
10300	10400	0.897×10^{-21}	0.886×10^{-10}	0.942×10^{-21}	0.930×10^{-10}	0.102×10^{-20}	0.967×10^{-10}
10400	10500	0.260×10^{-20}	0.161×10^{-9}	0.310×10^{-20}	0.170×10^{-9}	0.346×10^{-20}	0.175×10^{-9}
10500	10600	0.630×10^{-20}	0.217×10^{-9}	0.625×10^{-20}	0.214×10^{-9}	0.617×10^{-20}	0.210×10^{-9}
10600	10700	0.802×10^{-20}	0.240×10^{-9}	0.720×10^{-20}	0.226×10^{-9}	0.665×10^{-20}	0.215×10^{-9}
10700	10800	0.294×10^{-20}	0.150×10^{-9}	0.344×10^{-20}	0.162×10^{-9}	0.383×10^{-20}	0.170×10^{-9}
10800	10900	0.312×10^{-21}	0.534×10^{-10}	0.341×10^{-21}	0.541×10^{-10}	0.364×10^{-21}	0.542×10^{-10}
10900	11000	0.672×10^{-21}	0.801×10^{-10}	0.669×10^{-21}	0.789×10^{-10}	0.664×10^{-21}	0.774×10^{-10}
11000	11100	0.605×10^{-21}	0.626×10^{-10}	0.718×10^{-21}	0.580×10^{-10}	0.654×10^{-21}	0.544×10^{-10}
11100	11200	0.558×10^{-21}	0.508×10^{-10}	0.594×10^{-21}	0.522×10^{-10}	0.617×10^{-21}	0.528×10^{-10}
11200	11300	0.975×10^{-23}	0.478×10^{-11}	0.104×10^{-22}	0.480×10^{-11}	0.111×10^{-22}	0.478×10^{-11}
11300	11400	0.157×10^{-23}	0.165×10^{-11}	0.220×10^{-23}	0.186×10^{-11}	0.273×10^{-23}	0.199×10^{-11}
11400	11500	0.506×10^{-25}	0.121×10^{-12}	0.102×10^{-24}	0.162×10^{-12}	0.159×10^{-24}	0.194×10^{-12}
11500	11600	0.589×10^{-25}	0.149×10^{-12}	0.107×10^{-24}	0.182×10^{-12}	0.160×10^{-24}	0.205×10^{-12}
11600	11700	0.143×10^{-23}	0.182×10^{-11}	0.199×10^{-23}	0.184×10^{-11}	0.246×10^{-23}	0.198×10^{-11}
11700	11800	0.831×10^{-23}	0.557×10^{-11}	0.827×10^{-23}	0.544×10^{-11}	0.818×10^{-23}	0.530×10^{-11}
11800	11900	0.145×10^{-22}	0.797×10^{-11}	0.144×10^{-22}	0.810×10^{-11}	0.152×10^{-22}	0.829×10^{-11}
11900	12000	0.405×10^{-22}	0.159×10^{-10}	0.590×10^{-22}	0.194×10^{-10}	0.761×10^{-22}	0.211×10^{-10}
12000	12100	0.278×10^{-21}	0.357×10^{-10}	0.285×10^{-21}	0.351×10^{-10}	0.286×10^{-21}	0.342×10^{-10}
12100	12200	0.422×10^{-21}	0.447×10^{-10}	0.390×10^{-21}	0.425×10^{-10}	0.369×10^{-21}	0.409×10^{-10}
12200	12300	0.521×10^{-21}	0.555×10^{-10}	0.517×10^{-21}	0.545×10^{-10}	0.509×10^{-21}	0.533×10^{-10}
12300	12400	0.317×10^{-22}	0.174×10^{-10}	0.400×10^{-22}	0.188×10^{-10}	0.491×10^{-22}	0.198×10^{-10}
12400	12500	0.392×10^{-22}	0.180×10^{-10}	0.389×10^{-22}	0.173×10^{-10}	0.383×10^{-22}	0.166×10^{-10}
12500	12600	0.309×10^{-22}	0.132×10^{-10}	0.293×10^{-22}	0.127×10^{-10}	0.281×10^{-22}	0.122×10^{-10}
12600	12700	0.435×10^{-22}	0.142×10^{-10}	0.418×10^{-22}	0.136×10^{-10}	0.403×10^{-22}	0.130×10^{-10}

续表

波数区间	温度					
	220K		260K		296K	
	$\sum_i S_i$	$\sum_i \sqrt{S_i\gamma_i}$	$\sum_i S_i$	$\sum_i \sqrt{S_i\gamma_i}$	$\sum_i S_i$	$\sum_i \sqrt{S_i\gamma_i}$
12700 12800	0.239×10^{-23}	0.220×10^{-11}	0.339×10^{-23}	0.250×10^{-11}	0.431×10^{-23}	0.270×10^{-11}
12800 12900	0.931×10^{-25}	0.299×10^{-12}	0.101×10^{-24}	0.297×10^{-12}	0.105×10^{-24}	0.290×10^{-12}
12900 13000	0.172×10^{-25}	0.654×10^{-13}	0.241×10^{-25}	0.728×10^{-13}	0.296×10^{-25}	0.768×10^{-13}
13000 13100	0.203×10^{-25}	0.486×10^{-13}	0.196×10^{-25}	0.451×10^{-13}	0.186×10^{-25}	0.420×10^{-13}
13100 13200	0.205×10^{-25}	0.481×10^{-13}	0.197×10^{-25}	0.445×10^{-13}	0.186×10^{-25}	0.414×10^{-13}
13200 13300	0.496×10^{-25}	0.126×10^{-12}	0.489×10^{-25}	0.120×10^{-12}	0.483×10^{-25}	0.114×10^{-12}
13300 13400	0.198×10^{-24}	0.619×10^{-12}	0.283×10^{-24}	0.738×10^{-12}	0.389×10^{-24}	0.837×10^{-12}
13400 13500	0.372×10^{-23}	0.398×10^{-11}	0.644×10^{-23}	0.527×10^{-11}	0.941×10^{-23}	0.633×10^{-11}
13500 13600	0.379×10^{-22}	0.154×10^{-10}	0.447×10^{-22}	0.169×10^{-10}	0.515×10^{-22}	0.180×10^{-10}
13600 13700	0.128×10^{-21}	0.322×10^{-10}	0.153×10^{-21}	0.339×10^{-10}	0.172×10^{-21}	0.349×10^{-10}
13700 13800	0.386×10^{-21}	0.553×10^{-10}	0.387×10^{-21}	0.534×10^{-10}	0.383×10^{-21}	0.515×10^{-10}
13800 13900	0.461×10^{-21}	0.498×10^{-10}	0.403×10^{-21}	0.457×10^{-10}	0.362×10^{-21}	0.427×10^{-10}
13900 14000	0.307×10^{-21}	0.427×10^{-10}	0.329×10^{-21}	0.438×10^{-10}	0.343×10^{-21}	0.442×10^{-10}
14000 14100	0.164×10^{-22}	0.132×10^{-10}	0.195×10^{-22}	0.138×10^{-10}	0.223×10^{-22}	0.142×10^{-10}
14100 14200	0.300×10^{-22}	0.178×10^{-10}	0.345×10^{-22}	0.181×10^{-10}	0.378×10^{-22}	0.181×10^{-10}
14200 14300	0.799×10^{-22}	0.244×10^{-10}	0.787×10^{-22}	0.234×10^{-10}	0.771×10^{-22}	0.224×10^{-10}
14300 14400	0.878×10^{-22}	0.189×10^{-10}	0.777×10^{-22}	0.173×10^{-10}	0.702×10^{-22}	0.161×10^{-10}
14400 14500	0.427×10^{-22}	0.126×10^{-10}	0.480×10^{-22}	0.129×10^{-10}	0.516×10^{-22}	0.130×10^{-10}
14500 14600	0.133×10^{-23}	0.199×10^{-11}	0.137×10^{-23}	0.189×10^{-11}	0.138×10^{-23}	0.180×10^{-11}
14600 14700	0.984×10^{-24}	0.161×10^{-11}	0.987×10^{-24}	0.154×10^{-11}	0.977×10^{-24}	0.147×10^{-11}
14700 14800	0.332×10^{-26}	0.158×10^{-13}	0.546×10^{-26}	0.192×10^{-13}	0.742×10^{-26}	0.214×10^{-13}
14800 14900	0.308×10^{-25}	0.509×10^{-13}	0.433×10^{-25}	0.582×10^{-13}	0.529×10^{-25}	0.626×10^{-13}
14900 15000	0.202×10^{-24}	0.335×10^{-12}	0.240×10^{-24}	0.348×10^{-12}	0.264×10^{-24}	0.351×10^{-12}
15000 15100	0.117×10^{-23}	0.197×10^{-11}	0.138×10^{-23}	0.206×10^{-11}	0.165×10^{-23}	0.214×10^{-11}
15100 15200	0.480×10^{-23}	0.470×10^{-11}	0.643×10^{-23}	0.512×10^{-11}	0.790×10^{-23}	0.539×10^{-11}
15200 15300	0.267×10^{-22}	0.124×10^{-10}	0.274×10^{-22}	0.121×10^{-10}	0.275×10^{-22}	0.117×10^{-10}
15300 15400	0.345×10^{-22}	0.127×10^{-10}	0.316×10^{-22}	0.118×10^{-10}	0.296×10^{-22}	0.111×10^{-10}
15400 15500	0.373×10^{-22}	0.152×10^{-10}	0.378×10^{-22}	0.149×10^{-10}	0.379×10^{-22}	0.145×10^{-10}
15500 15600	0.242×10^{-23}	0.240×10^{-11}	0.266×10^{-23}	0.243×10^{-11}	0.284×10^{-23}	0.242×10^{-11}
15600 15700	0.175×10^{-23}	0.276×10^{-11}	0.213×10^{-23}	0.287×10^{-11}	0.242×10^{-23}	0.292×10^{-11}
15700 15800	0.412×10^{-23}	0.370×10^{-11}	0.396×10^{-23}	0.345×10^{-11}	0.378×10^{-23}	0.324×10^{-11}
15800 15900	0.719×10^{-23}	0.464×10^{-11}	0.638×10^{-23}	0.417×10^{-11}	0.579×10^{-23}	0.382×10^{-11}
15900 16000	0.500×10^{-23}	0.350×10^{-11}	0.521×10^{-23}	0.347×10^{-11}	0.529×10^{-23}	0.341×10^{-11}
16000 16100	0.338×10^{-26}	0.177×10^{-13}	0.929×10^{-26}	0.278×10^{-13}	0.178×10^{-25}	0.368×10^{-13}
16100 16200	0.119×10^{-25}	0.314×10^{-13}	0.310×10^{-25}	0.480×10^{-13}	0.573×10^{-25}	0.624×10^{-13}
16200 16300	0.593×10^{-26}	0.212×10^{-13}	0.142×10^{-25}	0.310×10^{-13}	0.247×10^{-25}	0.391×10^{-13}
16300 16400	0.290×10^{-26}	0.133×10^{-13}	0.108×10^{-25}	0.243×10^{-13}	0.254×10^{-25}	0.356×10^{-13}
16400 16500	0.648×10^{-26}	0.225×10^{-13}	0.171×10^{-25}	0.346×10^{-13}	0.320×10^{-25}	0.453×10^{-13}

续表

波数区间		温度					
		220K		260K		296K	
		$\sum_i S_i$	$\sum_i \sqrt{S_i \gamma_i}$	$\sum_i S_i$	$\sum_i \sqrt{S_i \gamma_i}$	$\sum_i S_i$	$\sum_i \sqrt{S_i \gamma_i}$
16500	16600	0.124×10^{-24}	0.305×10^{-12}	0.273×10^{-24}	0.428×10^{-12}	0.453×10^{-24}	0.528×10^{-12}
16600	16700	0.554×10^{-23}	0.481×10^{-11}	0.787×10^{-23}	0.558×10^{-11}	0.988×10^{-23}	0.608×10^{-11}
16700	16800	0.243×10^{-21}	0.129×10^{-10}	0.262×10^{-22}	0.130×10^{-10}	0.274×10^{-22}	0.129×10^{-10}
16800	16900	0.619×10^{-22}	0.219×10^{-10}	0.571×10^{-22}	0.202×10^{-10}	0.531×10^{-22}	0.188×10^{-10}
16900	17000	0.602×10^{-22}	0.238×10^{-10}	0.578×10^{-22}	0.226×10^{-10}	0.557×10^{-22}	0.215×10^{-10}
17000	17100	0.530×10^{-23}	0.541×10^{-11}	0.699×10^{-23}	0.548×10^{-11}	0.750×10^{-23}	0.547×10^{-11}
17100	17200	0.722×10^{-24}	0.133×10^{-11}	0.901×10^{-24}	0.141×10^{-11}	0.103×10^{-23}	0.145×10^{-11}
17200	17300	0.727×10^{-24}	0.155×10^{-11}	0.902×10^{-24}	0.165×10^{-11}	0.107×10^{-23}	0.170×10^{-11}
17300	17400	0.418×10^{-23}	0.532×10^{-11}	0.442×10^{-23}	0.517×10^{-11}	0.452×10^{-23}	0.499×10^{-11}
17400	17500	0.783×10^{-23}	0.651×10^{-11}	0.730×10^{-23}	0.602×10^{-11}	0.666×10^{-23}	0.562×10^{-11}
17500	17600	0.102×10^{-22}	0.759×10^{-11}	0.970×10^{-23}	0.714×10^{-11}	0.926×10^{-23}	0.675×10^{-11}
17600	17700	0.657×10^{-24}	0.100×10^{-11}	0.741×10^{-24}	0.100×10^{-11}	0.792×10^{-24}	0.984×10^{-12}
17700	17800	0.373×10^{-25}	0.114×10^{-12}	0.344×10^{-25}	0.104×10^{-12}	0.321×10^{-25}	0.957×10^{-13}
17800	17900	0.246×10^{-25}	0.500×10^{-13}	0.300×10^{-25}	0.520×10^{-13}	0.334×10^{-25}	0.523×10^{-13}
17900	18000	0.171×10^{-25}	0.420×10^{-13}	0.232×10^{-25}	0.460×10^{-13}	0.277×10^{-25}	0.479×10^{-13}
18000	18100	0.247×10^{-25}	0.533×10^{-13}	0.288×10^{-25}	0.540×10^{-13}	0.310×10^{-25}	0.534×10^{-13}
18100	18200	0.415×10^{-24}	0.848×10^{-12}	0.441×10^{-24}	0.833×10^{-12}	0.455×10^{-24}	0.811×10^{-12}
18200	18300	0.166×10^{-23}	0.248×10^{-11}	0.173×10^{-23}	0.237×10^{-11}	0.176×10^{-23}	0.226×10^{-11}
18300	18400	0.457×10^{-23}	0.485×10^{-11}	0.420×10^{-23}	0.439×10^{-11}	0.390×10^{-23}	0.404×10^{-11}
18400	18500	0.312×10^{-23}	0.298×10^{-11}	0.279×10^{-23}	0.267×10^{-11}	0.253×10^{-23}	0.244×10^{-11}
18500	18600	0.847×10^{-26}	0.293×10^{-13}	0.103×10^{-25}	0.305×10^{-13}	0.115×10^{-25}	0.307×10^{-13}
18600	18700	0.137×10^{-25}	0.398×10^{-13}	0.148×10^{-25}	0.390×10^{-13}	0.152×10^{-25}	0.378×10^{-13}
18700	18800	0.180×10^{-25}	0.457×10^{-13}	0.190×10^{-25}	0.440×10^{-13}	0.191×10^{-25}	0.421×10^{-13}
18800	18900	0.579×10^{-25}	0.115×10^{-12}	0.555×10^{-25}	0.106×10^{-12}	0.525×10^{-25}	0.980×10^{-13}
18900	19000	0.372×10^{-24}	0.662×10^{-12}	0.326×10^{-24}	0.583×10^{-12}	0.291×10^{-24}	0.526×10^{-12}
19000	19100	0.229×10^{-24}	0.380×10^{-12}	0.217×10^{-24}	0.351×10^{-12}	0.212×10^{-24}	0.329×10^{-12}
19100	19200	0.137×10^{-25}	0.338×10^{-13}	0.269×10^{-25}	0.447×10^{-13}	0.412×10^{-25}	0.529×10^{-13}
19200	19300	0.723×10^{-26}	0.264×10^{-13}	0.137×10^{-25}	0.344×10^{-13}	0.205×10^{-25}	0.402×10^{-13}
19300	19400	0.232×10^{-25}	0.426×10^{-13}	0.397×10^{-25}	0.527×10^{-13}	0.553×10^{-25}	0.595×10^{-13}
19400	19500	0.352×10^{-25}	0.573×10^{-13}	0.580×10^{-25}	0.694×10^{-13}	0.788×10^{-25}	0.774×10^{-13}
19500	19600	0.438×10^{-24}	0.663×10^{-12}	0.611×10^{-24}	0.746×10^{-12}	0.744×10^{-24}	0.793×10^{-12}
19600	19700	0.364×10^{-23}	0.307×10^{-11}	0.378×10^{-23}	0.297×10^{-11}	0.379×10^{-23}	0.285×10^{-11}
19700	19800	0.694×10^{-23}	0.478×10^{-11}	0.624×10^{-23}	0.429×10^{-11}	0.570×10^{-23}	0.392×10^{-11}
19800	19900	0.798×10^{-23}	0.542×10^{-11}	0.732×10^{-23}	0.495×10^{-11}	0.679×10^{-23}	0.457×10^{-11}
19900	20000	0.126×10^{-24}	0.196×10^{-12}	0.119×10^{-24}	0.182×10^{-12}	0.112×10^{-24}	0.170×10^{-12}
20000	20100	0.997×10^{-26}	0.339×10^{-13}	0.116×10^{-25}	0.343×10^{-13}	0.125×10^{-25}	0.339×10^{-13}
20100	20200	0.135×10^{-25}	0.372×10^{-13}	0.154×10^{-25}	0.376×10^{-13}	0.164×10^{-25}	0.371×10^{-13}

续表

波数区间	温度					
	220K		260K		296K	
	$\sum_i S_i$	$\sum_i \sqrt{S_i\gamma_i}$	$\sum_i S_i$	$\sum_i \sqrt{S_i\gamma_i}$	$\sum_i S_i$	$\sum_i \sqrt{S_i\gamma_i}$
20200 20300	0.112×10^{-25}	0.360×10^{-13}	0.121×10^{-25}	0.353×10^{-13}	0.124×10^{-25}	0.341×10^{-13}
20300 20400	0.234×10^{-25}	0.520×10^{-13}	0.246×10^{-25}	0.502×10^{-13}	0.248×10^{-25}	0.480×10^{-13}
20400 20500	0.201×10^{-24}	0.408×10^{-12}	0.185×10^{-24}	0.368×10^{-12}	0.171×10^{-24}	0.336×10^{-12}
20500 20600	0.403×10^{-24}	0.747×10^{-12}	0.341×10^{-24}	0.646×10^{-12}	0.296×10^{-24}	0.575×10^{-12}
20600 20700	0.549×10^{-25}	0.131×10^{-12}	0.553×10^{-25}	0.124×10^{-12}	0.543×10^{-25}	0.118×10^{-12}
20700 20800	0.253×10^{-25}	0.541×10^{-13}	0.266×10^{-25}	0.522×10^{-13}	0.268×10^{-25}	0.499×10^{-13}
20800 20900	0.146×10^{-25}	0.431×10^{-13}	0.142×10^{-25}	0.395×10^{-13}	0.136×10^{-25}	0.365×10^{-13}
20900 21000	0.494×10^{-25}	0.770×10^{-13}	0.482×10^{-25}	0.713×10^{-13}	0.462×10^{-25}	0.662×10^{-13}
21000 21100	0.470×10^{-25}	0.727×10^{-13}	0.436×10^{-25}	0.662×10^{-13}	0.403×10^{-25}	0.609×10^{-13}
21100 21200	0.275×10^{-24}	0.607×10^{-12}	0.240×10^{-24}	0.535×10^{-12}	0.214×10^{-24}	0.482×10^{-12}
21200 21300	0.473×10^{-24}	0.952×10^{-12}	0.401×10^{-24}	0.826×10^{-12}	0.350×10^{-24}	0.736×10^{-12}
21300 21400	0.240×10^{-25}	0.503×10^{-13}	0.312×10^{-25}	0.543×10^{-13}	0.362×10^{-25}	0.561×10^{-13}
21400 21500	0.233×10^{-25}	0.487×10^{-13}	0.285×10^{-25}	0.507×10^{-13}	0.317×10^{-25}	0.510×10^{-13}
21500 21600	0.330×10^{-25}	0.615×10^{-13}	0.383×10^{-25}	0.624×10^{-13}	0.413×10^{-25}	0.616×10^{-13}
21600 21700	0.243×10^{-25}	0.500×10^{-13}	0.278×10^{-25}	0.505×10^{-13}	0.296×10^{-25}	0.499×10^{-13}
21700 21800	0.385×10^{-25}	0.666×10^{-13}	0.416×10^{-25}	0.654×10^{-13}	0.426×10^{-25}	0.633×10^{-13}
21800 21900	0.541×10^{-25}	0.792×10^{-13}	0.570×10^{-25}	0.764×10^{-13}	0.574×10^{-25}	0.731×10^{-13}
21900 22000	0.117×10^{-24}	0.118×10^{-12}	0.114×10^{-24}	0.109×10^{-12}	0.109×10^{-24}	0.102×10^{-12}
22000 22100	0.352×10^{-25}	0.640×10^{-13}	0.339×10^{-25}	0.593×10^{-13}	0.322×10^{-25}	0.553×10^{-13}
22100 22200	0.128×10^{-24}	0.120×10^{-12}	0.119×10^{-24}	0.109×10^{-12}	0.110×10^{-24}	0.101×10^{-12}
22200 22300	0.177×10^{-24}	0.151×10^{-12}	0.158×10^{-24}	0.134×10^{-12}	0.143×10^{-24}	0.121×10^{-12}
22300 22400	0.548×10^{-25}	0.820×10^{-13}	0.492×10^{-25}	0.730×10^{-13}	0.446×10^{-25}	0.661×10^{-13}
22400 22500	0.469×10^{-24}	0.610×10^{-12}	0.414×10^{-24}	0.542×10^{-12}	0.374×10^{-24}	0.492×10^{-12}

表 4.4.4 二氧化碳的 $\sum_i S_i$ 和 $\sum_i \sqrt{S_i\gamma_i}$ 表

波数区间	温度					
	220K		260K		296K	
	$\sum_i S_i$	$\sum_i \sqrt{S_i\gamma_i}$	$\sum_i S_i$	$\sum_i \sqrt{S_i\gamma_i}$	$\sum_i S_i$	$\sum_i \sqrt{S_i\gamma_i}$
400 500	0.588×10^{-25}	0.759×10^{-12}	0.491×10^{-24}	0.214×10^{-11}	0.205×10^{-23}	0.426×10^{-11}
500 600	0.372×10^{-20}	0.212×10^{-9}	0.954×10^{-20}	0.381×10^{-9}	0.184×10^{-19}	0.578×10^{-9}
600 700	0.836×10^{-17}	0.116×10^{-7}	0.858×10^{-17}	0.129×10^{-7}	0.885×10^{-17}	0.143×10^{-7}
700 800	0.961×10^{-19}	0.105×10^{-8}	0.187×10^{-18}	0.160×10^{-8}	0.295×10^{-18}	0.218×10^{-8}
800 900	0.206×10^{-22}	0.115×10^{-10}	0.810×10^{-22}	0.263×10^{-10}	0.207×10^{-21}	0.465×10^{-10}
900 1000	0.683×10^{-22}	0.234×10^{-10}	0.281×10^{-21}	0.489×10^{-10}	0.728×10^{-21}	0.808×10^{-10}
1000 1100	0.116×10^{-21}	0.318×10^{-10}	0.433×10^{-21}	0.647×10^{-10}	0.106×10^{-20}	0.105×10^{-9}

续表

波数区间		温度					
		220K		260K		296K	
		$\sum_i S_i$	$\sum_i \sqrt{S_i\gamma_i}$	$\sum_i S_i$	$\sum_i \sqrt{S_i\gamma_i}$	$\sum_i S_i$	$\sum_i \sqrt{S_i\gamma_i}$
1100	1200	0.122×10^{-25}	0.170×10^{-12}	0.177×10^{-24}	0.622×10^{-12}	0.110×10^{-23}	0.150×10^{-11}
1200	1300	0.347×10^{-22}	0.235×10^{-10}	0.354×10^{-22}	0.238×10^{-10}	0.361×10^{-22}	0.240×10^{-10}
1300	1400	0.390×10^{-22}	0.257×10^{-10}	0.395×10^{-22}	0.257×10^{-10}	0.400×10^{-22}	0.256×10^{-10}
1400	1500	0.495×10^{-24}	0.181×10^{-11}	0.988×10^{-24}	0.245×10^{-11}	0.158×10^{-23}	0.299×10^{-11}
1500	1600	0.193×10^{-27}	0.415×10^{-14}	0.146×10^{-26}	0.107×10^{-13}	0.558×10^{-26}	0.199×10^{-13}
1600	1700	0.109×10^{-27}	0.312×10^{-14}	0.931×10^{-27}	0.854×10^{-14}	0.383×10^{-26}	0.165×10^{-13}
1700	1800	0.273×10^{-27}	0.494×10^{-14}	0.193×10^{-26}	0.123×10^{-13}	0.701×10^{-26}	0.223×10^{-13}
1800	1900	0.221×10^{-22}	0.182×10^{-10}	0.446×10^{-22}	0.247×10^{-10}	0.750×10^{-22}	0.312×10^{-10}
1900	2000	0.565×10^{-21}	0.704×10^{-10}	0.511×10^{-21}	0.761×10^{-10}	0.653×10^{-21}	0.814×10^{-10}
2000	2100	0.520×10^{-20}	0.251×10^{-9}	0.557×10^{-20}	0.277×10^{-9}	0.598×10^{-20}	0.302×10^{-9}
2100	2200	0.119×10^{-21}	0.484×10^{-10}	0.247×10^{-21}	0.761×10^{-10}	0.423×10^{-21}	0.110×10^{-9}
2200	2300	0.900×10^{-18}	0.326×10^{-8}	0.102×10^{-17}	0.419×10^{-8}	0.127×10^{-17}	0.533×10^{-8}
2300	2400	0.945×10^{-16}	0.282×10^{-7}	0.967×10^{-16}	0.305×10^{-7}	0.994×10^{-16}	0.327×10^{-7}
2400	2500	0.144×10^{-22}	0.135×10^{-10}	0.340×10^{-22}	0.195×10^{-10}	0.703×10^{-22}	0.260×10^{-10}
2500	2600	0.126×10^{-22}	0.112×10^{-10}	0.132×10^{-22}	0.112×10^{-10}	0.138×10^{-22}	0.112×10^{-10}
2600	2700	0.199×10^{-22}	0.158×10^{-10}	0.196×10^{-22}	0.157×10^{-10}	0.195×10^{-22}	0.156×10^{-10}
2700	2800	0.336×10^{-23}	0.547×10^{-11}	0.334×10^{-23}	0.523×10^{-11}	0.332×10^{-23}	0.503×10^{-11}
2800	2900	0.435×10^{-27}	0.624×10^{-14}	0.190×10^{-26}	0.122×10^{-13}	0.497×10^{-26}	0.188×10^{-13}
2900	3000	0.631×10^{-27}	0.750×10^{-14}	0.253×10^{-26}	0.141×10^{-13}	0.631×10^{-26}	0.212×10^{-13}
3000	3100	0.155×10^{-25}	0.966×10^{-13}	0.453×10^{-25}	0.156×10^{-12}	0.920×10^{-25}	0.213×10^{-12}
3100	3200	0.624×10^{-23}	0.613×10^{-11}	0.715×10^{-23}	0.679×10^{-11}	0.808×10^{-23}	0.735×10^{-11}
3200	3300	0.367×10^{-23}	0.479×10^{-11}	0.569×10^{-23}	0.597×10^{-11}	0.802×10^{-23}	0.701×10^{-11}
3300	3400	0.818×10^{-22}	0.280×10^{-10}	0.964×10^{-22}	0.323×10^{-10}	0.111×10^{-21}	0.363×10^{-10}
3400	3500	0.346×10^{-21}	0.767×10^{-10}	0.586×10^{-21}	0.109×10^{-9}	0.875×10^{-21}	0.146×10^{-9}
3500	3600	0.299×10^{-18}	0.172×10^{-8}	0.348×10^{-18}	0.205×10^{-8}	0.395×10^{-18}	0.239×10^{-8}
3600	3700	0.110×10^{-17}	0.300×10^{-8}	0.112×10^{-17}	0.317×10^{-8}	0.115×10^{-17}	0.338×10^{-8}
3700	3800	0.121×10^{-17}	0.256×10^{-8}	0.120×10^{-17}	0.277×10^{-8}	0.121×10^{-17}	0.300×10^{-8}
3800	3900	0.668×10^{-23}	0.792×10^{-11}	0.200×10^{-22}	0.121×10^{-10}	0.448×10^{-22}	0.169×10^{-10}
3900	4000	0.584×10^{-24}	0.232×10^{-11}	0.905×10^{-24}	0.288×10^{-11}	0.145×10^{-23}	0.348×10^{-11}
4000	4100	0.224×10^{-23}	0.338×10^{-11}	0.450×10^{-23}	0.446×10^{-11}	0.730×10^{-23}	0.538×10^{-11}
4100	4200	0.671×10^{-26}	0.260×10^{-13}	0.616×10^{-26}	0.236×10^{-13}	0.572×10^{-26}	0.218×10^{-13}
4200	4300	0.788×10^{-26}	0.277×10^{-13}	0.742×10^{-26}	0.254×10^{-13}	0.700×10^{-26}	0.237×10^{-13}
4300	4400	0.882×10^{-26}	0.290×10^{-13}	0.853×10^{-26}	0.269×10^{-13}	0.820×10^{-26}	0.253×10^{-13}
4400	4500	0.822×10^{-25}	0.309×10^{-12}	0.101×10^{-24}	0.329×10^{-12}	0.116×10^{-24}	0.339×10^{-12}
4500	4600	0.559×10^{-24}	0.193×10^{-11}	0.763×10^{-24}	0.220×10^{-11}	0.982×10^{-24}	0.241×10^{-11}
4600	4700	0.152×10^{-22}	0.178×10^{-10}	0.162×10^{-22}	0.187×10^{-10}	0.174×10^{-22}	0.195×10^{-10}
4700	4800	0.166×10^{-21}	0.661×10^{-10}	0.275×10^{-21}	0.868×10^{-10}	0.425×10^{-21}	0.108×10^{-9}
4800	4900	0.826×10^{-20}	0.287×10^{-9}	0.840×10^{-20}	0.300×10^{-9}	0.857×10^{-20}	0.314×10^{-9}

续表

波数区间		温度					
		220K		260K		296K	
		$\sum_i S_i$	$\sum_i \sqrt{S_i \gamma_i}$	$\sum_i S_i$	$\sum_i \sqrt{S_i \gamma_i}$	$\sum_i S_i$	$\sum_i \sqrt{S_i \gamma_i}$
4900	5000	0.354×10^{-19}	0.539×10^{-9}	0.357×10^{-19}	0.584×10^{-9}	0.363×10^{-19}	0.632×10^{-9}
5000	5100	0.635×10^{-20}	0.190×10^{-9}	0.700×10^{-20}	0.208×10^{-9}	0.765×10^{-20}	0.225×10^{-9}
5100	5200	0.603×10^{-20}	0.169×10^{-9}	0.531×10^{-20}	0.192×10^{-9}	0.664×10^{-20}	0.215×10^{-9}
5200	5300	0.136×10^{-23}	0.403×10^{-11}	0.246×10^{-23}	0.546×10^{-11}	0.404×10^{-23}	0.674×10^{-11}
5300	5400	0.173×10^{-22}	0.974×10^{-11}	0.175×10^{-22}	0.965×10^{-11}	0.177×10^{-22}	0.958×10^{-11}
5400	5500	0.404×10^{-27}	0.513×10^{-14}	0.163×10^{-26}	0.116×10^{-13}	0.407×10^{-26}	0.176×10^{-13}
5500	5600	0.601×10^{-26}	0.882×10^{-13}	0.229×10^{-25}	0.163×10^{-12}	0.553×10^{-25}	0.242×10^{-12}
5600	5700	0.190×10^{-25}	0.209×10^{-12}	0.656×10^{-25}	0.366×10^{-12}	0.148×10^{-24}	0.524×10^{-12}
5700	5800	0.377×10^{-26}	0.341×10^{-13}	0.900×10^{-26}	0.531×10^{-13}	0.187×10^{-25}	0.732×10^{-13}
5800	5900	0.537×10^{-24}	0.182×10^{-11}	0.524×10^{-24}	0.170×10^{-11}	0.510×10^{-24}	0.161×10^{-11}
5900	6000	0.937×10^{-24}	0.369×10^{-11}	0.131×10^{-23}	0.414×10^{-11}	0.187×10^{-23}	0.462×10^{-11}
6000	6100	0.530×10^{-22}	0.186×10^{-10}	0.538×10^{-22}	0.193×10^{-10}	0.548×10^{-22}	0.198×10^{-10}
6100	6200	0.303×10^{-22}	0.206×10^{-10}	0.463×10^{-22}	0.252×10^{-10}	0.638×10^{-22}	0.295×10^{-10}
6200	6300	0.457×10^{-21}	0.545×10^{-10}	0.455×10^{-21}	0.552×10^{-10}	0.455×10^{-21}	0.562×10^{-10}
6300	6400	0.471×10^{-21}	0.583×10^{-10}	0.482×10^{-21}	0.623×10^{-10}	0.496×10^{-21}	0.660×10^{-10}
6400	6500	0.277×10^{-22}	0.771×10^{-11}	0.280×10^{-22}	0.765×10^{-11}	0.282×10^{-22}	0.761×10^{-11}
6500	6600	0.343×10^{-22}	0.141×10^{-10}	0.360×10^{-22}	0.153×10^{-10}	0.381×10^{-22}	0.164×10^{-10}
6600	6700	0.148×10^{-23}	0.280×10^{-11}	0.147×10^{-23}	0.266×10^{-11}	0.145×10^{-23}	0.254×10^{-11}
6700	6800	0.133×10^{-22}	0.885×10^{-11}	0.136×10^{-22}	0.912×10^{-11}	0.140×10^{-22}	0.933×10^{-11}
6800	6900	0.234×10^{-23}	0.499×10^{-11}	0.618×10^{-23}	0.801×10^{-11}	0.127×10^{-22}	0.112×10^{-10}
6900	7000	0.150×10^{-20}	0.104×10^{-9}	0.153×10^{-20}	0.109×10^{-9}	0.157×10^{-20}	0.113×10^{-9}
7000	7100	0.329×10^{-26}	0.173×10^{-13}	0.400×10^{-26}	0.179×10^{-13}	0.449×10^{-26}	0.180×10^{-13}
7100	7200	0.410×10^{-26}	0.194×10^{-13}	0.477×10^{-26}	0.195×10^{-13}	0.519×10^{-26}	0.193×10^{-13}
7200	7300	0.155×10^{-24}	0.560×10^{-12}	0.145×10^{-24}	0.510×10^{-12}	0.137×10^{-24}	0.473×10^{-12}
7300	7400	0.470×10^{-25}	0.266×10^{-12}	0.694×10^{-25}	0.315×10^{-12}	0.931×10^{-25}	0.351×10^{-12}
7400	7500	0.377×10^{-23}	0.435×10^{-11}	0.384×10^{-23}	0.435×10^{-11}	0.390×10^{-23}	0.434×10^{-11}
7500	7600	0.623×10^{-23}	0.495×10^{-11}	0.626×10^{-23}	0.506×10^{-11}	0.635×10^{-23}	0.514×10^{-11}
7600	7700	0.423×10^{-23}	0.287×10^{-11}	0.444×10^{-23}	0.297×10^{-11}	0.460×10^{-23}	0.303×10^{-11}
7700	7800	0.280×10^{-23}	0.345×10^{-11}	0.280×10^{-23}	0.338×10^{-11}	0.279×10^{-23}	0.328×10^{-11}
7800	7900	0.286×10^{-25}	0.126×10^{-12}	0.289×10^{-25}	0.119×10^{-12}	0.286×10^{-25}	0.113×10^{-12}
7900	8000	0.356×10^{-24}	0.142×10^{-11}	0.340×10^{-24}	0.131×10^{-11}	0.326×10^{-24}	0.122×10^{-11}
8000	8100	0.610×10^{-24}	0.144×10^{-11}	0.633×10^{-24}	0.147×10^{-11}	0.691×10^{-24}	0.152×10^{-11}
8100	8200	0.284×10^{-22}	0.118×10^{-10}	0.284×10^{-22}	0.122×10^{-10}	0.288×10^{-22}	0.126×10^{-10}
8200	8300	0.540×10^{-22}	0.191×10^{-10}	0.557×10^{-22}	0.203×10^{-10}	0.577×10^{-22}	0.213×10^{-10}
8300	8400	0.251×10^{-22}	0.631×10^{-11}	0.260×10^{-22}	0.633×10^{-11}	0.266×10^{-22}	0.630×10^{-11}
8400	8500	0.294×10^{-26}	0.164×10^{-13}	0.445×10^{-26}	0.189×10^{-13}	0.577×10^{-26}	0.204×10^{-13}
8500	8600	0.402×10^{-26}	0.192×10^{-13}	0.574×10^{-26}	0.214×10^{-13}	0.715×10^{-26}	0.227×10^{-13}
8600	8700	0.538×10^{-26}	0.222×10^{-13}	0.726×10^{-26}	0.241×10^{-13}	0.872×10^{-26}	0.251×10^{-13}

续表

波数区间		温度						
		220K		260K		296K		
		$\sum_i S_i$	$\sum_i \sqrt{S_i\gamma_i}$	$\sum_i S_i$	$\sum_i \sqrt{S_i\gamma_i}$	$\sum_i S_i$	$\sum_i \sqrt{S_i\gamma_i}$	
8700	8800	0.701×10^{-26}	0.253×10^{-13}	0.897×10^{-26}	0.268×10^{-13}	0.104×10^{-26}	0.274×10^{-13}	
8800	8900	0.900×10^{-26}	0.287×10^{-13}	0.110×10^{-25}	0.296×10^{-13}	0.123×10^{-26}	0.298×10^{-13}	
8900	9000	0.112×10^{-25}	0.320×10^{-13}	0.131×10^{-25}	0.323×10^{-13}	0.142×10^{-25}	0.320×10^{-13}	
9000	9100	0.136×10^{-25}	0.354×10^{-13}	0.151×10^{-25}	0.350×10^{-13}	0.160×10^{-25}	0.342×10^{-13}	
9100	9200	0.162×10^{-25}	0.384×10^{-13}	0.173×10^{-25}	0.373×10^{-13}	0.178×10^{-25}	0.360×10^{-13}	
9200	9300	0.186×10^{-25}	0.416×10^{-13}	0.192×10^{-25}	0.398×10^{-13}	0.193×10^{-25}	0.380×10^{-13}	
9300	9400	0.387×10^{-24}	0.866×10^{-12}	0.351×10^{-24}	0.776×10^{-12}	0.324×10^{-24}	0.711×10^{-12}	
9400	9500	0.126×10^{-23}	0.191×10^{-11}	0.143×10^{-23}	0.207×10^{-11}	0.156×10^{-23}	0.216×10^{-11}	

表 4.4.5 臭氧的 $\sum_i S_i$ 和 $\sum_i \sqrt{S_i\gamma_i}$ 表

波数区间		温度					
		220K		260K		296K	
		$\sum_i S_i$	$\sum_i \sqrt{S_i\gamma_i}$	$\sum_i S_i$	$\sum_i \sqrt{S_i\gamma_i}$	$\sum_i S_i$	$\sum_i \sqrt{S_i\gamma_i}$
0	50	0.155×10^{-18}	0.371×10^{-8}	0.157×10^{-18}	0.392×10^{-8}	0.158×10^{-18}	0.412×10^{-8}
50	100	0.184×10^{-18}	0.366×10^{-8}	0.228×10^{-18}	0.439×10^{-8}	0.266×10^{-18}	0.502×10^{-8}
100	150	0.134×10^{-19}	0.715×10^{-9}	0.274×10^{-19}	0.109×10^{-8}	0.449×10^{-19}	0.148×10^{-8}
150	200	0.927×10^{-22}	0.512×10^{-10}	0.315×10^{-21}	0.870×10^{-10}	0.825×10^{-21}	0.130×10^{-9}
200	250	0.730×10^{-23}	0.782×10^{-11}	0.131×10^{-22}	0.101×10^{-10}	0.196×10^{-22}	0.119×10^{-10}
250	300	0.193×10^{-23}	0.402×10^{-11}	0.646×10^{-23}	0.696×10^{-11}	0.145×10^{-22}	0.991×10^{-11}
300	350	0.210×10^{-21}	0.105×10^{-9}	0.405×10^{-21}	0.142×10^{-9}	0.622×10^{-21}	0.171×10^{-9}
350	400	0.108×10^{-21}	0.480×10^{-10}	0.228×10^{-21}	0.685×10^{-10}	0.368×10^{-21}	0.860×10^{-10}
400	450	0.457×10^{-26}	0.197×10^{-13}	0.302×10^{-25}	0.476×10^{-13}	0.104×10^{-24}	0.841×10^{-13}
450	500	0.478×10^{-26}	0.191×10^{-13}	0.318×10^{-25}	0.463×10^{-13}	0.110×10^{-24}	0.819×10^{-13}
500	550	0.499×10^{-26}	0.205×10^{-13}	0.322×10^{-25}	0.488×10^{-13}	0.109×10^{-24}	0.855×10^{-13}
550	600	0.226×10^{-21}	0.780×10^{-10}	0.589×10^{-21}	0.128×10^{-9}	0.113×10^{-20}	0.178×10^{-9}
600	650	0.270×10^{-19}	0.142×10^{-8}	0.358×10^{-19}	0.176×10^{-8}	0.440×10^{-19}	0.205×10^{-8}
650	700	0.233×10^{-18}	0.508×10^{-8}	0.232×10^{-18}	0.531×10^{-8}	0.233×10^{-18}	0.552×10^{-8}
700	750	0.277×10^{-18}	0.502×10^{-8}	0.272×10^{-18}	0.521×10^{-8}	0.271×10^{-18}	0.540×10^{-8}
750	800	0.639×10^{-19}	0.184×10^{-8}	0.746×10^{-19}	0.210×10^{-8}	0.831×10^{-19}	0.231×10^{-8}
800	850	0.308×10^{-20}	0.280×10^{-9}	0.554×10^{-20}	0.396×10^{-9}	0.631×10^{-20}	0.500×10^{-9}
850	900	0.288×10^{-22}	0.174×10^{-10}	0.998×10^{-22}	0.323×10^{-10}	0.230×10^{-21}	0.485×10^{-10}
900	950	0.274×10^{-22}	0.409×10^{-10}	0.155×10^{-21}	0.101×10^{-9}	0.612×10^{-21}	0.194×10^{-9}
950	1000	0.145×10^{-18}	0.440×10^{-8}	0.299×10^{-18}	0.672×10^{-8}	0.496×10^{-18}	0.909×10^{-8}
1000	1050	0.931×10^{-17}	0.339×10^{-7}	0.920×10^{-17}	0.364×10^{-7}	0.919×10^{-17}	0.387×10^{-7}
1050	1100	0.528×10^{-17}	0.170×10^{-7}	0.545×10^{-17}	0.179×10^{-7}	0.556×10^{-17}	0.186×10^{-7}
1100	1150	0.167×10^{-18}	0.400×10^{-8}	0.177×10^{-18}	0.432×10^{-8}	0.187×10^{-18}	0.461×10^{-8}

续表

波数区间		温度					
		220K		260K		296K	
		$\sum_i S_i$	$\sum_i \sqrt{S_i\gamma_i}$	$\sum_i S_i$	$\sum_i \sqrt{S_i\gamma_i}$	$\sum_i S_i$	$\sum_i \sqrt{S_i\gamma_i}$
1150	1200	0.416×10^{-19}	0.174×10^{-8}	0.520×10^{-19}	0.215×10^{-8}	0.820×10^{-19}	0.251×10^{-8}
1200	1250	0.158×10^{-20}	0.233×10^{-9}	0.321×10^{-20}	0.350×10^{-9}	0.525×10^{-20}	0.463×10^{-9}
1250	1300	0.471×10^{-23}	0.539×10^{-11}	0.189×10^{-22}	0.123×10^{-10}	0.507×10^{-22}	0.193×10^{-10}
1300	1350	0.102×10^{-22}	0.791×10^{-11}	0.124×10^{-22}	0.834×10^{-11}	0.140×10^{-22}	0.853×10^{-11}
1350	1400	0.315×10^{-21}	0.156×10^{-9}	0.454×10^{-21}	0.177×10^{-9}	0.618×10^{-21}	0.195×10^{-9}
1400	1450	0.418×10^{-21}	0.166×10^{-9}	0.593×10^{-21}	0.192×10^{-9}	0.786×10^{-21}	0.211×10^{-9}
1450	1500	0.367×10^{-22}	0.223×10^{-10}	0.421×10^{-22}	0.228×10^{-10}	0.457×10^{-22}	0.227×10^{-10}
1500	1550	0.116×10^{-25}	0.308×10^{-13}	0.565×10^{-25}	0.636×10^{-13}	0.158×10^{-24}	0.101×10^{-12}
1550	1600	0.840×10^{-26}	0.262×10^{-13}	0.428×10^{-25}	0.554×10^{-13}	0.124×10^{-24}	0.898×10^{-13}
1600	1650	0.168×10^{-23}	0.289×10^{-11}	0.719×10^{-23}	0.573×10^{-11}	0.187×10^{-22}	0.889×10^{-11}
1650	1700	0.615×10^{-20}	0.434×10^{-9}	0.716×10^{-20}	0.542×10^{-9}	0.902×10^{-9}	0.627×10^{-9}
1700	1750	0.507×10^{-19}	0.223×10^{-8}	0.495×10^{-19}	0.227×10^{-8}	0.487×10^{-19}	0.228×10^{-8}
1750	1800	0.800×10^{-20}	0.857×10^{-9}	0.323×10^{-20}	0.886×10^{-9}	0.850×10^{-20}	0.906×10^{-9}
1800	1850	0.120×10^{-19}	0.851×10^{-9}	0.120×10^{-19}	0.880×10^{-9}	0.121×10^{-19}	0.867×10^{-9}
1850	1900	0.246×10^{-20}	0.320×10^{-9}	0.302×10^{-20}	0.366×10^{-9}	0.349×10^{-20}	0.401×10^{-9}
1900	1950	0.360×10^{-21}	0.211×10^{-9}	0.576×10^{-21}	0.329×10^{-9}	0.162×10^{-20}	0.438×10^{-9}
1950	2000	0.213×10^{-20}	0.529×10^{-9}	0.343×10^{-20}	0.724×10^{-9}	0.504×10^{-20}	0.904×10^{-9}
2000	2050	0.197×10^{-19}	0.189×10^{-8}	0.270×10^{-19}	0.244×10^{-8}	0.374×10^{-19}	0.298×10^{-8}
2050	2100	0.486×10^{-18}	0.713×10^{-8}	0.528×10^{-18}	0.812×10^{-8}	0.566×10^{-18}	0.897×10^{-8}
2100	2150	0.869×10^{-18}	0.840×10^{-8}	0.835×10^{-18}	0.854×10^{-8}	0.818×10^{-18}	0.865×10^{-8}
2150	2200	0.142×10^{-19}	0.103×10^{-8}	0.156×10^{-19}	0.109×10^{-8}	0.169×10^{-19}	0.115×10^{-8}
2200	2250	0.801×10^{-20}	0.861×10^{-9}	0.877×10^{-20}	0.901×10^{-9}	0.944×10^{-20}	0.928×10^{-9}
2250	2300	0.761×10^{-21}	0.207×10^{-9}	0.106×10^{-20}	0.243×10^{-9}	0.133×10^{-20}	0.270×10^{-9}
2300	2350	0.818×10^{-23}	0.101×10^{-10}	0.191×10^{-22}	0.148×10^{-10}	0.335×10^{-22}	0.188×10^{-10}
2350	2400	0.196×10^{-21}	0.712×10^{-10}	0.202×10^{-21}	0.706×10^{-10}	0.204×10^{-21}	0.693×10^{-10}
2400	2450	0.323×10^{-21}	0.142×10^{-9}	0.318×10^{-21}	0.136×10^{-9}	0.311×10^{-21}	0.130×10^{-9}
2450	2500	0.222×10^{-21}	0.103×10^{-9}	0.213×10^{-21}	0.962×10^{-10}	0.205×10^{-21}	0.908×10^{-10}
2500	2550	0.762×10^{-22}	0.381×10^{-10}	0.797×10^{-22}	0.369×10^{-10}	0.819×10^{-22}	0.357×10^{-10}
2550	2600	0.148×10^{-24}	0.194×10^{-12}	0.195×10^{-24}	0.212×10^{-12}	0.241×10^{-24}	0.223×10^{-12}
2600	2650	0.149×10^{-22}	0.164×10^{-10}	0.261×10^{-22}	0.206×10^{-10}	0.381×10^{-22}	0.237×10^{-10}
2650	2700	0.349×10^{-21}	0.138×10^{-9}	0.424×10^{-21}	0.147×10^{-9}	0.484×10^{-21}	0.152×10^{-9}
2700	2750	0.212×10^{-20}	0.383×10^{-9}	0.255×10^{-20}	0.408×10^{-9}	0.297×10^{-20}	0.426×10^{-9}
2750	2800	0.231×10^{-19}	0.136×10^{-8}	0.219×10^{-19}	0.130×10^{-8}	0.209×10^{-19}	0.125×10^{-8}
2800	2850	0.230×10^{-20}	0.292×10^{-9}	0.287×10^{-20}	0.327×10^{-9}	0.332×10^{-20}	0.350×10^{-9}
2850	2900	0.374×10^{-21}	0.136×10^{-9}	0.406×10^{-21}	0.136×10^{-9}	0.427×10^{-21}	0.134×10^{-9}
2900	2950	0.358×10^{-21}	0.109×10^{-9}	0.423×10^{-21}	0.119×10^{-9}	0.500×10^{-21}	0.128×10^{-9}
2950	3000	0.342×10^{-20}	0.350×10^{-9}	0.566×10^{-20}	0.452×10^{-9}	0.789×10^{-20}	0.532×10^{-9}

续表

波数区间		温度					
		220K		260K		296K	
		$\sum_i S_i$	$\sum_i \sqrt{S_i \gamma_i}$	$\sum_i S_i$	$\sum_i \sqrt{S_i \gamma_i}$	$\sum_i S_i$	$\sum_i \sqrt{S_i \gamma_i}$
3000	3050	0.832×10^{-19}	0.250×10^{-8}	0.820×10^{-19}	0.249×10^{-8}	0.808×10^{-19}	0.247×10^{-8}
3050	3100	0.551×10^{-19}	0.161×10^{-8}	0.539×10^{-19}	0.157×10^{-8}	0.528×10^{-19}	0.152×10^{-8}
3100	3150	0.231×10^{-20}	0.382×10^{-9}	0.263×10^{-20}	0.405×10^{-9}	0.291×10^{-20}	0.419×10^{-9}
3150	3200	0.819×10^{-20}	0.775×10^{-9}	0.793×10^{-20}	0.756×10^{-9}	0.770×10^{-20}	0.737×10^{-9}

4.4.4 大气分子吸收计算的光谱映射方法

之所以要进行步长很短的逐线积分计算，就在于谱线的吸收系数的波数分布十分复杂，不是一条光滑的曲线，否则就可以利用数值积分，在有限的节点上积分就可以获得很高的计算精度。基于这种考虑，一种把对波数积分转换为对吸收系数积分的光谱映射方法 (spectral mapping transformatin) 就应运而生了 (Thomas and Stamnes, 1999)。

以波数为自变量的透过率积分公式转换为以质量吸收系数为自变量的积分公式如下：

$$\langle T_A \rangle = \frac{1}{\Delta \nu} \int_{\Delta \nu} \exp(-\sigma_\nu N) \mathrm{d}\nu = \frac{1}{\Delta \nu} \int_{\Delta \nu} \exp(-k_\nu u) \mathrm{d}\nu$$
$$= \int_{k_{\min}}^{k_{\max}} f(k) \exp(-ku) \, \mathrm{d}k = \int_0^1 \exp[-k(g)u] \, \mathrm{d}g \qquad (4.4.29)$$

式中，$f(k)$ 为质量吸收系数的概率分布函数，满足 $\int_{k_{\min}}^{k_{\max}} f(k) \mathrm{d}k = 1$。从式 (4.4.29) 可以看出，透过率对质量吸收系数的积分可进一步变换为对质量吸收系数积分概率 $g(k) = \int_{k_{\min}}^{k} f(k') \mathrm{d}k'$ 的积分。由于在绝大多数有关文献中，透过率的计算使用质量吸收系数 k，这种光谱映射方法被称为 k 分布 (k distribution) 方法。图 4.4.3 绘出了 O_3 分子的 9.6μm 吸收带内质量吸收系数随波数的光谱分布 (a) 及其积分概率分布 (b)(Fu and Liou, 1992)。在式 (4.4.29) 中 $k(g)$ 是等效的质量吸收系数函数，它是质量吸收系数积分概率 $g(k)$ 的反函数。由于 $g(k)$ 是单调递增的光滑函数，$k(g)$ 也一定是 g 空间的光滑函数。

计算质量吸收系数的概率分布函数 $f(k)$ 有多种方式，依据不同的吸收系数数据来源，也有计算上的细节考虑 (石广玉，2008)。最可靠的是依据逐线积分计算得到的吸收系数光谱分布，进行简单的统计即可求得。具体的统计方法如图 4.4.4 所示 (Liou, 2002)，将一定的光谱分辨率的吸收系数分成一定的间隔，统计每个间隔内的吸收系数数量, 该数量与吸收系数总数量的比值, 即为概率分布函数 $f(k)$, 将 $f(k)$ 进一步累加就可以获得积分概率分布 $g(k)$。

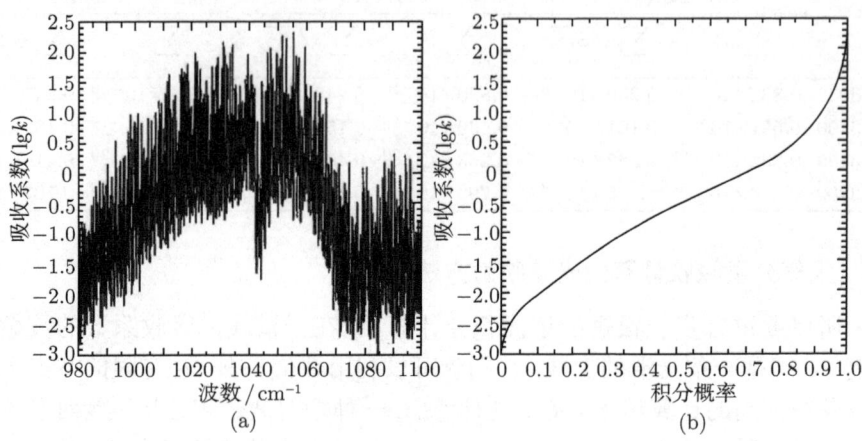

图 4.4.3 O_3 9.6μm 吸收带质量吸收系数的光谱分布 (a) 及其积分概率分布 (b)

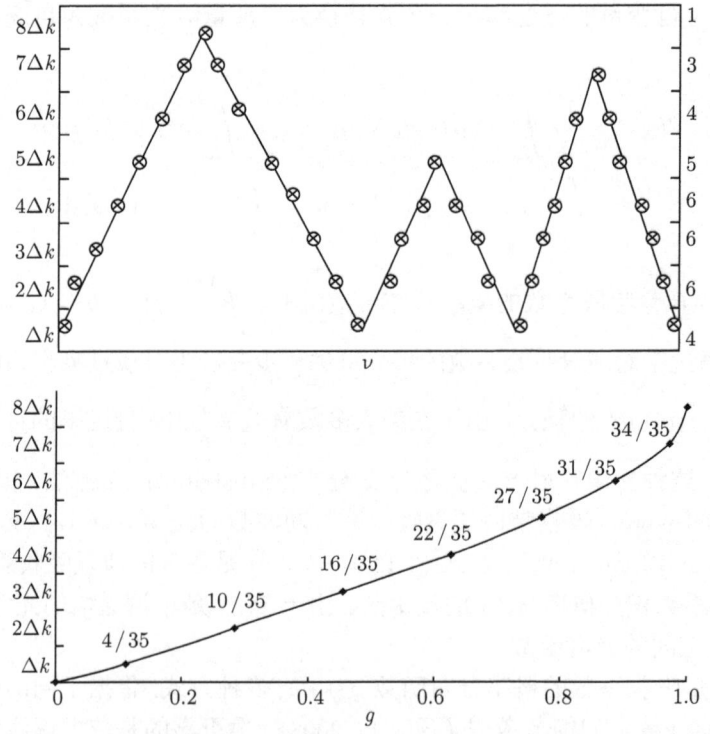

图 4.4.4 质量吸收系数积分概率分布的计算方法示意图 (Liou, 2002)

4.5 非均匀路径的大气分子吸收

对于一般非均匀路径的光谱吸收计算，涉及光谱和路径双重积分。如果路径均匀，则简化为只进行光谱积分。如果将非均匀路径视为分层均匀的路径，则可以依次针对各层进行光谱积分。为了简化路径积分，有许多方案将整个非均匀路径转换为等效均匀路径。在计算条件越来越好的今天，对于光电工程中的光传播问题，这样做的必要性已经不大。而对于全球大气辐射模式等问题中，由于涉及非常宽的光谱区间以及巨大的空间范围，这种等效方案还将发挥重要的作用。

4.5.1 等效谱带模式

对于一般的非均匀介质，吸收光学厚度为

$$\tau_{\text{abs}} = \int_{\Delta s} \sigma_\nu(s) \mathrm{d}N = \int_{\Delta s} \sigma_\nu(p(s), T(s)) \mathrm{d}N \tag{4.5.1}$$

将整个非均匀路径转换为等效均匀路径的目的在于找到一组等效的温度、气压和吸收气体含量，使得

$$\int_{\Delta s} \sigma_\nu(p(s), T(s)) \mathrm{d}N = \sigma_\nu(p_\text{e}, T_\text{e}) N_\text{e} \tag{4.5.2}$$

对于压力加宽的 Lorentz 线型函数廓线，谱线宽度正比于气压 p，而受温度的影响略为小些，见式 (1.2.6)

$$\gamma_\text{L} = \gamma_0 \frac{p}{p_0} \left(\frac{T_0}{T}\right)^n \tag{4.5.3}$$

γ_0 为标准气压和温度下的谱线宽度，指数 n 一般在 (0.5,1) 区间内取值。而谱线强度与温度的关系很复杂，见式 (1.2.21)。因此不可能找到严格满足式 (4.5.2) 的方案，只能找到一些近似方法。

从 Lorentz 线型函数可知，在谱线的中心，吸收截面反比于谱线宽度，而在谱线的远翼，吸收截面正比于谱线宽度。在一般大气条件下 (特别对水汽而言)，谱线宽度远小于谱线的间距。在强线近似情况下，谱线中心的吸收达到饱和，谱线翼区的吸收成为主要贡献，此时一般大气条件下的吸收截面可以表示为标准大气条件下的吸收截面受气压和温度影响的结果

$$\sigma_\nu(p, T) = \sigma_\nu(p_0, T_0) \frac{p}{p_0} \left(\frac{T_0}{T}\right)^n \tag{4.5.4}$$

吸收光学厚度则可表示为

$$\tau_{\text{abs}} = \int_{\Delta s} \sigma_\nu(p_0, T_0) \frac{p}{p_0} \left(\frac{T_0}{T}\right)^n \mathrm{d}N = \sigma_\nu(p_0, T_0) \tilde{N} \tag{4.5.5}$$

式中, 等效吸收气体含量为

$$\tilde{N} = \int_{\Delta s} \frac{p}{p_0} \left(\frac{T_0}{T}\right)^n dN \tag{4.5.6}$$

这种只需要一个参数——等效吸收气体含量的近似方法称为单参数近似, 它没有考虑吸收截面的等效问题。提高等效的精度需要进一步增加等效参数。

从等效吸收宽度考虑, 在弱线近似下要求

$$N_e S(T_e) = \int S(T) dN \quad \text{或} \quad N_e = \int S(T) dN / S(T_e) \tag{4.5.7}$$

而在强线近似下要求

$$N_e S(T_e) \gamma(T_e, p_e) = \int S(T) \gamma(T, p) dN \tag{4.5.8}$$

忽略线宽对温度的依赖关系, 则从式 (4.5.7) 和式 (4.5.8) 以及式 (4.5.3) 可得

$$p_e = \frac{\int p S(T) dN}{\int S(T) dN} \tag{4.5.9}$$

这种双参数近似方法称为 Curtis-Godson 近似, 从近似假设的基础可知它在弱线和强线吸收情况下有很高的精度。上面的结果只适用于单条谱线, 对于一定光谱区间的吸收, 则可直接由平均谱线强度和平均谱线宽度确定等效参数。定义 (Lenoble, 1993)

$$\Phi(T) = \frac{\bar{S}(T)}{\bar{S}(T_e)} = \frac{\sum_i S_i(T)}{\sum_i S_i(T_e)} \tag{4.5.10}$$

$$\Psi(T) = \frac{\bar{S}(T)\bar{\gamma}(T, p_0)}{\bar{S}(T_e)\bar{\gamma}(T_e, p_0)} = \frac{\left[\sum_i \sqrt{\bar{S}_i(T)\bar{\gamma}_i(T, p_0)}\right]^2}{\left[\sum_i \sqrt{\bar{S}_i(T_e)\bar{\gamma}_i(T_e, p_0)}\right]^2} \tag{4.5.11}$$

则等效参数为

$$N_e = \int \Phi(T) dN \tag{4.5.12}$$

$$p_e = \frac{\int p \Psi(T) dN}{\int \Psi(T) dN} \tag{4.5.13}$$

4.5.2 相关 k 分布方法

对应于分子吸收的 k 分布方法,对于非均匀路径的大气吸收的等效方法是相关 k 分布方法 (correlated-k method)。从均匀路径的 k 分布积分方案 (4.4.11) 可知,对于非均匀路径有

$$\langle T_A \rangle = \int_0^1 \mathrm{d}g^* \int \exp[-k(g^*, p, T)]\mathrm{d}u \tag{4.5.14}$$

式中,g^* 为非均匀路径中一点的吸收系数的积分概率函数,显然对非均匀路径上的各点 g^* 不会是一个固定不变的函数,但要求取各点的 g^* 无疑是很困难的。

相关 k 分布方法假定使用一个固定的积分概率函数 g 即可,即

$$\langle T_A \rangle = \int_0^1 \mathrm{d}g \int \exp[-k(g, p, T)]\mathrm{d}u \tag{4.5.15}$$

这个假设隐含两条假定 (Fu and Liou, 1992):① 如果 $k(\nu_i, p_0, T_0) = k(\nu_j, p_0, T_0)$,则在任意温度和气压下 $k(\nu_i, p, T) = k(\nu_j, p, T)$;② 如果 $k(\nu_i, p_0, T_0) > k(\nu_j, p_0, T_0)$,则在任意温度和气压下 $k(\nu_i, p, T) > k(\nu_j, p, T)$。这样就保证了质量吸收系数与其积分概率分布函数之间的一一对应关系。

对长程的非均匀路径,可以在典型的气压和温度条件下,建立基础的 $k(g)$ 函数,然后利用差值方法求出中间条件下的 $k(g)$,如图 4.5.1 所示。

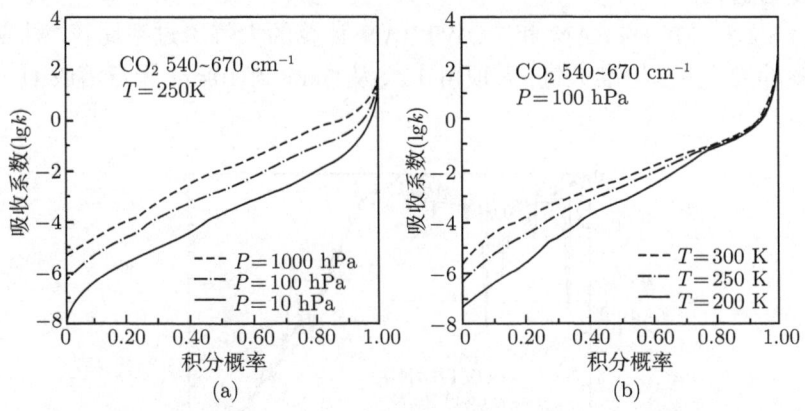

图 4.5.1 一个 CO_2 吸收带的 k 分布函数随气压(a)和温度(b)的变化(Fu and Liou, 1992)

4.5.3 MODTRAN 方案

MODTRAN 是目前应用最广泛的中分辨率大气透过率计算软件,它是在低分辨率 LOWTRAN 基础上发展的。LOWTRAN 的光谱分辨率为 $20\mathrm{cm}^{-1}$,而 MODTRAN 为 $2\mathrm{cm}^{-1}$。MODTRAN 采用随机谱带模型计算分子吸收透过率,并使用了三个带模式参数进行分子吸收的计算:

(1) 等效吸收系数，表示给定光谱区间内所有谱线的总强度

$$\frac{S}{d} \equiv \frac{1}{\Delta \nu} \sum_i S_i \qquad (4.5.16)$$

(2) 谱线宽度 d，表示谱线强度加权平均的谱线宽度

$$\frac{1}{d} \equiv \left(\sum_i S_i\right)^2 \bigg/ \Delta\nu \sum_i S_i^2 \qquad (4.5.17)$$

(3) 谱线密度，表示给定光谱区间内的平均谱线数目：

$$\langle n \rangle \equiv \Delta\nu/d \qquad (4.5.18)$$

上述参数是根据 HITRAN 大气分子吸收谱线数据库的谱线数据在 1cm^{-1} 光谱间隔内计算得到的。透过率的计算按下列步骤进行：

(1) 在 1cm^{-1} 光谱间隔内对一个平均谱线的 Voigt 线型积分；
(2) 如果光谱间隔内的谱线不止一条，各条谱线被看作随机分布；
(3) 相邻光谱间隔内的谱线对此光谱间隔内的贡献当作连续吸收分量；
(4) 对非均匀路径的吸收采用 Curtis-Godson 近似方案等效为一个平均带模式参数的均匀路径。

图 4.5.2 是 MODTRAN 和 LOWTRAN 计算的大气透过率比较，对应的大气和传输条件为：美国标准大气，天顶角 15°，从 5km 到 10km，无气溶胶 (Kneisys et al., 1995)。

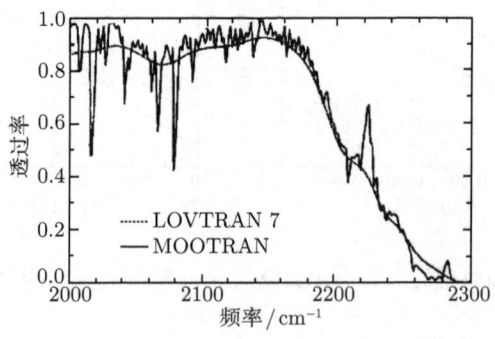

图 4.5.2 MODTRAN 和 LOWTRAN 计算的大气透过率比较

参 考 文 献

冒蔚, 杨磊, 铁琼仙. 2008. 关于天文大气折射的讨论. 天文学报, 49: 216–223

石广玉. 2008. 大气辐射学. 北京: 科学出版社

翁宁泉, 曾宗泳, 龚知本. 2001. 卫星目标光学测量大气折射修正. 量子电子学报, 18: 560

严豪健. 2004. 大气折射母函数方法、大气折射解析解和映射函数. 中国科学院上海天文台台刊, (25): 22–32

Andrews D G, Holton J R, Leovy C B. 1987. Middle Atmosphere Dynamics. New York: Academic Press

Auer L H, Standish E M. 2000. Astronomical refraction: computational method for all zenith angles. Astron. J., 119: 2472–2477

Bates D R. 1984. Rayleigh scattering by air. Planet. Space Sci., 32: 785–790

Bodhaine B A, Wood N B, Dutton E G, et al. 1999, On Rayleigh optical depth calculations. J. Atmos. Oceanic Technol., 16: 1854–1861

Breon F M. 1998. Comment on Rayleigh-scattering calculations for the terrestrial atmosphere. Appl. Opt., 37: 428–429

Bruton D. 1996. Optical determination of atmospheric temperature profiles. Ph.D. thesis, Texas A&M University

Bruton W D, Kattawar G W. 1997. Unique temperature profiles for the atmosphere below an observer from sunset images. APPLIED OPTICS, 36: 695–6961

Bucholtz A. 1995. Rayleigh-scattering calculations for the terrestrial atmosphere. Appl. Opt., 34: 2765–2773

Chandrasekhar S. 1950. Radiative Transfer. London: Oxford university Press

Earnshaw K B, Hernandez E N. 1972. Two-laser optical Distance-measuring instrument that corrects for the atmospheric index of refraction. Appl. Opt., 11: 749–754

Frohlich C, Shaw G E. 1980. New determination of Rayleigh scattering in the terrestrial atmosphere. Appl. Opt., 19:1773–1775

Fu Q, Liou K N. 1992. On the correlated k-distribution method for radiative transfer in nonhomogeneous atmospheres. Journal of the Atmospheric Sciences, 49: 2139–2156

Goody R M, Yung Y L. 1989. Atmospheric Radiation-Theoretical Basis. New York: Oxford University Press

Jackson J D. 1999. Classical Electrodynamics. 3rd ed. New York: Wiley

Jursa A S. 1985. Handbook of geophysics and the space environment. AIR FORCE GEOPHYSICS LABORATORY, AIR FORCE SYSTEMS COMMAND, UNITED STATES AIR FORCE

Kasten F, Young A T. 1989. Revised optical air mass tables and approximation formula. Appl. Opt., 28: 4735–4738

King L V. 1923. On the complex anisotropic molecule in relation to the dispersion and scattering of light. Proc. R. Soc. London, Ser. A, 104: 333–357

Kivalov S N. 2007. Improved ray tracing air mass numbers model. Appl. Opt., 46: 7091–7098

Kneisys F X, Abru L W, Anderson G P, et al. 1995. The MODTRAN 2/3 and LOWTRAN 7 Model. MODTRAN Report

Lehn W H. 1997. Analysis of an infrared mirage sequence. Appl. Opt. 36: 5217–5223

Lehn W H, E-Arini M B. 1978. Computer-graphics analysis of atmospheric refraction. Appl. Opt. 17: 3146–3151

Lehn W H, Friesen W. 1992. Simulation of mirages. Appl. Opt. 31: 1267–1273

Lenoble J. 1993. Atmospheric Radiative Transfer. Hampton: A Deepark Publishing

Liou K N. 2002. An Introduction to Atmospheric Radiation. New York: Academic Press

Naus H, Ubachs W. 2000. Experimental verification of Rayleigh scattering cross sections. Opt. Lett., 25: 347–349

Pendorff R. 1957. Tables of the refractive index for standard air and the rayleigh scattering coefficient for the spectral region between 0.2 and 20.0μm and their application to atmospheric optics. JOSA, 47: 176–182

Sampson R D, Lozowski E P, Fathi-Nejad A. 2008. Variability in low altitude astronomical refraction as a function of altitude. Appl. Opt. 47: H91–H94

Schwartz Jon A. 1990. Laser ranging error budget for the TOPEX/POSEIDON satellite. Appl. Opt. 29: 3590

Sneep M, Ubachs W. 2005. Direct measurement of the Rayleigh scattering cross section in various gases. Journal of Quantitative Spectroscopy & Radiative Transfer, 92: 293–310

Thomas G E, Stamnes K. 1999. Radiative transfer in the atmosphere and ocean. Cambridge: Cambridge University Press

Thompson Dennis A, Pepin T J, Simon F W. 1982. Ray tracing in a refracting spherically symmetric atmosphere. J. Opt. Soc. Am., 72: 1498

Tomasi C, Vitale V, Petkov B, et al. 2005. Improved algorithm for calculations of Rayleigh-scattering optical depth in standard atmospheres. Appl. Opt. 44: 3320–3341

van der Werf S Y. 2003. Ray tracing and refraction in the modified US1976 atmosphere. Appl. Opt., 42: 354–366

van der Werf S Y. 2008. Comment on "Improved ray tracing air mass numbers model. Appl. Opt., 47: 153–156

Young A T, Kattawar G W, Parvainen P. 1997. Sunset science. I. The mock mirage. Appl. Opt., 36: 2689–2700

Young A T. 1981. Depolarization effects in Rayleigh scattering. JOSA, 79: 1142

Young A T. 1994. Air mass and refraction. Appl. Opt., 33: 1108–1110

Young A T. 2004. Sunset science. IV. Low-altitude refraction. Astron. J., 127: 3622–3637

第5章 大气云雾和气溶胶粒子的光散射

5.0 引 言

地球大气除了最基本也是最大部分的气体成分外,悬浮在空气中的各种固体、液态以及混合态的各种微粒也总是存在的,即使是在最洁净的地区和季节里。云雾和气溶胶粒子等微粒构成了离散的大气介质,它们对光的吸收和散射是离散大气介质中光传播和大气辐射传输的最基本的物理过程。

由于空气中微粒的尺度远大于空气分子,接近于从紫外到红外整个光谱区间的光波波长,第4章的 Rayleigh 散射理论不再适用,使得它们对光波的绝大部分散射问题必须在波动光学的框架内解决。求解方法的要点在于在粒子的表面电矢量和磁矢量要满足的边界条件下能够求解粒子内外空间里的场分布。不能推测,对于具有非光滑和不规则的表面的粒子的散射问题,利用波动方程求得解析解是不可能的。

迄今为止,真正获得散射解析解的粒子只有球体粒子、无限长圆柱粒子和椭球粒子。前两种是可以实际计算的,而椭球粒子的解析解虽然形式上存在,但并不能真正有效计算。对于椭球粒子和其他具有旋转对称特性的表面光滑的粒子,只要它们的长短方向上的尺度相差不是太大,在波动方程框架下利用 T-matrix 方法进行数值计算将是非常有效的。

对于像卷云中的冰晶等具有规则几何形状并且尺度远大于光波长的粒子,几何光学方法则是一种可行的散射计算方案。而对于实际上的各种表面既不规则也不光滑的粒子的散射问题,将粒子视为一个个电偶极子的集合体,将每个粒子在入射光场和其他粒子辐射场激发下产生的辐射场的叠加视为散射场的方法 (DDA approximation),是目前计算不规则粒子光散射的有效方案。

在宽光谱区间大气辐射传输大量光散射计算的场合中,使用 T-matrix 和 DDA 计算都是不方便的,常用的做法是将不规则的粒子视为一种等效的球体粒子,这在遥感反演问题中几乎是唯一的做法。因此实际粒子和等效球体粒子的光散射等效性问题就变得非常重要。

5.1 球体粒子的光散射 ——Mie 理论

球体粒子的光散射理论通常称为 Mie 散射理论,得名于 Gustav Mie 首先得出了这种散射的系统的电磁场解析解,尽管也有同时或更早一些的学者也解决了这个问题。在多种文献中，Mie 散射理论的表述形式和符号不尽一致，本书采用一种较为流行的方式 (Bohren and Huffman, 1983)。详细的求解过程不作叙述，可参阅相关文献 (van de Hulst, 1957; Bohren and Huffman, 1983; Born and Wolf, 1999)，这里只给出求解的思路和结果。

5.1.1 入射光和散射光的球谐函数展开

电磁场的矢量波动方程为

$$\nabla^2 \boldsymbol{E} + k^2 \boldsymbol{E} = 0, \quad \nabla^2 \boldsymbol{H} + k^2 \boldsymbol{H} = 0 \tag{5.1.1}$$

电矢量 $\boldsymbol{E}$ 和磁矢量 $\boldsymbol{H}$ 的各个分量满足的波动方程为标量方程。在球坐标系 (r, θ, φ) 下，设函数 ψ 满足标量方程，则球坐标系满足矢量波动方程的解为一个矢量球谐函数

$$\boldsymbol{M} = \nabla \times (\boldsymbol{r} \psi) \tag{5.1.2}$$

从该矢量解可构造另一个也满足矢量波动方程的解

$$\boldsymbol{N} = \frac{\nabla \times \boldsymbol{M}}{k} \tag{5.1.3}$$

并且有

$$\nabla \times \boldsymbol{N} = k \boldsymbol{M} \tag{5.1.4}$$

标量方程的解 ψ 可通过分离变量法求取

$$\psi(r, \theta, \phi) = R(r) \Theta(\theta) \Phi(\phi) \tag{5.1.5}$$

则方位角分量的解为

$$\Phi_{\mathrm{e}} = \cos m\phi, \quad \Phi_{\mathrm{o}} = \sin m\phi \tag{5.1.6}$$

式中，o，e 分别代表奇偶。极角分量的解为连带的 Legendre 多项式 $P_n^m(\cos \theta)$，$n = m, m+1, \cdots$，它们满足正交关系

$$\int_{-1}^{1} P_n^m(\mu) P_{n'}^m(\mu) \mathrm{d}\mu = \delta_{n'n} \frac{2}{2n+1} \frac{(n+m)!}{(n-m)!} \tag{5.1.7}$$

式中 $\mu = \cos \theta$，$\delta_{n'n}$ 为 Kronecker δ 函数。$m = 0$ 的连带的 Legendre 多项式即为一般的 Legendre 多项式 P_n。而极轴分量的解为球 Bessel 函数

$$j_n(\rho) = \sqrt{\frac{\pi}{2\rho}} J_{n+1/2}(\rho) \tag{5.1.8a}$$

$$y_n(\rho) = \sqrt{\frac{\pi}{2\rho}} Y_{n+1/2}(\rho) \tag{5.1.8b}$$

式中，J、Y 分别为第一类和第二类的 Bessel 函数。它们线性组合也是极轴分量的解，其中

$$h_n^{(1)}(\rho) = j_n(\rho) + \mathrm{i} y_n(\rho) \tag{5.1.9a}$$

5.1 球体粒子的光散射 ——Mie 理论

$$h_n^{(2)}(\rho) = j_n(\rho) + \mathrm{i} y_n(\rho) \tag{5.1.9b}$$

是第三类球 Bessel 函数。因此，标量波动方程的解为

$$\psi_{emn} = \cos m\phi P_n^m(\cos\theta) z_n(kr) \tag{5.1.10a}$$

$$\psi_{omn} = \sin m\phi P_n^m(\cos\theta) z_n(kr) \tag{5.1.10b}$$

式中，z_n 可以为 j_n、y_n、$h_n^{(1)}$ 或 $h_n^{(2)}$ 中的任意一个函数。

由式 (5.1.2) 则可求得矢量球谐函数

$$\begin{aligned}\boldsymbol{M}_{emn} =& \frac{-m}{\sin\theta} \sin m\phi P_n^m(\cos\theta) z_n(\rho) \boldsymbol{e}_\theta \\ & - \cos m\phi \frac{\mathrm{d} P_n^m(\cos\theta)}{\mathrm{d}\theta} z_n(\rho) \boldsymbol{e}_\phi \end{aligned} \tag{5.1.11a}$$

$$\begin{aligned}\boldsymbol{M}_{omn} =& \frac{m}{\sin\theta} \cos m\phi P_n^m(\cos\theta) z_n(\rho) \boldsymbol{e}_\theta \\ & - \sin m\phi \frac{\mathrm{d} P_n^m(\cos\theta)}{\mathrm{d}\theta} z_n(\rho) \boldsymbol{e}_\phi \end{aligned} \tag{5.1.11b}$$

$$\begin{aligned}\boldsymbol{N}_{emn} =& \frac{z_n(\rho)}{\rho} \cos m\phi n(n+1) P_n^m(\cos\theta) \boldsymbol{e}_r \\ & + \cos m\phi \frac{\mathrm{d} P_n^m(\cos\theta)}{\mathrm{d}\theta} \frac{1}{\rho} \frac{\mathrm{d}}{\mathrm{d}\rho}[\rho z_n(\rho)] \boldsymbol{e}_\theta \\ & - m \sin m\phi \frac{P_n^m(\cos\theta)}{\sin\theta} \frac{1}{\rho} \frac{\mathrm{d}}{\mathrm{d}\rho}[\rho z_n(\rho)] \boldsymbol{e}_\phi \end{aligned} \tag{5.1.12a}$$

$$\begin{aligned}\boldsymbol{N}_{omn} =& \frac{z_n(\rho)}{\rho} \sin m\phi n(n+1) P_n^m(\cos\theta) \boldsymbol{e}_r \\ & + \sin m\phi \frac{\mathrm{d} P_n^m(\cos\theta)}{\mathrm{d}\theta} \frac{1}{\rho} \frac{\mathrm{d}}{\mathrm{d}\rho}[\rho z_n(\rho)] \boldsymbol{e}_\theta \\ & + m \cos m\phi \frac{P_n^m(\cos\theta)}{\sin\theta} \frac{1}{\rho} \frac{\mathrm{d}}{\mathrm{d}\rho}[\rho z_n(\rho)] \boldsymbol{e}_\phi \end{aligned} \tag{5.1.12b}$$

后文中在球谐函数加上上标 (1)、(2)、(3)、(4) 时，极轴函数分别选择为 j_n、y_n、$h_n^{(1)}$、或 $h_n^{(2)}$。如果定义两个角度的函数

$$\pi_n = \frac{P_n^1}{\sin\theta}, \quad \tau_n = \frac{\mathrm{d} P_n^1}{\mathrm{d}\theta} \tag{5.1.13}$$

则 $m = 1$ 时的矢量球谐函数可以表示为

$$\boldsymbol{M}_{oln} = \cos\phi \pi_n(\cos\theta) z_n(\rho) \boldsymbol{e}_\theta - \sin\phi \tau_n(\cos\theta) z_n(\rho) \boldsymbol{e}_\phi \tag{5.1.14a}$$

$$\boldsymbol{M}_{eln} = -\sin\phi \pi_n(\cos\theta) z_n(\rho) \boldsymbol{e}_\theta - \cos\phi \tau_n(\cos\theta) z_n(\rho) \boldsymbol{e}_\phi \tag{5.1.14b}$$

$$\boldsymbol{N}_{oln} = \sin\phi n(n+1) \sin\theta \pi_n(\cos\theta) \frac{z_n(\rho)}{\rho} \boldsymbol{e}_r$$

$$+ \sin\phi\tau_n(\cos\theta)\frac{[\rho z_n(\rho)]'}{\rho}\boldsymbol{e}_\theta + \cos\phi\pi_n(\cos\theta)\frac{[\rho z_n(\rho)]'}{\rho}\boldsymbol{e}_\phi \quad (5.1.15\text{a})$$

$$\boldsymbol{N}_{eln} = \cos\phi n(n+1)\sin\theta\pi_n(\cos\theta)\frac{z_n(\rho)}{\rho}\boldsymbol{e}_r$$

$$+ \cos\phi\tau_n(\cos\theta)\frac{[\rho z_n(\rho)]'}{\rho}\boldsymbol{e}_\theta - \sin\phi\pi_n(\cos\theta)\frac{[\rho z_n(\rho)]'}{\rho}\boldsymbol{e}_\phi \quad (5.1.15\text{b})$$

在球坐标系下,把入射光、散射光以及球体粒子内部电磁场的电矢量和磁矢量分别按矢量球谐函数展开,根据在球面上的边界条件,则可以求得散射场。任一方向上偏振的入射光的电矢量为

$$\boldsymbol{E}_i = E_0 \mathrm{e}^{\mathrm{i}kr\cos\theta}\boldsymbol{e}_x$$

$$\boldsymbol{e}_x = \sin\theta\cos\phi\boldsymbol{e}_r + \cos\theta\cos\phi\boldsymbol{e}_\theta - \sin\phi\boldsymbol{e}_\phi \quad (5.1.16)$$

其电矢量和磁矢量的球谐函数展开式为

$$\boldsymbol{E}_i = E_0 \sum_{n=1}^\infty i^n \frac{2n+1}{n(n+1)}(\boldsymbol{M}_{oln}^{(1)} - i\boldsymbol{N}_{eln}^{(1)}) \quad (5.1.17)$$

$$\boldsymbol{H}_i = \frac{-k}{\omega\mu}E_0 \sum_{n=1}^\infty i^n \frac{2n+1}{n(n+1)}(\boldsymbol{M}_{eln}^{(1)} + i\boldsymbol{N}_{oln}^{(1)}) \quad (5.1.18)$$

同样地,散射光以及球体粒子内部电磁场的电矢量和磁矢量分别按矢量球谐函数展开为

$$\boldsymbol{E}_s = \sum_{n=1}^\infty E_n(\mathrm{i}a_n\boldsymbol{N}_{eln}^{(3)} - b_n\boldsymbol{M}_{oln}^{(3)}) \quad (5.1.19)$$

$$\boldsymbol{H}_s = \frac{k}{\omega\mu}\sum_{n=1}^\infty E_n(\mathrm{i}b_n\boldsymbol{N}_{oln}^{(3)} + a_n\boldsymbol{M}_{eln}^{(3)}) \quad (5.1.20)$$

$$\boldsymbol{E}_1 = \sum_{n=1}^\infty E_n(c_n\boldsymbol{M}_{oln}^{(1)} - \mathrm{i}d_n\boldsymbol{N}_{eln}^{(1)}) \quad (5.1.21)$$

$$\boldsymbol{H}_1 = \frac{-k_1}{\omega\mu_1}\sum_{n=1}^\infty E_n(d_n\boldsymbol{M}_{eln}^{(1)} + \mathrm{i}c_n\boldsymbol{N}_{oln}^{(1)}) \quad (5.1.22)$$

在球面上的边界条件为

$$(\boldsymbol{E}_i + \boldsymbol{E}_s - \boldsymbol{E}_1) \times \boldsymbol{e}_r = (\boldsymbol{H}_i + \boldsymbol{H}_s - \boldsymbol{H}_1) \times \boldsymbol{e}_r = 0 \quad (5.1.23)$$

则可获得入射光、散射光和球体内部光场球谐函数展开系数之间的关系

$$j_n(mx)c_n + h_n^{(1)}(x)b_n = j_n(x)$$

$$\mu[mxj_n(mx)]'c_n + \mu_1[xh_n^{(1)}(x)]'b_n = \mu_1[xj_n(x)]'$$

$$\mu m j_n(mx)d_n + \mu_1 h_n^{(1)}(x)a_n = \mu_1 j_n(x)$$

$$[mxj_n(mx)]'d_n + m[xh_n^{(1)}(x)]'a_n = m[xj_n(x)]' \quad (5.1.24)$$

从式 (5.1.24) 可以求得散射光球谐函数的系数

$$a_n = \frac{\mu m^2 j_n(mx)[xj_n(x)]' - \mu_1 j_n(x)[mxj_n(mx)]'}{\mu m^2 j_n(mx)[xh_n^{(1)}(x)]' - \mu_1 h_n^{(1)}(x)[mxj_n(mx)]'} \tag{5.1.25}$$

$$b_n = \frac{\mu_1 j_n(mx)[xj_n(x)]' - \mu j_n(x)[mxj_n(mx)]'}{\mu_1 j_n(mx)[xh_n^{(1)}(x)]' - \mu h_n^{(1)}(x)[mxj_n(mx)]'} \tag{5.1.26}$$

如果引入 Riccati-Bessel 函数

$$\psi_n(\rho) = \rho j_n(\rho), \quad \xi_n(\rho) = \rho h_n^{(1)}(\rho) \tag{5.1.27}$$

则该系数可以进一步表示为

$$a_n = \frac{m\psi_n(mx)\psi_n'(x) - \psi_n(x)\psi_n'(mx)}{m\psi_n(mx)\xi_n'(x) - \xi_n(x)\psi_n'(mx)} \tag{5.1.28}$$

$$b_n = \frac{\psi_n(mx)\psi_n'(x) - m\psi_n(x)\psi_n'(mx)}{\psi_n(mx)\xi_n'(x) - m\xi_n(x)\psi_n'(mx)} \tag{5.1.29}$$

式中,$x = m_0 ka$,$m = m_1/m_0$ 分别为粒子的尺度参数和粒子相对于周围介质的折射率,其中 a 为粒子半径,m_1, m_0 分别为粒子和周围介质的折射率。

5.1.2 散射光的分布和散射参量

远场散射光的电矢量在垂直于和平行于散射平面上的分量分别为

$$E_\perp^s \sim E_0 \frac{\mathrm{e}^{\mathrm{i}kr}}{-\mathrm{i}kr} \sin\phi S_1(\cos\theta) \tag{5.1.30}$$

$$E_\parallel^s \sim E_0 \frac{\mathrm{e}^{\mathrm{i}kr}}{-\mathrm{i}kr} \cos\phi S_2(\cos\theta) \tag{5.1.31}$$

两个散射矩阵元分别为

$$S_1 = \sum_n \frac{2n+1}{n(n+1)}(a_n \pi_n + b_n \tau_n) \tag{5.1.32}$$

$$S_2 = \sum_n \frac{2n+1}{n(n+1)}(a_n \tau_n + b_n \pi_n) \tag{5.1.33}$$

其中前向方向上的值为

$$S_2(0°) = S_1(0°) = S(0°) = \frac{1}{2}\sum_n (2n+1)(a_n + b_n) \tag{5.1.34}$$

如果入射光是垂直于散射平面的线偏振光,则散射光强为

$$i_\perp = |S_1|^2 \tag{5.1.35}$$

如果入射光是平行于散射平面的线偏振光,则散射光强为

$$i_\parallel = |S_2|^2 \tag{5.1.36}$$

如果入射光是非偏振光,则散射光强为

$$I_{\mathrm{s}} = S_{11} I_{\mathrm{i}} \tag{5.1.37}$$

散射光的偏振度为

$$P = -\frac{S_{12}}{S_{11}} = \frac{i_\perp - i_\parallel}{i_\perp + i_\parallel} \tag{5.1.38}$$

折射率 $m = 1.33 - 10^{-8}\mathrm{i}$，三种尺度参数 $x = 1, 3, 10$ 下 Mie 散射光强度和偏振度的角度分布特征如图 5.1.1 至图 5.1.3 所示，图中 $i_1 \Rightarrow i_\perp$, $i_2 \Rightarrow i_\parallel$。当尺度参数增大时，光强会迅速向前向方向集中，角分布的振荡次数也迅速增多。

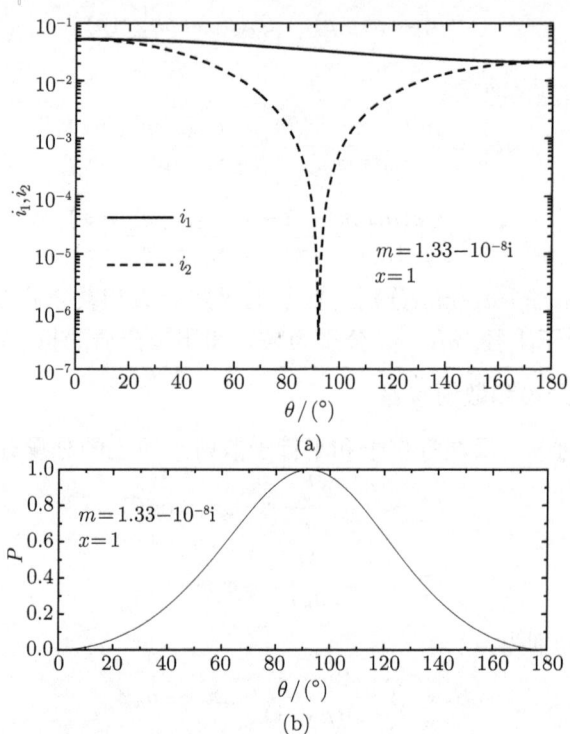

图 5.1.1 Mie 散射光强度 (a) 和偏振度 (b) 的角度分布特征：尺度参数 $x = 1$, 折射率 $m = 1.33 - 10^{-8}\mathrm{i}$

通过对所有方向远场散射光的能量积分可以求得散射截面和消光截面分别为

$$C_{\mathrm{sca}} = \frac{2\pi}{k^2} \sum_{n=1}^{\infty} (2n+1)(|a_n|^2 + |b_n|^2) \tag{5.1.39}$$

$$C_{\mathrm{ext}} = \frac{2\pi}{k^2} \sum_{n=1}^{\infty} (2n+1) \mathrm{Re}\{a_n + b_n\} \tag{5.1.40}$$

而消光截面和前向散射强度的关系为

$$C_{\mathrm{ext}} = \frac{4\pi}{k^2} \mathrm{Re}\{S(0°)\} \tag{5.1.41}$$

5.1 球体粒子的光散射 ——Mie 理论

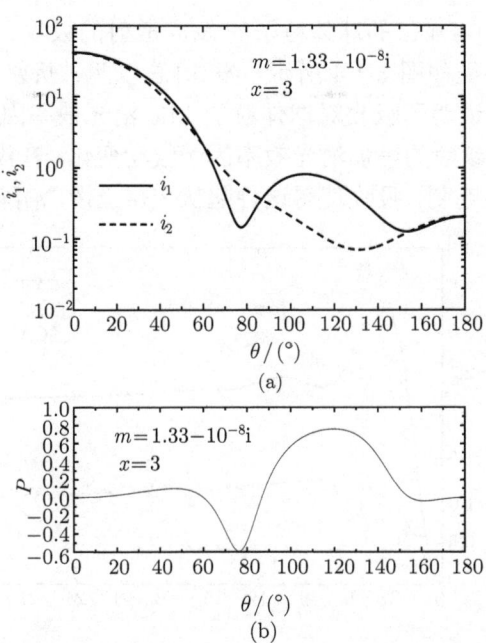

图 5.1.2 Mie 散射光强度 (a) 和偏振度 (b) 的角度分布特征：尺度参数 $x=3$，折射率 $m = 1.33 - 10^{-8}\mathrm{i}$

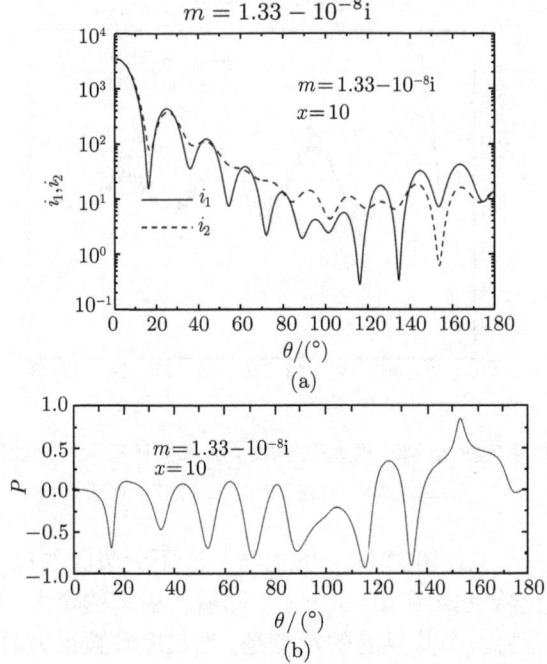

图 5.1.3 Mie 散射光强度 (a) 和偏振度 (b) 的角度分布特征：尺度参数 $x=10$，折射率 $m = 1.33 - 10^{-8}\mathrm{i}$

折射率 $m = 1.50 - 0.1\mathrm{i}$ 的球体粒子的 Mie 散射的吸收、消光和消光效率因子随尺度参数的变化特征如图 5.1.4 所示。图 5.1.5 以两种折射率 $m = 1.50 - 0.0\mathrm{i}$ 和 $m = 1.50 - 0.1\mathrm{i}$ 为例说明了吸收对球体粒子 Mie 消光效率因子随尺度参数变化特征的影响。随着尺度参数的增加消光效率因子波动变化,在没有吸收的情况下,在大尺度参数时有许多毛刺。吸收使得这种起伏变得光滑,消除了那些毛刺。

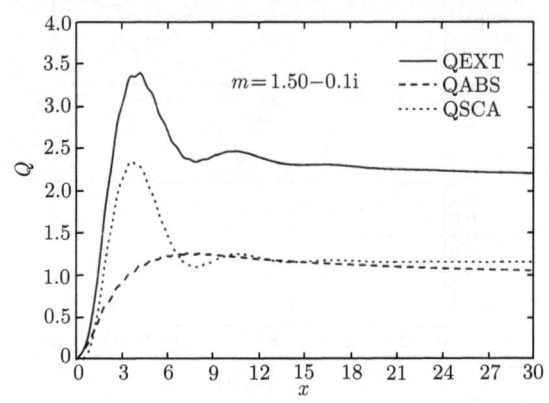

图 5.1.4 球体粒子 Mie 吸收、散射和消光效率因子随尺度参数的变化特征:折射率 $m = 1.50 - 0.1\mathrm{i}$

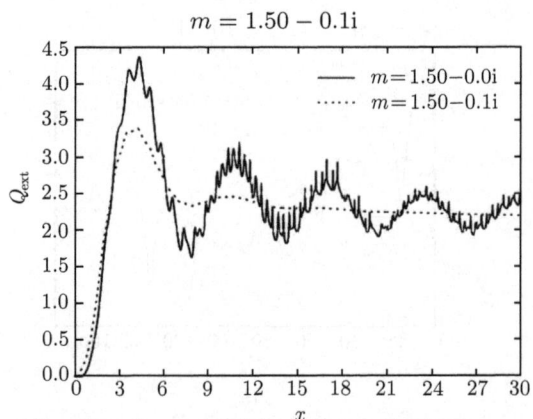

图 5.1.5 吸收对球体粒子 Mie 消光效率因子随尺度参数变化特征的影响:折射率 $m = 1.50 - 0.0\mathrm{i}$ 和 $m = 1.50 - 0.1\mathrm{i}$

三种折射率 $m = 1.33 - 0\mathrm{i}, 1.50 - 0\mathrm{i}, 1.75 - 0\mathrm{i}$ 下无吸收的粒子的 Mie 散射消光效率随尺度参数变化特征如图 5.1.6 所示。随着折射率的增大,消光效率随尺度参数变化的频率加大。另一个其显著的特点是,当尺度参数很大时,消光效率趋向一个常数 2,即

$$\lim_{x \to \infty} Q_{\mathrm{ext}}(x, m) = 2 \tag{5.1.42}$$

这意味着一个很大的粒子的消光截面是其几何遮挡面积的两倍,这与直观的感觉不符 (似乎二者相等才对),被称为消光悖论 (extinction paradox)。实际上当粒子的尺度参数很大时,散射光的绝大部分都集中在前向很小的角度内,从衍射理论可知,该角度约为尺度参数的倒数。而除掉 $\theta = 0°$ 绝对前向,哪怕有一点偏离的散射光都被认为散射掉了。所以尽管消光效率为 2,如果实际测量时探测器的接收角只要大于尺度参数的倒数,就能把大部分散射光也一起接收了,测得的消光效率也就接近 1。

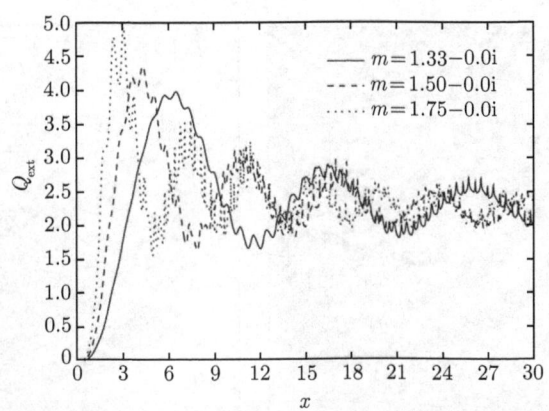

图 5.1.6 折射率对球体粒子 Mie 消光效率因子随尺度参数变化特征的影响:折射率 $m = 1.33 - 0.0i$, $m = 1.50 - 0.0i$ 和 $m = 1.75 - 0.0i$

Mie 散射强度分布的不对称因子与偏振特性无关,由

$$k^2 C_{\text{sca}} \langle \cos\theta \rangle = \pi \int_{-1}^{1} (|S_1|^2 + |S_2|^2) \mu \mathrm{d}\mu \tag{5.1.43}$$

确定为

$$Q_{\text{sca}} \langle \cos\theta \rangle = \frac{4}{x^2} \left[\sum_n \frac{n(n+2)}{n+1} \text{Re}\{a_n a_{n+1}^* + b_n b_{n+1}^*\} \right.$$
$$\left. + \sum_n \frac{2n+1}{n(n+1)} \text{Re}\{a_n b_n^*\} \right] \tag{5.1.44}$$

在 (激) 光雷达 (lidar) 的应用中,后向 ($\theta = 180°$) 上的散射强度是探测信号的最基本物理量,粒子的后向散射截面定义为在方向上单位立体角的微分散射截面,对应的后向散射效率因子为

$$Q_{\text{b}} = \frac{\sigma_{\text{b}}}{\pi a^2} = \frac{1}{x^2} \left| \sum_n (2n+1)(-1)^n (a_n - b_n) \right|^2 \tag{5.1.45}$$

工程上经常使用的量是激光雷达比 (lidar ratio),其定义为

$$\text{LR} = \beta_{\text{ext}} / P(180°) \tag{5.1.46}$$

各个散射矩阵元可以用式 (1.3.28a)~ 式 (1.3.28d) 计算得到, 而散射相函数利用式 (1.3.38) 计算。对于无偏振的入射光, 散射光的线偏振度为 $-P_{12}/P_{11}$, 图 5.1.7 绘出了单个粒子和多分散系粒子的线偏振度 (%) 的角分布随尺度参数的变化情况, 多分散系粒子谱为幂指数分布, 尺度参数的方差标在图中。单个粒子的偏振度角分布呈现非常明显的振荡现象, 其变化范围为 (−100, 100)。而多分散系由于不同尺度粒子的平均效果, 其角度变化随尺度参数的方差而逐步变缓, 并且变化的范围也越来越小。

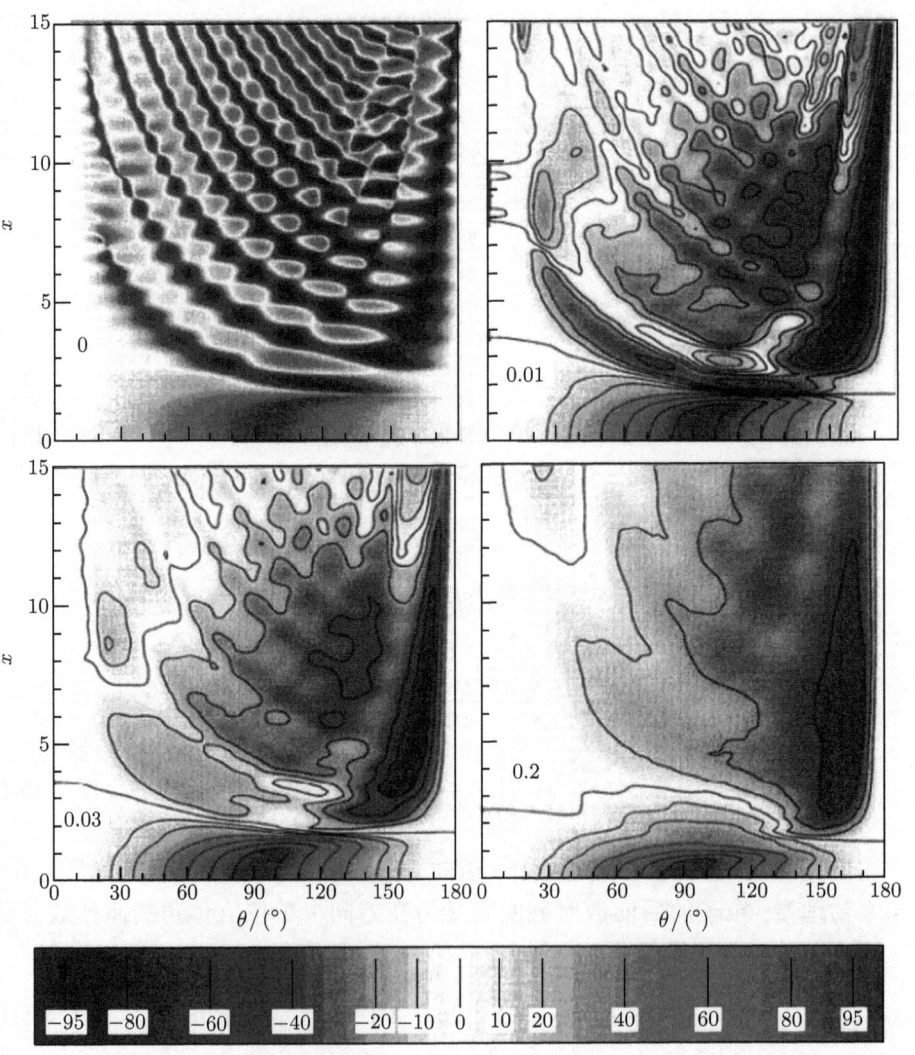

图 5.1.7 单个和多分散系粒子线偏振度角分布随尺度参数的变化
(Mishchenko and Travis, 1994b)

5.1.3 Mie 散射的数值计算方法

在球体粒子光散射的 Mie 理论建立以后，就可以精确地数值计算任意情况下球体粒子的散射特性。早期由于计算机技术尚未出现，学者们针对一些特殊条件做了近似假定，简化了 Mie 散射结果，得到了一些近似公式 (van de Hulst, 1957)。现在由于计算机的计算能力已非常强大，Mie 散射公式的数值计算已很容易。一般数值算法的具体工程如下。

在 5.1.2 小节的各种散射参量的计算都需要对球谐函数展开系数进行无穷多项的求和。数值计算时只能对有限项求和，经过许多学者的大量计算研究，求和项数可由下式确定 (Wiscombe, 1980)：

$$N_c = x + 4.05 x^{1/3} + 2 \tag{5.1.47}$$

式 (5.1.13) 定义的角分布函数可进一步表示为

$$\pi_n \equiv \frac{P_n^{(1)}(\cos\theta)}{\sin\theta} = \frac{\mathrm{d}P_n(\cos\theta)}{\mathrm{d}(\cos\theta)} = P_n'(\mu) \tag{5.1.48a}$$

$$\tau_n(\mu) \equiv \mu\pi_n(\mu) - (1-\mu^2)\pi_n'(\mu) \tag{5.1.48b}$$

根据 Legendre 函数的递推公式

$$(n+1)P_{n+1}(\mu) = (2n+1)\mu P_n(\mu) - n P_{n-1}(\mu) \tag{5.1.49}$$

对式 (5.1.49) 求导，并利用

$$\pi_{n+1}(\mu) - \pi_{n-1}(\mu) = (2n+1)P_n(\mu) \tag{5.1.50}$$

可得角分布函数的递推公式

$$n\pi_{n+1}(\mu) = (2n+1)\mu\pi_n(\mu) - (n+1)\pi_{n-1}(\mu) \tag{5.1.51}$$

$$\tau_n = n\mu\pi_n - (n+1)\pi_{n-1} \tag{5.1.52}$$

其初始值为 $\pi_0 = 0$ 和 $\pi_1 = 1$。角分布函数的奇偶性为

$$\pi_n(-\mu) = (-1)^{n-1}\pi_n(\mu) \tag{5.1.53}$$

$$\tau_n(-\mu) = (-1)^n \tau_n(\mu) \tag{5.1.54}$$

定义

$$D_n(\rho) = \frac{\mathrm{d}}{\mathrm{d}\rho}\ln\psi_n(\rho) \tag{5.1.55}$$

该函数具有递推关系

$$D_{n-1} = \frac{n}{\rho} - \frac{1}{D_n + \dfrac{n}{\rho}} \tag{5.1.56}$$

根据该递推关系进行的上推计算是不稳定的,而下推计算则是稳定的,其初始值设为 $D_{N^*}(\rho) = 0 + 0\mathrm{i}(N^* \gg |\rho|)$,一般取 $N^* = 1.1|\rho| + 1$ 就已足够,或取 $N^* = \max(N_c, |\rho|) + 15$(Barber and Hill, 1990)。

这样散射场球谐函数展开系数可表示为

$$a_n = \frac{\left[\dfrac{D_n(mx)}{m} + \dfrac{n}{x}\right]\psi_n(x) - \psi_{n-1}(x)}{\left[\dfrac{D_n(mx)}{m} + \dfrac{n}{x}\right]\xi_n(x) - \xi_{n-1}(x)} \tag{5.1.57}$$

$$b_n = \frac{\left[mD_n(mx) + \dfrac{n}{x}\right]\psi_n(x) - \psi_{n-1}(x)}{\left[mD_n(mx) + \dfrac{n}{x}\right]\xi_n(x) - \xi_{n-1}(x)} \tag{5.1.58}$$

Riccati-Bessel 函数的递推关系为

$$\psi_{n+1}(x) = \frac{(2n+1)\psi_n(x)}{x} - \psi_{n-1}(x) \tag{5.1.59}$$

$$\xi_{n+1}(x) = \frac{2n+1}{x}\xi_n(x) - \xi_{n-1}(x) \tag{5.1.60}$$

其初始值为 $\psi_0(x) = \sin x$, $\psi_{-1}(x) = \cos x$; $\xi_0(x) = \sin x + \mathrm{i}\cos x$, $\xi_{-1}(x) = \cos x - \mathrm{i}\sin x$。

在数值计算中考虑到计算效率也有一些小技巧,但在目前的计算能力下,这些都不重要了。目前有多个 Mie 散射计算程序在广泛使用(包括 Wiscombe、Bohren 和 Huffman 以及 Barber 和 Hill 等的程序),很容易从互联网上下载。此外也有一些新的算法,如引入下述函数 (Du, 2004)

$$r_n(mx) \equiv \frac{\psi_{n-1}(mx)}{\psi_n(mx)} \tag{5.1.61}$$

它具有递推关系 [初始值为 $r_0(mx) = \cot(mx)$]

$$r_{n+1}(mx) = \left[\frac{2n+1}{mx} - r_n(mx)\right]^{-1} \tag{5.1.62}$$

这样散射场球谐函数展开系数可表示为

$$a_n = \frac{\left[\dfrac{r_n(mx)}{m} + \dfrac{n\left(1 - \dfrac{1}{m^2}\right)}{x}\right]\psi_n(x) - \psi_{n-1}(x)}{\left[\dfrac{r_n(mx)}{m} + \dfrac{n\left(1 - \dfrac{1}{m^2}\right)}{x}\right]\xi_n(x) - \xi_{n-1}(x)} \tag{5.1.63}$$

$$b_n = \frac{r_n(mx)m\psi_n(x) - \psi_{n-1}(x)}{r_n(mx)m\xi_n - \xi_{n-1}(x)} \tag{5.1.64}$$

5.1.4 双层球体粒子的光散射特性

球体粒子光散射的 Mie 理论的推导方法可以推广到分层均匀的球体粒子的光散射问题。对于大于两层的情况，结果会十分复杂，不宜认真演算。而对于两层的情况，则可以获得可以用于实际计算的结果。两层球体粒子光散射的几何如图 5.1.8 所示。内核 $r \leqslant a$ 相对于外部介质的折射率为 m_1，外层 $a < r \leqslant b$ 相对于外部介质的折射率为 m_2。

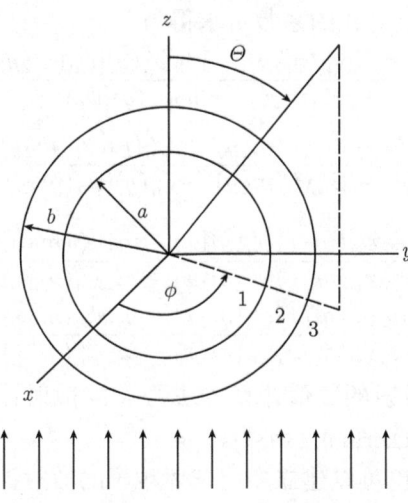

图 5.1.8 双层球体粒子光散射的几何结构

入射光、散射光以及内核内的电磁场都按照前面 Mie 散射理论完全一样的方法展开为矢量球谐函数。而外层内部的电磁场则展开为 (Bohren and Huffman, 1983)

$$\boldsymbol{E}_2 = \sum_{n=1}^{\infty} E_n [f_n \boldsymbol{M}_{oln}^{(1)} - \mathrm{i} g_n \boldsymbol{N}_{eln}^{(1)} + v_n \boldsymbol{M}_{oln}^{(2)} - \mathrm{i} w_n \boldsymbol{N}_{eln}^{(2)}] \tag{5.1.65}$$

$$\boldsymbol{H}_2 = -\frac{k_2}{\omega \mu_2} \sum_{n=1}^{\infty} E_n [g_n \boldsymbol{M}_{eln}^{(1)} + \mathrm{i} f_n \boldsymbol{N}_{oln}^{(1)} + w_n \boldsymbol{M}_{eln}^{(2)} + \mathrm{i} v_n \boldsymbol{N}_{oln}^{(2)}] \tag{5.1.66}$$

在内部分层界面 $r = a$ 处的边界条件为

$$(\boldsymbol{E}_2 - \boldsymbol{E}_1) \times \boldsymbol{e}_r = 0, \quad (\boldsymbol{H}_2 - \boldsymbol{H}_1) \times \boldsymbol{e}_r = 0 \tag{5.1.67}$$

在外表面 $r = b$ 处的边界条件为

$$(\boldsymbol{E}_\mathrm{s} + \boldsymbol{E}_\mathrm{i} - \boldsymbol{E}_2) \times \boldsymbol{e}_r = 0, \quad (\boldsymbol{H}_\mathrm{s} + \boldsymbol{H}_\mathrm{i} - \boldsymbol{H}_2) \times \boldsymbol{e}_r = 0 \tag{5.1.68}$$

这样便可获得电磁场矢量球谐函数展开式系数满足的方程组

$$f_n m_1 \psi_n(m_2 x) - v_n m_1 \chi_n(m_2 x) - c_n m_2 \psi_n(m_1 x) = 0$$

$$w_n m_1 \chi_n'(m_2 x) - g_n m_1 \psi_n'(m_2 x) + d_n m_2 \psi_n'(m_1 x) = 0$$

$$v_n \mu_1 \chi_n'(m_2 x) - f_n \mu_1 \psi_n'(m_2 x) + c_n \mu_2 \psi_n'(m_1 x) = 0$$

$$g_n\mu_1\psi_n(m_2x) - w_n\mu_1\chi_n(m_2x) - d_n\mu_2\psi_n(m_1x) = 0$$

$$m_2\psi_n'(y) - a_nm_2\xi_n'(y) - g_n\psi_n'(m_2y) + w_n\chi_n'(m_2y) = 0$$

$$m_2b_n\xi_n(y) - m_2\psi_n(y) + f_n\psi_n(m_2y) - v_n\chi_n(m_2y) = 0$$

$$\mu_2\psi_n(y) - a_n\mu_2\xi_n(y) - g_n\mu\psi_n(m_2y) + w_n\mu\chi_n(m_2y) = 0$$

$$b_n\mu_2\xi_n'(y) - \mu_2\psi_n'(y) + f_n\mu\psi_n'(m_2y) - v_n\mu\chi_n'(m_2y) = 0 \tag{5.1.69}$$

散射光矢量球谐函数展开式的系数可求得为

$$a_n = \frac{\psi_n(y)[\psi_n'(m_2y) - A_n\chi_n'(m_2y)] - m_2\psi_n'(y)[\psi_n(m_2y) - A_n\chi_n(m_2y)]}{\xi_n(y)[\psi_n'(m_2y) - A_n\chi_n'(m_2y)] - m_2\xi_n'(y)[\psi_n(m_2y) - A_n\chi_n(m_2y)]} \tag{5.1.70a}$$

$$b_n = \frac{m_2\psi_n(y)[\psi_n'(m_2y) - B_n\chi_n'(m_2y)] - \psi_n'(y)[\psi_n(m_2y) - B_n\chi_n(m_2y)]}{m_2\xi_n(y)[\psi_n'(m_2y) - B_n\chi_n'(m_2y)] - \xi_n'(y)[\psi_n(m_2y) - B_n\chi_n(m_2y)]} \tag{5.1.70b}$$

其中

$$A_n = \frac{m_2\psi_n(m_2x)\psi_n'(m_1x) - m_1\psi_n'(m_2x)\psi_n(m_1x)}{m_2x_n(m_2\chi)\psi_n'(m_1x) - m_1\chi_n'(m_2x)\psi_n(m_1x)} \tag{5.1.71a}$$

$$B_n = \frac{m_2\psi_n(m_1x)\psi_n'(m_2x) - m_1\psi_n(m_2x)\psi_n'(m_1x)}{m_2\chi_n'(m_2x)\psi_n(m_1x) - m_1\psi_n'(m_1x)\chi_n(m_2x)} \tag{5.1.71b}$$

双层球体粒子光散射的数值计算方法同 Mie 散射计算方法类似,也有流行的计算程序 (Toon and Ackerman, 1981)。

按照类似的思路,也可以建立多层球体粒子的散射计算方法 (Kai and Massoli, 1993; Wu et al., 1997)。

5.1.5 水云、雾和雨滴的光散射特性

大气中真正接近球形的粒子只有水云和雾中的水滴,雨滴由于较大受重力的影响而偏离球形。因此处理这几类粒子的光散射问题时,应用 Mie 散射计算方法,所得结果应该是很可靠的。

对于大气中的光散射问题,在实际应用中不可能遇到单一粒子或者大小和光学性质完全相同的粒子群体,而是大小和光学性质都不完全相同的粒子群体,这种群体一般称为多分散系 (polydispersions)(Deirmendjian, 1969)。实际能够观测的各种光散射参量是粒子群体中所有粒子散射叠加的共同效果。多分散系内所有尺度的粒子的散射、吸收和消光截面之和就是总的散射、吸收和消光截面。单位体积内所有粒子的总散射、吸收和消光截面就是散射、吸收消光系数,即

$$\beta_{\text{abs,sca,ext}} = \int_{r_{\min}}^{r_{\max}} Q_{\text{abs,sca,ext}} n(r)\pi r^2 \mathrm{d}r \tag{5.1.72}$$

单位体积内所有粒子的散射光总强度由每个粒子的散射光强度之和求得

$$I_{\perp,/\!/} = \int_{r_{\min}}^{r_{\max}} i_{\perp,/\!/} n(r)\mathrm{d}r \tag{5.1.73}$$

5.1 球体粒子的光散射 ——Mie 理论

由单位体积内所有粒子的散射光总强度和总散射截面即可求得总平均的散射相函数, 散射相函数矩阵的各个矩阵元可同样求得

$$\langle P_{ij}\rangle = \frac{\int_{r_{\min}}^{r_{\max}} Q_{\text{sca}}(r)n(r)\pi r^2 P_{ij}(r)\mathrm{d}r}{\int_{r_{\min}}^{r_{\max}} Q_{\text{sca}}(r)n(r)\pi r^2 \mathrm{d}r} \tag{5.1.74}$$

式 (5.1.73) 和式 (5.1.74) 的数值求积过程因散射、吸收和消光效率因子特别是散射光强度角分布的剧烈振荡而不宜采用高斯积分方法, 以步长较短的梯形积分方法为宜。

同样地, 多分散系内所有尺度的粒子的散射光强之和就是总的散射光强。由于多分散系粒子尺度的连续变化, 散射光强角分布的振荡特征必然被抹平。由总光强和总散射截面即可求得散射相函数。根据第 3 章中云雾粒子谱参数和水的折射率计算的几种水云和雾的散射相函数如图 5.1.9 所示。从图中可以看出, 散射光在前向几度的小角度内非常集中, 比其他方向的散射光强度高出约三个量级, 不同云类在前向的散射相函数有明显差别, 最大可达一个量级。图中的小图专门绘出了 $0 \sim 10°$ 内的相函数。而在 $20° \sim 50°$ 的范围内, 散射相函数与粒子谱种类几乎无关。在散射角大于 $90°$ 的后向半空间中, 除在后向 ($180°$) 有一个极值外, 在 $140°$ 和 $125°$ 左右也有两个极值。对于自然光的入射, 如果不同波长的光的散射光强极值对应的散射角略有差异, 则将会出现明显的色散现象。实际情况就是如此, 大气光象中的虹霓现象就是这样产生的。$140°$ 和 $125°$ 左右的位置分别对应于主虹 (primary rainbow) 和副虹 (霓)(secondary rainbow)。关于虹霓现象的许多分析采用几何光学方法, 但 Mie 散射理论更适于准确的分析 (Wang and van de Hulst, 1991; Lynch and Schwartz, 1991; Lee Jr, 1998)。

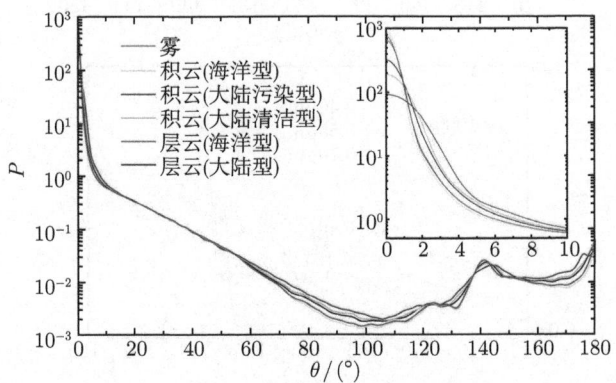

图 5.1.9　几种水云和雾的散射相函数

从图 5.1.9 水云和雾的散射相函数可以看出，这在散射峰值角度处并没有色散。以上各种水云和雾的粒子谱分布模型中粒子的半径范围为 0.25~40μm。这说明虹霓是大水滴对不同波长的光散射的角分布在上述两点附近峰值的位移造成的。我们以三种波长可见光 (蓝 0.40μm，折射率 1.339; 绿 0.55μm，折射率 1.333; 红 0.70μm，折射率 1.330) 为例进行分析。图 5.1.10 绘出了 10μm、100μm 和 1000μm 三种尺度的水滴对在 110°~150° 散射角区间的散射光强度分布 (由于单一半径光散射角分布的剧烈振荡，该结果是对 $0.9r_0 \sim 1.1r_0$ 范围内等间隔的 21 个半径的平均)。可以看出，10μm 半径的粒子对红黄蓝三种光的散射光强度的峰值对应的散射角完全重合，

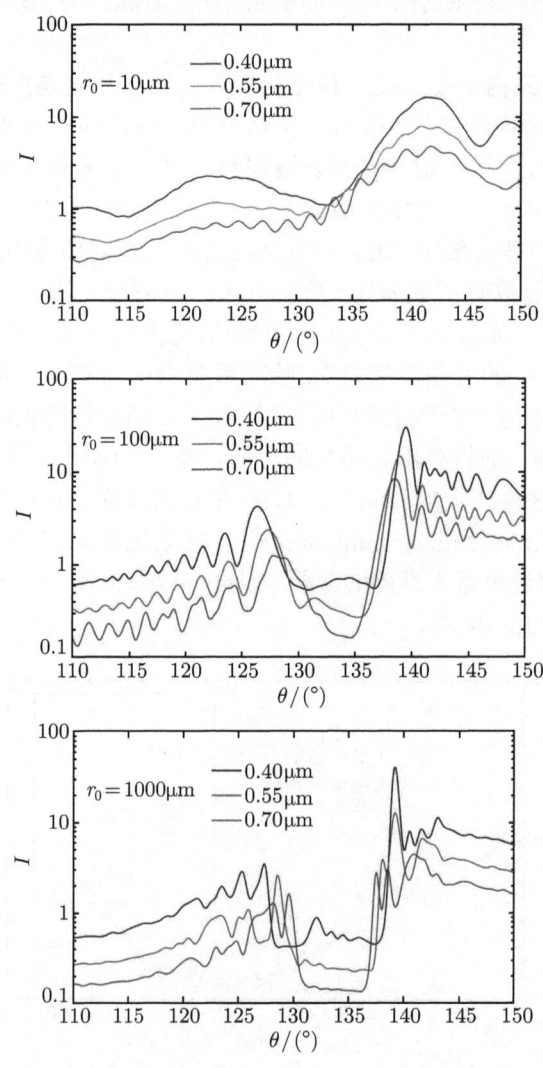

图 5.1.10　三种尺度的水滴对三种波长的光散射强度的角分布

不能产生虹。30μm 半径粒子在 140° 附近红黄蓝峰值分开 0.5°, 而在 125° 附近红黄蓝峰值尚没有分开。100μm 半径的粒子对红黄蓝三种光的散射光强度的峰值对应的散射角已完全分开。在 125° 到 130° 之间, 峰值位置依次为蓝绿红 (126.5°、127.5° 和 128.5°), 间隔约 1°; 在 135° 到 140° 之间, 峰值位置依次为红绿蓝 (139.5°、139° 和 138.5°), 间隔约 0.5°。更大的粒子直到 1000μm 依然保持这种特性。随着粒子的增大, 两个峰值之间的谷底更加明显。注意两个峰值处红绿蓝的排列方向是相反的。图 5.1.11 是实际的虹霓照片, 与上图相比, 可以发现理论分析非常符合实际情况。因此, 可以利用 Mie 散射理论模拟虹霓现象 (Laven, 2003)。

图 5.1.11 虹和霓的实际照片

5.2 无限长圆柱粒子的光散射

除了球形的粒子光散射已获得解析解外, 另外尚有一种无限长圆柱粒子的光散射问题也有解析解。尽管现实中并不存在真正的无限长粒子, 但它可以作为长条状粒子的极限情况, 是一种极端的非球形粒子, 在后面我们将会看到, 即使利用数值计算方法, 目前也无法可靠地获得偏离球形很远的粒子的散射结果。因此无限长圆柱粒子的散射结果可以为我们提供关于极端非球形粒子光散射的特征。

无限长圆柱粒子光散射的几何结构示意图如图 5.2.1 所示 (Bohren and Huffman, 1983)。利用分离变量法, 标量波动方程的解在柱坐标系可以表示为

$$\psi_n(r,\phi,z) = Z_n(\rho)\mathrm{e}^{\mathrm{i}n\phi}\mathrm{e}^{\mathrm{i}hz}, \quad n = 0, \pm 1, \cdots \tag{5.2.1}$$

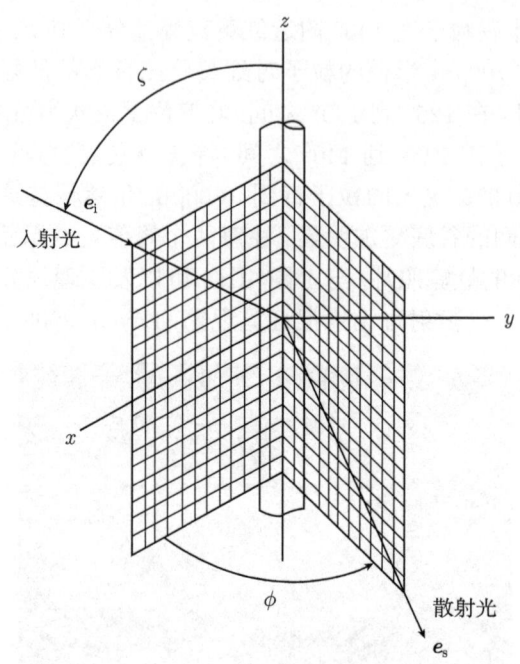

图 5.2.1 无限长圆柱粒子光散射的几何示意图 (Bohren and Huffman, 1983)

式中 z_n 是第一类 Bessel 函数 J_n 和第二类 Bessel 函数 Y_n 及其线性组合,如第一类 Hankel 函数 $H_n^{(1)} = J_n + \mathrm{i} Y_n$ 和第二类 Hankel 函数 $H_n^{(2)} = J_n - \mathrm{i} Y_n$。满足矢量波动方程的柱谐函数可以通过下式求得:

$$\boldsymbol{M}_n = \nabla \times (\boldsymbol{e}_z \psi_n), \quad \boldsymbol{N}_n = \frac{\nabla \times \boldsymbol{M}_n}{k} \tag{5.2.2}$$

它们的分量展开表达形式为

$$\boldsymbol{M}_n = \sqrt{k^2 - h^2} \left(\mathrm{i} n \frac{Z_n(\rho)}{\rho} \boldsymbol{e}_r - Z_n'(\rho) \boldsymbol{e}_\phi \right) \mathrm{e}^{\mathrm{i}(n\phi + hz)} \tag{5.2.3}$$

$$\boldsymbol{N}_n = \frac{\sqrt{k^2 - h^2}}{k} \left(\mathrm{i} h Z_n'(\rho) \boldsymbol{e}_r - h n \frac{Z_n(\rho)}{\rho} \boldsymbol{e}_\phi + \sqrt{k^2 - h^2} Z_n(\rho) \boldsymbol{e}_z \right) \mathrm{e}^{\mathrm{i}(n\phi + hz)} \tag{5.2.4}$$

无限长圆柱粒子光散射问题按照入射光的两个正交偏振态分别处理。对于电矢量平行于 xz 的情况,当入射光与 z 轴的夹角为 ζ 时电矢量可以表示为

$$\boldsymbol{E}_\mathrm{i} = E_0 (\sin \zeta \boldsymbol{e}_z - \cos \zeta \boldsymbol{e}_x) \mathrm{e}^{-\mathrm{i} k(r \sin \zeta \cos \phi + z \cos \zeta)} \tag{5.2.5}$$

它的柱谐函数展开式为

$$\boldsymbol{E}_\mathrm{i} = \sum_{n=-\infty}^{\infty} E_n \boldsymbol{N}_n^{(1)}, \quad \boldsymbol{H}_\mathrm{i} = \frac{-\mathrm{i} k}{\omega \mu} \sum_{n=-\infty}^{\infty} E_n \boldsymbol{M}_n^{(1)} \tag{5.2.6}$$

式中,$E_n = E_0(-i)^n/k\sin\zeta$。同样把圆柱内的电磁场和散射场都表示为柱谐函数展开式

$$\boldsymbol{E}_1 = \sum_{n=-\infty}^{\infty} E_n[g_n \boldsymbol{M}_n^{(1)} + f_n \boldsymbol{N}_n^{(1)}] \tag{5.2.7a}$$

$$\boldsymbol{H}_1 = \frac{-\mathrm{i}k_1}{\omega\mu_1} \sum_{n=-\infty}^{\infty} E_n[g_n \boldsymbol{N}_n^{(1)} + f_n \boldsymbol{M}_n^{(1)}] \tag{5.2.7b}$$

$$\boldsymbol{E}_s = -\sum_{n=-\infty}^{\infty} E_n[b_{n\mathrm{I}} \boldsymbol{N}_n^{(3)} + \mathrm{i}a_{n\mathrm{I}} \boldsymbol{M}_n^{(3)}] \tag{5.2.8a}$$

$$\boldsymbol{H}_s = \frac{\mathrm{i}k}{\omega\mu} \sum_{n=-\infty}^{\infty} E_n[b_{n\mathrm{I}} \boldsymbol{M}_n^{(3)} + \mathrm{i}a_{n\mathrm{I}} \boldsymbol{N}_n^{(3)}] \tag{5.2.8b}$$

由柱面上的边界条件可求得散射场展开式的系数为

$$a_{n\mathrm{I}} = \frac{C_n V_n - B_n D_n}{W_n V_n + \mathrm{i}D_n^2}, \quad b_{n\mathrm{I}} = \frac{W_n B_n + \mathrm{i}D_n C_n}{W_n V_n + \mathrm{i}D_n^2}$$

$$D_n = n\cos\zeta\eta J_n(\eta) H_n^{(1)}(\xi) \left(\frac{\xi^2}{\eta^2} - 1\right)$$

$$B_n = \xi[m^2 \xi J_n'(\eta) J_n(\xi) - \eta J_n(\eta) J_n'(\xi)]$$

$$C_n = n\cos\zeta\eta J_n(\eta) J_n(\xi) \left(\frac{\xi^2}{\eta^2} - 1\right)$$

$$V_n = \xi[m^2 \xi J_n'(\eta) H_n^{(1)}(\xi) - \eta J_n(\eta) H_n^{(1)'}(\xi)]$$

$$W_n = i\xi[\eta J_n'(\eta) H_n^{(1)'}(\xi) - \xi J_n'(\eta) H_n^{(1)}(\xi)] \tag{5.2.9}$$

式中,$\xi = x\sin\zeta, \eta = x\sqrt{m^2 - \cos^2\zeta}, x = ka$。当入射光垂直于 z 轴正入射时,有

$$a_{n\mathrm{I}} = 0$$

$$b_{n\mathrm{I}}(\zeta = 90°) = b_n = \frac{J_n(mx) J_n'(x) - m J_n'(mx) J_n(x)}{J_n(mx) H_n'^{(1)}(x) - m J_n'(mx) H_n^{(1)}(x)} \tag{5.2.10}$$

对于电矢量垂直于 xz 的情况,当入射光与 z 轴的夹角为 ξ 时电矢量可以表示为

$$\boldsymbol{E}_i = E_0 \boldsymbol{e}_y \mathrm{e}^{-\mathrm{i}k(r\sin\zeta\cos\phi + z\cos\zeta)} \tag{5.2.11}$$

它的柱谐函数展开式为

$$\boldsymbol{E}_i = -\mathrm{i}\sum_{n=-\infty}^{\infty} E_n \boldsymbol{M}_n^{(1)} \tag{5.2.12}$$

散射场的柱谐函数展开式为

$$\boldsymbol{E}_s = \sum_{n=-\infty}^{\infty} E_n[\mathrm{i}a_{n\mathrm{II}} \boldsymbol{M}_n^{(3)} + b_{n\mathrm{II}} \boldsymbol{N}_n^{(3)}] \tag{5.2.13}$$

散射场展开式的系数为

$$a_{n\text{II}} = -\frac{A_n V_n - \mathrm{i} C_n D_n}{W_n V_n + \mathrm{i} D_n^2}, \quad b_{n\text{II}} = -\mathrm{i}\frac{C_n W_n + A_n D_n}{W_n V_n + \mathrm{i} D_n^2} \tag{5.2.14}$$

当入射光垂直于 z 轴正入射时，有

$$a_{n\text{II}}(\zeta = 90°) = a_n = \frac{m J_n'(x) J_n(mx) - J_n(x) J_n'(mx)}{m J_n(mx) H_n^{'(1)}(x) - J_n'(mx) H_n^{(1)}(x)} \tag{5.2.15}$$

对于一般的入射光场，可以分解为平行分量和垂直分量

$$\boldsymbol{E}_{\mathrm{i}} = (E_{/\!/\mathrm{i}} \boldsymbol{e}_{/\!/\mathrm{i}} + E_{\perp\mathrm{i}} \boldsymbol{e}_{\perp\mathrm{i}}) \mathrm{e}^{\mathrm{i}\boldsymbol{k}\cdot\boldsymbol{x}} \tag{5.2.16}$$

单位方向矢量分别为：$\boldsymbol{e}_{/\!/\mathrm{i}} = \sin\zeta \boldsymbol{e}_z - \cos\zeta \boldsymbol{e}_x$, $\boldsymbol{e}_{\perp\mathrm{i}} = -\boldsymbol{e}_y$, $\boldsymbol{e}_{\perp\mathrm{i}} \times \boldsymbol{e}_{/\!/\mathrm{i}} = \boldsymbol{e}_{\mathrm{i}}$。散射光场也分解为平行分量和垂直分量

$$\boldsymbol{E}_{\mathrm{s}} = E_{/\!/\mathrm{s}} \boldsymbol{e}_{/\!/\mathrm{s}} + E_{\perp\mathrm{s}} \boldsymbol{e}_{\perp\mathrm{s}} \tag{5.2.17}$$

对应的单位方向矢量分别为：$\boldsymbol{e}_{/\!/\mathrm{s}} = \cos\zeta \boldsymbol{e}_r + \sin\zeta \boldsymbol{e}_z$, $\boldsymbol{e}_{\perp\mathrm{s}} = \boldsymbol{e}_\phi$, $\boldsymbol{e}_{\perp\mathrm{s}} \times \boldsymbol{e}_{/\!/\mathrm{s}} = \boldsymbol{e}_{\mathrm{s}}$。这样散射场和入射光电矢量之间的关系为

$$\begin{pmatrix} E_{/\!/\mathrm{s}} \\ E_{\perp\mathrm{s}} \end{pmatrix} = \mathrm{e}^{\mathrm{i}3\pi/4} \sqrt{\frac{2}{\pi k r \sin\zeta}} \mathrm{e}^{\mathrm{i}k(r\sin\zeta - z\cos\zeta)} \begin{pmatrix} T_1 & T_4 \\ T_3 & T_2 \end{pmatrix} \begin{pmatrix} E_{/\!/\mathrm{i}} \\ E_{\perp\mathrm{i}} \end{pmatrix} \tag{5.2.18}$$

振幅散射矩阵元分别为

$$T_1 = \sum_{-\infty}^{\infty} b_{n\mathrm{I}} \mathrm{e}^{-\mathrm{i}n\Theta} = b_{0\mathrm{I}} + 2\sum_{n=1}^{\infty} b_{n\mathrm{I}} \cos(n\Theta)$$

$$T_2 = \sum_{-\infty}^{\infty} a_{n\mathrm{II}} \mathrm{e}^{-\mathrm{i}n\Theta} = a_{0\mathrm{II}} + 2\sum_{n=1}^{\infty} a_{n\mathrm{II}} \cos(n\Theta)$$

$$T_3 = \sum_{-\infty}^{\infty} a_{n\mathrm{I}} \mathrm{e}^{-\mathrm{i}n\Theta} = -2\mathrm{i} \sum_{n=1}^{\infty} a_{n\mathrm{I}} \sin(n\Theta)$$

$$T_4 = \sum_{-\infty}^{\infty} b_{n\mathrm{II}} \mathrm{e}^{-\mathrm{i}n\Theta} = -2\mathrm{i} \sum_{n=1}^{\infty} b_{n\mathrm{II}} \sin(n\Theta) = -T_3 \tag{5.2.19}$$

式中，散射角 $\Theta = \pi - \phi$。在垂直于 z 轴的入射条件下，矩阵元 T_3 和 T_4 为零。式 (5.2.18) 简化为

$$\begin{pmatrix} E_{/\!/\mathrm{s}} \\ E_{\perp\mathrm{s}} \end{pmatrix} = \mathrm{e}^{\mathrm{i}3\pi/4} \sqrt{\frac{2}{\pi k r}} \mathrm{e}^{\mathrm{i}k r} \begin{pmatrix} T_1 & 0 \\ 0 & T_2 \end{pmatrix} \begin{pmatrix} E_{/\!/\mathrm{i}} \\ E_{\perp\mathrm{i}} \end{pmatrix} \tag{5.2.20}$$

此时，散射光和入射光 Stokes 参量之间的关系为

$$\begin{pmatrix} I_{\mathrm{s}} \\ Q_{\mathrm{s}} \\ U_{\mathrm{s}} \\ V_{\mathrm{s}} \end{pmatrix} = \frac{2}{\pi k r} \begin{pmatrix} T_{11} & T_{12} & 0 & 0 \\ T_{12} & T_{11} & 0 & 0 \\ 0 & 0 & T_{33} & T_{34} \\ 0 & 0 & -T_{34} & T_{33} \end{pmatrix} \begin{pmatrix} I_{\mathrm{i}} \\ Q_{\mathrm{i}} \\ U_{\mathrm{i}} \\ V_{\mathrm{i}} \end{pmatrix} \tag{5.2.21}$$

5.2 无限长圆柱粒子的光散射

散射矩阵元分别为

$$T_{11} = \frac{1}{2}(|T_1|^2 + |T_2|^2), \quad T_{12} = \frac{1}{2}(|T_1|^2 - |T_2|^2)$$
$$T_{33} = \mathrm{Re}\{T_1 T_2^*\}, \quad T_{34} = \mathrm{Im}\{T_1 T_2^*\} \tag{5.2.22}$$

请注意式 (5.2.21) 和式 (1.3.25) 的联系和区别。后者是描述散射体占有有限空间的情况，远场任意方向的散射光皆可视为球面波，而无限长圆柱粒子是非定域散射体。

上述两种情况下的散射和消光截面分别为

$$Q_{\mathrm{sca,I}} = \frac{2}{x}\left[|b_{0\mathrm{I}}|^2 + 2\sum_{n=1}^{\infty}|b_{n\mathrm{I}}|^2 + |a_{n\mathrm{I}}|^2\right] \tag{5.2.23}$$

$$Q_{\mathrm{ext,I}} = \frac{2}{x}\mathrm{Re}\left\{b_{0\mathrm{I}} + 2\sum_{n=1}^{\infty}b_{n\mathrm{I}}\right\} = \frac{2}{x}\mathrm{Re}\{T_1(\Theta=0°)\} \tag{5.2.24}$$

$$Q_{\mathrm{sca,II}} = \frac{2}{x}\left[|a_{0\mathrm{II}}|^2 + 2\sum_{n=1}^{\infty}(|a_{n\mathrm{II}}|^2 + |b_{n\mathrm{II}}|^2)\right] \tag{5.2.25}$$

$$Q_{\mathrm{ext,II}} = \frac{2}{x}\mathrm{Re}\left\{a_{0\mathrm{II}} + 2\sum_{n=1}^{\infty}a_{n\mathrm{II}}\right\}$$
$$= \frac{2}{x}\mathrm{Re}\{T_2(\Theta=0°)\} \tag{5.2.26}$$

如果入射光为非偏振的自然光，则

$$Q_{\mathrm{sca}} = \frac{1}{2}(Q_{\mathrm{sca,I}} + Q_{\mathrm{sca,II}}), \quad Q_{\mathrm{ext}} = \frac{1}{2}(Q_{\mathrm{ext,I}} + Q_{\mathrm{ext,II}}) \tag{5.2.27}$$

在垂直于 z 轴的正入射条件下，散射光展开式系数中的一个为零，它们具有最简单的形式。如果定义

$$D_n(\rho) = \frac{J_n'(\rho)}{J_n(\rho)} \tag{5.2.28}$$

该函数具有递推关系

$$D_{n-1}(z) = \frac{n-1}{z} - \frac{1}{\left(\dfrac{n}{z}\right) + D_n(z)} \tag{5.2.29}$$

则散射光的系数可以表示为

$$a_n = \frac{\left[\dfrac{D_n(mx)}{m} + \dfrac{n}{x}\right]J_n(x) - J_{n-1}(x)}{\left[\dfrac{D_n(mx)}{m} + \dfrac{n}{x}\right]H_n^{(1)}(x) - H_{n-1}^{(1)}(x)} \tag{5.2.30a}$$

$$b_n = \frac{\left[mD_n(mx) + \dfrac{n}{x}\right] J_n(x) - J_{n-1}(x)}{\left[mD_n(mx) + \dfrac{n}{x}\right] H_n^{(1)}(x) - H_{n-1}^{(1)}(x)} \tag{5.2.30b}$$

这些系数的数值计算类似于 Mie 散射的计算方法。级数的最大项数可参照对应的 Mie 散射计算的选择方法。式 (5.2.29) 的计算和式 (5.1.56) 一样采用向下递推的方法 (起始点和项数皆相同)。文献 (Bohren and Huffman, 1983; Barber and Hill, 1990) 中都有相应的计算程序。

图 5.2.2 绘出了 $m=1.33$ 和正入射条件下, 1、3 和 10 三种尺度参数下无限长圆柱粒子散射光平行分量和垂直分量的角分布情况。我们可以与同样参数的 Mie 散射情况进行比较 (图 5.1.1~ 图 5.1.3)。图 5.2.3 是 $m=1.55$, $\lambda = 0.6328\mu m$ 和正入射条件下, 平行分量和垂直分量散射截面随尺度参数的变化情况。通过对比可以看出: 散射截面随尺度参数的变化情况与 Mie 散射相仿, 但散射光的角分布特征与 Mie 散射有一定差别。

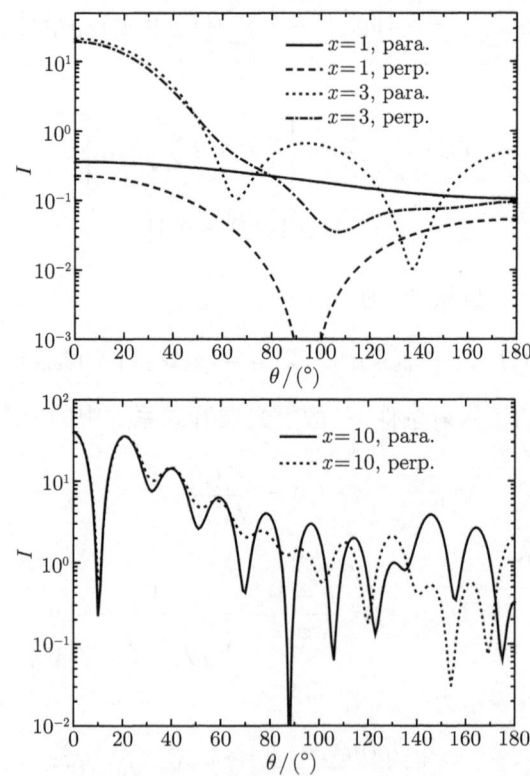

图 5.2.2 $m=1.33$ 和正入射条件下, 三种尺度参数的无限长圆柱粒子散射光平行分量和垂直分量的角分布

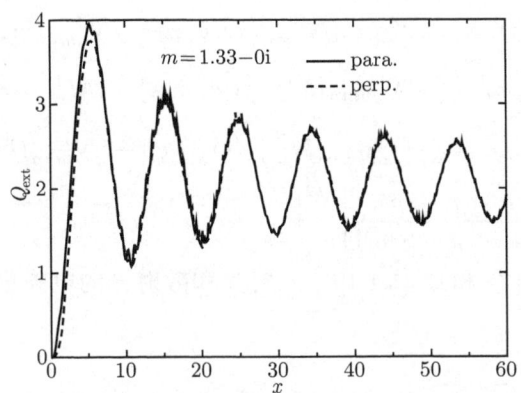

图 5.2.3 $m = 1.33$ 和正入射条件下，平行分量和垂直分量散射截面随尺度参数的变化情况

5.3 旋转对称粒子的光散射

迄今为止，在绝大多数情况下，球形粒子的 Mie 散射理论被用来处理大气中微粒的散射问题。然而由于大部分微粒是非球形的，在实际测量中散射光的偏振特性和角分布特性等并不能由 Mie 理论很好地描述。随着各种高精度的需求，自然地，对非球形粒子的光散射问题的定量处理方法的要求日益迫切。不难想象，最简单的球形粒子情况下 Mie 理论的解析解已经相当复杂，如果不是计算机技术的发展，它也难以得到广泛的实际应用。

偏离球形的最简单的情况应该是椭球粒子，包括以半长轴为旋转轴的长椭球粒子 (prolate spheroid) 和以半短轴为旋转轴的扁椭球粒子 (oblate spheroid)。在椭球坐标系下将入射光和散射光按照长（扁）椭球矢量函数展开，完全类似 Mie 理论的方法，可以求解这类散射问题 (Asano and Yamamoto, 1975; Asano, 1979; Asano and Yamamoto, 1980)。然而可能由于计算的实际困难，基于这种解析解的数值计算方法并没有流行开来。

5.3.1 T 矩阵与扩展边界条件法

然而按照 Mie 理论的思路，入射光和散射光按照球谐矢量函数展开，将散射光的球谐矢量函数展开式的系数与入射光的球谐矢量函数展开式的系数通过转移矩阵 (transition matrix, T-matrix) 联系起来，并采用一种扩展的边界条件 (extended boundary condition) 求解，可以有效地利用数值计算技术解决非球形粒子（特别是旋转对称粒子）的光散射问题 (Barber and Hill, 1990; Mishchenko et al., 2002)。

定义四个新的矢量球谐函数 (Mishchenko et al., 2002)：

$$\boldsymbol{M}_{mn}(kr,\vartheta,\varphi) = (-1)^m \gamma_{mn} [\boldsymbol{M}^3_{emn}(kr,\vartheta,\varphi) + \mathrm{i}\boldsymbol{M}^3_{omn}(kr,\vartheta,\varphi)] \tag{5.3.1}$$

$$\boldsymbol{N}_{mn}(kr,\vartheta,\varphi) = (-1)^m \gamma_{mn}[\boldsymbol{N}^3_{emn}(kr,\vartheta,\varphi) + \mathrm{i}\boldsymbol{N}^3_{omn}(kr,\vartheta,\varphi)] \tag{5.3.2}$$

$$\mathrm{Rg}\boldsymbol{M}_{mn}(kr,\vartheta,\varphi) = (-1)^m \gamma_{mn}[\boldsymbol{M}^1_{emn}(kr,\vartheta,\varphi) + \mathrm{i}\boldsymbol{M}^1_{omn}(kr,\vartheta,\varphi)] \tag{5.3.3}$$

$$\mathrm{Rg}\boldsymbol{N}_{mn}(kr,\vartheta,\varphi) = (-1)^m \gamma_{mn}[\boldsymbol{N}^1_{emn}(kr,\vartheta,\varphi) + \mathrm{i}\boldsymbol{N}^1_{omn}(kr,\vartheta,\varphi)] \tag{5.3.4}$$

式中，$\gamma_{mn} = \left[\dfrac{(2n+1)(n-m)!}{4\pi n(n+1)(n+m)!}\right]^{1/2}$。

类似于式 (5.1.17) 和式 (5.1.19)，入射光和散射光的电矢量分别按上述两种矢量球谐函数展开为

$$\boldsymbol{E}^{\mathrm{inc}}(\boldsymbol{r}) = \sum_{n=1}^{\infty}\sum_{m=-n}^{n}[a_{mn}\mathrm{Rg}\boldsymbol{M}_{mn}(k_1\boldsymbol{r}) + b_{mn}\mathrm{Rg}\boldsymbol{N}_{mn}(k_1\boldsymbol{r})] \tag{5.3.5}$$

$$\boldsymbol{E}^{\mathrm{sca}}(\boldsymbol{r}) = \sum_{n=1}^{\infty}\sum_{m=-n}^{n}[p_{mn}\boldsymbol{M}_{mn}(k_1\boldsymbol{r}) + q_{mn}\boldsymbol{N}_{mn}(k_1\boldsymbol{r})]|\boldsymbol{r}|>r_0 \tag{5.3.6}$$

式中，r_0 是能够完全包围散射粒子的最小球的半径。入射光展开式的系数为

$$a_{mn} = 4\pi(-1)^m \mathrm{i}^n d_n \boldsymbol{E}_0^{\mathrm{inc}} \cdot \boldsymbol{C}^*_{mn}(\vartheta^{\mathrm{inc}})\exp(-\mathrm{i}m\varphi^{\mathrm{inc}}) \tag{5.3.7}$$

$$b_{mn} = 4\pi(-1)^m \mathrm{i}^{n-1} d_n \boldsymbol{E}_0^{\mathrm{inc}} \cdot \boldsymbol{B}^*_{mn}(\vartheta^{\mathrm{inc}})\exp(\mathrm{i}m\varphi^{\mathrm{inc}}) \tag{5.3.8}$$

其中函数

$$\boldsymbol{B}_{mn}(\vartheta) = \hat{\boldsymbol{\vartheta}}\tau_{mn}(\vartheta) + \hat{\boldsymbol{\varphi}}\mathrm{i}\pi_{mn}(\vartheta) \tag{5.3.9}$$

$$\boldsymbol{C}_{mn}(\vartheta) = \hat{\boldsymbol{\vartheta}}\mathrm{i}\pi_{mm}(\vartheta) - \hat{\boldsymbol{\varphi}}\tau_{mn}(\vartheta) \tag{5.3.10}$$

$$\pi_{mn}(\vartheta) = \frac{m}{\sin\vartheta}d^n_{0m}(\vartheta), \quad \pi_{-mn}(\vartheta) = (-1)^{m+1}\pi_{mn}(\vartheta) \tag{5.3.11}$$

$$\tau_{mn}(\vartheta) = \frac{\mathrm{d}}{\mathrm{d}\vartheta}d^n_{0m}(\vartheta), \quad \tau_{-mn}(\vartheta) = (-1)^m \tau_{mn}(\vartheta) \tag{5.3.12}$$

上式中的 Wigner-d 函数的定义为

$$\begin{aligned}d^s_{mn}(\vartheta) =& \sqrt{(s+m)!(s-m)!(s+n)!(s-n)!}\\ & \times \sum_k (-1)^k \frac{\left(\cos\dfrac{1}{2}\vartheta\right)^{2s-2k+m-n}\left(\sin\dfrac{1}{2}\vartheta\right)^{2k-m+n}}{k!(s+m-k)!(s-n-k)!(n-m+k)!}\end{aligned} \tag{5.3.13}$$

散射光的展开式的系数与入射光展开式的系数之间的关系则可以表示为

$$p_{mn} = \sum_{n'=1}^{\infty}\sum_{m'=-n'}^{n'}[T^{11}_{mnm'n'}a_{m'n'} + T^{12}_{mnm'n'}b_{m'n'}] \tag{5.3.14}$$

5.3 旋转对称粒子的光散射

$$q_{mn} = \sum_{n'=1}^{\infty} \sum_{m'=-n'}^{n'} [T^{21}_{mnm'n'} a_{m'n'} + T^{22}_{mnm'n'} b_{m'n'}] \tag{5.3.15}$$

采用矩阵表述形式则更为直观

$$\begin{bmatrix} p \\ q \end{bmatrix} = \boldsymbol{T} \begin{bmatrix} a \\ b \end{bmatrix} = \begin{bmatrix} T^{11} & T^{12} \\ T^{21} & T^{22} \end{bmatrix} \begin{bmatrix} a \\ b \end{bmatrix} \tag{5.3.16}$$

在扩展边界条件下，$\boldsymbol{T}$ 矩阵由下式求得：

$$\boldsymbol{T} = -(\mathrm{Rg}\boldsymbol{Q})\boldsymbol{Q}^{-1} \tag{5.3.17}$$

其中

$$\begin{aligned}
Q^{11}_{mnm'n'} &= -\mathrm{i}k_1 k_2 J^{21}_{mnm'n'} - \mathrm{i}k_1^2 J^{12}_{mnm'n'} \\
Q^{12}_{mnm'n'} &= -\mathrm{i}k_1 k_2 J^{11}_{mnm'n'} - \mathrm{i}k_1^2 J^{22}_{mnm'n'} \\
Q^{21}_{mnm'n'} &= -\mathrm{i}k_1 k_2 J^{22}_{mnm'n'} - \mathrm{i}k_1^2 J^{11}_{mnm'n'} \\
Q^{22}_{mnm'n'} &= -\mathrm{i}k_1 k_2 J^{12}_{mnm'n'} - \mathrm{i}k_1^2 J^{21}_{mnm'n'}
\end{aligned} \tag{5.3.18}$$

$$\begin{bmatrix} J^{11}_{mnm'n'} \\ J^{12}_{mnm'n'} \\ J^{21}_{mnm'n'} \\ J^{22}_{mnm'n'} \end{bmatrix} = (-1)^m \int_s \mathrm{d}S \boldsymbol{n} \cdot \begin{bmatrix} \mathrm{Rg}\boldsymbol{M}_{m'n'}(k_2 r, \vartheta, \varphi) \times \boldsymbol{M}_{-mn}(k_1 r, \vartheta, \varphi) \\ \mathrm{Rg}\boldsymbol{M}_{m'n'}(k_2 r, \vartheta, \varphi) \times \boldsymbol{N}_{-mn}(k_1 r, \vartheta, \varphi) \\ \mathrm{Rg}\boldsymbol{N}_{m'n'}(k_2 r, \vartheta, \varphi) \times \boldsymbol{M}_{-mn}(k_1 r, \vartheta, \varphi) \\ \mathrm{Rg}\boldsymbol{N}_{m'n'}(k_2 r, \vartheta, \varphi) \times \boldsymbol{N}_{-mn}(k_1 r, \vartheta, \varphi) \end{bmatrix} \tag{5.3.19}$$

$$\begin{aligned}
\mathrm{Rg}Q^{11}_{mnm'n'} &= -\mathrm{i}k_1 k_2 \mathrm{Rg}J^{21}_{mnm'n'} - \mathrm{i}k_1^2 \mathrm{Rg}J^{12}_{mnm'n'} \\
\mathrm{Rg}Q^{12}_{mnm'n'} &= -\mathrm{i}k_1 k_2 \mathrm{Rg}J^{11}_{mnm'n'} - \mathrm{i}k_1^2 \mathrm{Rg}J^{22}_{mnm'n'} \\
\mathrm{Rg}Q^{21}_{mnm'n'} &= -\mathrm{i}k_1 k_2 \mathrm{Rg}J^{22}_{mnm'n'} - \mathrm{i}k_1^2 \mathrm{Rg}J^{11}_{mnm'n'} \\
\mathrm{Rg}Q^{22}_{mnm'n'} &= -\mathrm{i}k_1 k_2 \mathrm{Rg}J^{12}_{mnm'n'} - \mathrm{i}k_1^2 \mathrm{Rg}J^{21}_{mnm'n'}
\end{aligned} \tag{5.3.20}$$

$$\begin{bmatrix} \mathrm{Rg}J^{11}_{mnm'n'} \\ \mathrm{Rg}J^{12}_{mnm'n'} \\ \mathrm{Rg}J^{21}_{mnm'n'} \\ \mathrm{Rg}J^{22}_{mnm'n'} \end{bmatrix} = (-1)^m \int_s \mathrm{d}S \boldsymbol{n} \cdot \begin{bmatrix} \mathrm{Rg}\boldsymbol{M}_{m'n'}(k_2 r, \vartheta, \varphi) \times \mathrm{Rg}\boldsymbol{M}_{-mn}(k_1 r, \vartheta, \varphi) \\ \mathrm{Rg}\boldsymbol{M}_{m'n'}(k_2 r, \vartheta, \varphi) \times \mathrm{Rg}\boldsymbol{N}_{-mn}(k_1 r, \vartheta, \varphi) \\ \mathrm{Rg}\boldsymbol{N}_{m'n'}(k_2 r, \vartheta, \varphi) \times \mathrm{Rg}\boldsymbol{M}_{-mn}(k_1 r, \vartheta, \varphi) \\ \mathrm{Rg}\boldsymbol{N}_{m'n'}(k_2 r, \vartheta, \varphi) \times \mathrm{Rg}\boldsymbol{N}_{-mn}(k_1 r, \vartheta, \varphi) \end{bmatrix} \tag{5.3.21}$$

在求得 $\boldsymbol{T}$ 矩阵后，可以获得散射矩阵的各个矩阵元

$$S_1 = \sum_{n=1}^{\infty} \sum_{n'=1}^{\infty} \sum_{m=-n}^{n} \sum_{m'=-n'}^{n'} \alpha_{mnm'n'} [T^{11}_{mnm'n'} \tau_{mn}(\vartheta^{\mathrm{sca}}) \tau_{m'n'}(\vartheta^{\mathrm{inc}})$$

$$+ T^{21}_{mnm'n'}\pi_{mn}(\vartheta^{\text{sca}})\tau_{m'n'}(\vartheta^{\text{inc}}) + T^{12}_{mnm'n'}\tau_{mn}(\vartheta^{\text{sca}})\pi_{m'n'}(\vartheta^{\text{inc}})$$
$$+ T^{22}_{mnm'n'}\pi_{mn}(\vartheta^{\text{sca}})\pi_{m'n'}(\vartheta^{\text{inc}})]\exp[\text{i}(m\varphi^{\text{sca}} - m'\varphi^{\text{inc}})] \tag{5.3.22}$$

$$S_2 = \sum_{n=1}^{\infty}\sum_{n'=1}^{\infty}\sum_{m=-n}^{n}\sum_{m'=-n'}^{n'}\alpha_{mnm'n'}[T^{11}_{mnm'n'}\pi_{mn}(\vartheta^{\text{sca}})\pi_{m'n'}(\vartheta^{\text{inc}})$$
$$+ T^{21}_{mnm'n'}\tau_{mn}(\vartheta^{\text{sca}})\pi_{m'n'}(\vartheta^{\text{inc}}) + T^{12}_{mnm'n'}\pi_{mn}(\vartheta^{\text{sca}})\tau_{m'n'}(\vartheta^{\text{inc}})$$
$$+ T^{22}_{mnm'n'}\tau_{mn}(\vartheta^{\text{sca}})\tau_{m'n'}(\vartheta^{\text{inc}})]\exp[\text{i}(m\varphi^{\text{sca}} - m'\varphi^{\text{inc}})] \tag{5.3.23}$$

$$S_3 = \text{i}\sum_{n=1}^{\infty}\sum_{n'=1}^{\infty}\sum_{m=-n}^{n}\sum_{m'=-n'}^{n'}\alpha_{mnm'n'}[T^{11}_{mnm'n'}\pi_{mn}(\vartheta^{\text{sca}})\tau_{m'n'}(\vartheta^{\text{inc}})$$
$$+ T^{21}_{mnm'n'}\tau_{mn}(\vartheta^{\text{sca}})\tau_{m'n'}(\vartheta^{\text{inc}}) + T^{12}_{mnm'n'}\pi_{mn}(\vartheta^{\text{sca}})\pi_{m'n'}(\vartheta^{\text{inc}})$$
$$+ T^{22}_{mnm'n'}\tau_{mn}(\vartheta^{\text{sca}})\pi_{m'n'}(\vartheta^{\text{inc}})]\exp[\text{i}(m\varphi^{\text{sca}} - m'\varphi^{\text{inc}})] \tag{5.3.24}$$

$$S_4 = -\text{i}\sum_{n=1}^{\infty}\sum_{n'=1}^{\infty}\sum_{m=-n}^{n}\sum_{m'=-n'}^{n'}\alpha_{mnm'n'}[T^{11}_{mnm'n'}\tau_{mn}(\vartheta^{\text{sca}})\pi_{m'n'}(\vartheta^{\text{inc}})$$
$$+ T^{21}_{mnm'n'}\pi_{mn}(\vartheta^{\text{sca}})\pi_{m'n'}(\vartheta^{\text{inc}}) + T^{12}_{mnm'n'}\tau_{mn}(\vartheta^{\text{sca}})\tau_{m'n'}(\vartheta^{\text{inc}})$$
$$+ T^{22}_{mnm'n'}\pi_{mn}(\vartheta^{\text{sca}})\tau_{m'n'}(\vartheta^{\text{inc}})]\exp[\text{i}(m\varphi^{\text{sca}} - m'\varphi^{\text{inc}})] \tag{5.3.25}$$

式中, $\alpha_{mnm'n'} = \text{i}^{n'-n-1}(-1)^{m+m'}\left[\dfrac{(2n+1)(2n'+1)}{n(n+1)n'(n'+1)}\right]^{1/2}$。根据散射光的展开式系数和 T 矩阵求得散射光的展开式系数后, 可以获得散射光的电矢量以及散射和消光系数

$$\bm{E}^{\text{sca}}_1(\bm{n}^{\text{sca}}) = \frac{1}{k_1}\sum_{n=1}^{\infty}\sum_{m=-n}^{n}\text{i}^{-n}\gamma_{mn}[-\text{i}p_{mn}\bm{C}_{mn}(\vartheta^{\text{sca}},\varphi^{\text{sca}}) + q_{mn}\bm{B}_{mn}(\vartheta^{\text{sca}},\varphi_{\text{sca}})] \tag{5.3.26}$$

$$C_{\text{sca}} = \frac{1}{k_1^2|\bm{E}_0^{\text{inc}}|^2}\sum_{n=1}^{\infty}\sum_{m=-n}^{n}[|p_{mn}|^2 + |q_{mn}|^2] \tag{5.3.27}$$

$$C_{\text{ext}} = -\frac{1}{k_1^2|\bm{E}_0^{\text{inc}}|^2}\text{Re}\sum_{n=1}^{\infty}\sum_{m=-n}^{n}[a_{mn}(p_{mn})^* + b_{mn}(q_{mn})^*] \tag{5.3.28}$$

T 矩阵的基本特征是: 其矩阵元只依赖散射体的物理特性和几何结构 (形状、尺度参数和折射率), 而与入射场和散射场的传播方向和偏振特性等无关。因此只需要在粒子坐标系 (P 坐标系) 中计算矩阵元一次, 以后即可利用该矩阵对粒子坐标系或实验室坐标系 (L 坐标系) 下任意入射方向的散射问题求解。

粒子在实验室坐标系中的取向用一组 Euler 角 (α,β,γ) 表示, 通过 Euler 角可以把实验室坐标系转换为粒子坐标系。实验室坐标系下的散射矩阵元和粒子坐标

系下的散射矩阵元可通过下式转换：

$$S^{\mathrm{L}}(\vartheta_{\mathrm{L}}^{\mathrm{sca}},\varphi_{\mathrm{L}}^{\mathrm{sca}},\vartheta_{\mathrm{L}}^{\mathrm{inc}},\varphi_{\mathrm{L}}^{\mathrm{inc}};\alpha,\beta,\gamma)=\boldsymbol{t}^{-1}(\boldsymbol{n}^{\mathrm{sca}};\alpha,\beta,\gamma)S^{\mathrm{P}}(\vartheta_{\mathrm{P}}^{\mathrm{sca}},\varphi_{\mathrm{P}}^{\mathrm{sca}},\vartheta_{\mathrm{P}}^{\mathrm{inc}},\varphi_{\mathrm{P}}^{\mathrm{inc}})\boldsymbol{t}(\boldsymbol{n}^{\mathrm{inc}};\alpha,\beta,\gamma) \tag{5.3.29}$$

式中

$$\boldsymbol{t}(\boldsymbol{n};\alpha,\beta,\gamma)=\boldsymbol{\alpha}^{-1}(\vartheta_{\mathrm{P}},\varphi_{\mathrm{P}})\boldsymbol{\beta}(\alpha,\beta,\gamma)\boldsymbol{\alpha}(\vartheta_{\mathrm{L}},\varphi_{\mathrm{L}}) \tag{5.3.30}$$

$$\boldsymbol{\alpha}(\vartheta,\varphi)=\begin{bmatrix}\cos\vartheta\cos\varphi & -\sin\varphi \\ \cos\vartheta\sin\varphi & \cos\varphi \\ -\sin\vartheta & 0\end{bmatrix},\boldsymbol{\alpha}^{-1}(\vartheta,\varphi)=\begin{bmatrix}\cos\vartheta\cos\varphi & \cos\vartheta\sin\varphi & -\sin\vartheta \\ -\sin\varphi & \cos\varphi & 0\end{bmatrix} \tag{5.3.31}$$

$$\boldsymbol{\beta}(\alpha,\beta,\gamma)=\begin{bmatrix}\cos\alpha\cos\beta\cos\gamma-\sin\alpha\sin\gamma & \sin\alpha\cos\beta\cos\gamma+\cos\alpha\sin\gamma & -\sin\beta\cos\gamma \\ -\cos\alpha\cos\beta\sin\gamma-\sin\alpha\cos\gamma & -\sin\alpha\cos\beta\sin\gamma+\cos\alpha\cos\gamma & \sin\beta\sin\gamma \\ \cos\alpha\sin\beta & \sin\alpha\sin\beta & \cos\beta\end{bmatrix} \tag{5.3.32}$$

在实际环境中，粒子最有可能是随机取向的，这样对所有的可能取向进行系综平均。早期的做法是计算尽可能多入射方向的散射结果进行平均 (Mugnai and Wiscombe, 1986, 1989; Wiscombe and Mugnai, 1988; Barber and Hill, 1990)，这需要耗费巨大的计算量。

如果将散射相函数矩阵元作为散射角的函数按 Wigner-d 函数展开 (Siewert, 1982)，以第一个矩阵元为例

$$P_{11}(\Theta)=\sum_{s=0}^{s_{\max}}\alpha_1^s P_s(\cos\Theta)=\sum_{s=0}^{s_{\max}}\alpha_1^s d_{00}^s(\Theta) \tag{5.3.33}$$

$$\alpha_1^s=\left(s+\frac{1}{2}\right)\int_0^\pi \mathrm{d}\Theta\sin\Theta P_{11}(\Theta)d_{00}^s(\Theta) \tag{5.3.34}$$

则展开式系数与入射光、散射光的角度和偏振特性无关，而取决于粒子的形状、尺度和折射率。这些性质与 T 矩阵的性质完全一样。因此可以在它们之间建立直接的联系。这样就利用 T 矩阵的转动规律、对称性和幺正性等根据 T 矩阵直接获取随机取向散射粒子的平均散射特征而不需要进行角度平均 (Mishchenko et al., 2002)，从而极大地简化了计算过程，使得 T 矩阵方法成为研究非球形粒子散射问题的有力工具。

随机取向粒子的平均消光和散射截面为

$$\langle C_{\mathrm{ext}}\rangle=-\frac{2\pi}{k^2}\mathrm{Re}\sum_{n=1}^\infty\sum_{m=-n}^n[T_{mnmn}^{11}(P)+T_{mnmn}^{22}(P)] \tag{5.3.35}$$

$$\langle C_{\text{sca}} \rangle = \frac{2\pi}{k^2} \sum_{n=1}^{\infty} \sum_{m=-n}^{n} \sum_{n'=1}^{\infty} \sum_{m'=-n'}^{n'} \sum_{k=1}^{2} \sum_{l=1}^{2} |T_{mnm'n'}^{kl}(P)|^2 \tag{5.3.36}$$

5.3.2 T 矩阵在旋转对称粒子散射问题中的应用

对于旋转对称粒子，求解 T 矩阵相关的与散射体表面积分的量 (5.3.19) 可以简化为

$$J_{mnm'n'}^{11} = -\frac{\mathrm{i}}{2}\delta_{mm'} \left[\frac{(2n+1)(2n'+1)}{n(n+1)n'(n'+1)}\right]^{1/2}$$
$$\times \int_{-1}^{+1} \mathrm{d}(\cos\vartheta) r^2 h_n^{(1)}(k_1 r) j_{n'}(k_2 r)[\pi_{mn}(\vartheta)\tau_{mn'}(\vartheta) + \tau_{mn}(\vartheta)\pi_{mn'}(\vartheta)] \tag{5.3.37}$$

$$J_{mnm'n'}^{12} = \frac{1}{2}\delta_{mm'} \left[\frac{(2n+1)(2n'+1)}{n(n+1)n'(n'+1)}\right]^{1/2}$$
$$\times \int_{-1}^{+1} \mathrm{d}(\cos\vartheta) r^2 j_{n'}(k_2 r) \left\{\frac{1}{k_1 r}\frac{\mathrm{d}}{\mathrm{d}(k_1 r)}[k_1 r h_n^{(1)}(k_1 r)]\right\} \tag{5.3.38}$$

$$J_{mnm'n'}^{21} = \frac{1}{2}\delta_{mm'} \left[\frac{(2n+1)(2n'+1)}{n(n+1)n'(n'+1)}\right]^{1/2}$$
$$\times \int_{-1}^{+1} \mathrm{d}(\cos\vartheta) r^2 h_n^{(1)}(k_1 r) \left\{\frac{1}{k_2 r}\frac{\mathrm{d}}{\mathrm{d}(k_2 r)}[k_2 j_{n'}(k_2 r)]\right.$$
$$\times [\pi_{mn}(\vartheta)\pi_{mn'}(\vartheta) + \tau_{mn}(\vartheta)\tau_{mn'}(\vartheta)]$$
$$\left. + \frac{r_\vartheta}{r} n'(n'+1) \frac{j_{n'}(k_2 r)}{k_2 r} \tau_{mn}(\vartheta) \mathrm{d}_{0m}^{n'}(\vartheta) \right\} \tag{5.3.39}$$

$$J_{mnm'n'}^{22} = -\frac{\mathrm{i}}{2}\delta_{mm'} \left[\frac{(2n+1)(2n'+1)}{n(n+1)n'(n'+1)}\right]^{1/2}$$
$$\times \int_{-1}^{+1} \mathrm{d}(\cos\vartheta) r^2 \left(\frac{1}{k_1 r}\frac{\mathrm{d}}{\mathrm{d}(k_1 r)}[k_1 r h_n^{(1)}(k_1 r)]\frac{1}{k_2 r}\frac{\mathrm{d}}{\mathrm{d}(k_2 r)}[k_2 r j_{n'}(k_2 r)]\right.$$
$$\times [\pi_{mn}(\vartheta)\tau_{mn'}(\vartheta) + \tau_{mn}(\vartheta)\pi_{mn'}(\vartheta)]$$
$$+ \frac{r_\vartheta}{r}\left\{n(n+1)\frac{h_n^{(1)}(k_1 r)}{k_1 r}\frac{1}{k_2 r}\frac{\mathrm{d}}{\mathrm{d}(k_2 r)}[k_2 r j_{n'}(k_2 r)]\right.$$
$$\left. + \frac{1}{k_1 r}\frac{\mathrm{d}}{\mathrm{d}(k_1 r)}[k_1 r h_n^{(1)}(k_1 r)]n'(n'+1)\frac{j_{n'}(k_2 r)}{k_2 r}\right\}\pi_{mn}(\vartheta)\mathrm{d}_{0m}^{n'}(\vartheta)\right) \tag{5.3.40}$$

相应地，关于散射体表面积分的量 (5.3.21) 的简化表达式只需要把以上四式中的 $h_n^{(1)}(k_1 r)$ 换为 $j_n(k_1 r)$ 即可。

在粒子坐标系下 (对称轴为 z 轴)，旋转对称粒子的散射矩阵元 (5.3.22)~(5.3.25)

可简化为

$$S_1^P = \sum_{n=1}^{n_{\max}} \sum_{n'=1}^{n_{\max}} \sum_{m=0}^{\min(n,n')} (2-\delta_{m0}) \mathrm{i}^{n'-n-1} \left[\frac{(2n+1)(2n'+1)}{n(n+1)n'(n'+1)}\right]^{1/2} \cos[m(\varphi_P^{\mathrm{sca}} - \varphi_P^{\mathrm{inc}})]$$
$$\times [T_{mnmn'}^{11}(P)\tau_{mn}(\vartheta_P^{\mathrm{sca}})\tau_{mn'}(\vartheta_P^{\mathrm{inc}}) + T_{mnmn'}^{21}(P)\pi_{mn}(\vartheta_P^{\mathrm{sca}})\tau_{mn'}(\vartheta_P^{\mathrm{inc}})$$
$$+ T_{mnmn'}^{12}(P)\tau_{mn}(\vartheta_P^{\mathrm{sca}})\pi_{mn'}(\vartheta_P^{\mathrm{inc}}) + T_{mnmn'}^{22}(P)\pi_{mn}(\vartheta_P^{\mathrm{sca}})\pi_{mn'}(\vartheta_P^{\mathrm{inc}})] \quad (5.3.41)$$

$$S_2^P = \sum_{n=1}^{n_{\max}} \sum_{n'=1}^{n_{\max}} \sum_{m=0}^{\min(n,n')} (2-\delta_{m0}) \mathrm{i}^{n'-n-1} \left[\frac{(2n+1)(2n'+1)}{n(n+1)n'(n'+1)}\right]^{1/2} \cos[m(\varphi_P^{\mathrm{sca}} - \varphi_P^{\mathrm{inc}})]$$
$$\times [T_{mnmn'}^{11}(P)\pi_{mn}(\vartheta_P^{\mathrm{sca}})\pi_{mn'}(\vartheta_P^{\mathrm{inc}}) + T_{mnmn'}^{21}(P)\tau_{mn}(\vartheta_P^{\mathrm{sca}})\pi_{mn'}(\vartheta_P^{\mathrm{inc}})$$
$$+ T_{mnmn'}^{12}(P)\pi_{mn}(\vartheta_P^{\mathrm{sca}})\tau_{mn'}(\vartheta_P^{\mathrm{inc}}) + T_{mnmn'}^{22}(P)\tau_{mn}(\vartheta_P^{\mathrm{sca}})\tau_{mn'}(\vartheta_P^{\mathrm{inc}})] \quad (5.3.42)$$

$$S_3^P = -2\sum_{n=1}^{n_{\max}} \sum_{n'=1}^{n_{\max}} \sum_{m=0}^{\min(n,n')} \mathrm{i}^{n'-n-1} \left[\frac{(2n+1)(2n'+1)}{n(n+1)n'(n'+1)}\right]^{1/2} \sin[m(\varphi_P^{\mathrm{sca}} - \varphi_P^{\mathrm{inc}})]$$
$$\times [T_{mnmn'}^{11}(P)\pi_{mn}(\vartheta_P^{\mathrm{sca}})\tau_{mn'}(\vartheta_P^{\mathrm{inc}}) + T_{mnmn'}^{21}(P)\tau_{mn}(\vartheta_P^{\mathrm{sca}})\tau_{mn'}(\vartheta_P^{\mathrm{inc}})$$
$$+ T_{mnmn'}^{12}(P)\pi_{mn}(\vartheta_P^{\mathrm{sca}})\pi_{mn'}(\vartheta_P^{\mathrm{inc}}) + T_{mnmn'}^{22}(P)\tau_{mn}(\vartheta_P^{\mathrm{sca}})\pi_{mn'}(\vartheta_P^{\mathrm{inc}})] \quad (5.3.43)$$

$$S_4^P = 2\sum_{n=1}^{n_{\max}} \sum_{n'=1}^{n_{\max}} \sum_{m=1}^{\min(n,n')} \mathrm{i}^{n'-n-1} \left[\frac{(2n+1)(2n'+1)}{n(n+1)n'(n'+1)}\right]^{1/2} \sin[m(\varphi_P^{\mathrm{sca}} - \varphi_P^{\mathrm{inc}})]$$
$$\times [T_{mnmn'}^{11}(P)\tau_{mn}(\vartheta_P^{\mathrm{sca}})\pi_{mn'}(\vartheta_P^{\mathrm{inc}}) + T_{mnmn'}^{21}(P)\pi_{mn}(\vartheta_P^{\mathrm{sca}})\pi_{mn'}(\vartheta_P^{\mathrm{inc}})$$
$$+ T_{mnmn'}^{12}(P)\tau_{mn}(\vartheta_P^{\mathrm{sca}})\tau_{mn'}(\vartheta_P^{\mathrm{inc}}) + T_{mnmn'}^{22}(P)\pi_{mn}(\vartheta_P^{\mathrm{sca}})\tau_{mn'}(\vartheta_P^{\mathrm{inc}})] \quad (5.3.44)$$

对于旋转对称的粒子，上述表达式可进一步简化为

$$\langle C_{\mathrm{ext}} \rangle = -\frac{2\pi}{k^2} \mathrm{Re} \sum_{n=1}^{\infty} \sum_{m=0}^{n} (2-\delta_{m0})[T_{mnmn}^{11}(P) + T_{mnmn}^{22}(P)] \quad (5.3.45)$$

$$\langle C_{\mathrm{sca}} \rangle = \frac{2\pi}{k^2} \sum_{n=1}^{\infty} \sum_{n'=1}^{\infty} \sum_{m=0}^{\min(n,n')} \sum_{k=1}^{2} \sum_{l=1}^{2} (2-\delta_{m0}) \left|T_{mnmn'}^{kl}(P)\right|^2 \quad (5.3.46)$$

Barber 和 Hill 以及 Mishchenko 的 T-Matrix 程序都可以计算特定入射情况的旋转对称粒子的散射问题，而后者可以直接计算随机取向的旋转对称粒子的散射问题。该软件可以在网站http: // www.giss.nasa.gov / ~crmim下载。

5.4 旋转对称椭球粒子的散射特性

利用 T 矩阵方法可以计算任意形状的旋转对称粒子，已经被研究过的包括椭球、圆柱和 Chebyshev 粒子等，它们的形状如图 5.4.1 所示。作为了解非球形几何对光散射问题的影响，我们以椭球粒子为例分析其散射结果和球形粒子的差异。

椭球是椭圆绕其长轴或短轴旋转的结果，其形状在球坐标下表示为

$$r(\theta,\phi) = a\left[\sin^2\theta + \frac{a^2}{b^2}\cos^2\theta\right]^{-\frac{1}{2}} \quad (5.4.1)$$

b 和 a 分别是旋转轴方向和垂直于旋转轴方向的半轴长。椭球粒子的尺度参数可以通过等表面积球的半径 r_S 或等体积球的半径 r_V 来表示。椭球粒子的形状可以用偏心率 $\varepsilon = b/a$(长椭球) 或 $\varepsilon = a/b$(扁椭球) 来表示。具有同等表面积的等效球体粒子的半径分别为

$$r = \frac{1}{2}\left[2a^2 + 2ab\frac{\arcsin e}{e}\right]^{1/2}_{(\text{长椭球})} \quad (5.4.2)$$

$$r = \frac{1}{2}\left[2a^2 + \frac{b^2}{e}\ln\left(\frac{1+e}{1-e}\right)\right]^{1/2}_{(\text{扁椭球})} \quad (5.4.3)$$

其中 $e = \frac{1}{\varepsilon}\sqrt{\varepsilon^2 - 1}$。比椭球更为复杂一些的粒子有 Chebyshev 粒子，其形状为

$$r(\theta,\phi) = r_0[1 + \xi T_n(\cos\theta)], \quad |\xi| < 1 \quad (5.4.4)$$

从图 5.4.1 可以看出，当 $n > 2$ 时，此种粒子的表面呈现一定程度的凹陷，其凹陷程度随形变参数绝对值的增大而增加，因此该粒子常被用来探讨表面不平滑的粒子的散射特性。

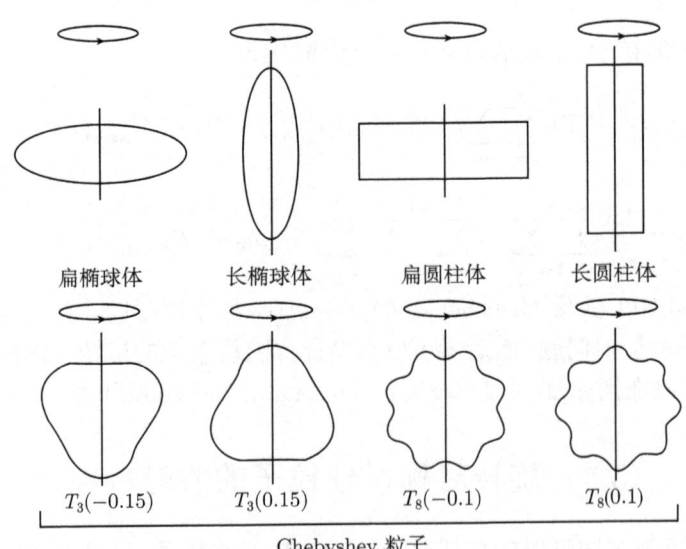

图 5.4.1 几种旋转对称非球形椭球粒子

5.4 旋转对称椭球粒子的散射特性

图 5.4.2 中的四幅小图分别绘出了单分散系和多分散系下折射率 $m = 1.53 - 0.008i$ 的随机取向椭球粒子在 $0.443\mu m$ 光照射下的散射特性 (Mishchenko et al., 2002)。其中图 (a) 中的球体粒子半径为 $1.163\mu m$, 等面积的长椭球粒子的偏心率范围为 $1.2\sim2.4$。图 (b) 对数正态分布的多分散系的有效半径为 $1.163\mu m$, 方差为 $0.168\mu m$。图 (c) 是以偏心率 1.8 为中心, 不同偏心率范围的粒子的平均结果。图 (d) 是同偏心率在 $(1.2\sim2.4)$ 范围内 (步长 0.1) 的长椭球和扁椭球粒子的平均结果。可以看出, 对单个粒子, 随着粒子偏离球形程度的增加 (偏心率增大), 散射相函数角分布的振荡越来越平缓。而多分散系消除了散射相函数角分布的振荡后, 非球形粒

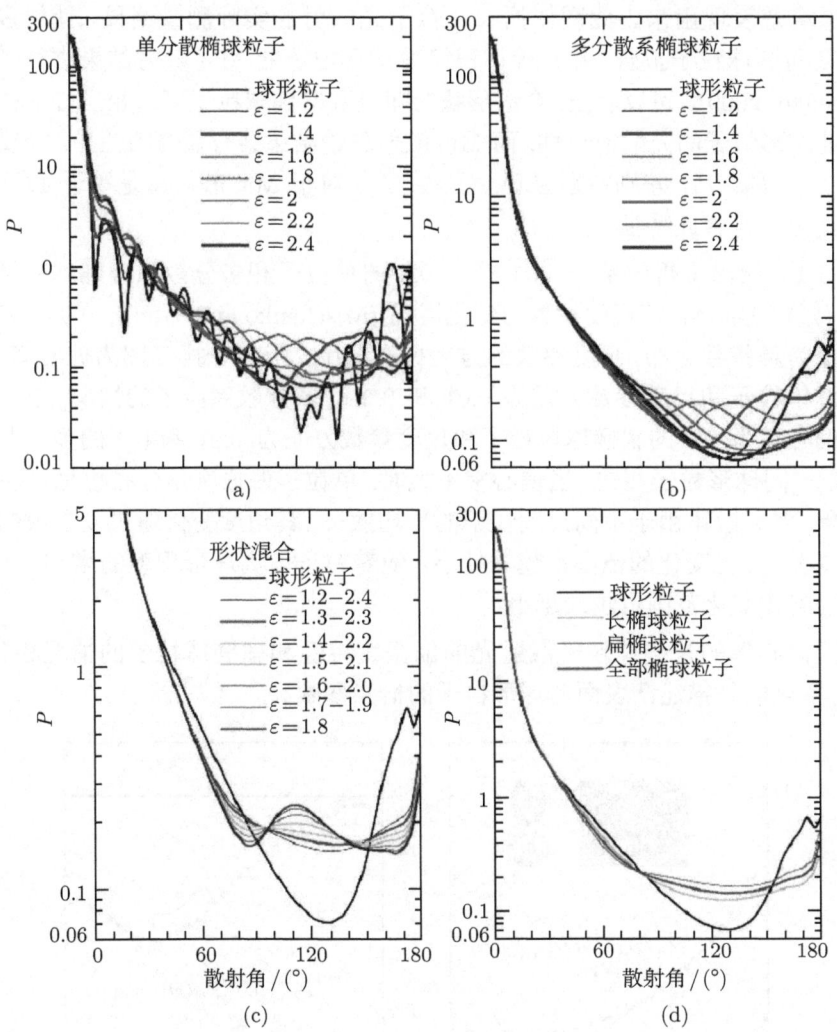

图 5.4.2 随机取向椭球粒子的散射特性 (Mishchenko et al., 2002)

子和球形粒子的区别清楚地展现出来。在前向 (15° ~ 20° 以内) 二者基本没有区别，主要差别出现在测向和后向。35° ~ 85°，非球形散射明显弱于球形粒子；在测向 85° ~ 150°，非球形散射显著强于球形粒子；在后向 150° ~ 180°，非球形散射显著弱于球形粒子。这些特征区域之间的分解角度可能会随粒子形状和折射率发生一定幅度的变化，但非球形粒子的测向散射增强和后向散射减弱已被认为是普遍的特征。

对于反映各种偏振特性的各个散射相函数矩阵元与第一个矩阵元 P_{11} 的相对大小的角分布特征，随机取向椭球粒子散射结果和 Mie 散射结果的差别可以通过图 5.4.3 清楚表现出来。此图依据长石粒子光散射的实际测量结果，使用多分散系随机取向椭球粒子拟合，并和等体积等效球形粒子的 Mie 散射结果进行了比较 (Mishchenko, 2009)。可以看出，合适形状的随机取向椭球粒子可以相当好地模拟多分散系非球形粒子的光散射特性，而 Mie 散射理论结果会有显著的差异。如线偏振度 P_{12}/P_{11}、P_{34}/P_{11} 差别特别显著，而 P_{33}/P_{11} 对于 Mie 散射总是等于 1，而非球形粒子完全不符合此特征。

图 5.4.4 绘出了折射率 $m = 1.5 - 0.02i$ 的单粒子和多分散系扁椭球粒子的线偏振度 (%) 的角分布随尺度参数的变化情况 (Mischenko and Travis, 1994)，多分散系粒子谱为幂指数分布，尺度参数的方差标在图中。上方一排三图为偏心率为 1.4 的扁椭球单粒子和尺度参数方差为 0.01 和 0.2 的多分散系粒子的情况；下方一排三图为偏心率为 2.0 的扁椭球单粒子和尺度参数方差为 0.01 和 0.2 的多分散系粒子的情况。同球形粒子相仿，当偏心率不大时，单粒子偏振度角分布也呈现明显的振荡现象，多分散系由于不同尺度粒子的平均效果，其角度变化随尺度参数的方差而逐步变缓，并且变化的范围也越来越小。随着粒子偏离球形程度的增加，角分布的振荡程度和变化范围也越来越小。

相同偏心率的长椭球粒子散射光的偏振度特性和扁椭球粒子的情况相仿，因此，偏心率可能是描述凸表面非球形粒子的恰当参数。

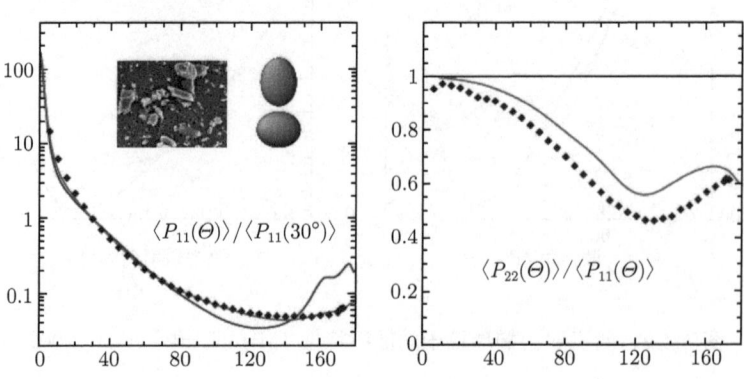

5.4 旋转对称椭球粒子的散射特性

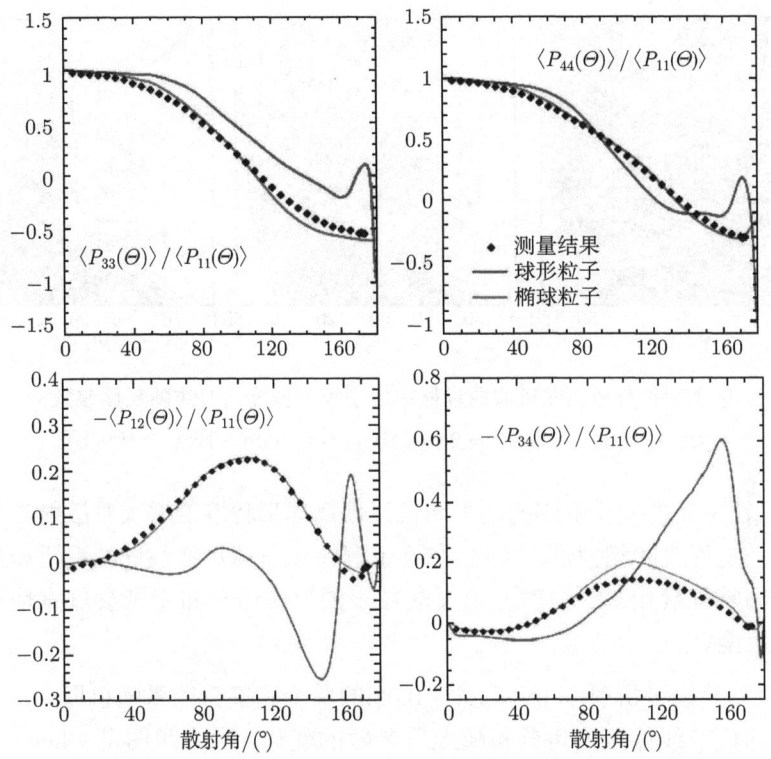

图 5.4.3 长石粒子的散射相函数测量结果及其使用随机取向椭球粒子模拟结果和 Mie 散射结果的比较 (Mishchenko, 2009)

所以, 粒子尺度变化范围的增大和粒子偏离球形程度的增大对散射光偏振特性的影响有一定程度的相似性。因此, 在不了解粒子非球形特性的情况下根据偏振特性的角分布特征利用 Mie 散射理论反演粒子的尺度谱分布无疑会过宽地估计了尺度的分布范围。

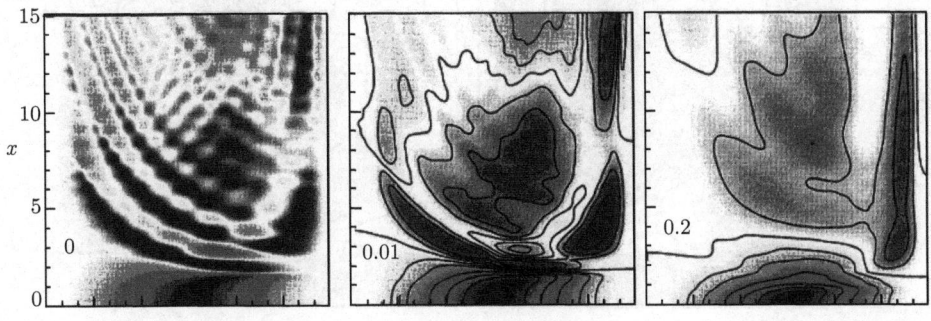

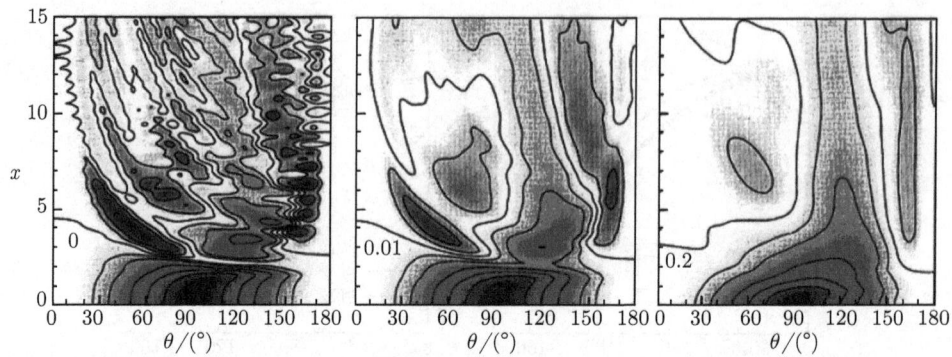

图 5.4.4　单个和多分散系随机取向扁椭球粒子线偏振度角分布随尺度参数的变化（上方：$\varepsilon = 1.4$；下方：$\varepsilon = 2.0$）(Mishchenko and Travis, 1994b)

另外，粒子尺度变化范围的增大和粒子偏离球形程度的增大对散射光偏振特性的影响有一定程度的相似性。因此，在不了解粒子非球形特性的情况下根据偏振特性的角分布特征利用 Mie 散射理论反演粒子的尺度谱分布无疑会过宽地估计了尺度的分布范围。

图 5.4.5 绘出了折射率 $m = 1.5 - 0.02\mathrm{i}$ 的单个和多分散系随机取向 Chebyshev 粒子和椭球粒子线偏振度角分布随尺度参数的变化。上方两图是 Chebyshev 粒子 $n = 4, \xi = \pm 0.1, v_{\mathrm{eff}} = 0.03$；两个粒子的形状差别较大，但它们的偏振度角分布特征很相似，而与等表面积的球体粒子的情况差别要明显些，下方左边是长椭球、右边是扁椭球粒子，偏心率皆为 $\varepsilon = 1.3$，它们的情况和前述 Chebyshev 粒子的情况也很相似。由于形变参数很大的 Chebyshev 粒子的光散射计算较为困难，目前尚无系统的结果。

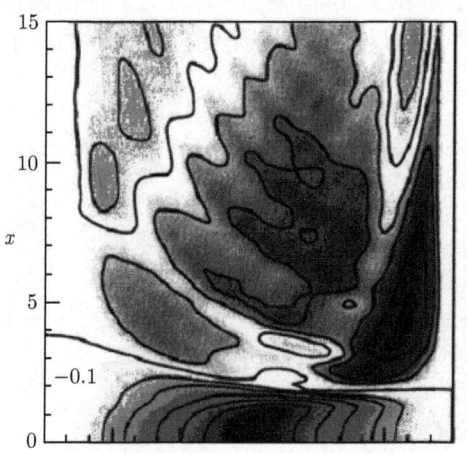
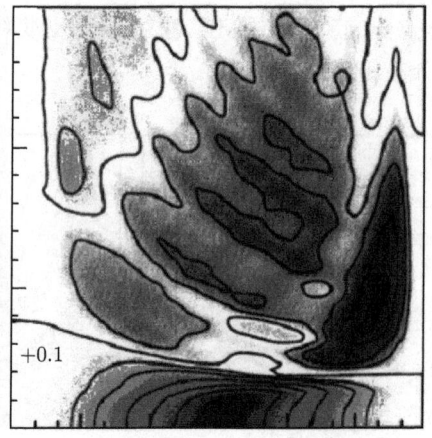

5.4 旋转对称椭球粒子的散射特性

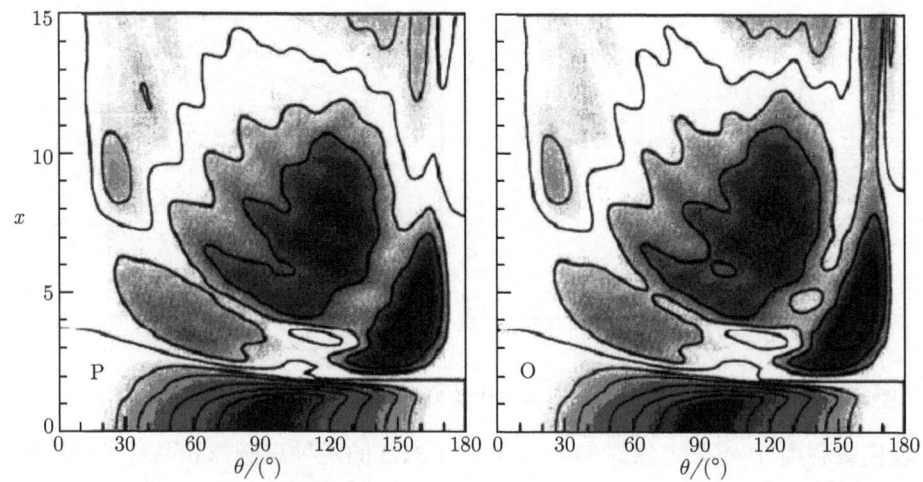

图 5.4.5 单个和多分散系随机取向 Chebyshev 粒子和椭球粒子线偏振度角分布随尺度参数的变化 (上方: Chebyshev 粒子 $n = 4, \varphi = \pm 0.1, V_{\text{eff}} = 0.03$; 下方: 左长右扁椭球粒子 $\varepsilon = 1.3$) (Mishcheno and Travis, 1994b)

从前述非球形粒子光散射和球体粒子的区别可知,散射特性 (特别是偏振特性) 在侧向和后向上区别显著。目前广泛使用的激光雷达大气探测技术就是利用大气中粒子的后向散射信号工作的。因此,有必要对非球形演粒子的后向偏振特性进行细致的分析,定义后向信号的退偏振比 $\delta_{\text{L}} = \dfrac{\langle P_{11}(\pi) \rangle - \langle P_{22}(\pi) \rangle}{\langle P_{11}(\pi) \rangle + \langle P_{22}(\pi) \rangle}$,其取值范围为: $0 \leqslant \delta_{\text{L}} \leqslant 1$。图 5.4.6 绘出了圆柱粒子和椭球粒子退偏振比随尺度参数的变化 (Mishchenko, 2009)。当等效尺度参数在 (0,10) 范围内,退偏振比随尺度参数迅速增大。但退偏振比和粒子的偏心率 (对圆柱: 长度/截面直径) 没有明显的关系,即使偏心率仅为 1.05 的椭球粒子也造成很强的退偏振比。而当偏心率很大时,退偏振比反而出现饱和现象。因此,非零的退偏振比是粒子非球形特征的一个明确的指标,但从这个参数的大小无法确定粒子非球形的程度。

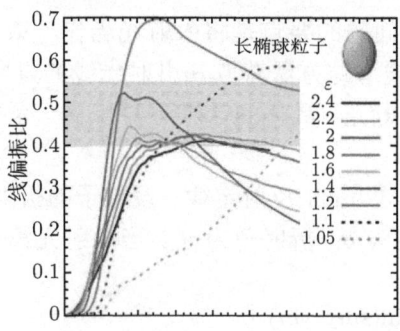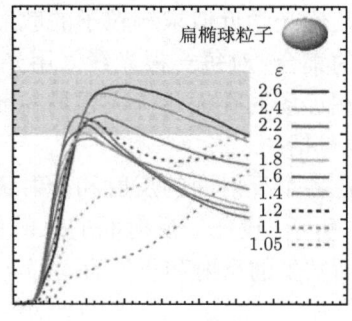

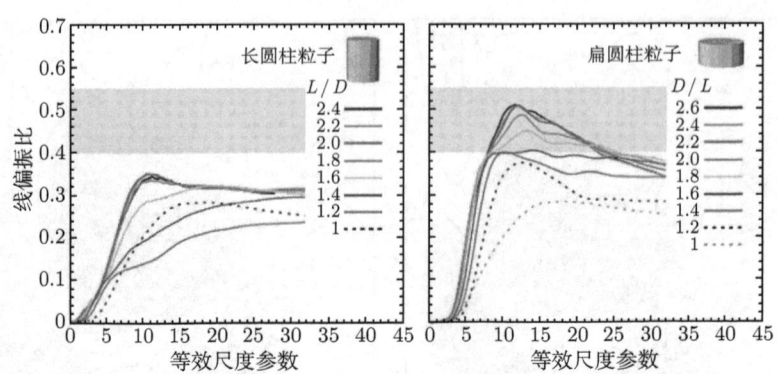

图 5.4.6　圆柱粒子和椭球粒子退偏振比随尺度参数的变化 (Mishchenko, 2009)

我们曾利用 T 矩阵方法对偏心率分别为 3、2 的两种扁椭球和两种长椭球粒子的吸收问题进行分析。以 1.50 为折射率实部，0.001、0.002、0.005、0.01、0.02、0.05 和 0.1 为虚部。粒子的等效尺度参数 (即与椭球粒子具有相同体积的球形粒子的尺度参数) 为 1、2、4 和 8。在所考虑的几种形状的粒子和几种尺度参数下，粒子的吸收特性不存在一般的规律；吸收效率以及吸收消光比与等效的球体粒子的对应量的差别都小于 100%。我们注意到，气溶胶粒子吸收的测量精度一般很低，测得的吸收值一般只能在量级上可靠。从这种意义上讲，粒子的非球形将不会给吸收特性的测量带来明显的误差 (饶瑞中, 1998b)。

5.5　规则冰晶大粒子的光散射特性

5.4 节介绍的 T-matrix 方法计算非球形粒子散射的实用化要求两个主要条件，一是粒子是旋转对称且表面平缓变化，二是粒子的等效尺度参数不能太大。大气中的冰晶粒子恰恰不符合这两个条件，它们一般是具有规则几何特征的晶体，表面是光滑平面的组合，交界处出现不连续变化，并且这些冰晶相对于可见光波段都是很大的。这两个特征使得几何光学近似(geometric-optics approximation, GOA)得以成立。

运用几何光学近似求解粒子的散射问题的要点是将入射光当作一束包含巨大数目光线的集合，对每一根光线采用光线追踪方法获取其出射光线的方向和强度，所有光线在远场的叠加即构成远场的散射光。具体的计算还要涉及一系列的复杂问题，主要包括：

光线在各个反射面的反射和折射遵守 Snell 反射定律。设粒子的折射率为 m，如图 5.5.1 所示，设任一反射面的入射角为 θ_i，折射角为 θ_t。当入射光第一次照射到粒子表面发生的反射和折射有

$$\theta_t = \arcsin(\sin\theta_i/m) \tag{5.5.1a}$$

5.5 规则冰晶大粒子的光散射特性

对于在粒子内部的第二次及其后续各次反射则有

$$\theta_t = \arcsin(m \sin \theta_i) \tag{5.5.1b}$$

设任一反射面 J 的法线方向单位矢量为 $\bm{n}_J$，入射方向单位矢量为 $\bm{e}_J^i$，反射方向单位矢量为 $\bm{e}_J^r$，折射方向单位矢量为 $\bm{e}_J^t$，则有

$$\theta_i = \arccos(-\bm{n}_J \cdot \bm{e}_J^i) \tag{5.5.2}$$

$$\bm{e}_J^r = \bm{e}_J^i + 2\cos\theta_i \bm{n}_J \tag{5.5.3}$$

$$\bm{e}_1^t = m^{-1}\bm{e}_1^i + (m^{-1}\cos\theta_i - \cos\theta_t)\bm{n}_1 \tag{5.5.4a}$$

$$\bm{e}_J^t = m\bm{e}_J^i + (m\cos\theta_i - \cos\theta_t)\bm{n}_J, \quad J > 1 \tag{5.5.4b}$$

第一次的反射光和第二次反射后的折射光离开粒子形成远场散射光。而对于粒子内的反射光有

$$\bm{e}_2^i = \bm{e}_1^t, \quad \bm{e}_J^i = \bm{e}_{J-1}^r (J > 2) \tag{5.5.5}$$

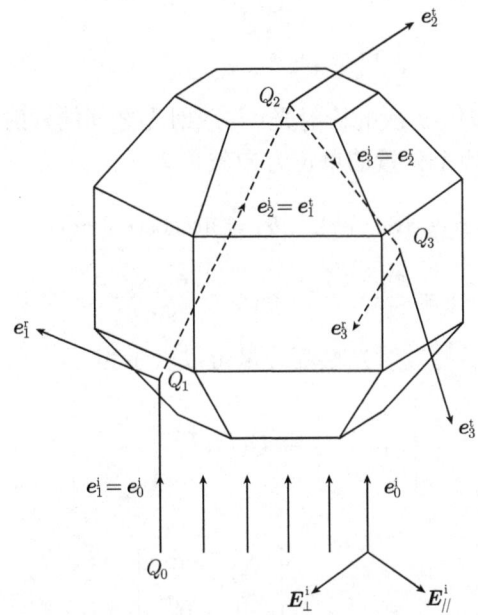

图 5.5.1 冰晶粒子光散射的几何光学光线追踪示意图 (Yang and Liou, 2006)

由于电矢量位于反射平面内的分量和垂直于反射平面的分量各自遵守相应的反射定律，因此必须把入射光按照反射平面进行分解，两个分量在粒子表面第一次反射时的反射系数和透射系数分别为

$$R_\perp = \frac{\cos\theta_i - m\cos\theta_t}{\cos\theta_i + m\cos\theta_t}, \quad R_\parallel = \frac{m\cos\theta_i - \cos\theta_t}{m\cos\theta_i + \cos\theta_t} \tag{5.5.6}$$

$$T_\perp = \frac{2\cos\theta_i}{\cos\theta_i + m\cos\theta_t}, \quad T_\parallel = \frac{2\cos\theta_i}{m\cos\theta_i + \cos\theta_t} \tag{5.5.7}$$

而在粒子内部第二次反射以及后续反射中，两个分量的反射 (透射) 系数表达式刚好反过来 (因反射面前后介质折射率的变化)。

按照前面的基本散射理论，入射光应按照散射平面分解为位于散射平面内的分量和垂直于散射平面的分量。因此从第一次反射开始，必须将此二分量转换为位于反射平面内的分量和垂直于反射平面的分量，然后按照反射定律求得反射或折射后位于反射平面内的分量和垂直于反射平面的分量，最后转换为位于散射平面内的分量和垂直于散射平面的分量。

设入射光在散射平面内的垂直方向和平行方向单位矢量为 $e_\perp^i$、$e_{/\!/}^i$，入射光在第 J 个反射平面内的垂直方向的单位矢量为 $e_{\perp,J}$，入射、反射和折射时平行方向的单位矢量分别为 $e_{/\!/,J}^i$、$e_{/\!/,J}^r$、$e_{/\!/,J}^t$，则有

$$e_{\perp,J} = \frac{e_J^i \times n_J}{\sin\theta_J^i}, \quad J \geqslant 1 \tag{5.5.8}$$

$$e_{/\!/,J}^{i,r,t} = e_J^{i,r,t} \times e_{\perp,J}, \quad J \geqslant 1 \tag{5.5.9}$$

第一次反射光 (或第 J 次的折射光) 与入射光之间的散射角及反射光相对于散射平面的平行和垂直两个分量的单位方向矢量为

$$\theta_1^s = \arccos(e_0 \cdot e_1^r), \quad \theta_J^s = \arccos(e_0 \cdot e_J^t), \quad J > 1 \tag{5.5.10}$$

$$e_{\perp,1}^s = \frac{e_0^i \times e_1^r}{\sin\theta_1^s}, \quad e_{\perp,J}^s = \frac{e_0^i \times e_J^t}{\sin\theta_J^s}, \quad J > 1 \tag{5.5.11}$$

这样第一次反射后的散射光振幅分量可以表示为

$$\begin{bmatrix} E_{\perp,1}^s \\ E_{/\!/,1}^s \end{bmatrix} = \boldsymbol{\Gamma}_1^s \boldsymbol{R}_1 \boldsymbol{\Gamma}_1^r \begin{bmatrix} E_\perp^i \\ E_{/\!/}^i \end{bmatrix} \tag{5.5.12}$$

式中，反射矩阵

$$\boldsymbol{R}_1 = \begin{bmatrix} R_\perp^1 & 0 \\ 0 & R_{/\!/}^1 \end{bmatrix} \tag{5.5.13}$$

其矩阵元由式 (5.5.6) 和式 (5.5.7) 决定。由散射平面向第一反射面的单位方向矢量转换矩阵为

$$\boldsymbol{\Gamma}_1^r = \begin{bmatrix} e_{\perp,1} \cdot e_\perp^i & e_{\perp,1} \cdot e_{/\!/}^i \\ e_{/\!/,1}^i \cdot e_\perp^i & e_{/\!/,1}^i \cdot e_{/\!/}^i \end{bmatrix} \tag{5.5.14}$$

由第一反射面向散射平面的单位方向矢量转换矩阵为

$$\boldsymbol{\Gamma}_1^s = \begin{bmatrix} e_{\perp,1}^s \cdot e_{\perp,1} & e_{\perp,1}^s \cdot e_{/\!/,1} \\ e_{/\!/,1}^s \cdot e_{\perp,1} & e_{/\!/,1}^s \cdot e_{/\!/,1}^r \end{bmatrix} \tag{5.5.15}$$

5.5 规则冰晶大粒子的光散射特性

以同样的方式，我们可以获得经第 2 次和第 $J(J>2)$ 次反射面折射光的振幅分量与入射光分量间的关系

$$\begin{bmatrix} E^{\mathrm{s}}_{\perp,2} \\ E^{\mathrm{s}}_{\parallel,2} \end{bmatrix} = \boldsymbol{\Gamma}^{\mathrm{s}}_2 \boldsymbol{T}_2 \boldsymbol{\Gamma}_2 \boldsymbol{T}_1 \boldsymbol{\Gamma}_1 \begin{bmatrix} E^{\mathrm{i}}_{\perp} \\ E^{\mathrm{i}}_{\parallel} \end{bmatrix} \tag{5.5.16}$$

$$\begin{bmatrix} E^{\mathrm{s}}_{\perp,J} \\ E^{\mathrm{s}}_{\parallel,J} \end{bmatrix} = \boldsymbol{\Gamma}^{\mathrm{s}}_J \boldsymbol{T}_J \boldsymbol{\Gamma}_J \boldsymbol{R}_{J-1} \boldsymbol{\Gamma}_{J-1} \cdots \boldsymbol{R}_2 \boldsymbol{\Gamma}_2 \boldsymbol{T}_1 \boldsymbol{\Gamma}_1 \begin{bmatrix} E^{\mathrm{i}}_{\perp} \\ E^{\mathrm{i}}_{\parallel} \end{bmatrix} \tag{5.5.17}$$

其中每个反射面的单位矢量转换矩阵类似于第一个反射的方法求得。而各次反射矩阵类似于式 (5.5.13)，但注意要矩阵元的表达式。透射矩阵

$$\boldsymbol{T}_J = \begin{bmatrix} T_{\perp,J} & 0 \\ 0 & T_{\parallel,J} \end{bmatrix} \tag{5.5.18}$$

其矩阵元由式 (5.5.6) 和式 (5.5.7) 决定。将式 (5.5.12)、式 (5.5.16) 和式 (5.5.17) 等获得的各次散射光相加，按照式 (1.3.24) 求得振幅散射矩阵。

大粒子在前向具有非常集中的衍射作用，直接应用衍射理论可以更有效并且具有更高精度地描述散射光的分布；衍射场的计算可以根据散射体在入射光方向的投影截面按照衍射理论计算，对应的振幅散射矩阵为 (Yang and Liou, 2006)

$$\begin{bmatrix} S_1 & S_4 \\ S_3 & S_2 \end{bmatrix}_{\mathrm{diff}} = \frac{k^2}{4\pi} \iint_{\mathrm{Cross}} \mathrm{e}^{-\mathrm{i}k\boldsymbol{r}\cdot\boldsymbol{\xi}} \mathrm{d}^2\boldsymbol{\xi} \begin{bmatrix} 1+\cos\Theta & 0 \\ 0 & \cos\Theta+\cos^2\Theta \end{bmatrix} \tag{5.5.19}$$

由于冰晶表面的规则光滑平面，可能刚好存在着相对两面平行的情况，当入射光穿过这两个平面时，传播方向不发生变化，形成强烈的前向散射。这种情况下前向的散射光可用 δ 函数描述。考虑到反射、折射、衍射和前向透射的大粒子光散射相函数如图 5.5.2 所示 (Takano and Liou, 1989)。

由几何光学近似适用的前提即可推得粒子的消光截面为垂直于入射光传播方向上横截面积 C_p 的两倍，即

$$C_{\mathrm{ext}} = 2C_p = 2\iint_{\mathrm{Cross}} \mathrm{d}^2\boldsymbol{\xi} \tag{5.5.20}$$

Snell 反射定律确定的反射光和折射光方向依赖于粒子的折射率实部。而折射率虚部造成光线的吸收衰减，在反射面之间的传播要考虑这个问题。

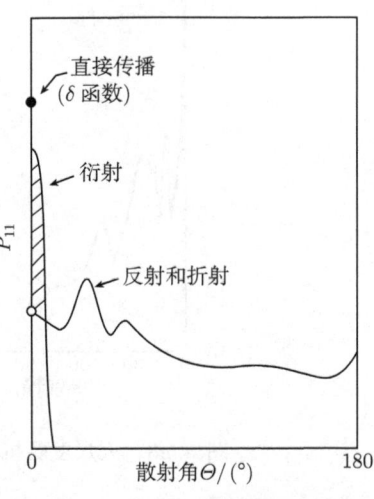

图 5.5.2　大粒子光散射相函数的反射、衍射和 δ 函数部分示意图 (Takano and Liou, 1989)

利用几何光学近似方法计算的随机取向的六棱柱粒子和过冷水冰滴粒子 (droxtal) 的散射相函数如图 5.5.3 所示 (Yang and Liou, 2006)。可以看出这些具有规则表面的粒子光散射的一个显著特征是在前向 22° 左右出现的晕圈 (halo)。

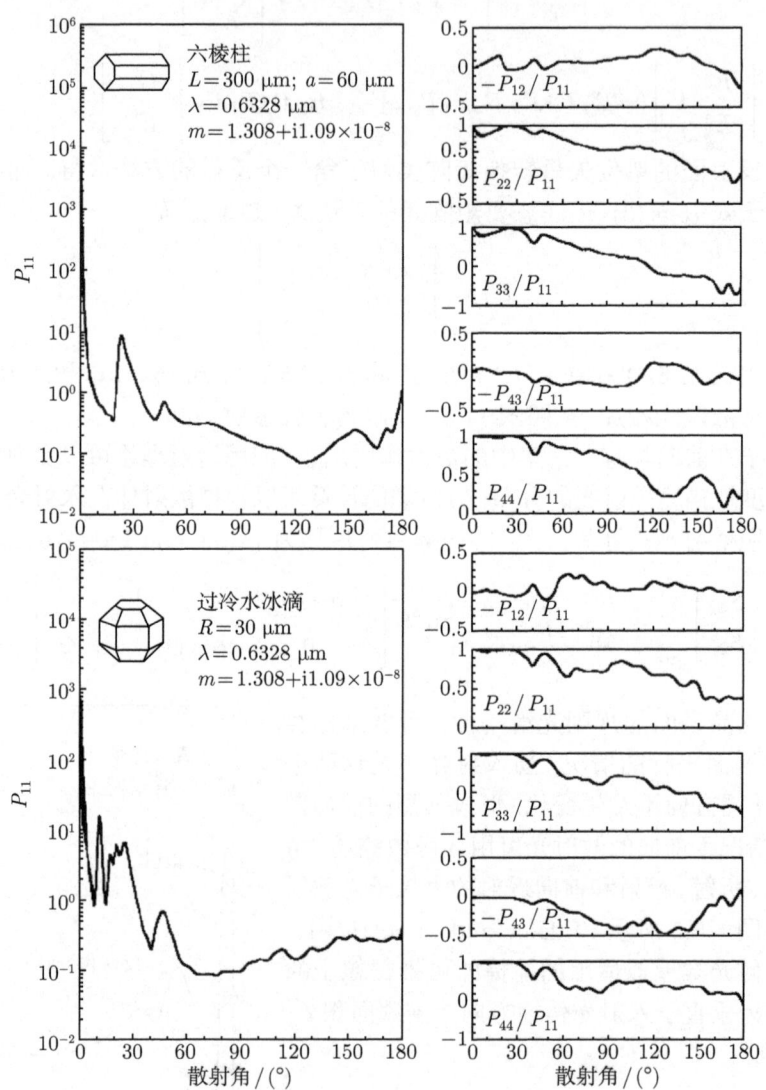

图 5.5.3 大尺度随机取向六棱柱和过冷水冰滴粒子的散射相函数
(Yang and Liou, 2006)

对于较小冰晶粒子 (等效尺度参数小于 40 左右) 的光散射问题, 几何光学近似不再成立, 对这个问题的处理需要更为复杂的方法, 包括有限差分时域方法 (finite-

5.5 规则冰晶大粒子的光散射特性

difference time domain, FDTD) 和 5.6 节将要介绍的离散偶极子近似方法等。对随机取向的六棱柱粒子和过冷水冰滴粒子 (droxtal) 的散射相函数的相关计算结果如图 5.5.4 所示 (Yang and Liou, 2006)。可以看出, 小尺度的冰晶粒子的前向散射不如大粒子那样集中, 但在前向 22° 左右依然产生晕圈。

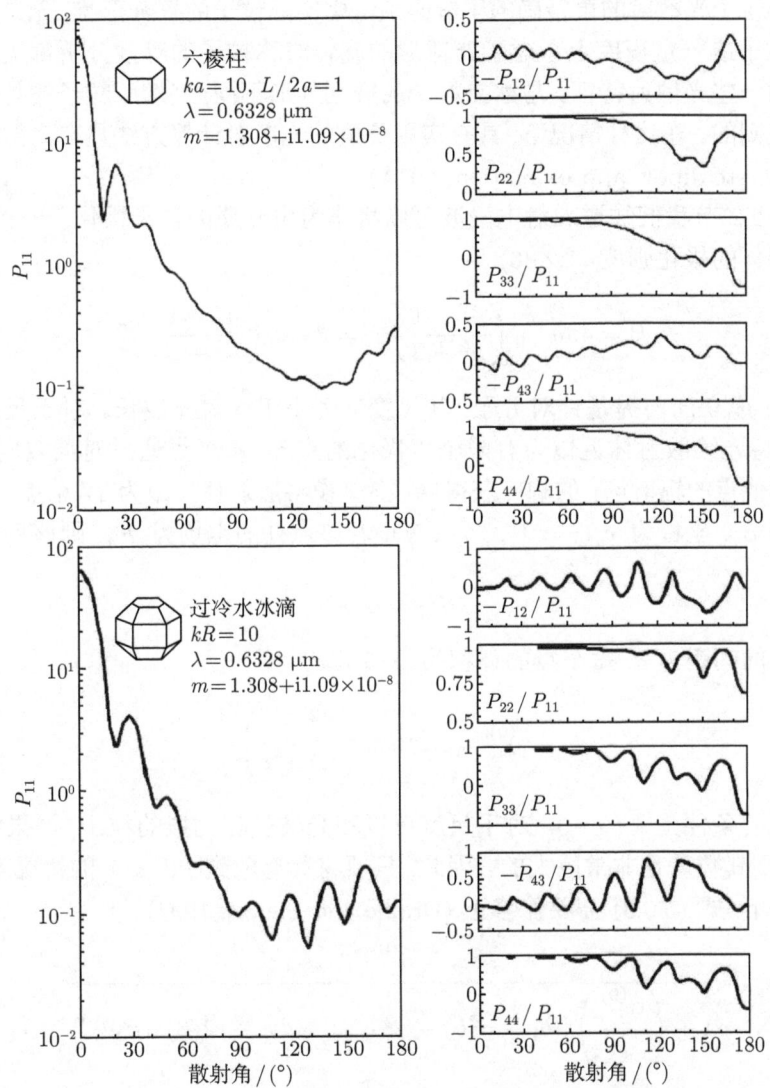

图 5.5.4　小尺度随机取向六棱柱和过冷水冰滴粒子的散射相函数
(Yang and Liou, 2006)

关于更多形状的冰晶粒子的光散射特征可参阅有关文献 (Macke, 1993)。这些非球形粒子的光散射特性在某些方面 (如消光截面等) 也可以在一定的精度范围内用等效的球形粒子来等效 (Yang et al., 2004)。

5.6 任意形状粒子的光散射

对小粒子光散射的更精确的了解必须考虑实际粒子的复杂形状, 无论是最简单的球形粒子或一定程度上考虑了非球形的旋转对称粒子的等效分析都无法描述实际粒子的一些光散射特征。与冰晶粒子的规则外形不同, 气溶胶粒子的外形可能是完全不规则的。在这种情况下, 具有实用价值的光散射计算方法只有离散偶极子近似法 (discrete dipole approximation, DDA)。

由 1.2.2 节我们知道入射电磁波可以将作为电介质的粒子极化, 一个半径为 a 的整个球体的极化强度 (1.2.36) 为

$$P = 4\pi a^3 \varepsilon_0 \left(\frac{n^2-1}{n^2+2}\right) E = 3V\varepsilon_0 \left(\frac{n^2-1}{n^2+2}\right) E \tag{5.6.1}$$

式 (5.6.1) 成立的前提是针对分子, 其尺度远远小于入射光波长。对于尺度较大的粒子, 可将连续散射体近似为有限个可极化的点阵, 每个点通过对局域电场 (入射场以及其他点的辐射场) 的响应获得偶极矩。设将散射体离散为 N 个点, 每个点的极化率为 α_j, 坐标为 $\boldsymbol{r}_j (j=1,2,\cdots,N)$, 若该点处的电场为 $\boldsymbol{E}_j$, 则该点的极化强度 $\boldsymbol{P}_j$ 为

$$\boldsymbol{P}_j = \alpha_j \boldsymbol{E}_j \tag{5.6.2}$$

若相邻点的间距为 d, 每个点的体积为 $\Delta V_j = d^3$, 则

$$\alpha_j^{(0)} = 3\Delta V_j \varepsilon_0 \left(\frac{n_j^2-1}{n_j^2+2}\right) \tag{5.6.3}$$

此式成立的条件是 $kd \to 0$。对于尺度可以和光波长相比拟的粒子, 如果将其离散为分子, 则其数量是非常巨大的。因此, 只要将其离散到 $kd \ll 1$ 的情况就可以了, 在此条件下, 式 (5.6.3) 需要作修正 (Draine and Flatau, 1994)

$$\alpha_j = \frac{\alpha_j^{(0)}}{1 + \left(\frac{\alpha_j^{(0)}}{d^3}\right)[(b_1 + n_j^2 b_2 + n_j^2 b_3 S)(k_0 d)^2 - (2/3)i(k_0 d)^3]} \tag{5.6.4}$$

式中各系数为 $b_1 = -1.8915316, b_2 = 0.1648469, b_3 = -1.7700004, S \equiv \sum_{j=1}^{3}(\hat{a}_j \hat{e}_j)^2$, $\hat{a}$、$\hat{e}$ 分别为入射光的单位方向矢量和电矢量的极化单位矢量。需注意的是, Draine 等的文献中使用的是 cgs 单位制而非 SI 单位制。

5.6 任意形状粒子的光散射

由于在空间位置 r_0、具有电偶极矩 p 的偶极子在空间位置 r 产生的电磁辐射为

$$E(r) = \frac{1}{4\pi\varepsilon_0}\left\{k^2(n\times P)\times n \frac{e^{ikr}}{r} + [3n(P\cdot n)-P]\left(\frac{1}{r^3}-\frac{ik}{r^2}\right)e^{ikr}\right\} \quad (5.6.5)$$

则在 r_j 点处的电场 E_j 为入射场 E_j^{in} 与其他 $N-1$ 个点的极化场的总和

$$E_j = E_j^{\text{in}} - \sum_{k\neq j} A_{jk}P_k \quad (5.6.6)$$

入射场 $E_j^{\text{in}} = E_0 \exp(-ik\cdot r_j)$，系数 A_{jk} 是一个 3×3 矩阵

$$A_{jk} = \frac{\exp(ikr_{jk})}{4\pi r_{jk}}[k^2(\hat{r}_{jk}\hat{r}_{jk}-I_3) + \frac{ikr_{jk}-1}{r_{jk}^2}(3\hat{r}_{jk}\hat{r}_{jk}-I_3)], \quad j\neq k \quad (5.6.7)$$

式中，$r_{jk}\equiv |r_j - r_k|, \hat{r}_{jk}\equiv \dfrac{(r_j - r_k)}{r_{jk}}$。若定义 $A_{jj}\equiv \alpha_j^{-1}$，则式 (5.6.6) 可写为

$$\sum_{k=1}^{N} A_{jk}P_k = E_{\text{inc},j} \quad (5.6.8)$$

由此式可解得各点的电偶极强度。散射体上所有点在远场的辐射的总和构成散射场

$$E_{\text{sca}} = \frac{k^2\exp(ikr)}{4\pi r}\sum_{j=1}^{N}\exp(-ik\hat{r}\cdot r_j)(\hat{r}\hat{r}-1_3)P_j \quad (5.6.9)$$

消光和吸收截面分别为

$$C_{\text{ext}} = \frac{4\pi k}{|E_0|^2}\sum_{j=1}^{N}\text{Im}(E_{\text{inc},j}^*\cdot P_j) \quad (5.6.10)$$

$$C_{\text{abs}} = \frac{4\pi k}{|E_0|^2}\sum_{j=1}^{N}\left\{\text{Im}[P_j\cdot (\alpha_j^{-1})^*P_j^*] - \frac{2}{3}k^3|P_j|^2\right\} \quad (5.6.11)$$

显而易见，合理地使用 DDA 近似必须满足：①点阵间距远小于入射光波在散射体内的波长，即 $|n|kd \leqslant 1$；②点阵间距足够小，使得该点阵足够好地体现散射体的基本特征，若散射体的体积为 V，其对应的等体积球体的半径为 $a_{\text{eff}} \equiv \left(\dfrac{3V}{4\pi}\right)^{1/3}$，则要求 $N > \left(\dfrac{4\pi}{3}\right)|n|^3(ka_{\text{eff}})^3$。球体和圆柱体的离散方式如图 5.6.1 所示。

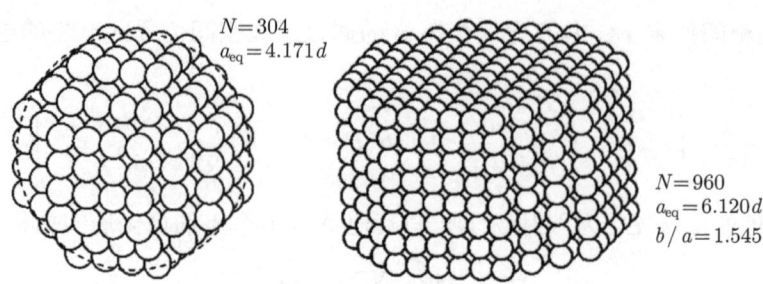

图 5.6.1　球体和圆柱体的离散示意图 (Draine, 1988)

我们用 DDA 方法分析了四个等效尺度参数下随机取向的立方粒子的散射特性 (饶瑞中, 1998a), 折射率为 1.50−0.02i。将随机取向的立方粒子的吸收、散射和消光效率分别定义为它们的吸收、散射和消光截面分别除以等效球体粒子的几何截面, 记为 $Q_{abs}(Cub)$、$Q_{sca}(Cub)$、$Q_{ext}(Cub)$, 等效的球形粒子的吸收效率和消光效率分别记为 $Q_{abs}(Sph)$、$Q_{sca}(Sph)$ 和 $Q_{ext}(Sph)$。各效率因子的具体结果列于表 5.6.1。可以看出, 各尺度参数下随机取向的立方粒子和等效球体粒子的吸收效率很接近。这和其他非球形粒子光散射的结果相吻合, 如 Chebyshev 粒子, 只有在 $X_{eqv} > 8$ 时, 球形粒子与非球形粒子的吸收效率的差别才显著。当 $X_{eqv} < 8$ 时, 立方粒子和等效球体粒子的散射效率很接近, $X_{eqv} = 8$ 时, 二者差别较大。

表 5.6.1　立方粒子和等效的球形粒子的吸收、散射和消光效率

X_{eqv}	$Q_{ext}(Cub)$	$Q_{sca}(Cub)$	$Q_{abs}(Cub)$	$Q_{ext}(Sph)$	$Q_{sca}(Sph)$	$Q_{abs}(Sph)$
1	0.275	0.215	0.0595	0.270	0.212	0.0573
2	1.773	1.603	0.1697	1.827	1.657	0.1699
4	3.934	3.582	0.3519	3.892	3.540	0.3525
8	2.315	1.664	0.6509	1.987	1.346	0.6408

图 5.6.2 绘出了随机取向立方粒子和等效球体粒子的散射光强度的角分布特征的比较。为平滑球形粒子角散射的振荡, 我们对尺度参数为 x 的球形粒子的散射光学量在以 x 为中心的 $0.1x$ 的范围内的 101 个点进行了微尺度平均。它们之间的对比除了表现了非球形粒子和球形粒子散射的一般差别外, 还表现了立方粒子与等效的球形粒子角散射强度的差别随尺度参数的增大而迅速增大, 在角散射强度的极值点附近尤为明显。立方粒子的角散射强度随散射角的振荡与球形粒子角散射强度随散射角的振荡存在着十分明显的同步性, 然而振荡幅度大为减弱, 变化相对平缓。这主要因为在大部分极小值附近立方粒子的散射强度高于球形粒子的散射强度。同时随着尺度参数的增大, 两种振荡的同步性变差, 出现明显的错位。

5.6 任意形状粒子的光散射

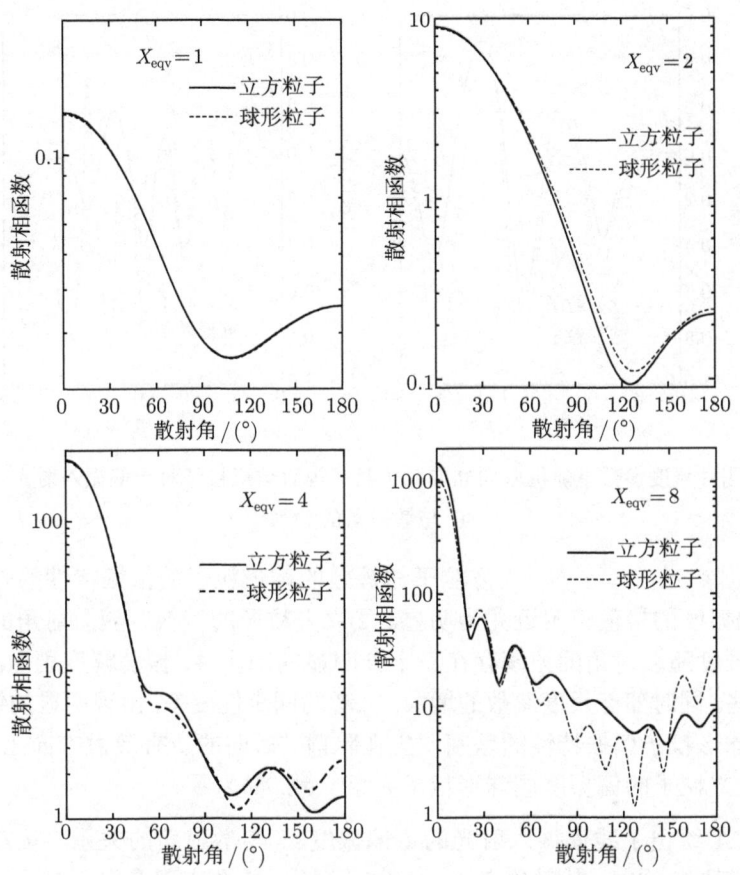

图 5.6.2 四种尺度参数下随机取向立方粒子及其等效球形粒子的散射光强度角分布

图 5.6.3 绘出了无偏振入射光的线偏振度 P 与散射角的关系。可以看出以

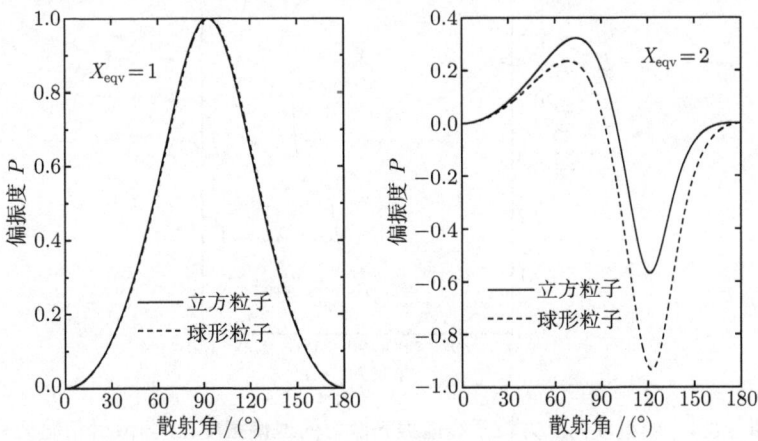

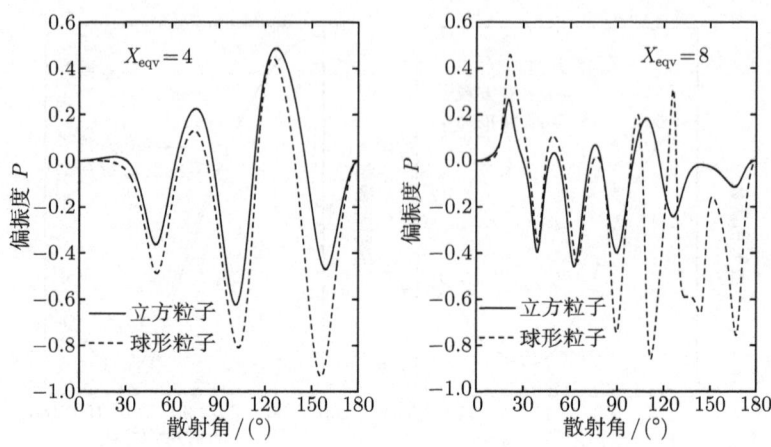

图 5.6.3 四种尺度参数下随机取向立方粒子及其等效球形粒子对无偏振入射光的线偏振度 P 与散射角的关系

下特征：①除 $X_{\text{eqv}} = 1$ 外，立方粒子与等效的球形粒子的偏振特性的差别都很明显，而在偏振度的极值点附近尤为明显。②立方粒子的偏振度随散射角的振荡与球形粒子偏振度随散射角的振荡存在着十分明显的同步性，振荡幅度稍微减弱，变化较平缓一些。同时随着尺度参数的增大，二者的同步性变差，出现明显的错位。③立方粒子与球形粒子偏振特性的差别发生在除前、后向的所有散射方向上。④在前、后向上，立方粒子的偏振度同球形粒子完全一致，都为零。

图 5.6.4 绘出了线偏振入射光的退偏振度 Δ 与散射角的关系。立方粒子与球形粒子的差别在前向 (散射角在 $0° \sim 90°$) 很小，主要表现在侧后向上 (散射角在

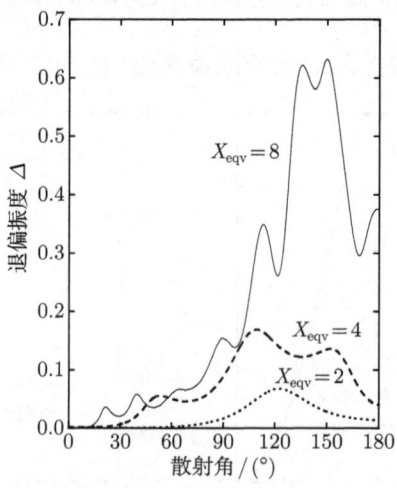

图 5.6.4 随机取向立方粒子线偏振光散射的退偏振度 Δ 与散射角的关系

$90° \sim 180°$)。随粒子尺度参数的增大,侧后向上的退偏振度迅速增大。

5.7 非均匀粒子光散射的等效性

在本章的前述几节中,我们详细介绍了小粒子的光散射理论和数值计算方法。尽管实际的大气颗粒除水云和雾粒子外绝大多数既不是球形也不均匀,对不均匀的分层球形粒子和几种特殊形状的非球形粒子也可以计算其散射特性,但在广泛的实际应用中,对单一粒子的均匀程度和形状基本上没有可用的信息,因此迄今为止,除专门进行非球形粒子或非均匀粒子的散射特性研究外,绝大多数应用还都是把大气中的颗粒当作均匀的球形粒子来处理,据此获得诸如浓度、尺度谱分布、折射率和吸收、消光以及其他各种辐射特性。

这种普遍的做法具有多大的可靠性和精度,需要我们作深入的分析。必要性在于:一方面,由于大气气溶胶具有各种不同的成分,而且其主要成分因地而异,因而没有固定唯一的折射率值。这样就混淆了粒子的折射率和谱分布的影响;另一方面,利用一种光散射性质如相函数去反演粒子的谱分布或折射率,如果再用反演结果去分析这个粒子体系的同一种光散射性质,则这种等效性不会有多少问题,但实际上往往利用该反演结果分析其粒子体系的其他光散射性质、或者其他非光散射的性质。

5.7.1 非均匀粒子光散射等效性的分析方法

分析针对两种最简单的非均匀情况,即一种最简单的外混合和一种最简单的内混合。对于前者,粒子体系由两种光学性质不同的均匀球形粒子构成,对于后者,单一的一个粒子由一种光学性质的球形内核和另一种光学性质的外包层构成。为了尽可能地分析一般情况,我们将散射、消光效率因子等和散射相函数矩阵因子一起考虑(饶瑞中, 1996)。

设尺度参数为 x 和折射率为 $n = n_R - in_I$ 的粒子的消光、散射和吸收效率以及四个散射相函数分别为 Q_{ext}、Q_{sca}、Q_{abs}、M_1、M_2、S_{21} 和 D_{21},这里使用的散射相函数参量与散射相函数矩阵元的关系为:$M_1 = P_{11} - P_{12}$, $M_2 = P_{11} + P_{12}$, $S_{21} = P_{33}$, $D_{21} = P_{43}$,具有同一尺度参数 x 和不同折射率 $n_1 = n_{R_1} - in_{I_1}$ 和 $n_2 = n_{R_2} - in_{I2}$ 的两粒子,相应的散射光学量分别为 Q_{ext}^1、Q_{sca}^1、Q_{abs}^1、M_1^1、M_2^1、S_{21}^1 和 D_{21}^1 以及 Q_{ext}^2、Q_{sca}^2、Q_{abs}^2、M_1^2、M_2^2、S_{21}^2 和 D_{21}^2。

对外混合,混合比定义为各组分在总浓度中的比例,对内混合,混合比定义为各组分在总体积中的比例。对混合比分别为 $1-f$ 和 f 的粒子 n_1 和粒子 n_2 的混合体, 相应的散射光学量 Q_{ext}^m、Q_{sca}^m、Q_{abs}^m、M_1^m、M_2^m、S_{21}^m 和 D_{21}^m 可由下列公式得出:

$$Q_{\text{ext,sca,abs}}^m = Q_{\text{ext,sca,abs}}^1 \cdot (1-f) + Q_{\text{ext,sca,abs}}^2 \cdot f \tag{5.7.1}$$

$$P_i^m = P_i^1 \cdot (1-f) + P_i^2 \cdot f \tag{5.7.2}$$

这里 $P_i^1(i=1,2,3$ 和 $4)$ 分别代表 M_1^1、M_2^1、S_{21}^1 和 D_{21}^1,$P_i^2(i=1,2,3$ 和 $4)$ 分别代表 M_1^2、M_2^2、S_{21}^2 和 D_{21}^2,$P_i^m(i=1, 2, 3$ 和 $4)$ 分别代表 M_1^m、M_2^m、S_{21}^m 和 D_{21}^m。

粒子 n_1 和粒子 n_2 的外混合体的散射光学量与粒子 n 的散射光学量的相对差别定义如下:

$$\varepsilon_{Q_{\text{ext,sca,abs}}} = (Q_{\text{ext,sca,abs}} - Q_{\text{ext,sca,abs}}^m)/Q_{\text{ext,sca,abs}}^m \tag{5.7.3}$$

$$\varepsilon_P = \sqrt{(4N)^{-1} \sum_{i=1}^{4} \sum_{j=1}^{N} \left(\frac{(P_i(\theta_j) - P_i^m(\theta_j))^2}{P_i^m(\theta_j)} \right)^2} \tag{5.7.4}$$

这里 $P_i(i=1,2,3$ 和 $4)$ 分别代表 M_1、M_2、S_{21} 和 D_{21},$\theta_j(j=1,2,3,\cdots, N)$ 代表散射角。使下式所表达的差别具有最小值的粒子的折射率 n 被选取为粒子 n_1 和粒子 n_2 的外混合体的等效折射率

$$\varepsilon = \sqrt{\frac{(\varepsilon_{P^2} + \varepsilon_{Q_{\text{ext}}^2})}{2}} \tag{5.7.5}$$

对多分散系统的粒子,我们使用消光、散射和吸收截面以及散射相函数作为散射光学量。如果我们以 $f_1(r)$ 以及 $f_2(r)$ 表示具有折射率 n_1 和 n_2 的两个多分散系统粒子的尺度谱分布函数,即单位体积和单位半径间隔的粒子数,则在两个多分散系统的混合体中,多分散系统 n_2 的混合比为

$$f = \frac{\int_{r_{\min}}^{r_{\max}} f_2(r) \mathrm{d}r}{\int_{r_{\min}}^{r_{\max}} [f_1(r) + f_2(r)] \mathrm{d}r} \tag{5.7.6}$$

两个多分散系统的混合体的消光、散射和吸收截面 C_{ext}^m、C_{sca}^m、C_{abs}^m 可由下式得到:

$$C_{\text{ext,sca,abs}}^m = \int_{r_{\min}}^{r_{\max}} [Q_{\text{ext,sca,abs}}^1 \cdot f_1(r) + Q_{\text{ext,sca,abs}}^2 \cdot f_2(r)] \cdot \pi r^2 \mathrm{d}r \tag{5.7.7}$$

同样,两个多分散系统的混合体的散射相函数可由下式得到:

$$P_i^{Pm} = \int_{r_{\min}}^{r_{\max}} [P_i^1 \cdot f_1(r) + P_i^2 \cdot f_2(r)] \cdot \mathrm{d}r \tag{5.7.8}$$

具有等效折射率 n 的上述两个多分散系统的混合体的消光、散射和吸收截面和相函数可由下列公式得到：

$$C_{\text{ext,sca,abs}} = \int_{r_{\min}}^{r_{\max}} [f_1(r) + f_2(r)] \cdot Q_{\text{ext,sca,abs}} \cdot \pi r^2 \mathrm{d}r \tag{5.7.9}$$

$$P_i^P = \int_{r_{\min}}^{r_{\max}} [f_1(r) + f_2(r)] \cdot P_i \cdot \mathrm{d}r \tag{5.7.10}$$

多分散系统的混合体的散射光学量与具有等效折射率 n 的同一系统的散射光学量的相对差别定义同单分散系统相似，只需把各散射效率换成对应的各散射截面即可。

5.7.2 外混合球形粒子光散射的等效性

取两种粒子在 0.5μm 的折射率分别为 $(1.50, 1.0\times10^{-8})$ 和 $(1.75, 0.45)$。对单分散系统和多分散系统根据不同的混合比分为下列四种情况进行数值分析：

(1) $f=0.01$，即粒子 m_1 和 m_2 的混合比分别为 99% 和 1%；
(2) $f=0.1$，即粒子 m_1 和 m_2 的混合比分别为 90% 和 10%；
(3) $f=0.5$，即粒子 m_1 和 m_2 的混合比各为 50%；
(4) $f=0.9$，即粒子 m_1 和 m_2 的混合比分别为 10% 和 90%。

折射率实部的库由从 1.25 至 2.00 (步长为 0.05) 的 16 个数据组成，而折射率虚部的库由从 1.0×10^{-6} 至 1.0 (等对数间隔) 的 61 个数据组成。对单分散系统，尺度参数取从 0.1 至 100 的 31 个等对数间隔点。对多分散系统，两种粒子的尺度谱分布函数都取相同的 Junge 谱，粒子半径范围为 0.01~10μm，光波长 0.5μm。对 0 ~ 180° 的 181 个散射角计算四个散射相函数。由于米氏散射的振荡结构散射相函数在特定的尺度参数下难以进行合适的比较，我们对尺度参数为 x 的散射光学量在以 x 为中心的 $0.1x$ 的范围内的 101 个点进行了微尺度平均。

我们对单分散粒子系统和多分散粒子系统的混合体的消光、散射和吸收效率 (或截面) 以及相函数同具有等效折射率的相应系统的各光学参量进行了比较。重点放在吸收效率 (或截面) 和散射相函数上，因为前者 (相应于折射率虚部) 在实际测量中非常难以确定，而后者的测量则被用于反演粒子的折射率和尺度谱分布，这些量是我们所特别关心的。粒子 n_1 和 n_2 的混合比分别为 90% 和 10% 的具体对比结果列于表 5.7.1。

因为两种粒子的折射率实部不同，一般认为等效的折射率实部应位于该二值之间，分析结果表明，实际情况并非如此。在 $f=0.01$ 和 $f=0.1$ 两种情况下，等效的折射率实部大部分都与第一种粒子的折射率实部相同即 1.50，这显然是由于第一种粒子在混合体中占据主要份额所致。虽然有一些值位于两种粒子的折射率实部 1.50

表 5.7.1 折射率分别为 $(1.50, 1.0\times10^{-8})$ 和 $(1.75, 0.45)$ 的两种粒子的外混合体 (混合比分别为 90% 和 10%) 及其等效均匀球形粒子的散射光学量的比较

x	n_R	n_I	$\varepsilon_{Q_{abs}}/\%$	$\varepsilon_{Q_{ext}}/\%$	$\varepsilon_P/\%$
0.50	1.55	3.98(−2)	2.1	2.0	36.4
0.63	1.55	5.01(−2)	28.3	17.0	35.2
0.79	1.50	6.31(−2)	64.9	19.5	36.9
1.00	1.55	7.94(−1)	113.9	36.2	40.2
1.26	1.30	3.16(−4)	−9.6	−55.9	94.9
1.58	1.50	3.98(−2)	63.0	−0.1	39.0
2.00	1.50	1.00(−6)	−100.0	−5.8	36.0
2.51	1.50	2.51(−3)	−80.4	−1.3	18.2
3.16	1.45	2.00(−2)	74.0	−11.3	47.8
3.98	1.50	6.31(−3)	−14.2	2.1	19.7
5.01	1.50	1.26(−3)	−74.1	3.1	14.5
6.31	1.50	1.00(−4)	−97.3	−0.2	24.1
7.94	1.50	1.00(−6)	−100.0	−3.3	46.1
10.00	1.50	1.00(−6)	−100.0	1.5	76.1
12.59	1.50	1.00(−6)	−100.0	−0.0	126.2
15.85	1.50	6.31(−3)	256.6	−0.3	39.2
19.95	1.50	1.00(−6)	−100.0	−1.0	57.7
25.12	1.50	1.00(−6)	−100.0	0.0	45.9
31.62	1.50	1.00(−6)	−100.0	−0.1	35.0
39.81	1.50	2.51(−3)	251.4	0.2	75.0
50.12	1.50	1.58(−4)	−64.1	0.0	61.6
63.10	1.50	3.98(−4)	5.2	0.0	55.2
79.43	1.60	2.51(−3)	473.3	0.8	106.6
100.0	1.50	1.00(−6)	−100.0	−0.0	35.3

和 1.75 之间, 但也有另外一些值在这两者之外。随着第二种粒子在混合体中所占份额的增加, 对 $f=0.5$ 和 $f=0.9$ 两种情况, 则有一种不同的现象: 当尺度参数小于 1 时, 等效的折射率实部趋于第二种粒子的折射率实部即 1.75, 但当尺度参数大于 1 时, 等效的折射率实部一般随着尺度参数的增大而减少并伴有一些起伏, 而且大部分都低于第一种粒子的折射率实部即 1.50。在各种混合比的情况下一个明显的特征是等效的折射率实部都不高于第二种粒子的折射率实部即 1.75。

在各种混合比的情况下, 对于小尺度参数 (一般小于 1.0), 等效的折射率虚部几乎与尺度参数无关, 对大尺度参数等效的折射率虚部随尺度参数的变化有明显的起伏。等效的折射率虚部一般随第二种粒子在混合体中所占份额的增加而增大。即使第二种粒子在混合体中所占份额非常小, 如第一种情况 ($f=0.01$), 等效的折射率虚部一般也都远大于第一种粒子的折射率虚部。

上述等效的折射率实部和虚部是根据最小的消光效率误差来确定的, 因为在实

5.7 非均匀粒子光散射的等效性

际的测量中只有消光效率易于准确测定。在各种混合比的情况下,具有等效的折射率实部和虚部的均匀粒子的消光效率同混合体粒子的消光效率的差别是不大的,对大多数尺度参数,这些差别一般小于 5%。但对某些尺度参数,这些差别也会很大。对 $f=0.01$、$f=0.1$、$f=0.5$ 和 $f=0.9$ 四种情况,最大的差别分别为 16.9%、−55.9%、−38.5% 和 −33.9%。对大多数尺度参数消光效率的差别不大说明:如果仅考虑粒子的消光特性,一般不难找到等效的粒子。但同时相应的吸收效率和散射相函数有很大差别,因此由消光测量确定的等效折射率不适于用来分析其他光学量。

由于散射相函数的角分布包含比各散射效率更多的信息量,因而利用光散射测量技术推断气溶胶的粒子谱分布和折射率日益广泛。在这些测量中,在一些散射方向上四个散射相函数中的几个或全部量被用来推断气溶胶的粒子谱分布和折射率。完全不同于消光效率,具有等效的折射率实部和虚部的粒子的散射相函数同混合体粒子的散射相函数的平均差别一般是很大的。根据这种差别的行为特征,可按粒子的尺度参数分为两个区域:当尺度参数小于 1 时,这种差别几乎与尺度参数无关并且随第二种粒子在混合体中所占份额的增加而降低。当尺度参数大于 1 时,这种差别一般很大且随尺度参数的改变而起伏,但与第二种粒子在混合体中所占份额的改变没有明显的关系。

散射相函数 M_1 的差别和 M_2 的差别与散射角的变化关系具有大致相同的趋势:它们随尺度参数的增加而增大并且起伏加剧,这同 Mie 散射的角散射特征相符合。S_{21} 的差别和 D_{21} 的差别与散射角的变化关系也具有大致相同的趋势:它们随尺度参数的增加起伏加剧并伴有一些尖峰,而当尺度参数很小时 D_{21} 的差别远大于 S_{21} 的差别。对这四种散射相函数总的说来,M_1 的差别和 M_2 的差别比 S_{21} 的差别和 D_{21} 的差别小而且较为稳定。这意味着对 S_{21} 和 D_{21} 而言,它们比 M_1 和 M_2 更难找到合适的等效粒子。

由于吸收效率的准确测定直接关系到折射率虚部的确定,因此对于折射率虚部而言,等效粒子的吸收效率与粒子混合体的吸收效率的差别就成为判断粒子混合体的等效性的重要判据。当第二种粒子在混合体中所占份额不大于第一种粒子在混合体中所占份额时 (即第一、二和三种情况),吸收效率的差别具有下列一般特征:当尺度参数小于 1.0 时,这种差别较小;而当尺度参数大于 1.0 时,这种差别一般很大。另一方面当第二种粒子在混合体中所占份额远大于第一种粒子在混合体中所占份额时 (即第四种情况),吸收效率的差别一般较小。而在实际大气气溶胶中,第二种粒子在混合体中所占份额一般远小于第一种粒子在混合体中所占份额,从吸收效率的角度来看,难于找到合适的等效粒子。

对于单分散粒子系统,从吸收效率和散射相函数的角度来看都难于找到合适的等效粒子。但多分散粒子系统的尺度谱分布会影响这种等效性。表 5.7.2 列出了在不同混合比的情况下等效的折射率实部和虚部、吸收效率、消光效率的相对差别和相函数的均方根相对差别。与单分散粒子系统不同的是，多分散粒子系统的等效性较为稳定。在各种混合比的情况下，等效的折射率实部大部分都与第一种粒子的折射率实部即 1.50 相同或接近。而等效的折射率虚部随第二种粒子在混合体中所占份额的增加而增大。吸收效率的差别在各种混合比的情况下都在 10%～100%。当第二种粒子在混合体中所占的份额非常小时，散射相函数的差别低于 10%；而当第二种粒子在混合体中所占的份额大于 10% 时，散射相函数的差别位于 10%～100%。

表 5.7.2　折射率分别为 $(1.50, 1.0\times10^{-8})$ 和 $(1.75, 0.45)$ 的两种粒子多分散系的外混合体及其等效均匀球形粒子的散射光学量的比较

f	$n_{\rm K}$	$n_{\rm I}$	$\varepsilon_{C_{\rm abs}}/\%$	$\varepsilon_{C_{\rm ext}}/\%$	$\varepsilon_P/\%$
0.01	1.50	7.94(−4)	27.6	−0.4	7.6
0.10	1.50	1.58(−2)	66.5	−3.3	45.9
0.50	1.55	1.26(−1)	21.1	−6.9	89.8
0.90	1.50	2.51(−1)	−11.9	−17.7	50.1

图 5.7.1 分别绘出了散射相函数 M_1、M_2、S_{21} 和 D_{21} 的差别在四种混合比情况下随散射角的变化关系。M_1 的差别和 M_2 的差别与散射角的变化关系同单分散粒子系统的情形显著不同，这里不存在起伏，它们随散射角的增加而稳步增大。后向散射（散射角为 90°～180°）的情况下这些差别远大于前向散射（散射角为 0°～90°）情况下的差别。此点在实际应用中非常重要，特别是在利用天空散射光时，一般难于获得后向散射的数据。因而利用此类测量方法推断的等效折射率不适于描述粒子的角散射特性，特别是在后向散射部分。S_{21} 的差别和 D_{21} 的差别与散射角的变化关系则同单分散粒子系统的情形大致相同。对这四种散射相函数总的说来，它们的

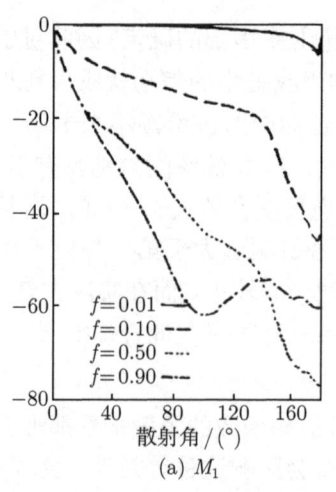

(a) M_1

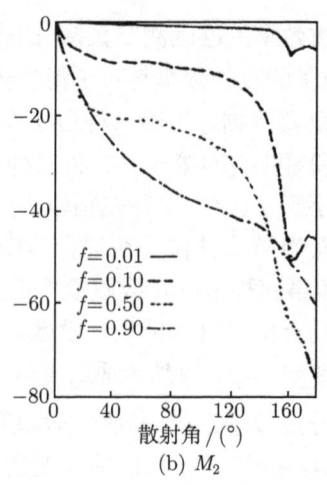

(b) M_2

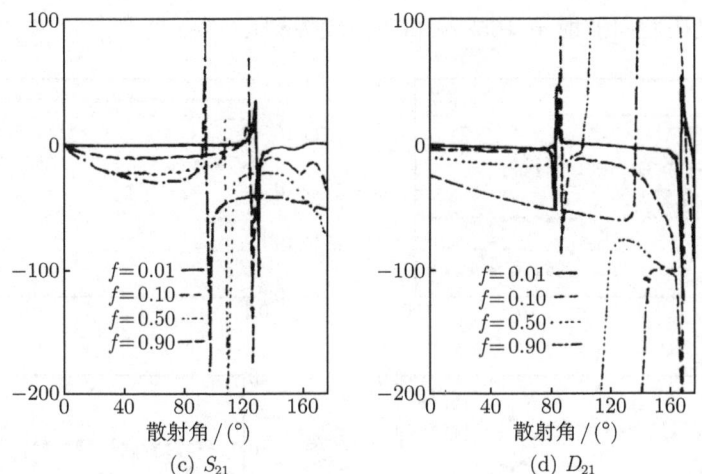

(c) S_{21} (d) D_{21}

图 5.7.1 多分散系外混合粒子及其等效球形粒子散射相函数 M_1、M_2、S_{21} 和 D_{21} 的相对差别 (%) 在四种混合比下的角分布

差别随着第二种粒子在混合体中所占份额的增加而增大。

5.7.3 内混合球形粒子光散射的等效性

内混合气溶胶粒子体系为二层球模型：整个粒子的半径为 b，内核半径为 a，折射率为 1.75–0.44i，外层折射率分别为 1.53–1.0×10^{-7}i，则内核与外壳所占混合比是 $f(=a^3/b^3)$ 和 $1-f$。在混合比分别为 0.01、0.1、0.5 和 0.9 的情况下，对内混合体的散射、吸收和消光效率因子 (或截面) 以及相函数与等效粒子各光学量的相对误差进行数值计算和分析。

内混合粒子及其等效均匀球形粒子的折射率、吸收和消光效率因子的相对差别 (%) 随尺度参数的变化列于图 5.7.2。分析结果显示 (黄红莲等, 2007)：对单分散粒子系统, 内混合状态比外混合状态下的气溶胶粒子有更明显的光学区域性。在 Rayleigh 散射区 ($x < 1$), $f = 0.01, 0.1$ 时，虽然在个别尺度参数下折射率及消光、吸收效率因子的相对误差都有起伏。但就整体而言，在 Rayleigh 散射区和几何光学区 ($x > 20$) 内，各种混合比下消光效率的相对误差均不大，在大多数尺度参数下大都在 20% 以内；而在 Mie 散射区 ($1 < x < 20$) 内其相对误差较大，但也都不超过 40%。当强吸收物质所占混合比较大 ($f > 0.3$) 时，在三个区域内，吸收效率、消光效率与尺度参数的关系基本一致, 即在 Rayleigh 散射区和几何光学区等效性较好，而在 Mie 散射区等效性相对较差。

除 Rayleigh 散射区外，散射相函数的相对误差都比吸收和散射效率大得多，并且随着尺度参数的增大而增大，其等效性一般很差。对单个的散射相函数，当尺度参数较大时，其相对误差起伏尤为剧烈，仅在个别散射角度上比较稳定，如对参量

D_{21} 而言, 仅在后向散射角 165°～180° 内较为稳定。

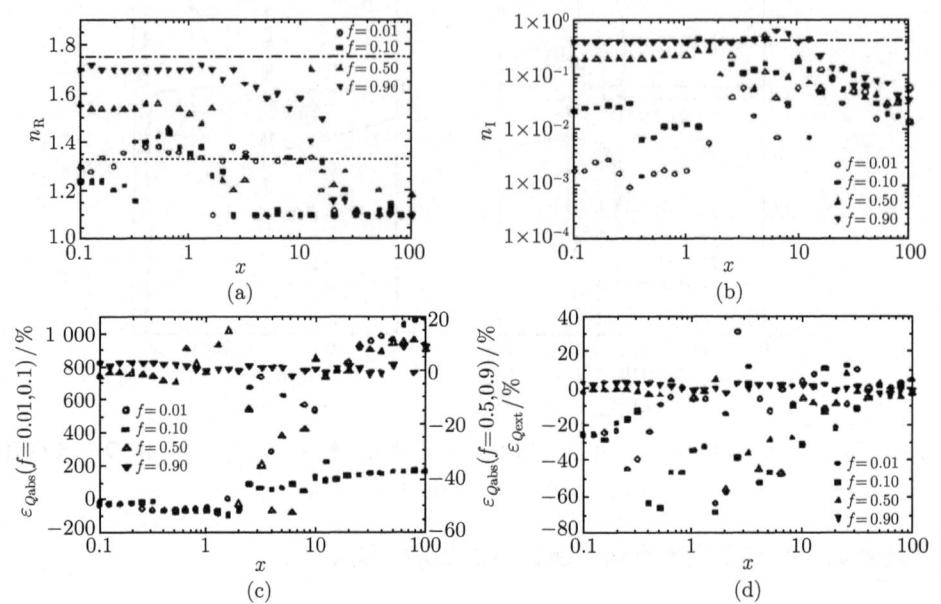

图 5.7.2　内混合粒子及其等效均匀球形粒子的折射率、吸收和消光效率因子的相对差别 (%) 随尺度参数的变化

(a) 折射率实部; (b) 折射率虚部; (c) 吸收效率相对误差; (d) 消光效率相对误差

与外混合系统相似, 相对单分散粒子系统而言, 内混合多分散粒子系统的各散射光学量的等效性都相对较好。在各种混合比下其吸收截面的相对误差也不超过 100%, 而当 $f \geqslant 0.3$ 之后, 吸收截面的相对误差都在 35% 以内。单分散粒子系统时等效性较差的散射相函数 P, 多分散系统时的相对误差也都不大于 100%。对单个的散射相函数参量 M_1 和 M_2 的相对误差都不大, 并且在各散射角下基本上没有起伏; 而参量 S_{21} 和 D_{21} 的相对误差依然较大, 在某些散射角下起伏也较为剧烈。

总而言之, 与外混合时相似, 由于多分散粒子系统是对谱分布进行积分的结果, 相对单分散系统, 多分散粒子系统的气溶胶粒子各散射光学量的等效性都较好。但是单个散射相函数 S_{21} 和 D_{21} 的等效性依然很差。

5.8　小　　结

我们在本章较详细地介绍了小粒子的光散射理论和数值计算方法。对涉及的 Mie 理论、T 矩阵和 DDA 等方法的数值计算程序, 目前国际学术界已有多种广泛成熟的计算程序供大家使用, 它们都经过了长期使用检验并不断推出新的版本。下列网址汇集了较全的程序。它们分别是：

Flatau P J, SCATTERLIB, http://atol.ucsd.edu/scatlib/index.htmi.
Wriedt T, Electromagnetic scattering programs, http://www.t-matrix.de
Wriedt T, ScattPort, Light Scattering Information Portal, http://www.scattport.org

对于一般的应用，这些程序足以满足需求，非专门散射研究者既不需要也没必要再自行编写相关程序。但一定要清楚这些程序的输入和输出量的准确物理意义和单位。在实际应用中，当把大气中颗粒当作球形粒子或一定程度的非球形粒子处理时，一定要意识到所得结果只是某种程度的近似而非严格结果。

对于有志于专门进行小粒子散射问题的研究者，这一领域可说是方兴未艾，越来越多的研究方法正被引进来，已经取得一定成果的方法包括有效差分时域法(FDTD)和有限元法等。而复杂形态的粒子的散射问题远未得到解决。

仅仅数值计算是不够的，高精度的实验测量既是检验理论结果的手段，也是直接研究光散射问题的重要途径，由于技术上的难度，这方面的研究工作开展的相对较少。一种典型的光散射角分布特性实验装置如图 5.8.1 所示 (Mishchenko et al., 2002) 基于这种散射角分布特性测量大气气溶胶粒子光学特性的仪器称为浊度计(nephelometer)。

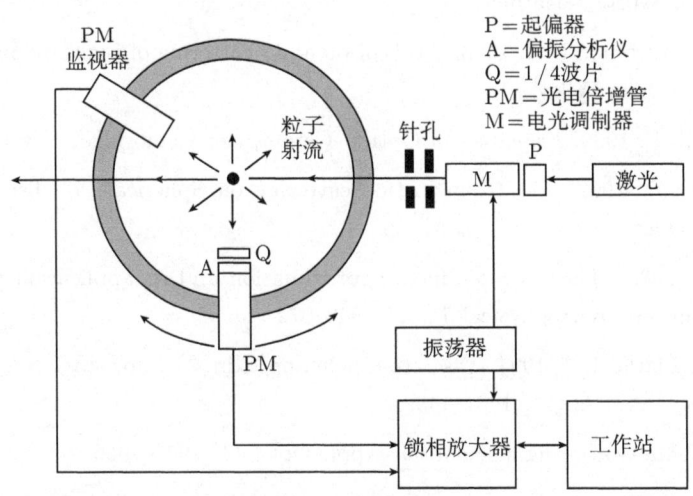

图 5.8.1　一种典型的光散射角分布特性实验装置 (Mishchenko et al., 2002)

小粒子的光散射角分布特性的直接实验测量的技术难度在于微小粒子的不可控性，选择单个粒子并控制其姿态在技术上是相当困难的，一般实验测量都是大量粒子的统计结果。鉴于光散射特性只与粒子的尺度参数和折射率有关，可以在比光波更长的波长上对比较大的粒子进行散射实验。德国学者 Zerull 就是利用微波对大粒子的散射实验获得了一些非球形粒子散射的定量直接测量结果 (Zerull, 1976)。但这类的实验研究还很少。

参 考 文 献

黄红莲, 黄印博, 饶瑞中. 2007. 内混合强吸收气溶胶粒子光散射的等效性. 强激光与粒子束, 19: 1066-1070

饶瑞中. 1998a. 随机取向立方粒子光散射的数值分析. 物理学报, 47: 1790-1797

饶瑞中. 1998b. 随机取向椭球粒子的吸收特性. 强激光与粒子束, 10: 371-374

饶瑞中. 1996. 外混合气溶胶粒子光散射的等效性. 光学学报, 16(8): 1099-1108

Asano S, Yamamoto G. 1975. Light scattering by a spheroidal particle. Appl. Opt., 14: 29-49

Asano S. 1979. Light scattering properties of spheroidal particles. Appl. Opt., 18: 712-723

Asano S, Yamamoto G. 1980. Light scattering by randomly oriented spheroidal particles. Appl. Opt., 19: 962-974

Barber P W, Hill S C. 1990. Light Scattering by Particles: Computational Methods. Singapore: World Scientific

Bohren, C F, Huffman D R. 1983. Absorption and Scattering of Light by Small Particles. New York: John Wiley

Born M, Wolf E. 1999. Principles of Optics. Cambridge: Cambridge University Press

Deirmendjian D. 1969. Electromagnetic Scattering on Spherical Polydispersions. New York: Elsevier

Draine B T. 1988. The discrete-dipole approximation and its application to interstellar graphite grains. Astrophysical J., 333: 848-872

Draine B T, Flatau P J. 1994. Discrete-dipole approximation for scattering calculations. J. Opt. Soc. Am A., 11: 1491-1499.

Du H. 2004. Mie-scattering calculation. Appl. Opt., 43: 1951-1956

Kai L, Massoli P. 1994. Scattering of electromagnetic plane wave by radially inhomogeneous spheres: a finely-stratified sphere model. Applied Optics, 33(3): 501-511

Kuik F, de Hann J F, Honenier J W. 1992. Benchmark results for single scattering by spheroids. J. Quant. Spectrosc. Radiat. Transfer, 47: 477~489

Laven P. 2003. Simulation of rainbows, coronas, and glories by use of Mie theory. Appl. Opt., 42: 436-444

参考文献

Lee R L Jr. 1998. Mie theory, Airy theory, and the natural rainbow. Appl. Opt, 37: 1506–1519

Lynch D K, Schwartz P. 1991. Rainbows and fogbows. Appl. Opt., 30: 3415–3420

Macke A. 1993. Scattering of light by polyhedral ice crystals. Appl. Opt., 32: 2780–2788

Mischchenko M I, Travis L D. 1994a. Ligtht scattering by polydispersions of randomly oriented spheroids with sizes comparable to wavelengths of observation. Appl. Opt., 33: 7206–7225

Mishchenko M I, Travis L D. 1994b. Light scattering by polydisperse, rotationally symmetric nonspherical particles: linear polarization. J. Quant. Spectrosc. Radiat. Transfer, 51: 759–778

Mishchenko M I, Travis L D, Mackowski D W. 1996. T-matrix computations of light scattering by nonspherical particles: a review. J. Quant. Spectrosc. Radiat. Transfer, 55: 535–575

Mishchenko M I, Travis L D, Lacis A A. 2002. Scattering, Absorption, and Emission of Light by Small Particles. Cambridge, UK: Cambridge University Press

Mishchenko M I. 2009. Electromagnetic scattering by nonspherical particles: A tutorial review. J. Quant. Spectrosc. Radiat. Transfer, 110: 808–832

Mugnai A, Wiscombe W J. 1986. Scattering from nonspherical Chebyshev particles. I. cross sections, single-scattering albedo, asymmetry factor, and backscattered fraction. Appl. Opt., 25(7): 1235~1244

Mugnai A, Wiscombe W J. 1989. Scattering from nonspherical Chebyshev particles. 3: Variability in angular scattering patterns, Appl. Opt., 28(15): 3061~3073

Siewert C E. 1982. On the phase matrix basic to the scattering of polarized light. Astron. Astrophys., 109: 195–200

Takano Y, Liou K N. 1989. Solar radiative transfer in cirrus clouds. Part I. Single-scattering and optical properties of hexagonal ice crystals. J. Atmos. Sci., 46: 3–19

Toon O B, Ackerman T P. 1981. Algorithms for the calculation of scattering by stratified spheres. Applied Optics, 20: 3657–3660

van de Hulst H C. 1957. Light Scattering by Small Particles. New York: John Wiley

Voshchinnikov N V, Farafonov V G. 1993. Optical properties of spheroidal particles. Astrophys. Sp. Sci., 204: 19–86

Voshchinnikov N V, Farafonov V G. 2002. Light scattering by an elongated particle: spheroid versus infinite cylinder. Measur. Sci. Technol., 13: 249–255

Wang R T, van de Hulst H C. 1991. Rainbows: Mie computations and the Airy approximation. Appl. Opt, 30: 106–117

Wiscombe W. 1980. Improved Mie scattering algorithms. Appl. Opt., 19: 1505–1509

Wiscombe W J, Mugnai A. 1988. Scattering from nonspherical Chebyshev particles. 2: Means of angular scattering patterns. Appl. Opt., 27(12): 2405–2421

Wu Z S, Guo L X, Ren K F, et al. 1997. Improved algorithm for electromagnetic scattering of plane waves and shaped beams by multilayered spheres. Appl. Opt., 36(21): 5188–5198

Yang P, Kattawar G W, Wiscombe W J. 2004. Effect of particle asphericity on single-scattering parameters: comparison between Platonic solids and spheres. Appl. Opt., 43: 4427–4435

Yang W. 2003. Improved recursive algorithm for light scattering by a multilayered sphere. Appl. Opt., 42: 1710–1720

Yang P, Liou K N. 2006. Light scattering and absorption by nonspherical ice crystals. *In*: Kokhanovsky A A. Light Scattering Reviews: Single and Multiple Light Scattering. Berlin: Springer-Verlag

Zerull R H. 1976. Scattering measurements of dielectric and absorbing nonspherical particles. Beitr. Phys. Atmos., 49: 168–188

第6章　大气辐射传输理论与算法

6.0　引　言

在第 4 和第 5 章中我们分析了大气介质中光的折射、吸收和散射等基本物理过程，它们分别针对单个或局域的大气介质成分 (如分子和云雾、气溶胶粒子等)。由于大气是一种广延的介质，任何形式的光波和辐射在该介质中传播都要连续不断地与各个空间位置的介质组分发生相互作用，作用的效果也不是孤立的。当被研究的光波或辐射传播的路径延伸到大气层的边界 (上边界为太空，下边界为地球表面) 时，边界的光学特性 (主要是反射和辐射特性) 也影响进一步的传播行为。因此，解决大气介质中的光波或辐射传播问题就是求解满足边界条件的辐射传输方程。

基于不同光源和研究目的，各种辐射传输问题可以采用不同的处理方法。对于介质光学特性具有复杂的空间分布情况，一般情况下是无法求解的。一般来说，如果光波的传播空间范围不是特别大或者以很低的仰角 (光源在地面) 传向大气层外，可以把地球大气视为平行平面大气，即它的光学特性只与高度有关，而水平方向上处处相同。

即使对于平行平面大气，包含了散射的一般辐射传输方程的求解也是一个非常困难的问题。尽管早在 20 世纪 50 年代，Chandrasekhar(1950) 就建立了数值计算辐射传输方程的框架 (即以离散求和代替积分，从而建立一组线性方程组)，但仅对一些特殊情况，或采用最简单的离散方法才获得了一些结果。直到 80 年代，计算机技术和计算方法的发展，才使得对一般辐射传输方程进行数值计算变为现实 (Nakajima and Tanaka, 1988; Stamnes et al., 1988a; 1988b)。

辐射传输方程建立在单色 (或准单色) 光谱吸收、散射和反射光学特性基础上。对于宽谱带光源的辐射传输方程求解问题，依据光谱分辨率要求的不同，既有单色辐射传输方程求解问题，也有光谱特性处理的问题。而对于有效光束范围的传输问题 (如激光束)，在非单次散射的条件下，将是一个非常复杂的问题。

6.1　大气中的辐射传输方程及其形式解

6.1.1　平行平面大气中的辐射传输方程

我们在 1.3 节已经叙述混浊介质中辐射传输方程的一般形式 (1.3.43)

$$\frac{\mathrm{d}I_\lambda}{\mathrm{d}\tau_\lambda} = -I_\lambda + J_\lambda \tag{6.1.1}$$

式中，τ_λ 是传播路径上的光学厚度。本书以后有关辐射传输方程的叙述都是针对单色问题，在公式中都略去各量中代表单色波长的下标 λ。式 (6.1.1) 非常简洁的形式却包含一系列复杂的问题。

首先要将介质中的辐射分解为严格沿传播方向上的直射光分量 I_{direct} 和偏离传播方向上的漫射光分量 I_{diffuse}，即 $I = I_{\mathrm{direct}} + I_{\mathrm{diffuse}}$。则对于直射光分量 I_{direct}，直接应用 Beer 定律求解式 (1.3.44)，即

$$I_{\mathrm{direct}} = I_0 \exp(-\tau) \tag{6.1.2}$$

各个方向上漫射光的求解才是辐射传输研究的主要问题。对于平行平面大气，设 θ 为天顶角，$\mu = \cos\theta$，ϕ 是方位角，以 τ 仅代表垂直于平行平面 (即沿天顶方向的) 光学厚度，则传播方向上对应的光学厚度为 $\tau/\cos\theta$。所有与辐射相关的物理量皆可表示为 τ、μ、ϕ 的函数，如不加特别说明，它们都是指漫射光的物理量。对于大气中太阳辐射和热辐射的传输问题，一般按太阳光线的传播方向定义光学厚度为从大气外界至某一高度的消光系数的路径积分，而天顶角的定义为传播路径与向上方向的夹角，余弦 $\mu = \cos\theta$ 以向上为正，则式 (6.1.1) 的微分符号应取负值，则辐射传输方程为

$$\mu \frac{\mathrm{d}I(\tau,\mu,\phi)}{\mathrm{d}\tau} = I(\tau,\mu,\phi) - J(\tau,\mu,\phi) \tag{6.1.3}$$

其次是所考虑辐射源的初始条件，在光电工程中有明确的光源对象，如激光、红外辐射源等，在大气辐射问题中是太阳辐射和地表辐射等。对于太阳辐射，设其单色辐照度为 F_0，入射方向为 $(-\mu_0, \phi_0)$，则初始条件为

$$I_{\mathrm{direct}}(0,\mu,\phi) = \pi F_0 \delta(\mu+\mu_0)\delta(\phi-\phi_0) \tag{6.1.4a}$$

$$I_{\mathrm{diffuse}}(0,\mu,\phi) = 0 \tag{6.1.4b}$$

最后，源函数 J 有两种主要来源，它们分别与介质的散射和吸收特性相关。定义介质的单次反照率 (single-scattering albedo) 为 $\varpi \equiv \dfrac{\beta_{\mathrm{sca}}}{\beta_{\mathrm{ext}}} \equiv 1 - \dfrac{\beta_{\mathrm{abs}}}{\beta_{\mathrm{ext}}}$。显然，$0 \leqslant \varpi \leqslant 1$，$\varpi = 1$ 对应无吸收仅存在散射的情况 (在可见和近红外的一些大气透明光谱区间可如此处理)，$\varpi = 0$ 对应纯吸收无散射的情况 (这在中远红外光谱区间常可如此处理)。

源函数 J 的第一种主要来源是介质中全空间各个方向上的漫射光在所考虑方向上的散射光的总汇，其中包括直射光在所考虑方位上的散射，即

$$J_1(\tau,\mu,\phi) = \frac{\varpi}{4\pi} \int_{-1}^{1} \int_0^{2\pi} p(\mu,\phi;\mu',\phi') I(\tau,\mu',\phi') \mathrm{d}\mu' \mathrm{d}\phi'$$

$$+\frac{1}{4}F_0 e^{-\tau/\mu_0} p(\mu,\phi;-\mu_0,\phi_0) \tag{6.1.5}$$

源函数 J 的第二种主要来源是介质在该光谱上的发射，在局域热力学平衡条件下，介质热辐射对应的发射系数可由介质的单次反照率和由式 (1.2.24) 给出的 Planck 黑体辐射亮度函数给出

$$J_2 = (1-\varpi)B(T) \tag{6.1.6}$$

这样考虑了完整的辐射物理过程的辐射传输方程的形式为

$$\mu\frac{\mathrm{d}I(\tau,\mu,\phi)}{\mathrm{d}\tau} = I(\tau,\mu,\phi) - \frac{\varpi}{4\pi}\int_{-1}^{1}\int_{0}^{2\pi} p(\mu,\phi;\mu',\phi')I(\tau,\mu',\phi')\mathrm{d}\mu'\mathrm{d}\phi'$$
$$-\frac{1}{4}F_0 e^{-\tau/\mu_0} p(\mu,\phi;-\mu_0,\phi_0) - (1-\varpi)B(T) \tag{6.1.7}$$

显然辐射传输方程 (6.1.7) 是针对无偏振的自然光的强度建立起来的，通常称为标量辐射传输方程。同样的方法，我们也可以建立起针对任何一个 Stokes 参量 I、U、V、Q 的传输方程，式 (6.1.7) 中的散射相函数要转换为相应的散射相函数矩阵元。从而可以求解辐射传输中的偏振特性。

6.1.2 平行平面大气中的辐射传输的边界条件

求解还必须考虑辐射在大气介质上下边界的条件。对于大气中的太阳辐射问题，则对应于光学厚度为 0 的大气层顶的上边界条件为

$$I(0,-\mu,\phi) = 0, \quad 0 < \mu \leqslant 1 \tag{6.1.8}$$

而在地表位置光学厚度为 τ_0 的大气下边界条件由式 (1.6.1) 定义的双向反射函数 $\rho(\theta_i,\theta_r,g) = \dfrac{I_\lambda(\theta_r,\phi_r)}{F_\lambda(\theta_i,\phi_i)\cos\theta_i}$ 表示为

$$I(\tau_0,\mu,\phi) = \frac{1}{\pi}\iint I(\tau_0,-\mu',\phi')\mu'\rho(\mu,\phi;\mu',\phi')\mathrm{d}\mu'\mathrm{d}\phi', \quad 0<\mu\leqslant 1 \tag{6.1.9}$$

对于 Lambert 反射面，边界条件为

$$I(\tau_0,\mu,\phi) = F^\downarrow(\tau_0)\rho/\pi, \quad 0<\mu\leqslant 1 \tag{6.1.10}$$

式中，$F^\downarrow(\tau_0) = \int_0^1\int_0^{2\pi} I(\tau_0,-\mu,\phi)\mu\mathrm{d}\mu\mathrm{d}\phi$ 为地面位置向下的辐照度。

对于镜面反射有

$$I(\tau_0,\mu,\phi) = I(\tau_0,-\mu,\pi+\phi), \quad 0<\mu\leqslant 1 \tag{6.1.11}$$

辐射传输方程 (6.1.7) 与初始条件 (6.1.4)、边界条件 (6.1.8)~(6.1.11) 构成了辐射传输近似的数学模型。

6.1.3 大气辐射传输方程的形式解

在已知初始条件下，辐射传输方程 (6.1.3) 的形式解为

$$I(\tau, +\mu, \phi) = I(\tau_0; +\mu, \phi) e^{-(\tau_0-\tau)/\mu} + \int_\tau^{\tau_0} J(\tau', \mu, \phi) e^{-(\tau_0-\tau')/\mu} \frac{d\tau'}{\mu} \quad (6.1.12a)$$

$$I(\tau, -\mu, \phi) = I(0; -\mu, \phi) e^{-\tau/\mu} + \int_0^\tau J(\tau', -\mu, \phi) e^{-(\tau-\tau')/\mu} \frac{d\tau'}{\mu} \quad (6.1.12b)$$

在一般情况下，源函数具有复杂的形式，式 (6.1.12a) 和式 (6.1.12b) 不能直接运用。只有在无散射的情况下，源函数由式 (6.1.6) 表达，并且 $\varpi = 0$，式 (6.1.12) 与 ϕ 无关。大气外界的热辐射可近似为 $B \approx 0$，设地面的热辐射为 $B(\tau_0)$，则式 (6.1.12) 对应的形式解为

$$I(\tau, \mu) = B(\tau_0) e^{-(\tau_0-\tau)/\mu} + \int_\tau^{\tau_0} B(\tau') e^{-(\tau'-\tau)/\mu} \frac{d\tau'}{\mu} \quad (6.1.13a)$$

$$I(\tau, -\mu) = \int_0^\tau B(\tau') e^{-(\tau-\tau')/\mu} \frac{d\tau'}{\mu} \quad (6.1.13b)$$

6.1.4 单次散射近似解

当大气层的光学厚度很小时，介质稀薄，多次散射过程发生的概率较小，单次散射成为散射过程的主要部分，在这种情况下，散射源函数项 (6.1.5) 中的多次散射积分项可以略去。这样，在不考虑热辐射的情况下，辐射传输方程的源函数项仅为

$$J(\tau, \mu, \phi) = \frac{1}{4} F_0 e^{-\tau/\mu_0} p(\mu, \phi; -\mu_0, \phi_0) \quad (6.1.14)$$

在顶部入射为零，底部无反射的情况下，将式 (6.1.14) 代入式 (6.1.12)，可以求得顶部向上的和底部向下的光谱辐射亮度分别为

$$I(0, \mu, \phi; -\mu_0, \phi_0) = \frac{\varpi \mu_0 F_0}{4\pi(\mu+\mu_0)} P(\mu, \phi; -\mu_0, \phi_0) \times \left\{1 - \exp\left[-\left(\frac{1}{\mu} + \frac{1}{\mu_0}\right)\tau_0\right]\right\} \quad (6.1.15a)$$

$$I(\tau_0; -\mu, \phi; -\mu_0, \phi_0) = \frac{\varpi \mu_0 F_0}{4\pi(\mu-\mu_0)} P(-\mu, \phi; -\mu_0, \phi_0)[e^{-\tau_0/\mu} - e^{-\tau_0/\mu_0}], \quad \mu \neq \mu_0 \quad (6.1.15b)$$

$$I(\tau_0; -\mu_0, \phi; -\mu_0, \phi_0) = \frac{\varpi \tau_0 \mu_0 F_0}{4\pi \mu_0^2} P(-\mu_0, \phi; -\mu_0, \phi_0) e^{-\tau_0/\mu_0} \quad (6.1.15c)$$

对于光学厚度很薄的介质层，顶部向上的和底部向下的光谱辐射亮度可进一步简化为

$$I(0, \mu, \phi; -\mu_0, \phi_0) = \frac{\varpi \tau_0 F}{4\pi \mu} P(\mu, \phi; -\mu_0, \phi_0) \quad (6.1.16a)$$

$$I(\tau_0; -\mu, \phi; -\mu_0, \phi_0) = \frac{\varpi \tau_0 F_0}{4\pi \mu} P(-\mu, \phi; -\mu_0, \phi_0) \quad (6.1.16b)$$

一个介质层的反射函数 (reflection function) 和透过函数 (transmission function) 由其顶部向上的和底部向下的光谱辐射亮度分别定义为

$$R(\mu,\phi;-\mu_0,\phi_0) = \pi I(0,\mu,\phi;-\mu_0,\phi_0)/(\mu_0 F_0) \qquad (6.1.17\text{a})$$

$$T(-\mu,\phi;-\mu_0,\phi_0) = \pi I(\tau,-\mu,\phi;-\mu_0,\phi_0)/(\mu_0 F_0) \qquad (6.1.17\text{b})$$

因此，对于光学厚度很薄的介质层，其反射函数和透过函数分别为

$$R(\mu,\phi;-\mu_0,\phi_0) = \frac{\varpi\tau_0}{4\mu\mu_0} P(\mu,\phi;-\mu_0,\phi_0) \qquad (6.1.18\text{a})$$

$$T(-\mu,\phi;\mu_0,\phi_0) = \frac{\varpi\tau_0}{4\mu\mu_0} P(-\mu,\phi;-\mu_0,\phi_0) \qquad (6.1.18\text{b})$$

6.2 散射相函数及辐射传输方程的离散化

6.2.1 散射相函数的 Legendre 多项式展开

从 6.1 节辐射传输方程的具体形式可以看出，在散射存在的一般情况下，作为微分–积分方程的辐射传输方程是不可能获得解析解的。因此，只能采用数值计算的方法来求解。首先要以离散求和代替积分，其次要将散射源函数项中的散射相函数进行变量分离，这样才能将辐射传输方程离散为一组可求解的方程组。

作为散射角 Θ 的函数的散射相函数可以用 Legendre 多项式展开为

$$P(\cos\Theta) = \sum_{l=0}^{2N-1} g_l(2l+1) P_l(\cos\Theta) \qquad (6.2.1)$$

展开系数为

$$g_l = \frac{1}{2}\int_{-1}^{1} P_l(\cos\Theta) P(\cos\Theta) \mathrm{d}\cos\Theta \qquad (6.2.2)$$

$g \equiv g_1$ 就是散射相函数的非对称因子。$g = 0$ 对应各向同性散射，$g = 1$ 对应完全前向散射，$g = -1$ 对应完全后向散射。对大气中的云雾和气溶胶粒子，非对称因子一般很大，接近于 1。

Legendre 多项式的最低几阶表达式为 $P_0(x) = 1$, $P_1(x) = x$, $P_2(x) = (3x^2-1)/2$, $P_3(x) = (5x^3-3x)/2$, $P_4(x) = (35x^4-30x^2+3)/8$。

由于在球极坐标中

$$\cos\Theta = \mu\mu' + \sqrt{(1-\mu^2)(1-\mu'^2)}\cos(\phi-\phi') \qquad (6.2.3)$$

相函数可以展开为连带 Legendre 多项式的和

$$P(\mu,\phi;\mu',\phi') = \sum_{l=0}^{2N-1} g_l(2l+1)\left[P_l(\mu)P_l(\mu') + 2\sum_{m=1}^{l}\frac{(l-m)!}{(l+m)!}P_l^m(\mu)P_l^m(\mu')\cos m(\phi-\phi')\right] \quad (6.2.4)$$

或表示为

$$P(\mu,\phi;\mu',\phi') = \sum_{m=0}^{2N-1}\sum_{l=m}^{2N-1}(2l+1)g_l^m P_l^m(\mu)P_l^m(\mu')\cos m(\phi-\phi') \quad (6.2.5)$$

式中，$g_l^m = (2-\delta_{0m})g_l\dfrac{(l-m)!}{(l+m)!}$，$\delta_{00}=1, \delta_{0m}=0(m\neq 0)$。

连带 Legendre 多项式的最低几阶表达式为 $P_1^1(x)=\sqrt{1-x^2}$, $P_1^2(x)=3x\sqrt{1-x^2}$, $P_2^2(x)=3\sqrt{1-x^2}$, $P_3^1(x)=3\sqrt{1-x^2}(5x^2-1)/2$, $P_3^2(x)=15x(1-x^2)$。

6.2.2 辐射传输方程的离散化

将光谱辐射亮度按方位进行 Fourier 展开为

$$I(\tau;\mu,\phi) = \sum_{m=0}^{2N-1} I^m(\tau,\mu)\cos m(\phi-\phi_0) \quad (6.2.6)$$

将其代入辐射传输方程式 (6.1.7)，可得 $2N$ 个 $(m=0,1,\cdots,2N-1)$ 关于光谱辐射亮度 Fourier 分量的方程 (Stamnes et al., 1988b)

$$\mu\frac{\mathrm{d}I^m(\tau,\mu)}{\mathrm{d}\tau} = I^m(\tau,\mu) - \int_{-1}^{1} D^m(\tau;\mu,\mu')I^m(\tau,\mu')\mathrm{d}\mu' - Q^m(\tau,\mu) \quad (6.2.7\text{a})$$

式中

$$D^m(\tau;\mu,\mu') = \frac{\varpi(\tau)}{2}\sum_{l=m}^{2N-1}(2l+1)g_l^m(\tau)P_l^m(\mu)P_l^m(\mu') \quad (6.2.7\text{b})$$

$$Q^m(\tau,\mu) = X_0^m(\tau,\mu)\mathrm{e}^{-\tau/\mu_0} + \delta_{m0}(1-\varpi(\tau))B(T(\tau)) \quad (6.2.7\text{c})$$

$$X_0^m(\tau,\mu) = \frac{\varpi(\tau)F_0}{4\pi}(2-\delta_{0m})\sum_{l=m}^{2N-1}(-1)^{l+m}(2l+1)g_l^m(\tau)P_l^m(\mu)P_l^m(-\mu_0) \quad (6.2.7\text{d})$$

根据漫射光光谱辐射亮度，可以求取其向上或向下的通量，即

$$F^\uparrow = \int_0^1\int_0^{2\pi} I(\tau,\mu,\phi)\mu\mathrm{d}\mu\mathrm{d}\phi \quad (6.2.8\text{a})$$

$$F^\downarrow = \int_0^{-1}\int_0^{2\pi} I(I,\mu,\phi)\mu\mathrm{d}\mu\mathrm{d}\phi \quad (6.2.8\text{b})$$

6.2 散射相函数及辐射传输方程的离散化

由于

$$\int_0^{2\pi} \cos m(\phi - \phi_0) \mathrm{d}\phi = 0, \quad m \neq 0 \tag{6.2.9}$$

则将式 (6.2.6) 代入式 (6.2.8) 可得

$$F^\uparrow = 2\pi \int_0^1 I^0(\tau,\mu)\mu \mathrm{d}\mu \tag{6.2.10a}$$

$$F^\downarrow = 2\pi \int_0^{-1} I^0(\tau,\mu)\mu \mathrm{d}\mu \tag{6.2.10b}$$

由此可见，在计算辐射通量问题中，只要计算光谱辐射亮度与方位无关的 ($m=0$) 分量即可，在下面的论述中，以 $I(\tau,\mu)$ 直接表示 $I^0(\tau,\mu,\phi)$，则 $I(\tau,\mu)$ 的离散方程为

$$\mu \frac{\mathrm{d}I(\tau,\mu)}{\mathrm{d}\tau} = I(\tau,\mu) - \frac{\varpi}{2} \sum_{l=0}^{2N-1}(2l+1)g_l P_l(\mu) \int_{-1}^1 P_l(\mu')I(\tau,\mu')\mathrm{d}\mu'$$

$$-\frac{\varpi F_0}{4\pi}\mathrm{e}^{-\tau/\mu_0}\sum_{l=0}^{2N-1}(-1)^l(2l+1)g_l P_l(\mu)P_l(-\mu_0) + (1-\varpi)B(T) \tag{6.2.11}$$

从上述推导和一步步分解、简化的过程可以知道，此方程已是一般辐射传输方程的最简形式，依然是一个同时包含微分和积分的方程。因此要求解辐射传输方程，只有采取数值计算的方法，将右端的积分离散为在一系列积分节点的求和，从而建立起关于积分节点上的光谱辐射亮度的一组线性微分方程组，再根据相关边界条件求解。

如果我们用积分节点数目和光谱辐射亮度的 Fourier 分量数目相同的数值积分公式计算辐射传输方程中的积分项，则辐射传输方程 (6.2.7) 可重新表示为

$$\mu_i \frac{\mathrm{d}I^m(\tau,\mu_i)}{\mathrm{d}\tau} = I^m(\tau,\mu_i) - \sum_{j=0}^{2N-1} w_j D^m(\tau,\mu_i,\mu_j)I^m(\tau,\mu_j)$$

$$-Q^m(\tau,\mu_i), \quad m=0,1,\cdots,2N-1;\ i=0,1,\cdots,2N-1 \tag{6.2.12}$$

式中，μ_i 和 w_i 分别是积分节点和权重因子。显然，积分节点数目 ($2N$) 决定了漫射光光谱辐射亮度的天顶角分辨率。因此，在求取漫射光光谱辐射亮度空间分布一类的问题中，积分节点数目必须足够大，才能得到较准确的结果。对于在 $[-1,1]$ 区间的数值积分，有多种积分方法，但最优的方案是 Gauss 积分方法，因为 Gauss 积分节点是按照 Legendre 多项式的零值位置确定的，而散射相函数也是按照 Legendre 多项式展开的，因而

$$\sum_{i=0}^{2N-1} w_j P(\tau, \mu_i, \mu_j) = \sum_{j=0}^{2N-1} w_j P(\tau, \mu_i, \mu_j) = 1 \tag{6.2.13}$$

在任意 N 阶近似下自动成立，从而保证了能量守恒。

上述这种直接在 $[-1,1]$ 区间的 Gauss 积分的节点以 $\mu = 0$ 为中心分别向 $\mu = \pm 1$ 集中。对于实际的大气辐射传输问题 (特别是整层大气的光学厚度不大的情况下) 漫射光光谱辐射亮度在水平方向上有跃变，而上述积分方案在水平方向上积分节点最稀疏，不易差值得到可靠的结果。因此使用双高斯 (double-Gauss) 积分方案更好，即分别在上半空间 $[-1,0]$ 和下半空间 $[0,1]$ 分别积分，它们对应的节点和权重完全相同，积分节点以 $|\mu| = 1/2$ 为中心分别向 $|\mu| = 0, 1$ 集中，使得水平方向上最为稠密。此外，当计算出光谱辐射亮度后不需要再作进一步的假设就可以直接求得辐射通量。此时方程 (6.2.12) 变为

$$\mu_i \frac{\mathrm{d} I^m(\tau, \mu_i)}{\mathrm{d}\tau} = I^m(\tau, \mu_i) - \sum_{\substack{j=-N \\ j \neq 0}}^{N} w_j D^m(\tau, \mu_i, \mu_j) I^m(\tau, \mu_j)$$

$$- Q^m(\tau, \mu_i), \quad m = 0, 1, \cdots, 2N-1; \quad i = \pm 1, \cdots, \pm N \tag{6.2.14}$$

式中，μ_i 和 w_i 分别是积分节点和权重因子，并有 $\mu_{-i} = -\mu_i, w_{-i} = w_i$。双高斯积分节点和权重与高斯积分节点和权重的关系为

$$\mu_i(\text{d-G}) = \frac{\mu_i + 1}{2}, \quad w_i(\text{d-G}) = \frac{w_i}{2} \tag{6.2.15}$$

较低几阶积分节点数目下高斯和双高斯积分节点和积分权重的值列于表 6.2.1。

表 6.2.1 高斯和双高斯 (d-G) 积分节点和积分权重

N	i	$2N+1-i$	$\mu_i(\text{d-G})$	$w_i(\text{d-G})$	μ_i	w_i	μ_{2N+1-i}	w_{2N+1-i}
1	1	2	0.57735	1.00000	0.21132	0.50000	0.78868	0.50000
2	1	4	0.33998	0.65215	0.06943	0.17393	0.93057	0.17393
	2	3	0.86114	0.34785	0.33001	0.32607	0.66999	0.32607
3	1	6	0.23862	0.46791	0.03377	0.08566	0.96623	0.08566
	2	5	0.66121	0.36076	0.16940	0.18038	0.83060	0.18038
	3	4	0.93247	0.17132	0.38069	0.23396	0.61913	0.23396
4	1	8	0.18343	0.36268	0.01986	0.05061	0.98014	0.05061
	2	7	0.52553	0.31371	0.10167	0.11119	0.89833	0.11119
	3	6	0.79667	0.22238	0.23723	0.15685	0.76277	0.15685
	4	5	0.96029	0.10123	0.40828	0.18134	0.59172	0.18134
5	1	10	0.14887	0.29552	0.01305	0.03334	0.98695	0.03334
	2	9	0.43340	0.26927	0.06747	0.07473	0.93253	0.07473
	3	8	0.67941	0.21909	0.16030	0.10954	0.83970	0.10954
	4	7	0.86506	0.14945	0.28330	0.13463	0.71670	0.13463
	5	6	0.97391	0.06667	0.42556	0.14776	0.57444	0.14776

续表

N	i	$2N+1-i$	μ_i(d-G)	w_i(d-G)	μ_i	w_i	μ_{2N+1-i}	w_{2N+1-i}
6	1	12	0.12523	0.24915	0.00922	0.02359	0.99078	0.02359
	2	11	0.36783	0.23349	0.04794	0.05347	0.95206	0.05347
	3	10	0.58732	0.20317	0.11505	0.08004	0.88495	0.08004
	4	9	0.76990	0.16008	0.20634	0.10158	0.79366	0.10158
	5	8	0.90412	0.10694	0.31608	0.11675	0.68392	0.11675
	6	7	0.98156	0.04718	0.43738	0.12457	0.56262	0.12457

辐射传输方程这种离散求解的数值方法通常称为离散坐标方法 (discrete ordinates method, DISORT)。目前它已成为辐射传输方程最标准的求解方案。

6.3 辐射传输方程的二流近似及相关近似解

在仅仅求取漫射光辐射通量一类的问题中，对漫射光光谱辐射亮度空间分布不作要求，因此积分节点数目不必很大，也可以得到一定精度的结果。并且由于节点数目不大，可以获得解析解。其中最简单的情况就是取两个积分节点 (N=1)，此时通常称为二流近似 (two-stream approximation)，如图 6.3.1 所示。

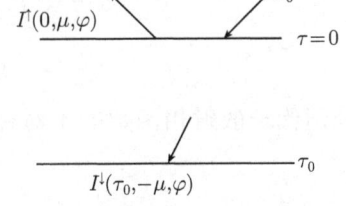

图 6.3.1 辐射传输的二流近似示意图

虽然二流近似方法直接来自离散坐标法的二阶近似，但物理意义相当于分别利用一个节点计算前向和后向的辐射通量，此时为获得更高的精度，可以对辐射亮度的空间分布和散射相函数作合理的假定，从而选择更合理的积分节点和积分权重，从而引出不同形式的二流近似方法，但它们获得的结果都可以归纳为统一的表达形式 (Meadow and Weaver, 1980)。

6.3.1 二流近似解的基本形式

考虑无热辐射源的散射大气中的辐射传输方程 (这种情况通常对应于太阳辐射在大气中的传输)

$$\mu \frac{\mathrm{d}I(\tau,\mu)}{\mathrm{d}\tau} = I(\tau,\mu) - \frac{\varpi}{2} \sum_{l=0}^{2N-1} (2l+1)g_l(\tau)P_l(\mu) \int_{-1}^{1} P_l(\mu')I(\tau,\mu')\mathrm{d}\mu'$$

$$- \frac{\varpi F_0}{4\pi} \mathrm{e}^{-\tau/\mu_0} \sum_{l=0}^{2N-1} (-1)^l (2l+1) g_l(\tau) P_l(\mu) P_l(-\mu_0) \quad (6.3.1)$$

右端积分项用求和代替后传输方程的形式为

$$\mu_i \frac{\mathrm{d}I(\tau,\mu_i)}{\mathrm{d}\tau} = I(\tau,\mu_i) - \frac{\varpi}{2}\sum_{l=0}^{2N-1}(2l+1)g_l P_l(\mu)\sum_{j=-N}^{N}w_j P_l(\mu_j)I(\tau,\mu_j)$$

$$-\frac{\varpi F_0}{4\pi}\mathrm{e}^{-\tau/\mu_0}\sum_{l=0}^{2N-1}(-1)^l(2l+1)g_l P_l(\mu_i)P_l(-\mu_0) \quad (6.3.2)$$

当 $N=1$ 时，向上和向下的光谱辐射亮度分别为

$$\mu_1\frac{\mathrm{d}I^\uparrow(\tau,\mu_1)}{\mathrm{d}\tau} = I^\uparrow(\tau,\mu_1) - \varpi(1-b)I^\uparrow(\tau,\mu_1) - \varpi b I^\downarrow(\tau,-\mu_1) - S^-\mathrm{e}^{-\tau/\mu_0} \quad (6.3.3\mathrm{a})$$

$$\mu_1\frac{\mathrm{d}I^\downarrow(\tau,-\mu_1)}{\mathrm{d}\tau} = I^\downarrow(\tau,-\mu_1) - \varpi(1-b)I^\downarrow(\tau,-\mu_1) - \varpi b I^\uparrow(\tau,\mu_1) - S^+\mathrm{e}^{-\tau/\mu_0} \quad (6.3.3\mathrm{b})$$

式中，各参量分别为

$$S^\pm = F_0\varpi(1\pm 3g\mu_1\mu_0)/4 \quad (6.3.3\mathrm{c})$$

$$g = \frac{1}{2}\int_{-1}^{1}\cos\Theta P(\cos\Theta)\mathrm{d}\cos\Theta \quad (6.3.3\mathrm{d})$$

$$b = (1-g)/2 \quad (6.3.3\mathrm{e})$$

g、b 分别代表散射相函数的不对称因子和后向散射能量的比例。从上述方程组可求得

$$I^\uparrow = I(\tau,\mu_1) = Kv\exp(k\tau) + Hu\exp(-k\tau) + \varepsilon\exp\left(-\frac{\tau}{\mu_0}\right) \quad (6.3.4\mathrm{a})$$

$$I^\downarrow = I(\tau,-\mu_1) = Ku\exp(k\tau) + Hv\exp(-k\tau) + \gamma\exp\left(-\frac{\tau}{\mu_0}\right) \quad (6.3.4\mathrm{b})$$

式中，各参量分别为

$$v = \frac{1+a}{2}, \quad u = \frac{1-a}{2}, \quad a^2 = \frac{1-\bar{\omega}}{1-g\bar{\omega}}, \quad k^2 = \frac{(1-\bar{\omega})(1-g\bar{\omega})}{\mu_1^2}$$

$$\varepsilon = \frac{\alpha+\beta}{2}, \quad \gamma = \frac{\alpha-\beta}{2}, \quad \alpha = \frac{Z_1\mu_0^2}{1-\mu_0^2 k^2}, \quad \beta = \frac{Z_2\mu_0^2}{1-\mu_0^2 k^2}$$

$$Z_1 = -\frac{(1-g\bar{\omega})(s^-+s^+)}{\mu_1^2} + \frac{s^-+s^+}{\mu_1\mu_0}, \quad Z_2 = -\frac{(1-\bar{\omega})(s^--s^+)}{\mu_1^2} + \frac{s^-+s^+}{\mu_1\mu_0}$$

$$K = -\frac{\varepsilon v\exp\left(-\dfrac{\tau_0}{\mu_0}\right) - \gamma u\exp(-k\tau_0)}{v^2\exp(k\tau_0) - u^2\exp(-k\tau_0)}$$

$$H = -\frac{\varepsilon u \exp\left(-\frac{\tau_0}{\mu_0}\right) - \gamma v \exp(-k\tau_0)}{v^2 \exp(k\tau_0) - u^2 \exp(-k\tau_0)}$$

向上和向下的辐射通量分别为

$$F^\uparrow(\tau) = 2\pi\mu_1 I^\uparrow(\tau, \mu_1) \tag{6.3.5a}$$

$$F^\downarrow(\tau) = 2\pi\mu_1 I^\downarrow(\tau, -\mu_1) \tag{6.3.5b}$$

根据大气层顶向上的和地面向下的漫射辐射通量可以分别求得整层大气的反射率 (planetary albedo) 和透过率 (transmittance) 为

$$r(\mu_0) = \frac{f_{\text{dif}}^\uparrow(0)}{\mu_0 F_0} = \frac{1}{\pi}\int_0^{2\pi}\int_0^1 R(\mu,\varphi,\mu_0,\varphi_0)\mu\mathrm{d}\mu\mathrm{d}\varphi \tag{6.3.6a}$$

$$t(\mu_0) = \frac{f_{\text{dif}}^\downarrow(\tau_0)}{\mu_0 F_0} = \frac{1}{\pi}\int_0^{2\pi}\int_0^1 T(\mu,\varphi,\mu_0,\varphi_0)\mu\mathrm{d}\mu\mathrm{d}\varphi \tag{6.3.6b}$$

当整层大气的光学厚度很大时，漫射光得到了充分的散射，在空间各个方向趋向均匀，因此用二流近似方法可以得到比较好的结果。而在光学厚度不大时，其结果就不太理想。例如，在 $\tau_0 < 1$ 情况下获得的反射率和透过率分别为

$$r(\mu_0) = \bar\omega\left(\frac{1}{2} - \frac{3g\mu_0}{4}\right)\frac{\tau_0}{\mu_0} \tag{6.3.7}$$

$$t(\mu_0) = 1 - r - (1-\bar\omega)\frac{\tau_0}{\mu_0} \tag{6.3.8}$$

当 $g\mu_0 > 2/3$ 时，反射率将为负值，显然是不合理的。

6.3.2 Eddington 近似解

在 6.3.1 节标准的二流近似方法中，对漫射光空间分布和介质的散射相函数没有作任何假定，但上下各取一个积分点本身就隐含假定上下两个半空间中漫反射的空间分布是均匀的，这显然和实际情况存在各种程度的差异。为了进一步提高二流近似方法的精确度，可以根据实际情况对漫射光空间分布和介质的散射相函数作一定的合理假定。

方程 (6.3.1) 可以表示为

$$\mu\frac{\mathrm{d}I(\tau,\mu)}{\mathrm{d}\tau} = I(\tau,\mu) - \frac{\varpi}{2}\int_{-1}^1 P(\tau,\mu,\mu')I(\tau,\mu')\mathrm{d}\mu' - \frac{\varpi F_0}{4\pi}P(\tau;\mu,-\mu_0)e^{-\tau/\mu_0} \tag{6.3.9}$$

式中，方位平均的散射相函数为

$$p(\mu,\mu') = \frac{1}{2\pi}\int_0^{2\pi} p(\mu,\varphi,\mu',\varphi')\mathrm{d}\varphi' \tag{6.3.10}$$

大气辐射研究中对漫射光空间分布和介质的散射相函数所作的假定最常用的一种形式为 Eddington 近似

$$I(\tau,\mu) = I_0(\tau) + I_1(\tau)\mu, \quad -1 \leqslant \mu \leqslant 1 \tag{6.3.11}$$

$$P(\mu,\mu') = 1 + 3g\mu\mu' \tag{6.3.12}$$

将它们代入辐射传输方程 (6.3.9) 可得

$$\mu\frac{dI_0}{d\tau} + \mu^2\frac{dI_1}{d\tau} = I_0(I-\omega_0) + I_1(1-g\omega_0)\mu - \frac{\omega_0}{4\pi}F_0(1-3g\mu\mu_0)\exp(-\tau/\mu_0) \tag{6.3.13}$$

在 $[-1,1]$ 区间对式 (6.3.13) 积分，然后将式 (6.3.13) 乘以 μ 再在 $[-1,1]$ 区内积分，可得下列方程组：

$$\frac{dI_1}{d\tau} = 3(1-\bar{\omega})I_0 - \frac{3}{4\pi}\bar{\omega}F_0\exp\left(-\frac{\tau}{\mu_0}\right) \tag{6.3.14}$$

$$\frac{dI_0}{d\tau} = 3(1-\bar{\omega}g)I_1 + \frac{3}{4\pi}\bar{\omega}g\mu_0 F_0\exp\left(-\frac{\tau}{\mu_0}\right) \tag{6.3.15}$$

将式 (6.3.13) 对 τ 微分并代入式 (6.3.12) 可得

$$\frac{d^2 I_0}{d\tau^2} = k^2 I_0 - \frac{3}{4\pi}\bar{\omega}(1+g-g\bar{\omega})F_0\exp\left(-\frac{\tau}{\mu_0}\right) \tag{6.3.16}$$

式中，$k^2 = (1-\bar{\omega})(1-g\bar{\omega})/\mu_1^2$。式 (6.3.16) 的解为

$$I_0 = K\exp(k\tau) + H\exp(-k\tau) + \Psi\exp\left(-\frac{\tau}{\mu_0}\right) \tag{6.3.17}$$

式中，$\Psi = \frac{3}{4\pi}\bar{\omega}F_0\frac{1+g(1-\bar{\omega})}{k^2 - 1/\mu_0^2}$，常数 K、H 可通过边界条件确定。同样地可求得

$$I_1 = aK\exp(k\tau) - aH\exp(-k\tau) - \xi\exp\left(-\frac{\tau}{\mu_0}\right) \tag{6.3.18}$$

式中

$$a^2 = 3(1-\bar{\omega})(1-\bar{\omega}g), \quad \xi = \frac{3}{4\pi}\bar{\omega}\frac{F_0}{\mu_0}\frac{1+3g(1-\bar{\omega})\mu_0^2}{k^2 - \frac{1}{\mu_0^2}}$$

根据上述结果可以分别求得向上和向下的辐射通量分别为

$$F^\uparrow(\tau) = 2\pi\int_0^1 [I_0(\tau) + \mu I_1(\tau)]\mu d\mu = \pi\left[I_0(\tau) + \frac{2}{3}I_1(\tau)\right] \tag{6.3.19a}$$

$$F^\downarrow(\tau) = 2\pi\int_0^{-1} [I_0(\tau) + \mu I_1(\tau)]\mu d\mu = \pi\left[I_0(\tau) - \frac{2}{3}I_1(\tau)\right] \tag{6.3.19b}$$

完全散射情况下的反射率为

$$r(\mu_0) = \frac{(1-g)\tau_0 + \left(\dfrac{2}{3} - \mu_0\right)\left[1 - \exp\left(-\dfrac{\tau_0}{\mu_0}\right)\right]}{\dfrac{4}{3} + (1-g)\tau_0} \tag{6.3.20}$$

从中可以看出，当 $\tau_0 \ll 1$ 时，反射率与光学厚度呈线性关系，而当 $\tau_0 \gg 1$ 时反射率趋于饱和；散射相函数越偏向前向（g 值越大），反射率越小；太阳越高，反射率越小。除在光学厚度较小并且太阳接近天顶的情况下，这些结果都与精确的数值计算结果很接近。

6.3.3 相函数 δ 函数化后的近似解

前述二流近似和 Eddington 近似方法虽然对光学厚度较大的情况所得的结果比较理想，但对光学厚度较小并且太阳接近天顶的情况，尚和精确结果有较大的差异。尽管 Eddington 近似对漫射光空间分布和介质的散射相函数作了一定的合理假定，但它尚不能有效反映散射相函数强烈偏向前向的情况。为了再进一步提高 Eddington 近似方法的精确度，可以将前向散射中突出的峰值部分（用前向散射因子 f 表示）用 δ 函数近似，而其余的部分可以用变化平缓的函数表示（Joseph et al., 1976），即

$$P(\cos\Theta) = 2f\delta(1 - \cos\Theta) + (1-f)P'(\cos\Theta) \tag{6.3.21}$$

它们对应的非对称因子之间的关系为

$$g = \frac{1}{2}\int_{-1}^{1} P(\cos\Theta)\cos\Theta \, d\cos\Theta = f + (1-f)g' \tag{6.3.22}$$

由于前向散射主要因衍射造成，不涉及吸收问题，因此扣除前向 δ 函数散射部分后的吸收光学厚度不变，散射光学厚度减少 f 成，它们对应的关系为

$$\tau_a' = \tau_a, \quad \tau_s' = (1-f)\tau_s \tag{6.3.23}$$

所以扣除前向 δ 函数散射的光学厚度、单次散射反照率和非对称因子与实际的对应量之间的关系为

$$\tau' = (1 - \varpi f)\tau \tag{6.3.24}$$

$$\varpi' = \frac{(1-f)\varpi}{1 - \varpi f} \tag{6.3.25}$$

$$g' = \frac{g - f}{1 - f} \tag{6.3.26}$$

将相函数 (6.3.21) 代入辐射传输方程 (6.3.9) 后，可以得到形式完全相同的方程，只不过用 τ'、ϖ'、g' 代替了原来的 τ、ϖ、g。因此用 τ'、ϖ'、g' 代替式二流近似和 Eddington 近似公式中的 τ、ϖ、g，即可获得优化的结果。

前向散射因子 f 的选取可根据扣除前向 δ 函数后散射相函数的特征来进行。如果后者是各向同性，则可取 $f = g$；如果后者更符合 Eddington 近似中的分布形式，则可取为散射相函数的二阶 Legendre 函数展开系数 $f = g_2$。

6.3.4 广义二流近似解的通用形式

前面我们详细叙述了二流近似和 Eddington 近似方法以及相应的 δ 函数重新标定方法。在对漫射光空间分布和介质的散射相函数作合理假定的基础上，也存在着其他可能的近似方案，但只要归结在上下两个方向上取单一的近似，它们都可以变换到和二流近似结果相同的形式。

二流近似方法的目的不在于获得准确的漫射光空间分布特征，而在于要得到能可靠获得辐射通量的简单计算方法。在广义二流近似下，以向上和向下的辐射通量 $F^{\uparrow\downarrow}(\tau) = \int_0^1 \mu I(\tau, \pm\mu) \mathrm{d}\mu$ 为变量的辐射传输方程总具有下列形式 (Meador and Weaver, 1980)：

$$\frac{\mathrm{d}F^{\uparrow}}{\mathrm{d}\tau} = \gamma_1 F^{\uparrow} - \gamma_2 F^{\downarrow} - F_0 \varpi \gamma_3 \mathrm{e}^{-\tau/\mu_0} \tag{6.3.27a}$$

$$\frac{\mathrm{d}F^{\uparrow}}{\mathrm{d}\tau} = \gamma_2 F^{\uparrow} - \gamma_1 F^{\downarrow} - F_0 \varpi \gamma_4 \mathrm{e}^{-\tau/\mu_0} \tag{6.3.27b}$$

方程中的参数 γ_1 等依赖于对漫射光空间分布和介质的散射相函数的假定，能量守恒要求 $\gamma_3 + \gamma_4 = 1$。各种二流近似下对应的参数列于表 6.3.1，表中 $\beta_0 = 1 - \frac{1}{2}\int_0^1 P(-\mu_0, \mu)\mathrm{d}\mu$，$\beta_1 = 1 - \frac{1}{2}\int_0^1 P(\mu_1, \mu)\mathrm{d}\mu$。表中修正的二流近似和修正的 Eddington 近似都是采用上面两个考虑了散射相函数真正形式的参量代替简化的相函数假设。

表 6.3.1　几种二流近似参数化方法

方法	γ_1	γ_2	γ_3
二流近似	$\frac{\sqrt{3}}{2}[2-\varpi(1+g)]$	$\frac{\sqrt{3}}{2}\varpi(1-g)$	$\frac{1}{2}(1-\sqrt{3}g\mu_0)$
修正二流近似	$\sqrt{3}[1-\varpi(1-\beta_1)]$	$\sqrt{3}\varpi\beta_1$	β_0
Eddington	$\frac{1}{4}[7-\varpi(4+3g)]$	$-\frac{1}{4}[1-\varpi(4-3g)]$	$\frac{1}{4}(2-3g\mu_0)$
修正 Eddington	$\frac{1}{4}[7-\varpi(4+3g)]$	$-\frac{1}{4}[1-\varpi(4-3g)]$	β_0
修正 δ-Eddington	$\frac{7-3g^2-\varpi(4+3g)+\varpi g^2(4\beta_0+3g)}{4[1-g^2(1-\mu_0)]}$	$1-\frac{1-g^2-\varpi(4-3g)-\varpi g^2(4\beta_0+3g-4)}{4[1-g^2(1-\mu_0)]}$	β_0

大气的反射率和透过率分别可以通过这些参数求得

$$r(\mu_0) = \frac{\varpi}{(1-k^2\mu_0^2)[(k+\gamma_1)e^{k\tau_0}+(k-\gamma_1)e^{-k\tau_0}]}$$
$$\times [(1-k\mu_0)(\alpha_2+k\gamma_3)e^{k\tau_0} - (1+k\mu_0)(\alpha_2-k\gamma_3)e^{-k\tau_0}$$
$$-2k(\gamma_3-\alpha_2\mu_0)e^{-\tau_0/\mu_0}] \tag{6.3.28a}$$

$$t(\mu_0) = e^{-\tau_0/\mu_0} \times \left\{ 1 - \frac{\varpi}{(1-k^2\mu_0^2)[(k+\gamma_1)e^{k\tau_0}+(k-\gamma_1)e^{-k\tau_0}]} \right.$$
$$\times \left[(1+k\mu_0)(\alpha_1-k\gamma_4)e^{k\tau_0} - (1-k\mu_0)(\alpha_1-k\gamma_4)e^{-k\tau_0}\right.$$
$$\left.\left. -2k(\gamma_4+\alpha_1\mu_0)e^{-\tau_0/\mu_0}\right] \right\} \tag{6.3.28b}$$

式中, $\alpha_1 = \gamma_1\gamma_4 + \gamma_2\gamma_3$, $\alpha_2 = \gamma_1\gamma_3 + \gamma_2\gamma_4$, $k = (\gamma_1^2 - \gamma_2^2)^{1/2}$。

6.4 辐射传输的离散坐标 (DISORT) 算法

6.4.1 单一均匀介质的 DISORT 算法

上面我们已获得离散坐标下大气中任意光学厚度处的辐射传输方程组 (6.2.11)

$$\mu_i \frac{dI^m(\tau,\mu_i)}{d\tau} = I^m(\tau,\mu_i) - \sum_{\substack{j=-N \\ j\neq 0}}^{N} w_j D^m(\tau,\mu_i,\mu_j) I^m(\tau,\mu_j) - Q^m(\tau,\mu_i),$$
$$i = \pm 1, \cdots, \pm N; \quad m = 0, 1, \cdots, 2N-1 \tag{6.4.1}$$

将向上和向下的光谱辐射亮度分别写为两个矢量, 则式 (6.4.1) 变为 (Stamnes et al., 1988b)

$$\begin{pmatrix} \dfrac{dI^+}{d\tau} \\ \dfrac{dI^-}{d\tau} \end{pmatrix} = \begin{pmatrix} -\alpha & -\beta \\ \beta & \alpha \end{pmatrix} \begin{pmatrix} I^+ \\ I^- \end{pmatrix} + \begin{pmatrix} Q^+ \\ Q^- \end{pmatrix} \tag{6.4.2}$$

式中, 各量分别为

$$I^\pm = [I^m(\tau,\pm\mu_i)], \quad i=1,\cdots,N$$
$$Q^\pm = [Q^m(\tau,\pm\mu_i)], \quad i=1,\cdots,N, \quad M = [\mu_i\delta_{ij}], \quad i=1,\cdots,N$$
$$\alpha = M^{-1}(D^+W - I), \quad \beta = M^{-1}D^-W, \quad W = [w_i\delta_{ij}], \quad i,j=1,\cdots,N$$
$$D^\pm = [D^m(\pm\mu_i,\mu_j)] = [D^m(\mp\mu_i,-\mu_j)], \quad i,j=1,\cdots,N$$

设方程在 $Q^\pm = 0$ 时的解为

$$I^\pm = G^\pm \exp(-k\tau) \tag{6.4.3}$$

将其代入方程 (6.4.2)，得到

$$\begin{pmatrix} \alpha & \beta \\ -\beta & -\alpha \end{pmatrix} \begin{pmatrix} G^+ \\ G^- \end{pmatrix} = k \begin{pmatrix} G^+ \\ G^- \end{pmatrix} \tag{6.4.4}$$

这是一个标准的 $2N \times 2N$ 阶确定本征值 k 和本征矢量 $G^\pm$ 的代数本征值问题，它可以通过下面的处理降为 $N \times N$ 阶的问题。将式 (6.4.4) 分解为

$$\alpha G^+ + \beta G^- = kG^+$$

$$\beta G^+ + \alpha G^- = -kG^- \tag{6.4.5}$$

通过它们相加和相减可得

$$(\alpha - \beta)(G^+ - G^-) = k(G^+ + G^-)$$

$$(\alpha + \beta)(G^+ + G^-) = k(G^+ - G^-) \tag{6.4.6}$$

从而可得

$$(\alpha - \beta)(\alpha + \beta)(G^+ + G^-) = k^2(G^+ + G^-) \tag{6.4.7}$$

$\alpha - \beta$ 和 $\alpha + \beta$ 都是非对称矩阵，其乘积也是非对称矩阵。在求得 $(G^+ + G^-)$ 后通过式 (6.4.6) 再求得 $(G^+ - G^-)$，进而求得 $G^\pm$。这种直接的矩阵变换求解虽然计算精度高，但在计算效率等方面却不理想。Nakajima 和 Tanaka(1988) 从 $Q^\pm = 0$ 时的式 (6.4.2) 出发，建立一组基于对称矩阵变换的方程

$$\frac{\mathrm{d}(I^+ + I^-)}{\mathrm{d}\tau} = -(\alpha - \beta)(I^+ - I^-) \tag{6.4.8a}$$

$$\frac{\mathrm{d}(I^+ - I^-)}{\mathrm{d}\tau} = -(\alpha + \beta)(I^+ + I^-) \tag{6.4.8b}$$

它们可以进一步表示为

$$\frac{\mathrm{d}\varphi^\pm}{\mathrm{d}\tau} = (-\alpha \pm \beta)\varphi^\mp = M^{-1}G^\mp W\varphi^\mp \tag{6.4.9}$$

式中，$\varphi^\pm = I^+ \pm I^-$，$G^\pm = W^{-1} - (D^+ \pm D^-)$。通过这种变换，尽管 $(-\alpha \pm \beta)$ 是一个非对称矩阵，但 $G^\mp$ 却是一个对称矩阵，再进一步引入

$$\hat{\varphi}^\pm = \sqrt{WM}\varphi^\pm \tag{6.4.10}$$

式 (6.4.8a)、式 (6.4.8b) 可写为

$$\frac{\mathrm{d}\hat{\varphi}^\pm}{\mathrm{d}\tau} = X^\mp \hat{\varphi}^\mp \tag{6.4.11}$$

式中

$$X^\pm = \sqrt{WM}^{-1} G^\pm \sqrt{WM}^{-1} \tag{6.4.12}$$

且 X^{-1} 为一正定矩阵。从式 (6.4.11) 可得

6.4 辐射传输的离散坐标 (DISORT) 算法

$$\frac{\mathrm{d}^2\hat{\varphi}^+}{\mathrm{d}^2\tau} = \boldsymbol{X}^-\boldsymbol{X}^+\hat{\varphi}^+ \tag{6.4.13a}$$

$$\frac{\mathrm{d}^2\hat{\varphi}^-}{\mathrm{d}^2\tau} = \boldsymbol{X}^+\boldsymbol{X}^-\hat{\varphi}^- \tag{6.4.13b}$$

设式 (6.4.13b) 的特征矩阵和特征值分别为 $\boldsymbol{U}, \lambda_i^2$,则有

$$(\boldsymbol{X}^+\boldsymbol{X}^-)\boldsymbol{U} = \boldsymbol{U}\hat{\boldsymbol{Z}}, \quad \hat{\boldsymbol{Z}} = \{\lambda_i^2\delta_{ij}\} \tag{6.4.14}$$

对 $\boldsymbol{X}^{-1}$ 进行 Cholesky 分解 (Stamnes et al., 1988a)

$$\boldsymbol{X}^- = \boldsymbol{R}^\mathrm{T}\boldsymbol{R} \tag{6.4.15}$$

$\boldsymbol{R}$ 为一个上三角矩阵且其对角矩阵元为正值,将式 (6.4.15) 代入式 (6.4.14) 并在两边同乘以 $\boldsymbol{R}$,则有 $(\boldsymbol{R}\boldsymbol{X}^+\boldsymbol{R}^\mathrm{T})\boldsymbol{R}\boldsymbol{U} = \boldsymbol{R}\boldsymbol{U}\hat{\boldsymbol{Z}}$,或记为

$$(\boldsymbol{R}\boldsymbol{X}^+\boldsymbol{R}^\mathrm{T})\boldsymbol{V} = \boldsymbol{V}\hat{\boldsymbol{Z}} \tag{6.4.16}$$

这是一个对称本征值问题,式 (6.4.14) 的本征值和本征矩阵分别为 λ_i^2 和

$$\boldsymbol{U} = \boldsymbol{R}^{-1}\boldsymbol{V} \tag{6.4.17}$$

这种方法只涉及一个矩阵的分解 (6.4.15)、一个对称本征值问题 (6.4.16) 和一个三角矩阵的求逆问题 (6.4.17)。

首先考虑源函数只来自太阳辐射的情况,由于太阳辐射的源函数为 $X_0^m(\mu)\exp(-\tau/\mu_0)$,设方程 (6.4.1) 的一个特解为

$$I^m(\tau, \mu_i) = Z_0^m(\mu_i)\exp(-\tau/\mu_0) \tag{6.4.18}$$

将其代入方程 (6.4.1),可得

$$\sum_{\substack{j=-N\\j\neq 0}}^{N}\left[\left(1+\frac{\mu_i}{\mu_0}\right)\delta_{ij} - w_j D^m(\mu_i, \mu_j)\right]Z_0^m = X_0^m(\mu_i) \tag{6.4.19}$$

由此可解出 $Z_0^m(\mu_i)$。

其次考虑源函数只来自热辐射的情况,由于热辐射为各向同性,$Q^m = 0(m > 0), Q(\tau) \equiv Q^0 = (1-\varpi)B(\tau)$。将每一层的 Planck 函数用 τ 的多项式近似,即

$$B[T(\tau)] = \sum_{l=0}^{K} b_l \tau^l \tag{6.4.20}$$

并设方程 (6.4.1) 对应的特解为

$$I^m(\tau, \mu_i) = \sum_{l=0}^{K} Y_l^m(\mu_i)\tau^l \tag{6.4.21}$$

将其代入方程 (6.4.1),可得

$$\mu_i \sum_{l=1}^{K} l \cdot Y_l^m(\mu_i)\tau^{l-1} = \sum_{l=0}^{K} Y_l^m(\mu_i)\tau^l - \sum_{\substack{j=-N \\ j \neq 0}}^{N} w_j D^m(\mu_i, \mu_j)$$

$$\times \sum_{l=0}^{K} Y_l^m(\mu_j)\tau^l - \delta_{m0}(1-\varpi)\sum_{l=0}^{K} b_l \tau^l \tag{6.4.22}$$

比较同次系数 ($l = K-1, K-2, \cdots, 0$), 得

$$\sum_{\substack{j=-N \\ j \neq 0}}^{N} (\delta_{ij} - w_j D^m(\mu_i, \mu_j)) Y_K^m(\mu_j) = \delta_{m0}(1-\varpi) b_K \tag{6.4.23a}$$

$$\sum_{\substack{j=-N \\ j \neq 0}}^{N} (\delta_{ij} - w_j D^m(\mu_i, \mu_j)) Y_l^m(\mu_j)$$
$$= \delta_{m0}(1-\varpi) b_K - (l+1)\mu_i Y_{l+1}^m(\mu_i) \tag{6.4.23b}$$

由此可解出 $Y_l^m(\mu_i)$。

因此, 方程 (6.4.1) 的一般解为

$$I^m(\tau, \mu_i) = \sum_{\substack{j=-N \\ j \neq 0}}^{N} C_j^m G_j^m(\mu_i) \exp(-k_j^m \tau)$$

$$+ Z_0^m(\mu_i) \exp\left(-\frac{\tau}{\mu_0}\right) + \delta_{m0} \sum_{l=0}^{K} Y_l^m(\mu_i)\tau^l \tag{6.4.24}$$

为方便起见, 令 $C_0^m G_0^m(\mu_i) = Z_0^m(\mu_i)$, $k_0^m = 1/\mu_0$, 则式 (6.4.24) 可表示为

$$I^m(\tau, \mu_i) = \sum_{j=-N}^{N} C_j^m G_j^m(\mu_i) \exp(-k_j^m \tau) + \delta_{m0} \sum_{l=0}^{K} Y_l^m(\mu_i)\tau^l \tag{6.4.25}$$

在求得各节点方向上的光谱辐射亮度后, 有两种方式可以用来获得任意方向上的光谱辐射亮度, 一是通过差值方法直接求取, 但这样得到的结果往往与准确结果在某些方向上有较大的起伏 (Thomas and Stamnes, 1999)。另一种方法是在上述离散结果的基础上利用辐射传输方程的形式解 (6.1.8) 求取。

辐射传输方程的求解还需要对边界条件进行同样的 Fourier 展开。对已知双向反射函数 $\rho(\mu, \phi; -\mu_0, \phi_0)$ 的下边界, 向上的光谱辐射亮度为

$$I(\tau_0, +\mu, \phi) = \varepsilon(\mu) B(T_0) + \frac{1}{\pi} \int_0^{2\pi} d\phi' \int_0^1 \rho(\mu, \phi; -\mu', \phi') I(\tau_0, -\mu', \phi') \mu' d\mu'$$
$$+ \frac{\mu_0}{\pi} F_0 \exp(-\tau_0/\mu_0) \rho(\mu, \phi; -\mu_0, \phi_0) \tag{6.4.26}$$

式中, $\varepsilon(\mu)$ 为地面的定向发射率; T_0 为地面温度, 根据 Kirchhoff 定律有

6.4 辐射传输的离散坐标 (DISORT) 算法

$$\varepsilon(\mu) + \frac{1}{\pi} \int_0^{2\pi} d\phi' \int_0^1 \rho(\mu, \phi; -\mu', \phi') \mu' d\mu' = 1 \quad (6.4.27)$$

如果双向反射函数只是入射方向与反射方向方位角之差的函数,则其 Fourier 展开式为

$$\rho(\mu, \phi; -\mu', \phi') = \sum_{m=0}^{2N-1} \rho^m(\mu, -\mu') \cos m(\phi' - \phi) \quad (6.4.28)$$

式 (6.4.26) 的 Fourier 展开式则为

$$I^m(\tau_0, +\mu) = \delta_{0m}\varepsilon(\mu)B(T_0) + (1+\delta_{0m}) \int_0^1 \mu' \rho^m(\mu, -\mu') I^m(\tau_0, -\mu') d\mu'$$
$$+ \frac{\mu_0}{\pi} F_0 \exp(-\tau_0/\mu_0) \rho^m(\mu, -\mu_0) \quad (6.4.29)$$

在离散坐标下

$$I^m(\tau_0, +\mu_i) = \delta_{0m}\varepsilon(\mu_i)B(T_0) + (1+\delta_{0m}) \sum_{j=1}^N w_j \mu_j \rho^m(\mu_i, -\mu_j) I^m(\tau_0, -\mu_j)$$
$$+ \frac{\mu_0}{\pi} F_0 \exp(-\tau_0/\mu_0) \rho^m(\mu_i, -\mu_0) \quad (6.4.30)$$

而上边界条件则根据实际问题而确定,对于太阳辐射的传输问题,上边界向下的漫射光光谱辐射亮度为零

$$I^m(0, -\mu_i) = 0 \quad (6.4.31)$$

将辐射传输方程的解 (6.4.25) 代入边界条件 (6.4.30) 和 (6.4.31) 就可求得解中的未知系数,从而获得最终的结果。为方便起见,式 (6.4.25) 可改写为 (省略上标 m,并考虑到特征值的正负对称性,$k_{-j} = -k_j$)

$$I^{\pm}(\tau, \mu_i) = \sum_{j=1}^N [C_j G_j(\pm \mu_i) e^{-k_j \tau} + C_{-j} G_{-j}(\pm \mu_i) e^{+k_j \tau}] + U^{\pm}(\tau, \mu_i) \quad (6.4.32)$$

将式 (6.4.32) 代入边界条件得到 ($i = 1, \cdots, N$)

$$\sum_{j=1}^N [C_j G_j(-\mu_i) + C_{-j} G_{-j}(-\mu_i)] = I^m(0, -\mu_i) - U^-(0, -\mu_i) \quad (6.4.33)$$

$$\sum_{j=1}^N \{r_j(\mu_i) C_j G_j(+\mu_i) e^{-k_j \tau_0} + C_{-j} G_{-j}(+\mu_i) e^{+k_j \tau_0} = \Gamma(\tau_0, \mu_i) \quad (6.4.34)$$

式中

$$r_j(\mu_i) = 1 - (1+\delta_{0m}) \sum_{n=1}^N \rho(\mu_i, -\mu_n) w_n \mu_n G_j(-\mu_n)/G_j(+\mu_n)$$

$$\Gamma(\tau_0, \mu_i) = \delta_{0m}\varepsilon(\mu_i)B(T_0) - U^+(\tau_0, \mu_i) + \frac{\mu_0}{\pi} F_0 \exp(-\tau_0/\mu_0) \rho(\mu_i, -\mu_0)$$

$$+ (1+\delta_{0m}) \sum_{j=1}^{N} \rho(\mu_i, -\mu_j) w_j \mu_j U^-(\tau_0, -\mu_j)$$

式 (6.4.33) 和式 (6.4.34) 是一个 $2N \times 2N$ 的线性代数方程组, 由此可以解出 $2N$ 的未知系数 $C_j (j = \pm 1, \cdots, \pm N)$。该方程组对应的 $2N \times 2N$ 矩阵在光学厚度 τ_0 很大时, 有些矩阵元会巨大, 而有些矩阵元会很小, 从而无法使用正常的矩阵变换算法求解。为此, 作必要的变换

$$C_{-j} = C'_{-j} e^{-k_j \tau_0} \tag{6.4.35}$$

即可解决。

6.4.2 分层均匀介质的 DISORT 算法

上面关于离散坐标法求解辐射传输方程的思路和具体结果都是针对单个均匀的大气层。由于实际大气层的光学性质随高度的复杂变化, 要获得大气中较高精度的光谱辐射亮度的空间分布特征, 必须将整层大气划分为足够多的薄层, 在每一个薄层中, 大气的光学特性没有显著的差异, 因而可视为一层均匀的介质。在这样多层的介质中辐射传输问题依然可以有效地采用离散坐标法求解, 对每一个均匀层, 6.4.1 节的结果都适用。特别是上边界条件和下边界条件也依然适用。而增加的内容是要求相邻两层间的光谱辐射亮度必须具有连续性。多层大气辐射传输框架的示意图如图 6.4.1 所示 (Stamnes et al., 2000)。注意, 这里为分层物理量的标注统一起见, $\tau_0 = 0$ 为初始光学厚度而不再代表整层的光学厚度, 后者用 τ_L 表示。

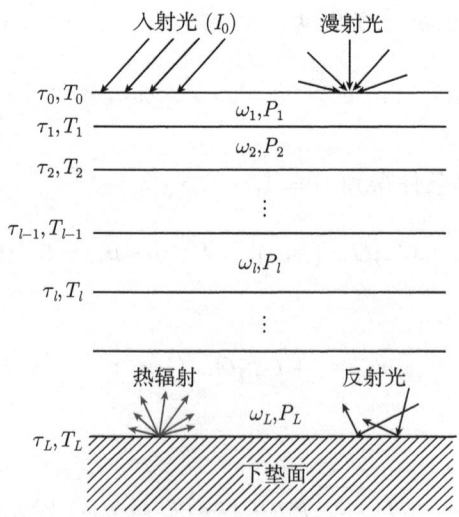

图 6.4.1 多层大气辐射传输框架的示意图 (Stamnes et al., 2000)

6.4 辐射传输的离散坐标 (DISORT) 算法

设将整层大气分为 L 层，对于每一个均匀层 $l(l=1,2,\cdots,L)$ 辐射传输方程的解都具有和式 (6.4.32) 相同的形式

$$I_l^\pm(\tau,\mu_i) = \sum_{j=1}^N [C_{jl}G_{jl}(\pm\mu_i)\mathrm{e}^{-k_{jl}\tau} + C_{-jl}G_{-jl}(\pm\mu_i)\mathrm{e}^{+k_{jl}\tau}] + U_l^\pm(\tau,\mu_i) \quad (6.4.36)$$

式中，各量都相应地加注了下标 l。上下边界条件分别为

$$I_1^m(0,-\mu_i) = 0 \quad (6.4.37)$$

$$I_L^m(\tau_L,+\mu_i) = \delta_{0m}\varepsilon(\mu_i)B(T_L) + (1+\delta_{0m})\sum_{j=1}^N w_j\mu_j\rho^m(\mu_i,-\mu_j)I_L^m(\tau_L,-\mu_j)$$
$$+ \frac{\mu_0}{\pi}F_0\exp(-\tau_L/\mu_0)\rho^m(\mu_i,-\mu_0) \quad (6.4.38)$$

而相邻层间的连续条件则为

$$I_l^m(\tau_l,\mu_i) = I_{l+1}^m(\tau_l,\mu_i), \quad i = \pm 1,\cdots,\pm N \quad (6.4.39)$$

将式 (6.4.36) 代入式 (6.4.37)~式 (6.4.39)，得

$$\sum_{j=1}^N [C_{j1}G_{j1}(-\mu_i) + C_{-j1}G_{-j1}(-\mu_i)]$$
$$= I_1(0,-\mu_i) - U_1(0,-\mu_i), \quad i=1,\cdots,N \quad (6.4.40)$$

$$\sum_{j=1}^N \{C_{jl}G_{jl}(\mu_i)\mathrm{e}^{-k_{jl}\tau_l} + C_{-jl}G_{-jl}(-\mu_i)\mathrm{e}^{k_{jl}\tau_l}$$
$$- [C_{j,p+1}G_{j,l+1}(\mu_i)\mathrm{e}^{-k_{j,l+1}\tau_{l+1}} + C_{-j,l+1}G_{-j,l+1}(\mu_i)\mathrm{e}^{k_{j,l+1}\tau_{l+1}}]\}$$
$$= [U_{l+1}(\tau_l,\mu_i) - U_l(\tau_l,\mu_i)], \quad i=\pm 1,\cdots,\pm N; l=1,\cdots,L-1 \quad (6.4.41)$$

$$\sum_{j=1}^N [C_{jL}r_j(\mu_i)G_{jL}(\mu_i)\mathrm{e}^{-k_{jL}\tau_0} + C_{-jL}r_{-j}(\mu_i)rG_{jL}(\mu_i)\mathrm{e}^{k_{jL}\tau_0}]$$
$$= \Gamma(\tau_0,\mu_i), \quad i=1,\cdots,N \quad (6.4.42)$$

式中，r_j 和 Γ 的定义同式 (6.4.34)，只是要把其中的 G_j 替换为 G_{jL}。

式 (6.4.40)~式 (6.4.42) 构成一个关于 $2N\times L$ 个未知系数 $C_{jl}(j=\pm 1,\cdots,\pm N, l=1,\cdots,L)$ 的 $(2N\times L)\times(2N\times L)$ 维的线性代数方程组。同单层传输问题一样，也需要进行变量的替换，以避免矩阵不能求逆运算的问题

$$C_{+jl} = C'_{+jl}\mathrm{e}^{k_{jl}\tau_l}, \quad C_{-jl} = C'_{-jl}\mathrm{e}^{-k_{jl}\tau_l}, \quad l=1,2,\cdots,L \quad (6.4.43)$$

Stamnes 等使用 Fortran 语言编写的 DISORT 算法软件经过多年的不断改进，已经很成熟，可以在互联网上自由下载，随软件一起的还有详细的说明文件。

6.5 光谱辐射亮度的精确求解

我们在 6.4 节较详细地叙述了离散坐标法求解辐射传输方程的具体过程，Stamnes 等的 DISORT 算法软件也得到了较广泛的使用，可以解决许多一般的辐射传输问题。对于求解辐射通量或者大范围内的光谱辐射亮度空间分布特征等问题，一般离散维数不多的计算就可得到令人满意的结果。但是，对于实际大气气溶胶粒子或云雾粒子的强烈偏向前向散射的情况，对于光谱辐射亮度空间分布特征的计算需要相当大的离散维数，才能得到可靠的计算精度。然而离散维数 N 的增加意味着计算时间的指数增加 (N^3)。

大气辐射传输问题中最为常见和重要的是太阳辐射的传输问题。在实际大气环境中，平行平面的假设以及大范围内无云的假设往往是很难满足的。然而，在太阳附近不大的角度范围内，这些假设则是常常可以满足的。因此通过对太阳辐射及其前向小角度范围的散射光测量来探测大气的光学特性是大气探测技术中应用广泛的方法。这种测量技术的理论基础就是要对太阳辐射前向小角度范围的散射光分布特征做出精确的测量和分析。

因此，使用离散坐标法获得光源入射方向小角度范围的散射光分布特征，仅仅增加离散维数不是有效的做法。根据目前的辐射传输领域的研究结果，运算效率高并且精度有可靠保障的做法是利用 δ 函数表示散射相函数的前向部分，散射相函数的其余部分则可表示为相对平缓变化的函数，在进行标定后，辐射传输方程就可以用相对较低的离散维数求得精度较高的结果。对于辐射通量的计算问题，至此已完成任务。而对于光源入射方向小角度范围的散射光分布特征，则需要根据单次散射结果进行进一步的修正，可望获得精度较高的结果。

6.5.1 散射相函数的 δ-M 处理方法

在 6.3.3 节中我们在辐射传输方程的二流近似解法中已经引入散射相函数的 δ 函数标定，同样地，它也可以运用在辐射传输方程求解的离散坐标法中，并已证明是一种非常有效的方法。这种方法一般称为 δ-M 法 (Wiscombe, 1977)，它得名于散射相函数扣除前向的强烈非对称部分的剩余相函数展开为 Legendre 多项式的项数为 $2M$。根据散射相函数前向部分 δ 函数化的式 (6.3.21) 和散射相函数的 Legendre 多项式展开式 (6.2.4)，在 δ-M 方法中，散射相函数表示为

$$P_{\delta\text{-}M}(\mu,\phi;\mu',\phi') = 2f\delta(1-\cos\Theta) + (1-f)\sum_{l=0}^{2M-1}(2l+1)g_l'P_l(\cos\Theta)$$

$$= 4\pi f\delta(\mu-\mu')\delta(\phi-\phi') + (1-f)\sum_{m=0}^{2M-1}$$

6.5 光谱辐射亮度的精确求解

$$\sum_{l=m}^{2M-1}(2l+1)g_l'^m P_l^m(\mu)P_l^m(\mu')\cos m(\phi-\phi') \qquad (6.5.1)$$

在 $f=0$ 式 (6.5.1) 还原为式 (6.2.4)。在 $\delta\text{-}M$ 方法中，通常取 $f=g_{2M}$。在计算辐射通量或与方位角无关的光谱辐射亮度时，散射相函数表示为

$$P_{\delta\text{-}M}(\mu,\mu')=2f\delta(\mu-\mu')+(1-f)\sum_{l=0}^{2M-1}(2l+1)g_l'P_l(\mu)P_l(\mu') \qquad (6.5.2)$$

大气云雾和气溶胶粒子的散射相函数及其用 $\delta\text{-}M$ 方法标定后的 Legendre 多项式展开系数如图 6.5.1 所示。

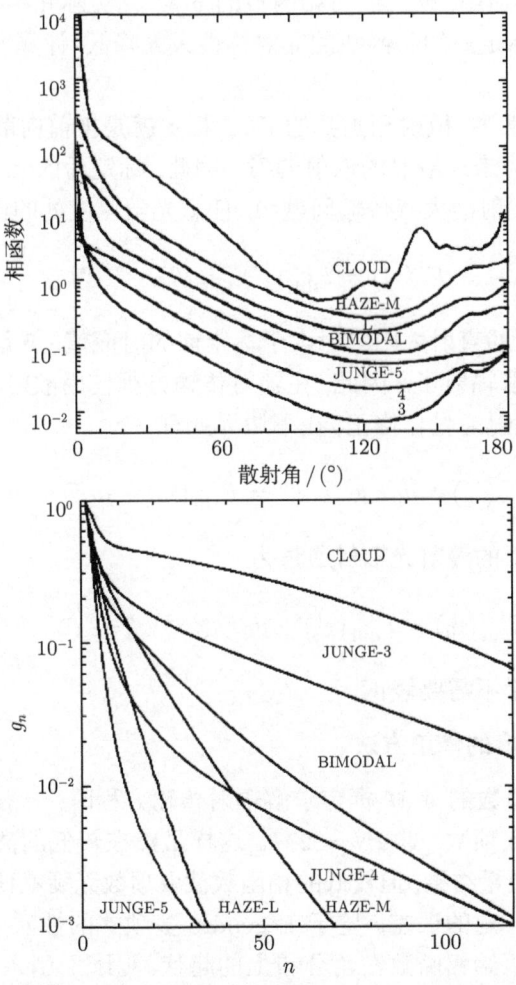

图 6.5.1 大气云雾和气溶胶粒子的散射相函数及其用 $\delta\text{-}M$ 方法标定后的 Legendre 多项式展开系数

同二流近似中的 δ 函数标定一样，只要用

$$\tau' = (1 - \varpi f)\tau \tag{6.5.3}$$

$$\varpi' = \frac{(1-f)\varpi}{1-\varpi f} \tag{6.5.4}$$

$$g'_l = \frac{g_l - f}{1 - f} \tag{6.5.5}$$

代替原来的 τ、ϖ、g_l，将相函数 (6.5.1) 和 (6.5.2) 代入相应的辐射传输方程后，就可以得到形式完全相同的方程。各种求解辐射传输方程的方法在引入散射相函数的 δ-M 化后都依然适用，因此散射相函数的 δ-M 化实际并不是一种方法，而是一种标定。这样由于标定后的相函数的非对称性大大降低，计算所需的离散维数就大为减少。

用物理意义上来讲，散射相函数的 δ-M 标定就是把前向散射特别强烈的小角度内的散射辐射视为未经散射的入射辐射。因此，标定后的光学厚度降低了，而吸收增加了。在太阳辐射的大气传输问题中，任意光学厚度处的向下辐射通量为

$$F^{\downarrow}(\tau') = F^{\downarrow}_{\text{diff}}(\tau') + \mu_0 F_0 \mathrm{e}^{-\tau'/\mu_0} \tag{6.5.6}$$

由于 $\tau' \leqslant \tau$，标定后的直射太阳辐射大于标定前的对应值，就是把前向小角度内的散射辐射也当作透射辐射了。因此，在辐射传输方程使用散射相函数的 δ-M 标定后，需要对向下的辐射通量作修正，在下边界处有

$$F^{\downarrow}_{\text{diff}}(\tau'_0) + \mu_0 F_0 \mathrm{e}^{-\tau'_0/\mu_0} = F^{\downarrow}_{\text{diff}}(\tau_0) + \mu_0 F_0 \mathrm{e}^{-\tau_0/\mu_0} \tag{6.5.7}$$

从而得出真实的向下的漫射光辐射通量为

$$F^{\downarrow}_{\text{diff}}(\tau_0) = F^{\downarrow}_{\text{diff}}(\tau'_0) + \mu_0 F_0 (\mathrm{e}^{-\tau'_0/\mu_0} - \mathrm{e}^{-\tau_0/\mu_0}) \tag{6.5.8}$$

而对向上的辐射通量不需要修正。

6.5.2 光谱辐射亮度的修正方法

在引入散射相函数的 δ-M 标定求解辐射传输方程时，一般就取离散维数的数目当作相函数的截取项数，即 $2N = 2M$。这样虽然在较低的离散维数下可以得到精度相当高的辐射通量结果，但较低的相函数截取项数无疑就使得计算使用的相函数与原始相函数有一定的误差。鉴于 Legendre 多项式的性质，这种误差表现在计算使用的相函数与原始相函数在角分布上的起伏。因此，引入散射相函数的 δ-M 标定求解辐射传输方程得到的光谱辐射亮度角分布与正确的结果之间也有起伏，特别是在光源入射方向的小角度内。

6.5 光谱辐射亮度的精确求解

本书后面将会谈到，光源入射方向的小角度内的光谱辐射亮度的角分布特征在反演大气介质中的散射粒子的光学特性，如尺度谱分布和折射率等参数具有重要的应用。此时必须求得入射方向的小角度内的光谱辐射亮度的精确分布情况。在充分利用 δ-M 标定快速求解辐射传输方程的基础上，Nakajima–Tanaka 修正方案可以有效地解决这个问题 (Nakajima and Tanaka, 1988)。该方案的物理基础在于，单次散射结果在入射方向的小角度内的光谱辐射亮度中占据主要部分，而单次散射结果和散射相函数很相似，多次散射更趋向于各向同性。因此，可以利用辐射传输方程单次散射近似的精确结果来进行修正。

对于单层均匀介质，在顶部入射为零，底部无反射的情况下，辐射传输方程单次散射近似的结果为式 (6.1.15)。同样可以推广到 L 层分层均匀的介质，在该介质中的任意光学厚度 $\tau_{n-1} < \tau \leqslant \tau_n$ 处向上和向下的光谱辐射亮度为

$$I^\uparrow(\tau, \mu, \phi) = \frac{\mu_0 F_0}{4\pi(\mu + \mu_0)} \sum_{i=n}^{L} \varpi_i P_i(\mu, \phi; -\mu_0, \phi_0)$$

$$\times \left\{ \exp\left[-\left(\frac{1}{\mu} + \frac{1}{\mu_0}\right)\tau_{i-1} + \frac{\tau}{\mu}\right] \right.$$

$$\left. - \exp\left[-\left(\frac{1}{\mu} + \frac{1}{\mu_0}\right)\tau_i + \frac{\tau}{\mu}\right] \right\} \qquad (6.5.9a)$$

当 $i = n$ 时，取 $\tau_{n-1} = \tau$。

$$I^\downarrow(\tau, -\mu, \phi) = \frac{\mu_0 F_0}{4\pi(\mu - \mu_0)} \sum_{i=1}^{n} \varpi_i P_i(-\mu, \phi; -\mu_0, \phi_0)$$

$$\times \left\{ \exp\left[-\left(\frac{1}{\mu_0} - \frac{1}{\mu}\right)\tau_{i-1} - \frac{\tau}{\mu}\right] \right.$$

$$\left. - \exp\left[-\left(\frac{1}{\mu_0} - \frac{1}{\mu}\right)\tau_i - \frac{\tau}{\mu}\right] \right\} \qquad (6.5.9b)$$

当 $i = n$ 时，取 $\tau_n = \tau$。

具体的修正方案为：分别使用原始散射相函数和 δ-M 截断后的相函数，利用式 (6.5.9) 计算它们分别对应的单次散射近似的光谱辐射亮度，再计算它们的差值。将此差值加到利用 δ-M 标定求解辐射传输方程得到的光谱辐射亮度上，即可获得修正后的结果。这样的修正结果除在前向小角度内，光谱辐射亮度的计算精度已经相当高。

在前向小角度内，光谱辐射亮度修正后的计算精度仍然不理想，为此需要作进一步的修正。一种方法是，使用原始单次散射反照率和 δ-M 标定后的光学厚度，

利用式 (6.5.9) 计算其对应的单次散射光谱辐射亮度, 把该结果再加在前述的修正后的结果中, 这可以进一步提高计算结果的精度, 但还会存在一定的误差, 再进一步的修正方法更加复杂, 详细的计算方法参看 DISORT 说明文件 (Stamnes et al., 2000)。

6.6 常用算法软件和标准谱辐射传输问题

6.6.1 常用算法软件

随着大气辐射传输的研究的深入开展, 各种求解辐射传输方程的算法软件日趋成熟, 其中一些在互联网上公开发布供大家使用并检验。除非我们致力于获取求解辐射传输方程的新算法, 否则使用这些成熟的算法足以解决我们所面对的实际问题。因此, 熟悉常用算法软件, 并对其计算精度、适用性等方面有可靠的把握, 无疑是使用这些软件获得正确结果的前提。

大气辐射传输软件主要包括大气分子吸收谱线数据库、逐线积分程序、谱带吸收透过率程序、辐射传输方程(多次散射)求解程序以及矢量(偏振)辐射传输方程求解程序等。

最常用的大气分子吸收谱线数据库有 HITRAN 和 GEISA 数据库。HITRAN 最初由美国空军剑桥实验室 (Air Force Cambridge Research Laboratories) 开发, 先由美国麻省剑桥的 Harvard-Smithsonian Center for Astrophysics 维护与更新, 它收集了目前最全的大气分子吸收光谱数据, 广泛应用在各种大气辐射传输计算软件中。GEISA 由法国的 Ecole 工业大学的气象动力学实验室 (Laboratoires de Météorologie Dynamique, LMD/IPSL, Ecole Polytechnique) 开发, 在欧洲 METOP 卫星搭载的 IASI(Infrared Atmospheric Sounding Interferometer) 仪器的设计及其应用中发挥了作用。

常用的逐线积分程序有 LBLRTM 和 FUTBOLIN 等。FUTBOLIN 针对球面或平行平面大气, 可以计算 0.3~1000μm 光谱区间的透过率和辐射, 它可以调用 HITRAN 和 GEISA 数据库。

基于谱带吸收模型的大气透过率计算程序主要有 MODTRAN 和 6S(Second Simulation of the Satellite Signal in the Solar Spectrum) 等。LOWTRAN(LOW resolution TRANsmission) 是美国空军地球物理实验室 (AFGL) 于 20 世纪 70 年代开始开发的低分辨率大气透过率模式和计算代码, 后续版本中逐步增加了背景辐射和辐射传输计算, 可以计算 0~50000 cm^{-1} 大气透过率、大气背景辐射、太阳和月亮的单次散射和多次散射辐射亮度和太阳直射辐照度。6S 由法国 Lile 大学的大气光学实验室 (Laboratoire d'Optique Atmospherique) 开发, 主要针对太阳光谱区间近天顶下视场景下卫星或航空遥感时的大气辐射问题，可适用于非 Lambertian 反射面，包含分子吸收与散射、气溶胶散射等计算。

中国科学院安徽光机所的通用大气辐射传输软件 (Combined Atmospheric Radiative Transfer, CART) 可用来快速计算空间任意两点之间的大气光谱透过率、散射和透射以及地表反射的太阳辐射、地表和大气的热辐射等 (魏合理等, 2007)。光谱波段为可见光到远红外波段 ($1\sim 25000 cm^{-1}$)，光谱分辨率为 $1 cm^{-1}$。该软件基于逐线积分拟合的方法快速计算主要吸收气体的分子吸收，并考虑分子的连续吸收。可选用 MODTRAN 近地层气溶胶模式 (如乡村型、城市型、海洋型、沙漠型)，也可以根据实际测量的气溶胶粒子谱分布和折射率计算气溶胶粒子的光学特性，含有气溶胶消光高度分布选项，可输入气溶胶消光的标高。在大气模式选项中，除了本书前述的 6 种参考大气外，还包含我国若干个地区的大气温度、湿度、气压和大气密度的月平均高度分布廓线。

多次散射计算软件主要有 DISORT、SBDART(Santa Barbara DISORT Atmospheric Radiative Transfer) 等。它们都是基于辐射传输方程的离散坐标法求解，可以计算辐射通量和光谱辐射亮度。

矢量辐射传输计算软件主要有 6SV1。它是 6S 的矢量版，是 MODIS 大气修正算法中的基本辐射传输程序，基于逐次散射法求解 Stokes 矢量四个分量的辐射传输方程。

从实用的角度来看，常用算法软件主要分为两大类，一类是以 DISORT 为代表的"数学型"软件，它按照严格的光源和介质输入参数、边界条件和入射几何、出射几何进行辐射方程的求解，给出所要求的结果，可以用来分析任意实际或虚拟的辐射传输问题。另一类是"应用型"软件，如 MODTRAN 等，它内部耦合了各种大气模型，并有目前最全的大气分子吸收参数及模型，广泛用来分析各种实际的大气辐射传输问题，虽然它也可以选择 DISORT 进行光谱辐射亮度的计算，但对一般问题，计算量是巨大的，因此，其内禀算法是低阶次的离散坐标算法。

6.6.2 DISORT

DISORT 是辐射传输计算的专用软件，它是在 Stamnes 等长期研究结果的基础上使用 FORTRAN 科学计算语言编写的，并按照结构化的程序设计，不断更新完善，是经得起考验的一个优秀软件。该软件的源代码充分体现了好的科学计算程序的各种特点，是我们编写各种科学计算程序的一个范本。我们在这里不仅仅是介绍该软件本身，学习如何可靠地使用该软件进行大气辐射传输问题研究，更重要的是要了解该软件的编写思路。

一个好的科学计算程序应具备以下一些特点：

(1) 程序是结构化的，每一个模块 (子程序) 应该具有唯一、独特的功能，参量输入、输出应该有专用模块；当总程序增加功能时，已有的所有子程序都不应该发生变动。

(2) 应该具有细致的程序检验功能，主要包括对输入、输出参量的合理性进行判断；程序运行中的溢出等可能出现问题的防止与解决办法；运行已知精确结果的问题的输出结果与精确结果的比较等。

(3) 变量名尽量接近该量的实际名称，让人一眼就能大致判断出其含义，杜绝用单个字母命名变量，即使其实际量本身就常用单个字母表示，如温度 t，建议用 temperature 或 temp，最简单也必须用 tt，否则，当你检查有关 t 的问题时，就会发现麻烦所在了。

(4) 子程序的开头要详细列出所有的输入变量、中间变量和输出变量，并注明其数据类型和物理意义，特别勿忘其单位。所有变量的数据类型都不要缺省，即 implicit none。

(5) 程序中列出所有引用计算公式的详细出处，在程序中应分段注明其功能。整个程序应该有一个详细的说明文件，主要内容包括程序的功能，数理计算基础，所涉及的参考文献，所有输入、输出参量的物理意义和单位等。

(6) 数学上许多函数和矩阵运算等计算问题都有成熟的计算程序，不要浪费精力去自己编写，要采用经过广泛验证的标准软件包，尽量不要用各种计算机自带的软件包。

DISORT 的数理计算基础就是本章前面阐述的辐射传输方程求解方法，它具备目前大气辐射传输研究中涉及的所有有关辐射通量、光谱辐射亮度等计算功能，其程序的流程如图 6.6.1 所示。它的结构及其所包含的所有模块如图 6.6.2 所示。各个模块的名称及功能如下所述

自定义模块

BDREF：用户自定义的底部边界双向反射函数。

设置和输入模块

CHEKIN：输入变量错误检测；

DREF：通量反射率，是入射角的函数；

SLFTST：设置输入进行自检；

PLKAVG：在一段光谱区间上的 Planck 函数积分；

TSTBAD：自检失败输出错误信息；

WRTBAD：输出错误输入变量名；

WRTDIM：输出维数不足的形式变量名；

ZEROAL：矩阵元赋零。

核心计算模块

ASYMTX：求解非对称实矩阵 (本征值为实数) 的本征函数问题；

CMPINT：计算用户指定光学厚度和计算角度的强度 (光谱辐射亮度);
FLUXES：计算向上和向下的辐射通量和平均强度;
INTCOR：使用 Nakajima-Tanaka 算法修正强度场;
SECSCA：计算二次散射强度用于强度修正;
SINSCA：计算单次散射强度用于强度修正;
SETMTX：计算耦合了边界和分层界面条件的线性方程组的系数矩阵;
SOLVE0：求解耦合了边界和分层界面条件的线性方程组;

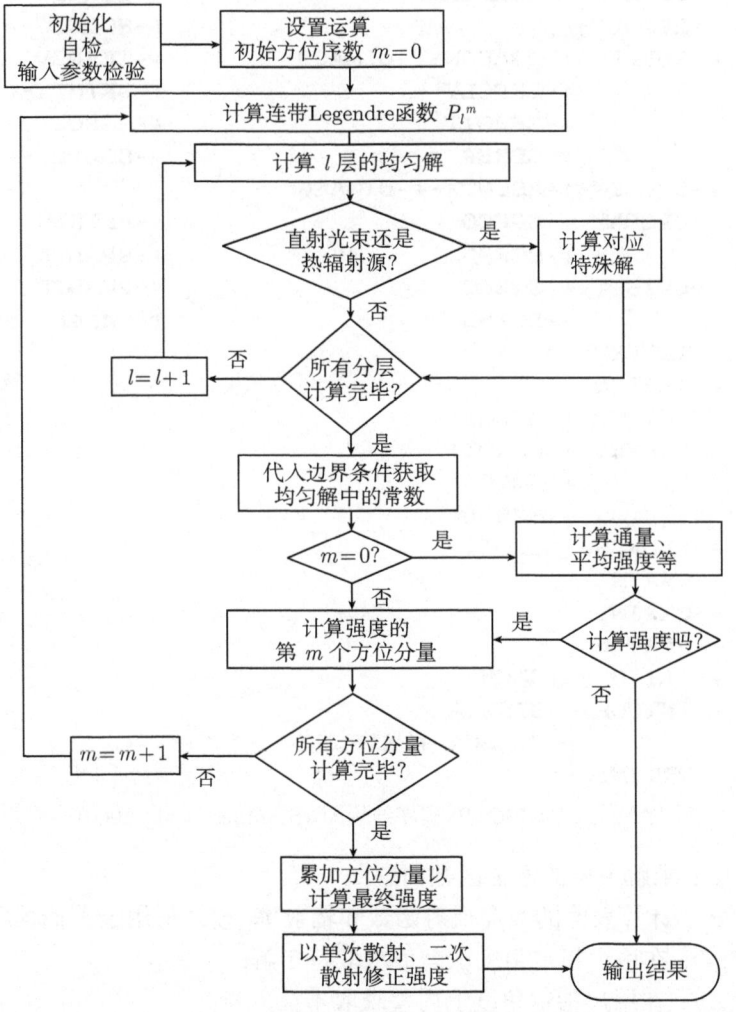

图 6.6.1　DISORT 程序流程图 (Stamnes et al., 2000)

```
DISORT-+-R1MACH
       +-SLFTST-+-TSTBAD
       +-ZEROIT
       +-CHEKIN-+-WRTBAD
               -+-WRTDIM
               -+-DREF-+-BDREF
       +-ZEROAL
       +-SETDIS-+-QGAUSN-+-D1MACH
       +-PRTINP
       +------------------------+-ALBTRN-+-LEPOLY
       +-PLKAVG-+-R1MACH                 +-ZEROIT
       +-LEPOLY                          +-SOLEIG-+-ASYMTX
       +-SURFAC-+-QGAUSN-+-D1MACH        +-TERPEV
               +-LEPOLY                  +-SETMTX-+-ZEROIT
               +-ZEROIT                  +-SGBCO
               +-BDREF                   +-SOLVE1-+-ZEROIT
       +-SOLEIG-+-ASYMTX-+-D1MACH                 +-SGBSL
       +-UPBEAM-+-SGECO                  +-ALTRIN
               +-SGESL                   +-SPALTR
       +-UPISOT-+-SGECO                  +-PRALTR
               +-SGESL                   (finish)
       +-TERPEV
       +-TERPSO
       +-SETMTX-+-ZEROIT
       +-SOLVE0-+-ZEROIT
               +-SGBCO
               +-SGBSL
       +-FLUXES--ZEROIT
       +-USRINT
       +-CMPINT
       +-PRAVIN
       +-RATIO--R1MACH
       +-INTCOR-+-SINSCA
               +-SECSCA-+-XIFUNC
       +-PRTINT
```

图 6.6.2 DISORT 程序结构图 (Stamnes et al., 2000)

SOLEIG：求解单层的本征函数问题；
SURFAC：计算表面的双向反射函数和辐射率，使之适用于其他程序；
TERPSO：在用户指定角度上差值求取特定解；
TERPEV：在用户指定角度上内差求取本征矢量；
UPBEAM：求取束状光源的特解；
UPISOT：求取热辐射源的特解；

USRINT：计算用户指定光学厚度和指定角度的强度；
XIFUNC：计算 SECSCA 中的 Xi 函数。

服务功能模块

LEPOLY：计算归一化的连带 Legendre 多项式；
PRALTR：打印 ALBTRN 中的反射率和透过率函数；
PRAVIN：打印方位平均的强度；
PRTINP：打印输入参量；
PRTINT：打印用户指定角度上的强度；
QGAUSN：计算 Gauss 积分节点和权重；
RATIO：以一种不会出错的方式计算两个数之比；
R1MACH：返回机器 (计算机) 常数；
SG......：LINPACK 软件包中的线性方程求解程序；
ZEROIT：将给定矩阵赋零。

特殊用途模块

ALBTRN：一次计算多个入射角度下整层介质的辐射通量反射率和透过率；
ALTRIN：计算用户指定的角度上的方位平均的强度；
SOLVE1：求解耦合了边界和分层界面条件的线性方程组；
SPALTR：计算球面反射率和透过率函数。

6.6.3 标准辐射传输问题

对于辐射传输方程的求解，除了本章重点介绍的离散坐标法之外，在本学科领域里，也在一定范围内使用其他的解法和相应的计算软件。为检验各种算法的可靠性和精度，国际辐射传输研究领域根据常见的典型辐射传输问题提出三个"标准"(standard) 或 "原型"(prototype) 辐射传输问题供大家计算分析，相互验证结果 (Leonble, 1985; Thomas and Stamnes, 1999)。

三个标准问题都对应于一个均匀的平行平面介质板，主要区别在于光源的形式，但光源都是单色和非偏振的。五个输入参量用来描述每一个问题，它们分别是介质板的总光学厚度、内部或外部源函数、相函数、单次散射反照率以及下边界的双向反射函数。

第一个问题是均匀照射问题：在介质板的上边界，是各向同性均匀照射的漫射光，其辐射亮度是一常数。因此，介质中的辐射场仅是光学厚度和天顶角的函数，而源函数仅为光学厚度的函数。这个问题可以近似代表 (光学意义上的) 厚云层覆盖下的大气层内的辐射传输问题。

第二个问题是恒定内嵌源问题：在介质板的上边界没有外界光源，辐射亮度为零。介质中的源函数是 $(1-\varpi)B(T)$，它是恒定常数，与光学厚度无关。这个问题可以近似代表大气层内的热辐射传输问题。

第三个问题是漫反射问题：在介质板的上边界的是从一个方向平行入射的外界光源，介质中的辐射场是光学厚度、天顶角和方位角的函数，这个问题是大气层内太阳短波辐射传输的典型代表。

6.6.4　LOWTRAN/MODTAN/FASCODE

LOWTRAN 采用经验化单参数带模式计算大气分子吸收，并包括多种气体的连续吸收的计算，光谱分辨率为 $20\mathrm{cm}^{-1}$。LOWTRAN 采用前面章节中提到的 13 种微量气体成分廓线、6 种参考大气模式，并可选择输入用户自己的大气廓线资料。近地面气溶胶模式有乡村型、城市型、海洋型、海军海洋型、沙漠型 5 种模式，$2\sim10\mathrm{km}$ 上气溶胶的高度分布有春夏季和秋冬季两种模式。多次散射计算则采用二流近似和 k 分布的方法。

随着计算速度的提高，LOWTRAN 在 1989 年的版本 7 以后就发展成 MODTRAN (MODerate resolution TRANsmission)，采用一种 $2\mathrm{cm}^{-1}$ 光谱分辨率的分子吸收的新算法，更新了分子吸收的气压温度关系的处理方法，新的带模式参数仍是从 HITRAN 谱线参数汇编计算的，范围覆盖了 $0\sim17900\mathrm{cm}^{-1}$。除在可见和紫外较短的波长上，光谱分辨率由 $20\mathrm{cm}^{-1}$ 提高到 $2\mathrm{cm}^{-1}$。多次散射计算可以采用二流近似，也可选用 $2\sim16$ 维的离散坐标法。MODTRAN 的最新版本为 2006 年的 MODTRAN5，它是目前最完整的大气光谱透过率和背景辐射的计算软件。

与 LOWTRAN、MODTRAN 同步发展的是高分辨率的 FASCODE，对分子吸收的计算采用 HITRAN 谱线参数汇编，其他方面则等同于前两者。该软件主要用于激光大气传输的精细光谱特性分析。

6.7　小　　结

我们在本章全面引入了完整的辐射传输方程，并对最实用的二流近似方法和一种数值计算方法（离散坐标法）进行了重点介绍，特别强调了光源附近小范围内散射光分布特征的精确算法。这些内容可以解决一般常见的辐射传输问题。

在大气辐射传输研究中，也发展了其他一些解法。主要包括：

(1) 球谐函数法。它将光谱辐射亮度展开为球谐函数，相函数同样用 Legendre 函数展开，将这些展开式代入辐射传输方程可以得到一阶线性微分方程组，然后根据边界条件求解。同离散纵标法相似，在采用较低阶近似的情况下即可达到较好的精度。对于光谱辐射亮度与方位无关的部分，两种方法得到的公式完全一致。球谐函数的最低阶近似即为 Eddington 近似。

(2) 加倍–累加法(doubling-adding)。这种方法完全基于多层介质光的透射和反射原理：如果已知两个介质层的反射与透射特性，则其组合的反射和透射特性可以直观地表达为等比数列求和问题。由于散射过程涉及对相函数的球面积分，其简单的算符表达式中实际上包含了复杂的多重积分运算。该方法通常从一个薄层开始，在利用低阶近似方法获得的反射和透射算符基础上，用加倍公式计算较厚的均匀层的传输特性，再用累加公式计算非均匀多层介质的传输特性。

(3) 逐次散射法(successive scattering)。这种方法按照光散射的过程来对辐射传输方程进行迭代，即按照第一次散射、第二次散射等顺序以此建立各级辐射传输方程，0 级辐射传输方程的源函数只包括光源和热辐射项；1 级辐射传输方程的源函数中的散射项中的光谱辐射亮度则取 0 级辐射传输方程的解，以此类推。在多次散射严重的情况下，这种方法的数值收敛速度很慢。

(4) Monte Carlo 法。这是一种数值模拟介质中光子传播过程的随机方法。光子的散射本质上是一个随机过程，而相函数就是散射到指定角度上的概率密度函数。对数量足够多的光子的传播过程模拟，就可以很精确地获取散射场的统计特征。对于几何结构复杂介质（如云）中的辐射传输问题，其他方法难以奏效，这种方法则显示其优越性。

上述各种方法都有其特色。但对一般的传输问题计算，在数学上还是离散坐标法更为有效。因此，除非专注于辐射传输方程的算法本身研究外，对它们不必进行过深的探讨。

本章叙述的辐射传输方程及其解法实际上都是一维的问题，即大气介质的光学性质只是高度的变量，这在应用场景范围不大，天顶角不是很大的情况下是适用的。然而也有许多应用场景和这些有明显的差异，此时，大气的分层不再是平面而必须当作球面处理，地面的反射特性也不均匀。在这种情况下，本章的算法就不够了，需要更为复杂的三维辐射传输数值算法，目前已有多种算法，其中典型的一种为球谐函数离散坐标法 (SHDOM)(Evans, 1998)。这里不作详细介绍。

本章介绍的辐射传输方程及其求解方法主要应用在求解辐射通量、漫射光以及前向小角度光谱辐射亮度的分布等问题中，其光源是空间上无限的平行光束（如太阳光）或热辐射源（地表或大气本身）。对于空间受限的光束（如激光束），如果仅考虑能量的改变，在单次散射的情况下，使用 Beer 定律就可求解，但在多次散射下，情况就非常复杂，尽管前人对这个问题也进行了一些研究工作，但真正能实用的结果尚未出现。

参 考 文 献

石广玉. 2008. 大气辐射学. 北京：科学出版社

魏合理，陈秀红，饶瑞中. 2007. 通用大气辐射传输 (CART) 软件介绍. 大气与环境光学学报, 2(6): 446~450

Chandrasekhar S. 1950. Radiative Transfer. London: Oxford University Press

Evans K F. 1998. The spherical harmonics discret ordinate method for three-dimensional atmospheric radiative transfer. J. Atmos. Sci., 59: 429–446

Joseph J H, Wiscombe WJ, Weinman JA. 1976. The delta–Eddington approximation for radiative flux transfer. J. Atmos. Sci., 33: 2452–2459.

Leonble J. 1985. Radiative Transfer in Scattering and Absorbing Atmospheres: Standard Computational Procedures. Hampton, Virginia: A. Deepak Publishing

Leonble J. 1993. Atmospheric Radiative Transfer. Hampton, Virginia: A. Deepak Publishing

Liou K N. 1992. An Introduction to Atmospheric Radiation. New York: Academic Press

Meador W E, Weaver W R .1980. Two stream approximations to radiative transfer in planetary atmospheres: a unified description of existing methods and a new improvement. J. Atmos. Sci., 37: 630–643

Nakajima T, Tanaka M. 1986. Matrix formulation for the transfer of solar radiation in a plane-parallel scattering atmosphere. J. Quant. Spectrosc. Radiative Transfer, 35: 13–21

Nakajima T, Tanaka M. 1988. Alogorithms for radiative intensity calculations in moderately thick atmospheres using a truncation approximations. J. Quant. Spectrosc. Radiative Transfer, 40: 51–69

Potter J F. 1970. The delta fuction approximation in radiative transfer theory. J. Atmos. Sci., 27: 943-949

Stamnes K, Tsay S C, Nakajima T. 1988a. Computation of eigenvalues and eigenvetors and matrix operator methods in radiative transfe. J. Quant. Spectrosc. Radiative Transfer, 35: 415–419

Stamnes K, Tsay S C, Wiscombe W, et al. 1988b. Numerically stable algorithm for discret-ordinate-method radiative transfer in multiple scattering and emitting layered media. Applied Optics, 27(12): 2502–2509

Stamnes K, Tsay S C, Wiscombe W, et al. 2000. DISORT, a general-purpose fortran program for discrete-ordinate-method radiative transfer in scattering and emitting layered media: ocumentation of methodology. DISORT Report 1.1

Stephens G L. 1994. Remote Sensing of the Lower Atmosphere. New York: Oxford University Press

Thomas G E, Stamnes K. 1999. Radiative Transfer in the Atmosphere and Ocean. New York: Cambridge Universing Press

van de Hulst H C. 1980. Multiple Light Scattering, Tables, Formulas and Applications. Vol. 1 and 2. New York: Academic Press

参考文献

Wiscombe W J , Evans J W. 1977. Exponential-sum fitting of radiative transmission function. J. Comput. Phys., 24: 416–444

Wiscombe W J. 1977. The delta–M method: Rapid yet accurate radiative flux calculations for strongly asymmetric phase fuctions. J. Atmos. Sci., 34: 1408–1422

第 7 章　混浊大气中的辐射传输问题

7.0　引　　言

在第 6 章中我们介绍混浊大气介质中的辐射传输方程及其各种解法,并着重介绍了目前广泛应用的数值方法和一些应用软件,它们是求解各种实际大气辐射和光波传输的数理基础和基本工具。在本章中我们将主要针对各种实际应用探讨辐射传输方程的具体求解结果,以及它们与实际测量结果的对比分析,发现可以直接运用的结果,以及需要进一步深入研究的问题。

混浊大气介质中辐射传输的具体应用大致可以分为光电工程中的能量衰减、光电工程中的图像恶化(包括气象上的能见度等问题)以及气候与气象科学中的大气辐射等三大类。其中,光电工程中的能量衰减和气候与气象科学中的大气辐射两类问题可以直接采用第 6 章中的辐射传输求解方法直接解决,而光电工程中的图像恶化(包括气象上的能见度等问题)涉及更复杂的成像过程,完整的考虑需要更多图像上的知识,但若仅限于图像对比度的问题,则在一定的简化条件下,运用辐射传输的知识即可解决。

大多数情况下光电工程中的能量衰减都属于大气分子吸收和大气分子和气溶胶粒子的单次散射导致的能量损失,这种情况对应于辐射传输方程最简单的形式,其基本解就是 Beer 定律,在对大气吸收分子浓度、吸收谱线参数和气溶胶粒子浓度及其光学性质有确切了解的情况下,可以根据实际的传输场景计算获得确切的传输结果。而对于有效光束范围的传输问题(如激光束),在非单次散射的条件下,将是一个非常复杂的问题。

大气散射造成的杂散光构成了影响大气介质中图像清晰度恶化的主要因素,是日常生活中常见的大气现象,并对航空等交通问题构成了重大威胁,也导致气象观测中列入了能见度这一个重要的参数。大气杂散光或天空背景光是真正意义上的单次散射结果,因而需要完整的大气辐射传输求解。

气候与气象科学中的大气辐射传输问题研究是导致辐射传输理论蓬勃发展的最主要动力。由于气候问题涉及全球整个大气层,因此所有的大气成分、气象要素及其时空分布详细情况都需要高度精确的掌握,才能可靠地获取大气辐射传输方程的精确解。不难想象,这是一个多么巨大的工程任务。目前,国际上各种观测网络(包括大气成分和大气辐射)都在蓬勃发展中,朝着这个目标前进。而在没有达到这个目标之前,我们还需要依据有效的观测结果建立起各种精度的大气模型,用来进行大气辐射传输分析。或者在一定的区域范围内获取尽可能详细的大气参数研究局部地区的大气辐射问题。

鉴于本书针对大气光学的目的，各种大气成分引起的辐射效应等问题不在本书讨论范围之内。

7.1 激光的大气透过率

在当代光电工程应用中，激光辐射是最重要的人造光源，而红外辐射是各种物体 (在军事应用中为各种目标) 的内在特性。激光一般广泛应用于主动工作，而红外辐射主要被作为被动的手段。二者在大气中的应用都受到大气介质的重要影响，在一些恶劣天气条件下，大气甚至成为制约相关应用的最主要因素。在大气介质对激光和红外辐射影响的诸多表现中，主要的一个效应就是对能量的衰减。

红外辐射一般不具有定域性，视应用场景的具体情况，有时可作为球面波，有时可作为平面波。而激光通常具有明显的定域性，常被称为激光束。研究一般情况下的辐射传输问题，前者可以比较方便地应用辐射传输方程，而后者就无法直接套用该方程。虽然有研究工作分析激光束的多次散射问题，但简单易用的结果尚付诸阙如。

最广泛的应用问题一般还是对应于单次散射，此时辐射传输方程就简化为 Beer 定律式 (1.3.44)，即

$$I_\lambda = I_\lambda(0) \exp\left(-\int_{\Delta s} \beta_\lambda \mathrm{d}s\right) = I_\lambda(0) \exp\left(-\tau_\lambda\right) \tag{7.1.1}$$

按照此定律，只要我们大气介质消光系数在传输路径上的具体分布，就可以计算得到大气的光学厚度、透过率以及能量的衰减。我们已经知道，大气介质的消光系数由大气分子和气溶胶粒子 (包括云雾粒子) 的吸收和散射系数决定。由于大气分子吸收系数复杂性，决定了各种波长的激光和红外辐射大气衰减特性有很大的区别；同时由于大气介质 (吸收气体分子含量和气溶胶粒子特性) 复杂的时空变化特性，同一种激光 (或红外辐射) 的大气衰减特性在不同的地点和时间都会有很大的变化。因此，笼统地谈论几种激光大气衰减特性的优劣，或者简单谈论某种激光的大气衰减特性都是不全面的。

随着激光技术的发展，越来越多波长的激光得到了各种应用。特别是激光调谐技术的迅速发展，使得激光波长数量大为增加。详细地分析每一种激光的大气透过率特性是不现实的。我们在本节以两种典型波长在一种地区两个季节的透过率特性为例进行分析说明。根据式 (7.1.1)，大气透过率为

$$T_\lambda = \exp\left(-\tau_\lambda\right) = \exp\left(-\int_{\Delta s} \beta_\lambda \mathrm{d}s\right) \tag{7.1.2}$$

我们的典型场景是位于福建东山岛的近海面,分别以 3 月和 8 月作为典型的冬季和夏季。按月平均的大气温度 (°C)、相对湿度 (%) 和风速 (m/s)、能见度 (km) 的日变化特征分别绘于图 7.1.1 和图 7.1.2。

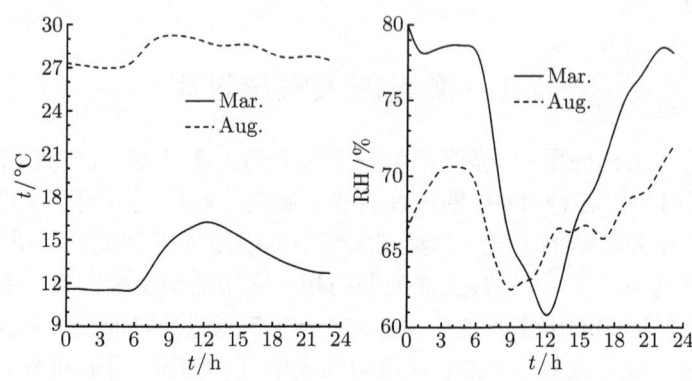

图 7.1.1　福建东山岛近海面夏季和冬季的大气温度 (°C) 和相对湿度 (%)

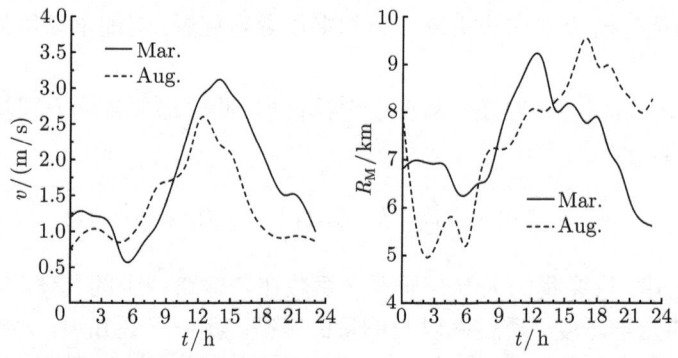

图 7.1.2　福建东山岛近海面夏季和冬季的大气风速 (m/s) 和大气能见度 (km)

两种典型的激光分别取为波长为 $1.315\mu m$ 的氧碘化学激光和波长为 $3.8\mu m$ 的氟化氘化学激光。各种大气分子在 $1.315\mu m$ 处的吸收也都比较弱,主要的大气吸收分子是水汽和 CO_2,$7603.14 cm^{-1}$ 处水汽分子吸收截面值以及它们在海面标准条件下的含量及其对应的吸收系数如表 7.1.1 所示。利用 FASCODE 计算的这两种分子在 $1.315\mu m$ 附近吸收光谱特性如图 7.1.3 所示。

表 7.1.1　$1.315\mu m$ 处水汽和 CO_2 分子的吸收特性

分子吸收参量	水汽	CO_2
吸收截面/cm^2	1.0×10^{-24}	0.37×10^{-24}
海面标准条件下体积混合比 r_V/ppmv	7534	330
海面吸收系数/$10^{-3} km^{-1}$	19.591	0.3128

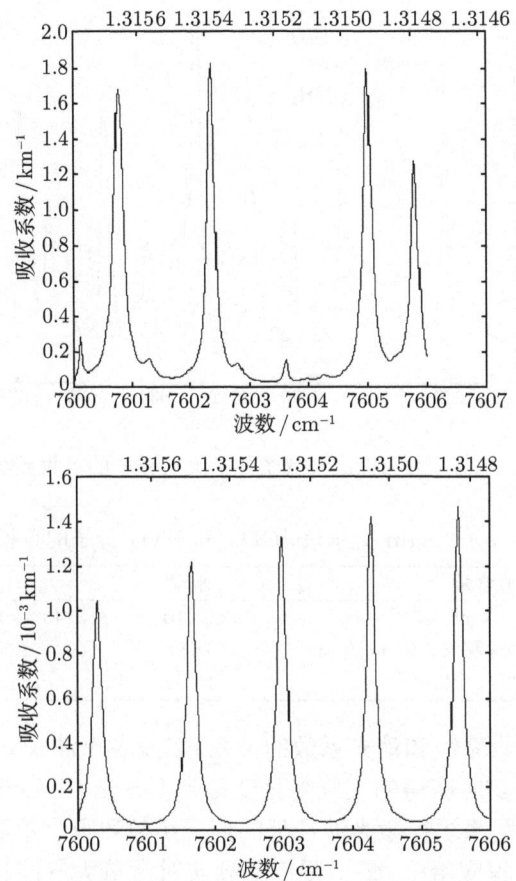

图 7.1.3 海面标准大气条件下 (RH=80%) 水汽和 CO_2 分子的吸收系数

各种大气分子在 $3.8\mu m$ 处的吸收都比较弱,主要吸收分子是水汽、CH_4 和 CO_2,它们的吸收截面的准确实验测量结果尚未见报道。利用 FASCODE 计算的这三种分子在 $3.8\mu m$ 附近的吸收光谱特性如图 7.1.4 所示。它们在 $2631.09 cm^{-1}$ 处的吸收截面值以及它们在海面标准条件下的含量及其对应的吸收系数如表 7.1.2 所示。

从图 7.1.4 和表 7.1.2 中可以看出,在 $3.8\mu m$ 处 CO_2 的吸收截面约为水汽的 20 倍,而 CH_4 的吸收截面远大于水汽和 CO_2,约为水汽的 5500 倍。但由于 CH_4 的含量一般远小于水汽和 CO_2,故在一般条件下三者的吸收系数基本相当。CH_4 和 CO_2 的实际含量虽然因时因地而有差异,但一般认为是稳定气体,具有较为固定的混合比。

在一般的工程应用中往往没有条件获取大气气溶胶粒子的详细信息,但可以根据应用地区的实际情况大致判断气溶胶粒子的类型,这样就确定了气溶胶粒子的折射率和尺度谱分布,据此可以获得激光波长处气溶胶粒子吸收系数和消光系数与可

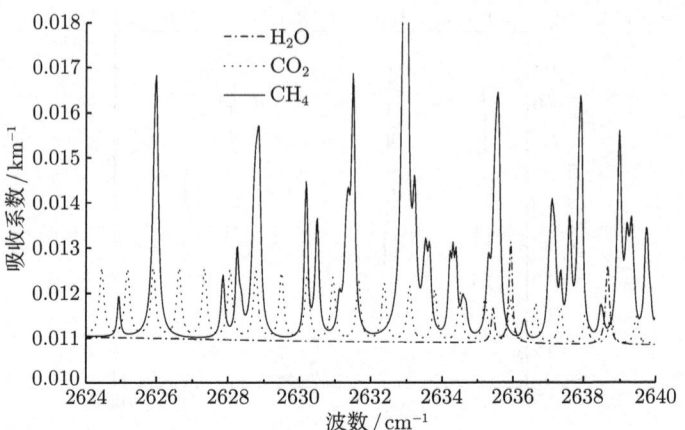

图 7.1.4 海面标准大气条件下大气分子的吸收系数

表 7.1.2 $3.8\mu m$ 处水汽、CH_4 和 CO_2 分子的吸收特性

分子吸收参量	水汽	CH_4	CO_2
吸收截面$/cm^2$	0.569×10^{-24}	3143.6×10^{-24}	13.35×10^{-24}
海面标准条件下吸收气体体积混合比 r_V/ppmv	7534	1.5	330
海面吸收系数$/10^{-3}km^{-1}$	10.92	12.01	11.22

见光 $0.55\mu m$ 处的吸收系数和消光系数的关系,以及各个波长处吸收系数与消光系数的关系。然后依据实时获得的大气能见度得到可见光 (中心波长 $0.55\mu m$) 的消光系数,进而利用上述关系求得激光波长处的消光系数和吸收系数。

因此,在实际工程应用中,最低限度必须实时测量大气能见度,否则就不可能获得大气透过率的可靠信息。在气象上通常使用的能见度概念,即所谓的气象视距 R_M (具体来历后面将阐述),它与可见光 (中心波长 $0.55\mu m$) 的消光系数的关系为

$$R_M = 3.912\beta_{\mathrm{ext}}^{-1}(0.55\mu m) \tag{7.1.3}$$

$0.55\mu m$ 和其他波长处消光系数的关系,取决于两个波长上大气分子和气溶胶粒子的消光特性。一般海洋型气溶胶粒子在相对湿度 $RH = 50\%$ 的情况下的吸收系数 β_{abs}、消光系数 β_{ext} 以及二者的比值在可见光和红外波段的变化情况示于图 7.1.5。请注意,图中数值仅是一种典型的情况,实际使用可根据能见度确定气溶胶粒子的浓度,进而确定相应的比例系数。

气溶胶粒子的组分因其折射率随空气湿度而变化,一般海洋型气溶胶粒子在 $0.55\mu m$、$3.8\mu m$ 和 $1.315\mu m$ 处的吸收系数、消光系数随相对湿度的变化情况见表 7.1.3。气溶胶粒子的折射率随相对湿度而变,引起消光系数与吸收系数的改变。实际使用时可根据能见度确定气溶胶粒子的 $0.55\mu m$ 处的消光系数 (对应于气溶胶粒子浓度),将其与表中对应相对湿度的 $0.55\mu m$ 处的消光系数相比较,确定比例因子,

7.1 激光的大气透过率

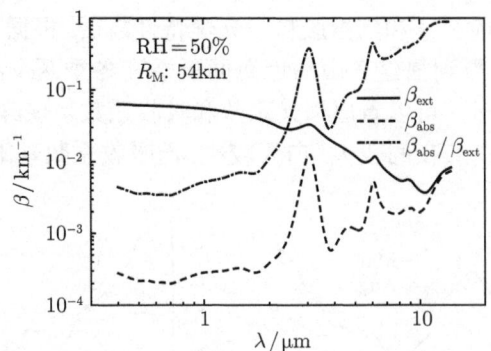

图 7.1.5 一般海洋型气溶胶粒子吸收和消光系数随波长的变化

表 7.1.3 海洋型气溶胶在 0.55μm、1.315μm 和 3.8μm 处的消光与吸收系数 (km^{-1})

RH/%	EXT0.55	ABS0.55	EXT1.315	EXT3.8	ABS1.315	ABS3.8
0.00	2.6599×10^{-2}	2.2531×10^{-4}	1.7887×10^{-2}	4.9732×10^{-3}	2.7937×10^{-4}	6.6291×10^{-5}
50.00	6.0269×10^{-2}	2.2425×10^{-4}	4.9185×10^{-2}	2.0834×10^{-2}	3.0945×10^{-4}	5.1455×10^{-4}
70.00	7.5169×10^{-2}	2.2485×10^{-4}	6.4000×10^{-2}	3.0061×10^{-2}	3.2574×10^{-4}	7.7240×10^{-4}
80.00	8.9935×10^{-2}	2.2546×10^{-4}	7.9142×10^{-2}	4.0337×10^{-2}	3.4305×10^{-4}	1.0623×10^{-3}
90.00	1.2567×10^{-1}	2.2772×10^{-4}	1.1620×10^{-1}	6.8704×10^{-2}	3.8689×10^{-4}	1.8887×10^{-3}
95.00	1.8179×10^{-1}	2.3058×10^{-4}	1.7480×10^{-1}	1.2042×10^{-1}	4.6810×10^{-4}	3.4925×10^{-3}
98.00	3.0708×10^{-1}	2.3463×10^{-4}	3.0342×10^{-1}	2.5317×10^{-1}	6.9147×10^{-4}	8.2327×10^{-3}
99.00	4.5717×10^{-1}	2.3797×10^{-4}	4.5582×10^{-1}	4.2821×10^{-1}	1.0251×10^{-3}	1.5713×10^{-2}

进而求得其他消光系数与吸收系数。注意表中的绝对数值仅对应于一种典型气溶胶粒子浓度。

为直观起见，我们将上述气溶胶粒子在 1.315μm、3.8μm 和 0.55μm 处的消光系数之比，1.315μm、3.8μm 的吸收系数和消光系数之比随相对湿度变化的情况示于图 7.1.6。

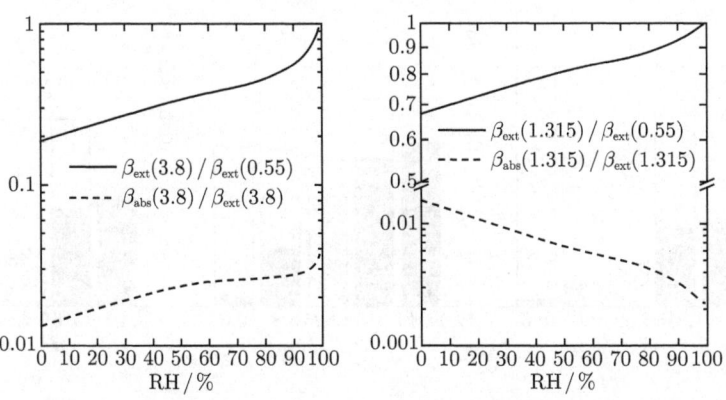

图 7.1.6 海洋型气溶胶粒子在 3.8μm、1.315μm 和 0.55μm 处的消光系数之比以及 3.8μm、1.315μm 处的吸收和消光系数之比随相对湿度的变化

在确定了大气吸收分子和气溶胶粒子光学特性之后,根据上面实际测量的大气光学参数就可以计算得到福建东山岛近海面夏季和冬季两个波长的吸收系数和消光系数,如图 7.1.7 所示。可以看出消光系数和吸收系数呈现鲜明的季节特征,消光系数一天之内变化较大:夜间较大,白天较小;而吸收系数基本不变。

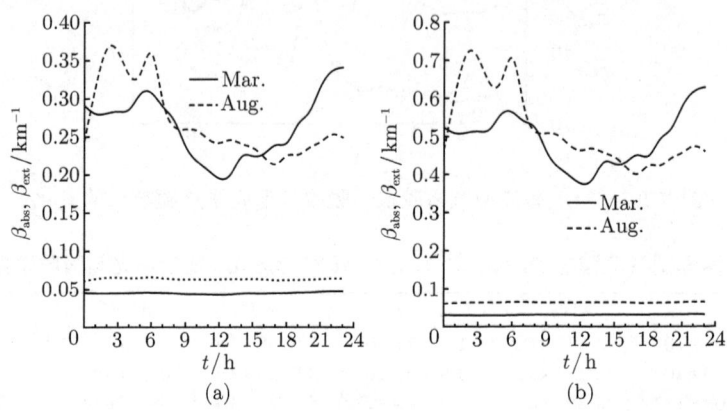

图 7.1.7 近海面夏季和冬季 3.8μm 和 1.315μm 的吸收系数和消光系数

(a) 3.8μm; (b) 1.315μm

根据上述分析方法,只要我们确切地掌握特定激光的输出光谱特性和应用场景中的大气光学特性,就可以获得该激光的大气透过率特性 (饶瑞中, 2007)。图 7.1.8

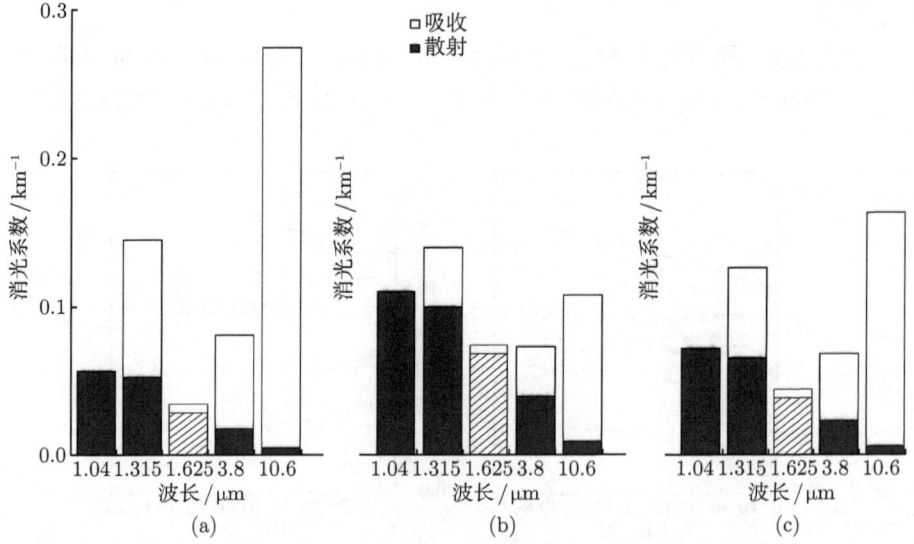

图 7.1.8 三个海域近海面大气气溶胶粒子的消光特性 (50% 的出现概率) (1980~1995)

(a) 霍尔木兹海峡; (b) 日本海; (c) 东地中海

就是在霍尔木兹海峡、日本海和东地中海三个海域近海面大气气溶胶粒子对几种常见激光的消光特性 (对应于 50% 的出现概率), 是根据 1980~1995 年的资料统计分析的 (Reid et al., 2004)。

一些激光 (如 DF 激光) 具有较多的输出谱线, 如图 7.1.9 所示, 在实际工程应用中存在着最优波长选择的问题。从大气衰减特性来看, 需要进行精细吸收的测量工作, 以确定大气透过率的光谱特性 (曹百灵等, 2003)。如在远红外光谱区最常见的 CO_2 激光, 在 P 支、R 支谱带存在着一系列谱线, 尽管它们的波长很接近, 但其实际大气透过率却存在较大的差异, 具体的测量结果如图 7.1.10、图 7.1.11 所示 (饶瑞中等, 1989)。

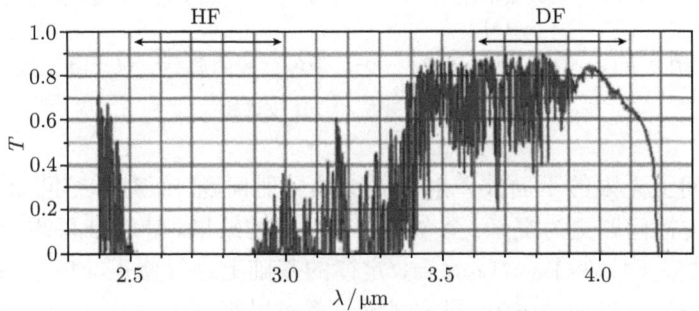

图 7.1.9　氟化氢和氟化氘激光输出的光谱区间

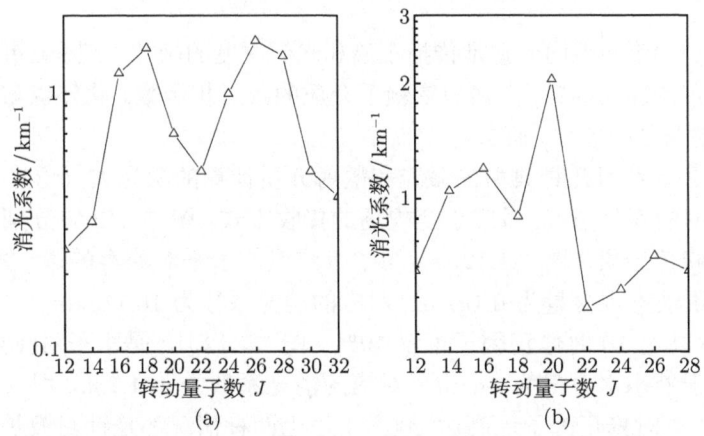

图 7.1.10　CO_2 激光 00°1~10°0 带各谱线的典型大气衰减系数

(a) P 支谱线; (b) R 支谱线

本节迄今为止所谈的激光大气透过率都是在单次散射近似下按照能量衰减服从 Beer-Lambert 定律来分析的。在第 6 章我们已知, 当光学厚度达到足够大时, 多次散射不能忽略, 必须求解辐射传输方程。但我们能够求解的辐射传输方程问题也

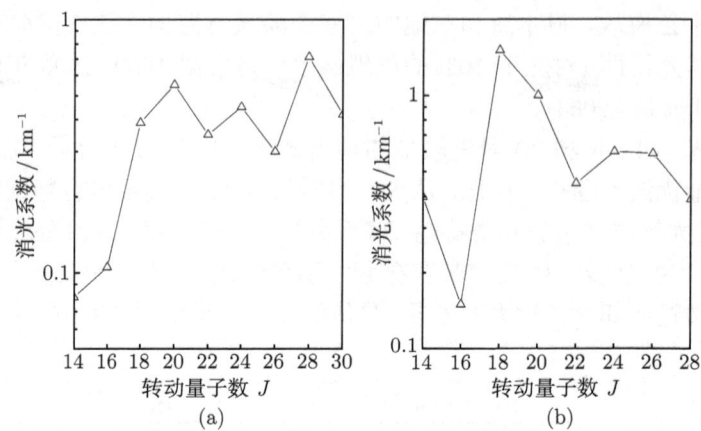

图 7.1.11　CO_2 激光 $00°1\sim 02°0$ 带各谱线的典型大气衰减系数

(a) P 支谱线; (b) R 支谱线

仅仅限于空间上无限的平面波入射问题或热辐射问题, 而对于空间上有限的 (激) 光束的大气传播问题更为复杂, 至今也没有一般的结果。针对准直激光束的特殊情况, 大气透过率可以在 Beer-Lambert 定律的基础上进行修正 (Tam and Zargecki, 1982; Zargecki and Tam, 1982), 即大气透过率可以表示为

$$T_\lambda = \exp(-\tau_\lambda)[1 + C(L,\tau_\lambda)] \tag{7.1.4}$$

式中, $C(L,\tau_\lambda)$ 为修正因子, 它是传播距离和光学厚度的函数, 实际上更是激光束波长和空间分布特性的函数, 也强烈依赖于介质的散射相函数。此外也与探测器件的接收方式 (主要是视场角) 有关。

图 7.1.12 是针对几种典型的激光和散射介质计算的激光大气透过率的修正因子随光学厚度的变化情况, 对应于全视场的接收方式。图 7.1.12 中分别绘出了考虑各次散射的修正结果。图 7.1.12 (a) 为中等浓度的水平对流雾的透过率修正因子, 其浓度相当于液态水含量为 0.1g/m^3, 对应的消光系数为 16.119km^{-1}。在此种情况下, 光学厚度高达 10 时修正因子也仅 10%。图 7.1.12 (b) 是水平对流浓雾的情况, 其浓度相当于液态水含量为 1g/m^3, 对应的消光系数为 161.19km^{-1}。在此种情况下, 光学厚度 7 时修正因子已高达 200%。以上两种情况都是针对波长为 $1.06\mu\text{m}$、一组光束参数相同的激光。图 7.1.12(c) 是 C1 模式水云的透过率修正因子, 对应的消光系数 16.33km^{-1}。在此种情况下, 光学厚度低于 10 时修正因子不超过 2.5%。图 7.1.12(d) 是雨的透过率修正因子, 其浓度相当于降雨速率 12.5mm/h, 对应的消光系数为 1.36km^{-1}。在此种情况下, 光学厚度 7 时修正因子已高达 500%。以上两种情况都是针对一组光束参数相同的激光, 但波长分别为 $0.45\mu\text{m}$ 和 $1.06\mu\text{m}$。

7.1 激光的大气透过率

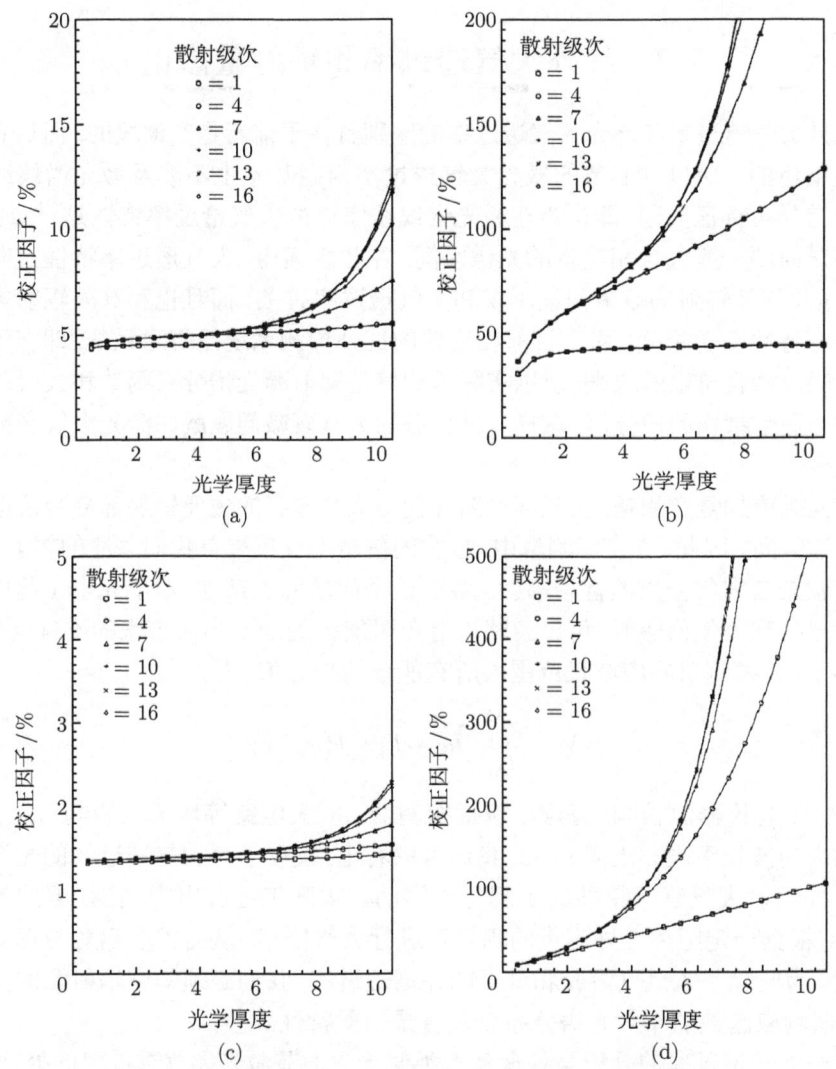

图 7.1.12 激光大气透过率的修正因子随光学厚度的变化

(a) 水平对流雾,消光系数 16.119km^{-1}; (b) 水平对流雾,消光系数 161.19km^{-1};
(c) 水云 C1,消光系数 16.33km^{-1}; (d) 雨,消光系数 1.36km^{-1}

从以上结果可以看出,激光大气透过率的修正因子随光学厚度的变化情况很复杂。大气透过率需要严重修正的情况有浓雾和雨,浓雾主要的特征是消光系数很大,因而多次散射影响很大;而雨的消光系数相对很小,但修正因子却很大,其原因在于水滴尺度相对于光波波长很大,散射相函数显著集中在前向,使得每一次散射的贡献很大,即使是低阶次的散射的影响也很显著。

7.2 红外大气透过率和辐射量修正

红外大气透过率和激光大气透过率的区别就在于前者是宽谱段的,而后者可以认为是单色的。所以 7.1 节的激光大气透过率问题基本上不涉及激光谱线线宽以内的光谱分布特征问题,即认为在激光谱线线宽以内大气透过率特性是一致的。而红外辐射问题一般包含相当宽的光谱区间,在此区间内,大气透过率特性是明显变化的,因此红外辐射的衰减问题不仅和大气透过率有关,而且也和红外辐射本身的光谱分布特性密切相关。由于目前相当多的红外探测系统是带通系统,即在一定的光谱区间内接收总辐射通量,所以实际探测值是辐射源光谱分布函数和大气透过率光谱分布函数乘积的积分值,这样红外辐射的大气衰减问题就比激光大气衰减问题更加复杂。

使问题更加复杂的是,大气环境温度使得大气本身的主要辐射部分恰恰也位于红外光谱区间。因此,在实际测量中,接收的信号不仅仅来自我们关注的辐射源,也同时接收来自大气介质的背景辐射。鉴于这个问题的复杂性,对于光电工程应用工作者自己处理大气问题时,可以忽略以避免可能因处理不当而带来的不确定性。在此条件下,为探测器响应波长范围内所有能量的积分值,即

$$V = \int_{\lambda_1}^{\lambda_2} I_0(\lambda)T(\lambda)f(\lambda)\mathrm{d}\lambda \tag{7.2.1}$$

式中,$f(\lambda)$ 为仪器波长响应函数,包括探测器、放大电路等环节的影响;λ_1、λ_2 为系统响应的波长下限和上限。由此我们可以看出,仅仅了解大气透过率的光谱特性对于红外辐射大气衰减特性的了解是不够的。实际工程应用中,往往遇到的是反问题,即根据一定距离之外测量的辐射量进行大气修正,从而求取辐射源真实的辐射特性。为此除了大气气溶胶和分子的光谱透过率,我们必须知道辐射源的光谱分布、仪器响应函数的相对光谱分布以及背景辐射特性。

红外大气透过率的分析与处理基本类似于 7.1 节激光大气透过率的处理方法,最主要的不同之处在于分子吸收光谱特性的复杂性,应该按照探测器光谱响应特性选择合适的光谱分辨率进行计算。当仪器光谱分辨率一定时,更高的光谱分辨率计算没有必要,而分辨率不够将导致一定的误差。相对于分子吸收光谱特性而言,气溶胶粒子吸收和散射的光谱特性相对平缓,我们只要根据实际应用场景,确立恰当的气溶胶粒子类型,做出类似于图 7.1.5 的关系图即可。例如,将一般陆地型和沙漠型气溶胶粒子在 RH = 50% 的情况下的吸收系数 β_{abs}、消光系数 β_{ext} 以及二者的比值在可见光和红外波段的变化情况分别如图 7.2.1 和图 7.2.2 所示。实际使用时可根据测量的能见度 (气象视距) 确定气溶胶粒子的 0.55μm 处的消光系数,根据消光系数的波长依赖关系求得其他波长处的消光系数与吸收系数。

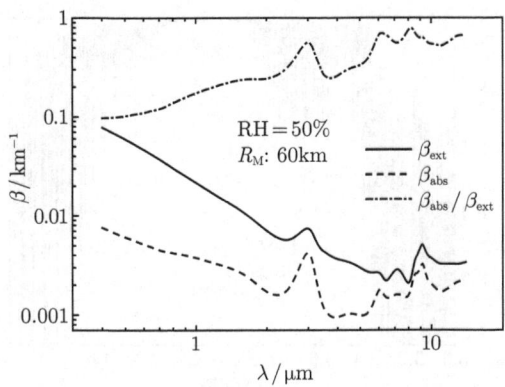

图 7.2.1　一般陆地型气溶胶粒子吸收系数、消光系数随波长的变化

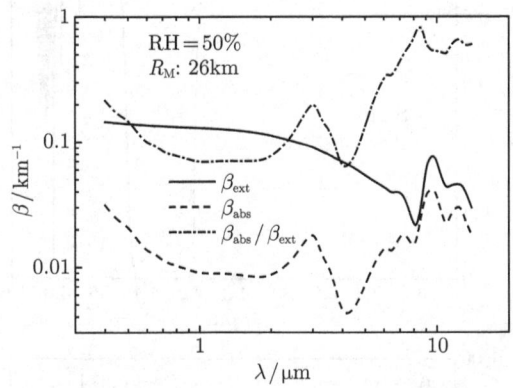

图 7.2.2　沙漠型气溶胶粒子吸收系数、消光系数随波长的变化

在红外工程应用中最主要的两个光谱区间是 3~5μm 和 8~12μm。图 7.2.3 是美国标准大气条件下 3~5μm 波段的几种主要衰减因素的整层大气透过率。其中，

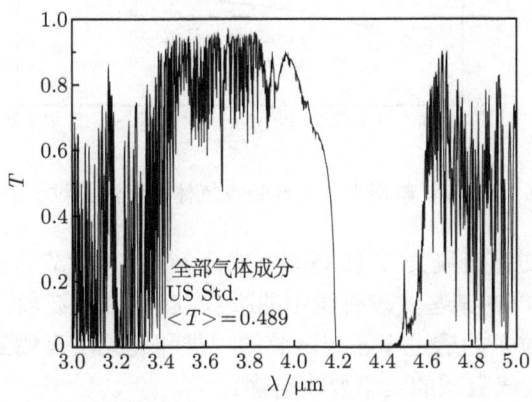

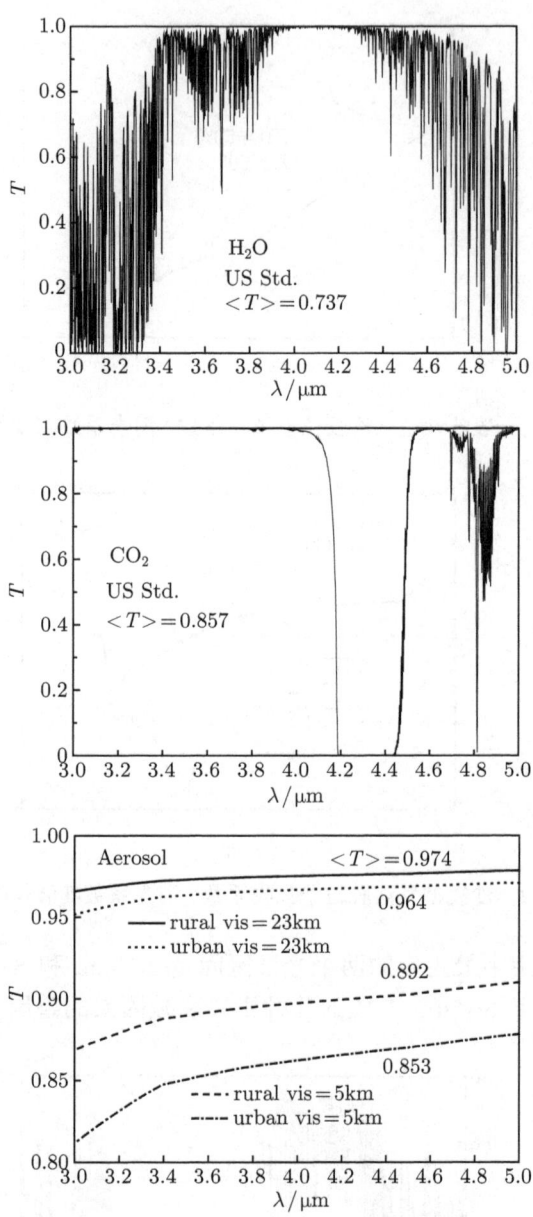

图 7.2.3 3~5μm 整层大气主要吸收气体和气溶胶粒子的透过率

每种气体的平均透过率分别为 T(H_2O):T(CO_2):T(O_3)=0.737:0.857:0.991。其他气体(如 CH_4、CO、N_2O) 在某些波段有微小的吸收,在中红外波段,分子散射的影响已不大。虽然气溶胶粒子的透过率随气溶胶的种类和能见度有明显的变化,但相对于分子吸收而言,对大气衰减的贡献要小得多。

图 7.2.4 是美国标准大气条件下 8~12μm 波段的整层大气的透过率和几种主要衰减因素对应的透过率。其中,每种气体的平均透过率分别为 $T(H_2O):T(CO_2):T(O_3)=0.858:0.970:0.903$。其他气体 (如 CH_4、N_2O) 在某些波段有微小的吸收,在远红外波段,分子散射完全可以忽略。大气气溶胶粒子的透过率比中红外更高,即对大气衰减的贡献更小。

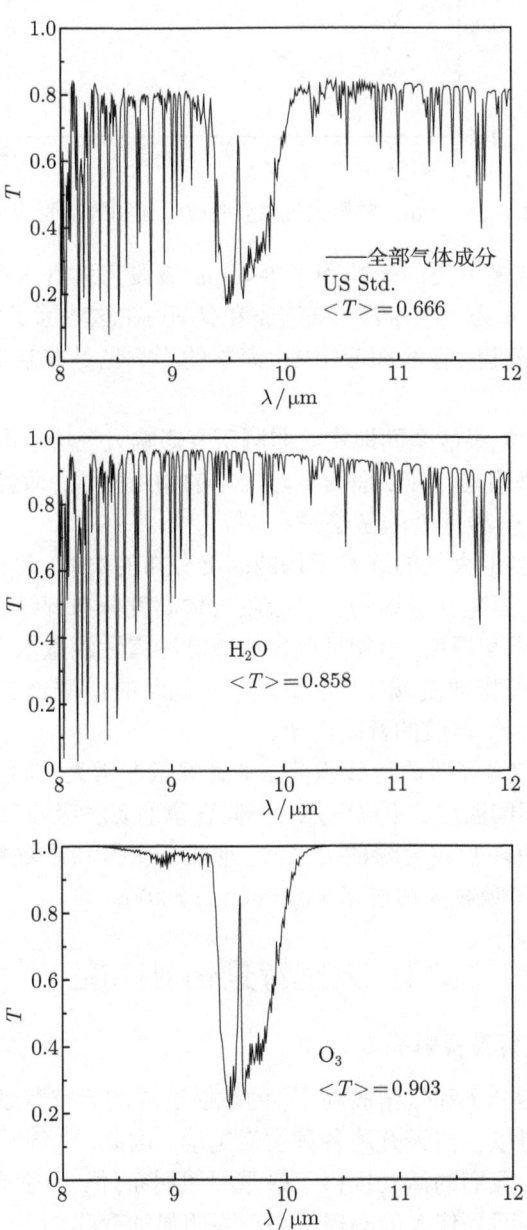

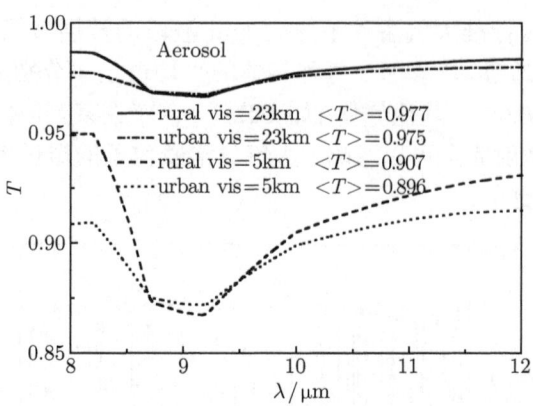

图 7.2.4 8~12μm 整层大气主要吸收气体和气溶胶的透过率

总之，大气衰减最重要的影响因子 3~5μm 波段为大气水汽、大气气溶胶、大气二氧化碳，8~12μm 为大气水汽、气溶胶和臭氧。在这些因子中，时间和空间变化最大的是水汽和气溶胶。在海面应用中，海雾的影响也是非常重要的因素 (饶瑞中和宋正方，1989)。

在实际应用中，如果能全面地实时监测所有影响大气透过率的大气光学参量当然最好，但实际上很困难。可以根据实际应用的精度需求，适当简化测量一些主要的影响因素。例如，一种适度的做法是：

统计应用场景当地大气的逐月平均的高度分布的廓线，包括温度、湿度、气压等高度分布廓线，从而建立当地的大气吸收气体高度分布廓线。用太阳辐射计测量整层大气的气溶胶光学厚度，用能见度仪或微脉冲雷达测量水平大气消光系数。假定气溶胶浓度随高度指数衰减 (通常情况下是满足的)，联合水平消光系数和整层气溶胶光学厚度得到气溶胶的标高因子。

由于精确的大气分子吸收逐线积分法的计算量非常大，难以满足实时修正的需要，可以预先计算不同温度、不同气压、不同含量的各种吸收气体在所要求波段的吸收特性，拟合吸收随吸收含量的关系式，形成一个拟和系数数据库，可以快速高精度地计算大气分子吸收的透过率 (Wei et al., 2007)。

7.3 天空背景辐射亮度

7.3.1 可见光天空背景辐射亮度

大气介质 (包括分子和气溶胶粒子) 的散射造成的天空背景光形成了白天和黑夜的区分，使我们得以在白天开展各种生活运动。因此，大气不仅为我们提供了赖以生存的氧气，也为我们的活动提供了最重要照明条件。天空亮度的变化，不仅影响我们的日常活动，而且使人的心理状态产生明显的变化。

7.3 天空背景辐射亮度

在空间目标探测等光电工程应用中，天空背景光构成了主要的背景噪声，它降低了探测信噪比，为目标探测带来了困难。在气候系统中，天空背景光的分布直接反映了大气辐射分布情况。因此，天空背景光的特性无论在日常生活还是在科学研究与工程应用中都具有重要应用。表 7.3.1 列出了不同条件下地面辐照度和地平方向不同条件下的天空亮度的大致数值，供一般应用估算时参看 (李景镇，2009)。表中照度单位中 $1\text{lm}=1/683\text{W}$，亮度单位中 $1\text{cd}=1\text{lm/sr}$。

表 7.3.1 不同条件下地面辐照度和地平方向天空亮度

天空状态	地面照度/(lm/m^2)	天空状态	地平方向天空亮度/(cd/m^2)
太阳直射光	$1\times10^5 \sim 1.3\times10^5$	晴天	10^4
总散射光	$1\times10^4 \sim 2\times10^4$	阴天	10^3
阴天	10^3	阴暗天	10^2
阴暗天	10^2	阴天日落时	10
曙光	10	晴天日落后 15min	1
暗曙光	1	晴天日落后 30min	10^{-1}
满月	10^{-1}	很亮月光	10^{-2}
晴天无月	10^{-3}	无月晴朗夜空	10^{-3}
阴天无月	10^{-4}	无月阴天夜空	10^{-4}

大气分子和粒子散射太阳辐射构成可见光到近红外波段天空的背景辐射。在地面观测到的天空背景亮度 (即在地面大气向下散射的太阳辐射) 的空间分布特征显然与太阳的位置 (天顶角)、观察视线的方向 (视线天顶角) 以及大气的清洁度密切相关。图 7.3.1 是可见光天空背景亮度在几个高度上随观察方向的分布特征的实

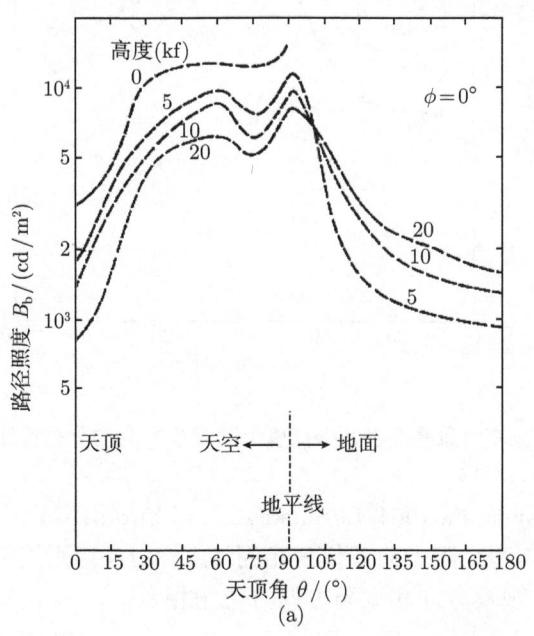

(a)

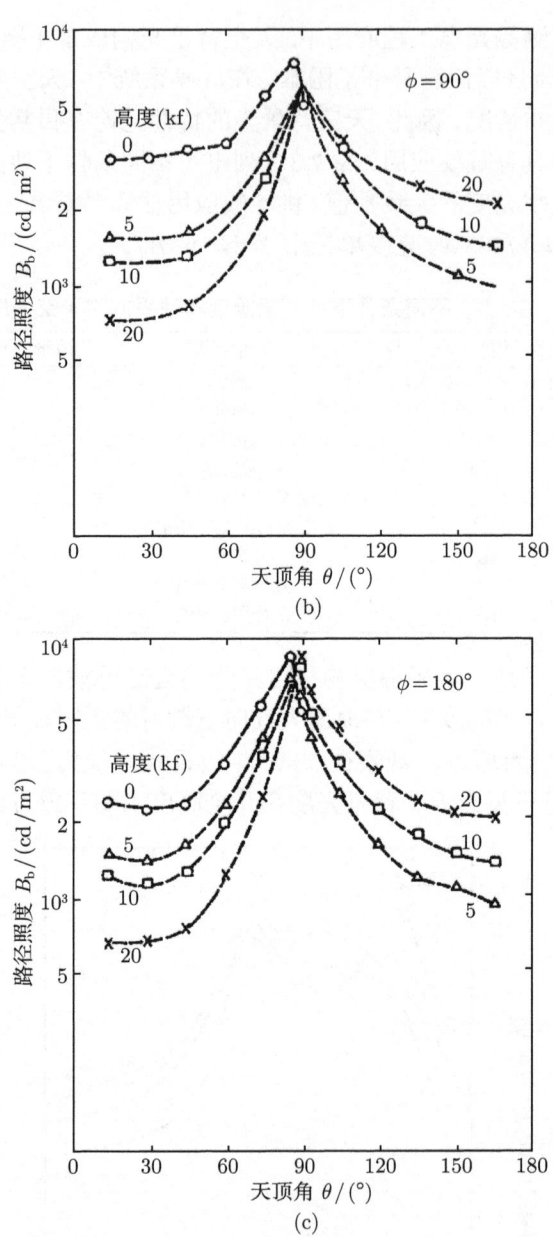

图 7.3.1 可见光天空背景亮度在几个高度上随观察方向的分布特征的实际测量结果

际测量结果 (Duntley et al., 1964; Lutmokirski and Yura, 1974),太阳天顶角为 41.5°,图 7.3.1(a) 观察方向和太阳方向方位角相同,图 7.3.1(b) 观察方向和太阳方向方位角垂直,图 7.3.1(c) 观察方向和太阳方向方位角相反。

7.3 天空背景辐射亮度

在紧靠地平方向, 由于大气的非平行平面特性以及地面反射的原因, 该方向的天空背景亮度随视线的变化趋于复杂。图 7.3.2 是 1987 年 2 月 5 日在美国宾夕法尼亚州 University Park 的 Bald Eagle 山上以及在南极的实测结果, 图中给出了太阳仰角、观测方位角、地面反射率、大气分子和气溶胶粒子的光学厚度以及气溶胶粒子的标高。注意两种情况下地面反射率的差别, 在南极有反射特性显著的冰雪下垫面。不难理解, 准确地理论推导地平方向附近的天空背景亮度是非常困难的, 如果在实际应用中涉及这方面的问题, 可能需要在应用场景下进行实际测量以建立统计模型。

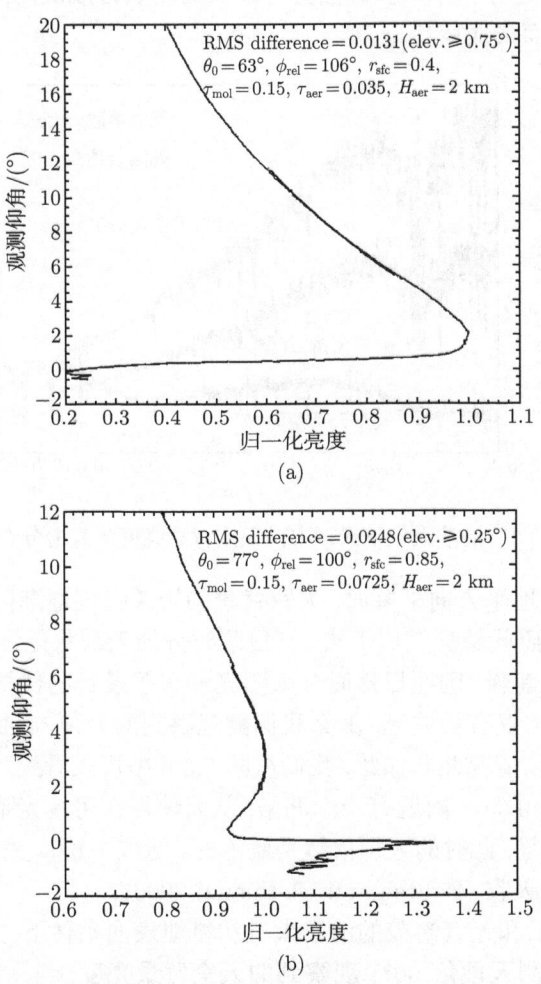

图 7.3.2 近地面天空背景亮度的高度分布特征的实际测量结果 (Lee, 1994)

(a) 美国宾夕法尼亚州 Bald Eagle 山; (b) 南极

7.3.2 可见光天空背景辐射亮度光谱特征

天空背景亮度也具有显著的光谱分布特征,并且与影响天空背景亮度的各种大气光学因素有关。图 7.3.3 是无云和无气溶胶的清洁大气和耕地表面条件下,针对美国标准大气模式计算的太阳天顶角分别为 30°、60° 和 90° 时,天顶方向天空背景亮度 (视线天顶角 0°) 的光谱分布特征,其中 90° 太阳天顶角的值放大了 10 倍。可以看出,只要太阳位于地平方向之上,天空背景的短波亮度显著高于长波方向。因此,清洁天气条件下天空背景呈现蓝色。这就是现在众所周知的 Rayleigh 散射造成的。通俗的解释是由于分子散射强度与波长的四次方成反比,结果造成短波光被更多的散射掉,从而形成蓝色。

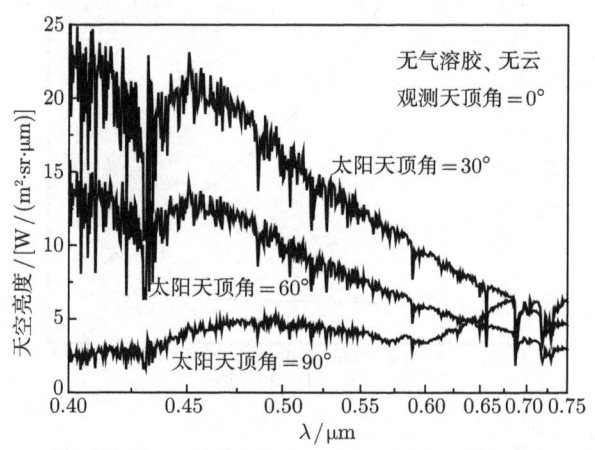

图 7.3.3 清洁大气下天顶方向天空背景亮度的光谱分布特征

当太阳逐渐向地平方向下降时,天空背景的短波亮度逐渐降低,而长波亮度相对逐渐升高。如果照此趋势发展下去,则日落时分的天顶将是红色的:因为如果按照上述分子散射的解释,则在日落时分太阳光经历了最长的传播路径,短波光已被充分散射掉,剩余的仅有长波光,那么我们能观察到的天顶方向的散射光也只能是红色的长波光。实际情况并非如此,我们从图 7.3.3 中可以看到,日落时分的天顶亮度光谱曲线显示在 $0.6\mu m$ 附近有一个凹陷,从而使得在可见光谱区间内,依然是短波部分贡献主要能量,此时的天顶依然是蓝色的。造成 $0.6\mu m$ 附近光谱凹陷的原因在于大气臭氧层的吸收 (Bohren and Clothiaux, 2006)。

图 7.3.4 是无云和无气溶胶的清洁大气和耕地表面条件下,太阳天顶角 30° 时,在地平方向上 (观测天顶角 90°) 观察到的天空背景亮度,与太阳同一方位和与太阳相反方位的结果几乎没有区别。可以看出在这个可见光光谱区间内,亮度分布比较均匀,看起来接近白色,这也是我们平时常见的情况。图 7.3.5 是实际测量的结果

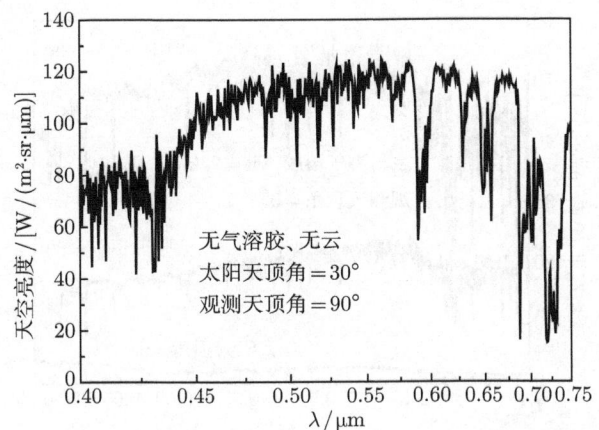

图 7.3.4 清洁大气下地平方向天空背景亮度的光谱分布特征

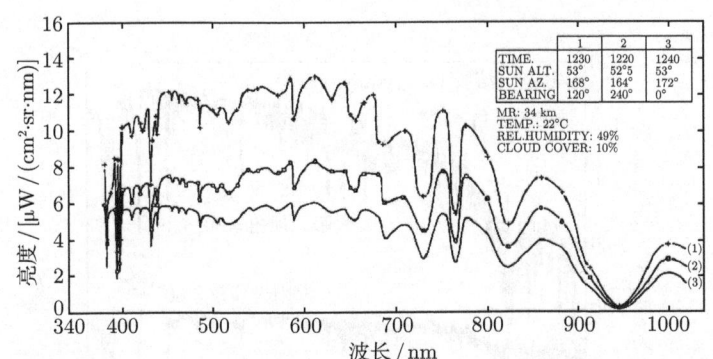

图 7.3.5 清洁大气下地平方向天空背景亮度的光谱分布特征的实际测量结果
(Knestrick and Curcio, 1967)

(Knestrick and Curcio, 1967)。

图 7.3.6 是能见度为 23km 的乡村型气溶胶大气和耕地表面条件下,针对美国标准大气模式计算的太阳天顶角分别为 30°、60° 和 90° 时,天顶方向天空背景亮度(视线天顶角 0°)的光谱分布特征,其中 90° 太阳天顶角的值放大了 100 倍。与图 7.3.2 相比较,可以看出,天空背景的短波亮度相对于长波端的值明显降低,此时天空背景不会再呈现明显的蓝色。

图 7.3.7 是能见度为 5km 的乡村型气溶胶大气和耕地表面条件下,针对美国标准大气模式计算的太阳天顶角分别为 30°、60° 和 90° 时,天顶方向天空背景亮度(观测天顶角 0°)的光谱分布特征,其中 90° 太阳天顶角的值放大了 100 倍。与图 7.3.3 和图 7.3.6 相比较,可以看出,在这种比较混浊的天气条件下,天空背景的短波亮度明显低于长波端的值,此时天空背景呈现明显的黄色。

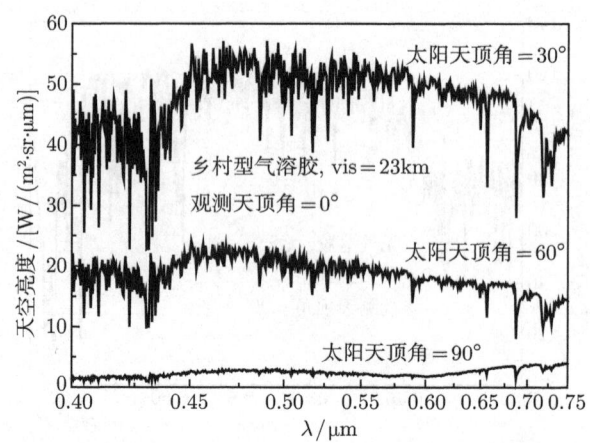

图 7.3.6　乡村型气溶胶能见度 23km 条件下天顶方向天空背景亮度的光谱分布特征

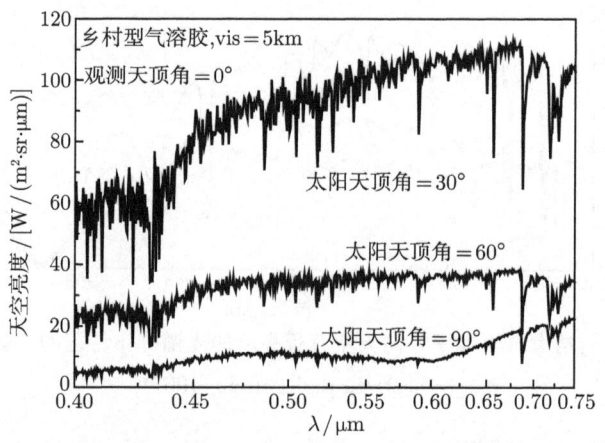

图 7.3.7　乡村型气溶胶能见度 5km 条件下天顶方向天空背景亮度的光谱分布特征

图 7.3.8 是能见度为 23km 的乡村型气溶胶大气和耕地表面条件下, 针对美国标准大气模式计算的太阳天顶角为 30° 时, 在反方向 (方位角差 180°) 的几个观测天顶角 (分别为 30°、60° 和 90°) 的天空背景亮度的光谱分布特征。可以看出, 随着观测方向从天顶向地平方向移动, 天空背景逐渐从蓝色向橙色变化, 并且亮度逐渐增强。

以上有关天空背景光谱特性的结果都是根据理想大气模式计算得到的, 实际大气条件要复杂得多, 包括总是要受到云的影响。因此, 不同时期、不同时间各地的天空背景亮度总是在变化, 其光谱特性也会很复杂 (Henderson, 1977)。但清洁天气下天空呈蓝色, 混浊天气下天色发黄的基本特征不变。

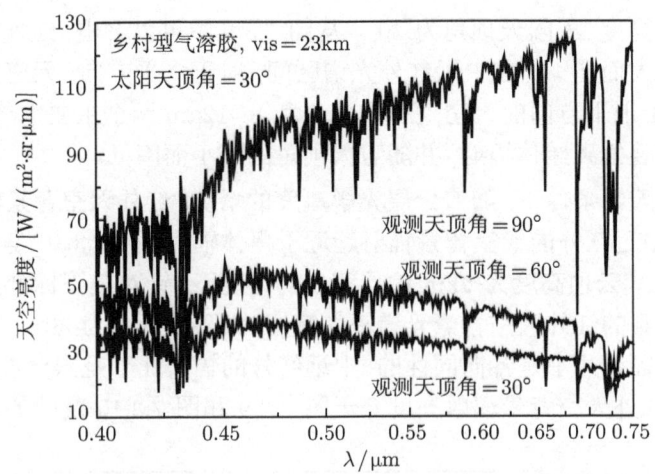

图 7.3.8 乡村型气溶胶能见度 23km 条件下不同方向上天空背景亮度的光谱分布特征

7.3.3 长波天空背景辐射亮度

可见光波段的天空背景光为人类生存和生产活动提供了重要的条件，在科学研究上也为我们提供了一种重要的辐射源，通过被动遥感的方式，可以获得许多大气结构和参数的信息。在红外波段，天空背景辐射既是大气辐射收支平衡的重要组成部分，也同样可以为科学研究提供辐射源用于被动遥感。

近红外 (3μm 以下) 的天空背景辐射主要是大气散射的太阳辐射形成的。中远红外 (3μm 以上的波长) 的天空背景辐射主要是大气的热辐射。图 7.3.9 是不考虑云和气溶胶粒子的情况下，针对美国标准大气模式和耕地地表计算得到的红外天空

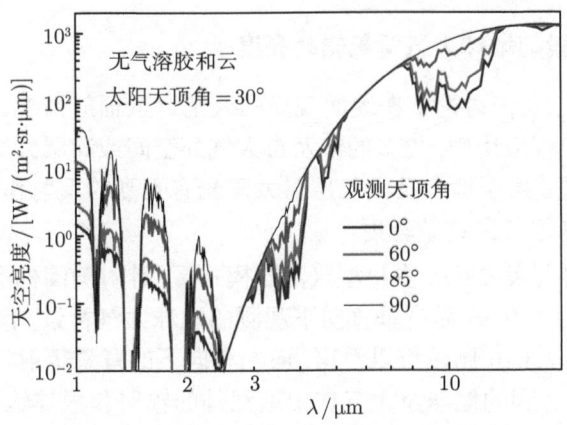

图 7.3.9 无云晴天的天空长波光谱辐亮度

背景光谱辐射亮度,太阳天顶角为 30°。从图 7.3.9 中可以看出,红外大气背景辐射随天顶角的增大而增大。在中远红外光谱区间,对于水平方向,天空背景辐射接近于黑体;在高于地平方向的天空,在 3~5μm 和 8~12μm 两个主要大气窗口区间,天空背景辐射显著偏离黑体辐射,并随着天顶角的减小而降低。

在有云的天气条件下,随着云层光学厚度的增加,红外天空背景辐射的空间分布趋于均匀,中远红外的天空背景辐射趋近于黑体辐射。图 7.3.10 是考虑一种云底高度为 0.66km、云顶高度为 2km 的层积云的情况下,针对美国标准大气模式和耕地地表计算得到的红外天空背景光谱辐射亮度,太阳天顶角为 30°。对于这种云层,红外天空背景辐射几乎是各向同性的,中远红外的辐射几乎是黑体性质。对于各种较薄的云层,红外天空背景辐射亮度介于图 7.3.9 和图 7.3.10 反映的状态之间。

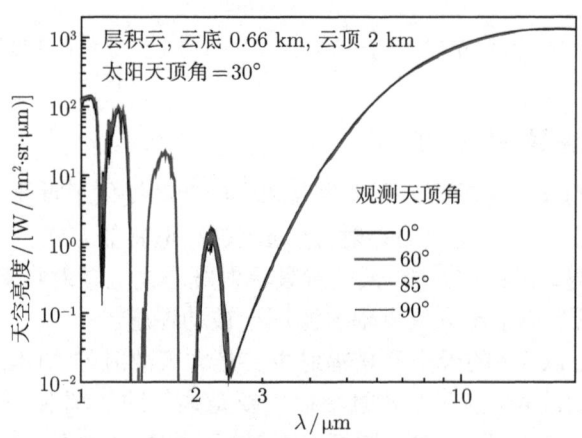

图 7.3.10　一种层积云情况下的天空长波光谱辐亮度

7.3.4　强吸收波段的地球大气背景辐射亮度

在 7.3.3 节中,我们讨论了在地面观测的天空背景辐射情况。在对地观测遥感以及监视等光电工程应用中,更多的涉及自大气外空间或高层大气中向地面方向观测的背景辐射问题。由于地表及大气层对太阳光有强烈的反射作用,实际光电工程应用中更多的是考虑红外背景辐射。

图 7.3.11 是能见度 23km 乡村型气溶胶模式下,针对美国标准大气模式和耕地地表计算得到的自 100km 高度垂直向下观测的地球大气背景光谱辐射亮度。将此图与图 7.3.9 和图 7.3.10 比较可以看出,向上和向下的背景辐射特征有非常明显的区别,自大气外界看到的地球及大气在中远红外的辐射和黑体辐射特征相差甚远。其最显著的特征是在 1~2μm 有两个辐射很弱的带,在中红外的 2.7μm 和 4.3μm 两个大气强吸收带对应的辐射也很微弱,特别是 2.7μm 带。

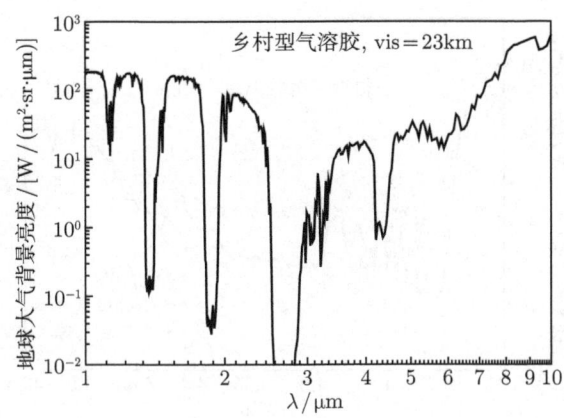

图 7.3.11　100km 高度向上的地球大气背景光谱辐射亮度

显然如果在这些背景辐射很弱的光谱区间观测地球大气层,光电探测器件将接收到非常微弱的背景信号,当地面上任何人造物体离开大气层时就很容易被探测到,这就构成了军事上对地监视卫星的工作原理。为避免可能接收到太阳辐射,中红外的两个波段是通常使用的工作波段。图 7.3.12 和图 7.3.13 是能见度 23km 乡村型气溶胶模式下,针对中纬度夏季和冬季大气模式和耕地地表计算得到的自 100km 高度垂直向下观测的 2.7μm 和 4.3μm 两个波段的地球大气背景光谱辐射亮度。在这两个季节虽然有差异,但结果相差不大。

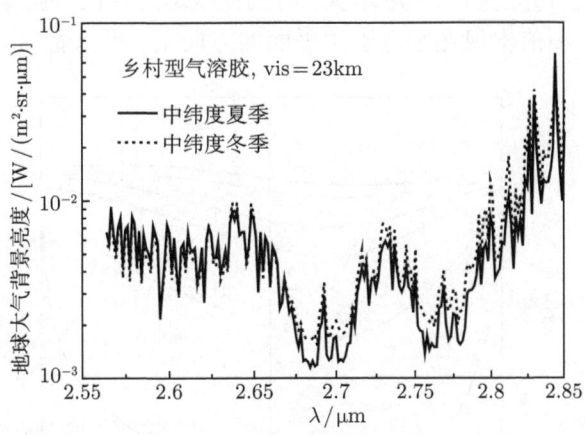

图 7.3.12　中纬度夏季和冬季 2.7μm 波段 100km 高度向上的地球大气背景光谱辐射亮度

7.3.5　地球大气背景辐射的偏振特性

前面我们主要讨论了在地面观测的天空背景辐射以及自大气外空间或高层大气中向地面方向观测的背景辐射问题,所讨论的主题也仅限于辐射亮度

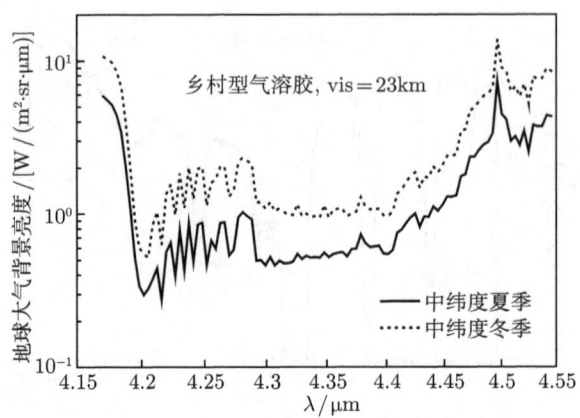

图 7.3.13 中纬度夏季和冬季 4.3μm 波段 100km 高度向上的地球大气背景光谱辐射亮度

及其光谱分布特征。我们已知散射导致光的偏振特性出现变化，显然天空背景辐射也具有其特殊的偏振特性。该偏振特性由太阳的几何位置、观测方向以及大气的光学特性决定，定量地描述需要求解矢量辐射传输方程。

对于清洁的大气，天空背景辐射纯粹由大气分子的 Rayleigh 散射造成。在太阳入射光 (太阳天顶角余弦 0.6) 和天顶方向 (或天底方向，天顶方向的反方向) 构成的主平面内，各种光学厚度下大气层顶出射光的相对强度 (a) 和偏振度 (b) 随天底角的分布如图 7.3.14 所示 (Dave and Furutka, 1966)，太阳位置在图的左侧。随着光学厚度的增加，反射光的强度逐渐增大，而偏振度迅速降低。强度最大值基本上位于地平方向，而最小值出现在垂直于主平面的方向上。可以看出，偏振度最大的方

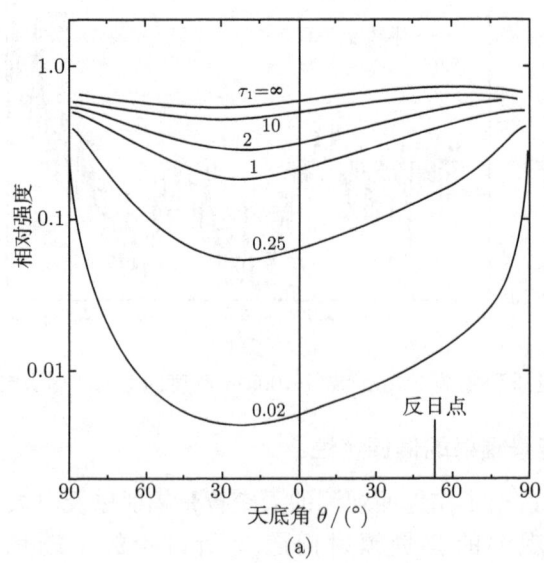

(a)

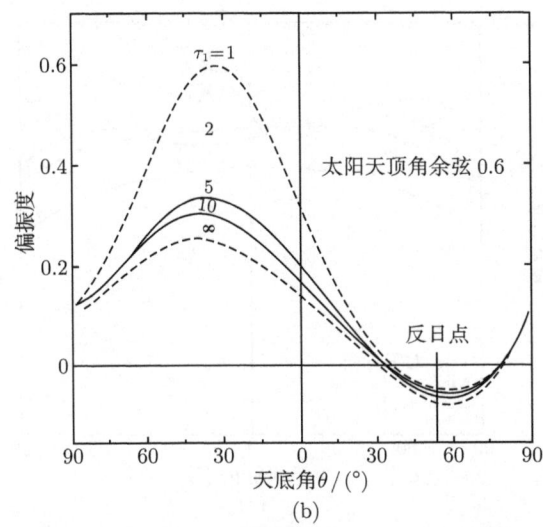

图 7.3.14 各种光学厚度下纯分子散射主平面内大气层顶出射光的相对强度 (a) 和偏振度 (b) 随天底角的分布 (Dave and Furutka, 1966)

向基本指向太阳, 随着光学厚度的增加, 略为偏离天顶方向。

在太阳入射光 (太阳天顶角余弦 0.6) 和天顶方向构成的主平面内, 各种光学厚度下近地面向下出射光的相强度 (a) 和偏振度 (b) 随天底角的分布如图 7.3.15 所示 (Dave and Furutka, 1966), 太阳位置在图的左侧。当光学厚度较小时 ($\tau < 0.2$), 亮度最大值位于地平方向。随着光学厚度的增加, 最大亮度方向逐渐向天顶移动。当光学厚度较大 ($\tau > 3$) 时, 天顶方向亮度最大, 向地平方向逐渐降低。可以看出, 偏振度最大的方向基本指向与太阳方向成 90° 的方向, 随着光学厚度的增加, 偏振度迅速降低。

注意, 图 7.3.14 和图 7.3.15 中偏振度的定义为 $P = Q/I = (I_\perp - I_\parallel)/(I_\perp + I_\parallel)$, 而不是式 (1.1.10) 定义的 $P = \sqrt{Q^2 + U^2 + V^2}/I$, 反映的是两个正交偏振分量的相对差值, 因而可以有正负值。以下结果中的偏振度均按式 (1.1.10) 定义。

对于包含各种气溶胶粒子的混浊大气, 天空背景辐射的亮度和偏振度的几何分布以及随光学厚度的变化关系, 和清洁大气的情况有一定的相似性, 也有一些复杂的变化 (Kattawar and Plass, 1972; Plass and Kattawar, 1972; Kattawar et al., 1976; Plass et al., 1976; Hitzfelder et al., 1976)。图 7.3.16 是各种光学厚度下混浊大气中 (Haze L 气溶胶模型) 主平面内大气层顶向上 (a) 和近地面向下 (b) 出射光的辐射亮度随天顶角的分布。图中太阳位置位于左侧, 其天顶角余弦 0.85332, 地面反射率为 0 (Kattawar et al., 1976)。从此图和图 7.3.14 的对比可以看出, 对于大气层顶

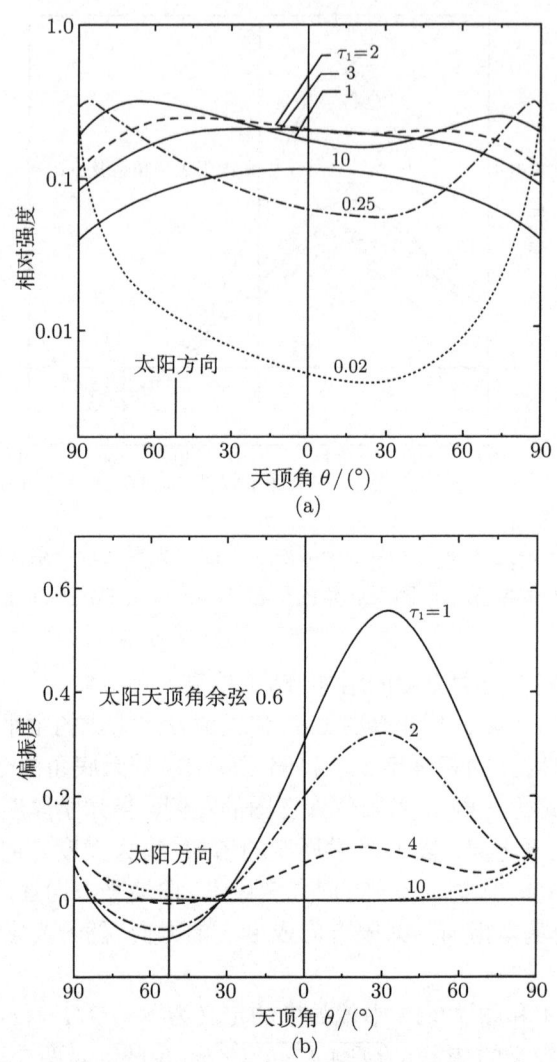

图 7.3.15 各种光学厚度下纯分子散射大气中主平面内近地面向下出射光的相对强度 (a) 和偏振度 (b) 随天顶角的分布 (Dave and Furutka, 1966)

向上的出射光，混浊大气介质的情况和清洁大气的情况基本相似，但在太阳光的镜面反射方向出现了亮度的极值。从此图和图 7.3.15 的对比可以看出，对于近地面向下的出射光，混浊大气介质的情况和清洁大气的情况有显著差异，由于气溶胶粒子的前向散射作用在太阳光入射方向附近出现了亮度的最大值。在光学厚度较小的情况下 ($\tau < 1$)，天空亮度随光学厚度的增加而增大，但随着光学厚度的进一步增加天空亮度迅速降低；当光学厚度 $\tau = 16$ 时，天空亮度以天顶为最大值对称分布。

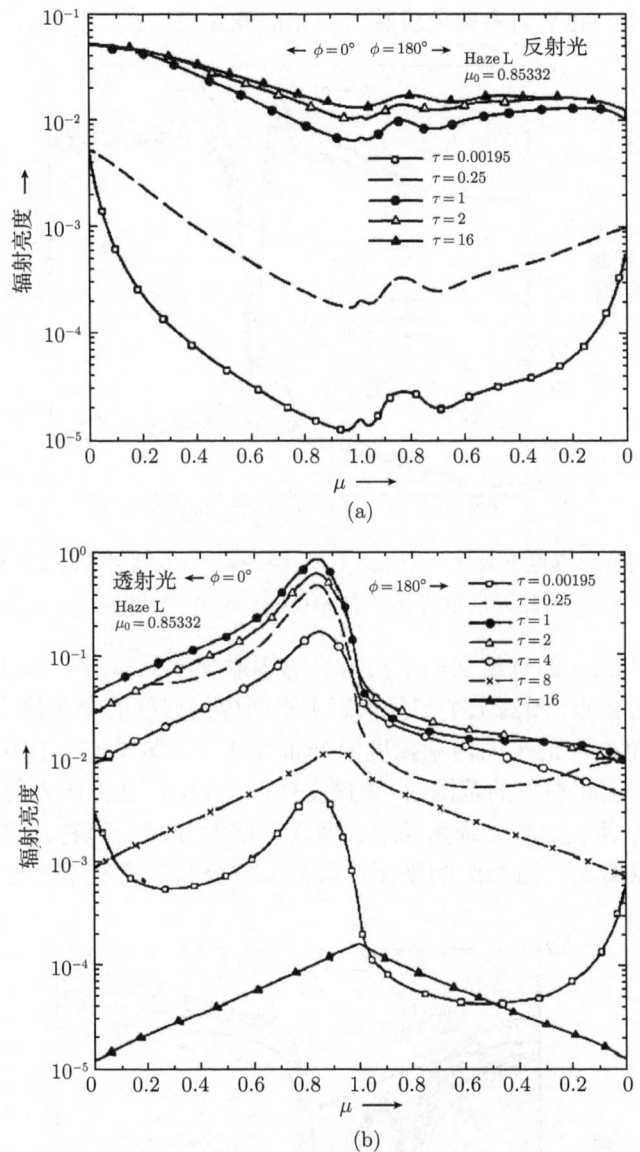

图 7.3.16 各种光学厚度下大气中 (Haze L 气溶胶模型) 主平面内大气层顶向上 (a) 和近地面向下 (b) 出射光的辐射亮度随天顶角的分布 (Kattawar et al., 1976)

对应于图 7.3.16 的大气层顶向上出射光的辐射亮度分布,图 7.3.17 反映了其偏振度随天顶角的分布,图的上半部分代表主平面内偏振度的分布特征;下半部分代表在偏离主平面 30° 的平面内偏振度的分布特征。从图 7.3.17 中可以看出,对应于太阳镜面反射的亮度极值方向,偏振度接近于零,在其两侧出现两个极大值点。而在偏离主平面 30° 的平面内偏振度随天顶角的变化较缓慢。

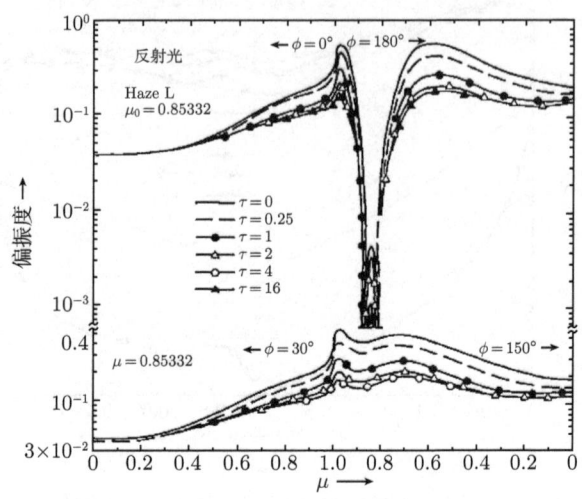

图 7.3.17　各种光学厚度下大气中 (Haze L 气溶胶模型) 大气层顶向上出射光的偏振度随天顶角的分布 (Kattawar et al., 1976)

对应于图 7.3.16 的近地面向下出射光的辐射亮度分布, 图 7.3.18 反映了其偏振度随天顶角的分布, 图的上半部分代表主平面内偏振度的分布特征; 下半部分代表在偏离主平面 30° 的平面内偏振度的分布特征。从图 7.3.18 中可以看出, 在太阳镜入射方向一侧相对宽的范围内, 偏振度接近于零。而在太阳入射方向相对的一侧, 偏振度较大, 并且随着天顶角的增大而逐渐增大; 此外, 随着光学厚度的增大而显著降低。在偏离主平面 30° 的平面内偏振度的分布特征基本上与主平面内的情况相似。

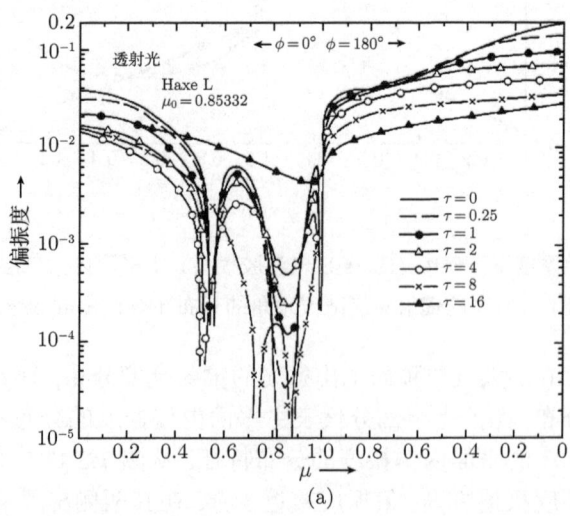

(a)

7.3 天空背景辐射亮度

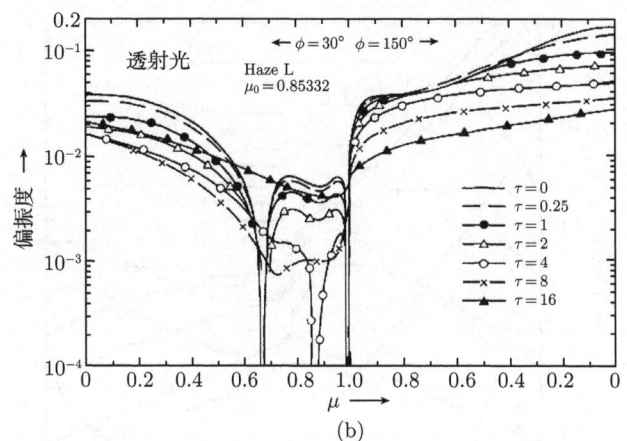

图 7.3.18　各种光学厚度下大气中 (Haze L 气溶胶模型) 近地面向下出射光的偏振度随天顶角的分布 (Kattawar et al., 1976)

(a) 主平面内; (b) 偏离主平面 30° 的平面内

前面讨论是太阳位置较高 (其天顶角余弦为 0.85332) 的情况, 为了观察太阳位置对天空背景辐射偏振特征的影响, 下面再看一下太阳位置较低的情况。图 7.3.19 是各种光学厚度下混浊大气中 (Haze L 气溶胶模型) 主平面内大气层顶向上 (a) 和近地面向下 (b) 出射光的相对强度随天顶角的分布。图中太阳位置位于左侧, 其天顶角余弦 0.188166, 地面反射率为 0(Kattawar et al., 1976)。从此图和图 7.3.16 的对比可以看出太阳位置的明显影响。对于大气层顶向上的出射光, 在较低的光学厚

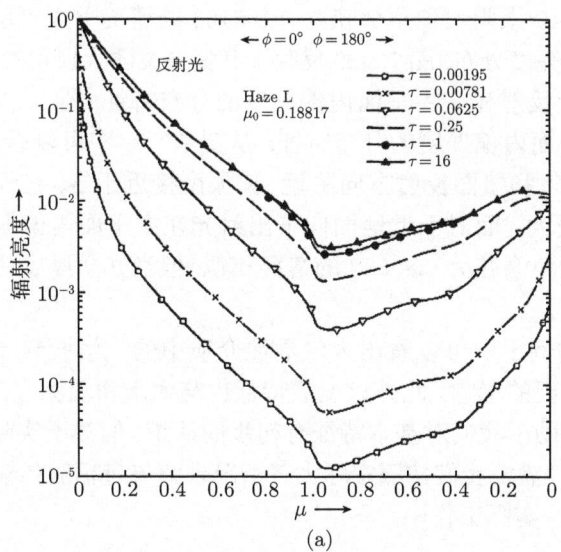

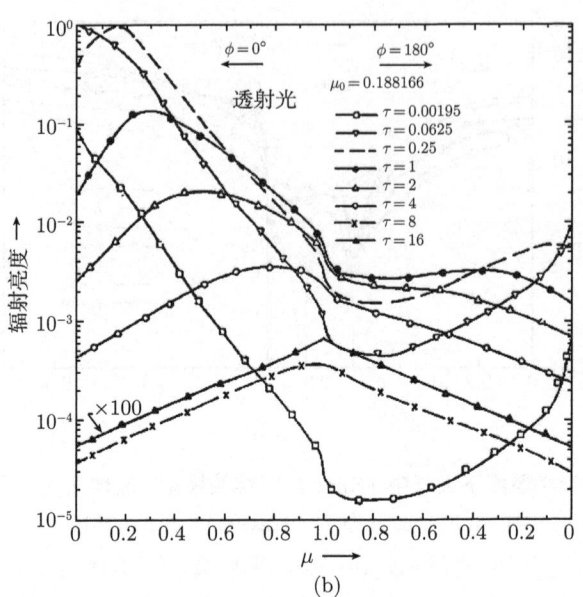

图 7.3.19　各种光学厚度下大气中 (Haze L 气溶胶模型) 主平面内大气层顶向上 (a) 和近地面向下 (b) 出射光的相对强度随天顶角的分布 (Kattawar et al., 1976)

度下, 地平方向的亮度和天顶亮度可差 4 个数量级。对于近地面向下的出射光, 可以清楚地看出随着光学厚度的增加天空亮度迅速降低, 亮度极大值的方向从太阳一侧的地平方向逐渐移动到天顶方向。注意光学厚度 $\tau = 16$ 的天空亮度值在图中放大了 100 倍。

对应于图 7.3.19 太阳天顶角余弦为 0.188166 的情况下大气层顶向上和近地面向下出射光的辐射亮度分布, 图 7.3.20 反映了其偏振度随天顶角的分布, 图 7.3.20(a) 代表大气层顶向上反射光在主平面内偏振度的分布特征; 图 7.3.20(b) 代表近地面向下出射光在主平面内偏振度的分布特征。从图 7.3.20 中可以看出, 对于大气层顶反射光, 在太阳入射和镜面反射方向附近, 偏振度接近于零, 在天顶和镜面反射方向之间的偏振度较大。而对于近地面向下出射光在主平面内偏振度随天顶角的变化情况和太阳天顶角余弦为 0.85332 的情况相似, 但当光学厚度达 16 时, 各个方向的偏振度几乎不变。

从以上有限的例子中可以看出大气混浊介质中的气溶胶粒子对天空背景辐射的偏振特征产生重要的影响。此外该偏振特征也与太阳和观测方向密切相关。虽然这里介绍的例子有助于我们对基本特征有初步的认识, 但对于实际应用中的天空背景辐射偏振问题, 则需要我们按照实际大气情况求解矢量辐射传输方程来获取准确的结果, 从而应用在实际工作中。

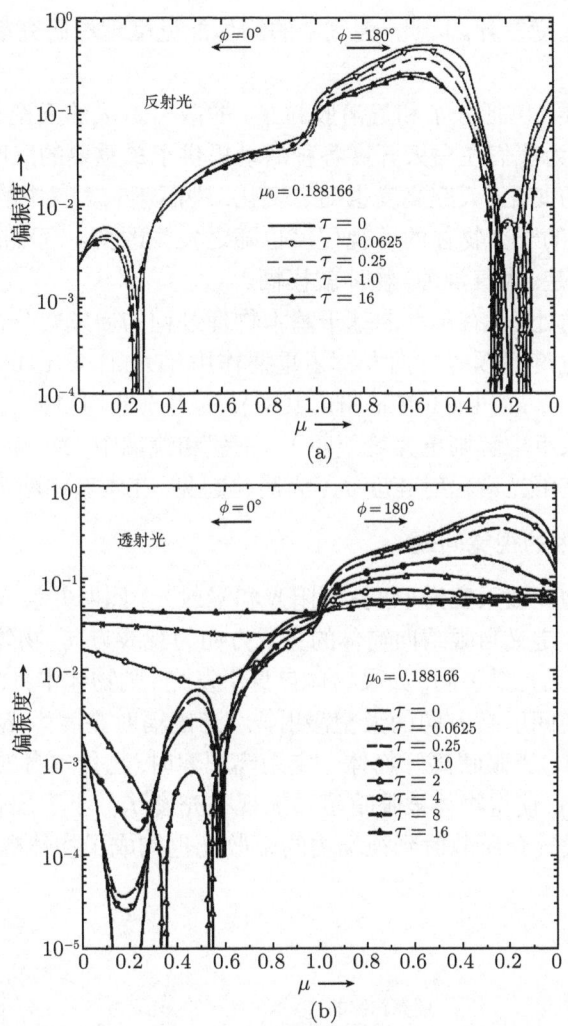

图 7.3.20　各种光学厚度下大气中 (Haze L 气溶胶模型) 主平面内大气层顶向上 (a) 和近地面向下 (b) 出射光的偏振度随天顶角的分布 (Kattawar et al., 1976)

7.4 大气中的视觉和大气能见度

在大气中人们的视觉能否清晰地感知物体取决于多种因素,包括人眼的视觉能力;物体距观察者的距离;物体的物理特性,如大小、形状、色彩;背景的物理特性;照明的情况;大气的特性等。在一定的观察距离上,物体的色彩、亮度与背景的对比度 (它们都与距离有关) 是感知物体依据的主要物理因素。在观察遥远物体时,具有决定作用的是亮度差异。因此，大气中的物体能见度理论研究都是基于亮度对比的概念。

由于大气介质 (包括分子和气溶胶粒子) 的散射造成的天空背景光，形成了白天和黑夜的区分，为我们在白天开展各种活动提供了最重要的照明条件。随着天气条件和太阳位置的变化，天空亮度也随之变化，进而影响大气中物体与背景的亮度对比，在同样位置的一个物体的可视程度也随之发生改变。直观的感觉是，大气清洁，物体就能看清楚；大气混浊，物体就模糊。

对这类问题的处理，有早期的基于基本物理过程的启发式分析，研究结果在均匀视线路径的能见度问题等方面发挥了重要作用 (Duntley, 1948a; 1948b; Middleton, 1952; Duntley et al., 1964; Horvath, 1981)。而对于非均匀视线路径的相关问题，从辐射传输方程入手求解则更为简便明了 (王毅和饶瑞中, 2003)。描述天空亮度的基本物理量仍然使用光谱辐射亮度 I_λ，为简化起见，在本节中略去下标符号。

7.4.1 均匀大气中的视觉问题

大气中一个物体被天空光 (包括太阳光和漫射光) 照明并被人们视觉感知的过程如图 7.4.1 所示。定义自眼睛向物体的直线方向为视线方向，物体向眼睛的方向为视线反方向。在可见光谱区间，如果物体自身不发光，则物体本身的固有亮度 (I_obj) 来自太阳光和全空间所有方向的天空漫射光 (光谱辐射亮度为 I_ill) 在物体上向视线反方向的漫反射。当眼睛离开物体一定距离观察时，物体本身的固有亮度被大气衰减 (透过率为 T)，使得物体被眼睛感知的视在亮度 I_vis 小于固有亮度，同时沿着视线的反方向被大气介质散射到视场内的杂散光也构成了物体视在亮度 I_vis 的一部分。

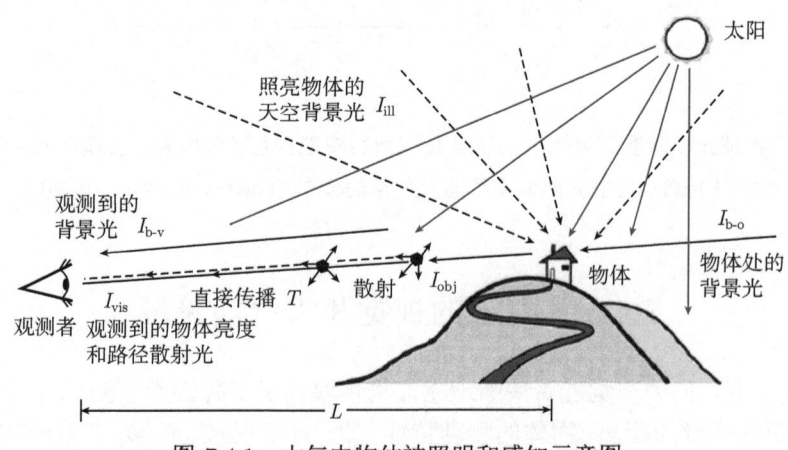

图 7.4.1　大气中物体被照明和感知示意图

物体被视觉感知的清晰程度可由一个对比度参数定量描述，它被定义为物体的

亮度与背景亮度的差值与背景亮度的相对大小，因此物体本身的固有对比度和一定距离 L 之外观察的视在对比度分别为

$$C_0 = (I_{\rm obj} - I_{\rm b\text{-}o})/I_{\rm b\text{-}o} \tag{7.4.1}$$

$$C_L = (I_{\rm vis} - I_{\rm b\text{-}v})/I_{\rm b\text{-}v} \tag{7.4.2}$$

式中，$I_{\rm b\text{-}o}$、$I_{\rm b\text{-}v}$ 分别为物体位置和观测位置处反视线方向的背景亮度。一定距离 L 之外观察的视在对比度可以表示为物体本身的固有亮度的衰减分量和视线光路上散射光分量 $I_{\rm path}$ 之和

$$I_{\rm vis} = I_{\rm obj}T + I_{\rm path} \tag{7.4.3}$$

前面已经对大气透过率问题进行了详细的分析，这里关键的是求取视线光路上散射光分量。如图 7.4.2 所示，设光路上位置 z 处（原点在观察者的位置）一个空气团的体积为 $dV = z^2 dz d\Omega$，其散射系数为 $\beta_{\rm sca}(z)$，则该气团的散射能量密度正比于 $\beta_{\rm sca} dV$ 和入射到该气团上的光照度。由于有视线方向和散射方向非均匀性的问题，各个方向上的光照度所起的作用不一定相同，因此气团的散射能量密度和入射到该气团上的光照度不会是简单的函数关系，我们把这个复杂关系简记为 $A(z)$。这样，该气团散射到观察者眼睛的光谱辐射亮度为

$$dI_{\rm path} = A(z)\beta_{\rm sca}(z)dV \cdot T(z)/z^2/d\Omega = A(z)\beta_{\rm sca}(z)T(z)dz \tag{7.4.4}$$

则整个视线光路上的散射光到达观察者眼睛的总光谱辐射亮度为

$$I_{\rm path} = \int_0^L A(z)\beta_{\rm sca}(z)\exp\left[-\int_0^z \beta_{\rm ext}(z')dz'\right]dz \tag{7.4.5}$$

对于非均匀视线路径（无论是照度和光学性质）求解式 (7.4.5) 是非常困难的。

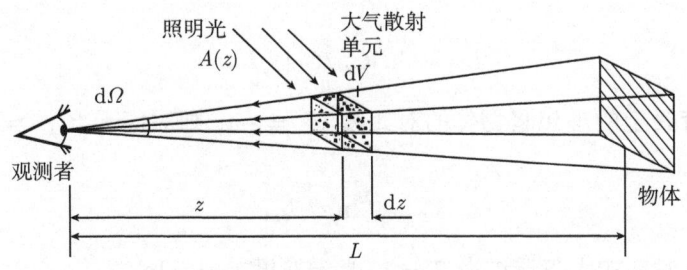

图 7.4.2 视线光路上大气路径散射光计算示意图

对于照度和光学性质都相同的视线路径，则式 (7.4.5) 可简化为

$$I_{\rm path} = A(\beta_{\rm sca}/\beta_{\rm ext})\left(1-e^{-\beta_{\rm ext}L}\right) = I_\infty\left(1-e^{-\beta_{\rm ext}L}\right) \tag{7.4.6}$$

式中，I_∞ 为物体在无穷远处视线路径上散射光到达观察者眼睛的总光谱辐射亮度。从此式可以直接导出

$$I_{\text{b-v}} = I_{\text{b-o}} = I_\infty \tag{7.4.7}$$

由式 (7.4.2)、式 (7.4.3) 和式 (7.4.7) 可求得

$$C_L = (I_{\text{obj}} - I_\infty)\mathrm{e}^{-\beta_{\text{ext}}L}/I_\infty = C_0\mathrm{e}^{-\beta_{\text{ext}}L} = C_0 T \tag{7.4.8}$$

由此可见，对于照度和光学性质都相同的视线路径，物体的视在对比度在大气中的变化规律和能量的变化相同，都正比于大气的透过率。此规律在 1924 年由 Koschlmeider 发现，通常称其为 Koschlmeider 定律。在地面水平观测的情况下，一般将视线路径视为照度和光学性质均匀，此时 I_∞ 为地平方向天空的总光谱辐射亮度。

只要目标物的视角、物体与背景亮度的对比度 C 的绝对值足够大，人们就可以从背景中识别出物体。当 C 逐渐减小，物体会逐渐变得模糊。当 C 小于某一临界值时，即使物体有足够大的视角，也不能把物体从背景中区分出来。这一临界亮度对比称为对比阈值 (contrast threshold)，一般用 ε 表示。

对比阈值是一个复杂的物理量，既取决于人眼的生理特性，也和外界条件有关，包括物体的视角、视野亮度和物体在视场中的位置。在观察者眼睛已经适应的照度下，随着物体视角和视野亮度的减小，对比阈值增大。物体在视场中央时对比阈值最小，偏离中央时增大。

7.4.2 气象视距和大气能见度

对比阈值确定的距离就是大气中物体能被感知的最远距离，通常称为能见度。从式 (7.4.8) 可知，对于消光系数均匀的路径，距离与物体背景对比度和消光系数的关系为

$$L = -\ln|C_L/C_0|/\beta_{\text{ext}} \tag{7.4.9}$$

由于白背景上的理想暗物体的对比度 $C_0 = -1$，则对应于 $|C_L| = \varepsilon$ 的大气能见度 V 为

$$V_\varepsilon = -\ln\varepsilon/\beta_{\text{ext}} \tag{7.4.10}$$

即大气能见度对应的大气透过率 $T = \varepsilon$，光学厚度 $\tau = -\ln\varepsilon$。

需要指出的是，我们的视觉是依靠整个可见光谱区的亮度，而上述推导过程中的辐射亮度以及大气透过率和消光系数都是针对单色辐射的。而在可见光谱区，大气消光系数以及天空亮度具有明显的光谱分布特性，因此上述定义中的消光系数应该也必须是单色的，一般选择可见光的中心波长 0.55μm。

7.4 大气中的视觉和大气能见度

自 1924 年 Koschlmeider 提出以天空为背景的黑体、白体、灰体目标物的水平能见度理论, 建议使用 0.02 的对比阈值, 这个数据一直沿用至今, 并得到学术界的广泛使用。标准大气能见度 (standard visibility) 定义为对比阈值取 0.02 时识别白背景上的理想暗物体的距离

$$V_2 = -\ln 0.02/\beta_{\text{ext}} = 3.912/\beta_{\text{ext}} \tag{7.4.11}$$

在气象观测和航空等实际应用中, 发现对比阈值取 0.02 的要求是很高的, 为此, 世界气象组织在《气象仪器和观测方法指南》中明确将对比阈值为 0.05 对应的可视距离定义为气象视距 (meteorological optical range)

$$R_\text{M} = V_5 = -\ln 0.05/\beta_{\text{ext}} = 3.0/\beta_{\text{ext}} \tag{7.4.12}$$

虽然上述两种定义的极限视距有确定的比例关系, 但还是有差别, 在我们应用外部提供的能见度数据分析大气的消光特性时, 一定要搞清楚该数据测量的具体定义。在 Modtran 应用软件的使用说明中, 甚至将这两种定义完全颠倒。所以对此量的使用要特别小心。近年来使用各种光学设备测量的能见度数据, 只要我们搞清楚它和消光系数的关系即可, 但对早期人工目视方法获取的能见度数据必须慎重对待。

实际天气条件下的大气能见度随时随地变化很大, 我们在图 7.1.2 已经看到福建东山岛地区的能见度冬夏两季的平均日变化特征, 其他地区可能会出现完全不同的特征, 如图 7.4.3 所示 (Husar et al., 2000), 在意大利米兰和毛里塔尼亚努瓦克肖特两地能见度的日平均值相同, 但日变化趋势截然相反, 米兰白天能见度好, 午后达最大值, 夜间极差; 而努瓦克肖特白天的能见度普遍低于夜间。

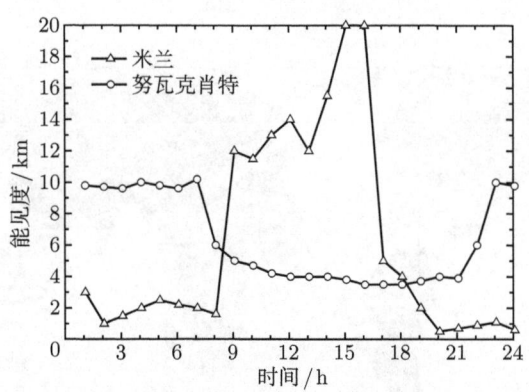

图 7.4.3 意大利米兰和毛里塔尼亚努瓦克肖特两地能见度的平均日变化特征

(Husar et al., 2000)

由于能见度被作为常规的气象参数观测，世界各地的气象台站都有长期的观测数据，在此基础上就可以进行能见度全球平均分布特征的分析。图 7.4.4 就是由能见度观测数据得到的大气消光系数的全球分布图 (Husar et al., 2000)。可以看出，

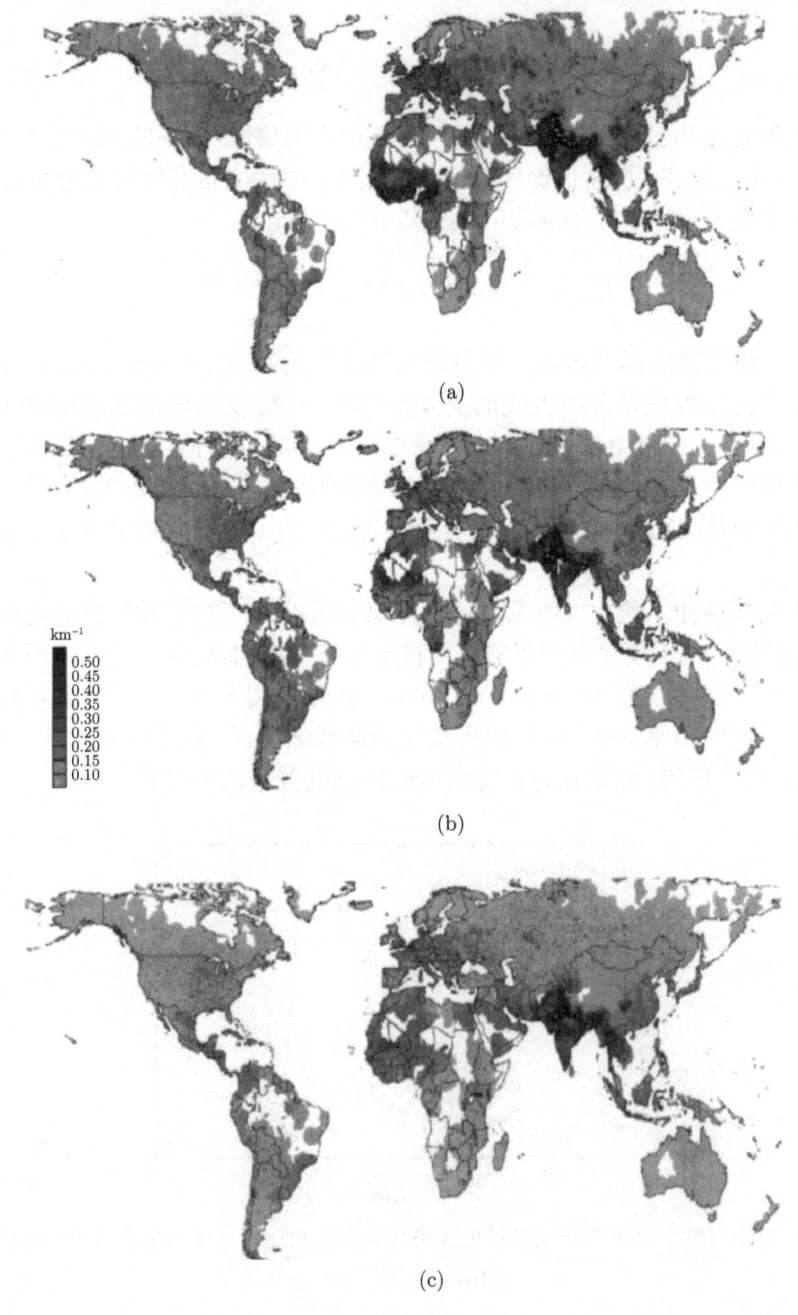

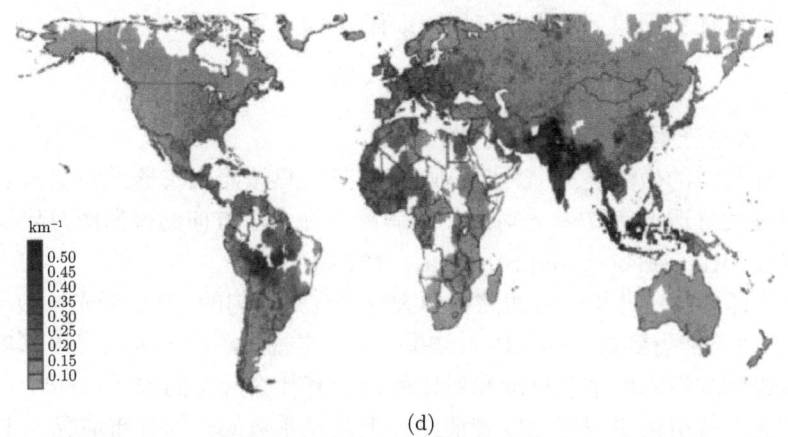

图 7.4.4 由能见度观测数据得到的大气消光系数的全球分布图 (Husar et al., 2000)

(a) 12 月, 1 月, 2 月; (b) 6~8 月; (c) 3~5 月; (d) 9~11 月

一年四季中, 印度的能见度都很差; 我国四川盆地除夏季外, 其他季节也很差; 西非地区在冬季也很差。

7.4.3 非均匀大气中的能见度问题

在气象等应用中最普遍的能见度问题局限在近地面水平方向, 在假定路径均匀的条件下获得了 7.4.2 节的结果。实际上, 水平路径也往往是不均匀的 (无论是光学性质或亮度), 面向不同的方向测得的能见度可能就不一样 (Pichamuthu, 2005)。在航空等应用中, 对于飞行器的起降等问题, 往往更关注倾斜路径的能见度。毫无疑问, 斜程能见度也一样取决于对比阈值。在一般大气条件下, 倾斜路径总是非均匀的。

要求解非均匀视线路径上物体的视在对比度, 从式 (7.4.5) 可知, 必须知道照度和消光系数的路径分布。虽然已经获得形式解 (Duntley, 1948a; 1948b; Middleton, 1952), 在一般大气探测中可以获得消光系数的路径分布, 但大气亮度的路径分布实际从未有人观测过, 因此, 那些形式解基本上也未得到实际应用。

长期以来, 特别是自激光雷达用于探测大气消光系数的分布后, 所谓的斜程大气能见度测量问题不时出现 (Gaumet and Petitpa, 1982)。其测量或计算原理就是忽视视线路径中大气亮度的影响, 并简单照搬均匀路径的结果, 即将式 (7.4.8) 简单推广到非均匀路径

$$C_L = C_0 T = C_0 e^{-\int_0^L \beta_{\mathrm{ext}} \mathrm{d}z} \tag{7.4.13}$$

对应的所谓斜程能见度由下式求出:

$$\int_0^{V_\varepsilon} \beta_{\mathrm{ext}}(z) \mathrm{d}z = -\ln \varepsilon \tag{7.4.14}$$

而实际做法往往更简单，仿照式 (7.4.10)，有

$$V_\varepsilon = -\ln\varepsilon/\overline{\beta}_{\text{ext}} \tag{7.4.15}$$

式中，$\overline{\beta}_{\text{ext}}$ 为消光系数简单的平均值。

另一种类似的做法是，不管水平或倾斜路径，只按照大气透过率 $T=\varepsilon$ 来定义，并且把斜程大气透过率 $T=\varepsilon$ 对应的倾斜路径在水平方向的投影距离定义为斜程大气能见度 (Ruppersberg and Schellhase, 1979)。

实际上即使假定非均匀视线路径中大气亮度是均匀的，对于消光系数非均匀分布的情况，也不能得到式 (7.4.13) 的结果。而忽略视线路径中大气亮度影响的结果实际上造成所求得的所谓能见度和对比阈值没有什么确定的关系。因此，如果想使用上述方式求得所谓斜程能见度表征路径上消光系数的平均分布情况也未尝不可，但要说它能反映真实的斜程可视距离则是很不准确的。我们在阅读此类文献时一定不要被误导。

因此，要获得非均匀路径上真实的能见度，必须要知道光路上的亮度和消光系数。实际上从第 6 章有关大气辐射传输方程的求解过程可以获得斜程视线路径上物体和背景亮度对比度的简明结果。平行平面大气中倾斜视线能见度问题的几何示意图如图 7.4.5 所示，太阳的天顶角余弦为 $-\mu_0$，方位角为 ϕ_0。大气层顶的光学厚度为 0，大气层底部（地面）的光学厚度为 τ_0。当从地面向上观察时，物体位于光学厚度为 τ 的位置，观察者视线方向的天顶角余弦为 μ，方位角为 ϕ；而光线的天顶角余弦为 $-\mu$，方位角为 $\pi+\phi$。反之，观察者自光学厚度为 τ 的位置向下观察位

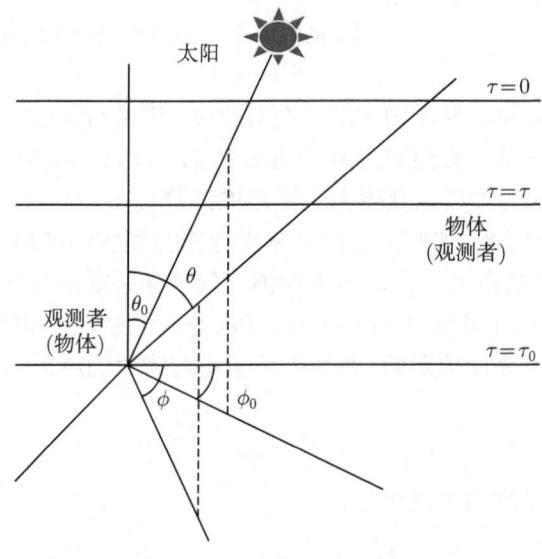

图 7.4.5　平行平面大气中倾斜视线能见度问题的几何示意图

7.4 大气中的视觉和大气能见度

于地面的物体时，观察者视线方向的天顶角余弦为 $-\mu$，方位角为 $\pi+\phi$；而光线的天顶角余弦为 μ，方位角为 ϕ。

当从地面向上观察位于光学厚度 τ 处的物体时，物体和大气背景亮度分别向下斜程传输到观察者，从辐射传输方程的形式解为式 (6.1.12b) 可知，物体本身亮度到达观察者的视在亮度以及观察者位置处的大气背景亮度 (略去下标) 分别为

$$I_{\text{vis}}(\tau_0, -\mu, \phi) = I_{\text{obj}}(\tau; -\mu, \phi) e^{-(\tau_0-\tau)/\mu}$$
$$+ \int_\tau^{\tau_0} J(\tau', -\mu, \phi) e^{-(\tau_0-\tau')/\mu} d\tau'/\mu \qquad (7.4.16)$$

$$I(\tau_0, -\mu, \phi) = I(\tau; -\mu, \phi) e^{-(\tau_0-\tau)/\mu}$$
$$+ \int_\tau^{\tau_0} J(\tau', -\mu, \phi) e^{-(\tau_0-\tau')/\mu} d\tau'/\mu \qquad (7.4.17)$$

于是物体背景的视在对比度为

$$C_L = [I_{\text{obj}}(\tau; -\mu, \phi) - I(\tau; -\mu, \phi)] e^{-(\tau_0-\tau)/\mu}/I(\tau_0; -\mu, \phi)$$
$$= C_0 e^{-(\tau_0-\tau)/\mu} I(\tau; -\mu, \phi)/I(\tau_0; -\mu, \phi)$$
$$= C_0 T \cdot I(\tau; -\mu, \phi)/I(\tau_0; -\mu, \phi) \qquad (7.4.18)$$

将式 (7.4.18) 与式 (7.4.8) 相比可以看出，斜程大气中的物体背景视在对比度的变化规律除了依然遵守线性衰减特性 (正比于透过率) 以外，还与物体位置处以及观察者位置处的大气背景亮度之比成正比。由于这两个位置处的大气背景亮度和整层大气的光学特性以及地表反射特性都有关系，显然斜程大气能见度问题要比水平能见度问题复杂得多。

同样地，当从光学厚度 τ 处向下观察位于地面的物体，物体和大气背景亮度分别向上斜程传输到观察者，从辐射传输方程的形式解为式 (6.1.12a) 可知，物体本身亮度到达观察者的视在亮度以及观察者位置处的大气背景亮度分别为

$$I_{\text{vis}}(\tau, +\mu, \phi) = I_{\text{obj}}(\tau_0; +\mu, \phi) e^{-(\tau_0-\tau)/\mu}$$
$$+ \int_\tau^{\tau_0} J(\tau', +\mu, \phi) e^{-(\tau_0-\tau')/\mu} d\tau'/\mu \qquad (7.4.19)$$

$$I(\tau, +\mu, \phi) = I(\tau_0; +\mu, \phi) e^{-(\tau_0-\tau)/\mu}$$
$$+ \int_\tau^{\tau_0} J(\tau', +\mu, \phi) e^{-(\tau_0-\tau')/\mu} d\tau'/\mu \qquad (7.4.20)$$

于是物体背景的视在对比度为

$$C_L = [I_{\text{obj}}(\tau_0; +\mu, \phi) - I(\tau_0; +\mu, \phi)] e^{-(\tau_0-\tau)/\mu}/I(\tau; +\mu, \phi)$$
$$= C_0 e^{-(\tau_0-\tau)/\mu} I(\tau_0; +\mu, \phi)/I(\tau; +\mu, \phi)$$

$$= C_0 T \cdot I(\tau_0; +\mu, \phi) / I(\tau; +\mu, \phi) \tag{7.4.21}$$

式 (7.4.21) 与式 (7.4.18) 表现的规律完全一致。

我们以标准大气模式简单分析一下斜程能见度的情况。选择美国标准大气、水平能见度 (V_2) 为 5km 的乡村型气溶胶模式和耕地型地表,当太阳天顶角为 30°,视线方位角为 180° (相对于太阳)、视线路径 10km,分别自地面进行斜向上和自 2km 高度斜向下观察时,地面和 2km 高度的大气背景亮度分别如图 7.4.6 和图 7.4.7 所示。

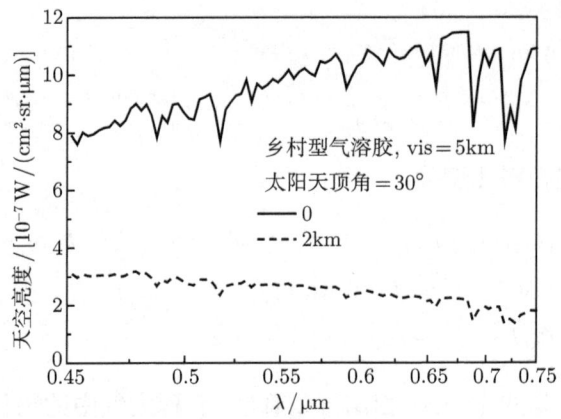

图 7.4.6 斜向上观察时地面和 2km 高度的大气背景亮度

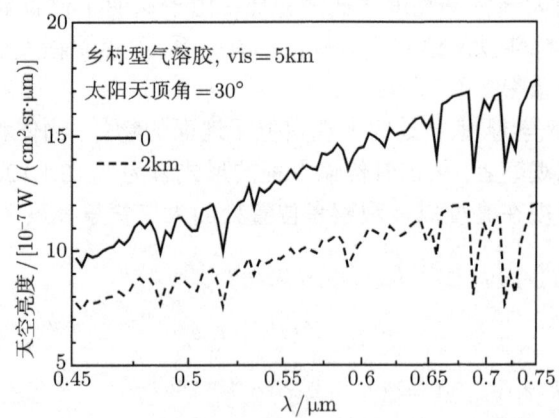

图 7.4.7 斜向下观察时地面和 2km 高度的大气背景亮度

在这两种情况下,由于视线路径长度相等,大气透过率也相同。斜向上观察时,观察者 (地面) 的大气背景亮显著大于物体 (2km 高度) 的天空背景亮度,使得理想黑物体与背景的视在对比度的视在对比度显著小于透过率值。斜向下观察时,观察者 (2km 高度) 的大气背景亮略小于物体 (地面) 的天空背景亮度,使得理想黑物体与背景的视在对比度的视在对比度略大于透过率值。这两种情况下按照式 (7.4.21) 与式 (7.4.18) 计算的理想黑物体的视在对比度的光谱分布特性如图 7.4.8 所示。向上观察时的 0.55μm 处的对比度远小于 0.02，向下观察时对比度接近 0.02。可以看出两个显著的特征：① 向下观察时的对比度要显著大于向上观察时的对比度；② 随波长的增大，对比度近幂律增大。第一个特征在于无论向上还是向下观察，地面附近的大气背景亮度要高于高空的大气背景亮度，因而向下观察时背景的亮度降低了。第二个特征可能在于长波端的大气透过率明显大于短波端。

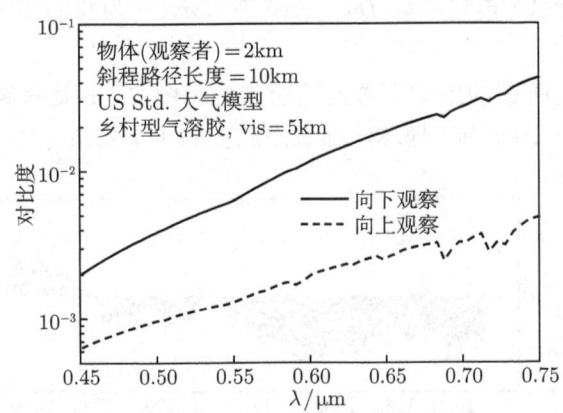

图 7.4.8　理想黑物体斜向上和斜向下观察时的视在对比度

实际应用中，在可见光光谱范围内，被观测的物体一般都不是理想黑体，其亮度和背景都来自太阳光及其在大气中的散射光。物体的亮度和物体本身的光学性质、几何形状、粗糙度及其与太阳照射方向的几何方位有关。作为一般情况的分析，我们可以作三个假定：物体为灰体，即其光谱反射率与波长无关；物体的照明光来自天空漫射光，太阳光的直射光不构成贡献；成像物体为漫反射体。这样我们就可以求得物体位置处的对比度，然后再按照上面的分析方法求得各种视线路径上的视在对比度。

7.5　大气中的辐射收支平衡

近年来，没有哪个科学问题像气候变化一样得到世界各地民众和政府的广泛关注和重视，地球变暖、京都议定书、诺贝尔和平奖、政府间气候变化委员会等成为热门的流行语汇，之所以形成这样的局面，是因为普通人都能感受到气候变化甚至是气象特殊事件 (像台风、暴雨) 带来的巨大破坏性和不可预测的后果，由此形成对自然界潜在的恐惧心理。

从科学意义上来讲，大气系统是一个弹性系统，气候的日变化和季节变化周而复始,变化幅度基本位于一个固定的区间。长期自然界的平衡结果使得这种变化都位于弹性范围内。但自从工业革命以来,人类的活动既改变了比例越来越大的自然环境(如地表等,森林、植被的变化,湖泊的减少,城区面积的增加),也使大气成分构成发生越来越显著的变化(如各种工业排放气体,最著名的是温室气体)。

不难理解,自然环境和大气成分的变化必然引起大气内物理过程的改变,进而可能改变地球大气变化的幅度。问题在于,我们并不知道大气的弹性变化范围到底有多大。可怕的是,上述人为引起的变化幅度的改变会接近或超出弹性范围吗?一旦超出其后果是什么?电影 *The Day after Tomorrow* 为我们描述了一种可怕的可能后果。

整个话题就是所谓的地球变暖问题引起的。图 7.5.1 是有确切气温记录以来最近 158 年(1850～2008 年)地球陆地表面温度的年平均值(上中下分别为全球平

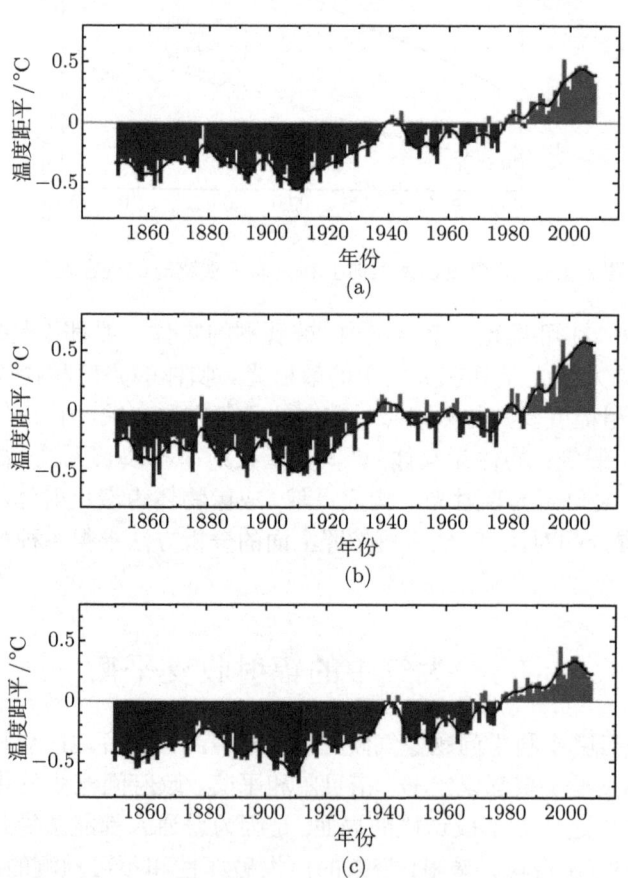

图 7.5.1　近 158 年来北半球和南半球陆地表面气温的变化 (Jones et al., 2009)

(a) 全球; (b) 北半球; (c) 南半球

7.5 大气中的辐射收支平衡

均,北半球平均和南半球平均)(Jones et al., 2009)。从全球平均变化趋势可以看出,1910~1940 年的 30 年有明显的增温趋势,增幅 0.5° 左右,1940~1950 年有明显的降温趋势,降温幅度大约 0.2°,1950~1970 年有轻微起伏。自 1970 年起又开始持续增温,增幅大约 0.6°。在较长的历史时期内,如此大小幅度的变化算不算异常,是否与人类活动密切相关还需要更深入地研究,因为太阳辐射的变化、火山爆发等因素的影响也要正确分析。但这足以让科学家和政府人士大张旗鼓地宣传。与此同时,质疑地球是否真的变暖的声音也没有消失 (Leroux, 2005)。

在大气科学和气候学关于整个大气状态的研究中,大气辐射不是唯一的内容,也许它不被认为是最关键的内容,但大气的辐射收支平衡也许是最本质的物理过程。如果不能对大气辐射过程有相当清楚、精度相当高的认识,要想解决上述两个问题肯定是不可能的。

考虑到目前观测到的增温幅度还是不算很大,并且仅限于地表附近,要可靠地研究分析各种大气因素的影响必须确定全球大气和地表系统的高分辨三维空间分布特征,否则任何一项简单的假设带来的误差都有可能带来不确定的后果。因此,完善的全球大气仿真模型的结构都应该像如图 7.5.2 所示的那样,将全球大气进行三维离散,其离散分辨率应使单一网格内的大气特征和地表特征没有显著变化。

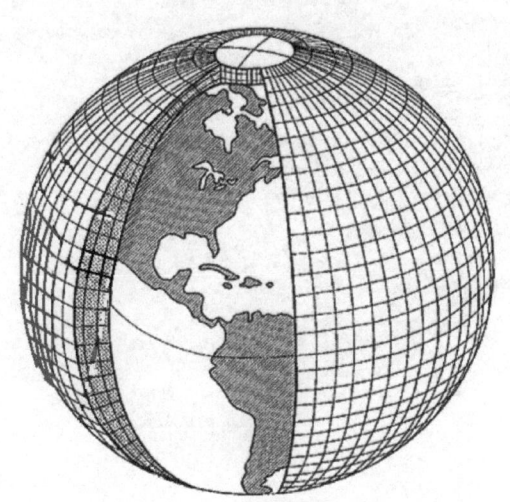

图 7.5.2 各种气候计算模式中大气三维离散格点示意图

目前代表性的全球大气环流模型的分辨率为水平方向 100~250km,垂直方向为 200~400m,区域性的 NWP 模型的网格分辨率为 20~60km (有些可达 1km)。就目前的气象观测台站的分布情况来看,是不能满足模型分析要求的,而且它们仅仅提供基本的气象参量,而起关键作用的大气成分、云和气溶胶粒子的观测数据更是缺乏,云的高度复杂且迅速变化的空间分布特征更让人困惑。从辐射传输计算分析的角度来看,如果分辨率达不到 km 以下,地表反射特性不可能正确赋值。此外,各个网格内的计算独立进行,相邻网格内物理量的连续变化也无法保证。

在每一个计算网格内应该考虑所有的大气物理和化学变化过程,如图 7.5.3 所示。其中,大气辐射过程的求解可以按照第 6 章介绍的方法进行 (Nakajima et al., 2000),不难想象,如果按照理想的要求去做,那将是多么大的工作量。因此,在目前为止的各种模型中,大气辐射传输的计算分析还是采用比较简单的方法,如二流近似等。

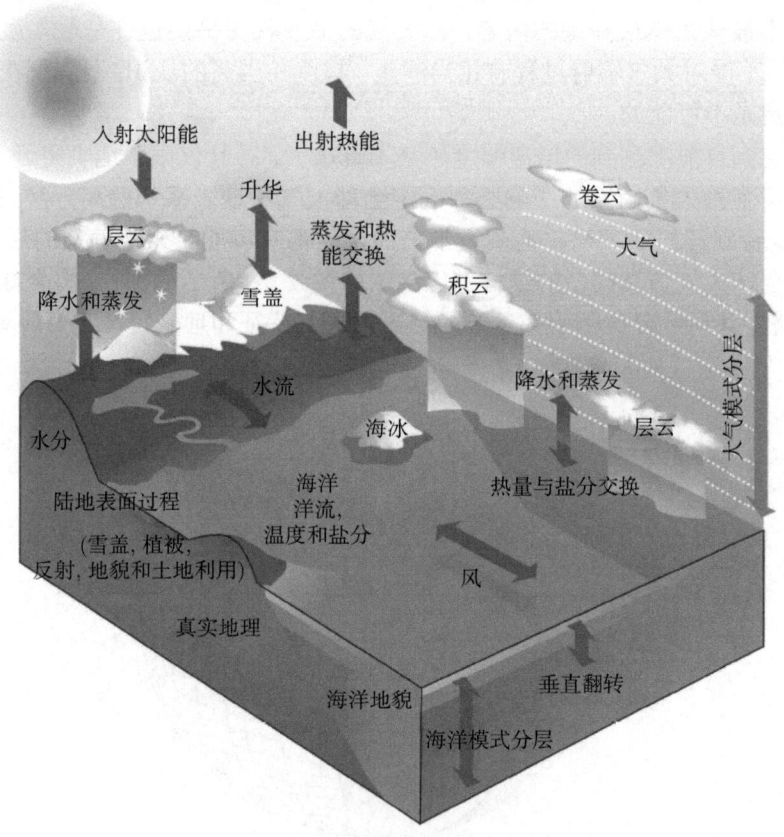

图 7.5.3 NCAR 的社区气候系统模型 (community climate system model, CCSM) 中考虑的大气系统物理和化学变化过程示意图

在整个地球大气系统中的辐射分为来自太阳的短波辐射和大气介质及地球表面产生的长波辐射。大气层顶全球年平均的太阳辐射通量为 $342W/m^2$。入射的太阳辐射经大气传输的结果,最终使一部分反射回太空,一部分被大气介质 (包括云层) 吸收,一部分被地表吸收。大气介质 (包括云层) 和地面产生的长波辐射经大

7.5 大气中的辐射收支平衡

气传输的结果，最终使一部分发射到太空，一部分被地表吸收。地表吸收来自太阳的短波辐射和地球大气系统的长波辐射，除了自身发射长波辐射外，还向地面以下传递 (此部分能量最小)，并通过以下两种形式向大气系统释放热量。一是直接通过分子运动加热地面的空气，并由大气湍流运动迅速向上扩散，这称为感热 (sensible heat)。二是蒸发地面江河湖泊和土壤中的水分，通过水的相变释放热量，这称为潜热 (latent heat)。

尽管全球各地大气状态和地理环境的复杂性使得整个大气系统中的辐射过程一直处于复杂的变化状态，但基本固定的地理特征和大气大时间尺度变化特征也使得大气辐射过程具有较为明确的统计平均特征。图 7.5.4~ 图 7.5.11 分别显示了大气层顶和地面的太阳辐射和长波辐射的收支情况 (Hantel, 2005)。显然，全球尺度的辐射收支应该达到平衡，否则地球要么持续升温，要么持续降温。

地球大气系统所能吸收太阳辐射的程度可由其反照率 (反射辐射通量除以入射辐射通量) 表现出来。图 7.5.4 是 1991~1995 年平均的地球大气系统 (大气层顶，TOA) 的太阳辐射反照率的全球分布情况。其中最大值 0.68，最小值 0.16，全球平均值 0.31。陆地、海洋和云层的反射特性在其中起了主要作用。总的来看，纬度越高，反照率越大，这主要是因为纬度越高，太阳入射角度越大，地面约趋于固化，在两极为冰盖或雪盖。云量越小，反照率越大，因为海面上云量大于陆面，最低反照率出现的区域都位于海洋地区。

图 7.5.5 是 1991~1995 年平均的地球大气层顶向下的太阳净辐射通量 (即大气净吸收的太阳辐射) 的全球分布情况。其中最大值 $352W/m^2$，最小值 $56W/m^2$，全球平均值 $236W/m^2$。在低纬度地区由于云少和地面反射率低，该地区的大气层

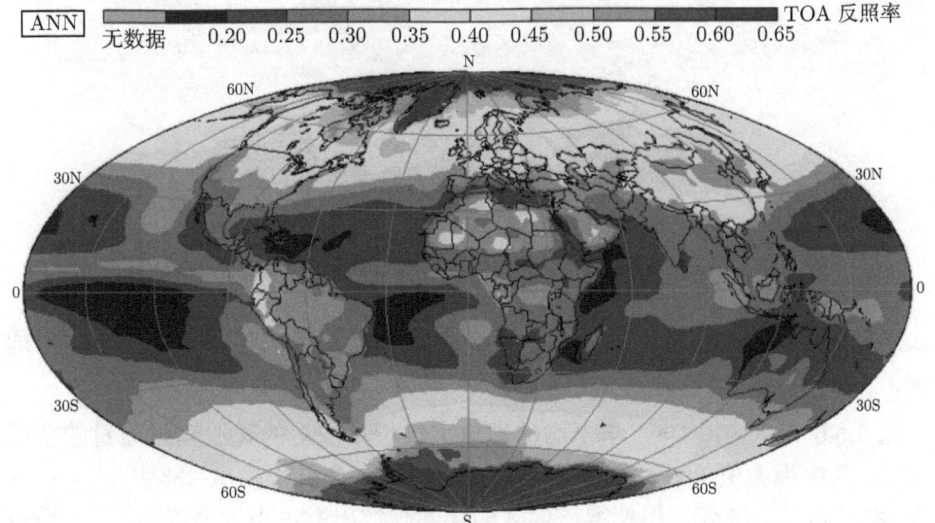

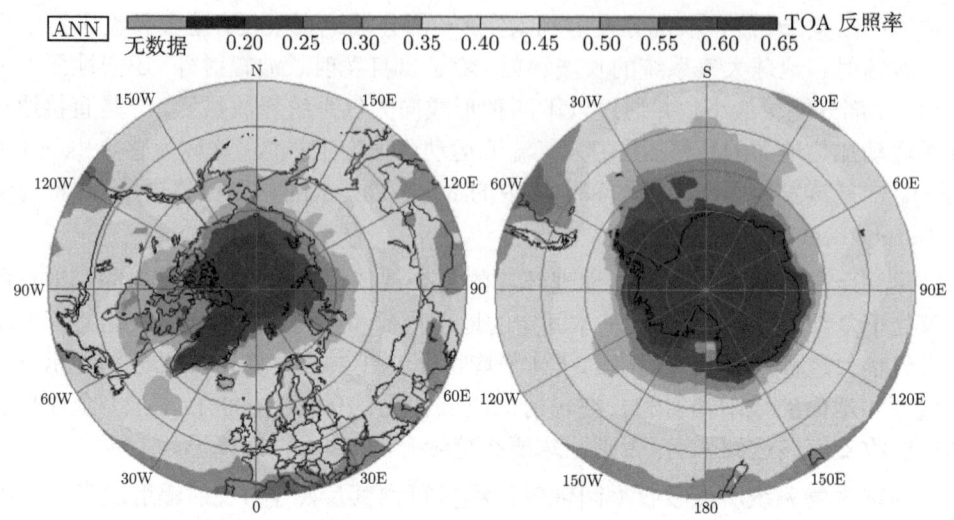

图 7.5.4　年平均的地球大气系统的太阳辐射反照率的全球分布

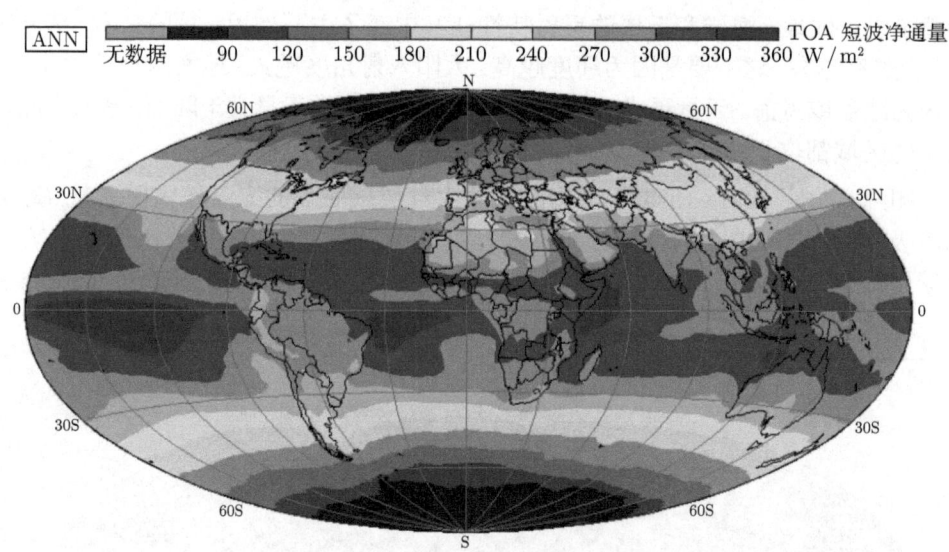

图 7.5.5　年平均的地球大气层顶向下的太阳净辐射通量的全球分布

对太阳辐射的吸收最大。本图的值可由 1 和图 7.5.4 值的差乘以太阳总辐射通量得到。

图 7.5.6 是 1991~1995 年平均的地球大气层顶向上的长波辐射通量的全球分布情况。其中最大值 286W/m², 最小值 124W/m², 全球平均值 233W/m²。在赤道附近, 由于高云的屏蔽作用使得该地区的实际长波出射远小于地表的辐射, 造成该

7.5 大气中的辐射收支平衡

地区地表附近的气温远低于地表温度。从而在赤道两侧形成了两条真正的"热带"。

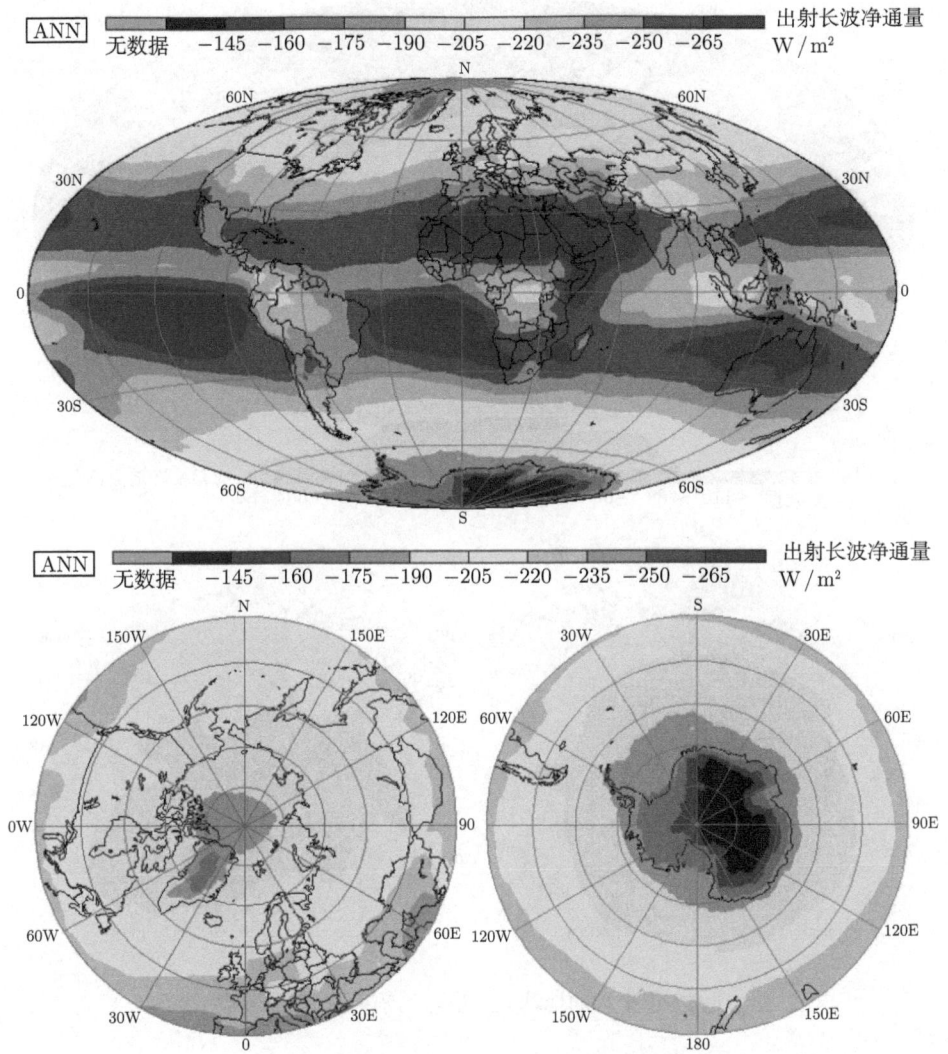

图 7.5.6 年平均的地球大气层顶向上的长波辐射通量的全球分布

图 7.5.7 是 1991~1995 年平均的地球大气层顶的辐射收支(即入射的太阳辐射与反射的太阳辐射加上出射长波辐射的差值)的全球分布情况。在低纬度热带地区收入为主，两极高纬度地区支出为主。其中最大的支出为 $126W/m^2$，最大的收入为 $88W/m^2$。全球净收入为 $3W/m^2$，这个剩余值在计算误差范围之内，不能解释为全球变暖。

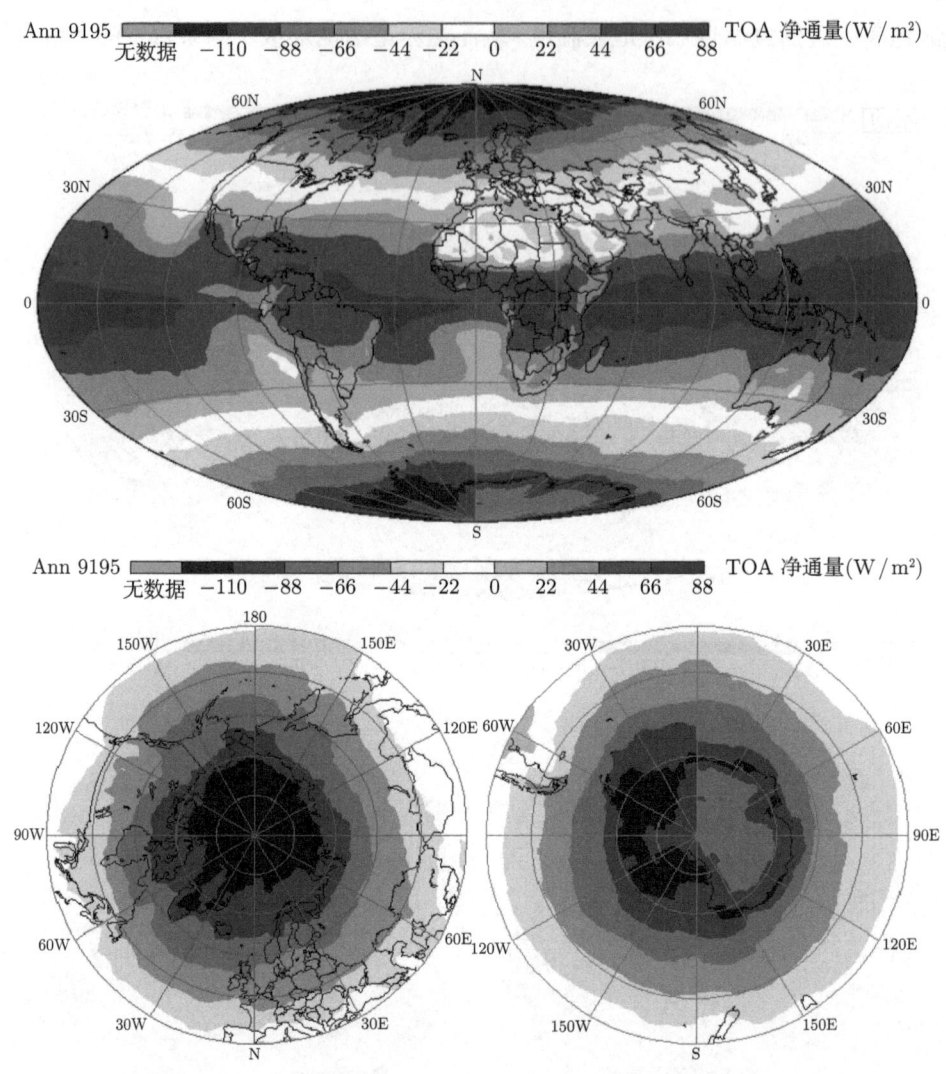

图 7.5.7 年平均的地球大气层顶的辐射收支的全球分布

图 7.5.8(a) 是 1991~1995 年平均的到达地球表面的太阳辐射的全球分布情况。在地表反射率低、云量少的地区, 入射的太阳辐射通量大。其中最大值为 270W/m², 最小值为 22W/m², 全球平均值为 165W/m²。注意, 在低于 30°N 的地区, 我国南方地区的太阳辐射量是全球最低的。图 7.5.8(b) 是 1991~1995 年平均的到达地球表面的太阳辐射相对于大气层顶入射的太阳辐射的比值全球分布情况, 该值也就是太阳辐射的整层大气透过率, 各地的地理高度和云层起关键作用。图中最大值为 0.82, 最小值为 0.33, 全球平均值为 0.55。

7.5 大气中的辐射收支平衡

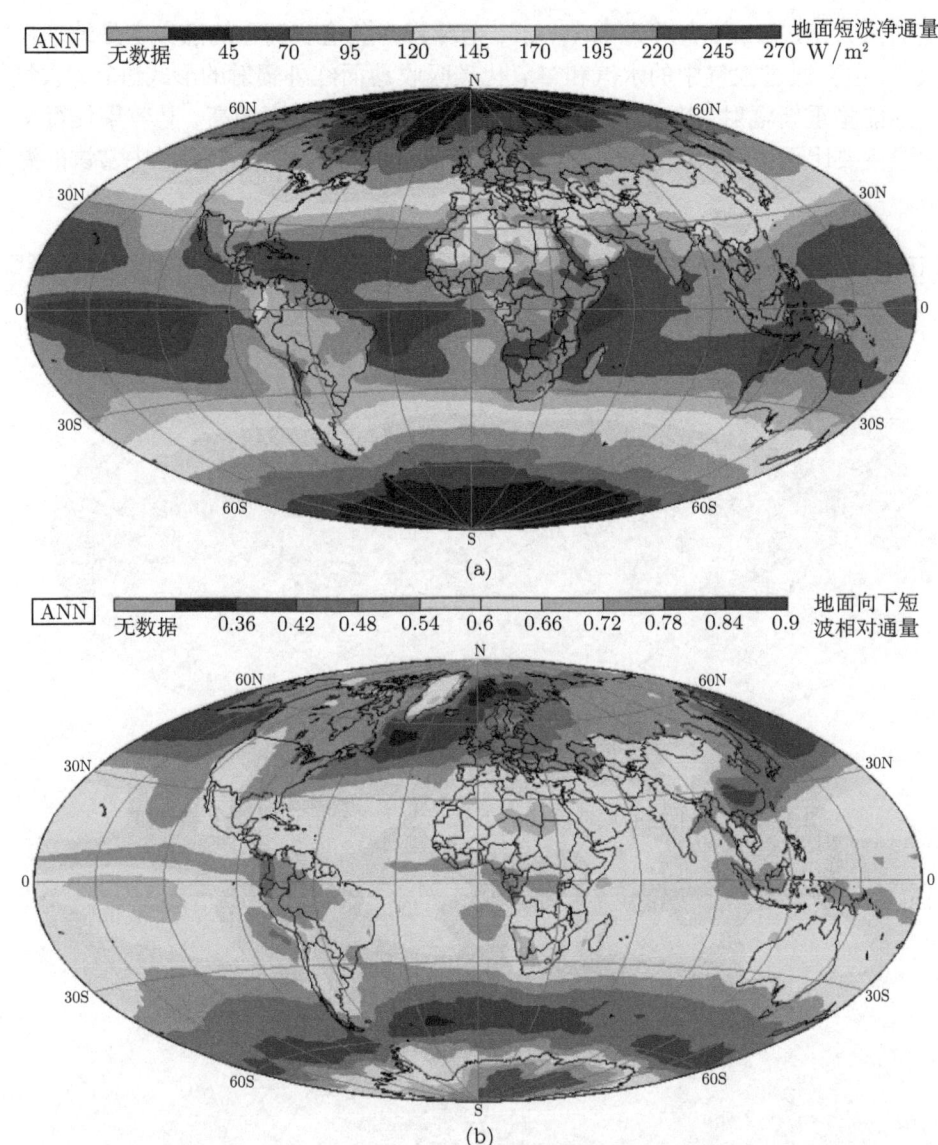

图 7.5.8 年平均的到达地球表面的太阳辐射的全球分布 (a) 及年平均的
太阳辐射整层大气透过率 (b)

图 7.5.9 是 1991~1995 年平均的地球表面向下的长波大气辐射通量的全球分布情况。这种分布取决于对流层底部的温度、水汽含量，在高纬度地区也与云底高度有关。最大值为 $431W/m^2$，最小值 $101W/m^2$，全球平均值为 $343W/m^2$。

图 7.5.10 是 1991~1995 年平均的地球表面长波辐射的净通量 (即向下的通量减去向上的通量) 的全球分布情况。其中绝对值最大的净通量为 $134W/m^2$，最小

的净通量为 $10\text{W}/\text{m}^2$，全球为 $50\text{W}/\text{m}^2$。全球皆为负值表明平均意义上是地球在加热大气，主要通过大气中的水汽和二氧化碳吸收地面红外辐射的形式进行。大气将吸收的能量重新辐射，其中一部分又被地面吸收，使其温度增高。其效果使得实际地面温度要比无大气吸收情况下的地面温度高一些，这就是大气科学中常讲的温室效应。

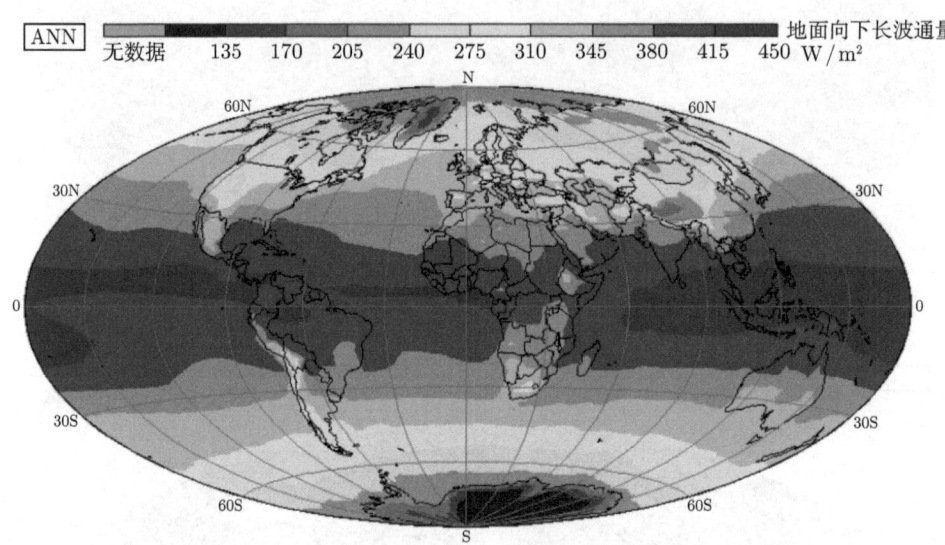

图 7.5.9　年平均的地球表面向下的长波大气辐射通量的全球分布

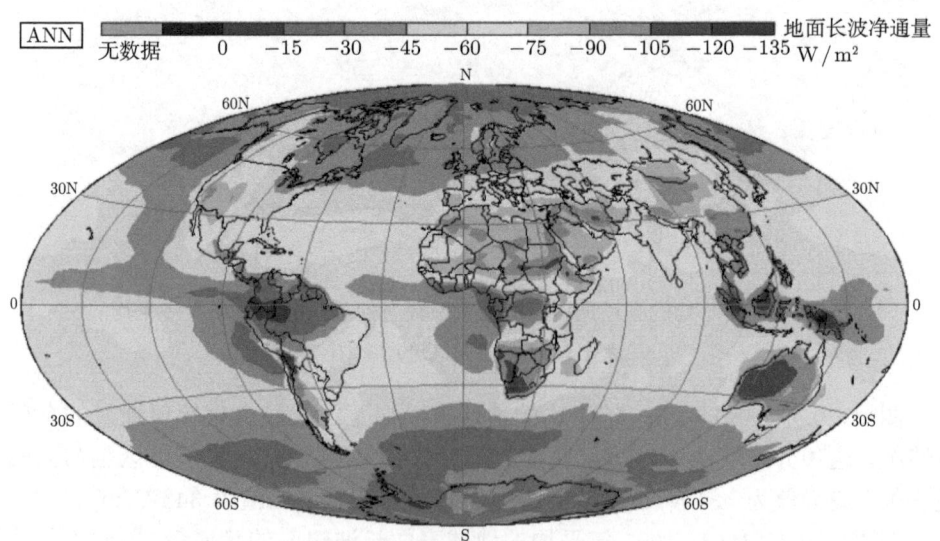

图 7.5.10　年平均的地球表面长波大气辐射的净通量的全球分布

7.5 大气中的辐射收支平衡

图 7.5.11 是 1991~1995 年平均的地球表面的短波和长波总辐射收支全球分布情况。除格陵兰 (Greenland) 岛和南极部分地区外,全球皆为正值表明地面表面都被辐射加热。其中最大值为 211W/m², 最小值为 –16W/m²。全球平均为 116W/m²。

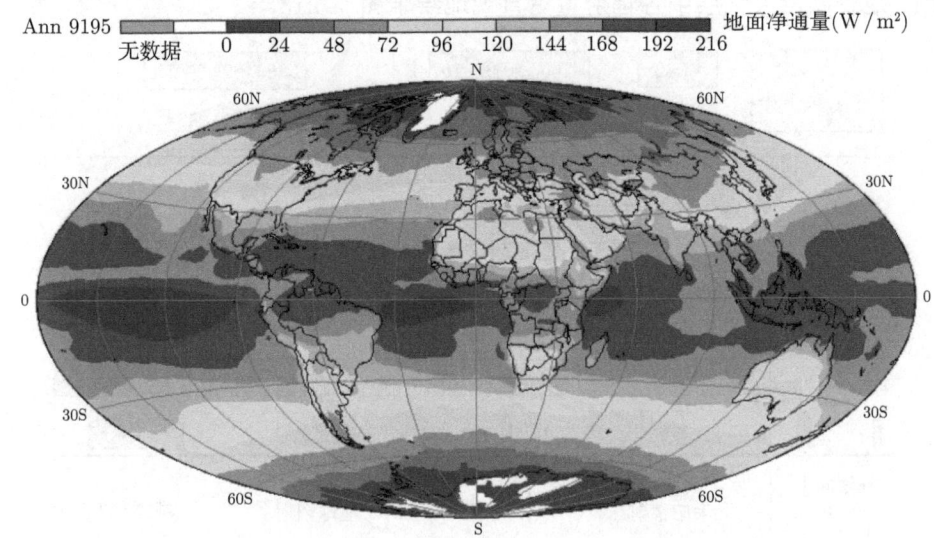

图 7.5.11 年平均的地球表面的短波和长波总辐射收支全球分布

表 7.5.1 是全球年平均和季节平均的辐射收支各量 (除反射率外, 各量的单位为 W/m², 向下为正, 向上为负) 的值 (Hantel, 2005), 表中 TOA 为大气层顶。每个量对应的不确定范围也列于表中, 表中最后三行辐射通量的差值表示大气层顶

表 7.5.1 全球年平均和季节平均的辐射收支各量

辐射量	年度	DJF	MAM	JJA	SON	不确定范围
TOA 入射太阳辐射	342	352	340	332	334	±0.5
TOA 反射太阳辐射	−106	−112	−105	−101	−108	±5~7
气候系统中吸收太阳辐射	236	240	235	231	236	±5~7
行量反照率/%	31	32	31	30	32	±1~2
TOA 出射地球辐射	−233	−231	−232	−236	-233	±3~5
TOA 辐射收支	+3	+9	+3	−5	+3	±5~7
地面向下太阳辐射	189	195	190	180	190	±7~10
地面净太阳辐射	165	169	165	160	167	±7~10
地面向下地球辐射	343	335	342	351	342	±15~20
地面净地球辐射	−50	−49	−51	−49	−50	±15~20
等效地表反照率/%	13	13.3	13.3	11	12.1	±2
等效地表温度	15.2°C	13.7°C	15.5°C	16.6°C	15.1°C	±2K
地面总的净辐射	115	120	114	111	117	±15~20
大气辐射通量总差值	−112	−111	−111	−116	−114	±20
大气中太阳辐射通量差值	71	71	70	71	69	±20
大气中大气辐射通量差值	−183	−182	−181	−187	−183	±20

的净辐射通量与地面的净辐射通量的差，正值意味着该差值用于加热大气，负值意味着冷却大气。表中的数据与其他一些文献中的相关数据存在着差异 (Kiehl and Trenberth, 1997)，几种典型的数据及其比较如图 7.5.12 所示 (Hantel, 2005)。大气层顶、地表以及大气层中各辐射量更直观地绘于图 7.5.13。

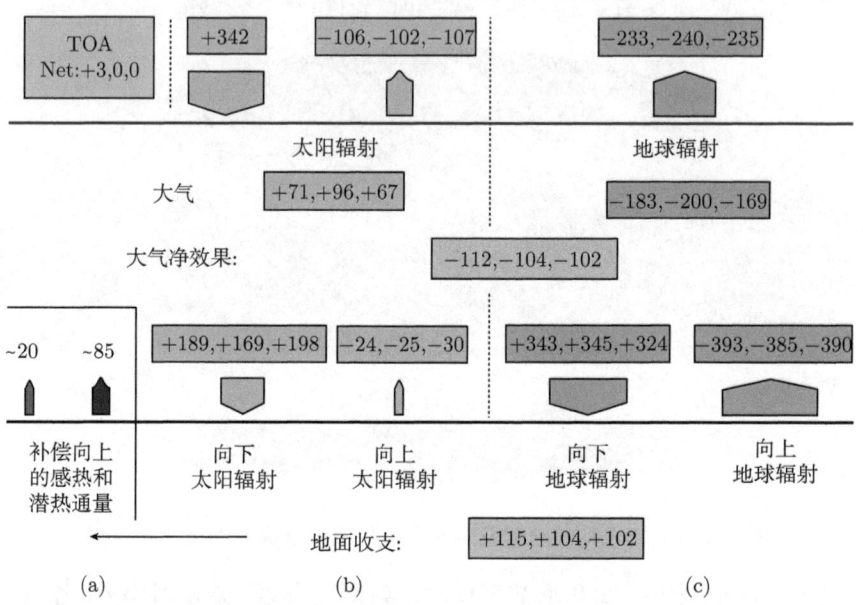

图 7.5.12　全球年平均的大气辐射收支简图及三种数据比较 (W/m^2)
(a) ISCCP-FD; (b) Chmura & Wild; (c) Klehl & Trenberth

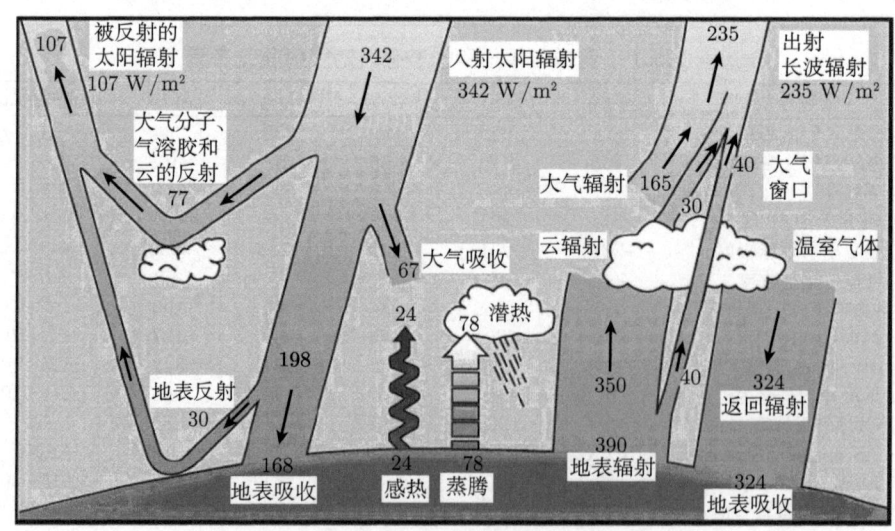

图 7.5.13　全球年平均的大气辐射收支过程示意图 (IPCC, 2001)

7.6 小　　结

我们在本章中介绍了辐射传输计算分析在混浊大气中的具体应用,主要着眼于现代光电工程应用和大气辐射平衡问题。由于各种应用各有其特殊性,我们仅仅以一些简单的情况进行探讨,演示一般分析方法。在具体的应用中,应注意两个问题:一是该问题能否应用辐射传输知识解决?如果能应用,需要做出哪些简化或近似条件?二是在求解建立的辐射传输方程时,我们对大气条件的了解是否完备和准确?如果不完备,我们能否掌握起关键作用的大气参量?

上述两个问题的非准确回答必然引起结果的准确性问题。特别是对那些涉及大空间范围和长时间尺度的问题,问题的简化和大气条件的非完备获取几乎是必然的,这样我们获得的最终结果必然有一定程度的不准确性,这一点我们必须有清醒的认识。例如,在大气辐射收支问题中,从表 7.5.1 可知,目前对各大气中各辐射量的不确定度可达 $20W/m^2$,这与感热通量的大小几乎相等。因此,尽管我们可由地面温度的测量得出全球变暖的趋势,但是要准确确定哪些因素导致这个现象还是非常困难的。目前有关的一些较为普遍的说法,如温室气体的增加所致,还需要深入地论证。

参 考 文 献

曹百灵, 邬承就, 饶瑞中, 等, 2003. HF/DF 激光传输的大气衰减特性. 强激光与粒子束, 15: 17-20

李景镇. 2009. 光学手册 (第二版). 西安: 陕西科学技术出版社

饶瑞中, 宋正方. 1989. 海雾对 3~5μm 和 8~14μm 红外辐射的衰减特性. 红外与毫米波学报, 8: 441-445

饶瑞中, 王俊波, 乐时晓. 1989. CO_2 激光辐射谱线的大气衰减特性. 大气科学, 13: 119-125

饶瑞中. 2007. 大气光学特性对激光工程影响的概率分析. 红外与激光工程, 36(5): 583-587

王毅, 饶瑞中. 2003. 空间斜程能见度的影响因素分析. 强激光与粒子束, 15: 945-950

Bohren C F, Clothiaux E E. 2006. Fundamentals of Atmospheric Radiation. Weinheim: Wiley-VCH

Dave J V, Furutka M. 1966. Intensity and polarization of the radiation emerging from an optically thick rayleigh atmosphere. JOSA, 56: 394-400

Duntley S Q, Gordon J I, Taylor J H, et al. 1964. Visibility. Appl. Opt., 3: 549-598

Duntley S Q. 1948a. The reduction of apparent contrast by the atmosphere. JOSA, 38: 179-191

Duntley S Q. 1948b. The visibility of distant objects. JOSA, 38: 237-249

Gaumet J L, Petitpa A. 1982. Lidar-tansmissonmeter visibility comparisons over slant and horizontal paths. J. Atoms. Sci., 21: 683–694

Hantel M. 2005. Observed Global Climate. Berlin: Springer-Verlag

Henderson S T. 1977. Daylight and its spectrum. Bristol: Adam Hilger Ltd

Hitzfelder S J, Plass G N, Kattawar G W. 1976. Radiation in the earth's atmosphere: its radiance, polarization, and ellipticity. Appl. Opt., 15: 2489–2500

Horvath H. 1981. Atmospheric visibility. Atmospheric Environment, 15: 1785–1796

Husar R B, Husar J D, Martin L. 2000. Distribution of continental surface aerosol extinction based on visual range data. Atmospheric Environment 34: 5067–5078

IPCC. 2001. Climate Change 2001: The Scientific Basis. New York: Cambridge University Press

Jones P D, Parker D E, Osborn T J, et al. 2009. Global and hemispheric temperature anomalies—land and marine instrumental records. In: Trends: A Compendium of Data on Global Change. Oak Ridge National Laboratory

Kattawar G W, Plass G N. 1972. Degree and direction of polarization of multiple scattered light. 1: homogeneous cloud layers. Appl. Opt., 11: 2851–2865

Kattawar G W, Plass G N, Hitzfelder S J. 1976. Multiple scattered radiation emerging from Rayleigh and continental haze layers. 1: Radiance, polarization, and neutral points. Appl. Opt., 15: 632–646

Kiehl J, Trenberth K E. 1997. Earth's annual global mean energy budget. Bull. Am. Meteorol. Soc., 78: 197–208

Knestrick G L, Curcio J A. 1967. Measurements of spectral radiance of the horizon sky. Appl. Opt., 6: 2105–2109

Koschmieder H. 1924. Theorie der horizontalen sichtweite. Beitr. Phys. Frei. Atmos., 12(33–53): 171–181

Lee Jr R L. 1994. Horizon brightness revisited: measurements and a model of clear-sky radiances. Appl. Opt., 33: 4620–4628

Leonble J. 1993. Atmospheric Radiative Transfer. Hampton, Virginia: A. Deepak Publishing

Leroux M. 2005. Global Warming—Myth or Reality? Chichester, UK: Praxis Publishing

Liou K N. 1992. An Introduction to Atmospheric Radiation. New York: Academic Press

Lutmokirski R F, Yura H T. 1974. Imaging of extended objects through a turbulent atmosphere. Appl. Opt., 13: 431–437

Middleton W E K. 1952. Vision Through the Atmosphere. Toronto: U. Toronto Press

Nakajima T, Tsukamoto M, Tsushima T, et al. 2000. Modeling of the radiative process in an atmospheric general circulation model. Appl. Opt., 39: 4869–4878

Ohmura A. 1997. New methods and findings concerning the total heat budget of the earth (in Japanese). Journ. Geograph., 106(954): h762–h763

Pichamuthu J P. 2005. Directional variation of visual range due to anisotropic atmospheric brightness. Appl. Opt., 44: 1464-1468

Plass G N, Kattawar G W, Hitzfelder S J. 1976. Multiple scattered radiation emerging from Rayleigh and continental haze layers. 2: Ellipticity and direction of polarization. Appl. Opt., 15: 1003-1011

Plass G N, Kattawar G W. 1972. Degree and direction of polarization of multiple scattered light. 2: Earth's atmosphere with aerosols. Appl. Opt., 11: 2866-2879

Reid J S, Paulus R M, Tsay S C, et al. 2004. Preliminary evaluation of the impacts of aerosol particles on laser performance in the coastal marine boundary layer. NRL/MR/7534-04-8803

Ruppersberg G H, Schellhase R. 1979. Slant meteorological visibility. Journal of Modern Optics, 26: 699-709

Tam W G, Zargecki A. 1982. Multiple scattering corrections to the Beer-Lambert law. 1: Open detector. Appl. Opt., 21: 2405-2412

Wei H, Chen X, Rao R, et al. 2007. A moderate-spectral-resolution transmittance model based on fitting the line-by-line calculation. Optics Express, 15: 8360-8370

WMO. 1996. Guide to Meteorological Instruments and Methods of Observation (6th ed)

Zargecki A, Tam W G. 1982. Multiple scattering corrections to the Beer-Lambert law. 2: Detector with a variable field of view. Appl. Opt., 21: 2413-2420

第8章 湍流大气中光传播的分析方法

8.0 引 言

　　光在湍流大气中的传播问题也许是大气光学中最困难的部分，这首先在于随机介质中波传播理论本身的复杂性；其次在于大气湍流特性的复杂性；此外，还在于实验条件的不可控制性。传播路径上湍流均匀性的假设、气象要素均匀性的假设、冻结湍流的假设等在大多程度上成立是很难确定的，因此将理论结果进行严格的实验验证难度很大。

　　Newton 最先对天文观测中的起伏现象做了初步的科学解释，系统的光在大气湍流中的传播研究开始于 20 世纪中期。Obukhov 应用 Rytov 的平缓扰动法求解随机波方程，Tatarskii 引入湍流统计理论中有关湍流谱的结果，得到了闪烁强度与传播距离的关系，和实验结果完全符合，从而建立了弱起伏条件下的经典理论体系。

　　Tatarskii 的理论是一种微扰理论，当起伏不能作微扰处理时，它就失去了适用性，无法解决闪烁饱和等强起伏条件下的传播问题。而在 Markov 近似下求解光场的统计矩方程的方法可以得到强起伏条件下的闪烁强度的渐近解。在中等强度的起伏条件下，尚没有很好的解析处理方法。

　　迄今为止，这个领域中的研究工作几乎已经借鉴了物理学科中所有可以使用的方法，包括量子力学中的路径积分和 Feynman 图解法。这样的共识基本形成：寻求一个解决光波在随机介质中传播的普适理论与解析方法的希望渺茫。我们只能针对各种具体的问题寻找各自的解决办法。

　　光波在随机介质中传播的理论结果需要靠实验验证。随着技术水平的不断提高，实验手段日趋完善，实验方法与时俱进，实验结果越来越精确。正是实验研究揭示了闪烁饱和现象、湍流内尺度对闪烁强度的影响，从而带动理论研究的蓬勃发展。

　　鉴于理论研究的停滞不前和实验研究的局限性，光传播的数值模拟研究由于其独特的优越性 (主要包括参数的可控性和统计的系综平均的可实现性)，日益受到重视。数值模拟不但验证了已有的理论研究结果和实验结果，而且揭示了一些新现象，并得到了实验的验证，证明这种方法有进一步发掘的潜力。

8.1 湍流大气光传播的定性分析

8.1.1 大气湍流对光传播影响的重要性

湍流大气中的光传播问题涉及大气湍流的性质和随机介质中的波传播规律。湍流是几个世纪尚未解决的难题，求解随机介质中的波传播问题已经运用了物理学所有可能应用的方法，目前只在一些十分有限的特殊条件下获得了成果。为了对这部分的研究对象、方法和一些基本的物理概念和图像获得一些感性的认识，避免陷入数理公式推导的泥潭，我们先介绍湍流大气中一些常见的光传播现象、湍流场和光场的统计物理量，在其物理图像的基础上，通过最简单的几何光学方法分析湍流大气中的光传播过程，导出光场的一些统计物理量与传播条件的关系，从而对湍流大气中的光传播问题有一个比较清晰的概念，为后面的数理分析奠定基础。

晴朗夜空中的星光闪烁是日常生活中最常见的湍流大气中光传播现象。Newton 最早对星光闪烁现象及其观测进行了细致的分析，在其《光学》一书中写到："即使能按照理论制造出实用化的理想望远镜，但它的有效应用依然受到一定的界限的约束。高塔的投影在晃动，天上的星星在闪烁，从这些现象可以推测：我们仰望群星所途经的空气在永恒地颤动着。但使用较大的望远镜观测时，星星不再闪烁。这是因为，从口径不同位置入射的光各自抖动，这些抖动各式各样，有时相反，同时落在眼睛底部不同的位置上，它们的速度太快并且混乱，无法区分开来。所有被照亮的点构成一个亮斑，使星星看起来比真实的要大一些，并不再颤动。用长望远镜观测比短望远镜观测时，物体看起来更亮一些、更大一些，但却不能消除大气颤动引起的光线的混乱。唯一的救药是非常宁静的空气，这在云端之上的高山之巅可能存在。"(Newton, 1952)

Newton 的思想依然是现代天文观测站址选择的指导思想。在高山之巅、在人迹罕至之地寻找宁静的空气，是在地面进行天文观测力图摆脱空气干扰无可奈何的办法。令人十分欣慰的是，随着航天技术的飞速发展，哈勃太空望远镜的发射终于使天文观测摆脱了空气的干扰，梦想终于成为现实。

哈勃太空望远镜 (主镜口径为 2.4m, 次镜 0.3m, $f/24$) 观测到的星空图像比地面相仿口径的天文望远镜要清晰得多，所能观测的太空距离要远得多，这证实了地球大气给天文观测带来的巨大影响。图 8.1.1 是在哈勃太空望远镜用宽视场行星照相机观测和地面天文望远镜观测的同一组双星的照片 (Hubblesite, 1990)。地面天文望远镜是 Carneigie Inst. of Washington 的 Las Campanas Obsertory 的 2.5m du Pont 望远镜。可以看出，地面望远镜无法分辨出双星，而太空望远镜则清晰地显示了双星的存在。

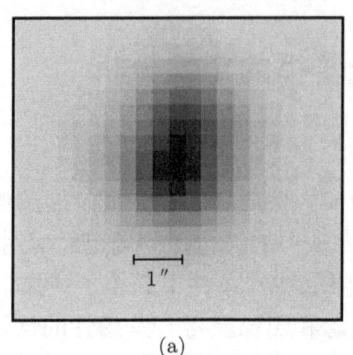 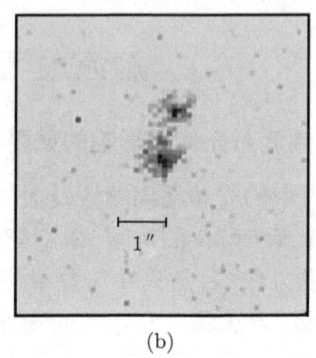

图 8.1.1　双星图像
(a) 地面天文望远镜观测图像；(b) 哈勃太空望远镜观测图像

当激光在湍流大气中传播时，大气湍流造成的折射率的起伏导致了激光波阵面的畸变，破坏了激光的相干性。而相干性的退化严重削弱激光的光学质量，引起光线的随机漂移、激光能量在光束截面上的重新分布 (畸变、展宽、破碎等)、激光实际传播路径长度的起伏、一定接收面积上光强起伏等。激光束的随机漂移给光通信的接收带来了困难，接收面积上的光强起伏给通信信号引进了噪声。这些问题在传播距离长和湍流强度大的情况下极为严重，从而制约自由大气光通信的发展。同样地，在利用激光进行测距和大地测量时，同样也受到大气湍流的影响，给测量结果带来不可避免的误差 (布伦纳，1988)。

由于大气湍流的随机性，大气湍流中传播的光波的各种物理量在空间和时间上也是随机的。因为光传播总要经过一定的距离，穿过不同的湍流区域，光波的随机特性比局域湍流的随机特性更为复杂。因此，对光波的描述和分析，也总是采用统计物理量作为研究对象。同样地，对于光波的振幅、相位、光强、相干函数、频谱等我们都采用统计平均量。这些物理量的随机特性主要由结构函数、概率分布和频谱特征等描述。

大气湍流对光波的影响根本上是对其相干性的破坏，从而表现在一系列物理量的改变上。从效果来看，降低了光学质量。各种物理量可分为与相位相关的量和与振幅相关的量。在不同的应用中各种物理量的作用是不同的。例如，成像和自适应光学等关心与相位相关的量 (Roggemann, 1996; Tyson, 1998)，而在激光大气传播、航天器空间通信、海洋声学、星际等离子体研究等应用中更关心与振幅相关的量 (Tatarskii, et al., 1992b)。

8.1.2　相位和到达角起伏的启发式分析 (Tatarskii, 1992)

光波在湍流大气等不均匀介质中传播时，相位受到最明显的影响。如果初始入射光波横截面上的相位相同，当进入非均匀介质后，各处的相位便发生改变，截面上任意两点间的相位差与两点间的距离 ρ 和介质的不均匀尺度 l(可将这个尺度内的介质当作一个湍涡) 的相对关系有关。这两种距离尺度的相对关系可分为以下三种情况 (图 8.1.2):

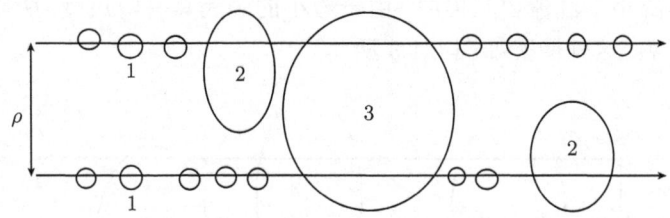

图 8.1.2 观测两点间的距离 ρ 和介质的不均匀尺度 l 的相对关系

(1) $l \leqslant \rho$, 这种小尺度的不均匀对两点间的相位差的影响不大, 主要原因在于, 一方面, 其本身的起伏不大, 另一方面, 在较长的传播路径上, 两条光线所经历的这种小尺度不均匀在统计上数量应该基本相同。

(2) $l \approx \rho$, 这种和两点间距离相仿的不均匀尺度对相位的影响最大, 光线相对于不均匀区域的位置的不同以及两条光路上不均匀区域数量的差别都对相位差有明显的影响。

(3) $l \geqslant \rho$, 这种大尺度不均匀对两点间的相位差的影响也不大, 因为它们一般覆盖了两条光线的传播路径, 可以认为两条光线经历了相同的相位改变。

因此, 在分析两点间的相位差时, 我们主要考虑和两点间距离 ρ 相仿的湍涡的影响。设湍涡 i 内距离 ρ 上两点的折射率分布为 n 和 n', 该湍涡引起的距离 ρ 上的波数 $k = 2\pi/\lambda$ 的光波的相位差为

$$\mathrm{d}S_i = k\rho(n - n') \tag{8.1.1}$$

其均值和方差分别为

$$\langle \mathrm{d}S_i \rangle = 0 \tag{8.1.2}$$

$$\langle \mathrm{d}S_i^2 \rangle = k^2\rho^2 \langle (n-n')^2 \rangle = k^2\rho^2 D_n(\rho) \tag{8.1.3}$$

在整个传播路径上, $l \approx \rho$ 的湍涡的数量为 $N = L/\rho$, 总的相位差为 $\Delta S = \sum_{i=1}^{N} \mathrm{d}S_i$, 总的相位差的方差为

$$\langle \Delta S^2 \rangle = N \langle \mathrm{d}S_i^2 \rangle = k^2 L \rho D_n(\rho) \tag{8.1.4}$$

因此, 相位结构函数与折射率结构函数成正比

$$D_S(\rho) = \mathrm{const} \cdot k^2 L \rho D_n(\rho) \tag{8.1.5}$$

当观测距离位于湍流惯性区内时, 由折射率结构函数可得到相位结构函数为

$$D_S(\rho) = \text{const} \cdot C_n^2 k^2 L \rho^{5/3}, \quad l_0 \ll \rho \ll L_0 \tag{8.1.6}$$

当观测距离小于湍流内尺度时, 由于最小的湍涡具有内尺度, 所以只考虑这种最小湍涡的影响, 这种情况如图 8.1.3 所示。

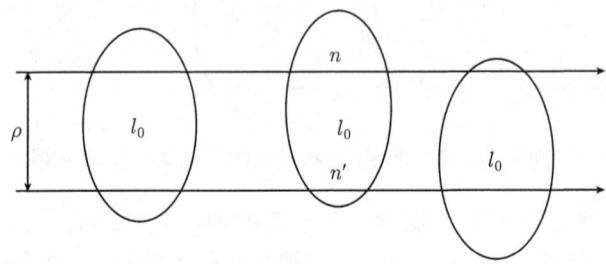

图 8.1.3　观测两点间的距离 ρ 小于湍流内尺度 l_0 的相对关系

最小湍涡 i 内距离 ρ 上两点的折射率分布为 n 和 n', 该湍涡引起的距离 ρ 上的波数 $k = 2\pi/\lambda$ 的光波的相位差

$$\mathrm{d}S_i = k l_0 (n - n') \tag{8.1.7}$$

整个传播路径上最小湍涡的数量为 $N = L/l_0$, 因此相位结构函数

$$D_S(\rho) = \text{const} \cdot C_n^2 l_0^{-1/3} k^2 L \rho^2, \quad \rho \ll l_0 \tag{8.1.8}$$

在干涉仪等实际应用中, 与横向相位差密切相关的是到达角。到达角与相位差的几何关系如图 8.1.4 所示。

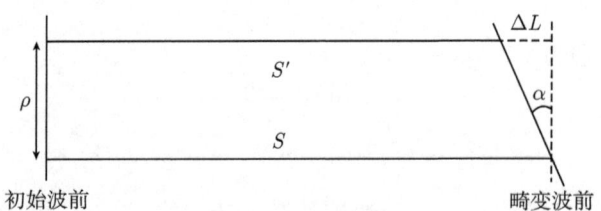

图 8.1.4　观测距离为 ρ 两点间的相位差与到达角的几何关系

相距 ρ 上的两条光线的光程差 ΔL 与相位差 ΔS 的定量关系为

$$k \Delta L = \Delta S \tag{8.1.9}$$

因此, 基线 ρ 上的到达角 α 与相位差 ΔS 的定量关系为

$$\alpha = \Delta L / \rho = \Delta S / (k\rho) \tag{8.1.10}$$

8.1 湍流大气光传播的定性分析

到达角 α 的起伏方差

$$\langle \alpha^2 \rangle = \langle \Delta S^2 \rangle/(k\rho)^2 = D_S(\rho)/(k\rho)^2 \tag{8.1.11}$$

根据相位起伏方差的结果, 当观测距离位于湍流惯性区内和观测距离小于湍流内尺度两种情况下的到达角 α 的起伏方差分别为

$$\langle \alpha^2 \rangle = \begin{cases} \text{const} \cdot C_n^2 L l_0^{-1/3}, & \rho \ll l_0 \\ \text{const} \cdot C_n^2 L \rho^{-1/3}, & L_0 \gg \rho \gg l_0 \end{cases} \tag{8.1.12}$$

8.1.3 空间相干性的启发式分析

湍流介质对光波最本质的影响是相干性的破坏, 设光场的一个分量为 $E = A\mathrm{e}^{\mathrm{i}S}$, A 为振幅, S 为相位。空间上两点 $\boldsymbol{r}$、$\boldsymbol{r}'$ 光场的相干函数为

$$M(\boldsymbol{r}, \boldsymbol{r}') = \langle EE' \rangle \tag{8.1.13}$$

当湍流介质主要引起相位的起伏, 而振幅起伏不明显时, 相干函数可以表示为

$$M(\boldsymbol{r}, \boldsymbol{r}') = A^2 \langle \exp[\mathrm{i}(S - S')] \rangle = A^2 \langle \exp[\mathrm{i}\Delta S(\boldsymbol{r}, \boldsymbol{r}')] \rangle \tag{8.1.14}$$

由于相位差是由大量的统计独立的不均匀区域 (湍涡) 造成, 根据中心极限定理, 它应该服从正态分布

$$p(\Delta S) = \frac{1}{\sqrt{2\pi}\sigma_{\Delta S}} \exp\left[-\frac{(\Delta S - \langle \Delta S \rangle)^2}{2\sigma_{\Delta S}^2}\right] \tag{8.1.15}$$

其均值 $\langle \Delta S \rangle = 0$, 方差 $\sigma_{\Delta S}^2 = \langle (\Delta S)^2 \rangle = D_S(\boldsymbol{r}, \boldsymbol{r}')$。根据概率分布可求出 $\langle \exp[\mathrm{i}\Delta S(\boldsymbol{r}, \boldsymbol{r}')] \rangle = \exp(-\sigma_{\Delta S}^2/2)$。则空间相干函数为

$$M(\boldsymbol{r}, \boldsymbol{r}') = A^2 \exp[-D_S(\boldsymbol{r}, \boldsymbol{r}')/2] \tag{8.1.16}$$

所以, 在主要是相位起伏的情况下, 光场的空间相干性由相位结构函数决定。

如果 $D_S(\boldsymbol{r}, \boldsymbol{r}') \ll 1$, 则两点间的场是高度相干的。如果 $D_S(\boldsymbol{r}, \boldsymbol{r}') = 1$, 则 $M_S(\boldsymbol{r}, \boldsymbol{r}') = \mathrm{e}^{-1/2} M_S(\boldsymbol{r}, \boldsymbol{r}) \approx 0.6 M_S(\boldsymbol{r}, \boldsymbol{r})$, 两点间的相干性已经较差, 光场的起伏基本上统计独立。因此对应于 $D_S(\boldsymbol{r}, \boldsymbol{r}') = 1$ 的两点间的距离 $\rho_0 = |\boldsymbol{r} - \boldsymbol{r}'|$ 反映了光场的空间相干长度。

根据相位结构函数的结果, 如果空间相干长度大于湍流的内尺度, 则由 $\text{const} \cdot C_n^2 k^2 L \rho_0^{5/3} = 1 (\rho_0 \gg l_0)$ 可求得

$$\rho_0 = \text{const} \cdot (C_n^2 k^2 L)^{-3/5}, \quad \rho_0 \gg l_0 \tag{8.1.17}$$

因此, 随着湍流强度和传播距离的增加, 空间相干长度减小。

8.1.4 光强起伏的启发式分析 (Strohbehn, 1978)

大气湍流在影响光波相位的同时，也引起振幅的变化。振幅变化导致光强起伏，这就是通常所说的闪烁现象 (scintillation)。定性地分析大气湍流对光波振幅（或光强）的影响比对相位的影响要复杂一些，这里主要借助于湍涡的"随机透镜"假设。我们把湍流中的一个个湍涡当做透镜，尺度 l 的湍涡透镜的焦距为

$$f_l = l/\Delta n \tag{8.1.18}$$

Δn 是湍涡内外折射率的差值。在近地面典型条件下，湍涡尺度为 1mm~1m，而 Δn 为 $10^{-6} \sim 10^{-8}$，因此 f_l 为 $10^3 \sim 10^8$m，这些湍涡相当于焦距非常长的弱透镜。在一般的近地面传播场景下，传播距离 L 为 $10^2 \sim 10^4$m，因此有 $f_l \gg L$。

各种尺度的湍涡透镜构成了一组复杂的光学系统，它们对在湍流介质中传播的光波进行调制。由于最小湍涡的尺度为湍流内尺度 l_0，如果我们使用几何光学进行光线追踪，则必须满足条件 $\lambda \ll l_0$。对于可见光和红外辐射，这个条件通常是满足的，因为 l_0 通常为 1mm~1cm。

由衍射理论知道，尺度 l 的湍涡对波长 λ 的光波衍射在距离 L 处的图案的光斑尺度约为 $\lambda L/l$。如果此光斑尺度远小于湍涡本身尺度，则湍涡起到聚焦或散焦的作用，其成像过程可以用几何光学来分析，反之湍涡起不到聚焦或散焦的作用，成像过程只能用波动光学来分析。衍射光斑尺度 $\lambda L/l$ 与湍涡尺度 l 相仿时一般称其为 Fresnel 尺度，即

$$l_{\text{Fr}} = \sqrt{L\lambda} \tag{8.1.19}$$

因此 l_{Fr} 在光传播分析中是一个重要的尺度参量。各种尺度湍涡的贡献以及波动光学、几何光学的适用范围如图 8.1.5 和图 8.1.6 所示。当传播条件使得 $l_{\text{Fr}} > L_0$

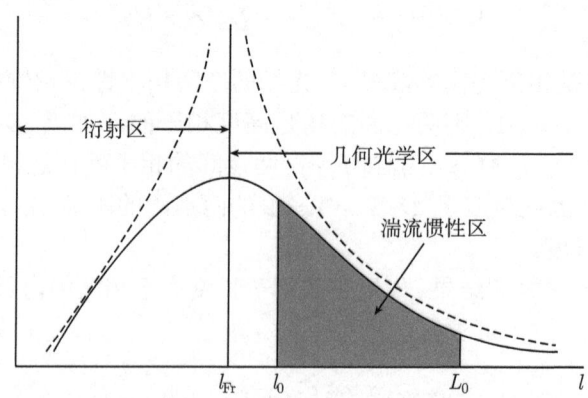

图 8.1.5 各种尺度湍涡的贡献以及波动光学、几何光学的适用范围：Fresnel 尺度小于湍流内尺度的情况

时, 所有湍涡的透镜作用都不能用几何光学来处理。在这种情况下, 难以运用几何光学方法进行直观地定性分析。

当传播条件使得 $l_{Fr} < l_0$ 时, 所有湍涡的透镜作用都可以用几何光学来处理。湍涡尺度越小, 其透镜作用越强。因此, 在这种情况下, 具有内尺度 l_0 的最小湍涡起着关键作用, 如图 8.1.5 所示。

当传播条件使得 $l_0 < l_{Fr} < L_0$ 时, 只有尺度 $l > l_{Fr}$ 的湍涡的透镜作用才可以用几何光学来处理, 只有它们才引起光强的明显变化。因此, 在这种情况下, 具有 Fresnel 尺度 l_{Fr} 的湍涡起着关键作用, 如图 8.1.6 所示。

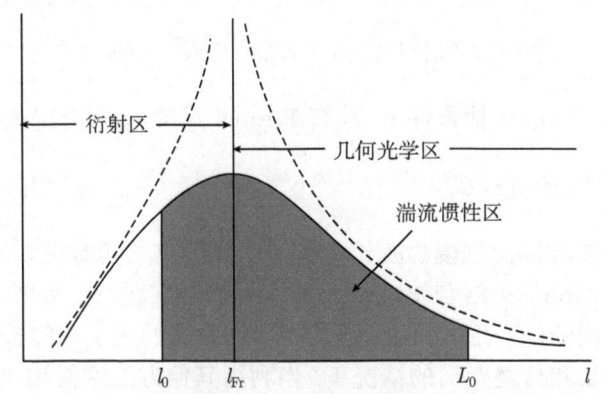

图 8.1.6　各种尺度湍涡的贡献以及波动光学、几何光学的适用范围: Fresnel 尺度位于湍流惯性区的情况

尺度 l 的湍涡对光波的汇聚作用如图 8.1.7 所示, 这里只考虑正透镜的情况。

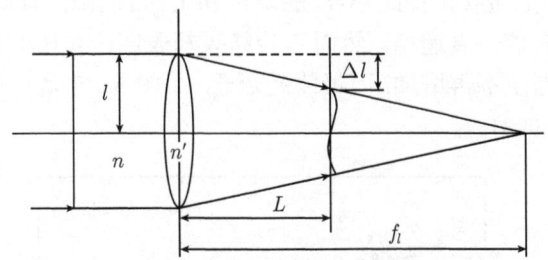

图 8.1.7　湍涡透镜的汇聚作用

光线在观测平面 L 处汇聚, 光线横截面积的尺度变化为

$$\Delta l = lL/f_l = L\Delta n(l) \tag{8.1.20}$$

根据能量守恒, $Il^2 = \text{const}$。于是

$$\frac{\Delta I_l}{I} = -2\frac{\Delta l}{l} \propto L\frac{\Delta n(l)}{l} \tag{8.1.21}$$

因为 $\langle \Delta n \rangle = 0$, 所以 $\langle \Delta I_l / I \rangle = 0$, 湍涡透镜引起的归一化光强起伏方差

$$\frac{\langle (\Delta I_l)^2 \rangle}{I^2} \propto L^2 \frac{\langle \Delta n^2(l) \rangle}{l^2} = L^2 \frac{D_n(l)}{l^2} \tag{8.1.22}$$

所有具有相同尺度的湍涡透镜引起的总的归一化光强起伏方差 (闪烁指数)

$$\beta_{\mathrm{I}}^2 = \frac{\langle (\Delta I)^2 \rangle}{I^2} = N_l \frac{\langle (\Delta I_l)^2 \rangle}{I^2} \propto \left(\frac{L}{l}\right) L^2 \frac{D_n(l)}{l^2} = \left(\frac{L}{l}\right)^3 D_n(l) \tag{8.1.23}$$

在 $l_{\mathrm{Fr}} < l_0$ 的传播条件下, 具有内尺度 l_0 的湍涡起主要作用, 此时

$$\beta_{\mathrm{I}}^2 \propto (L/l_0)^3 D_n(l_0) = C_n^2 l_0^{-7/3} L^3, \quad l_{\mathrm{Fr}} < l_0 \tag{8.1.24}$$

在 $l_0 < l_{\mathrm{Fr}} < L_0$ 的传播条件下, 具有 Fresnel 尺度 l_{Fr} 的湍涡起主要作用, 此时

$$\beta_{\mathrm{I}}^2 \propto (L/l_{\mathrm{Fr}})^3 D_n(l_{\mathrm{Fr}}) = C_n^2 \lambda^{-7/6} L^{11/6} \propto C_n^2 k^{7/6} L^{11/6}, \quad l_0 < l_{\mathrm{Fr}} < L_0 \tag{8.1.25}$$

光强起伏方差与湍流强度、波长和传播距离的这种函数关系是弱起伏条件下最重要的结果。Tatarskii 结合 Kolmogorov 湍流谱和 Rytov 近似方法获得的定量结果具有完全相同的函数形式, 闪烁强度与传播距离的关系和实验结果完全符合。

在给定的波长和传播距离的情况下, 当利用其他方法测得湍流强度时, 一般用式 (8.1.25) 来描述传播条件, 此时称其为 Rytov 指数, 为区别起见, 写作 β_0^2

$$\beta_0^2 = 1.23 C_n^2 k^{7/3} L^{11/6} \tag{8.1.26}$$

根据式 (8.1.25), 随着传播距离 L 的增加和 C_n^2 的增大, 即随着 Rytov 指数的增大, 起伏方差也应该一直递增。然而实验结果却表明, 当 Rytov 指数增大到一定数值, 光强起伏方差便不再增加, 而最终趋近于 1。图 8.1.8 是一次典型的实验结果 (Consortini et al., 1993)。

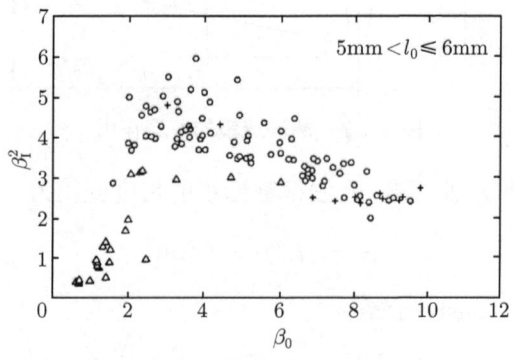

图 8.1.8 光强起伏的饱和现象

8.1 湍流大气光传播的定性分析

图 8.1.8 中左右两个明显有区别的传播区域分别称其为弱起伏区域和强起伏区域。在弱起伏区域, 实验结果和分析结果符合得很好, 而在强起伏区域却完全不符。定性分析结果不适合强起伏传播条件的原因在于, 在湍涡的透镜假设中, $f_l \gg L$ 不再成立。由于 $f_l = l/\Delta n$, 如果 C_n^2 (或 Δn) 一定, 当 L 增大, 便可达到 $f_l < L$。同样, 当 L 一定时, C_n^2 增大, 也会使得 $f_l < L$。

通过简单的推导可以发现, 在 $l_0 < l_{\text{Fr}} < L_0$ 的传播条件下, 光强起伏方差 (式 (8.1.25)) 可以表示为 Fresnel 尺度 l_{Fr} 和空间相干长度 ρ_0 的函数

$$\beta_{\text{I}}^2 \propto (l_{\text{Fr}}/\rho_0)^{5/3} \propto (\rho_0/l_{\text{Fr}})^{-5/3} \tag{8.1.27}$$

这说明光强起伏与 Fresnel 尺度 l_{Fr} 和空间相干长度 ρ_0 密切相关。因此, 要从物理本质上了解光强起伏饱和现象, 应同时考虑这两种尺度的影响。

在一定的湍流强度下, 随着传播距离的增加, Fresnel 尺度 l_{Fr} 增大, 而空间相干长度 ρ_0 却减小, 如图 8.1.9 所示。如果 $\rho_0 > l_{\text{Fr}}$, 则在湍涡的透镜假设中, 当入射光波在一个 Fresnel 尺度的湍涡的截面内是相干的平面波, 观测平面内的 Fresnel 光斑也是相干的, 即 Fresnel 尺度的湍涡的散射是相干散射。故定性分析的结果是合理的。因此满足 $\rho_0 > l_{\text{Fr}}$ 的传播条件就是弱起伏传播条件。如图 8.1.10 所示。反之, 如果 $\rho_0 < l_{\text{Fr}}$, 则在湍涡的透镜假设中, 当入射光波在一个 Fresnel 尺度的湍涡

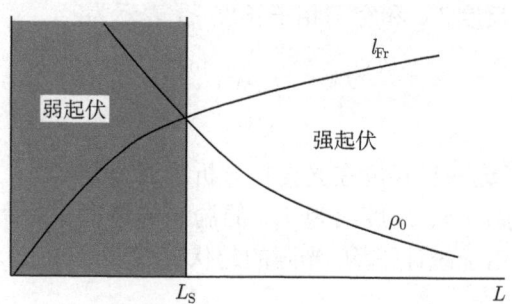

图 8.1.9 Fresnel 尺度 l_{Fr} 和空间相干长度 ρ_0 随传播距离的变化

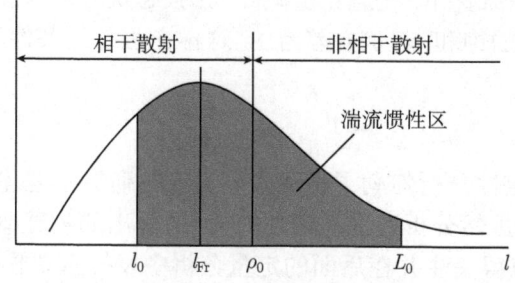

图 8.1.10 空间相干长度 ρ_0 大于 Fresnel 尺度: 相干散射情况

的截面内是相干的平面波，观测平面内的 Fresnel 光斑尺度内却包含多个不相干的光斑，即 Fresnel 尺度的湍涡的散射是非相干散射。在透镜假设下按 Fresnel 尺度进行的分析就不再成立，这种情况就是强起伏传播条件。如图 8.1.11 所示。

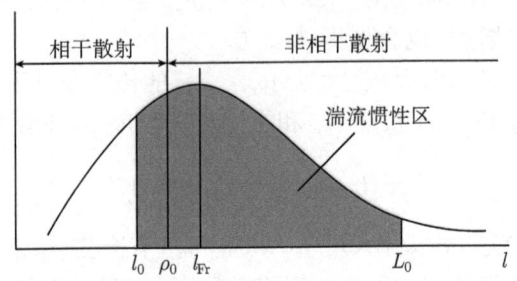

图 8.1.11　Fresnel 尺度大于空间相干长度 ρ_0：非相干散射情况

因此空间相干长度 ρ_0 与 Fresnel 尺度 l_{Fr} 相仿的情况恰当地区分了弱起伏和强起伏传播条件，我们可以用 $l_{\mathrm{Fr}} = \rho_0$ 即 $\mathrm{const} \cdot (C_n^2 k^2 L)^{-3/5} = \sqrt{L\lambda} = \sqrt{2\pi L/k}$ 来界定这两种传播条件，此时对应的传播距离可称为饱和距离 L_{S}，而

$$L_{\mathrm{S}} \sim C_n^{2-6/11} k^{-7/11} \tag{8.1.28}$$

它可用 Fresnel 尺度 l_{Fr} 和空间相干长度 ρ_0 表示为

$$\frac{L_{\mathrm{S}}}{L} = \left(\frac{\rho_0}{l_{\mathrm{Fr}}}\right)^{10/11} \tag{8.1.29}$$

这个公式再次显示了这两种尺度在光传播分析中的重要性。

在强起伏传播条件下，尺度约为 l_{Fr} 的湍涡的透镜作用所产生的光斑破碎为 $(l_{\mathrm{Fr}}/\rho_0)^2$ 个小光斑，由于统计平均，光强的起伏方差要降低 $(l_{\mathrm{Fr}}/\rho_0)^2$ 倍，所以有

$$\beta^2 \propto (L/l_{\mathrm{Fr}})^3 D_n(l_{\mathrm{Fr}})/(l_{\mathrm{Fr}}/\rho_0)^2 = \beta_0^2/(l_{\mathrm{Fr}}/\rho_0)^2 \propto (\beta_0^2)^{-1/5} \tag{8.1.30}$$

而在极强的起伏条件下，光斑完全破碎，光强起伏方差与湍流强度和传播距离无关，从而达到完全的饱和，起伏方差为 1。这样在强起伏条件下，光强起伏方差可以表示为

$$\beta^2 = 1 + \mathrm{const} \cdot (\beta_0^2)^{-1/5} \tag{8.1.31}$$

以上启发式的定性分析勾勒了湍流大气光传播研究的基本物理概念和主要研究内容的大致轮廓，虽然分析过程是定性的，但所引出的物理概念和定性结果却是非常重要的。特别值得关注并在后面的定量分析中发挥重要作用的参量是：① 反映湍流最小不均匀尺度的湍流内尺度 l_0；② 反映光传播几何特征的 Fresnel 尺度

l_{Fr}；③ 反映湍流降低光波相干性的空间相干长度 ρ_0；④ 界定强、弱起伏条件的饱和距离 L_S；⑤ 反映光传播起伏条件的 Rytov 指数 β_0^2。

在所有的光传播问题中，任何分析结果都只能在一定的条件下才成立，这些条件都是由上述几个尺度参数和 Rytov 指数来表达的。

8.2 抛物型方程和光传播的数值模拟

8.2.1 抛物型方程

随机介质中光传播的数值模拟从光的传播方程出发。在折射率为 n 的介质中传播的单色波长为 λ（波数 $k = 2\pi/\lambda$）的电磁波的电场 $\boldsymbol{E}$ 由 Maxwell 波动方程来描述

$$\nabla^2 \boldsymbol{E} + k^2 n^2 \boldsymbol{E} + 2\nabla(\boldsymbol{E} \cdot \nabla \ln n) = 0 \tag{8.2.1}$$

Maxwell 方程左端最后一项反映了偏振特性，对于大气中的光传播，$\lambda \ll l_0$，此项可以忽略不计。于是有

$$\nabla^2 \boldsymbol{E} + k^2 n^2 \boldsymbol{E} = 0 \tag{8.2.2}$$

则电场 $\boldsymbol{E}$ 的任一分量 E 的标量波动方程为

$$\nabla^2 E + k^2 n^2 E = 0 \tag{8.2.3}$$

如果介质非均匀尺度远大于光波长，则可认为只存在前向小角散射而没有后向散射，则沿 z 方向的传播问题可进行傍轴近似。此时，如将光场表示为 $E = u\mathrm{e}^{\mathrm{i}kz}$，则得到

$$\frac{\partial^2 u}{\partial^2 z} + \nabla_\perp^2 u + 2\mathrm{i}k\frac{\partial u}{\partial z} + k^2(n^2 - 1)u = 0 \tag{8.2.4}$$

式中，$\nabla_\perp^2 = \partial^2/\partial^2 x + \partial^2/\partial^2 y$。式 (8.2.4) 可写为

$$\left(\frac{\partial}{\partial z} + \mathrm{i}k + \mathrm{i}kQ\right)\left(\frac{\partial}{\partial z} + \mathrm{i}k - \mathrm{i}kQ\right)u + \mathrm{i}k\left[Q, \frac{\partial}{\partial z}\right]u = 0 \tag{8.2.5}$$

式中，$Q = \sqrt{1 + k^{-2}\nabla_\perp^2 + (n^2 - 1)}$。如果 n 的距离依赖性弱，则交换算子项可以被忽略。当只考虑前向散射时，则可得到广义抛物型方程

$$\frac{\partial u}{\partial z} = \mathrm{i}k(Q - 1)u \tag{8.2.6}$$

这个方程可由步进方法求解，即从 $u(z)$ 解 $u(z + \delta z)$。而算子 Q 是另一个算子的平方根，不同的近似方法可获得具有不同近似程度的抛物型方程 (Martin, 1992)。常用的分步 (split-step) 方法将对场的求导项和有关介质折射率的项进行相加性分离。算子 Q 的最简单近似是它的 Taylor 展式

$$Q = 1 + \frac{1}{2k^2}\nabla_\perp^2 + \frac{1}{2}(n^2 - 1) \tag{8.2.7a}$$

若 $n \approx 1$，此时可将折射率表示为 $n = 1 + n_1$，则式 (8.2.7a) 进一步近似为

$$Q = 1 + \frac{1}{2k^2}\nabla_\perp^2 + n_1 \tag{8.2.7b}$$

此时对应于所谓的标准抛物型方程

$$\frac{\partial u}{\partial z} = \frac{\mathrm{i}}{2k}\nabla_\perp^2 u + \mathrm{i}kn_1 u \tag{8.2.8}$$

或写成下列形式：

$$2\mathrm{i}k\frac{\partial u}{\partial z} + \frac{\partial^2 u}{\partial x^2} + \frac{\partial^2 u}{\partial y^2} + 2k^2 n_1 u = 0 \tag{8.2.9}$$

这个方程是随机介质中光传播数值模拟和理论研究的出发点。

8.2.2 多层相位屏数值模拟

在湍流介质光传播研究的历史进程中，数值模拟方法引入较晚，而近年越来越受到重视，并发挥了越来越重要的作用。由于数值模拟方法从光的传播过程出发，能清晰地反映这个研究问题的数学和物理图像，首先阐述这种方法更易于理解。我们将详细介绍数值模拟的物理思想、数学实现的方法，特别对相位屏的构造、计算网格参数的选取、有关数值问题以及各种特殊波型的坐标变换处理等作详尽的讨论。最后强调一点，在进行数值模拟光场中，一定要认真选取计算网格参数和对模拟结果进行检验。

对于真空中的光传播，式 (8.2.8) 右边与折射率有关的项为零，仅存场的导数项，对于位于空间位置 (x', y', z') 的点光源的在空间位置 (x, y, z) 的解为 Green 函数

$$u(x, y, z) = \frac{u(x', y', z')}{z - z'}\exp\left[-\mathrm{i}k\frac{(x-x')^2 + (y-y')^2}{2|z-z'|}\right] \tag{8.2.10}$$

如果不考虑真空传播，而只考虑介质折射率起伏的作用，则在式 (8.2.8) 右边只需保留与折射率有关的第二项，则方程的解对应于在光的传播方向上积分光学路径导致的相位调制

$$u(\boldsymbol{r}, z) = u(\boldsymbol{r}, z')\exp\left[\mathrm{i}k\int_{z'}^{z}n_1(\boldsymbol{r}, \zeta)\mathrm{d}\zeta\right] = u(\boldsymbol{r}, z')\mathrm{e}^{\mathrm{i}S} \tag{8.2.11}$$

如果介质折射率起伏引起的相位变化 S 足够小，则我们可以把真空传播和介质相位调制看成是相互独立并同时完成的两个过程。这样我们就可以将连续的随机介质分割为一系列厚度为 Δz 的平行平板，位于平板的前表面的光场根据式 (8.2.10) 传播至平板的后表面，然后被该平板引起的相位调制形成最终的光场；这个场再经同样的真空传播和相位调制传播到下一个平板的后一面；依次进行下去，如图 8.2.1 所示。这样，在连续介质中的传播就相当于在真空中放置了一系列无限薄的相位屏，

该相位屏位于平板的后表面。用这种多层相位屏代替连续随机介质的方法构成了光传播数值模拟的数学物理基础。

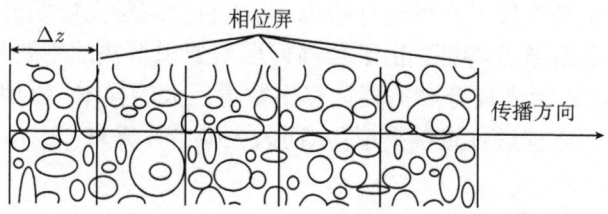

图 8.2.1　连续随机介质中光传播的多层相位屏模型

根据上述传播过程的分析，在传播方向上从 $z=z_{i-1}$ 的平面经过厚度为 Δz 的平行平板到达 $z_i = z_{i-1} + \Delta z$ 的平面的解，最终可通过综合传播距离为 Δz 的真空传播和相位屏的相位调制

$$S(\boldsymbol{r}, z_i) = k \int_{z_{i-1}}^{z_i} n_1(\boldsymbol{r}, z) \mathrm{d}z \tag{8.2.12}$$

两者得到，从式 (8.2.8) 有

$$u(\boldsymbol{r}, z_i) \cong \exp\left[\frac{\mathrm{i}}{2k}\int_{z_{i-1}}^{z_i}\nabla_\perp^2 \mathrm{d}z\right] \cdot \exp[\mathrm{i}S(\boldsymbol{r}, z_i)]u(\boldsymbol{r}, z_{i-1}) \tag{8.2.13}$$

由于 $S(\boldsymbol{r}, z_i)$ 的随机特性，不可能使用解析的方法获得式 (8.2.13) 的解，而只能利用数值方法，常用的有差分法和 Fourier 变换法。目前在光传播数值计算领域广泛使用的是后者。对式 (8.2.13) 作 Fourier 变换有

$$\begin{aligned}F[u(\boldsymbol{r}, z_i)] &= F\left\{\exp\left[\frac{\mathrm{i}}{2k}\int_{z_{i-1}}^{z_i}\nabla_\perp^2 \mathrm{d}z\right]\right\} \cdot F[\mathrm{e}^{\mathrm{i}S(\boldsymbol{r}, z_i)}u(\boldsymbol{r}, z_{i-1})] \\ &= \exp\left[-\frac{\mathrm{i}\Delta z}{2k}(K_x^2 + K_y^2)\right] \cdot F[\mathrm{e}^{\mathrm{i}S(\boldsymbol{r}, z_i)}u(\boldsymbol{r}, z_{i-1})]\end{aligned} \tag{8.2.14}$$

式中，K_x^2 和 K_y^2 为空间波数。进行 Fourier 反变换可得

$$u(\boldsymbol{r}, z_i) = F^{-1}\left\{\exp\left[-\frac{\mathrm{i}\Delta z}{2k}(K_x^2 + K_y^2)\right] \cdot F[\mathrm{e}^{\mathrm{i}S(\boldsymbol{r}, z_i)}u(\boldsymbol{r}, z_{i-1})]\right\} \tag{8.2.15}$$

已证实这种多层相位屏分析方法等同于光传播的路径积分的离散解。因而当 Δz 足够小而且采用合适的网格，则结果是严格的。

在大量的文献中，阐述相位屏问题时，一般都是将相位屏的具体位置放置在它所代表的那片介质平板的中间。从式 (8.2.15) 可以看出，在求解过程中，相位屏的具体位置不起任何作用，作为物理图像的显示，任何特定的位置也都不具备特有的

优越性。在本书中，我们将相位屏放置在平板的后表面，也只是为了解释求解过程的方便而已。

数值模拟方法是直接对光场进行模拟，可以直接求解光场的分布特征，根据光场分布可以获得各种统计特征。由于传播问题所要求解决的主要是各种光学参量的统计特性，直接求解光场分布需要计算出数量巨大的样本，以便进行统计分析。也可以根据统计矩方程进行直接模拟，从而大大减少计算量 (Spivack and Uscinski, 1989; Uscinski, 1992)。

8.2.3 湍流相位屏的构造

数值模拟的一个重要的核心问题就是构造合适的相位屏，以正确地反映折射率变化特性。一个相位屏所代表的平板的厚度 Δz 应足够小，这样真空传播的距离因素可以用 Δz 的积代替积分，同时该相位屏引起的相位足够小，对场的振幅没有明显的影响而只影响相位，即 $k\sigma_n \Delta Z \ll 1$，所以

$$\Delta Z \ll \lambda/\sigma_n \tag{8.2.16}$$

式中，σ_n^2 为折射率 n 起伏的均方差。

另外，相邻的相位屏应相互统计独立，以保证光场特性不依赖于相位屏的具体的构造方法。为做到这一点，应要求平板厚度大于湍流介质的所有非均匀元尺度，即

$$\Delta Z > L_0 \tag{8.2.17}$$

式中，L_0 为湍流外尺度。

此外，从式 (8.2.13) 可以看出，我们在进行真空传播因子的 Fourier 变换时，以一个相位屏所代表的平板的厚度 Δz 代替了在整个平板厚度的积分，这个近似的前提是在这个平板内的传播满足几何光学近似。从 8.1 节的分析我们知道，此时要求 Fresnel 尺度 l_{Fr} 小于湍流内尺度 l_0，则有

$$\Delta Z < l_0^2/\lambda \tag{8.2.18}$$

目前常用的构造相位屏的方法是利用湍流空间谱模型产生相空间随机场，并进行 Fourier 变换获得二维相位的空间分布。一个相位屏内相位相关函数与该相位屏所代表的平板内的折射率的相关函数的关系为

$$B_S(\boldsymbol{\rho}_1 - \boldsymbol{\rho}_2) = k^2 \Delta z B_n(\boldsymbol{\rho}_1 - \boldsymbol{\rho}_2)$$
$$= 2\pi k^2 \Delta z \int_{-\infty}^{\infty}\!\!\int \Phi_n(\boldsymbol{K}, K_z = 0) e^{i\boldsymbol{K}\cdot(\boldsymbol{\rho}_1-\boldsymbol{\rho}_2)} d^2\boldsymbol{K} \tag{8.2.19}$$

由相位相关函数和二维空间谱密度的关系

$$B_S(\boldsymbol{\rho}_1 - \boldsymbol{\rho}_2) = \int_{-\infty}^{\infty}\!\!\int F_S(\boldsymbol{K}) e^{i\boldsymbol{K}\cdot(\boldsymbol{\rho}_1-\boldsymbol{\rho}_2)} d^2\boldsymbol{K} \tag{8.2.20}$$

8.2 抛物型方程和光传播的数值模拟

可得相位 S 的二维频谱与湍流折射率的空间密度谱的关系为

$$F_S(K_x, K_y, z) = 2\pi k^2 \Delta z \Phi_n(K_x, K_y, K_z = 0, z) \tag{8.2.21}$$

根据相位 S 的二维频谱，我们可以在相空间构造一个二维复随机场

$$\tilde{S}(K_x, K_y) = a_R \sqrt{F_S(K_x, K_y)} \tag{8.2.22}$$

$$a_R = A_R + iB_R \tag{8.2.23}$$

式中，A_R、B_R 为实部、虚部均值皆为 0、方差为 1 的随机数。将此相空间的二维复随机场进行 Fourier 变换即可获得一个二维的随机相位场

$$S(x, y) = \int_{-\infty}^{\infty}\int \tilde{S}(K_x, K_y) e^{i\boldsymbol{K}\cdot\boldsymbol{r}} d\boldsymbol{K} \tag{8.2.24}$$

显然这样构造的相位场是一个实部和虚部皆满足空间谱分布的随机场，由于实际的相位是实数，通过式 (8.2.24) 构造的复随机场的实部或虚部都可以选作相位场。又因为实部和虚部是相互独立的，我们可以把一次产生的复随机场的实部和虚部作为两个相位屏 (Knepp, 1983)。

式 (8.2.21)~ 式 (8.2.24) 是连续空间的变换形式，而在数值模拟中需要产生离散的随机场，相应地需要采用离散 Fourier 变换。为说明问题，相位屏的网格结构如图 8.2.2 所示。设整个相位屏的长、宽相等，分为 $N \times N$ 个正方形网格，每个网格的宽度为 Δx。则由抽样定理可知，相应的相空间的波数间隔为 $\Delta K = 2\pi/(N\Delta x)$；相应的相空间的波数为 $K_x = 0, \pm\Delta K, \pm 2\Delta K, \cdots, \pm(N/2-1)\Delta K, \pm(N/2)\Delta K$；最小波数为 $K_{\min} = \Delta K = 2\pi/(N\Delta x)$；最大波数为 Nyquist 临界频率 $K_{\max} = N\Delta K/2 = \pi/\Delta x$。

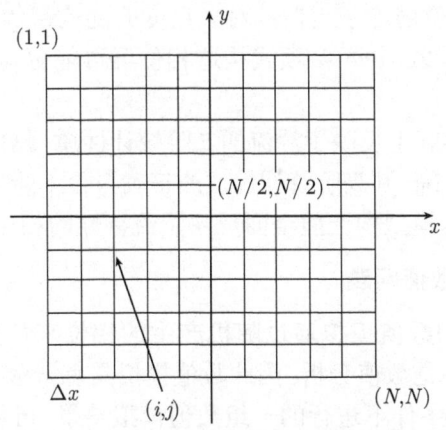

图 8.2.2　相位屏模拟网格示意图

相空间的离散的二维复随机场为

$$\tilde{S}(p\Delta K, q\Delta K) = a_\text{R} \sqrt{F_S(p\Delta K, q\Delta K)} \cdot \Delta K \tag{8.2.25}$$

对式 (8.2.25) 进行 FFT 即可得到实空间的相位分布

$$S(p\Delta x, q\Delta x) = \sum_{m=0}^{N-1} \sum_{n=0}^{N-1} \tilde{S}(m\Delta K, n\Delta K) \exp[2\pi i(mp + nq)/N] \tag{8.2.26}$$

注意各种 FFT 计算程序对数据的排序可能有不同的规则, 在使用这些程序时一定要搞清排序情况, 正确地得到各种空间频谱上的函数值 (Press et al., 1996)。

由于快速 Fourier 变换 FFT 的周期性, 利用这种方法产生的相位屏也是周期性的, 因此, 对大尺度的湍流起伏的模拟会不可避免地带来误差。为了克服这种误差, Frehlich 采用一种添加随机谐波分量的方法, 以去除相位屏的周期性, 对平面波的模拟证实了这种方法的精确性 (Frehlich, 2000)。

当我们需要用数值模拟方法研究光传播的动态变化特征时, 需要在数值程序中加入时间变量, 在光源特性不随时间变化的情况下, 传播问题的时间变化就仅仅体现在相位屏的时间变化上。一般有两种方法来构造随时间变化的相位屏。一是根据 Taylor 冻结假设, 构造很大的相位屏, 随时间进行平移 (Jakobson, 1996)。另一种方法则是根据 Fourier 变换的平移特性, 在利用 Fourier 方法构造相位屏时直接将时间变化特征加进去 (Lukin and Fortes, 2002)。此时式 (8.2.25) 表示的静态相位屏变为

$$\tilde{S}(p\Delta K, q\Delta K) = a_\text{R} \sqrt{F_S(p\Delta K, q\Delta K)} \cdot \Delta K \cdot \exp[i\Delta K t(pV_x + qV_y)] \tag{8.2.27}$$

式中, V_x、V_y 为风速在两个方向上的分量。

利用 FFT 产生相位屏除了周期性对大尺度的湍流起伏的模拟有影响外, 一般要耗费一定的时间, 从 Zernike 多项式构造相位屏可能更为简单和快捷 (Roddier, 1990)。

湍流空间谱密度实际上反映了湍流的二阶统计性质, 据此构造的湍流介质的统计性质也只在二阶上正确, 其高阶统计性质的正确与否不能确定。为解决这个问题, 则必须依据湍流间歇性模型构造能全面反映湍流特性的相位屏。

8.2.4 光传播模拟的数值问题

湍流大气光传播的数值模拟通过随机产生的相位来计算最终的光场, 这实际更接近于数值实验而不是数值分析, 因此数值模拟具有一些突出的优点。主要表现在: 在一定的传播参数条件下进行的一组数值模拟结果, 可供我们对所需要的光场的各种统计特征进行分析; 当实际的实验结果与理论预期结果不符时, 我们可以用

数值模拟结果来进行检验；实际大气状态时刻在改变，大气中的实验结果难以做到系综平均，而数值模拟可以按要求产生足够多的样本数。

数值模拟的这些优越性建立在数值模拟结果的可靠性上。数值模拟的误差主要来源于计算方法本身，因此，我们在着手进行数值模拟的时候，必须对有关的数值计算问题有清醒的认识，主要体现在数值计算参数的选取和数值计算结果的检验上。

我们在 8.1 节已经对相位屏间距的要求进行了分析，式 (8.2.16)~ 式 (8.2.18) 给出了明确的要求。下面我们再根据湍流介质的特性、光传播的起伏特性等对计算网格的大小、密度、相位屏间距等进行详细的分析。

为了全面反映介质的特性，一个合适的相位屏的尺度应大于湍流外尺度，至少有 5~10 倍外尺度的大小 (Knepp, 1983)，即

$$N\Delta x \geqslant 5L_0 \tag{8.2.28}$$

而网格的间距应比湍流内尺度小数倍，一般取

$$\Delta x \leqslant l_0/3 \tag{8.2.29}$$

如仅从湍流介质的角度来看，网格数目的需求为

$$N \geqslant 15L_0/l_0 \tag{8.2.30}$$

从实际大气湍流的参数来看，外尺度在 1m 或 10m 的量级，内尺度在 1mm 或 1cm 的量级，则 $N \approx 1500$ 或更大。

另外，为了正确地以离散的相位屏代替连续相位，要满足 Nyquist 抽样定理，使相邻网格节点上的相位差满足

$$|S(i,j) - S(i-1,j)| < \pi, \quad |S(i,j) - S(i,j-1)| < \pi \tag{8.2.31}$$

在相位屏之间的真空传播的求解也是在 Fourier 频域进行的，也要遵从 Nyquist 抽样定理，根据式 (8.2.14)，在相邻频率上计算的相位差也要满足

$$\left[(K_i^2 - K_{i-1}^2)\Delta z/2k\right]_{\max} < \pi \tag{8.2.32}$$

即

$$\begin{cases} (N-1)(\Delta K)^2 \Delta z/2k < \pi \\ \sqrt{\lambda \Delta z} < N\Delta x/\sqrt{N} \\ \sqrt{\lambda L} < N\Delta x/\sqrt{N/N_z} \end{cases} \tag{8.2.33}$$

在光波从一个相位屏传播到下一个相位屏的过程中，由于介质的随机散射作用，能量会逸出计算网格。逸出的能量并未消失，而从相对的一面回到网格中。随

着传播距离的增加,这种计算网格边界效应会越来越明显,为使传播结果正确可靠,必须加以抑制。在整个光程的传播中,由大气湍流引起的散射角约为 λ/ρ_0,所以观测平面上的散射斑尺度约为 $\lambda L/\rho_0$,因此要求计算网格的长度应大于散射斑尺度

$$N\Delta x > \lambda L/\rho_0 \tag{8.2.34}$$

常选用的方法是在靠近网格边界的地方设置"防护墙",当有能量逸出防护墙即强迫其为零。

以上我们是根据数值计算的抽样定理要求对计算网格大小和密度以及相位屏间距提出的要求。从整个传播过程也要对计算网格的尺度提出要求,这主要以观测平面内光场的特征尺度来考虑,它包括 Fresnel 尺度、相干长度、散射斑尺度 $\lambda L/\rho_0$。在弱起伏条件下,最大的空间频率由 Fresnel 尺度决定

$$K_{\max} > 1/\sqrt{\lambda L} \tag{8.2.35}$$

即

$$\Delta x < \sqrt{\lambda L} \tag{8.2.36}$$

在强起伏条件下,最大的空间频率由相干长度决定

$$K_{\max} > 1/\rho_0 \tag{8.2.37}$$

即

$$\Delta x < \rho_0 \tag{8.2.38}$$

此外,在大量的实际光传播问题中,光是在空间一定的尺度范围内,若光源的特征直径(光学系统的出射口径、Gauss 激光束的光腰直径等)为 D,则计算网格的长度应为 D 的数倍

$$N\Delta x > 2D \tag{8.2.39}$$

此外,尚有根据光强起伏特性确定相位屏间距的经验条件,要求归一化方差满足 (Martin and Flatte, 1988)

$$\beta_I^2(\Delta Z) < 0.1 \tag{8.2.40}$$

$$\beta_I^2(\Delta Z) < 0.1\beta_I^2(L) \tag{8.2.41}$$

综上所述,光源特性、湍流介质特性、数值计算抽样原则、光传播效应等各个方面对数值模拟的每一个计算网格参数都有多种要求。因此,我们必须进行全面的考虑,从计算精度和所能承受的计算条件两方面做出合理的选择。其中最关键的要满足式 (8.2.33)、式 (8.2.34) 和式 (8.2.40)。

选择了数值计算参数后,还需要对数值模拟的结果进行检验,主要从两个方面来进行。一方面应对给定的波型进行真空传播的计算,由于平面波、球面波的传播

和孔径衍射以及 Gauss 光束的真空传播有严格的理论结果, 我们可以将数值模拟结果 (主要是每个计算网格点上的光强) 与理论结果比较, 达到一定的精度才能进行湍流介质中的计算 (作者通常以最大误差低于 3%, 均方根误差低于 1% 为标准)。这种检验主要是检验光传播求解和数值计算方法的可靠性。另一方面以弱起伏条件下的传播问题进行检验, 获得光强起伏方差, 与理论结果比较, 这主要是检验构造的相位屏的可靠性。在这两方面的检验通过后, 就可以真正开始进行数值模拟了。

8.2.5 平面波、球面波、Gauss 光束和非理想波型的模拟

8.2.4 节对计算网格参数要求的分析, 主要建立在平面波和准直的有限光束的基础上。而实际的传播问题涉及各种具体的波型, 对于那些和平面波或准直光束传播特性差异较大的波型, 仅仅按照 8.1 节提出的参数是不行的, 例如, 对球面波或聚焦光束的传播问题, 点光源或焦点附近的光场占据的空间是非常小的, 无论是从发射平面或是观测平面考虑选定的计算网格参数都是不合适的。因此, 对于各种特殊波型的模拟必须针对其特点采取特殊的处理方法。在本节中, 我们针对几种常见的波型, 包括平面波、球面波或聚焦光束、Gauss 光束和非理想相干光源的传播问题加以分别讨论。

对于发散的球面波或聚焦光束, 有效光场所占据的空间截面随着传播距离的增加而显著变化, 为了精确模拟焦平面附近的光强分布, 要求计算网格数足够大, 从而导致不现实的巨大计算量。因此, 对这种波型的问题, 出现了几种不同的处理方法。一种针对点光源球面波的处理方法是把束腰半径很小 (小于 Fresnel 长度) 的 Gauss 光束当做球面波, 初始传播位置位于光腰前方一定距离处, 这样光腰平面内有效的光斑面积内的网格数较小, 使得光强分布不再是 Gauss 分布而呈现平顶分布的形状 (Martin and Flatte, 1990)。随着传播距离的增加, 有效光斑面积接近网格边界, 为克服边界效应, 而在防护墙之外的网格上给光场添加一个确定的虚相位 (相对于给介质折射率加上虚部)

$$\Delta S(i,j) = \begin{cases} -\mathrm{i}a_1\exp\left[-a_2\left((i-N/2)^2+(j-N/2)^2\right)\right], & [i/(N/2)-1]^2+[j/(N/2)-1]^2 < 1 \\ -\mathrm{i}a_1, & [i/(N/2)-1]^2+[j/(N/2)-1]^2 > 1 \end{cases}$$
(8.2.42)

可以通过调节参数 a_1、a_2 的大小来得到所需要的吸收强度和区域范围。

当我们处理湍流大气中非相干成像问题时, 源图像相当于非相干的球面波点源的集合, 这就需要用到球面波传播, 可用上述方法处理, 也可采用将超出计算网格缓冲区的光场置为零的办法 (王英俭和吴毅, 1998), 相当于很大的参数 a_1。

另一种常见的处理球面波的方法是采用发散的球坐标 (Rubio et al., 1999), 球坐标 (r, θ, ϕ) 下 $x = r\theta$, $y = r\phi$, r 为传播方向坐标, $\theta, \phi \ll 1$, 这样使得光传播过程

中每一个相位屏上的计算网格对应于相等的球面张角。对应于一块厚度为 Δr 的弧形板的相位屏置放在 $r_i = i\Delta r$ 处，其相位为

$$S(\boldsymbol{r}, r_i) = k \int_{r_{i-1}}^{r_i} [n(r, \theta, \phi) - 1] \mathrm{d}r \tag{8.2.43}$$

这种处理方法的示意图如图 8.2.3 所示。

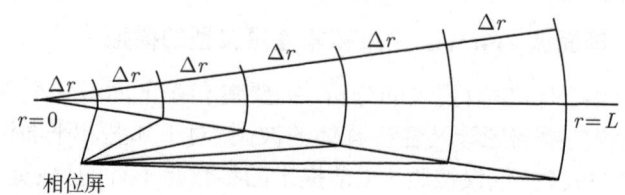

图 8.2.3　球面波的传播和球坐标下的相位屏示意图

球坐标下对应于式 (8.2.8) 的标准抛物型方程为

$$\frac{\partial u}{\partial r} = \frac{\mathrm{i}}{2kr^2} \nabla_\perp^2 u + \mathrm{i}kn_1 u \tag{8.2.44}$$

在传播方向上从 r_{i-1} 经过厚度为 Δr 的弧形板到达 $r_i = r_{i-1} + \Delta r$ 的球面的解为

$$u(r_i, \theta, \phi) \cong \exp\left[\frac{\mathrm{i}\Delta r}{2kr_i r_{i-1}} \nabla_\perp^2\right] \cdot \exp[\mathrm{i}S(r_i, \theta, \phi)] u(r_{i-1}, \theta, \phi) \tag{8.2.45}$$

在构造相位屏时，注意球坐标下相位 S 的二维频谱与湍流折射率的空间密度谱的关系为 (参看式 (8.2.21))

$$F_S(K_\theta, K_\phi, r) = 2\pi k^2 \Delta r \Phi_n(K_r = 0, K_\theta, K_\phi, r)/r^2 \tag{8.2.46}$$

但对于长距离的传播问题，观测面光强的空间分辨率越来越差，从而引起统计量计算的误差。Rubio 等为解决这个问题，在依然采用球坐标的基础上，在每次相位屏之间的传播结束后，在网格点之间进行内插，以保障光场具有足够的分辨率。这种处理方法的示意图如图 8.2.4 所示。为了避免 $z = 0$ 处的光场奇点，一般先从光

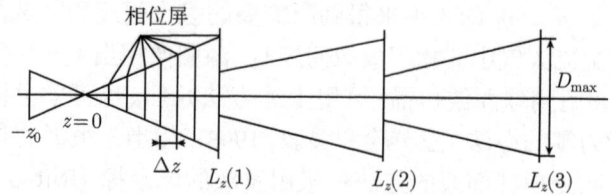

图 8.2.4　长距离球面波传播的内插法示意图

源后方一定的距离 $-z_0$ 处开始模拟，当传播经过一定数量的相位屏后，在 $L_z(1)$ 有效光场的实际空间尺度达到 $D_{\max}$，此时对应于我们所需要的最低空间分辨率，此处我们在一定数量的网格内 $M \times M (M < N)$ 重新按 $N \times N$ 的网格进行内插，而后按前面的步骤计算到 $L_z(2)$，再进行内插。同样的方法进行到传播终点。

对于平面波的聚焦等问题，也可以不采用球坐标的处理方法，而根据焦点光斑的实际尺度进行线性坐标变换来调整计算网格的大小 (张飞舟，2003)。如图 8.2.5 所示，设初始光斑特征尺度为 D_0，焦距为 f，焦面光斑特征尺度为 D_f，则任意距离 z 处光斑特征尺度 D 满足下列关系式：

$$\frac{D_0 - D}{D_0 - D_f} = \frac{z}{f} \tag{8.2.47}$$

选取标定因子

$$B = \frac{D}{D_0} = 1 - \frac{z}{f}\left(1 - \frac{D_f}{D_0}\right) \tag{8.2.48}$$

进行坐标变换 $x' = x/B$, $y' = y/B$, $z' = z/B^2$，使得 $z = 0$ 处的初始计算网格尺度为 $D_0 \times D_0$，焦点处的计算缓冲区设为 $D_f \times D_f$。

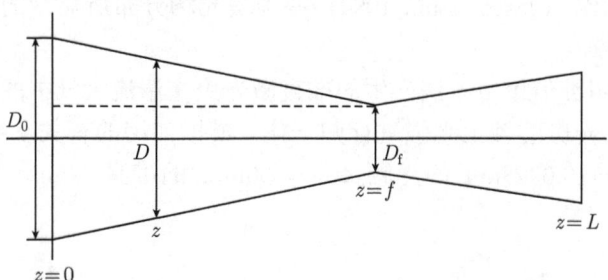

图 8.2.5 聚焦光束传播的线性坐标变换示意图

再对光场作以下变换：

$$u(x,y,z) = Au_c \exp[\mathrm{i}C(x,y,z)] \tag{8.2.49}$$

式中

$$A = \frac{1}{B}, \quad C = -\frac{k(1-B)}{2zB}(x^2 + y^2) \tag{8.2.50}$$

则变换后的光场满足和抛物型方程 (式 (8.2.8)) 完全相同的形式

$$\frac{\partial u_c}{\partial z'} = \frac{\mathrm{i}}{2k}\nabla_\perp'^2 u_c + \mathrm{i}k(n-1)B^2 u \tag{8.2.51}$$

对于 Gauss 光束的传播，可根据 Gauss 光束的光束半径变化规律进行坐标变换 (Walsh and Ulrich, 1978)，使得变换后的光束特征尺度与计算网格相匹配，在真空中传输的 Gauss 光束的形状、大小保持不变。鉴于这种变换比线性坐标变换复杂一些，对 Gauss 光束的传播，我们也尽量选取线性坐标变换，只要将 Gauss 光束的束腰半径的一定倍数作为 D_f、初始光束半径和接收端光束半径较大的一个的一定倍数作为 D_0，也同样可以获得满意的结果。

在实际激光的大气传播问题中，激光源本身不是理想的 Gauss 光束，光学发射系统的光学质量不可能理想，实际光束常常有数倍的光学极限倍数。对于这样的传播问题的数值模拟，不能简单地使用确定性的光场。通常的做法是在确定性的光场上添加一个随机相位，使出射光源的光束质量具有所要求的光学极限倍数。

8.2.6 数值模拟典型结果

数值模拟方法已在湍流大气中的光传播问题以及其他相关的随机介质中的波传播问题中得到广泛的应用，早期主要是在强激光传输包含湍流和热晕效应的研究中 (Fleck et al., 1976; 1977; Walsh and Ulrich, 1978)，近年来也应用在激光雷达、激光通信系统性能模拟分析中 (Belmonte, 2000)。数值实验的结果构成了理论研究和实验研究的桥梁 (Flatte et al., 1993; Coles et al., 1995)，已经获得了诸如光强概率分布等重要的发现 (Flatte et al., 1994)，特别是光场分布所显示的一些特征，更引起人们的极大兴趣。

图 8.2.6 是用数值模拟方法产生的准直激光束在湍流大气中的短曝光光斑，图中光强以真空中光斑的轴上光强进行归一化。模拟使用的有关参数如下：发射光束是波长为 $\lambda = 0.6328\mu m$ 的光腰 $\omega_0 = 30mm$ 的准直 Gauss 光束，光传输距

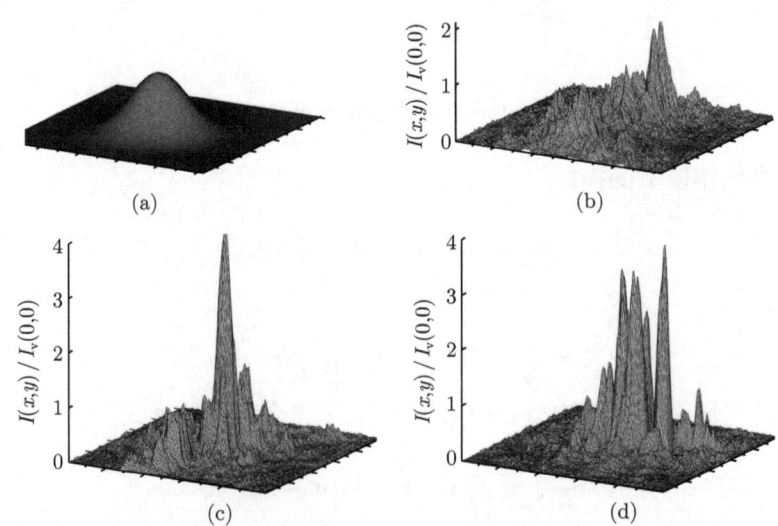

图 8.2.6　真空中的准直激光束光斑 (a) 和 $\beta_0^2 = 5.62$ 时湍流中的光斑 (b∼d)
(a) 序号 0; (b) 序号 1; (c) 序号 5; (d) 序号 12

离 $L = 1000$m，湍流路径上使用 20 个随机相位屏，垂直于传播方向的计算网格为 256×256，网格宽度选择接收平面上光场的 Fresnel 长度 l_{Fr} 的 1/40 和湍流内尺度的 1/2 的较小者。湍流谱采用 Von Karman 谱，内外尺度分别为 1mm 和 15m，折射率结构常数 $C_n^2 = 10^{-13}$，使得表征综合传播起伏条件的 Rytov 指数 $\beta_0^2 = 5.62$，对应于近饱和起伏条件。

利用数值模拟方法获得的大气湍流中的光强分布揭示了许多新颖的特征。图 8.2.7 是一个典型的数值模拟结果 (Martin and Flatte, 1988)，从图中可以清楚地看到焦线的存在，我们在传播距离为 6.8km 的激光大气传输实验中也发现了类似的结果。

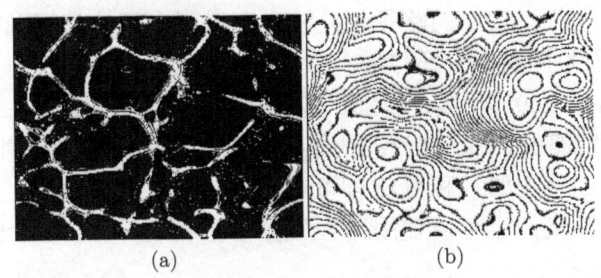

图 8.2.7 湍流大气中的数值模拟光强 (a) 和相位 (b) 分布

8.3 几何光学近似、Rytov 近似和谱分析方法

在湍流介质光传播研究的历史进程中，解析方法是最早使用的，并在持续不断地深化，虽然目前遇到了很大的困难，但人们始终未放弃努力。湍流介质的随机性决定了必须用统计方法处理光传播问题。湍流介质折射率的微弱起伏使人们首先考虑使用微扰方法。最常用的微扰方法 Born 近似在光传播问题中的应用结果并不理想，而 Rytov 平缓扰动法则获得了能被实验验证的结果，解决了弱起伏条件下的大部分问题。闪烁饱和现象的发现，说明随机介质中的波传播不仅仅是一个微扰问题。

光波在随机介质中传播的理论解析方法大致可分为三类：

(1) 对辐射场以及随机介质的介电常数采用某种微扰近似，求解随机介质中的波动方程以取得辐射场的分布，如几何光学法、平缓微扰法等。这些方法是通过直接求解光场来处理传播问题的，其近似条件决定了只能用来处理弱起伏条件下的传播问题。

(2) 就随机介质的介电常数的统计特性作某种假定，建立起辐射场的统计矩方程，直接求解这些统计矩，如 Markov 近似法。这些方法已考虑了多次散射效应，但都假定只存在前向散射，这只适用于大尺度不均匀的随机介质 (不均匀特征尺度远大于波长)。然而当随机介质的不均匀尺度接近于光波波长时，任意方向上的散射都是可能的，这样多次散射就变得举足轻重，此时抛物型方程不再适用。

(3) 考虑多次散射，建立起严格的波传播方程并求得辐射场的形式解，如 Feynman 图解法。从光传播的物理过程来看，多次散射可认为是无穷多不同级次的微扰作用的总体效果。对于这种无穷多系列作用，量子力学中常用的 Feynman 图特别方便。由此方法获得的积分解是准确的，因而可以检验各种近似方法的可靠性。然而实际求解是十分困难的。这种方法的另一个明显优点在于，由于解的直观形式是建立在严格的多次散射处理方法上，因而基于这种解析解所作的最简单的近似也包含了某种程度的多次散射 (Strohbehn, 1978)。

在量子力学中广泛使用的路径积分法也可以用来直接求解抛物型方程获得光场的分布，这是因为抛物型方程与量子力学中的 Schrodinger 方程具有相同的结构 (Charnotskii et al., 1993)。这种方法的中心思想是：光波在介质中以一定的概率分布沿所有的可能路径传播，湍流的随机变化引起概率分布的随机变化，从而导致光场的随机分布。使用路径积分法有可能获得光场的明确分布，而用其他方法是无法得到的。同样我们也可以使用路径积分法分析统计矩方程，也可以进行数值计算。

目前有关光波在随机介质中传播的主要理论解析结果是根据前两种方法获得的。第三种方法可以用来验证辐射场或其统计矩方程的各种渐近解析解。虽然上述解析方法都在某些方面取得了非常有用的结果，但都受到一定条件的限制。

8.3.1 几何光学近似及谱分解法

湍流介质中电磁波的标量波动方程

$$\nabla^2 E + k^2 n^2 E = 0 \tag{8.3.1}$$

可写为

$$\nabla^2 (\ln E) + [\nabla (\ln E)]^2 + k^2 n^2 = 0 \tag{8.3.2}$$

对于平缓非均匀介质，光场可表示为

$$E = A e^{iS} \tag{8.3.3}$$

将式 (8.3.3) 代入式 (8.3.2) 可得方程组 (Tatarskii, 1961)

$$\nabla^2 A / A - (\nabla S)^2 + k^2 n^2 = 0 \tag{8.3.4}$$

$$\nabla^2 S + 2\nabla \ln A \cdot \nabla S = 0 \tag{8.3.5}$$

只有在传播介质不均匀尺度的距离上，振幅 A 才有显著的变化。在湍流介质中，最小的不均匀尺度是湍流的内尺度 l_0。由于式 (8.3.4) 中左边第一项是对对数振幅的

8.3 几何光学近似、Rytov 近似和谱分析方法

两阶空间导数, 它应具有 l_0^{-2} 的量级。而相位 S 的空间导数应具有波数 k 的量级, 所以第二项具有 k^2 的量级。因而在 $\lambda \ll l_0$ 条件下, 式 (8.3.4) 左边第一项可以忽略, 有

$$(\nabla S)^2 = k^2 n^2 \qquad (8.3.6)$$

式 (8.3.5) 和式 (8.3.6) 被称为几何光学方程组。在折射率 n 围绕单位值 1 微弱起伏引起的振幅 A 和相位 S 起伏很小的情况下, 它们可以表示为

$$S = S_0 + S_1 \qquad (8.3.7)$$

$$\ln A = \ln A_0 + \chi \qquad (8.3.8)$$

将它们代入几何光学方程组, 略去二阶小量, 并令 $n_1 = n - 1$, 可得

$$\nabla^2 S_1 + 2\nabla \ln A_0 \cdot \nabla S_1 + 2\nabla \chi \cdot \nabla S_0 = 0 \qquad (8.3.9)$$

$$\nabla S_0 \cdot \nabla S_1 = k^2 n_1 \qquad (8.3.10)$$

式 (8.3.9) 和式 (8.3.10) 是关于对数振幅和相位起伏的几何光学方程组。对于沿 z 方向从 $z = 0$ 传播到 $z = L$ 的振幅 A_0 为常数的平面波, $S_0 = kz$。

$$\nabla^2 S_1 + 2k \frac{\partial \chi}{\partial z} = 0 \qquad (8.3.11)$$

$$\frac{\partial S_1}{\partial z} = k n_1 \qquad (8.3.12)$$

对式 (8.3.11) 和式 (8.3.12) 积分, 可得

$$S_1(x, y, L) = k \int_0^L n_1(x, y, z) \mathrm{d}z \qquad (8.3.13)$$

$$\chi(x, y, L) = \frac{1}{2} [n_1(x, y, L) - n_1(x, y, 0)] - \frac{1}{2} \int_0^L \int_0^z \nabla_\perp^2 n_1(x, y, \zeta) \mathrm{d}\zeta \mathrm{d}z \qquad (8.3.14)$$

这种几何光学方法可以有效地解决光线漂移和到达角起伏等问题, 它的适用条件为: ① 介质非均匀尺度远大于波长, 即 $l \gg \lambda$; ② 介质非均匀尺度远大于第一 Fresnel 带半径, 即 $l \gg \sqrt{\lambda L}$。

由于折射率的随机分布和积分的复杂性, 要从对数振幅和相位的表达式直接推算统计量一般是不可能的。Tatarskii 使用谱分解方法找到了解决问题的途径。在进行谱分解时, 由于折射率的空间各向同性, 自然首先想到用 n_1 的三维谱形式, 然而由于对数振幅和相位只可能在垂直于传播方向的 xy 平面内各向同性, 并且在 xy 平面内的二维相关特性主要取决于 n_1 在 xy 平面内的二维相关特性, 所以我们应

该把对数振幅 χ、相位 S 和 n_1 都在 xy 平面内二维展开 (具体的谱分析方法见附录 A)。对式 (8.3.13)、式 (8.3.14) 作谱分解 (Tatarskii, 1961), 有

$$F_S(\kappa, L) = 2\pi k^2 \int_0^L \Phi_n(\kappa)|_z \, \mathrm{d}z \tag{8.3.15}$$

$$F_\chi(\kappa, L) = \frac{\pi \kappa^4}{2} \int_0^L z^2 \Phi_n(\kappa)|_z \, \mathrm{d}z \tag{8.3.16}$$

可以求得对数振幅和相位起伏的相关函数和结构函数如下:

$$B_S(\rho, L) = (2\pi k)^2 \int_0^L \mathrm{d}z \int_0^\infty \mathrm{J}_0(\kappa\rho) \Phi_n(\kappa)|_z \, \kappa \mathrm{d}\kappa \tag{8.3.17}$$

$$B_\chi(\rho, L) = \pi^2 \int_0^L z^2 \mathrm{d}z \int_0^\infty \mathrm{J}_0(\kappa\rho) \Phi_n(\kappa)|_z \, \kappa^5 \mathrm{d}\kappa \tag{8.3.18}$$

式 (8.3.15)~式 (8.3.18) 中湍流折射率谱函数 $\Phi_n(\kappa)|_z$ 一般与路径的具体位置有关, 一般情况下是具有相同的函数形式, 而湍流强度随路径而变。这样在已知湍流谱形式的情况下, 式 (8.3.15)~式 (8.3.18) 中的积分就变为湍流强度 $C_n^2(z)$ 的积分。如果 C_n^2 沿传播路径均匀分布, 则式 (8.3.15)~式 (8.3.18) 沿传播路径积分的结果为

$$F_S(\kappa, L) = 2\pi k^2 \Phi_n(\kappa) \tag{8.3.19}$$

$$F_\chi(\kappa, L) = \frac{\pi \kappa^4 L^3}{6} \Phi_n(\kappa) \tag{8.3.20}$$

$$B_S(\rho, L) = (2\pi k)^2 L \int_0^\infty \mathrm{J}_0(\kappa\rho) \Phi_n(\kappa) \kappa \mathrm{d}\kappa \tag{8.3.21}$$

$$B_\chi(\rho, L) = \frac{\pi^2 L^3}{3} \int_0^\infty \mathrm{J}_0(\kappa\rho) \Phi_n(\kappa) \kappa^5 \mathrm{d}\kappa \tag{8.3.22}$$

8.3.2 Rytov 微扰近似及谱分解法

在不满足几何光学近似条件更为一般的情况下, 我们需要使用波动光学来处理问题 (Tatarskii, 1971)。由标量波动方程 (式 (8.3.1)), 当湍流介质的折射率 n 在单位值 1 附近起伏, 场 E 也在真空传播的场 E_0 附近起伏时, 我们将湍流介质中的场表示为各阶微扰的和 $E = E_0 + E_1 + E_2 + E_3 + \cdots$, 当 n_1 很小时, 略去高阶微扰, 只保留一阶微扰, 则有 $E = E_0 + E_1$。这种直接对场进行微扰近似的方法就是物理学中常用的 Born 近似。将上式代入标量方程并略去二阶小量, 有

$$\nabla^2 E_0 + k^2 E_0 = 0 \tag{8.3.23}$$

$$\nabla^2 E_1 + k^2 E_1 = -2k^2 n_1 E_0 \tag{8.3.24}$$

8.3 几何光学近似、Rytov 近似和谱分析方法

式 (8.3.24) 是关于场源 $-2kn_1E_0$ 的波动方程，其解是自由空间的 Green 函数和场源的卷积

$$E_1(\boldsymbol{r}) = \frac{1}{4\pi} \iiint_V \frac{\mathrm{e}^{\mathrm{i}k|\boldsymbol{r}-\boldsymbol{r}'|}}{|\boldsymbol{r}-\boldsymbol{r}'|} 2k^2 n_1(\boldsymbol{r}') E_0(\boldsymbol{r}') \mathrm{d}^3\boldsymbol{r}' \tag{8.3.25}$$

式中，V 为场源的体积。式 (8.3.25) 表示场的微扰 E_1 是湍流介质中各点散射产生的球面波的线性组合，每点球面波的强度由真空解和该点的折射率起伏的积决定。

Born 近似解的可靠性显然由波传播的实际物理过程和式 (8.3.25) 代表的物理过程是否有本质的相似性或区别来决定。式 (8.3.25) 意味着每个点散射的球面波仅在源点受到折射率起伏的影响，在传播过程中不再受路径上其他各点的影响，各点的贡献相互独立地叠加构成观察点的场。这显然与实际物理过程有本质的区别，因为点的球面波传播至观察点，一路上受到途中各点的微扰，因而各点的贡献绝不会是相互独立的。所以 Born 近似不适合求解连续湍流介质中的光传播。

既然自源点发出的球面波一路上受到途中各点的微扰传播至观察点，则微扰过程可看成是一种积的过程而非和的过程，即可作近似 $E = E_0 F_1 F_2 F_3 \cdots$，则有 $\ln E = \ln E_0 + \ln F_1 + \ln F_2 + \ln F_3 + \cdots$，只保留一阶微扰，有

$$\ln E = \ln E_0 + \ln F_1 \tag{8.3.26}$$

这种近似就是场的对数的 Born 近似，由于最早由俄罗斯物理学家 Rytov 引入，现在通称为 Rytov 近似 (Rytov et al., 1989)，而俄罗斯物理学家 Tatarskii 将其引入到湍流介质中波传播问题的研究 (Tatarskii, 1961; 1971)。

由式 (8.3.26)，有

$$\ln F_1 = \ln(E/E_0) = \ln(A/A_0) + \mathrm{i}(S - S_0) = \chi + \mathrm{i}S_1 \tag{8.3.27}$$

由 $E = E_0 + E_1$ 有

$$\ln F_1 = \ln(E/E_0) = \ln(1 + E_1/E_0) \approx E_1/E_0 \tag{8.3.28}$$

所以结合式 (8.3.25)，有

$$\begin{bmatrix} \chi \\ S_1 \end{bmatrix} = \begin{bmatrix} \mathrm{Re} \\ \mathrm{Im} \end{bmatrix} g \frac{k^2}{2\pi E_0(\boldsymbol{r})} \iiint_V \frac{\mathrm{e}^{\mathrm{i}k|\boldsymbol{r}-\boldsymbol{r}'|}}{|\boldsymbol{r}-\boldsymbol{r}'|} n_1(\boldsymbol{r}') E_0(\boldsymbol{r}') \mathrm{d}^3\boldsymbol{r}' \tag{8.3.29}$$

在傍轴近似 $|x-x'| \ll |z-z'|$、$|y-y'| \ll |z-z'|$ 下，有

$$|\boldsymbol{r}-\boldsymbol{r}'| = (z-z') \left[1 + \frac{(x-x')^2 + (y-y')^2}{2(z-z')^2} - \frac{(x-x')^4 + (y-y')^4}{8(z-z')^4} + \cdots \right] \tag{8.3.30}$$

在式 (8.3.29) 的指数项中保留式 (8.3.30) 的前两项，在分母中保留第一项，并忽略波的后向散射，则 $z=L$ 平面上的对数振幅和相位起伏为

$$\begin{bmatrix} \chi \\ S_1 \end{bmatrix} = \begin{bmatrix} \mathrm{Re} \\ \mathrm{Im}g \end{bmatrix} \frac{k^2}{2\pi E_0(\boldsymbol{r})} \int_0^L \mathrm{d}z' \iint_{-\infty}^{+\infty}$$

$$\frac{\exp\left\{ \mathrm{i}k \left[(L-z') + \frac{(x-x')^2+(y-y')^2}{2(L-z')} \right] \right\}}{(L-z')} n_1(\boldsymbol{r}')E_0(\boldsymbol{r}')\mathrm{d}x'\mathrm{d}y' \quad (8.3.31)$$

式 (8.3.31) 意味着场的对数振幅起伏和相位起伏 (而不是场本身) 是由相互独立的各点的微扰叠加构成的。根据中心极限定理，对数振幅起伏和相位起伏服从正态分布，因而振幅服从对数正态分布。弱起伏条件下的大量实验证明了这个结论，从而肯定了 Rytov 近似的适用性。

根据式 (8.3.30), 在式 (8.3.29) 的指数项中保留前两项的条件是要满足 $|\boldsymbol{\rho}-\boldsymbol{\rho}'|^4 = (x-x')^4+(y-y')^4 \ll \lambda(z-z')^3$，即在传播距离为 L 的全程中满足

$$|\boldsymbol{\rho}-\boldsymbol{\rho}'|^4 \ll \lambda L^3 \quad (8.3.32)$$

这也是抛物型方程的适用范围。由于湍流最小不均匀尺度为内尺度 l_0，因此最大散射角为 λ/l_0，在接收面上造成的最大径向偏离尺度为 $\lambda L/l_0$，则由式 (8.3.32) 可得

$$\lambda^3 L \ll l_0^4 \quad (8.3.33)$$

这个条件在一般实际传播问题中都能满足。

在 Rytov 近似下，平面波 $E_0(\boldsymbol{r}) = \mathrm{e}^{\mathrm{i}kz}$ 的对数振幅和相位起伏为

$$\chi + \mathrm{i}S_1 = \int_0^L \mathrm{d}z \int_{-\infty}^{+\infty}\int h(x-x',y-y',L-z)n_1(x',y',z)\mathrm{d}x'\mathrm{d}y' \quad (8.3.34)$$

注意：为简明起见，式 (8.3.34) 中在传播方向的积分符合已重新用 z 代替了 z'。式中

$$h(x-x',y-y',L-z) = \frac{k^2}{2\pi(L-z)} \exp\left[\mathrm{i}k\frac{(x-x')^2+(y-y')^2}{2(L-z)} \right] \quad (8.3.35)$$

其 Fourier 变换为

$$H(\boldsymbol{\kappa},L-z) = \iint h(\boldsymbol{\rho},L-z)\mathrm{e}^{-\mathrm{i}\boldsymbol{\kappa}\cdot\boldsymbol{\rho}}\mathrm{d}\boldsymbol{\rho} = \mathrm{i}k\exp\left[-\mathrm{i}k\frac{L-z}{2k}\kappa^2 \right] \quad (8.3.36)$$

其实部和虚部分别为

$$H_\mathrm{r}(\boldsymbol{\kappa},L-z) = k\sin\left[\frac{(L-z)}{2k}\kappa^2 \right] \quad (8.3.37)$$

8.3 几何光学近似、Rytov 近似和谱分析方法

$$H_{\mathrm{i}}(\boldsymbol{\kappa}, L - z) = k\cos\left[\frac{(L-z)}{2k}\kappa^2\right] \tag{8.3.38}$$

利用随机函数的谱分解法, 可以求得对数振幅和相位起伏的二维谱密度

$$F_\chi(\kappa, L) = 2\pi \int_0^L H_{\mathrm{r}}^2(\kappa, L-z)\Phi_n(\kappa)|_z\, \mathrm{d}z \tag{8.3.39}$$

$$F_S(\kappa, L) = 2\pi \int_0^L H_{\mathrm{i}}^2(\kappa, L-z)\Phi_n(\kappa)|_z\, \mathrm{d}z \tag{8.3.40}$$

从而求得对数振幅和相位起伏的相关函数和结构函数如下 (Ishimaru, 1997):

$$B_\chi(\rho, L) = (2\pi)^2 \int_0^L \mathrm{d}z \int_0^\infty \mathrm{J}_0(\kappa\rho) H_{\mathrm{r}}^2(\kappa, L-z)\Phi_n(\kappa)|_z\, \kappa\mathrm{d}\kappa \tag{8.3.41}$$

$$B_S(\rho, L) = (2\pi)^2 \int_0^L \mathrm{d}z \int_0^\infty \mathrm{J}_0(\kappa\rho) H_{\mathrm{i}}^2(\kappa, L-z)\Phi_n(\kappa)|_z\, \kappa\mathrm{d}\kappa \tag{8.3.42}$$

$$B_{\chi S}(\rho, L) = (2\pi)^2 \int_0^L \mathrm{d}z \int_0^\infty \mathrm{J}_0(\kappa\rho) H_{\mathrm{r}}(\kappa, L-z)H_{\mathrm{i}}(\kappa, L-z)\Phi_n(\kappa)|_z\, \kappa\mathrm{d}\kappa \tag{8.3.43}$$

$$D_\chi(\rho, L) = 2(2\pi)^2 \int_0^L \mathrm{d}z \int_0^\infty [1 - \mathrm{J}_0(\kappa\rho)] H_{\mathrm{r}}^2(\kappa, L-z)\Phi_n(\kappa)|_z\, \kappa\mathrm{d}\kappa \tag{8.3.44}$$

$$D_S(\rho, L) = 2(2\pi)^2 \int_0^L \mathrm{d}z \int_0^\infty [1 - \mathrm{J}_0(\kappa\rho)] H_{\mathrm{i}}^2(\kappa, L-z)\Phi_n(\kappa)|_z\, \kappa\mathrm{d}\kappa \tag{8.3.45}$$

在湍流折射率谱函数 $\Phi_n(\kappa)|_z$ 具有相同的函数形式, 而湍流强度随路径而变的情况下, 式 (8.3.39)~ 式 (8.3.45) 中的积分变为湍流强度 $C_n^2(z)$ 的积分。如果 C_n^2 沿传播路径均匀分布, 则式 (8.3.39)~ 式 (8.3.45) 沿传播路径积分的结果为

$$B_{\chi, S, \chi S}(\rho, L) = \frac{1}{2}(2\pi k)^2 L \int_0^\infty \mathrm{J}_0(\kappa\rho) f_{\chi, S, \chi S}(\kappa)\Phi_n(\kappa)\kappa\mathrm{d}\kappa \tag{8.3.46}$$

$$D_{\chi, S, \chi S}(\rho, L) = (2\pi k)^2 L \int_0^\infty [1 - \mathrm{J}_0(\kappa\rho)] f_{\chi, S, \chi S}(\kappa)\Phi_n(\kappa)\kappa\mathrm{d}\kappa \tag{8.3.47}$$

式中, 函数 f 反映了不同波数的湍流谱密度对光波相关函数和结构函数的贡献, 相当于一个滤波函数, 对于对数振幅、相位以及二者的相关, 滤波函数分别为

$$f_\chi(\kappa) = 1 - \frac{\sin^2(\kappa^2 L/k)}{\kappa^2 L/k} \tag{8.3.48}$$

$$f_S(\kappa) = 1 + \frac{\sin^2(\kappa^2 L/k)}{\kappa^2 L/k} \tag{8.3.49}$$

$$f_{\chi S}(\kappa) = \frac{\sin^2(\kappa^2 L/2k)}{\kappa^2 L/2k} \tag{8.3.50}$$

8.4 Markov 近似和场的统计矩方程

几何光学法和 Rytov 微扰近似法是通过直接求解光场来处理传播问题的，在求得场的基础上再求其统计特性。近似条件决定了它们只能处理弱起伏条件下的传播问题，经过实验的验证，这些近似下得到的结果也只在弱起伏条件下正确。在强起伏条件下上述解析方法都失效了，因为在近似基础上求得的场已包含了误差，再求高阶矩，误差进一步放大，结果可能会完全错误。因此，解决强起伏条件下的传播问题，直接求解各种光学参量的统计值可能更有效。

如果在抛物型方程的基础上再作两个额外的假设：① 折射率起伏 n_1 是一个 Gauss 随机场，其性质完全由其相关函数 $B_n(\boldsymbol{r}-\boldsymbol{r}') = \langle n_1(\boldsymbol{r})n_1(\boldsymbol{r}')\rangle$ 决定；② 该相关函数在光的传播方向上为 δ 函数，即

$$B_n(\boldsymbol{r}-\boldsymbol{r}') = \langle n_1(\boldsymbol{\rho},z)n_1(\boldsymbol{\rho}',z')\rangle = \delta(z-z')A_n(\boldsymbol{\rho}-\boldsymbol{\rho}',z) \tag{8.4.1}$$

则在湍流介质中传播的光场可以看成为 Markov 随机过程，由此就可获得光场的各阶统计矩的闭合方程 (Strohbehn, 1978)。一阶矩为平均振幅，表明了光场经湍流传播后未受破坏的部分。单点的二阶矩为场的平均强度；两点的二阶矩可用来计算场的相干特性。单点的四阶矩表达了光强起伏特性，两点的四阶矩表达了光强的空间相关特性。下面我们就一阶矩、二阶矩和四阶矩分别进行讨论，建立相应的方程。

由式 (8.4.1) 和随机函数的相关函数和三维空间谱密度的关系 (见附录 A) 可得

$$A_n(\rho,z) = \int_{-\infty}^{\infty} B_n(\rho,z')\mathrm{d}z' = (2\pi)^2 \int_0^{\infty} \mathrm{J}_0(\kappa\rho)\Phi_n(\kappa)|_z \,\kappa\mathrm{d}\kappa \tag{8.4.2}$$

对抛物型方程

$$2ik\frac{\partial u}{\partial z} + \nabla_\perp^2 u + 2k^2 n_1 u = 0 \tag{8.4.3}$$

求平均，得到

$$2ik\frac{\partial \langle u\rangle}{\partial z} + \nabla_\perp^2 \langle u\rangle + k^2 \langle 2n_1 u\rangle = 0 \tag{8.4.4}$$

式 (8.4.4) 最后一项包含了场与介质的共同作用，使用变分方法可将二者分离为 (Fante, 1975)

$$\langle 2n_1 u\rangle = ikA_n(0,z)\langle u\rangle = ik(2\pi)^2 \int_0^{\infty} \Phi_n(\kappa)|_z \,\kappa\mathrm{d}\kappa \tag{8.4.5}$$

因此，平均场 (也就是相干场) 满足方程

$$2ik\frac{\partial \langle u\rangle}{\partial z} + \nabla_\perp^2 \langle u\rangle + ik^3 A_n(0)\langle u\rangle = 0 \tag{8.4.6}$$

8.4 Markov 近似和场的统计矩方程

设真空中传播的场为 $u_0(\boldsymbol{\rho}, z)$, 它满足

$$2\mathrm{i}k\frac{\partial \langle u_0\rangle}{\partial z} + \nabla_\perp^2 \langle u_0\rangle = 0 \tag{8.4.7}$$

则式 (8.4.6) 的解为

$$\langle u(\boldsymbol{\rho}, z)\rangle = u_0(\boldsymbol{\rho}, z)\exp\left[-\frac{1}{2}k^2\int_0^z A_n(0, z')\mathrm{d}z'\right]$$

$$= u_0(\boldsymbol{\rho}, z)\exp\left[-\int_0^z \alpha(z')\mathrm{d}z'\right] \tag{8.4.8}$$

相应地, 相干场的强度为

$$\langle I(\boldsymbol{\rho}, z)\rangle = I_0(\boldsymbol{\rho}, z)\exp\left[-2\int_0^z \alpha(z')\mathrm{d}z'\right] \tag{8.4.9}$$

式 (8.4.9) 说明, 在湍流介质中传播的光场的相干部分的强度随传播距离指数下降, 衰减系数 α 取决于湍流强度和特征尺度

$$\alpha = \frac{1}{2}(2\pi k)^2\int_0^\infty \Phi_n(\kappa)\kappa\mathrm{d}\kappa \tag{8.4.10}$$

从湍流谱的各种形式不难推测, α 正比于 C_n^2, 并和大尺度特征密切相关, 而后者恰恰是目前我们了解最少的。因此, 在一般情况下, 我们很难准确地得到该衰减系数, 或许我们可以反过来通过测量相干场强度的衰减来研究湍流的大尺度特征。

场的二阶矩即相干函数, 在垂直于光传播方向的平面内的相干函数为

$$M(\boldsymbol{\rho}_1, \boldsymbol{\rho}_2, z) = \langle E(\boldsymbol{\rho}_1, z)E^*(\boldsymbol{\rho}_2, z)\rangle = \langle u(\boldsymbol{\rho}_1, z)u^*(\boldsymbol{\rho}_2, z)\rangle \tag{8.4.11}$$

对以式 (8.4.3) 表示的 $u_1(\boldsymbol{\rho}_1, z)$ 的抛物型方程乘以 $u_2^*(\boldsymbol{\rho}_2, z)$, 对 $u_2(\boldsymbol{\rho}_2, z)$ 的抛物型方程乘以 $u_1^*(\boldsymbol{\rho}_1, z)$, 并相减, 可得

$$2\mathrm{i}k\frac{\partial M(\boldsymbol{\rho}_1, \boldsymbol{\rho}_2, z)}{\partial z} + (\nabla_{\perp 1}^2 - \nabla_{\perp 2}^2)M(\boldsymbol{\rho}_1, \boldsymbol{\rho}_2, z)$$
$$+ k^2\langle 2[n_1(\boldsymbol{\rho}_1, z) - n_1(\boldsymbol{\rho}_2, z)]u(\boldsymbol{\rho}_1, z)u^*(\boldsymbol{\rho}_2, z)\rangle = 0 \tag{8.4.12}$$

式 (8.4.12) 最后一项包含了场与介质的共同作用, 使用变分方法可将二者分离为 (Fante, 1975)

$$\langle 2[n_1(\boldsymbol{\rho}_1, z) - n_1(\boldsymbol{\rho}_2, z)]u(\boldsymbol{\rho}_1, z)u^*(\boldsymbol{\rho}_2, z)\rangle$$
$$= 2\mathrm{i}k[A_n(0, z) - A_n(\boldsymbol{\rho}_1 - \boldsymbol{\rho}_2, z)]M(\boldsymbol{\rho}_1, \boldsymbol{\rho}_2, z) \tag{8.4.13}$$

因此, 相干函数 $M(\boldsymbol{\rho}_1, \boldsymbol{\rho}_2, z)$ 满足方程

$$2\mathrm{i}k\frac{\partial M}{\partial z} + (\nabla_{\perp 1}^2 - \nabla_{\perp 2}^2)M + 2\mathrm{i}k^3[A_n(0, z) - A_n(\boldsymbol{\rho}_1 - \boldsymbol{\rho}_2, z)]M = 0 \tag{8.4.14}$$

对于在 $z=0$ 处光强为单位值的完全相干的平面波,即

$$M(\boldsymbol{\rho}_1, \boldsymbol{\rho}_2, 0) = 1 \tag{8.4.15}$$

相干函数 $M(\boldsymbol{\rho}_1, \boldsymbol{\rho}_2, z)$ 显然只与 z 和 $\rho = |\boldsymbol{\rho}_1 - \boldsymbol{\rho}_2|$ 有关,式 (8.4.14) 的解为

$$\begin{aligned} M(\rho, z) &= \exp\left\{-k^2 \int_0^z [A_n(0, z') - A_n(\rho, z')] \mathrm{d}z'\right\} \\ &= \exp\left\{-(2\pi k)^2 \int_0^z \mathrm{d}z' \int_0^\infty [1 - \mathrm{J}_0(\kappa\rho)] \Phi_n(\kappa)|_{z'} \kappa \mathrm{d}\kappa\right\} \end{aligned} \tag{8.4.16}$$

式中,指数项的量刚好正比于 Rytov 微扰近似中获得的对数振幅和相位起伏的结构函数 (式 (8.3.44)、式 (8.3.45)) 的和,一般称其为波结构函数

$$\begin{aligned} D(\rho, z) &= D_\chi(\rho, z) + D_S(\rho, z) \\ &= 2(2\pi k)^2 \int_0^z \mathrm{d}z' \int_0^\infty [1 - \mathrm{J}_0(\kappa\rho)] \Phi_n(\kappa)|_{z'} \kappa \mathrm{d}\kappa \end{aligned} \tag{8.4.17}$$

因而相干函数与波结构函数的关系为

$$M(\rho, z) = \exp\left[-\frac{1}{2} D(\rho, z)\right] \tag{8.4.18}$$

同相干场的强度一样,相干函数也和湍流大尺度特征密切相关。

定义使相干函数 $M(\rho) = \mathrm{e}^{-1}$ 的距离为相干长度 ρ_0,因而

$$D(\rho_0) = 2 \tag{8.4.19}$$

$$(2\pi k)^2 \int_0^z \mathrm{d}z' \int_0^\infty [1 - \mathrm{J}_0(\kappa\rho_0)] \Phi_n(\kappa)|_{z'} \kappa \mathrm{d}\kappa = 1 \tag{8.4.20}$$

注意:这里的定义和 8.1 节有区别,那里仅考虑相位起伏而忽略了振幅起伏。

同场的一阶矩和二阶矩的方程相仿,场的四阶矩以及任意阶次统计矩的方程也可以通过类似的方法获得。在垂直于光的传播方向的平面内场的四阶矩为

$$\begin{aligned} M_4 &= \langle E(\boldsymbol{\rho}_1, z) E(\boldsymbol{\rho}_2, z) E^*(\boldsymbol{\rho}_1', z) E^*(\boldsymbol{\rho}_2', z) \rangle \\ &= \langle u(\boldsymbol{\rho}_1, z) u(\boldsymbol{\rho}_2, z) u^*(\boldsymbol{\rho}_1', z) u^*(\boldsymbol{\rho}_2', z) \rangle \end{aligned} \tag{8.4.21}$$

四阶矩 $M(\boldsymbol{\rho}_1, \boldsymbol{\rho}_2, \boldsymbol{\rho}_1', \boldsymbol{\rho}_2', z)$ 满足的方程为

$$2\mathrm{i}k \frac{\partial M_4}{\partial z} + (\nabla_{\perp 1}^2 + \nabla_{\perp 2}^2 - \nabla_{\perp 1'}^2 - \nabla_{\perp 2'}^2) M_4 + \mathrm{i}k^3 F_{22} M_4 = 0 \tag{8.4.22}$$

式中

$$F_{22} = 4A(0) + 2A(\boldsymbol{\rho}_1 - \boldsymbol{\rho}_2) + 2A(\boldsymbol{\rho}_1' - \boldsymbol{\rho}_2')$$

$$-2A(\boldsymbol{\rho}_1 - \boldsymbol{\rho}_1') - 2A(\boldsymbol{\rho}_1 - \boldsymbol{\rho}_2') - 2A(\boldsymbol{\rho}_2 - \boldsymbol{\rho}_1') - 2A(\boldsymbol{\rho}_2 - \boldsymbol{\rho}_2') \tag{8.4.23}$$

四阶矩一般表达了空间四点的场的相关特性，但有广泛的实际应用意义并已获得可应用结果的只有两点或单点的四阶矩。单点的四阶矩表达了光强起伏特性，两点的四阶矩表达了光强的空间相关特性。这里只考虑两点或单点的四阶矩，对于两点

$$M_4 = \langle u(\boldsymbol{\rho}_1, z)u(\boldsymbol{\rho}_2, z)u^*(\boldsymbol{\rho}_1, z)u^*(\boldsymbol{\rho}_2, z)\rangle = \langle I(\boldsymbol{\rho}_1, z)I(\boldsymbol{\rho}_2, z)\rangle \tag{8.4.24}$$

光强之间的协方差为

$$B_\mathrm{I}(\boldsymbol{\rho}_1, \boldsymbol{\rho}_2) = \langle I(\boldsymbol{\rho}_1)I(\boldsymbol{\rho}_2)\rangle - \langle I(\boldsymbol{\rho}_1)\rangle^2 = M_4(\boldsymbol{\rho}_1, \boldsymbol{\rho}_2) - M(0)^2 \tag{8.4.25}$$

对于单点

$$M_4 = \langle u(\boldsymbol{\rho}, z)u(\boldsymbol{\rho}, z)u^*(\boldsymbol{\rho}, z)u^*(\boldsymbol{\rho}, z)\rangle = \langle I^2(\boldsymbol{\rho}, z)\rangle \tag{8.4.26}$$

光强的起伏方差为

$$B_\mathrm{I}(0) = \langle I^2(\boldsymbol{\rho})\rangle - \langle I(\boldsymbol{\rho})\rangle^2 = M_4(0) - M(0)^2 \tag{8.4.27}$$

光强的归一化起伏方差 (即通常所说的闪烁指数) 为

$$\beta_\mathrm{I}^2 = \left[\langle I^2(\boldsymbol{\rho})\rangle - \langle I(\boldsymbol{\rho})\rangle^2\right] / \langle I(\boldsymbol{\rho})\rangle^2 = \left[M_4(0) - M(0)^2\right] / M(0)^2 \tag{8.4.28}$$

8.5 Huygens-Fresnel 相位近似法

先回顾一下 Huygens-Fresnel 原理的物理思想，如图 8.5.1 所示，在光源平面 $z = 0$ 上任意一点 $(x_0, y_0, 0)$ 的场 $E_0(x_0, y_0)$ 的作用如同一个新的球面波波源，其强度与 $E_0(x_0, y_0)$ 成正比，在各个方向上的振幅分布为 $K(\theta) = (1 + \cos\theta)/(2\mathrm{i}\lambda)$。因此，在观测平面 $z = z$ 上任意一点 (x, y, z) 的场 $E(x, y, z)$ 是由光源 A 上所有点发出的球面波的叠加而成的，即

$$E(x, y, z) = \frac{1}{\mathrm{i}\lambda} \iint\limits_A E_0(x_0, y_0, 0) \frac{\mathrm{e}^{\mathrm{i}kr}}{r} \frac{(1 + \cos\theta)}{2} \mathrm{d}x_0 \mathrm{d}y_0 \tag{8.5.1}$$

在傍轴近似下，有

$$E(x, y, z) = \frac{\mathrm{e}^{\mathrm{i}kz}}{\mathrm{i}\lambda z} \iint\limits_A E_0(x_0, y_0) \exp\left\{\frac{\mathrm{i}k}{2z}[(x - x_0)^2 + (y - y_0)^2]\right\} \mathrm{d}x_0 \mathrm{d}y_0 \tag{8.5.2}$$

这就是真空传播情况下 Huygens-Fresnel 原理的傍轴近似表达式。当传播空间为湍流介质时，根据 Rytov 近似，$(x_0, y_0, 0)$ 点的球面波传播到 (x, y, z) 点时场的变化是一个因子 F_1 (可看成是复相位)，根据式 (8.3.27) 有

$$F_1 = \exp(\chi + \mathrm{i}S_1) \tag{8.5.3}$$

假定在湍流介质中，Huygens-Fresnel 原理依然成立，只是球面波有一个复相位 F_1 的变化，因而由式 (8.5.2) 可得

$$E(x, y, z) = \frac{\mathrm{e}^{\mathrm{i}kz}}{\mathrm{i}\lambda z} \iint_A E_0(x_0, y_0) \exp\left\{\frac{\mathrm{i}k}{2z}[(x-x_0)^2 + (y-y_0)^2]\right\} \cdot \exp(\chi + \mathrm{i}S_1) \mathrm{d}x_0 \mathrm{d}y_0 \tag{8.5.4}$$

这就是广义的 Huygens-Fresnel 原理傍轴近似表达式 (Fante, 1975; 1980; 1985)。

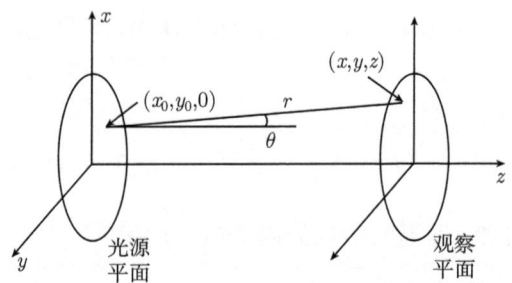

图 8.5.1　Huygens-Fresnel 原理几何示意图

若定义

$$\begin{aligned} h(\boldsymbol{\rho}_0, \boldsymbol{\rho}, z) &= \frac{\mathrm{e}^{\mathrm{i}kz}}{\mathrm{i}\lambda z} \exp\left\{\frac{\mathrm{i}k}{2z}\left[(x-x_0)^2 + (y-y_0)^2\right]\right\} \\ &= \frac{\mathrm{e}^{\mathrm{i}kz}}{\mathrm{i}\lambda z} \exp\left\{\frac{\mathrm{i}k}{2z}|\boldsymbol{\rho} - \boldsymbol{\rho}_0|^2\right\} \end{aligned} \tag{8.5.5}$$

则式 (8.5.4) 可简写为

$$E(\boldsymbol{\rho}, z) = \iint_A E_0(\boldsymbol{\rho}_0) h(\boldsymbol{\rho}, \boldsymbol{\rho}_0, z) \cdot \exp(\chi + \mathrm{i}S_1) \mathrm{d}\boldsymbol{\rho}_0 \tag{8.5.6}$$

根据此式可以求解场的各阶统计矩、相位校正、图像传输等问题，这里就涉及因子 F_1 的统计特性。

场的一阶矩和二阶矩如下：

$$\langle E(\boldsymbol{\rho}, z) \rangle = \iint_A E_0(\boldsymbol{\rho}_0) h(\boldsymbol{\rho}, \boldsymbol{\rho}_0, z) \cdot \langle \exp(\chi + \mathrm{i}S_1) \rangle \mathrm{d}\boldsymbol{\rho}_0 \tag{8.5.7}$$

8.5 Huygens-Fresnel 相位近似法

$$\langle E(\boldsymbol{\rho}_1,z)E^*(\boldsymbol{\rho}_2,z)\rangle = \iint\limits_A \iint\limits_A \langle E_0(\boldsymbol{\rho}_0)E_0^*(\boldsymbol{\rho}_0')\rangle h(\boldsymbol{\rho}_1,\boldsymbol{\rho}_0,z)h^*(\boldsymbol{\rho}_2,\boldsymbol{\rho}_0',z)$$
$$\cdot \langle \exp(\chi+\mathrm{i}S_1)\cdot\exp(\chi'-\mathrm{i}S_1')\rangle \mathrm{d}\boldsymbol{\rho}_0\mathrm{d}\boldsymbol{\rho}_0' \tag{8.5.8}$$

由于弱起伏条件下的对数振幅起伏和相位起伏服从正态分布，因而

$$\langle F_1\rangle = \exp\left[\langle \ln F_1\rangle + \frac{1}{2}\left\langle(\ln F_1 - \langle \ln F_1\rangle)^2\right\rangle\right] \tag{8.5.9}$$

同时应有 $\langle\chi\rangle = \langle S_1\rangle = 0$，然而在更严格一些的近似条件下，它们满足 (Fante, 1985)

$$\langle \chi\rangle = -\langle \chi^2\rangle \tag{8.5.10}$$

$$\langle S_1\rangle = -\langle \chi S_1\rangle \tag{8.5.11}$$

$$\langle F_1\rangle = \exp\left[\langle\chi\rangle - \frac{1}{2}\left(\langle\chi\rangle^2 - \langle S_1\rangle^2\right) + \frac{1}{2}(\langle\chi^2\rangle - \langle S_1^2\rangle)\right.$$
$$\left. + \mathrm{i}(\langle S_1\rangle + \langle \chi S_1\rangle + \langle\chi\rangle\langle S_1\rangle)\right] \tag{8.5.12}$$

参看式 (8.5.10) 和式 (8.5.11)，可以在式 (8.5.12) 中忽略二阶的小量，则有

$$\langle F_1\rangle = \exp\left[-\frac{1}{2}\left(\langle\chi^2\rangle + \langle S_1^2\rangle\right)\right] \tag{8.5.13}$$

同样地，我们可以求得

$$\langle F_1 F_1'^*\rangle = \exp\left[-\frac{1}{2}D(|\boldsymbol{\rho}_1-\boldsymbol{\rho}_2|) + \mathrm{i}(\langle\chi' S_1\rangle - \langle\chi S_1'\rangle)\right] \tag{8.5.14}$$

忽略式 (8.5.14) 中振幅和相位交叉项，则可进一步得到

$$\langle F_1 F_1'^*\rangle = \exp\left[-\frac{1}{2}D(|\boldsymbol{\rho}_1-\boldsymbol{\rho}_2|)\right] \tag{8.5.15}$$

将其代入式 (8.5.8)，并令像空间两点重合，则可得到

$$\langle I(\boldsymbol{\rho},z)\rangle = \langle E(\boldsymbol{\rho},z)E^*(\boldsymbol{\rho},z)\rangle$$
$$= \frac{1}{(\lambda z)^2}\iint\limits_A\iint\limits_A \langle E_0(\boldsymbol{\rho}_0)E_0^*(\boldsymbol{\rho}_0')\rangle \exp\left[\frac{\mathrm{i}k}{2z}\left(|\boldsymbol{\rho}-\boldsymbol{\rho}_0|^2 - |\boldsymbol{\rho}-\boldsymbol{\rho}_0'|^2\right)\right]$$
$$\times \exp\left[-\frac{1}{2}D(\boldsymbol{\rho}_0-\boldsymbol{\rho}_0')\right]\mathrm{d}\boldsymbol{\rho}_0\mathrm{d}\boldsymbol{\rho}_0' \tag{8.5.16}$$

式 (8.5.16) 成为计算来自各种形式的光源的光波在大气湍流中传播时平均光强变化的基本公式，特别是在部分相干光的传输问题研究中得到了广泛应用。

广义的 Huygens-Fresnel 原理不仅可以处理湍流介质带来的传播问题, 而且也可以很方便地将其他因素导致的相位起伏考虑进来。如在光传播问题中, 发射系统难免存在一些机械震动等引起的抖动 (jitter), 引起传播方向的变化, 从而和湍流造成的到达角起伏混合在一起。设在光源处传播方向的抖动角为 $\boldsymbol{\theta} = (\theta_x, \theta_y)$, 则因抖动而导致发射平面上的相位起伏为 $k\boldsymbol{\theta} \cdot \boldsymbol{\rho}_0 = k(\theta_x x_0 + \theta_y y_0)$, 此时广义 Huygens-Fresnel 公式应为

$$E(\boldsymbol{\rho}, z) = \iint_A E_0(\boldsymbol{\rho}_0) h(\boldsymbol{\rho}, \boldsymbol{\rho}_0, z) \cdot \exp(k\boldsymbol{\theta} \cdot \boldsymbol{\rho}_0) \cdot \exp(\chi + \mathrm{i}S_1) \mathrm{d}\boldsymbol{\rho}_0 \qquad (8.5.17)$$

同样地, 在已知大气气溶胶粒子引起的相位变化的情况下, 也可以按照类似的方法将气溶胶粒子散射因素包含在广义 Huygens-Fresnel 原理中。

8.6 球面波和 Gauss 光束的情况

在 8.3~8.5 节中我们详细地讨论了广泛使用并获得有应用价值的结果的几种解析方法。但所考虑的光源都是平面波 (广义的 Huygens-Fresnel 原理中是球面波的起伏, 无具体结果)。我们在本节将所有的结果推广到球面波和 Gauss 光束 (图 8.6.1)。

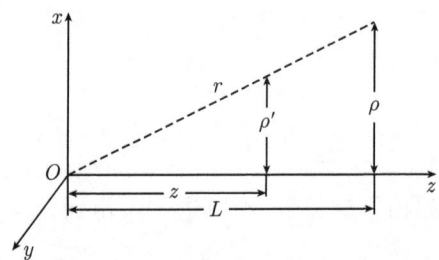

图 8.6.1 球面波传播几何示意图

根据 Rytov 近似求得的结果 (式 (8.3.31)) 中, 令光源为球面波 $E_0(\boldsymbol{r}) = \dfrac{1}{r}\mathrm{e}^{\mathrm{i}kr}$, 则得到 $z = L$ 平面上的球面波的对数振幅和相位的起伏

$$\chi + \mathrm{i}S_1 = \int_0^L \mathrm{d}z \int_{-\infty}^{+\infty}\!\!\int h(x - x', y - y', L - z) n_1(x', y', z) \mathrm{d}x' \mathrm{d}y' \qquad (8.6.1)$$

注意: 为简明起见, 式 (8.6.1) 中在传播方向的积分符号已重新用 z 代替了 z'。式中

$$h(x - x', y - y', L - z) = \frac{k^2}{2\pi\gamma(L-z)} \exp\left[\mathrm{i}k\frac{(\gamma x - x')^2 + (\gamma y - y')^2}{2\gamma(L-z)}\right] \qquad (8.6.2)$$

8.6 球面波和 Gauss 光束的情况

式中，$\gamma = z/L$。式 (8.6.2) 和式 (8.3.35) 的形式相同，如果 $\gamma = 1$，则两式完全相同。所以我们只要作坐标替换

$$\boldsymbol{\rho} \to \gamma\boldsymbol{\rho}, \quad L - z \to \gamma(L - z) \tag{8.6.3}$$

就可以把 8.3 节中关于平面波的结果转换为球面波的相应结果。因此我们称 $\gamma = z/L$ 为球面波的传播因子。注意：这里球面波的光源位于 $z = 0$。因此

$$\gamma = \begin{cases} 1 & (\text{平面波}) \\ z/L & (\text{球面波}) \end{cases} \tag{8.6.4}$$

相应地

$$H_{\text{r}}(\boldsymbol{\kappa}, L - z) = k \sin\left[\frac{\gamma(L-z)}{2k}\kappa^2\right] = k\sin[P(\gamma, \kappa, z)] \tag{8.6.5}$$

$$H_{\text{i}}(\boldsymbol{\kappa}, L - z) = k \cos\left[\frac{\gamma(L-z)}{2k}\kappa^2\right] = k\cos[P(\gamma, \kappa, z)] \tag{8.6.6}$$

式 (8.6.5) 和式 (8.6.6) 中的 $P(\gamma, \kappa, z)$ 通常称为衍射因子，从 $z = 0$ 到 $z = L$ 的传播

$$P(\gamma, \kappa, z) = \frac{\gamma(L-z)}{2k}\kappa^2 = \begin{cases} \dfrac{(L-z)}{2k}\kappa^2 & (\text{平面波}) \\ \dfrac{(L-z)z}{2kL}\kappa^2 & (\text{球面波}) \end{cases} \tag{8.6.7}$$

参考 8.3 节，对数振幅和相位起伏的二维谱密度为

$$F_\chi(\kappa, L) = 2\pi \int_0^L k^2 \sin^2[P(\gamma, \kappa, z)] \Phi_n(\kappa)|_z \, \mathrm{d}z \tag{8.6.8}$$

$$F_S(\kappa, L) = 2\pi \int_0^L k^2 \cos^2[P(\gamma, \kappa, z)] \Phi_n(\kappa)|_z \, \mathrm{d}z \tag{8.6.9}$$

从而求得对数振幅和相位起伏的相关函数和结构函数为

$$B_\chi(\rho, L) = (2\pi k)^2 \int_0^L \mathrm{d}z \int_0^\infty \mathrm{J}_0(\kappa\gamma\rho) \sin^2[P(\gamma, \kappa, z)] \Phi_n(\kappa)|_z \, \kappa \mathrm{d}\kappa \tag{8.6.10}$$

$$B_S(\rho, L) = (2\pi k)^2 \int_0^L \mathrm{d}z \int_0^\infty \mathrm{J}_0(\kappa\gamma\rho) \cos^2[P(\gamma, \kappa, z)] \Phi_n(\kappa)|_z \, \kappa \mathrm{d}\kappa \tag{8.6.11}$$

$$B_{\chi S}(\rho, L) = (2\pi k)^2 \int_0^L \mathrm{d}z \int_0^\infty \mathrm{J}_0(\kappa\gamma\rho) \sin[P(\gamma, \kappa, z)] \cos[P(\gamma, \kappa, z)] \Phi_n(\kappa)|_z \, \kappa \mathrm{d}\kappa \tag{8.6.12}$$

$$D_\chi(\rho, L) = 2(2\pi k)^2 \int_0^L \mathrm{d}z \int_0^\infty [1 - \mathrm{J}_0(\kappa\gamma\rho)] \sin^2[P(\gamma, \kappa, z)] \Phi_n(\kappa)|_z \, \kappa \mathrm{d}\kappa \tag{8.6.13}$$

$$D_S(\rho,L) = 2(2\pi k)^2 \int_0^L \mathrm{d}z \int_0^\infty [1-\mathrm{J}_0(\kappa\gamma\rho)]\cos^2[P(\gamma,\kappa,z)]\Phi_n(\kappa)|_z\,\kappa\mathrm{d}\kappa \quad (8.6.14)$$

在实际应用中, 常常会遇到在整层大气中的上行或下行传播问题。由于大气廓线的表达式通常以地面 $h=0$ 作为坐标起点, 当处理下行传播问题时, 容易把传播坐标和大气廓线几何坐标混淆。一种解决办法就是以传播坐标为准, 将大气廓线坐标进行变换, 传播问题的解就可以采纳上面的各种结果。另一种解决办法是采用大气廓线坐标, 而改变传播坐标。这样就把问题看成是光源位于 $z=L$, 观测平面在 $z=0$ 的传播。此时, 传播因子和衍射因子分别为

$$\gamma = \begin{cases} 1 & (\text{平面波}) \\ (L-z)/L & (\text{球面波}) \end{cases} \quad (8.6.15)$$

$$P(\gamma,\kappa,z) = \frac{\gamma z}{2k}\kappa^2 = \begin{cases} \dfrac{z}{2k}\kappa^2 & (\text{平面波}) \\ \dfrac{(L-z)z}{2kL}\kappa^2 & (\text{球面波}) \end{cases} \quad (8.6.16)$$

球面波和平面波结果的类似性在于两者在等相位面上的增幅是均匀分布的。而在实际应用中最常见的激光束的光强分布则是以光轴为中心对称的 Gauss 分布。其有限的空间分布特别适合使用数值模拟方法来处理, 而不方便用解析方法。Ishimaru 等开展了这方面的工作 (Ishimaru, 1977; 1978; 1981; 1997), 并被其他人所采纳 (Andrews and Phillips, 1998; 2001)

对 Gauss 光束, 设初始光场为

$$E(0,0,z) = \exp\left\{-(x^2+y^2)\left(\frac{1}{W_0^2}+\frac{\mathrm{i}k}{2R_0}\right)\right\} = \exp\left[-\frac{1}{2}k\alpha(x^2+y^2)\right] \quad (8.6.17)$$

$$\alpha = \alpha_\mathrm{r} + \alpha_\mathrm{i} = \frac{2}{kW_0^2} + \frac{\mathrm{i}}{R_0} \quad (8.6.18)$$

傍轴近似条件下, 设真空中的光场 $E = u\mathrm{e}^{\mathrm{i}kz}$ 具有下列形式:

$$u(x,y,z) = \frac{1}{A(z)}\exp\left[-\frac{k\alpha}{2}\frac{(x^2+y^2)}{B(z)}\right] \quad (8.6.19)$$

它应满足抛物型方程

$$\frac{\partial u}{\partial z} = \frac{\mathrm{i}}{2k}\nabla_\perp^2 u \quad (8.6.20)$$

将式 (8.6.19) 代入式 (8.6.20) 并利用初始条件 (式 (8.6.17)), 可求得

$$E(x,y,z) = \frac{1}{1+\mathrm{i}\alpha z}\exp\left[\mathrm{i}kz - \frac{k\alpha}{2}\frac{(x^2+y^2)}{1+\mathrm{i}\alpha z}\right] \quad (8.6.21)$$

将式 (8.6.21) 代入式 (8.3.31) 中，得到和式 (8.6.1)、式 (8.6.2) 相同形式的 Gauss 光束的对数振幅和相位的起伏表达式，此时

$$\gamma = \frac{(1+\mathrm{i}\alpha z)}{(1+\mathrm{i}\alpha L)} = \gamma_{\mathrm{r}} + \gamma_{\mathrm{i}} \tag{8.6.22}$$

由于 γ 不是一个实数，我们不能向球面波那样进行简单的坐标替换，而从平面波的结果获得相关函数和结构函数的表达式。

Ishimaru 求得对数振幅和相位起伏的相关函数和结构函数为

$$\left.\begin{array}{l} B_\chi(\boldsymbol{\rho}_1,\boldsymbol{\rho}_2,L) \\ B_S(\boldsymbol{\rho}_1,\boldsymbol{\rho}_2,L) \end{array}\right\} = \mathrm{Re}\left\{(2\pi)^2\int_0^L\mathrm{d}z\int_0^\infty \frac{\mathrm{J}_0(\kappa P)|H|^2 \pm \mathrm{J}_0(\kappa Q)H^2}{2}\Phi_n(\kappa)|_z\,\kappa\mathrm{d}\kappa\right\} \tag{8.6.23}$$

$$\left.\begin{array}{l} D_\chi(\boldsymbol{\rho}_1,\boldsymbol{\rho}_2,L) \\ D_S(\boldsymbol{\rho}_1,\boldsymbol{\rho}_2,L) \end{array}\right\} = (2\pi)^2\int_0^L\mathrm{d}z\int_0^\infty \mathrm{Re}\left\{\left[\frac{\mathrm{I}_0(2\gamma_i\kappa\rho_1)+\mathrm{I}_0(2\gamma_i\kappa\rho_2)H^2}{2}-\mathrm{J}_0(\kappa P)\right]|H|^2 \right.$$
$$\left. \pm\left[1-\mathrm{J}_0(\kappa Q)H^2\right]\right\}\Phi_n(\kappa)|_z\,\kappa\mathrm{d}\kappa \tag{8.6.24}$$

式中，J_0 和 I_0 分别为 Bessel 函数和变形 Bessel 函数，有关各量分别为

$$|H|^2 = k^2 \exp\left[-\frac{\gamma_i(L-z)}{k}\kappa^2\right] \tag{8.6.25}$$

$$H^2 = -k^2\exp\left[-\mathrm{i}\frac{\gamma(L-z)}{k}\kappa^2\right] \tag{8.6.26}$$

$$P = \sqrt{(\gamma x_1-\gamma^* x_2)^2+(\gamma y_1-\gamma^* y_2)^2} \tag{8.6.27}$$

$$Q = \gamma\sqrt{(x_1-x_2)^2+(y_1-y_2)^2} \tag{8.6.28}$$

可以看出，相关函数和结构函数的这些表达式也是十分复杂的，在实际计算分析中并不方便。

8.7 小 结

我们在本章介绍了湍流介质中光传播的数值计算和各种解析方法，对其中一些已获得可应用结果的主要方法进行了详细介绍，包括适用于弱起伏条件的几何光学法、Rytov 微扰近似法、Huygens-Fresnel 相位近似法、适用于强起伏条件的场的统计矩方程等。针对平面波的情况进行详细的推导，获得了光波起伏频谱、相关函数、结构函数的解析结果，并将这些结果向球面波和 Gauss 光束进行推广，它们奠定了湍流介质中光传播统计特征计算分析的理论基础。我们在第 9 章中将利用这些结

果根据湍流谱的具体特征分析湍流介质中光场的相干性退化、相位起伏、光强起伏以及它们的时间频谱特征。

湍流介质中光传播的解析方法中，路径积分法也获得了一些十分重要的结果，鉴于这种方法的专业性和复杂性，我们在本书中未给予阐述，有志者请参看 Dashen 等的系列论文 (Dashen, 1979; 1984; Dashen and Wang, 1992; 1993; Dashen et al., 1993; Tatarskii et al., 1992a; Zavorotny et al., 1992; Gozani et al., 1992)。对于湍流介质中光传播研究工作在各个历史阶段的发展状态以及主要结果可以参阅有关综述文章 (Lawrence and Strohbehn, 1970; Khmelevtsov, 1973; Prokhorov et al., 1975; Strohbehn, 1975; Tatarskii and Zavorotnyi, 1985a; 1985b; Kravtsov, 1992; 1993; Tatarskii et al., 1992b)。

参 考 文 献

布伦纳. 1988. 大地测量的折射问题. 梁振英, 方佩竹译. 北京：测绘出版社

王英俭, 吴毅. 1998. 扩展物体漫反射光传输及成像的数值模拟研究. 光学学报, 18: 1470–1472

张飞舟. 2003. 计算聚焦激光束传输的非自适应坐标变换. 量子电子学报, 20: 656–660

Andrews L C, Phillips R L. 1998. Laser Beam Propagation through Random Media. Bellingham: SPIE Press

Andrews L C, Phillips R L. 2001. Laser Beam Scintillation with Applications. Bellingham: SPIE Press

Belmonte A. 2000. Feasibility study for the simulation of beam propagation, consideration of coherent lidar performance. Appl. Opt., 39: 5426–5445

Charnotskii M I, Gozani J, Tatarskii V I, et al. 1993. Wave propagation theories in random media based on the path-integral approach. In: Wolf E. Progress in Optics XXXII. New York: Elsevier

Coles Wm A, Filice J P, Frehlich R G, et al. 1995. Simulation of wave propagation in three-dimensional media. Appl. Opt., 34: 2089–2101

Consortini A, Cochetti F, Churnside J H, et al. 1993. Inner-scale effect on irradiance variance measured for weak-to-strong atmospheric scintillation. J. Opt. Soc. Am., A10: 2354–2363

Dashen R. 1979. Path integrals for waves in random media. J. Math. Phys., 20: 894–920

Dashen R. 1984. Distribution of intensity in a multiply scattering medium. Opt. Lett., 10: 110–112

Dashen R, Wang G. 1992. Asymptotic scheme for waves in random media. Opt. Lett., 17: 9193–9195

Dashen R, Wang G. 1993. Intensity fluctuation for waves behind a phase screen: a new asymptotic scheme. J. Opt. Soc. Am., A10: 1219–1225

Dashen R, Wang G, Flatte S M, et al. 1993. Moments of intensity and log-intensity: new asymptotic results for waves in power-law media. J. Opt. Soc. Am., A10: 1233–1242

Fante R L. 1975. Electromagnetic beam propagation in turbulent media. Proc. IEEE, 63: 1669–1692

Fante R L. 1980. Electromagnetic beam propagation in turbulent media: an update. Proc. IEEE, 68: 1424–1443

Fante R L. 1985. Wave propagation in random media: a system approach. In: Wolf E. Progress in Optics XXII. New York: Elsevier

Flatte S M, Bracher C, Wang G. 1994. Probability-density functions of irradiance for waves in atmospheric turbulence calculated by numerical simulation. J. Opt. Soc. Am., A11: 2080–2092

Flatte S M, Wang G, Martin J M. 1993. Irradiance variance of optical waves through atmospheric turbulence by numerical simulation and comparison with experiment. J. Opt. Soc. Am., A10(11): 2363–2370

Fleck J A Jr, Morris J R, Feit M D. 1976. Time-dependent propagation of high energy laser beams through the atmosphere. Appl. Phys., 10: 129–160

Fleck J A Jr, Morris J R, Feit M D. 1977. Time-dependent propagation of high energy laser beams through the atmosphere. II. Appl. Phys., 14: 99–115

Frehlich R. 2000. Simulation of laser propagation in a turbulent atmosphere. Appl. Opt., 39: 393–397

Gozani J, Charnotskii M I, Tatarskii V I, et al. 1992. Path-integral approach to wave propagation in random, part III: mixed representation; orthogonal expansion. In: Tatarskii V I, Ishimaru A, Zavorotny V U. Wave Propagation in Random Media (Scintillation). Bellingham: SPIE & IPP

Hubblesite. 1990-05-02. The resolving power of the Hubble space telescope. http: //Hubblesite.org

Ishimaru A. 1977. Theory and application of wave propagation and scattering in random media. Proc. IEE, 65: 1030–1061

Ishimaru A. 1978. The beam case. In: Stroheben J W. Laser Beam Propagation in the Turbulent Atmosphere. Berlin: Springer-Verlag: 129–170

Ishimaru A. 1981. Theory of optical propagation in the atmosphere. Opt. Eng., 20: 63–70

Ishimaru A. 1997. Wave Propagation and Scattering in Random Media. New York: IEEE Press & Oxford University Press

Jakobson H. 1996. Simulation of time series of atmospherically distorted wave fronts. Appl. Opt., 35: 1561–1565

Khmelevtsov S S. 1973. Propagation of laser radiation in a turbulent atmosphere. Appl. Opt., 12(10): 2421–2433

Knepp D L. 1983. Multiple phase-screen calculation of the temporal behavior of stochastic waves. Proc. IEEE, 71: 722–737

Kravtsov Y A. 1992. Propagation of electromagnetic waves through a turbulent atmosphere. Rep. Prog. Phys., 39–112

Kravtsov Y A. 1993. New effects in wave propagation and scattering in random media (a mini review). Appl. Opt., 32(15): 2681–2690

Lawrence R S, Strohbehn J W. 1970. A survey of clear-air propagation effects relevant to optical communications. Proc. IEEE, 58: 1523–1545

Lukin V P, Fortes B V. 2002. Adaptive Beaming and Imaging in the Atmosphere. Bellingham: SPIE Press

Martin J M, Flatte S M. 1988. Intensity images and statistics from numerical simulation of wave propagation in 3-D random media. Appl. Opt., 27: 2111–2126

Martin J M, Flatte S M. 1990. Simulation of point-source scintillation through three-dimensional random media. J. Opt. Soc. Am., A7: 838–847

Martin J. 1992. Simulation of wave propagation in random media, theory and applications. *In*: Tatarskii V I, Ishimaru A, Zavorotny V U. Wave Propagation in Random Media (Scintillayion). Bellingham: SPIE & IPP

Newton I. 1952. Optics. *In*: Hutchins R M. Great Books of the Western World. Vol. 34. Chicago: Encyclopedia

Press W H, Teukolsky S A, Vetterling W T, et al. 1996. Numerical Recipes in Fortan 77. New York: Cambridge University Press

Prokhorov A M, Bunkin F V, Gochelashvily K S, et al. 1975. Laser irradiance propagation in turbulent media. Proc. IEEE, 63: 790–827

Roddier N. 1990. Atmospheric wavefront simulation using Zernike polynomials. Opt. Eng., 29: 1174–1180

Roggemann M. 1996. Imaging Through Turbulence. Boca Raton: CRC Press

Rubio J A, Belmonte A, Comeron A. 1999. Numerical simulation of long-path spherical wave propagation in three-dimensional random media. Opt. Eng., 38: 1462–1469

Rytov S M, Kravtsov Yu A, Tatarskii V I. 1989. Principles of Statistical Radiophysics 4-Wave Propagation Through Random Media. Berlin: Springer-Verlag

Spivack M, Uscinski B J. 1989. The split-step solution in random wave propagation. J. Compt. Appl. Math., 27: 349–361

Strohbehn J W. 1975. Optical propagation through turbulent atmosphere. *In*: Wolf E. Progress in Optics XX. New York: Elsevier

Strohbehn J W. 1978. Laser Beam Propagation in the Atmosphere. Berlin: Springer-Verlag

Tatarskii V I. 1961. Wave Propagation in a Turbulent Medium. New York: McGraw-Hall

Tatarskii V I. 1971. The Effect of the Turbulent Atmosphere on Wave Propagation. Jerusalem: Ketterl

Tatarskii V I. 1992. review of scintillation phenomenoa. *In*: Tatarskii V I, Ishimaru A,

Zavorotny V U. Wave Propagation in Random Media (Scintillayion). Bellingham: SPIE & IPP

Tatarskii V I, Zavorotnyi V U. 1985a. Strong fluctuations in light propagation in a randomly inhomogenous medium. *In*: Wolf E. Progress in Optics XVIII. Amsterdam: North-Holland

Tatarskii V I, Zavorotnyi V U. 1985b. Wave propagation in random media with fluctuating turbulent parameters. J. Opt. Soc. Am., A2: 2069–2075

Tatarskii V I, Charnotskii M I, Gozani J, et al. 1992a. Path-integral approach to wave propagation in random, part I: derivations and various t formulations. *In*: Tatarskii V I, Ishimaru A, Zavorotny V U. Wave Propagation in Random Media (Scintillation). Bellingham: SPIE & IPP

Tatarskii V I, Ishimaru A, Zavorotny V U. 1992b. Wave Propagation in Random Media (Scintillation). Bellingham: SPIE Press

Tyson R K. 1998. Principle of Adaptive Optics. Boston: Academic Press

Uscinski B J. 1992. Multi-phase-screen analysis. *In*: Tatarskii V I, Ishimaru A, Zavorotny V U. Wave Propagation in Random Media (Scintillation). Bellingham: SPIE & IPP

Walsh J L, Ulrich P B. 1978. Thermal blooming in the atmosphere. *In*: Stroheben J W. Laser Beam Propagation in the Turbulent Atmosphere. Berlin: Springer-Verlag

Zavorotny V U, Charnotskii M I, Gozani J, et al. 1992. Path-integral approach to wave propagation in random, part II: exact formulations and heuristic approximations. *In*: Tatarskii V I, Ishimaru A, Zavorotny V U. Wave Propagation in Random Media (Scintillation). Bellingham: SPIE & IPP

附录 A 随机函数的谱分解

湍流场的谱形式都是以三维谱为基础,实验测量和数据分析上基本上都以一维谱为对象,我们在此附录中将随机函数的三维、二维和一维谱的分解和它们的关系作一个较详细的介绍。

设三维空间 (x,y,z) 和二维空间 (x,y) 矢径函数分别为 r 和 ρ,三维谱空间 (K_x, K_y, K_z) 和二维空间 (K_x, K_y) 的矢径函数分别为 $\boldsymbol{K}$ 和 $\boldsymbol{\kappa}$,则随机函数 $f(\boldsymbol{r})$ 的谱分解式为

$$f(\boldsymbol{r}) = \int e^{i\boldsymbol{K}\cdot\boldsymbol{r}} dv(\boldsymbol{K}) \tag{A1}$$

随机谱增幅满足

$$\langle dv(\boldsymbol{K}) \rangle = 0 \tag{A2}$$

$$\langle dv(\boldsymbol{K}_1) dv^*(\boldsymbol{K}_2) \rangle = \Phi_f(\boldsymbol{K}_1)\delta(\boldsymbol{K}_1 - \boldsymbol{K}_2) d\boldsymbol{K}_1 d\boldsymbol{K}_2 \tag{A3}$$

根据 Wiener-Khinchin 定理, 随机函数 $f(r)$ 的相关函数和三维空间谱密度的关系为 Fourier 变换

$$B_f(r) = \iiint_{-\infty}^{\infty} \Phi_f(K) e^{iK \cdot r} dK \tag{A4}$$

$$\Phi_f(K) = (2\pi)^{-3} \iiint_{-\infty}^{\infty} B_f(r) e^{-iK \cdot r} dr \tag{A5}$$

在 $z = \text{const}$ 的平面内, 随机函数 $f(r)$ 的谱分解式为

$$f(\boldsymbol{\rho}, z) = \int e^{i\boldsymbol{\kappa} \cdot \boldsymbol{\rho}} dv(\boldsymbol{\kappa}, z) \tag{A6}$$

随机谱增幅满足

$$\langle dv(\boldsymbol{\kappa}, z) \rangle = 0 \tag{A7}$$

$$\langle dv(\boldsymbol{\kappa}_1, z_1) dv^*(\boldsymbol{\kappa}_2, z_2) \rangle = F_f(\boldsymbol{\kappa}_1, z_1 - z_2) \delta(\boldsymbol{\kappa}_1 - \boldsymbol{\kappa}_2) d\boldsymbol{\kappa}_1 d\boldsymbol{\kappa}_2 \tag{A8}$$

随机函数 $f(r)$ 的二维相关函数和二维空间谱密度的关系为

$$B_f(\boldsymbol{\rho}, z) = \iint_{-\infty}^{\infty} F_f(\boldsymbol{\kappa}, z) e^{i\boldsymbol{\kappa} \cdot \boldsymbol{\rho}} d\boldsymbol{\kappa} \tag{A9}$$

$$F_f(\boldsymbol{\kappa}, z) = (2\pi)^{-2} \iint_{-\infty}^{\infty} B_f(\boldsymbol{\rho}, z) e^{-i\boldsymbol{\kappa} \cdot \boldsymbol{\rho}} d\boldsymbol{\rho} \tag{A10}$$

由于

$$dv(\boldsymbol{\kappa}, z) = \int e^{iK_z z} dv(K) dK_z \tag{A11}$$

二维和三维空间谱密度的关系为

$$F_f(\boldsymbol{\kappa}, z) = \int_{-\infty}^{\infty} e^{iK_z z} \Phi_f(K) dK_z \tag{A12}$$

$$\Phi_f(K) = (2\pi)^{-1} \int_{-\infty}^{\infty} e^{-iK_z z} F_f(\boldsymbol{\kappa}, z) dz \tag{A13}$$

对于在二维 xy 平面内各向同性的随机函数 $f(\rho, z)$, 可求得二维相关函数和二维空间谱密度

$$B_f(\rho, z) = 2\pi \int_0^{\infty} J_0(\kappa\rho) F_f(\kappa, z) \kappa d\kappa \tag{A14}$$

$$F_f(\kappa, z) = (2\pi)^{-1} \int_0^{\infty} J_0(\kappa\rho) B_f(\rho, z) \rho d\rho \tag{A15}$$

附录 A 随机函数的谱分解

对于在三维空间各向同性的随机函数 $f(r)$, 二维和三维空间谱密度的关系为

$$\Phi_\mathrm{f}(K) = (2\pi)^{-1}\int_{-\infty}^{\infty} \mathrm{e}^{-\mathrm{i}K_z z}F_\mathrm{f}(\kappa,|z|)\mathrm{d}z \tag{A16}$$

式 (A16) 在任意的 K_z 下都成立, 令 $K_z = 0$ 则得

$$\Phi_\mathrm{f}(\kappa) = \pi^{-1}\int_0^{\infty} F_\mathrm{f}(\kappa,|z|)\mathrm{d}z \tag{A17}$$

对于在三维空间各向同性的随机函数, 由式 (A4)、式 (A5) 可得

$$B_\mathrm{f}(r) = \frac{4\pi}{r}\int_0^{\infty} \Phi_\mathrm{f}(K)K\sin(Kr)\mathrm{d}K \tag{A18}$$

$$\Phi_\mathrm{f}(K) = \frac{1}{2\pi^2 K}\int_0^{\infty} B_\mathrm{f}(r)r\sin(Kr)\mathrm{d}r \tag{A19}$$

对于在三维空间各向同性的随机函数 $f(r)$, 在实验上往往采用简单的方法获取一维谱。仍令 K 代表一维谱空间的矢径, 则一维谱密度为

$$V_\mathrm{f}(K) = \frac{1}{2\pi}\int_{-\infty}^{\infty} B_\mathrm{f}(x)\mathrm{e}^{\mathrm{i}Kx}\mathrm{d}x = \frac{1}{\pi}\int_0^{\infty} B_\mathrm{f}(x)\cos(Kx)\mathrm{d}x \tag{A20}$$

所以一维谱和三维谱存在关系

$$\Phi_\mathrm{f}(K) = -\frac{1}{2\pi K}\frac{\mathrm{d}V_\mathrm{f}(K)}{\mathrm{d}K} \tag{A21}$$

对于冻结湍流介质的情况, 随机函数 $f(r)$ 的时间变化就是通过介质运动速度的空间变换获得, 即

$$f(\boldsymbol{r},t) = f(\boldsymbol{r}-\boldsymbol{V}t,0) \tag{A22}$$

其空时相关函数为

$$B_\mathrm{f}(\boldsymbol{r},\tau) = B_\mathrm{f}(\boldsymbol{r}-\boldsymbol{V}\tau) = \iiint_{-\infty}^{\infty} \Phi_\mathrm{f}(\boldsymbol{K})\mathrm{e}^{\mathrm{i}\boldsymbol{K}\cdot(\boldsymbol{r}-\boldsymbol{V}\tau)}\mathrm{d}\boldsymbol{K} \tag{A23}$$

所以有

$$\Phi_\mathrm{f}(\boldsymbol{K},\tau) = \Phi_\mathrm{f}(\boldsymbol{K})\mathrm{e}^{-\mathrm{i}\boldsymbol{K}\cdot\boldsymbol{V}\tau} \tag{A24}$$

我们也可以建立起结构函数和谱密度之间的联系。在三维空间, 随机函数 $f(r)$ 的谱分解式为

$$f(\boldsymbol{r}) = f(0) + \iiint_{-\infty}^{\infty}(1-\mathrm{e}^{\mathrm{i}\boldsymbol{K}\cdot\boldsymbol{r}})\mathrm{d}\phi(\boldsymbol{K}) \tag{A25}$$

随机谱增幅满足

$$\langle \mathrm{d}\phi(\boldsymbol{K}_1)\mathrm{d}\phi^*(\boldsymbol{K}_2)\rangle = \Phi_\mathrm{f}(\boldsymbol{K}_1)\delta(\boldsymbol{K}_1 - \boldsymbol{K}_2)\mathrm{d}\boldsymbol{K}_1\mathrm{d}\boldsymbol{K}_2 \tag{A26}$$

结构函数和谱密度之间的联系为

$$D_\mathrm{f}(\boldsymbol{r}) = 2\iiint_{-\infty}^{\infty} \Phi_\mathrm{f}(\boldsymbol{K})[1 - \cos(\boldsymbol{K}\cdot\boldsymbol{r})]\mathrm{d}\boldsymbol{K} \tag{A27}$$

对于局地均匀各向同性随机函数，有

$$D_\mathrm{f}(r) = 8\pi \int_0^{\infty} \Phi_\mathrm{f}(K)\left[1 - \frac{\sin(Kr)}{Kr}\right]K^2\mathrm{d}K \tag{A28}$$

在二维平面内，随机函数 $f(\boldsymbol{r})$ 的谱分解式为

$$f(\boldsymbol{\rho},z) = f(0,z) + \iint_{-\infty}^{\infty}(1 - \mathrm{e}^{\mathrm{i}\boldsymbol{\kappa}\cdot\boldsymbol{\rho}})\mathrm{d}\phi(\boldsymbol{\kappa},z) \tag{A29}$$

随机谱增幅满足

$$\langle \mathrm{d}\phi(\boldsymbol{\kappa}_1,z_1)\mathrm{d}\phi^*(\boldsymbol{\kappa}_2,z_2)\rangle = F_\mathrm{f}(\boldsymbol{\kappa}_1,|z_1-z_2|)\delta(\boldsymbol{\kappa}_1-\boldsymbol{\kappa}_2)\mathrm{d}\boldsymbol{\kappa}_1\mathrm{d}\boldsymbol{\kappa}_2 \tag{A30}$$

结构函数和谱密度之间的联系为

$$D_\mathrm{f}(\boldsymbol{\rho},z) = D_\mathrm{f}(0,z) + 2\iint_{-\infty}^{\infty} F_\mathrm{f}(\boldsymbol{\kappa},|z|)[1 - \cos(\boldsymbol{\kappa}\cdot\boldsymbol{\rho})]\mathrm{d}\boldsymbol{\kappa} \tag{A31}$$

对于局地均匀各向同性随机函数，有

$$D_\mathrm{f}(\rho,z) = D_\mathrm{f}(0,z) + 4\pi \int_0^{\infty} F_\mathrm{f}(\kappa,|z|)\left[1 - \mathrm{J}_0(\kappa\rho)\right]\kappa\mathrm{d}\kappa \tag{A32}$$

二维和三维空间谱密度的关系为

$$F_\mathrm{f}(\boldsymbol{\kappa},|z|) = \int_{-\infty}^{\infty} \cos(K_z z)\Phi_\mathrm{f}(\boldsymbol{K})\mathrm{d}K_z \tag{A33}$$

$$\Phi_\mathrm{f}(\boldsymbol{K}) = (2\pi)^{-1}\int_{-\infty}^{\infty} \cos(K_z z)F_\mathrm{f}(\boldsymbol{\kappa},|z|)\mathrm{d}z \tag{A34}$$

第 9 章 湍流大气中的光传播效应

9.0 引 言

我们在第 8 章介绍了湍流大气中光传播的定性分析、数值模拟和各种解析分析方法, 获得了弱起伏条件下平面波、球面波和 Gauss 光束的二维空间谱、对数振幅、相位的空间谱、相关函数、结构函数等统计量的一般表达式, 以及强起伏条件下的统计矩方程。这些结果构成了分析各种光源在各种传播条件和大气条件下传播问题的基本工具。在本章中我们将利用这些结果对湍流大气中光的几种典型传播特性进行分析。

湍流大气中光的传播特性大致可以按相干性、相位特性、光强特性、图像特性进行分类分析。光波在湍流大气中的相干性退化是一切宏观物理特性改变的本质原因。为此, 我们首先考虑相干性退化问题。与相干性退化直接相关联的是相位起伏、到达角起伏问题。对大气湍流影响的校正技术 (如自适应光学技术) 就是相位校正技术。相位校正的效率和大气湍流特性密切相关。

光强 (振幅) 的起伏 (闪烁) 更为复杂。由于光强是一个可直接观测的物理量, 实际应用中大量涉及的是光强问题。虽然随着自适应光学技术的日益成熟, 近年来相位起伏得到了深入的研究, 但湍流大气中光传播的研究历史也一直是围绕光强起伏问题开展的。目前相位校正研究的核心问题也是围绕光强起伏以及因光强起伏较大而带来的相位不连续问题。因此, 光强起伏一直是湍流大气光学的核心问题。

大气折射率起伏场是空间的随机函数, 由于大气介质的流动, 它也是时间的随机函数, 因而湍流大气中的光波起伏也具有其特有的时间特性。光波大气起伏的时间变化特征在应用中具有重要意义, 一方面, 它对在大气中工作的各种光学系统 (如光通信、自适应光学) 的设计与性能具有指导意义; 另一方面, 光波起伏的频谱特征与湍流介质的谱特征有着密切的联系, 它通过某些形式反映了湍流介质折射率场起伏的谱特征。近年来, 有关相位校正系统 (如自适应光学) 的研究突飞猛进, 光波到达角起伏频谱和波前相关量的起伏频谱的特征是这些系统所必须清楚了解的。

湍流大气光学理论分析处理的主要对象是理想的平面波和球面波, 而湍流大气光学实验的工具或主要研究对象是激光。激光和一般光波的差别除体现在激光特有的相干性、高亮度外, 还在于激光是空间受限的光束, 因而有明确的光斑。在激光的实际应用中, 也往往利用并加强激光的这种空间局域特征, 如聚焦以提供单位面积的功率密度。因而激光束的大气传播效应具有其特殊性，需要专门的处理。

9.1 空间相干性退化和相位起伏

虽然相干性退化和相位起伏是大气湍流影响光传播的最根本因素，但由于在光学波段相位起伏的实验测量比光强起伏的测量困难，在湍流大气光学研究中，对相干性和相位起伏的研究相对于光强起伏要少得多，但随着近年来天文观测高清晰度成像、自适应光学技术的迅速发展，对相位起伏、到达角起伏等特性的研究也越来越多(Carnevale et al., 1968; Clifford et al., 1971; Ishimaru, 1977; Link et al., 1987; Ridley et al., 2003)。

在地球大气光传播的条件下，相位起伏没有像光强起伏那样呈现饱和现象，因而基于微扰理论的相位起伏结果的适用范围要远大于光强起伏。我们将主要利用第 8 章的结果，根据传播几何、大气湍流特性对光场的相干性、相位起伏包括单点相位起伏方差、相位结构函数以及到达角起伏特性进行具体分析，着眼点放在对相位起伏特性的分析和实际应用上。

相位起伏特性一般和湍流大尺度特征关系密切。分析估算都要涉及湍流谱的低频特征。由于大尺度湍流可能不是各向同性，各种湍流谱的描述也仅是简化的做法，因此在实际应用中使用本章结果时，一定要对湍流谱的低频特性有比较可靠的了解。最常用且可能也是唯一的考虑湍流发生区的大尺度特征的谱模型便是 von Karman 模型 (Reinhardt and Collins, 1972)。近年来由于自适应光学的兴起，与波前相联系的物理量的起伏问题成为研究热点，其中外尺度的影响也得到了广泛的研究 (Borgnino et al., 1992; Voitsekhovich and Cuevas, 1995; Orlov et al., 1998)。然而这些工作基本上都是理论分析或数值计算，虽然也使用了一些有别于 von Karman 谱的其他模型，如指数模型、Greenwood 模型，所得结果均未与实验结果相比较，因此这些结果的可靠程度如何，现在尚不能进行合理的判断。

无论使用哪一种模型，实际上都已经假定湍流在发生区内也是各向同性的，这显然违背了湍流的实际情况，也违背了湍流统计理论的基本假设和理论基础。从物理空间来看，在大气边界层内，地面高度、边界层厚度以及地面非均匀尺度等都会对光传播产生影响。从时间行为来看，大尺度湍流对应于非常低的频率即相当长的时间内的行为，因而大气的稳定性问题必须加以考虑。总而言之，在湍流统计理论的框架内讨论外尺度的影响能否得到有意义的结果值得三思。

9.1.1 空间相干性退化

在 Rytov 微扰近似下的平面波、球面波在垂直于传播方向的 $z=L$ 平面内的振幅起伏、相位起伏的结构函数分别为

9.1 空间相干性退化和相位起伏

$$D_\chi(\rho, L) = 2(2\pi k)^2 \int_0^L dz \int_0^\infty [1 - J_0(\kappa\gamma\rho)] \sin^2[P(\gamma, \kappa, z)] \Phi_n(\kappa)|_z \, \kappa d\kappa \qquad (9.1.1)$$

$$D_S(\rho, L) = 2(2\pi k)^2 \int_0^L dz \int_0^\infty [1 - J_0(\kappa\gamma\rho)] \cos^2[P(\gamma, \kappa, z)] \Phi_n(\kappa)|_z \, \kappa d\kappa \qquad (9.1.2)$$

相应地,波结构函数为

$$D(\rho, L) = 2(2\pi k)^2 \int_0^L dz \int_0^\infty [1 - J_0(\kappa\gamma\rho)] \Phi_n(\kappa)|_z \, \kappa d\kappa \qquad (9.1.3)$$

对于幂指数形式的湍流谱,式 (9.1.3) 的积分可利用下列定积分求出 (Tatarskii, 1961):

$$\int_0^\infty [1 - J_0(x)] x^{-p} dx = \pi \left\{ 2^p \left[\Gamma\left(\frac{p+1}{2}\right)\right]^2 \sin\frac{\pi(p-1)}{2} \right\}^{-1}, \quad 1 < p < 3 \qquad (9.1.4)$$

对于 Kolmogorov 湍流谱, $p = -(-11/3 + 1) = 8/3$, 式 (9.1.4) 的积分值为 $\pi/2.8088$。

假设在传播路径上湍流谱具有相同的形式,只是湍流强度在变化,则

$$\Phi_n(K)|_z = 0.033 C_n^2(z) K^{-11/3} f(Kl_0) \qquad (9.1.5)$$

平面波的波结构函数为

$$D_{\rm pl}(\rho, L) = 2(2\pi k)^2 \cdot 0.033 \int_0^L C_n^2(z) dz \int_0^\infty [1 - J_0(K\rho)] K^{-8/3} f(Kl_0) dK \qquad (9.1.6)$$

作变量代换则得

$$D_{\rm pl}(\rho, L) = 2(2\pi k)^2 \rho^{5/3} \cdot 0.033 \int_0^L C_n^2(z) dz \int_0^\infty [1 - J_0(x)] x^{-8/3} f(xl_0/\rho) dx \qquad (9.1.7)$$

在 $\rho \ll l_0$ 的情况下,式 (9.1.7) 有效的积分区间 $x \leqslant \rho/l_0 \ll 1$, 因而有 $J_0(x) \approx 1 - x^2/4$, 取积分上限为 $x \approx \rho/l_0$ 并取 $f \approx 1$, 则

$$D_{\rm pl}(\rho, L) = 1.9542 k^2 l_0^{-1/3} \rho^2 \int_0^L C_n^2(z) dz, \quad \rho \ll l_0 \qquad (9.1.8)$$

在 $\rho \gg l_0$ 的情况下,式 (9.1.7) 有效的积分区间内 $f \approx 1$, 因而

$$D_{\rm pl}(\rho, L) = 2.9143 k^2 \rho^{5/3} \int_0^L C_n^2(z) dz, \quad \rho \gg l_0 \qquad (9.1.9)$$

注意:由于有的文献中采用了类似的但有一定比例系数的积分上限,式中的常数略有不同,有的为 3.44。

对于球面波, 作式 (9.1.5) 的假设, 则

$$D_{\rm sp}(\rho,L) = 2(2\pi k)^2 \times 0.033 \int_0^L C_n^2(z){\rm d}z \int_0^\infty [1 - {\rm J}_0(K\rho z/L)]K^{-8/3}f(Kl_0){\rm d}K \tag{9.1.10}$$

$$\begin{aligned}D_{\rm sp}(\rho,L) =& 2(2\pi k)^2 \rho^{5/3} \times 0.033 \int_0^L (z/L)^{5/3}C_n^2(z){\rm d}z \\ &\times \int_0^\infty [1 - {\rm J}_0(x)]x^{-8/3}f(Lxl_0/\rho z){\rm d}x \end{aligned} \tag{9.1.11}$$

可求得

$$D_{\rm sp}(\rho,L) = 2.9143 k^2 \rho^{5/3} \int_0^L C_n^2(z)(z/L)^{5/3}{\rm d}z, \quad \rho \gg l_0 \tag{9.1.12}$$

我们已知平面波在垂直于传播方向的 $z=L$ 平面内的空间相干函数为

$$M(\rho,L) = \exp\left[-\frac{1}{2}D(\rho,L)\right] \tag{9.1.13}$$

定义相干函数 $M(\rho) = {\rm e}^{-1}$ 的距离为空间相干长度 ρ_0, 则有

$$D(\rho_0, L) = 2 \tag{9.1.14}$$

在弱起伏条件下, 式 (9.1.9) 确定的波结构函数应该不会大于 2, 也就是说空间相干长度不会短于湍流内尺度。因此我们可根据式 (9.1.8) 和式 (9.1.12) 确定平面波和球面波的空间相干长度分别为

$$\rho_{0{\rm pl}} = \left[1.4572 k^2 \int_0^L C_n^2(z){\rm d}z\right]^{-3/5} \tag{9.1.15}$$

$$\rho_{0{\rm sp}} = \left[1.4572 k^2 \int_0^L C_n^2(z)(z/L)^{5/3}{\rm d}z\right]^{-3/5} \tag{9.1.16}$$

因此由式 (9.1.8) 和式 (9.1.12) 确定平面波和球面波的波结构函数都可以写为

$$D(\rho,L) = 2(\rho/\rho_0)^{5/3}, \quad \rho \gg l_0 \tag{9.1.17}$$

由此可见, 湍流介质中光波的波结构函数和湍流折射率的结构函数具有相同的标度特性, 空间相干长度是表征波结构函数的唯一参量, 因而具有极其重要的地位, 它在表征全程大气湍流强度和光传播相位校正技术中得到广泛应用。由于历史的原因, 该量常常以另一个仅有比例系数差别的 Fried 参数 r_0 的形式出现, 即将波结构函数表示为

$$D(\rho,L) = 2\left[\left(\frac{24}{5}\right)\varGamma\left(\frac{6}{5}\right)\right]^{5/6}\left(\frac{\rho}{r_0}\right)^{5/3} = 6.88\left(\frac{\rho}{r_0}\right)^{5/3}, \quad \rho \gg l_0 \tag{9.1.18}$$

因此两个参数之间的关系为

$$r_0 = 2.1\rho_0 \tag{9.1.19}$$

Fried 参数 r_0 的来源和直接的物理意义将在第 11 章讨论。

实验验证了空间相干函数的这些特征, 图 9.1.1 的实验结果是在 1750m 的传播距离和不同湍流强度下获得的, 三条曲线是根据湍流强度计算的理论结果 (Gurvich and Tatarskii, 1975)。

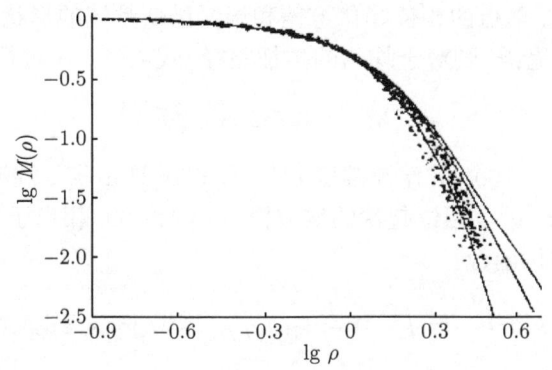

图 9.1.1 湍流介质中光波的空间相干函数的实验结果

9.1.2 相位起伏

根据相位起伏的相关函数

$$B_S(\rho, L) = (2\pi k)^2 \int_0^L dz \int_0^\infty J_0(\kappa\gamma\rho) \cos^2[P(\gamma, \kappa, z)] \Phi_n(\kappa)|_z \, \kappa d\kappa \tag{9.1.20}$$

由于平均相位差为 0, $\rho = 0$ 时相位起伏的相关函数就是单点的相位起伏方差

$$\sigma_S^2(L) = (2\pi k)^2 \int_0^L dz \int_0^\infty \cos^2[P(\gamma, \kappa, z)] \Phi_n(\kappa)|_z \, \kappa d\kappa \tag{9.1.21}$$

假设传播路径上湍流谱具有相同的形式, 只是湍流强度在变化, 则

$$\sigma_S^2(L) = (2\pi k)^2 0.033 \int_0^L C_n^2(z) dz \int_0^\infty \cos^2[P(\gamma, K, z)] K^{-8/3} f(Kl_0) dK \tag{9.1.22}$$

对于平面波

$$\sigma_S^2(L)_{\text{pl}} = (2\pi k)^2 0.033 \int_0^L C_n^2(z) dz \int_0^\infty \cos^2\left[\frac{(L-z)}{2k} K^2\right] K^{-8/3} f(Kl_0) dK \tag{9.1.23}$$

即

$$\sigma_S^2(L)_{\text{pl}} = \frac{1}{2}(2\pi k)^2 0.033 \int_0^L C_n^2(z)\mathrm{d}z \int_0^\infty \left\{1 + \cos\left[\frac{(L-z)}{k}K^2\right]\right\} K^{-8/3} f(Kl_0)\mathrm{d}K \tag{9.1.24}$$

对于球面波

$$\sigma_S^2(L)_{\text{sp}} = \frac{1}{2}(2\pi k)^2 0.033 \int_0^L C_n^2(z)\mathrm{d}z \int_0^\infty \left\{1 + \cos\left[\frac{(L-z)z}{kL}K^2\right]\right\} K^{-8/3} f(Kl_0)\mathrm{d}K \tag{9.1.25}$$

根据上述各式, 单点的相位起伏方差和湍流谱低频端的形状关系密切。如果采纳 von Karman 湍流谱, 则对于均匀的传播路径, 式 (9.1.24) 可积分得到

$$\sigma_S^2(L)_{\text{pl}} = 0.782 L k^2 C_n^2 L_0^{5/3} \tag{9.1.26}$$

当传播距离 $L = 1000\text{m}$, 湍流强度 $C_n^2 = 3 \times 10^{-14} \text{m}^{-2/3}$, 湍流外尺度 $L_0 = 1\text{m}$, 对于 $0.5\mu\text{m}$ 的波长, 单点相位起伏的均方根 σ_S 约为 60, 相当于 10 个周期。

相位起伏的结构函数

$$D_S(\rho, L) = 2(2\pi k)^2 \int_0^L \mathrm{d}z \int_0^\infty [1 - \mathrm{J}_0(\kappa\gamma\rho)] \cos^2[P(\gamma, \kappa, z)] \Phi_n(\kappa)\Big|_z \kappa \mathrm{d}\kappa \tag{9.1.27}$$

在假设传播路径上湍流谱具有相同形式 (只是湍流强度在变化) 的条件下变为

$$D_S(\rho, L) = 2(2\pi k)^2 0.033 \int_0^L C_n^2(z)\mathrm{d}z$$
$$\int_0^\infty [1 - \mathrm{J}_0(K\gamma\rho)] \cos^2[P(\gamma, K, z)] K^{-8/3} f(Kl_0)\mathrm{d}K \tag{9.1.28}$$

对于平面波

$$D_S(\rho, L)_{\text{pl}} = (2\pi k)^2 0.033 \int_0^L C_n^2(z)\mathrm{d}z \int_0^\infty [1 - \mathrm{J}_0(K\rho)]$$
$$\times \left\{1 + \cos\left[\frac{(L-z)}{k}K^2\right]\right\} K^{-8/3} f(Kl_0)\mathrm{d}K \tag{9.1.29}$$

对于球面波

$$D_S(\rho, L)_{\text{sp}} = (2\pi k)^2 0.033 \int_0^L C_n^2(z)\mathrm{d}z \int_0^\infty [1 - \mathrm{J}_0(K\rho z/L)]$$
$$\times \left\{1 + \cos\left[\frac{(L-z)z}{kL}K^2\right]\right\} K^{-8/3} f(Kl_0)\mathrm{d}K \tag{9.1.30}$$

对于均匀的传播路径, 如果采纳 Komogorov 湍流谱, 上述公式中对湍流谱的积分在惯性区进行, 则得到

$$D_S(\rho, L)_{\text{pl}} = 1.953 C_n^2 L k^2 l_0^{-1/3} \rho^2, \quad \rho < l_0 \tag{9.1.31a}$$

$$D_S(\rho, L)_{\text{pl}} = 2.914 C_n^2 L k^2 \rho^{5/3}, \quad l_0 < \rho < L_0 \qquad (9.1.31\text{b})$$

$$D_S(\rho, L)_{\text{pl}} = 0.073 C_n^2 L k^2 L_0^{5/3}, \quad \rho > L_0 \qquad (9.1.31\text{c})$$

$$D_S(\rho, L)_{\text{sp}} = 0.651 C_n^2 L k^2 l_0^{-1/3} \rho^2, \quad \rho < l_0 \qquad (9.1.32\text{a})$$

$$D_S(\rho, L)_{\text{sp}} = 1.093 C_n^2 L k^2 \rho^{5/3}, \quad l_0 < \rho < L_0 \qquad (9.1.32\text{b})$$

$$D_S(\rho, L)_{\text{sp}} = 0.073 C_n^2 L k^2 L_0^{5/3}, \quad \rho > L_0 \qquad (9.1.32\text{c})$$

不难看出, 相位起伏结构函数具有和湍流折射率结构函数相似的特征。某些实验验证了这些结果, 图 9.1.2 中相位结构函数具有明显的三个区域, 在各个区域中实验结果与理论预期值符合 (Lukin and Pokasov, 1981)。

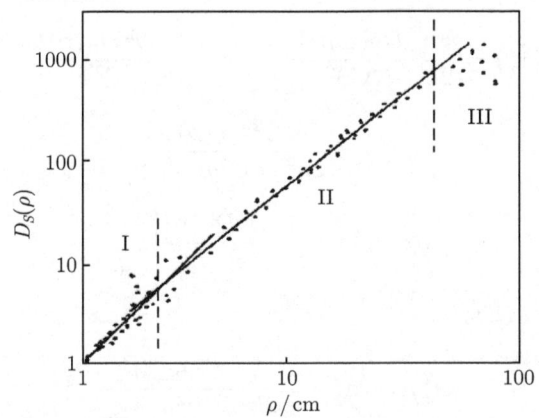

图 9.1.2 湍流介质中光波的相位结构函数的实验结果

但 Hill 等使用毫米波在传播距离 1340m、离地高度 3.7m 的条件下进行了闪烁实验, 其 Fresnel 尺度为 0.6m。这样可以在比光波情况下间距宽得多的位置上测量相位结构函数, 他们并未观察到根据惯性区推测的 5/3 区, 而是观察到明确的外尺度行为, 但它不能由 von Karman 模型来描述 (Hill et al., 1988)。

9.2 到达角起伏

9.2.1 干涉仪中的到达角起伏

对于在干涉仪应用中的到达角起伏, 在垂直于光传播方向的基线上距离为 ρ 的两点间的到达角 α 由相位差 ΔS 和距离确定

$$\alpha = \frac{\Delta S}{k \rho} \qquad (9.2.1)$$

相应地，到达角起伏方差为

$$\langle \alpha^2 \rangle = \frac{D_S(\rho)}{(k\rho)^2} \tag{9.2.2}$$

利用前述相位结构函数的结果，可以求得各种情况下的两点间的到达角起伏结果。在更一般的情况下，空间某处的到达角由波前的斜率决定，实验上通常在正交的两个方向上的进行到达角分量的测量，它们分别为

$$\alpha_x = \frac{1}{k}\frac{\partial S}{\partial x} = \frac{1}{k}\left.\frac{S(\boldsymbol{\rho}_0+\Delta\boldsymbol{\rho})-S(\boldsymbol{\rho}_0)}{\Delta x}\right|_{\Delta\rho\to 0} \tag{9.2.3}$$

$$\alpha_y = \frac{1}{k}\frac{\partial S}{\partial y} = \frac{1}{k}\left.\frac{S(\boldsymbol{\rho}_0+\Delta\boldsymbol{\rho})-S(\boldsymbol{\rho}_0)}{\Delta y}\right|_{\Delta\rho\to 0} \tag{9.2.4}$$

$$\langle \alpha_x^2 \rangle = \left.\frac{1}{2k^2}\frac{D_S(\Delta\boldsymbol{\rho})}{(\Delta x)^2}\right|_{\Delta\rho\to 0} = \left.\frac{1}{2k^2}\frac{\partial^2 D_S(\boldsymbol{\rho})}{\partial^2 x}\right|_{\rho=0} \tag{9.2.5}$$

$$\langle \alpha_y^2 \rangle = \left.\frac{1}{2k^2}\frac{\partial^2 D_S(\boldsymbol{\rho})}{\partial^2 y}\right|_{\rho=0} \tag{9.2.6}$$

$$\langle \alpha_x \alpha_y \rangle = \left.\frac{1}{2k^2}\frac{\partial^2 D_S(\boldsymbol{\rho})}{\partial x \partial y}\right|_{\rho=0} \tag{9.2.7}$$

对于各向同性湍流介质有

$$\langle \alpha_x^2 \rangle = \langle \alpha_y^2 \rangle = \left.\frac{1}{2k^2}\frac{\partial^2 D_S(\rho)}{\partial^2 \rho}\right|_{\rho=0} \tag{9.2.8}$$

$$\langle \alpha^2 \rangle = \langle \alpha_x^2 \rangle + \langle \alpha_y^2 \rangle = \left.\frac{1}{k^2}\frac{\partial^2 D_S(\rho)}{\partial^2 \rho}\right|_{\rho=0} \tag{9.2.9}$$

$$\langle \alpha_x \alpha_y \rangle = 0 \tag{9.2.10}$$

所以

$$\langle \alpha^2 \rangle = \frac{\partial^2}{\partial^2 \rho}\left\{2(2\pi)^2 \int_0^L \mathrm{d}z \int_0^\infty [1-\mathrm{J}_0(\kappa\gamma\rho)]\cos^2[P(\gamma,\kappa,z)]\Phi_n(\kappa)\Big|_z \kappa\mathrm{d}\kappa\right\}_{\rho=0} \tag{9.2.11}$$

即

$$\langle \alpha^2 \rangle = (2\pi)^2 \int_0^L \mathrm{d}z \int_0^\infty (\gamma\kappa)^2 \cos^2[P(\gamma,\kappa,z)]\Phi_n(\kappa)|_z \kappa\mathrm{d}\kappa \tag{9.2.12}$$

从式 (9.2.12) 可以看出到达角起伏的一个显著特征，即到达角起伏方差与波长无关。

9.2 到达角起伏

平面波和球面波到达角起伏方差的具体表达式为

$$\langle \alpha_{\rm pl}^2 \rangle = \frac{1}{2}(2\pi)^2 0.033 \int_0^L C_n^2(z){\rm d}z \int_0^\infty \left\{1 + \cos\left[\frac{(L-z)}{k}K^2\right]\right\} K^{-2/3} f(Kl_0){\rm d}K \tag{9.2.13}$$

$$\langle \alpha_{\rm sp}^2 \rangle = \frac{1}{2}(2\pi)^2 0.033 L^{-2} \int_0^L C_n^2(z) z^2 {\rm d}z$$
$$\times \int_0^\infty \left\{1 + \cos\left[\frac{(L-z)z}{kL}K^2\right]\right\} K^{-2/3} f(Kl_0){\rm d}K \tag{9.2.14}$$

再次提醒：积分下限是光源位置。当在天文观测或光源在大气外界的情况下，大气湍流起作用的位置有 $z \sim L$，则有

$$\langle \alpha_{\rm pl}^2 \rangle = (2\pi)^2 0.033 \int_0^L C_n^2(z){\rm d}z \int_0^\infty K^{-2/3} f(Kl_0){\rm d}K \tag{9.2.15}$$

$$\langle \alpha_{\rm sp}^2 \rangle = (2\pi)^2 0.033 L^{-2} \int_0^L C_n^2(z) z^2 {\rm d}z \int_0^\infty K^{-2/3} f(Kl_0){\rm d}K \tag{9.2.16}$$

对于天体目标，L 相对于大气层高度 Hatm 可视为无穷大，可验证式 (9.2.15) 和式 (9.2.16) 结果相同，即

$$\langle \alpha_{\rm pl}^2 \rangle = \langle \alpha_{\rm sp}^2 \rangle = (2\pi)^2 0.033 \int_0^{\rm Hatm} C_n^2(h){\rm d}h \int_0^\infty K^{-2/3} f(Kl_0){\rm d}K \tag{9.2.17}$$

但对于地球周边卫星上的光源，两者的差别还是明显的.

9.2.2 孔径上的相位起伏和到达角起伏

前面关于相位起伏和到达角起伏的讨论是针对某 "点" 的，在实际的测量中，探测器总是有一定的面积。对于比较暗弱的光源，要有一定的接收孔径以便获得足够的光通量。对于大量的实际应用，接收孔径还是比较大的。接收孔径一般是圆形的，圆形孔径直径为 D 上的随机相位可以按 Zernike 多项式展开。

根据对数振幅和相位起伏的一般表达式

$$\chi + {\rm i}S_1 = \int_0^L {\rm d}z \iint_{-\infty}^{\infty} h(\gamma\boldsymbol{\rho} - \boldsymbol{\rho}', L-z) n_1(\boldsymbol{\rho}', z) {\rm d}\boldsymbol{\rho}' \tag{9.2.18}$$

式中，$h(\gamma\boldsymbol{\rho} - \boldsymbol{\rho}', L-z)$ 的 Fourier 变换为

$$H(\boldsymbol{\kappa}, L-z) = \iint h(\boldsymbol{\rho}, L-z) {\rm e}^{-{\rm i}\boldsymbol{\kappa}\cdot\boldsymbol{\rho}} {\rm d}\boldsymbol{\rho} = {\rm i}k \exp[-{\rm i}P(\gamma, \kappa, z)] \tag{9.2.19}$$

而折射率起伏的谱展开式为

$$n_1(\boldsymbol{\rho}, z) = \iint_{-\infty}^{\infty} e^{-i\boldsymbol{\kappa}\cdot\boldsymbol{\rho}} dv(\boldsymbol{\kappa}, z) \qquad (9.2.20)$$

因此式 (9.2.18) 可以表示为

$$\chi(\boldsymbol{\rho}, L) = k \int_0^L dz \iint_{-\infty}^{\infty} \sin[P(\gamma, \kappa, z)] e^{i\gamma\boldsymbol{\kappa}\cdot\boldsymbol{\rho}} dv(\boldsymbol{\kappa}, z) \qquad (9.2.21)$$

$$S_1(\boldsymbol{\rho}, L) = k \int_0^L dz \iint_{-\infty}^{\infty} \cos[P(\gamma, \kappa, z)] e^{i\gamma\boldsymbol{\kappa}\cdot\boldsymbol{\rho}} dv(\boldsymbol{\kappa}, z) \qquad (9.2.22)$$

在归一化权重函数 $g(\boldsymbol{\rho})$ 的孔径上，式 (9.2.21) 和式 (9.2.22) 的积分量分别为

$$\chi(\boldsymbol{\rho}, L) = k \int g(\boldsymbol{\rho}) d\boldsymbol{\rho} \int_0^L dz \iint_{-\infty}^{\infty} \sin[P(\gamma, \kappa, z)] e^{i\gamma\boldsymbol{\kappa}\cdot\boldsymbol{\rho}} dv(\boldsymbol{\kappa}, z) \qquad (9.2.23)$$

$$S_1(\boldsymbol{\rho}, L) = k \int g(\boldsymbol{\rho}) d\boldsymbol{\rho} \int_0^L dz \iint_{-\infty}^{\infty} \cos[P(\gamma, \kappa, z)] e^{i\gamma\boldsymbol{\kappa}\cdot\boldsymbol{\rho}} dv(\boldsymbol{\kappa}, z) \qquad (9.2.24)$$

式中

$$\frac{4}{\pi D^2} \iint_{-\infty}^{\infty} g^2(\boldsymbol{\rho}) d\boldsymbol{\rho} = 1 \qquad (9.2.25)$$

令归一化权重函数 $g(\boldsymbol{\rho})$ 的 Fourier 变换为

$$G(\boldsymbol{\kappa}) = (2\pi)^{-1} \iint_{-\infty}^{\infty} g(\boldsymbol{\rho}) e^{-i\boldsymbol{\kappa}\cdot\boldsymbol{\rho}} d\boldsymbol{\rho} \qquad (9.2.26)$$

则式 (9.2.21) 和式 (9.2.22) 可分别表示为

$$\chi(\boldsymbol{\rho}, L) = 2\pi k \int_0^L dz \iint_{-\infty}^{\infty} \sin[P(\gamma, \kappa, z)] G(\gamma\boldsymbol{\kappa}) dv(\boldsymbol{\kappa}, z) \qquad (9.2.27)$$

$$S_1(\boldsymbol{\rho}, L) = 2\pi k \int_0^L dz \iint_{-\infty}^{\infty} \cos[P(\gamma, \kappa, z)] G(\gamma\boldsymbol{\kappa}) dv(\boldsymbol{\kappa}, z) \qquad (9.2.28)$$

所以当求解孔径上对数振幅和相位的二阶量 (相关函数、结构函数、方差) 时，只需在"点"的相应量的积分表达式中加上一个因子

$$F(\gamma\boldsymbol{\kappa}) = G(\gamma\boldsymbol{\kappa}) G^*(\gamma\boldsymbol{\kappa}) \qquad (9.2.29)$$

即可。以相位起伏为例，孔径上的相位起伏方差为

$$\sigma_S^2(L) = (2\pi k)^2 \int_0^L dz \int_0^\infty \cos^2[P(\gamma, \kappa, z)] \Phi_n(\kappa)|_z \kappa F(\gamma\boldsymbol{\kappa}) d\kappa \qquad (9.2.30)$$

9.2 到达角起伏

圆形孔径和圆环孔径 (其内外径之比为 ε) 的孔径函数分别为

$$W_{\mathrm{C}}(\boldsymbol{\rho}, D) = \begin{cases} 1, & \rho \leqslant D/2 \\ 0, & \rho > D/2 \end{cases} \quad (9.2.31)$$

$$W_{\mathrm{A}}(\boldsymbol{\rho}, D) = \begin{cases} 1, & \varepsilon D/2 \leqslant \rho \leqslant D/2 \\ 0, & \rho < \varepsilon D/2, \rho > D/2 \end{cases} \quad (9.2.32)$$

它们满足归一化条件

$$\frac{4}{\pi(1-\varepsilon^2)D^2} \iint\limits_{-\infty}^{\infty} W^2(\boldsymbol{\rho}, D) \mathrm{d}\boldsymbol{\rho} = 1 \quad (9.2.33)$$

所以相应的归一化权重函数为

$$g(\boldsymbol{\rho}, D) = \frac{4}{\pi(1-\varepsilon^2)D^2} W^2(\boldsymbol{\rho}, D) = \frac{4}{\pi(1-\varepsilon^2)D^2} W(\boldsymbol{\rho}, D) \quad (9.2.34)$$

根据 Zernike 多项式在圆域上的正交性, 可以方便地得到圆形孔径函数的 Fourier 变换

$$G(\boldsymbol{\kappa}) = \frac{4}{\pi D^2} \iint\limits_{-\infty}^{\infty} W(\boldsymbol{\rho}, D) Z_n^m \mathrm{e}^{-\mathrm{i}\boldsymbol{\kappa}\cdot\boldsymbol{\rho}} \mathrm{d}\boldsymbol{\rho} \quad (9.2.35)$$

具体结果为

$$\begin{cases} G_n^m(\boldsymbol{\kappa})_x \\ G_n^m(\boldsymbol{\kappa})_y \\ G_n^m(\boldsymbol{\kappa}) \end{cases} = \sqrt{n+1} \frac{2\mathrm{J}_{n+1}(\kappa D/2)}{\kappa D/2} \begin{cases} (-1)^{(n-m)/2}\mathrm{i}^n\sqrt{2}\cos(m\varphi) \\ (-1)^{(n-m)/2}\mathrm{i}^n\sqrt{2}\sin(m\varphi) \\ (-1)^{n/2} \quad (m=0) \end{cases} \quad (9.2.36)$$

相应地, 孔径滤波函数为

$$\begin{cases} F_n^m(\boldsymbol{\kappa})_x \\ F_n^m(\boldsymbol{\kappa})_y \\ F_n^m(\boldsymbol{\kappa}) \end{cases} = \sqrt{n+1} \left[\frac{2\mathrm{J}_{n+1}(\kappa D/2)}{\kappa D/2}\right]^2 \begin{cases} 2\cos^2(m\varphi) \\ 2\sin^2(m\varphi) \\ 1 \quad (m=0) \end{cases} \quad (9.2.37)$$

$n=0, m=0$ 的活塞项的孔径滤波函数可以用来计算孔径上的相位和光强起伏, 圆孔和圆环孔径的滤波函数分别为

$$F(\boldsymbol{\kappa}) = \left[\frac{2\mathrm{J}_1(\kappa D/2)}{\kappa D/2}\right]^2 \quad (9.2.38)$$

$$F(\boldsymbol{\kappa}) = \left[\frac{2}{1-\varepsilon^2}\right]^2 \left[\frac{\mathrm{J}_1(\kappa D/2)}{\kappa D/2} - \varepsilon^2\frac{\mathrm{J}_1(\varepsilon\kappa D/2)}{\varepsilon\kappa D/2}\right]^2 \quad (9.2.39)$$

$n=1, m=1$ 的相位倾斜项 (Zernike 倾斜项, 简称 Z 倾斜) 的孔径滤波函数为 (Sasiela, 1994)

$$\begin{cases} F(\boldsymbol{\kappa})_x \\ F(\boldsymbol{\kappa})_y \\ F(\boldsymbol{\kappa}) \end{cases} = \left[\frac{4\mathrm{J}_2(\kappa D/2)}{\kappa D/2}\right]^2 \begin{cases} \cos^2\varphi \\ \sin^2\varphi \\ 1 \end{cases} \tag{9.2.40}$$

$$F(\boldsymbol{\kappa})_x = \left(\frac{1}{1-\varepsilon^4}\right)^2 \left[\frac{\mathrm{J}_2(\kappa D/2)}{\kappa D/2} - \varepsilon^3 \frac{\mathrm{J}_2(\varepsilon\kappa D/2)}{\varepsilon\kappa D/2}\right]^2 \cos^2\varphi \tag{9.2.41}$$

质心倾斜项 (Gradient 倾斜, 简称 G 倾斜) 是平均光线方向, 对应于孔径上相位梯度的平均 (Sasiela, 1994)

$$\mathrm{Gtilt} = \frac{4}{\pi D^2 k^2} \iint \nabla_t S(\boldsymbol{\rho})\mathrm{d}\boldsymbol{\rho} \tag{9.2.42}$$

相应地孔径函数为

$$\begin{cases} F(\boldsymbol{\kappa})_x \\ F(\boldsymbol{\kappa})_y \\ F(\boldsymbol{\kappa}) \end{cases} = \mathrm{J}_1(\kappa D/2)^2 \begin{cases} \cos^2\varphi \\ \sin^2\varphi \\ 1 \end{cases} \tag{9.2.43}$$

$$F(\boldsymbol{\kappa})_x = \left(\frac{1}{1-\varepsilon^2}\right)^2 \left[\mathrm{J}_1(\kappa D/2) - \varepsilon \mathrm{J}_1(\varepsilon\kappa D/2)\right]^2 \cos^2\varphi \tag{9.2.44}$$

根据探测方式的不同, 到达角与 Z 倾斜或 G 倾斜相联系。到达角起伏的孔径函数是相应的相位倾斜起伏孔径函数的 $\left(\dfrac{4}{kD}\right)^2$ 倍。由式 (9.2.12) 到达角起伏方差的表达式, 我们可得到孔径上平均的到达角起伏方差

$$\langle \alpha^2 \rangle = (2\pi)^2 \int_0^L \mathrm{d}z \int_0^\infty (\gamma\kappa)^2 \cos^2[P(\gamma,\kappa,z)] \Phi_n(\kappa)|_z \, \kappa F(\gamma\kappa)\mathrm{d}\kappa \tag{9.2.45}$$

对于平面波可求得两种探测方式下的到达角起伏方差

$$\langle \alpha_{\mathrm{Zpl}}^2 \rangle = 6.08 D^{-1/3} \int_0^L C_n^2(z)\mathrm{d}z = 0.364\left(\frac{\lambda}{D}\right)^2 \left(\frac{D}{r_0}\right)^{5/3} \tag{9.2.46}$$

$$\langle \alpha_{\mathrm{Gpl}}^2 \rangle = 5.675 D^{-1/3} \int_0^L C_n^2(z)\mathrm{d}z = 0.340\left(\frac{\lambda}{D}\right)^2 \left(\frac{D}{r_0}\right)^{5/3} \tag{9.2.47}$$

球面波两种探测方式下的到达角起伏方差为

$$\langle \alpha_{\mathrm{Zsp}}^2 \rangle = 6.08 D^{-1/3} \int_0^L C_n^2(z)(z/L)^{5/3}\mathrm{d}z \tag{9.2.48}$$

9.2 到达角起伏

$$\langle \alpha_{\text{Gsp}}^2 \rangle = 5.675 D^{-1/3} \int_0^L C_n^2(z)(z/L)^{5/3} \mathrm{d}z \tag{9.2.49}$$

对于整层大气湍流中的光传播 (如天文观测),一个典型的估算是 $\int_0^\infty C_n^2(z)\mathrm{d}z \approx 10^{-11} \mathrm{m}^{1/3}$,则在一个口径为 400mm 的望远镜中,到达角起伏的均方根值约为 9μrad (即约 2 角秒)。

注意:在有的文献中到达角起伏方差表达式是指一个方向上的结果,和上述几个公式有两倍的关系 (Smith, 1993)。

鉴于 Fried 参数 r_0 在整层大气湍流强度的表征以及相位校正技术中的广泛应用,r_0 的测量便成为一项重要的工作。目前一种非常流行的方法是测量天体目标的到达角起伏方差,通过式 (9.2.46) 或式 (9.2.47) 来求得 r_0。由于天体的运动,接收望远镜的跟踪不可避免地产生机械震动,从而影响测量精度,为克服这方面的影响,通常采用双孔径的差分到达角起伏测量消除机械噪声。

距离为 ρ 的两点间 x 方向上的到达角起伏的相关函数为

$$B_\alpha^x(\boldsymbol{\rho}) = \langle \alpha_x(\boldsymbol{\rho}_0)\alpha_x(\boldsymbol{\rho}_0 + \boldsymbol{\rho}) \rangle = \frac{1}{2k^2}\frac{\partial^2 D_S(\boldsymbol{\rho})}{\partial x^2} \tag{9.2.50}$$

在光强起伏较弱、相位起伏占优势的情况下,用波结构函数 (9.1.18) 代替式 (9.2.50) 中的相位结构函数,则有

$$B_\alpha^x(\boldsymbol{\rho}) = \frac{5.73}{k^2 r_0^{5/3}(x^2+y^2)^{1/6}}\left[1 - \frac{x^2}{3(x^2+y^2)}\right] \tag{9.2.51}$$

同样地可以获得 y 方向上的到达角起伏的相关函数为

$$B_\alpha^y(\boldsymbol{\rho}) = \frac{5.73}{k^2 r_0^{5/3}(x^2+y^2)^{1/6}}\left[1 - \frac{y^2}{3(x^2+y^2)}\right] \tag{9.2.52}$$

以两点间连线方向作为 x 方向,在式 (9.2.51) 和式 (9.2.52) 中令 $x=d, y=0$,则可分别获得平行和垂直于两点连线方向上的到达角起伏相关函数

$$B_\parallel = B_\alpha^x = \frac{3.82}{k^2 r_0^{5/3} d^{1/3}} = 0.0968\left(\frac{\lambda}{d}\right)^2 \left(\frac{d}{r_0}\right)^{5/3} \tag{9.2.53}$$

$$B_\perp = B_\alpha^y = \frac{5.73}{k^2 r_0^{5/3} d^{1/3}} = 0.145\left(\frac{\lambda}{d}\right)^2 \left(\frac{d}{r_0}\right)^{5/3} \tag{9.2.54}$$

显然,两者间是 1.5 倍的关系。根据式 (9.2.47),直径为 D 的圆孔上的 x 或 y 方向上的到达角起伏方差

$$\langle \alpha_x^2 \rangle = \langle \alpha_y^2 \rangle = 0.170\left(\frac{\lambda}{D}\right)^2 \left(\frac{D}{r_0}\right)^{5/3} \tag{9.2.55}$$

中心距离为 d 直径均为 D 的两个圆孔的 x 或 y 方向上的到达角之差的起伏方差就是两个圆孔上到达角的结构函数。如果 $d \gg D$，则两个圆孔到达角的相关函数可近似用式 (9.2.53) 和式 (9.2.54) 表示，这样

$$D_{/\!/} = 2\left(\langle \alpha_x^2 \rangle - B_{/\!/}\right) = 0.340 \left(\frac{\lambda}{D}\right)^2 \left(\frac{D}{r_0}\right)^{5/3} \left[1 - 0.569 \left(\frac{d}{D}\right)^2\right] \quad (9.2.56)$$

$$D_{\perp} = 2\left(\langle \alpha_y^2 \rangle - B_{\perp}\right) = 0.340 \left(\frac{\lambda}{D}\right)^2 \left(\frac{D}{r_0}\right)^{5/3} \left[1 - 0.853 \left(\frac{d}{D}\right)^2\right] \quad (9.2.57)$$

一些参考文献中，给出了系数略为不同的表达式 (Fried, 1975; Sarazin and Roddier, 1990)。

9.3 相位校正与自适应光学技术

9.3.1 湍流大气光传播的相位校正原理

为了最大限度地避免大气湍流对光传播的影响，人们总是寻找最佳的地理位置和天气条件，即寻找湍流最弱的条件，这是天文台选址的做法，或者干脆避开大气，如哈勃天文望远镜。但更多的实际情况是必须在一般大气条件下工作。既然无法躲开大气，就必须寻找主动克服大气湍流影响的方法。理想的方案是对大气湍流的影响进行全面的校正，包括相位的变化和振幅的变化，即所谓的场校正，但目前唯一可行的是仅进行相位校正的技术。

根据广义 Huygens-Fresnel 原理，观测平面 $z = z$ 上任意一点 (x, y, z) 的场 $E(x, y, z)$ 是由平面 $z = 0$ 上光源 A 上所有点 $E_0(x_0, y_0)$ 发出的球面波经湍流介质的调制添加一个复相位因子 $F_1 = \exp(\chi + \mathrm{i}S_1)$ 的叠加而成，即

$$E(\boldsymbol{\rho}, z) = \iint_A E_0(\boldsymbol{\rho}_0) h(\boldsymbol{\rho}, \boldsymbol{\rho}_0, z) \cdot \exp(\chi + \mathrm{i}S_1) \mathrm{d}\boldsymbol{\rho}_0 \quad (9.3.1)$$

$$h(\boldsymbol{\rho}_0, \boldsymbol{\rho}, z) = \frac{\mathrm{e}^{\mathrm{i}kz}}{\mathrm{i}\lambda z} \exp\left\{\frac{\mathrm{i}k}{2z}[(x-x_0)^2 + (y-y_0)^2]\right\} \quad (9.3.2)$$

如果我们通过某种方式获得大气湍流引起的相位改变 S_1，并能通过某种措施将这个相位的共轭值施加在发射光场上，则经过大气传播后的光场

$$E(\boldsymbol{\rho}, z) = \iint_A E_0(\boldsymbol{\rho}_0) \exp(-\mathrm{i}S_1) \cdot h(\boldsymbol{\rho}, \boldsymbol{\rho}_0, z) \cdot \exp(\chi + \mathrm{i}S_1) \mathrm{d}\boldsymbol{\rho}_0 \quad (9.3.3)$$

即

$$E(\boldsymbol{\rho}, z) = \iint_A E_0(\boldsymbol{\rho}_0) h(\boldsymbol{\rho}, \boldsymbol{\rho}_0, z) \cdot \exp(\chi) \mathrm{d}\boldsymbol{\rho}_0 \quad (9.3.4)$$

9.3 相位校正与自适应光学技术

从此式可以看出，只要振幅起伏 χ 足够小，就可以获得近似真空传播的结果。

而在实际工作中我们基本上无法获得大气湍流在接收平面上引起的相位改变 S_1 的整体分布。通常采用的办法是：在接收平面的光轴位置 $(\boldsymbol{\rho}=0, L)$ 放置一个合作光源，在发射平面处测量该光源经过大气湍流后造成的相位变化 $S_1(\boldsymbol{\rho}_0, \boldsymbol{\rho}=0)$，然后通过互易关系得到 $S_1(0, \boldsymbol{\rho}_0)$ (Fante, 1985)。根据 $S_1(0, \boldsymbol{\rho}_0)$ 构造一个校正相位 $S_C(\boldsymbol{\rho}_0)$ 并将其共轭值施加在发射光场上，则经过大气传播后的光场

$$E(\boldsymbol{\rho}, z) = \iint_A E_0(\boldsymbol{\rho}_0) h(\boldsymbol{\rho}, \boldsymbol{\rho}_0, z) \cdot \exp(\chi) \cdot \exp[\mathrm{i}S_1(\boldsymbol{\rho}, \boldsymbol{\rho}_0) - \mathrm{i}S_C(\boldsymbol{\rho}_0)] \mathrm{d}\boldsymbol{\rho}_0 \qquad (9.3.5)$$

从式 (9.3.5) 可以看出，即使我们能够做到 $S_C(\boldsymbol{\rho}_0) = S_1(0, \boldsymbol{\rho}_0)$，也无法对接收平面上的相位完全准确校正。我们可以在 $\boldsymbol{\rho}=0$ 处完全校正，但随着 $\boldsymbol{\rho}$ 偏离光轴，校正效果会越来越差。

前面已经提到，即使相位起伏得到完全的校正，由于振幅起伏的存在，湍流大气中光传播的起伏还是无法得到完全校正。随着振幅起伏的增大，相位校正的效率也会越来越低。由式 (9.3.4) 可得

$$\begin{aligned}&\langle E(\boldsymbol{\rho}_1, z) E^*(\boldsymbol{\rho}_2, z)\rangle \\ &= \iint_A \iint_A \langle E_0(\boldsymbol{\rho}_0) E_0^*(\boldsymbol{\rho}_0')\rangle h(\boldsymbol{\rho}_1, \boldsymbol{\rho}_0, z) h^*(\boldsymbol{\rho}_2, \boldsymbol{\rho}_0', z) \langle \exp(\chi+\chi')\rangle \mathrm{d}\boldsymbol{\rho}_0 \mathrm{d}\boldsymbol{\rho}_0'\end{aligned} \qquad (9.3.6)$$

由式 (9.3.6) 和式 (8.5.15) 可得相位完全校正的情况下的轴上平均光强

$$\langle I(0, z)\rangle = I_0(0, z) \exp(-\sigma_\chi^2) \qquad (9.3.7)$$

式中，$I_0(0, z)$ 为无大气湍流影响时的轴上光强；σ_χ^2 为对数振幅起伏的方差。因此，如果按照光学质量评价的 Strhel 比值方法，则在相位完全校正的情况下的 Strhel 比值为

$$\mathrm{SR} = \exp(-\sigma_\chi^2) \qquad (9.3.8)$$

9.3.2 湍流大气光传播的相位校正技术

目前主要有两种实现光学相位校正的技术方法，一种是基于产生相位共轭物理过程的非线性光学方法 (Shen, 2002)，另一种是基于波前探测与光学镜面变形技术的自适应光学方法 (Tyson, 1997; 姜文汉, 1997; 1998)。前者的基础是自然物理过程，而后者则主要依赖于技术水平。虽然非线性光学方法在补偿大气湍流引起的波前畸变方面取得了一些早期实验结果 (Brusessebach et al., 1995; 王月珠等, 1998; 高晓明等, 2000)，但它遇到了目前还无法逾越的困难。而随着各种光电技术水平的提高，自适应光学方法得到了长足发展，在天文观测、光束质量改善、激光大气传输相

位校正等工作中得到了重要应用 (Primmerman et al., 1995; 王英俭等, 1998; Gong et al., 1998)。

能够产生相位共轭光的非线性光学效应有受激 Raman 散射、受激布里渊散射等。非线性光学相位共轭系统比较简单，只需要几个简单的光学元件，例如，在受激布里渊散射过程中，只需要一个透镜和一个 Brillouin 散射介质体。这种方法是对整个光场的相位共轭，不需要波前探测装置，其实现相位共轭的非线性光学效应是自动完成的，反应时间极短，为纳秒量级，可以说是瞬时完成的。因此，非线性光学相位共轭技术是一种理想的光传输相位校正方法。

图 9.3.1 是利用 Raman 散射非线性光学技术进行光传播相位共轭的示意图 (Tyson, 1997)。从信标处发出的光入射到 Raman 散射介质，相对于信标光强度大得多的泵浦激光注入 Raman 散射介质激发 Raman 散射，产生一束和信标光方向相反、相位共轭的光。有效的系统应使得大部分泵浦激光能量转化为相位共轭光。

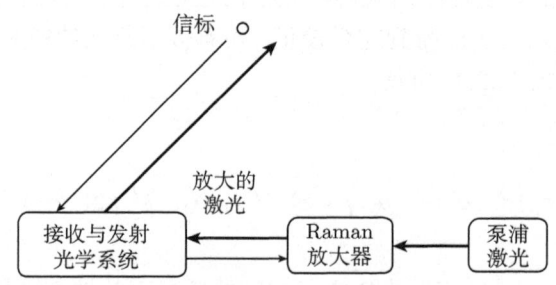

图 9.3.1 非线性光学技术光传播相位共轭示意图

显而易见，利用非线性光学相位共轭技术进行光传播校正不是对发射激光的直接校正，而是对来自目标的信标光进行相位共轭并放大。作为实际应用，一般不可能取得目标本身发出的光。要利用非线性光学相位共轭技术，则必须使用一束照明激光照亮目标以获得反射或散射光。照明激光经过大气传播到达目标时将发散至较大的面积上，从目标反射或散射的光将包含大面积的相位信息；该信标光经相位共轭、放大后，通过原路返回目标。尽管信标光在大气传播中的畸变被校正，但校正后的激光将分布在目标上的整个照亮区域内，和照明光的分布相同。从这个意义上讲，实际上也可以说并没有进行真正的大气传播校正。非线性光学相位共轭技术用于大气光传播相位校正正是被这个问题所困扰，从而停步不前。如何设计新的方案，从原理和实验上解决这个问题，是非线性相位共轭技术能否应用于激光大气传播相位校正的关键问题。

与非线性光学系统相反，自适应光学系统是一个典型的综合光机电复杂系统，主要由波前探测、波前处理与相位复原、变形镜几部分组成。根据应用目的的不同，自适应光学系统的工作方式也有差别。用于成像的自适应光学系统将在后面的

第 11 章介绍。用于激光大气传播相位校正的自适应光学系统的示意图如图 9.3.2 所示 (Tyson, 1997)。这种工作方式的目的是使激光束不受大气的影响按照设定的方式 (如聚焦) 传播到目标处。为了在激光器的发射端获得激光束自发射端到达目标处的共轭相位信息，一束来自目标的信标光经大气畸变后被望远镜接收经校正镜 (倾斜镜、变形镜等)、取样器 (分束器等) 传播至波前传感器。波前传感器获得被大气畸变的信标光相位信息，然后传送到计算机控制系统进行波前相位处理并驱动校正镜使之产生相应的共轭相位，理想的校正镜能够按指令产生严格的相位分布并能随相位的时间变化而变化。这样经校正镜发射出去的激光束预先被畸变 (与将受到的大气畸变相反)，当它传播到目标上后其光场的分布基本上消除了大气的影响，从而获得所要的传播效果。

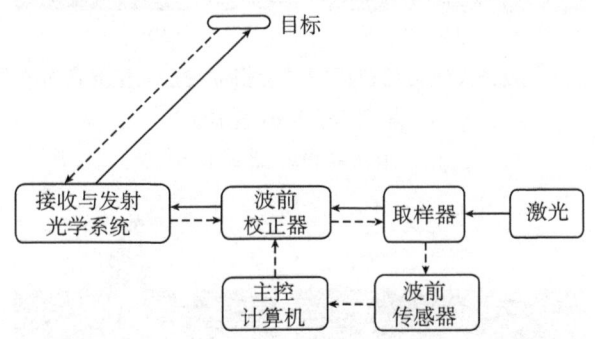

图 9.3.2 光传播校正自适应光学系统示意图

显然，在这种光传播校正自适应光学系统中，来自目标的信标光提供的相位信息的准确性是整个系统工作可靠性的关键。在原理性实验中，我们可以按需求设计信标光使其满足要求。但在实际应用中，如何获得信息可用的信标光至关重要。目前考虑采纳的信标光有主动的激光导引星 (即利用另一束激光照射目标或目标附近的空气中的空气分子、气溶胶粒子或钠离子等，其散射回波作为信标光) 和被动的目标反射光 (如反射的太阳光等)。信标光的波长、光场分布、强度、位置等都会对系统的性能产生影响。因此，在一般情况下要想获得理想的激光大气传播相位校正是很困难的。

自适应光学系统的各个部分都有一定的响应时间，波前传感器的空间分辨率是有限的，变形镜的可控单元数是有限的，单元数的增加会大大增加系统的复杂性。有限的响应时间和有限的变形镜单元数目再加上波前传感器、控制算法和控制系统的误差，都使得自适应光学系统不可能获得光传播的完全的相位校正。

尽管如此，随着光电技术的迅速发展，自适应光学技术日益成熟，在激光大气传播的相位校正方面获得了很大的进展。美国 MIT 的 Lincoln 实验室在 Massachusetts 的 Westford 做的 5.5km 激光大气传播相位校正实验证明了在弱起伏条件下，自适应光学相位校正效果明显,图 9.3.3 是相位校正前后的光斑图像 (Primmerman et al., 1995)。随着起伏条件的增大,校正效果明显变差。他们的实验结果表明,校正后光斑的 Strehl 比值从 Rytov 指数 $\beta_0^2 = 1$ 时的 0.6 下降到 $\beta_0^2 = 4$ 的 0.2 (图 9.3.4)。

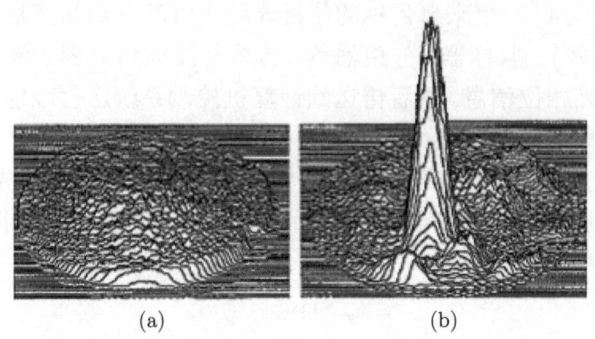

图 9.3.3　激光大气传播自适应光学相位校正典型光斑分布结果

(a) 未校正; (b) 校正后

Rytov 指数 $\beta_0^2 = 1$

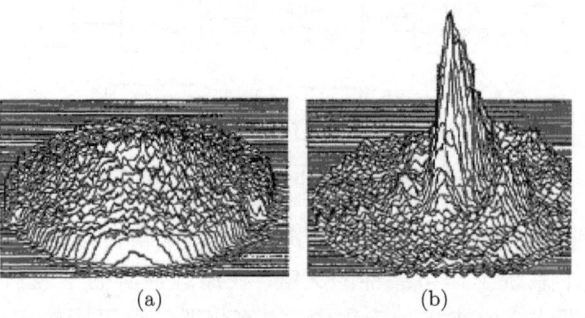

图 9.3.4　激光大气传播自适应光学相位校正典型光斑分布结果

(a) 未校正; (b) 校正后

Rytov 指数 $\beta_0^2 = 4$

校正效果的恶化在于:一方面,随着起伏条件的增大,振幅起伏的影响已不能忽略,单纯的相位校正不能完全克服大气引起的光场畸变;另一方面,在较强的起伏条件下,相位出现岐点。图 9.3.5 是光斑图像的光强分布和对应的相位分布,其中出现多个相位岐点。在相位岐点存在的情况下,为了获得最简单的单值相位分布,可将相邻的异性岐点连接起来形成削线。由于削线两侧的相位跃变,此时已无法可靠地探测和复原相位,从而也不能进行相位的完全校正。

图 9.3.6 是激光大气传播自适应光学相位校正的 Firepond 实验结果与其数值模拟结果的对比。可以看出,随着起伏条件的增大,Strhel 比值迅速减小。实际上,当 Rytov 指数 $\beta_0^2 > 4$,已没有明显的校正效果。

9.4 光强起伏 (闪烁效应)

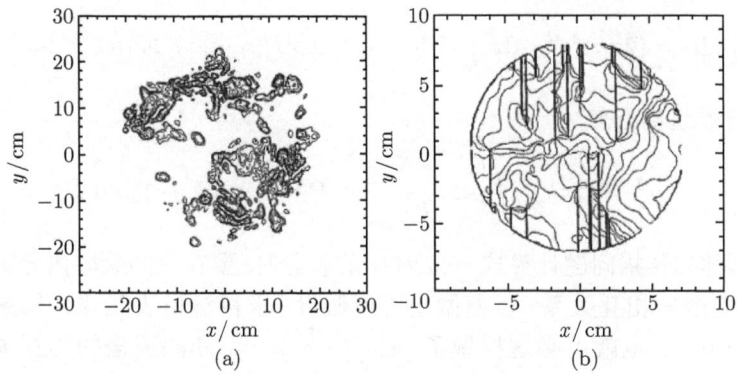

图 9.3.5 湍流大气中典型光斑的光强和相位分布

(a) 光强; 相位 (b) 直线段为削线

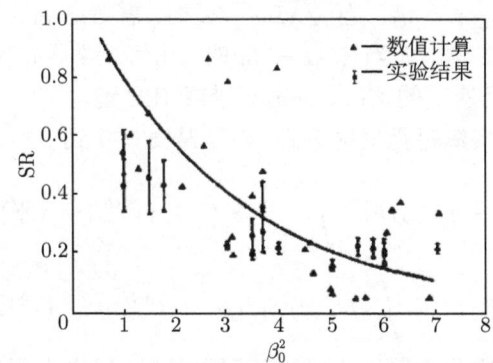

图 9.3.6 激光大气传播自适应光学相位校正效果与起伏条件的关系

Firepond 实验结果和数值模拟结果的对比

9.4 光强起伏 (闪烁效应)

光强起伏 (闪烁) 是整个湍流大气光学中研究最广泛、历时最长的复杂问题。我们在这里简要给出弱起伏条件下的一般公式, 而不进行详细的解析推导, 解析推导的基础是分析空间频域内湍流谱和光传播衍射因子的相互关系, 它们在 Tatarskii 的经典著作和 Ishimaru 的著作中有详细的描述。借助于现代数值计算技术我们可以从一般公式出发进行数值计算, 最大限度地减少近似假设, 从而获得精度较高的结果, 也可以针对某种参数进行大量计算, 获得规律性认识。对强起伏条件下的光强起伏我们只作介绍结果而不进行论证。而对中等起伏强度的一般闪烁方差进行了较详细的讨论, 以利于实际应用的需求。

9.4.1 弱起伏条件下的闪烁效应

由对数振幅起伏的相关函数

$$B_\chi(\rho, L) = (2\pi k)^2 \int_0^L dz \int_0^\infty J_0(\kappa\gamma\rho) \sin^2[P(\gamma, \kappa, z)] \Phi_n(\kappa)|_z \kappa d\kappa \tag{9.4.1}$$

可得对数振幅起伏方差

$$\sigma_\chi^2 = (2\pi k)^2 \int_0^L dz \int_0^\infty \sin^2[P(\gamma, \kappa, z)] \Phi_n(\kappa)|_z \kappa d\kappa \tag{9.4.2}$$

在对具体的传播问题计算式 (9.4.2) 中的积分时，要在空间频域内分析 $\sin^2[P(\gamma, \kappa, z)]$ 和湍流谱的相互关系，以便做出近似假设，求得解析表达式。如果我们采用数值计算的方法，也就不必这样做了。$\sin^2[P(\gamma, \kappa, z)]$ 和湍流谱的相互关系可以根据 Fresnel 衍射尺度 $\sqrt{\lambda L}$ 和湍流内外尺度 l_0, L_0 的关系分为三个区域讨论。当 $l_0 \ll \sqrt{\lambda L} \ll L_0$ (衍射区) 时，湍流谱对积分的贡献主要来自惯性区，式 (9.4.2) 中的湍流谱可采用 Kolmogorov 谱。当 $\sqrt{\lambda L} \sim L_0$ 时，需考虑湍流外尺度的影响，湍流谱可采用 von Karman 谱。而当 $\sqrt{\lambda L} \sim l_0$ 时 (几何光学区)，则要考虑湍流内尺度的影响，湍流谱可采用修正的 Kolmogorov 谱或 Hill 谱。

实际传播问题大多满足衍射区条件，对于从 $z = 0$ 到 $z = L$ 的传播，可求得

$$\sigma_\chi^2(L) = 0.5631 k^{7/6} \int_0^L C_n^2(z)(L-z)^{5/6} dz \quad \text{(平面波)} \tag{9.4.3}$$

$$\sigma_\chi^2(L) = 0.5631 k^{7/6} \int_0^L C_n^2(z)[z(L-z)/L]^{5/6} dz \quad \text{(球面波)} \tag{9.4.4}$$

当大气湍流的高度分布可以当做平行平面处理时，在上行或下行斜程传输、天顶角为 ϕ 时，对数振幅起伏方差

$$\sigma_\chi^2(L) = 0.5631 k^{7/6} (\sec\phi)^{11/6} \int_0^L C_n^2(z)(L-z)^{5/6} dz \quad \text{(平面波)} \tag{9.4.5}$$

$$\sigma_\chi^2(L) = 0.5631 k^{7/6} (\sec\phi)^{11/6} \int_0^L C_n^2(z)[z(L-z)/L]^{5/6} dz \quad \text{(球面波)} \tag{9.4.6}$$

式中，z 为垂直坐标。对于整层传输，注意上述表达式的适用范围为比较小的天顶角，对于大的天顶角可能出现饱和现象。

在湍流强度均匀的路径上，有

$$\sigma_\chi^2(L) = 0.307 k^{7/6} L^{11/6} C_n^2 \quad \text{(平面波)} \tag{9.4.7}$$

$$\sigma_\chi^2(L) = 0.124 k^{7/6} L^{11/6} C_n^2 \quad \text{(球面波)} \tag{9.4.8}$$

如果 $\sigma_\chi^2 < 0.3$，则通常认为是弱起伏条件，则归一化光强起伏方差 (闪烁指数)

$$\beta_I^2 = \sigma_{\ln I}^2 = \exp(4\sigma_\chi^2) - 1 \approx 4\sigma_\chi^2 \tag{9.4.9}$$

9.4 光强起伏 (闪烁效应)

因此, 对应于弱起伏条件下平面波的归一化光强起伏方差为

$$\beta_0^2(L) = 1.23 k^{7/6} L^{11/6} C_n^2 \quad (\text{平面波}) \tag{9.4.10}$$

它就是通常用来衡量起伏条件的 Rytov 指数。

对于 Gauss 光束, 轴上的对数振幅起伏方差为 (Ishimaru, 1997)

$$\sigma_\chi^2(L) = 2.1755 k^{7/6} L^{5/6} \int_0^L C_n^2(z) G_x(z) \mathrm{d}z \tag{9.4.11}$$

式中

$$G_\chi(z) = \mathrm{Re}\left[\gamma(1-z/L)\right]^{5/6} - \left[\gamma_i(1-z/L)\right]^{5/6} \tag{9.4.12}$$

准直 Gauss 光束的结果类似平面波, 发散 Gauss 光束的结果类似于球面波。如果 Gauss 光束的束腰直径小于 Fresnel 尺度, 即 $2W_0 < \sqrt{\lambda L}$, 则其结果可用球面波的结果代替; 当此条件不满足时, Gauss 光束的起伏方差随光腰半径的增大而略有增加。对于聚焦 Gauss 光束, 由式 (9.4.11) 求得的起伏方差大大下降, 而由于后面提到的光束漂移等问题, 实验上很难测量, 能够测得的结果也不支持这个结论。在 1000m 传输距离上进行的 $0.6328 \mu \mathrm{m}$ 基模 He-Ne 激光的全天闪烁指数的变化如图 9.4.1 所示。闪烁指数跨越了近两个量级, 起伏强度从早晨起逐渐增大, 至中午前后开始下降, 日落时分迅速降低, 达到最低值, 在约 1h 内又迅速上升。整个夜间起伏强度比白天略低, 早晨日出时分的变化与日落时分相仿。晴朗天气条件下闪烁指数一般保持类似的日变化规律 (饶瑞中等, 1998b)。

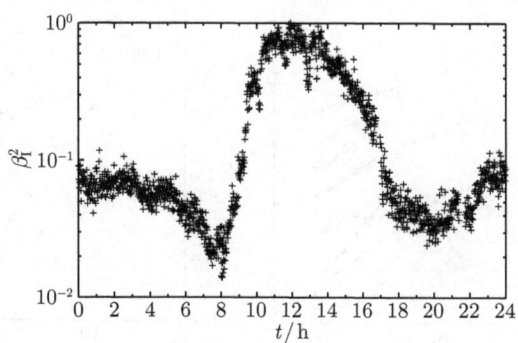

图 9.4.1 闪烁指数的日变化特征

9.4.2 强起伏条件下的闪烁效应

实验发现, 随着传播距离或湍流强度的进一步增大, 光强起伏方差不再随之增大, 这就是闪烁饱和现象, 此时弱起伏条件下得到的公式不再适用。随着湍流强度

或传播路径的增加, 光场的空间相干性下降, 空间相干长度变短, 当它达到或小于 Fresnel 衍射尺度 $\sqrt{\lambda L}$ 时, 光场的随机起伏便形成强聚焦。在弱起伏条件下推导起伏方差所假定的一些近似条件都不再合适。这种临界条件由下式确定：

$$\rho_{0\mathrm{pl}} = \left[1.4572 k^2 \int_0^L C_n^2(z)\mathrm{d}z\right]^{-3/5} \sim \sqrt{\lambda L} \tag{9.4.13}$$

因而有

$$\beta_0^2 = 1.23 k^{7/6} L^{11/6} C_n^2 \approx 1 \tag{9.4.14}$$

在强起伏条件 $\beta_0^2 \gg 1$ 下, 许多学者得出了归一化光强起伏方差的一系列渐近解析结果, 它们都不尽一致, 其中包括下列各式 (Strohbehn, 1978)：

$$\beta_\mathrm{I}^2 = 1 + 0.85 \left(\beta_0^2\right)^{-2/5} \tag{9.4.15}$$

$$\beta_\mathrm{I}^2 \sim 0.92 + 1.44 \left(\beta_0^2\right)^{-2/5} \tag{9.4.16}$$

$$\beta_\mathrm{I}^2 \sim 1.36 - 0.907 \left(\beta_0^2\right)^{-2/5} \tag{9.4.17}$$

由于强起伏条件下的实验条件一般要求几十千米甚至更远的传播距离, 实验条件难以全面准确地确定, 因此也很难说目前一些有限的实验结果支持哪一个理论结果。实际上, 强起伏条件下的闪烁方差与湍流内尺度有密切关系 (Fante, 1983; Davis and Walters, 1994; Miller and Ricklin, 1994), 数值模拟强起伏条件下的平面波和球面波的传播得到了在各种内尺度条件下闪烁方差与 Rytov 指数的关系, 如图 9.4.2

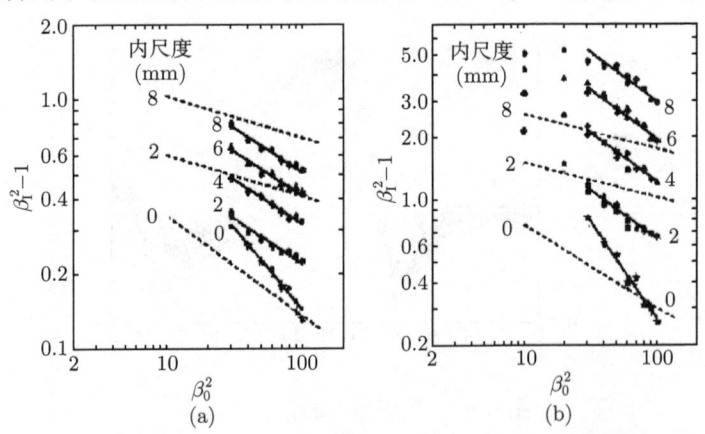

图 9.4.2 强起伏条件下光强起伏方差的数值计算结果

(a) 平面波; (b) 球面波

虚线为强起伏渐近解析结果; 实线为数值计算结果的拟合

所示 (Flatte and Gerber, 2000; Flatte, 2002)。这些结果和上述解析分析结果有显著的差异,目前尚无法断定哪一种结果更为可靠,这需要细致的实验验证。

在弱起伏条件向强起伏条件过渡的临界区域,情况更为复杂,起伏方差主要由湍流内尺度确定。实验结果反映了内尺度对临界起伏方差有显著的影响 (Consortini et al., 1993),一种典型的结果如图 9.4.3 所示 (Ishimaru, 1997)。

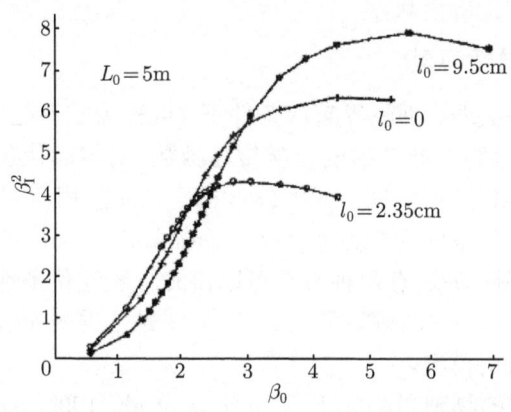

图 9.4.3 临界起伏条件下内尺度对光强起伏方差的影响

综合弱起伏条件下和强起伏条件下关于闪烁方差的解析分析结果, Hill(1992) 做出了一个十分明了的示意图 (这里作了适当修改), 如图 9.4.4 所示。图中 $\beta_0^2 \sim 1 (\rho_0 \sim \sqrt{\lambda L})$ 的一条水平线将整个传播区域划分为强起伏 (上) 和弱起伏 (下) 两大部分。$\sqrt{\lambda L} \sim l_0$ 将弱起伏区域划分为两部分。左侧为衍射光学区, 右侧为几何光学区。同样 $\rho_0 \sim l_0$ 也将强起伏区域划分为左侧的衍射光学区和右侧的几何光学区。在衍射光学区内, 湍流惯性区起主要作用; 而在几何光学区内, 湍流耗散区起主要

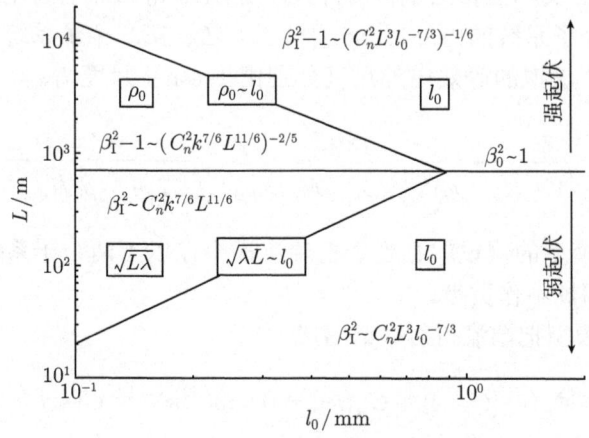

图 9.4.4 光强起伏的区域划分

作用。四个区域内平面波光强起伏方差的渐近公式分别写在图中相应的区域内，各个区域内的小方框里注明了在该区域内对光传播问题有影响的特征空间尺度，它们分别是湍流内尺度 l_0，Fresnel 衍射尺度 $\sqrt{L\lambda}$ 和相干长度 ρ_0。

从图 9.4.4 中不难看出，湍流内尺度 l_0 对光传播问题的重要性，因而在湍流大气光学实验研究中，仅仅监测 C_n^2 是不够的，同时需要准确测定 l_0 和湍流耗散区内折射率起伏谱密度的正确形式。

9.4.3 闪烁强度的普适模型

多种方法试图解决弱、强临界起伏条件下 (可称为临界起伏) 的闪烁问题。例如，根据多次散射过程建立起散射的光学传递函数，对弱起伏条件下的闪烁理论做出修正 (Clifford et al., 1974; Hill and Frehlich, 1996)，用两尺度嵌入法解四阶矩方程求临界强起伏条件下的闪烁方差 (Whitman and Beran, 1985)、数值模拟方法 (Flatte et al., 1993) 等。最近有两种方法可以得到一般起伏条件下的闪烁方差解析表达式。一种方法是 Rytov 改进模型，另一种方法是依据弱起伏和强起伏两种极限条件下闪烁结果的通用模型。

Rytov 改进模型的物理思路如下 (Andrews et al., 1999; Andrews and Phillips, 2001)：根据光传播条件将湍流分为小尺度湍流和大尺度湍流。尺度小于 Fresnel 尺度 $l_{\rm Fr} = \sqrt{L/k}$ 和空间相干长度 ρ_0 的湍流为小尺度湍流，它对光产生衍射作用。尺度大于 $l_{\rm Fr}$ 和散射盘尺度 $L/k\rho_0$ 的湍流为大尺度湍流，它对光的作用是折射。假定衍射和折射过程是统计独立的，则湍流对光总的影响可看成是衍射被折射的乘性调制过程。在此基础上使用几何光学方法可以用来解决折射问题，引入一种空间滤波函数来恰当地解释强起伏区光波相干性的损失，从而使得弱起伏条件下的 Rytov 近似方法在饱和区依然有效。

这种处理方法实际上相当于将内外尺度分别为 l_0、L_0 的整个湍流系统分为两个子系统，第一个子系统的内外尺度分别为 l_0、L_0'，第二个子系统的内外尺度分别为 l_0'、L_0，这两个虚拟的等效内外尺度分别由 Fresnel 尺度 $l_{\rm Fr} = \sqrt{L/k}$ 和相干长度 ρ_0 确定

$$l_0' = l_{\rm Fr}\sqrt{1 + (l_{\rm Fr}/\rho_0)^2}\Big/\sqrt{3}, \quad L_0' = \rho_0\Big/\sqrt{1.7 + 3(\rho_0/l_{\rm Fr})^2} \tag{9.4.18}$$

Rytov 改进模型的假设就相当于把湍流谱中在以上两个子系统之间的部分略去，认为它们对闪烁不作贡献。

Rytov 改进模型把湍流折射率谱写成

$$\Phi_m(\kappa) = \Phi_n(\kappa)\left[G_x(\kappa) + G_y(\kappa)\right] = 0.033 C_n^2 \kappa^{-11/3} G(\kappa, l_0) \tag{9.4.19a}$$

式中

$$G(\kappa, l_0) = G_x(\kappa, l_0) + G_y(\kappa) = f(\kappa, l_0) \exp\left[-\frac{\kappa^2}{k_x^2}\right] + \frac{\kappa^{11/3}}{(\kappa^2 + \kappa_y^2)^{11/6}} \quad (9.4.19\text{b})$$

$$f(\kappa, l_0) = \exp\left[-\frac{\kappa^2}{k_l^2}\right]\left(1 + 1.802\frac{\kappa}{\kappa_l} - 0.254\left(\frac{\kappa}{\kappa_l}\right)^{7/6}\right) \quad (9.4.19\text{c})$$

这里 $\kappa_l = 3.3/l_0$。$f(\kappa, l_0)$ 为反映内尺度影响的湍流 Hill 谱；$G_x(\kappa, l_0)$ 为低通滤波函数；$G_y(\kappa)$ 为高通滤波函数；κ_x 为大尺度湍流空间截止频率；κ_y 为小尺度湍流空间截止频率。这两个滤波函数及对应的等效湍流谱如图 9.4.5 所示。

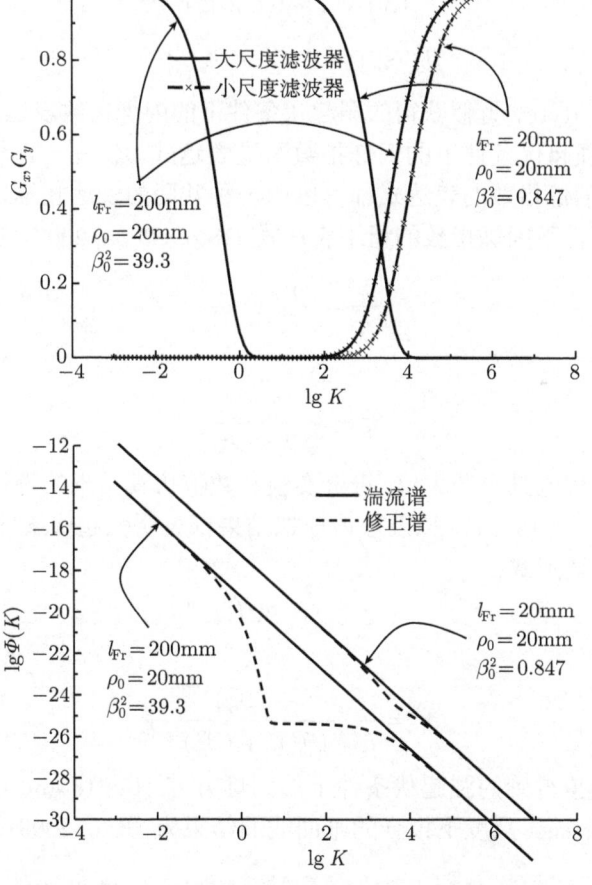

图 9.4.5　Rytov 改进模型中的滤波函数和等效湍流谱

依据 Rytov 近似方法可以求出普适的闪烁指数的表达式，在不考虑湍流内尺度时，平面波和球面波的闪烁方差分别为

$$\beta_I^2(\text{pl}) = \exp\left\{\frac{0.49\beta_\alpha^2}{(1+1.11\beta_\alpha^{12/5})^{7/6}} + \frac{0.51\beta_\alpha^2}{(1+0.69\beta_\alpha^{12/5})^{5/6}}\right\} - 1, \quad 0 \leqslant \beta_\alpha^2 \leqslant \infty \tag{9.4.20}$$

$$\beta_I^2(\text{sp}) = \exp\left\{\frac{0.49\beta_\alpha^2}{(1+0.56\beta_\alpha^{12/5})^{7/6}} + \frac{0.51\beta_\alpha^2}{(1+0.69\beta_\alpha^{12/5})^{5/6}}\right\} - 1, \quad 0 \leqslant \beta_\alpha^2 \leqslant \infty \tag{9.4.21}$$

式中, $\beta_\alpha^2 = \alpha C_n^2 k^{7/6} L^{11/6}$, 对平面波 $\alpha=1.23$, 对球面波 $\alpha=0.5$。包含内外尺度的结果非常复杂, 由于湍流内尺度对闪烁效应有显著的影响, 选择 l_0'、L_0' 的方式无疑会对结果产生不确定性。Rytov 改进模型选择 l_0'、L_0', 使得闪烁方差在强起伏条件下满足渐近公式:

$$\beta_\infty^2(\text{pl}) = 1 + 0.86(\beta_\alpha^2)^{-2/5} \tag{9.4.22}$$

$$\beta_\infty^2(\text{sp}) = 1 + 1.9(\beta_\alpha^2)^{-2/5} \tag{9.4.23}$$

我们已知在 Rytov 近似获得的弱起伏条件下的闪烁指数表达式 $\beta_I^2 = \beta_\alpha^2(\beta_\alpha^2 \ll 1)$, 如果能确定强起伏条件下的闪烁指数渐进表达式 $\beta_\infty^2 = \beta_I^2(\beta_\alpha^2 \gg 1)$, 假定在任意起伏条件下, 闪烁指数的表达式都可以由一种共同的表达式描述, 则可以合理地构造任意起伏条件下闪烁指数的通用表达式 (Rao, 2008a; 2009):

$$\frac{1}{\beta_I^2} = \frac{1}{\beta_\alpha^2} + \frac{1}{\beta_\infty^2} \tag{9.4.24}$$

即

$$\beta_I^2 = \frac{\beta_\alpha^2 \beta_\infty^2}{(\beta_\alpha^2 + \beta_\infty^2)} \tag{9.4.25}$$

该函数在临界起伏区具有最大值, 符合实验和数值仿真结果的特征。

式 (9.4.15)~ 式 (9.4.17) 以及数值模拟结果都表明强起伏条件下的闪烁指数渐进表达式具有下述形式:

$$\beta_\infty^2 = 1 + a(\beta_\alpha^2)^{-b} \tag{9.4.26}$$

则有

$$\beta_I^2 = \frac{a\beta_\alpha^2 + (\beta_\alpha^2)^{1+b}}{a + (\beta_\alpha^2)^b + (\beta_\alpha^2)^{1+b}} \tag{9.4.27}$$

根据数值模拟得到的强起伏条件下的闪烁方差 (Flatte and Gerber, 2000), 在不同内尺度和 Fresnel 尺度下拟合的平面波的结果为 (Rao, 2009)

$$a = 0.7850 + 1.7186\,(l_0/l_{\text{Fr}}), \quad b = 0.365 - 0.075\,(l_0/l_{\text{Fr}}) \tag{9.4.28}$$

球面波的结果为

$$a = 0.38435 + 22.3184\,(l_0/l_{\text{Fr}}) + 33.8733\,(l_0/l_{\text{Fr}})^2 - 44.0782\,(l_0/l_{\text{Fr}})^3 \tag{9.4.29a}$$

9.4 光强起伏 (闪烁效应)

$$b = 0.385 + 0.58 \left(l_0/l_{\text{Fr}}\right) - 0.75 \left(l_0/l_{\text{Fr}}\right)^2 \tag{9.4.29b}$$

按照式 (9.4.25) 并代入式 (9.4.28)、式 (9.4.29) 的系数得到的结果如图 9.4.6 所示。图 (a) 为平面波, 图 (b) 为球面波, 各实线自下而上分别对应 l_0/l_{Fr} 取 $0, 0.2, 0.4, 0.6, 0.8$ 和 1.0 的情况, 同时图中还以虚线画出了改进 Rytov 近似的结果式 (9.4.20) 和式 (9.4.21)。

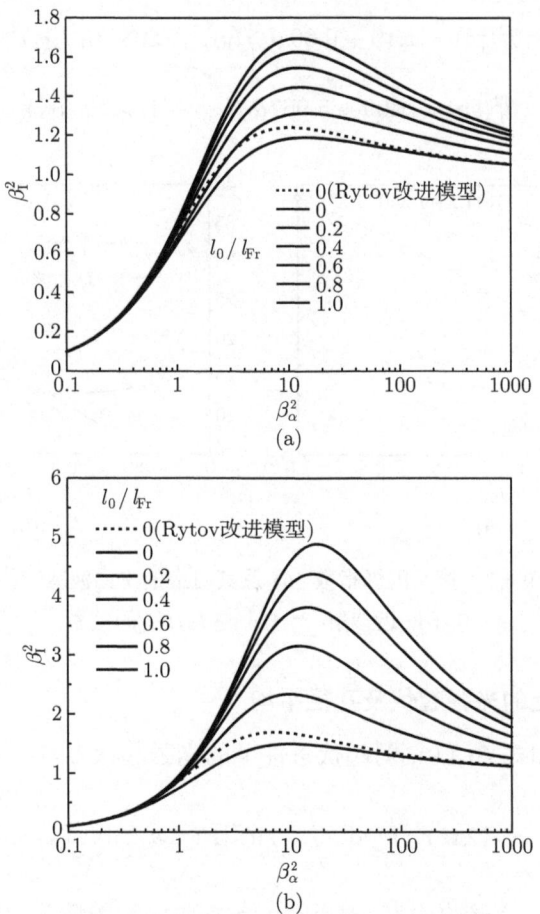

图 9.4.6 各种 l_0/l_{Fr} 的下通用闪烁指数

(a) 平面波; (b) 球面波

虚线是 Rytov 改进模型中的闪烁指数

通过上述闪烁指数的通用表达式, 可以确定强聚焦区闪烁指数的极大值及其对应的 Rytov 指数。令式 (9.4.27) 的导数为零, 可求得

$$\left(\beta_\alpha^2\right)^{2b} - ab \left(\beta_\alpha^2\right)^{b+1} + 2a \left(\beta_\alpha^2\right)^b + a^2 = 0 \tag{9.4.30}$$

可进一步得到

$$(\beta_\alpha^2)^b - \sqrt{ab}\,(\beta_\alpha^2)^{(b+1)/2} + a = 0 \qquad (9.4.31)$$

式 (9.4.31) 可通过数值方法求解。各种 $l_0/l_{\rm Fr}$ 下平面波和球面波最大闪烁指数及其该极值对应是平面波或球面波 Rytov 近似解 β_α^2 分别如图 9.4.7 所示。平面波和球面波最大闪烁指数与 $l_0/l_{\rm Fr}$ 的关系可以拟合为

$$\beta_{\rm I}^2({\rm pl}) = 1.19 + 0.60\,(l_0/l_{\rm Fr}) + 0.085\,(l_0/l_{\rm Fr})^2 \qquad (9.4.32)$$

$$\beta_{\rm I}^2({\rm sp}) = 1.09 + 5.96\,(l_0/l_{\rm Fr}) - 1.34\,(l_0/l_{\rm Fr})^2 \qquad (9.4.33)$$

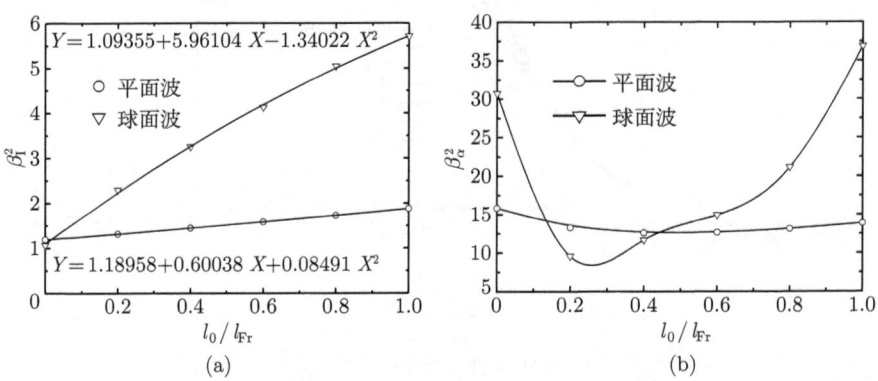

图 9.4.7　最大闪烁指数 (a) 及其对应的平面波或球面波 Rytov 近似解 β_α^2 (b) 与 $l_0/l_{\rm Fr}$ 的关系

9.4.4　有限面积上的光强起伏及孔径平均

由式 (9.4.2) 和式 (9.4.9)，弱起伏条件下的光强起伏方差

$$\beta_{\rm I}^2 = 4(2\pi k)^2 \int_0^L {\rm d}z \int_0^\infty \sin^2[P(\gamma,\kappa,z)]\,\Phi_n(\kappa)|_z \kappa\,{\rm d}\kappa \qquad (9.4.34)$$

式 (9.4.34) 针对点接收而言，对于有一定接收面积的情况，由于平均的原因，会出现方差降低的现象，一般称其为孔径平均效应。在式 (9.4.34) 中加入孔径滤波函数，就可以获得有限孔径上的光强起伏方差，对于直径为 D 的圆形孔径，有

$$\beta_{\rm I}^2 = 4(2\pi k)^2 \int_0^L {\rm d}z \int_0^\infty \sin^2\left(\frac{\gamma\kappa^2(L-z)}{2k}\right)\Phi_n(\kappa)|_z\,\kappa\left[\frac{2J_1(\gamma\kappa D/2)}{\gamma\kappa D/2}\right]{\rm d}\kappa \qquad (9.4.35)$$

对于圆环孔径使用相应的孔径滤波函数。对于长距离的光传播问题，为提供足够高的光通量，常常使用有限面积的光源，这可以和接收孔径的平均进行类似的分

9.4 光强起伏 (闪烁效应)

析处理。直径为 D_S 的圆形非相干光源的传播问题, 相当于有限面积内各点的球面波的叠加, 因此其孔径滤波函数为

$$F(\boldsymbol{\kappa}) = \left[\frac{2\mathrm{J}_1(\kappa D_S/2)}{\kappa D_S/2}\right]^2 \tag{9.4.36}$$

必须注意的是, 由于光源和接收孔径位于传播方向的两端, 对于传播因子为 γ 的问题, 孔径滤波函数中的空间波数前的因子应为 $1-\gamma$。这样对于直径为 D_S 的圆形非相干光源, 直径为 D 的接收孔径上的光强起伏方差为

$$\beta_\mathrm{I}^2 = 4(2\pi k)^2 \int_0^L \mathrm{d}z \int_0^\infty \sin^2\left(\frac{\gamma\kappa^2(L-z)}{2k}\right) \Phi_n(\kappa)|_z$$
$$\times \kappa \left[\frac{2\mathrm{J}_1(\gamma\kappa D/2)}{\gamma\kappa D/2}\right]^2 \left\{\frac{2\mathrm{J}_1[(1-\gamma)\kappa D_S/2]}{(1-\gamma)\kappa D_S/2}\right\}^2 \mathrm{d}\kappa \tag{9.4.37}$$

若光源位于 $z=0$, 则式 (9.4.37) 可写为

$$\beta_\mathrm{I}^2 = 4(2\pi k)^2 \int_0^L \mathrm{d}z \int_0^\infty \sin^2\left(\frac{\kappa^2 z(L-z)}{2kL}\right) \Phi_n(\kappa)|_z$$
$$\times \kappa \left[\frac{2\mathrm{J}_1(\kappa Dz/2L)}{\kappa Dz/2L}\right]^2 \left\{\frac{2\mathrm{J}_1[(1-z/L)\kappa D_S/2]}{(1-z/L)\kappa D_S/2}\right\}^2 \mathrm{d}\kappa \tag{9.4.38}$$

对于 Kolmogorov 湍流并满足 $D \gg \sqrt{\lambda L}$, 仅考虑接收孔径为 D 的情况有

$$\beta_\mathrm{I}^2(pl) = 17.36 D^{-7/3} \int_0^L C_n^2(z)(L-z)^2 \mathrm{d}z \tag{9.4.39}$$

$$\beta_\mathrm{I}^2(sp) = 17.36 D^{-7/3} \int_0^L C_n^2(z)(L-z)^2(L/z)^{1/3} \mathrm{d}z \tag{9.4.40}$$

在路径上湍流强度均匀分布的情况下, 平面波和球面波的结果分布为

$$\beta_\mathrm{I}^2(pl) = 5.787 D^{-7/3} C_n^2 L^3 \tag{9.4.41}$$

$$\beta_\mathrm{I}^2(sp) = 11.718 D^{-7/3} C_n^2 L^3 \tag{9.4.42}$$

Kolmogorov 湍流下直径为 D_S 的圆形非相干光源, 点接收光强起伏方在满足 $D_S \gg \sqrt{\lambda L}$ 情况有

$$\beta_\mathrm{I}^2 = 17.36(L/D_S)^{7/3} \int_0^L C_n^2(z)[(L-z)z/L]^{-1/3} \mathrm{d}z \tag{9.4.43}$$

从以上各式可以看出，孔径平均后的光强起伏方差与波长无关。

实际应用中有时关心光强的空间相关特性，由式 (9.4.1) 和式 (9.4.2) 可得归一化的对数振幅相关函数

$$b_\chi(\rho) = \frac{B_\chi(\rho)}{\sigma_\chi^2} = \frac{\int_0^L \mathrm{d}z \int_0^\infty J_0(\kappa\gamma\rho) \sin^2[P(\gamma,\kappa,z)] \Phi_n(\kappa)|_z \kappa \mathrm{d}\kappa}{\int_0^L \mathrm{d}z \int_0^\infty \sin^2[P(\gamma,\kappa,z)] \Phi_n(\kappa)|_z \kappa \mathrm{d}\kappa} \tag{9.4.44}$$

数值计算表明，式 (9.4.44) 结果依赖于 Fresnel 尺度并轻微依赖于湍流内尺度。在 $l_0 \ll \sqrt{\lambda L} \ll L_0$ 和传播路径湍流强度均匀的情况下，不考虑内尺度影响，参考式 (8.3.46)，可求得平面波归一化的对数振幅相关函数

$$b_\chi(\rho) = \frac{\int_0^\infty J_0(\kappa\rho) \left\{1 - \frac{\sin^2(\kappa^2 L/k)}{\kappa^2 L/k}\right\} \kappa^{-8/3} \mathrm{d}\kappa}{\int_0^\infty \left\{1 - \frac{\sin^2(\kappa^2 L/k)}{\kappa^2 L/k}\right\} \kappa^{-8/3} \mathrm{d}\kappa} \tag{9.4.45}$$

其结果如图 9.4.8 所示。由垂直于传播方向的平面内两点光强的协方差可得归一化协方差为

$$b_\mathrm{I}(\rho) = [\langle I(\boldsymbol{\rho}_1)I(\boldsymbol{\rho}_2)\rangle - \langle I(\boldsymbol{\rho}_1)\rangle \langle I(\boldsymbol{\rho}_2)\rangle] / \langle I(\boldsymbol{\rho}_1)\rangle \langle I(\boldsymbol{\rho}_2)\rangle \tag{9.4.46}$$

根据四阶矩方程的求解，可获得强起伏条件下两点光强的协方差。其结果如图 9.4.8 所示。可以看出，在弱起伏条件下，对数振幅 (光强) 的相关距离约为 Fresnel 尺度 $\sqrt{\lambda L}$，$\rho \sim \sqrt{\lambda L}$ 处的负值表明，平均而言，若一点的光强很高，则距其 $\sqrt{\lambda L}$ 处的另一点的光强便很低。因此，这个相关距离应该是闪烁图案中焦线网格宽度的一半。在强起伏条件下，光强的相关距离大大小于 $\sqrt{\lambda L}$ 和空间相干长度。

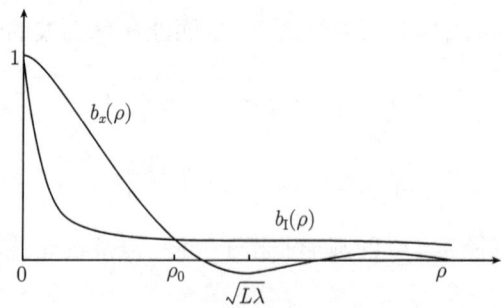

图 9.4.8 对数振幅的相关函数和光强的归一化协方差

9.4 光强起伏 (闪烁效应)

一定面积的孔径内的光强起伏方差与点接收起伏方差的比值称为孔径平均因子 $A(A<1)$。Churnside 等求得的弱起伏条件下和强起伏条件下平面波和球面波的直径为 D 的圆形孔径平均因子列于表 9.4.1 和表 9.4.2，表中同时列出了强起伏条件下的光强起伏方差表达式 (Churnside, 1991)。注意孔径平均因子依赖于湍流内尺度 l_0、Fresnel 尺度 $\sqrt{L\lambda}$ 和 Fried 参数 r_0 的相互关系。

表 9.4.1 平面波的圆形孔径平均因子

条件	孔径平均因子
弱起伏条件 $l_0 \leqslant \sqrt{L\lambda} \leqslant r_0$	$A = \left[1 + 1.812\left(\dfrac{D^2}{L\lambda}\right)^{7/6}\right]^{-1}$
弱起伏条件 $\sqrt{L\lambda} < \min(r_0, l_0)$	$A = \left[1 + 2.21\left(\dfrac{D}{l_0}\right)^{7/3}\right]^{-1}$
强起伏条件 $l_0 < r_0 < \sqrt{L\lambda}$	$\beta_{\mathrm{I}}^2 = 1 + 1.373\left(\dfrac{r_0^2}{L\lambda}\right)^{1/3}$ $A = \dfrac{\beta_{\mathrm{I}}^2 + 1}{2\beta_{\mathrm{I}}^2}\left[1 + \left(\dfrac{D}{r_0}\right)^2\right]^{-1} + \dfrac{\beta_{\mathrm{I}}^2 - 1}{2\beta_{\mathrm{I}}^2}\left[1 + 0.415\left(\dfrac{r_0 D}{L\lambda}\right)^{7/3}\right]^{-1}$
强起伏条件 $r_0 < \min(\sqrt{L\lambda}, l_0)$	$r_0 = 2.1\left[1.20k^2\int_0^L C_n^2(z)l_0^{-1/3}(z)\mathrm{d}z\right]^{-1/2}, \quad \beta_{\mathrm{I}}^2 = 1 + 1.744\left(\dfrac{r_0 l_0}{L\lambda}\right)^{1/3}$ $A = \dfrac{\beta_{\mathrm{I}}^2 + 1}{2\beta_{\mathrm{I}}^2}\left[1 + 1.10\left(\dfrac{D}{r_0}\right)^2\right]^{-1} + \dfrac{\beta_{\mathrm{I}}^2 - 1}{2\beta_{\mathrm{I}}^2}\left[1 + 3.251\left(\dfrac{r_0 D}{L\lambda}\right)^{7/3}\right]^{-1}$

表 9.4.2 球面波的圆形孔径平均因子

条件	孔径平均因子
弱起伏条件 $(5/3)l_0 \leqslant \sqrt{L\lambda} \leqslant r_0$	$A = \left[1 + 0.3624\left(\dfrac{D^2}{L\lambda}\right)^{7/6}\right]^{-1}$
弱起伏条件 $\sqrt{L\lambda} < \min[r_0, (5/3)l_0]$	$A = \left[1 + 0.109\left(\dfrac{D}{l_0}\right)^{7/3}\right]^{-1}$
强起伏条件 $l_0 < r_0 < \sqrt{L\lambda}$	$\beta_{\mathrm{I}}^2 = 1 + 4.343\left(\dfrac{r_0^2}{L\lambda}\right)^{1/3}$ $A = \dfrac{\beta_{\mathrm{I}}^2 + 1}{2\beta_{\mathrm{I}}^2}\left[1 + \left(\dfrac{D}{r_0}\right)^2\right]^{-1} + \dfrac{\beta_{\mathrm{I}}^2 - 1}{2\beta_{\mathrm{I}}^2}\left[1 + 2.560\left(\dfrac{r_0 D}{L\lambda}\right)^{7/3}\right]^{-1}$
强起伏条件 $r_0 < \min(\sqrt{L\lambda}, l_0)$	$r_0 = 2.1\left(0.545k^2 C_n^2 L l_0^{-1/3}\right)^{-1/2}, \quad \beta_{\mathrm{I}}^2 = 1 + 3.271\left(\dfrac{r_0 l_0}{L\lambda}\right)^{1/3}$ $A = \dfrac{\beta_{\mathrm{I}}^2 + 1}{2\beta_{\mathrm{I}}^2}\left[1 + 1.10\left(\dfrac{D}{r_0}\right)^2\right]^{-1} + \dfrac{\beta_{\mathrm{I}}^2 - 1}{2\beta_{\mathrm{I}}^2}\left[1 + 1.367\left(\dfrac{r_0 D}{L\lambda}\right)^{7/3}\right]^{-1}$

9.5 光波起伏的概率分布与分形特征

9.5.1 光波起伏的概率分布特征

作为随机过程的光波起伏, 概率分布是其统计特征的最基本的描述方法。由于相位起伏是湍流介质折射率起伏的线性贡献造成的, 当折射率起伏服从正态分布时, 相位起伏也服从正态分布 (Wheelon, 2001a), 其概率密度分布为

$$p(S_1) = \frac{1}{\sqrt{2\pi\sigma_S^2}} \exp\left(-\frac{S_1^2}{2\sigma_S^2}\right) \qquad (9.5.1)$$

其概率分布为

$$P(|S_1| > S_0) = 1 - \mathrm{erf}\left(\frac{S_0}{\sqrt{2\sigma_S^2}}\right) \qquad (9.5.2)$$

由于两点的相位符合正态分布, 两点间的相位差也符合正态分布, 其概率密度分布为

$$p(\Delta S) = \frac{1}{\sqrt{2\pi D_S(\rho)}} \exp\left(-\frac{\Delta S^2}{2D_S(\rho)}\right) \qquad (9.5.3)$$

由两点间的到达角的定义 (9.2.1), 根据相位起伏服从正态分布的结论, 到达角起伏必然也服从正态分布。记 $\langle \alpha^2 \rangle \equiv \sigma_\alpha^2$, 由式 (9.5.3), 到达角起伏的概率密度分布为

$$p(\sigma_\alpha) = \frac{k\rho}{\sqrt{2\pi D_S(\rho)}} \exp\left(-\frac{k^2\rho^2\sigma_\alpha^2}{2D_S(\rho)}\right) \qquad (9.5.4)$$

相当充分的实验结果验证了到达角起伏符合正态分布的结论。

相对于相位起伏, 光强起伏的概率分布问题要复杂得多。在弱起伏条件下, 理论研究与实验都证明, 光强起伏的概率密度分布服从对数正态分布 (即对数强度服从正态分布)。而在强起伏条件下, 特别是在弱起伏条件、强起伏条件之间的中等起伏条件下, 尚不能从光传播的物理过程获得确定的分布形式。根据各种假设提出的多种分布模型一般都包含可调节的参量, 它们必须通过分布函数的模型计算值与实验数据的比较才能确定。

理论上分布模型都是基于一定假设的唯象的物理分析得到的, 而不是通过严格分析物理过程得到的。实验中由于探测器件的动态范围与数据样本数的有限性和光强起伏过程本身平稳性的限制, 高阶次的统计矩是不可能准确获得的 (Parry, 1981)。若光强起伏方差 $\sigma_I^2 = 3.5$(对于球面波而言, 这种起伏强度不算太大), 即使概率分布的测量精度高达 10^{-7}, 四阶矩或更高统计矩的估算精度也可能很差, 这种测量精度要求很高的探测饱和阈值, 使得高于均值 100 倍的峰值强度能够探测, 并

具有 1000 万个独立的统计样本 (Churnside and Hill, 1987)。数值计算求得的光强极大值与极小值之比与 Rytov 指数的关系如图 9.5.1 所示 (Rao, 2008b), 光强变化范围高达 10^{10}。一般的实验条件达不到以上要求, 因而也就不可能获得十分精确的分布形式。

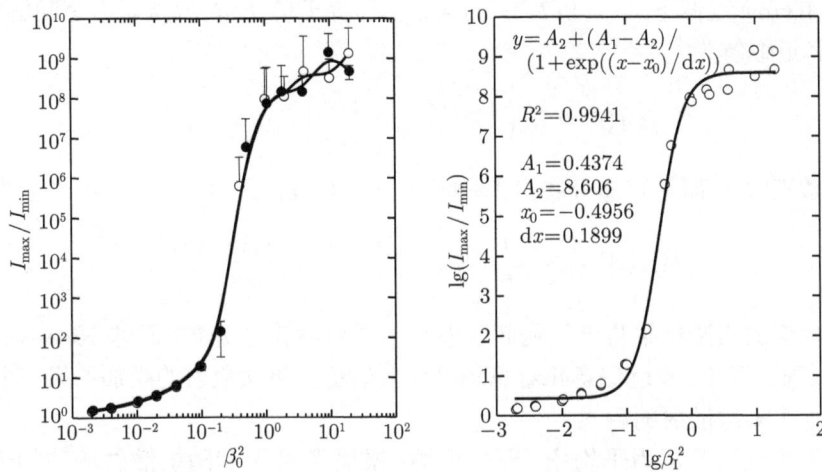

图 9.5.1 光强变化范围与 Rytov 指数的关系

在这种情况下, 目前的一些研究工作已经转向通过光传播的数值模拟来探索解决概率分布问题 (Flatte et al., 1994; Hill and Frehlich, 1997), 或根据实验获得的光强起伏的几阶低阶统计矩 (以获取概率分布的数字特征, 包括偏斜度、陡峭度) 建立极大似然概率分布模型 (饶瑞中等, 1999a)。

在第 8 章介绍 Rytov 近似理论时, 曾提到 Born 近似的不适合以及 Rytov 近似的合理性。实际上, 这一点正是从概率分布得到验证的。因为在 Born 近似下, 湍流介质中传播的光场可以表示为自由空间解的相加微扰 $E = E_0 + E_1$, 其中 E_0 为自由空间解, E_1 为介质起伏引起的微扰项, 其近似解

$$E_1(\boldsymbol{r}) = \frac{1}{4\pi} \iiint_V \frac{\exp(ik|\boldsymbol{r} - \boldsymbol{r}'|)}{|\boldsymbol{r} - \boldsymbol{r}'|} 2k^2 n_1(\boldsymbol{r}') E_0(\boldsymbol{r}') \mathrm{d}\boldsymbol{r}' \tag{9.5.5}$$

说明微扰 E_1 是由散射体内的各点产生的大量球面波的独立贡献的叠加而形成的。根据中心极限定理, E_1 的实部和虚部应服从正态分布, 总场 $E = E_0 + E_1$ 的统计性质依赖于 E_1 的实部和虚部的方差以及它们的相关。当实部和虚部的方差相等并且相关为零时, 总场 $E = E_0 + E_1$ 等价于一个常相幅矢量 E_0 与一个随机圆型复 Gauss 相幅矢量 E_1 的和 (Goodman, 1985), 振幅 $A = |E|$ 的概率分布则为 Rice-Nakagami 分布。

$$P_{\rm RN}(A) = \frac{2A}{\sigma^2} \exp\left(\frac{A+|E_0|^2}{\sigma^2}\right) {\rm I}_0\left(\frac{2A|E_0|}{\sigma^2}\right) \tag{9.5.6}$$

式中, I_0 为第一类变型 Bessel 函数; σ^2 为 E_1 的起伏方差。然而关于实部和虚部相等并且相关为零的假设一般是没有根据的, 因此场的统计特性可能更为复杂。

在 Rytov 近似下, $\varphi = \ln E = \varphi_0 + \varphi_1$, 等价于场 E 表示为自由空间解的相乘微扰。其近似解为

$$\varphi_1(\bar{r}) = \ln\left(1 + \frac{E_1}{E_0}\right) \approx \left|\frac{E_1}{E_0}\right| = \chi + {\rm i}S_1 \tag{9.5.7}$$

对数振幅 χ 服从正态分布, 即振幅 A 符合对数正态分布

$$P_{\rm LN}(A) = \frac{1}{\sqrt{2\pi}\sigma_\chi A} \exp\left(-\frac{(\ln(A/A_0) - \overline{\chi})^2}{2\sigma_\chi^2}\right) \tag{9.5.8}$$

占优势的实验结果肯定了弱起伏条件下的对数正态分布, 而非 Rice-Nakagami 分布。原因在于 Born 近似意味着总场是各散射单元单次散射的叠加结果, 而 Rytov 近似包含了多次散射的因素。

如果将光场表示为平均场 (即相干场, 振幅为 A_0) 和随机散射场的相干叠加, 大气湍流的非平稳性导致随机散射场统计特征的随机起伏, 则场的统计性质符合条件 Rice-Nakagami 分布, 通过假定方差的统计特性, 则可得到 I-K 分布 (Andrews and Phillips, 1986; Andrews et al., 1988)

$$P_{\rm IK}(I) = \begin{cases} \dfrac{2\alpha}{b_0}\left(\dfrac{\sqrt{I}}{A_0}\right)^{\alpha-1} {\rm K}_{\alpha-1}\left(2A_0\sqrt{\dfrac{\alpha}{b_0}}\right) {\rm I}_{\alpha-1}\left(2\sqrt{\dfrac{\alpha I}{b_0}}\right), & I < A_0^2 \\ \dfrac{2\alpha}{b_0}\left(\dfrac{\sqrt{I}}{A_0}\right)^{\alpha-1} {\rm I}_{\alpha-1}\left(2A_0\sqrt{\dfrac{\alpha}{b_0}}\right) {\rm K}_{\alpha-1}\left(2\sqrt{\dfrac{\alpha I}{b_0}}\right), & I < A_0^2 \end{cases} \tag{9.5.9}$$

参量 α 与对微扰场有贡献的各独立散射单元的数目相联系, 而 b_0 为随机散射分量振幅方差的平均值; $I_n(\bullet)$, $K_n(\bullet)$ 为第一类和第二类变型 Bessel 函数。

除上述几种分布模型外, 尚有其他多种模型 (Churnside and Clifford, 1987; Churnside and Frehlich, 1989), 一个更具一般性的 Beckmann 分布 (即被正态分布调制的 Rice-Nakagami 分布) 被采用, 其形式为 (Hill and Frehlich, 1997)

$$P_{\rm B}(I|r,\sigma_z^2) = \int_0^\infty P_{\rm RN}(I|z,r) P_{\rm B}(z|\sigma_z^2) {\rm d}z \tag{9.5.10}$$

式中, 符号 | 左边为变量, 右边为参量。

由于正态分布被广泛地应用于几乎所有的学科领域, 最为人们所熟知, 如果能够确定概率分布与正态分布的差别, 就易于理解和接受。根据实验数据可靠的最低

几阶统计矩, 基于概率分布的数字特征 (均值、方差、偏斜度和陡峭度) 就可以从实验数据拟合出一种极大似然概率分布。

极大似然概率分布的原理为 (Frieden, 1983): 在 M 次观测中, K 个物理量 f_k 的观测结果为 F_k, 则有

$$\sum_{i=1}^{M} f_k(x_i) p(x_i) = F_k, \quad k = 1, 2, \cdots, K, \quad K < M - 1 \qquad (9.5.11)$$

同时满足归一化条件 $\sum_{i=1}^{M} p(x_i) = 1$, 则极大似然概率分布为

$$p(x) = \exp\left[-1 + \mu + \sum_{k=1}^{M} \lambda_k f_k(x)\right] = \exp\left[\lambda_0 + \sum_{k=1}^{M} \lambda_k f_k(x)\right] \qquad (9.5.12)$$

将此式代入式 (9.5.11) 通过迭代方法可求得系数 $\lambda_k (k = 0, 1, 2, \cdots, K)$。在已知 x 的均值和方差 $\langle x \rangle$, σ^2 时, 有 $f_1(x) = x$, $f_2(x) = (x - \langle x \rangle)^2$, $F_1 = \langle x \rangle$, $F_2 = \sigma^2$, 有

$$p(x) = \exp\left[\lambda_0 + \lambda_1 x + \lambda_2 (x - \langle x \rangle)^2\right]$$

易得

$$p(x) = \frac{1}{\sqrt{2\pi}\sigma} \exp\left[-\frac{(x - \langle x \rangle)^2}{2\sigma^2}\right]$$

即为正态分布。因此正态分布就是已知最低两阶统计矩的极大似然分布。

根据实验样本值我们可以求得对数光强 $\ln I$ 的任意级次 k 的中心矩 μ_k。若对数光强 $\ln I$ 的平均值为 $\langle \ln I \rangle$、概率密度分布为 $p(\ln I)$, 则有

$$\int_{-\infty}^{\infty} (\ln I - \langle \ln I \rangle)^k p(\ln I) \mathrm{d} \ln I = \mu_k, \quad k = 1, 2, 3, \cdots \qquad (9.5.13)$$

实验数据的高阶矩的精度不能保证, 只有较低级次的矩才可能比较可靠。一阶矩为零, 与均值相联系, 决定了概率分布主要部分的位置; 二阶矩为方差, 决定了正态分布的形状; 三阶矩和四阶矩分别决定了相对于正态分布的偏斜度和陡峭度。概率分布的偏斜度 γ_1 和陡峭度 γ_2 分别定义为 (Abramowitz and Stegun, 1965)

$$\gamma_1 = \frac{\mu_3}{\mu_2^{3/2}}, \quad \gamma_2 = \frac{\mu_4}{\mu_2^2 - 3} \qquad (9.5.14)$$

偏斜度反映了概率分布相对于均值的非对称性。如果概率分布对于均值是对称的 (如正态分布), 则偏斜度为零, 反之则偏斜度不为零。陡峭度反映了概率分布相对于正态分布的集中程度。如果陡峭度为正, 则概率分布比正态分布更为集中,

反之则比正态分布发散. 利用一阶矩至四阶矩的数值建立起分布模型, 便可相当充分地反映出概率分布的实际形状, 而不必涉及级次很高的统计矩. 已知最低四阶中心矩的最大似然概率密度分布可以表达为

$$p(\ln I) = \exp\left[\sum_{i=0}^{4} \lambda_i \left(\ln I - \langle \ln I \rangle\right)^i\right] \tag{9.5.15}$$

它应满足归一化条件

$$\int_{-\infty}^{\infty} p(\ln I) \mathrm{d}\ln I = \mu_0 = 1 \tag{9.5.16}$$

由归一化条件和四个矩方程构成五个未知系数 $\lambda_i\, (i=0,4)$ 的非线性积分方程组, 目前尚未获得直接的解析解. 如果我们能获得完全由均值、方差、偏斜度和陡峭度表达的最大似然概率密度分布的解析表达式, 则不仅仅对光强起伏的概率分布具有重要意义, 而且对于自然界中数量巨大的随机问题都将产生非常重要的影响, 具有极广泛的应用范围. 这是因为正态分布是自然界中应用最广泛的概率分布, 但实际问题很难严格符合正态分布.

根据二阶 Rytov 近似分析, 平面波和球面波归一化光强的概率分布的三阶矩分别为 (Wheelon, 2001b)

$$\mu_3 = -0.6964 \mu_2^2 \quad (\text{平面波}) \tag{9.5.17}$$

$$\mu_3 = -0.3553 \mu_2^2 \quad (\text{球面波}) \tag{9.5.18}$$

进而可以推出具有偏斜度的激光大气闪烁概率分布的解析表达形式.

图 9.5.2 表示一天之内对数光强概率密度分布的偏斜度和陡峭度的变化特性 (饶瑞中等, 1999a). 大量实验结果表明, 无论是冬季或夏季、白天或夜晚, 对于对数光强起伏的概率密度分布, 当其偏离正态分布时, 偏斜度总是为负, 即低于均值的

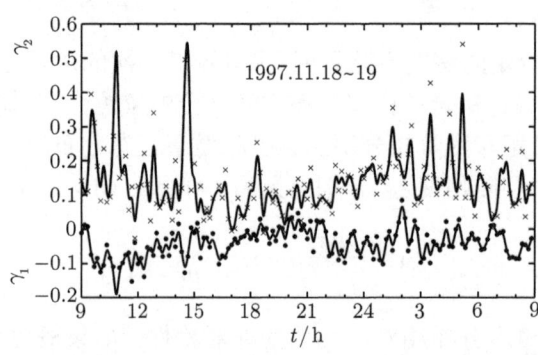

图 9.5.2 对数光强概率密度分布的偏斜度 (下) 和陡峭度 (上) 的日变化特征

概率小于高于均值的概率; 陡峭度总是为正, 即实际分布比正态分布更为向均值集中。这与数值计算的结论相吻合 (Flatte et al., 1994)。

9.5.2 光强起伏的间歇性特征

光强起伏的强度、概率分布以及频谱等都是传统的统计分析, 它们的基础是大气湍流满足局地各向同性的假设 (Kolmogrov 湍流模型)。由于湍流间歇性的存在, 在间歇性湍流大气中传播的光波也应该存在一定的间歇特征。光强起伏的实验结果观察到许多光强峰值 (大大高于平均值的脉冲式信号) 的现象, 是闪烁间歇性的直观反映 (Coles and Frehlich, 1982)。

间歇性的一个直观表现是异常高频信号的突然爆发, 因此对随机信号间歇性的分析可以通过对信号的频谱分析来进行。由于 Fourier 频谱表征的是整体信号的综合特征, 它不能反映信号频谱分量的具体发生时刻, 所以不能用来做间歇性分析。而小波变换同时反映了信号的频域和时域特征, 则可用来进行间歇性分析。小波分析可以对具体一组信号作详细的间歇性研究, 然而如果要对许多组数据进行间歇性的宏观分析, 则必须引入描述间歇性的特征参量, 这可利用奇性测度分析来实现。

令 $L^2(IR)$ 表示在区间 $(-\infty, \infty)$ 上定义的所有可测且具有 $\int_{-\infty}^{\infty} |g(x)|^2 \mathrm{d}x < \infty$ 的函数集合, 如果 $\varphi \in L^2(IR)$ 满足容许性条件 $C_\varphi = \int_{-\infty}^{\infty} \frac{|\Phi(\omega)|^2}{\omega} \mathrm{d}\omega < \infty$, $\Phi(\omega)$ 为 φ 的 Fourier 变换, 则称 φ 为一个基小波。关于基小波 φ 在 $L^2(IR)$ 上的积分小波变换为

$$(W_\varphi g)(b, a) = \frac{1}{\sqrt{|a|}} \int_{-\infty}^{\infty} g(t) \varphi^* \left(\frac{t-b}{a} \right) \mathrm{d}t, \quad [g \in L^2(IR)] \tag{9.5.19}$$

式中, $a, b \in L^2(IR)$, 且 $a \neq 0$; $*$ 表示复共轭。在信号分析中, 我们只考虑正频率, 如果频率变量是伸缩参数的倒数的正常数倍, 我们只需考虑 a 的正值, 此时要求基小波满足

$$\int_0^\infty \frac{|\Phi(\omega)|^2}{\omega} \mathrm{d}\omega = \int_0^\infty \frac{|\Phi(-\omega)|^2}{\omega} \mathrm{d}\omega = \frac{C_\varphi}{2} < \infty \tag{9.5.20}$$

有

$$\int_{-\infty}^{\infty} |g(x)|^2 \mathrm{d}x = 2C_\varphi^{-1} \int_0^\infty \left[\int_{-\infty}^{\infty} |(W_\varphi g)(b, a)|^2 \mathrm{d}b \right] a^{-2} \mathrm{d}a = \int_0^\infty E(f) \mathrm{d}f \tag{9.5.21}$$

频率 f 与尺度 a 的关系为 $f = 1/a$, 因此能谱密度

$$E(f) = 2C_\varphi^{-1} \int_0^\infty |(W_\varphi g)(b, a)|^2 \mathrm{d}b \tag{9.5.22}$$

与传统的功率谱一样反映了信号的能谱分布特征。小波分析的优点使我们不仅能够分析出与尺度 a 相对应的频率 $f = a^{-1}$ 处的能谱密度,也能得到位置 b 处、尺度为 a 范围内的信号对能谱密度的贡献

$$e(b,a) = 2C_\varphi^{-1} \left| (W_\varphi g)(b,a) \right|^2 a^{-2} \tag{9.5.23}$$

因此,从各种尺度上的 $e(b,a)$ 的行为即可观察到信号的间歇特征。

对实验信号的分析只能使用离散小波变换,此时选择紧支撑正交小波基,伸缩参数 $a = 2^m (m = 1, \cdots, M)$,平移参数为 $b = na(n = 0, 1, \cdots, 2^{M-m} - 1)$。对于样本数为 N 的数据,$M = \log_2 N$。则有

$$e(m,n) = \left| (W_\varphi g)(m,n) \right|^2 \tag{9.5.24}$$

激光大气闪烁信号在各种尺度上的 $e(m,n)$ 的行为如图 9.5.3 所示,图中只绘出了最小的四种尺度。在不同的尺度上都有异常的爆发值,这些异常值的具体位置也不同。因此,各种尺度上的 $e(m,n)$ 的行为十分清楚地反映了激光大气闪烁信号的间歇特征 (饶瑞中等, 1999b)。

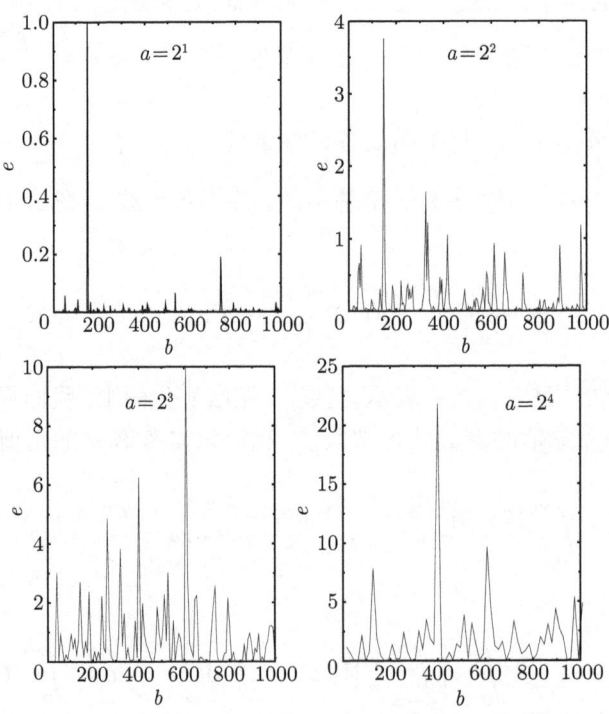

图 9.5.3 对数光强在不同尺度和位置的能量

从连续变化的尺度上的能量分布特征,可以更全面地反映光强起伏的非线性特征和无标度性。图 9.5.4 是近期对激光大气闪烁信号的小波分析结果 (Arsenyan et al., 2002)。将此图和小波分析揭示的湍流级串图案相比较,可以清楚地看出湍流大气中的光强起伏的起伏特性与湍流本身的起伏特性的相似性。

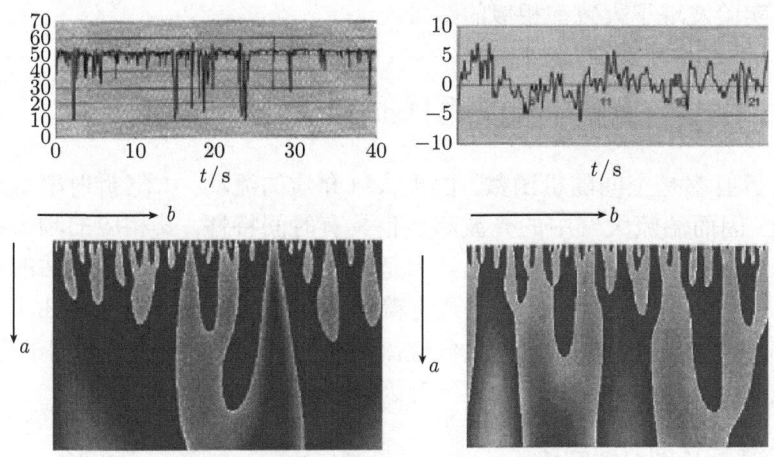

图 9.5.4 激光大气闪烁信号的小波分析

激光大气闪烁的间歇性参量 C_1 的日变化规律与闪烁指数 β_I^2 的变化规律的两个具体例子如图 9.5.5 所示。该图是 1998 年 1 月 20 日 9 时 ~21 日 9 时、3 月 17 日 9 时 ~18 日 9 时间歇性指数与闪烁指数的两个整天日变化。前者由于全天晴朗,日出和日落前后闪烁指数的变化十分剧烈,一天内闪烁指数的最大差值达两个量级以上,最大值附近已经超出了弱起伏条件的范围,然而间歇性参量却比较稳定,随时间变化的幅度不大。后者闪烁指数的变化与前者大不相同,日落前后闪烁指数并未降下来,整个白天至午夜闪烁指数都很大,但间歇性参量却同样相当稳定,

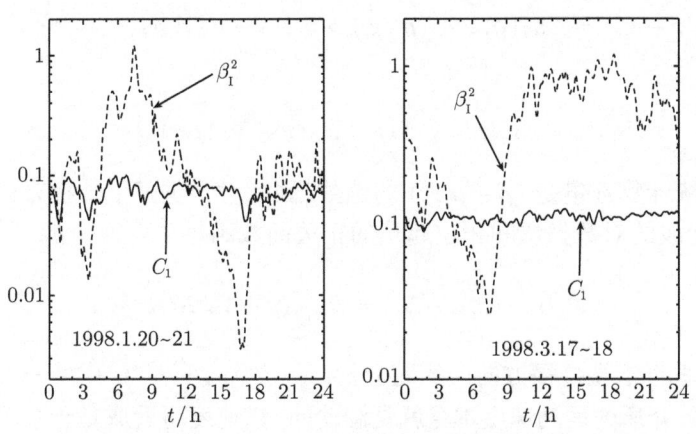

图 9.5.5 激光大气闪烁间歇性指数和闪烁指数的日变化

基本不随时间变化。在这两个整天的变化中，我们注意到间歇性参量都在 0.1 附近，说明光强起伏的间歇性不是很强烈。我们通过两年时间在 500m 和 1000m 传播路径的闪烁实验发现了大致都相似的结果。

9.6 光波起伏的时间频谱特征

大气折射率是空间随机函数，由于大气介质的流动，大气折射率也是时间的随机函数，因而湍流大气中的光波起伏也具有时间特性，其相应的频谱特征是在大气中工作的光学系统 (如光通信、自适应光学) 的设计与性能评估的重要依据 (Greenwood and Fried, 1976)，也是进行确定湍流谱的依据之一 (Frehlich, 1992; 饶瑞中, 2002c)。光波起伏频谱既与大气湍流谱特征、风速的不均匀等因素有关，也与光学系统有限的接收面积和光波波型等因素有关。

9.6.1 光波起伏的时间频谱

湍流的 Taylor 冻结假设 (Monin and Yaglom, 1975) 同样适用于湍流介质的折射率，设湍流介质的平均运动速度为 $\boldsymbol{V}$，则折射率满足

$$n(\boldsymbol{r}, t + \Delta t) = n(\boldsymbol{r} - \boldsymbol{V} \Delta t, t) \tag{9.6.1}$$

根据此式可将空间一点位置上湍流的时间变化特征转换为空间变化特征。同样地，湍流介质中光波起伏的时间变化和空间变化特征也由 Taylor 冻结假设联系起来。由于湍流介质折射率的相关函数只是垂直于光传播方向平面内距离的函数

$$B_n(\boldsymbol{r} - \boldsymbol{r}') = < n_1(\boldsymbol{\rho}, z) n_1(\boldsymbol{\rho}', z') > = \delta(z - z') A_n(\boldsymbol{\rho} - \boldsymbol{\rho}', z) \tag{9.6.2}$$

所以有

$$B_n(\boldsymbol{r}, t + \Delta t) = B_n(\boldsymbol{r} - \boldsymbol{V} \Delta t, t) \tag{9.6.3}$$

光场的二阶统计物理量是 $(\boldsymbol{\rho} - \boldsymbol{\rho}', z)$ 的函数，因此对于垂直于传播方向的某个平面内的两点，光波的对数振幅和相位起伏的相关函数满足

$$B_{\chi, S}(\rho, t + \Delta t) = B_{\chi, S}(\rho - V_\perp \Delta t, t) \tag{9.6.4}$$

式中，$V_\perp$ 为垂直于光传播方向的风速分量。

由于大气介质的运动速度本身就是湍动的，该速度可看成是一个平均速度和一个速度起伏量的叠加

$$\boldsymbol{V} = \boldsymbol{V}_0 + \boldsymbol{V}_\mathrm{f} \tag{9.6.5}$$

9.6 光波起伏的时间频谱特征

为了使 Taylor 冻结假设合理, 首先, 大气介质的运动速度本身应该是时间的缓变函数; 其次, 速度起伏量应远小于平均速度, 这样对于一定尺度 l 的湍流涡团, 当大气运动了距离 l 后, 湍涡的形态基本保持不变。

光波起伏的时间频谱密度是光波起伏时间相关函数的 Fourier 变换

$$W_{\chi,S}(f) = \frac{1}{2\pi} \int_{-\infty}^{\infty} B_{\chi,S}(\rho,\tau)\cos(2\pi f\tau)\mathrm{d}\tau = \frac{1}{\pi}\int_0^\infty B_{\chi,S}(\rho,\tau)\cos(2\pi f\tau)\mathrm{d}\tau \tag{9.6.6}$$

$$\sigma_{\chi,S}^2 = B_{\chi,S}(0) = \int_{-\infty}^\infty W_{\chi,S}(f)\mathrm{d}f \tag{9.6.7}$$

由弱起伏条件下对数振幅和相位的相关函数

$$B_\chi(\rho,L) = (2\pi k)^2 \int_0^L \mathrm{d}z \int_0^\infty J_0(\kappa\gamma\rho)\sin^2[P(\gamma,\kappa,z)]\Phi_n(\kappa)|_z \kappa\mathrm{d}\kappa \tag{9.6.8}$$

$$B_S(\rho,L) = (2\pi k)^2 \int_0^L \mathrm{d}z \int_0^\infty J_0(\kappa\gamma\rho)\cos^2[P(\gamma,\kappa,z)]\Phi_n(\kappa)|_z \kappa\mathrm{d}\kappa \tag{9.6.9}$$

利用积分

$$\int_0^\infty \cos(2\pi f\tau)J_0(\kappa\gamma V\tau)\mathrm{d}\tau = \begin{cases} [(\kappa\gamma V)^2 - (2\pi f)^2]^{-1/2}, & \kappa\gamma V > 2\pi f \\ 0, & \kappa\gamma V < 2\pi f \end{cases} \tag{9.6.10}$$

则可得对数振幅和相位起伏的频谱密度

$$W_\chi(f) = 4\pi k^2 \int_0^L \mathrm{d}z \int_{2\pi f/\gamma V}^\infty \left[(\kappa\gamma V)^2 - (2\pi f)^2\right]^{-1/2}\sin^2[P(\gamma,\kappa,z)]\Phi_n(\kappa)|_z\kappa\mathrm{d}\kappa \tag{9.6.11}$$

$$W_S(f) = 4\pi k^2 \int_0^L \mathrm{d}z \int_{2\pi f/\gamma V}^\infty \left[(\kappa\gamma V)^2 - (2\pi f)^2\right]^{-1/2}\cos^2[P(\gamma,\kappa,z)]\Phi_n(\kappa)|_z\kappa\mathrm{d}\kappa \tag{9.6.12}$$

或写作

$$W_{\chi,S}(f) = 2\pi k^2 \int_0^L \mathrm{d}z \int_{2\pi f/\gamma V}^\infty \left[(\kappa\gamma V)^2 - (2\pi f)^2\right]^{-1/2}$$
$$\times \{1 \mp \cos[2P(\gamma,\kappa,z)]\}\Phi_n(\kappa)|_z\kappa\mathrm{d}\kappa \tag{9.6.13}$$

从式 (9.6.13) 可以求得各种弱起伏条件下对数振幅和相位起伏的频谱密度。可以看出, 只有空间频率高于 $(2\pi/\gamma V)f$ 的湍流谱才对时间频率为 f 的光波起伏频谱有贡献, 反过来说, 时间频率为 f 的光波起伏频谱反映了空间频率高于 $(2\pi/\gamma V)f$ 的湍流谱。在光传播路径上湍流强度均匀的情况下, 平面波和球面波的对数振幅起伏和相位起伏的频谱密度为

$$W_{\chi,S}(f) = 2\pi k^2 L \int_{2\pi f/V}^\infty Q(\kappa)\left[(\kappa\gamma V)^2 - (2\pi f)^2\right]^{-1/2}\Phi_n(\kappa)\kappa\mathrm{d}\kappa \tag{9.6.14}$$

或写作

$$W_{\chi,S}(f) = 2\pi k^2 L/V \int_0^\infty Q(\kappa)\Phi_n(\kappa)\mathrm{d}\kappa', \quad \kappa = \sqrt{\kappa'^2 + (2\pi f/V)^2} \tag{9.6.15}$$

式中,平面波的核函数为

$$Q_{\chi,S}^{\mathrm{pl}}(\kappa) = 1 \mp \sin(\kappa^2 L/k)/(\kappa^2 L/k) \tag{9.6.16}$$

球面波的核函数为

$$Q_{\chi,S}^{\mathrm{sp}}(\kappa) = \frac{1}{L}\int_0^L \left\{1 \mp \cos\left[\frac{z(L-z)}{Lk}\kappa^2\right]\right\}\mathrm{d}z \tag{9.6.17}$$

在 Kolmogrov 湍流谱下计算的球面波的对数振幅和相位起伏的时间频谱如图 9.6.1(a) 所示,特征频率 $f_0 = V/\sqrt{\lambda L}$ 对应于对数振幅频谱曲线的转折点。各谱都以它们在特征频率 f_0 处的值来归一化。对于对数振幅起伏,在低于特征频率 f_0 的部分频谱密度几乎为常量;而在高于特征频率 f_0 的部分频谱密度符合 $-8/3$ 指数率。而相位起伏频谱密度在所有的频率上都符合 $-8/3$ 指数率。

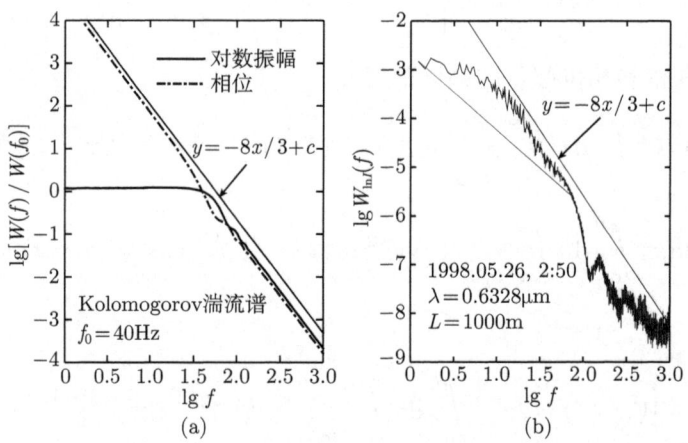

图 9.6.1　湍流介质中光波起伏时间频谱

(a) 对数振幅和相位起伏理论频谱; (b) 实测对数光强起伏频谱

平面波对数振幅和相位起伏的时间频谱的形状和球面波闪烁频谱几乎完全一致,唯一的区别在于对数振幅低频端的常数值是球面波的 4.44 倍。平面波和球面波对数振幅起伏低频和高频端时间频谱的渐近形式具体为

$$W_\chi^{\mathrm{pl}}(f \ll f_0) = 0.534\sigma_{\chi\mathrm{pl}}^2/f_0 \tag{9.6.18}$$

$$W_\chi^{\mathrm{sp}}(f \ll f_0) = 0.225 W_\chi^{\mathrm{pl}}(f \ll f_0) = 0.297\sigma_{\chi\mathrm{sp}}^2/f_0 \tag{9.6.19}$$

9.6 光波起伏的时间频谱特征

$$W_\chi^{\mathrm{pl}}(f \gg f_0) = W_\chi^{\mathrm{sp}}(f \gg f_0) = 0.0195\sigma_{\chi\mathrm{pl}}^2/f_0(f/f_0)^{-8/3} \quad (9.6.20)$$

$$W_\chi^{\mathrm{sp}}(f \gg f_0) = W_\chi^{\mathrm{pl}}(f \gg f_0) = 0.0483\sigma_{\chi\mathrm{sp}}^2/f_0(f/f_0)^{-8/3} \quad (9.6.21)$$

式中，平面波和球面波对数振幅起伏方差为

$$\sigma_{\chi\mathrm{pl}}^2 = 0.307 C_n^2 k^{7/6} L^{7/6}, \quad \sigma_{\chi\mathrm{sp}}^2 = 0.124 C_n^2 k^{7/6} L^{7/6} \quad (9.6.22)$$

平面波和球面波相位起伏的时间频谱完全相同。它和对数振幅起伏频谱的显著区别在于，在低频端和高频端都具有相同的幂律关系，只不过系数有两倍的差别。即

$$W_S(f \ll f_0) = 2W_\chi(f' \gg f_0)(f' = f) \quad (9.6.23)$$

$$W_S(f \gg f_0) = W_\chi(f \gg f_0) \quad (9.6.24)$$

由于相位差 ΔS 的时间频谱与到达角的起伏频谱密切相关，并在波前补偿系统中有重要的应用，在这里写出球面波距离为 ρ 的两点间的相位差 ΔS 的时间频谱密度 (Clifford, 1971)

$$W_{\Delta S}(f) = 8\pi k^2 \int_0^L \int_{2\pi f/V}^\infty \frac{\kappa \Phi_n(\kappa)}{\sqrt{(\kappa V)^2 - (2\pi f)^2}}$$
$$\times \left\{1 + \cos\left[\frac{\kappa^2 z(L-z)}{kL}\right]\right\} \sin^2\left(\frac{\pi\rho f z}{VL}\right) \mathrm{d}\kappa \mathrm{d}z \quad (9.6.25)$$

如果湍流谱不符合 Kolmogorov 形式，但依然服从幂律，其一般形式为 $\Phi_n(\kappa) \propto \kappa^\xi$，则光波频谱的幂律为 $W(f \gg f_0) \propto f^\alpha$。则根据式 (9.6.11) 和式 (9.6.12) 在其他条件均理想的情况下，两种幂律的关系为 $\alpha = \xi + 1$。对于有限能量的湍流，惯性区内 ξ 的最小值为 $-14/3$(Sulem and Frisch, 1975)，我们可以推得 α 的最小值为 $-11/3$。

按照以上对光强起伏和相位起伏的研究方法，在实际应用中，我们可根据具体的光学传播问题进行分析处理，如对按 Zernike 多项式展开的各阶像差的起伏频谱进行分析 (Hogge and Butts, 1976)。

9.6.2 光波起伏频谱的高频幂律的拟合方法

Kolmogrov 湍流情况下平面波和球面波的对数振幅起伏和相位起伏的理论时间频谱最大的特征就是高频段频谱密度呈 $-8/3$ 幂律。闪烁实验测量表明，大部分频谱的高频端呈现幂律特征，但幂值往往和 $-8/3$ 不符。由于实际大气传播路径上湍流均匀性的假设、风速均匀性的假设、冻结湍流的假设总是不能很好地成立，因此频谱的实际分布比理论预期的复杂。要获得准确的高频幂值并分析其统计特征，必须按照一个客观的统一判断标准拟合测量频谱。基于 Fourier 分析获得的频谱可应用五线段拟合法较准确地拟合实验数据。由于 FFT 频谱是等频率间隔的，此时

频谱密度的高频部分的数据冗繁,而低频部分的数据明显不足,线性拟合时无疑过多地考虑了高频部分的作用,拟合结果很可能与拟合方法有关而失去客观性和可靠性,为此可使用离散小波变换 (DWT) 频谱分析方法。

五线段拟合法如图 9.6.2(a) 所示,我们可以将频谱 $W(f)$ 的对数和频率 f 的对数关系表示为五条直线段的组合 $\ln W(f) = a_i + b_i \ln f (\ln f_{i-1} \leqslant \ln f \leqslant \ln f_i$, $i = 1, 2, 3, 4, 5)$。其中线段 1 对应于低频段的常数区,线段 5 对应于高频段的噪声区,而线段 2 对应于常数区与无标度区间的缓变区域,线段 4 对应于无标度区间与噪声区之间的缓变区域,线段 3 对应于 $W_{\ln I}(f) \propto f^\alpha$ 的幂律区间。具体做法是:将整个对数频率范围分为一定数目的等间距的单位区间,对由这些单位区间组成的所有可能的五个大区间分别进行线性拟合,拟合余差最小的那种组合即为最佳拟合结果 (饶瑞中等, 1999c)。

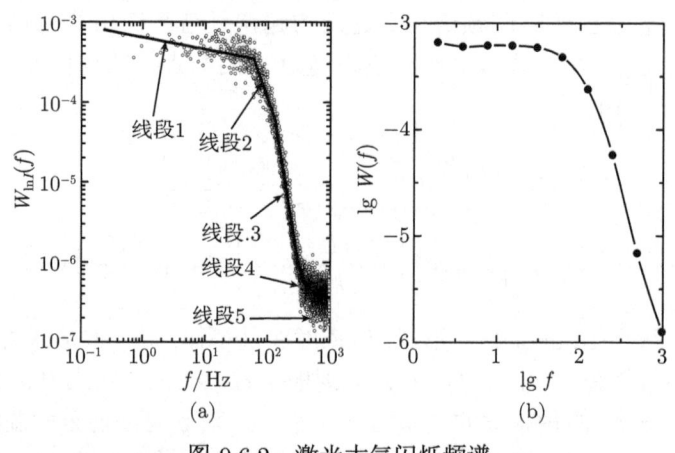

图 9.6.2 激光大气闪烁频谱

(a) FFT 频谱五线段拟合; (b) DWT 频谱

DWT 的伸缩比满足指数律,它所定义的频谱密度是按等对数频率间隔计算的,运算量也比 FFT 大为减少,对 N 个数据进行 FFT 约需要 $N\ln N$ 次运算,而进行 DWT 只需要 N 次运算。闪烁 DWT 频谱的具体例子如图 9.6.2(b) 所示 (饶瑞中等, 1999d)。与 FFT 频谱相比,DWT 频谱相当平滑,拟合曲线求高频幂值的方法也要简单得多。但以 2 的倍数为放大倍数的小波基对应的频率间隔为 $\ln 2$,具有较低的分辨率,不能反映频谱的精细结构。如果能找到具有任意放大倍数的离散小波频谱分析方法,则 DWT 将是光波频谱分析的好方法。

图 9.6.1(b) 是 0.6328m 激光在大气中传播 1000m 后对数光强起伏频谱的一例,在 10~100Hz,频谱呈现 $-8/3$ 幂律,当时间频率达到 100Hz 后频谱迅速下降。更高频率处的无规律起伏可能由噪声引起。实验和理论的差异可能有多种因素造成,

9.6 光波起伏的时间频谱特征

如风的影响。传播路径上风速分布不均匀会造成高频段的下降比 $-8/3$ 幂律更快 (Wang et al., 2000)。风速起伏并不显著改变频谱，低频端依然为常数，高频段依然符合 $-8/3$ 幂律 (Ishimaru, 1997)，只是特征频率略为提高

$$f_0 = \frac{\sqrt{V^2 + 2\sigma_V^2}}{\sqrt{\lambda L}} \qquad (9.6.26)$$

式中，$f_0 = \sigma_V^2$ 为风速的起伏方差。此外湍流谱、光波波型、接收口径的影响在下面分别介绍。

9.6.3 湍流谱形状的影响

只有在较低的空间波数区惯性区的湍流才起主要作用。随着时间频率的增加，惯性区的作用越来越小，而耗散区的作用越来越大。在并非很高的时间频率上，惯性区已完全不起作用，而耗散区起了主要的作用。湍流外尺度 L_0 只对光波起伏时间频谱的低频部分有影响，这个结论对于很小的外尺度如 $L_0=1\text{m}$ 依然成立。湍流内尺度 l_0 决定了高空间波数处湍流谱特征 (Rao et al., 1999)。

根据内尺度 $l_0=1\text{mm}$ 和 $l_0 = 2\text{mm}$ 的 Hill 湍流谱计算的对数振幅、相位和相位差的起伏频谱见图 9.6.3。对于 $l_0 = 1\text{mm}$，$f > f_0$ 上一段频谱的斜率接近于 $-8/3$，当频率达到 1000Hz 时，频谱偏离 $-8/3$ 幂律，以更快趋势的下降。在 $l_0=2\text{mm}$ 的情况下，$f > f_0$ 上频谱幂律接近 $-8/3$ 的范围很窄，或者说已不显著存在。即随着湍流内尺度的增加光波起伏频谱高频部分迅速偏离 $-8/3$ 幂律以更快的速度下降，表明随着内尺度的增大，湍流惯性区的作用迅速降低。而当湍流内尺度 $f_0 \geqslant 5\text{mm}$ 时，频谱与解析结果毫无联系。

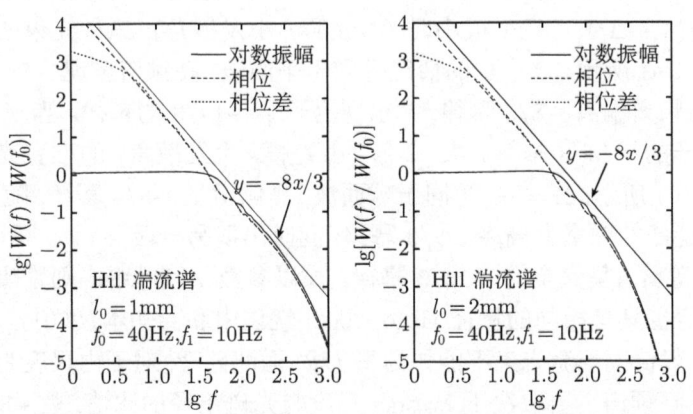

图 9.6.3 湍流内尺度 $l_0 = 1\text{mm}$ 和 2mm 的对数振幅、相位和相位差的起伏频谱

在湍流谱影响光波起伏时间频谱的同时，光传播条件也产生重要的影响，其中两个重要的参量是风速 V 和 Fresnel 尺度 $\sqrt{\lambda L}$，二者的比值构成了特征频率 $f_0 = V/\sqrt{\lambda L}$。随着 f_0 的降低，光波频谱的整体形状向低频方向移动。在一定的内尺度下，对于高于 f_0 的某个特定频率，频谱密度随着 f_0 的降低而越来越偏离 $-8/3$ 幂律。如果湍流内尺度增大，偏离趋势也会随之急剧增大。如果固定光波波长和传播距离，上述结果就是风速的效果。如果风速减小，湍流内尺度的作用就会更加明显。一般而言，风速越小，湍流内尺度越大，黏性耗散区的湍流谱对光波起伏时间频谱的影响就越明显。

9.6.4 Gauss 光束的光波起伏频谱特征

由于目前实际应用的光源大都是激光，波型对光波起伏频谱的影响如何可以通过 Gauss 光束对数振幅和相位起伏的相关函数来求出。对于 Kolmogrov 湍流谱，弱起伏条件下 Gauss 光束光轴上闪烁频谱密度为 (Andrews and Phillips, 1998)

$$W_I(f) = 4.236 \beta_0^2 f_0^{-1} \int_0^1 \int_0^\infty \exp\left[-\Lambda \xi \left(t+f_1^2\right)\right] t^{-1/2} \left(t+f_1^2\right)^{-11/6}$$
$$\times \left\{1 - \cos\left[\left(t+f_1^2\right)\xi(1-\Theta\xi)\right]\right\} \mathrm{d}\xi \mathrm{d}t \tag{9.6.27}$$

式中，$f_1 = f/f_0$；β_0^2 为 Rytov 指数，此频谱密度与 Gauss 光束的两个特征参量有关：$\Lambda = \pi^{-1}(\sqrt{\lambda L}/\omega)^2$，$\omega$ 为接收位置的光束半径；$\Theta = -L/R$，R 为接收位置的曲率半径。如用参数 $\Delta = \pi^{-1}(\sqrt{\lambda L}/\omega_0)^2$ 来描述光腰半径为 ω_0 的 Gauss 光束，则光腰半径 $\omega_0 = \sqrt{L\lambda/\pi\Delta}$，发散角 $\theta = \sqrt{\Delta\lambda/\pi L}$，随 Δ 的增大，光腰半径减小，发散角增大。考虑三种 Gauss 光束，一是光腰位于接收端的聚焦光束，$\Lambda = \Delta$；二是光腰位于发射端的准直光束，$\Lambda = \Delta/(1+\Delta^2)$；三是光腰位于传播路径中心的发散光束，$\Lambda = 4\Delta/(4+\Delta^2)$。当 Δ 很小时 (大光腰、小发散角)，三种光束的频谱基本一致，如图 9.6.4(a) 所示。$\Lambda = 0$ 的情况等同于平面波，高频谱呈现 $-8/3$ 幂律，随着 Λ 的增大，高频谱偏离 $-8/3$ 幂律，并出现另一个 $-14/3$ 的幂律。当 $\Lambda = 0.1$ 时，高频谱呈现单一的 $-14/3$ 幂律。大 Δ 值 (小光腰、大发散角) 的准直光束的频谱密度如图 9.6.4(b) 所示，$\Delta = \infty$ 等同于球面波，高频谱呈 $-8/3$ 幂律，随 Λ 的增大高频谱在越来越低的频率上偏离 $-8/3$ 幂律，同时出现另一段 $-14/3$ 幂律的频谱，当 $\Lambda = 0.1$ 时，高频谱呈完全的 $-14/3$ 幂律。如以参数 Λ 为参照，则聚焦光束和发散光束的高频谱也具有相同的特征 (Rao, 2002; 饶瑞中和龚知本, 2001)。

因此，一般情况下激光束不能作为平 (球) 面波处理，对于内尺度为零的局地各向同性湍流，高频谱主要取决于 Fresnel 尺度与光斑半径的比值，呈 $-8/3$ 和 $-14/3$ 两段幂律或仅呈 $-14/3$ 的幂律。只有当 Λ 值非常小时，Gauss 光束才能当作平面波或球面波来处理，因此在研究激光束的传播问题时，作平面波或球面波假定必须非常小心。同时需要指出的是：有的研究结果认为 Gauss 光束起伏频谱在高频段依然满足 $-8/3$ 幂律 (Ishimaru, 1978), 有的却认为满足 $-11/3$ 幂律 (Gardner and Plonus, 1975)。

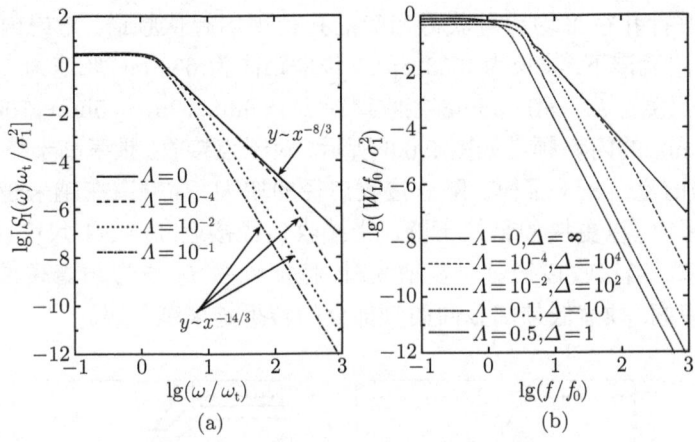

图 9.6.4　高斯光束的大气闪烁频谱密度

(a) 小 Δ 值的 Gauss 光束; (b) 大 Δ 值的准直 Gauss 光束

发散角为 0.7mrad、波长为 0.6328μm 的准直激光束在 1000m 传播距离 (在此条件下 $\Lambda = 4 \times 10^{-4}$) 的闪烁频谱的高频幂值。随时间变化如图 9.6.5 所示，变化特征十分复杂，大部分时间内，标度指数的绝对值都大于 8/3, 在日落前后和日出前后下降至最小值约 6/3。从统计平均的角度来看，有不少数据接近 $-14/3$ 幂律，但幂值的起伏也是明显的。可能有三方面的原因，一是湍流内尺度的影响，使幂值的绝对值大于 14/3; 二是湍流谱幂值的起伏，使闪烁频谱的幂值在 $-14/3$ 附近起伏；三是 Λ 比较小，高频谱中存在一端 $-8/3$ 的部分，当特征频率较高时，该部分将使拟合的幂值的绝对值小于 14/3。

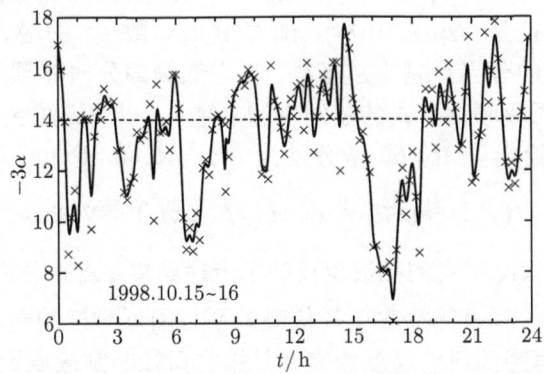

图 9.6.5　激光大气传播的对数光强起伏频谱高频幂值的时间变化

9.6.5 有限孔径和饱和情况下的光波起伏频谱

以上关于光波起伏频谱的讨论都是针对空间中一点的光强而言。而实际应用中有限接收面积的孔径平均现象也会影响闪烁起伏频谱。对球面波的对数振幅 χ 的起伏频谱进行孔径平均后可获得相应的孔径平均起伏频谱，考虑内尺度为零的 Kolmogorov 湍流谱下，波长为 $0.6328\mu m$，传播距离为 $6800m$，风速为 $1m/s$ 的情况，此时 Fresnel 尺度 $\sqrt{L\lambda} = 68.8mm$。接收口径 $D = 0mm$、$2mm$、$5mm$、$10mm$、$50mm$、$100mm$、$250mm$ 的闪烁频谱如图 9.6.6 所示。对于点接收，频率高于特征频率 $f_0 = V/\sqrt{L\lambda}$ 的频谱呈 $-8/3$ 幂律。随着接收口径的增大，高频谱在越来越低的频率上偏离 $-8/3$ 幂律，以更快的幂律下降。当接收口径接近 Fresnel 尺度时，完全呈现 $-11/3$ 的幂律。当接收口径进一步增大时，特征频率 f_0 作为频谱高频与低频的分界点越来越模糊，频谱低频部分向高频部分的转折越来越平缓。

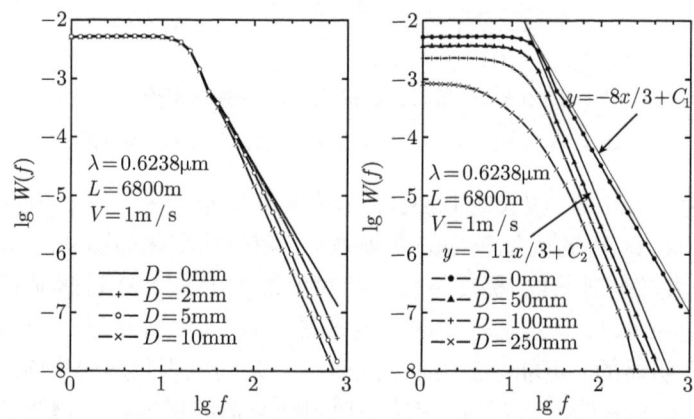

图 9.6.6　不同接收口径下对数振幅的起伏频谱 (湍流内尺度为零)

闪烁的饱和效应也对闪烁频谱产生影响，利用启发式物理模型的得到的饱和闪烁频谱的主要特征是 (Yura, 1974)：随着 Rytov 数 β_0^2 的增大，特征频率 f_0 作为频谱高频与低频的分界点越来越模糊，频谱低频部分向高频部分的转折越来越平缓，低频段和高频段频谱形式的差别也越来越小，以致无法区分。变化趋势如图 9.6.7 所示。图中绘出了 Rytov 数分别为 0.4、4、40 和 400 的归一化频谱密度 $\sqrt{2\pi}f_0W(f)\Big/\int_0^\infty W(f)\mathrm{d}f$ 与对数频率 $\lg(f/\sqrt{2\pi}f_0)$ 的关系。"点"闪烁与大孔径闪烁在闪烁饱和的情况下实测频谱也反映了上述结果 (饶瑞中等，2002)。

将孔径平均下的频谱的接收口径依赖关系与闪烁频谱的湍流内尺度依赖关系进行比较可知，只有当湍流内尺度为零并且接收口径非常接近于零时，闪烁频谱的高频部分才严格服从 $-8/3$ 幂律。这两个关系虽然相似，但存在着十分明显的区别。

随内尺度的增大, 高频闪烁频谱下降越来越快, 如果拟合成幂指数关系, 则幂指数的绝对值越来越大; 而随着接收口径的增大, 高频频谱偏离 $-8/3$ 斜率, 却很快服从另一固定的 $-11/3$ 的幂律。而实际情况下, 湍流内尺度不为零并且接收口径难以非常接近于零。仅从闪烁强度的测量要求来看, 要求 $D \ll \sqrt{L\lambda}$ 即可, 但从频谱高频特征的要求来看, 这个条件必须十分严格地满足。

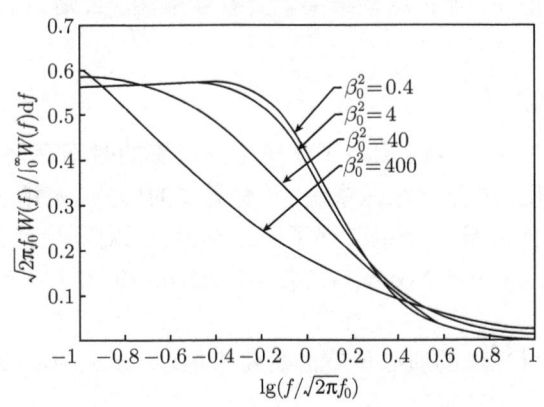

图 9.6.7 不同 Rytov 数下的闪烁频谱

9.7 激光束传播效应

激光是空间受限的光束, 它有明确的光斑。湍流大气对激光传播最直观的影响是光强空间分布即光斑形状的改变。相对于光强起伏、到达角起伏等整体光学统计特征, 光斑图像全面地反映了湍流对光束的影响。光斑的随机分布 (粗糙度) 特征则是其最根本的特征。对光斑特征的改变的定量描述是工程应用的迫切需求, 它主要包括光斑的扩展与漂移、特征尺度和光束质量等。

进行湍流大气中光斑形变特征的研究应从实验上尽可能提高图像的测量精度, 引入合适的数字图像处理技术, 提取光斑的特征信息。利用数值模拟分析光斑图像定量的统计特征, 为实验研究提供有益的参考。实验上准确测量光斑尺度受到技术条件的限制。既要有足够大的接收面积, 探测器件又必须有足够宽的动态范围。对于一般的破碎光斑, 准确的测量是很困难的。

本节讨论的都是理想激光束在湍流大气中传播光斑特征变化的数值模拟和实验研究结果。实验中的激光束都是经过精心选择的满足 Gauss 分布的光束。而在实际工程应用中, 许多激光器输出的往往不是理想的 Gauss 光束, 有些甚至是很复杂的。对于非理想 Gauss 光束的大气传播问题, 不能简单地套用这些结果。对于这类问题, 首先需要利用波前探测设备和光强测量设备测出初始输出激光的光强分布和相位分布,其次采用数值模拟方法进行具体的分析。

研究特殊应用中复杂激光束的大气传播规律可能的方法是:首先,针对具有单一像差的均匀光束进行大气传播数值模拟,得出各种光斑统计特征与像差大小的关系,找出差别和联系;其次,对各种像差的随机组合进行大气传播数值模拟,观察光斑统计特征的变化情况。如果光斑统计特征只依赖于总像差的大小(或光束质量),而不依赖于具体的像差,那么这些结果就具有通用性。否则,就必须具体问题具体分析。

9.7.1 激光束的漂移

光斑漂移 (beam wander) 反映了光斑空间位置的时间变化。光斑漂移对激光在大气中的工程应用,如光学跟踪系统,具有重要的影响(范承玉和宋正方,1995)。迄今不多的研究工作对准直光束取得了一致结果,而对于聚焦光束则存在着差异 (Cook, 1975; Mironov and Nosov, 1977; Ishimaru, 1978; Churnside and Lataitis, 1990)。

光斑漂移通常以光斑的质心位置的变化来描述,光斑的质心定义为

$$\boldsymbol{\rho}_c = \frac{\iint \boldsymbol{\rho} I(\boldsymbol{\rho}) \mathrm{d}\boldsymbol{\rho}}{\iint I(\boldsymbol{\rho}) \mathrm{d}\boldsymbol{\rho}} \tag{9.7.1}$$

即

$$x_c = \frac{\iint x I(x,y) \mathrm{d}x \mathrm{d}y}{\iint I(x,y) \mathrm{d}x \mathrm{d}y} \tag{9.7.2}$$

$$y_c = \frac{\iint y I(x,y) \mathrm{d}x \mathrm{d}y}{\iint I(x,y) \mathrm{d}x \mathrm{d}y} \tag{9.7.3}$$

质心的漂移方差为

$$\sigma_\rho^2 = \langle \rho_c^2 \rangle = \iint \iint (\boldsymbol{\rho}_1 \cdot \boldsymbol{\rho}_2) I(\boldsymbol{\rho}_1) I(\boldsymbol{\rho}_2) \mathrm{d}\boldsymbol{\rho}_1 \mathrm{d}\boldsymbol{\rho}_2 \bigg/ \left[\iint I(\boldsymbol{\rho}) \mathrm{d}\boldsymbol{\rho} \right]^2 \tag{9.7.4}$$

如果光斑质心在水平方向和铅直方向的漂移均方差分别为 σ_x 和 σ_y,则在水平方向和铅直方向的漂移运动统计独立的假设下,光斑质心总的漂移方差

$$\sigma_\rho^2 = \sigma_x^2 + \sigma_y^2 \tag{9.7.5}$$

对于从 $z=0$ 到 $z=L$ 的传播,传播路径上 z 处的湍流造成的倾斜导致光束在 $z=L$ 的平面内漂移,其大小为倾斜角乘以 $(L-z)$,因此在到达角起伏方差公式

9.7 激光束传播效应

中积分项乘以 $(L-z)$ 因子, 并采用 Z 倾斜孔径滤波函数即可得到 $(L-z)$ 接收面内的漂移方差

$$\sigma_\rho^2 = (2\pi)^2 \int_0^L (L-z)\mathrm{d}z \int_0^\infty (\gamma\kappa)^2 \cos^2[P(\gamma,\kappa,z)] \Phi_n(\kappa)|_z \kappa \left[\frac{4J_2(\kappa D/2)}{\kappa D/2}\right]^2 \mathrm{d}\kappa \tag{9.7.6}$$

对于平面波或准直光束在 Kolmogorv 湍流中的传播, 则有

$$\sigma_\rho^2 = 6.08 D^{-1/3} \left[L^2 \int_0^L C_n^2(z)\mathrm{d}z - 2L \int_0^L C_n^2(z)z\mathrm{d}z + \int_0^L C_n^2(z)z^2\mathrm{d}z\right] \tag{9.7.7}$$

若传播路径上湍流强度均匀, 则

$$\sigma_\rho^2 = 2.03 C_n^2 D^{-1/3} L^3 \tag{9.7.8}$$

对于发射口径为 D 的聚焦光束, 有

$$\sigma_\rho^2 = 6.08 L^2 D^{-1/3} \int_0^L C_n^2(z)(1-z/L)^{11/3} \mathrm{d}z \tag{9.7.9}$$

若沿传播路径湍流均匀分布, 则

$$\sigma_\rho^2 = (9/14) 2.03 C_n^2 D^{-1/3} L^3 = 1.305 C_n^2 D^{-1/3} L^3 \tag{9.7.10}$$

举例来说, 当传播距离 $L=10\mathrm{km}$, 发散孔径为 $D=1\mathrm{m}$, $C_n^2 = 10^{-15}\mathrm{m}^{-2/3}$, 则漂移均方根值 $\sigma_\rho \approx 4\mathrm{cm}$。上述结果表明, 光斑漂移与波长无关, 汇聚光束的漂移明显小于准直光束。而有的理论认为, 不论是准直光束还是汇聚光束, 漂移相同 (Smith, 1993)。这些理论结果的差异尚未得到实验的验证。在强起伏条件下, 由于光斑破碎成很多小斑块, 这些结果不再有合适的意义。

目前最常用的成像技术是 CCD, 实验上利用普通 CCD 成像技术研究光斑漂移有两个主要限制: 帧频较低, 难以反映高频变化趋势; 动态范围较小, 图像易于饱和。随着 CCD 技术的飞速发展, 高帧频、大动态范围的 CCD 可用来进行光斑漂移的实验测量。此外, 为了获得足够大面积上光斑的整体概貌, 尚需要足够大面积的接收系统。通常也有两种主要的手段, 一是采用大口径的光学接收系统, 二是将光斑投射到大面积的漫反射面板上, 再二次成像, 然后根据式 (9.7.2) 和式 (9.7.3) 计算光斑质心位置。

用光电倍增管阵列或位置敏感型的光电倍增管, 可以根据投射在光敏面上的光强分布直接输出光强质心位置信号, 这种方式可以获得大动态范围和高采样率的数据 (饶瑞中等, 2000)。图 9.7.1 是在 1000m 的传播距离上利用位置敏感的光电倍增管测得的发射口径 200mm 的聚焦激光束的光斑质心位置随时间的变化 (采样频率

2000Hz),图 9.7.1(a) 是 16 382 个质心位置的分布，x、y 方向上的漂移方差分别为 10.53mm^2 和 9.82mm^2；图 9.7.1(b) 是前 36 个位置的分布，每个位置都做了编号，可以直观地看出质心的随机漂移特征。

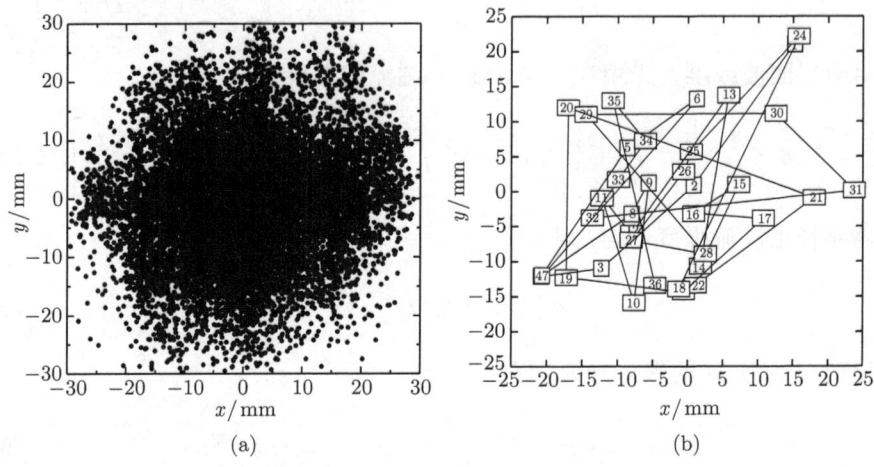

图 9.7.1　聚焦激光束的光斑质心位置随时间的变化

(a) 质心位置分布；(b) 前 36 个质心位置

光斑漂移源于折射率梯度的变化，在近地面附近，水平方向上一般只存在随机变化，而在铅直方向上除随机变化外，还存在系统的梯度变化 (由空气密度的高度分布造成的)，因而造成水平方向和铅直方向上的漂移幅度并不相同。

漂移频谱在 1000Hz 的范围内都有非常明显的变化。图 9.7.2 是一条典型的漂移功率谱密度曲线，它可以由三段幂律曲线描述：第一条位于约 50Hz 以下，幂值约为 -1.15 (这基本符合频率反比关系，如果采用低采样率的采集图像分析，则只

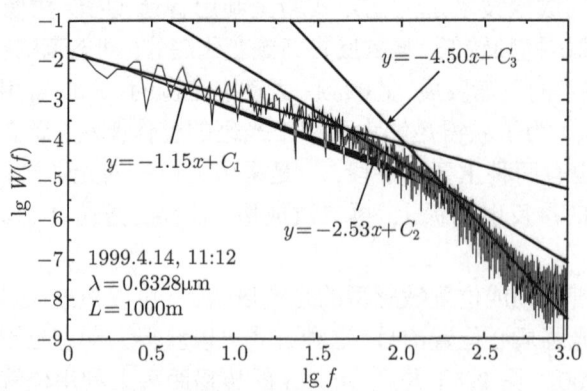

图 9.7.2　漂移功率谱密度及其分段拟合

能观察到这个频率区间的情况,如 Chiba(1971));第二条位于 50~200Hz,幂值约为 -2.53;第三条直线段位于 200Hz 以上,幂值约为 -4.50。由 200 组漂移谱密度数据统计平均的结果是:上述三个频率范围内的幂值的均值与均方根值分别为 $(-1.21, 0.33)$、$(-2.44, 0.60)$ 和 $(-4.77, 0.56)$。分三段描述漂移谱密度虽然直观,但只是一种人为的做法,并非意味着谱密度确实存在三个截然不同的区域。由湍流谱密度的形式,可以推测漂移谱密度在高频部分可能具有某种指数下降趋势。

9.7.2 激光束的扩展

由于湍流大气中传播的激光光斑在时刻漂移着,如果我们长时间观测(或观察光斑的长曝光照片),因光斑漂移引起的累加效果会形成比瞬时光斑(短曝光光斑)大得多的弥散斑,这通常称为长时扩展 (beam spread)。而湍流大气的影响也会使激光束的瞬时光斑扩大,通常称为短时扩展。

假定光源为 Gauss 光束的激光经大气传播后,被湍流扩展后的短时和长时光斑的空间分布依然服从 Gauss 分布。对起伏强度从弱到中等的情况下数值模拟的大量随机实现的光斑分布图像进行叠加,得到长曝光光斑,发现长曝光光斑近似具有 Gauss 空间分布特征,这也得到了湍流大气中汇聚激光束光斑图像的实测结果的证实 (饶瑞中等, 1998a; 1999b)。通常用由下列公式定义的相对于光斑质心的有效光斑半径来描述光斑的扩展特性:

$$\langle \rho^2 \rangle = \iint \rho^2 \langle I(\boldsymbol{\rho}) \rangle \mathrm{d}\boldsymbol{\rho} \Big/ \iint \langle I(\boldsymbol{\rho}) \rangle \mathrm{d}\boldsymbol{\rho} \tag{9.7.11}$$

根据这个定义,按 Gauss 光束定义的光斑半径 W 与有效光斑半径的关系为

$$W = \sqrt{2}\sqrt{\langle \rho^2 \rangle} \tag{9.7.12}$$

在弱起伏条件下,长曝光光斑有效半径的平方可表示为短曝光光斑有效半径的平方与光斑质心漂移方差之和

$$\langle \rho_\mathrm{L}^2 \rangle = \langle \rho_\mathrm{S}^2 \rangle + \sigma_\rho^2 \tag{9.7.13}$$

根据第 8 章场的统计矩分析结果,真空中传播时光场为 $u_0(\boldsymbol{\rho}, z)$ 的光波在湍流介质中传播时,光场的相干部分的强度随传播距离指数下降

$$\langle u(\boldsymbol{\rho}, L) \rangle = u_0(\boldsymbol{\rho}, L) \exp\left[-\int_0^L \alpha(z)\mathrm{d}z\right] \tag{9.7.14}$$

$$\langle I(\boldsymbol{\rho}, L) \rangle = I_0(\boldsymbol{\rho}, L) \exp\left[-2\int_0^L \alpha(z)\mathrm{d}z\right] \tag{9.7.15}$$

$$\alpha = \frac{1}{2}(2\pi k)^2 \int_0^\infty \Phi_n(\kappa)\kappa \mathrm{d}\kappa \tag{9.7.16}$$

若采纳 von Karman 湍流谱, 则可求得 (Ishimaru, 1978)

$$\alpha = (\pi k)^2 \cdot 0.033 C_n^2 L_0^{5/3} \psi[1, 1/6, (5.92 L_0/l_0)^{-2}] \approx 0.391 C_n^2 k^2 L_0^{5/3} \tag{9.7.17}$$

根据平均场衰减到真空中场的 $1/e$ 值可以定义一个特征传播距离

$$L_\mathrm{C} \approx (0.391 C_n^2 k^2 L_0^{5/3})^{-1} \tag{9.7.18}$$

另一个特征传播距离由内尺度确定

$$L_\mathrm{I} \approx (0.391 C_n^2 k^2 l_0^{5/3})^{-1} \tag{9.7.19}$$

在湍流大气中, 衰减系数相当大, 对 $0.6328\mu\mathrm{m}$ 的激光, 在 $l_0 = 1\mathrm{mm}$ 和 $L_0 = 1\mathrm{m}$ 的情况下, 若 $C_n^2 = 10^{-14}\mathrm{m}^{-2/3}$, 则特征距离 L_C 约为 2m, L_I 约为 200km; 若 $C_n^2 = 10^{-16}\mathrm{m}^{-2/3}$, 则 L_C 约 200m, L_I 约 20000km。大于特征距离 L_C 的相干场几乎衰减殆尽, 光场从而成为非相干场。

针对激光光源的 Gauss 光束分布求解场的相干函数 $M(\boldsymbol{\rho}_1, \boldsymbol{\rho}_2, z)$, 可获得各种传播条件下被湍流大气扩展的光束有效半径 (Ishimaru, 1978)。在 $L \gg L_\mathrm{I}$ 的情况下

$$2\langle \rho_\mathrm{L}^2 \rangle = W^2 = W_\mathrm{Vacuum}^2 + 4.4 C_n^2 l_0^{-1/3} L^3 \tag{9.7.20}$$

这种传播情况很少遇到, 对应于非常远的传播距离。在 $L_\mathrm{C} \ll L \ll L_\mathrm{I}$ 的情况下

$$2\langle \rho_\mathrm{L}^2 \rangle = W^2 = W_\mathrm{Vacuum}^2 + 2(L\lambda)^2/(\pi\rho_0)^2 \tag{9.7.21}$$

式中, ρ_0 为球面波的空间相干长度, 由式 (9.1.16) 确定。这是实际应用中经常遇到的传播情况。

由式 (9.7.13)、式 (9.7.20) 和式 (9.7.21) 的结果, 结合光斑漂游的结果 (式 (9.7.7) 和式 (9.7.9)), 可以得到短曝光光斑的有效半径 (Fante, 1975)。

我们可以用数值模拟方法产生激光束在湍流大气中的光斑, 以便定量分析各种统计特征。图 9.7.3 给出了真空传播 (图 (a)) 和湍流大气中弱起伏和强起伏条件下数值模拟的短曝光光斑。可以看出, 在弱起伏条件下, 短曝光光斑出现可见的弥散 (图 (b)); 在强起伏条件下会出现严重的光斑破碎现象 (图 (c)), 在这种情况下, 通常意义下短曝光光斑的扩展概念已不能反映光斑的真实情况。

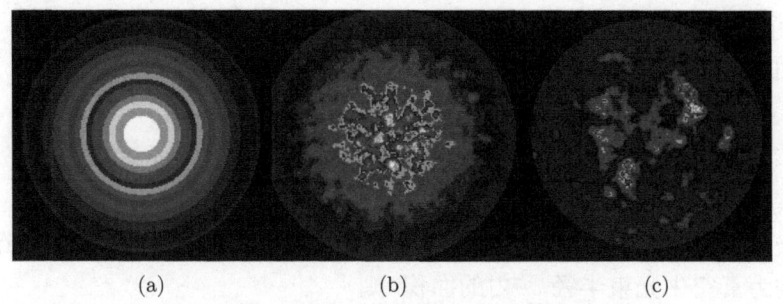

图 9.7.3 湍流大气中的短曝光光斑图像

(a) 真空传播; (b) 弱起伏; (c) 强起伏

在得到激光光斑的有效半径的基础上,根据光强的 Gauss 分布公式,可以得到平均的光强分布,准直光束和聚焦光束轴上光强随传播距离的变化关系如图 9.7.4 所示 (Ishimaru, 1978)。

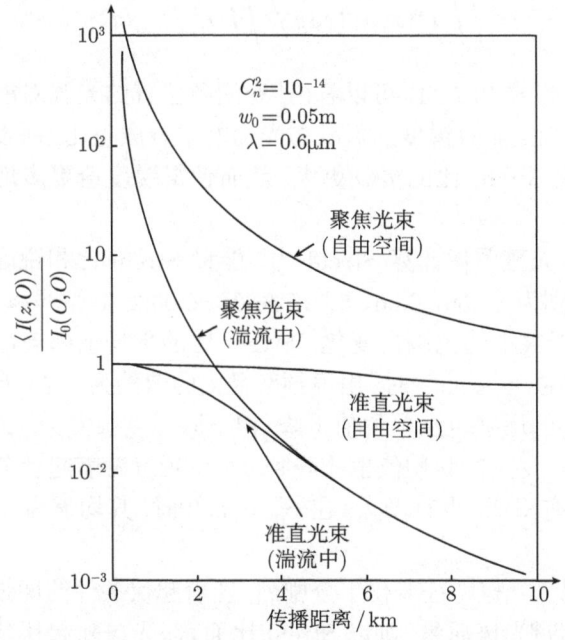

图 9.7.4 湍流大气中准直和聚焦激光束轴上光强随传播距离的变化

9.7.3 光强图像的光学质量与特征尺度

对光斑光学质量的描述一般使用 Strehl 比参量,由于湍流大气中光斑的随机分布,使得该参数具有较大的随意性,故在实际应用中,往往采用一种能量 Strehl 比,即一定面积内湍流大气中的能量与真空中该面积内的能量的比值 (杜祥琬, 1997;

Tyson, 1997), 在一定程度上减少了随机性。

Strehl 比是在传播光轴上湍流大气中的光强与真空中光强的比值

$$\mathrm{SR}_0 = I(0,0)/I_{\mathrm{vacuum}}(0,0) \tag{9.7.22}$$

能量 Strehl 比的定义涉及计算能量的光斑面积, 通常使用的一种能量 Strehl 比是在衍射极限范围内湍流大气中的能量与真空中能量的比值。对于 Gauss 光束, 将此范围选定为真空中光束半径 ω 内的面积, 则

$$\mathrm{SR}_{\mathrm{E}} = \iint\limits_{x^2+y^2 \leqslant \omega^2} I(x,y)\mathrm{d}x\mathrm{d}y \bigg/ \iint\limits_{x^2+y^2 \leqslant \omega^2} I_{\mathrm{vacuum}}(x,y)\mathrm{d}x\mathrm{d}y \tag{9.7.23}$$

此外, 光斑的锐度 (sharpness) 也可以作为光斑质量的判据, 其定义为 (Muller and Buffington, 1974)

$$\mathrm{SP} = \iint I^2(x,y)\mathrm{d}x\mathrm{d}y \bigg/ \iint I_{\mathrm{vacuum}}^2(x,y)\mathrm{d}x\mathrm{d}y \tag{9.7.24}$$

从式 (9.7.23) 和式 (9.7.24) 可以看出, 空间各位置的光强对能量 Strehl 比的贡献与光强本身成正比, 而对锐度的贡献与光强的平方成正比, 所以光强大的区域对锐度的贡献比能量 Strehl 比的贡献更大, 从而使得锐度值更多地反映了光强的局域汇聚特性。

以数值模拟的光斑图像计算 Strehl 比、能量 Strehl 比和锐度的统计情况见图 9.7.5, 闪烁指数分别为 0.056、0.56、5.62。在 $\beta_0^2=0.0562$ 的微弱起伏下, 各参量都在单位值 (即 1) 附近很小的范围内变化。Strehl 比的平均值随着起伏条件的增强从单位值迅速下降, 在 $\beta_0^2 = 5.62$ 时, 出现频率最大的值约为 0.1。能量 Strehl 比的平均值随着起伏条件的增强也从单位值下降, 但下降速度很慢, 在 $\beta_0^2 = 5.62$ 时, 出现频率最大的值才 0.8 左右, 其均值也才降到 0.71。锐度随着起伏条件的增强从单位值向两侧扩展, 既有降低, 也有增大; 在 $\beta_0^2 = 5.62$ 时, 其均值为 1.5, 可能出现的最大值达到 4。

湍流中的短曝光光斑特征变化十分剧烈, 随着起伏条件的增强, 其发散性很大。若用上述各参量衡量光斑质量, 则以 Strehl 比而言, 光斑随起伏条件的增强迅速恶化; 以能量 Strehl 比而言, 光斑随起伏条件的增强略有恶化; 而若以锐度而言, 光斑随起伏条件的增强而有一定概率的恶化或优化。Strehl 比随机性大, 不适合描述光斑质量。能量 Strehl 比较为稳定, 随起伏条件的增加而稳步减小, 符合通常 "湍流退化光斑质量" 的认识。锐度随起伏条件的增加既有减小也有增大, 反映了大气湍流的汇聚或发散效应, 锐度越大, 局域光斑能量集中度越高。

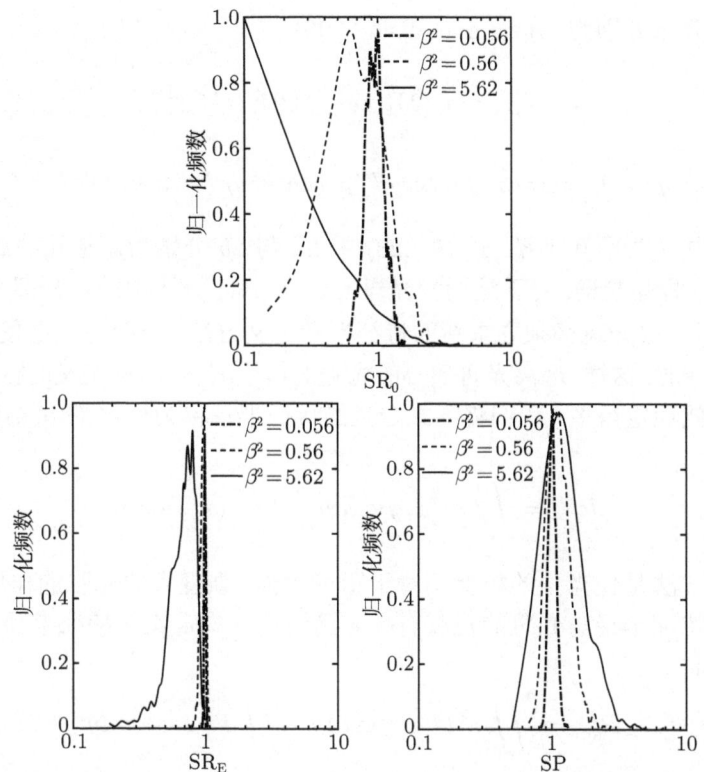

图 9.7.5　不同起伏条件下轴上和能量 Strehl 比值及锐度的频数分布

实际应用中计算能量 Strehl 比时，往往在一个根据实际需求指定的面积内，或者在以光斑质心为中心的二次矩等效半径 $R_{\text{eff}}^2 = \langle \rho^2 \rangle$ 式 (9.7.11) 所定义的面积内。峰值光强为 I_0、光束半径为 ω_0 的 Gauss 光束在垂直于光轴的截面上的光强分布

$$I(\rho) = I_0 \exp\left(-\frac{2\rho^2}{\omega_0^2}\right) \tag{9.7.25}$$

由式 (9.7.11) 可求得

$$R_{\text{eff}} = \frac{\sqrt{2}\omega_0}{2} \tag{9.7.26}$$

式 (9.7.11) 分子中积分的被积项由于 ρ^2 的距离因素，远离光斑质心的哪怕是微弱的光场都会产生重要的作用，当光斑破碎后，这种影响将会很大。因此，在实际应用中，要确定光斑的二次矩等效半径，必须有足够大的接收面积，背景信号足够小，探测器件又必须有足够宽的动态范围。否则，将会带来很大的误差。

更为严重的是，对平面波的衍射分布，式 (9.7.11) 分子中的积分为无穷大，所以也就不存在有限的等效半径。波数为 k 的平面波的圆孔和矩形孔 Fraunhofer 衍射

光斑的光强分布分别为 (Born and Wolf, 2000)

$$I(r) = I_0[2\mathrm{J}_1(kar/f)/(kar/f)]^2 \tag{9.7.27}$$

$$I(x,y) = I_0[\sin(kax/f)/(kax/f)]^2[\sin(kby/f)/(kby/f)]^2 \tag{9.7.28}$$

式 (9.7.27) 中 a 为圆孔半径, 式 (9.7.28) 中 $2a$ 与 $2b$ 分别为矩形孔的边长; f 为光学系统焦距。容易验证, 对于这两种光斑, 式 (9.7.11) 分子中的积分都为无穷大。

因此, 对一般光斑必须寻求新的特征半径定义方法。一类方法是使距离的权重相对于光强减弱, 这样, 远离光斑质心的光强的作用减弱, 这样定义的特征半径相对于等效半径就稳定得多。我们将下式定义的特征半径称为稳定 (Robust) 半径 R_{rbt} 为

$$R_{\mathrm{rbt}} = \iint rI(x,y)\mathrm{d}x\mathrm{d}y \Big/ \iint I(x,y)\mathrm{d}x\mathrm{d}y \tag{9.7.29}$$

另一类方法是使光强的权重相对于距离增强, 强度大的光强的作用大大增加, 这样定义的特征半径与光斑的锐度有关。我们将下式定义的特征半径称其为锐度半径 R_{shp} 为

$$R_{\mathrm{shp}}^2 = \iint r^2 I^2(x,y)\mathrm{d}x\mathrm{d}y \Big/ \iint I^2(x,y)\mathrm{d}x\mathrm{d}y \tag{9.7.30}$$

容易验证对于 Gauss 光束

$$R_{\mathrm{rbt}} = \sqrt{\pi/2}\frac{\omega_0}{2}, \quad R_{\mathrm{shp}} = \frac{\omega_0}{2} \tag{9.7.31}$$

因此, 对于真空中的 Gauss 光束, 等效半径、稳定半径和锐度半径都与光束半径成正比, 它们都可以转换成光束半径。只有对湍流中的畸变光斑才能分析三者间的区别。为便于对比分析, 将等效半径、稳定半径和锐度半径归一到光束半径, 如下列三式所示:

$$R_{\mathrm{eff}}^2 = 2\iint r^2 I(x,y)\mathrm{d}x\mathrm{d}y \Big/ \iint I(x,y)\mathrm{d}x\mathrm{d}y \tag{9.7.32}$$

$$R_{\mathrm{rbt}} = 2\sqrt{2/\pi}\iint rI(x,y)\mathrm{d}x\mathrm{d}y \Big/ \iint I(x,y)\mathrm{d}x\mathrm{d}y \tag{9.7.33}$$

$$R_{\mathrm{shp}}^2 = 4\iint r^2 I^2(x,y)\mathrm{d}x\mathrm{d}y \Big/ \iint I^2(x,y)\mathrm{d}x\mathrm{d}y \tag{9.7.34}$$

微弱起伏条件, 弱起伏条件和近饱和起伏条件下的数值模拟分析表明, 同光斑的锐度一样, 锐度半径更能反映出光斑能量集中度的优劣 (饶瑞中, 2002a)。

9.7.4 光斑的分形结构与相位奇点

前述几种描述光斑光学质量的参量虽然能直观反映大气对光束影响的整体效果，但它们无法从本质上描述光束质量恶化的内禀属性。虽然能在工程应用中起到重要的参考作用，却对研究湍流大气对光波影响的物理机制没有太大的益处。数值模拟分析表明，从光强方面而言，光斑由于光强的随机分布而具有分形结构，分形维数反映了光强的随机分布的粗糙度；从相位方面而言，随起伏条件的增大而可能出现奇点。因此，光斑的分形维数和相位奇点数目可能才是光斑恶化的本征参量。在一定的 Rytov 指数下，光斑的分形维数和相位奇点数密度并非一个单一的值，而是具有一定的分布 (饶瑞中, 2002b)。虽然已有一些关于相位奇点数目密度的解析结果 (Voitsekhovich et al., 1998; Yuan and Rao, 2009)，但与光传播条件没有直接联系起来。

由于数值模拟直接获得光场 $E(\rho) = E_1(\rho) + \mathrm{i}E_2(\rho) = A(\rho)\exp[\mathrm{i}S(\rho)]$，所以就可以直接定出光场的相位主值 $S(\rho) = \arctan(E_2(\rho)/E_1(\rho))$、奇点及其位置，也可以分析光强的分布结构。光斑的分形维数可以用毯子覆盖法计算，将光强在一定范围内量化 (如 [0, 4095]，相当于 12 位的 A/D 输出，用这种方法获得的真空光斑的分形维数为 2.0，误差 $< 10^{-4}$)。相位主值位于 $(-\pi, \pi)$。当围绕 ρ 点的闭合回路上的相位积分不为零且为 2π 的整数倍时 (一般情况下为 1 倍)，即存在相位奇点。数值模拟中的具体计算方法是：对任一最小的网格回路，按逆时针方向依次求相邻两个网格点的相位差，取 $(-\pi, \pi]$ 内的主值，最后计算四个相位差的和。

平面波光斑分形维数随 Rytov 指数的变化如图 9.7.6 所示。图中两条曲线分别是固定 C_n^2 为 $10^{-16}\mathrm{m}^{-2/3}$、$10^{-14}\mathrm{m}^{-2/3}$，另外两条分别是固定 Fresnel 尺度为 9.356mm、21.85mm 以引起 Rytov 参数变化的。从图中可见，在四种情况下，分形

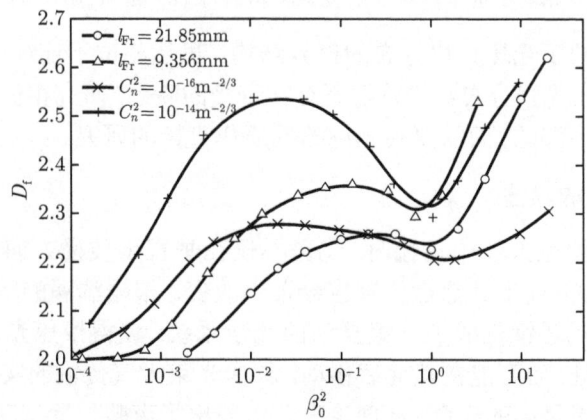

图 9.7.6 平面波光斑分形维数随 Rytov 指数的变化

维数与 Rytov 指数的关系不尽相同, 但有着相似的趋势。分形维数与 Fresnel 尺度有关反映了光强分布的空间相关性。Fresnel 尺度越大, 同样空间距离上的光强相关性就越强, 因而光斑粗糙度降低, 分形维数值就越小。分形维数基本上随 Rytov 指数增大而增大, 但在 $l_{Fr} \sim \rho_0$ 处有一极小值, 说明在强聚焦区存在着相干结构, 这与光斑图像的焦线 (caustics) 结构相符合 (饶瑞中, 2002b)。

图 9.7.7 给出了光场相位奇点对数密度 (a) 和数目 (b) 随 Rytov 指数的变化, 图中两条曲线分别是固定 C_n^2 为 $10^{-16}\mathrm{m}^{-2/3}$、固定 Fresnel 尺度为 21.85mm 以引起 Rytov 参数变化的。在弱起伏条件下, 相位奇点对的数目很少, 随 Rytov 指数的增大而迅速增多, 起伏条件增强到近饱和时, 增加速度减缓, 但没有出现类似于闪烁饱和的现象。图中显示 Fresnel 尺度对相位奇点对数密度有明显的影响。图 9.7.7(b) 中相位奇点对数目是以 Fresnel 尺度为边长的正方形面积内的数目, $N_{bp} = n_{bp}l_{Fr}^2$, 这样两条曲线很相似, 但没有完全重合, 说明相位奇点对数密度与 Fresnel 尺度的关系还要复杂一些。

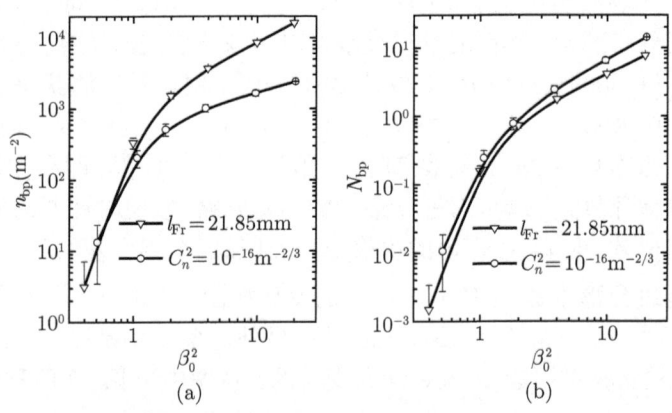

图 9.7.7 光场相位奇点对数密度 (a) 和数目 (b) 随 Rytov 指数的变化

相位奇点反映了光场相位分布的奇异结构。虽然相位不连续出现在零光强点, 但相位分布结构与光强分布结构特征不存在直接的联系, 研究相位不连续问题仅从光强分布入手是不够的, 而需要对光场的性质作直接的研究。

9.7.5 聚焦光束的焦移

聚焦光束在湍流大气中传输时, 光斑不仅在垂直于传播方向的截面内发生漂移和扩展, 在传播方向上其焦点位置也会发生改变。根据湍涡的随机透镜假设, 各种尺度的大气湍涡透镜构成了一组复杂的光学系统, 使得聚焦光束不一定能聚焦在真空中的焦点处, 而可能在其前后移动。聚焦光束大气传输的实验发现在真空焦点处往往不能获得最小的光斑, 从理论上分析得出了束腰位置移动的结果 (Ricklin et al., 1994; 1995), 系统的认识需借助于数值模拟方法 (钱仙妹等, 2006; 2008)。这个效应在那些以高功率密度为需求的激光工程应用中有重要的意义。

传播起伏条件对湍流大气中传输的聚焦 Gauss 光束焦移有直接影响。初始半径 $W_0 = 60\text{mm}$、初始曲率半径 $R_0 = 3\text{km}$，湍流强度为 $C_n^2 = 10^{-16}\text{m}^{-2/3}, 10^{-15}\text{m}^{-2/3}, 5 \times 10^{-15}\text{m}^{-2/3}, 10^{-14}\text{m}^{-2/3}$（对应的 Rytov 指数分别为 $\beta_0^2 = 0.0423, 0.423, 0.846, 4.23$）的情况下光束半径随传输距离的变化关系如图 9.7.8(a) 所示。随着湍流强度的增大，焦点位置从真空中的 2917m，逐步向发射点移动到 2908m、2741m、2155m、1824m。此外，随着湍流的增强，焦点附近的光束半径变化趋于平缓，若以焦点前后光束半径比焦点半径增大 10% 的传输距离为焦深，上面四种情况的焦深分别为 537m、776m、1198m 和 1238m，焦深随着湍流强度的增大而增大。

聚焦光束的焦移不仅与湍流强度有关，还与初始光束半径有关。若初始光束曲率半径为 $R_0 = 3\text{km}$，湍流强度 $C_n^2 = 1 \times 10^{-15}\text{m}^{-2/3}$，初始光束半径 30mm、40mm、60mm 和 80mm，光束半径与传输距离的变化关系如图 9.7.8(b) 所示。四种初始光束半径的聚焦光束的焦点位置分别为 1767m、2443m、2741m 和 2787m。可见，焦移幅度随初始光束半径的增大而减小。

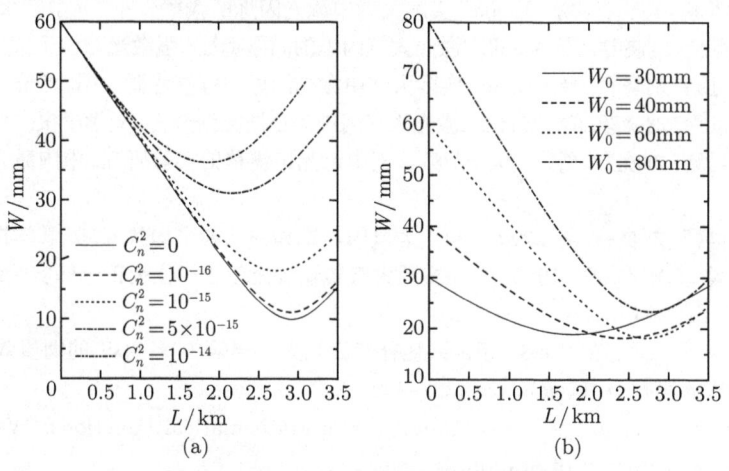

图 9.7.8　光束半径随传输距离的变化

(a) 不同湍流强度；(b) 不同初始半径

参 考 文 献

杜祥琬. 1997. 实际强激光远场靶面上光束质量的评价因素. 中国激光, 27(4): 327-332

范承玉, 宋正方. 1995. 大气湍流对激光跟踪系统角精度的影响. 强激光与粒子束, 7: 543-548

高晓明, 张为俊, 王沛, 等. 2000. 有限光束相位共轭实时大气湍流补偿实验. 光学学报, 20: 283

姜文汉. 1997. 自适应光学与能动光学. 物理, 26: 73-78

姜文汉. 1998. 自适应光学技术, 中国科学技术前沿 (中国工程院版). 上海: 上海教育出版社,

94–121

钱仙妹, 朱文越, 饶瑞中. 2006. 湍流大气中聚焦高斯光束焦移的数值模拟分析. 大气与环境光学学报, 1: 85–88

钱仙妹, 朱文越, 饶瑞中. 2008. 湍流大气中高斯光束焦移的数值模拟研究. 光子学报, 37: 1626–1629

饶瑞中. 2002a. 湍流大气中准直激光束的光斑特征: 特征半径. 中国激光, A29: 889–894

饶瑞中. 2002b. 湍流大气中的准直激光束: 分形结构与相位不连续点. 强激光与粒子束, 14: 501–504

饶瑞中. 2002c. 从激光大气闪烁频谱反演湍流谱. 力学学报, 34: 682–687

饶瑞中, 龚知本. 2001. 激光在湍流大气中传播的高频起伏特征. 激光与光电子学进展, 38: 48–48

饶瑞中, 王世鹏, 刘晓春. 1998a. 被湍流大气退化的激光光斑: 尺度测量与形变特征描述. 光学学报, 18: 451–456

饶瑞中, 王世鹏, 刘晓春, 等. 1998b. 激光在湍流大气中的光强起伏与光斑统计特征. 量子电子学, 15: 155–163

饶瑞中, 王世鹏, 刘晓春, 等. 1999a. 实际大气中激光闪烁的概率分布. 光学学报, 19: 81–86

饶瑞中, 王世鹏, 刘晓春, 等. 1999b. 激光大气闪烁的间歇特征. 强激光与粒子束, 11: 185–188

饶瑞中, 王世鹏, 刘晓春, 等. 1999c. 实际大气中激光闪烁的频谱特征. 中国激光, 26: 411–414

饶瑞中, 王世鹏, 刘晓春, 等. 1999d. 激光大气闪烁的小波频谱分析. 光学学报, 19: 1634–1638

饶瑞中, 王世鹏, 刘晓春, 等. 2000. 湍流大气中激光束漂移的实验研究. 中国激光, 27: 1011–1015

饶瑞中, 王世鹏, 刘晓春, 等. 2002. 激光大气闪烁饱和的孔径平均效应. 光学学报, 22: 36–40

王英俭, 吴毅, 龚知本, 等. 1998. 激光实际大气传输湍流效应相位校正一些实验结果. 量子电子学报, 15: 164–169

王月珠, 杜晓军, 马祖光. 1998. 相位共轭补偿激光大气传输中受 SBS 的阈值效应对目标上光强分布的影响. 中国激光, 25: 328–332

Abramowitz M, Stegun I A. 1965. Handbook of Mathematical Functions. Washington D. C.: National Bureau of Standards

Andrews L C, Phillips R L, Shivanoggi B K. 1988. Relations of the parameters of the I-K distribution for irradiance fluctuation to physical parameters of the turbulence. Appl. Opt., 27: 2150–2156

Andrews L C, Phillips R L. 1986. Mathematical genesis of the I-K distribution for random optical fields. J. Opt. Soc. Am., A3: 1912–1919

Andrews L C, Phillips R L. 1998. Laser Beam Propagation through Random Media. Bellingham: SPIE Press

Andrews L C, Phillips R L. 2001. Laser Beam Scintillation with Applications. Bellingham: SPIE Press

Andrews L C, Phliips R L, Hopen C Y, et al. 1999. Theory of optical scitillation. J. Opt.

Soc. Am., A16: 1417–1429

Arsenyan T, Korolenko P, Mesniankin A. 2002. Laser beams behavior under the conditions of turbulence intermittence in the atmosphere and fractal-like structure of intensity fluctuations. Masstricht: URSI2002

Borgnino J, Martin F, Ziad A. 1992. Effect of a finite spatial-coherence outer scale on the covariance of angle-of-arrival fluctuations. Opt. Comm., 91: 267–279

Born M, Wolf E. 2000. Principles of Optics. New York: Academic Press: 436–443

Brusessebach H, Jones D C, Rockwell D A, et al. 1995. Real-time atmospheric compensation by stimulated Brillouin-scattering phase conjugation. J. Opt. Soc. Am., B12: 1434

Carnevale M, Crosignani B, Porto P D. 1968. Influence of laboratory generated turbulence on phase fluctuations of a laser beam. Applied Optics, 7: 1121

Chiba T. 1971. Spot dancing of the laser beam propagated through the turbulent atmosphere. Appl. Opt., 10: 2456–2461

Churnside J H. 1991. Aperture averaging of optical scintillations in the turbulent atmosphere. Appl. Opt., 30: 1982–1994

Churnside J H, Clifford S F. 1987. Log-normal Rician probability density function of optical scintillations in the turbulent atmosphere. J. Opt. Soc. Am., A4: 1923–1930

Churnside J H, Hill R J. 1987. Probability density of irradiance scintillations for strong path-integrated refractive turbulence. J. Opt. Soc. Am., A4: 727–733

Churnside J H, Frehlich R G. 1989. Experimental evaluation of log-normally modulated Rician and IK models of optical scintillations in the atmosphere, J. Opt. Soc. Am., A6: 1760–1766

Churnside J H, Lataitis R J. 1990. Wander of an optical beam in the turbulent atmosphere. Appl. Opt., 29: 926–930

Clifford S F. 1971. Temperal-frequency spectra for a spherical wave propagating through atmospheric turbulence. J. Opt. Soc. Am., 61: 1285–1292

Clifford S F, Bouricius G M B, Ochs G R, et al. 1971. Phase variations in atmospheric optical propagation. J. Opt. Soc. Am., 61: 1279-1284

Clifford S F, Ochs G R, Lawrence R S. 1974. Saturation of optical scintillation by strong turbulence. J. Opt. Soc. Am., 64: 148–154

Coles W A, Frehlich R G. 1982. Simultaneous measurements of angular scattering and intensity scintillation in the atmosphere. J. Opt. Soc. Am., 72: 1042–1047

Consortini A, Cochetti F, Churnside J H, et al. 1993. Inner-scale effect on irradiance variance measured for weak-to-strong atmospheric scintillation. J. Opt. Soc. Am. , A10: 2354–2363

Cook R J. 1975. Beam wander in a turbulent medium: an application of Ehrenfest's theorem. J. Opt. Soc. Am., 65: 942–948

Davis C A, Walters D L. 1994. Atmospheric inner-scale effects on normalized irradiance variance. Appl. Opt., 33: 8406–8411

Fante R L. 1975. Electromagnetic beam propagation in turbulent media. Proc. IEEE, 63: 1669–1691

Fante R L. 1983. Inner-scale size effect on the scintillations of light in the turbulent atmosphere, normalized irradiance variance. J. Opt. Soc. Am., 73: 277–281

Fante R L. 1985. Wave propagation in random media: a system approach. *In*: Wolf E. Progress in Optics XXII. New York: Elsevier

Flatte S M. 2002. Calculations of wave propagation through statistical random media, with and without a waveguide. Optics Express, 10: 777–804

Flatte S M, Gerber J S. 2000. Irradiance-variance behaviour by numerical simulation for plane-wave and spherical-wave optical propagation through strong turbulence. J. Opt. Soc. Am., A17: 1092–1097

Flatte S M, Wang G, Martin J M. 1993. Irradiance variance of optical waves through atmospheric turbulence by numerical simulation and comparison with experiment. J. Opt. Soc. Am., A10: 2363–2370

Flatte S M, Bracher C, Wang G. 1994. Probability-density functions of irradiance for waves in atmospheric turbulence calculated by numerical simulation. J. Opt. Soc. Am., A11: 2080–2092

Frehlich R. 1992. Laser scintillation measurements of the temperature spectrum in the atmospheric surface layer. J. Atmos. Sci., 49: 1494–1509

Fried D L. 1975. Diffrential angle of arrival: theory, evaluation, and measurement feasibility. Radio Sciences, 10: 71–76

Frieden B R. 1983. Probability, Statistical Optics, and Data Testing. Berlin: Springer-Verlag: 270–279

Gardner C S, Plonus M A. 1975. The effects of a atmospheric turbulence on the propagation of pulsed laser beams. Radio Sciences, 10: 129–137

Gong Z, Wu Y, Wang Y, et al. 1998. Phase compensation experiment with 37-element adaptive optics system. Applied Optics, 37: 4549–4552

Goodman J W. 1985. Statistical Optics. New York: John Wiley & Sons

Greenwood D P, Fried D L. 1976. Power spectra requirements for wave-front-compensative systems. J. Opt. Soc. Am., 66: 193–206

Gurvich A S, Tatarskii V I. 1975. Coherence and intensity fluctuations of light in the turbulent atmosphere. Radio Sciences, 10: 3–14

Hill R J. 1992. Atmospheric propagation. *In*: Tatarskii VI, Ishimaru A, Zavorotny V U. Wave Propagation in Random media (Scintillation). Bellingham: SPIE & IPP

Hill R J, Frehlich R G. 1996. Onset of strong scintillation with application to remote sensing of turbulence inner scale. Appl. Opt., 35: 986–997

Hill R J, Frehlich R G. 1997. Probability distribution of irradiance for the onset of strong scintillation. J. Opt. Soc. Am., A14: 1530–1540

Hill R J, Bohlamder R A, Clifford S F, et al. 1988. Turbulence induced millimeter-wave scintillation compared with micro-meteorological measurements. IEEE Trans. Geo. Remote Sensing, 26: 330–342

Hogge C B, Butts R R. 1976. Frequency spectra for the geometric representation of wave-front distortions due to atmospheric turbulence. IEEE Trans. Antennas Propag., AP-24: 144–154

Ishimaru A. 1977. Phase fluctuations in a turbulent medium. Applied Optics, 16: 3190

Ishimaru A. 1978. The beam wave case and remote sensing. *In*: Strohbehn J W. Laser Beam Propagation in the Atmosphere. Berlin: Springer-Verlag: 129–170

Ishimaru A. 1997. Wave propagation and scattering in random media. New York: IEEE Press & Oxford University Press

Link D J, Phillips R L, Andrews L C. 1987. Theoretical model for optical-wave phase fluctuations. J. Opt. Soc. Am., A 4: 374

Lukin V P, Pokasov V V. 1981. Optical wave phase fluctuations. Applied Optics, 20: 121–135

Miller W B, Ricklin J C. 1994. Effects of the refractive index spectral model on the irradince variance of a Gaussian beam. J. Opt. Soc. Am., A11: 2719–2726

Mironov V L, Nosov V V. 1977. On the theory of spatially limited light beam displacements in a randomly inhomogenous medium. J. Opt. Soc. Am., 67: 1073–1080

Monin A S, Yaglom A M. 1975. Statistical Fluid Mechanics. Vol.2. Cambridge: MIT Press

Muller R A, Buffington A. 1974. Real-time correction of atmospherically degraded telescope images through image sharpening. J. Opt. Soc. Am., 64: 1200–1210

Orlov V G, Voitsekhovich V V, Cuevas S. 1998. Model compensation and the atmosphere turbulence outer scale: computer simulations. Appl. Opt., 37: 4544–4548

Parry G. 1981. Measurment of atmospherice turbulence-induced intensity fluctuation in a laser beam. Opt. Acta, 28: 715–728

Primmerman C A, Price T R, Humphreys R A, et al. 1995, Atmospheric-compensation experiments in strong -scintillation conditions. Appl. Opt., 34: 2081–2088

Rao R, Wang S, Liu X, et al. 1999. Turbulence spectrum effect on wave temporal-frequency spectra for light propagating through the atmosphere. J. Opt. Soc. Am., A16: 2755–2762

Rao R, Gong Z. 2002. High-frequency behavior of the temporal spectrum of laser beam propagating through turbulence. Proc. SPIE, 4926: 175–180

Rao R. 2008a. General optical scintillation in turbulent atmosphere. Chinese Optics Letters, 6(8): 547–549

Rao R. 2008b. Statistics of the fractal structure and phase singularity of a plane light wave propagation in atmospheric turbulence. Applied Optics, 47(2): 269–276

Rao R. 2009. Scintillation index of optical wave propagating in turbulent atmosphere. Chinese Physics B, 18: 581–587

Reinhardt G W, Collins Jr S A. 1972. Outer scale effects in turbulence-degraded light-beam spectra. J. Opt. Soc. Am., 62: 1526–1528

Ricklin J C, Miller W B, Andrews L C. 1994. Optical turbulence effects on focused laser beams: new results. SPIE, 2312: 145–154

Ricklin J C, Miller W B, Andrews L C. 1995. Effective beam parameters and the turbulent beam waist for convergent Gaussian beams. Applied Optics, 34: 7059–7065

Ridley K D, Jakeman E, Bryce D, et al. 2003. Dual-channel heterodyne measurements of atmospheric phase fluctuations. Appl. Opt., 42: 4261

Sarazin M, Roddier F. 1990. The ESO differential image motion monitor. Astron. Astrophys., 227: 294–300

Sasiela R J. 1994. Electromagnetic Wave Propagation in Turbulence. Berlin: Springer-Verlag

Shen Y R. 2002. The Principles of Nonlinear Optics. New York: John Willey & Sons

Smith F G. 1993. Atmospheric Propagation of Radiation. Bellingham: SPIE Press

Strohbehn J W. 1978. Laser Beam Propagation in the Atmosphere. Berlin: Springer-Verlag

Sulem P, Frisch U. 1975. Bounds on energy flux for finite energy turbulence. J. Fluid Mech., 72: 417–423

Tatarskii V I. 1961. Wave Propagation in a Turbulent Medium. New York: McGraw-Hall

Tyson R K. 1997. Principles of Adaptive Optics. Boston: Academic Press

Voitsekhovich V V, Cuevas S. 1995. Adaptive optics and outer scale of turbulence. J. Opt. Soc. Am., A12: 2523–2531

Voitsekhovich V V, Kouznetsov D, Moronov D Kh. 1998. Density of turbulence-induced phase dislocations. Appl. Opt., 37: 4525–4535

Wang Y, Fam C, Wu X, et al. 2000. Effects of non-uniform wind on the arrival angle temporal spectrum of spherical wave. SPIE, 4125: 98–101

Wheelon A D. 2001a. Electromagnetic Scintillation I. Geometrical Optics. Cambridge: Cambridge University Press

Wheelon A D. 2001b. Skewed distribution of irradiance predicted by the second-order Rytov approximation. J. Opt. Soc. Am., A18: 2789–2798

Whitman A M, Beran M J. 1985. Two-scale solution for atmospheric scintillation. J. Opt. Soc. Am., A2: 2133–2143

Yuan K, Zhu W, Rao R. 2009. Density of Phase branch points for a light wave propagation in atmospheric turbulence. Acta Photonica Sinica, 38: 410–413

Yura H T. 1974. Temperal-frequency spectrum of an optical wave propagating under saturation conditions. J. Opt. Soc. Am., 64: 357–359

第10章 高能激光大气传输的热晕及综合效应

10.0 引　　言

本书从第4章到第9章分别讨论了光波与大气介质相互作用的吸收和散射的物理机制、光波在混浊大气和湍流大气中的传播过程和效应，所有的物理过程都与光波或辐射的能量无关，所有的结果都是初始光波能量的线性关系，因此我们称以上各种传播效应为线性效应。对于线性效应，我们都可以得到光波能量归一化的结果，而不必刻意要求能量的绝对值，在应用中把具体的能量考虑进去就可以了。

线性效应意味着大气介质的性质不因在其中传播的光波而改变。然而，当光波的能量足够大，加热空气足以使其密度发生改变时，大气介质的光学性质（主要是折射率）随之改变，反过来又影响了光波的传播。随着激光技术的迅速发展，激光能量不断提高，其在大气中应用时的大气效应因大气分子和气溶胶粒子吸收和散射造成的衰减效应、大气湍流引起的湍流效应以外，更严重的是其自身加热空气造成的热畸变效应或热晕效应 (thermal blooming)，以及其他一些非线性效应，如受激Raman散射等。

与线性效应相比，热晕效应与大气介质和光波本身特性的关系更为复杂。除大气介质的光学特性（关键是吸收特性）之外，还涉及大气介质的流体动力学特性、运动特性（关键参数是风速、风向）和热传递特性。大气吸收激光能量的动力学过程决定了加热大气所需的时间，大气的热交换机制（包括热传导、自然对流、强迫对流、声波等）平衡大气吸收的激光能量。除光波空间分布的影响外，其时间特性也至关重要，连续激光 CW、单脉冲激光 SP、连续脉冲激光 RP 的加热和散热效果各不相同。相对于低能激光，高能激光的光学质量一般较差，它们的波型和平面波、球面波和基模 Gauss 光束等相差深远，并且随时间变化。而热晕效应和光波的能量分布形式以及时间变化特性密切相关。

热晕效应的特殊性使得对其研究除了像研究湍流效应的理论分析、实验测量和数值模拟以外，更重要的一种形式是所谓的定标实验 (scaling experiment)。由于造价等原因，实际应用中往往不可能使用真实的光源在真实的场景下进行传播实验研究，值得在实验光源和传播条件下进行设计使得影响热晕效应的关键无量纲参数相仿，从而获得可比拟的实验结果，因此定标实验本质上就是一种缩比模拟实验。

如果大气介质是稳定的层流（即使在加热情况下），并且激光输出稳定，则热晕效应就是确定的，而非随机的，光斑的空间分布特征就是稳定的，此时的热晕效应称为整束热晕, 对热晕效应的研究就不需要统计的方法。不幸的是, 实际情况恰恰相反, 大气湍流使在实际大气中传播的高能激光不可能产生单纯的热晕效应。湍流效应造成的光斑无规分布给热晕的分析带来巨大的复杂性, 而热晕对空气的加热又改变了湍流的状态, 两者间的相互作用十分复杂, 尺度很小的局部会出现不稳定性, 此时的热晕现象又称为小尺度热晕 (Karr, 1990)。

因此, 本来研究热晕效应十分有效的数值模拟方法, 无法判断热晕影响下湍流的统计特性是否依然服从各向同性规律, 而使得其结果充满不确定性。各种因素使一般情况下热晕问题的通用解很难获得, 这也使得由定标实验获得的定标规律 (scaling law) 非常重要。

10.1 热晕效应的物理图像

在正式导入有关热晕效应物理过程的数学描述和求解方法之前, 先直观地了解热晕现象及其定性结果对我们处理热晕效应很有帮助。如图 10.1.1 所示, 一束高能量激光在大气中传播时加热空气, 被加热的空气由于大气的流动被吹向下风方向, 被加热的空气变得稀薄、密度降低, 从而引起折射率下降, 导致光束的相位变化。从平行于风向 (在图 10.1.1 中平行于纸面) 来看, 相位变化 (绝对值) 形成递增的梯度, 相应的光学影响类似于棱镜, 导致公式向上风方向偏折, 如图 10.1.2(a) 所示。从垂直于风向 (在图 10.1.1 中垂直于纸面) 来看, 相位变化 (绝对值) 在光轴上形成极大值并向两侧递减, 相应的光学影响类似于凹透镜, 导致光束发散, 如图 10.1.2(b) 所示。

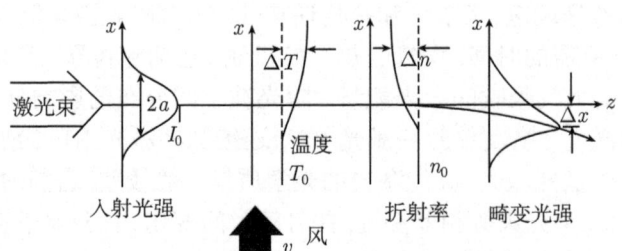

图 10.1.1　高能激光加热空气引起光束偏转和畸变过程示意图 (Gebhardt, 1990)

显然, 受热后空气折射率的具体分布和光束能量的空间分布以及时间特性密切相关, 对于一定分布形式的光束, 如果出射光束能量不随时间变化, 风速和风向保持不变, 在传播一定时间之后, 空气折射率的空间分布就会趋于一个固定的状态, 此后, 传播后的光斑也达到一个固定的形态。以 Gauss 光束高能激光进行的实验所得到的热晕光斑如图 10.1.3(a) 所示, 相应的数值模拟也得到了十分相似的光斑图像 (图 10.1.3(b))。

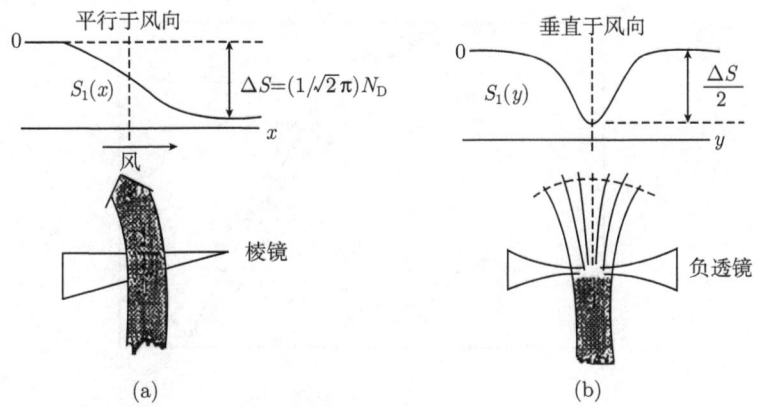

图 10.1.2 高能激光加热空气引起的光束相位及其光学类比 (Gebhardt, 1990)

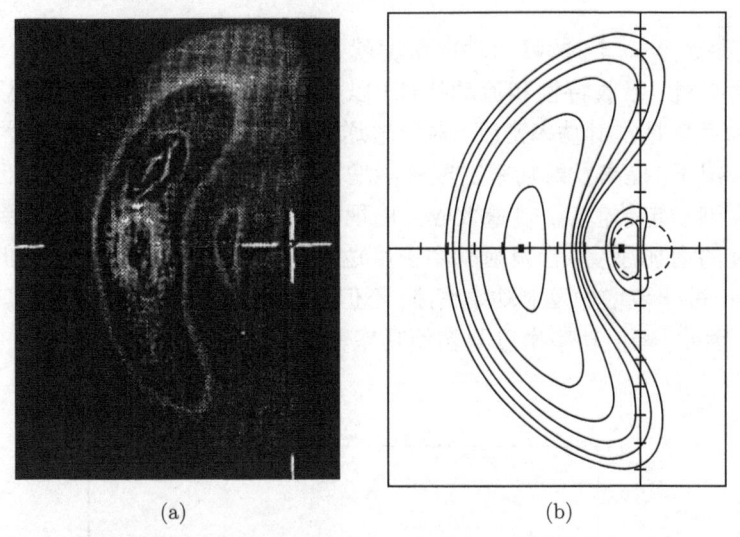

图 10.1.3 热晕光斑的实验测量结果 (a) 和数值模拟结果 (b) (Gebhardt, 1976)

图 10.1.3 是在理想的条件下获得的典型光斑, 而在实际情况下, 由于光束的光学质量不理想和大气湍流的作用, 热晕后的光斑往往比较模糊, 相对于真空光斑发散扩大, 从而使光斑的峰值功率密度下降。下降的程度取决于以下几个参量 (饶瑞中, 2006): 空气吸收的总功率 (J/s) $P_a = \alpha P_0 L$, 单位体积空气的热容量 $(J/m^3) Q_a = -\rho C_P n_0 / n_T$, 单位时间内风输运的空气体积 $(m^3/s) V_a = V a^3 / L$, 其综合效果可以用一个畸变参数 $N \sim P_a / (Q_a V_a)$ 来表达。实验和数值模拟获得的相对峰值功率密度与畸变参数的关系如图 10.1.4 所示。可以看出, 当畸变参数 $N < 1$ 时, 热晕影响尚不明显, 当畸变参数 $N > 1$ 时, 随着畸变参数 N 的增大, 峰值功率密度迅速下

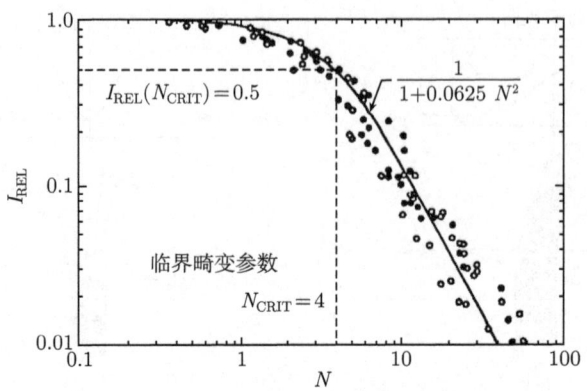

图 10.1.4　实验和数值模拟获得的相对峰值功率
密度与畸变参数的关系 (Gebhardt, 1976)

降, 当畸变参数 $N = 4$ 时, 峰值功率密度就下降一半。

在大气条件 (吸收特性和流动特性) 以及传播几何条件不变的情况下, 决定畸变参数的因素就是发射功率密度。对于输送激光能量为目的的应用, 在没有热晕效应发生的情况下, 提高发射功率密度就能增加达到目的地的功率密度。但当发射功率密度增大到一定数值后, 热晕效应会出现并逐渐严重起来, 从而延缓到达目的地的功率密度的增加速度。当发射功率密度达到一定水平时, 到达目的地的功率密度到达极大值, 进一步增加发射功率密度, 不但不能增加到达目的地的功率密度, 反而使其下降。因此, 峰值功率密度与初始功率密度的关系如图 10.1.5 所示 (Gebhardt, 1976)。

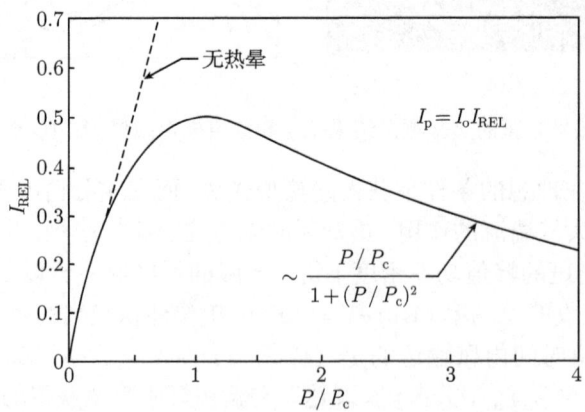

图 10.1.5　峰值功率密度与初始功率密度的关系 (Gebhardt, 1976)

10.2 热晕的流体力学模型

联合求解流体动力学方程和光波的傍轴近似标量波动方程是连续或脉冲激光大气传输热晕效应解析方法的数学基础 (Wallace and Camac, 1970; Bradely and Hermann, 1974; Gebhardt, 1976; Smith, 1977; Walsh and Ulrich, 1978)。除在一些非常简单的条件下，精确的解析解一般很难获得，数值模拟方法是热晕效应非常重要的手段 (Fleck et al., 1976; 1977)。

以 ρ、P、v 表示流体介质的密度、压力和速度，$\gamma = C_P/C_V$ 为流动的定压比热和定容比热之比，为简洁起见和服从大多数热晕文献的习惯以 α 表示流体的吸收系数 $\beta_{\rm abs}$，则反映吸热流体质量守恒、动量守恒和能量守恒的流体力学方程组为

$$\frac{\partial \rho}{\partial t} + (\boldsymbol{v} \cdot \nabla)\rho + \rho(\nabla \cdot \boldsymbol{v}) = 0 \tag{10.2.1}$$

$$\rho \left[\frac{\partial \boldsymbol{v}}{\partial t} + (\boldsymbol{v} \cdot \nabla)\boldsymbol{v} \right] + \nabla p = 0 \tag{10.2.2}$$

$$\frac{\partial p}{\partial t} + (\boldsymbol{v} \cdot \nabla)p - \gamma p(\nabla \cdot \boldsymbol{v}) = (\gamma - 1)\alpha I \tag{10.2.3}$$

除非介质的温度变化很大，或者介质相对于光束的运动速度接近声速 (上述情况在一般高能激光在大气中传输应用中很少发生)，则可将上述方程组线性化。将流体介质的密度、压力和速度分别表示为平均量和一阶起伏量的和 $\rho = \rho_0 + \rho_1$、$p = p_0 + p_1$、$v = v_0 + v_1$，线性化的流体力学方程组为

$$\frac{\partial \rho_1}{\partial t} + (\boldsymbol{v}_0 \cdot \nabla)\rho_1 + \rho_0(\nabla \cdot \boldsymbol{v}_1) = 0 \tag{10.2.4}$$

$$\rho_0 \left[\frac{\partial \boldsymbol{v}_1}{\partial t} + (\boldsymbol{v}_0 \cdot \nabla)\boldsymbol{v}_0 \right] + \nabla p_1 = 0 \tag{10.2.5}$$

$$\frac{\partial p_1}{\partial t} + (\boldsymbol{v}_0 \cdot \nabla)p_1 - \gamma p_0(\nabla \cdot \boldsymbol{v}_1) = (\gamma - 1)\alpha I \tag{10.2.6}$$

或以真微分的形式写为

$$\frac{{\rm d}\rho_1}{{\rm d}t} + \rho_0(\nabla \cdot \boldsymbol{v}_1) = 0 \tag{10.2.4a}$$

$$\rho_0 \frac{{\rm d}\boldsymbol{v}_1}{{\rm d}t} + \nabla p_1 = 0 \tag{10.2.5a}$$

$$\frac{{\rm d}}{{\rm d}t}(p_1 - c_{\rm S}^2 \rho_1) = (\gamma - 1)\alpha I \tag{10.2.6a}$$

式中，$c_{\rm S}$ 为式 (2.1.15) 所定义的声速 $c_{\rm S} = \sqrt{\gamma \rho/p}$。

流体介质折射率和密度通过式 (3.1.2)Gladstone-Dale 关系联系起来, 即

$$n - 1 = k_{\text{G-D}}\rho \tag{10.2.7}$$

傍轴近似标量波动方程

$$\frac{\partial u}{\partial z} = \frac{\mathrm{i}}{2k}\nabla_\perp^2 + \mathrm{i}kn_1 u \tag{10.2.8}$$

和流体动力学方程组 (10.2.4)~(10.2.6) 以及 Gladstone-Dale 关系 (10.2.7) 构成了理论和数值求解热晕问题的基础。热晕现象的时间特性非常明显, 难以获得上述数学模型的通用解法, 无论是解析分析和数值计算。因此, 通常的做法是根据热晕问题的时间特征区别对待, 找出相应的解法。

在流体力学方程组中消去 p_1 和 v_1, 则得到一个密度变化方程

$$\left(\frac{\partial^2}{\partial t^2} - c_\text{S}^2\nabla^2\right)\frac{\partial\rho_1}{\partial t} = (\gamma - 1)\alpha\nabla^2 I \tag{10.2.9}$$

密度不随时间变化的稳态解满足

$$\left(\frac{\partial^2}{\partial y^2} + (1 - M^2)\frac{\partial^2}{\partial x^2}\right)\frac{\partial\rho_1}{\partial x} = \frac{-(\gamma - 1)}{c_\text{S}^2 v}\alpha\nabla^2 I \tag{10.2.10}$$

式中, v 为横向风速, 风向沿 x 轴方向, M 为风速与声速之比, 即 Mach 数 $M = v/c_\text{S}$。当 $M < 1$ 时, 该方程为椭圆型, 当 $M > 1$ 时, 该方程为抛物型。

热晕问题的特征时间由光束横向特征直径 d、声速 c_S 和相对于光束的横向风速 v (包括自然风速 v_0 和光束相对于自然空间的横向运动-旋转速度) 决定, $v = v_0 + \Omega z$, Ω 为光束旋转角速度。两个特征时间分别为风相对于光束的渡越时间 $\tau_2 = d/v$ 和声经过光束的传播时间 $\tau_1 = d/c_\text{S}$。按照光辐射持续时间 Δt (对多脉冲而言, 指脉冲系列的总持续时间) 与特征时间的关系可以将热晕问题分为以下七大类 (Ulrich, 1976): 短脉冲热晕 $\Delta t < \tau_1$; 长脉冲热晕 $\tau_1 < \Delta t \ll \tau_2$; 瞬变 (transient) 热晕 $\Delta t \approx \tau_2$; 连续波稳态 (steady-state) 热晕 $\Delta t \gg \tau_2$; 多脉冲瞬变热晕 $\Delta t \approx \tau_2$; 多脉冲稳态热晕 $\Delta t \gg \tau_2$; 声流动热晕 $\tau_1 \approx \tau_2$, 即 $v \approx c_\text{S}$ 或 $M \approx 1$。

对于短脉冲热晕, 如果初始光场是空间对称分布的, 则热晕发生后的光场依然能保持原有空间对称性。因此, 这类问题的求解可以在柱坐标系下进行, 光束空间分布特征由初始分布描述。由式 (10.2.9) 可知, 由于 $\nabla^2 I$ 的作用, 热晕后的光斑分布精细特征和光束形状密切相关。对聚焦光束而言, 焦斑上的热晕最严重, 但衍射作用削弱了原始光斑形状的影响 (因为在真空传播中各种形状的无像差光束在焦点都形成同样的 Airy 斑)。

10.2 热晕的流体力学模型

对于长脉冲热晕，由于光波持续时间依然小于风相对于光束的渡越时间，则热晕发生后的光场仍能基本保持原有空间对称性。当热晕后的光束分布出现明显的畸变时，适用于短脉冲情况的解析方法不能再用来求解这类问题。

当光波持续时间和风相对于光束的渡越时间可相比拟时，热晕后的光束分布畸变随时间明显改变，这种瞬变热晕是最一般的热晕情况。在等压近似（或声速无穷大近似）下在式 (10.2.6) 中略去 p_1 则得

$$\frac{\partial \rho_1}{\partial t} + \boldsymbol{v} \cdot \nabla_\perp \rho_1 = -\frac{\gamma-1}{c_S^2} \alpha I \tag{10.2.11}$$

其分量形式为

$$\frac{\partial \rho_1}{\partial t} + v_x \frac{\partial \rho_1}{\partial x} = -\frac{\gamma-1}{c_S^2} \alpha I \tag{10.2.12}$$

式 (10.2.11) 的解为

$$\rho_1(\boldsymbol{r}, z, t) = -\frac{(\gamma-1)\alpha}{c_S^2} \int_0^t I[\boldsymbol{r} - \boldsymbol{v}(t-t'), z, t'] \, dt' \tag{10.2.13}$$

当光波持续时间远远超过风相对于光束的渡越时间时，受热后流失的空气和填充进来的空气的温度分布达到平衡状态，热晕后的光束分布畸变不再随时间改变，从而形成稳态热晕。在 $t \to \infty$ 条件下，令 $x' = x - v(t-t')$ 代入式 (10.2.13)，并假定 $I(-\infty, y, z) = 0$、$v > 0$ 可得

$$\rho_1(x, y, z) = -\frac{(\gamma-1)\alpha}{c_S^2 v} \int_{-\infty}^x I(x', y, z) \, dx' \tag{10.2.14}$$

另外，对于 $v \ll c_S$ 的情况，可以在式 (10.2.10) 中令 $M = 0$，这种处理不同于非流动介质的情况，因为介质的流动速度依然体现在该式的右边，它仅相当于作一阶近似。这样就得到

$$\nabla^2 \left(\frac{\partial \rho_1}{\partial x} \right) = \frac{-(\gamma-1)}{c_S^2 v} \alpha \nabla^2 I \tag{10.2.15}$$

对于定域激光束并且初始时刻之前没有密度改变的情况，将式 (10.2.15) 两端的算子同时去掉，并在风向坐标轴上直径积分也可以得到式 (10.2.14)。

对于系列的脉冲激光，如果脉宽足够窄，当单个脉冲的热晕可以忽略时，则在风相对于光束的渡越时间内 t 时刻以前的总光强可以表示为

$$I(x, y, z, t) = \sum_{i=1}^n E_i(x, y, z, t) \delta(t - t_i) \tag{10.2.16}$$

式中, n 为 t 时刻以前的脉冲总次数; E_i 为第 i 个脉冲的能量。将此式代入式 (10.2.13) 可得

$$\rho_1(\boldsymbol{r}, z, t) = -\frac{(\gamma-1)\alpha}{c_S^2} \sum_{i=1}^{n-1} E_n\left[\boldsymbol{r} - \boldsymbol{v}(t - t_i), z\right] \quad (10.2.17)$$

如果脉冲持续远大于风相对于光束的渡越时间, 则热晕形成稳态, 有

$$\rho_1(\boldsymbol{r}, z) = -\frac{(\gamma-1)\alpha}{c_S^2} \sum_{i=1}^{\infty} E_i\left[\boldsymbol{r} - i\boldsymbol{v}\Delta t, z\right] \quad (10.2.18)$$

$v = c_S$ 或 $M = 1$ 的情况是线性化的流体力学方程组的奇点, 不可求解, 需要从基本的流体力学方程组出发求解。在实际的激光大气传输问题中, 绝大多数实际应用都满足 $v < c_S$, 因此, 这里不对 $v \geqslant c_S$ 的情况进行讨论。

流体介质吸收激光能量受热后密度降低, 在浮力的作用下会形成自然对流。当激光水平传输时, 在没有强迫对流 (风或光束扫描) 作用的情况下, 需要考虑自然对流的作用。对气体介质黏滞系数很小, 在惯性力和浮力达到平衡的条件下, 可以求得自然对流速度为 (Smith, 1977)

$$v_{\mathrm{NC}} = \left(\frac{2\alpha Pg}{\rho C_P T}\right)^{1/3} \quad (10.2.19)$$

式中, g 为重力加速度。

自然对流下的热晕问题比有风情况复杂, 因为光束所占空间内的流动速度并不均匀一致。但经细致地分析, 结果发现, 此种情况下的热晕特征非常类似于具有和上面得到的自然对流速度相同的风速情况下的热晕。

10.3 简单情况下的热晕解析解

10.3.1 瞬变热晕时的密度时间演化特征

假定在激光开启 (设开启时刻 $t = 0$) 之前大气介质为静止且在激光束经过的区域内处处无密度起伏, 则在激光束开启后发射到大气中较短的时间内 ($\Delta t < \tau_1$), 介质的密度起伏可以看成为微扰, 从而可进行对时间的 Taylor 展开, 这样做的前提要求光束的能量分布能使得 $\nabla^2 I$ 处处有界。式 (10.2.9) 对时间在 $[0^-, \tau]$ 区间积分, 则 $\frac{\partial^2}{\partial t^2} - c_S^2 \nabla^2$ 在时刻 τ 可表示为展开为 τ 的 Taylor 级数。当 $\tau \to 0$ 时, $\frac{\partial^2}{\partial t^2} - c_S^2\nabla^2$ 可认为趋于零。对其在区间内反复积分可得到 $\rho_1\big|_{t=0^+} = \frac{\partial \rho_1}{\partial t}\big|_{t=0^+} = \frac{\partial^2 \rho_1}{\partial t^2}\big|_{t=0^+} = 0,$

10.3 简单情况下的热晕解析解

因而

$$\left.\frac{\partial^3 \rho_1}{\partial t^3}\right|_{t=0^+} = \frac{(\gamma-1)c_S^4}{\gamma^2}\alpha\nabla^2 I \tag{10.3.1}$$

从而可得到式 (10.2.9) 的解为

$$\rho_1(\boldsymbol{r},t) = \frac{t^3}{3!}\frac{(\gamma-1)c_S^4}{\gamma^2}\alpha\nabla^2 I(\boldsymbol{r}) \tag{10.3.2}$$

对于以发射光学系统口径为 D、功率为 P_0 的 Gauss 光束

$$I(r) = I_0 \exp\left(-\frac{2r^2}{\omega_0^2}\right) = I_0 \exp\left(-\frac{r^2}{a^2}\right) = \frac{P_0}{\pi a^2}\exp\left(-\frac{x^2+y^2}{a^2}\right) \tag{10.3.3}$$

式中, e^{-1} 光强对应的光斑特征半径 a 与 e^{-2} 光强对应的光斑半径 ω_0 的关系为 $\omega = \sqrt{2}a$, Gauss 光束半径与发射光学系统发射口径的匹配选择为 $D = 2\omega_0 = 2\sqrt{2}a$。

$$\nabla^2 I = \frac{4I_0}{a^2}\left(\frac{r^2}{a^2}-1\right)\exp\left(-\frac{r^2}{a^2}\right) \tag{10.3.4}$$

则其初期的密度变化特征为

$$\rho_1(r,t) = \frac{2}{3}\frac{(\gamma-1)c_S^4}{\gamma^2}\alpha I_0 t^3 \frac{1}{a^2}\left(\frac{r^2}{a^2}-1\right)\exp\left(-\frac{r^2}{a^2}\right) \tag{10.3.5}$$

此结果表明在激光加热的初始阶段 ($\Delta t \ll \tau_1$), 密度的变化遵从立方幂律。对于非流动介质将式 (10.3.5) 推理方法反复使用, 可以获得更高级次的 Taylor 项以应用于再长一些的时间演化, 结果为 (Walsh and Ulrich, 1978)

$$\rho_1(\boldsymbol{r},t) = \frac{(\gamma-1)c_S^2}{\gamma^2}\alpha\sum_{i=1}^{\infty}\frac{t^{2i+1}}{(2i+1)!}c_S^{2n}\nabla^{2n}I(\boldsymbol{r}) \tag{10.3.6}$$

此结果可以适用到 $\Delta t \sim \tau_1$。当时间进一步增加, 在加热空气的光强分布仍然没有很明显的改变并可以由初始光强分布描述时, 对于非流动的介质, 此时密度的改变由式 (10.2.13) 可得

$$\rho_1(\boldsymbol{r},t) = -\frac{(\gamma-1)c_S^2}{\gamma^2}\alpha I(\boldsymbol{r})t \tag{10.3.7}$$

该式显示密度随时间线性递减, 只要密度的改变不大、没有动力致冷等现象出现时, 此式可以适用。

热晕稳态解可以根据式 (10.2.14) 求得。对于 Gauss 光束有

$$\rho_1(x,y) = -\frac{(\gamma-1)}{c_S^2 v}\alpha I_0 \exp\left(-\frac{y^2}{a^2}\right)\frac{a\sqrt{\pi}}{2}\left[1+\mathrm{erf}\left(\frac{x}{a}\right)\right] \tag{10.3.8}$$

可以看出在垂直于风向的 y 方向密度的变化正比于光强分布的 y 分量, 而在风向上发生了改变。

10.3.2 柱坐标系下求解密度变化

当流体介质没有流动, 激光束光强具有柱对称分布时, 热晕问题可以在柱坐标系下求解。流体介质密度变化的方程 (10.2.9) 在柱坐标系下可以表示为

$$\left[\frac{\partial^2}{\partial t^2} - c_S^2\left(\frac{\partial^2}{\partial r^2} + \frac{1}{r}\frac{\partial}{\partial r}\right)\right]\frac{\partial \rho_1}{\partial t} = (\gamma - 1)\alpha\nabla^2 I \tag{10.3.9}$$

由于零阶 Hankel 变换

$$\hat{f}(\lambda) = \int_0^\infty rf(r)\mathrm{J}_0(\lambda r)\mathrm{d}r, \quad f(r) = \int_0^\infty \lambda\hat{f}(\lambda)\mathrm{J}_0(\lambda r)\mathrm{d}\lambda \tag{10.3.10}$$

对函数的 Laplace 算子具有下列性质 (Walsh and Ulrich, 1978)

$$\int_0^\infty r\left(\frac{\partial^2 f}{\partial r^2} + \frac{1}{r}\frac{\partial f}{\partial r}\right)\mathrm{J}_0(\lambda r)\mathrm{d}r = -\lambda^2 \hat{f}(\lambda) \tag{10.3.11}$$

对式 (10.3.9) 两端进行零阶 Hankel 变换可得

$$\left(\frac{\mathrm{d}^2}{\mathrm{d}t^2} + \lambda^2 c_S^2\right)\frac{\mathrm{d}\hat{\rho}_1}{\mathrm{d}t} = -\frac{(\gamma-1)c_S^4}{\gamma^2}\alpha\lambda^2 \hat{I}(\lambda) \tag{10.3.12}$$

这是一个常微分方程, 它的通解为

$$\frac{\mathrm{d}\hat{\rho}_1}{\mathrm{d}t} = A\cos(\lambda c_S t) + B\sin(\lambda c_S t) - \frac{(\gamma-1)c_S^2}{\gamma^2}\alpha\hat{I} \tag{10.3.13}$$

系数 A、B 要根据初始条件而定。类似于 10.3.1 节关于热晕初始特征的考虑, 可得

$$\frac{\mathrm{d}\hat{\rho}_1}{\mathrm{d}t} = [\cos(\lambda c_S t) - 1]\frac{(\gamma-1)c_S^2}{\gamma^2}\alpha\hat{I} \tag{10.3.14}$$

进行逆变换可得

$$\frac{\mathrm{d}\rho_1}{\mathrm{d}t} = -\frac{(\gamma-1)c_S^2}{\gamma^2}\alpha\left[I(r) + \int_0^\infty \lambda\hat{I}(\lambda)\cos(\lambda c_S t)\mathrm{J}_0(\lambda r)\mathrm{d}\lambda\right] \tag{10.3.15}$$

根据此式进一步对时间积分即可求得密度变化

$$\rho_1(r,t) = -\frac{(\gamma-1)c_S^2}{\gamma^2}\alpha\left[I(r)t - \frac{1}{c_S}\int_0^\infty \hat{I}(\lambda)\sin(\lambda c_S t)\mathrm{J}_0(\lambda r)\mathrm{d}\lambda\right] \tag{10.3.16}$$

这样, 柱坐标系下的热晕问题求解最终归结到两个积分运算, 即按式 (10.3.10) 对初始光强分布作 Hankel 积分变换, 再按式 (10.3.16) 积分求得最终密度变化结果。式 (10.3.16) 表达的时间特性符合 10.3.1 节的结果, 随着时间的增加, 由于正弦函数的快速振荡特性, 式中积分项在后期与时间 t 成反比。

10.3.3 热晕时的相位变化

由流体介质折射率和密度的 Gladstone-Dale 关系式 (10.2.7) 可知密度变化引起的折射率变化为：$n_1 = k_{\text{G-D}}\rho_1$，进而在传播路径 L 上引起的光波相位变化为

$$S_1 = k\int_0^L n_1(x,y,z)\mathrm{d}z = kk_{\text{G-D}}\int_0^L \rho_1(x,y,z)\mathrm{d}z \tag{10.3.17}$$

根据 Gauss 光束热晕时密度变化的稳态解 (10.3.8) 可以求得热晕效应带来的光波在均匀传播路径 L 上 (不考虑因吸收造成的能量衰减) 的相位变化

$$S_1(x,y,L) = -\frac{a\sqrt{\pi}}{2}\frac{(\gamma-1)}{c_{\text{S}}^2 v}kk_{\text{G-D}}\alpha I_0 L \exp\left(-\frac{y^2}{a^2}\right)\left[1+\mathrm{erf}\left(\frac{x}{a}\right)\right] \tag{10.3.18}$$

式 (10.3.18) 可以展开成一系列阶次的像差组合

$$S_1(x,y,L) = -\frac{\Delta S_{\text{G}}}{2}\left\{1+\frac{2}{\sqrt{\pi}}\left(\frac{x}{a}\right)-\left(\frac{y}{a}\right)^2\right.$$
$$\left.-\frac{2}{\sqrt{\pi}}\left[\frac{1}{3}\left(\frac{x}{a}\right)^3+\left(\frac{x}{a}\right)\left(\frac{y}{a}\right)^2\right]+\frac{1}{2}\left(\frac{y}{a}\right)^4\cdots\right\} \tag{10.3.19}$$

式中

$$\Delta S_{\text{G}} = a\sqrt{\pi}\frac{(\gamma-1)}{c_{\text{S}}^2 v}kk_{\text{G-D}}\alpha I_0 L \tag{10.3.20}$$

是在风向上产生的最大相位变化值，风向 x 上的线性项代表着光束的弯曲，y 方向上的二次项代表象散，三次项为彗差等。热晕相位在风向和垂直于风向上的变化如图 10.1.2 所示。据此可以定义一个参量 —— 热畸变参数以表征热晕效应的强度 (Bradley and Hermann, 1974)

$$N_{\text{D}} = 2\sqrt{\pi}\Delta S_{\text{G}} = 2\pi a\frac{(\gamma-1)}{c_{\text{S}}^2 v}kk_{\text{G-D}}\alpha I_0 L \tag{10.3.21a}$$

在以 Bradley 和 Hermann 为代表的许多文献中，以流体介质受热后温度的变化而非密度变化作为处理的对象。因此，热畸变参数的计算涉及折射率随温度的变化率 $n_T = \frac{\mathrm{d}n}{\mathrm{d}T}(1/K)\left(\text{对空气}, n_T = -\left(77.46+\frac{0.459}{\lambda^2}\right)\frac{P}{T^2}\times 10^{-8}\text{, 式中波长的单位为 }\mu\text{m}\right)$ 等参数。

$$N_{\text{D}} = -\frac{4\sqrt{2}n_T k\alpha P_0 L}{\rho C_P v D} \tag{10.3.21b}$$

式中，光束的功率 $P_0 = \pi a^2 I_0$；光束直径 $D = 2\omega_0 = 2\sqrt{2}a$。在非均匀传输路径上，热畸变参数的计算公式为

$$N_{\text{D}} = -\frac{4\sqrt{2}n_T k P_0}{\rho_0 C_P D}\int_0^L \frac{\alpha(z)T_0}{v(z)T(z)}\mathrm{Tran}(z)\mathrm{d}z \tag{10.3.21c}$$

式中, 大气透过率写为 Tran(z), 以与温度 T 相区别。

同样地, 对于一个直径为 $D = 2R$、功率为 P_0 的均匀光束, 热晕效应带来的光波在均匀传播路径 L 上 (不考虑因吸收造成的能量衰减) 的相位变化为

$$S_1(x, y, L) = -\frac{\Delta S_U}{2}\left[\frac{x}{R} + \sqrt{1 - \left(\frac{y}{R}\right)^2}\right]$$
$$= -\frac{\Delta S_U}{2}\left[1 + \left(\frac{x}{R}\right) - \frac{1}{2}\left(\frac{y}{R}\right)^2 - \frac{1}{8}\left(\frac{y}{R}\right)^4 \cdots\right] \quad (10.3.22)$$

此时风向上产生的最大相位变化值与热畸变参数的关系为

$$\Delta S_U = \frac{N_D}{\sqrt{2\pi}} \quad (10.3.23)$$

10.3.4 热晕光斑的基本特征

前面我们看到热晕效应中流体介质密度变化以及引起的光波相位变化特征, 这些相位变化反过来又影响加热着介质的光斑分布发生改变。因此, 任意时刻光斑的分布和介质密度的分布总是密不可分, 而不可能独立存在。热晕状态中的光斑分布的获得还需要光波传播方程和介质流体力学方程组的联立求解, 当然是很复杂的。

最简单的解析处理方法是利用几何光学近似, 可以获得一些关于热晕光斑的基本特征, 对于建立热晕概念具有重要的启发作用, 在几何光学近似下, 热晕光场的分布可以表示为 (Gebhardt and Smith, 1971)

$$I(x, y, z) = I_0(x, y, z) \exp\left[-\int_0^z \left(\nabla + \frac{\nabla I}{I}\right) \cdot \int_0^{z'} \frac{\nabla n}{n_0} dz'' dz'\right] \quad (10.3.24)$$

对于式 (10.3.3) 描述的 Gauss 光束的结果为

$$I(x, y, z) = I_0 \exp\left[\left[-N_C\left\{2\left(\frac{x}{a}\right)e^{-(x^2+y^2)/a^2}\right.\right.\right.$$
$$\left.\left.\left.+ \frac{\sqrt{\pi}}{2}e^{-y^2/a^2}\left(1 - \frac{4y^2}{a^2}\right)\left[1 + \mathrm{erf}\left(\frac{x}{a}\right)\right]\right\}\right]\right] \quad (10.3.25)$$

式中, N_C 为准直光束稳态热晕的热畸变参数

$$N_C = \frac{N_D}{2\pi N_F} \quad (10.3.26)$$

式中, Fresnel 衍射参数 $N_F = n_0 k a^2/z$。根据式 (10.3.25) 计算得到的热晕光斑等高图见图 10.3.1, (a)、(b) 两图分别对应于 $N_C = 1$ 和 $N_C = 1.4$。将此图与图 10.1.3(b) 的数值模拟结果相比较, 不难看出, 几何光学近似结果能反映热晕光斑的主要特征, 但和精确结果也有明显的差别。

10.3 简单情况下的热晕解析解

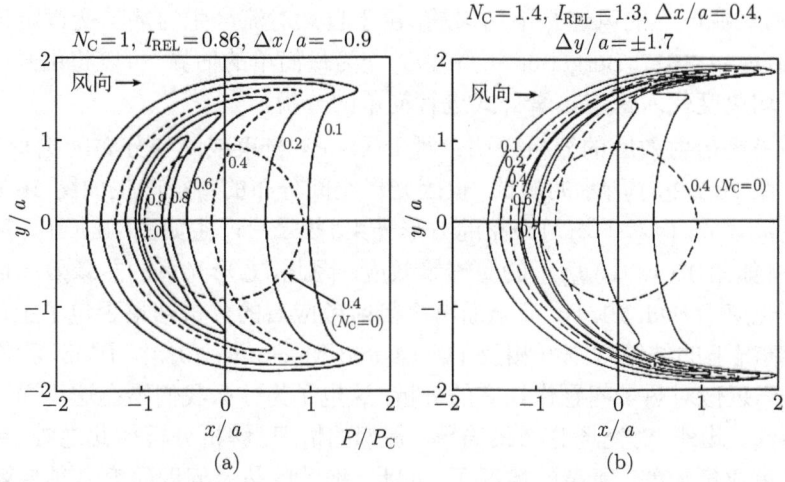

图 10.3.1　几何光学近似下 Gauss 光束热晕光斑分布 (Gebhardt and Smith, 1971)

在没有风速、仅有热传导作用下的 Gauss 光束稳态热晕的光强分布为 (Smith, 1977)

$$I(r,z) = I_0(r,z) \exp\left(-\alpha z - D_C e^{-r^2/a^2}\right) \tag{10.3.27}$$

式中，D_C 可作为热传导作用下热晕效应的光强热畸变参量

$$D_C = \frac{-n_T \alpha P_0}{\pi k n_0 a^2}\left[z - \frac{1}{\alpha}\left(1 - e^{-\alpha z}\right)\right] \tag{10.3.28a}$$

$$D_C = \frac{-n_T \alpha z^2 P_0}{2\pi k n_0 a^2}, \quad \alpha z \ll 1 \tag{10.3.28b}$$

实际上，即使在没有风速的静止情况下，光束加热空气也会造成自然对流，在自然对流达到稳态的情况下，可以估算其平均速度。以 $\bar{\rho}_1$ 为光束内平均密度扰动，a 为光束横向尺度，由能量守恒关系有

$$\frac{1}{2}\rho_0 \overline{V}_f^2 = -ga\bar{\rho}_1 \tag{10.3.29}$$

由式 (10.2.13)

$$\bar{\rho}_1 \approx -\frac{\gamma-1}{c_S^2}\frac{\alpha I}{\overline{V}_f}a = -\frac{\alpha I}{C_P T}\frac{a}{\overline{V}_f} \tag{10.3.30}$$

从式 (10.3.29) 和式 (10.3.30) 可以得到

$$\overline{V}_f = \left(\frac{2g\alpha I a^2}{\rho_0 C_P T}\right)^{1/3} \approx \left(\frac{2g\alpha P_0}{\rho_0 C_P T}\right)^{1/3} \tag{10.3.31}$$

显然,自然对流产生的风速是不均匀的,由于自然对流产生的热畸变肯定也是很复杂的 (Thomson, 1977; Berger et al., 1977),作为最简单的估算,可以将由式 (10.3.31) 估算的平均速度代入稳态热晕公式进行简单的分析。

在不考虑衍射效应的分析表明:对于 Gauss 光束或均匀分布的圆形光束,热晕产生如图 10.1.2(a) 所示的弯曲,也因光斑空间分布的特征产生如图 10.1.2(b) 所示的负透镜效应;但对于均匀分布的方形光束,热晕只产生如图 10.1.2(a) 所示的弯曲,而没有如图 10.1.2(b) 所示的负透镜效应。因此,方形光束的热晕效应可能明显弱于圆形光束 (Fried, 1974)。但全面考虑衍射效应后的分析结果否定了上述直观推理,许多情况下的结论则刚好相反 (Weiss and Macinnis, 1980)。因此,我们不能依靠几何光学近似对热晕问题作认真的分析,这也是为什么我们不在这里详细介绍该方法的原因。此外,对光场分布最简单、理想的情况,解析分析如此之难,更不用说对实际光束质量较差、复杂的情况了。因此,细致的热晕问题研究必须依赖数值模拟方法,并在一定的条件下进行实验验证。

迄今为止,我们所谈的热晕问题都是发生在处于层流状态的流体介质中,由于实际大气总是处于湍流状态,其与热晕的非线性相互作用的复杂性更是让解析理论研究不可能获取任何具体的结果。而由于激光加热空气必然改变湍流的特性,描述湍流统计特性的理论的适用性都成问题,即使使用数值模拟方法进行研究其可靠性也很难准确判断。因此,实际场景的实验研究是不可缺少的。

10.4 热晕的数值模拟方法

热晕问题的数值模拟方法的基本框架类似于湍流介质中的光传播模拟方法,对于光传播方程的求解是完全一样的,而对大气介质受热变化引起的折射率变化则是热晕问题本身所特有的。

按照时间特性,热晕的数值模拟也分为两种基本的类型,一是光斑状态不随时间变化的稳态,另一类是光斑状态随时间变化的瞬变问题。这两类方法按照不同的方式来模拟。虽然激光加热空气改变了湍流的特性,但在模拟湍流介质中的热晕问题时,目前只能假定湍流的状态不受热晕的影响,统计特征保持不变,前述湍流介质中光传播模拟时的湍流相位屏产生方法保持不变。

10.4.1 瞬变热晕的数值模拟方法

由瞬变热晕状态下的空气密度微扰方程 (10.2.12) 在时刻 t 的解 (10.2.13)

$$\rho_1(\boldsymbol{r},z,t) = -\frac{(\gamma-1)\alpha}{c_S^2}\int_0^t I\left[\boldsymbol{r}-\boldsymbol{v}(t-t'),z,t'\right]\mathrm{d}t' \qquad (10.4.1)$$

可以获得 $t+\Delta t$ 的解为

$$\rho_1\left(\boldsymbol{r},z,t+\Delta t\right) = -\frac{(\gamma-1)\alpha}{c_S^2}\int_0^{t+\Delta t} I\left[\boldsymbol{r}-\boldsymbol{v}\left(t+\Delta t-t'\right),z,t'\right]\mathrm{d}t' \tag{10.4.2}$$

即

$$\rho_1\left(\boldsymbol{r},z,t+\Delta t\right) = \rho_1\left(\boldsymbol{r}-\boldsymbol{v}\Delta t,z,t\right) - \frac{(\gamma-1)\alpha}{c_S^2}\int_t^{t+\Delta t} I\left[\boldsymbol{r}-\boldsymbol{v}\left(t+\Delta t-t'\right),z,t'\right]\mathrm{d}t' \tag{10.4.3}$$

在瞬变热晕的数值模拟中，相邻两次传播时间间隔应足够短，式 (10.4.3) 中的积分则可利用最简单的求和，即

$$\rho_1\left(\boldsymbol{r},z,t+\Delta t\right) = \rho_1\left(\boldsymbol{r}-\boldsymbol{v}\Delta t,z,t\right) - \frac{(\gamma-1)\alpha\Delta t}{2c_S^2}\left[I(\boldsymbol{r},z,t+\Delta t)+I(\boldsymbol{r}-\boldsymbol{v}\Delta t,z,t)\right] \tag{10.4.4}$$

这里用到的 $I(\boldsymbol{r},z,t+\Delta t)$ 恰恰就是所要求解的光强，必须将其由已知的前面时刻的光强描述，根据一阶近似

$$\begin{aligned}I(\boldsymbol{r},z,t+\Delta t) &\approx I(\boldsymbol{r},z,t) + \Delta t\frac{\partial I(\boldsymbol{r},z,t)}{\partial t}\\ &\approx I(\boldsymbol{r},z,t) + \left[I(\boldsymbol{r},z,t+\Delta t)-I(\boldsymbol{r},z,t-\Delta t)\right]\big/2\end{aligned} \tag{10.4.5}$$

可得

$$I(\boldsymbol{r},z,t+\Delta t) \approx 2I(\boldsymbol{r},z,t) - I(\boldsymbol{r},z,t-\Delta t) \tag{10.4.6}$$

将其代入式 (10.4.4)，有

$$\begin{aligned}\rho_1\left(\boldsymbol{r},z,t+\Delta t\right) = \rho_1\left(\boldsymbol{r}-\boldsymbol{v}\Delta t,z,t\right) &- \frac{(\gamma-1)\alpha\Delta t}{2c_S^2}[2I(\boldsymbol{r},z,t)\\ &- I(\boldsymbol{r},z,t-\Delta t)+I(\boldsymbol{r}-\boldsymbol{v}\Delta t,z,t)]\end{aligned} \tag{10.4.7}$$

因此，对瞬态热晕的数值模拟需要自 $t=0$ 开始，每隔 Δt 计算一次传输过程，储存每个相位屏上前两次的光强分布，用于计算现时刻的热晕相位改变。当计算出新的光强后，再用它替换上一时刻的储存值。

由于在数值模拟湍流中的光传播时，通常采用 FFT 算法，对于热晕引起的密度改变也可以在空间频域进行。对空气密度微扰方程 (10.2.12) 进行 Fourier 变换，有

$$\frac{\partial \tilde{\rho}_{1n}}{\partial t} + 2\pi\mathrm{i}nv_x\tilde{\rho}_{1n} = -\frac{\gamma-1}{c_S^2}\alpha\tilde{I}_n \tag{10.4.8}$$

式中，各量上方的~表示相应的 Fourier 变换量；i 为虚数符号，其解为

$$\tilde{\rho}_{1n}(t+\Delta t) = \tilde{\rho}_{1n}(t)\exp(-2\pi\mathrm{i}nv_x\Delta t/L)$$

$$-\frac{(\gamma-1)\alpha}{c_S^2}\int_t^{t+\Delta t}\tilde{I}_n\exp\left[2\pi i n v_x\left(t+\Delta t-t'\right)/L\right]\mathrm{d}t' \qquad (10.4.9)$$

式中,L 为相位屏宽度,此式正是式 (10.4.3) 的 Fourier 变换结果。对积分项的处理同样可以采用式 (10.4.6) 的方法。进行反 Fourier 变换运算则得到实空间的密度分布。

图 10.4.1 给出了 $M=0.875$ 时 Gauss 光束瞬变热晕的光强分布 (a) 和风向上的密度变化 (b)(Fleck et al., 1976),这个结果对应的时刻是 $t=320$,计算条件满足 $d/|c_S-v|=400$。因此,下风头应显示稳态热晕的基本特征,而上风头光束直径范围内也接近稳态热晕的基本特征。

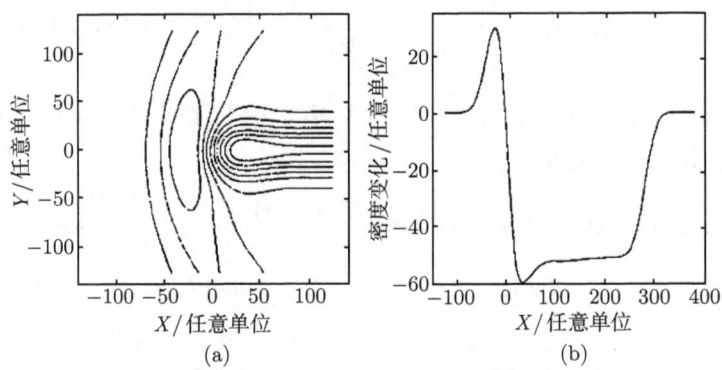

图 10.4.1 Gauss 光束瞬变热晕的光强分布 (a) 和风向上的密度变化 (b) (Fleck et al., 1976)

10.4.2 稳态热晕的数值模拟方法

稳态热晕的数值模拟以稳态解式 (10.2.14) 为基础

$$\rho_1(x,y,z)=-\frac{(\gamma-1)\alpha}{c_S^2 v}\int_{-\infty}^x I(x',y,z)\mathrm{d}x' \qquad (10.4.10)$$

此式可通过简单的数值算法实现。对于序列脉冲激光的稳态热晕则以式 (10.2.18) 的结果计算,如果每个脉冲的能量可表示为平均光强与脉冲宽度的积 $E_i=I_i t_\mathrm{p}$,则

$$\rho_1(x,y,z)=-\frac{(\gamma-1)\alpha t_\mathrm{p}}{c_S^2 v}\sum_{i=0}^\infty I_i(x-\mathrm{i}v\Delta t,y,z) \qquad (10.4.11)$$

稳态热晕的数值模拟也可以直接从密度变化的稳态方程 (10.2.10) 入手

$$\left(\frac{\partial^2}{\partial y^2}+(1-M^2)\frac{\partial^2}{\partial x^2}\right)\frac{\partial\rho_1}{\partial x}=\frac{-(\gamma-1)}{c_S^2 v}\alpha\nabla^2 I \qquad (10.4.12)$$

10.4 热晕的数值模拟方法

对式 (10.4.12) 作 Fourier 变换量, 并令 $\phi(x,y) = \dfrac{\partial \rho_1}{\partial x}$, 则有

$$\tilde{\phi}_{ij} = \frac{-(\gamma-1)\alpha}{c_S^2 v} \frac{(K_i^2 + K_j^2)\tilde{I}_{ij}}{K_i^2 + (1-M^2)K_j^2} = \frac{-(\gamma-1)\alpha}{c_S^2 v} \frac{(i^2+j^2)\tilde{I}_{ij}}{i^2 + (1-M^2)j^2} \quad (10.4.13)$$

从式 (10.4.13) 可以看出, 对于亚音速 $M < 1$ 的情况, 任何网格节点位置都不会成为奇点 (分母总是大于零), 因而可以应用 FFT 算法。对式 (10.4.13) 求得的结果进行反 FFT 运算, 即可得到 $\phi(x,y)$

$$\rho_1(x,y) = \rho_0(y) + \int_0^x \phi(x,y)\,\mathrm{d}x \quad (10.4.14)$$

式中, 积分常量 $\rho_0(y)$ 在离加热源足够远的地方应不受明显影响, 由于是密度的起伏值而非绝对值在光传播中发挥影响作用, 并且数值模拟时网格边缘应远离加热源, 因此可以零 $\rho_0(y) = 0$。但当介质运动速度接近声速 ($M > 0.9$) 时, 热传递影响的距离越来越远, 此时这项积分常量可能会带来明显误差, 应为计算网格在 x, y 两个反向上设定足够的缓冲区间。

对于超音速 $M > 1$ 的情况, 式 (10.4.13) 的分母在一些网格节点位置可能形成奇点, 为此, 若依然采用 Fourier 变换的方法求解, 必须采取一定的措施 (Fleck et al., 1976)。采用式 (10.4.10) 的直接算法可能较为简单些。

图 10.4.2 给出了 Gauss 光束稳态热晕的光强分布 (a) 和风向上的密度变化 (b)(Fleck et al., 1976), 计算条件同图 10.4.1 一样。两图对比, 验证了图 10.4.1 的说明。

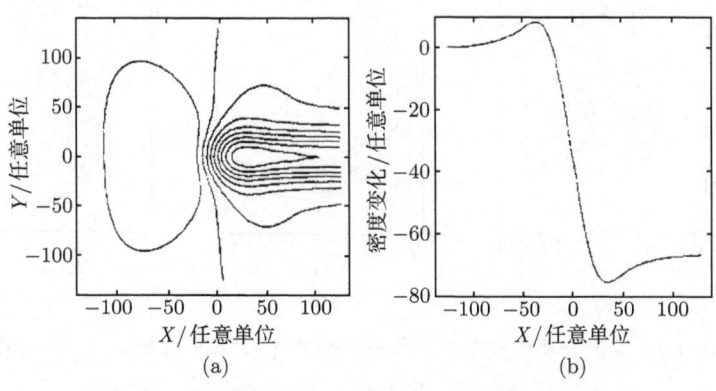

图 10.4.2 Gauss 光束稳态热晕的光强分布 (a) 和风向上的密度变化 (b) (Fleck et al., 1976)

图 10.4.3 给出了 $M = 1.5$ 时 Gauss 光束稳态热晕的光强分布 (a) 和风向上的密度变化 (b)(Fleck et al., 1976), 同图 10.4.2 对比, 可以看出在超音速和亚音速情况下稳态热晕特征的区别。

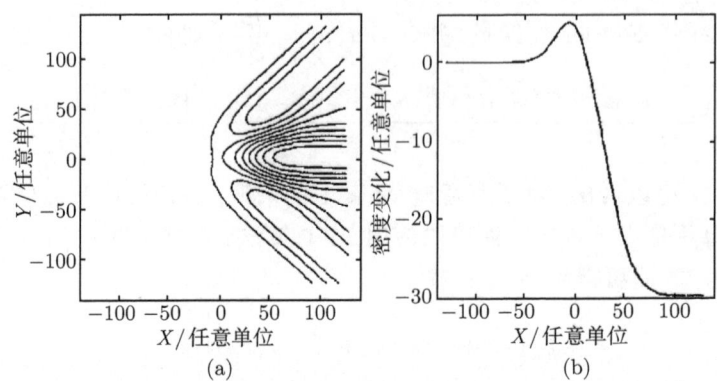

图 10.4.3 超音速 Gauss 光束稳态热晕的光强分布

(a) 和风向上的密度变化 (b)(Fleck et al., 1976)

图 10.4.4 给出了聚焦 Gauss 光束稳态热晕的光强分布沿光轴在不同位置处的截面分布情况, 其中图 10.4.4(a) 对应于光束发射的近场, 图 10.4.4(b) 对应于接近焦点的地方, 而图 10.4.4(c) 对应于焦点位置 (Fleck et al., 1976)。计算条件分别为: 波长 3.8μm, 传播距离 2.5km, 等效风速 25~40m/s, $C_n^2 = 1.25 \times 10^{-15}\text{m}^{-2/3}$。同图 10.1.3(b) 纯粹热晕特征对比, 可以看出此时湍流虽然改变了光斑的规则分布, 但热晕光斑的基本特征依然是明显的。

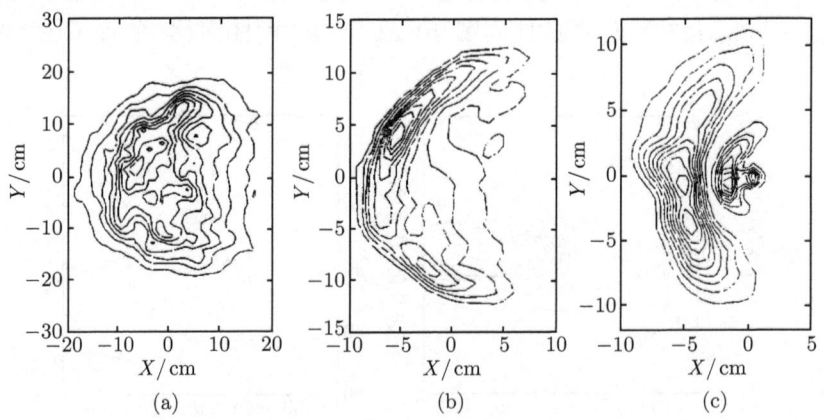

图 10.4.4 湍流介质中高斯光束稳态热晕的光强分布 (Fleck, et al., 1976)

(a) 近场; (b) 近焦点; (c) 焦点位置

10.4.3 热晕模拟的数值问题

在对瞬变和稳态热晕的数值模拟方法有基本了解之后, 着手进行数值模拟时, 除了需要考虑 8.2.4 节光传播模拟的数值问题之外, 还有一些具体的数值问题需要解决。这些问题主要包括计算网格的选取、光束的坐标变换和介质移动造成的网格节点错位等。

热晕数值模拟同样有网格选取问题，相邻频率上计算的相位差也要满足式 (8.2.39)。这里不考虑湍流引起的相位差，仅就热晕引起的相位差而言，分别依据 Gauss 光束和均匀光束的热晕相位变化式 (10.3.17)、式 (10.3.21) 可以推得这两种光束传输的网格间距需要满足 (黄印博和王英俭, 2005)

$$\frac{\lambda z}{4D} < \Delta x < \frac{\pi^{3/2}D}{N_D} \quad (均匀光束) \tag{10.4.15}$$

$$\frac{\lambda z}{4D} < \Delta x < \frac{4\pi^4 D}{N_D^2} \quad (均匀光束) \tag{10.4.16}$$

由于热晕现象主要发生在能量集中的区域，在这类传输问题中一般是聚焦光束。我们在湍流介质中光传播数值模拟部分已经谈到坐标变换问题，在热晕模拟中一般要进行坐标变换，使得能量集中度最大的区域在网格中所占比例不能太小。对于 Gauss 光束的传播的坐标变换，也同样可以采取 8.2.4 节的方法处理。

计算式 (10.4.7) 和式 (10.4.9) 所需要和所得到的密度和光强值都是对应于计算网格上的节点，当介质移动后，上次时刻以及再上一次时刻的节点位置不一定还会刚好位于本次时刻的节点位置。因此，在计算以上两式时必须进行一定的修正。最简单但精度不高的方法是令 $v\Delta t/\Delta x$ 取最接近的整数值 $M = \text{int}(v\Delta t/\Delta x) + (0 \text{ or } 1)$。更可靠的方法是将 Fourier 变换因子表示为 (Walsh and Ulrich, 1978)

$$\exp(2\pi i n v_x \Delta t/L) \simeq q \exp(2\pi i n M/L) + (1-q) \exp[2\pi i n (M+1)/L] \tag{10.4.17}$$

式中，$q = v\Delta t/\Delta x - M$。

10.5 热晕效应的定标规律

实际高能激光的光强空间分布特性一般比较复杂 (即光束质量较差)，实际大气传输也不可能得到纯粹的热晕效应 (由于大气湍流的存在)。因此，在实际应用中必须利用 10.4 节介绍的数值模拟算法，针对各种可能的情况进行大量的数值模拟，获取传输效果与光束质量、热晕参数、湍流参数等大气特征参数定量关系的统计分析结果。这种结果一般与激光参数和大气参数的一定组合存在一定的规律，称为定标规律 (scaling law)。由于定标规律的存在，我们就可以根据实际应用设计特定的相对简单的仿真实验，以获取实际应用系统的预期效果，用于系统设计或效果预测。

10.5.1 纯热晕效应的经验公式

在不考虑衰减和光束旋转的情况下,准直光束的稳态热晕可由参数 N_C 描述。对于一般光束在一般大气条件下传输产生的热晕问题,其热晕特性在由 Bradley-Herrmann 畸变参数 N_D 描述的基础进一步考虑大气衰减、光束聚焦特性以及光束旋转的影响因素,对热畸变参数作一定的修正。这里涉及三个参量,其中包括 Fresnel 衍射参数 N_F,对于光束质量为 β 的情况有

$$N_F = \frac{n_0 k a^2}{\beta^2 L} \tag{10.5.1}$$

大气衰减参量就是大气光学厚度

$$N_E = -\ln T = \tau = \int_0^L \beta_{\text{ext}}(z) \mathrm{d}z \tag{10.5.2}$$

光束旋转参数 (ω 为光束扫描角速度)

$$N_\omega = \frac{\omega L}{V} \tag{10.5.3}$$

它们的贡献分别通过以下三种修正因子描述 (饶瑞中, 2006):

$$f_E = \frac{2}{N_E^2} \left(N_E - 1 + \mathrm{e}^{-N_E} \right) \tag{10.5.4a}$$

$$f_F = \frac{N_F}{N_F - 1} \left(1 - \frac{\ln N_F}{N_F - 1} \right) \tag{10.5.4b}$$

$$f_\omega = \frac{2}{N_\omega^2} \left[(N_\omega + 1) \ln (N_\omega + 1) - N_\omega \right] \tag{10.5.4c}$$

它们的变化形式如图 10.5.1 所示。

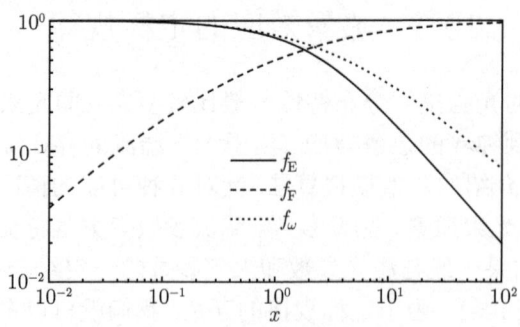

图 10.5.1 广义热晕参数修正因子

10.5 热晕效应的定标规律

广义 Bradley-Herrmann 热晕参数定义为

$$N = N_C 2 N_F f_E f_F f_\omega = \pi^{-1} N_D f_E f_F f_\omega \tag{10.5.5}$$

从此定义和图 10.5.1 可以看出，大气消光导致的激光能量衰减以及光束扫描导致的介质相对于光束的运动速度的增大都降低了热晕参数。与此相反，Fresnel 参量的增大意味着光束的聚焦能力增大 (固定发射口径的情况下缩短了焦距)，使得热晕参数增大。请注意这里 f_F 的形式和 Gebhardt-Smith 原始公式 $q(N_F)$ 的区别 (Gebhardt, 1990)。

针对整个光束热晕的情况 (即所谓的整束热晕)，不考虑湍流的作用，根据数值分析和实验结果，Gauss 光束热晕光斑峰值功率下降的经验公式为 (Gebhardt, 1990)

$$I = I_0 \left[1 + 0.0625 N^2 \right]^{-1} \tag{10.5.6}$$

根据此式，$N=4$ 时光斑的峰值功率下降一半，可作为一个基本参照点。此式相当于热晕的效果相当于增加了一个独立于光束本身质量的质量因子 $\beta_B^2 = 0.0625 N^2$。

对于均匀光束，也存在类似的经验公式

$$I = I_0 \left[1 + 0.09 N^{1.22} \right]^{-1} \tag{10.5.7}$$

此式相当于热晕的效果相当于增加了一个独立于光束本身质量的质量因子 $\beta_B^2 = 0.09 N^{1.22}$。两个经验公式图示于图 10.5.2。从图 10.5.2 中可以看出，在有明显热晕的情况下 ($N > 1$)，Gauss 光束质量恶化要比均匀光束要严重得多。这说明在同样的热晕参数下，不同的初始光斑光强分布情况明显影响着热晕的效果。因此，在实际应用中，仅仅考虑激光的能量和笼统的光束质量、发射系统的口径等因素是不充分的，必须较清楚地了解初始光斑的实际分布情况。

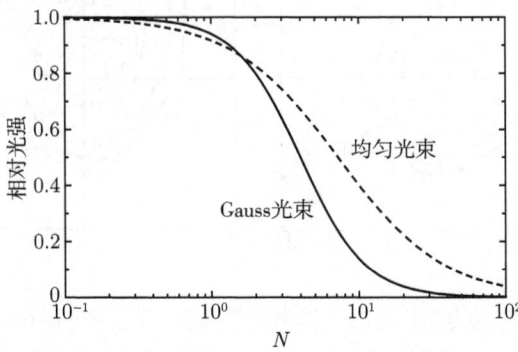

图 10.5.2 相对峰值光强与热畸变参量 N 的关系的经验公式

10.5.2 热晕和湍流的相互作用

由于大气湍流的存在,实际大气中不可能出现单纯的热晕现象。大气湍流从动力学特性和光学特性两个方面都影响着热晕效应的发展。动力湍流使介质的运动特性复杂化,影响了热量的传递方式 (Gebhardt et al., 1973)。而光学湍流造成的光斑随机分布使得激光加热介质的空间分布特性异常复杂,导致严格解析分析的可能性不复存在。

虽然有一些工作分析探讨了湍流与热晕的相互作用 (Ulrich and Wilson, 1990),也提出了一些解析处理模型 (Breaux et al., 1979; Jones and McMondie, 1981),但并未得到真正的实际应用。应用中基本上都是采用数值模拟的方法,虽然热晕改变了湍流状态,但基本的处理方法仍将两者独立对待,即湍流统计特性不受热晕的影响。这也表明数值模拟方法在这种情况下的局限性。

实验结果表明,仅仅由于动力湍流产生的热扩散问题就足以改变热晕光斑的鲜明特征,当湍流强度较大时就可以使得热晕光斑均匀分布。图 10.5.3 显示了高

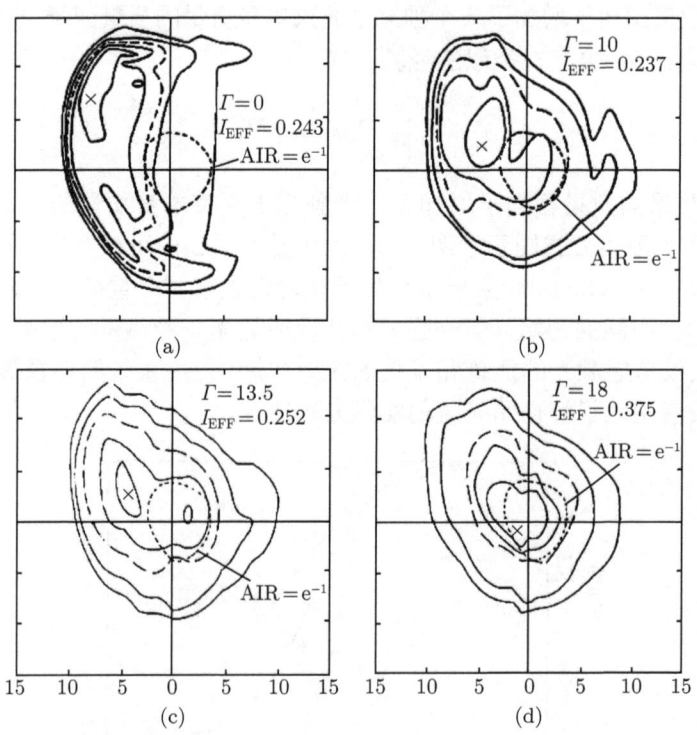

图 10.5.3 各种动力湍流作用下的束热晕光斑分布 (Gebhardt et al., 1973)

(a) 无湍流; (b) 弱湍流; (c) 中等湍流; (d) 强湍流

能激光在实验室管道内流体介质中传播时受各种动力湍流作用下的热晕光斑分布 (Gebhardt et al., 1973)。再考虑到光学湍流的影响，我们有充分理由相信，在实际湍流大气中，热晕光斑基本上应该是向各个方向均匀扩展的。这样我们就可以把热晕引起的光斑畸变视为光束扩展，从而可以和湍流引起的光束扩展一并考虑。针对具体问题进行大量数值定标实验以寻求定标关系。

大气湍流造成光斑扩展，对于传输距离为 L、焦距为 f，高斯光束长曝光光斑等效半径为

$$\langle \rho_\mathrm{L}^2 \rangle = \left(\frac{L\lambda}{\pi D}\right)^2 + \left(\frac{D}{2}\right)^2 \left(1 - \frac{L}{f}\right)^2 + \left(\frac{L\lambda}{\pi \rho_0}\right)^2 \tag{10.5.8}$$

当传输距离 $L = f$，且发射光束的光束质量为 β 倍衍射极限时

$$\langle \rho_\mathrm{L}^2 \rangle = \left(\beta \frac{L\lambda}{\pi D}\right)^2 + \left(\frac{L\lambda}{\pi \rho_0}\right)^2 = \left(\frac{L\lambda}{\pi D}\right)^2 (\beta^2 + \beta_\mathrm{T}^2) \tag{10.5.9}$$

这样，大气湍流引起相对于衍射极限光斑的扩展造成的效果相当于增加了一个独立于光束本身质量的质量因子 $\beta_\mathrm{T} = D/\rho_0$。

大气传输的综合效果由大气衰减效应、湍流效应和热晕效应共同决定。当湍流效应、热晕效应的影响 (本身也受湍流效应的影响) 分别以光束质量因子的形式表达时

$$\beta_\mathrm{total}^2 = \beta^2 + \beta_\mathrm{T}^2 + \beta_\mathrm{B}^2 \tag{10.5.10}$$

当湍流漂移扩展效应的特征频率远小于热晕效应的特征频率时，热晕效应不受湍流效应影响，可以按式 (10.5.10) 独立处理。当湍流漂移扩展效应的特征频率远大于热晕效应的特征频率时，湍流效应引起的光场重新分布对热晕效应产生了直接的影响，反过来，热晕造成的光场重新分布也影响了湍流效应。这个相互作用的过程十分复杂，切实可行的处理只能在统计的意义上进行。

大量的数值实验获得了一些大气湍流和典型热晕参数相关的定标关系。一种典型的定标关系将湍流热晕相互作用下的扩展 (独立于湍流扩展) 表示为 (Stock, 2003)

$$\beta_\mathrm{B}^2 = \frac{N}{N_0} + 0.7 \left(\frac{N}{N_0}\right)^2 \tag{10.5.11}$$

式中，N_0 为数值模拟结果拟合得到的参数，水平传输的典型值为 15。而广义 Bradley-Herrmann 热晕参数 N 的计算要考虑到光束质量和湍流引起的光束扩展，即认为光束扩展增大了焦斑面积，此时的 Fresnel 衍射参数为

$$N_\mathrm{F} = \frac{n_0 k a^2}{(\beta_0^2 + \beta_\mathrm{T}^2) L} \tag{10.5.12}$$

定标关系的可靠性既取决于实验的检验，也取决于数值分析所选取的参数和传输场景。如果不存在湍流效应，定标关系应和经验公式符合。在 N_0 分别取 15 和 12 的情况下，两者之间都有明显的差异，说明定标关系其适用的范围尚不够大。

另一种针对初始理想均匀光束依据数值模拟分析获得的湍流热晕相互作用下的总光束扩展的定标关系为 (Huang and Wang, 2004; 黄印博和王英俭, 2006a; 2006b)

$$\beta^2 = 1 + 0.636 N^{1.558} \tag{10.5.13}$$

在式 (10.5.11) 的定标关系中，广义 Bradley-Herrmann 热晕参数 N 的计算要考虑到光束质量和湍流引起的光束扩展，即 Fresnel 参量的计算依式 (10.5.12) 进行。既然如此，我们可以尝试以这个新的热晕参数 N 代入经验公式直接求解。在理想光束质量的情况下，当湍流效应明显，即 $\beta_T^2 \gg 1$ 时，$N_F = \dfrac{n_0 k a^2}{\beta_T^2 L} = \dfrac{k n_0 \rho_0^2}{4L} = N_T$ 即在湍流效应较明显的情况下，由相干距离决定的湍流 Fresnel 衍射参数 N_T 远小于由发射口径决定的 Fresnel 衍射参数，以相干距离为特征尺度的光斑产生的小尺度热晕的影响超过整束热晕占主导地位。这和相关的理论分析相符 (Enguehard and Hatfield, 1991)。因此，我们可假设 Gauss 光束和平台光束整束热晕的式 (10.5.6) 和式 (10.5.7) 依然有效，在一般光束质量情况下用式 (10.5.12) 计算 Fresnel 衍射参数。由这种方法得到的结果我们称其为"修正的经验公式"(饶瑞中, 2006)。

以修正的经验公式计算的三种情况下湍流热晕总效果的光束质量因子与单纯湍流效应光束质量因子的关系见图 10.5.4，通过这些结果，我们可以发现，由于湍流和热晕的相互作用使得总的传输效果一般在 $\beta_T > 1$ 时出现一个最优值 (如果发射光束质量较差，热晕必须较强，才能体现这一点)。

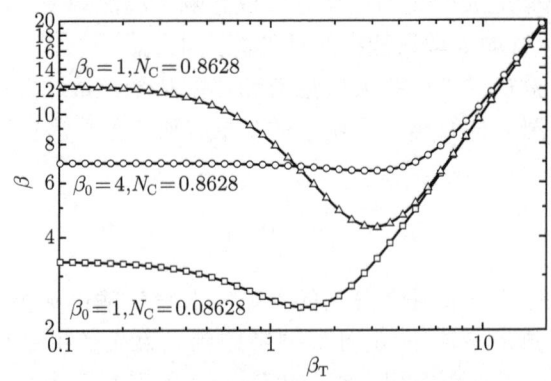

图 10.5.4　三种情况下湍流热晕总效果的光束质量因子与单纯湍流效应光束质量因子的关系

10.5.3 热晕效应的相位校正

与改善激光大气传输的湍流效应一样,自适应光学相位校正技术也被用来改善热晕效应引起的传输效果。这种应用比单纯的湍流效应校正更为复杂和困难,因为校正的目的一般是为了获得更大的能量集中度,但这正使得热晕效应加重。自适应光学技术可以校正风速引起的折射和部分散焦,焦斑的最大光强可以成倍提高 (Konyaev and Lukin, 1985)。因此,在热晕效应不是很严重的情况下,相位校正效果一般比较理想,但当热晕很严重时,相位校正基本不能发挥应有的作用。图 10.5.5 展示了无相位校正和相位校正后输送到目的地的归一化峰值功率密度与热畸变因子的关系 (Roadcap et al., 2003)。图中归一化峰值功率密度定义为热畸变因子与 Strhel 比的乘积 $I_\mathrm{p} = N_\mathrm{D} \cdot I/I_0$。

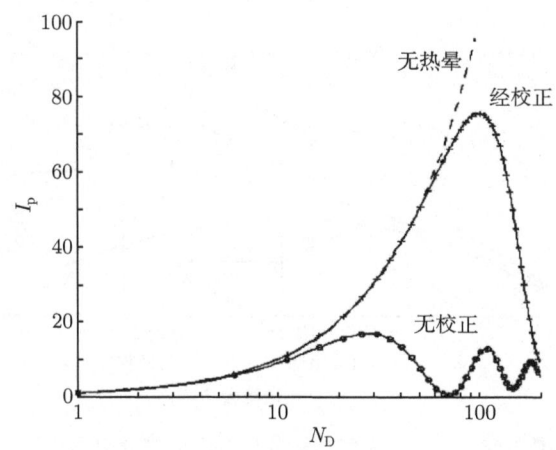

图 10.5.5　归一化峰值功率密度 (无相位校正和相位校正后) 与热畸变因子的关系

相位校正热晕效应后的激光大气传输效果也往往通过定标关系描述。这种定标关系显然比无校正的情况更为复杂,因为校正的效果与具体使用自适应光学系统的性能密切相关。因此,这里不作详细介绍 (Huang et al., 2002)。

10.6　高能激光大气传输的综合效果

目前,我们介绍了激光大气传输的吸收、散射和湍流效应等线性传输效应,以及高能激光特有的热晕非线性效应。在高能激光大气传输问题中必须考虑以上各种线性和非线性效应。这些效应之间并不是孤立的,在实际应用中必须全面考虑所有传输效应的综合作用效果。以输送激光能量为主要目的的高能激光大气传输应用为例,如图 10.6.1 所示,如果没有大气的影响 (真空传输状态),则输送到目的地的激光能量密度与发射激光能量完全成正比; 如果激光的出射能量不足以产生热晕效应, 则输送到目的地的激光能量密度依然与发射激光能量成正比, 但降低了一个比例因子 (吸收和散射造成的衰减以及湍流造成的光斑扩展); 如果激光出射能量足以产生热晕效应, 则出现如图 10.1.5 所示的输送到目的地的激光能量密度与发射激光能量之间的非线性关系, 存在着一个临近激光出射功率, 当发射功率超出这个临界值时, 输送到目的地的激光能量密度反而会降低。在热晕效应中吸收和横向风速起到了关键的作用, 吸收越强, 风速越低, 则热晕越显著, 临界功率值就越低。

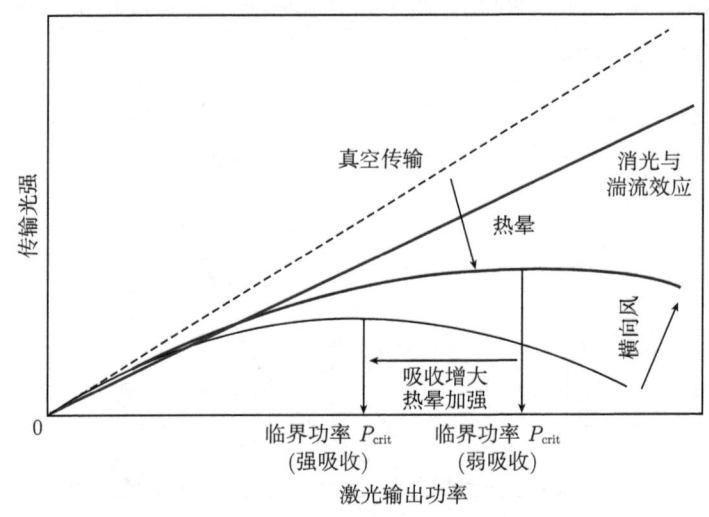

图 10.6.1 激光大气传输各种效应作用效果示意图

目前应用在有关光电工程中的激光器主要是化学激光器, 最常见的是 DF 激光器和 COIL 激光器。而技术性能快速发展的固体激光器 (DPL、光纤激光器等) 和波长可调谐的自由电子激光都具有潜在的应用价值。不同波长的激光在激光器、光学系统、大气传输效果方面的表现都有差异。短波长激光的好处主要是衍射效应小, 而其劣势是光学镜面的瑕疵影响大。长波长激光的好处主要是光学镜面的瑕疵影响小, 而其劣势是衍射严重。综合各方面的因素, 整体效果似乎以 1.06μm 为佳 (Cook, 2001; Leslie and Belen'kii, 2004)。

在光电工程应用中, 大气传输特性是进行可行性分析的基础和光学工程设计必须考虑的重要因素。大气光学特性十分复杂, 在局域时空中具有各种可能的状态, 在宏观时空中具有鲜明的地域和季节特征, 因此要全面地分析各种可能的状态对激光传输效果的影响, 需要长期的大气光学特性测量工作和激光实际大气传输的实验研究工作。

10.6 高能激光大气传输的综合效果

我们在 7.1 节中以福建东山岛近海面夏季和冬季的大气光学参数分析了 COIL 激光和 DF 激光的大气透过率 (衰减效应) 特征。而湍流效应、热晕效应和光学系统的参数密切相关，为此，我们在本节中还以东山岛近海面的大气光学特性，分析两种激光 (COIL 激光和 DF 激光) 的综合传输效果。两种激光的输出功率和光束质量相仿，发射口径也相近。水平传输距离 5km 和 10km。

福建东山岛近海面夏季和冬季的折射率结构常数 C_n^2 如图 10.6.2 所示。白天大于夜间，冬季大于夏季，尤其在夜间两者之间的差别很大。C_n^2 的日变化一般在两个数量级以内，但夏季比冬季显著；清晨和傍晚时分动力湍流和热湍流的转换不如内陆和沙漠地区明显。由此计算得到的两个波长三个距离上聚焦光束 (反向球面波) 的 Fried 常数 $r_0 = 2.1\rho_0$ 如图 10.6.3 所示。

两个波长的聚焦光束传输距离为 L=5km 和 10km 的 D/ρ_0 如图 10.6.4 所示。从图 10.6.4 中可以看出，湍流影响在白天很明显，而在夜晚则比较弱。对 3.8μm，在大多数湍流影响不严重的情况下，光束本身的质量与湍流的影响相仿，在分析实

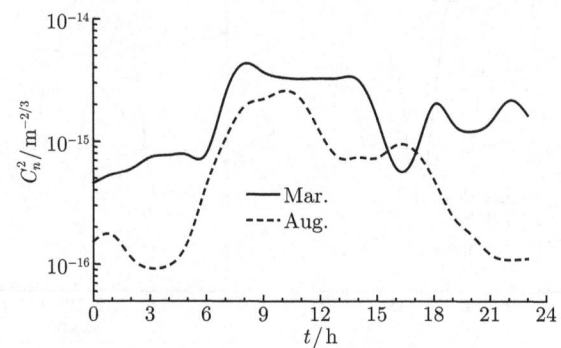

图 10.6.2　东山岛近海面夏季和冬季的大气湍流强度 $C_n^2 (\mathrm{m}^{-2/3})$

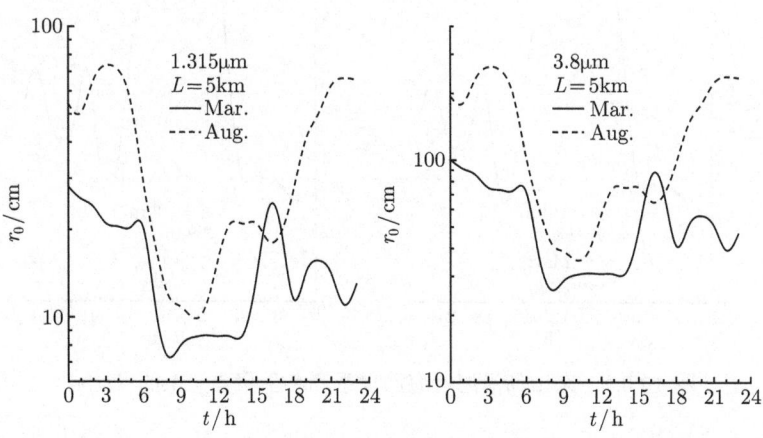

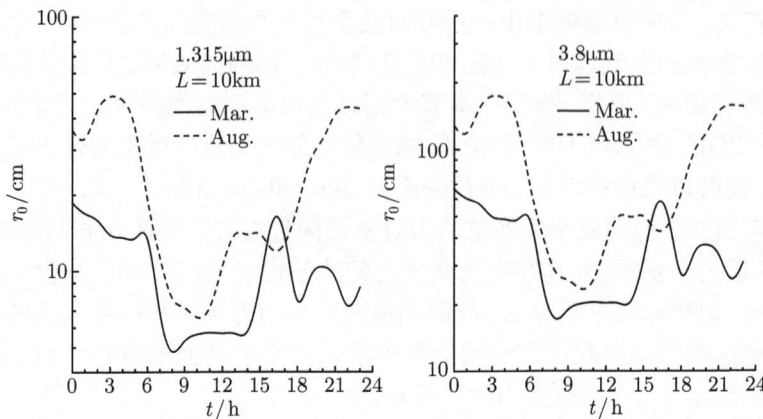

图 10.6.3 东山岛沿海近海面夏季和冬季聚焦光束的 Fried 常数

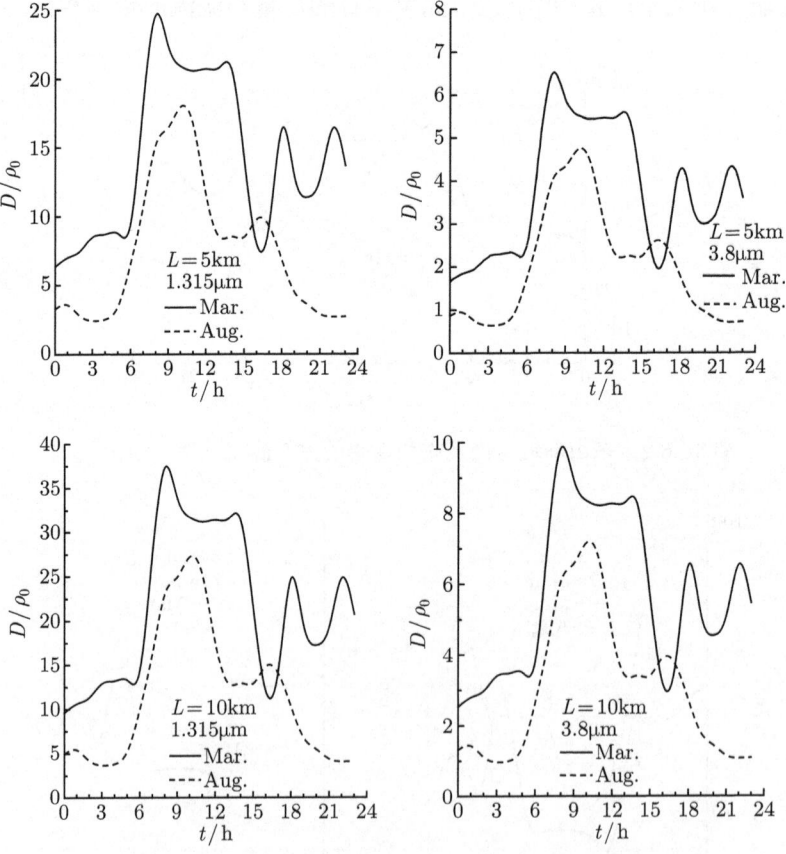

图 10.6.4 东山岛沿海近海面夏季和冬季聚焦光束的 D/ρ_0

10.6 高能激光大气传输的综合效果

际的传播效果时必须同时考虑两者的影响。对短波长的 1.315μm，湍流的影响更明显。

在不考虑衰减、湍流效应和光束旋转的情况下，根据激光、发射光学系统参数和各种大气参数计算的东南沿海近海面夏季和冬季准直光束的稳态热晕参数 N_C 如图 10.6.5 所示。从图 10.6.5 中可以看出，热晕效应随传输距离的增大而迅速恶化；1.315μm 的热晕比 3.8μm 严重。

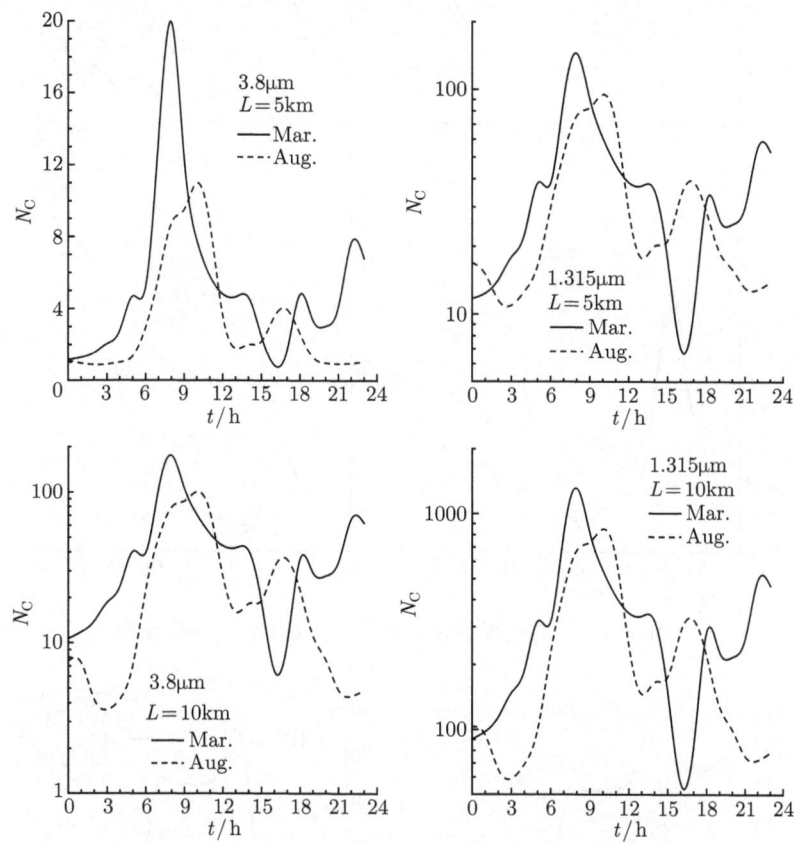

图 10.6.5　近海面夏季和冬季准直光束的稳态热晕参数

根据激光、发射光学系统参数和各种大气参数计算的近海面夏季和冬季聚焦光束的综合热晕参数如图 10.6.6 所示，与图 10.6.5 比较可以清楚地看出，聚焦光束的热晕效应夏季更加明显高于冬季，夜间明显高于白天。

大气传输总的光束质量因子为 $\beta^2 = \beta_0^2 + \beta_T^2 + \beta_B^2$。对于两个传输波长的各种情况如图 10.6.7 所示。

在没有大气影响的理想情况下，到达目标上的峰值功率密度为 $I_0 =$

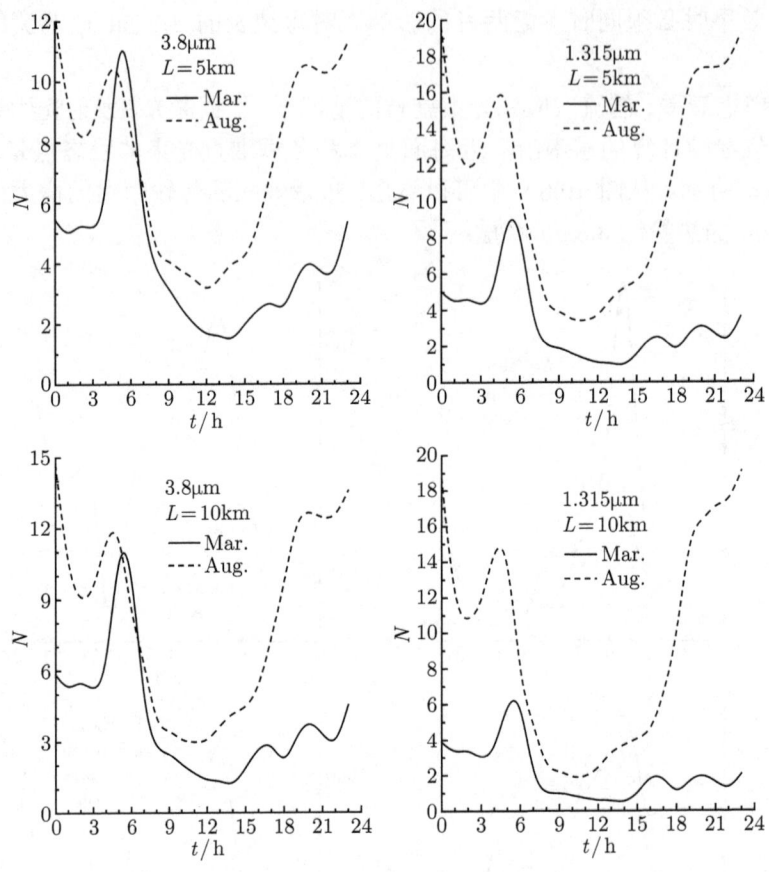

图 10.6.6　近海面夏季和冬季聚焦光束的综合热晕参数

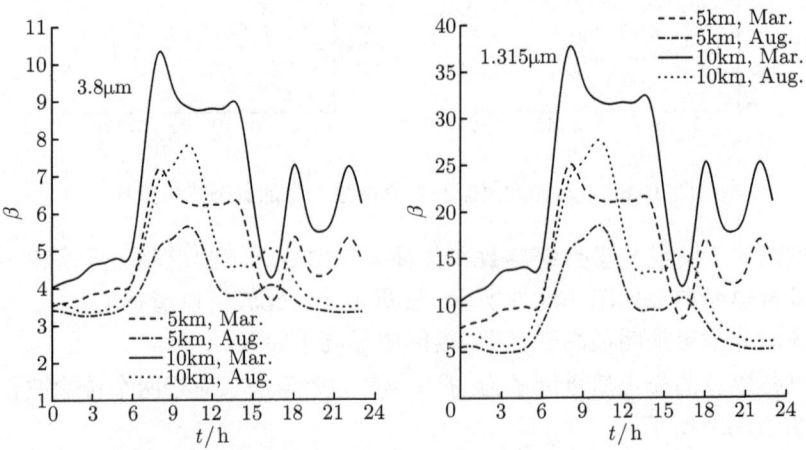

图 10.6.7　夏季和冬季大气传输总的光束质量因子

$P_0 \frac{\pi(D/2)^2}{(\lambda L)^2}(1-\varepsilon^2)^2$，式中，$\varepsilon$ 为发射系统的遮拦比。假设输送到目的地的光强符合高斯分布，则包含 $1-\mathrm{e}^{-1}$ (63.2%) 总能量的面积内的平均功率密度为 $\bar{I} = P_0 \frac{\pi(D/2)^2}{(\lambda L)^2}(1-\varepsilon^2)^2(1-\mathrm{e}^{-1})$。经大气传输的综合效果由大气衰减效应、湍流效应和热晕效应共同决定。统计平均的目标上的峰值功率密度为 $\langle I_0 \rangle = \frac{I_0 T}{\beta^2}$，63.2%总能量的面积内的平均功率密度为 $\langle I \rangle = \frac{\bar{I}T}{\beta^2}$。

根据激光、发射光学系统参数和各种大气参数计算的近海面夏季和冬季 3.8μm 和 1.315μm 均匀光束的综合传输效果—输送到目的地 63.2%总能量的面积内的平均功率密度如图 10.6.8 所示。可以看出：传输效果随传输距离的增加迅速恶化，平均功率密度的日变化特性比任一单项传输效应的情况都要复杂。

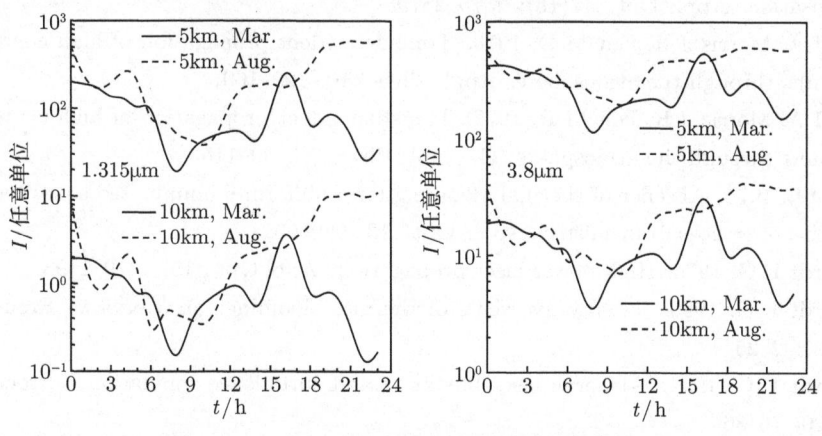

图 10.6.8　夏季和冬季聚焦光束综合传输效果

以上仅是一种建立在大气光学参数有限数据基础上分析的激光大气传输综合效果。其结果已经比较充分地体现了该问题的复杂性。因此对于任何具体的应用问题，都应该依据系统的大气光学参数进行全面的分析，在概率的意义上得出较可靠的结论。

参 考 文 献

黄印博, 王英俭. 2005. 热晕效应数值模拟中对计算参数的选取. 强激光与粒子束, 17: 1–4

黄印博, 王英俭. 2006a. 聚焦平台光束大气传输光束扩展的定标参数分析. 量子电子学报, 23: 274–281

黄印博, 王英俭. 2006b. 聚焦光束大气传输光束扩展定标规律的数值分析. 物理学报, 55:

6715-6719

饶瑞中. 2006. 激光大气传输湍流与热晕综合效应. 红外与激光工程, 35: 130-134

Berger P J, Ulrich P B, Ulrich J T, et al. 1977. Transient thermalblooming of a slewed laoer beam containing a region of stagnant absorber. Appl. Opt., 16: 345-354

Bradely L C, Herrmann J. 1974. Phase compensation for thermal blooming. Appl. Opt., 13(2): 331-334

Breaux H, Evers W, Sepucha R, et al. 1979. Algebraic model for cw thermal-blooming effects. Appl. Opt. , 18: 2638-2644

Cook J. 2001. Effects of laser wavelength in naval weapons. SMi's Fourth Annual Conferences on Directed Energy Systems, London

Enguehard S, Hatfield B. 1991. Perturbative approach to the small-scale physics of the thermal blooming and turbulence. J. Opt. Soc. Am. A, 8: 637-646

Fleck J A, Morris J R. 1978. Equivalent thin lens model for the Thermal Blooming compensation. Appl. Opt., 17(16): 2575-2579

Fleck J A, Morris J R, Feit M D. 1976. Time-dependent propagation of high energy laser beams through the atmosphere. Appl. Phys., 10: 129-160

Fleck J A, Morris J R, Feit M D. 1977. Time-dependent propagation of high energy laser beams through the atmosphere: II. Appl. Phys., 14: 99-115

Fried D L. 1974. Absence of thermal blooming for a uniformly illuminated square-aperture high-power laser transmitter. Appl. Opt., 13: 989-991

Gebhardt F G. 1976. High power laser propagation. Appl.Opt., 15: 1479-1493

Gebhardt F G. 1990. Twenty-five years of thermal blooming: an overview. Proc. SPIE, 1221: 2-25

Gebhardt F G. 1994. Airborne laser blooming and turbulence simulations. Proc. SPIE, 2120: 76-86

Gebhardt F G. 1995. Atmospheric effects modeling for high energy laser systems. Proc. SPIE, 2502: 101-110

Gebhardt F G, Smith D C. 1971. Self-induced thermal distortion in the near field for a laser beam in a moving medium. IEEE J. Quant. Elect., 7: 63-73

Gebhardt F G, Smith D C, Buser R G, et al. 1973. Turbulence effects on thermal blooming. Appl.Opt., 12(8): 1794-1805

Huang Y, Wang Y, Gong Z. 2002. Numerical analysis of the scaling parameter of adaptive compensation for thermal blooming effects. Proc. SPIE, 4926: 146-149

Huang Y, Wang Y. 2004. The scaling laws of laser beam spreading induced by turbulence and thermal blooming. Proc. SPIE, 5639: 65-69

Jones A T, McMondie J A. 1981. Thermal blooming of continuous wave laser radiation. J. Phy. D: Appl. Phys., 14: 163-172

Karr T J. 1990. Instabilities of atmospheric laser propagation. Proc. SPIE, 1221: 26-57

参考文献

Konyaev P A, Lukin V P. 1985. Thermal distortions of focused laser beams in the atmosphere. Appl. Opt., 24: 415–421

Leslie D, Belen'kii M. 2004. Wavelength selection and propagation analysis for shipboard free electron laser. SPIE, 5413: 125–136

Roadcap J R, McNicholl P J, Beland R R. 2003. Analysis of thermosonde data for high energy laser tactical applications. BACIMO 2003 Conference

Smith D C. 1977. High-power laser propagation: thermal blooming. Proc. IEEE, 65: 1679–1714

Stock R D. 2003. High energy laser scaling laws. 2003 Directed Energy Modeling and Simulation Conference, Albuquerque, New Mexico

Thomson J A. 1977. Stagnation and transonic effects in thermal blooming. Appl. Opt., 16: 355–366

Ulrich P B, Wilson L E. 1990. Propagation of high-energy laser beams through the earth's atmosphere. Proc. SPIE: 1221

Ulrich P B. 1976. Numerical methods in high power laser propagation. Optical Propagation in the Atmosphere. NATO AGARD-CP-183

Wallace J, Camac M. 1970. Effects of absorption at 10.6 mm on laser-beam transmission. J. Opt. Soc. Am., 60: 1587–1594

Walsh J L, Ulrich P B. 1978. Thermal blooming in the atmosphere. *In*: Strohbehn J W. Laser Beam Propagation in the Atmosphere. Berlin: Springer-Verlag

Weiss J D, Macinnis W H. 1980. Thermal blooming: round beam vs square beam. Appl. Opt., 19: 31–33

第11章 混浊和湍流大气中的光学成像

11.0 引 言

在地球大气中的成像问题中,大气引起图像质量的恶化。决定大气影响的是成像系统的工作方式、光学系统参数和大气介质的光学特性。大气介质光学传递函数是定量地、科学地进行成像光学设计和图像事后处理必须考虑的重要因素。

在 1.4 节中知道,光学系统的成像特性的定量描述和分析需要使用光学传递函数以及调制传递函数,并且由于大气中的成像大都是非相干成像问题,专门介绍了非相干成像的光学传递函数。一个非相干光照明成像系统的像光强 I_i 和物光强 I_o 服从卷积积分式 (1.4.14),频域内物像间的关系式满足式 (1.4.15)。

混浊介质和湍流介质影响成像的物理机制和效果不同。混浊介质的光散射效应是决定介质光学传递函数的物理机制,介质引起的杂散光 (主要是前向) 导致图像与大气背景对比度的降低,时间上比较稳定。湍流介质的光传播效应是决定介质光学传递函数的物理机制,光波的光强起伏 (闪烁)、相位起伏 (波前倾斜) 和到达角起伏 (抖动) 导致图像细节的扭曲和变形,并且具有较显著的时间变化特征。湍流和混浊大气中点目标成像过程的直观图示以及表达光目标光源在像平面光场分布特征的点扩展函数如图 11.0.1 所示 (Kopeika, 1997)。

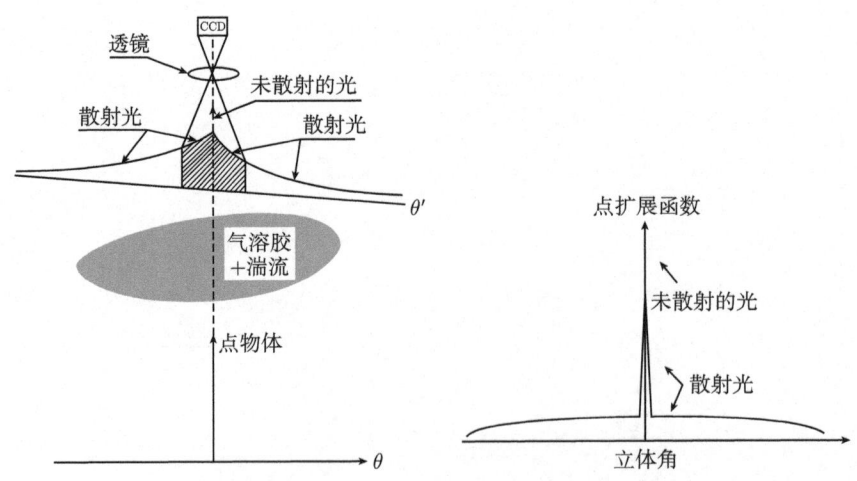

图 11.0.1 湍流和混浊大气中点目标成像系统及点扩展函数示意图

决定大气介质光学传递函数的因素既和大气光学参数有关, 也依赖于成像光学系统的参数。在可见波段, 混浊介质的影响主要是大气分子和气溶胶粒子的光散射; 湍流介质的影响也很明显。而在红外波段, 大气分子散射很微弱, 可不考虑; 大气分子吸收很严重。随着波长的增加, 大气湍流的影响越来越弱。

整个光学成像系统的调制传递函数等于成像通道上各个环节的调制传递函数之积。在大气中的成像问题中, 光学系统的调制传递函数都是固定的, 随大气状态而变的是大气介质的调制传递函数。

11.1 大气介质与成像系统的调制传递函数

11.1.1 光场相干函数与成像系统的调制传递函数

大气介质中的成像几何如图 11.1.1 所示, 成像过程分析需要涉及三个特定平面, 即物体所在的物平面、光学成像系统入瞳所在的平面以及像平面。物平面与入瞳平面之间的距离 (物距) 也就是大气介质中光波的传播距离 L, 入瞳平面与像平面之间的距离 (像距) 为 d, 光学成像系统的焦距为 f_0, 入瞳口径为 D_0。在大气介质产生明显影响的成像问题中, 一般有 $L \gg f_0$, 根据物像关系 $1/L + 1/d = 1/f_0$, 则有 $d \approx f_0$。因此, 在各种文献中, 有关光学 (调制) 传递函数表达式中, 有的使用像距 d, 有的使用焦距 f_0。

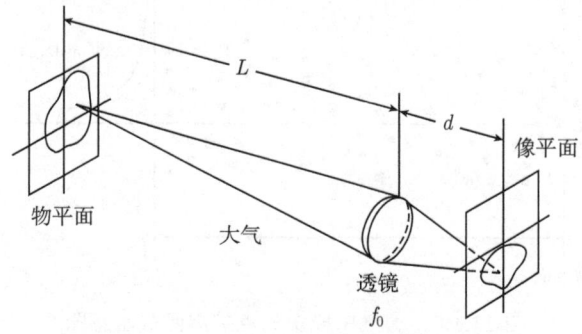

图 11.1.1 大气中成像系统示意图

根据第 8 章中 Hugens-Fresnel 原理得到成像系统入瞳处的光强分布与物体的光强分布的关系为式 (8.5.16)

$$\langle I(\boldsymbol{\rho}, z) \rangle = \frac{1}{(\lambda z)^2} \iint_A \iint_A \langle E_0(\boldsymbol{\rho}_0) E_0^*(\boldsymbol{\rho}_0') \rangle \exp\left[\frac{\mathrm{i}k}{2z}(|\boldsymbol{\rho} - \boldsymbol{\rho}_0|^2 - |\boldsymbol{\rho} - \boldsymbol{\rho}_0'|^2)\right] \cdot \exp\left[-\frac{1}{2}D(\boldsymbol{\rho}_0 - \boldsymbol{\rho}_0')\right] \mathrm{d}\boldsymbol{\rho}_0 \mathrm{d}\boldsymbol{\rho}_0' \qquad (11.1.1)$$

通过定义一种点扩展函数 (point spread function), 式 (11.1.1) 可表示为 (Ishimaru, 1978)

$$\langle I(\boldsymbol{\rho}, z)\rangle = \iint_A P(\boldsymbol{\rho} - \boldsymbol{\rho}_0) \langle I(\boldsymbol{\rho}_0)\rangle \mathrm{d}\boldsymbol{\rho}_0 \qquad (11.1.2)$$

考虑到成像系统的放大倍数和像的倒置，引入物体的等效坐标

$$\boldsymbol{\rho}_1 = -(d/L)\boldsymbol{\rho}_0 \qquad (11.1.3)$$

则式 (11.1.1) 可以表示为

$$\langle I(\boldsymbol{\rho}, z)\rangle = \frac{1}{(\lambda f_0)^2} \iint_A \iint_A \langle E_0(\boldsymbol{\rho}_1) E_0^*(\boldsymbol{\rho}_1')\rangle \exp\left[\frac{\mathrm{i}k}{2z}(|\boldsymbol{\rho} - \boldsymbol{\rho}_1|^2 - |\boldsymbol{\rho} - \boldsymbol{\rho}_1'|^2)\right] \cdot \exp\left[-\frac{1}{2}D(\boldsymbol{\rho}_1 - \boldsymbol{\rho}_1')\right] \mathrm{d}\boldsymbol{\rho}_1 \mathrm{d}\boldsymbol{\rho}_1' \qquad (11.1.4)$$

则式 (11.1.2) 可以表示为

$$\langle I(\boldsymbol{\rho}, z)\rangle = \iint_A P(\boldsymbol{\rho} - \boldsymbol{\rho}_1) \langle I(\boldsymbol{\rho}_1)\rangle \mathrm{d}\boldsymbol{\rho}_1 \qquad (11.1.5)$$

点扩展函数的物理意义就是物平面上的一个点光源在入瞳平面上形成的光场分布，如图 11.1.2 所示。

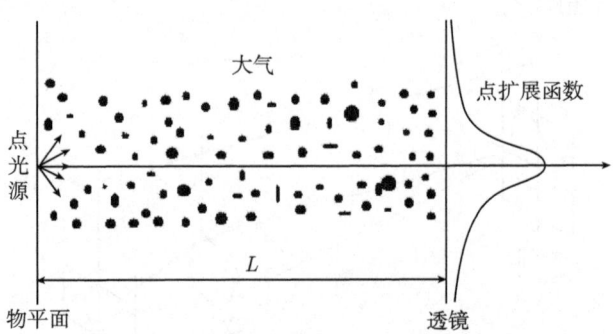

图 11.1.2 大气中成像的点扩展函数示意图

令 $\boldsymbol{\rho}_\mathrm{d} = \boldsymbol{\rho}_0 - \boldsymbol{\rho}_0'$，由式 (11.1.1) 和式 (11.1.4) 可推得像平面 ($\boldsymbol{\rho}_\mathrm{i}$) 上点扩展函数的表达式为

$$P(\boldsymbol{\rho}_\mathrm{i}, \boldsymbol{\rho}_0) = \frac{1}{(\lambda f_0 L)^2} \iint_A \iint_A \exp\left[-\mathrm{i}k\boldsymbol{\rho}_\mathrm{d} \cdot \left(\frac{\boldsymbol{\rho}_\mathrm{i}}{f_0} + \frac{\boldsymbol{\rho}_0}{L}\right) - \frac{1}{2}D(\boldsymbol{\rho}_\mathrm{d})\right] \mathrm{d}\boldsymbol{\rho}_0 \mathrm{d}\boldsymbol{\rho}_0' \qquad (11.1.6)$$

$$P(\boldsymbol{\rho}_\mathrm{i} - \boldsymbol{\rho}_1) = \frac{\pi(D_0/2)^2}{(\mathrm{d}\lambda f_0 L)^2} \int_0^\infty \exp\left[-\mathrm{i}k\boldsymbol{\rho}_\mathrm{d} \cdot (\boldsymbol{\rho}_\mathrm{i} - \boldsymbol{\rho}_1)\bigg/f_0 - \frac{1}{2}D(\boldsymbol{\rho}_\mathrm{d})\right] M_\mathrm{L}(\rho_\mathrm{d}/D_0) \mathrm{d}\boldsymbol{\rho}_\mathrm{d} \qquad (11.1.7)$$

11.1 大气介质与成像系统的调制传递函数

式 (11.1.7) 中孔径函数为

$$M_{\mathrm{L}}(r) = \begin{cases} \dfrac{2}{\pi}\left(\arccos r - r\sqrt{1-r^2}\right), & r < 1 \\ 0, & r > 1 \end{cases} \quad (11.1.8)$$

对式 (11.1.5) 进行 Fourier 变换, 有

$$\hat{I}(\nu) = M_{\mathrm{TF}}\hat{I}_0(\nu) \quad (11.1.9)$$

式中, $\hat{I}(v)$、$\hat{I}_0(v)$ 分布像平面和物平面上的光强分布的归一化空间频谱; M_{TF} 为从大气介质到成像系统的归一化总调制传递函数

$$M_{\mathrm{TF}}(\nu) = \int P(\boldsymbol{\rho})\exp\left[2\pi\mathrm{i}\boldsymbol{\nu}\cdot\boldsymbol{\rho}\right]\mathrm{d}\boldsymbol{\rho} \bigg/ \int P(\boldsymbol{\rho})\mathrm{d}\boldsymbol{\rho} \quad (11.1.10)$$

此式中分母对应的为像的总能量, 由式 (11.1.7) 可得

$$\int P(\boldsymbol{\rho})\mathrm{d}\boldsymbol{\rho} = \pi(D_0/2)^2 \exp\left[-D(0)\right]/L^2 \quad (11.1.11)$$

$$M_{\mathrm{TF}} = \exp\left[-D\left(\lambda f_0 \nu\right)/2 + D\left(0\right)/2\right] M_{\mathrm{L}}(\lambda f_0 \nu/D_0) \quad (11.1.12)$$

式中, $M_{\mathrm{L}}(\lambda f_0\nu/D_0)$ 函数即为只与成像系统口径 D_0 有关的光学系统的理想调制传递函数 (没考虑像差), 而常数因子 $\exp[D(0)/2]$ 反映了大气介质对光强的整体衰减程度, 它影响像的绝对亮度, 但不影响像的质量。因此, 反映大气介质对成像质量影响的调制传递函数为

$$M_{\mathrm{Atm}} = \exp\left[-D\left(\lambda f_0\nu\right)\right] = \exp\left[-D\left(\lambda\Omega\right)/2\right] \quad (11.1.13)$$

因此, 大气介质调制传递函数与第 8 章中介绍的光场的相干函数 (许多文献中也称为互相关函数 Mutual coherence function) 直接相关, 只要把相干函数中的距离 ρ 以波长 λ、光学系统的像距 d(近似为焦距 f_0) 和目标的空间频率 ν 的乘积代替即可 (Hufnagel and Stanley, 1964; Lutmokirski, 1978), 即 $\rho \Rightarrow \lambda f_0 \nu$ 或 $\rho \Rightarrow \lambda\Omega$, $\Omega = f_0\nu$ 是空间角频率 (单位为每弧度周数)。

从辐射传输方程出发, 在小角散射近似下进行推导, 也可以得到上述结果 (Zardecki et al., 1984)。

从引言中我们已知, 作为整体介质的大气从对成像过程的影响机理来看, 湍流介质和混浊介质是不同的。鉴于对此两种介质中的光传播研究一直是独立进行的, 将大气作为一个整体研究其调制传递函数尚无法做到。因此, 一般将两者区分开来, 研究各自的调制传递函数, 在两者无相互作用的假设下, 根据光学传递函数的性质, 大气介质的调制传递函数由湍流介质的调制传递函数 M_{Tbl} 和混浊介质的调制传递函数 M_{Tbd} 两者间的乘积获得, 即

$$M_{\mathrm{Atm}} = M_{\mathrm{Tbl}}M_{\mathrm{Tbd}} \quad (11.1.14)$$

11.1.2 背景光下大气介质中的成像

以上的分析仅仅考虑了来自像源物体的光在像平面上的成像作用, 而忽略了那些并非来自像源物体的背景光也可能传播到像平面上, 它们和成像光混合在一起无法区分, 客观上也影响了图像的质量。对于这种实际应用中普遍存在的现象, 需要进一步分析光学传递函数与背景光的关系。此时, 需要用到大气介质和成像光学系统的绝对调制传递函数 (Lutomiski and Yura, 1974)

$$M_{\mathrm{TF}} = \exp(-\tau) M_{\mathrm{Atm}} M_{\mathrm{L}} / (16 F^2) \tag{11.1.15}$$

式中, $F = f_0/D_0$ 为成像光学系统的 F 数。

从光学传递函数理论可知, 光学系统的调制传递函数在任一空间频率 ν 处的值 $M_{\mathrm{TF}}(\nu)$ 对应于具有该频率的像源物体 (例如, 其发光光谱辐射亮度为 $I_\lambda(x) = I_\lambda^0 (1 + \cos\nu)/2$, 其对比度为 1) 的像的对比度。设光学系统入瞳处的背景光光谱辐射亮度为 $I_{\mathrm{b\text{-}v}}$, 它在像平面上的辐照度为 $I_{\mathrm{b\text{-}v}} \cdot \pi (D_0/2)^2 / f_0^2 = \pi I_{\mathrm{b\text{-}v}}/4F^2$, 像平面上总的辐照度为

$$I = (I_\lambda^0/2) \exp(-\tau) [1 + M_{\mathrm{Atm}} M_{\mathrm{L}} \cos(f_0 \nu x/D_0)]/(8F^2) + \pi I_{\mathrm{b\text{-}v}}/(4F^2) \tag{11.1.16}$$

因此, 在经调制传递函数为 M_{Atm} 的大气介质, 并通过调制传递函数为 M_{L} 的光学系统成像后, 像的调制对比度为

$$\mathrm{Mod}_{\mathrm{img}} = \frac{I_{\max} - I_{\min}}{I_{\max} + I_{\min}} = \frac{M_{\mathrm{Atm}} M_L}{1 + 4\pi I_{\mathrm{b\text{-}v}}/[I_\lambda^0 \exp(-\tau)]} \tag{11.1.17}$$

注意这里像的调制对比度与 7.4 节图像与背景的对比度的区别, 后者是图像作为一个均匀的整体与图像所在空间背景光的对比, 而前者是图像本身内部细节的变化。从式 (11.1.17) 可以看出, 像的调制对比度与光学系统的 F 数无关, 在大气介质对图像退化 (退化程度由调制传递函数 M_{Atm} 描述) 的基础上, 大气中的背景光进一步降低了图像的调制对比度, 下降倍数为 $1 + 4\pi I_{\mathrm{b\text{-}v}}/[I_0^\lambda \exp(-\tau)]$。只有在 $4\pi I_{\mathrm{b\text{-}v}}/[I_0^\lambda \exp(-\tau)] \ll 1$ 的情况下, 才可以不考虑背景光的影响。

如果像源物体可以视为一个单色辐照反射率为 ρ_λ 的 Lambertian 反射面, 如果来自正面半空间均匀照明 (单色光谱辐照度为 I_λ^{ill}) 则 $I_\lambda^0 = \rho_\lambda I_\lambda^{\mathrm{ill}}$, 此时, 像的调制对比度为

$$\mathrm{Mod}_{\mathrm{img}} = \frac{M_{\mathrm{Atm}} M_L}{1 + 4\pi I_{\mathrm{b\text{-}v}}/[\rho I_\lambda^{\mathrm{ill}} \exp(-\tau)]} \tag{11.1.18}$$

如果大气中的像源物体没有人工照明 (或直射的太阳光正面照明), 而仅仅被大气中的天空背景光照明, 则 $I_{\mathrm{b\text{-}v}}$ 和 I_λ^{ill} 皆为天空背景光, 在一般非特殊情况 (如接近太阳照射方向的逆光或顺光) 下, 两者的强度相当 (方向相反), 总是有

$4\pi I_{\text{b-v}}/\left[\rho I_\lambda^{\text{ill}}\exp(-\tau)\right]>1$,在透过率较小的情况下,甚至有 $4\pi I_{\text{b-v}}/\left[\rho I_\lambda^{\text{ill}}\exp(-\tau)\right]\gg 1$。因此,大气中的背景光对图像的恶化有着非常重要的影响。

11.2 大气湍流介质的光学传递函数与图像分辨率

对于大气湍流介质和混浊介质两者对成像过程的影响,湍流介质的影响由于其明显的动态特征而更为直观。因此,大气湍流对图像的影响早在牛顿时代就得到关注,它一直成为天文观测中无法避免的重要问题。

定量地研究大气湍流介质对成像的影响可以通过数值仿真或设计的实际实验来进行,定量地描述则需要调制传递函数。由于实际大气介质的多因素复杂性以及实际不稳定性,要想对大气介质单一因素对成像系统的影响进行系统的分析,一般只能采用仿真的方法,包括实验上利用其他可控流体介质模拟大气介质开展实验研究,或直接在计算机上数值模拟大气介质中的成像过程 (王英俭和吴毅, 1998)。

由于大气介质的高度复杂性,任何意义上的数值仿真都无法完全模拟实际的情况,开展实际大气中的实验研究对于准确掌握大气对成像影响规律是不可缺少的重要环节。在实际测量成像质量的同时尽可能全面地记录大气光学参数,才可能发现大气影响的规律。图 11.2.1 是利用针对图像分辨力问题设计的实验装置获得的图像质量恶化的直观结果 (Su et al., 2006)。

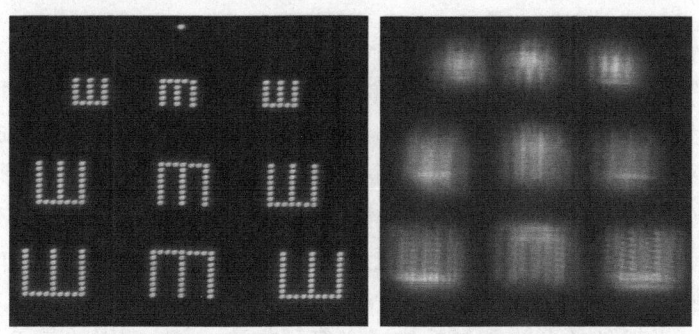

图 11.2.1　湍流大气中图像的模糊:实验测量

11.2.1　大气湍流介质的光学传递函数

湍流大气中的光波的结构函数在第 9 章中已经进行了充分的分析,因此,在分析湍流大气介质的调制传递函数时可以直接引用相关结果。根据式 (9.1.17) 和式 (9.1.18) 用相干长度 ρ_0 或 Fried 常数 r_0 表达的结构函数形式,可得到在长曝光的情况下平均的大气湍流介质的光学传递函数为

$$M_{\text{Tbl}}^{\text{LE}}=\exp[-(\lambda\Omega/\rho_0)^{5/3}]\qquad(11.2.1)$$

或
$$M_{\text{Tbl}}^{\text{LE}} = \exp[-3.44(\lambda\Omega/r_0)^{5/3}] \tag{11.2.2}$$

在长曝光情况下，湍流大气介质的光学传递函数和光学成像系统的传递函数是独立的 (Hufnagel and Stanley, 1964)。而对于短曝光的情况，大气湍流的影响和光学系统本身的影响无法分离开来。对于短曝光的统计平均，必须在相位起伏中去除随机漂移 (即去掉像差的倾斜项)。此时，光波结构函数的计算中应减去倾斜项的内容。此时的结果对近场 (near-field, nf: Fresnel 尺度远小于望远镜口径 D, $\sqrt{L\lambda} \ll D$) 和远场 (far-field, ff: 菲涅耳尺度远大于望远镜口径, $\sqrt{L\lambda} \gg D$) 两种情况又有不同，相应的短曝光调制传递函数分别为 (Fried, 1966)

$$M_{\text{Tbl}}^{\text{SE-nf}} = \exp\{-(\lambda\Omega/\rho_0)^{5/3}[1-(\lambda\Omega/D_0)^{1/3}]\} \tag{11.2.3}$$

$$M_{\text{Tbl}}^{\text{SE-ff}} = \exp\{-(\lambda\Omega/\rho_0)^{5/3}[1-0.5(\lambda\Omega/D_0)^{1/3}]\} \tag{11.2.4}$$

由于光学系统调制传递函数 M_L 的截止频率为 D_0/Ω, 所以从式 (11.2.1)~式 (11.2.4) 可以看出短曝光成像和长曝光成像的区别，这种区别对近场更为明显。

由于上述关于大气湍流介质的光学传递函数是基于湍流大气中的光波的结构函数获得的，而后者的具体形式是在 Kolomogov 湍流谱的情况下获得的。因此，一般情况下湍流谱的具体特征影响着结构函数的特征并进一步影响着调制传递函数的特征，其中一个重要的影响因素就是湍流内尺度 (Belen'kii, 1996)。

11.2.2　湍流大气中望远镜的分辨本领

湍流大气中成像时光斑在望远镜焦面上的时空形态与汇聚激光束光斑在湍流大气中的行为类似，同样存在着扩展和漂移等，若对无穷远的点目标成像，则像点的漂移就是平面波的到达角起伏。平面波经理想的望远镜会在焦点形成 Airy 斑，Airy 斑半径的大小决定了望远镜的分辨能力。由于湍流造成的像点的扩展和漂移，无论短曝光还是长曝光，焦面上的光斑尺度会大于 Airy 斑半径，从而降低分辨本领。这个问题由牛顿最早提出来了 (Newton, 1952)。

对一个光学系统的分辨本领的描述有多种方法，一种常用的是 Rayleigh 判据 (Born and Wolf, 2000)。根据 Rayleigh 判据，焦距为 f_0 孔径为 D_0 的理想望远镜的最小可分辨角度为 $\theta_{\min} = 1.22\lambda/D_0$。非理想的望远镜或在湍流大气中使用的理想望远镜的成像光斑尺度都大于 Airy 斑，因而最小可分辨角度变大，分辨本领变差。我们可将望远镜的分辨本领定义为最小可分辨角度的倒数

$$R = \theta_{\min}^{-1} \tag{11.2.5}$$

因而理想望远镜的分辨本领为

$$R_0 = (1.22\lambda/D_0)^{-1} \tag{11.2.6}$$

11.2 大气湍流介质的光学传递函数与图像分辨率

按照这种定义,我们可以对湍流大气中望远镜的分辨本领作一个简单的分析。在弱起伏条件下,假定短曝光图像未受到湍流的明显影响,而长曝光图像是短曝光图像 (假定为 Airy 斑,半径为 a) 漂移叠加的结果,则可由到达角起伏求得长曝光光斑半径 A

$$A^2 = a^2 + (\sigma_\alpha f)^2 \tag{11.2.7}$$

由此求得湍流大气中望远镜的分辨本领

$$R = \frac{f}{A} = \frac{f}{\sqrt{a^2 + (\sigma_\alpha f)^2}} = \frac{R_0}{\sqrt{1 + \sigma_\alpha^2 R_0^2}} \tag{11.2.8}$$

图 11.2.2 给出了湍流大气中望远镜的分辨本领在一定的起伏条件下 (到达角起伏均方根值为 10^{-6}) 随望远镜理想分辨本领的变化关系 (a) 和对于一定分辨本领 (10^6) 的望远镜随到达角起伏均方根值的变化关系 (b)。

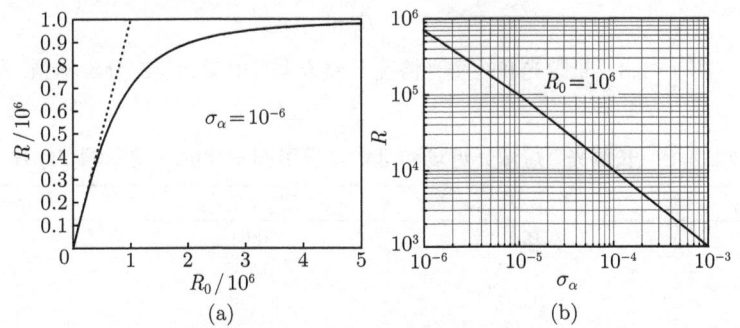

图 11.2.2 湍流大气中望远镜的分辨本领

(a) 分辨本领 R 随理想分辨本领 R_0 的变化; (b) 分辨本领 R 随到达角起伏的变化

上面我们根据到达角起伏和 Rayleigh 判据简单分析了湍流大气中望远镜的长曝光分辨本领。对于短曝光的情况以及对分辨本领较严格的分析,可使用调制传递函数 MTF 的全频谱空间积分作为望远镜系统分辨本领的度量参数,即式 (1.4.21) (Fried, 1966; 1967)

$$R = \int M_{\text{Tbl}} M_{\text{L}} \mathrm{d}\Omega \tag{11.2.9}$$

将式 (11.1.8) 和式 (11.2.1)、式 (11.2.3) 和式 (11.2.4) 代入式 (11.2.9),即可求得湍流大气中长曝光和短曝光望远镜系统的分辨本领。在湍流大气中,望远镜的分辨本领在望远镜的口径达到一定的数值后趋于一个最大值

$$R_{\max} = (\pi/4)(r_0/\lambda F)^2 \tag{11.2.10}$$

在长曝光、短曝光近场和远场情况下归一化的分辨本领 $R/R_{\max}$ 随 D/r_0 的变化关系如图 11.2.3 所示 (Fried, 1966),其具体的数值列于表 11.2.1。从图 11.2.3 中

可以看出，当 $D_0/r_0 = 1$ 时长曝光、短曝光近场和远场情况下的分辨本领都开始受到大气湍流的明显影响，这也是 Fried 这样定义 r_0 这个参量的原因。

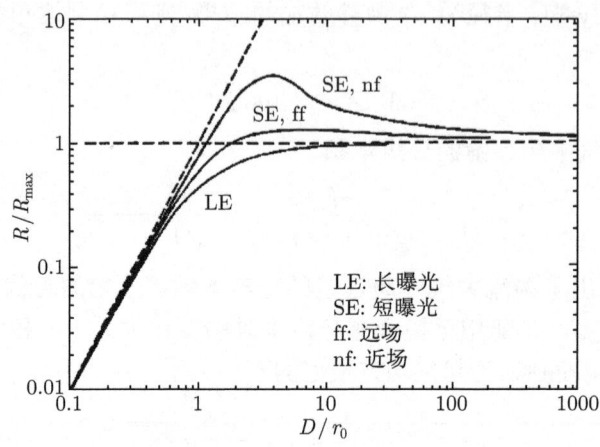

图 11.2.3 长曝光和短曝光情况下湍流大气中望远镜的分辨本领

表 11.2.1 长曝光、短曝光近场和远场情况下归一化的分辨本领 $R/R_{\max}$

D/r_0	$R_{\mathrm{LE}}/R_{\max}$	$R_{\mathrm{SE}}^{\mathrm{ff}}/R_{\max}$	$R_{\mathrm{SE}}^{\mathrm{nf}}/R_{\max}$
0.1	0.01	0.01	0.01
0.5	0.185	0.208	0.237
1	0.445	0.586	0.844
2	0.699	1.048	2.36
3	0.797	1.202	3.32
4	0.848	1.234	3.48
5	0.878	1.249	3.20
7	0.913	1.253	2.52
10	0.939	1.242	2.05
20	0.970	1.206	1.654
30	0.980	1.183	1.524
50	—	1.156	1.407
100	—	1.124	1.298

11.3 大气混沌介质的调制传递函数

混浊大气中介质对图像的影响在一定的条件下也是很直观的，如日常中常见的日晕 (aureole)、月晕等气象光学现象，就是混浊大气造成的。图 11.3.1 是两种大气状态下观察到的太阳轮廓照片，图 11.3.1(a) 是穿过对流雾观察结果，依然可以看到清醒的太阳边缘；图 11.3.1(b) 是透过高层云的观察结果，太阳边缘已很模糊并变形

11.3 大气混沌介质的调制传递函数

(Bissonnette, 1994)。在一般条件下, 太阳轮廓外的太空亮度随着距离的增大而逐渐降低, 降低的快慢取决于大气混浊介质的光学性质。图 11.3.2 显示了几种情况下日晕蓝光强度随离开太阳边缘角度的变化的定量测量结果, 分别是在 Mauna Kea 山峰测量的认为无大气影响的结果、Texas 地区晴朗天空、Texas 地区有墨西哥烟雾以及撒哈拉地区沙尘天气情况下的测量结果。长期的日晕观测结果显示, 除大气介质的散射特性影响日晕光强分布外, 在紧靠太阳边缘的位置, 太阳有限的扩展 (非点目标) 也产生一定的影响 (Volz, 1993)。

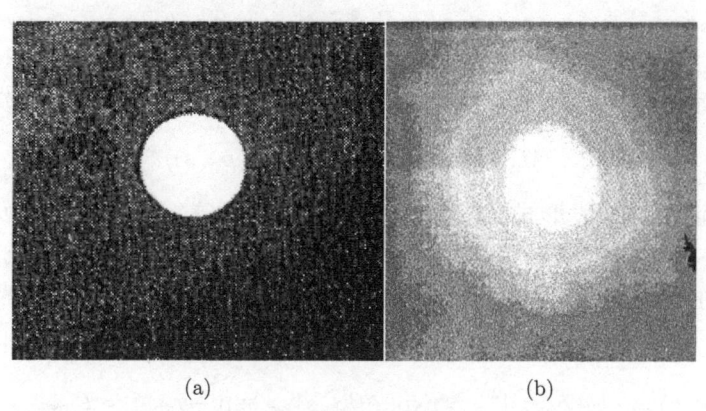

图 11.3.1 太阳轮廓照片 (Bissonnette, 1994)

(a) 穿过对流雾; (b) 透过高层云

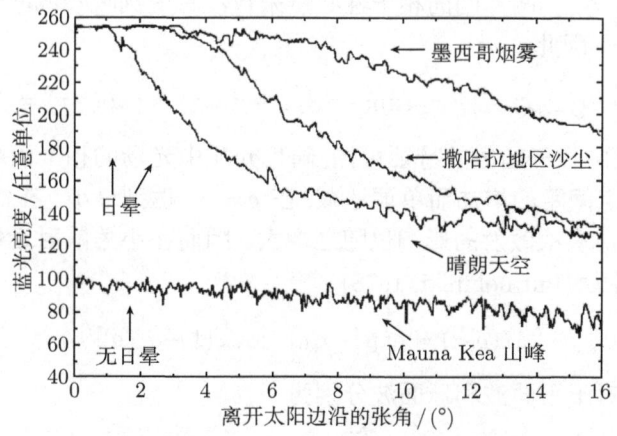

图 11.3.2 日晕蓝光强度随离开太阳边缘角度的变化 (Mims III, 2003)

11.3.1 大气混沌介质调制传递函数的近似解析结果

在第 6 章和第 7 章有关混浊大气中的辐射传输问题中, 实际上我们把一切有关的辐射量 (主要是光强相关的) 都作为确定的物理量来处理, 并没有考虑它们的实际起伏情况和统计特性。实际混浊介质也是起伏的，如果研究光辐射电场的性质，就必须考虑统计特征。类似于第 8 章中湍流介质中的光传播问题分析方法，我们也可以求取混浊介质中光场的相干函数。

混浊介质成像问题往往是一个多次散射加强烈前向散射的问题，它的精确求解必须利用第 6 章的辐射传输方程，然而我们在 6.5 节已经知道，这种类型的问题恰恰就是辐射传输求解最复杂的情况。即使利用数值计算也很难得到足够高精度的结果。因而，对于图像问题要获得可以方便应用的结果只有从启发式分析和小角散射近似入手。

假定混浊介质中的散射粒子在空间均匀分布，则光场的相干函数只依赖于两点间的距离，而与方向无关，则由式 (8.4.11) 的定义，混浊介质的相干函数为

$$M(\rho, z) = \langle u(\boldsymbol{\rho}_0 + \boldsymbol{\rho}, z) u^*(\boldsymbol{\rho}_0, z) \rangle \tag{11.3.1}$$

为获得相干函数的一般形式，先考虑它的两种极限形式，第一种为间距为零的单点的相干函数，即光强的衰减程度。由于在成像问题中的传播仅限制在前向很小的角度范围内，在可认为多次散射光皆可达到成像面，因而光的衰减皆为吸收所致，因而有

$$M(0, z) = \left\langle |u(\boldsymbol{\rho}_0, z)|^2 \right\rangle = \exp(-\beta_{\text{abs}} z) = \exp(-\tau_{\text{abs}}) = T_{\text{abs}} \tag{11.3.2}$$

另一种极限情况是间距为无穷大的两点间的相干函数，此时没有任意一个粒子散射的光可以到达这两点，两点间的相干性必然来自没有受到吸收或散射的光，就是未被衰减的那部分。因此

$$M(\infty, z) = |\langle u(\boldsymbol{\rho}_0, z) \rangle|^2 = \exp(-\beta_{\text{abs}} z - \beta_{\text{sca}} z) = \exp(-\tau) = T \tag{11.3.3}$$

由湍流介质中相干函数的特征可知，随机介质中光场的相干函数在 $\rho = 0$ 处有极大值，随着两点间距的增加而单调递减，在 $\rho = \infty$ 达到最小。在混浊介质中随着两点间距的增加，多次散射的影响也随之增大。因而在小角散射近似下，相干函数的一般形式可写为 (Lutmokirski, 1978)

$$M(\rho, z) = \exp\left[-\tau_{\text{abs}} - \tau_{\text{sca}}(1 - F(\rho))\right] \tag{11.3.4}$$

式中，影响函数对于平面波和球面波分别为

$$F_{\text{pl}}(\rho) = \frac{1}{2N_0} \int_0^\infty n(r) \mathrm{d}r \int_0^\pi \sin\Theta P(\Theta, r) J(k\rho \sin\Theta) \mathrm{d}\Theta \tag{11.3.5a}$$

$$F_{\text{sp}}(\rho) = \frac{1}{2N_0} \int_0^\infty n(r) \mathrm{d}r \int_0^\pi \mathrm{d}\Theta \sin\Theta P(\Theta, r) \int_0^1 J(k\rho u \sin\Theta) \mathrm{d}u \tag{11.3.5b}$$

式中，$N_0 = \int_0^\infty n(r) \mathrm{d}r$ 为混浊介质粒子的总浓度，$P(\Theta, r)$ 为半径为 r 的粒子的散

11.3 大气混沌介质的调制传递函数

射相函数;$\int_0^\pi P(\Theta)\sin\Theta \mathrm{d}\Theta = 2$, 其定义见式 (1.3.35)。

从前面的结果可知, 混浊介质的相干函数不仅与介质总吸收系数和散射系数有关, 也与粒子的尺度谱分布形式、散射相函数有关。对短间距的球面波相干函数, 因 $\int_0^1 J_0(xu)\mathrm{d}u \approx \int_0^1 [1-(xu/2)^2+\cdots]\mathrm{d}u \approx 1 - x^2/12 + \cdots\ (x \leqslant 1)$, 由式 (11.3.5b) 可得

$$F_{\mathrm{sp}}(\rho) = 1 - \frac{(k\rho)^2}{12}\frac{1}{2N_0}\int_0^\infty n(r)\mathrm{d}r\int_0^\pi \mathrm{d}\Theta \sin^3\Theta P(\Theta, r) = 1 - \frac{(k\rho)^2}{12}\langle \sin^2\Theta\rangle \tag{11.3.6}$$

式 (11.3.6) 最右端的结果中, $\langle\sin^2\Theta\rangle$ 表示对括号中的量在全散射方向和所有粒子谱中求平均。对于大粒子散射, 散射光主要集中在前向, 则 $\langle\sin^2\Theta\rangle \approx \langle\Theta^2\rangle = \Theta_{\mathrm{rms}}^2$, 此时球面波的相干函数为

$$M(\rho, z) = \exp[-\tau_{\mathrm{abs}} - \tau_{\mathrm{sca}}(k\rho)^2\Theta_{\mathrm{rms}}^2/12] = \exp[-\tau_{\mathrm{abs}} - \tau_{\mathrm{sca}}(\rho/\rho_{\mathrm{c}})^2] \tag{11.3.7}$$

其适用条件为 $\rho \ll \rho_{\mathrm{c}}$, 式中特征距离

$$\rho_{\mathrm{c}} = 2\sqrt{3}/(k\Theta_{\mathrm{rms}}) \tag{11.3.8}$$

由衍射效应知, 对大粒子散射 $\Theta_{\mathrm{rms}} \sim \lambda/r$, 因此 $\rho_{\mathrm{c}} \sim r$。当 $\rho \gg \rho_{\mathrm{c}}$ 时, 可认为相干函数不再与间距有关, 它可以用间距为无穷大的极限结果式 (11.3.3) 描述。

从式 (11.3.7) 可以看出, 如果混浊介质的散射光学厚度足够大 $\tau_{\mathrm{sca}} \gg 1$, 使得在 $\rho \ll \rho_{\mathrm{c}}$ 时 $\tau_{\mathrm{sca}}(\rho/\rho_{\mathrm{c}})^2$ 依然为一个比较大的值, 则在 $\rho \ll \rho_{\mathrm{c}}$ 的范围内, 相干函数也变得很小, 这样可以认为, 整个相干函数基本服从 Gauss 分布。

如果混浊介质的散射光学厚度不够大, 则从式 (11.3.7) 适用于 $\rho \ll \rho_{\mathrm{c}}$ 的结果到式 (11.3.3) 适用于 $\rho \gg \rho_{\mathrm{c}}$ 的结果之间的很大区域, 相干函数的形式依赖于散射相函数的具体形式, 必须按照式 (11.3.5) 计算。

对于各向同性散射, 有 $\langle\sin^2\Theta\rangle = 2/3$, 则

$$F_{\mathrm{sp}}(\rho) = 1 - (k\rho)^2/18 \tag{11.3.9}$$

对于洁净大气分子的 Rayleigh 散射, 因 $P(\Theta) = (3/4)(1+\cos^2\Theta)$, 有 $\langle\sin^2\Theta\rangle = 3/5$, 则

$$F_{\mathrm{sp}}(\rho) = 1 - (k\rho)^2/20 \tag{11.3.10}$$

上面的结果可以通过 $\rho \Rightarrow \lambda\Omega$ 直接变换式 (11.3.2)~ 式 (11.3.4) 得到混浊介质的调制传递函数的物理参数, 其两种极限形式为下:

$$M_{\text{Td}} = \begin{cases} \exp\left[-\tau_{\text{abs}} - \tau_{\text{sca}}\Omega/\Omega_{\text{c}}\right], & \Omega \ll \Omega_{\text{c}} \\ \exp\left[-\tau_{\text{abs}} - \tau_{\text{sca}}\right], & \Omega \gg \Omega_{\text{c}} \end{cases} \qquad (11.3.11)$$

式中,Ω_{c} 为特征空间角频率。

必须指出的是,在众多文献和后续工作中 (Sadot and Kopeika, 1993),都把本式中的两个极限结果作为调制传递函数的完整形式,两个适用条件分别放宽到 $\Omega \leqslant \Omega_{\text{c}}$、$\Omega > \Omega_{\text{c}}$。这样做意味着仅用一个吸收和散射光学厚度就可以描述传递函数。前面已经指出,仅仅在散射光学厚度很大的情况下,调制传递函数的主要部分才基本呈现这种特征。在一般情况下,由于不同种类的大气气溶胶粒子的光散射特性有很大差别,仅用光学厚度来描述传递函数是不够的,必须考虑散射相函数的具体影响。实际的大气 MTF 测量结果也证实这种做法是很不合适的 (具体结果在 11.3.2 节和 11.3.3 节论述)。

11.3.2 大气混沌介质调制传递函数的数值计算结果

由于理论上直接求解混浊介质的调制传递函数的完整结果是不可能的,同时用数值方法求解辐射传输方程时也面临最困难的情况,因此目前理论上所能做的只有通过数值模拟方法 (主要是 Monte Carlo 方法) 求得混浊介质的点扩散函数 (Pearce, 1986; Bruscaglioni et al.,1993; Reinersman and Carder, 1995; Chervet et al., 2002)。

数值模拟一般根据具体的成像场景和成像光学系统来进行,在实际的成像系统中,有两个因素使得大气混浊介质的散射作用的实际影响和理论预期有一定的差距。它们分别是成像系统有限的视场和成像器件 (如 CCD) 有限的动态响应范围。前者的限制导致只有部分散射光而非全部散射光参与成像,后者使得低于感应阈值的散射光也不能造成影响。因此,这两种因素使大气散射对成像的影响程度有一定程度的降低。由于人眼和成像器件在此两方面都有差别,所以我们看到的图像和成像系统获得的图像有可能呈现差异。

Ben Dor 等 (1997) 选择 LOWTRAN 气溶胶模式中的三种混浊介质情况针对工作在 0.55μm 波长的 CCD 成像系统进行了数值模拟,每个 CCD 像元的尺寸为 15μm,像元数为 512,透镜直径为 4cm,选择三个数值的焦距,分别为 1cm、10cm 和 100cm,前者对应一个约 38°的大视场,后者对应一个约 0.44°的小视场。像源为 1km 处的 Lambert 体,三种混浊介质情况分别为:① 对流层气溶胶粒子,能见度为 50km,光学厚度 0.17;② 乡村气溶胶粒子,能见度为 5km,光学厚度 0.31;③ 辐射雾,能见度为 0.5km,光学厚度 9.3。模拟计算得到的点扩展函数如图 11.3.3 所示,图 11.3.3(a)~(c) 分别对应上述三种情况,图中直观显示了在极小的角度范围内,直射的衍射起主要作用,在一定的角度之外,散射光才起作用,在前两种情况下,散射的影响不明显,只有在第三种光学厚度很大的情况下,散射的作用才明显展示出来。同时可以看出,对每一种介质情况,视场越大,散射对图像的影响越大。

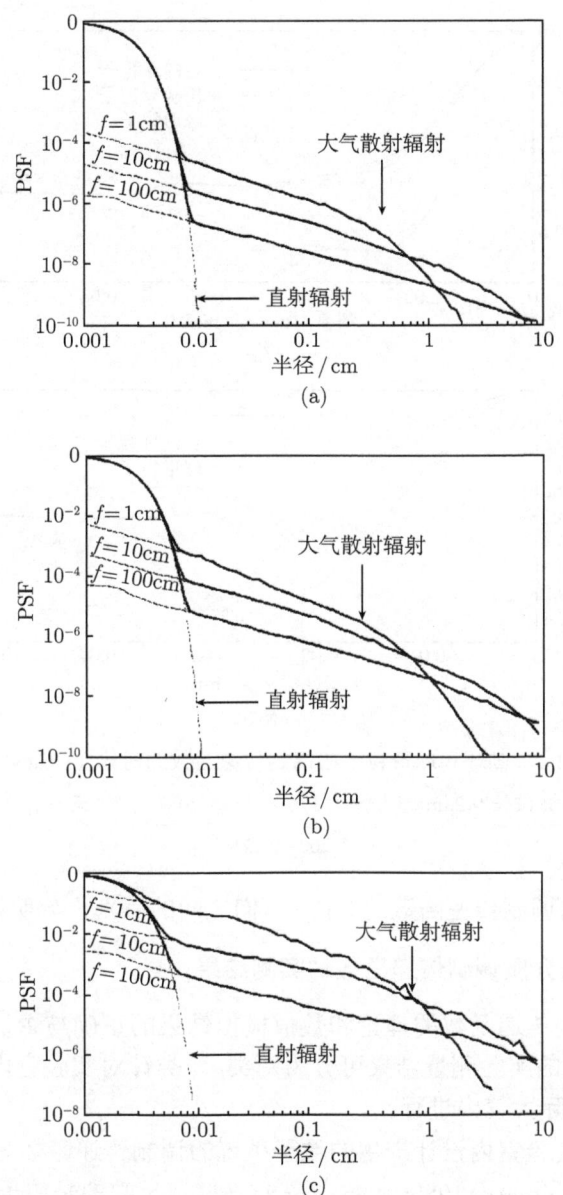

图 11.3.3 三种混浊介质的点扩展函数 (Ben Dor et al., 1997)

(a) 平流层气溶胶 ($\tau = 0.17$); (b) 乡村气溶胶 ($\tau = 0.31$); (c) 辐射雾 ($\tau = 9.3$)

Monte Carlo 数值模拟显示,混浊介质中散射体的形状对介质的调制传递函数也有明显的影响 (Valley, 1992),这符合非球形粒子光散射的角分布特征。图 11.3.4 显示了光学厚度为 10,两种折射率下长椭球、扁椭球 (半长轴和半短轴之比皆为

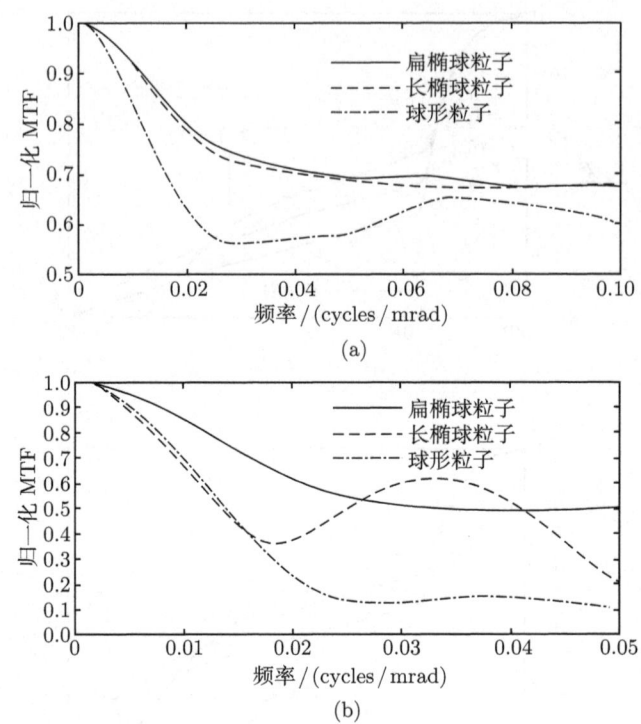

图 11.3.4 椭球和球形粒子的调制传递函数的对比 (Valley, 1992)

(a) 椭球半长轴 10μm, 波长 9.2μm, 折射率 2.170−1.09i; (b) 椭球半长轴 40μm, 波长 8μm, 折射率 1.269−0.278i

2:1) 和球形粒子的调制传递函数的对比, 它们之间的差别十分明显。

11.3.3 大气混浊介质调制传递函数的实测结果

大气介质调制传递函数的理论和数值模拟结果的正确与否最终依然需要实验的验证。目前已有的实验测量结果可分为两类, 一类针对实验室内设计产生的粒子系统, 另一类在实际大气中进行。

图 11.3.5 是实验室内设计产生的粒子系统的调制传递函数与近似解析结果的对比 (Kuga and Ishimaru, 1985; 1986)。图 11.3.5(a) 反映的是粒子直径 1.101μm, 尺度参数 7.3; A、B、C、D、E、F 对应的光学厚度分别为 1.81、2.42、3.63、4.84、7.26、9.68 的结果。图 11.3.5(b) 反映的是粒子直径 5.7μm, 尺度参数 36.2; A、B、C、D、E、F 对应的光学厚度分别为 0.99、1.97、3.95、5.26、7.89、10.53 的结果。图中曲线为近似解析结果。可以看出, 在很小的光学厚度情况下, 近似解析结果可以在一定精度范围内可靠描述。正如前面所讨论的, 在中等空间频率处, 以及很大的光学厚度情况下, 近似结果和准确值还存在明显的差异。

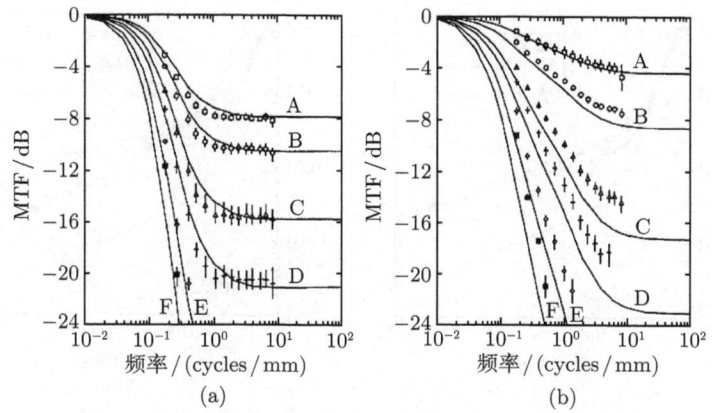

图 11.3.5　粒子的调制传递函数与近似解析结果的对比 (Kuga and Ishimaru, 1985)

(a) 尺度参数 7.3; (b) 尺度参数 36.2

实际大气中调制传递函数的实验测量要复杂得多。一方面，湍流介质和混浊介质无法区分开来，大气介质的传递函数是两者综合的结果。另一方面，前面的讨论已经提及，成像系统的视场和探测器件的响应动态范围也影响着测量结果。如何从总的调制函数中提取可靠的大气介质以及更进一步提取湍流和混浊介质的调制传递函数需要仔细分析。

图 11.3.6 和图 11.3.7 分别是在水平对流雾 (advection fog) 和雨中实测的点扩展函数 (Bissonnette, 1992)，针对两个传播距离 531m 和 921m，并具有不同的消光系数。图中同时绘出了相应的分析计算值以及与清洁空气点扩展函数的对比。这组实验结果和 Monte Carlo 数值模拟结果所得的结论相符合，即在一般光学厚度不

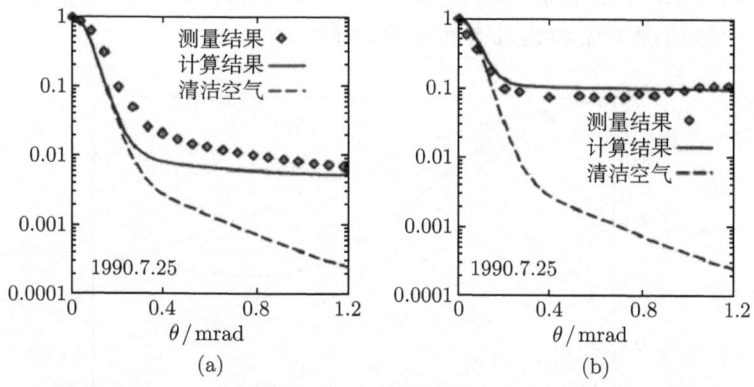

图 11.3.6　水平对流雾粒子的点扩展函数 (Bissonnette, 1992)

(a) 传播距离 531m, 消光系数 $8.42\mathrm{km}^{-1}$; (b) 传播距离 921m, 消光系数 $9.34\mathrm{km}^{-1}$

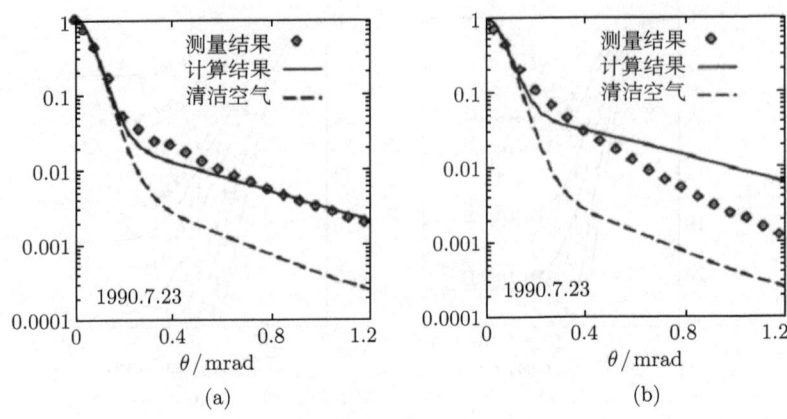

图 11.3.7　雨粒子的点扩展函数 (Bissonnette, 1992)

(a) 传播距离 531m, 消光系数 1.72km^{-1}; (b) 传播距离 921m, 消光系数 2.13km^{-1}

大的情况下,大气对图像分辨率的影响不大,只有在光学厚度很大的情况下如雾、雨,大气影响才会显著。

目前在实际大气中直接测量大气和成像系统的光学传递函数的工作主要来自 Kopeika 团队。其基本做法是从测量的总调制传递函数扣除成像光学系统的调制传递函数后,得到大气介质总的调制传递函数,实验中实时测量大气湍流折射率结构常数,利用湍流介质传递函数理论计算得到湍流介质的函数传递函数,再从大气介质总调制传递函数中扣除湍流调制传递函数,即得到混浊介质的调制传递函数。在近地面 5.5km 距离上测量的典型结果如图 11.3.8 所示 (Dror and Kopeika, 1992, 1995)。针对红外成像系统获得的实际测量结果,如图 11.3.9 所示 (Buskila et al., 2004)。这方面的工作结果显示,在一般情况下,大气混浊介质对图像分辨率的影响不容忽视,一些情况下还会超过大气湍流的影响。

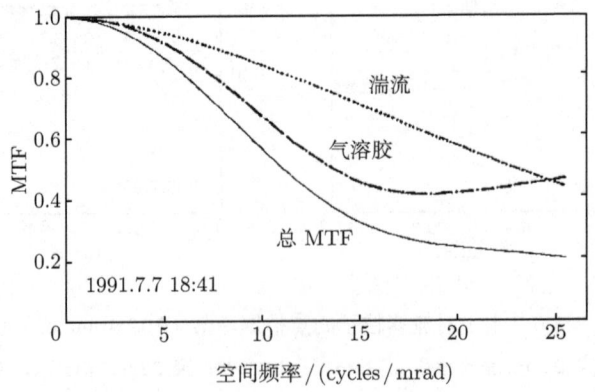

11.3 大气混沌介质的调制传递函数

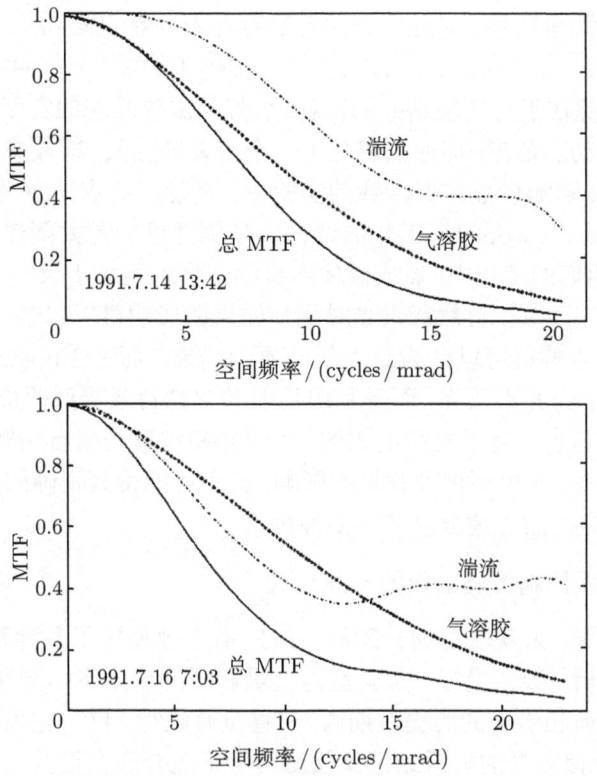

图 11.3.8 实际测量的大气介质调制传递函数 (Dror and Kopeika, 1992)

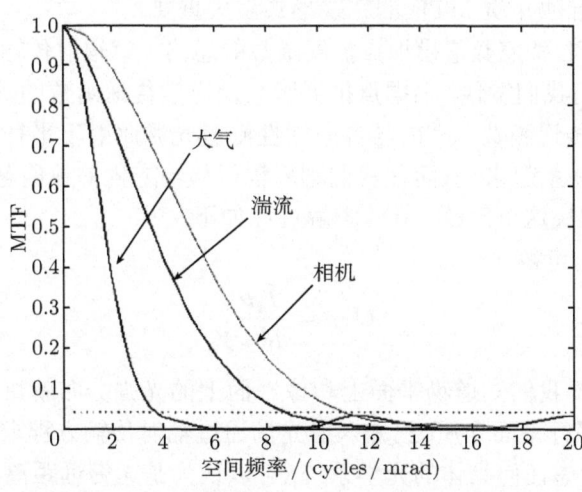

图 11.3.9 实际测量的红外成像系统中大气介质调制传递函数 (Buskila et al., 2004)

上述两类在实际大气中的测量结果显示混浊介质的影响程度不同，迄今为止，尚无更多的实验测量结果。对此问题的看法存在着分歧 (Sadot and Kopeika, 1993; Bissonnette, 1994; Kopeika and Sadot, 1995; Ben Dor et al., 1997; Kopeika et al., 1998), 分歧的来源在于对实验结果的诠释, 虽然从成像系统的实际情况出发考虑了视场和探测响应动态范围, 但他们忽视了一个重要的因素, 即被成像物体的照明情况。在 Bissonnette 测量点扩展函数的实验中, 其使用的点光源是 1000W 的石英氙灯, 在对 Sadot 和 Kopeika 工作的评论中举例考虑的是太阳轮廓 (Bissonnette, 1994), 因此, 在他们的工作中, 被成像体本身的亮度远远大于天空自然的背景亮度, 从式 (11.1.17) 分析可知, 自然背景光对测量结果的影响可以忽略, 从测得的结果中扣除光学系统的影响就可以认为是大气介质的结果。而在 Kopeika 团队的测量实验中, 被成像体本身并不发光, 而是利用反射的自然背景光照明成像, 他们引用的有关遥感图像也是自然背景光照明成像, 照明光和背景光相当, 背景光对总调制传递函数的影响很大, 如果不扣除背景的影响, 就不可能得到正确的大气介质调制传递函数。这也许是产生上述分歧的主要原因。

11.3.4 混浊介质调制传递函数的一般形式

前面我们知道, 为获取混浊介质的 MTF 前人曾使用了各种科学方法和技术, 其中包括理论分析、数值模拟、实验室内测量和野外场景实际测量等。但在 20 世纪第二个十年之前相当长的历史时期内, 一直没有获得 MTF 完整而公认可靠的结果。依据 SAA 近似获得的解析结果仅仅适用于稀疏介质在很低空间频率的狭小范围内。数值模拟结果只能适用于具体的场景, 而有限的实际测量结果也不一致。因此如何获取一般混浊介质 MTF 的完整形式至关重要。

前面已经提到, 按照数值模拟点扩展函数的思路求解辐射传输方程可能遇到很复杂的情况。然而我们发现, 根据点扩展函数及光学传递函数的基本定义, 可以将混浊介质的调制传递函数 MTF 与各向同性漫射光源照射下平行平面混浊介质的出射光强度分布联系起来, 从而使我们利用辐射传输方程的数值解法获得 MTF 的完整形态, 彻底解决这个问题。具体求解过程如下。

从式 (11.1.9) 可得

$$O_{\mathrm{TF}} = \frac{\hat{I}(\boldsymbol{\nu})}{\hat{I}_0(\boldsymbol{\nu})} \tag{11.3.12}$$

这意味着只要我们知道物平面上和像平面上的光强分布就可以求得光学传递函数。对于一个平行平面介质, 已知入射光场通过辐射传输方程求解可以获得出射光场, 由于没有考虑任何具体的光学系统, 可以认为是无穷远距离上的成像问题。

对一般入射光场, 式 (11.3.12) 的求解并非很容易, 如在进行 Fourier 变换时会遇到强烈的振荡问题。然而当入射光场强度是单位值的均匀各向同性漫射场时, OTF 就等同于出射场分布, 而不需要求解式 (11.3.12)。此时 $I_0(\boldsymbol{\rho}_0) \equiv 1$, 由式 (11.1.2), 出

11.3 大气混沌介质的调制传递函数

射场即像平面上的光场可以表示为

$$I(\boldsymbol{\rho}) = \int P(\boldsymbol{\rho} - \boldsymbol{\rho}_0) \, \mathrm{d}\boldsymbol{\rho}_0 \qquad (11.3.13)$$

注意这里研究的是混浊介质，不考虑起伏问题，因而公式中略去了系综平均符号。由于 PSF 是 OTF 的 Fourier 逆变换，即

$$P(\boldsymbol{\rho}) = \int O_{\mathrm{TF}}(\boldsymbol{\nu}) \exp\left(2\pi \mathrm{i} \boldsymbol{\nu} \cdot \boldsymbol{\rho}\right) \mathrm{d}\boldsymbol{\nu}. \qquad (11.3.14)$$

因而有

$$I(\boldsymbol{\rho}) = \int P(\boldsymbol{\rho}_0 - \boldsymbol{\rho}) \, \mathrm{d}\boldsymbol{\rho}_0 = \iint O_{\mathrm{TF}}(\boldsymbol{\nu}) \exp\left[-2\pi \mathrm{i} \boldsymbol{\nu} \cdot (\boldsymbol{\rho}_0 - \boldsymbol{\rho})\right] \mathrm{d}\boldsymbol{\nu} \mathrm{d}\boldsymbol{\rho}_0 \qquad (11.3.15)$$

另外，从 Dirac δ 函数的定义有

$$I(\boldsymbol{\rho}) = \int I(\boldsymbol{\rho}')\delta\left(\boldsymbol{\rho}' - \boldsymbol{\rho}\right) \mathrm{d}\boldsymbol{\rho}' = \iint I(\boldsymbol{\rho}') \exp\left[-2\pi \mathrm{i} \boldsymbol{\nu} \cdot (\boldsymbol{\rho}' - \boldsymbol{\rho})\right] \mathrm{d}\boldsymbol{\nu} \mathrm{d}\boldsymbol{\rho}' \qquad (11.3.16)$$

比较式 (11.3.15) 和式 (11.3.16) 可知

$$O_{\mathrm{TF}}(\boldsymbol{\nu}) = J(\boldsymbol{\rho}') \qquad (11.3.17)$$

此式的成立要求变量 $\boldsymbol{\nu}$ 和变量 $\boldsymbol{\rho}'$ 必须取完全相同的值，由于 $\boldsymbol{\nu}$ 和 $\boldsymbol{\rho}'$ 分别是空间频域和空域的量，只有当它们都是无纲量时才能做到这一点。幸运的是我们处理的无穷远的成像问题，这种情况下光源平面和成像平面的绝对位置没有必要，而重要的是以角度表示的方向，此时 $\boldsymbol{\rho}'$ 可以用无纲量 $\tan\theta$ 代替，这里 θ 是 $\boldsymbol{\rho}'$ 的极角，空间频率 $\bar{\nu}$ 可以用空间角频率 Ω 代替。从式 (11.3.17) 直接可以看出 OTF 为实数，因而有

$$M_{\mathrm{TF}}(\Omega) = I(\tan\theta) \qquad (11.3.18)$$

在小角度极限下 $\tan\theta \sim \theta$，由于 θ 的单位是 rad(注意该单位仅仅是个比例，没有具体的物理意义)，MTF 的单位就是 rad^{-1}。式 (11.3.18) 可以称为混浊介质的 MTF 与均匀各向同性漫射光照射下混浊介质的出射光之间的等效原理 (Rao, 2012)。该原理对应的辐射传输问题可以用图 11.3.10 直观地显示出来。显然利用第 6 章辐射传输方程的算法可以求出各种混浊介质的在全部空间频域内的整体 MTF(饶瑞中，2011)。

我们首先在 SAA 的适用范围内比较一下由等效原理得到的 MTF 和 SAA 近似结果。由 SAA 近似得到的混浊介质 MTF 有两个基本特征：①MTF 只与混浊介质的吸收和散射光学厚度有关；②高频部分的 MTF 等于介质的透过率。截止频率由介质粒子的特征半径确定。然而实际大气混浊介质中的散射粒子的半径分布在很大的范围内，可达几个数量级，如何确定特征半径本身就不是一件容易的事情。

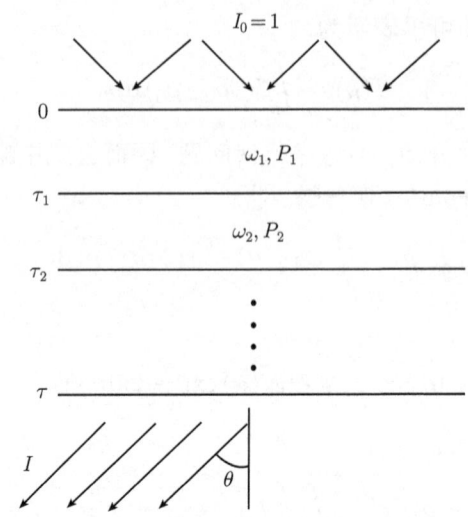

图 11.3.10 混浊介质 MTF 对应的辐射传输问题示意图

Hazel L 和 Cloud C.1 两种混浊介质散射粒子的模半径分别为 0.07μm 和 4μm, 若把它们作为特征半径, 则对于 0.55μm 的波长, 相应的截止频率分别为 0.13rad^{-1} 和 7.3rad^{-1}。在 0.1 的光学厚度下 (透过率约为 0.9), 根据等效原理和 SAA 近似计算得到的这两种混浊介质的 MTF 如图 11.3.11 所示。图中点划线和虚线分别是根据等效原理得到的 Hazel L 和 Cloud C.1 两种介质的 MTF。四条实线分别是由 SAA 公式计算得到的分别对应于截止频率为 0.13rad^{-1}、4.0rad^{-1}、5.0rad^{-1} 和

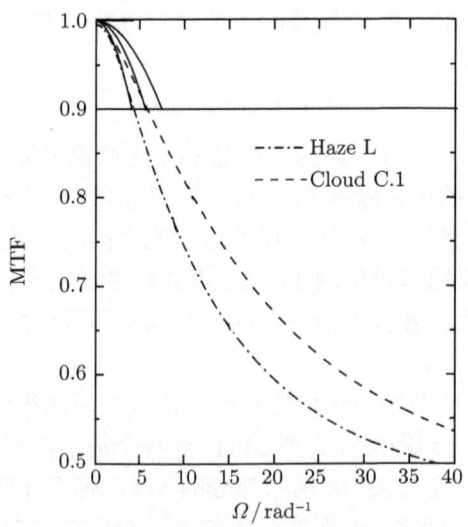

图 11.3.11 Haze L 和 Cloud C.1 混浊介质在 0.1 光学厚度下的 MTF 及其与几种截止频率下 SAA 近似结果的比较

7.3rad^{-1} 的 MTF，注意这四条实线都是由两段折线构成，截止频率之上就是透过率 0.9。特别需要注意的是对应于 0.13 截止频率的曲线低于截止频率的那段在图中和纵坐标轴重合，无法分辨。

由等效原理得到的 MTF 在截止频率之外是明显不同于介质的透过率的。即使在截止频率之内，粒子尺度分布的混沌介质的 MTF 也不是由截止频率确定的。由 4.0rad^{-1} 和 5.0rad^{-1} 的截止频率确定的 SAA 结果基本上和真正 MTF 相仿。这些结果说明，混沌介质 MTF 的 SAA 近似结果的适用范围非常有限，对于实际的混沌介质，截止频率也无法可靠选取。

下面我们将根据等效原理针对典型的大气混沌介质了解 MTF 的一般特征。除 Rayleigh 散射模型、Hazel L 大气气溶胶模型和 Cloud C.1 水云模型外，也考虑一种理论散射相函数 Henyey-Greenstein 模型 $P_{HG}(\Theta) = (1-g^2)/(1+g^2-2g\cos\Theta)^{3/2}$，其中 Θ 为散射角，它具有一个可调节的非对称因子 g。选择不同的 g，可以改变散射相函数的形状，实际上就是前向散射的权重发生改变，$g=0$ 为各向同性散射，为完全的前向散射。整个空间频域内大气混沌介质 MTF 的一般特征通过它和光学厚度、散射相函数种类、单次反照率和非对称因子等因素的定量依赖关系展示在下面的论述中。

光学厚度是影响大气混沌介质 MTF 的最重要因素，我们以 Haze L 大气介质 (单次反照率取 1，即无吸收) 的 MTF 加以说明。图 11.3.12 显示了光学厚度 τ 从 10^{-3} 变化到 1 的四种情况下的 MTF。其中图 11.3.12(a) 对应很大的空间频率范围，而图 11.3.12(b) 仅画出了 $0\sim 100$rad^{-1} 的低频部分。对于很小的光学厚度 $\tau = 10^{-3}$ MTF 在低频接近于 1，随着空间频率的增加逐渐降低，在 5000rad^{-1} 的临界频

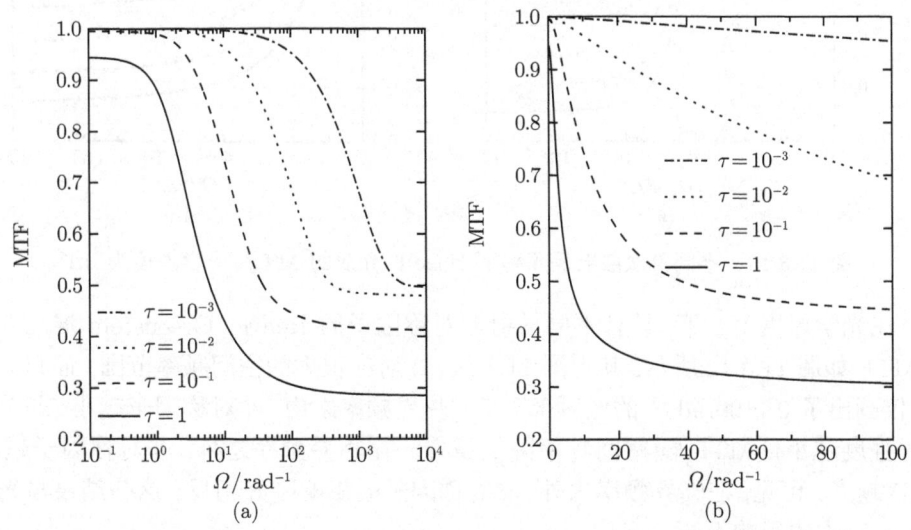

图 11.3.12　不同光学厚度下 Haze L 介质的 MTF

率之外基本不再随频率变化。因而只有在临界频率之内的 MTF 才起作用。随着光学厚度的增大，MTF 的临界频率随之降低，临界频率之内 MTF 的下降也就越快。当光学厚度大于 0.01 时，临界频率将只有数十 rad^{-1}。

对应于光学厚度 10^{-3}、0.01、0.1 和 1 透过率分别为 0.999、0.99、0.90 和 0.368。我们再次注意到，临界频率之外的 MTF 与透过率有极大的差别，它们分别约为 0.497、0.479、0.413 和 0.285。在中等或小的光学厚度下临界频率外的 MTF 小于透过率，但在很大的光学厚度下，它们也可能远大于透过率。这些结果表明，多次散射对图像的影响程度要高于一般直观的感觉和简单推理。

在光学厚度 0.1 下，具有不同单次散射反照率的 Haze L 混浊介质的 MTF 如图 11.3.13 所示。其中图 11.3.13 (a) 对应很大的空间频率范围，而 11.3.13 (b) 仅画出了 $0\sim 100\text{rad}^{-1}$ 的低频部分。在临界频率之内，单次散射反照率越小 (即吸收越大)，MTF 随空间频率降低越快。在临界频率之外，吸收越大，MTF 越小。这些结果清楚表明了吸收的重要影响。而 SAA 近似结果认为吸收的影响与频率无关。

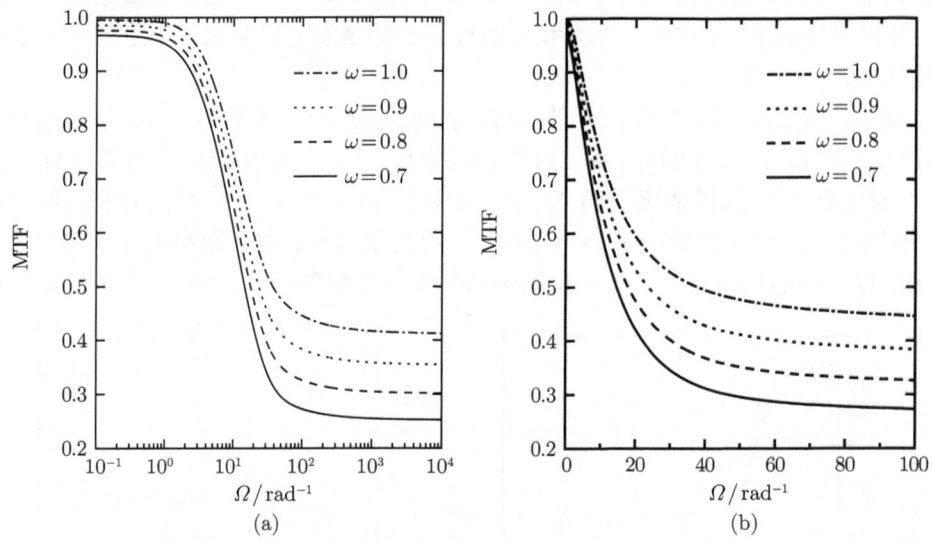

图 11.3.13　不同单次散射反照率下 Haze L 介质的 MTF，光学厚度为 0.1

在光学厚度 0.1 下，具有不同散射非对称因子的 Henyey-Greenstein 混浊介质的 MTF 如图 11.3.14 所示。其中图 11.3.14 (a) 对应很大的空间频率范围，而 11.3.14 (b) 仅画出了 $0\sim 100\text{rad}^{-1}$ 的低频部分。在临界频率之内，非对称因子越小 (即前向散射强度越小)，MTF 随空间频率降低越慢。在临界频率之外，非对称因子越小，MTF 越大。可见，在临界频率内外，非对称因子的影响刚好相反。这些结果与光学厚度和吸收的影响不同。

11.3 大气混沌介质的调制传递函数

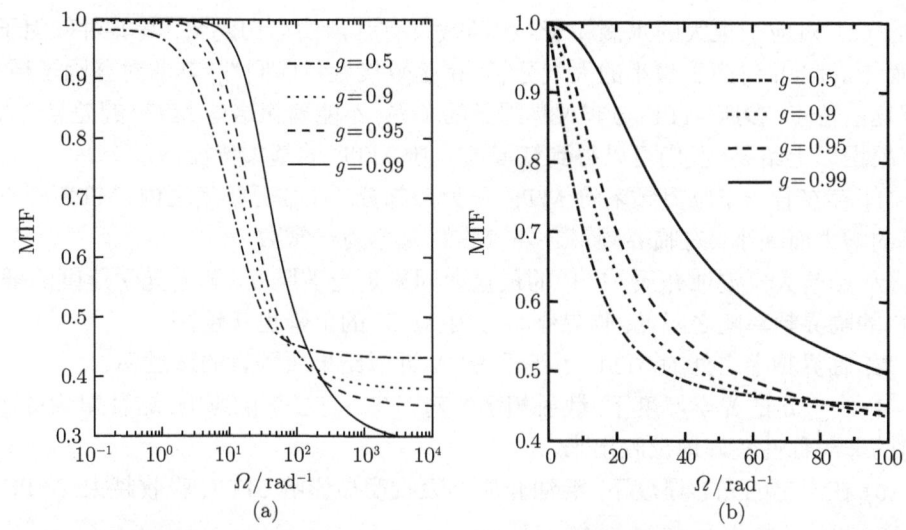

图 11.3.14 不同散射非对称因子下 Henyey-Greenstein 混浊介质的 MTF, 光学厚度为 0.1

混浊介质的散射相函数依赖于介质中散射粒子的光学性质, 包括单次散射反照率、非对称因子以及其他因素。因此, 实际大气中各种类型的散射粒子所具备的各种性质存在各种各样的差异, 导致散射相函数的复杂性。反映在 MTF 上, 它们在临界频率内外的形态都较前面的单一因素复杂。在光学厚度 0.1 下, Haze L、Cloud C.1、Ralyeigh 和 $g = 0.9$ 的 Henyey-Greenstein 四种散射相函数的混浊介质的 MTF 如图 11.3.15 所示。其中图 11.3.15 (a) 对应很大的空间频率范围, 而图 11.3.15 (b) 仅画出了 0~100rad^{-1} 的低频部分。各种 MTF 的差异正如我们所预料的。由于

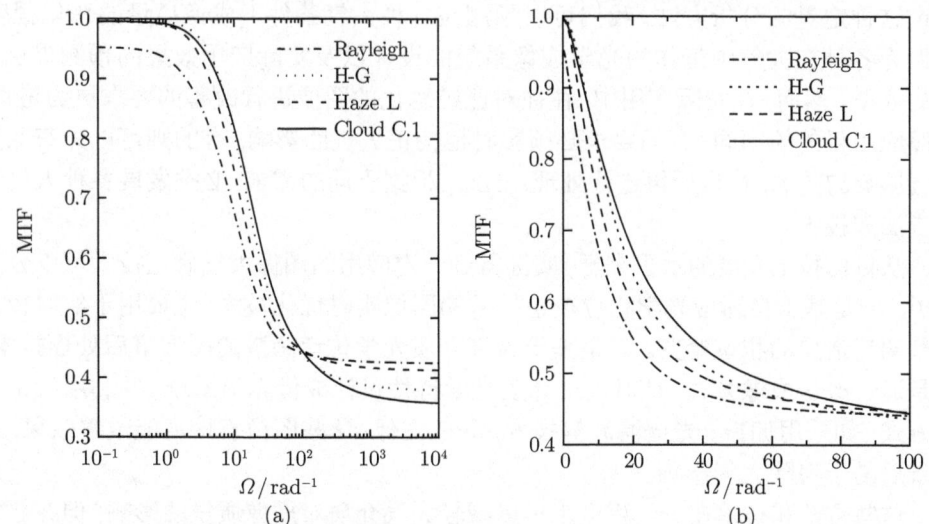

图 11.3.15 四种具有不同散射相函数的混浊介质的 MTF, 光学厚度为 0.1

Cloud C.1 对应于很大的水滴粒子，相函数具有强烈的前向趋势，其非对称因子很大，而 Rayleigh 对应于极小的大气分子，相函数接近各向同性，其非对称因子很小。根据这些特点，参照 MTF 与非对称因子的关系，不能理解这些 MTF 的差异之处。

根据以上结果，我们可以得到气混浊介质 MTF 的基本特征：

(1) 存在着一个临界频率将 MTF 分为两部分。在临界频率之内，MTF 随空间频率的增大而减小；在临界频率之外，MTF 基本为一常数。

(2) 影响大气混浊介质 MTF 的最重要因素是光学厚度。随着光学厚度的增大，MTF 的临界频率随之降低，临界频率之内 MTF 的下降也就越快。

(3) 临界频率之外的 MTF 不等于 SAA 近似结果所预言的透过率。

(4) 在一定的光学厚度下，散射相函数对 MTF 有显著的影响，这种影响可通过散射的非对称性较好地反映出来。

(5) 在一定的光学厚度下，混浊介质的吸收明显影响 MTF，吸收越大，MTF 越小。

上述特征足以反映混浊大气介质 MTF 的一般特性。但对无论多么复杂的大气介质，只要能够用分层平行平面大气描述，并且知道其散射光学特性，我们就根据混浊介质的调制传递函数 MTF 和辐射传输问题的等效原理，利用辐射传输算法计算该大气混浊介质的 MTF，获得它在整个空间频域内的具体特征。

11.4 图像大气影响的修正方法和技术

前面三节中我们系统地讨论了湍流大气介质和混浊大气介质的光学传递函数，通过这种定量的分析方法，我们可以预测在各种大气条件下成像质量的恶化程度，从而为各种在大气中工作的光学成像系统的设计以及实际应用效果的预测提供科学的依据。然而，在实际应用中，往往对已经恶化的图像进行改善的要求更为迫切。按照应用目的的不同，有的要求必须实时地校正大气的影响，有的则可以先获取受大气影响的图像，待日后再进行处理。因此，根据不同的需求，必须发展各种大气修正方法和技术。

从目前技术发展的水平来看，实际得到一定应用的图像大气修正技术可以分为三类。一是基于自适应光学相位校正技术的图像实时优化技术，主要用于实时校正大气湍流造成的相位畸变。二是基于大气介质光学传递函数的图像事后处理技术。三是通过改变成像方式，针对大气介质光学特性设计成像光学系统，并利用特别工作方式 (如采用偏振、光谱滤波等技术) 获取图像，这些图像直接就能改善效果，或者事后易于消除大气影响。

这些方法和技术在一定程度上可以减轻大气介质对成像质量的影响，但在恶劣的大气条件下，目前仍然没有有效的方法能满足人们的需求，如在大雾情况下，能

11.4 图像大气影响的修正方法和技术

见度极低,机场和高速公路不得不关闭。

11.4.1 自适应光学实时校正技术

在 9.3 节我们已经了解了用于激光大气传输目的的自适应光学系统和工作方法。如果对成像影响的主要大气因素是湍流,则就可以利用自适应光学相位校正技术实时消除大气湍流的影响,获得质量大为改观的图像。目前得到实用的领域主要是天文成像,这是因为天文目标一般可以认为是无限远处的点光源,成像光波可视为理想平面波,整个成像的视场角很小,成像各条光路经过的大气路径上的大气光学特性可认为是相同的。类似于自适应光学成像技术的还有能动光学技术等 (Muller and Buffington, 1974)。

用于天文成像的自适应光学系统的示意图如图 11.4.1 所示 (Tyson, 1997)。来自天体的光经地球大气畸变后被望远镜接收,经校正镜 (倾斜镜、变形镜等)、取样器 (分束器等) 传播至成像器件。在自适应光学系统不工作时,校正镜就是一个理想的平面镜,此时这个系统就是传统的天文成像系统。当自适应光学系统工作时,波前传感器从取样器来的光束获得被大气畸变的相位信息,然后传送到计算机控制系统进行波前相位处理并驱动校正镜使其产生相应的共轭相位。这样传播到成像器件的光波就被校正为理想的平面波,从而获得高质量的理想成像。如果这种系统各部分的性能足够好,原理上可以获得完全校正的图像。

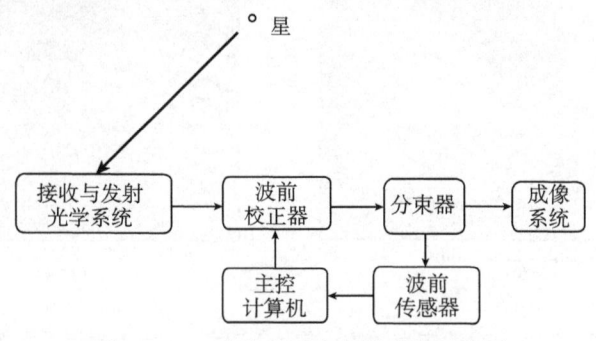

图 11.4.1 成像自适应光学系统示意图

在地面的天文观测中,借助自适应光学技术已经得到以前不易获得的一些双星的图像,图 11.4.2 是成像自适应光学技术用于天文观测获得的双星图像 (饶长辉等, 2006)。

自适应光学相位校正技术应用于成像涉及一系列具体的技术问题 (Roggeman and Welsh, 1996; Lukin and Fortes, 2002),对于不能视为点目标的物体 (面目标) 的成像,在利用自适应光学系统进行实时修正时,如何选取目标上某点作为参考点的信标光提供的相位信息的准确性是整个系统工作可靠性的关键。在目前的实际

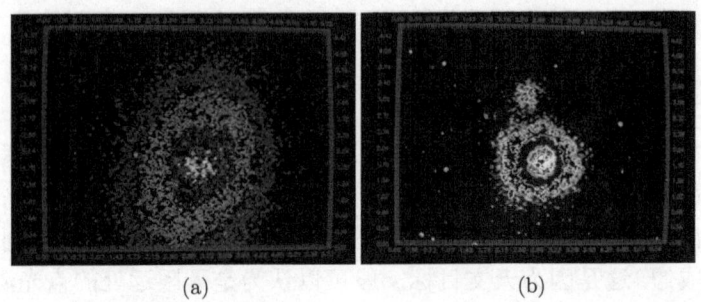

图 11.4.2 未配备 (a) 和配备 (b) 自适应光学系统的天文观测图像

应用中尽管被成像的物体是面目标,由于其总的视场角依然很小,在此视场内,大气的光学形状具有等晕性,使用单一的信标信息进行校正,仍然可以获得很好的校正效果。举例来说,图 11.4.3 是自适应光学校正前 (a) 后 (b) 的太阳黑子图像,采用黑子作为信标 (Rao et al., 2010)。地面探测的低轨卫星的图像如图 11.4.4 所示 (Fugate, 2003),图 11.4.4(a) 是经大气得到的未校正的图像,模糊一团,不可分辩;图 11.4.4(b) 是自适应光学系统实时大气校正后的结果,十分清晰。

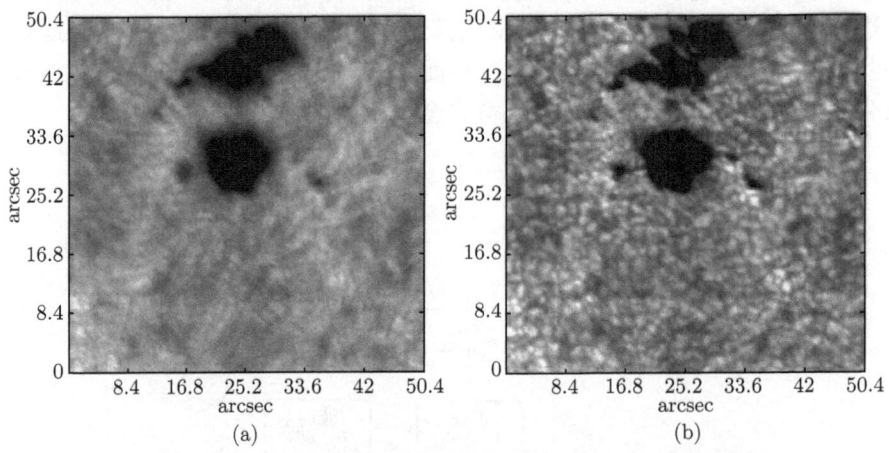

图 11.4.3 自适应光学校正前 (a)、后 (b) 的太阳黑子图像

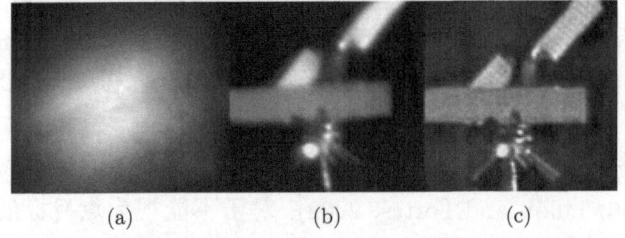

图 11.4.4 地面探测的低轨卫星 Seasat 的图像 (Fugate, 2003)
(a) 原始图像;(b) 自适应光学校正图像;(c) 事后处理的图像

11.4.2 图像处理方法

图像事后处理的关键在于准确可靠地获得大气介质的调制传递函数,并将此传递函数从整个调制传递函数中消除,从而重构真实图像 (Kopeika et al., 1997; Kopeika and Arbel', 1999)。这需要在成像的同时进行大气光学传递函数的准确测量,目前尚无快速可行的方案。图 11.4.4(c) 就是采用盲解卷积 (blind deconvolution) 的方法进行图像处理的结果。

一般情况下图像处理存在一定效果,但是不很理想 (Sadot et al., 1994; Huang et al., 2005),需要进一步地深入研究。关于盲解卷积等具体的方法属于专门的图像处理学科内容,可参考该学科领域的文献,这里不作专门的介绍。

11.4.3 基于成像过程的大气影响修正技术

既然在直接获得的图像上无法获取很满意的大气修正效果,我们可以根据大气介质的光学特性想办法获取另外形式的图像,从成像过程中提取大气的信息并进行消除。

我们在 7.4 节讨论大气中的视觉问题时,已知物体被感知而形成图像的光 (物体视在亮度 I_{vis}) 由两部分构成,即物体本身的固有亮度 (I_{obj}) 被大气衰减 (透过率为 T) 后剩余的部分 $I_{\text{obj}}T$,以及沿着视线的反方向被大气介质散射到视场内的杂散光 I_{path}

$$I_{\text{path}} = I_\infty (1 - T) \tag{11.4.1}$$

即

$$I_{\text{vis}} = I_{\text{obj}}T + I_{\text{path}} = I_{\text{obj}}T + I_\infty (1 - T) \tag{11.4.2}$$

这样,物体本身的固有亮度可以表示为

$$I_{\text{obj}} = \frac{I_{\text{vis}} - I_{\text{path}}}{T} = \frac{I_{\text{vis}} - I_{\text{path}}}{1 - I_{\text{path}}/I_\infty} \tag{11.4.3}$$

实际测量的图像就是物体的视在亮度 I_{vis},如果能够知道杂散光 I_{path} 及天空背景光 I_∞,就可以消除大气的影响。一种已经实际应用的方法是对同一场景在成像系统入瞳设置偏振片,在两种正交偏振方向上成像,设这样获得的两幅图像的亮度分别为 $I_{//}(x,y)$ 和 $I_\perp(x,y)$,对应的总亮度为

$$I_{\text{vis}} = I_\perp + I_{//} \tag{11.4.4}$$

假设物体的固有亮度 I_{obj} 无偏振,则图像的偏振特性来源于杂散光,有 $I_{\text{path}\perp} - I_{\text{path}//} = I_\perp - I_{//}$,杂散光的偏振度为

$$p = \frac{I_{\text{path}\perp} - I_{\text{path}//}}{I_{\text{path}}} = \frac{I_\perp - I_{//}}{I_{\text{path}}} \tag{11.4.5}$$

因此，如果能获得杂散光偏振度的信息，则杂散光的亮度可按下式算出：

$$I_{\text{path}} = \frac{I_\perp - I_{//}}{p} \tag{11.4.6}$$

在大气介质足够混浊 (即光学厚度足够大) 的情况下，进一步假定视线路径上杂散光的偏振特性与来自无穷远处的杂散光的偏振特性相同，则通过图像视场内的天空亮度可以求得杂散光的偏振度为

$$p = \frac{I_{\infty\perp} - I_{\infty//}}{I_\infty} \tag{11.4.7}$$

这样，按照式 (11.4.7)、式 (11.4.6)、式 (11.4.4) 和式 (11.4.3) 就可以获得消除大气杂散光的图像。

使用这种方法实际测量的图像及其消除大气影响后的图像如图 11.4.5 所示 (Schechner et al., 2003)。图 11.4.5(a)、(b) 两图分别是使用偏向偏振光和垂直偏振光获得的原始图像，可以看出，这两幅图像的质量几乎相同，因为我们从 7.3 节已知，当大气比较混浊时，天空背景辐射的偏振度一般较低 (小于 0.1)，任何一个方向的偏振光强度都不会特别突出。原作者以亮度最小的方向为最优偏振态，最大的为最差偏振态。而图 11.4.5(c) 是使用上述方法消除了大气影响的结果，明显增大了图像的清晰度。

显然，上述方法的实际应用效果取决于它所使用的两个假设的可靠程度。在许多情况下，物体本身的反射特性往往呈现很明显的偏振特性，此时 $I_{\text{path}\perp} - I_{\text{path}//} \neq I_\perp - I_{//}$。当大气的混浊度不高时，视线路径上杂散光的偏振特性与来自无穷远处的杂散光的偏振特性可能有明显的差异。另外，对于视场较大的图像，从一点的天空背景光得出的偏振度可能不能代表全视场范围的情况，需要在整个视场中寻找足

(a)

(b)

(c)

图 11.4.5　两种偏振态下的图像 (a)、(b) 和经大气修正后的图像 (c) (Schechner et al., 2003)

够多的代表点,根据相应的结果进行差值以获得全视场内的相关结果。根据天空背景光偏振特性的空间分布特征,视线方向越靠近地平,该方法的效果越明显。

11.5 小　　结

我们在本章中总结了地球大气中成像应用中的大气影响问题,定量的分析方法依据大气介质的光学传递函数。与大气湍流效应和大气辐射传输问题的科学体系相比,成像的大气影响问题研究目前尚显得很肤浅。完整的光学传递函数解析表达式虽然刚刚获得,大气介质光学传递函数的实际测量结果还存在着争议。另外,减弱或完全消除大气对成像影响的方法和技术还很有限。因此,这个领域存在着巨大的发展空间,期待着我们进行深入地探索。

参 考 文 献

饶长辉,姜文汉,张雨东等. 2006. 云南天文台 1.2 米成像系统 61 单元自适应光学系统. 量子电子学报, 23(3): 295–302

饶瑞中. 2011. 混浊大气介质调制传递函数的一般特征. 光学学报, 31: 0900125-1-0900125-6.

王英俭,吴毅. 1998. 扩展物体漫反射光传输及成像的数值模拟研究. 光学学报, 18(10): 1470–1472

Belen'kii M S. 1996. Effect of the inner scale of turbulence on the atmospheric modulation transfer function. J. Opt. Soc. Am. A, 13: 1078–1082

Ben Dor B, Devir A D, Shaviv G et al. 1997. Atmospheric scattering effect on spatial resolution of imaging systems. J. Opt. Soc. Am. A, 14: 1329–1337

Bissonnette L R. 1992. Imaging through fog and rain. Optical Engineering, 31: 1045–1052

Bissonnette L R. 1994. Imaging through the atmosphere: practical instrumentation-based theory and verification of aerosol modulation transfer function: comment. J. Opt. Soc. Am. A, 11: 1175–1179

Born M, Wolf E. 2000. Principles of Optics. New York: Academic Press: 436–443

Bruscaglioni P, Donelli P, Ismaelli A, et al. 1993. Monte Carlo calculations of the modulation transfer function of an optical system operating in a turbid medium. Appl. Opt., 32: 2813–2824

Buskila K, Towito S, Shmuel E, et al. 2004. Atmospheric modulation transfer function in the infrared. Appl. Opt., 43: 471–482

Chervet P, Lavigne C, Roblin A, et al. 2002. Effects of aerosol scattering phase function formulation on point-spread-function calculations. Appl. Opt., 41: 6489–6498

Dror I, Kopeika N S. 1992. Aerosol and turbulence modulation transfer functions: comparison measurements in the open atmosphere. Opt. Lett., 17: 1532–1534

Dror I, Kopeika N S. 1995. Experimental comparison of turbulence modulation transfer function and aerosol modulation transfer function through the open atmosphere. J. Opt. Soc. Am. A, 12: 970–980

Fried D L. 1966. Optical resolution through a randomly inhomogeneous medium for very long and very short exposures. J. Opt. Soc. Am., 56: 1372–1379

Fried D L. 1967. Statistics of a geometric representation of a wavefront distortion. J. Opt. Soc. Am., 57: 169–175

Fugate R Q. 2003. The starfire optical range 3.5-m adaptive optical telescope. Proc. SPIE, 4837: 934–943

Goodman J W. 1985. Statistical Optics. New York: John Wiley & Sons

Huang H, Zhu W, Rao R. 2005. Restoration of image degraded by the atmospheric turbulence. Proc. SPIE, 58910J-1-9

Hufnagel R E, Stanley N R. 1964. Modulation transfer function associated with image transmission through turbulent media. J. Opt. Soc. Am., 54: 52–61

Ishimaru A. 1978. Limitation on image resolution imposed by a random medium. Appl. Opt., 1978, 17(2): 348–352

Kopeika N S, Arbel' D. 1999. Imaging through the atmosphere: an Overview. SPIE, 3609: 78–89

Kopeika N S, Dror I, Sadot D. 1998. Causes of atmospheric blur: comment on tmospheric scattering effect on spatial resolution of imaging systems. J. Opt. Soc. Am. A, 15: 3097–3106

Kopeika N S, Sadot D. 1995. Imaging through the atmosphere: practical instrumentation-based theory and verification of aerosol modulation transfer function: reply to comment. J. Opt. Soc. Am. A, 12: 1017–1023

Kopeika N S, Sheayik T, Givati Z, et al. 1997. Imaging through the atmosphere from satellites: restoration of images based on atmospheric MTF. SPIE, 3110: 2–6

Kopeika N S. 1997. Aerosol modulation transfer function: an overview. SPIE, 3125: 214–225

Kuga Y, Ishimaru A. 1985. Modulation transfer function and image transmission through randomly distributed spherical particles. J. Opt. Soc. Am., A2: 2330–2335

Kuga Y, Ishimaru A. 1986. Modulation transfer function of layered inhomogeneous random media using the small-angle approximation. Appl. Opt., 25: 4382–4385

Lukin V P, Fortes B V. 2002. Adaptive Beaming and Imaging in the Turbulent Atmosphere. Bellingham: SPIE Press

Lutmokirski R F, Yura H T. 1974. Imaging of extended objects through a turbulent atmosphere. Appl. Opt., 13: 431–437

Lutmokirski R F. 1978. Atmospheric degradation of electrooptical system performance. Appl. Opt., 17: 3915–3921

Mims III F M. 2003. Solar aureoles caused by dust, smoke, and haze. Appl. Opt., 42: 492–496

Muller R A, Buffington A. 1974, Real-time correction of atmospherically degraded telescope images through image sharpening. J. Opt. Soc. Am., 64: 1200–1210

Narasimhan S G, Nayar S K. 2002. Vision and the atmosphere. International Journal of Computer Vision, 48: 233–254

Newton I. 1952. Optics. *In*: Hutchins R M. Great Books of the Western World. Vol.34. Chicago: Encyclopedia

Pearce W A. 1986. Monte Carlo study of the atmospheric spread function. Appl. Opt., 25: 438–447

Rao C, Zhu L, Rao X, et al. 2010. 37-element solar adaptive optics for 26cm solar fine structure telescope at yunnan astronomical observatory. Chinese Optics Letters, 8: 966-968

Rao R. 2012. Equivalence of MTF of a turbid medium and a radiative transfer field. Chin. Opt. Lett., 10(to be published)

Reinersman P N, Carder K L, 1995. Monte Carlo simulation of the atmospheric point-spread function with an application to correction for the adjacency effect. Appl. Opt., 34: 4453-4471

Roggeman M C, Welsh B. 1996. Imaging Through Turbulence. Boca Raton: CRC Press

Sadot D, Dvir A, Bergel I, et al. 1994. Restoration of thermal images distorted by the atmosphere, based on measured and theoretical atmospheric modulation transfer function. Opt. Eng., 33: 44-53

Sadot D, Kopeika N S. 1993. Imaging through the atmosphere: practical instrumentation-based theory and verification of aerosol modulation transfer function. J. Opt. Soc. Am. A, 10: 172-179

Schechner Y Y, Narasimhan S G, Nayar S K. 2003. Polarization-based vision through haze. Appl. Opt., 42: 511-524

Shapiro J H. 1978. Imaging and optical communication through atmospheric turbulence. In: Stroheben J W. Laser Beam Propagation in the Turbulent Atmosphere. Berlin: Springer-Verlag: 171-222

Su C, Rao R, Huang H, et al. 2006, Image resolution measurement for horizontal propagation in the atmosphere. Proc. of SPIE, 5832: 39-47

Tyson R K. 1997. Principles of Adaptive Optics. Boston: Academic Press

Valley M T. 1992. Numerical method for modeling nonspherical aerosol modulation transfer functions. SPIE Proceedings, 1688: 73-85

Volz F E. 1993. Scattering functions near the Sun by large aerosols. Appl. Opt., 42: 2773-2779

Zardecki A, Gerstl S A W, Embury J F. 1984. Multiple scattering effects in spatial frequency filtering. Appl. Opt., 23: 4124-4131

第12章 大气探测的光学方法与技术

12.0 引 言

  大气光学一个非常重要的部分就是大气特性探测的光学方法和技术。之所以强调光学方法和技术，就在于目前应用于大气探测的技术手段多种多样，如化学分析、质谱技术、微波技术、超声技术等，它们都是行之有效的重要措施。限于本书的主题，我们仅仅考虑其中的光学方法和技术。这些技术的原理都是依据本书前面各种光传播物理效应，而在具体的技术实现上引入一些巧妙的方法，克服实际工作中的不利影响因素，保证测量结果的可靠性。

  就测量方式而言，可分为直接探测与遥感探测。直接探测关心的测量对象与测量结果直接相关，不管这些方法的测量原理是什么，我们在进行一次测量（获得一个测量值）后，就可以获得（直接得到或推得）所要求的大气参数的一个值，即测量值和所要求的参数之间存在一一对应的关系。这种测量方式基本不存在特别的数学分析方法问题。不难想象，直接的测量方法一般只适用于对空间上一个"点"位置的局地大气参数测量，或一条路径上大气光学参数的总量（如光学厚度）、平均量（如平均消光系数、湍流强度等），或者其他总量（如辐射通量）的测量。

  如果要求使用一台测量仪器同时获取空间多点位置的大气参数，显然无法利用直接测量方法。特别是在许多无法到达的空间位置，即使有直接测量的仪器也无法测量。因此需要采纳遥感（remote sensing）技术即非接触式的间接测量。在利用这种方法测量时，测量获得的量不直接对应于所要求的参数，其某次测量的结果往往是所关心的测量对象多个值的函数，通常是一种积分方程的形式，因此存在着一种特殊的数学分析方法问题，即求解积分方程的反演方法（inversion method）。反演结果密切依赖于测量数据的数据量、精度和反演方法本身。

  本章的重点放在测量方法和技术原理上，至于测量系统的光学机械设计、控制电路、信号探测与处理等具体的技术细节不在叙述之列。

12.1 光学遥感技术中的反演方法

  考虑到每一类大气光学参数的测量技术中都可能涉及反演问题，我们首先介绍反演问题的数学形式和反演方法。为得出反演问题的一般形式，我们先看一下大气光学中两个典型的问题，一是多分散系的粒子散射问题，二是非均匀传输路径上的

直径为 D 的圆形孔径闪烁问题, 它们的数学形式分别为:

多分散系单位体积内所有粒子的总消光截面式 (5.1.72) 可以写为波长的显性形式为

$$\beta_{\text{ext}}(\lambda) = \int_{r_{\min}}^{r_{\max}} Q_{\text{ext}}(r,\lambda) n(r) \pi r^2 \mathrm{d}r \tag{12.1.1}$$

单位体积内所有粒子总平均的散射相函数式 (5.1.74) 可以写为散射角的显性形式为

$$\langle P_{ij} \rangle (\Theta) = \frac{\int_{r_{\min}}^{r_{\max}} Q_{\text{sca}}(r) P_{ij}(r,\Theta) n(r) \pi r^2 \mathrm{d}r}{\int_{r_{\min}}^{r_{\max}} Q_{\text{sca}}(r) n(r) \pi r^2 \mathrm{d}r} \tag{12.1.2}$$

非均匀传输路径上的直径为 D 的圆形孔径上的闪烁方差式 (9.4.22) 写为口径的显性形式为

$$\beta_I^2(D) = 4(2\pi k)^2 \int_0^L \mathrm{d}z \int_0^\infty \sin^2\left(\frac{\gamma\kappa^2(L-z)}{2k}\right) \Phi_n(\kappa)|_z \, \kappa \left[\frac{2J_1(\gamma\kappa D/2)}{\gamma\kappa D/2}\right] \mathrm{d}\kappa \tag{12.1.3}$$

显然, 式 (12.1.1)~式 (12.1.3) 左端的物理量在各自的自变量变化时, 测量数据的变化必然包含右端积分式中粒子谱分布函数或湍流强度路径分布函数的信息, 我们能否从前者的测量结果中获得后者的可靠信息呢? 这就是遥感技术中常常遇到的间接测量的反演问题。

12.1.1 反演问题的数学模型

从以上两类问题的三个公式中, 我们发现它们具有三个共同的特征: ① 等式左边的物理量是一个自变量的函数; ② 等式右边是一个积分式; ③ 右边积分中的被积函数是两个因子的乘积, 其中一个因子是一个新的自变量的函数, 另一个因子是上述两个自变量的函数。因此它们可以表示为下列的通用形式:

$$g(y) = \int_{x_{\min}}^{x_{\max}} W(x,y) f(x) \mathrm{d}x \tag{12.1.4}$$

该方程在数学上被称为第一类 Fredholm 积分方程, 称 $W(x,y)$ 为核函数 (kernel function)。在实际问题中, $g(y)$ 是在一系列 y 值下可测量的物理量, $f(x)$ 是在 $[x_{\min}, x_{\max}]$ 所要求的物理量。在遥感应用中, 我们希望从 $g(y)$ 的测量结果中获得 $f(x)$, 这就是反演问题, 它成为数学上一个专门的研究对象。由于实际测量只可能获得有限的数据, 并且不可避免地带有测量误差, 反演问题在数学上就称为病态问题 (ill-posed problem), 即不可能获得唯一的、准确的解。一般情况下不可能从式 (12.1.4) 求得 $f(x)$ 的解析解, 因此, 无论是实际测量考虑还是从数值计算考虑, 式

(12.1.4) 都需要转化为离散求和的形式

$$g(y_j) = \sum_{i=1}^{N} W(x_i, y_j) f(x_i) \Delta x_i = \sum_{i=1}^{N} A(x_i, y_j) f(x_i) \tag{12.1.5}$$

如果根据 $g(y)$ 的 M 次测量值, 希望得到 N 个 $f(x)$ 值, 则根据式 (12.1.5) 可得下列矩阵方程:

$$\boldsymbol{g} = \boldsymbol{A}\boldsymbol{f} \tag{12.1.6}$$

式中

$$\boldsymbol{g} = \begin{pmatrix} g_1 \\ g_2 \\ \vdots \\ g_M \end{pmatrix}, \quad \boldsymbol{f} = \begin{pmatrix} f_1 \\ f_2 \\ \vdots \\ f_N \end{pmatrix}, \quad \boldsymbol{A} = \begin{pmatrix} A_{11} & \cdots & A_{1N} \\ \vdots & & \vdots \\ A_{M1} & \cdots & A_{MN} \end{pmatrix}$$

如果 $M < N$, 则测量数据量不充分, 无法获得一组唯一解。如果 $M = N$, 则矩阵 $\boldsymbol{A}$ 是方阵, 在其逆矩阵 $\boldsymbol{A}^{-1}$ 存在的条件下, 可直接反演求解得到

$$\boldsymbol{f} = \boldsymbol{A}^{-1}\boldsymbol{g} \tag{12.1.7}$$

如果 $M > N$, 则测量数据量富余, 矩阵 $\boldsymbol{A}$ 不能直接求逆, 可通过它的转置矩阵 $\boldsymbol{A}^{\mathrm{T}}$ 求逆。在式 (12.1.6) 两边同时乘以该转置矩阵, 有

$$\boldsymbol{A}^{\mathrm{T}}\boldsymbol{g} = (\boldsymbol{A}^{\mathrm{T}}\boldsymbol{A})\boldsymbol{f} \tag{12.1.8}$$

由于 $\boldsymbol{A}^{\mathrm{T}}\boldsymbol{A}$ 是方阵并可求逆, 则

$$\boldsymbol{f} = (\boldsymbol{A}^{\mathrm{T}}\boldsymbol{A})^{-1}\boldsymbol{A}^{\mathrm{T}}\boldsymbol{g} \tag{12.1.9}$$

该结果对应于测量数据的最小二乘拟合。许多研究表明, 由于没有施加任何无约束条件, 式 (12.1.7) 和式 (12.1.9) 是不稳定的, 任何微小的测量误差都能使这种直接反演的解发生巨大的变化, 并且不符合真实解。因此, 要从测量数据获得比较可靠的解, 必须考虑特殊的反演方法。

12.1.2 线性约束反演方法

对于 $M > N$ 的情况, 矩阵方程 (12.1.6) 就是一个方程数大于未知数的线性方程组, 因此存在多种可能的解, 再考虑到 $g(y)$ 的测量误差、矩阵求逆等运算中的数值舍入误差等因素, 这些解可能与真值偏差很大。为了使得求出的解稳定可靠, 必须给根据解的可能性质 (如要连续光滑等) 对 $f(x)$ 施加一些约束条件, 同时要让依据求得的 $f(x)$ 计算得到的 $g'(y)$ 值与其测量值 $g(y)$ 之间的残差 (均方差值或绝

对差值等)最小。这样的反演求解方法一般成为线性约束反演 (constrained linear inversion)(Twomey, 1977)。

在 $g(y)$ 的残差和解的最小二乘约束(即解 $f(x)$ 的所有值与其平均值 $\overline{f} = N^{-1}\sum_{i=1}^{N} f_i$ 的偏差的平方和) 下, 有 $\sum_{i=1}^{M}(g_i - g_i')^2 + \gamma \sum_{j=1}^{N}(f_j - \overline{f})^2$ 最小, 因而有

$$\frac{\partial}{\partial f_k}\left[\sum_{i=1}^{M}\left(\sum_{j=1}^{N} A_{i,j} f_j - g_i\right)^2 + \gamma \sum_{j=1}^{N}(f_j - \overline{f})^2\right] = 0, \quad k = 1, 2, \cdots, N \quad (12.1.10)$$

式中, γ 为一个可任意选择的平滑系数, 它决定约束的强烈程度, 如何选择 γ 值需要根据具体的问题进行尝试, 它可大于 1 或小于 1, 变化范围在数个数量级之间。由式 (12.1.10) 可得

$$\left[\sum_{i=1}^{M}\left(\sum_{j=1}^{N} A_{ij} f_j - g_i\right) A_{ik} + \gamma(f_k - \overline{f})\right] = 0, \quad k = 1, 2, \cdots, N \quad (12.1.11)$$

写成矩阵形式即为

$$\boldsymbol{A}^{\mathrm{T}}\boldsymbol{A}\boldsymbol{f} - \boldsymbol{A}^{\mathrm{T}}\boldsymbol{g} + \gamma \boldsymbol{H}\boldsymbol{f} = \boldsymbol{0} \quad (12.1.12)$$

式中, 约束矩阵为

$$\boldsymbol{H} = \begin{pmatrix} 1-N^{-1} & -N^{-1} & -N^{-1} & & -N^{-1} & -N^{-1} \\ -N^{-1} & 1-N^{-1} & -N^{-1} & & -N^{-1} & -N^{-1} \\ -N^{-1} & -N^{-1} & 1-N^{-1} & & -N^{-1} & -N^{-1} \\ \vdots & \vdots & \vdots & \ddots & \vdots & \vdots \\ -N^{-1} & -N^{-1} & -N^{-1} & & 1-N^{-1} & -N^{-1} \\ -N^{-1} & -N^{-1} & -N^{-1} & & -N^{-1} & 1-N^{-1} \end{pmatrix} \quad (12.1.13)$$

这样, 方程 (12.1.12) 的线性约束解为

$$\boldsymbol{f} = (\boldsymbol{A}^{\mathrm{T}}\boldsymbol{A} + \gamma \boldsymbol{H})^{-1}\boldsymbol{A}^{\mathrm{T}}\boldsymbol{g} \quad (12.1.14)$$

按照同样的方法, 我们可以获取其他线性约束条件下的解, 它们具有和式 (12.1.14) 相同的形式, 唯一的区别在于约束矩阵的形式。对于约束 $\sum_{j=1}^{N} f_j^2$, 其约束矩阵为 $N \times N$ 阶的单位矩阵 $\boldsymbol{I}$。对于一阶差分约束 $\sum_{j}(f_j - f_{j-1})^2$, 其约束矩阵为 (未明

确标出的矩阵元皆为零)

$$H = \begin{pmatrix} 1 & -1 & & & & \\ -1 & 2 & -1 & & & \\ & -1 & 2 & -1 & & \\ & & \ddots & \ddots & \ddots & \\ & & & -1 & 2 & -1 \\ & & & & -1 & 1 \end{pmatrix} \quad (12.1.15)$$

对于二阶差分约束 $\sum\limits_j (2f_j - f_{j-1} - f_{j+1})^2$，其约束矩阵为

$$H = \begin{pmatrix} 1 & -2 & 1 & 0 & 0 & 0 & 0 & 0 \\ -2 & 5 & -4 & 1 & 0 & 0 & 0 & 0 \\ 1 & -4 & 6 & -4 & 1 & 0 & 0 & 0 \\ 0 & 1 & -4 & 6 & -4 & 1 & 0 & 0 \\ \vdots & \vdots & \ddots & \ddots & \ddots & \ddots & \ddots & \vdots \\ 0 & 0 & 0 & 1 & -4 & 6 & -4 & 1 \\ 0 & 0 & 0 & 0 & 1 & -4 & 5 & -2 \\ 0 & 0 & 0 & 0 & 0 & 1 & -2 & 1 \end{pmatrix} \quad (12.1.16)$$

在实际应用中，如果通过其他直接的方法获得过所求解参数的历史资料并建立了平均的模型 $f_0(x)$，则可以施加约束使解 $f(x)$ 与 $f_0(x)$ 的方差值最小，从而有

$$A^T A f - A^T g + \gamma (f - f_0) = 0 \quad (12.1.17)$$

相应的解为

$$f = \left(A^T A + \gamma I\right)^{-1} \left(A^T g + \gamma f_0\right) \quad (12.1.18)$$

它可能比上面无历史信息的线性约束解更好一些 (Liou, 1992)。

线性约束反演算法使大气参数的间接测量得以成为实用技术，在大气遥感领域得到广泛应用。但是，我们在使用该方法获得的结果时必须认识到，即使测量数据能达到完美的精度，反演出来的结果也与大气参数的真值存在偏差，特别是在其定义域 $[x_{\min}, x_{\max}]$ 的两端。

考虑到实际大气参数一般都具有非负特性，除线性约束反演外，还可以应用非负约束的反演算法，这类算法也有多种形式 (Lawson and Hanson, 1974)，这里不作详细介绍。

此外，在遥感技术上也常应用一种非线性迭代反演算法，该算法对不同的问题有其具体的表达形式，其基本思路是：建立观测物理量和要反演的函数之间的简单

数学关系式，首先根据先验知识给反演问题一个初始解，将该初始解代入积分方程得出观测物理量的计算值。然后将该计算值和实际测量值相比较，如果残差小于预设的容许误差（如实验误差），则初始解即为答案；如果残差大于预设的容许误差，则根据观测量按照上述数学关系式调整初始解在各数据点的具体数值，再重新代入积分方程计算观测物理量，直到残差小于预设的容许误差。

12.2 大气吸收光谱和透过率测量技术

大气气体分子的吸收特性测量问题一般可分为三大类，第一类是在实验室内可控气体参数（浓度、温度、压力）下进行吸收谱线位置、强度和线型函数的高分辨率、高精度测量，以获取分子吸收的基本谱线参数，作为实际应用的基础数据库。第二类是利用主动或被动方式测量实际大气中各种分辨率的大气光谱透过率，为光电工程应用服务。第三类是根据实际测量的大气光谱透过率，提取特征吸收光谱信息，在已知大气分子吸收谱线参数的前提下，推算大气吸收气体的浓度，主要用于大气环境的监测。这些测量问题既有共性的原理，也有特殊的技术方法。

12.2.1 长程高分辨率大气吸收光谱测量技术

作为大气光学的基础研究和一些激光工程应用的需求，需要对每一条大气分子吸收谱线的特征及其与环境因素的关系有准确的了解，通常需要在各种因素可控的情况下，针对某种吸收气体在实验室内进行高精度的定量测量。

大气分子的高分辨率吸收光谱测量系统一般包括三个主要部分：谱线宽度足够窄（要远小于吸收谱线的宽度）的波长可调谐光源、传播光程足够长的吸收气体容器和灵敏度足够高的探测器。典型的大气分子的高分辨率吸收光谱测量系统如图 12.2.1 所示 (Demtröder, 2008)，该系统中还包括用于确定波长的 Fabry-Perot 干涉仪。

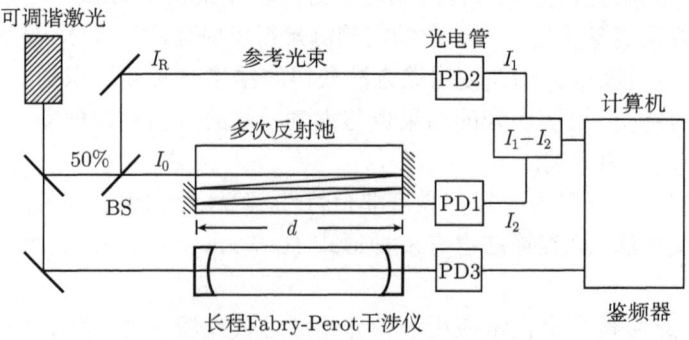

图 12.2.1 长程大气分子高分辨率吸收光谱测量系统

12.2 大气吸收光谱和透过率测量技术

光源可根据吸收光谱区间选择可调谐激光，例如，在近红外波段可采用 Nd:YAG 激光器抽运的脉冲可调谐光参量振荡器 (如 Lambda-Physik 公司产品 OPPO-E 型, 线宽为 $0.02\sim0.03\rm{cm}^{-1}$。)(邬承就等, 2002), 或窄线宽、宽调谐范围分布反馈 (DFB) 二极管激光器 (高晓明等, 2006)。在中红外波段采用连续 Nd:YAG 激光为信号光、连续可调谐钛宝石激光为泵浦光, 利用差频发生技术在周期性极化铌酸锂晶体产生的差频光源 (邓伦华等, 2007)。根据光谱区间选择灵敏度高、动态范围大的探测器。

限于空间和造价, 吸收气体容器 (一般称为吸收池) 不需要太大, 采用多次反射的光腔就可以在长度不大的容器内实现很长的光程, 在池内充以待研究的吸收气体, 并辅以压力和温度控制系统, 就可以定量控制吸收气体的含量和环境参数。目前最常用的两种反射腔结构是 White 多次反射腔 (White cell) 和 Herriott 多次反射腔 (Herriott cell)。前者是一个比较稳定的三反射镜结构, 可以接受大数值孔径的入射光束, 但要达到较长的光程需要较大的体积。后者是一个光机结构非常稳定的反射镜结构, 但不能接受大数值孔径的入射光束, 并且反射镜的大部分面积不能发挥用途。

White 反射腔的基本构造如图 12.2.2 所示 (White, 1942), 它由三块曲率半径相同的球面反射镜组成, 两块 (A 和 A') 相邻位于吸收池的一端, 第三块 (B) 位于另一端, A 和 A' 的曲率中心位于 B 的表面, B 的曲率中心位于 A 和 A' 的中间。这样就构成一个在反射镜表面形成共轭焦点的系统。任何一条离开 A 面上一点的光线被 B 反射在 A' 上一点聚焦, 而从此点反射的光线也被聚焦到 A 上的那一点; 从 B 上一点发出的光线被 A 或 A' 反射后聚焦到该点的附近。当一条光线从反射镜 B 的一侧狭缝中入射到这个系统中后, 其轨迹如图 12.2.2 所示, 在 B 上光点分别为 1, 2, 3, 在 4 位置逸出此系统。实际吸收池中入射和出射都是通过 B 上的窗口。调节 A 和 A' 的曲率中心的间距, 就可以改变光线在池中反射的次数, 即改变了吸收的光程。如果 A 和 A' 的曲率中心关于 B 及其曲率中心对称, 则在 B 上的光点会排列为一条直线, 相邻光点的间距即为 A 和 A' 曲率中心的间距, B 的尺度与该间距的比值决定了光点数和反射次数, 若光点数为 1,3,5,7 等, 则反射次数

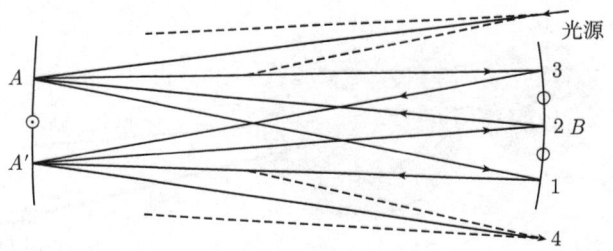

图 12.2.2 White 多次反射腔的基本构造和反射光路示意图

为 4, 8, 12, 16 等。如果 A 和 A' 的曲率中心不在一条水平线上, 则 B 上的光点会上下交替错位。如果 B 失调, 则第一次入射光线在 A 上的像不一定严格落在 A' 上, 从而使部分光线逸出其边缘, 但在其后续的反射中不再有损失。通过这种反射原理, 在数米长的吸收管道中可以实现千米级的光程, 从而为微弱吸收谱线的测量提供必要的吸收路径。

Herriott 反射腔实际是一个离轴球面镜干涉仪 (Herriott et al., 1964; Herriott and Schulte, 1965), 由两块球面反射镜组成, 其结构和光路示意图如图 12.2.3(a) 所示, M_1 和 M_2 分别为两个球面镜, 它们的曲率半径分别为 R_1、R_2, 它们之间的距离为 d。两个镜上的反射光点见图 12.2.3(b), 光点边的数字代表反射的序号。在距离 d 满足特定的条件下, 光线可以从 M_1 上的一个小窗口 (序号 0 对应的位置) 进入, 又能从此窗口射出。该条件为

$$\cos(K\pi/N) = \sqrt{(1-d/R_1)(1-d/R_2)} \tag{12.2.1}$$

式中, K、N 为没有公约数的整数。当 M_1 和 M_2 的曲率半径相同为 R 时, 上述条件即为

$$d = R(1-\cos\theta), \quad \theta = K\pi/N \tag{12.2.2}$$

$\theta \in (0,\pi)$。这几个参数代表的几何含义如图 12.2.3(b) 所示, N 就是一个镜面上的光点数目, $K-1$ 对应连续两次反射光点之间跨越的光点数。在一个镜面上连续两次反射光点之间的角度间隔为 2θ, 同一镜面上相邻光点之间的角度间隔为 $2\theta/K$。两个镜面上的光点都构成相似的椭圆图案, 其偏心率为 $\sqrt{(1-d/R_1)/(1-d/R_2)}$, 关于光轴对称的两个反射光点的大小相同, 因此当入射光点为焦点时, 出射光点也是焦点。示意图对应的参数为 $K=5, N=22$。

其他尚有一些上述两种多次反射腔的变种和改进方案, 其中一个如图 12.2.4 所示, 在 Herriott 反射腔的基本结构上, 将球面反射镜 M_1 一分为二, 其中的一半可以绕垂直于光轴的一条对称轴旋转, 从而可以获得如图所示的反射光点分布, 即克服了 Herriott 反射腔的缺点, 吸纳了 White 腔的优点 (Robert, 2007)。

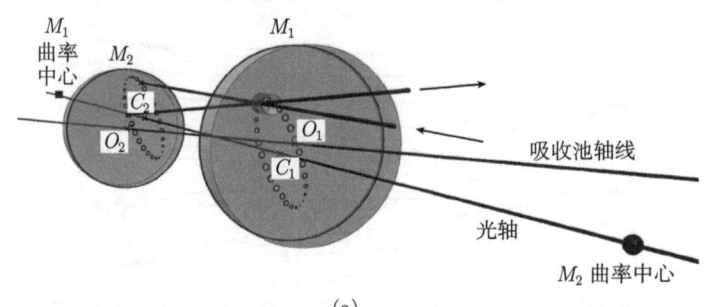

(a)

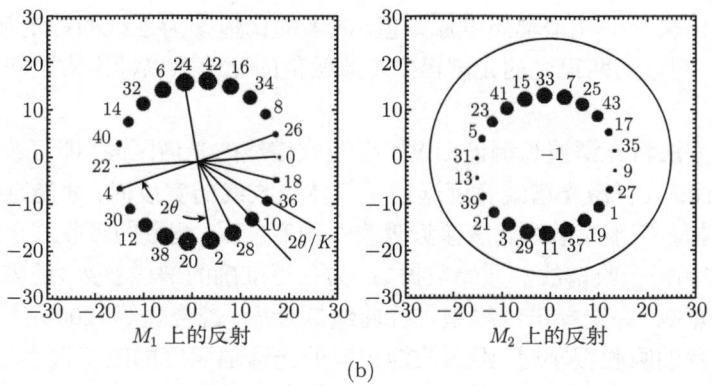

(b)

图 12.2.3 Herriott 多次反射腔的结构和光路示意图 (a) 和镜上反射光点分布 (b)
(Robert, 2007)

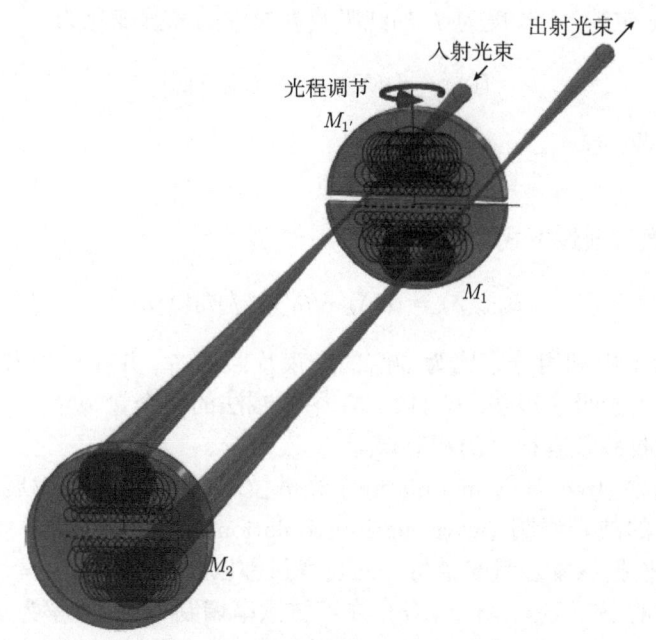

图 12.2.4 Robert 多次反射腔的结构和光路示意图 (Robert, 2007)

12.2.2 高分辨率大气吸收光谱测量方法

最直接和常用的方法是同时测量进入吸收池前的光谱辐照度和从吸收池出来后的光谱辐照度，按照 Beer-Lambert 定律求出光谱透过率，再进一步求得光谱吸收系数。为克服系统因素和探测器的响应等因素的影响，常用的办法是在光束进入吸收池前用分束片进行分束，在吸收池无吸收气体时测得进入吸收池前的光谱辐照度和从吸收池出来后的光谱辐照度原始值, 两者的比值即为系统的标定常数; 当充入吸收气体后, 测量的两束光的光谱辐照度原始值的比值除以标定常数即可获得透过率。

按上述方法将光源波长调谐扫过一条吸收谱线的光谱区间, 即可获得吸收谱线的结构。然而, 只有激光谱线宽度远小于气体吸收线的宽度时, 才能直接测量出准确的吸收结构。当激光谱线宽度接近吸收线的宽度时, 测量的吸收线形状将发生畸变。因此, 在测得吸收谱线的原始数据后, 为获得准确的谱线参数, 还需要消除激光谱线线型的影响, 并选择谱线线型进行曲线拟合等 (魏合理等, 2002)。

当全光程的吸收很小时, 经吸收池出射的光谱辐照度的改变很小, 直接的测量方法不可避免地受到激光能量随机起伏、探测器噪声等因素的影响, 无法测得准确的结果。在这种情况下, 需要利用一些特殊的测量方法和技术, 目前应用广泛的技术有调频光谱技术 (Bjorklund, 1980) 和腔衰荡光谱技术 (Zalicki and Zare, 1995)。

根据 Beer 定律, 在长度为 L 的纯吸收介质中的光强变化为

$$I(\lambda) = I_0(\lambda) \exp\left[-\beta_{\mathrm{abs}}(\lambda)L\right] \tag{12.2.3}$$

对于很弱的吸收, 有

$$I(\lambda) = I_0(\lambda)\left[1 - \beta_{\mathrm{abs}}(\lambda)L\right] \tag{12.2.4}$$

因而, 吸收系数可通过下式求得:

$$\beta_{\mathrm{abs}}(\lambda) = \left[I(\lambda) - I_0(\lambda)\right]/\left[I_0(\lambda)L\right] \tag{12.2.5}$$

这就是图 12.2.1 中利用分束比为 50% 的分束片监测 I_0, 并在信号末端采用信号减法器的原理。由于吸收很弱, 式 (12.2.5) 中作减法的两个量很接近, 它们微弱的起伏都会导致吸收系数有很大的相对误差。

为讨论调频 (frequency-modulation) 光谱技术, 避免与早期发展并与调频光谱技术密切相关的波长调制 (wavelength-modulation) 光谱技术混淆 (Supplee et al., 1994), 下面我们把各物理量光谱特性的自变量都以光波的频率 $\nu = c/\lambda$ 来表示, 并简化吸收系数的书写 $\beta_{\mathrm{abs}}(\lambda) \equiv \alpha(\nu)$, 在正弦频率调制 (调制频率为 Ω) 下, 激光的频率为

$$\nu_{\mathrm{L}}(t) = \nu_{\mathrm{L0}} + a\sin\Omega t \tag{12.2.6}$$

正弦频率调制下对应的吸收系数变化如图 12.2.5 所示。

在正弦频率调制下光强可以表示为 Taylor 级数展开式

$$I(\nu_{\mathrm{L}}) = I(\nu_{\mathrm{L0}}) + \sum_n \frac{a^n}{n!} \left.\frac{\mathrm{d}^n I}{\mathrm{d}\nu^n}\right|_{\nu_{\mathrm{L0}}} \sin^n(\Omega t) \tag{12.2.7}$$

12.2 大气吸收光谱和透过率测量技术

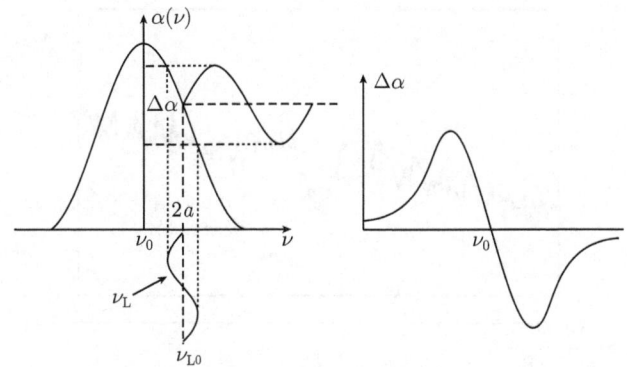

图 12.2.5　光波频率调制及其对应的吸收系数变化示意图

由式 (12.2.4) 可知，$\left.\dfrac{\mathrm{d}^n I}{\mathrm{d}\nu^n}\right|_{\nu_{L0}} = -I_0 L \left.\dfrac{\mathrm{d}^n \alpha}{\mathrm{d}\nu^n}\right|_{\nu_{L0}}$，则 $\Delta I \equiv I(\nu_L) - I(\nu_{L0})$ 可表示为 (Demtröder, 2008)

$$\dfrac{\Delta I}{I_0 L} = \left[\dfrac{a^2}{4}\left(\dfrac{\mathrm{d}^2 \alpha}{\mathrm{d}\nu^2}\right)_{\nu_{L0}} + \cdots\right] + \left[-a\left(\dfrac{\mathrm{d}\alpha}{\mathrm{d}\nu}\right)_{\nu_{L0}} + \cdots\right]\sin(\Omega t)$$
$$+ \left[\dfrac{a^2}{4}\left(\dfrac{\mathrm{d}^2 \alpha}{\mathrm{d}\nu^2}\right)_{\nu_{L0}} + \cdots\right]\cos(2\Omega t) + \cdots \tag{12.2.8}$$

式中，中括号内省略了更高阶的导数项，如果调制幅度足够小 $a/\nu_0 \ll 1$，则只有第一项起主要作用。用锁相放大器 (lock-in amplifier) 在调制频率的整数倍进行探测，可得到信号的各谐波分量为

$$\left.\dfrac{\Delta I}{I_0 L}\right|_{\Omega} = -a\dfrac{\mathrm{d}\alpha}{\mathrm{d}\nu}\sin(\Omega t) \tag{12.2.9}$$

$$\left.\dfrac{\Delta I}{I_0 L}\right|_{2\Omega} = \dfrac{a^2}{4}\dfrac{\mathrm{d}^2 \alpha}{\mathrm{d}\nu^2}\sin(2\Omega t) \tag{12.2.10}$$

显然，一阶谐波分量对应于吸收系数的一阶导数，二阶谐波分量对应于吸收系数的二阶导数，等等。在测得以上信号的各谐波分量后即可求出吸收系数的各阶导数，因此，这种吸收光谱测量技术也是一种导数光谱 (derivative spectroscopy) 技术。测量系统的随机噪声在吸收光谱的导数中得到有效的抑制，光谱导数信号的信噪比远远高于吸收光谱信号本身的信噪比，使得探测灵敏度大大提高，如图 12.2.6 所示。

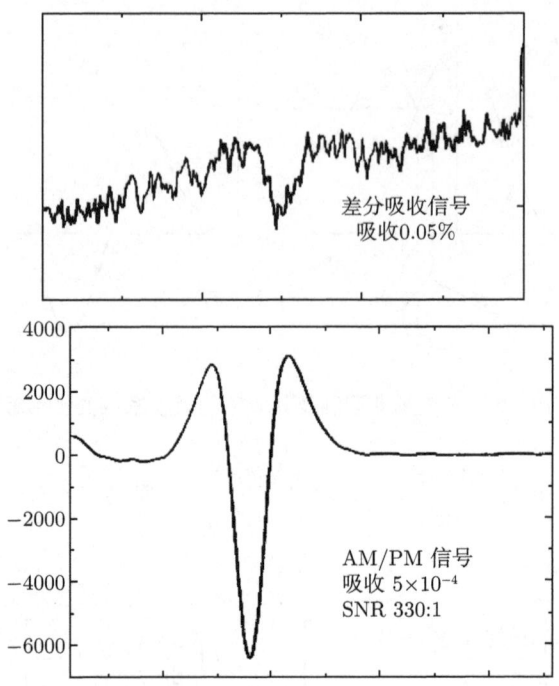

图 12.2.6 水汽弱吸收光谱直接测量信号和光谱二阶导数信号的比较 (Demtröder, 2008)

导数光谱技术虽然可以高灵敏度地探知吸收光谱存在的信息和高精度获得吸收光谱的导数,却不能直接得到吸收系数本身。但如果我们先验获知吸收谱线的线型函数,则可以获得吸收系数 (Duffin et al., 2007)。例如,对于具有 Lorentz 线型函数的吸收谱线,气体分子的吸收系数为

$$\alpha(\nu) = \frac{NS/(\pi\gamma)}{1+\left[(\nu-\nu_0)/\gamma\right]^2} = \frac{\alpha_0}{1+\Delta^2} \tag{12.2.11}$$

式中,N 为分子数密度,它的各阶导数为

$$\frac{d\alpha}{d\nu} = -\frac{2\alpha_0 \Delta}{\gamma(1+\Delta^2)^2} \tag{12.2.12}$$

$$\frac{d^2\alpha}{d\nu^2} = \frac{2\alpha_0(3\Delta^2-1)}{\gamma^2(1+\Delta^2)^3} \tag{12.2.13}$$

Lorentz 吸收线型及其一阶、二阶导数如图 12.2.7 所示,一阶导数在吸收线中心位置正负好反转,可以据此准确确定吸收线中心位置,一阶导数最大值和最小值之间的宽度 (令二阶导数为零可求得) 为 $\gamma/\sqrt{3}$、二阶导数的曲线宽度为 $\gamma/\sqrt{8}$,它们都正比于吸收谱线宽度,据此可以准确确定吸收谱线宽度。同样可以求得一阶、

12.2 大气吸收光谱和透过率测量技术

二阶导数绝对值的最大值分别为

$$\left|\frac{d\alpha}{d\nu}\right|_{max} = \frac{3\sqrt{3}}{8}\frac{\alpha_0}{\gamma}, \quad \left|\frac{d^2\alpha}{d\nu^2}\right|_{max} = \frac{2\alpha_0}{\gamma^2} \quad (12.2.14)$$

根据谱线宽度和式 (12.2.14) 就可以测得谱线强度 S。

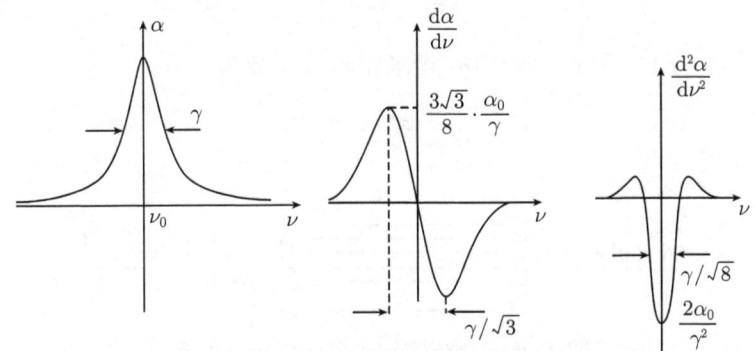

图 12.2.7 Lorentz 吸收线型及其各阶导数示意图

如果我们已知某种大气吸收气体的定量光谱特征, 则可以通过测量实际大气的吸收光谱来确定该气体的含量, 由于吸收系数和它的各阶导数都正比于气体分子的浓度, 则可以有效地利用导数光谱技术探测微量气体的浓度。导数光谱的高检测灵敏度使它得到广泛的应用。这得益于光纤通信技术的快速发展, 其中的光源——便于调谐的半导体激光器的性能已经相当稳定可靠, 价格也相对低廉, 因而被广泛应用在大气环境痕量污染气体的吸收光谱监测技术中, 并且形成了一种专门的技术——可调谐半导体激光光谱学技术 (TDLAS)(Eng et al., 1980)。

另一种近年来发展快速的高灵敏度吸收光谱测量技术是腔衰荡光谱技术 CRDS (cavity ring-down spectroscopy)。如图 12.2.8 所示, 当激光注入一个两端具有很高反射率的谐振腔后, 光束在腔中多次反射, 每次反射后能量由于镜面反射率等因素损失一些, 如果在腔中注入吸收气体, 则能量损失因吸收而加大。设两个腔镜的反射和透过特性相同, 反射率 $R \sim 1$, 透过率为 T, 则第一次出射光的光强为 $I_1 = I_0 T^2 e^{-\alpha L}$, 以后在腔内每一次往返后由于气体的吸收能量额外衰减了一个因子 $(Re^{-\alpha L})^2$, 这样第 n 次出射光的光强为

$$I_n = I_1 \left(Re^{-\alpha L}\right)^{2n} = I_1 e^{2n(\ln R - \alpha L)} \approx I_1 e^{-2n(1-R+\alpha L)} \quad (12.2.15)$$

相邻两次出射光的时间间隔 $2L/c$, 第 n 次出射光对应的时间为 $2nL/c$。如果探测器的响应时间大于 $2L/c$, 则自激光源关闭以后, 探测信号具有连续的衰减输出, 其形式为

$$I(t) = I_1 e^{-t/\tau} \quad (12.2.16)$$

式中，τ 为光强下降到 $1/e^2$ 的特征时间，称为衰荡时间

$$\tau = \frac{L/c}{1-R+\alpha L} \tag{12.2.17}$$

无吸收气体中的衰荡时间为

$$\tau_0 = \frac{L/c}{1-R} \tag{12.2.18}$$

则由式 (12.2.17) 和式 (12.2.18) 可求得吸收系数为

$$\alpha = \frac{\tau^{-1} - \tau_0^{-1}}{c} \tag{12.2.19}$$

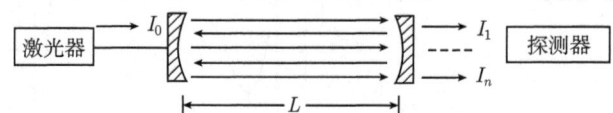

图 12.2.8　腔衰荡光谱技术原理示意图

显然，腔衰荡光谱技术具有独特的优点，其测量结果与激光束的绝对能量无关，激光输出的起伏特性不影响测量精度。谐振腔对光的多次反射使得气体吸收的光程很长，腔镜反射率越大，光程和衰荡时间就越长，探测的灵敏度就越高。因此，这种技术对腔镜的要求很高，设备相对于其他技术较昂贵，同时，每次测量只能获得一个波长上的吸收系数。目前有关利用宽光谱光源的 CRDS 技术正在发展中。

对微量气体吸收光谱进行高灵敏度探测的一种古老技术是光声光谱学技术 (photoacoustic spectroscopy)。光声光谱学测量装置的典型示意图如图 12.2.9 所示。激光束入射到盛有吸收气体并放置有扩音器的容器内，如果激光辐射被吸收气体吸收，则将该气体分子从低能态激发到高能态，该分子通过与其他分子碰撞传递能量，在热平衡下能量随机分布，导致容器内具有固定密度的吸收气体的温度和压力增大。如果入射激光在一定频率下进行能量的调制，则气体吸收的能量也随之发生周期性的变化，导致气体压力周期性的变化，即产生声波，可以被扩音器探测。光声光谱学测量的高灵敏度主要来自近年来高性能的激光器、高灵敏度的电容扩音器 (capacitance microphone)、低噪声前置放大器和锁相技术。

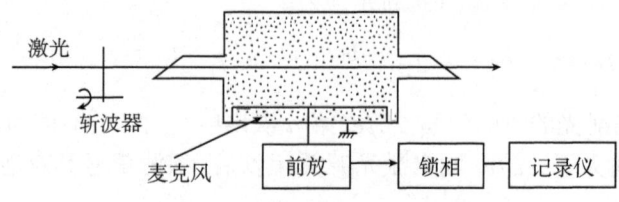

图 12.2.9　光声光谱学测量装置示意图

12.2.3 实际大气透过率和吸收光谱测量技术

在光电工程应用和大气环境监测等领域往往需要实际大气中的透过率或吸收光谱测量,或依据大气透过率或吸收光谱测量大气吸收气体或颗粒物的含量。根据不同实际需要,大气透过率(或吸收)光谱的光谱分辨率有很大的变化范围。例如,有些红外工程中只需要 3~5μm 和 8~12μm 的带通透过率,污染气体监测需要能体现其独特特征的窄带光谱甚至谱线。

因此,当应用需要高光谱分辨率的测量时,完全可以采用 12.2.2 节介绍的技术和方法,如 TDLAS 技术。当光谱分辨率不是很高时,相应的测量系统就有一项很大的不同,即需要使用光谱仪。目前常用的光谱仪有 Fourier 变换光谱仪等,可以选择各种光谱分辨率。而光源则视测量的方式而改变。主动测量可以用激光和黑体红外辐射源等,被动探测则以太阳、恒星等作光源。

在主动测量方式下,在较远距离上进行大气透过率的绝对测量是比较困难的,主要原因在于因衍射、大气扩展和漂移等传播效应,要实现传播后的光束全接收需要相当大的口径。因此,采用透射式测量大气消光系数以得到大气能见度的仪器(机场常见),一般传播距离都不大,其典型的系统结构如图 12.2.10 所示。由 Beer 定律知道,在不考虑多次散射的情况下,大气中光强的衰减满足

$$I_\lambda = I_\lambda(0) \exp \left\{ - \int_{\Delta s} [\beta_{\mathrm{abs}}(\lambda) + \beta_{\mathrm{sca}}(\lambda)] \mathrm{d}s \right\} \qquad (12.2.20)$$

只要测量出发射端和接收端的光强即可求出透过率或消光系数。

图 12.2.10 透射式大气透过率和吸收光谱测量装置示意图

相对于大气透过率绝对测量的困难,大气吸收的定量测量相对容易一些,这主要得益于大气吸收光谱呈现出峰值特征,而散射和衍射等因素引起的能量衰减随波长的变化则相对平缓得多,基于这种现象发展的差分吸收光谱技术(differential absorption spectroscopy)就可以把纯粹的吸收提取出来。在式 (12.2.20) 中,将吸收系数分为特征吸收和连续吸收 $\beta_{\mathrm{abs}}(\lambda) = \alpha(\lambda) + \alpha_{\mathrm{con}}(\lambda)$,则大气中光强的衰减可分

为快变化部分 (特征光谱) 和慢变化部分的乘积

$$I_\lambda = I_\lambda(0) \exp\left\{-\int_{\Delta s}[\alpha_{\rm con}(\lambda)+\beta_{\rm sca}(\lambda)]{\rm d}s\right\}\exp\left\{-\int_{\Delta s}\alpha(\lambda){\rm d}s\right\}$$

$$= I'_\lambda(0)\exp\left\{-\int_{\Delta s}\alpha(\lambda){\rm d}s\right\} \tag{12.2.21}$$

纯特征吸收分量为

$$\int_{\Delta s}\alpha(\lambda){\rm d}s = \ln\left[I_\lambda/I'_\lambda(0)\right] \tag{12.2.22}$$

差分吸收光谱技术 (differential optical absorption spectroscopy, DOAS) 的原理如图 12.2.11 所示, 如果我们要测量波长 λ_2 处的特征吸收, 需要测量在靠近该处特征光谱并明显处于其外选择一个或两个波长 λ_1、λ_3 处的光强, 以获取光谱慢变化的衰减分量, 即认为 $\alpha(\lambda_1) = \alpha(\lambda_3) = 0$, 因而有 $I'_{\lambda_1}(0) = I_{\lambda_1}$、$I'_{\lambda_3}(0) = I_{\lambda_3}$, 则可内插得出 $I'_{\lambda_2}(0)$, 进而可从式 (12.2.22) 求得波长 λ_2 处的特征吸收。

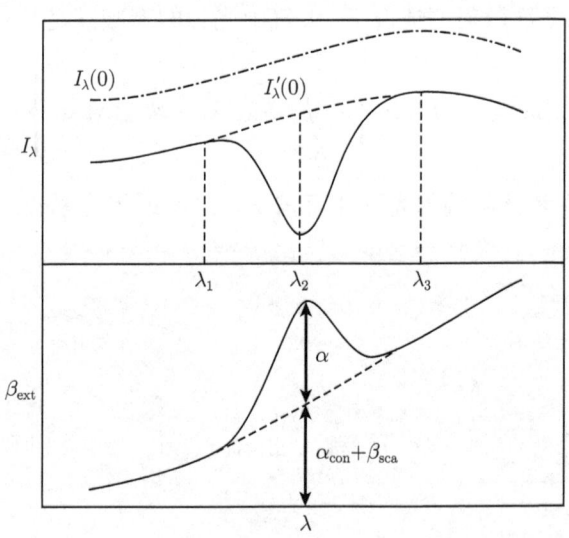

图 12.2.11　差分吸收及 DOAS 光谱测量原理示意图

将有限波长差分吸收光谱技术的原理推广到宽光谱区间的连续光谱, 拟合得出大气中光强衰减的慢变化部分 $I'_\lambda(0)$, 就可以从式 (12.2.22) 获得特征吸收光谱的连续变化, 在吸收气体沿测量路径均匀分布和路径长度已知的情况下, 即可得到吸收气体的浓度含量。这种技术目前在吸收气体成分探测方面得到广泛应用 (Platt and Perner, 1983; Platt and Stutz, 2008)。

12.2.4 利用太阳辐射测量整层大气光学厚度

从式 (1.5.11) 可知, 到达大气层顶的太阳光谱辐照度为 $F_{0,\lambda}(d_0/d)^2$, 式中, $F_{0,\lambda}$ 为日地平均距离 d_0 处大气层顶的太阳辐照度, 在平行平面大气的假设下, 倾斜方向上 (天顶角为 θ_0) 整层大气的光学厚度和垂直方向上整层大气的光学厚度成线性关系

$$\tau_\lambda(\theta_0) = \tau_{0,\lambda}/\mu_0 = m\tau_{0,\lambda} \tag{12.2.23}$$

式中, $m = 1/\mu_0$, 即式 (4.1.25) 定义的空气质量。这样在地面上所观测到的太阳辐射的光谱辐照度为

$$F_\lambda = F_{0,\lambda}(d_0/d)^2 \exp(-m\tau_{0,\lambda}) \tag{12.2.24}$$

在已知大气层顶的太阳光谱辐照度的情况下, 通过上述测量即可获得大气层的光学厚度。观测太阳辐射光谱辐照度的仪器主要是太阳辐射计 (sun photometer)(谭锟等, 1991), 要准确地观测太阳辐射的光谱辐照度值, 需要对仪器进行定标, 这可以按照辐射定标的方法在实验室内进行 (Schmid et al., 1998), 也可以通过实际测量进行, 具体方法如下。

对式 (12.2.24) 两边取对数, 可得

$$\ln[F_\lambda/(d_0/d)^2] = \ln F_{0,\lambda} - m\tau_{0,\lambda} \tag{12.2.25}$$

从此式可见, 如果大气光学厚度不变, 则太阳辐射的光谱辐照度的对数值和空气质量呈线性关系。因此, 在大气光学厚度稳定不变的场景下, 一天之内连续测量太阳辐照度随太阳位置的变化, 就可以按照式 (12.2.25) 进行 $\ln F$ 对应的仪器输出值 $\ln V$ 与 m 的 (最小二乘) 线性拟合, 从截距直接获得大气层顶的太阳辐照度 $\ln F_{0,\lambda}$ 对应的仪器输出值 $\ln V_0$, 从而省去所有有关太阳辐射计仪器系统内各种因素的定标, 这种简单而巧妙的方法是 Langley 于 1881 年提出的, 现已成为在地面观测大气层光学厚度或透过率的标准做法, 一般称为 Langley 作图法 (Langley plot)。定标后, 再通过式 (12.2.24) 计算得到整层大气的光学厚度和透过率。太阳辐射辐照度的测量原理和 Langley 作图定标方法完全可以用于夜间恒星辐射的测量, 从而得到夜间大气的光学厚度和透过率 (詹杰等, 2007)。图 12.2.12 为我们在夜间实测的恒星亮度数据随空气质量的变化关系及其线性拟合, 图中五组代表性数据自下而上分别对应于 0.3μm、0.4μm、0.45μm、0.55μm 和 0.75μm 的波长。

由于近地面大气气溶胶粒子的日变化, 在实际场景中大气光学厚度一天保持稳定的情况很难得, 由于高层大气比较稳定并且气溶胶粒子较少, 通常的做法是在海拔较高的山峰进行 Langley 作图定标。尽管如此, 这种方法还有很多待完善的地方。

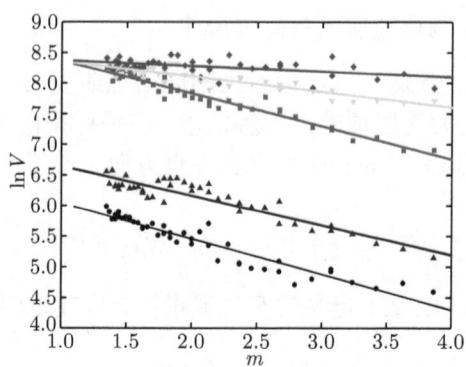

图 12.2.12 恒星亮度数据随空气质量的变化关系及其线性拟合

首先在于辐射计有一定的视场，除了接收直射太阳光外，还接收了一定的前向散射光，对于短波长特别是紫外光谱区间的太阳辐射测量，在比较混浊的大气条件下，这种散射光的影响还是比较明显的 (Dermandjian and Sekera, 1956)。因此，设计辐射计的接收系统要考虑这个因素。其次，在太阳辐射计的系统中，一般使用窄带滤光片，由于太阳辐射源和大气介质的光谱特性，也会对 Langley 作图法产生一定的影响，分析表明，在 $\Delta\lambda/\lambda_0 = 0.02$ 的情况下，截距的误差仅有万分之几，这一般是容易做到的 (Box, 1981)。

目前国际上较成熟的太阳辐射计有日本 Prede 公司生产的日晕计、中国科学院安徽光机所研制的太阳辐射计以及法国 Cimel 公司的太阳辐射计，其外观结构如图 12.2.13 所示。

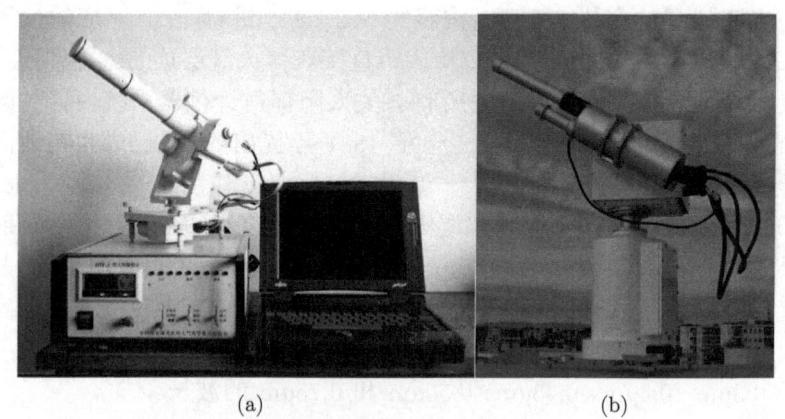

图 12.2.13 中国科学院安徽光机所研制的太阳辐射计 (a) 和日本 Prede 公司生产的日晕计 (b)

从式 (12.2.25) 可知，光学厚度的变化 $\Delta\tau_0$ 引起 $|\Delta\ln F| = m\Delta\tau_0$ 的变化，它与 m 成正比，在进行线性拟合时，m 大 (太阳位置低) 时的测量结果所占的权重更

大，而此时大气不稳定的可能性以及不符合平行平面特性假设的可能性也更大，因而对 Langley 作图法不利。为克服光学厚度的随机变化，可以按 m 分段拟合进行修正 (Herman et al., 1981)。

对常用于测量太阳直接辐射的仪器稍作改进，主要扩大探测器的响应动态范围和增加机械扫描功能，就可以用于偏离太阳方向的天空漫射光测量，这种装置一般称为日晕计 (aureole-meter, 或 sun-sky radiometer)。研究发现，在非洁净的大气中，直射太阳辐射辐照度与漫射光和直射光辐照度的比值之间的线性拟合比直接的 Langley 作图法效果更好 (Tanaka et al., 1986)。其基本原理为：在按太阳方向绕天顶为轴旋转形成的锥面内 (almucandar)，在单次散射近似下的漫射辐照度为 (Green et al., 1971)

$$F_1(\mu_0, \phi) = m\tau_0 \omega_0 P(\cos\Theta) F_{0,\lambda} \exp(-m\tau_0) \Delta\Omega \qquad (12.2.26)$$

式中，$\Delta\Omega$ 为太阳辐射计的视场立体角；ω_0 为大气介质的单次反照率；$P(\cos\Theta)$ 为大气分子和气溶胶粒子总的散射相函数，它们和大气分子以及气溶胶粒子各自相应的量之间的关系为

$$\omega_0 = \frac{(\omega_{0a}\tau_a + \omega_{0m}\tau_m)}{\tau_0}, \quad P(\cos\Theta) = \frac{[\omega_{0a}\tau_a P_a(\cos\Theta) + \omega_{0m}\tau_m P_a(\cos\Theta)]}{\omega_0 \tau_0}$$

式中，τ_m、τ_a 分别为大气分子和气溶胶粒子的光学厚度，因而

$$m\tau = \frac{F_1}{F_\lambda \omega_0 \Delta\Omega P(\cos\Theta)} \qquad (12.2.27)$$

这样 Langley 线性拟合公式就变为

$$\ln[F_\lambda/(d_0/d)^2] = \frac{\ln F_{0,\lambda} - (F_1/F_\lambda)}{\omega_0 \Delta\Omega P(\cos\Theta)} \qquad (12.2.28)$$

在单次反照率、视场角和散射相函数为常数的情况下，Langley 线性拟合变换为 $\ln F$ 与 F_1/F_λ 的 (最小二乘) 线性拟合。上述情况在一次测量定标中容易做到：在气溶胶粒子谱分布特征和化学成分不变的情况下，单次反照率不变，散射角大约为 $20°$ 时，散射相函数基本与粒子谱分布特征无关。因此，这种改进的定标方案不但可以获得光学厚度，而且可以获得单次反照率，从而显示了直射太阳辐射和漫射辐射同时测量的优越性。这种修正的 Langley 作图定标方案经进一步完善后，应用在 Skynet 太阳辐射观测网 (Campanelli et al., 2004)。

12.3 大气气溶胶粒子光散射技术

12.3.1 大气气溶胶粒子尺度散射测量技术：光学粒子计数器

大气气溶胶粒子浓度和尺度及其谱分布的测量是大气气溶胶粒子光学特性及

其对光电工程应用和辐射传输问题研究最重要的内容之一,虽然有空气动力学等方法测量粒子的尺度,但利用光散射特性进行测量从大气光学研究的角度无疑极具吸引力。这方面的研究工作开展了相当长时间,有多种类型的商用测量仪器面世,一般称为光学粒子计数器 (optical particle counter)。

光学粒子计数器的基本原理就是根据一定角度范围内的散射光能量与粒子尺度的关系 $\int_{\Delta\Omega} \beta_{\rm sca}(r,m)P(\cos\Theta,m){\rm d}\Omega \sim f(r)$,从测得的散射光能量推出粒子的尺度。显然,这要求散射光能量与粒子尺度的关系是单调和唯一的。根据第 5 章粒子的光散射理论,这不是容易实现的,因为散射光的角度分布具有剧烈起伏的特性,并且与粒子的形状、折射率和照射光特性密切相关。因此,必须多方面考虑所测量的大气气溶胶粒子的种类、尺度范围、折射率和测量环境等信息来设计粒子计数器,不存在普遍适用各种情况的设计方案。

几种常见的光学粒子计数器中的照射光路和散射光收集系统如图 12.3.1 所示 (Hodkinson and Greenfield, 1965)。其中图 12.3.1(a) 是聚焦光照射、侧向散射光汇聚测量光学系统,其侧向有各种可能的角度;图 12.3.1(b) 是近平行光 (略为汇聚) 照射、前向散射均匀积分系统, 正前向上有黑光阑遮蔽照射光; 图 12.3.1(c) 汇聚光照射、前向散射光积分系统; 图 12.3.1(d) 是汇聚光照射、前向散射非均匀积分系统。

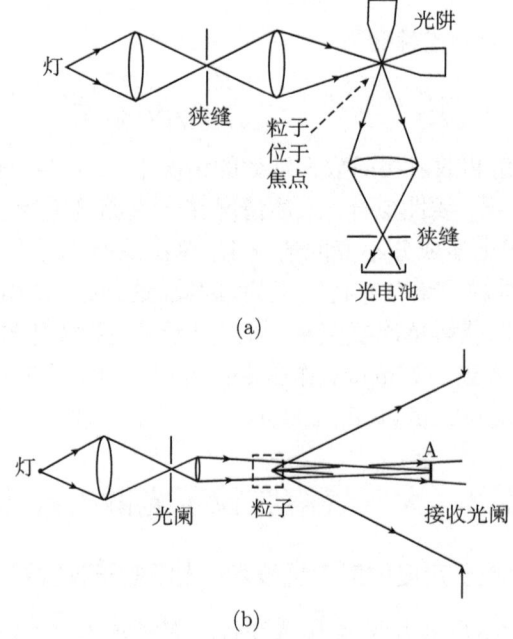

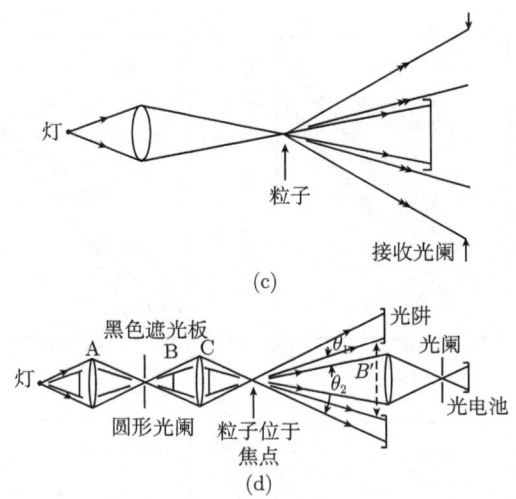

图 12.3.1　几种典型的粒子计数器光学结构示意图

(a) 聚焦光照射侧向散射汇聚测量光学系统; (b) 近平行光照射、前向散射均匀积分系统; (c) 汇聚光照射、前向散射积分系统; (d) 汇聚光照射、前向散射非均匀积分系统

光学粒子计数器的输出信号正比于散射光的辐照度、探测器的响应和电路的放大率等,因此必须进行定标,一般选择特殊制备的所谓标准粒子 (已知尺度和折射率) 进行测量获得仪器输出信号和尺度的关系,即响应曲线。显然,这个响应曲线只对这种标准粒子准确,当仪器用于测量实际粒子时必然会出现偏差。对所观测对象基本信息 (如折射率) 的了解,有助于对测量的结果进行更正 (谭锟和胡欢陵, 1984)。

对于照射光源采用单色的激光,散射光辐射亮度随粒子尺度的变化具有显著的振荡特性,只有通过大范围的散射光收集探测,才能使响应曲线光滑并接近单调。针对四种折射率 1.33、1.50、1.50−1.0i 和 1.95−0.66i 的粒子的散射特征分析表明 (Barnard and Harrison, 1988):当采用轴对称散射全收集方式,对于吸收非常小的粒子 ($m_i < 10^{-5}$) 在前向 10°～20° 和后向 70°～170° 的范围内收集散射光可以得到单调的响应曲线。而对于这里研究的四种折射率的粒子,折中的方案是选择 18°～99° 的收集方式,其响应曲线接近单调。图 12.3.2 显示了 18°～99° 收集方案下四种粒子折射率单色光学粒子计数器的响应曲线,作为比较,同时绘出了前向散射 4°～22° 和宽视场 45°～135° 收集方式的响应曲线。

若光学粒子计数器的照射光源采用白光,则这种光谱宽度较大的光源对光散射的起伏特性进行了平滑,再加上散射光在一定角度范围内积分,进一步平滑了散射光的起伏特性,使得响应曲线较容易实现单调变化。响应曲线一般对应于平均散射角的散射光强度,理论分析时不需要对整个收集角度进行积分。照射光斑的大小和

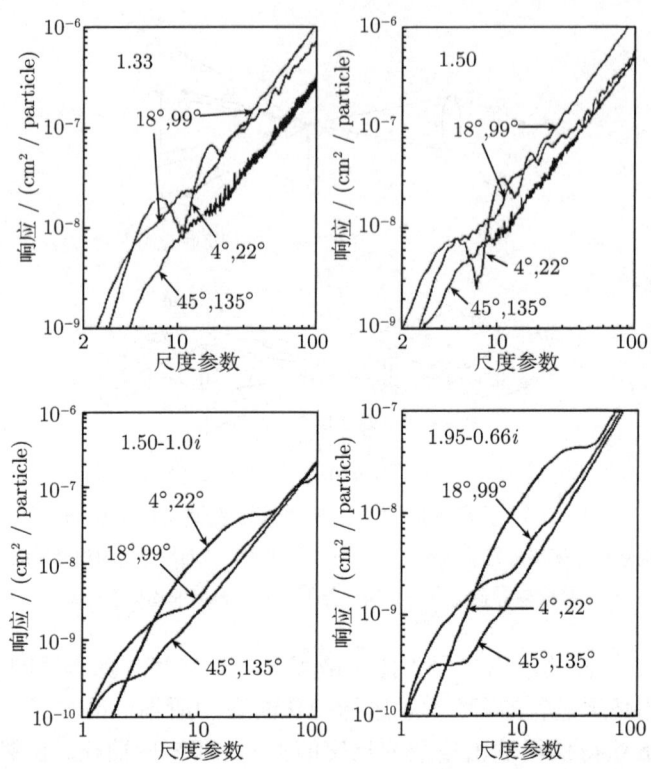

图 12.3.2 三种散射光收集方式下四种粒子折射率单色光学粒子计数器的响应曲线 (Barnard and Harrison, 1988)

(位于前向散射主瓣外的) 散射光收集角度的大小一般对响应曲线几乎没有影响。不同折射率的粒子的响应曲线的差别不会因为散射光收集角度的增大而减小。分析表明, 对于弱吸收气溶胶粒子, $40° \sim 45°$ 的散射角最优, 在不同粒子尺度上, 不同折射率 ($1.4 \sim 2.2$) 之间的响应曲线差别最小。

其实, 不管对弱吸收或强吸收粒子, 前向散射主瓣内的散射光辐射亮度分布随折射率的变化最小, 但由于正前方必须遮挡照射光, 使得无法完全收集主瓣内的散射光能量, 从而限制了利用主瓣内的散射光能量测量粒子尺度的有效性。

不同折射率粒子的响应曲线有显著的差别, 特别是在大粒子的情况下。图 12.3.3 是几种标准粒子的响应曲线 (Pinnick et al., 1973), 测量所用的计数器中散射光是在 $8° \sim 38°$ 的散射角收集的, 其中在 $25°$ 的响应最高。从图中可以看出 $0.55\mu m$ 的 $1.592-0i$ 的响应和 $1.8\mu m$ 的 $1.67-0.26i$ 粒子的响应相同。小于 0.5 的粒子的响应曲线有很好的单调性且受折射率的影响不大, 但大于 0.5 的粒子响应曲线甚至会出现多值性。

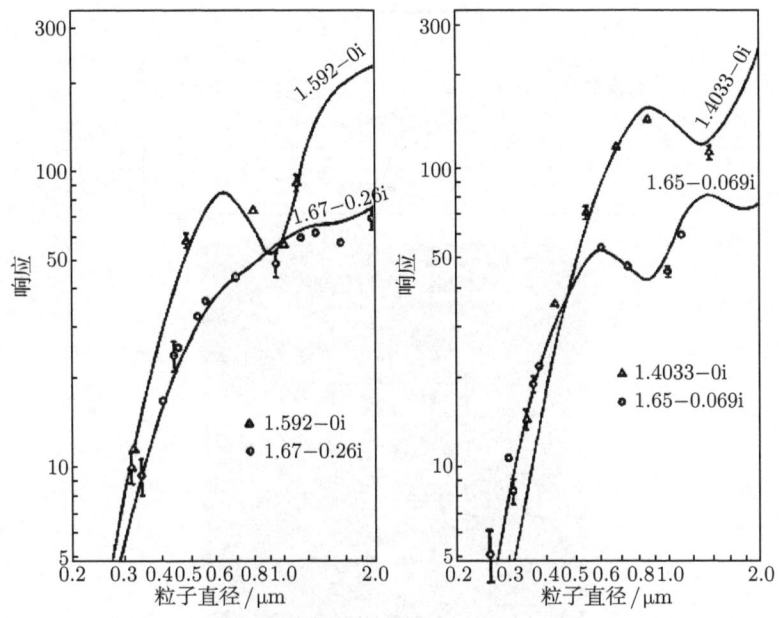

图 12.3.3　几种标准粒子的响应曲线 (Pinnick et al., 1973)

由于研制光学粒子计数器时获取定标响应曲线使用的标准粒子一般是单一折射率的近球形粒子，而实际大气气溶胶粒子具有复杂的形状和组分，无疑会对测量结果的准确性产生不容忽视的影响 (Umhauer and Bottlinger, 1991)。此外，一般计数器划分的粒子尺度的间隔较大，也进一步增加了测量结果的不确定性。上述各方面的因素，使得我们在利用光学粒子计数器测量的大气气溶胶粒子的尺度谱分布的结果，在用于光传播、辐射传输等问题的研究和应用时，应保持足够的警觉性，对其准确性如何应做到心中有数。

12.3.2　大气介质散射特性测量技术：能见度仪、积分和极角浊度计

光学粒子计数器都配有进气取样系统以区别单个的粒子，但它的散射光测量原理和技术也同样可以用来测量一定体积内多分散大气气溶胶粒子的散射特性，这就是前向散射式大气能见度仪的工作原理。典型的大气能见度仪的结构和光路示意图如图 12.3.4 所示，在其一臂上放置脉冲光源，另一臂上放置探测器，从接收视场内的散射光积分能量推算总散射系数，进而获取消光系数得到大气能见度。

如果直接测得全空间的散射光以获取多分散大气气溶胶粒子的散射特性，这就是积分浊度计 (integration nephelopmeter) 的工作原理 (Gordon and Johnson, 1985)。典型的积分浊度计的结构和光路示意图如图 12.3.5 所示 (美国 TSI 公司产品)。实际上正前向和后向一定角度范围内的散射由于实际光路的限制测量不到。

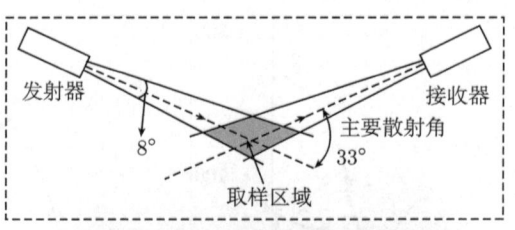

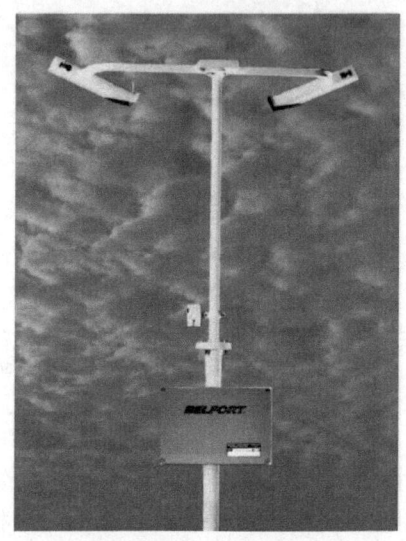

图 12.3.4 典型的大气能见度仪的结构和光路示意图

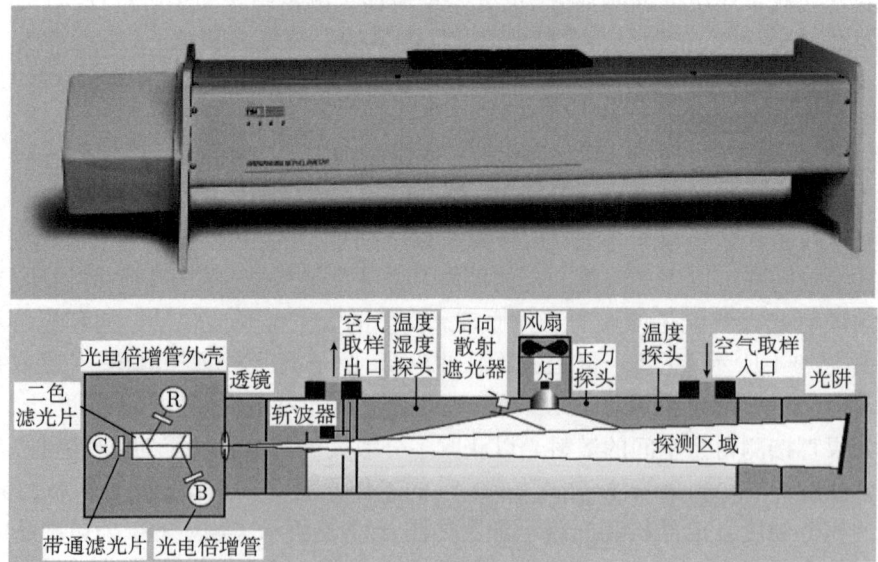

图 12.3.5 典型的积分浊度计的结构和光路示意图

12.3 大气气溶胶粒子光散射技术

积分浊度计的结构主要分为两种类型，一种就是 TSI 公司产品所采用的结构，如图 12.3.6(a) 所示，辐射光谱亮度空间分布符合余弦定律的发散光源照射一条较长的区域，探测器具有较小的视场角固定在一个方向放置，这样它可以同时探测到该方向上不同距离处的散射介质 (具有不同的散射角) 的散射光 (Crosby and Koerber, 1963; Rosen et al., 1997)。

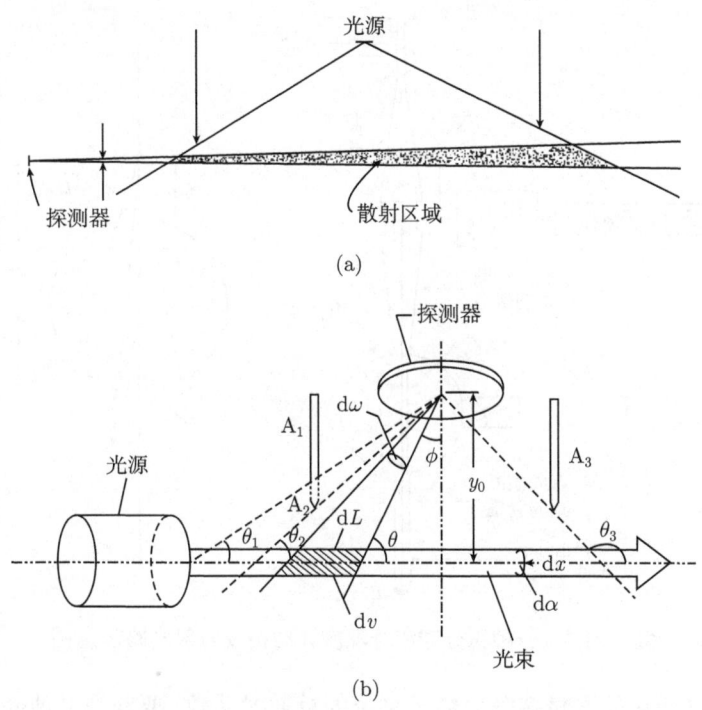

图 12.3.6 两种典型的积分浊度计的散射光路示意图

另一种积分浊度计的结构刚好和前面的相反，光源采用单一方向的准直或平行光，探测器系统则具有接收半空间的大视场并符合余弦定律，如图 12.3.6(b) 所示 (Gerber, 1985)，它也能同时探测到该方向上不同距离处的散射介质 (具有不同的散射角) 的散射光。

从前述典型的积分浊度计的散射光路示意图可以看出，它们都难以真正地测量到全空间的散射光，在前向和后向一定的角度范围内的散射光一般无法测到，技术指标较高的产品一般也仅能把测量的角度范围做到 7°～170°。此外光源和探测器一般也难以做到严格服从余弦定律的要求。一种特别设计的积分球积分浊度计的结构如图 12.3.7 所示 (Varma et al., 2003)，散射粒子经抽气管道流经积分球，激光束也经反射镜导入积分球，积分球上的前后出口决定了前向和后向的散射角的最大测量范围, 在前后出口各加一个较长的管道, 管道内部涂黑防止散射光的反射, 积分球内部的涂层反射率接近全反射并符合 Lambert 特性, 在积分球的一侧也有一个出口放置探测器。经这样的设计, 该设备的散射角测量范围可达 1°~179°。其他的优化措施包括光束进行调制和空间滤波以降低杂散光和背景的影响, 在积分球内光路面向探测器的一侧设置挡板防止散射光直接照射到探测器上等。

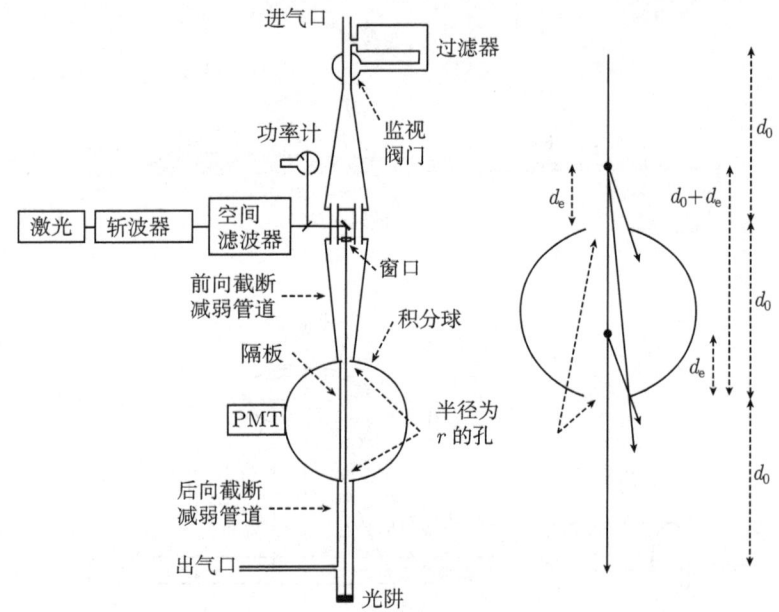

图 12.3.7 一种积分球积分浊度计结构及散射光路示意图

积分浊度计只能测量多分散粒子系统的总散射系数, 要获得混浊介质光散射更详尽的信息, 必须测量多分散粒子系统光散射的角分布特征, 具备这种功能的浊度计是极角浊度计 (polar nephelopmeter)。这种极角浊度计从技术上可分为两类: 一类只使用一个探测器, 它面向散射体并围绕它转动, 从而在不同时刻测得各种方向的散射光 (如 Tyler and Richardson, 1958; Quiney and Carswell, 1972; Hansen and Evans, 1980)。另一类使用一系列的探测器围绕散射体排列, 在各种方向上同时测量散射光 (如 Gayet et al., 1997; Barkey and Liou, 2001; Hespel et al., 2001)。这两种典型的极角浊度计的结构和光路示意图见图 12.3.8。显然, 前者可以获得各种角度分辨率, 但测量速度较慢, 如果散射体发生时间改变, 则不同角度的测量结果不同反演同一个散射体的情况。而后者的主要缺陷是角分辨率不够高, 但可以同时测量同一个散射体的特性, 由于现代光纤技术的进步, 可以将数目相当多的光纤排列在散射体周围, 将各个方向的散射光引出到外面的探测器中, 从而可以大大增加测量的角分辨率。

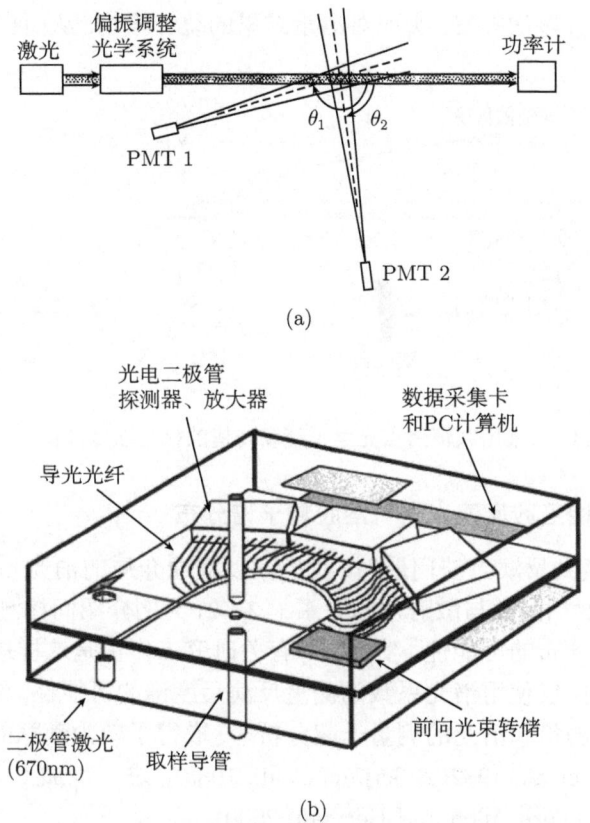

图 12.3.8 两种典型的极角浊度计的结构和光路示意图

(a) 单探测器旋转型; (b) 多探测器固定排列型

在极角浊度计光源可以采用各种偏振状态的偏振光,利用散射光角分布的测量结果,可以得到散射相函数矩阵元、散射系数,并依据相函数反演多分散系粒子尺度谱分布等。

在上述两种类型的极角浊度计基础上,考虑吸收各自的优点,最近也发展了新的设计方案 (Kaller, 2004; Castagner and Bigio, 2006)。如图 12.3.9 所示是一种基本结构采用共轭聚焦光路的测量系统 (Castagner and Bigio, 2007)。激光光源透过一个线偏振片再透过一个可以调节的 1/2 波片,可以得到水平和垂直方向的线偏振光,散射元位于离轴抛物镜的一个焦点上,散射光被此抛物镜反射到另一偏离轴抛物镜再被聚焦到一个放置在焦点上的转镜上,再次反射的散射光经一组光学系统被探测器接收,在这组光学系统的中间焦点上设置针孔以限制散射体区域的大小,置于探测器前方的狭缝则用来设置测量的角度分辨率等。调节入射激光的方向则可以改变散射光可测量的整个角度范围。此系统可以实现快速的测量,因而能对相同的散射体进行多次扫描,实现对测量结果的统计平均,从而提高测量结果的可靠性。

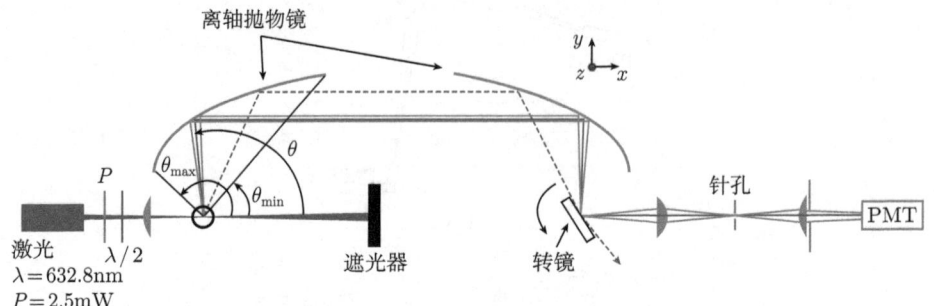

图 12.3.9　采用共轭焦点光学系统和转镜的极角浊度计结构示意图

12.3.3　从散射相函数反演大气气溶胶粒子谱分布

在 12.1 节谈到反演方法问题时,我们就以混浊介质的消光系数与波长的关系 (12.1.1),以及散射相函数与散射角的关系 (12.1.2) 为例介绍间接测量以反演大气气溶胶粒子尺度谱分布的可能性。实际上,有关研究工作正是这样进行的,早期有不少工作分析研究仅仅使用消光系数的测量反演尺度谱的可能性,结果不够理想,当把散射相函数的测量和消光的测量一起分析时,取得了较为满意的效果 (Twitty et al., 1976; Deepak et al., 1982; Nakajima et al., 1983)。进一步加上偏振测量数据,可以获得更多信息 (Vermeulen and Herman, 2000)。

这项工作的实际运用以太阳辐射和日晕区域的天空辐射分布测量最为合适 (虽然也有过利用人工光源开展的工作),只要在晴天就可以工作,方便可靠的太阳辐射计或日晕计已得到普遍应用。利用直射太阳光和日晕区域内漫射光的测量结果反演气溶胶粒子尺度谱分布函数的方法已基本定型,并广泛应用在 Skynet 等观测网数据处理中。这种方法的基本原理是:

考虑到多次散射的贡献,一定立体角内的实际天空漫射光辐照度可以在单次散射近似下的漫射辐照度 (12.2.26) 的基础上表示为

$$F(\mu_0, \phi) = m\tau_0\omega_0 P(\cos\Theta)F_{0,\lambda}\exp(-m\tau_0)\Delta\Omega + q(\Theta) \tag{12.3.1}$$

定义

$$R(\Theta) = \frac{F(\Theta)}{mF_{0,\lambda}\exp(-m\tau_0)\Delta\Omega} = \tau_0\omega_0 P(\cos\Theta) + r(\Theta) \tag{12.3.2}$$

该物理量在锥面内随观测方位角的变化以及光学厚度随波长的变化如图 12.3.10 所示 (Nakajima et al., 1996)。图中虚线为单次散射的结果,多次散射的贡献项需要严格的辐射传输方程求解。从此量进而获得散射相函数,将各波长、各个散射角上散

射相函数和光学厚度测量值一起反演粒子尺度谱分布，对应的反演核函数随粒子尺度参数的变化如图 12.3.11 所示 (Tonna et al., 1995)。从图中明显可以看出，对散射相函数贡献最大的粒子随着散射角的增大逐渐从大尺度向小尺度过渡，这就说明了此反演方案的可靠性，也说明仅仅依靠消光系数的信息量并不够。具体的一个反演模拟例子如图 12.3.12 所示 (Nakajima et al., 1996)。

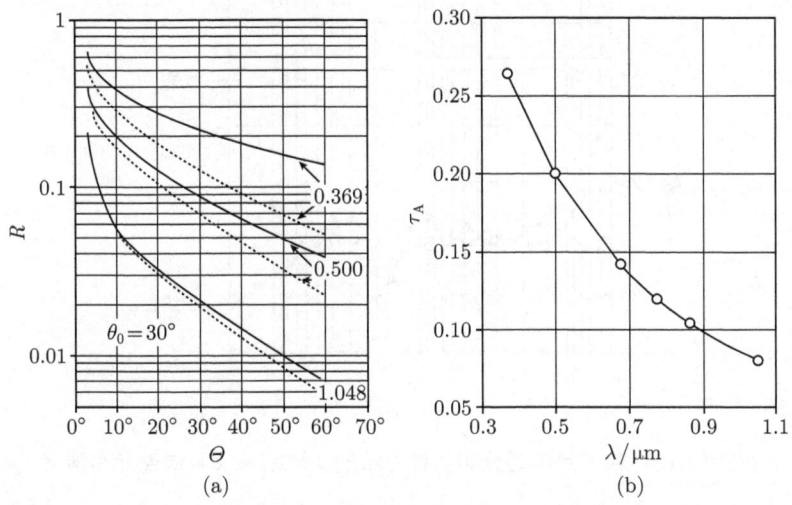

图 12.3.10　日晕区域内散射光物理量随观测方位角的变化 (a) 和光学厚度随波长的变化 (b)

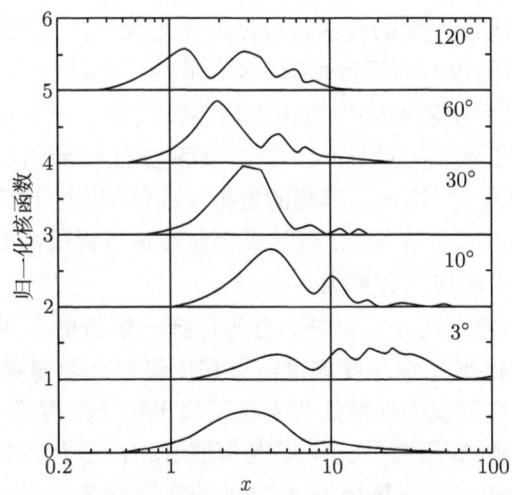

图 12.3.11　散射相函数和消光系数的核函数随粒子尺度参数的变化

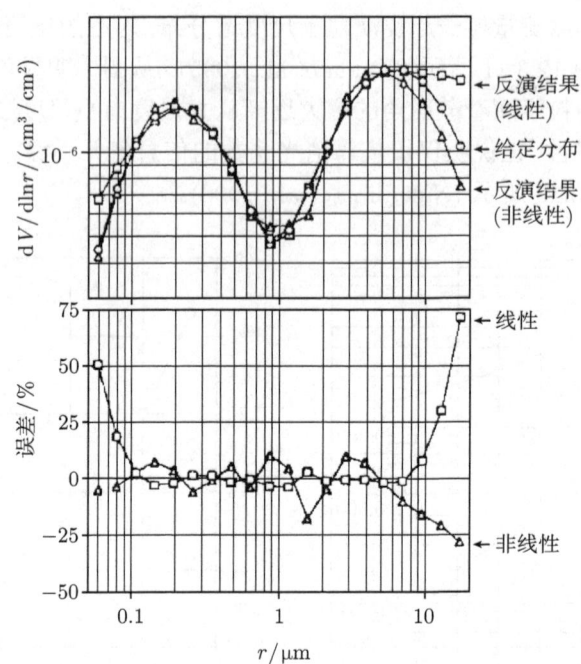

图 12.3.12　粒子尺度谱分布两种方法的反演结果及其误差分布情况

在具体的反演算法中, 由于散射相函数随粒子尺度和散射角的剧烈变化, 一般应先选择一系列预定的散射角和粒子尺度值, 根据 Mie 散射理论计算各种可能的折射率实部和虚部下的相函数和消光系数, 在角度间隔和尺度间隔中均匀平均, 建立核函数的数据库, 因而完整的核函数数据库相当大。有了此库, 对任意测量条件下的结果反演调用库函数时可进行差值, 大大节约计算过程。

以线性约束反演方法和非线性迭代方法获得的粒子尺度谱分布与给定谱分布的对比如图 12.3.12 所示。从图中可以看出, 两种方法得到的反演结果都是在粒子尺度区间的两端误差最大。这还是理想的模拟反演情况, 对于实际测量数据的反演, 我们不知道真实的粒子谱分布情况, 而计算辐射传输方程所需要输入的参数也大都不清楚, 因而所得结果的误差会更大。

具体的反演程序包括两个大循环。首先选择一组折射率实部和虚部以及地面反照率等输入参数, 根据光学厚度测量结果和用漫射光测量结果估算的散射相函数 $P(\cos\Theta)$, 以线性约束或非线性迭代方法反演出粒子尺度谱分布的初步结果, 其次根据此谱分布结果计算得到的光学厚度和散射相函数代入辐射传输方程, 严格求得漫射光的空间分布, 将计算结果 $R'(\Theta)$ 与实际测量结果 $R(\Theta)$ 的误差 (可不恰当地称作反演误差) 记下, 如果该误差小于测量数据的系统误差或预选设定的值, 则该结果留用; 如果相反, 则将散射相函数的估算值定为 $P'(\cos\Theta) = P(\cos\Theta)$·

$[R'(\Theta)/R(\Theta)]$，重新进行反演，直到反演误差小于测量系统误差。改变折射率实部和虚部以及地面反照率等输入参数，重复进行以上反演过程，上述反演误差最小的结果即选为最优结果。这样，也就等于获得了折射率和地面反照率等参数。反演误差在各种折射率实部和虚部下的情况如图 12.3.13 所示 (Tanaka et al., 1986)，图中结果相当于求得折射率为 $(1.50-0.01i)$。从前面有关大气分层结构和光学特性的知识可知，这种反演结果是整层大气等效的结果，里面包含多种不确定因素。

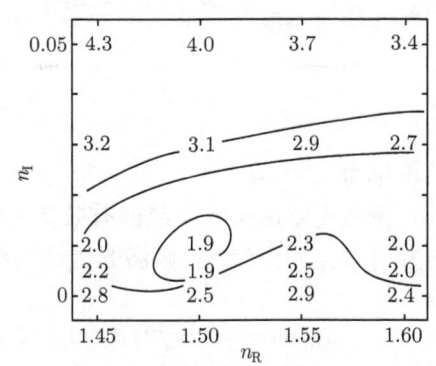

图 12.3.13　测量结果反演误差随折射率实部和虚部的分布情况

12.4　大气后向散射技术：激光雷达

12.3 节所讨论的光散射技术都是针对大气中局域的气溶胶粒子进行散射特性测量的，对于大范围内的大气散射特性的高空间分辨率测量目前基本上都是基于激光雷达技术进行的。基本的大气探测激光雷达主要根据大气分子或气溶胶粒子的弹性后向散射信号推求大气气溶胶粒子的信息和其他大气信息 (Kovalev and Eichingger, 2004)。而为克服弹性散射激光雷达信息获取的有限性，则进一步发展了多种非弹性散射激光雷达技术，包括 Raman 散射、荧光散射以及多普勒效应等，可测量大气温度、风速等更多的参数 (Weitkamp, 2005)。

12.4.1　激光雷达工作原理

激光雷达大气探测的基本工作原理如图 12.4.1 所示。脉冲宽度为 τ 的激光脉冲在时刻 t_0(对应于脉冲前沿) 发射到大气中，在任一时刻 t 它照亮长度为 $c\tau$ 的大气介质，此时激光雷达接收的脉冲前沿后向散射回波信号对应的最远距离为 $R_1 = c(t-t_0)/2$，c 为大气中的光速。在此时刻，接收系统也收到脉冲前沿之后部分的散射信号，由于脉冲后沿的发射时刻为 $t_0+\tau$，在时刻 t 接收的脉冲后沿后向散射回波信号对应的最近距离为 $R_2 = c(t-t_0-\tau)/2$，因此，在任意时刻接受到的激光雷达信号来自长度为 $\Delta R = R_1 - R_2 = c\tau/2$ 的大气介质的后向散射，它决定了激光雷达探测大气所能达到的最高空间分辨率。若激光照射大气路径上的消光系数为 $\beta_{\text{ext}}(r)$，则对应于探测距离 R，入射到散射长度的激光透过率为 $\exp\left[-\int_0^R \beta_{\text{ext}}(r)\mathrm{d}r\right]$。由散射相函数的定义可知，单位长度上的后向单位立体角内散射光强与入射光强之间的关系为 $I_{S,\pi} = \dfrac{\beta_{\mathrm{sca}}}{4\pi} P(\pi) I_{\mathrm{i}}$。定义后向散射系数为

$$\beta_\pi = \dfrac{\beta_{\mathrm{sca}} P(\pi)}{4\pi} \tag{12.4.1}$$

其单位为 $\mathrm{m}^{-1}/\mathrm{sr}$。

设激光雷达接收系统的有效接收面积为 A_{r}，它对散射体所张立体角为 A_{r}/R^2，若发射激光光强为 I_0，则激光雷达所接收的信号光强为

$$I_{\mathrm{r}}(R) = I_0\, (c\tau/2)\, \beta_\pi(r) A_{\mathrm{r}}(R) R^{-2} \exp\left[-2 \int_0^R \beta_{\mathrm{ext}}(r) \mathrm{d}r\right] \tag{12.4.2}$$

此式即为弹性散射激光雷达方程。

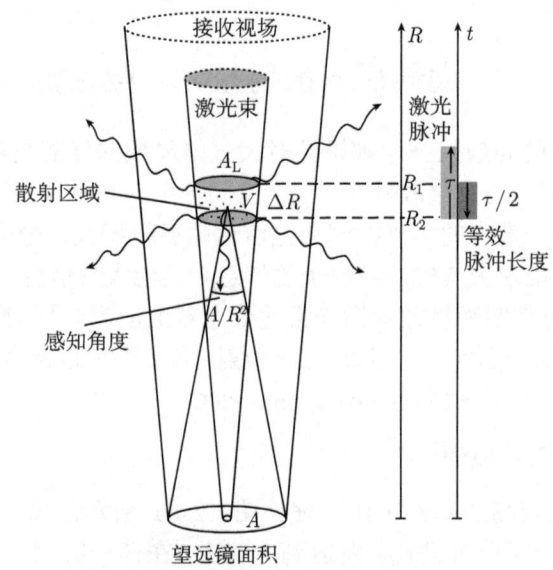

图 12.4.1 激光雷达大气探测的基本原理示意图

从激光雷达方程可知，如果有效接收面积就是接收系统的实际面积 $A_{\mathrm{r}}(R) = A$，则在不考虑大气衰减的情况下，接收信号的强度与探测距离的关系约为 R^{-2}，例如，10m 处的信号和 10km 处的信号将相差 10^6 的倍数 (由于大气衰减，实际倍数会更大)，这将给探测器的动态范围带来极高的要求。而实际激光雷达系统不论是同轴收发还是异轴收发，反射几何和接收几何不能完全重合，这使得近距离上不能完全接收后向散射信号，即使有效接收面积远小于实际面积，如图 12.4.2 所示。

定义一个激光雷达系统的收发几何重叠函数 (overlap function) $G(R) = A_{\mathrm{r}}(R)/A$，则激光雷达方程可写为

$$I_{\rm r}(R) = I_0\,(c\tau/2)\,AG(R)\beta_\pi(R)R^{-2}\exp\left[-2\int_0^R \beta_{\rm ext}(r){\rm d}r\right] \qquad (12.4.3)$$

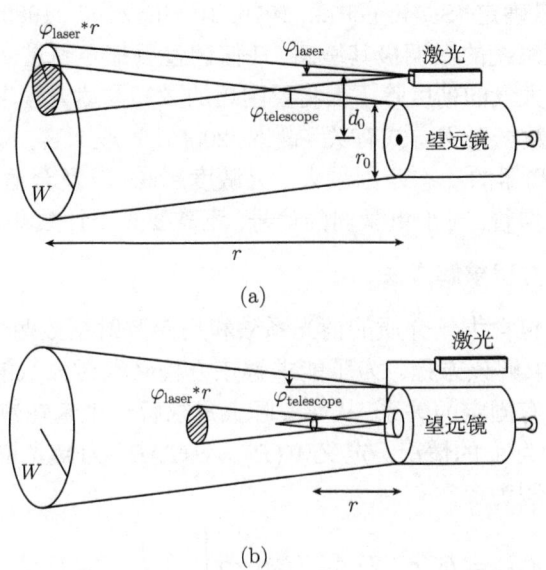

图 12.4.2 激光雷达接收-发射几何重叠示意图

(a) 非共轴收发; (b) 共轴收发

典型的几何重叠函数如图 12.4.3 所示, 其基本趋势是在极近的距离上接近于零, 随着距离的增加而逐步趋近于 1。几何重叠函数的存在使接收信号的动态范围大大缩小, 从而有利于探测。因而在实际激光雷达系统的设计中一般都要利用该重叠函数抑制近距离处的强信号。

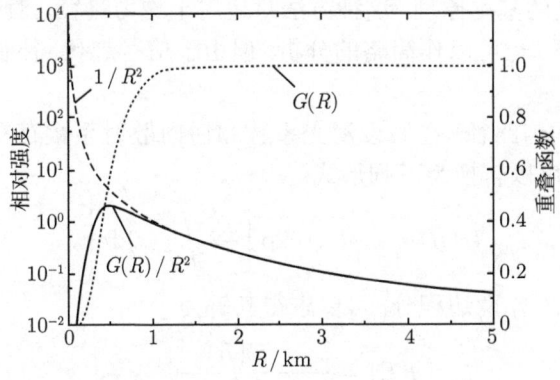

图 12.4.3 激光雷达几何重叠函数示意图

实际应用中一般不宜采用近距离收发几何不完全重叠区域内的信号。原因一方面在于,近距离的信号易受光学系统的缺陷带来不易确定的误差,另一方面则在于必须准确确定几何重叠函数才能处理信号。而几何重叠函数实际上无法理论确定,只能靠实验测量确定 (Sasano et al., 1979; Tomine et al., 1989; Dho et al., 1997)。该函数对激光雷达系统的微调极其敏感,任何调整后都必须重新测定。

激光雷达探测大气的精度除下面将要阐述的激光雷达方程求解问题外,还与具体的系统、器件和数据采集方式有关 (谭锟, 2005),一般而言,探测距离越远,要求接收口径越大,探测器的动态范围越大、灵敏度越高,以及合适的采样速度。探测器一般采用光电倍增管,对于更微弱的信号,还需要光子计数测量技术。

12.4.2 激光雷达方程求解方法

激光雷达方程包含大气介质的消光系数和后向散射系数两个未知数,因此,从原理上讲,不可能求解该方程。为了能求解该方程必须对大气的性质作某种假定,使两个未知数之间有固定的关系,从而实际上只求解一个未知数。以下有关讨论只限于几何重叠函数为 1 的情况。定义 $V(R) = I(R)R^2$ 为激光雷达信号,则此种情况下的激光雷达方程为

$$V(R) = I_0 \left(c\tau/2\right) A \beta_\pi(R) \exp\left[-2\int_0^R \beta_{\text{ext}}(r)\mathrm{d}r\right] \tag{12.4.4}$$

对于激光探测路径上大气光学特性均匀的情况,消光系数和后向散射系数都为常数,式 (12.4.4) 可以写为以下两种形式,即

$$\ln V(R) = C - 2\beta_{\text{ext}} R \tag{12.4.5}$$

$$\frac{\mathrm{d}V}{\mathrm{d}R} = -2\beta_{\text{ext}} V \tag{12.4.6}$$

对数据进行线性拟合或求导即可求得路径上的消光系数,这正是利用激光雷达测量大气能见度的基本原理,这种方法只适用于均匀路径。对于非均匀路径,在分段均匀的假设下,也可以作简略的分析,但由于信号起伏,往往会得出不合理的结果。

对于一般非均匀路径,在假设消光系数和后向散射系数存在某种关系的情况下,激光雷达方程可以转换为下列形式:

$$U(R) = Cy(R)\exp\left[-2\int y(r)\mathrm{d}r\right] \tag{12.4.7}$$

通过对式 (12.4.7) 两边积分,可以求得其解为

$$y(R) = \frac{U(R)}{C - 2\int U(r)\mathrm{d}r} \tag{12.4.8}$$

式中, 常数可以通过在一定位置 (通常选择最远或最近的端点) 的已知解 (即边界条件) 来确定。

消光系数和后向散射系数的关系和大气介质的成分密切相关, 对于常用的激光雷达系统, 大气后向散射可能来自大气分子和气溶胶两种成分, 这种一般情况有时被称为双成分 (two-component) 大气。但在一些较极端的情况下, 一种成分的散射起主要作用, 这种情况被称为单成分 (single-component) 大气, 例如, 对于大雾或云的探测, 气溶胶粒子散射远大于分子散射, 而对于探测平流层大气的紫外激光雷达, 大气分子的散射占据主动地位, 此时可只考虑这一种成分的作用。

大气介质的消光系数与后向散射系数的比值通常被定义为激光雷达比 (lidar ratio) S (单位为 sr)

$$S = \beta_{\text{ext}}/\beta_{\pi} \tag{12.4.9}$$

也有的文献使用该比值的倒数, 即后向散射系数–消光系数比值。对于单成分大气, 如果探测路径上激光雷达比为常数, 则不需知道激光雷达比的具体数值的情况下就可求得激光雷达方程的解。式 (12.4.7) 中函数 U 可直接取为激光雷达信号 V, 函数 y 可直接取为激光消光系数 β_{ext}, 在已知距离 R_{b} 处的远端大气消光系数的情况下, 其解为 (Klett, 1981)

$$\beta_{\text{ext}}(R) = \frac{V(R)}{V(R_{\text{b}})/\beta_{\text{ext}}(R_{\text{b}}) + 2\int_{R}^{R_{\text{b}}} V(r)\mathrm{d}r} \tag{12.4.10}$$

同样在已知距离 R_{a} 处的近端大气消光系数的情况下, 其解为

$$\beta_{\text{ext}}(R) = \frac{V(R)}{V(R_{\text{a}})/\beta_{\text{ext}}(R_{\text{a}}) - 2\int_{R_{\text{a}}}^{R} V(r)\mathrm{d}r} \tag{12.4.11}$$

比较以上两解的分母可知, 远端解较近端解稳定, 在实际大气探测中得到广泛应用。在实际应用中, 当远端处于清洁大气中, 可以由分子散射获得消光系数, 或者在云中可以通过其他渠道获取消光系数。但在大多数情况下, 边界条件不易确定。

如果探测路径上激光雷达比不为常数, 但消光系数和后向散射系数的关系符合幂律

$$\beta_{\pi} = B\beta_{\text{ext}}^{b} \tag{12.4.12}$$

则式 (12.4.7) 中函数 U 可直接取为激光雷达信号的幂函数 $V^{1/b}$, 函数 y 可直接取为激光消光系数 β_{ext}, 在已知距离 R_{b} 处的远端大气消光系数的情况下, 激光雷达方程的解为

$$\beta_{\text{ext}}(R) = \frac{[V(R)]^{1/b}}{[V(R)]^{1/b}/\beta_{\text{ext}}(R_b) + (2/b)\int_R^{R_b} [V(r)]^{1/b}\,\mathrm{d}r} \tag{12.4.13}$$

同样在已知距离 R_a 处的近端大气消光系数的情况下, 其解为

$$\beta_{\text{ext}}(R) = \frac{[V(R)]^{1/b}}{[V(R)]^{1/b}/\beta_{\text{ext}}(R_b) - (2/b)\int_{R_a}^{R} [V(r)]^{1/b}\,\mathrm{d}r} \tag{12.4.14}$$

以上两解与幂律关系 (12.4.12) 中的常系数无关。在实际大气探测中上述幂律关系可在一种大气成分比较单一的情况下近似应用, 但不适用于成分变化复杂的一般情况。

对于必须同时考虑大气分子和气溶胶粒子散射的一般情况, 两者的激光雷达比差异很大, 必须区别对待。对于分子散射, 在没有分子吸收的波长上, 由式 (12.4.1) 和分子散射的相函数可知其激光雷达比为一个固定的常数

$$S_{\text{M}} = 8\pi/3 \tag{12.4.15}$$

如果已知大气分子密度和气溶胶粒子激光雷达比 S_A 沿探测路径分布和距离 r_b 处的远端大气消光系数的情况下, 式 (12.4.7) 中函数 y 可取为

$$y(R) = \beta_{\text{ext,A}}(R) + \left[\frac{S_A(R)}{S_{\text{M}}}\right]\beta_{\text{ext,M}}(R) \tag{12.4.16}$$

函数 U 可取为

$$U(R) = V(R)S_A(R)\exp\left[-2\int_0^R \left[\frac{S_A(R)}{S_{\text{M}}} - 1\right]\beta_{\text{ext,M}}(r)\mathrm{d}r\mathrm{d}x\right] \tag{12.4.17}$$

则可求得激光雷达方程的解 (Fernald, 1984; Sasano et al., 1985), 以后向散射系数表示为

$$\beta_\pi(R) = \frac{V(R)T(R,R_0)}{V(R_0)/\beta_\pi(R_0) - 2\int_{R_0}^R S_A(r)V(r)T(r,R_0)\mathrm{d}r} \tag{12.4.18}$$

式中, $T(r,R_0) = \exp\left\{-2\int_{R_0}^r [S_A(r') - S_{\text{M}}]\beta_{\pi,\text{M}}(r')\mathrm{d}r'\right\}$。实际数据处理时, 远端解对应的递推数值计算方法为

$$\beta_\pi(i-1) = \frac{V(i-1)\exp[A(i,i-1)]}{V(i)/\beta_\pi(i) + \{S_A(i)V(i) + S_A(i-1)V(i-1)\exp[A(i,i-1)]\}\Delta R} \tag{12.4.19}$$

式中，$A(i,i-1) = \{[S_A(i-1) - S_M]\beta_{\pi,M}(i-1) + [S_A(i) - S_M]\beta_{\pi,M}(i)\}\Delta R$。

气溶胶粒子的消光系数可通过下式求得：

$$\beta_{\text{ext},A}(R) = S_A(R)[\beta_\pi(R) - \beta_{\pi,M}(R)] \tag{12.4.20}$$

也可以直接由以下递推公式计算：

$$\beta_{\text{ext},A}(i-1) + \beta_{\text{ext},M}(i-1)S_A(i-1)/S_M$$
$$= \frac{S_A(i-1)V(i-1)\exp[A(i,i-1)]}{[\beta_{\text{ext},A}(i)+\beta_{\text{ext},M}(i)S_A(i)/S_M]S_A(i)V(i)+\{S_A(i)V(i)+S_A(i-1)V(i-1)\exp[A(i,i-1)]\}\Delta R} \tag{12.4.21}$$

我们注意到，以上一般情况下的激光雷达方程的解是在探测路径上激光雷达比为已知的情况下获得的。由于气溶胶或云雾粒子的光学特性的复杂性，准确的激光雷达比取决于它们的光学性质。各种气溶胶和云雾粒子在 $0.532\mu m$ 和 $1.064\mu m$ 波长上的激光雷达比以及水溶性气溶胶粒子的激光雷达比随相对湿度的变化如图 12.4.4 所示。由于实际大气分层结构中气溶胶粒子成分的变化以及空气湿度的变化，在斜程路径上激光雷达比为常数的情况几乎不存在。一般激光雷达信号处理时简单地为激光雷达比选取一个固定值，所分析得到的结果具有一定的不确定性，其准确度尚难分析。

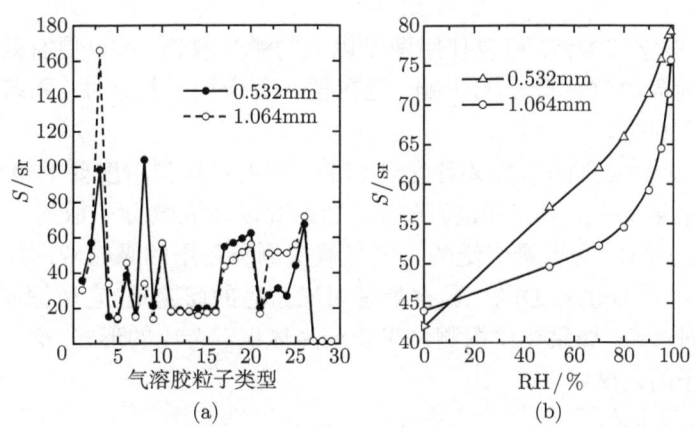

图 12.4.4 (a) 各种气溶胶和云雾粒子在两个波长上的激光雷达比 (b) 水溶性气溶胶粒子的激光雷达比随相对湿度的变化

12.4.3 差分激光雷达探测大气吸收气体成分

同大气分子吸收测量中的差分吸收方法类似，如果在激光雷达系统中使用两个以上的激光源，其中一个激光的波长位于某种大气分子的特征吸收光谱峰值附近，另外的激光波长位于特征吸收光谱之外，则在吸收分子光谱参数已知的情况下，根据中激光雷达的信号按照差分吸收的原理，就可以分析出吸收其他的浓度含量分布，基于这种原理探测大气吸收气体的激光雷达被称为差分吸收激光雷达 (differential absorption lidar, DIAL)。目前 DIAL 主要应用于大气臭氧和 SO_2、NO_2 等污染气体的监测。

在激光雷达方程 (12.4.4) 中，将消光系数表示为 $\beta_{\text{ext}}(r,\lambda) = \beta'_{\text{ext}}(r) + N(r)C_{\text{abs}}(r,\lambda)$，等式右边第一项是消光系数扣除分子特征吸收后的剩余部分，认为该部分和后向散射系数在选定的几个波长上相同，则激光雷达方程可以改写为

$$I(R,\lambda) = I_0(\lambda) \cdot (c\tau/2) A\beta_\pi(R)R^2 \exp\left[-2\int_0^R [\beta'_{\text{ext}}(r) + N(r)C_{\text{abs}}(r,\lambda)]dr\right] \tag{12.4.22}$$

设用于差分吸收测量的两个激光的波长分别为 λ_{on} 和 λ_{off}，则对两个波长运用式 (12.4.22) 可求得

$$N = \frac{1}{2[C_{\text{abs}}(\lambda_{\text{on}}) - C_{\text{abs}}(\lambda_{\text{off}})]} \frac{d\ln[I(\lambda_{\text{on}})/I(\lambda_{\text{off}})]}{dR} \tag{12.4.23}$$

若对激光雷达信号进行最简单的微分运算，则有

$$N = \frac{1}{2[C_{\text{abs}}(\lambda_{\text{on}}) - C_{\text{abs}}(\lambda_{\text{off}})]\Delta R}\left\{\ln\left[\frac{I_{\text{on}}(R)}{I_{\text{on}}(R+\Delta R)}\right] - \ln\left[\frac{I_{\text{off}}(R)}{I_{\text{off}}(R+\Delta R)}\right]\right\} \tag{12.4.24}$$

同 DOAS 原理类似，可以使用两个以上的激光波长，可以更有效地减小气溶胶粒子和其他吸收气体分子的影响，这在技术上增加了复杂性，系统变得更庞大 (Wang et al., 1997)。

式 (12.4.22) 成立的前提条件是理想的，如果对探测精度要求极高的情况下，需要对后向散射系数、气溶胶粒子的消光系数以及大气分子散射系数的波长变化做出修正。DIAL 应用最广泛的大气臭氧探测所使用的吸收截面差分值列于表 12.4.1(Weitkamp, 2005)。DIAL 数据处理时应注意的问题是，它所探测的结果是吸收气体的绝对含量，如果要将探测结果表示为体积混合比的形式，必须以其他方式确定大气分子的密度。

表 12.4.1 几组常用的大气臭氧吸收截面差分值

信号波长 λ_{on}/nm	参考波长 λ_{off}/nm	波长差 $\lambda_{\text{off}} - \lambda_{\text{on}}$/nm	$\sigma(\lambda_{\text{on}})$ /10^{-23}m^2	$\sigma(\lambda_{\text{on}}) - \sigma(\lambda_{\text{off}})$ /10^{-23}m^2
280.9	289.6	8.7	35.4	20.8
277.6	284.1	6.5	46.4	20.6
280.9	288.3	7.4	35.4	18.3
277.6	282.7	5.1	46.4	16.7
278.6	282.9	4.3	42.3	12.6
284.1	289.6	5.5	25.8	11.2
277.6	280.9	3.3	46.4	11.0
282.9	286.4	3.5	29.7	8.9

续表

信号波长 $\lambda_{\rm on}/\rm nm$	参考波长 $\lambda_{\rm off}/\rm nm$	波长差 $\lambda_{\rm off}-\lambda_{\rm on}/\rm nm$	$\sigma(\lambda_{\rm on})$ $/10^{-23}\rm m^2$	$\sigma(\lambda_{\rm on})-\sigma(\lambda_{\rm off})$ $/10^{-23}\rm m^2$
286.4	289.6	3.2	20.8	6.2
280.9	282.7	1.8	35.4	5.7
282.7	284.1	1.4	29.7	3.9
286.4	288.3	1.9	20.8	3.7
278.6	279.5	0.9	42.3	2.1

12.4.4 通过硬件技术求解激光雷达方程

我们在 12.4.2 节已知，由于激光雷达方程包含大气介质的消光系数和后向散射系数两个未知数，从一个方程是不可能求解的，为此只能假定两个未知数之间有确切已知的关系，从而只求解一个未知数。求后果是带来探测结果的不确定性。解决这个问题的另一种思路是在探测硬件技术上实现未知量数目的降低。这种方法又可分为两类，一类是将气溶胶粒子的后向散射信号和分子散射的后向散射信号分开，另一类是增加对大气分子的非弹性散射 (如 Raman 散射) 的探测。这样在已知大气分子密度廓线信息的基础上，就可以实现大气消光和气溶胶粒子消光的可靠测量。

1. 非弹性散射技术——Raman 激光雷达

利用非弹性散射技术可以只探测大气分子的回波信号以排除气溶胶粒子的影响。与弹性散射不同，大气分子的 Raman 散射光波长相对于入射光波长发生了频移，该频移只取决于散射分子的种类，与入射光的波长无关，如 N_2、O_2 和 H_2O 的 Raman 频移分别为 $2330.7\rm cm^{-1}$、$1556.4\rm cm^{-1}$、$3651.7\rm cm^{-1}$。同分子的 Rayleigh 散射一样，每种分子的 Raman 后向散射截面 (及系数) 都可以准确计算出来。同 Rayleigh 散射的波长依赖关系相似，Raman 散射截面也正比于 $1/\lambda^4$，但该散射截面远小于 Rayleigh 散射，为尽可能增大回波信号，Raman 激光雷达的光源一般位于紫外或近紫外，并具有较大的脉冲能量和较高的重复频率。入射光波长为 $0.355\rm \mu m$ 时大气 N_2、O_2 和水汽分子的 Raman 后向散射谱如图 12.4.5 所示 (Weitkamp, 2005)。

对于 Raman 散射回波信号，激光雷达方程可写为

$$I(R,\lambda_{\rm R}) = I_0(\lambda)\cdot(c\tau/2)\,A\beta_{\pi,\rm R}(R,\lambda_{\rm R})R^{-2}\exp\left[-\int_0^R [\beta_{\rm ext}(r,\lambda)+\beta_{\rm ext}(r,\lambda_{\rm R})]\mathrm{d}r\right] \quad (12.4.25)$$

式中，Raman 后向散射系数为后向散射截面和 Raman 气体分子数密度的乘积，即 $\beta_{\pi,\rm R}(R,\lambda_{\rm R})=C_{\pi,\rm R}(\lambda_{\rm R})N(R)$。在已知大气 Raman 分子数密度廓线分布的情况下，类似于式 (12.4.6) 可求得

$$\beta_{\rm ext}(R,\lambda)+\beta_{\rm ext}(R,\lambda_{\rm R}) = \frac{\mathrm{d}}{\mathrm{d}R}\left\{\ln\left[\frac{N(R)}{I(R,\lambda_{\rm R})R^2}\right]\right\} \quad (12.4.26)$$

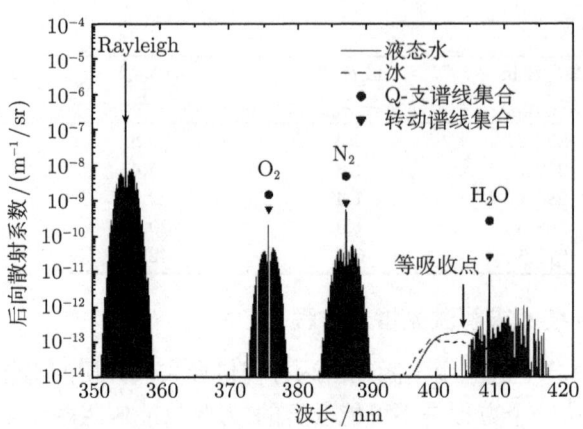

图 12.4.5 入射光波长 0.355μm 时几种大气分子 Raman 后向散射谱

消光系数的分子消光部分可以根据分子数密度计算得到, 而气溶胶粒子的消光系数随波长的变化一般比较平缓, 可以拟合为波长的幂律关系 $\beta_{\text{ext,A}}(\lambda) \sim \lambda^{-\gamma}$, 这样就可以求得大气气溶胶粒子的消光系数 (Ansmann et al., 1990; 1992), 即

$$\beta_{\text{ext,A}}(R,\lambda)\left[1+(\lambda/\lambda_R)^\gamma\right]=\frac{\mathrm{d}}{\mathrm{d}R}\left\{\ln\left[\frac{N(R)}{I(R,\lambda_R)R^2}\right]\right\}-\left[\beta_{\text{ext,M}}(R,\lambda)+\beta_{\text{ext,M}}(R,\lambda_R)\right] \tag{12.4.27}$$

联合探测大气 Raman 散射和弹性散射信号, 可进一步得到气溶胶粒子的后向散射系数. 如果同时实现对两种气体分子的 Raman 散射信号探测, 其中一种稳定已知浓度廓线分布的气体 (通常选择 N_2) 作为参照气体, 则可以通过两个 Raman 波长的激光雷达方程得到下式:

$$\frac{I(\lambda_R)}{I(\lambda_{\text{Ref}})}=C\frac{N_R(R)\exp\left[-\int_0^R \beta_{\text{ext}}(r,\lambda_R)\mathrm{d}r\right]}{N_{\text{Ref}}(R)\exp\left[-\int_0^R \beta_{\text{ext}}(r,\lambda_{\text{Ref}})\mathrm{d}r\right]} \tag{12.4.28}$$

通过在标准气体池中确定定标常数 C, 就可以利用式 (12.4.28) 探测另一种 Raman 气体的浓度廓线分布, 如水汽等. 气体分子的浓度也可以在 Raman 信号中应用 DIAL 原理进行测量.

Raman 雷达的回波信号很小, 探测时需利用大接收口径和光子计数技术. 在白天由于强烈的太阳光背景信号而无法工作.

2. 分子散射和气溶胶粒子散射分离技术

由于大气分子和气溶胶粒子的随机运动, 激光雷达的后向散射信号总是在激光源的谱线特征上展宽. 因为大气分子和气溶胶粒子运动速度的统计分布特征, 展宽的谱线基本上是以原谱线位置为中心的正态分布,频率展宽的幅度 $\Delta \nu \propto (\nu/c) \cdot \sqrt{2k_\mathrm{B}T/m}$。由于气溶胶粒子的质量远大于气体分子的质量,所以以气溶胶粒子导致的谱线展宽幅度极小,主要的展宽来自分子,如图 12.4.6 所示。因此如果采用线宽极窄的光谱滤波技术,就可以将气溶胶粒子的散射信号和分子散射信号区分开来,从而同时获得气溶胶粒子散射和分子散射满足的两个激光雷达方程,即

$$I_\mathrm{M}(R) = I_0 \cdot (c\tau/2) A \beta_{\pi,\mathrm{M}}(R) R^{-2} \exp\left[-\int_0^R \beta_\mathrm{ext}(r)\mathrm{d}r\right] \quad (12.4.29)$$

$$I_\mathrm{A}(R) = I_0 \cdot (c\tau/2) A \beta_{\pi,\mathrm{A}}(R) R^{-2} \exp\left[-\int_0^R \beta_\mathrm{ext}(r)\mathrm{d}r\right] \quad (12.4.30)$$

从前一个激光雷达方程可求得大气消光系数

$$\beta_\mathrm{ext}(R) = -\frac{1}{2}\left\{\frac{\mathrm{d}}{\mathrm{d}R}\ln\left[I_\mathrm{M}(R)R^2\right] - \frac{\mathrm{d}}{\mathrm{d}R}\ln\left[\beta_{\pi,\mathrm{M}}(R)\right]\right\} \quad (12.4.31)$$

两个方程联合求解,则可求得气溶胶粒子的后向散射系数。

这种方法的关键技术在于高分辨率光谱滤波,因此该种工作方式的激光雷达被称为高光谱分辨率激光雷达 (high-spectral-resolution Lidar, HSRL)(Shipley et al., 1983; Sroga et al., 1983)。其核心器件 —— 高分辨率光谱滤波器可采用扫描 Fabry-Perot 干涉仪或原子吸收滤波器 (Shimizu et al., 1983)。

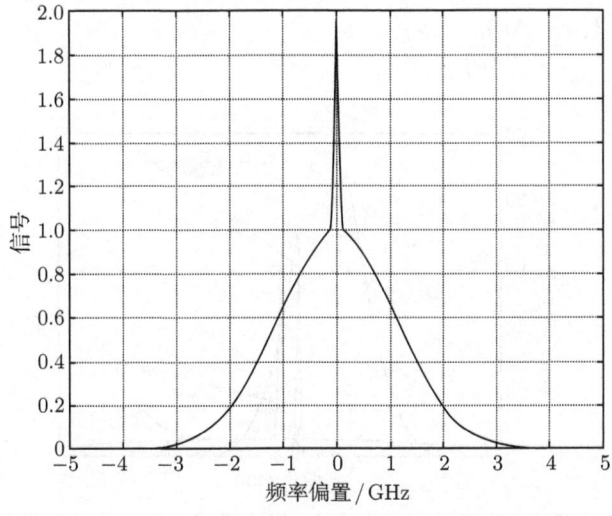

图 12.4.6 大气气溶胶粒子和分子散射的光谱分布

12.4.5　Doppler 测风激光雷达技术

根据 Doppler 效应，大气介质相对于激光束的运动将导致激光频率的改变，即

$$\nu = \nu_0 \left(1 + \frac{2V}{c}\right) = \nu_0 + \frac{2V}{\lambda} \tag{12.4.32}$$

式中，V 为介质相对于光源的运动速度，向光源方向运动速度为正，背离光源运动速度为负。因此，监测激光雷达后向散射信号的频移量可以得到风场信息。常用的测量技术目前有相干探测和直接探测两种方式。

相干探测采用外差调制，即利用散射光与本机振荡光信号的干涉效应，当本振光信号的频率等于发射激光的频率时，差频信号大小即等于回波信号的频移。该技术能获得较高的探测灵敏度和测量精度，但对激光器和本机振荡激光的频率稳定性要求很高，实际探测系统一般较为复杂。此外，这种探测方式易受大气湍流的影响，在大气湍流较强时，有效探测距离受到很大限制。

一种称为边缘检测 (edge technique) 的直接探测技术则采用上述高分辨光谱方法 (使用 Fabry–Perot 干涉仪或原子吸收滤波器) 检测频移量，该技术使得轻微的频率偏移引起信号强度的巨大改变 (Korb et al., 1992)。如果边缘滤波器的带宽大于激光线宽，则检测结果与激光线宽无关。图 12.4.7 显示了边缘滤波器的光谱透过率变化曲线、激光谱线以及气溶胶粒子和大气分子的后向散射回波信号。设边缘滤波器的透过率为 $T(\nu)$，则无频移的激光回波信号强度 $I(\nu) = CT(\nu)$，C 为定标常数，它可以通过使用和不使用边缘滤波器对固定目标的探测信号对比得到。频移的激光回波信号强度 $I(\nu + \Delta\nu) = CT(\nu + \Delta\nu)$，由于 $T(\nu + \Delta\nu) \approx T(\nu) + T'(\nu)\Delta\nu$，则频移量 $\Delta\nu \approx \dfrac{I(\nu + \Delta\nu) - I(\nu)}{CT'(\nu)}$。

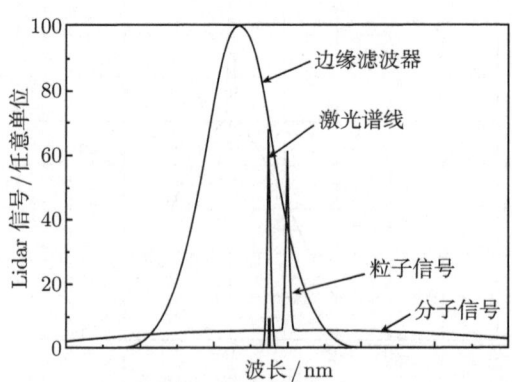

图 12.4.7　边缘滤波器的光谱透过率变化曲线、激光谱线以及气溶胶粒子和大气分子的后向散射回波信号位置示意图

为提高检测效率，在边缘检测技术的基础上又发展了双边缘检测技术，如图 12.4.8 所示，在激光频率的两侧采用两个边缘滤波器，激光后向散射信号的频移使得一个边缘滤波器的透过信号增大，另一个边缘滤波器的透过信号降低，这样比较两者直接的差值即可求得频移量。这种技术既提高了测量精度，也减小了大气分子散射的影响，同时也不再需要对回波信号强度的标定 (Korb et al., 1998)。

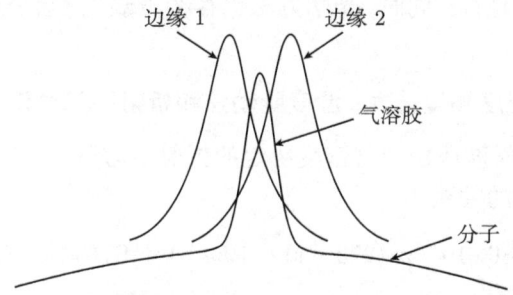

图 12.4.8　双边缘滤波器的透过率变化曲线以及气溶胶粒子和大气分子的后向散射回波信号位置示意图

上面简要介绍了几种典型的激光雷达的工作原理，分析了激光雷达方程求解的数学方法和技术方法。我们必须注意这类激光雷达方程是建立在单次散射理论基础之上的。在大气很混浊的情况下，要得出可靠的结果，必须考虑多次散射效应，这使得激光雷达方程及其求解更加复杂。

现在激光雷达种类很多，应用非常广泛，如考虑偏振特性的激光雷达、利用高功率超短脉冲激光的白光雷达 (该激光可以击穿空气产生光谱很宽的回波信号) 等，只要将所关心的大气参数与激光回波信号联系起来，就可以进行相应的探测分析，如大气边界层高度、大气温度、大气污染气体含量等，其测量精度及可靠性在于所做假设的可靠性。

12.5　大气湍流特性测量技术

由于应用领域相对于光衰减和散射技术要窄一些，湍流特性的观测技术的发展有一定的局限性。一些传统的间接测量技术依然在广泛使用，新的技术还未真正成熟。与大气的消光、散射特性比较，大气湍流的空间时间分布变化复杂，既需要细致的局域观测，也需要大范围的平均特性的测量。相应地，有符合各种需求的探测技术。

对大气湍流特性的测量包括湍流强度 (目前主要以折射率结构常数 C_n^2 表征)、湍流特征尺度 (内外尺度) 和湍流谱，成熟、常规的应用测量技术主要针对 C_n^2。鉴于大气湍流折射率起伏的微弱性,要求各种测量技术必须具有很高的灵敏度。由于在可见和近红外波段空气密度(折射率)的起伏主要由温度起伏引起,目前局域测量 C_n^2 的技术主要通过测量大气温度的起伏来进行。伴随着湍流大气中光传播的研究,利用光的传播效应测量湍流光学参数以及一些气象参数的技术逐渐发展起来。相对于温度起伏测量方法,光学方法测量湍流光学参数除观测量与研究量直接相关外,还具有实时的优越性。同时,光学方法也存在着缺陷,除少数外,大都限于低层大气。

12.5.1 局域湍流强度测量技术:温度脉动法和折射率脉动法

我们知道,在光学波段由空气密度决定的折射率与温度 $t(°C)$、大气压力 $p(\text{kPa})$ 和相对湿度 $\text{RH}(\%)$ 的关系为

$$n = 1 + 7.86 \cdot 10^{-4} p/(273+t) - 1.5 \cdot 10^{-11} \text{RH}(t^2 + 160) \tag{12.5.1}$$

在干燥空气的情况下,RH=0,将温度的单位用 K 表示,则

$$n = 1 + 7.86 \times 10^{-4} p/T \tag{12.5.2}$$

对式 (12.5.2) 求导,可得到折射率起伏与气压和温度起伏的关系为

$$\mathrm{d}n = 7.86 \times 10^{-4} \frac{p}{T} \left(\frac{\mathrm{d}p}{p} - \frac{\mathrm{d}T}{T} \right) \tag{12.5.3}$$

式中,气压的相对起伏要小于温度的起伏,并且在大气中迅速消散,因此折射率的起伏主要由温度起伏决定,假设湍流温度场满足 Kolomogrov 假设,则在惯性区内温度结构常数满足

$$D_T(r) = \langle [\Delta T(r)]^2 \rangle = C_T^2 r^{2/3} \tag{12.5.4}$$

由此可得到折射率结构常数 C_n^2 与温度结构常数 C_T^2 的关系为

$$C_n^2 = (7.86 \times 10^{-4} p/T^2)^2 C_T^2 \tag{12.5.5}$$

通过测量湍流温度场的起伏特性来研究湍流折射率场的起伏特性是目前进行局域大气湍流光学性质研究最常用和有效的手段。只要测出在惯性区内两点的温差的时间变化,对足够大的样本数进行平均,即可求得温度结构常数 C_T^2,进而求得折射率结构常数 C_n^2。

目前较普遍地使用电阻温度传感器 RTD 进行大气温度起伏的测量,由于金属铂具有稳定的电阻–温度关系,RTD 几乎都采用铂丝,其电阻–温度关系为

$$R(T) = R(0°C) \cdot (1 + \alpha T) \tag{12.5.6}$$

式中,$R(0°C)$ 为 $0°C$ 时铂丝的标定电阻,目前商用产品有 100Ω 和 1000Ω 两种规格;线性响应系数 α 为 $0.00385\sim0.00392\text{K}^{-1}$,具体数值取决于铂丝的纯度。电阻的测

量采用电桥电路，传统的二路或三路导线的 Wheatstone 电桥由于其非线性和导线电阻补偿能力差已逐步被淘汰，近来都采用四路导线的 Kelvin(或称为 Thompson) 电桥，如图 12.5.1 所示。专门用于测量大气温度起伏的 RTD 传感器及其测量电路一般称为温度脉动仪。

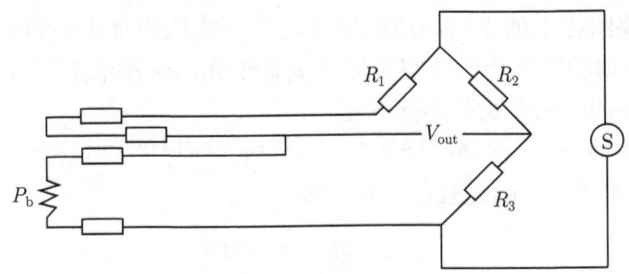

图 12.5.1　采用四路导线 Kelvin 电桥的电阻温度传感器原理示意图

通过温度起伏测量折射率起伏是一种间接方法，在大气湿度不可忽略的环境下其测量结果存在一定的不确定性。利用光学干涉的方法可以测量一定长度上空气折射率的变化。一种利用光纤 Mach-Zehner 干涉仪直接测量双空气间隙折射率变化的传感器原理示意图如图 12.5.2 所示 (Mermelstein, 1995)。二极管激光经单模光纤导入光纤耦合器，然后分成光强相等的两束光，分别用两个光纤准直器发射到空气中，最后由另外两个光纤准直器收集并导入第二个光纤耦合器中产生相干叠加。设两条干涉臂的间距为 r，空气间隙长度为 Δz，空气间隙内折射率起伏分别为 δn_1 和 δn_2，激光的中心波长为 λ，则两路信号的相位差为

$$\Delta S = (2\pi/\lambda)\,\Delta z[\delta n_1 - \delta n_2] \tag{12.5.7}$$

根据相位差测量结果即可求得两条干涉臂间空气折射率差值的变化，进而获得折射率结构常数 C_n^2。如果将其中一条干涉臂直接由光纤相连，只保留一条干涉臂上的空气间隙，则可获得空气折射率的起伏方差 σ_n^2。这种方法已得到具体的验证，并形成初步的实际测量能力 (Mei et al., 2007)。

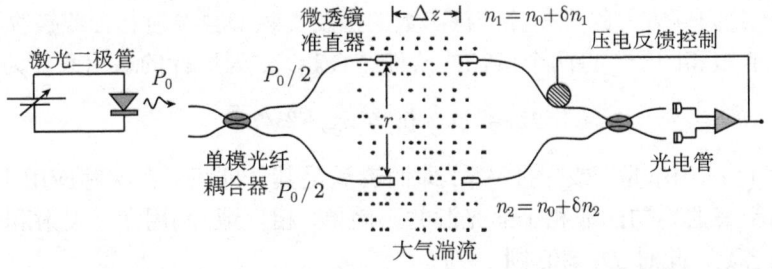

图 12.5.2　基于光纤 Mach-Zehner 干涉仪的大气折射率起伏测量装置原理示意图

12.5.2 路径平均的湍流强度测量技术：闪烁法和到达角起伏法

在实际光电工程的应用中，涉及的光波传播路径很长，传播路径上的湍流强度一般不会是均匀的，一般条件不允许采用上面介绍的局域大气湍流强度测量的技术手段 (否则，传感器的数量将是巨大的，并且有些地方也无法安放传感器)。因此，往往测量整个传播路径上的平均湍流强度或与积分湍流强度相关的物理量，如 Fried 参数等。这种平均的物理量的获得主要通过基于光的传播响应的方法来实现，其中最主要的技术是闪烁法和到达角起伏法。

在弱起伏条件下，当传播路径均匀，湍流内、外尺度和 Fresnel 尺度满足 $l_0 \ll \sqrt{L\lambda} \ll L_0$ 时，由球面波的光强归一化方差

$$\beta_I^2 = 0.5 k^{7/6} L^{11/6} C_n^2 \tag{12.5.8}$$

可直接测量传播路径上的等效平均湍流强度 C_n^2。

在近地面传播时式 (12.5.8) 的适用条件较难满足，主要原因在于湍流内尺度 l_0 不能忽略，为略去 l_0 的影响，则须增加传播距离，这样却增大了起伏方差而破坏了弱起伏条件，因此解决饱和问题是在更大范围内用闪烁法测 C_n^2 的关键。如果使用非相干的大发射口径和接收口径 (远大于 l_0，20 倍以上)，则系统对湍流内尺度不敏感 (Wang et al., 1978; Hill and Ochs, 1978)。如果口径远大于 Fresnel 尺度 $\sqrt{L\lambda}$，则接收信号被平均，起伏方差因之下降，从而使弱起伏条件在较长的传播距离上仍能满足。发射口径为 D_S、接收口径为 D 的光强起伏方差为

$$\begin{aligned}\beta_I^2 = &4(2\pi k)^2 \int_0^L dz \int_0^\infty \sin^2\left(\frac{\kappa^2 z(L-z)}{2kL}\right) \Phi_n(\kappa)|_z \\ &\times \kappa \left[\frac{2J_1(\kappa Dz/2L)}{\kappa Dz/2L}\right] \left\{\frac{2J_1[(1-z/L)\kappa D_S/2]}{(1-z/L)\kappa D_S/2}\right\} d\kappa\end{aligned} \tag{12.5.9}$$

式中，J_1 为 Bessel 函数，如果湍流谱中的 C_n^2 沿传播路径均匀分布，则可以将其提出积分式外。在传播距离 z 处，当下列条件：

$$D_S/\sqrt{L\lambda} > 0.85(\beta_0^2)^{3/5} z/L \quad \text{或} \quad D/\sqrt{L\lambda} > 0.85(\beta_0^2)^{3/5}(1-z/L) \tag{12.5.10}$$

满足时，该处闪烁方差路径积分的核函数的主要贡献源自发射孔径或接收孔径的滤波函数而非饱和因子。将两个口径的条件结合起来，闪烁计的适用条件为

$$D_S + D > 0.85(\beta_0^2)^{3/5}\sqrt{L\lambda} \tag{12.5.11}$$

条件 (12.5.10) 是 "或" 的关系，即两者满足其一即可。在实际应用中，产生能传播很远距离的均匀的非相干面光源并不简单。相反地，利用激光发射和大孔径接收却相当容易。此时 $D_S \approx 0$，则

$$D > 0.85(\beta_0^2)^{3/5}\sqrt{L\lambda} \tag{12.5.12}$$

12.5 大气湍流特性测量技术

这种情况等同于光传播闪烁效应研究中的孔径平均问题。当在近地面使用闪烁仪时,传播高度须在系统口径直径的三倍以上,才能消除湍流外尺度的影响。

需要注意的是,从一种传播效应 (如光强起伏) 在湍流随路径均匀分布的假设下获得的 C_n^2 只能看成是某种等效值。当使用测量的这种等效的 C_n^2 值来分析这个波长上其他传播效应 (如到达角起伏、光束扩展及漂移等) 或其他波长的光束的传播效应时, C_n^2 随路径的非均匀分布必然会产生一定的影响。这种影响将因传播效应的种类和湍流路径的种类而异,具体的适用程度必须通过定量的数值分析。

当在天文选址与观测、自适应光学相位校正技术等应用中广泛使用的 Fried 参量 r_0 作为整个传播路径上大气湍流强度的度量时,由于到达角起伏方差和空间相干长度具有相同的 C_n^2 路径分布依赖关系,目前比较广泛应用的测量 r_0 的方法是通过到达角起伏方差的测量来实现 (Fried, 1975)。对于整层大气传播问题,光源可选择大气外天体。晚上有众多二、三等以上的恒星可供选择,而白天只有太阳,但它是面光源,通常选择太阳边缘上的一点作为光源 (Sarazin and Roddier, 1990)。

由于天体的恒定运动,进行到达角起伏测量的望远镜系统也要一直跟踪目标连续转动,机械震动是不可避免的,它所带来的像点抖动必然叠加在到达角起伏中。采用装在同一个系统上的两个孔径上的到达角之差的起伏测量,则可有效地避免机械震动带来的误差。

设望远镜的焦距为 F, 直径为 D 的两个圆形孔径中心间距为 d, 两个像点在焦面上的平均位置为 $(0, 0)$ 和 $(d, 0)$,某时刻两个像点在焦面上的位置为 (x_1, y_1) 和 $(x_2 + d, y_2)$,则两个孔径上的到达角在平行于和垂直于两孔中心连线方向上的分量之差分别为

$$\alpha_2^{//} - \alpha_1^{//} = \frac{x_2 - x_1}{f} \qquad (12.5.13)$$

$$\alpha_2^{\perp} - \alpha_1^{\perp} = \frac{y_2 - y_1}{f} \qquad (12.5.14)$$

相应地,两个到达角分量的结构函数分别为

$$D_{//} = (\alpha_2^{//} - \alpha_1^{//})^2 = \frac{(x_2 - x_1)^2}{f^2} \qquad (12.5.15)$$

$$D_{\perp} = (\alpha_2^{\perp} - \alpha_1^{\perp})^2 = \frac{(y_2 - y_1)^2}{f^2} \qquad (12.5.16)$$

则 Fried 参数可通过测量两个到达角分量的结构函数由以下两式求得:

$$r_0 = \left\{ \frac{0.340}{D_{//}} \left(\frac{\lambda}{D}\right)^2 \left[1 - 0.569 \left(\frac{d}{D}\right)^2 \right] \right\}^{3/5} D \qquad (12.5.17)$$

或

$$r_0 = \left\{ \frac{0.340}{D_\perp} \left(\frac{\lambda}{D}\right)^2 \left[1 - 0.853 \left(\frac{d}{D}\right)^2\right]\right\}^{3/5} D \qquad (12.5.18)$$

式 (12.5.17) 和式 (12.5.18) 成立的前提是 $d \gg D$, 但在实际光学系统中很难做到 $d \gg D$, 若 D 太小, 则光通量不能满足观测要求。一般设计使得 $d \geqslant 2D$。

通过到达角之差的起伏测量获得 Fried 参数的方法在天文观测中常被称为差分像运动法 (differential image motion method, DIMM), 这种方法对测量仪器本身的抖动、接收系统的光学质量、望远镜焦距的温度效应以及星像亮度的起伏等因素都是不敏感的, 因而能够获得良好的测量精度。典型测量系统如图 12.5.3 所示。光线经望远镜前两个入射孔径 (白天观测太阳时需放置衰减片, 夜晚观测恒星不需要) 聚焦成像在狭缝位置 (白天使用狭缝取得一条包含太阳边缘的径向的线状像, 夜晚开启), 光线通过光楔成像在 CCD 靶面上形成两个像 (白天为两条线, 夜晚为两个像点)。通过测量线端点或像点质心的位置可获得到达角之差。实际系统中, 为保证数据精度, 尚需考虑一些具体的技术细节, 如 CCD 像元尺度、曝光时间、两个入射孔径的取向等。

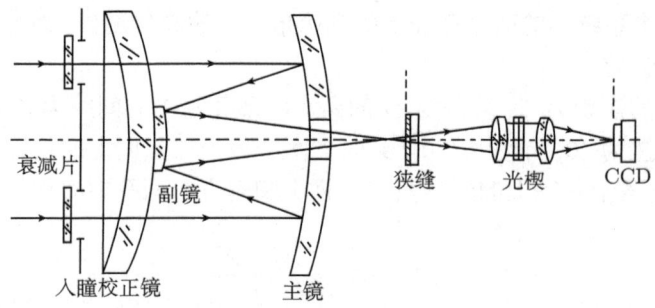

图 12.5.3　差分像运动法大气 Fried 参数测量系统示意图

实际测量时, 天体总是具有一定的天顶角, 如果把大气湍流的高度分布当做平行平面处理时, 则由天顶角为方向测得的 Fried 参数与垂直路径上的 Fried 参数的关系为

$$r_0(\phi) = (\cos \phi)^{3/5} r_0(0°) \qquad (12.5.19)$$

Fried 参数与光波长有关, 在天文观测或不加说明的情况下, 有的是指 $0.5\mu m$ 处的值, 有的是指 $0.55\mu m$ 处的值, 在查阅文献时要注意。

12.5.3　湍流功率谱和特征尺度的测量技术

在湍流大气光传播研究及其工程应用中, 仅仅知道传播路径上的湍流强度, 还不足以全面了解大气湍流的影响。只有获得湍流功率谱才能全面分析各种湍流效应, 鉴于目前获取湍流功率谱的技术尚不能可靠地获得各种频率上的完整功率谱,也有必要发展专门进行湍流特征尺度测量的技术。

利用 12.5.1 节介绍的局域湍流强度的测量技术,对连续测量结果进行频谱分析,利用 Taylor 的湍流冻结假设,将时间频率功率谱转换为空间频率功率谱,可获得一定空间频率范围内的湍流频谱特性。鉴于测量技术本身的限制 (无论是时间响应特性和传感器尺度),虽然可以探测到谱密度呈指数变化律的惯性区,但在湍流发生区和耗散区 (低频和高频部分) 的谱却难以可靠地获得。此外,在长距离复杂地形条件下,很难利用局域湍流谱给出路径上的等效湍流谱。可利用光传播效应的空间相关特性或频谱特性解决这一问题。

1. 闪烁空间相关法和多口径闪烁法

闪烁的空间相关函数

$$C_{\mathrm{I}}(\boldsymbol{\rho}) = \frac{\left\langle I(\boldsymbol{r}) - \overline{I(\boldsymbol{r})} \right\rangle \left\langle I(\boldsymbol{r}+\boldsymbol{\rho}) - \overline{I(\boldsymbol{r}+\boldsymbol{\rho})} \right\rangle}{\langle I(\boldsymbol{r}) \rangle \langle I(\boldsymbol{r}+\boldsymbol{\rho}) \rangle} \tag{12.5.20}$$

在球面波 (点光源或发散激光束) 和传播路径均匀条件下为

$$C_{\mathrm{I}}(\boldsymbol{\rho}) = 4B_{\chi}(\boldsymbol{\rho}) = 4(2\pi k)^2 \int_0^\infty \int_0^L \Phi_n(\kappa) \sin^2\left[\frac{\kappa^2 z(L-z)}{2kL}\right] \mathrm{J}_0(\kappa\rho z/L)\kappa \mathrm{d}z\mathrm{d}\kappa \tag{12.5.21}$$

在直径为 D 的圆孔内光强的归一化方差

$$\beta_{\mathrm{I}}^2 = 4(2\pi k)^2 \int_0^\infty \int_0^L \Phi_n(\kappa) \sin^2\left[\frac{\kappa^2 z(L-z)}{2kL}\right] \left[\frac{2\mathrm{J}_1(\kappa Dz/2L)}{\kappa Dz/2L}\right]^2 \kappa \mathrm{d}z\mathrm{d}\kappa \tag{12.5.22}$$

根据在不同间距 ρ 和口径 D 上测定的一系列 $C(\rho)$ 值和 β_{I}^2 值可以反演 Φ_n。小接收孔径对湍流谱的高频段敏感,即对湍流耗散区敏感,大的孔径对湍流低频部分敏感。在短距离传播条件下,$C(\rho)$ 的半宽度对湍流内尺度 l_0 十分敏感 (Frehlich, 1992)。

如果要求的湍流空间谱的分辨率达到一定高的程度,则需要足够多的空间探测单元或探测口径。对于一定的空间距离的相关系数或一定口径的闪烁方差,所有空间频率的湍流谱都作出了贡献。反演结果因具体的反演方法的差异也会有较大的不确定性。线性约束反演往往会带来谱的不连续性,而且约束条件的选择也是一个非常困难的问题。而对于非线性迭代反演,反演谱的低频端和高频端会依赖于初始谱的选择。

2. 闪烁频谱法

光波起伏的功率谱和湍流谱有着直接的联系,球面波对数振幅和相位的时间起伏频谱为

$$W_{\chi,\mathrm{S}}(f)=2\pi k^2\int_0^L\int_{2\pi f/V}^\infty [(\kappa V)^2-(2\pi f)^2]^{-1/2}\left\{1\mp\cos\left[\frac{z(L-z)}{Lk}\kappa^2\right]\right\}\Phi_n(\kappa)\kappa\mathrm{d}\kappa\mathrm{d}z \tag{12.5.23}$$

式 (12.5.23) 和式 (12.5.21)、式 (12.5.22) 有着相似的结构, 但有一点重要的不同: 式中对空间频率 κ 的积分下限是 $2\pi f/V$ 而非 0。这说明如果我们以该式作为反演湍流谱的基础, 则核函数只对应于频率 f 的高频一侧, 完全排除了低频湍流谱的影响。由于湍流谱的低频部分 (发生区) 与许多具体因素有关, 而不可能是各向同性的, 也不可能准确知道。低频湍流谱的排除将会大大简化问题。另外, 湍流惯性区的研究结果较为明朗, 而我们特别关心耗散区的情况。此时, 只需要利用光波起伏频谱的高频部分, 在实验误差范围内, 频率越高, 影响湍流谱反演精度的因素也就越少。

对数振幅、相位、到达角起伏的三种频谱的高频部分完全相同, 主要差别在低频部分。对数振幅的起伏频谱在特征频率 f_0 以下几乎为常数, 因此不适于用来反演湍流惯性区以下部分的谱密度。相位起伏频谱在绝大部分时域范围内有非常好的单调性, 因此适于反演整个湍流谱, 但从实验系统的角度看, 相位起伏频谱的测量可能是比较困难的。到达角起伏的低频部分只有在一定的条件下, 才表现出较差的单调性, 而到达角起伏的实验研究要比相位起伏相对容易, 它可能更适于反演大部分湍流谱。但如果我们只对耗散区的湍流谱感兴趣, 则利用对数振幅的起伏频谱更为合适, 因为测量方法最为简单 (饶瑞中, 2002)。

只考虑对数振幅, 在式 (12.5.23) 中先对变量 z 积分后可得下式:

$$W_\chi(f)=8\pi^2 k^2 L\int_{2\pi f/V}^\infty \frac{[1-I(K)]K\Phi_n(K)}{\sqrt{(Kv)^2-(2\pi f)^2}}\mathrm{d}K \tag{12.5.24}$$

式中, $I(K)=[\cos(p)C(q)+\sin(p)S(q)]/q$, $q=K\sqrt{L\lambda}/(2\pi)$, $p=\pi q^2/2$, C 和 S 为 Fresnel 余弦与正弦积分。由于式中积分上限为无穷大, 为方便数值计算, 引入某一变量变换 $K=g(x)$, 使积分在有限的区间进行, 我们可得

$$W_\chi(f)=8\pi^2 k^2 L\int_{g^{-1}(2\pi f/v)}^1 \frac{[1-I(K)]K\Phi_n(K)g^n(x)}{\sqrt{(Kv)^2-(2\pi f)^2}}\mathrm{d}x \tag{12.5.25}$$

严格的写法应将 K 都写成变量 x 的显式表达, 为简明以及突出 K 的意义, 这里省略了 x 的显式表达。这是一个关于第一类 Volterra 积分方程的反演问题。与第一类 Fredholm 积分方程的反演问题不同, 目前尚无可靠通用的算法。

只有高于特征频率 f_0 的频率区域的光波频谱, 才能被用来反演, 但在 f_0 附近频谱变化比较缓慢, 在实验所能获得的最高频率附近的频谱要受噪声的影响, 所以要选择一段合适的频率区间 $[f_{\min},f_{\max}]$, 在频率区间选择为 $[2f_0,20f_0]$ 的情况下,

如果 $f_0 = 40\rm{Hz}$，则意味着对 $[80\rm{Hz}, 800\rm{Hz}]$ 内的光波频谱进行反演。这个频率区间对应于许多实际应用中的频率范围，并且能够在实验中实现。

由于光波频谱大体上呈幂律趋势，在对数频率上均匀选择数据点比较合适。为便于反演，可将数据按频率从高到低的次序排列。若选择变量变换 $K = C \cdot \mathrm{arth}(x)$，并选择常数因子 C，使得最后一个积分节点的坐标等于用来反演的最高频率值，因而有 $C = \dfrac{2\pi f_{\max}}{V \mathrm{arth}\,[(N-1)/N]}$。从最高频率处一步一步地进行反演，第一步应有 $\Phi(K_1) = W_\chi(f_1)/w_{11}$。然而根据大量数值模拟，发现 $\Phi(K_1) = W_\chi(f_1)/(2w_{11})$ 更为合适。由于前面的反演误差会带到后面的反演结果中，因而在某些情况下，反演出的整个湍流谱会出现振荡的现象。为避免这种情况，将每一步的反演结果与上一步的反演结果进行算术或几何平均，可以有效地达到目的。

由光波频谱反演的湍流谱如图 12.5.4 所示。图 12.5.4(a) 实线代表给定的 Hill 湍流谱，内尺度分别为 1mm、2mm 和 5 mm。图 12.5.4(b) 实线代表给定的湍流谱，它是由内尺度 $l_0 = 1\rm{mm}$ 的 Hill 谱和一个位于高空间波数处的泵浦峰叠加构成。可见即使在泵浦附近，反演结果也很可靠。

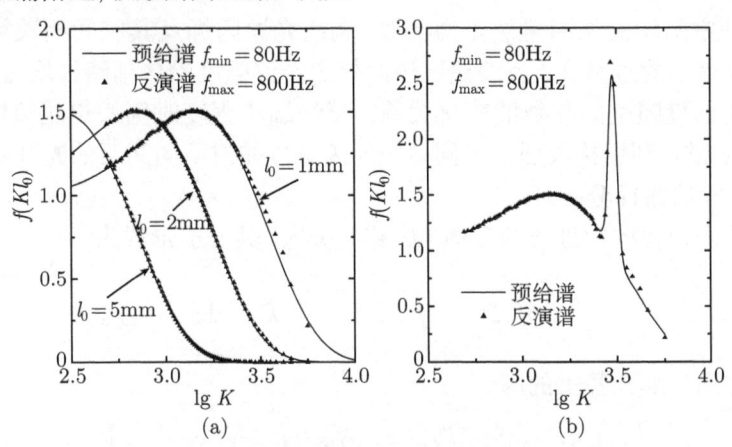

图 12.5.4　根据光波起伏频谱反演湍流功率谱

(a) Hill 湍流谱；(b) 复杂湍流谱

将本算法运用于实验数据的处理尚存在着另外要考虑的一些问题。包括具有起伏特征的光波频谱的光滑与抽样、高频率处噪声的去除、风速与湍流内尺度的确定等。

湍流的外尺度测量的困难与其说是技术的限制，倒不如说是理论基础的缺陷，因为大尺度湍流和许多因素相关使外尺度确切的定量定义无法建立。但可以大致假定间距大于外尺度的两点间折射率起伏的相关度为零，这样在利用局域湍流强度测量方法时，只要把单点折射率起伏方差也测出来，就可以大致定出外尺度，即

$$L_0 = \left(\frac{2\sigma_n^2}{C_n^2}\right)^{3/2} \tag{12.5.26}$$

测量湍流内尺度方法的基本思路是：在弱起伏条件下选择对湍流谱特征尺度敏感的传播效应，进行两次观测，把测量结果按理论湍流谱模式拟合，即可求得特征尺度，其中包括双口径闪烁法、双波长闪烁法和双波长闪烁相关法等 (Hill, 1988)。这些方法都只在 $l_0 \geqslant 1.5\sqrt{\lambda L}$ 的情况下有效，并且实际上也不简单易行。

在 9.4 节我们知道在弱起伏条件、强起伏条件之间的转变区域的闪烁方差与湍流内尺度和 Fresnel 尺度的比值密切相关，其定量关系如图 9.4.6 所示，据此可以探测内尺度 (Hill and Frehlich, 1996)。

12.5.4　大气湍流强度廓线的测量

大气湍流强度廓线测量固然可以采用探空气球搭载温度脉动仪等来实现，但一次完整地测量需要耗费相当长的时间。当进行高空测量时，低空的湍流状态很可能已发生改变。并且由于风速的改变，气球的上升路径也很曲折复杂，测量的数据随机起伏也很大。

和闪烁空间相关法测量湍流谱类似，利用光波闪烁及其空间相关特性也可以反演湍流强度的廓线分布。反演湍流谱时假定湍流强度沿传播路径均匀分布，最终获得湍流谱密度随空间波数的变化关系。反演湍流强度时则假定湍流谱已知 (如 Kolmogorov 谱)，利用接收面上不同口径的闪烁方差或不同间距的光强起伏相关系数反演出 C_n^2 的路径分布。

利用不同口径的闪烁方差反演 C_n^2 路径分布，其一般形式为

$$\beta_I^2(D) = \int_0^L C_n^2(z) W(D, z) \mathrm{d}z \tag{12.5.27}$$

对平面波在圆环形孔径上的闪烁

$$\begin{aligned}
W(D, z) =& 4(2\pi k)^2 0.033 \int_0^\infty \sin^2\left(\frac{\kappa^2(L-z)}{2k}\right) \kappa^{-8/3} \left[\frac{2}{1-\varepsilon^2}\right]^2 \\
& \times \left[\frac{J_1(\kappa D/2)}{\kappa D/2} - \varepsilon^2 \frac{J_1(\varepsilon\kappa D/2)}{\varepsilon\kappa D/2}\right]^2 \mathrm{d}\kappa
\end{aligned} \tag{12.5.28}$$

这种核函数比较平坦，不适宜于湍流廓线的反演。将不同孔径的光强起伏间的差值作为反演对象时，核函数更有利于反演 (Tokovinin, 2002)。

定义两个孔径上的差分闪烁指数

$$\beta_{\mathrm{dI}}^2 = \left\langle \left[\ln(I_1/I_2) - \langle \ln(I_1/I_2)\rangle^2\right]\right\rangle \tag{12.5.29}$$

则其孔径滤波函数为

$$F_{\mathrm{d}}(\kappa) = G_{\mathrm{d}}(\kappa)G_{\mathrm{d}}^*(\kappa) = [G_1(\kappa) - G_2(\kappa)][G_1(\kappa) - G_2(\kappa)]* \tag{12.5.30}$$

例如, 对一个外径为 D, 内外径为 εD 的圆环和一个直径为 εD 的圆形孔径, 差分闪烁孔径滤波函数为

$$F(\boldsymbol{\kappa}) = \left[\frac{2}{1-\varepsilon^2}\right]^2 \left[\frac{\mathrm{J}_1(\kappa D/2)}{\kappa D/2} - \frac{\mathrm{J}_1(\varepsilon\kappa D/2)}{\varepsilon\kappa D/2}\right]^2 \tag{12.5.31}$$

此时, 差分闪烁方差的核函数为

$$\begin{aligned}W(z) =& 4(2\pi k)^2 0.033 \int_0^\infty \sin^2\left(\frac{\kappa^2(L-z)}{2k}\right)\kappa^{-8/3}\left[\frac{2}{1-\varepsilon^2}\right]^2 \\ & \times \left[\frac{\mathrm{J}_1(\kappa D/2)}{\kappa D/2} - \frac{\mathrm{J}_1(\varepsilon\kappa D/2)}{\varepsilon\kappa D/2}\right]^2 \mathrm{d}\kappa\end{aligned} \tag{12.5.32}$$

对于如图 12.5.5 所示的由直径 1.9cm、3.2cm、5.6cm 和 8cm 组成的圆孔 A、圆环 B、C、D 的闪烁核函数如图 12.5.5(a) 所示, 图中横坐标 $h = L - z$, 对于在地面进行星光的观测, h 对应于从地面量起的高度。图 12.5.5(b) 则绘出了由 A、B、C、D 四个口径组成的六种差分闪烁核函数。可以看出, 在一定的高度之上, 这些核函数趋于稳定, 该高度由 $\sqrt{\lambda h} \sim D$ 确定。

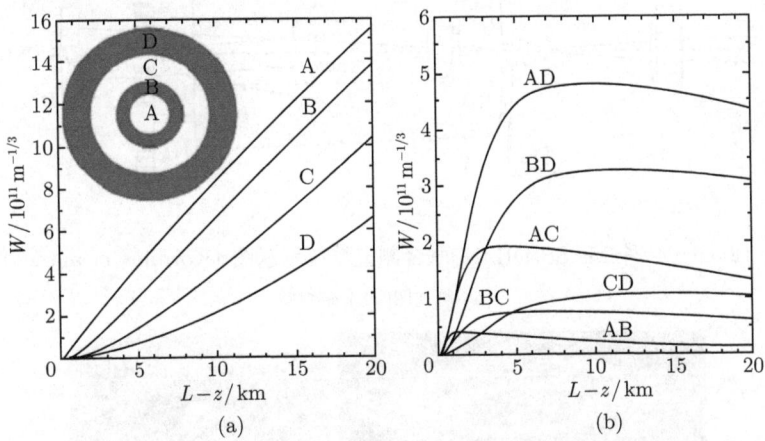

图 12.5.5　圆环孔径和圆形孔径闪烁及其差分闪烁方差的核函数 (Kornilov et al., 2007)

利用差分闪烁方差反演湍流廓线的测量仪器称为多孔径闪烁仪 (multi-aperture scintillation sensor, MASS)。一种结合 DIMM 和 MASS 的测量设备的示意图如图 12.5.6 所示 (Kornilov et al., 2007)。图中 FP 为望远镜的焦面位置, FA 为焦点处的光阑用于遮蔽杂散光; FL(Fabry lens) 为一置于焦点前方的正透镜, 它稍微缩短了望远镜的有效焦距, 并将入射光瞳在出射光瞳平面 ExPP 成一实像。两个完全相同

并略为倾斜放置的球面反射镜 DM1、DM2(其口径根据入瞳处所需口径变换) 将入射光反射到平面镜 MR 上再成像在 CCD 上形成两个像点，这构成了 DIMM 的测量功能。在 ExPP 位置放置的多孔径反射体 PSU(其实物如图 12.5.7(a) 所示) 的中心圆平面和其周围的三个圆环平面分别偏离光轴一定的焦度，把四束光分别反射到反射镜 RA、RB、RC 和 RD 上，再进一步反射到探测器 DA、DB、DC 和 DD 上，这就构成了 MASS 的测量功能。

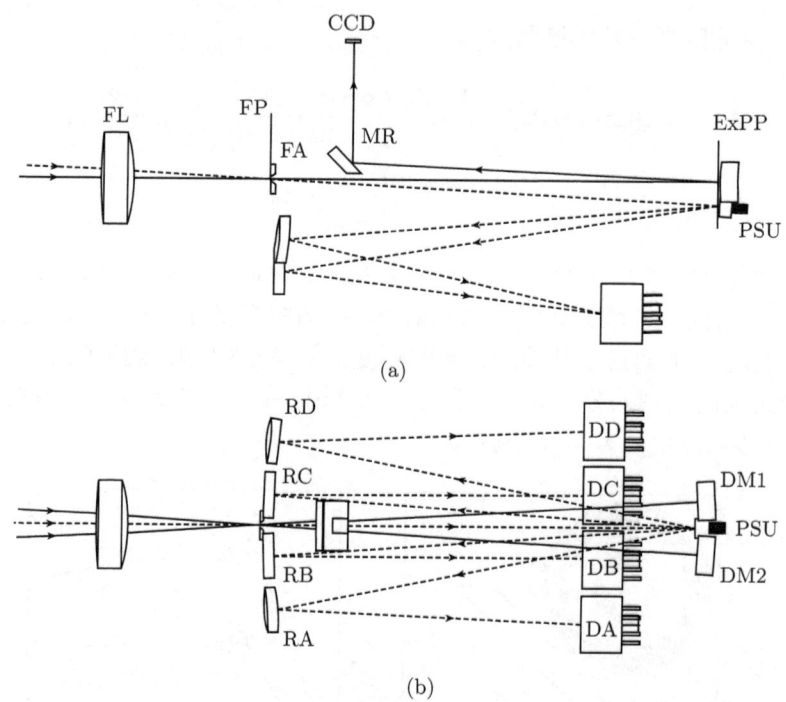

图 12.5.6　一种 MASS-DIMM 联合测量系统示意图 (Kornilov et al., 2007)

(a) 侧视图；(b) 俯视图

图 12.5.7　MASS-DIMM 联合测量系统中的部分器件 (Kornilov et al., 2007)

(a) 多孔径反射体 PSU；(b) PSU + DM1 + DM2

同样地，利用不同间距的光强起伏相关系数反演出 C_n^2 的路径分布时，式 (12.5.21) 可表示为一般形式

$$C_\mathrm{I}(\rho) = \int_0^L C_n^2(z) W(\rho, z) \mathrm{d}z \qquad (12.5.33)$$

式中，$W(\rho, z)$ 为核函数。

对于大气层内有限距离的测量问题，光源一般为球面波。利用除太阳外的恒星测量整层大气湍流廓线时光源为平面波。对于在地面观测天体光源，作变换 $h = L - z$, h 为从地面算起的高度，则

$$C_\mathrm{I}(\rho) = \int_0^\infty C_n^2(h) W(\rho, h) \mathrm{d}h \qquad (12.5.34)$$

式中

$$W(\rho, h) = 4(2\pi k)^2 0.033 \int_0^\infty \sin^2\left[\kappa^2 h/(2k)\right] \mathrm{J}_0(\kappa\rho) \kappa^{-8/3} \mathrm{d}\kappa \qquad (12.5.35)$$

基于这种闪烁空间相关特性测量湍流廓线的技术称为闪达 (SCIntillation Detection and Ranging, SCIDAR)，以单个恒星作为光源的仪器称为单星 SCIDAR (Garnier et al., 2005)。

受限于测量数据的数量以及核函数的性质，无论是 MASS 还是单星 SCIDAR 所反演的湍流强度廓线的空间分辨率都很低。为了更多地利用测量信息，一种经较深入探讨的 SCIDAR 技术以双星为光源的包括空间和时间的相关函数为反演对象，可提高湍流强度廓线的空间分辨率。这里不考虑时间因素，像面上来自双星的光强 I_1、I_2 的空间相关函数为 (Rocca et al., 1974; Johnston et al., 2002)

$$C_{I_1, I_2}(\boldsymbol{\rho}, \theta) = \frac{1+\alpha^2}{(1+\alpha)^2} C_\mathrm{I}(\boldsymbol{\rho}) + \frac{\alpha}{(1+\alpha)^2} [C_\mathrm{I}(\boldsymbol{\rho}, \theta) + C_\mathrm{I}(\boldsymbol{\rho}, -\theta)] \qquad (12.5.36)$$

式中，$\boldsymbol{\rho}$ 为两点间的矢径；θ 为两点观测双星间的夹角；α 为双星的相对亮度。在计算核函数时 $C_\mathrm{I}(\boldsymbol{\rho}, \theta) \to C_\mathrm{I}(\boldsymbol{\rho} + \theta h)$, $C_\mathrm{I}(\boldsymbol{\rho}, -\theta) \to C_\mathrm{I}(\boldsymbol{\rho} - \theta h)$。单星 SCIDAR 和双星 SCIDAR 的测量原理示意图如图 12.5.8 所示。

尽管一般条件下在观测位置附近的湍流强度最大，由于反演本身不可避免的因素以及 SCIDAR 较低的空间分辨率使得反演的结果中这部分湍流强度很低。为了克服这个问题，在 SCIDAR 探测方式上进行改进，构造一种广义 SCIDAR(Avila et al., 1997; Fuchs et al., 1998)。如图 12.5.9 所示，SCIDAR 的探测平面是望远镜的入瞳位置 ($h = H = 0$)，探测器置于出瞳平面 $H = 0$。如果将探测器置于出瞳平面的前方，则相当于探测平面位于 $h = H > 0$ 的位置，这样将不能获得 $h < H$ 的湍流的信息。反之，如果将探测器置于出瞳平面的后方，则相当于探测平面位于 $h = H < 0$

的位置，这样也就相当于光波到达望远镜接收孔径后又在真空中传播了 H 的距离。利用这样获取的数据进行反演，将有利于获得 $h \approx 0$ 处湍流的可靠信息。由于接收孔径的有效大小，不可避免地要产生衍射效应，这样在 $H < 0$ 处的探测只能在满足 $\sqrt{\lambda |H|} \ll D$ 的条件下在光轴附近较小的面积内进行。

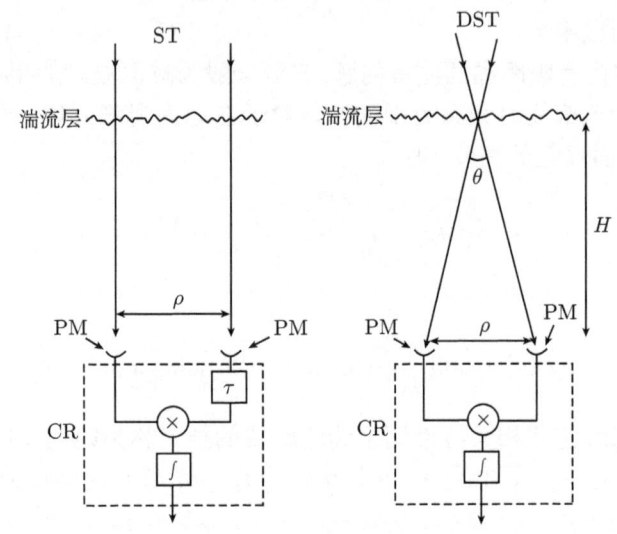

图 12.5.8　单星 (ST) 和双星 (DST)SCIDAR 测量系统示意图 (Rocca et al., 1974)
PM 为光电倍增管; CR 为相关器

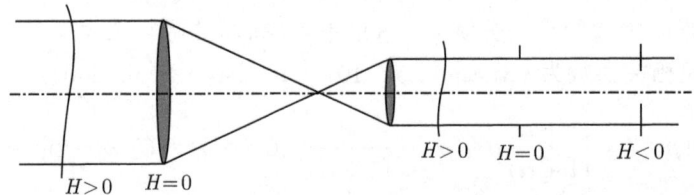

图 12.5.9　SCIDAR 和广义 SCIDAR 系统探测平面在望远镜系统中的位置示意图

目前得到应用的 MAS 和 SCIDAR 技术基本上都是依赖恒星光源的被动测量技术，不是在任何天气条件下 (特别是在白天) 都可以使用的，并且其空间分辨率较低，对于天文选址具有一定的价值，但对于广大的光电工程应用显然是不能满足要求的。为此，目前正在发展一些基于激光雷达的测量技术，如测量回波信号的到达角起伏进行湍流廓线的反演等 (Zilberman et al., 2001), 或利用回波信号的起伏方差来提取湍流强度的信息。这些技术虽然还未达到实际应用的程度，但也呈现了良好的发展前景。

12.6 小　　结

大气的光学性质是大气光学研究的基础，因而大气光学参数的测量具有非常重要的意义。在分析大气中的光传播效应对光电工程的影响以及分析大气辐射收支等问题中，分析结果可靠性的前提在于大气(光学)参数的准确输入，这些参数不仅要在量值上有足够的精度，同时也要有满足需求的空间和时间分辨率。

虽然我们已经拥有相当多种类的大气光学参数测量技术，但在上述精度、时空分辨率等方面还难以满足日益增加的需求，如气溶胶粒子折射率、大气湍流强度等，不仅仅在于高精度测量的困难，参数本身存在着需要深化的定义和相关的科学问题。对于大尺度的辐射收支以及光电工程应用中，遥感方法显得特别重要，然而从本章的相关反演方法知识可知，反演结果不可避免地存在着偏差。这些都是不尽如人意之处，需要我们进一步努力。

因此，我们在掌握现有大气参数光学测量方法的基础上，一方面要着力于对这些方法在测量精度、适用范围、时空分辨率等关键方面进行改善，提高性能。另一方面，也要努力发展思路新颖的测量原理和方法，并利用飞速发展的现代技术手段，逐步建立完善的大气光学参数测量体系。

参 考 文 献

邓伦华, 高晓明, 曹振松, 等. 2007. 中红外差频光源应用于实际大气水汽浓度测量. 光谱学与光谱分析, 27: 2186–2189

高晓明, 黄伟, 邓伦华, 等. 2006. 1.31μm 附近水汽分子的自加宽系数、氮气加宽系数的测量. 光学学报, 26: 641–646

饶瑞中. 2002. 从激光大气闪烁频谱反演湍流谱. 力学学报, 34: 682–687

谭锟, 胡欢陵. 1984. 光学粒子计数器的测量结果的订正. 光学学报, 4: 55–60

谭锟, 王洁, 屠瑞芳, 等. 1991. 多功能太阳辐射计. 光学学报, 11: 448–452

谭锟. 2005. 影响激光雷达测量精度的因素探讨. 光电子技术与信息, 18: 11–15

魏合理, 邬承就, 马志军, 等. 2002. 提高大气吸收光谱测量分辨率的新方法. 光学学报, 22: 165–169

邬承就, 魏合理, 袁怿谦, 等. 2002. 激光长程吸收光谱法测量高分辨率大气吸收光谱. 光学学报, 22: 238–242

詹杰, 郭瑞鹏, 黄宏华, 等. 2007. 利用恒星测量整层大气透过率. 强激光与粒子束, 19: 1761–1765

Ansmann A, Riebesell M, Wandinger U, et al., 1992. Combined raman elastic-backscatter LIDAR for vertical profiling of moisture, aerosol extinction, backscatter, and LIDAR ratio. Appl. Phys. B, 55: 18–28

Ansmann A, Riebesell M, Weitkamp C. 1990. Measurement of atmospheric aerosol extinction profiles with a Raman Lidar. Opt. Lett., 15: 746–748

Avila R, Vernin J, Masciadri E. 1997. Whole atmosphere turbulence profiling with Generalized Scidar. Appl. Opt., 36: 7898–7905

Barkey B, Liou K N, 2001. Polar nephelometer for light-scattering measurements of ice crystals. Opt. Lett., 26: 232–234

Barnard J C, Harrison L C, 1988. Monotonic responses from monochromatic optical particle counters. Appl. Opt., 27: 584–592

Bjorklund G C. 1980. Frequency-modulation spectroscopy: a new method for measuring weak absorptions and dispersions. Opt. Lett., 5: 15–17

Box M A. 1981. Finite bandwidth and scattered light effects on the radiometric determination of atmospheric turbidity and the solar constant. Applied Optics, 20: 2215–2219

Campanelli M, Nakajima T, Olivieri B. 2004. Determination of the solar calibration constant for a sun-sky radiometer: proposal of an in-situ procedure. Applied Optics, 43: 651–659

Castagner J L, Bigio I J. 2006. Polar nephelometer based on a rotational confocal imaging setup. Appl. Opt., 45: 2232–2239

Castagner J L, Bigio I J. 2007. Particle sizing with a fast polar nephelometer. Appl. Opt., 46: 527–532

Crosby P, Koerber B W. 1963. Scattering of light in the lower atmosphere. J. Opt. Soc. Am., 53: 358–361

Deepak A, Box G P, Box M A. 1982. Experimental validation of the solar aureole technique for determining aerosol size distributions. Appl. Opt., 21: 2236–2243

Deirmendjian D, Sekera Z. 1956. Atmospheric turbidity and transmission of ultraviolet sunlight. J. Opt. Soc. Am., 46: 565–571

Demtröder W. 2008. Laser Spectroscopy. Berlin: Springer-Verlag

Dho S W, Park Y J, Kong H J. 1997. Experimental determination of a geometric form factor in a liadar equation for an inhomogenous atmosphere. Appl. Opt., 36: 6009–6010

Duffin K, McGettrick A J, Johnstone W, et al. 2007. Tunable diode-laser spectroscopy with wavelength modulation: a calibration-free approach to the recovery of absolute gas absorption line shapes. J. Lightwave Technology, 25: 3114–3125

Eng R S, Butler J F, Linden J. 1980. Tunable diode laser spectroscopy: invited review. Opt. Eng., 19: 945

Fernald F G. 1984. Analysis of atmospheric lidar observation: some comments. Appl. Opt., 23: 652–653

Frehlich R. 1992. Laser scintillation measurements of the temperature spectrum in the atmospheric surface layer. J. Atm. Sci., 49: 1494–1509

Fried D L. 1975. Diffrential angle of arrival: theory, evaluation, and measurement feasibility.

Radio Sciences, 10: 71–76

Fuchs A, Tallon M, Vernin J. 1998. Focusing on a turbulent layer: principle of the generalized SCIDAR. Publ. Astron. Soc. Pac., 110: 86–91

Garnier D, Coburn D, Dainty J C. 2005. Single star SCIDAR for $C^2n(h)$ profiling. Proc. SPIE, 5891: 20–26

Gayet J F, Crepel O, Fournol J F, et al. 1997. A new airborne polar Nephelometer for the measurements of optical and microphysical cloud properties. Part I and Part II, Ann. Geophysicae, 15: 451–470

Gerber H. 1985. Infrared aerosol extinction from visible and near-infrared light scattering. Appl. Opt., 24: 4155–4166

Gordon J I, Johnson R W. 1985. Integrating nephelometer: theory and implications. Appl. Opt., 24: 2721–2730

Green A E S, Deepak A, Lipofsky B J, 1971. Interpretation of the sun's aureole based on atmospheric aerosol models. Appl. Opt., 10: 1263–1279

Hansen M Z, Evans W H. 1980. Polar nephelometer for atmospheric particulate studies. Appl. Opt., 19: 3389–3395

Herman B M, Box M A, Reagan J A, et al. 1981. Alternate approach to the analysis of solar photometer data. Appl. Opt., 20: 2925–2928

Herriott D R, Schulte H J. 1965. Folded optical delay lines. Appl. Opt., 4: 883–889

Herriott D R, Kogelnik H, Kompfner R. 1964. Off-Axis Paths in Spherical Mirror Interferometers. Appl. Opt., 3: 523–526

Hespel L, Delfour A, Guillaume B. 2001. Mie light-scattering granulometer with an adaptive numerical filtering method. II. Experiments. Appl. Opt., 40: 974–983

Hespel L, Delfour A. 2000. Mie light-scattering granulometer with an adaptive numerical filtering method. I. Theory, Appl. Opt., 39: 6897–6917

Hill R J. 1988. Comparison of scintillation methods for measuring the path-averaged the inner scale of turbulence. Appl. Opt., 27: 2187–2193

Hill R J, Ochs G R. 1978. Fine calibration of large-aperture scintillometers and an optical estimate of inner scale of turbulence. Appl. Opt., 17: 3608–3612

Hill R J, Frehlich R G. 1996. Onset of strong scintillation with application to remote sensing of turbulence inner scale. Appl. Opt., 35: 986–997

Hodkinson J R, Greenfield J R. 1965. Response calculations for light-scattering aerosol counters and photometers. Appl. Opt., 4: 1463–1474

Johnston R A, Dainty C, Wooder N J, et al. 2002. Generalized scintillation detection and ranging results obtained by use of a modified inversion technique. Applied Optics, 41: 6768–6772

Kaller W. 2004. A newpolar nephelometer for measurement of atmospheric aerosols. J. Quant. Spectrosc. Radiat. Transfer, 87: 107–117

Klett J D. 1981. Stable analytical inversion solution for processing lidar returns. Appl. Opt., 20: 211–220

Korb C L, Gentry B M, Li S X, et al. 1998. Theory of the double-edge technique for Doppler lidar wind measurement. Appl. Opt., 37: 3097–3104

Korb C L, Gentry B M, Weng C Y. 1992. Edge technique: theory and application to the lidar measurement of atmospheric wind. Appl. Opt., 31: 4202–4212

Kornilov V, Tokovinin A, Shatsky N, et al. 2007. Combined MASS-DIMM instrument for atmospheric turbulence studies. Mon. Not. R. Astron. Soc., 383: 1268–1278

Kovalev V A, Eichingger W E. 2004. Elastic LIDAR: Theory, Practice, and Analysis Methods. Hoboken: Wiley-Interscience

Lawson C L, Hanson R J. 1974. Solving Least Squares Problems. Englewood Cliffs: Prentice-Hall

Liou K N. 1992. An Introduction to Atmospheric Radiation. New York: Academic Press

Manfred G M, Bjorklund G C, Whittaker E A. 1985. Quantum-limited laser frequency-modulation spectroscopy. J. Opt. Soc. Am. B, 2: 1510–1526

Mei H, Li B, Huang H, et al. 2007. A piezoelectric optical fiber stretcher for applications in atmospheric optical turbulence sensor. Appl. Opt., 46: 4371–4375

Mermelstein M D. 1995. Fiber-optic atmospheric turbulence sensor. Optics Letters, 20: 1922–1923

Mondelaina D. 2007. Performance of a Herriott cell, designed for variable temperatures between 296 and 20K. J. Molecular Spectroscopy, 241: 18–25

Nakajima T, Tanaka M, Yamauchi T. 1983. Retrieval of the optical properties of aerosols from aureole and extinction data. Appl. Opt., 22: 2951–2959

Nakajima T, Tonna G, Rao R, et al. 1996. Use of sky brightness measurements from ground for remote sensing of particulate polydispersions. Appl. Opt., 35: 2672–2686

Pilston R G, White J U. 1954. A long path gas absorption cell. J. Opt. Soc. Am., 44: 285–288

Pinnick P G, Rosen J M, Hofmann D J. 1973. Measured light-scattering properties of individual aerosol particles compared to mie scattering theory. Appl. Opt., 12: 37–41

Platt U, Perner D. 1983. Mesaurements of atmospheric trace gases by long path differential UV/visible absorption spectroscopy. In: Killinger D K, Mooradian A. Optical and Laser Remote Sensing. Berlin: Springer-Verlag (中译本: 光学与激光遥感. 成都电讯工程学院出版社)

Platt U, Stutz J. 2008. Differential Optical Absorption Spectroscopy. Berlin: Springer-Verlog

Quiney R G, Carswell A I. 1972. Laboratory measurements of light scattering by simulated atmospheric aerosols. Appl. Opt., 11: 1611–1618

Robert C. 2007. Simple, stable, and compact multiple-reflection optical cell for very long optical paths. Appl. Opt., 46: 5408-5418

Rocca A, Roddier F, Vernin J. 1974. Detection of atmospheric turbulent layers by patiotemporal and spatioangular correlation measurements of stellar-ligth scintillation. J. Opt. Soc. Am., 64: 1000-1004

Rosen J M, Pinnick R G, Garvey D M. 1997. Nephelometer optical response model for the interpretation of atmospheric aerosol measurements. Appl. Opt., 36: 2642-2649

Sarazin M, Roddier F. 1990. The ESO differential image motion monitor. Astron. Astrophys., 227: 294-300

Sasano Y, Browell E V, Ismail S. 1985. Error caused by using a constant extinction/backscattering ratio in the lidar solution. Appl. Opt., 24: 3929-3932

Sasano Y, Shimizu H, Takeuchi N, et al. 1979. Geometrical form factor in the laser radar equation: an experimental determination. Appl. Opt., 18: 3908-3910

Schilt S, Thevenaz L, Robert P. 2003. Wavelength modulation spectroscopy: combined frequency and intensity laser modulation. Appl. Opt., 42: 6728-6738

Schmid B, Spyak P R, Biggar S F, et al. 1998. Evaluation of the applicability of solar and lamp radiometric calibrations of a precision sun photometer operating between 300 and 1025 nm. Applied Optics, 37: 3923-3941

Shimizu H, Lee S A, She C Y. 1983. High spectral resolution lidar system with atomic blocking filters for measuring atmospheric parameters. Appl. Opt., 22: 1373-1381

Shipley S T, Tracy D H, Eloranta E W, et al. 1983. High spectral resolution lidar to measure optical scattering properties of atmospheric aerosols. 1. Theory and instrumentation. Appl. Opt., 22: 3716-3724

Silver J A. 1992. Frequency modulation spectroscopy for trace species detection: theory and comparison among experimental methods. Appl. Opt., 31: 707-717

Sroga J T, Eloranta E W, Shipley S T, et al. 1983. High spectral resolution lidar to measure optical scattering properties of atmospheric aerosols. 2. Calibration and data analysis. Appl. Opt., 22: 3725-3732

Supplee J M, Whittaker E A, Lenth W. 1994. Theoretical description of frequency modulation and wavelength modulation spectroscopy. Appl. Opt., 33: 6294-6302

Tanaka M, Nakajima T, Shiobara M. 1986. Calibration of a sunphotometer by simultaneous measurements of direct-solar and circumsolar radiations. Appl. Opt., 25: 1170-1176

Tokovinin A. 2002. Measurement of seeing and the atmospheric time constant by differential scintillations. Appl. Opt., 41: 957-964

Tomine K, Hirayama C, Michimoto K, et al. 1989. Experimental determination of the crossover function in the laser radar equation for days with a light mist. Appl. Opt., 28: 2194-2195

Tonna G, Nakajima T, Rao R. 1995. Aerosol features retrieved from solar aureole data: a simulation study concerning a turbid atmosphere. Appl. Opt., 34: 4486–4499

Twitty J T, Parent R J, Weinman J A, et al. 1976. Aerosol size distributions: remote determination from air-borne measurements of the solar aureole. Appl. Opt., 15: 980–989

Twomey S. 1977. Introduction to the Mathematics of Inversion in Remote Sensing and Indirect Measurements. Amsterdam: Elsevier

Tyler J E, Richardson W. 1958. Nephelometer for the measurement of volume scattering function in Situ. J. Opt. Soc. Am., 48: 354–357

Umhauer H, Bottlinger M. 1991. Effect of particle shape and structure on the results of single-particle light-scattering size analysis. Appl. Opt., 30: 4980–4986

Varma R, Moosmüller H, Arnott W P. 2003. Toward an ideal integrating nephelometer. Opt. Lett., 28: 1007–1009

Vermeulen A C, Herman M. 2000. Retrieval of the scattering and microphysical properties of aerosols from ground-based optical measurements including polarization. I. Method. Appl. Opt., 39: 6207–6220

Vernin J, Roddier F. 1973. Experimental detection of two-dimensinal spatiotemporal power spectrum of stellar light scintillation: evidence for a multilayer structure of the air turbulence in the upper troposphere. J. Opt. Soc. Am., 63: 270–273

Wang T, Ochs G R, Clifford S F. 1978. A saturation-resistant optical scintillometer to measure C_n^2. J. Opt. Soc. Am., 68: 334–338

Wang Z, Nakane H, Hu H, et al. 1997. Three-wavelength dual-differential absorption Lidar method for stratospheric ozone measurements in the presence of volcanic aerosols. Appl. Opt., 36: 1254–1252

Weitkamp C. 2005. LIDAR: Range-Resolved Optical Remote Sensing of the Atmosphere. Singapore: Springer

White J U. 1942. Long optical paths of large aperture. J. Opt. Soc. Am., 32: 285–288

Zalicki P, Zare R N, 1995. Cavity ringdown spectroscopy for quantitative absorption measurements. J. Chem. Phys., 102: 2708–2717

Zilberman A, Kopeika N S, Sorani Y. 2001. Laser beam widening as a function of elevation in the atmosphere for horizontal propagation. Proc. SPIE, 4376: 177–188